管材阀件技术资料系列手册

建筑安装用金属与非金属管材技术手册

主编　张志贤　张伟华　王洪伟
主审　黄崇国

中国建筑工业出版社

图书在版编目（CIP）数据

建筑安装用金属与非金属管材技术手册/张志贤，张伟华，王洪伟主编. —北京：中国建筑工业出版社，2016.8
（管材阀件技术资料系列手册）
ISBN 978-7-112-19419-3

Ⅰ. ①建… Ⅱ. ①张… ②张… ③王… Ⅲ. ①建筑材料-非金属材料-管材-技术手册②建筑材料-金属材料-管材-技术手册 Ⅳ. ①TU504-62

中国版本图书馆 CIP 数据核字（2016）第 096856 号

本书专门介绍建筑安装用金属和非金属管材方面的内容，也包括各种复合管。广义的管材自然包括与管材配套的管件。但因受篇幅所限，本手册只能介绍管材，基本不介绍管件。本书包括 7 章，分别是：概述、钢管、有色金属管、铸铁管、塑料管、复合管、混凝土管等内容。

本书在对建筑安装用金属和非金属管材标准进行归纳和梳理的基础上，介绍了建筑安装用金属和非金属管材型号、规格和性能，本书内容丰富，实用性强。

本书可供从事管道工程设计、施工的广大工程技术人员使用，也可供相关大专院校师生使用。

责任编辑：胡明安
责任校对：王宇枢　关　健

管材阀件技术资料系列手册
建筑安装用金属与非金属管材技术手册
主编　张志贤　张伟华　王洪伟
主审　黄崇国
*
中国建筑工业出版社出版、发行（北京西郊百万庄）
各地新华书店、建筑书店经销
霸州市顺浩图文科技发展有限公司制版
北京圣夫亚美印刷有限公司印刷
*
开本：787×1092 毫米　1/16　印张：39　字数：973 千字
2016 年 9 月第一版　　2016 年 9 月第一次印刷
定价：**115.00** 元
ISBN 978-7-112-19419-3
（28682）

本书编委会

编委会主任： 宋　健

编委会副主任： 黄柏枝　杨国华

编写人员： 李学珍　孙朝兴　李春森　高　茜　杨国富　杨正东　肖印奎　孙志强　孙旭东　陆永前　孙　科　咸国权　郑子谦　汪　鹏　黄本波　罗宏飞　黄晓舒　宋　艳　韩文华　胡　筎　王荣萍　曾宪友　祝俊川　蓝　天　邓起鸿　徐亚军　苏　伟　杨　霞　张燕明　刘克诚　杨　勇

前　言

本手册专门介绍建筑安装用金属和非金属管材方面的内容，当然也包括各种复合管。广义的管材自然包括与管材配套的管件，因为只有管材与管件的组合才能构成管道系统。但因受篇幅所限，本手册只能介绍管材，基本不介绍管件，这是因为管件品种、规格多，会占用大量篇幅。对于塑料管和复合管，大多数管材生产厂家都生产与管材配套的管件，工程设计单位或需方可以索取产品样本。在有些管材的技术标准中，只规定了管件接口的尺寸，而没有规定结构尺寸，这样不同厂家管件产品的结构尺寸也不会相同。

当前各种管道设计类、施工类书籍或资料中引用的技术标准，可以说相当一部分已经过时，有的在书籍出版前就已经更新废止。尤其是近十几年以来，随着中国对外经济技术交流的迅猛发展，对许多国家标准和行业标准进行了修订，也颁发了不少新标准。而已有的各种“标准汇编”，不但涉及多种行业，且时间跨度大，内容庞杂，其大部分内容也不大适合建筑行业管道工程使用。因此，业内人士企盼能有一部管材方面的书籍面世。

我国的技术标准有国家标准和行业标准两大类。从 20 世纪 90 年代开始，国家标准和行业标准中又分为强制性标准（少数）和推荐性标准（大多数）。强制性标准是必须执行的标准，而推荐性标准是指生产、使用等方面，通过经济手段或市场调节，自愿采用的标准，推荐性标准一经接受并采用，或供需双方同意纳入经济合同中，就成为各方必须共同遵守的技术依据，因而同样具有法规约束性。

本手册的编写以现行技术标准为依据，在介绍的每一种管材的正文末尾，都有“依据技术标准”的名称和标准号。这便是向读者做了交代，今后如果标准修订更新了，也便于读者与新标准核对。如果只介绍技术标准中的内容，而不交代所依据的标准名称和标准编号，我们认为是不可取的。

为了使读者能按标准编号迅速查找到本手册的相应内容，本手册的“附录”列出了“现行标准与本手册相关内容对照表”，这样读者就可以按已知的国家标准或行业标准编号，查找到相应的内容。

管材的技术标准本身是为规范产品生产服务的。我们编写的这本手册是为使用管材的单位和人员服务的，涵盖了绝大部分现行国家标准和行业标准中金属、非金属管材和各种复合管，其内容与工程设计、施工、监理、装备制造、物流、营销等单位密切相关。

本手册的编写得到了中国建筑二局安装工程有限公司、西北电力建设国际工程公司、中铁建设集团有限公司设备安装公司的有力支持，工程技术人员积极参与，做了大量工作。特别应当感谢江苏华能建设工程集团有限公司董事长宋小华先生的大力支持，为本手册的编写做了周密的安排和细致的协调工作。另外，还有一些未署名的有关单位同事做了大量事物性具体工作，在此一并致谢。

虽然我们尽了很大努力，但仍会存在不足或疏漏之处，敬请使用本手册的单位和读者赐教，使之不断完善。

编　者

目　录

1 概 述

1.1 标准名称及代号

1.1.1 国际、国外标准及代号

常用国际标准、国外标准及代号见表 1.1-1。

常用国际标准、国外标准及代号 表 1.1-1

代 号	标准名称	代 号	标准名称
ISO	国际标准化组织标准	BS	英国标准
ISA	国际标准协会标准	NF	法国标准
IDO	联合国工业发展组织标准	JIS	日本工业标准
ANSI	美国国家标准	JSME	日本机械会标准
NBS	美国国家标准局标准	ГOCT	原苏联国家标准
ASME	美国机械工程师协会标准	OCT	原苏联全苏标准
AISl	美国钢铁学会标准	DOGT	俄罗斯国家标准
ASM	美国金属学会标准	CSA	加拿大标准协会标准
ASTM	美国材料试验学会标准	UNI	意大利标准
EN	欧盟标准	AS	澳大利亚标准
DIN	德国工业标准	KS	韩国标准

1.1.2 国内标准及代号

国内常用标准及代号见表 1.1-2。

国内常用标准及代号 表 1.1-2

代 号	标准名称	代 号	标准名称
GB	国家标准(强制性)	MT	煤炭行业标准
GB/T	国家标准(推荐性)	YB	黑色冶金行业标准
GBJ	国家工程建设标准	YS	有色冶金行业标准
GJB	国家军用标准	SH	石油化工行业标准
TJ	环境保护行业标准	SYJ	石油天然气行业建设标准
HJ	国家工程标准	HG	化工行业标准
JG	建筑工业行业标准	HCJ	化工行业建设标准
CJ	城市建设行业标准	CB	船舶行业标准
JB	机械行业标准	JT	交通行业标准
SJ/Z	机械行业指导性技术文件	TB	铁道行业标准
SJ	电子行业标准	QB	轻工行业标准
JC	建材行业标准	DZ	地质矿产行业标准
DL	电力行业标准	QC	汽车行业标准
SL	水利行业标准	SN	商检行业标准
EJ	核工业行业标准	JJG	国家计量检定规程

注：标准代号后加“/T”为推荐性标准；在代号后加“/Z”为指导性技术文件，如“YB/Z”为冶金行业指导性技术文件。

1.2 元素简述

到目前为止，已发现的元素有 100 多种，而这 100 多种元素组成的物质能多达 3000 多万种。地壳中含量较多的元素是氧、硅、铝、铁。

元素可分为金属元素和非金属元素两大类，稀有气体元素也是非金属元素。

1.2.1 金属元素

金属元素分类及化学元素符号见表 1.2-1。各种金属元素多以“钅”旁表示，但汞除外。

金属可分为黑色金属和有色金属两大类。有色金属又可分为重金属、贵金属、半金属和稀有金属，其中稀有金属又分为若干种。

重金属一般指密度大于 4.5g/cm³的金属，约有 45 种，如铜、铅、锌、铁、钴、镍、锰、镉、汞、钨、钼、金、银等。尽管铁、锰、铜、锌等重金属是人体活动所需要的微量元素，但浓度是很有限的。大部分重金属如汞、铅、镉等并非生命活动所必需的重金属，对人体有毒。轻金属的共同特点是密度小于 4.5g/cm³。在有的资料中，重金属和轻金属是以度为 5.0g/cm³来划分的。

重金属也不是完全按重量密度来区分的，而是按它是否会对人体有害来分，比如铁密度虽大，但不归于重金属，它还是人体的微量元素。钛的密度是 4.5g/cm³，介于重金属与轻金属的分界线上，是中型金属，钛很少有直接使用的，都是用合金，用来增加材料强度。

金属元素分类及化学元素符号　　表 1.2-1

分　类	中文名称	国际化学符号	分　类	中文名称	国际化学符号
黑色金属	铁	Fe	重金属	锡	Sn
	铬	Cr		镉	Cd
	锰	Mn		铋	Bi
有色金属				锑	Sb
轻金属	铝	Al		汞	Hg
	镁	Mg	贵金属	金	Au
	钾	K		银	Ag
	钠	Na		铂	Pt
	钙	Ca		钯	Pd
	锶	Sr		铑	Rh
	钡	Ba		铱	Ir
重金属	铜	Cn		钌	Ru
	铅	Pb		锇	Os
	锌	Zn	半金属	硅	Si
	镍	Ni		砷	As
	钴	Co		硒	Se

续表

分类		中文名称	国际化学符号
半金属		碲	Te
		硼	B
稀有金属	轻金属	锂	Li
		铍	Be
		铯	Cs
		铷	Rb
		钛	Ti
	难熔金属	钨	W
		钼	Mo
		铌	Nb
		钽	Ta
		锆	Zr
		铪	Hf
		钒	V
		铼	Re
	稀散金属	镓	Ga
		铟	In
		铊	Tl
		锗	Ge
	稀土金属	钪	Se
		钇	Y
稀有金属	稀土金属	镧	La
		铈	Ce
		镨	Pr
		钕	Nb
		钐	Sm
		铕	Eu
		钆	Gd
		铽	Tb
		镝	Dy
		钬	Ho
		铒	Er
		铥	Tm
		镱	Yb
		镥	Lu
	放射性金属	钋	Po
		镭	Ra
		锕	Ac
		钍	Th
		镤	Pa
		铀	U

注：稀土金属中的人造元素一种，放射性金属中的人造元素19种，均未列入。

贵金属主要指金、银和铂族金属（钌、铑、钯、锇、铱、铂）等8种金属元素。这些金属大多呈现美丽的色泽，化学稳定性好，在一般条件下不易引起化学反应。

半金属是性质介于金属和非金属之间的元素。半金属元素在元素周期表中处于金属向非金属过渡的位置。半金属性脆，呈金属光泽，大多是半导体，具有导电性，电阻率介于金属和非金属之间，导电性对温度的依从关系通常与金属相反，如果加热半金属，其电导率随温度的升高而上升。半金属大都具有多种不同物理、化学性质的同素异形体，广泛用作半导体材料。

半金属这个名词起源于中世纪的欧洲，用来称呼铋，因为它缺少正常金属的延展性，只算得上“半”金属。目前则指电子浓度远低于正常金属的一类金属。

稀有金属中的难熔金属熔点较高，与碳、氮、硅、硼等生成的化合物熔点也较高。稀有金属中的分散金属简称稀散金属，大部分赋存于其他元素的矿物中。稀有金属中的稀土金属简称稀土金属，包括钪、钇及镧系元素。它们的化学性质非常相似，在矿物中相互伴生。

我国的“稀土”储量居世界第一。供应量占全球总量的70%以上。“稀土”用于制造复合材料，镁、铝、钛等合金材料，被形象地比喻为“工业味精”。

稀有金属中的放射性金属 包括天然存在的金属以及人工制造的十几种金属元素。

上述分类并不是十分严格的。有些稀有金属既可以列入这一类，又可列入另一类。

1.2.2 非金属元素

非金属元素多以“氵”、“石”、“气”旁表示其单质在通常状态下存在的状态；稀有气体元素多带有“气”字。

非金属元素是元素的一大类，在所有的一百多种化学元素中，非金属占了22种。在元素周期表中，除氢以外，其他非金属元素都排在表的右侧和上侧，属于P区。非金属元素包括氢、硼、碳、氮、氧、氟、硅、磷、硫、氯、砷、硒、溴、碲、碘、砹、氦、氖、氩、氪、氙、氡。80%的非金属元素在现代社会中占有重要位置。

稀有气体元素指氦、氖、氩、氪、氙、氡，又因为它们在元素周期表上位于最右侧的零族，因此亦称零族元素。稀有气体单质都是由单个原子构成的分子组成的，所以其固态时都是分子晶体。

空气中约含0.94%（体积百分比）稀有气体，其中绝大部分是氩。稀有气体都是无色、无臭、无味的，微溶于水，溶解度随分子量的增加而增大。稀有气体的分子都是由单原子组成的，它们的熔点和沸点都很低，随着原子量的增加，熔点和沸点增大。它们在低温时都可以液化。

过去曾将稀有气体称为“惰性气体”，这是因为其化学性质很不活泼，人们曾认为它们不会与其他元素发生化学反应，故称之为“惰性气体”。然而，正是这种传统的概念束缚了人们的思想，阻碍了对稀有气体化合物的研究。1962年，英国化学家合成了第一个稀有气体化合物，引起了化学界的很大兴趣和重视，许多化学家竞相开展这方面的研究，先后合成了多种稀有气体化合物，促进了稀有气体化学的发展。“惰性气体”一名也改称“稀有气体”。

空气是制取稀有气体的主要原料，通过液态空气分级蒸馏，可得稀有气体混合物，再用活性炭低温选择吸附法，就可以将稀有气体分离开来。

1.2.3 金属及非金属的性能

常用金属及非金属的性能见表1.2-2。

常用金属及非金属的性能　　表1.2-2

名　称	元素符号	密度 (g/cm^3)	熔点 (℃)	线膨胀系数 (1/℃)	相对电导率 (%)	抗拉强度 σ_b(MPa)	伸长率 δ (%)	断面收缩率 Ψ (%)	布氏硬度 (HB)	色泽
银	Ag	10.49	960.5	0.0000197	100	180	50	90	25	银白
铝	Al	2.70	660.2	0.0000236	60	80～110	32～40	70～90	25	银白
金	Au	19.32	1063	0.0000142	73	140	40	90	20	金黄
铍	Be	1.85	1285	0.0000116	23	310～450	20	—	120	钢灰
铋	Bi	9.8	271.2	0.0000134	1.4	5～20	0	—	9	白
镉	Cd	8.65	321.1	0.0000310	20	65	20	50	20	苍白

续表

名 称	元素符号	密度 (g/cm^3)	熔点 (℃)	线膨胀系数 (1/℃)	相对电导率 (%)	抗拉强度 σ_b(MPa)	伸长率 δ (%)	断面收缩率 Ψ (%)	布氏硬度 (HB)	色泽
钴	Co	8.9	1492	0.0000125	30	250	5	—	125	银白
铬	Cr	7.19	1857	0.0000062	12	200～280	9～17	9～23	110	灰白
铜	Cu	8.9	1083	0.0000165	90	200～240	45～50	65～75	40	红
铁	Fe	7.87	1538	0.0000118	16	250～330	25～55	70～85	50	灰白
铱	Ir	22.4	2447	0.0000065	31	230	2	—	170	银白
镁	Mg	1.74	649	0.0000257	34	200	11.5	12.5	36	银白
锰	Mn	7.43	1244	0.0000230	0.8	脆	—	—	210	灰白
钼	Mo	10.22	2622	0.0000049	29	700	30	60	160	银白
铌	Nb	8.57	2468	0.0000071	10	300	28	80	75	钢灰
镍	Ni	8.9	1455	0.0000135	22	400～500	40	70	80	白
铅	Pb	11.34	327.4	0.0000293	8.0	15	45	90	5	苍灰
铂	Pt	21.45	1772	0.0000089	16	150	40	90	40	银白
锑	Sb	6.68	630.5	0.0000113	3.9	5～10	0	0	45	银白
锡	Sn	7.3	231.9	0.0000230	13	15～20	40	90	5	银白
钽	Ta	16.67	2996	0.0000065	11	350～450	25～40	86	85	钢灰
钛	Ti	4.51	1672	0.0000090	3.4	380	36	64	115	暗灰
钒	V	6.1	1917	0.0000083	6.1	220	17	75	264	淡灰
钨	W	19.3	3410	0.0000046	29	1100	—	—	350	钢灰
锌	Zn	7.14	419.5	0.0000395	25	120～170	40～50	60～80	35	苍灰
锆	Zr	6.49	1852	0.0000059	3.8	3.8	20～30	—	125	浅灰
砷	As	5.73	814	0.0000047						
硼	B	2.34	2100	0.0000083						
碳	C	2.25	3727	0.0000066						
磷	P	1.83	44.1	0.0001250						
硫	S	2.07	115	0.0000640						
硒	Se	4.81	221	0.0000370						
硅	Si	2.33	1414	0.0000042						

注：相对电导率为其他金属的电导率与银的电导率之比。

1.3 钢铁材料力学性能名词和含义

在钢材中都涉及力学性能的指标，但同类指标（如抗拉强度、屈服点或屈服强度、布氏硬度、伸长率和断面收缩率、冲击功和冲击值）的名称和符号标注并不完全一致，这可能给读者带来困惑。但作为编者，又必须以现行标准为准，不好也不能做出更改。因此，在本节把力学性能指标集中介绍一下，以便有利于对后面介绍的管材力学性能指标的认识和理解。

1.3.1 弹性指标

弹性是指金属在外力作用下产生变形，当外力取消后又恢复到原来形状和大小的一种特性。

1. 弹性模量

金属在弹性范围内，外力和变形成正比例增长，即应力与应变成正比例关系时（符合虎克定律），这个比例系数就称为弹性模量，根据应力、应变的性质通常又分为弹性模量（E）和剪切弹性模量（G），弹性模量的大小，相当于引起物体单位变形时所需应力之大小，在工程技术上是衡量材料刚度的指标。弹性模量越大，刚度也越大，亦即在一定应力作用下，发生的弹性变形越小。任何机器零件，在使用过程中，大都处于弹性状态，对于要求弹性变形较小的零件，必须选用弹性模量大的材料。

弹性模量的计算式如下：

$$E=\frac{\sigma}{\varepsilon}=\frac{Pl_0}{F_0\Delta l}(\text{MPa 或 N/mm}^2) \tag{1.3-1}$$

式中 σ——应力；

ε——应变；

P——垂直作用力，N；

l_0——试样原长，mm；

F_0——试样原来的横截面积，mm^2；

Δl——绝对伸长量，mm。

2. 比例极限

比例极限是指试件伸长与负荷成正比例地增加，并保持直线关系，当开始偏离直线关系时的应力称为比例极限。但此位置很难精确测定，通常把能引起材料试样产生残余变形量为试样原长的0.001%或0.003%、0.005%、0.02%时的应力规定为比例极限。

比例极限的计算式如下：

$$\sigma_p=\frac{P_p}{F}\quad(\text{MPa 或 N/mm}^2) \tag{1.3-2}$$

式中 P_p——比例极限载荷，N；

F——试样横截面积，mm^2。

3. 弹性极限

弹性极限是表示金属最大弹性的指标，即在弹性变形阶段，试样不产生塑性变形时，所能承受的最大应力。它和比例极限一样很难精确测定。一般多不进行测定，而以规定的σ值代替。

弹性极限的计算式如下：

$$\sigma_e=\frac{P_e}{F}(\text{MPa 或 N/mm}^2) \tag{1.3-3}$$

式中 P_e——弹性极限载荷，N；

F——试样横截面积，mm^2。

1.3.2 强度指标

强度是指金属在外力作用下，抵抗塑性变形和断裂的能力。

1. 抗拉强度

当钢材试件受力超过弹性极限进入屈服阶段后，由于内部晶粒重新排列，其抵抗变形能力又重新提高，此时变形虽然发展很快，但却只能随着应力的提高而提高，直至应力达最大值。此后，钢材抵抗变形的能力明显降低，并在最薄弱处发生较大的塑性变形，此处试件截面迅速缩小，出现颈缩现象，直至断裂。钢材受拉断裂前的最大应力值（b 点对应值）称为抗拉强度或强度极限，它是衡量金属材料强度的主要性能指标之一，其计算式如下：

$$\sigma_b = \frac{P_b}{F} \text{（MPa 或 N/mm}^2\text{）} \tag{1.3-4}$$

式中 P_b——最大拉力，N；

F——试样横截面积，mm^2。

2. 抗弯强度

指外力是弯曲力时的强度极限，用符号 σ_{bb} 或 σ_w 表示，其计算式为：

$$\sigma_{bb} = \frac{M_b}{W} \quad \text{（MPa 或 N/mm}^2\text{，适用于脆性材料）} \tag{1.3-5}$$

式中 M_b——最大弯曲力矩，N·mm；

W——试样截面系数，mm^3。

3. 抗压强度

指外力是压力时的强度极限，压缩试验主要适用于低塑性材料，如铸铁、木材、塑料等，用符号 σ_{bc} 或 σ_y 表示，其计算式为：

$$\sigma_y = \frac{P_y}{F} \quad \text{（MPa 或 N/mm}^2\text{）} \tag{1.3-6}$$

式中 P_y——最大压力，N；

F——试样横截面积，mm^2。

4. 屈服点、屈服强度和规定非比例伸长应力

当材料所受应力超过弹性极限后，变形增加较快，此时除了产生弹性变形外，还产生部分塑性变形。当应力达到一定值后，塑性应变急剧增加，曲线出现一个波动的小平台，这种现象称为屈服。这一阶段的最大、最小应力分别称为上屈服点和下屈服点。由于下屈服点的数值较为稳定，因此，以它作为材料抗力的指标，称为屈服点或屈服强度。对于屈服现象明显的材料，屈服强度就是在屈服点的应力，其计算式为：

$$\sigma_s = \frac{P_s}{F_0} \quad \text{（MPa 或 N/mm}^2\text{）} \tag{1.3-7}$$

式中 P_s——屈服载荷，N；

F_0——试样横截面积，mm^2。

对于某些屈服现象不明显的金属材料，测定屈服点比较困难，常把产生 0.2% 永久变形的应力定为屈服点（$\sigma_{0.2}$），称为屈服强度、条件屈服极限或规定残余伸长应力，其计算式为：

$$\sigma_{0.2}=\frac{P_{0.2}}{F_0} \quad (\text{MPa 或 N/mm}^2) \tag{1.3-8}$$

式中 $P_{0.2}$——试样产生永久变形为 0.2%时的载荷，N；

F_0——试样横截面积，mm^2。

规定非比例伸长应力（代号为 σ_ρ）是指金属材料在受拉力过程中，试件标距部分非比例伸长率达到某一规定数值时的应力；当数值规定为 0.01%时，其代号写为 $\sigma_{\rho 0.01}$。

1.3.3 硬度性能指标

硬度是指金属抵抗硬的物体压入其表面的能力。

1. 布氏硬度

布氏硬度试验法是用淬硬小钢球或硬质合金球压入金属表面，保持一定时间后卸去负荷，以其压痕面积除加在钢球上的载荷，所得之商，即为该金属的布氏硬度数值，无单位。布氏硬度的代号有 HBS（淬硬钢球测定）、HBW（硬质合金球测定），有时也笼统的写为 HB。

2. 洛氏硬度

洛氏硬度试验是用顶角为 120°的圆锥形金刚石压头（用于硬质材料）或直径为 1.59mm（即 1/16in）的钢球，在一定载荷作用下，压入金属表面，然后根据压痕的深度来计算硬度的大小。洛氏硬度值可从洛氏硬度机刻度盘上读出，数值大小即表示硬度的高低，无单位。

洛氏硬度应用范围很广，可用于试验各种钢材、有色金属、热处理后的机件及硬质合金等。在试验前，应先估计可能具有的硬度值，以确定采用不同的压头与载荷，所得的硬度分别用 HRA、HRB、HRC 3 种符号表示。洛式硬度试验所用压头与载荷的关系见表 1.3-1。

洛氏硬度试验条件 **表 1.3-1**

硬度符号	压头	载荷 N(kgf)	测量范围 HR	应用范围
HRA	120°圆锥形金刚石	588.4(60)	60～85	用于测定硬度高或硬而薄的金属材料
HRB	ϕ1.59mm(1/16″)钢球	980.7(100)	25～100	用于测定 HB=60～230 之类的较软金属
HRC	120°圆锥形金刚石	1471(150)	20～67	用于测定 HB=230～700 的硬金属材料及淬火钢

注：HRA、HRC 所用刻度盘满刻度为 100，HRB 满刻度为 130。

3. 维氏硬度

维氏硬度（代号 HV）试验是用 49.03～980.7N（5～100kgf）的载荷，将顶角为 136°的金刚石四方角锥体压头压入金属表面，根据试样表面压痕对角线长度计算出其压痕面积，该面积除载荷所得之商，即为维氏硬度值，无单位。维式硬度适用于较大工件和较深表面层的硬度测定。

维式硬度还有小负荷维式硬度，试验负荷为 1.961～49.03N（0.2～5.0kgf），用于较薄金属材料或镀层的硬度测定。

显微维式硬度，试验负荷为小于 1.961N（0.2kgf），用于金属箔或极薄表面层的硬度测定。

1.3.4 塑性指标

塑性是指金属材料在外力作用下产生永久变形而不致破坏的能力，主要有伸长率和断面收缩率两项指标。

1. 伸长率

金属试样受外力作用被拉断以后，在试件标距内总伸长长度与原来标距长度相比的百分数，称为伸长率或延伸率。根据试样长度的不同，通常用 δ_5 或 δ_{10} 来表示，δ_5 是试样标距长度为其直径 5 倍时的伸长率（%），δ_{10} 是试样标距长度为其直径 10 倍时的伸长率（%）。

2. 断面收缩率

金属受外力作用被拉断以后，其横截面的缩小量与原来横截面积相比的百分数，称为断面收缩率（%）。金属材料的伸长率和断面收缩率越高，表明这种材料的塑性就越好，容易进行压力加工。

1.3.5 韧性指标

所谓韧性是指金属材料在冲击力（动力载荷）的作用下不破坏的性质。冲击韧性是评定金属材料在动载荷下承受冲击抗力的力学性能指标，通常以大能量的一次冲击值作为标准。它是采用一定尺寸和形状的标准试样，在摆锤式一次冲击试验机上来进行试验，试验结果以冲断试样上所消耗的功与断口处横截面积（F）之比值大小来衡量。目前世界上许多国家直接采用冲击功作为冲击韧性的指标。

冲击功即冲击吸收功（代号为 A_k，单位：J），是指用一定形状和尺寸的材料试样在冲击负荷作用下折断时所吸收的功。

冲击值即冲击韧性（代号为 σ_k，单位：J/cm^2），是指将冲击吸收功除以试样缺口底部处横截面积所得的商。

用夏比 U 形缺口试样求得的冲击功和冲击值，代号分别为 A_{kU} 和 σ_{kU}；用夏比 V 形缺口试样求得的冲击功和冲击值，代号分别为 A_{kV} 和 σ_{kV}。

1.4 碳素钢

钢材是最重要的工程金属材料，按化学成分分为碳钢、合金钢两大类。碳钢除以铁、碳为主要成分外，还含有少量的锰、硅、硫、磷等杂质元素。碳钢即含碳量低于 2.16% 的铁碳合金。在流体输送及结构用金属管材中，有 90%以上是碳钢管材，因此，有必要简要介绍一下有关碳素钢的基本知识。

1.4.1 碳素钢的分类

钢是含碳量在 0.04%～2.3%之间铁合金，为了保证其韧性和塑性，含碳量一般不超过 1.7%。碳素钢的含碳量通常小于 1.35%，除铁、碳和限量以内的硅、锰、磷、硫等杂质外，不含其他合金元素。碳素钢的性能主要取决于含碳量。含碳量增加，钢的强度、硬度升高，塑性、韧性和可焊性降低。

1. 按化学成分分为低碳钢、中碳钢和高碳钢

低碳钢——含碳量为0.04%～0.25%。

中碳钢——含碳量为0.25%～0.60%。

高碳钢——含碳量为0.60%～1.35%。

2. 按用途分为结构钢、工具钢、特殊用钢和专业用钢

（1）碳素结构钢

1）建筑及工程用结构钢。建筑及工程用结构钢，简称建造用钢，是指用于建筑、桥梁、船舶、管道、锅炉或其他工程上制作金属结构件的钢。这类钢大多为低碳钢，因为它们要经过焊接施工，含碳量不宜过高，一般都是在热轧供应状态或正火状态下使用。

2）机械制造用结构钢。机械制造用结构钢是指用于制造机械设备上结构零件的钢。这类钢基本上都是优质钢或高级优质钢，它们往往要经过热处理、冷塑成型、械切削加工后才能使用。

（2）工具钢。工具钢是指用于制造各种工具的钢。这类钢按其化学成分，通常分为碳素工具钢、合金工具钢和高速钢；按照用途又可分为刃具钢、模具钢和量具钢。

（3）特殊用钢。特殊用钢是指用特殊方法生产、具有特殊物理、化学性能或机械性能的钢。属于这一类型的钢，主要有：①不锈耐酸钢；②耐热不起皮钢；③高电阻合金；④低温用钢；⑤耐磨钢；⑥磁钢（包括硬磁钢和软磁钢）；⑦抗磁钢；⑧超高强度钢（指$\sigma_b \geqslant 1400N/mm^2$的钢）。

（4）专业用钢。专业用钢是指各个工业部门有专业用途的钢。例如：机床用钢、重型机械用钢、汽车用钢、航空用钢、石油机械用钢、锅炉用钢、焊条用钢等。

3. 按钢的品质分为普通碳素钢、优质碳素钢和高级优质碳素钢

（1）普通碳素钢。钢中杂质元素较多，硫、磷含量较高。一般硫（S）含量不大于0.045%，磷（P）含量不大于0.050%。

（2）优质碳素钢。钢中杂质元素较少，硫、磷含量较低。硫（S）、磷（P）含量均不大于0.035%的钢。

（3）高级优质碳素钢。钢中杂质元素极少，硫、磷杂质含量很低，硫（S）、磷（P）含量均不大于0.03%的钢。

4. 按冶炼方法分为沸腾钢、镇静钢和半镇静钢

（1）沸腾钢。是脱氧不完全的钢，浇注时在钢锭模里产生沸腾，因而得名，其特点是收得率高、成本低、表面质量及深冲性能好；但成分偏析大、质量不均匀，抗腐蚀性和机械强度较差。这类钢大量用以轧制普通碳素钢的型钢和钢板。

（2）镇静钢。是脱氧完全的钢，在浇注时钢液镇静，没有沸腾现象，所以称镇静钢。其特点是成分偏析少、质量均匀，但金属的收得率低（缩孔多），成本比较高。一般合金钢和优质碳素钢都是镇静钢。

（3）半镇静钢。是脱氧程度介于沸腾钢和镇静钢之间的钢，浇注时沸腾现象较沸腾钢弱。钢的质量、成本和收得率也介于沸腾钢和镇静钢之间。它的生产较难控制，故目前在钢的生产中所占比重不大。

5. 碳钢中的杂质

碳钢中经常存在的杂质有锰（Mn）、硅（Si）、磷（P）、硫（S）、氧（O）、氢（H）等。

锰是炼钢时用锰铁脱氧而残留在钢中的元素，具有很好的脱氧能力，能够清除钢中的一氧化铁（FeO），改善钢的品质，特别是降低钢的脆性。锰可以和硫形成硫化锰（MnS），消除硫的有害作用，改善钢的加工性，因此，碳钢中常保持一定的含锰量。锰在铁中有一定的固溶度形成含锰铁素体，对钢起到强化作用，也溶于渗碳体中形成合金渗碳体。锰对碳钢的性能有良好的影响，是一个有益的元素。

硅也是作为脱氧剂加入钢中的，其脱氧作用比锰还要强，能消除杂质（FeO）对钢品质的不良影响。

硫是钢中的有害杂质。硫是炼钢时由矿石和燃料带到钢中的。硫在铁中几乎不能溶解，而与铁形成化合物，从而导致钢材热加工时开裂，这种现象叫热脆性。硫对钢的焊接性也有不良影响，即容易导致焊缝热裂。

磷也是钢中的有害杂质，磷来自矿石中，在炼钢中难以除尽。钢中磷的含量即使有千分之几，也会使钢的脆性增加，特别是低温时，磷会降低钢的可焊性，产生焊接裂纹。磷对高寒和其他低温条件下工作的钢构件具有严重的危害性。

氧在炼钢时能促进碳和杂质的氧化，因此，炼钢时必须加入氧化剂（或吹氧），因此，钢液中常存留过剩的氧，如一氧化铁（FeO）、三氧化二铝（$A1_2O_3$）等，对钢的性能起着恶劣的影响。随着氧的含量增加，钢的强度、塑性和韧性会降低，钢的冷、热加工性能变坏。脱氧不合格的钢，可焊性很差，易产生气孔和裂纹。

氢一般是由锈、含氢炉料或浇注系统带入钢中的。钢中含氢会引起钢的氢脆、白点等缺陷。氢脆即是指氢能扩散到钢中应力集中区，并间隙溶解到承受张应力的晶格中去，使其塑性下降到几乎等于零；白点是指热轧钢坯中特殊的小裂纹（称发裂），其形成原因主要是氢脆和应力共同作用的结果。降低钢液中的含氢量，能有效防止氢脆、白点的产生。

1.4.2 碳素结构钢

按照《碳素结构钢》GB/T 700-2006 的规定，碳素结构钢牌号和化学成分（熔炼分析）应符合表 1.4-1 的规定，拉伸和冲击试验结果应符合表 1.4-2 的规定。表中 Q 表示屈服强度，A、B、C、D 分别为质量等级，F 表示沸腾钢，Z 表示镇静钢，TZ 表示特殊镇静钢。在牌号组成中 Z、TZ 符合通常省略。

碳素结构钢牌号和化学成分 **表 1.4-1**

牌号	统一数字代号	等级	厚度或直径（mm）	脱氧方法	化学成分（质量分数）（%）不大于				
					C	Si	Mn	P	S
Q195	U11952	—	—	F,Z	0.12	0.30	0.50	0.035	0.040
Q215	U12152	A	—	F,Z	0.15	0.35	1.20	0.045	0.050
	U12155	B							0.045
Q235	U12352	A	—	F,Z	0.22	0.35	1.40	0.045	
	U12355	B			0.20 *				0.045
	U12358	C		Z	0.17			0.040	
	U12359	D		TZ				0.035	0.035

续表

牌　号	统一数字代号	等级	厚度或直径(mm)	脱氧方法	化学成分(质量分数)(%) 不大于				
					C	Si	Mn	P	S
Q275	U12752	A	—	F,Z	0.24	0.35	1.50	0.045	0.050
	U12755	B	≤40	Z	0.21			0.045	0.045
			>40		0.22				
	U12758	C	—	Z	0.20			0.040	0.040
	U12759	D		TZ				0.035	0.035

注：1. 表中统一数字代号为镇静钢、特殊镇静钢。沸腾钢的统一数字代号如下：
Q195F——U11950；
Q215AF——U12150；Q215BF——U12153；
Q235AF——U12350；Q235BF——U12353；
Q275AF——U12750。
2. 表中 0.20＊表示经需方同意，Q235B 的含碳量可不大于 0.22%。

碳素结构钢的拉伸和冲击试验结果　　表 1.4-2

牌号	等级	屈服强度 R_{eH}(N/mm²) 不小于						抗拉强度 R_m (N/mm²)	伸长率 A(%) 不小于					冲击试验(V形缺口)	
		厚度(或直径)(mm)							厚度(或直径)(mm)					温度(℃)	冲击吸收功(纵向)不小于(J)
		≤16	>16~40	>40~60	>60~100	>100~150	>150~200		≤40	>40~60	>60~100	>100~150	>150~200		
Q195	—	195	185	—	—	—	—	315~430	—	—	—	—	—	—	—
Q215	A	215	205	195	185	175	165	335~450	31	30	29	27	26	—	—
	B													+20	27
Q235	A	235	225	215	215	195	185	370~500	26	25	24	22	21	—	—
	B													+20	27＊
	C													0	
	D													−20	
Q275	A	275	265	255	245	225	215	410~540	32	21	20	18	17	—	—
	B													+20	27
	C													0	
	D													−20	

注：1. 表中 Q195 的屈服强度值仅供参考，不作为交货条件。
2. 厚度大于 100mm 抗拉强度下限允许降低 20N/mm²。宽带钢（包括剪切钢板）抗拉强度上限不作为交货条件。
3. 表中 27＊表示厚度小于 25mm 的 Q235 B级钢材，如供方能保证冲击吸收功值合格，经需方同意，可不做检验。

1.4.3　优质碳素结构钢

按照《优质碳素结构钢》GB/T 699-1999 的规定，优质碳素结构钢的牌号统一数字代号及化学成分（熔炼分析）应符合表 1.4-3 的规定；钢材（或坯）的化学成分允许偏差应符合表 1.4-4 的规定；用热处理（正火）毛坯制成的试样测定钢材的纵向力学性能（不包括冲击吸收功）应符合表 1.4-5 的规定。

优质碳素结构钢牌号统一数字代号及化学成分 表 1.4-3

序号	统一数字代号	牌号	化学成分(%)					
			C	Si	Mn	Cr	Ni	Cu
						不大于		
1	U20080	08F	0.05～0.11	≤0.03	0.25～0.50	0.10	0.30	0.25
2	U200100	10F	0.07～0.13	≤0.07	0.25～0.50	0.15	0.30	0.25
3	U20150	15F	0.12～0.18	≤0.07	0.25～0.50	0.25	0.30	0.25
4	U20082	08	0.05～0.11	0.17～0.37	0.35～0.65	0.10	0.30	0.25
5	U20102	10	0.07～0.13	0.17～0.37	0.35～0.65	0.15	0.30	0.25
6	U20152	15	0.12～0.18	0.17～0.37	0.35～0.65	0.25	0.30	0.25
7	U20202	20	0.17～0.23	0.17～0.37	0.35～0.65	0.25	0.30	0.25
8	U20252	25	0.22～0.29	0.17～0.37	0.50～0.80	0.25	0.30	0.25
9	U20302	30	0.27～0.34	0.17～0.37	0.50～0.80	0.25	0.30	0.25
10	U20352	35	0.32～0.39	0.17～0.37	0.50～0.80	0.25	0.30	0.25
11	U20402	40	0.37～0.44	0.17～0.37	0.50～0.80	0.25	0.30	0.25
12	U20452	45	0.42～0.50	0.17～0.37	0.50～0.80	0.25	0.30	0.25
13	U20502	50	0.47～0.55	0.17～0.37	0.50～0.80	0.25	0.30	0.25
14	U20552	55	0.52～0.60	0.17～0.37	0.50～0.80	0.25	0.30	0.25
15	U20602	60	0.57～0.65	0.17～0.37	0.50～0.80	0.25	0.30	0.25
16	U20652	65	0.62～0.70	0.17～0.37	0.50～0.80	0.25	0.30	0.25
17	U20702	70	0.67～0.75	0.17～0.37	0.50～0.80	0.25	0.30	0.25
18	U20752	75	0.72～0.80	0.17～0.37	0.50～0.80	0.25	0.30	0.25
19	U20802	80	0.77～0.85	0.17～0.37	0.50～0.80	0.25	0.30	0.25
20	U20852	85	0.82～0.90	0.17～0.37	0.50～0.80	0.25	0.30	0.25
21	U21152	15Mn	0.12～0.18	0.17～0.37	0.70～1.00	0.25	0.30	0.25
22	U21202	20Mn	0.17～0.23	0.17～0.37	0.70～1.00	0.25	0.30	0.25
23	U21252	25Mn	0.22～0.29	0.17～0.37	0.70～1.00	0.25	0.30	0.25
24	U21302	30Mn	0.27～0.34	0.17～0.37	0.70～1.00	0.25	0.30	0.25
25	U21352	35Mn	0.32～0.39	0.17～0.37	0.70～1.00	0.25	0.30	0.25
26	U21402	40Mn	0.37～0.44	0.17～0.37	0.70～1.00	0.25	0.30	0.25
27	U21452	45Mn	0.42～0.50	0.17～0.37	0.70～1.00	0.25	0.30	0.25
28	U21502	50Mn	0.48～0.56	0.17～0.37	0.70～1.00	0.25	0.30	0.25
29	U21602	60Mn	0.57～0.65	0.17～0.37	0.70～1.00	0.25	0.30	0.25
30	U21652	65Mn	0.62～0.70	0.17～0.37	0.90～1.20	0.25	0.30	0.25
31	U21702	70Mn	0.67～0.75	0.17～0.37	0.90～1.20	0.25	0.30	0.25

注：表中所列牌号为优质钢。如果是高级优质钢，在牌号后面加“A”(统一数字代号最后一位数改为“3”)，如果是特级优质钢，在牌号后面加“E”(统一数字代号最后一位数改为“6”)；对于沸腾钢，牌号后面为“F”(统一数字代号最后一位数为“0”)；对于半镇静钢牌号后面为“b”(统一数字代号最后一位数为“1”)。

钢材（或钢坯）的化学成分允许偏差　　表 1.4-4

组　别	P	S
	不大于(%)	
优质钢	0.035	0.035
高级优质钢	0.030	0.030
特级优质钢	0.025	0.020

优质碳素结构钢力学性能　　表 1.4-5

序号	牌号	试样毛坯尺寸	推荐热处理温度(℃)			力学性能					钢材交货状态硬度 HBS 10/3 000 不大于	
			正火	淬火	回火	σ_b (MPa)	σ_s (MPa)	δ_5 (%)	Ψ (%)	A_{KU2} (J)	未热处理钢	退火钢
						不小于						
1	08F	25	930			295	175	35	60		131	
2	10F	25	930			315	185	33	55		137	
3	15F	25	920			355	205	29	55		143	
4	08	25	930			325	195	33	60		131	
5	10	25	930			335	205	31	55		137	
6	15	25	920			375	225	27	55		143	
7	20	25	910			410	245	25	55		156	
8	25	25	900	870	600	450	275	23	50	71	170	
9	30	25	880	860	600	490	295	21	50	63	179	
10	35	25	870	850	600	530	315	20	45	55	197	
11	40	25	860	840	600	570	335	19	45	47	217	187
12	45	25	850	840	600	600	355	16	40	39	229	197
13	50	25	830	830	600	630	375	14	40	31	241	207
14	55	25	820	820	600	645	380	13	35		255	217
15	60	25	810			675	400	12	35		255	229
16	65	25	810			695	410	10	30		255	229
17	70	25	790			715	420	9	30		269	229
18	75	试样		820	480	1080	880	7	30		285	241
19	80	试样		820	480	1080	930	6	30		285	241
20	85	试样		820	480	1130	980	6	30		302	255
21	15Mn	25	920			410	245	26	55		163	
22	20Mn	25	910			450	275	24	50		197	
23	25Mn	25	900	870	600	490	295	22	50	71	207	
24	30Mn	25	880	860	600	540	315	20	45	63	217	187
25	35Mn	25	870	850	600	560	335	18	45	55	229	197
26	40Mn	25	860	840	600	590	355	17	45	47	229	207
27	45Mn	25	850	840	600	620	375	15	40	39	241	217
28	50Mn	25	830	830	600	645	390	13	40	31	255	217
29	60Mn	25	810			695	410	11	35		269	229

续表

序号	牌号	试样毛坯尺寸	推荐热处理温度(℃)			力学性能					钢材交货状态硬度 HBS 10/3 000 不大于	
			正火	淬火	回火	σ_b (MPa)	σ_s (MPa)	δ_5 (%)	Ψ (%)	A_{KU2} (J)		
						不小于					未热处理钢	退火钢
30	65Mn	25	830			735	430	9	30		285	229
31	70Mn	25	790			785	450	8	30		285	229

注：1. 对于直径或厚度小于25mm的钢材，热处理是在与成品截面尺寸相同的试样毛坯上进行；

2. 表中所列正火推荐保温时间不少于30min，空冷；淬火推荐保温时间不少于30min，70、80和85钢油冷，其余钢水冷；回火推荐保温时间不少于1h。

1.4.4 碳素工具钢

根据《碳素工具钢》GB/T 1298-2008的规定，钢材按使用加工方法，可分为压力加工用钢（代号UP，其中热加工用钢代号为UHP，冷加工用钢代号为UCP）和切削加工用钢（代号UC）两类。碳素工具钢按质量等级可分为优质钢和高级优质钢。一般要求工具钢有较高的硬度和耐磨性，足够的强度和韧性。

碳素工具钢可分为优质碳素工具钢和高级优质碳素工具钢两大类。

碳素工具钢牌号冠以“T”表示，其后数字表示平均含碳量的千分之几，若为高级优质钢在数字后面加A字。例如T8，表示平均含碳量为0.8%的优质碳素丁具钢，T10A表示平均含碳量为1%的高级优质工具钢。当含锰量较高时，在牌号后标以“Mn”，如T8AMn。

碳素工具钢的牌号为T7～T13，其化学成分中的含碳量逐渐增加，硬度也相应提高，韧性则逐渐降低。由于碳素工具钢在建筑安装工程中只是作为工具使用，而不作为管材使用，故不再作详细介绍。

1.4.5 铸钢

按照《一般工程用铸造碳钢》GB/T 11352-2009的规定，铸钢一般用于制造形状复杂，难于锻造，而且要求较高的强度、硬度并承受冲击载荷的零件。铸钢的铸造性能较差，其凝固温度区间较大，流动性差。另外，铸钢件在凝固过程中的收缩率较大，容易造成应力集中和铸件变形。铸钢一般采用控制浇制温度的方法来改善其流动性。一般工程用铸造碳钢件的化学成分见表1.4-6，力学性能见表1.4-7。

碳钢的化学成分（质量分数）　　表1.4-6

牌号	C	Si	Mn	S	P	残余元素,不大于(%)					
	不大于(%)					Ni	Cr	Cu	Mo	V	残余元素总量
ZG200-400	0.02	0.60	0.80	0.035	0.035	0.40	0.35	0.40	0.20	0.05	1.00
ZG230-450	0.03		0.90								
ZG270-500	0.04										
ZG310-570	0.05										
ZG340-640	0.06										

碳钢的力学性能 表 1.4-7

牌号	屈服强度 $R_{eH}(R_{p0.2})$ (MPa)	抗拉强度 R_m (MPa)	伸长率 A (%)	根据合同选用，不小于		
				断面收缩率 Z (%)	冲击吸收功 A_{kV} (J)	冲击吸收功 A_{kU} (J)
	不小于					
ZG200-400	200	400	25	40	30	47
ZG230-450	230	450	22	32	25	35
ZG270-500	270	500	18	25	22	27
ZG310-570	310	570	15	21	15	24
ZG340-640	340	640	10	18	10	16

1.5 低合金高强度结构钢

钢管中除碳素钢管材占有绝对多的数量外，低合金高强度结构钢管简称低合金钢管，位居其次，在介绍低合金高强度结构钢之前，先简要地介绍一下合金钢。

1.5.1 合金钢简述

合金钢的不同分类方法：

1. 主要按用途分

（1）合金结构钢：主要用于重要的工程结构和机械零件。本部分要介绍的低合金高强度结构钢即属此类；

（2）合金工具钢：主要用于重要的工具、模具；

（3）特殊钢：具备特殊的物理或化学性能，用于特殊要求的结构或零件，如不锈钢、耐热钢等。不锈钢中以奥氏体不锈钢管材应用较广。火力发电厂的高压、高温蒸汽管道则必须使用耐热钢。

不锈钢和耐热钢牌号的表示方法为：数字＋元素符号＋数字。例如，0Cr18Ni9 表示碳含量≤0.07%，铬含量≤17%～19%，镍含量≤8%～10%的不锈钢。前面的数字表示碳含量，钢号中碳含量以千分之几表示，例如 2Cr13 钢的平均碳含量为 2‰，若钢中碳含量≤0.03%或≤0.08%时，钢号前面分别冠以“00”或“0”表示，如 00Cr17Ni14Mo2。

对钢中主要合金元素以百分之几表示，而钛、铌、锆、氮等，则按上述合金结构钢对微合金元素的表示方法标出。

2. 按合金元素的含量划分

（1）低合金钢：钢中合金元素的质量分数总量不超过 5%；

（2）中合金钢：钢中合金元素的质量分数总量为 5%～10%；

（3）高合金钢：钢中合金元素的质量分数总量大于 10%。

3. 按金相组织分

（1）按正火处理后的组织可分为珠光体类钢、马氏体类钢、贝氏体类钢、奥氏体类钢。

（2）按退火处理后的组织可分为亚共析钢（铁素体＋珠光体）、共析钢（珠光体）。

1.5.2 低合金高强度结构钢

低合金高强度结构钢要求同时保证化学成分和力学性能，一般在供应状态下使用，有钢管、钢板、钢带及型钢、钢棒等产品。

现行标准《低合金高强度结构钢》GB/T 1591-2008 已替代《低合金高强度结构钢》GB 1591-1994。

低合金高强度结构钢的牌号由代表屈服强度的汉语拼字母、屈服点数值、质量等级符号（A、B、C、D、E）三部分组成。例如 Q390 D，Q 代表钢材屈服强度，390 代表屈服强度数值（MPa），质量等级为 D 级。

1. 牌号和化学成分

低合金高强度结构钢的牌号和化学成分（熔炼分析）应符合表 1.5-1 规定。表中化学成分栏的 Als 系酸熔铝，主要起细化晶粒的作用。

低合金高强度结构钢的牌号和化学成分 **表 1.5-1**

<table>
<tr><th rowspan="3">牌号</th><th rowspan="3">质量等级</th><th colspan="15">化学成分(质量分数)(%)</th></tr>
<tr><th rowspan="2">C</th><th rowspan="2">Si</th><th rowspan="2">Mn</th><th>P</th><th>S</th><th>Nb</th><th>V</th><th>Ti</th><th>Cr</th><th>Ni</th><th>Cu</th><th>N</th><th>Mo</th><th>B</th><th>Als</th></tr>
<tr><th colspan="11">≤</th><th>≥</th></tr>
<tr><td rowspan="5">Q345</td><td>A</td><td rowspan="3">≤0.02</td><td rowspan="5">≤0.50</td><td rowspan="5">≤1.70</td><td>0.035</td><td>0.035</td><td rowspan="5">0.07</td><td rowspan="5">0.15</td><td rowspan="5">0.20</td><td rowspan="5">0.30</td><td rowspan="5">0.50</td><td rowspan="5">0.30</td><td rowspan="5">0.12</td><td rowspan="5">0.10</td><td rowspan="5">—</td><td rowspan="2">—</td></tr>
<tr><td>B</td><td>0.035</td><td>0.035</td></tr>
<tr><td>C</td><td>0.030</td><td>0.030</td><td rowspan="3">0.15</td></tr>
<tr><td>D</td><td rowspan="2">≤0.18</td><td>0.030</td><td>0.025</td></tr>
<tr><td>E</td><td>0.025</td><td>0.020</td></tr>
<tr><td rowspan="5">Q390</td><td>A</td><td rowspan="5">≤0.02</td><td rowspan="5">≤0.50</td><td rowspan="5">≤1.70</td><td>0.035</td><td>0.035</td><td rowspan="5">0.07</td><td rowspan="5">0.20</td><td rowspan="5">0.20</td><td rowspan="5">0.30</td><td rowspan="5">0.50</td><td rowspan="5">0.30</td><td rowspan="5">0.15</td><td rowspan="5">0.10</td><td rowspan="5">—</td><td rowspan="2">—</td></tr>
<tr><td>B</td><td>0.035</td><td>0.035</td></tr>
<tr><td>C</td><td>0.030</td><td>0.030</td><td rowspan="3">0.15</td></tr>
<tr><td>D</td><td>0.030</td><td>0.025</td></tr>
<tr><td>E</td><td>0.025</td><td>0.020</td></tr>
<tr><td rowspan="5">Q420</td><td>A</td><td rowspan="5">≤0.02</td><td rowspan="5">≤0.50</td><td rowspan="5">≤1.70</td><td>0.035</td><td>0.035</td><td rowspan="5">0.07</td><td rowspan="5">0.20</td><td rowspan="5">0.20</td><td rowspan="5">0.30</td><td rowspan="5">0.50</td><td rowspan="5">0.30</td><td rowspan="5">0.15</td><td rowspan="5">0.20</td><td rowspan="5">—</td><td rowspan="2">—</td></tr>
<tr><td>B</td><td>0.035</td><td>0.035</td></tr>
<tr><td>C</td><td>0.030</td><td>0.030</td><td rowspan="3">0.15</td></tr>
<tr><td>D</td><td>0.030</td><td>0.025</td></tr>
<tr><td>E</td><td>0.025</td><td>0.020</td></tr>
<tr><td rowspan="3">Q460</td><td>C</td><td rowspan="3">≤0.02</td><td rowspan="3">≤0.60</td><td rowspan="3">≤1.80</td><td>0.030</td><td>0.030</td><td rowspan="3">0.11</td><td rowspan="3">0.20</td><td rowspan="3">0.20</td><td rowspan="3">0.30</td><td rowspan="3">0.80</td><td rowspan="3">0.55</td><td rowspan="3">0.15</td><td rowspan="3">0.20</td><td rowspan="3">0.004</td><td rowspan="3">0.15</td></tr>
<tr><td>D</td><td>0.030</td><td>0.025</td></tr>
<tr><td>E</td><td>0.025</td><td>0.020</td></tr>
<tr><td rowspan="3">Q500</td><td>C</td><td rowspan="3">≤0.18</td><td rowspan="3">≤0.60</td><td rowspan="3">≤1.80</td><td>0.030</td><td>0.030</td><td rowspan="3">0.11</td><td rowspan="3">0.12</td><td rowspan="3">0.20</td><td rowspan="3">0.60</td><td rowspan="3">0.80</td><td rowspan="3">0.55</td><td rowspan="3">0.15</td><td rowspan="3">0.20</td><td rowspan="3">0.004</td><td rowspan="3">0.15</td></tr>
<tr><td>D</td><td>0.030</td><td>0.025</td></tr>
<tr><td>E</td><td>0.025</td><td>0.020</td></tr>
</table>

续表

牌号	质量等级	化学成分(质量分数)(%)														
		C	Si	Mn	P	S	Nb	V	Ti	Cr	Ni	Cu	N	Mo	B	Als
					≤											≥
Q550	C	≤0.18	≤0.60	≤2.00	0.030	0.030	0.11	0.12	0.20	0.80	0.80	0.80	0.015	0.30	0.004	0.015
	D				0.030	0.025										
	E				0.025	0.020										
Q620	C	≤0.18	≤0.60	≤2.00	0.030	0.030	0.11	0.12	0.20	1.00	0.80	0.80	0.015	0.30	0.004	0.015
	D				0.030	0.025										
	E				0.025	0.020										
Q690	C	≤0.18	≤0.60	≤2.00	0.030	0.030	0.11	0.12	0.20	1.00	0.80	0.80	0.015	0.30	0.004	0.015
	D				0.030	0.025										
	E				0.025	0.020										

注：1. 对于型材和棒材，P、S含量可提高0.005%，其中A级钢上限可为0.045%。

2. 当细化晶粒元素组合加入时，20（Nb+V+Ti）≤0.22%，20（Mo + Cr）≤0.30%。

2. 拉伸性能

低合金高强度结构钢的拉伸性能应符合表1.5-2的规定。

低合金高强度结构钢的拉伸性能（摘要）　　表1.5-2

牌号	质量等级	拉伸试验											
		以下公称厚度(直径,边长)下的屈服强度 R_{eL}(MPa)					以下公称厚度(直径,边长)下的屈服强度 R_m(MPa)				断后伸长率 A (%)		
											公称厚度(直径,边长)(mm)		
		>16	>16~40	>40~63	>63~80	>80~100	>40	>40~63	>63~80	>80~100	>40	>40~83	>63~100
		mm					mm						
Q345	A	≥345	≥335	≥325	≥315	≥305	470~630	470~630	470~630	470~630	≥20	≥19	≥19
	B												
	C										≥21	≥20	≥20
	D												
	E												
Q390	A	≥390	≥370	≥350	≥330	≥330	490~650	490~650	490~650	490~650	≥20	≥19	≥19
	B												
	C												
	D												
	E												
Q420	A	≥420	≥400	≥380	≥360	≥360	520~680	490~650	490~650	490~650	≥19	≥18	≥18
	B												
	C												
	D												
	E												

续表

牌号	质量等级	拉伸试验											
		以下公称厚度(直径,边长)下的屈服强度 R_{eL}(MPa)					以下公称厚度(直径,边长)下的屈服强度 R_m(MPa)				断后伸长率 A(%)		
		>16	>16~40	>40~63	>63~80	>80~100	>40	>40~63	>63~80	>80~100	公称厚度(直径,边长)(mm)		
		mm					mm				>40	>40~83	>63~100
Q460	C												
	D	≥460	≥440	≥420	≥400	≥480	550~720	550~720	550~720	550~720	≥17	≥16	≥16
	E												
Q500	C												
	D	≥500	≥480	≥470	≥450	≥440	610~770	600~760	590~750	540~730	≥17	≥17	≥17
	E												
Q550	C												
	D	≥550	≥530	≥520	≥500	≥490	670~830	620~810	600~790	590~780	≥16	≥16	≥16
	E												
Q620	C												
	D	≥620	≥600	≥590	≥570	—	710~880	690~880	670~860	—	≥15	≥15	≥15
	E												
Q690	C												
	D	≥690	≥670	≥660	≥640	—	770~940	750~920	730~900	—	≥14	≥14	≥14
	E												

注：1. 本表为摘要，未列入原标准中试样厚度100mm以上的数据。

2. 当屈服强度不明显时，可测量 $R_{p0.2}$ 代替屈服强度。

3. 宽度不小于600mm的扁平材，拉伸试验取横向试样；宽度小于600mm的扁平材、型材及棒材，取纵向试样，断后伸长率最小值相应提高1%（绝对值）。

1.6 铸铁

铸铁是含碳大于2.11%（一般为2.5%～4%）的铁碳合金。它是以铁、碳、硅为主要组成元素，比碳钢含有较多的锰、硫、磷杂质的多元合金，为了提高铸铁的力学、物理、化学等性能，还可以加入一些合金元素。

铸铁在建筑和工业生产上得到广泛应用，其原因是铸铁有优良的铸造性能、较高的强度和较好的耐腐蚀性，熔炼、浇注工艺和设备简单，成本低廉。

铸铁主要分为白口铸铁、灰铸铁、可锻铸铁和球墨铸铁，其中白口铸铁主要用作炼钢原料及生产可锻铸铁的毛坯，这是因为在白口铸铁中，除有少量的碳溶于铁素体外，其余的碳都以渗碳体的形式存在于铸铁中，故其性质硬而脆，很难切削加工，所以很少用来制造零件，由于其断口呈银白色，故称白口铸铁。

1.6.1 灰铸铁

在灰铸铁中，碳全部或大部以粒状石墨存在，其断口呈暗灰色。在铸铁的总产量中，灰铸铁约占 80%以上，常用来作机器底座、机架、泵体、管材、阀体等。

1. 灰铸铁件的牌号和力学性能

《灰铸铁件》GB 9439-2010 已于 2011 年开始实施，新标准与 1988 年原标准有较大差异。牌号中 HT 是“灰铁”二字的汉语拼音的第一个字母，后面三位数字表示直径 ϕ30 单铸试棒的最小抗拉强度（MPa）。

灰铸铁件的牌号和力学性能见表 1.6-1。

灰铸铁件的牌号和力学性能　　表 1.6-1

牌号	铸件厚度(mm)		最小抗拉强度 R_m(强制值)(MPa)		铸件本体预期抗拉强度 R_m(MPa)
			单棒试样	附铸试棒或试块	
	>	≤	≥	≥	≥
HT100	5	40	100	—	—
HT150	5	10	150	—	155
	10	20		—	130
	20	40		120	110
	40	80		110	95
	80	150		100	80
	150	300		90*	—
HT200	5	10	200	—	205
	10	20		—	180
	20	40		170	155
	40	80		150	130
	80	150		140	115
	150	300		130*	—
HT225	5	10	225	—	230
	10	20		—	200
	20	40		190	170
	40	80		170	150
	80	150		155	135
	150	300		145*	—
HT250	5	10	250	—	250
	10	20		—	225
	20	40		210	195
	40	80		190	170
	80	150		170	155
	150	300		160*	—

续表

牌号	铸件厚度(mm)		最小抗拉强度 R_m(强制值)(MPa)		铸件本体预期抗拉强度 R_m(MPa)
	>	≤	单棒试样 ≥	附铸试棒或试块 ≥	≥
HT275	10	20	275	—	250
	20	40		230	220
	40	80		205	190
	80	150		190	175
	150	300		175*	—
HT300	10	20	300	—	270
	20	40		250	240
	40	80		220	210
	80	150		210	195
	150	300		190*	—
HT350	10	20	350	—	315
	20	40		290	280
	40	80		260	250
	80	150		230	225
	150	300		210*	—

注：1. 当某牌号的铁液浇铸壁厚均匀、形状简单的铸件时，壁厚变化引起抗拉强度的变化，可从表中查出参考数值；当铸件壁厚不均匀，或有型芯时，本表只能给出不同壁厚处的大致抗拉强度值，铸件的设计应根据关键部位的实测值进行。
2. 最小抗拉强度数值后加 * 号，表示指导值，其余抗拉强度值均为强制性数值；铸件本体预期抗拉强度值不作为强制性数值。

2. 灰铸铁的热处理

灰铸铁的热处理一般用于消除铸件的内应力和稳定尺寸，消除铸件的白口组织及提高其硬度和耐磨性。其热处理方法有以下几种：

(1) 去应力退火。将铸件缓慢加热至 500～560℃，保温一段时间（每 10mm 厚度保温 1h)。然后以极慢的速度随炉冷至 150～200℃出炉。使铸件的内应力基本消除。但应注意退火温度加热温度不能超过 560℃或保温时间过长，否则会引会降低铸件的强度和硬度。

(2) 消除铸件白口组织，改善切削加工性能退火。把铸件加热到 850～950℃，保温1～3h，随炉缓慢冷至 500～400℃后，再出炉空冷。这样可以使其硬度降低，改善加工性能。

(3) 表面淬火。表面淬火的目的是为了提高铸件表面的硬度和耐磨性。淬火方法有感应加热表面淬火与接触电阻加热表面淬火。

1.6.2 可锻铸铁

可锻铸铁又称马铁或玛钢。铸铁中石墨呈团絮状存在，其力学性能，特别是韧性和塑性较灰铸铁高，接近球墨铸铁。可锻铸铁是不能锻造加工的。

可锻铸铁分黑心可锻铸铁、珠光体可锻铸铁和白心可锻铸铁 3 类，且其化学成分、组织不同，退火工艺也不同。目前我国以生产黑心可锻铸铁和珠光体可锻铸铁为主，在管道工程中用于焊接钢管用螺纹连接管件的制造。可锻铸铁接近同类基体的球墨铸铁，但与球墨铸铁相比具有铁水处理简单、质量稳定，废品率低等优点。可锻铸铁的牌号及力学性能应符合《可锻铸铁件》GB/T 9440-2010 的规定。

1. 黑心可锻铸铁和珠光体可锻铸铁

黑心可锻铸铁和珠光体可锻铸铁的牌号及力学性能见表 1.6-2。牌号中“KT”是“可铁”二字汉语拼音第一个字母，后面 H 表示黑心可锻铸铁，Z 表示珠光体可锻铸铁，符号后面的两组数字分别表示抗拉强度和伸长率。

黑心可锻铸铁件的牌号及力学性能 **表 1.6-2**

牌号	试样直径 $d^{a,b}$(mm)	抗拉强度 R_m(MPa) min	0.2%屈服强度 $R_{p0.2}$(MPa) min	伸长率 A(%) min($L_0=3d$)	布氏硬度 HBW
KTH275-0.5[c]	12 或 15	270	—	5	≤150
KTH300-06[c]	12 或 15	300	—	6	≤150
KTH330-08	12 或 15	330	—	8	≤150
KTH350-10	12 或 15	350	200	10	≤150
KTH370-12	12 或 15	370	—	12	≤150
KTH450-06	12 或 15	450	270	6	150～200
KTH500-05	12 或 15	500	300	5	165～215
KTH550-04	12 或 15	550	340	4	180～230
KTH600-03	12 或 15	600	390	3	195～245
KTH650-02[d,e]	12 或 15	600	430	2	210～260
KTH700-02	12 或 15	700	530	2	240～290
KTH800-01[d]	12 或 15	800	600	1	270～320

[a] 如果需方没有明确要求，供方可以任意选取两种试棒直径中的一种。
[b] 试样直径代表同样壁厚的铸件，如果铸件为薄壁件时，供需双方可以协商选取直径 6mm 或者 9mm 试样。
[c] KTH 275-05 和 KTH 300-06 为专门用于保证压力密封性能，而不要求高强度或者高延展性的工作条件的。
[d] 油淬加回火。
[e] 空冷加回火。

2. 白心可锻铸铁和珠光体可锻铸

白心可锻铸铁的牌号及力学性能见表 1.6-3。

白心可锻铸铁的牌号及力学性能 **表 1.6-3**

牌号	试样直径 d(mm)	抗拉强度 R_m(MPa) min	0.2%屈服强度 $R_{p0.2}$(MPa) min	伸长率 A(%) min($L_0=3d$)	布氏硬度 HBW max
KTB350-04	6	270	—	10	230
	9	310	—	5	
	12	350	—	4	
	15	360	—	3	
KTB360-12	6	280	—	16	200
	9	320	170	15	
	12	360	190	12	
	15	370	200	7	

续表

牌号	试样直径 d(mm)	抗拉强度 R_m(MPa) min	0.2%屈服强度 $R_{p0.2}$(MPa) min	伸长率 A(%) min($L_0=3d$)	布氏硬度 HBW max
KTB400-05	6	300	—	12	220
	9	360	200	8	
	12	400	220	5	
	15	420	230	4	
KTB450-07	6	300	—	12	220
	9	330	230	10	
	12	450	260	7	
	15	480	280	4	
KTB550-04	6	—	—	—	250
	9	490	310	5	
	12	550	340	4	
	15	570	350	3	

注：所有级别的白心可锻铸铁均可以焊接

3. 主要技术要求

（1）可锻铸铁的力学性能以抗拉强度和伸长率作为验收依据。

（2）化学成分由供方选定，但不作为验收依据，若需方对化学成分有要求时，由供需双方在合同或协议中规定。

（3）若需方对冲击性能或其他性能（如抗压、弯曲、扭转、弹性模数等）有要求时，应在合同或协议中规定。

（4）表面质量

1）铸件应清理干净，修整多余部分，浇冒口残余、粘砂、氧化皮及内腔残余物应符合技术规范或供需双方合同或协议。

2）铸件表面粗糙度应符合需方图样及要求或相关标准的规定。

3）铸件形状和位置公差应符合《产品几何量技术规范（GPS）形状和位置公差 检测规定》GB/T 1958 的规定；铸件的加工裕量、尺寸公差应符合《国际铸件公差标准》GB/T 6414 的规定。

4）可锻铸铁的焊接按供需双方协议进行，焊接后的铸件必须进行热处理。KTB360-12 材质的铸件焊接后不必进行热处理。

5）对不影响使用性能的缺陷，可以用焊接或其他方法进行修补，要求由供需双方协商。

6）不允许有影响使用性能的缺陷（如裂纹、冷隔、缩孔等）存在。

7）铸件的重量公差按《锻件重量公差》GB/T 11351 的规定。

（5）试验方法

1）拉伸试样的形状及尺寸按《可锻铸铁件》GB/T 9440-2010 的规定；拉伸性能试验按 GB/T 228 的规定进行；硬度试验按 GB/T 231.1 的规定进行。

2）化学成分分析按 GB/T 4336 的规定或供需双方认可的方法进行。

3）表面粗糙度检测按 GB/T 1031 的规定或 GB/T6060.1 的规定进行。

4）金相检验按 GB/T 25746-2010 的规定进行。

5）冲击性能检测检测方法由供需双方商定，检测值参照附录 A

（6）铸件由供方质量部门检查和验收。需方可以对铸件进行检验。供方在需方要求时提交检验记录。

1.6.3　球墨铸铁

球墨铸铁是在浇注前，向铁水中加入适量的球化剂和孕育剂，获得石墨呈球状存在的球墨铸铁。球墨铸铁不仅力学性能比灰铸铁好，而且还可以通过热处理进一步提高力学性能。球墨铸铁广泛应用于重要机械零件、阀门壳体和给水铸铁管的铸造。

根据《球墨铸铁件》GB/T 1348-2009 的规定，其力学性能见表 1.6-4。牌号中的“QT”是“球铁”二字汉语拼音的第一个字母，后面的两段数字分别表示抗拉强度和伸长率。

球墨铸铁单铸试样的力学性能　　**表 1.6-4**

牌　号	抗拉强度 R_m（MPa）	屈服强度 $R_{p0.2}$（MPa）	伸长率 A（%）	布氏硬度 HBW	主要基体组织
	≥	≥	≥		
QT350-22L	350	220	22	≤160	铁素体
QT350-22R	350	220	22	≤160	铁素体
QT350-22	350	220	22	≤160	铁素体
QT400-18L	400	240	18	120～175	铁素体
QT400-18R	400	250	18	120～175	铁素体
QT400-18	400	250	18	120～175	铁素体
QT400-15	400	250	15	120～180	铁素体
QT450-10	450	310	10	160～210	铁素体
QT500-7	500	320	7	170～230	铁素体＋珠光体
QT550-5	550	350	5	180～250	铁素体＋珠光体
QT600-3	600	370	3	190～270	珠光体＋铁素体
QT700-2	700	420	2	225～305	珠光体
QT800-2	800	480	2	245～335	珠光体或索氏体
QT900-2	900	600	2	280～360	回火马氏体或屈氏体＋索氏体

注：牌号中的字母“L”表示该牌号有低温（－20℃或－40℃）下的冲击性能要求；字母“R”表示该牌号有室温（23℃）下的冲击性能要求。

球墨铸铁的热处理方法有：

（1）退火。包括去应力退火和石墨化退火。石墨化退火又分为高温石墨化退火和低温石墨化退火。主要目的是消除铸造应力，消除白口组织，降低硬度，改善加工性能。

（2）正火。正火又分为高温正火与低温正火。主要目的是增加基体组织中的珠光体数量和减少层状珠光体片间距离。

（3）等温淬火。改善形状复杂铸件的强度、塑性、韧性，而正火已满足不了这些要求时往往采用等温淬火。

（4）调质处理。获得和改善球状石墨组织，硬度为250～340HBW。具有良好综合力学性能。

1.7 有色金属材料

1.7.1 铜材

1. 纯铜

纯铜是玫瑰红色金属，当表面形成氧化铜薄膜之后，外表便呈紫色，故又称紫铜。常用的纯铜有1号铜、2号铜、3号铜，牌号为T1、T2、T3，无氧铜有零号无氧铜、1号无氧铜和2号无氧铜，牌号为TU0、TUl、TU2。

纯铜具有较高的导电性、导热性，良好的耐腐蚀性，所以常用作导热、导电和耐腐蚀性元器件，如铜管、散热器、冷凝器、导管及电线、母排、电缆等。

（1）物理及化学性能

1）物理性能。熔点：1083℃；密度：8.89～8.94g/cm^3；线膨胀系数：16.92×10^{-6}℃$^{-1}$（20～100℃时）；拉伸强度：σ_b=225.4～245MPa；伸长率一般为30%。

2）化学性能。纯铜耐高温氧化性能较差，在大气环境及室温下，表面亦能缓慢氧化，生成氧化铜薄膜。在含有CO_2的潮湿空气中，会生成一层“铜绿”。铜的化合物有一定毒性，所以装盛食品的铜器要镀一层锡。

铜具有较好的耐腐蚀性。铜与水、大气作用生成难溶于水的复盐膜，能防止铜进一步氧化。铜在大气中的腐蚀速率为每年0.002mm～0.05mm。

（2）工艺性能

1）成形性能。纯铜具有极好的冷、热加工成形性能，可以进行拉伸、压延、深冲、弯曲、精压及旋压等多种加工方式。热加工温度为800～950℃。

2）焊接性能。纯铜可用多种方式焊接，如气体保护电弧焊、电子束焊和气焊、闪光焊，也易于锡焊、铜焊，但不宜接触点焊、对焊和埋弧焊。对铜管多采用承插式钎焊。

3）酸洗。用温度为40～80℃的硫酸—重铬酸钠水溶液进行。

4）钝化。采用硫酸（30g/L）和铬酐（90g/L）的混合溶液，在室温下浸渍。

（3）验收及保管

纯铜价格较高，应存入库房内保管。入库前要查验产品合格证和材质化验单，然后按到货清单进行检重、检尺，并查验其划痕、锈蚀坑痕等情况，无误后方可入库。

2. 黄铜

黄铜是以锌为主要添加元素的铜基合金。黄铜中含锌量越多，颜色越淡。在黄铜中加入其他元素后形成的三元合金称为特殊黄铜。

黄铜和纯铜一样，不能进行热处理强化，但通过冷加工可以提高其强度和硬度。

普通黄铜：

工业用黄铜的含锌量一般不超过45%。黄铜的强度和硬度随含锌量的增加而提高。黄铜的塑性在含锌量为32%时为最高，超过这个含量则塑性下降。

黄铜的颜色漂亮，工艺性能好，有良好的耐腐蚀性能，在空气、水和稀硫酸中均有较好的抗蚀能力。

普通黄铜的牌号用汉语拼音字母H及其后面的数字表示，例如H70，是指平均含铜量为70%，而余量为锌的黄铜。普通加工黄铜的牌号有H96、H90、H85、H80、H70、H68、H65、H63、H62、H59。

3. 特殊黄铜

在普通黄铜中有选择地加入铝、铅、锡、硅、锰等合金元素，可以改善它的某些性能，从而制造出各种特殊黄铜。特殊黄铜有锡黄铜、镍黄铜、铁黄铜、铅黄铜、铝黄铜、锰黄铜等多种。

特殊黄铜的牌号用汉语拼音字母H和第二主添元素的化学元素符号及除锌以外的成分数字组成，如HSn70-1，指含铜约70%，含锡约1%，余量为锌的锡黄铜。又如HPb59-1，指含铜约59%，含铅约1%的铅黄铜。

锡黄铜的主要特点是具有在淡水及海水中的耐腐蚀能力，故也称为“海军黄铜”。少量的锡溶于黄铜，可以提高其强度和硬度，但含锡量过高会降低黄铜的塑性，故常用的锡黄铜含锡量均小于1%。

铅在铜锌合金中的溶解度极小，因此，铅黄铜中的铅大都是游离态存在的质点。这种游离质点既有润滑作用，也能使切屑崩碎，因而极大地改善了材料的切削性能。但铅也降低了黄铜的机械性能。

铝可以较多的固溶于黄铜中，因此铝黄铜的强度、硬度均高于普通黄铜。铝还能提高黄铜的耐蚀性。铝黄铜主要用于制造高强度、耐腐蚀的零部件。

1.7.2 铝材

1. 纯铝

铝是地壳中含量最多的金属，在自然界中分布极广，占地壳总重量的7.45%。有色金属中，铝的产量居于首位。

（1）铝的性质和用途

铝的密度为2.7g/cm³，只有铁或钢密度的1/3左右，熔点为660℃。铝的导电性和导热性仅次于铜，当截面和长度相同时，铝的导电率约为铜的60%左右；若两者重量相同时，铝的导电率约为铜的190%，铝的导热率约为铜的56%。因此，工业上大量使用铝代替铜作导线（电线、电缆等）。铝也大量被用来制作散热、传热器材及炊事用具等。

铝的塑性很高（伸长率δ=50%、断面收缩率ψ=80%），但强度较低（σ_b=50MPa）。铝可以进行压力加工，如轧制、拉拔、冲压、锻造等，以制成线、型、板、带、棒、管等成材。

铝在空气中有良好的耐蚀性。铝与氧的亲合力很大，在室温下铝就能与氧形成致密的氧化铝薄膜（其熔点为2010～2050℃），这层薄膜牢固地附着在铝的表面，从而阻止了铝的继续氧化。当这层薄膜破损后，里面的铝又能生成一层新的薄膜，重新起保护作用。所以铝在空气和水中有很好的耐蚀能力，蒸气对铝的腐蚀作用也不大。

铝的纯度越高，耐蚀性越好。纯铝的有害杂质主要是铁和硅，它们都能降低铝的塑性、导电性和耐蚀性。所以在有关铝的技术标准中，对每种杂质和杂质总和的含量均有严格的规定。

纯铝具有良好的焊接性能和耐腐蚀性及良好的热、电传导性能。纯铝的反射力强，可用来制造反射镜。铝具有吸音性，可用于室内装置及天花板等。铝不受磁的影响，可用于需要避免磁性干扰的仪表的壳体。铝受冲击时不产生火花，可用做加油管的零件及氧气车间的地板。

铝的强度可以通过冷加工和合金化得以提高，铝合金的强度可以比铝提高几倍至几十倍。

(2) 纯铝的牌号

纯铝分为高纯度铝及工业纯铝两类；高纯度铝主要用于科研，纯度高达 99.98%～99.996%，工业纯铝的纯度为 98.0%～99.7%。

工业纯铝又分为铝锭、铝线锭和纯铝铝材三种。铝锭按所含杂质的不同分为五级，铝材按所含杂质的不同分为七级。杂质越多，耐蚀性及导电性越低。纯度为 99.997%的铝，其导电率为铜的 65.4%，而纯度为 99.5%的铝，其导电率为铜的 62.5%。

2. 铝合金

由于纯铝的强度较低，用途受到限制。在纯铝中加入适当的硅、铜、镁、锰等元素，可以得到具有强度较高的铝合金。再经过冷加工或热处理，可以进一步提高铝合金的强度，其抗拉强度 σ_b 甚至可达到 500～600MPa，相当于低合金钢的强度。

根据铝合金的成分及生产工艺特点，可将铝合金分为铸造铝合金和变形铝合金两类。

(1) 铸造铝合金

铸造铝合金多用于制造形状复杂的零件，如内燃机活塞、机油泵体等。铝合金的铸造，通常由铸造车间用铝锭等原料，配制成化学成分合乎要求的合金液体之后浇铸成型。

铸造用铝合金也叫生铝或生铝合金，按其成分分为四个系列：铝硅合金、铝铜合金、铝镁合金、铝锌合金。

铸造铝合金的代号由汉语拼音字母“ZL”和三位数字组成。如 ZL104 铸铝，最前面的一位数字（1～4）代表合金的类别；1—铝硅合金；2—铝铜合金；3—铝镁合金；4—铝锌合金，后面的两位数字是合金的顺序号。

铝硅系列合金有 ZL101、ZL102、ZL104、ZL105 和 ZL101A，主要特点是铸造性能好，适用于铸造大型、薄壁、形状复杂及对气密性要求较高的零件，其抗拉强度 σ_b 可达到 200～300MPa，主要应用于机车、飞机结构中的壁板、骨架、壳体等零件。

铝铜系列合金有 ZL201，ZL201A,，ZL204A，ZL205A、ZL206、ZL207 和 ZL208。后三种合金的特点具有良好的耐热性，可用于 300～400℃下长期工作的零件。前四种合金是高强度合金，有良好的塑性和韧性，其中 ZL205A 合金的抗拉强度可达 500MPa，是铸造铝合金中最高的。但铝铜系列合金的主要缺点是铸造性能较差，不宜铸成形状复杂及薄壁零件。

铝镁系列合金有 ZL303，主要特点是具有良好的耐腐蚀性和切削加工性能，但力学性能较差，只适用于受力不大的零件。

铝锌系列合金有 ZL401，主要特点是具有优良的铸造和焊接性能，但耐腐蚀性能较差，密度大，主要用于铸造仪表壳体之类的零件。

（2）变形铝合金

变形铝合金也称为熟铝合金或压力加工用铝合金，铝合金成材就是用它们制成的。变形铝合金牌号很多，基本上分为五类：硬铝合金、超硬铝合金、锻铝合金、防锈铝合金和特殊铝合金。它们的牌号由汉语拼音字母和顺序号组成。

1）硬铝合金。硬铝合金属于热处理强化合金，包括铝—铜—镁系列的LY1、LY2、LY10、LY11和LY12合金及铝—铜—锰系列的LY16和LY16-1合金。这类合金的主要特点是：主要组分铜、镁、锰都处在铝内的饱和溶解度或过饱和溶解度状态，因此，合金的强度较高，其抗拉强度σ_b为400～460MPa，而且有较好的高温性能和良好的塑性，广泛应用于承力构件。

2）超硬铝合金。主要是铝—铜—镁—锌系列的LC4、LC9合金，也属于热处理强化铝合金。在铝合金中超硬铝合金的强度最高，室温下的抗拉强度σ_b可达540～590MPa主要应用于飞机上的重要受力构件，如大梁、桁条、蒙皮、起落架零件及液压系统等。缺点是该合金塑性较低，缺口处应力腐蚀敏感性较高。

3）锻铝合金。锻铝合金也属于热处理强化合金，包括三个系列：铝—镁—硅系列合金（LD2），具有较好的耐腐蚀性和塑性，抗疲劳性能和焊接性能良好，主要用在旋翼梁和焊接件；铝—铜—镁—硅系列合金（LD5、LD6、LD10），铸造性能和工艺塑性良好，可制造大型和复杂的锻件和模锻件，耐腐蚀性能差；铝—铜—镁—铁—镍系列合金（LDT）含有铁和镍，耐热性能好，可在200～250℃下正常使用，常用于制造活塞、叶轮、轮盘等零件。

4）防锈铝合金。防锈铝合金包括不能热处理强化的铝—锰系列的LF21合金和铝—镁LF2、LF3、LF6、LF10合金，在退火和冷作硬化状态下应用，具有高塑性、低强度、良好的耐腐蚀性及焊接性能，用于制造油箱、容器、导管等零件。这类合金还包括可热处理强化的LB733合金（属铝—锌—镁—铜系列），在防锈铝合金中，其强度最高，与LY12合金相当，有优良的耐海水腐蚀性能，良好的断裂韧度，缺口的敏感性差和良好的工艺成形性，该合金不产生应力腐蚀和晶间腐蚀。

1.7.3 锌材

1. 锌的性质和用途

锌是人们熟悉的常用有色金属之一，它是一种白色中略带浅蓝色光泽的金属，熔点为419℃，密度为7.14g/cm^3。锌在常温下很脆，加热到100～150℃时，锌变得富于韧性而易于进行压力加工，可拉成细丝，轧成薄板。锌的抗拉强度为150MPa，伸长率为20%，断面收缩率为70%，硬度（HBS）为30。

锌的电极电位很低（—0.76），在潮湿空气中，表面能生成起保护作用的薄膜，使锌不再被腐蚀。锌在大气及海水中有良好的抗蚀能力。而纯度越高，其抗蚀能力越强。

根据锌的上述性质，人们常把锌镀覆于钢铁器材表面以防腐蚀。锌与铁可以形成化合物，所以镀锌层很牢固。就是在锌层被破坏的情况下，因为锌的电极电位比铁低，所以在腐蚀介质中锌先受腐蚀，从而保护了被镀覆的钢铁材料。常用镀锌材料有钢板、钢管、钢丝及电力线路中的金具配件等。镀锌方法大体上分电镀和热镀两种。镀锌钢管应当采用热镀锌。

锌还大量用于配制锌的合金，如黄铜等。锌的氧化物如锌白（ZnO）为白色，是油漆的原料；锌的氯化物（如 $ZnCl_2$）用于木材的防腐剂。锌板用于制造电池锌皮、印刷锌板等。

2. 锌的牌号

根据国标规定，锌分为六个品号，其化学成分及主要用途见表 1.7-1。锌以具有两条凹槽的铸锭交货，重量约 20～25kg。纯锌多轧成锌板使用。锌与铅、铜、镁等元素可以形成一系列的铸造锌合金，这些锌合金的流动性及铸造性很好，可以铸成各种零件，其中强度较高的还可以用来代替低锡的轴承合金。

锌的牌号、化学成分和用途　　表 1.7-1

品　号	代　号	化学成分(%)		用途举例
		Zn	杂质	
零号锌	Zn-0	99.995	其余为 Pb、Fe、Cu 等杂质	高级合金和特殊用途
一号锌	Zn-1	99.99		电镀锌高级氧化锌、压铸零件、医药和化学试剂
二号锌	Zn-2	99.96		电镀锌配黄铜、锌合金和压铸零件、电池锌片
三号锌	Zn-3	99.90		锌板、热镀锌和铜合金
四号锌	Zn-4	99.50		锌板、热镀锌、氧化锌和锌粉
五号锌	Zn-5	98.70		含锌铜铅合金、普通氧化锌和普通铸件

1.7.4 铅材

1. 铅的性质和用途

铅是重金属，其特点是密度大、熔点低、质地柔软而且有毒。铅的本色为银白色，在空气中氧化后颜色会发暗，所以表面呈灰色。铅的密度为 11.34g/cm³（20℃），熔点为 327℃。纯铅强度低，硬度小，抗拉强度只有 18MPa，硬度（HB）为 4，用刀子即可切断，用铅在纸上划，会留下一条浅黑色痕迹。过去人们曾用铅做笔，“铅笔”这名称便从此流传下来，其实铅笔芯早已不再含有铅了。

由于铅的再结晶温度低，在常温下用任何速度变形也不会产生加工硬化现象，因此，纯铅又叫“软铅”，含有锑的铅合金叫硬铅。

铅在空气中及含硫气体、碱、稀盐酸、常温硫酸、氨等介质中均有很好的抗蚀能力。硝酸对铅腐蚀很快，铅还能部分地溶解在热硫酸中。因此，铅皮、铅管广泛用作耐蚀材料，如制造酸洗槽、硫酸泵、酸液输送管道、蓄电池铅板、电缆包皮等。铅的塑性极好，其伸长率 δ 为 45%，断面收缩率 ψ 为 90%，易辗成片、挤成管。强度、熔点都很低，但抗蚀性能好，所以在化学工业生产中，把铅板衬到容器内壁上，增强容器的抗蚀能力。

由于铅的密度大，是阻挡射线的良好材料，所以用铅做成防各种射线的铅房、铅盒等。

在铅中加入少量的锑、铜、锌等元素时（如铅锑合金等），强度和硬度就明显提高。因此，要求较高硬度和强度时，应采用铅合金板材或管材。

铅的用途很广，除了作耐蚀材料之外，还作铅弹、铅封，配制易熔合金、轴承合金、印刷合金、青铜等。

铅的化合物大都颜色鲜艳，用它们制成的铅粉，如黄铅粉（PbO）、红丹粉（Pb_3O_4）

等，都是制造油漆的原料。

很重要的一点是，必须知道铅及其化合物有毒，因此，从事含铅作业的人员要有具体的劳动保护措施。

铅锭的化学成分及用途见表 1.7-2。

铅锭的化学成分及用途 **表 1.7-2**

牌号	铅≥(%)	杂质总和≤(%)	颜色标志
Pb 99.994	99.994	0.006	不加颜色标志
Pb 99.99	99.99	0.01	竖划 2 条黄色线
Pb 99.96	99.96	0.04	竖划 3 条黄色线
Pb 99.90	99.90	0.10	竖划 4 条黄色线

注：本表与旧牌号的关系是：序号 1、2 分别相当于一号铅、二号铅，序号 3 是三号铅和四号铅的合并，序号 4 相当于五号铅。原六号铅取消。

2. 铅材

铅材包括纯铅和铅合金，常用品种有板材、管材、棒材、线材等。

纯铅板的牌号分别用 1～6 号表示，厚度为 1.0～15.0mm。

铅合金主要有铅锑合金、铅银合金等，其厚度为 0.7～10.0mm，铅和铅合金主要以成卷和短板成张供应。

目前我国生产的铅和铅合金管的内径为 5～207mm，外径 9～227mm。内径在 60mm 以下的一般成盘供应，内径在 60mm 以上的直条成捆供应，铅管的规格尺寸用内径乘壁厚表示。

1.7.5 锡材

1. 锡的性质和用途

我国锡的储量占世界首位。锡是一种银白色中略带黄色的有色金属，密度（白锡）为 7.2g/cm^3，熔点为 232℃。

锡的塑性极好，伸长率 δ 为 40%，断面收缩率 ψ 为 90%。锡的延展性仅次于金、银和铜，可以压延成 0.04mm 以下的锡箔。但是，锡的强度和硬度都很低（σ_b = 20MPa，HB=5），一拉就断，不能拉成细丝。在常温下没有加工硬化现象，也不能用作结构材料。

锡及其化合物无毒，可以用锡箔包装食品。镀锡的薄钢板（又叫马口铁）常做罐头盒用。锡具有很好的耐蚀性，在潮湿空气中也不氧化，即使是在沸水和有机酸中也很稳定。但锡的电极电位比较高（－0.16），故一旦锡层被划破，马口铁很快就会遭到腐性。

锡锭还用于配制成青铜、轴承合金、焊锡等合金材料。锡与硫的化合物硫化锡，颜色与黄金相似，常作金色颜料。锡在常温下不受氧化，在加热时才变为二氧化锡。二氧化锡是不溶于水的白色粉末，可用于制造搪瓷、白釉、乳白玻璃。

锡锭供制造镀锡产品、焊锡合金和其他产品用。锡锭有五个品号，它们的化学成分见表 1.7-3。

2. 锡锭的保管特点

由于锡存在同素异晶转变的现象，在保管方面与其他金属不同。因为纯锡在不同温度下有发生同素异晶转变的可能，所以锡有三种同素异晶体：白锡、灰锡、脆锡。

锡锭品号化学成分 表 1.7-3

品 名	代 号	化学成分(%)	
		Sn(不小于)	杂质(不大于)
高级锡	Sn-00	99.99	0.01
特号锡	Sn-0	99.95	0.05
一号锡	Sn-1	99.90	0.10
二号锡	Sn-2	99.80	0.20
三号锡	Sn-3	99.50	0.50

锡锭的标准重量为 25kg。存放在仓库里的白色锡锭，在低温下锭的表面会逐渐变成灰色粉末，失去金属光泽，这种现象称为“锡病”。这种锡的“疾病”还会传染给其他“健康”的锡，所以“锡病”又称为“锡疫”。由白锡转变为灰锡时，体积增大 25%，锡块便变成了灰色粉末。发生“锡疫”的理论温度是 13.2℃，实际上“锡疫”往往在低于一20℃时才发生，但是只要“锡疫”已经开始，即使处于 13.2℃的温度中，也能继续蔓延。根据锡的这一特点，在验收锡锭时，要求表面没有灰锡；在保管锡锭及锡焊的零件时，要注意库房的温度。保管期如不超过一个月，库房温度不应低于一 20℃；保管期在 1 个月以上，库房温度不应低于 12℃。锡的纯度越高，越容易发生“锡疫”。锡中含有铍、铅、砷等杂质时，锡的晶体不易转变，因而阻碍“锡疫”的发生。

1.7.6 锑材

锑的质地硬而脆，密度为 6.69g/cm^3，熔点为 630℃，布氏硬度（HB）为 30，无延展性，不能单独使用。纯锑是银灰色的金属，由于杂质的影响，常略带蓝色，杂质越多蓝色越深。

凡是用铅的地方，几乎都用锑。锑在这些合金中的主要作用是增加硬度，减少合金凝固时的收缩，因为锑在结晶时，不但不收缩反而略有膨胀。锑的主要用途是与铅和锡配制成轴承合金、焊锡等。含有锑的铅合金叫硬铅，如铅蓄池里的铅板和其他耐酸的材料。

广泛应用的铅字合金（要求字迹清晰）和阀门密封面用的巴比特合金等都含有锑。锑的化合物也有许多用途，如锑红（Sb_2S_5）是制造红色油漆和红色橡胶的原料，锑白（Sb_2O_3）是一种优良的白色颜料，可用于搪瓷、陶瓷、油漆等。

我国是世界上产锑最多的国家。锑以块状或水淬粒状供应。所谓水淬锑，是把炼好的锑放入水池内而形成的豆粒大小的碎粒锑。按照原冶金部标准的规定，锑分为四个牌号，纯度为 99.00%～99.85%，锑的牌号、成分、用途见表 1.7-4。

锑的牌号和成分 表 1.7-4

牌 号	代 号	化学成分(%)	
		Sb(不小于)	杂质(不大于)
一号锑	Sb-1	99.85	0.15
二号锑	Sb-2	99.65	0.35
三号锑	Sb-3	99.50	0.50
四号锑	Sb-4	99.00	1.00

1.7.7 钛材

1. 钛的性质

钛是银白色的轻金属，密度为4.5g/cm^3，熔点为1668℃左右。钛在地壳中的含量极为丰富，是非常有前途的金属。

纯钛的抗拉强度σ_b为270～630MPa，一般钛合金的抗拉强度σ_b为700～1200MPa。钛合金的比强度（抗拉强度/密度）比目前其他任何材料都大。

最高纯度的工业纯钛的布氏硬度（HB）小于120。工业纯钛是指几种含有少量铁、碳和氧等杂质的不同晶位的非合金钛，它不能进行热处理强化，成形性能优异，并且易于熔焊和钎焊，主要用于制造各种非承力结构件，长期工作温度可达300℃。

钛有很高的化学活性，能与许多元素发生反应，在高温下能与一氧化碳、二氧化碳、水蒸气、氨以及许多挥发性有机物反应。钛与某些气体反应，不但在表面形成化合物，而且能进入金属晶格，形成间隙固溶体。除氢以外，反应过程均是不可逆的。

钛在空气介质中被加热时，表面会生成一种极薄而且质地致密的氧化膜，从而阻止氧向金属内部扩散而不进一步氧化，起到保护作用。钛在500℃以下的空气中是比较稳定的。在800℃以上时，氧化膜会分解，氧原子会以氧化膜为转换层进入金属晶格，使钛的含氧量增加，氧化膜也增厚，此时，氧化膜已没有保护作用，且使金属变脆。

钛具有优异的耐蚀性能。钛在海水中数年不会生锈，在工业大气中数年不会变色。钛及其合金对大部分化学介质具有突出的耐腐蚀性能，但氢氟酸、盐酸、硫酸、正磷酸以及热浓有机酸如草酸、甲酸、三氯（代）乙酸和三氟（代）乙酸、腐蚀性极强的氯化铝，它们对钛及其合金都有严重的腐蚀作用。

工业纯钛适合于各种焊接，焊接处具有极好的流动特性，并有与基体材料相同的强度、塑性和耐蚀性能。

2. 钛的用途及材料牌号

钛及钛合金在许多工业中都有着重要用途，如航空、航天工业的发动机零部件，一般工业生产中的耐酸泵、管道、容器等。

钛和氮、氧、碳都有很大的亲合力，和硫的亲合力也大于铁。因此，它是一种良好的脱氧、去硫、去气剂。钛也是合金钢的常用合金元素。碳化钛的熔点高达3200℃，是制造硬质合金的原料之一。

常用的钛材料为变形纯钛和铸造纯钛，变形纯钛的牌号有：TA1、TA2、TA3；铸造纯钛的牌号有：ZTA1、ZTA2、ZTA3。

1.7.8 交货状态

常用的有色金属和合金按化学成分可分为铜和铜合金、铝和铝合金、钛和钛合金、铅和铅合金等。

按材料形状可分为管材、棒材、型材、线材、板材、条材、带材、箔材等品种。

板材按生产方法可分为热轧板和冷轧板。热轧板较厚，冷轧板较薄。条材、带材、箔材都比较窄。带材比条材薄，箔材更薄，都是冷轧品，成卷供应。板材、条材、带材、箔材的规格表示方法与钢材相同。

管材按断面形状分为圆管和各种异形管，以圆管应用最多。棒材和线材的断面形状有圆形、六角形和其他异形。线材通过拉制成形。

经冷轧、冷拉等冷加工制成的材料，由于加工硬化，强度、硬度较高，而塑性、韧性较低。变形程度越大，加工硬化现象越明显。如果把经冷作硬化的金属材料进行退火处理，可以使其强度、硬度降低，塑性、韧性提高，恢复较软、韧性较好的性能，退火温度越低，软化效果越小。采用不同的加工变形程度和不同的退火温度，使冷轧或冷拉的材料具有不同的机械性能，从而区分为软、半硬、硬不同的状态。热轧和挤压是在高温下进行的，材料不发生加工硬化现象，因而没有软、硬状态的区别。因此，铜材、铝材等有色金属材料具有以下不同的供货状态：

1. 软状态。表示材料在加工后，曾经退火，其性能特点是塑性高而强度、硬度低。代号是焖火（即退火）的汉语拼音字头“M”。

2. 硬状态。表示材料在冷加工后，未经退火软化，其性能是强度、硬度高，而塑性、韧性低。代号是“硬”字的汉语拼音字头“Y”，有些有色材料还有特硬状态，代号是“特”的汉语拼音字头“T”。

3. 半硬状态。表示材料在冷压力加工后，曾经一定程度的退火，其性能介于软状态和硬状态之间。半硬状态按加工变形程度和退火温度的不同，又可具体分为 3/4 硬、1/2 硬、1/3 硬、1/4 硬等几种形式，其代号分别为 Y1、Y2、Y3、Y4。

4. 热作状态。表示以热轧或挤压状态交货，其性能特点和软状态相似，但对尺寸和表面精度的要求不太严格。代号为“热”字的汉语拼音字头“R”。

此外，铝合金等还有按热处理状态交货的，交货状态分为淬火（代号为 C）、淬火—自然时效（代号为 CZ）和淬火—人工时效（代号为 CS）。

1.8 中外常用钢管钢号对照表

中外常用钢管钢号的对照见表 1.8-1。

中外常用钢管钢号对照表 **表 1.8-1**

钢种	中国 GB	美国 ASTM	德国			日本 JIS	
	牌号	钢号	钢号	材料号	标准号	牌号	标准号
碳素钢管	(Q235)	(A53 钢种 F) A283-D	(St33)	1.0033	DIN1626	GGP STPY41	G3452 G3457
	10	A135-A A53-A	(St37)	1.0110	DIN1626	STPG38	G3454
		A106-A	St37-2	1.0112	DIN17175	STPG38	G3456
			St35.8 St35.4	1.0305 1.0309	DIN1629/4	STS38	G3455
		A179-C A214-C	St35.8	1.0305	DIN17175	STS30	G3461
		A192 A226	St35.8	1.0305	DIN17175	STS33	G3461
			St35.8	1.0305	DIN17175	STS35	G3461
	20	A315-B A53-B	(St42) St42-2	1.0130 1.0132	DIN1626	STPG42	G3454
		A106-B	St45-8	1.0405	DIN17175	STPT42	G3456
		A106-B	St45-8	1.0405	DIN17175	STB42	G3461
		A178-C A210-A-1	St45-4	1.0309	DIN1629/4	STS42	G3455

续表

钢种	中国 GB	美国 ASTM	德国			日本 JIS	
	牌号	钢号	钢号	材料号	标准号	牌号	标准号
低合金钢管	16Mn	A210-C	St52. 4 St52	1. 0832 1. 0831	DIN1629/4 DIN1629/3	STS49 STPT49	G3455 G3456
	15MnV					STBL39	G3464
低温钢管	16Mn	A333-1. 6	TT St35N	1. 0356	SEW680	STPL39	G3460
	15MnV	A334-1. 6				STPL39	G3464
	09Mn2V	A333-7. 9 A334-7. 9	TT St35N	1. 0356	SEW680		
	(06AlNbCuN)	A333-3. 4 A334-3. 4	10Ni14	1. 5637	SEW680	STPL46 STBL39	G3460 G3464
	(20Mn23Al)	A333-8 A334-8	X8Ni9	1. 5662	SEW680		
耐热钢管	16Mo	A335-P1 A369-FP1 A250-T1 A209-T1	16Mo3	1. 5414	DIN17175	STPA12 STBA12、13	G3458 G3462
	12CrMo	A335-P2 A369-FP2 A213-T2				STPA20	G3462
	15CrMo	A335-P12 A369-FP12 A213-T12	13CrMo44	1. 7335	DIN17175	STPA22 STBA22	G3458 G3462
	12Cr1MoV	A335-P11 A369-FP12 A199-T11 A213-T11				STPA23 STBA23	G3458 G3462
	Cr2Mo 10MoWVNb	A335-P22 A389-FP22 A199-T22 A213-T22	10CrMo910	1. 7380	SEW610	STPA24 STBA24	G3458 G3462
	Cr5Mo	A335-FP5 A389-P5 A213-T5 A335-P9 A369-FP9 A199-79 A213-79	12CrMo195	1. 7362	DIN17175	STPA25 STBA25 STPA26 STBA26	G3458 G3462 G3458 G3462
不锈耐酸钢管	(1Cr13)	A268 TP410	X10Cr13	1. 4006	DIN17440	SUS410 TP	G3463
	(2Cr13)	(SISI 420)	X20Cr13	1. 4021	DIN17440		
	(1Cr17)	A268 TP430/TP429	XBCr17	1. 4016	DIN17440	SUS430 TB	G3463
	0Cr18Ni9	A312、A376 TP304 A213、A249、 A268 TP304	X5CrNi189	1. 4301	DIN17440	SUS304 TP/TB	G3459 G3463
	(1Cr18Ni9)		X5CrNi189	1. 4301	DIN17440		
	0Cr18Ni10Ti 1Cr18Ni9Ti	A312、A376 TP321 A213、A249、 A266 TP321	X10CrNiTi189	1. 4541	DIN17440	SUS321 TP/TB	G3459 G3463

续表

钢种	中国GB	美国ASTM	德国			日本JIS	
	牌号	钢号	钢号	材料号	标准号	牌号	标准号
不锈耐酸钢管	0Cr18Ni13Mo2Ti	A312、A376 TP316 A213、A249、A266 TP316				SUS316 TP/TB	G3459 G3463
	0Cr18Ni13Mo3Ti	A312、A376 TP316 A213、A249、A268 TP317				SUS317 TP/TB	G3459 G3463
	00Cr18Ni10	A312、A376 TP34L A213、A249、A268 TP304L	X2CrNi189	1.4306	DIN17440	SUS304 TP/TB	G3459 G3463
	00Cr17Ni13Mo2	A312、A376 TP316L A213、A249、A268 TP316L	X2CrNi810	1.4404	DIN17440	SUS316L TP/TB	G3459 G3463

1.9 塑料的化学属性

在非金属管材中，绝大部分是塑料管材。绝大部分塑料都是碳氢化合物，称为烃类塑料。说得再详细一点，烃类塑料就是由含碳、氢两种元素的聚合物树脂与各种助剂配合加工而成的塑料制品的总称，主要包括聚乙烯、聚丙烯、聚苯乙烯等，由于其性能突出，价廉易得，应用面广，因而成为通用塑料的主体。在塑料中，碳元素和氢元素占有极为重要的地位。

1. 烃（碳氢化合物）

在有机化学发展的初期，由于人们对于有机物的认识仅限于燃烧后的产物，故此将有机物也称作碳氢化合物。随着有机化学的发展，人们逐渐认识到有机物不仅仅是由碳氢两种元素组成。现在，专指仅由碳和氢两种元素组成的有机化合物称为碳氢化合物，又叫烃。烃分为脂肪族和芳香族，其中包含了烷烃、烯烃、炔烃、环烃及芳烃，是许多其他有机化合物的基体。烃类塑料所用树脂的单体多是石油裂解的产物。

有趣的是烃字的字形和读音：烃的字形是由碳和氢两个字排列组合成的，取“碳”字右下的火，以及“氢”字下半部的𢀖，发明了“烃”字；烃的读音为汉语拼音 tīng，即取碳字的声母 t 和氢字的韵母 īng 组合而成。由此可见汉字的特色和化学家们的睿智。

烃类皆难溶于水，在完全燃烧条件下可转化为二氧化碳和水。烃类会因分子结构的不同，其性质可能会有极大的差异。若结构相似，则性质相近；若结构不同，性质不同。正因为此，烃类种类繁多，是化合物中的一大类。

2. 碳

非金属元素——碳，其分子式和原子式一样，都是“C”。木炭的元素就是碳，这种物质发现得很早，它有三种自然形式：炭、钻石和石墨。碳的化合物品种繁多，是我们日常生活中不可缺少的物质，产品从尼龙和汽油、香水和塑料，一直到鞋油、滴滴涕和炸药等，范围广泛，种类繁多。

碳可以说是人类接触到的最早的元素之一，自从人类在地球上出现以后，就和碳有了接触，由于闪电使林木燃烧后残留下来木炭，动物被烧死以后，便会剩下骨炭，人类在学会了怎样引火以后，碳就成为人类永久的"伙伴"了。碳在古代的燃素理论的发展过程中起了重要的作用，根据这种理论，碳是一种纯粹的燃素，由于研究煤和其他化学物质的燃烧，人们才认识到碳是一种元素，在1789年编制的元素周期表中可以看出，碳是作为元素出现的。

碳在自然界中存在三种同素异形体——金刚石、石墨、C60。金刚石和石墨早已被人们所认识。

金刚石是自然界最硬的矿石。在所有物质中，它的硬度最大。测定物质硬度的刻画法规定，以金刚石的硬度为10来度量其他物质的硬度。例如Cr（铬）的硬度为9、Fe（铁）为4.5、Pb（铅）为1.5、Na（钠）为0.4等。在所有单质中，它的熔点最高，达3823K。金刚石不仅硬度大，熔点高，而且不导电。室温下，金刚石对所有的化学试剂都显惰性，但在空气中加热到1100K左右时能燃烧成CO_2。金刚石主要用于制造钻探用的钻头和磨削工具，是重要的现代工业原料，价格昂贵。经过加工的金刚石俗称钻石，光彩夺目，晶莹美丽，是名贵的装饰品。

石墨乌黑柔软，是世界上最软的矿石。石墨的密度比金刚石小，熔点比金刚石仅低50K，为3773K。石墨具有层向的良好导电导热性质。石墨的层与层之间是以分子间力结合起来的，因此石墨容易沿着与层平行的方向滑动、裂开。石墨质软具有润滑性。由于石墨层中有自由的电子存在，石墨的化学性质比金刚石稍显活泼。由于石墨能导电，又具有化学惰性，耐高温，易于成型和机械加工，所以石墨被大量用来制作电极、高温热电偶、坩埚、电刷、润滑剂和铅笔芯等。

C60是1985年由美国化学家哈里可劳特等人发现的，它是由60个碳原子组成的一种球状的稳定的碳分子，是金刚石和石墨之后的碳的第三种同素异形体。从C60被发现的短短的几十多年以来，已经广泛地影响到物理学、化学、材料学、电子学、生物学、医药学各个领域，极大地丰富和提高了科学理论，同时也显示出有巨大的潜在应用前景。

3. 氢

氢的符号H，分子式H_2。氢是宇宙间最丰富的元素。氢在地球上可以说完全不以单质形态存在。人们要得到氢，必须经过一定的工艺。可是太阳和其他一些星球则全部是由纯氢所构成。太阳上发生的氢热核反应已经持续了许多亿年。

早在16世纪，就有人注意到氢的存在了，氢曾被称为"可燃空气"。直到1785年，化学家才首次明确地指出：水是氢和氧的化合物，氢是一种元素。汉字的"氢"字也很有意思，采用"轻"的偏旁，把它放进"气"里面。氢是已知的最轻的气体，无色无臭，几乎不溶于水，氢比空气轻14.38倍，具有很大的扩散速度和很高的导热性。将氢冷却到20K时，气态氢可被液化。液态氢可以把除氦以外的其他气体冷却都转变为固体。同温同压下，氢气的密度最小，常用来填充气球。

分子氢在地球上的丰度很小，但化合态氢的丰度却很大，例如氢存在于水、碳水化合物和有机化合物中。含有氢的化合物比其他任何元素的化合物都多。氢在地壳外层的三界（大气、水和岩石）里以原子百分比计占17%，仅次于氧而居第二位。

氢在常温下能与单质氟在暗处迅速反应生成 HF（氢氟酸），而与其他卤素或氧不发生反应。

高温下，氢气是一个非常好的还原剂。例如：氢气能在空气中燃烧生成水，氢气燃烧时火焰可以达到 3273K 左右，工业上常利用此反应切割和焊接金属；高温下，氢气还能同卤素、N_2等非金属反应，生成共价型氢化物；高温下氢气与活泼金属反应，生成金属氢化物；高温下氢气还能还原许多金属氧化物或金属卤化物为金属，能被还原的金属是那些在电化学顺序中位置低于铁的金属。这类反应多用来制备纯金属。

氢分子虽然很稳定，但在高温下，在电弧中，或进行低压放电，或在紫外线的照射下，氢分子能发生离解作用，得到原子氢。所得原子氢仅能存在半秒钟，随后便重新结合成分子氢，并放出大量的热。

1.10 塑料制品的分类、用途和术语

塑料制品分类方法有多种，常用的分类方法是按树脂在受热后所得到的性能变化来分类，可分为热塑性塑料和热固性塑料；另一种分类方法是按塑料制品的用途分类，可分为通用塑料、工程塑料、耐高温塑料和特殊用途塑料。

1.10.1 树脂和塑料制品

树脂分为合成树脂和天然树脂两类。合成树脂是用自然界中的石油及天然气或者煤、氯化钠为原料，在一定条件下聚合成的高分子材料；天然树脂是指自然界中动、植物体内分泌出的有机物，如松香、树胶、虫胶及橡胶中的胶乳等。塑料制品所用树脂为合成树脂。

合成树脂品种很多，目前已达到 300 多种。塑料管材、管件常用树脂名称及缩写代号见表 1.10-1。

塑料管材、管件常用树脂名称及缩写代号　　表 1.10-1

树脂名称	缩写代号	树脂名称	缩写代号
聚乙烯	PE	软聚氯乙烯	PVC-P
高密度聚乙烯	HDPE	聚丙烯	PP
低密度聚乙烯	LDPE	丙烯腈-丁二烯-苯乙烯共聚物	ABS
聚氯乙烯	PVC	聚苯乙烯	PS
硬聚氯乙烯	PVC-U	聚四氟乙烯	PTFE
氯化聚乙烯	PEC	聚氨酯	PUR

塑料制品是以树脂为主要原料，加入一定比例的助剂和填充料，混合均匀后，在一定温度和压力条件下，成型为某一种形状的制品。

1.10.2 按树脂受热后的性能分类

1. 热塑性塑料

热塑性塑料以热塑性树脂为主要成分，并添加一定比例的辅助料（如各种助剂和填充料）而配制成的塑料。这种塑料在一定温度条件下，能软化或熔融成任意形状，冷却后形状不变。在整个形态变化过程中，树脂只是一种物理性变化。这种树脂或制品可多次反复使用，而且始终具有可塑性。

在塑料制品中，热塑性树脂应用量最大，常用的树脂有：聚乙烯、聚氯乙烯、聚丙烯、聚苯乙烯、ABS、聚酰胺（尼龙）、聚碳酸酯等。管材、管件大都属于热塑性塑料。

2. 热固性塑料

在一定温度条件下，塑料能软化成熔融态、降温后形状固定、变硬；但是，如果把这种变硬定形的固体再加热升温，则不能再熔融软化，说明这种塑料在第一次加热升温时，内部已经发生化学变化，称这种塑料为热固性塑料。常用热固性塑料有酚醛树脂和环氧树脂等。

热固性塑料制品具有抗压、不容易变形和耐热的特点；但是一般多采用模压成型，所以生产制造比较麻烦，生产率较低，制造成本比较高，因而应用远不及热塑性塑料广泛。

1.10.3 按塑料制品的用途分类

1. 通用塑料

通用塑料是指料源丰富、价格低廉、应用量最大，且成型容易，可以制成各种形状的塑料。通用塑料树脂包括聚乙烯（PE）、聚丙烯（PP）、聚氯乙烯（PVC）、聚苯乙烯（PS）及酚醛树脂（PF）、氨基树脂（UF）六大品种，它们不但价格低，而且年总产量占合成树脂总产量的3/4以上。塑料管材、管件大都属于通用塑料。

2. 工程塑料

工程塑料是指制品有较好的力学性能，可代替一些金属材料在某些部位使用的塑料。此类制品在工作时其机械强度和耐热性都高于通用塑料，能在较高温度下长期使用。工程塑料树脂包括聚酰胺（PA）、聚甲醛（POM）、聚碳酸酯（PC）和热塑性聚酯（PET、PBT）等。

3. 耐高温塑料

耐高温塑料属于工程塑料的一种，其使用温度可达150℃以上。耐高温塑料树脂包括聚砜、聚醚砜、聚酰亚胺（PI）和聚四氟乙烯（PTFE）等。

4. 特殊用途塑料

系指用于特殊工作环境，有比较特殊用途的塑料制品，如环氧树脂和离子交换树脂等。

1.11 常用塑料原料与塑料的性能

1.11.1 常用塑料主要原料

1. 聚乙烯（PE）

聚乙烯树脂是由乙烯单体聚合而成的高分子化合物。以聚乙烯树脂为基材而成型的塑料制品，称其为聚乙烯塑料。

聚乙烯树脂按其聚合时条件的不同，可分为高压聚乙烯和低压聚乙烯。高压聚乙烯的密度在0.910～0.935g/cm^{3}范围内，所以也称高压聚乙烯为低密度聚乙烯（LDPE）。低压聚乙烯的密度在0.955～0.965g/cm^{3}范围内，所以也称低压聚乙烯为高密度聚乙烯（HDPE）。有时也把密度为0.940g/cm^{3}左右的聚乙烯树脂称为中密度聚乙烯（MDPE）。

另外，还有一种线型低密度聚乙烯（LL-DPE），它是乙烯和某些 α 一烯烃的共聚物，密度在 0.917～0.920g/cm³之间。

聚乙烯树脂按其密度分为 5 类：即≤0.922g/cm³、0.923～0.932g/cm³、0.933～0.946g/cm³、0.947～0.956 g/cm³、≥0.957g/cm³。

聚乙烯树脂按用途可分为中空成型（B）、涂层（C）、通用挤塑（E）、薄膜（F）、注塑（I）、电缆护套（K）、单丝（L）、管材（P）、粉末成型（S）、扁带（Y）、特殊用途（T）等类型。

2. 聚丙烯（PP）

聚丙烯树脂是由丙烯单体聚合而成的高分子化合物。以聚丙烯树脂为基材而成型的塑料制品，称其为聚丙烯塑料。

聚丙烯树脂的种类也比较多，分类的方法也有多种。按聚丙烯分子中 CH 基团在空间排列状态可分为：等规聚丙烯、间规聚丙烯和无规聚丙烯。目前，我们应用的都是等规聚丙烯。

3. 聚氯乙烯（PVC）

聚氯乙烯树脂是由氯乙烯单体聚合而成的均聚物。以聚氯乙烯树脂为基材，加入不同比例的辅助原料（助剂和添加剂）而成型的塑料制品，称其为聚氯乙烯塑料。

聚氯乙烯树脂按其生产方式和聚合工艺条件的不同，可分为悬浮法、乳液法、本体法、微悬浮法和溶液法 5 种，其中以悬浮法树脂应用量最大，约占全部聚氯乙烯树脂质量的 80%以上。

国家标准《悬浮法通用型聚氯乙烯树脂》GB/T 5761 中，把悬浮法通用型树脂分为从 PVC-SG1～PVC-SG8 共 8 种型号。国内目前也按聚氯乙烯树脂聚合度大小分为 TK-700、TK-800、TK-900、TK-1000、TK-1200 和 TK-1300 共 6 个牌号。

4. 聚苯乙烯（PS）

这里介绍的聚苯乙烯树脂是指通用级聚苯乙烯，它只是苯乙烯塑料系列中的一种。聚苯乙烯树脂是由苯乙烯单体聚合制得，为了改进聚苯乙烯制品的脆性和抗冲击性不足的缺点，现已生产多种共聚型聚苯乙烯树脂。

苯乙烯系列中，共聚型聚苯乙烯树脂可分为高抗冲聚苯乙烯（HIPS）、丙烯腈-苯乙烯共聚物（AS）、苯乙烯-丁二烯嵌段共聚物（SBS）和丙烯腈-丁二烯-苯乙烯共聚物（ABS）及专用于发泡材料的聚苯乙烯树脂（EPS）等。

通用级聚苯乙烯是采用悬浮法和本体法两种聚合方法生产。类型分为工业型、日用型和粗粒型。树脂生产厂家又把树脂分为标准型、板材型、耐热型和耐热、高耐冲型。

5. ABS

ABS 树脂是苯乙烯系列中的一种，它是丙烯腈（A）、丁二烯（B）、苯乙烯（S）三种聚合物的共聚物或共混物，即是在共聚反应过程中形成的聚丁二烯（PB）、苯乙烯-丙烯腈二元共聚物（AS）以及在聚丁二烯骨架上接枝苯乙烯-丙烯腈支链的接枝共聚物（B-AS）这三种聚合物的共混物。

由于 ABS 的组成和生产方法有多种，所以，ABS 树脂的种类和品牌号也就比较多。国内常见到的 ABS 树脂牌号有通用型、高流动型、挤出型、耐热型、耐寒型、电镀型和难燃型。

1.11.2 常用塑料的性能

1. 密度

塑料的密度是指单位体积塑料在一定温度时的质量。管材、管件常用树脂的密度见表1.11-1。

常用树脂的密度 **表 1.11-1**

树脂名称		密度(g/cm³)	树脂名称		密度(g/cm³)
聚乙烯 PE	LDPE	0.91～0.925	丙烯腈-丁二烯-苯乙烯 ABS	通用级	1.02～1.08
	MDPE	0.926～0.940		阻燃级	1.16～1.21
	HDPE	0.941～0.965		耐热级	1.05～1.08
聚丙烯 PP	—	0.90～0.91		中抗冲级	1.03～1.06
聚氯乙烯 PVC	硬 PVC	1.30～1.58		高抗冲级	1.01～1.05
	软 PVC	1.16～1.35		电镀级	1.04～1.07
聚苯乙烯 PS	通用级	1.04～1.07	聚四氟乙烯 PTFE	通用级	2.14～2.20
	抗冲级	1.04		20%玻璃纤维增强	2.26

2. 吸水率

塑料的吸水性是指把塑料试样在 23℃条件下浸泡在蒸馏水中 24h 后所吸收的水量，吸水量与试样质量之比称为吸水率。常用塑料的吸水率见表 1.11-2。

常用树脂的吸水率 **表 1.11-2**

树脂名称		吸水率(%)	树脂名称		吸水率(%)
聚乙烯 PE	LDPE	<0.01	丙烯腈-丁二烯-苯乙烯 ABS	通用级	0.20～0.45
	MDPE	—		阻燃级	0.2～0.6
	HDPE	<0.01		耐热级	0.20～0.45
聚丙烯 PP	—	0.01～0.03		中抗冲级	0.20～0.45
聚氯乙烯 PVC	硬 PVC	0.03～0.04		高抗冲级	0.20～0.45
	软 PVC	0.2～1.0		电镀级	—
聚苯乙烯 PS	通用级	0.01～0.03	聚四氟乙烯 PTFE	通用级	<0.01
	抗冲级	0.05～0.08		20%玻璃纤维增强	<0.01

3. 拉伸强度

塑料的拉伸强度是指在规定的标准（试验温度、湿度和拉伸速度）试验条件下，对试样沿其纵向（轴向）进行拉伸，直至试样断裂，所承受的最大拉伸力即为拉伸强度。常用塑料的拉伸强度见表 1.11-3。拉伸强度计算公式为：

$$\sigma_t = \frac{P}{bd} \tag{1.11-1}$$

式中 σ_t——拉伸强度（Pa）；

P——试样最大拉伸荷载（N）；

b——试样宽度（m）；

d——试样厚度（m）。

4. 拉伸弹性模量

拉伸弹性模量是表示某种材料刚性大小、是否容易被拉伸变形的物理量。这个值越高，其刚性越大，越不易变形。常用树脂的拉伸强度和拉伸模量见表 1.11-3。

5. 伸长率

伸长率是指材料被拉伸断裂破坏时的长度变化率（即拉伸断裂时伸长值与初始长度值之比），表示材料的韧性大小。对于塑料制品，其伸长率越大，说明它越柔软。常用树脂的伸长率见表 1.11-4。

常用树脂的拉伸强度和拉伸模量　　表 1.11-3

树脂名称		ASTM 测试法	拉伸强度(MPa)	拉伸模量(MPa)
聚乙烯 PE	LDPE	D638	6.9～15.8	117～241
	MDPE	D638	8.3～24	172～379
	HDPE	D638	21～38	413～1033
聚丙烯 PP		—	25～35	—
聚氯乙烯 PVC	软 PVC	—	10～21	—
	硬 PVC	—	35～55	2500～4200
聚苯乙烯 PS	通用级	—	35.9～51.7	22.8～32.8
	抗冲级	D638	27.4～35.3	1100～2550
丙烯腈-丁二烯-苯乙烯 ABS	通用级	D638	30～44	900～2900
	阻燃级	D638	26～51	1900～2800
	耐热级	D638	30～48	2000～2400
	中抗冲级	D638	35～50	2000～2700
	高抗冲级	D638	18～41	1000～2400
	电镀级	D638	46	2200～2600
聚四氟乙烯 PTFE	通用级	—	27.6	—
	20%玻璃纤维增强	—	17.5	—

常用树脂的伸长率　　表 1.11-4

树脂名称		ASTM 测试法	伸长率(%)
聚乙烯 PE	LDPE	D638	90～800
	MDPE	D638	50～600
	HDPE	D638	15～100
聚丙烯 PP	—	—	>200
聚氯乙烯 PVC	软 PVC	—	100～450
	硬 PVC	—	20～40
聚苯乙烯 PS	通用级	D638	0.01～0.03
	抗冲级	D638	0.05～0.08
丙烯腈-丁二烯-苯乙烯 ABS	通用级	D638	20～100
	阻燃级	D638	1.5～80
	耐热级	D638	3～45
	中抗冲级	D638	5～60
	高抗冲级	D638	5～75
	电镀级	D638	10～30
聚四氟乙烯 PTFE	通用级	—	233
	20%玻璃纤维增强	—	207

6. 弯曲强度和弯曲弹性模量

把试样水平放在两个支点上，在两个支点中间施加集中载荷，使试样变形直至破裂时的强度即为弯曲强度。在比例极限内试样的弯曲应力与相应的应变之比称为材料的弯曲弹性模量。它是表示塑料制品是否容易弯曲变形的物理量。常用树脂的弯曲强度和弯曲模量见表 1.11-5。

常用树脂的弯曲强度和弯曲模量 **表 1.11-5**

树脂名称		弯曲强度(MPa)	弯曲模量(MPa)
聚乙烯 PE	LDPE	12～17	150～250
	MDPE	—	50～600
	HDPE	25～34	1100～1400
聚丙烯 PP	—	50	—
聚氯乙烯 PVC	软 PVC	—	—
	硬 PVC	80～110	2100～3500
聚苯乙烯 PS	通用级	69.0～100.7	26.2～33.8
	抗冲级	22.8～69	1100～2690
丙烯腈-丁二烯-苯乙烯 ABS	通用级	26～97	20～100
	阻燃级	43～97	1.5～80
	耐热级	62～90	3～45
	中抗冲级	49～90	5～60
	高抗冲级	37～76	5～75
	电镀级	72～79	10～30
聚四氟乙烯 PTFE	通用级	21	—
	20%玻璃纤维增强	21	—

7. 压缩强度和压缩弹性模量

在标准试样条件下对其两端施加压缩荷载，直至破坏时的最大压缩应力为材料的压缩强度。在比例极限内试样的压缩应力与相应的应变之比称为材料的压缩弹性模量。常用树脂的压缩强度和压缩弹性模量见表 1.11-6。

常用树脂的压缩强度和压缩弹性模量 **表 1.11-6**

树脂名称		压缩强度(MPa)	压缩弹性模量(GPa)
聚乙烯 PE	LDPE	12.5	—
	MDPE	—	—
	HDPE	22.5	—
聚丙烯 PP	—	45	—
聚氯乙烯 PVC	软 PVC	6.2～11.7	0.015
	硬 PVC	20.5	1.5～3.0
聚苯乙烯 PS	通用级	82.7～89.6	0.0331～0.0338
	抗冲级	—	—
丙烯腈-丁二烯-苯乙烯 ABS	通用级	36～69	1.0～2.7
	阻燃级	45～52	0.9～2.1
	耐热级	50～69	1.3～3.0
	中抗冲级	12～86	1.4～3.1
	高抗冲级	31～55	1.0～2.1
	电镀级	—	—

续表

树脂名称		压缩强度(MPa)	压缩弹性模量(GPa)
聚四氟乙烯 PTFE	通用级	13	—
	20%玻璃纤维增强	17	—

8. 冲击强度

工程上用材料的韧性来表示冲击强度。它表示材料在快速荷载作用下因产生塑性变形吸收能量而抵抗断裂破坏的能力。用单位断裂面积所消耗能量的大小来表示，单位为 kJ/m^2。常用树脂的冲击强度见表 1.11-7。

常用树脂的冲击强度 **表 1.11-7**

树脂名称		有缺口(kJ/m^2)	无缺口(kJ/m^2)
聚乙烯 PE	LDPE	>854	—
	MDPE	26～854	—
	HDPE	80～1067	—
聚丙烯 PP	—	15～17	—
聚氯乙烯 PVC	软 PVC	—	—
	硬 PVC	2200～10600	—
聚苯乙烯 PS	通用级	18.7～24	—
	抗冲级	51～187	—
丙烯腈-丁二烯-苯乙烯 ABS	通用级	105～215	—
	阻燃级	185～280	—
	耐热级	120～320	—
	中抗冲级	215～375	—
	高抗冲级	375～440	
	电镀级	265～375	—
聚四氟乙烯 PTFE	通用级	2400～3100	—
	20%玻璃纤维增强	1800	5400

9. 硬度

塑料硬度是指塑料制品表面抵抗其他较硬物体压入的性能。常用测试方法有布氏硬度、洛氏硬度和肖（邵）氏硬度。塑料的硬度随环境温度和湿度的不同会有所变化，温度升高和湿度增加都会使塑料硬度值减小。

常用树脂制品的硬度见表 1.11-8。洛氏、布氏和邵氏三种硬度值的换算关系见表 1.11-9。

常用树脂的硬度 **表 1.11-8**

树脂名称		ASTM 测试法	硬度
聚乙烯 PE	LDPE	D785	41～50 邵氏 D
	MDPE	D785	50～60 邵氏 D
	HDPE	D785	62～72 邵氏 D

续表

树脂名称		ASTM 测试法	硬度
聚丙烯 PP	—	—	80～110HRR
聚氯乙烯 PVC	软 PVC	—	A50～100HRR
	硬 PVC	—	65～85 邵氏 D
聚苯乙烯 PS	通用级	D785	65～80HRM
	抗冲级	D785	82HRR
丙烯腈-丁二烯-苯乙烯 ABS	通用级	D785	75～115HRR
	阻燃级	D785	100～120HRR
	耐热级	D785	100～115HRR
	中抗冲级	D785	102～115HRR
	高抗冲级	D785	85～106HRR
	电镀级	D785	103～109HRR
聚四氟乙烯 PTFE	通用级	—	456HBW
	20%玻璃纤维增强	—	546HBW

注：邵氏硬度分邵氏 A 和邵氏 D、邵氏 A 用于较软塑料。洛氏硬度分为 R、L、M 三种标尺，分别依次用于从软至硬的塑料。HBW 为布氏硬度。

三种硬度值的换算关系 **表 1.11-9**

洛氏硬度 HRC	布氏硬度 HBW	邵氏硬度 HS	洛氏硬度 HRC	布氏硬度 HBW	邵氏硬度 HS
67		94.6	43	401	57.0
66		92.6	42	391	55.9
65		90.5	41	380	54.7
64		88.4	40	370	53.5
63		86.5	39	360	52.3
62		84.8	38	350	51.1
61		83.1	37	341	50.0
60		81.4	36	332	48.8
59		79.7	35	323	47.8
58		78.1	34	314	46.6
57		76.5	33	306	45.6
56		74.9	32	298	44.5
55		73.5	31	291	43.5
54		71.9	30	283	42.5
53		70.5	29	276	41.6
52		69.1	28	269	40.6
51		67.7	27	263	39.7
50		66.3	26	257	38.8
49		65.0	25	251	37.9
48		63.7	24	245	37.0
47	449	62.3	23	240	36.3
46	436	61.9	22	234	35.5
45	424	59.7	21	229	34.7
44	413	58.4	20	225	34.0

10. 热导率

当材料在某方向存在温度梯度时就会产生热的流动，称为导热。热导率是衡量材料导热能力大小的指标。热导率是指通过垂直于温度梯度方向上单位面积的热传导速率。塑料的热导率很低，所以可用来作绝热材料，特别是泡沫料，是一种优异的绝热保温材料。常用树脂的热导率见表 1.11-10。

常用树脂的热导率 **表 1.11-10**

树脂名称		ASTM 测试法	热导率 [W/(m·K)]
聚乙烯 PE	LDPE	—	41～50 邵氏 D
	MDPE	—	50～60 邵氏 D
	HDPE	—	62～72 邵氏 D
聚丙烯 PP	—	—	80～110HRR
聚氯乙烯 PVC	软 PVC	—	A50～100HRR
	硬 PVC	—	65～85 邵氏 D
聚苯乙烯 PS	通用级	C177	65～80HRM
	抗冲级	—	82HRR
丙烯腈-丁二烯-苯乙烯 ABS	通用级	—	75～115HRR
	阻燃级	—	100～120HRR
	耐热级	C177	100～115HRR
	中抗冲级	—	102～115HRR
	高抗冲级	—	85～106HRR
	电镀级	—	103～109HRR
聚四氟乙烯 PTFE	通用级	—	0.24
	20%玻璃纤维增强	—	0.41

11. 线胀系数

塑料制品的线胀系数是指温度升高 1℃时，每 1cm 长的塑料伸长的长度（cm）与原料长度之比。塑料的线胀系数比其他材料的线胀系数大数倍。常用树脂的线胀系数见表 1.11-11。

常用树脂的线胀系数 **表 1.11-11**

树脂名称		ASTM 测试法	线胀系数 [$\times(10^{-5}$/K)]
聚乙烯 PE	LDPE	—	16～19.8
	MDPE	—	14～16
	HDPE	—	11～13
聚丙烯 PP	—	—	5.8～10.2
聚氯乙烯 PVC	软 PVC	—	7～25
	硬 PVC	—	5～18.5

续表

树脂名称		ASTM 测试法	线胀系数 [×(10^{-5}/K)]
聚苯乙烯 PS	通用级	D696	6～8
	抗冲级	D696	7.96
丙烯腈-丁二烯-苯乙烯 ABS	通用级	D696	10.8～23.4
	阻燃级	D696	11.7～17.41
	耐热级	D696	10.8～16.7
	中抗冲级	D696	14.4～18.0
	高抗冲级	D696	17.1～19.8
	电镀级	D696	8.5～9.5
聚四氟乙烯 PTFE	通用级	—	10.5
	20%玻璃纤维增强	—	7.1

12. 透明度

透明度通常用透光度来表示。透明度（也可称透光率）是指透过被测物体的光通量和射到被测物体上的光通量的百分数比值（%）。在光度计上进行测定。

透光率计算公式为：

$$T_t=\frac{T_2}{T_1} \tag{1.11-2}$$

式中 T_t——透光率（%）；

T_2——透射光通量；

T_1——射到被测物体上的光通量。

聚苯乙烯透光率为88%～92%，聚甲基丙烯酸甲酯透光率大于91%。

13. 不透光性

在多种塑料管材产品标准中，都提到应对其不透光性进行检验，现将通常采用的检如下验方法介绍，以免在介绍各种管材时重复。取400mm长的检验管段，将其一端用不透光材料封严，在管子侧面有自然光的条件下，用手握住有光源方向的管壁，从管子开口端用肉眼观察试样管段的内表面，若看不到手遮挡光源的影子，说明其不透光性合格。

2 钢　　管

2.1 钢管综合性标准简介

钢管是金属管材中最主要的品种，材质种类和规格较多，在介绍具体的钢管品种之前，有必要先介绍几项钢管综合性标准。

2.1.1 无缝钢管尺寸、外形、重量及允许偏差

无缝钢管是采用穿孔热轧等热加工方法制造的不带焊缝的钢管。必要时，热加工后的管子还可以进一步冷加工至所要求的形状、尺寸和性能。

按材质的不同，无缝钢管可分为碳素钢无缝钢管、铬钼钢和铬钼钒钢无缝钢管和不锈钢无缝钢管三大类。

无缝钢管的外径分为三个系列：系列 1 是通用系列，属于推荐选用系列；系列 2 是非通用系列；系列 3 是少数特殊、专用系列。系列 2 及系列 3 中的部分规格在流体输送管道和钢结构工程中为常用规格，如外径为 45mm、57mm、73mm、108mm、133mm、159mm、377mm、426mm、530mm 等规格。无缝钢管规格的标注方法是外径尺寸乘以壁厚尺寸。

无缝钢管的外径和壁厚分为三类：普通无缝钢管的外径和壁厚、精密无缝钢管的外径和壁厚和不锈钢无缝钢管的外径和壁厚。

无缝钢管技术标准将无缝钢管的外径和壁厚设置了很多规格，以备各行业的不同需要，但实际上相当多的规格并无产品供应，工程中常用的规格只占其中的一小部分，即使需要不常用的规格，若没有相当大的数量，厂家也是不会接受订货的，因为制造或更换一套工装设备相当麻烦，要付出较高的成本。因此，本手册在列表方面，既要尽可能的表达无缝钢管的规格，又要适当减少篇幅。

选用无缝钢管规格必须了解市场产品供应情况和有无配套管件供应，不可只按产品标准系列任意选取。

1. 普通无缝钢管的外径、壁厚及理论重量

普通无缝钢管的外径和壁厚规格见表 2.1-1。常用无缝钢管的外径、壁厚及理论重量见表 2.1-2。

普通无缝钢管的外径和壁厚规格　　　　**表 2.1-1**

外径(mm)			壁厚(mm)
系列 1	系列 2	系列 3	
	6		0.25,0.30,0.40,0.50,0.60,0.70,0.80,1.0,1.2,1.4,1.5,1.6,1.8,2.0
	7,8		0.25～2.0 同上,2.2(2.3),2.5(2.6)

续表

外径(mm)			壁厚(mm)
系列 1	系列 2	系列 3	
	9		0.25～2.5(2.6) 同上,2.8
10(10.2)			0.25～2.8 同上,2.9(3.0),3.2,,3.5(3.6)
	11		
	12		0.25～3.5(3.6) 同上,4.0
	13(12.7)		
13.5			
		14	
	16		0.25～4.0 同上,4.5,5.0
17(17.2)			
		18	
	19,20		0.25～5.0 同上,(5.4)5.5,6.0
21(21.3)			
		22	
	25		0.40～6.0 同上,6.5(6.3),7.0(7.1)
		25.4	
27(26.9)			
	28		
		30	0.40～7.0(7.1) 同上,7.5,8.0
	32(31.8)		
34(33.7)			
		35	0.40～8.0 同上,8.5,(8.8)9.0
	38,40		0.40,0.50,0.60,0.70,0.80,1.0,1.2,1.4,1.5,1.6,1.8,2.0,2.2(2.3),2.5(2.6),2.8,2.9(3.0),3.2,3.5(3.6),4.0,4.5,5.0,(5.4)5.5,6.0,6.5(6.3),7.0(7.1),7.5,8.0,8.5,(8.8)9.0,9.5,10
42(42.4)			1.0～10 同上
		45(44.5)	1.0～10 同上,11,12(12.5)
48(48.3)			
	51		
		54	1.0～12(12.5) 同上,13,14(14.2)
	57		
60(60.3)			1.0～14(14.2) 同上,15,16
	63(63.5)		
	65,68		
	70		1.0～16 同上,17(17.5)
		73	1.0～17(17.5) 同上,18,19
76(76.1)			1.0～19 同上,20
	77,80		

续表

外径(mm)			壁厚(mm)
系列 1	系列 2	系列 3	
		83(82.5)	1.4～20 同上,22(22.2)
	85		
89(88.9)			1.4～22(22.2) 同上,24
	95		
	102(101.6)		1.4～24 同上,25,26,28
		108	1.4～28 同上,30
114(114.3)			1.5～30 同上
	121		1.5～30 同上,32
	127		1.8,2.0,2.2(2.3),2.5(2.6),2.8,2.9(3.0),3.2
	133		2.5(2.6)～32 同上,34,36
140(139.7)			2.9(3.0)～36 同上
		142(141.3)	
	146		2.9(3.0)～36 同上,38,40
		152(152.4)	
		159	3.5(3.6)～40 同上,42,45
168(168.3)			
		180(177.8)	3.5(3.6)～45 同上,48,50
		194(193.7)	
	203		3.5(3.6)～50 同上,55
219(219.1)			6.0～55 同上
		245(244.5)	6.0～55 同上,60,65
273			6.5(6.3)～65 同上
	299(298.5)		7.5～65 同上
325(323.9)			
	340(339.7)		8.0～65 同上
	351		
356(355.6)			(8.8)9.0,9.5,10,11,12(12.5),13,14(14.2),15,16,17(17.5),18,19,20,22(22.2),24,25,26,28,30,32,34,36,38,40,42,45,48,50,55,60,65
	377,402		
406(406.4)			
	426,450		
457			
	480,500		
508			
	530		
		560(559)	
610			
	630		
		660	

注：括号内尺寸为 ISO 4200 标准相应英制规格换算而来。

常用无缝钢管外径、壁厚及理论重量 表 2.1-2

外径(mm)			壁厚(mm)													
系列 1	系列 2	系列 3	1.0	1.2	1.4	1.5	1.6	1.8	2.0	2.2(2.3)	2.5(2.6)	2.8	(2.9)3.0	3.2	3.5(3.6)	4.0
			理论质量(kg/m)													
10(10.2)			0.222	0.260	0.297	0.314	0.331	0.364	0.395	0.423	0.462	0.497	0.518	0.537	0.561	
	11		0.247	0.290	0.331	0.351	0.371	0.408	0.444	0.477	0.524	0.566	0.592	0.616	0.647	
	12		0.271	0.320	0.366	0.388	0.410	0.453	0.493	0.532	0.586	0.635	0.666	0.694	0.734	0.789
	13(12.7)		0.296	0.349	0.401	0.425	0.450	0.497	0.543	0.586	0.647	0.704	0.740	0.773	0.820	0.888
13.5			0.308	0.364	0.418	0.444	0.470	0.519	0.567	0.613	0.678	0.739	0.777	0.813	0.863	0.937
		14	0.321	0.379	0.435	0.462	0.489	0.542	0.592	0.640	0.709	0.773	0.814	0.852	0.906	0.986
	16		0.370	0.438	0.504	0.536	0.568	0.630	0.691	0.749	0.832	0.911	0.962	1.01	1.08	1.18
17(17.2)			0.395	0.468	0.539	0.573	0.608	0.675	0.740	0.803	0.894	0.981	1.04	1.09	1.17	1.28
		18	0.419	0.497	0.573	0.610	0.647	0.719	0.789	0.857	0.956	1.05	1.11	1.17	1.25	1.38
	19		0.444	0.527	0.608	0.647	0.687	0.764	0.838	0.911	1.02	1.12	1.18	1.25	1.34	1.48
	20		0.469	0.556	0.642	0.684	0.726	0.808	0.888	0.966	1.08	1.19	1.26	1.33	1.42	1.58
21(21.3)			0.493	0.586	0.677	0.721	0.765	0.852	0.937	1.02	1.14	1.26	1.33	1.40	1.51	1.68
		22	0.518	0.616	0.711	0.758	0.805	0.897	0.986	1.07	1.20	1.33	1.41	1.48	1.60	1.78
	25		0.592	0.704	0.815	0.869	0.923	1.03	1.13	1.24	1.39	1.53	1.63	1.72	1.86	2.07
		25.4	0.602	0.716	0.829	0.884	0.939	1.05	1.15	1.26	1.41	1.56	1.66	1.75	1.89	2.11
27(26.9)			0.641	0.764	0.884	0.943	1.00	1.12	1.23	1.35	1.51	1.67	1.78	1.88	2.03	2.27
	28		0.666	0.793	0.918	0.980	1.04	1.16	1.28	1.40	1.57	1.74	1.85	1.96	2.11	2.37

续表

外径(mm)			壁厚(mm)														
系列1	系列2	系列3	2.0	2.2(2.3)	2.5(2.6)	2.8	(2.9)3.0	3.2	3.5(3.6)	4.0	4.5	5.0	(5.4)5.5	6.0	(6.3)6.5	7.0(7.1)	8.0
			理论重量(kg/m)														
		30	1.38	1.51	1.70	1.88	2.00	2.11	2.29	2.56	2.83	3.08	3.32	3.55	3.77	3.97	4.34
	32(31.8)		1.48	1.62	1.82	2.02	2.15	2.27	2.46	2.76	3.05	3.33	3.59	3.85	4.09	4.32	4.74
34(33.7)			1.58	1.73	1.94	2.15	2.29	2.43	2.63	2.96	3.27	3.58	3.87	4.14	4.41	4.66	5.13
		35	1.63	1.78	2.00	2.22	2.37	2.51	2.72	3.06	3.38	3.70	4.00	4.29	4.57	4.83	5.33
	38		1.78	1.94	2.19	2.43	2.59	2.75	2.98	3.35	3.72	4.07	4.41	4.74	5.05	5.35	5.92
	40		1.87	2.05	2.31	2.57	2.74	2.90	3.15	3.55	3.94	4.32	4.68	5.03	5.37	5.70	6.31
42(42.4)			1.97	2.16	2.44	2.71	2.89	3.06	3.32	3.75	4.16	4.56	4.95	5.33	5.69	6.04	6.71
		45(44.5)	2.12	2.32	2.62	2.91	3.11	3.30	3.58	4.04	4.49	4.93	5.36	5.77	6.17	6.56	7.30
48(48.3)			2.27	2.48	2.81	3.12	3.33	3.54	3.84	4.34	4.83	5.30	5.76	6.21	6.65	7.08	7.89
	51		2.42	2.65	2.99	3.33	3.55	3.77	4.10	4.64	5.16	5.67	6.17	6.66	7.13	7.60	8.48
		54	2.56	2.81	3.18	3.54	3.77	4.01	4.36	4.93	5.49	6.04	6.58	7.10	7.61	8.11	9.08
	57		2.71	2.97	3.36	3.74	4.00	4.25	4.62	5.23	5.83	6.41	6.99	7.55	8.10	8.63	9.67
60(60.3)			2.86	3.14	3.55	3.95	4.22	4.48	4.88	5.52	6.16	6.78	7.39	7.99	8.58	9.15	10.26
	63(63.5)		3.01	3.30	3.73	4.16	4.44	4.72	5.14	5.82	6.49	7.15	7.80	8.43	9.06	9.67	10.85
	65		3.11	3.41	3.85	4.30	4.59	4.88	5.31	6.02	6.71	7.40	8.07	8.73	9.38	10.01	11.25
	68		3.26	3.57	4.04	4.50	4.81	5.11	5.57	6.31	7.05	7.77	8.48	9.17	9.86	10.53	11.84
	70		3.35	3.68	4.16	4.64	4.96	5.27	5.74	6.51	7.27	8.02	8.75	9.47	10.18	10.88	12.23
		73	3.50	3.84	4.35	4.85	5.18	5.51	6.00	6.81	7.60	8.38	9.16	9.91	10.66	11.39	12.82
76(76.1)			3.65	4.00	4.53	5.05	5.40	5.75	6.26	7.10	7.93	8.75	9.56	70.36	11.14	11.91	13.42
	77		3.70	4.06	4.59	5.12	5.47	5.82	6.34	7.20	8.05	8.88	9.70	10.51	11.30	12.08	13.61
	80		3.85	4.22	4.78	5.33	5.70	6.06	6.60	7.50	8.38	9.25	10.11	10.95	11.78	12.60	14.21

续表

外径(mm)			壁厚(mm)										
系列 1	系列 2	系列 3	(2.9)3.0	3.2	3.5(3.6)	4.0	4.5	5.0	6.0	7.0(7.1)	8.0	(8.8)9.0	10
			理论重量(kg/m)										
		83(82.5)	5.92	6.30	6.86	7.79	8.71	9.62	11.39	13.12	14.80	16.42	18.00
	85		6.07	6.46	7.03	7.99	8.93	9.86	11.69	13.47	15.19	16.87	18.50
89(88.9)			6.36	6.77	7.38	8.38	9.38	10.36	12.28	14.16	15.98	17.76	19.48
	95		6.81	7.24	7.90	8.98	10.04	11.10	13.17	15.19	17.16	19.09	20.96
	102(101.6)		7.32	7.80	8.50	9.67	10.82	11.96	14.21	16.40	18.55	20.64	22.69
		108	7.77	8.27	9.02	10.26	11.49	12.70	15.09	17.44	19.73	21.97	24.17
114(114.3)			8.21	8.74	9.54	10.85	12.15	13.44	15.98	18.47	20.91	23.31	25.65
	121		8.73	9.30	10.14	11.54	12.93	14.30	17.02	19.68	22.29	24.86	27.37
	127		9.17	9.77	10.66	12.13	13.59	15.04	17.90	20.72	23.48	26.19	28.85
	133		9.62	10.24	11.18	12.73	14.26	15.78	18.79	21.75	24.66	27.52	30.33
140(139.7)			10.14	10.80	11.78	13.42	15.04	16.65	19.83	22.96	26.04	29.08	32.06
		142(141.3)	10.28	10.95	11.95	13.61	15.26	16.89	20.12	23.31	26.44	29.52	32.55
	146		10.58	11.27	12.30	14.01	15.70	17.39	20.72	24.00	27.23	30.41	33.54
		152(152.4)	11.02	11.74	12.82	14.60	16.37	18.13	21.60	25.03	28.41	31.74	35.02
		159			13.42	15.29	17.15	18.99	22.64	26.24	29.79	33.29	36.75
168(168.3)					14.20	16.18	18.14	20.10	23.97	27.79	31.57	35.29	38.97
		180(177.8)			15.23	17.36	19.48	21.58	25.75	29.87	33.93	37.95	41.92
		194(193.7)			16.44	18.74	21.03	23.31	27.82	32.28	36.70	41.06	45.38
	203				17.22	19.63	22.03	24.41	29.15	33.84	38.47	43.06	47.60
219(219.1)									31.52	36.60	41.63	46.61	51.54
		232							33.44	38.84	44.19	49.50	54.75
		245(244.5)							35.36	41.09	46.76	52.38	57.95
		267(267.4)							38.62	44.88	51.10	57.26	63.38

续表

外径(mm)			壁厚(mm)										
系列 1	系列 2	系列 3	7.5	8.0	8.5	(8.8)9.0	10	12(12.5)	14(14.2)	15	16	18	20
			理论重量(kg/m)										
273			49.11	52.28	55.45	58.60	64.86	77.24	89.42	95.44	101.41	113.20	124.79
	299(298.5)		53.92	57.41	60.90	64.37	71.27	84.93	98.40	105.06	111.67	124.74	137.61
		302	54.47	58.00	61.52	65.03	72.01	85.82	99.44	106.17	112.85	126.07	139.09
		318.5	57.52	61.26	64.98	68.69	76.08	90.71	105.13	112.27	119.36	133.39	147.23
325(323.9)			58.73	62.54	66.35	70.14	77.68	92.63	107.38	114.68	121.93	136.28	150.44
	340(339.7)			65.50	69.49	73.47	81.38	97.07	112.56	120.23	127.85	142.94	157.83
	351			67.67	71.80	75.91	84.10	100.32	116.35	124.29	132.19	147.82	163.26
356(355.6)						77.02	85.33	101.80	118.08	126.4	134.16	150.04	165.73
		368				79.68	88.29	105.35	122.22	130.58	138.89	155.37	171.64
	377					81.68	90.51	108.02	125.33	133.91	142.45	159.36	176.08
	402					87.23	96.67	115.42	133.96	143.16	152.31	170.46	188.41
406(406.4)						88.12	97.66	116.60	135.34	144.64	153.89	172.24	190.39
		419				91.00	100.87	120.45	139.83	149.45	159.02	178.01	196.80
	426					92.55	102.59	122.52	142.25	152.04	161.78	181.11	200.25
	450					97.88	108.51	129.62	150.53	160.92	171.25	191.77	212.09
457						99.44	110.24	131.69	152.95	163.51	174.01	194.88	215.54
	473					102.99	114.18	136.43	158.48	169.42	180.33	201.98	223.43
	480					104.54	115.91	138.50	160.89	172.01	183.09	205.09	226.89
	500					108.98	120.84	144.42	167.80	179.41	190.98	213.96	236.75
508						110.76	122.81	146.79	170.56	182.37	194.14	217.51	240.70
	530					115.64	128.24	153.30	178.16	190.51	202.82	227.28	251.55
		560(559)				122.30	135.64	162.17	188.51	201.61	214.65	240.60	266.34
610						133.39	147.97	176.97	205.78	220.10	234.38	262.79	291.01

注：1. 括号内尺寸为 ISO 4200 标准相应英制规格换算而来；外径 610mm 以上规格，略。

2. 理论重量系按碳素钢的密度取值为 7.85kg/dm^3。铬钼钢、不锈钢的密度比碳素钢的密度稍大，各种牌号不锈钢的密度可按 GB/T 20878 中的给定值。

2. 精密无缝钢管的外径和壁厚

精密无缝钢管的外径和壁厚规格见表 2. 1-3，其外径规格无系列 1。精密无缝钢管的理论重量见表 2. 1-2。

精密无缝钢管的外径和壁厚规格　　　　**表 2. 1-3**

外径(mm)		壁厚(mm)
系列 2	系列 3	
4,5		0.5,(0.8),1.0,(1.2)
6		0.5～(1.2)同上,1.5(1.8),2.0
8,10		0.5～2.0 同上,(2.2),2.5
12,12.7		0.5～2.5 同上,(2.8),3.0
	14	0.5～3.0 同上,(3.5)
16		0.5～(3.5)同上,4.0
	18	0.5～4.0 同上,(4.5)
20		0.5～(4.5)同上,5.0
	22	0.5～5.0 同上
25		0.5～5.0 同上,(5.5),6
	28,30	0.5～6 同上,(7),8
32		0.5～8 同上
	35	0.5～8 同上
38,40		0.5～8 同上,(9),10
42		(0.8)～10 同上
	45	(0.8)～10 同上,(11),12.5
48,50		(0.8)～12.5 同上
	55	(0.8)～12.5 同上
60,63,70,76		(0.8),1.0,(1.2),1.5(1.8),2.0,(2.2),2.5,(2.8),3.0,(3.5),4.0,(4.5),5.0,(5.5),6.0,(7),8,(9),10,(11),12.5,(14),16
80		(0.8)～16 同上,(18)
	90	(1.2)～(18)同上,20,(22)
100		(1.2)～(22)同上,25
	110	(1.2)～25 同上
120,130		(1.8)～25 同上
	140	
150,160		
170		(3.5)～25 同上
	180	5.0～25 同上
190		(5.5)～25 同上
200		6～25 同上
	220,240 260	(7)～25 同上

注：括号内设计不推荐采用。

3. 不锈钢无缝管的外径和壁厚

根据 GB/T 17395-2008 标准的规定，不锈钢无缝管的外径和壁厚也有许多规格，见表 2.1-4。不锈无缝钢的密度略大于碳素钢，具体密度值因不锈钢的材质成分而不同，故不可能列出其理论重量。

不锈钢无缝管的外径和壁厚规格 **表 2.1-4**

<table>
<tr><th colspan="3">外径(mm)</th><th rowspan="2">壁厚(mm)</th></tr>
<tr><th>系列 1</th><th>系列 2</th><th>系列 3</th></tr>
<tr><td></td><td>6,7,8,9</td><td></td><td>1.0,1.2</td></tr>
<tr><td>10(10.2)</td><td></td><td></td><td rowspan="2">1.0,1.2,1.4,1.5,1.6,2.0</td></tr>
<tr><td></td><td>12</td><td></td></tr>
<tr><td></td><td>12.7</td><td></td><td rowspan="2">1.0～2.0 同上,2.2(2.3),2.5(2.6),2.8(2.9),3.0,3.2</td></tr>
<tr><td>13(13.5)</td><td></td><td></td></tr>
<tr><td></td><td></td><td>14</td><td>1.0～3.2 同上,3.5(3.6)</td></tr>
<tr><td></td><td>16</td><td></td><td rowspan="2">1.0～3.5(3.6) 同上,4.0</td></tr>
<tr><td>17(17.2)</td><td></td><td></td></tr>
<tr><td></td><td></td><td>18</td><td rowspan="3">1.0～4.0 同上,4.5</td></tr>
<tr><td></td><td>19</td><td></td></tr>
<tr><td></td><td>20</td><td></td></tr>
<tr><td>21(21.3)</td><td></td><td></td><td rowspan="3">1.0～4.5 同上,5.0</td></tr>
<tr><td></td><td></td><td>22</td></tr>
<tr><td></td><td>24</td><td></td></tr>
<tr><td></td><td>25</td><td></td><td rowspan="3">1.0～5.0 同上,(5.5)5.6,6.0</td></tr>
<tr><td></td><td></td><td>25.4</td></tr>
<tr><td>27(26.9)</td><td></td><td></td></tr>
<tr><td></td><td></td><td>30</td><td rowspan="2">1.0～6.0 同上,6.3(6.5)</td></tr>
<tr><td></td><td>32(31.8)</td><td></td></tr>
<tr><td>34(33.7)</td><td></td><td></td><td rowspan="3">1.0,1.2,1.4,1.5,1.6,2.0,2.2(2.3),2.5(2.6),2.8(2.9),3.0,3.2,3.5(3.6),4.0,4.5,5.0,(5.5)5.6,6.0,6.5(6.3)</td></tr>
<tr><td></td><td></td><td>35</td></tr>
<tr><td></td><td>38,40</td><td></td></tr>
<tr><td>42(42.4)</td><td></td><td></td><td>1.0～6.5(6.3) 同上,7.0(7.1),7.5</td></tr>
<tr><td></td><td></td><td>45(44.5)</td><td rowspan="2">1.0～7.5 同上,8.0,8.5</td></tr>
<tr><td>48(48.3)</td><td></td><td></td></tr>
<tr><td></td><td>51</td><td></td><td>1.0～8.5 同上,(8.8)9.0</td></tr>
<tr><td></td><td></td><td>54</td><td rowspan="4">1.6～(8.8)9.0 同上,9.5,10</td></tr>
<tr><td></td><td>57</td><td></td></tr>
<tr><td>60(60.3)</td><td></td><td></td></tr>
<tr><td></td><td>64(63.5)</td><td></td></tr>
<tr><td></td><td>68,70,73</td><td></td><td rowspan="2">1.6～10 同上,11,12(12.5)</td></tr>
<tr><td>76(76.1)</td><td></td><td></td></tr>
</table>

续表

外径(mm)			壁厚(mm)
系列 1	系列 2	系列 3	
		83(82.5)	
89(88.9)			1.6～12(12.5) 同上,14(14.2)
	95,102(101.6)108		
114(114.3)			
	127,133		1.6,2.0,2.2(2.3),2.5(2.6),2.8(2.9),3.0,3.2,3.5(3.6),4.0,4.5,5.0,(5.5)5.6,6.0,6.5(6.3),7.0(7.1),7.5,8.0,8.5(8.8),9.0,9.5,10,11
140(139.7)			1.6～11 同上,12(12.5),14(14.2),15,16
	146,152,159		
168(168.3)			1.6～16 同上,17(17.5) ,18
	180,194		2.0～18 同上
219(219.1)			2.0～18 同上,20,22(22.2),24,25,26,28
	245		
273			
325(323.9)			2.5(2.6)～28 同上
	351		
356(355.6)			
	377		
406(406.4)			
	426		3.2～28 同上

注：括号内尺寸为 ISO 4200 标准相应英制规格换算而来。

4. 外径和壁厚的允许偏差

普通无缝钢管和常用不锈钢无缝管的外径和壁厚的允许偏差应优先选择标准化的允许偏差，见表 2.1-5；如用户要求或产品有特殊性，也可选用非标准化的允许偏差，不再列表。优先选用的标准化壁厚允许偏差见表 2.1-6，非标准化壁厚的允许偏差不再列表。

标准化外径允许偏差　　**表 2.1-5**

偏差等级	标准化外径允许偏差(mm)	偏差等级	标准化外径允许偏差(mm)
D_1	±1.5%D 或±0.75,取其中较大值	D_3	±0.75%D 或±0.30,取其中较大值
D_2	±1.0%D 或±0.50,取其中较大值	D_4	±0.5%D 或±0.10,取其中较大值

注：D 为钢管公称外径。

标准化壁厚允许偏差　　**表 2.1-6**

偏差等级		壁厚允许偏差 (mm)			
		$S/D>0.1$	$0.05<S/D\leqslant0.1$	$0.025<S/D\leqslant0.05$	$S/D\leqslant0.025$
S_1		±15.0%S 或±0.60,取其中较大值			
S_2	A	±12.5%S 或±0.40,取其中较大值			
	B	−12.5%S			

续表

偏差等级		壁厚允许偏差（mm）			
		$S/D>0.1$	$0.05<S/D\leqslant0.1$	$0.025<S/D\leqslant0.05$	$S/D\leqslant0.025$
S_3	A	±10.0%*S* 或±0.20，取其中较大值			
	B	±10.0%*S* 或±0.40，取其中较大值	±12.5%*S* 或±0.40，取其中较大值	±15.0%*S* 或±0.40，取其中较大值	
	C	−10.0%*S*			
S_4	A	±7.5%*S* 或±0.15，取其中较大值			
	B	±7.5%*S* 或±0.20，取其中较大值	±10.0%*S* 或±0.20，取其中较大值	±12.5%*S* 或±0.20，取其中较大值	±15.0%*S* 或±0.20，取其中较大值
S_5		±5.0%*S* 或±0.10，取其中较大值			

注：*S* 为钢管公称壁厚，*D* 为钢管公称外径。冷轧（拔）钢管或特殊用途的钢管可采用绝对偏差。

5. 长度、不圆度及弯曲度

钢管的通常长度为 3～12.5m，定尺长度和倍尺长度应在通常长度范围内，全长允许偏差分为四级；钢管的不圆度也分为四级；钢管的弯曲度分为全长弯曲度和每米弯曲度。钢管的长度、不圆度及弯曲度的等级和允许偏差要求见表 2.1-7。每个倍尺长度按以下规定留出切口裕量：外径≤159mm 留出 5～10mm，外径>159mm 留出 10～15mm。

钢管的长度、不圆度及弯曲度的等级和允许偏差　　　表 2.1-7

	全长允许偏差		钢管不圆度	
	偏差等级	全长允许偏差（mm）	不圆度等级	不圆度不大于外径公差的
长度及不圆度	L_1	+20 0	NR_1	80%
	L_2	+15 0	NR_2	70%
	L_3	+10 0	NR_3	60%
	L_4	+5 0	NR_4	50%
	全长弯曲度		每米弯曲度	
	弯曲度等级	全长弯曲度不大于（mm）	弯曲度等级	每米弯曲度不大于（mm）
弯曲度	E_1	0.2%*L*	F_1	3.0
	E_2	0.15%*L*	F_2	2.0
	E_3	0.1%*L*	F_3	1.5
	E_4	0.08%*L*	F_4	1.0
	E_5	0.06%*L*	F_5	0.5

钢管不圆度的计算公式为：

$$\frac{2(D_{max}-D_{min})}{D_{max}+D_{min}}\times100\% \tag{2.1-1}$$

式中　D_{max}——实测钢管同一横截面外径最大值，mm；

　　　D_{min}——实测钢管同一横截面外径最小值，mm。

6. 理论重量计算与允许偏差

碳素钢钢管可以按实际重量或理论重量交货，实际重量交货可分为单根重量或每批重量。钢管的理论重量按下式计算：

$$W=\frac{\pi(D-S)S\rho}{1000} \tag{2.1-2}$$

式中 W——钢管的理论重量，kg/m；

π——取值为 3.1416；

ρ——碳素钢的密度，取值为 7.85kg/dm³；

D——钢管公称外径，mm；

S——钢管公称壁厚，mm。

按理论重量交货的钢管，根据需方要求可规定实际重量与理论重量的允许偏差。单根钢管实际重量与理论重量的允许偏差分为五级，见表 2.1-8。每批不小于 10t 钢管的理论重量与实际重量的允许偏差为±7.5%或±5%。

钢管理论重量允许偏差　　表 2.1-8

偏差等级	单根钢管重量允许偏差	偏差等级	单根钢管重量允许偏差
W_1	±10%	W_4	+10% −3.5%
W_2	±7.5%		
W_3	+10% −5%	W_5	+6.5% −3.5%

【技术标准依据】《无缝钢管尺寸、外形、重量及允许偏差》GB/T 17395-2008

2.1.2 焊接钢管尺寸及重量

这里所说的焊接钢管，是指用各种焊接方法制成的钢管，并非只指低压流体输送用焊接钢管。焊接钢管的外径分为三个系列：系列 1 是通用系列，属于推荐选用系列；系列 2 是非通用系列；系列 3 是少数特殊、专用系列。系列 2 及系列 3 中的部分规格在流体输送管道和钢结构工程中为常用规格，如外径 51mm、57mm、73mm、108mm、127 mm，133mm、159mm 等规格。

焊接钢管的外径和壁厚分为 3 类：普通钢管的外径和壁厚、精密钢管的外径和壁厚和不锈钢钢的外径和壁厚。其中，普通焊接钢管的壁厚分为系列 1 和系列 2，系列 1 是优先选用系列，系列 2 是非优先选用系列。

现列表介绍建筑工程中常用的普通钢管和不锈钢管的规格。

1. 普通焊接钢管

普通焊接钢管的外径和壁厚规格见表 2.1-9；其外径、壁厚及理论重量见表 2.1-10，焊接钢管的理论重量可按前述公式（2.1-2）计算。

普通焊接钢管的外径和壁厚规格　　表 2.1-9

外径(mm)			壁厚(mm)	
系列 1	系列 2	系列 3	系列 1	系列 2
10.2			0.5，0.6，0.8，1.0，1.2，1.4，1.6，1.8，2.0，2.3，2.6，2.9	1.5，1.7，1.9，2.2，2.4，2.8
	12，12.7		0.5～2.9 同上	1.5～2.8 同上，3.1
13.5				

续表

外径(mm)			壁厚(mm)	
系列 1	系列 2	系列 3	系列 1	系列 2
		14		0.5～3.1 同系列 1
	16		0.5～2.9 同上,3.2,3.6	1.5～3.1 同上,3.4,3.8
17.2				
		18		
	19			
	20		0.5～3.6 同上,4.0	1.5～3.8 同上,4.37
21.3			0.5～4.0 同上,4.5	1.5～4.37 同上,4.78
		22		
	25		0.5～4.5 同上,5.0	1.5～4.78 同上
		25.4		
26.9			0.5～5.0 同上	1.5～4.78 同上,5.16
		30		
	31.8,32			
33.7				
		35		
	38,40			
42.4			0.5,0.6,0.8,1.0,1.2,1.4,1.6,1.8,2.0,2.3,2.6,2.9,3.2,3.6,4.0,4.5,5.0,5.6	1.5,1.7,1.9,2.2,2.4,2.8,3.1,3.4,3.8,4.37,4.78,5.16,5.56,6.02
		44.5		
48.3			0.6～5.6 同上	1.5～6.02 同上
	51			
		54		
	57			
60.3				
	63.5			
	70		0.8～5.6 同上,6.3	1.5～6.02 同上
		73		
76.1				
		82.5		
88.9				
	101.6		1.2～6.3 同上	1.5～6.02 同上,6.35
		108		
114.3			1.2～6.3 同上,7.1,8.0	1.5～6.35 同上,7.92
	127,133		1.2～8.0 同上	1.7～7.92 同上
139.7				
		141.3,152.4		
		159	1.2～8.0 同上	1.7～7.92 同上,8.74
		165	1.6,1.8,2.0,2.3,2.6,2.9,3.2,3.6,4.0,4.5,5.0,5.6,6.3,7.1,8.0	1.7,1.9,2.2,2.4,2.8,3.1,3.4,3.8,4.37,4.78,5.16,5.56,6.02,6.35,7.92,8.74
168.3			1.6～8.0 同上,8.8,10,11,12.5	1.7～8.74 同上,9.53,10.31,11.91,12.7

续表

外径(mm)			壁厚(mm)	
系列 1	系列 2	系列 3	系列 1	系列 2
		177.8，190.7，193.7	1.6～12.5 同上	1.9～12.7 同上
219.1			1.6～12.5 同上，14.2	1.9～12.7 同上
		244.5	2.0～14.2 同上	2.2～12.7 同上
273.1				
323.9，355.6			2.6～14.2 同上，16，17.5	2.8～12.7 同上，15.09，16.66
406.4			2.6～17.5 同上，20，22.5，25，28，30	2.8～16.66 同上，19.05，20.62，23.83，26.19，28.58
457			3.2～30 同上	3.4～28.58 同上
508			3.2～30 同上，32，36，40，45，50，55，60，65	3.4 ～ 28.58 同上，30.96，34.93，38.1
		559		
610				
		660	4.0～65 同上	4.37～38.1 同上
711				
	762			
813				
		864		
914				
		965		
1016			4.0，4.5，5.0，5.6，6.3，7.1，8.0，8.8，10，11，12.5，14.2，16，17.5，20，22.5，25，28，30，32，36，40，45，50，55，60，65	5.16，5.56，6.02，6.35，7.92，8.74，9.53，10.31，11.91，12.7，15.09，16.66，19.05，20.62，23.83，26.19，28.58，30.96，34.93，38.1
1067，1118			5.0～65 同上	5.16～38.1 同上
	1168			
119				
	1321		5.0～65 同上	6.02～38.1 同上
1422				
	1524		7.1～65 同上	6.35～38.1 同上
1626				
	1727		7.1～65 同上	7.92～38.1 同上
1829				
	1930		8.0～65 同上	8.74～38.1 同上
2032				
	2134		8.8～65 同上	9.53～38.1 同上
2235				
	2337，2438		10～65 同上	10.31～38.1 同上
2540				

常用焊接钢管外径、壁厚及理论重量 表 2.1-10

系列			壁厚(mm)														
系列 1			1.0	1.2	1.4		1.6	1.8	2.0		2.3		2.6	2.9	3.2	3.6	4.0
系列 2						1.5				2.2		2.4					
外径(mm)			理论重量(kg/m)														
系列 1	系列 2	系列 3															
		14	0.321	0.379	0.435	0.462	0.489	0.542	0.592	0.640	0.664	0.687	0.731	0.794			
	16		0.370	0.438	0.504	0.536	0.568	0.630	0.691	0.749	0.777	0.805	0.859	0.937	1.01	1.10	
17.2			0.400	0.474	0.546	0.581	0.616	0.684	0.750	0.814	0.845	0.876	0.936	1.02	1.10	1.21	
		18	0.419	0.497	0.573	0.610	0.647	0.719	0.789	0.857	0.891	0.923	0.987	1.08	1.17	1.28	
	19		0.444	0.527	0.608	0.647	0.687	0.764	0.838	0.911	0.947	0.983	1.05	1.15	1.25	1.37	
	20		0.469	0.556	0.642	0.684	0.726	0.808	0.888	0.966	1.00	1.04	1.12	1.22	1.33	1.46	1.58
21.3			0.501	0.595	0.687	0.732	0.777	0.866	0.952	1.04	1.08	1.12	1.20	1.32	1.43	1.57	1.71
		22	0.518	0.616	0.711	0.758	0.805	0.897	0.986	1.07	1.12	1.16	1.24	1.37	1.48	1.63	1.78
	25		0.592	0.704	0.815	0.869	0.923	1.03	1.13	1.24	1.29	1.34	1.44	1.58	1.72	1.90	2.07
		25.4	0.602	0.716	0.829	0.884	0.939	1.05	1.15	1.26	1.31	1.36	1.46	1.61	1.75	1.94	2.11
26.9			0.639	0.761	0.880	0.940	0.998	1.11	1.23	1.34	1.40	1.45	1.56	1.72	1.87	2.07	2.26
		30	0.715	0.852	0.987	1.05	1.12	1.25	1.38	1.51	1.57	1.63	1.76	1.94	2.11	2.34	2.56
	31.8		0.760	0.906	1.05	1.12	1.19	1.33	1.47	1.61	1.67	1.74	1.87	2.07	2.26	2.50	2.74
	32		0.765	0.911	1.06	1.13	1.20	1.34	1.48	1.62	1.68	1.75	1.89	2.08	2.27	2.52	2.76
33.7			0.806	0.962	1.12	1.19	1.27	1.42	1.56	1.71	1.78	1.85	1.99	2.20	2.41	2.67	2.93
		35	0.838	1.00	1.16	1.24	1.32	1.47	1.63	1.78	1.85	1.93	2.08	2.30	2.51	2.79	3.06
	38		0.912	1.09	1.26	1.35	1.44	1.61	1.78	1.94	2.02	2.11	2.27	2.51	2.75	3.05	3.35
	40		0.962	1.15	1.33	1.42	1.52	1.70	1.87	2.05	2.14	2.23	2.40	2.65	2.90	3.23	3.55

续表

系列			壁厚(mm)														
系列 1			2.0		2.3		2.6		2.9	3.2	3.6	4.0	4.5	5.0	5.4	5.6	
系列 2				2.2		2.4		2.8									6.02
外径(mm)			理论重量(kg/m)														
系列 1	系列 2	系列 3															
42.4			1.99	2.18	2.27	2.37	2.55	2.73	2.82	3.09	3.44	3.79	4.21	4.61	4.93	5.08	5.40
48.3			2.28	2.50	2.61	2.72	2.93	3.14	3.25	3.56	3.97	4.37	4.86	5.34	5.71	5.90	6.28
	51		2.42	2.65	2.76	2.88	3.10	3.33	3.44	3.77	4.21	4.64	5.16	5.67	6.07	6.27	6.68
	57		2.71	2.97	3.10	3.23	3.49	3.74	3.87	4.25	4.74	5.23	5.83	6.41	6.87	7.10	7.57
60.3			2.88	3.15	3.29	3.43	3.70	3.97	4.11	4.51	5.03	5.55	6.19	6.82	7.31	7.55	8.06
	63.5		3.03	3.33	3.47	3.62	3.90	4.19	4.33	4.76	5.32	5.87	6.55	7.21	7.74	8.00	8.53
	70		3.35	3.68	3.84	4.00	4.32	4.64	4.80	5.27	5.90	6.51	7.27	8.01	8.60	8.89	9.50
		73	3.50	3.84	4.01	4.18	4.51	4.85	5.01	5.51	6.16	6.81	7.60	8.38	9.00	9.31	9.94
76.1			3.65	4.01	4.19	4.36	4.71	5.06	5.24	5.75	6.44	7.11	7.95	8.77	9.42	9.74	10.40
88.9			4.29	4.70	4.91	5.12	5.53	5.95	6.15	6.76	7.57	8.38	9.37	10.35	11.12	11.50	12.30
	101.6		4.91	5.39	5.63	5.87	6.35	6.82	7.06	7.77	8.70	9.63	10.78	11.91	12.81	13.26	14.19
		108	5.23	5.74	6.00	6.25	6.76	7.26	7.52	8.27	9.27	10.26	11.49	12.70	13.66	14.14	15.14
114.3			5.54	6.08	6.35	6.62	7.16	7.70	7.97	8.77	9.83	10.88	12.19	13.48	14.50	15.01	16.08
	127		6.17	6.77	7.07	7.37	7.98	8.58	8.88	9.77	10.96	12.13	13.59	15.04	16.19	16.77	17.96
	133		6.46	7.10	7.41	7.73	8.36	8.99	9.30	10.24	11.49	12.73	14.26	15.78	16.99	17.59	18.85
139.7			6.79	7.46	7.79	8.13	8.79	9.45	9.78	10.77	12.08	13.39	15.00	16.61	17.89	18.52	19.85
		159	7.74	8.51	8.89	9.27	10.03	13.79	11.16	12.30	13.80	15.29	17.15	18.99	20.46	21.19	22.71

续表

系列			壁厚(mm)																
系列 1			4.0	4.5	5.0	5.4		5.6		6.3	7.1	8.0	8.8	10	11	12.5	14.2		16
系列 2							5.56		6.02									15.09	
外径(mm)			理论重量(kg/m)																
系列 1	系列 2	系列 3																	
		165	15.88	17.81	19.73	21.25	21.86	22.01	23.60	24.66	27.65	30.97							
168.3			16.21	18.18	20.14	21.69	22.31	22.47	24.09	25.17	28.23	31.63	34.61	39.04	42.67	48.03			
		177.8	17.14	19.23	21.31	22.96	23.62	23.78	25.50	26.65	29.88	33.50	36.68	41.38	45.25	50.96			
		190.7	18.42	20.66	22.90	24.68	25.39	25.56	27.42	28.65	32.15	36.05	39.48	44.56	48.75	54.93			
		193.7	18.71	21.00	23.27	25.08	25.80	25.98	27.86	29.12	32.67	36.64	40.13	45.30	49.56	55.86			
219.1			21.22	23.82	26.40	28.46	29.28	29.49	31.63	33.06	37.12	41.65	45.64	51.57	56.45	63.69	71.75		
		244.5	23.72	26.63	29.53	31.84	32.76	32.99	35.41	37.01	41.57	46.66	51.15	57.83	63.34	71.52	80.65		
273.1			26.55	29.81	33.06	35.65	36.68	36.94	39.65	41.45	46.58	52.30	57.36	64.88	71.10	80.33	90.67		
323.9			31.56	35.45	39.32	42.42	43.65	43.96	47.19	49.34	55.47	62.34	68.38	77.41	84.88	95.99	108.45	114.92	121.49
355.6			34.68	38.96	43.23	46.64	48.00	48.34	51.90	54.27	61.02	68.58	75.26	85.23	93.48	105.77	119.56	126.72	134.00
406.4			39.70	44.60	49.50	53.04	54.96	55.35	59.44	62.16	69.92	78.60	86.29	97.76	107.26	121.43	137.35	145.62	154.05
457			44.69	50.23	55.73	60.14	61.90	62.34	66.95	70.02	78.78	88.58	97.27	110.24	120.99	137.03	155.07	164.45	174.01
508			49.72	55.88	62.02	66.93	68.89	69.38	74.53	77.95	87.71	98.65	108.34	122.81	134.82	152.75	172.93	183.43	194.14
		559	54.75	61.54	68.31	73.72	75.89	76.43	82.10	85.87	96.64	108.71	119.41	135.39	148.66	168.47	190.79	202.41	214.26
610			59.78	67.20	74.60	80.52	82.88	83.47	89.67	93.80	105.57	118.77	130.47	147.97	162.49	184.19	208.65	221.39	234.38
		660	64.71	72.75	80.77	87.17	89.74	90.38	97.09	101.56	114.32	128.63	141.32	160.30	176.06	199.60	226.15	240.00	254.11
711			69.74	78.41	87.06	93.97	96.73	97.42	104.66	109.49	123.25	138.70	152.39	172.88	189.89	215.33	244.01	258.98	274.24
	762		74.77	84.06	93.34	100.76	103.72	104.46	112.23	117.41	132.18	148.76	163.46	185.45	203.73	231.05	261.87	277.96	294.36
813			79.80	89.72	99.63	107.55	110.71	111.51	119.81	125.33	141.11	158.82	174.53	198.03	217.56	246.77	279.73	294.94	314.48

2. 不锈钢焊接钢管

不锈钢焊接钢管的外径和壁厚规格见表 2.1-11。不锈钢的密度比碳素钢的密度稍大，各种牌号不锈钢的成分不同，因而密度也有差异，不便列出每米理论重量。各种牌号不锈钢的密度可采用《不锈钢和耐热钢　牌号及化学成分》GB/T 20878 中的数值。

不锈钢焊接钢管的外径和壁厚规格　　表 2.1-11

外径(mm)			壁厚(mm)
系列 1	系列 2	系列 3	
	8		0.3,0.4,0.5,0.6,0.7,0.8,0.9,1.0,1.2
		9.5	
	10		0.3,0.4,0.5,0.6,0.7,0.8,0.9,1.0,1.2 同上,1.4
10.2			0.3～1.4 同上,1.5,1.6,1.8,2.0
	12		
	12.7		
13.5			0.5～2.0 同上,2.2(2.3),2.5(2.6),2.8(2.9),3.0
		14,15	0.5～3.0 同上,3.2,3.5(3.6)
	16		
17.2			
		18	
	19		
		19.5	
	20		
21.3			0.5～3.5(3.6) 同上,4.0,4.2
		22	
	25		
		25.4	
26.9			0.5～4.2 同上,4.5(4.6)
		28,30	
	31.8,32		
33.7			0.8～4.5(4.6) 同上,4.8,5.0
		35,36	
	38		
	40		0.8,0.9,1.0,1.2,1.4,1.5,1.6,1.8,2.0,2.2(2.3),2.5(2.6),2.8(2.9),3.0,3.2,3.5(3.6),4.0,4.2,4.5(4.6),4.8,5.0,5.5(5.6)
42.4			
		44.5	
	50.8		0.8～5.5(5.6)同上,6.0
		54	
	57		
60.3			

续表

外径(mm)			壁厚(mm)
系列 1	系列 2	系列 3	
		63	0.8～5.5(5.6)同上,6.0
	63.5,70		
76.1			
		80,82.5	1.4～6.0 同上,6.3(6.5),70(7.1),7.5,8.0
88.9			
	101.6		
		102	
		108	1.6～8.0 同上
114.3			
		125,133	1.6～8.0 同上,8.5,8.8(9.0),9.5,10
139.7			1.6～10 同上,11
		141.3,154,159	1.6～11 同上,12(12.5)
168.3			
		193.7	
219.1			1.6～12(12.5)同上,14(14.2)
		250	
273.1			2.0,2.2(2.3),2.5(2.6),2.8(2.9),3.0,3.2,3.5(3.6),4.0,4.2,4.5(4.6),4.8,5.0,5.5(5.6),6.0,6.3(6.5),70(7.1),7.5,8.0,8.5,8.8(9.0),9.5,10,11,12(12.5),14(14.2)
323.9,355.6			2.5(2.6)～14(14.2)同上,15,16
		377	
		400	2.5(2.6)～16 同上,17(17.5),18,20
406.4			
		426,450	2.8(2.9)～18,20 同上,22(22.2),24,25,26,28
457			
		500	
508			
		530,550,558.8	
		600	3.2～28 同上
610			
		630,660	
711			
	762		
813			
		864	

续表

外径(mm)			壁厚(mm)
系列 1	系列 2	系列 3	
914			3.2～28 同上
		965	
1016,1067,1118			
	1168		

【技术标准依据】《焊接钢管尺寸及单位长度重量》GB/T 21835—2008。

2.1.3 钢管的验收、包装、标志和质量证明书

钢管的验收是指在生产厂家内部技术质量监督部门对钢管产品进行的检查和验收，与流通环节的销售商和需方没有直接关系。

钢管品种繁多，采购或订货时要在合同中写明钢管名称的全称、材质、规格、产品标准号等项，以免供需双方发生歧义。需方一般在钢材市场采购钢管，除非数量特别巨大，很少直接向厂家订货。

1. 钢管的包装

钢管的包装包装材料和包装方式由供方确定。

(1) 包装材料

钢管一般应捆扎牢固。捆扎材料可以是钢带、钢丝或非金属柔性材料等。如需方有要求，为保护钢管不受损坏和捆扎材料不被切断，可在钢管与钢管间、钢管与捆扎材料间使用保护材料。保护材料可以是木材、金属、纤维板、塑料或其他适宜的材料。

如需方要求钢管内表面有清洁要求时，包装可用防护包装材料。常用的防护包装材料有牛皮纸、气相防锈纸、防油纸、塑料薄膜或在钢管两端加盖塑料封帽，外径较大的钢管可用麻袋布或塑料布封口包装管端两头。

如需方要求，钢管表面需涂防腐蚀保护层时，应考虑到涂敷的方法、涂层厚度且容易去除。推荐使用表 2.1-12 的保护涂层材料和方法。

钢管表面保护涂层 **表 2.1-12**

序号	涂层作用	涂层类型	涂层的方法
1	保护钢管在短期(室内贮存不超过 3 个月),保存期内不腐蚀、不生锈	A 型——由溶在石油中的防锈剂组成的软质保护剂	冷喷、浸或刷涂
2	保护钢管在运输和室外贮存(不超过 6 个月)不腐蚀	C 型——硬质无水清漆、树脂或塑料涂层	冷喷、浸或刷涂
3	保护定尺长度钢管的端部	D 型——溶在溶剂的中等软质薄膜保护剂	冷喷、浸或刷涂
4	保护钢管在运输和室外贮存(不超过 6 个月)不腐蚀	水溶性	冷喷、浸或刷涂

（2）捆扎包装

抛光钢管、高精度钢管和冷拔（轧）不锈钢管每捆重量应不超过 2500kg，其余钢管每捆重量不应超过 5000kg。经供需双方协议，每捆钢管的重量可采用其他规定。每捆钢管应是同一批号（产品标准允许并批者除外）的钢管。

对于外径等于小于 159mm 的钢管或截面周长小于 500mm 的异型钢管，其捆扎包装件的形式，一般如图 2.1-1 所示。捆扎部位应为距钢管两端端部 300～500mm 起，均匀分布各捆扎道次。每捆钢管的捆扎道数应符合表 2.1-13 的规定。

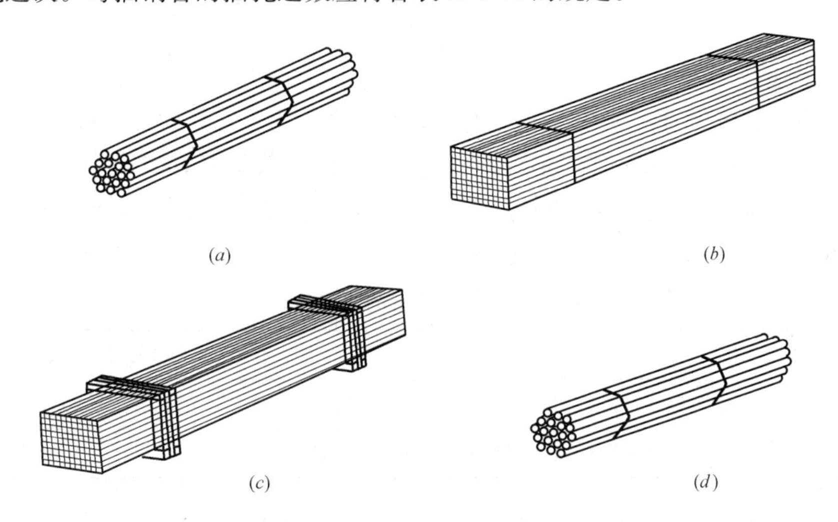

图 2.1-1 钢管捆扎包装形式

(*a*) 一般包装件；(*b*) 矩形包装件；(*c*) 框架式包装件；(*d*) 六角形包装件

每捆钢管的捆扎道数 **表 2.1-13**

每捆钢管长度(m)	最少捆扎道数	每捆钢管长度(m)	最少捆扎道数
≤3	2	>7～10	5
>3～4.5	3	>10	6
>4.5～7	4		

对于外径大于 159 mm 的钢管或截面周长大于 500 mm 的异型钢管，可散装交货。钢丝捆扎时，每道次应最少拧成 2 股，并根据钢管外径和每捆钢管重量的增加而增加每道次的钢丝股数。

按定尺长度或倍尺长度交货的钢管，其搭配交货的非定尺或非倍尺长度的钢管，应单独捆扎包装。短尺钢管应单独捆扎包装交货。

管端带螺纹的钢管应拧有螺纹保护帽。公称直径小于 65mm 的带螺纹低压流体输送用焊接钢管，可不拧螺纹保护帽。根据需方要求，并在合同中注明，带螺纹的钢管一端可拧有管接头。带螺纹的钢管端头螺纹加工表面，应涂螺纹脂、防锈油或其他防锈剂。管端开坡口的钢管，如需方要求，钢管两端可加管端保护器。

抛光钢管、精密钢管捆扎前，内外表面应涂防锈油或其他防锈剂，并用防潮纸和麻袋布（或编织带、塑料布）依次包裹。

不锈钢管应采用以下包装方式：

① 壁厚与外径之比小于3%的不锈钢薄壁钢管捆扎应采用图2.1-1（c）所示形式，或采用容器包装；大口径不锈钢管应在管口两端加上支撑物，以避免运输、装卸过程中发生变形；

② 不锈钢抛光管捆扎前应逐根用塑料薄膜包裹；冷拔或冷轧不锈钢管捆扎前，应用不少于两层的麻袋布、编织带或塑料布紧密包裹。不锈钢管与钢带或钢丝之间，应采用保护材料隔开；

③ 其他不锈钢管可依据品种、最后一道工序、尺寸和运输方法的不同，采用适当的包装方式。

（3）容器包装

经供需双方协商并在合同中注明，对于壁厚不大于1.5 mm的冷拔或冷轧无缝钢管、壁厚不大于1 mm的电焊钢管、经表面抛光的热轧不锈钢管、表面粗糙度 R_a 不大于3.2μm的精密钢管，可用坚固的容器（如铁箱或木箱）包装。包装后的容器可装钢管重量应符合表2.1-14的规定。经供需双方协商，每个容器的可装钢管重量可适度加大。

钢管容器包装的规定 **表2.1-14**

钢管种类	单个容器最大装载重量（kg）
外径小于20mm的钢管或截面周长小于65mm的异型钢管	2500
外径不小于20mm的钢管或截面周长不小于65mm的异型钢管	3000

钢管装入容器前，容器内壁应垫上油毡纸、塑料布或其他防潮材料。对表面有保护要求的钢管不允许散装在容器内，应将钢管捆扎在一起，以防止钢管在容器内碰撞、摩擦造成外表面损伤。容器外部应用钢带、双股或多股钢丝捆扎牢固。每个容器的最大重量为250kg。

2. 钢管的标志

钢管的标志包括如下内容：制造厂名称或商标、产品标准号、钢材牌号、钢管规格及可追踪性识别号码。标志可采用喷印、盖印、滚印、打印、粘贴印记或贴挂标签、吊牌等方法。要求标志醒目、清晰，字迹牢固，不易褪色，不锈钢管标志所用漆料或墨水不得含有对不锈钢有害的金属或金属盐，如锌、铅、铜。

钢管标志的具体要求如下：

（1）外径大于等于36mm的钢管，应在距钢管一侧端头不小于200mm处开始，按上述内容规定逐根进行标志，外径小于36mm的钢管可不逐根标志。

（2）低压流体输送用焊接钢管和镀锌焊接钢管、电线套管、一般用途电焊钢管、异型断面焊接钢管、复杂断面的异型无缝钢管，可不逐根标志。

（3）合金钢钢管标志应在钢的牌号之后印有炉号、批号。

（4）地质、石油用钢管的管接头，应有钢的牌号（钢级）标志。

（5）车左螺纹的带螺纹钢管，应在标准号后印有“左”字或使用英文字母“L”。

（6）成捆包装的钢管，每捆应贴（挂）不少于2个标签或吊牌，每根钢管上有标记的可贴（挂）1个标签或吊牌。标签或吊牌上应至少包括以下内容：制造厂名称或商标、产品标准号、钢的牌号、产品规格、炉号（产品标准未规定化学成分者除外）、批号、重量

(或根数）和制造日期。

(7）容器包装的钢管及管接头，在容器内应附1个标签或吊牌。在容器外端面上，也应贴（挂）1个标签或吊牌。标签或吊牌上的内容与（6）款相同。

3. 质量证明书

每批交货的钢管应附有证明该批钢管符合订货合同和产品标准规定的质量证明书。质量证明书应由制造厂技术质量监督部门盖章，或由指定的负责人签发。质量证明书应包括以下内容：

(1）制造厂名称；

(2）需方名称；

(3）合同号；

(4）产品标准号；

(5）钢的牌号；

(6）炉号、批号、交货状态、重量、根数（或件数)；

(7）品种名称、规格及质量等级；

(8）产品标准中所规定的各项检验结果（包括参考性指标)；

(9）技术质量监督部门标记；

(10）质量证明书签发日期或发货日期。

【技术标准依据】《钢管的验收、包装、标志和质量证明书》GB/T 2102-2006。

2.2 无缝钢管

无缝钢管的规格用外径尺寸乘壁厚尺寸表示，单位为毫米，但不标注，如 $\phi159\times4.5$ 或 $D159\times4.5$。无缝钢管规格不用公称直径 DN 标注。无缝钢管的规格较多，外径和壁厚的规格间隔较小，以便满足多方面的需要。本节介绍的无缝钢管，大部分都是用于流体输送的，选用无缝钢管规格时，应注意选用常用外径规格，以便与管件、法兰、阀门配套。在实际工程中，用于流体输送的无缝钢管的常用外径为：25、38、45、57、76、89、108、133、159、219、273、325、377、426、530、630（mm)。

无缝钢管的选用壁厚取决于内压力的大小。壁厚的计算公式为：

$$s=\frac{pD_n}{2[\sigma]_t\phi}+C \tag{2.2-1}$$

式中 s——管子壁厚，mm；

p——内压力，MPa；

D_n——管子内径（有的资料采用管子外径)，mm；

$[\sigma]_t$——计算温度下的管材许用应力，N/mm 或 MPa；

ϕ——焊缝系数，对无缝钢管取1.0，对焊接钢管取0.7～0.8；

C——厚度附加值：包括钢管制造负偏差、腐蚀裕度及螺纹深度，一般取1.5～2.0mm。

式（2.2-1）中的 $[\sigma]_t$，以钢材品种和使用条件的不同而定。对碳素钢和优质碳素钢来说，工作温度在200℃以内，可以按管材的许用应力取值，当工作温度在200℃以上时，要降低许用应力取值；对合金钢来说，工作温度在250℃以内，可以按管材的许用应力取值，当工作温度在250℃以上时，要降低许用应力取值。

通过对某些压力管道壁厚的计算，得出的壁厚值远比实际采用的壁厚小，这是因为管道不但要满足强度的要求，还要满足刚度的要求，在施工、运行、维修的过程中，要承受一定的外力。

对于常用的中、低压管道，无缝钢管有一个最小采用壁厚，见表2.2-1，如果用公式(2.2-1)计算得出的壁厚小于最小采用壁厚，则应选用最小采用壁厚。

无缝钢管的最小采用壁厚（mm） **表2.2-1**

外　径	最小采用壁厚	外　径	最小采用壁厚
12～17	2	140～159	4.5
18～34	2.5	219	6
38～60	3	273	7
76～89	3.5	325	8
108～133	4	377～530	9

表2.2-1所列的最小采用壁厚，可以适用于下列情况：

当管子外径$D_w \leqslant 377$nun时，可满足公称压力PN为4MPa的强度要求；

当管子外径$D_w \geqslant 426$mm时，可满足公称压力PN为2.5MPa的强度要求。

在上述条件范周内，不必再进行管子的强度验算。在上述管径和压力范围内，应当尽可能选用最小壁厚或稍大于最小采用壁厚的常用壁厚，这样才是经济的，技术上也是可靠的。

无缝钢管的规格和公称直径DN（单位为毫米，但不需标注）没有规范或技术标准规定的准确对应关系，但在长期的实践过程中，逐渐形成了绝大多数业界认可的对应关系，见表2.2-2。

无缝钢管规格与公称直径*DN*的对应关系（mm） **表2.2-2**

公称直径*DN*	15	20	25	40	50	65(70)	80	100	125	150	200	250	300	350	400
无缝钢管外径	22	25	32	45(48)	57	76	89	108	133	159	219	273	325	377	426

2.2.1 输送流体用无缝钢管

输送流体用无缝钢管除广泛用于输送流体外，在建筑业内也用于结构构件的制作。钢管的力学特性是抗弯性好，从材料力学可以知道，管材的抗弯性优于外径相同的实心钢棒。

根据制造方法的不同，输送流体用无缝钢管可分为热轧（挤压、扩）和冷拔（轧）两大类。热轧（挤压、扩）管的直径范围较宽，冷拔（轧）管仅有中小直径规格。热轧（挤压、扩）管以热轧状态或热处理状态交货，冷拔（轧）管应以热处理状态交货。

1. 钢管的外径和壁厚

输送流体用无缝钢管的外径和壁厚应符合“表2.1-1普通无缝钢管的外径和壁厚规格”的规定，其常用规格的外径、壁厚及理论重量见“表2.1-2常用无缝钢管外径、壁厚及理论重量”。

现将热轧无缝钢管的常用规格列于表2.2-3、冷拔（轧）管的常用规格列于表2.2-4。

常用热轧无缝钢管规格 **表 2.2-3**

外径(mm)	壁厚(mm)							
	2.5	3	3.5	4	4.5	5	5.5	6
	理论重量(kg/m)							
32	1.82	2.15	2.46	2.76	3.08	3.33	3.59	3.85
38	2.19	2.59	2.98	3.35	3.72	4.07	4.41	4.73
42	2.44	2.89	3.32	3.75	4.16	4.56	4.95	5.33
45	2.62	3.11	3.58	4.04	4.49	4.93	5.36	5.77
50	2.93	3.48	4.01	4.54	5.05	5.55	6.04	6.51
51	—	3.77	4.36	4.93	5.49	6.04	6.58	7.10
57	—	3.99	4.62	5.23	5.83	6.41	6.98	7.55
60	—	4.22	4.88	5.52	6.16	6.78	7.39	7.99
63.5	—	4.48	5.18	5.87	6.55	7.21	7.87	8.51
68	—	4.81	5.57	6.31	7.05	7.77	8.48	9.17
70	—	4.96	5.74	6.51	7.27	8.01	8.75	9.47
73	—	5.18	6.00	6.81	7.60	8.38	9.16	9.91
76	—	5.40	6.26	7.10	7.93	8.75	9.56	10.36
83	—	—	6.86	7.79	8.71	9.62	10.51	11.39
89	—	—	7.38	8.38	9.33	10.36	11.33	12.28
95	—	—	7.90	8.98	10.04	11.10	12.14	13.17
102	—	—	8.50	9.67	10.82	11.96	13.09	14.20
108	—	—	—	10.26	11.49	12.70	13.90	15.09
114	—	—	—	10.85	12.15	13.44	14.72	15.98
121	—	—	—	11.54	12.93	14.30	15.67	17.02
127	—	—	—	12.13	13.59	15.04	16.48	17.90
133	—	—	—	12.72	14.26	15.78	17.29	18.79
140	—	—	—	—	15.04	16.65	18.24	19.83
146	—	—	—	—	15.70	17.39	19.06	20.72
152	—	—	—	—	16.37	18.13	19.87	21.60
159	—	—	—	—	17.14	18.99	20.82	22.64
168	—	—	—	—	—	20.10	22.04	23.97
180	—	—	—	—	—	21.58	23.67	25.74
194	—	—	—	—	—	23.30	25.60	27.82
203	—	—	—	—	—	—	—	29.15
219	—	—	—	—	—	—	—	31.52
245	—	—	—	—	—	—	—	—
273	—	—	—	—	—	—	—	—
299	—	—	—	—	—	—	—	—
325	—	—	—	—	—	—	—	—

续表

外径(mm)	壁厚(mm)					
	7	8	9	10	11	12
	理论重量(kg/m)					
32	4.32	4.73	—	—	—	—
38	5.35	5.92	—	—	—	—
42	6.04	6.71	7.32	7.89	—	—
45	6.56	7.30	7.99	8.63	—	—
50	7.42	8.29	9.10	9.86	—	—
51	8.11	9.07	9.99	10.85	11.67	—
57	8.63	9.67	10.56	11.59	12.48	13.52
60	9.15	10.26	11.32	12.33	13.29	14.21
63.5	9.75	10.95	12.10	13.19	14.24	15.24
68	10.53	11.84	13.09	14.30	15.46	16.57
70	10.88	12.23	13.54	14.80	16.01	17.16
73	11.39	12.82	14.20	15.54	16.82	18.05
76	11.91	13.42	14.87	16.28	17.63	18.94
83	13.12	14.80	16.42	18.00	19.53	21.01
89	14.15	15.98	17.76	19.48	21.16	22.79
95	15.19	17.16	19.09	20.96	22.79	24.56
102	16.40	18.54	20.64	22.69	24.69	26.63
108	17.43	19.73	21.97	24.17	26.31	28.41
114	18.47	20.91	23.30	25.65	27.94	30.19
121	19.68	22.29	24.86	27.37	29.84	32.26
127	20.71	23.48	26.19	28.85	31.47	34.03
133	21.75	24.66	27.52	30.33	33.10	35.81
140	22.96	26.04	29.07	32.06	34.99	37.88
146	23.99	27.22	30.41	33.54	36.62	39.66
152	25.03	28.41	31.74	35.02	38.25	41.43
159	26.54	29.79	33.29	36.75	40.15	43.50
168	27.79	31.56	35.29	38.97	42.59	46.17
180	29.86	33.93	37.95	41.92	45.84	49.72
194	32.28	36.69	41.06	45.38	49.64	53.86
203	33.83	38.47	43.06	47.59	52.08	56.52
219	36.60	41.63	46.61	51.54	56.42	61.26
245	41.08	46.76	52.38	57.95	63.48	68.95
273	45.92	52.28	58.59	64.86	71.07	77.24
299	—	57.41	64.36	71.27	78.13	84.93
325	—	62.54	70.13	77.68	85.18	92.63
351	—	67.67	75.90	84.10	92.23	100.32
377	—	—	81.67	90.51	99.28	108.02
402	—	—	87.22	96.67	106.06	115.41
426	—	—	92.55	102.59	112.58	122.52
450	—	—	97.88	108.50	119.08	130.61
(465)	—	—	101.20	112.20	123.15	134.05
480	—	—	104.53	115.90	127.22	139.49
500	—	—	108.97	120.83	132.65	145.41
530	—	—	115.63	128.23	140.78	153.29
(550)	—	—	120.07	133.16	146.21	159.20
560	—	—	122.29	135.63	148.92	163.16
600	—	—	131.17	145.50	159.77	174.00
630	—	—	137.82	152.89	167.91	183.88

常用冷拔（轧）管的常用规格 **表 2.2-4**

外径(mm)	壁厚(mm)						
	1	1.5	2.0	2.5	3.0	3.5	4.0
	理论重量(kg/m)						
10	0.222	0.314	0.395				
12	0.271	0.388	0.493				
14	0.321	0.462	0.592				
16	0.370	0.536	0.691				
18	0.419	0.610	0.789				
20	0.469	0.684	0.888				
22	0.518	0.758	0.986				
25		0.869	1.13	1.39	1.63		
28		0.98	1.28	1.57	1.85		
30		1.05	1.38	1.70	2.00		
32			1.48	1.82	2.15		
38			1.78	2.19	2.59	2.98	
45			2.12	2.62	3.11	3.58	
48			2.27	2.81	3.33	3.81	
51				2.99	3.55	4.10	4.64
57				3.36	4.00	4.62	5.23
60				3.55	4.22	4.88	5.52
73				4.35	5.18	6.00	6.81
76				4.53	5.40	6.26	7.10
89				5.33	6.36	7.38	8.38
108					7.77	9.02	10.26
133					9.62	11.18	12.72
160						13.51	15.39
200							19.33
外径(mm)	壁厚(mm)						
	4.5	5.0	5.5	6.0	7.0	8.0	9.0
	理论重量(kg/m)						
73	7.60						
76	7.93						
89	9.38	10.36	11.33				
108	11.49	12.70	13.90	15.09			
133	14.26	15.78	17.29	18.79	21.75		
160	17.26	19.11	20.96	22.79	26.41	29.99	
200	21.69	24.01	26.38	28.70	33.32	37.88	42.39

2. 钢管的尺寸

（1）外径和壁厚

根据技术标准的规定，钢管外径 D 和壁厚 S 的允许偏差见表 2.2-5。

钢管外径 D 和壁厚 S 的允许偏差（mm） **表 2.2-5**

钢管种类	外径 D 允许偏差(mm)	壁厚 S 允许偏差		
		公称外径	S/D	允许偏差
热轧(挤压)钢管	±1%D 或±0.05，取其中较大者	≤102	—	±12.5%S 或±0.40，取其中较大者
		>102	≤0.05	±15%S 或±0.40，取其中较大者
			>0.05～0.10	±12.5%S 或±0.40，取其中较大者
			>0.10	±12.5%S −10%S
热扩热轧				±15%S

续表

钢管种类	外径 D 允许偏差(mm)	钢管公称壁厚(mm)	允许偏差(mm)
冷拔(轧)钢管	±1%D 或±0.03，取其中较大者	≤3	±12.5%S −10%S 取其中较大值者
		>3	±12.5%S −10%S

(2) 长度和弯曲度

钢管的长度和弯曲度要求见表 2.2-6。

钢管的长度和弯曲度要求　　**表 2.2-6**

长度			弯曲度	
通常长度	定尺长度及允许偏差	倍尺长度	公称壁厚(mm)	每米弯曲度(mm/m)
3000～12500	应在通常长度范围内，长度不大于 6000mm 时，允许正偏差为 10mm；长度大于 6000mm 时，允许正偏差为 15mm。均不允许负偏差	倍尺总长度应在通常长度范围内，全长允许正偏差为 20mm，不允许负偏差；每个倍尺长度应留出的切口裕量为：外径不大于 159mm 为 5～10mm；外径大于 159mm 为 10～15mm	≤15	≤1.5
			>15～30	≤2.0
			>30 或 D≥351	≤3.0

3. 钢管的材质和表面质量

根据技术标准的规定，输送流体用无缝钢管由优质碳素结构钢 10、20 和碳素结构钢 Q295、Q345、Q390、Q420、Q420 牌号的钢制造。

这里不再介绍钢管的化学成分，因为钢管材料的化学成分是熔炼分析得出的，需要时可参阅该项标准原文。

4. 交货状态

热轧（挤压、扩）管应以热轧状态或热处理状态交货，如需方要求在热处理状态交货时，应在合同中注明。冷拔（轧）管应以热处理状态交货，需方要求在冷拔（轧）状态交货，应经供需双方协商，并在合同中注明。

5. 力学性能

输送流体用无缝钢管的力学性能见表 2.2-7 的规定。

输送流体用无缝钢管的力学性能　　**表 2.2-7**

牌号	质量等级	拉伸性能					冲击试验	
		抗拉强度 R_m(MPa)	下屈服强度 R_{eL}(MPa)			断后伸长率 A(%)	温度(℃)	吸收能量 KV_2(J)
			壁厚					
			≤16	>16～30	>30			
			≥					≥
10	—	335～475	205	195	185	24	—	—
20	—	410～530	245	235	225	20	—	—
Q295	A	390～570	295	275	255	22	—	—
	B						+20	34

续表

牌号	质量等级	拉伸性能					冲击试验	
		抗拉强度 R_m(MPa)	下屈服强度 R_{eL}(MPa)			断后伸长率 A(%)	温度(℃)	吸收能量 KV_2(J)
			壁厚					
			≤16	>16～30	>30			
			≥					≥
Q345	A	470～630	345	325	295	20	—	—
	B						+20	34
	C					21	0	
	D						−20	
	E						−40	27
Q390	A	490～650	390	370	350	18	—	—
	B						+20	34
	C					19	0	
	D						−20	
	E						−40	27
Q420	A	520～680	420	400	380	18	—	—
	B						+20	34
	C					19	0	
	D						−20	
	E						−40	27
Q460	C	550～720	460	440	420	17	0	34
	D						−20	
	E						−40	27

注：拉伸试验时，如不能测定屈服强度，可测定规定非比例延伸强度 $R_{p0.2}$ 代替 R_{eL}。

6. 试验和检验

根据技术标准的规定，钢管的试验和检验由供方技术监督部门进行，其中包括钢管的化学成分（熔炼分析）、拉伸试验、冲击试验、压扁试验、扩口试验、弯曲试验、液压试验、超声波探伤检验、涡流探伤检验、漏磁探伤检验和尺寸、外形和表面质量。钢管的质量检查和验收由生产厂质量技术监督部门进行。

【依据技术标准】《输送流体用无缝钢管》GB/T 8163-2008。

2.2.2 结构用无缝钢管

结构用无缝钢管主要用于工程结构和机械结构。根据制造方法的不同，分为热轧（挤压、扩）和冷拔（轧）两大类，热轧（挤压、扩）管的直径范围较宽，冷拔（轧）管仅有中小直径规格。

1. 钢管的外径和壁厚

结构用无缝钢管的外径和壁厚应符合“表 2.1-1 普通无缝钢管的外径和壁厚规格”的规定，其常用规格的外径、壁厚及理论重量见“表 2.1-2 常用无缝钢管外径、壁厚及理论重量”。

常用热轧（挤压、扩）管的规格见表 2.2-8，常用冷拔（轧）管的规格见表 2.2-9。

常用热轧（挤压、扩）

外径 (mm)	壁厚												
	2.5	3.0	3.5	4.0	4.5	5.0	5.5	6.0	6.5	7.0	7.5	8.0	8.5
	理论质量												
32	1.82	2.15	2.46	2.76	3.05	3.33	3.59	3.85	4.09	4.32	4.53	4.73	—
38	2.19	2.59	2.98	3.35	3.72	4.07	4.41	4.73	5.05	5.35	5.64	5.92	—
42	2.44	2.89	3.32	3.75	4.16	4.56	4.95	5.33	5.69	6.04	6.38	6.71	7.02
45	2.62	3.11	3.58	4.04	4.49	4.93	5.36	5.77	6.17	6.56	6.94	7.30	7.65
50	2.93	3.48	4.01	4.54	5.05	5.55	6.04	6.51	6.97	7.42	7.86	8.29	8.70
54	—	3.77	4.36	4.93	5.49	6.04	6.58	7.10	7.61	8.11	8.60	9.07	9.54
57	—	3.99	4.62	5.23	5.83	6.41	6.98	7.55	8.09	8.63	9.16	9.67	10.17
60	—	4.22	4.88	5.52	6.16	6.78	7.39	7.99	8.58	9.15	9.71	10.26	10.79
63.5	—	4.48	5.18	5.87	6.55	7.21	7.87	8.51	9.14	9.75	10.36	10.95	11.53
68	—	4.81	5.57	6.31	7.05	7.77	8.48	9.17	9.86	10.53	11.19	11.84	12.47
70	—	4.96	5.74	6.51	7.27	8.01	8.75	9.47	10.18	10.88	11.56	12.23	12.89
73	—	5.18	6.00	6.81	7.60	8.38	9.16	9.91	10.66	11.39	12.11	12.82	13.52
76	—	5.40	6.26	7.10	7.93	8.75	9.56	10.36	11.14	11.91	12.67	13.42	14.15
83	—	—	6.86	7.79	8.71	9.62	10.51	11.39	12.26	13.12	13.96	14.80	15.62
89	—	—	7.38	8.38	9.38	10.36	11.33	12.23	13.22	14.15	15.07	15.98	16.87
95	—	—	7.90	8.98	10.04	11.10	12.14	13.17	14.19	15.19	16.18	17.16	18.13
102	—	—	8.50	9.67	10.82	11.96	13.09	14.20	15.31	16.40	17.48	18.54	19.60
108	—	—	—	10.26	11.49	12.70	13.90	15.09	16.27	17.43	18.59	19.73	20.86
114	—	—	—	10.85	12.15	13.44	14.72	15.98	17.23	18.47	19.70	20.91	22.11
121	—	—	—	11.54	12.93	14.30	15.67	17.02	18.35	19.68	20.99	22.29	23.58
127	—	—	—	12.13	13.59	15.04	16.48	17.90	19.31	20.71	22.10	23.48	24.84
133	—	—	—	12.72	14.26	15.78	17.29	18.79	20.28	21.75	23.21	24.66	26.10
140	—	—	—	—	15.04	16.65	18.24	19.83	21.40	22.96	24.51	26.04	27.56
146	—	—	—	—	15.70	17.39	19.06	20.72	22.36	23.99	25.62	27.22	28.82
152	—	—	—	—	16.37	18.13	19.87	21.60	23.32	25.03	26.73	28.41	30.08
159	—	—	—	—	17.14	18.99	20.82	22.64	24.44	26.24	28.02	29.79	31.55
168	—	—	—	—	—	20.10	22.04	23.97	25.89	27.79	29.68	31.56	33.43
180	—	—	—	—	—	21.58	23.67	25.74	27.81	29.86	31.90	33.93	35.95
194	—	—	—	—	—	23.30	25.60	27.82	30.05	32.28	34.49	36.69	38.88
203	—	—	—	—	—	—	—	29.15	31.05	33.83	36.16	38.47	40.77
219	—	—	—	—	—	—	—	31.52	34.06	36.60	39.12	41.63	44.12
245	—	—	—	—	—	—	—	—	38.23	41.08	43.93	46.76	49.57
273	—	—	—	—	—	—	—	—	42.72	45.92	49.10	52.28	55.44
299	—	—	—	—	—	—	—	—	—	—	53.91	57.41	60.89
325	—	—	—	—	—	—	—	—	—	—	58.72	62.54	66.34
351	—	—	—	—	—	—	—	—	—	—	—	67.67	71.79
377	—	—	—	—	—	—	—	—	—	—	—	—	—
402	—	—	—	—	—	—	—	—	—	—	—	—	—
426	—	—	—	—	—	—	—	—	—	—	—	—	—
450	—	—	—	—	—	—	—	—	—	—	—	—	—
(465)	—	—	—	—	—	—	—	—	—	—	—	—	—
480	—	—	—	—	—	—	—	—	—	—	—	—	—
500	—	—	—	—	—	—	—	—	—	—	—	—	—
530	—	—	—	—	—	—	—	—	—	—	—	—	—
(550)	—	—	—	—	—	—	—	—	—	—	—	—	—
560	—	—	—	—	—	—	—	—	—	—	—	—	—
600	—	—	—	—	—	—	—	—	—	—	—	—	—
630	—	—	—	—	—	—	—	—	—	—	—	—	—

注：表中带括号的规格，不推荐使用。

无缝钢管规格 **表 2.2-8**

(mm)

9.0	9.5	10	11	12	13	14	15	16	17	18	19	20	22
(kg/m)													
—	—	—	—	—	—	—	—	—	—	—	—	—	—
—	—	—	—	—	—	—	—	—	—	—	—	—	—
7.32	7.60	7.89	—	—	—	—	—	—	—	—	—	—	—
7.99	8.32	8.63	—	—	—	—	—	—	—	—	—	—	—
9.10	9.49	9.86	—	—	—	—	—	—	—	—	—	—	—
9.99	10.43	10.85	11.67	—	—	—	—	—	—	—	—	—	—
10.65	11.13	11.59	12.48	13.32	14.11	—	—	—	—	—	—	—	—
11.32	11.83	12.33	13.29	14.21	15.07	15.88	—	—	—	—	—	—	—
12.10	12.65	13.19	14.24	15.24	16.19	17.09	—	—	—	—	—	—	—
13.09	13.71	14.30	15.46	16.57	17.63	18.64	19.60	20.52	—	—	—	—	—
13.54	14.17	14.80	16.01	17.16	18.27	19.33	20.34	21.31	—	—	—	—	—
14.20	14.88	15.54	16.82	18.05	19.23	20.37	21.45	22.49	23.48	24.41	25.30	—	—
14.87	15.58	16.28	17.63	18.94	20.20	21.40	22.56	23.67	24.73	25.75	26.71	—	—
16.42	17.22	18.00	19.53	21.01	22.44	23.82	25.15	26.44	27.67	28.85	29.99	—	—
17.76	18.63	19.48	21.16	22.79	24.36	25.89	27.37	28.80	30.18	31.52	32.80	34.03	36.35
19.09	20.03	20.96	22.79	24.56	26.29	27.96	29.59	31.17	32.70	34.18	35.61	36.99	39.60
20.64	21.67	22.69	24.69	26.63	28.53	30.38	32.18	33.93	35.63	37.29	38.89	40.44	43.40
21.97	23.08	24.17	26.31	28.41	30.46	32.45	34.40	36.30	38.15	39.95	41.70	43.40	46.66
23.30	24.48	25.65	27.94	30.19	32.38	34.52	36.62	38.67	40.66	42.61	44.51	46.36	49.91
24.86	26.12	27.37	29.84	32.26	34.62	36.94	39.21	41.43	43.60	45.72	47.79	49.81	53.71
26.19	27.53	28.85	31.47	34.03	36.55	39.01	41.43	43.80	46.12	48.38	50.60	52.77	56.96
27.52	28.93	30.33	33.10	35.81	38.47	41.08	43.65	46.16	48.63	51.05	53.41	55.73	60.22
29.07	30.57	32.06	34.99	37.88	40.71	43.50	46.24	48.93	51.56	54.15	56.69	59.18	64.02
30.41	31.98	33.54	36.62	39.66	42.64	45.57	48.46	51.29	54.08	56.82	59.50	62.14	67.27
31.74	33.39	35.02	38.25	41.43	44.56	47.64	50.68	53.66	56.59	59.48	62.32	65.10	70.53
33.29	35.02	36.75	40.15	43.50	46.80	50.06	53.27	56.42	59.53	62.59	65.60	68.55	74.33
35.29	37.13	38.97	42.59	46.17	49.69	53.17	56.59	59.97	63.30	66.58	69.81	72.99	79.21
37.95	39.94	41.92	45.84	49.72	53.54	57.31	61.03	64.71	68.33	71.91	75.43	78.91	85.72
41.06	43.22	45.38	49.64	53.86	58.02	62.14	66.21	70.23	74.20	78.12	81.99	85.82	93.31
43.06	45.33	47.59	52.08	56.52	60.91	65.25	69.54	73.78	77.97	82.12	86.21	90.26	98.20
46.61	49.08	51.54	56.42	61.26	66.04	70.77	75.46	80.10	84.68	89.22	93.71	98.15	106.88
52.38	55.17	57.95	63.48	68.95	74.37	79.75	83.08	90.35	95.58	100.76	105.89	110.97	120.98
58.59	61.73	64.86	71.07	77.24	83.35	89.42	95.43	101.40	107.32	113.19	119.01	124.78	136.17
64.36	67.82	71.27	78.13	84.93	91.69	98.39	105.05	111.66	118.22	124.73	131.19	137.60	150.28
70.13	73.02	77.68	85.18	92.63	100.02	107.37	114.67	121.92	129.12	136.27	143.37	150.43	164.38
75.90	80.01	84.10	92.23	100.32	108.36	116.35	124.29	132.18	140.02	147.81	155.56	163.25	178.49
81.67	86.10	90.51	99.28	108.02	116.69	125.32	133.90	142.44	150.92	159.35	167.74	176.07	192.59
87.22	91.85	96.67	106.06	115.41	124.71	133.95	143.15	152.30	161.40	170.45	179.45	188.40	206.16
92.55	97.57	102.59	112.58	122.52	132.40	142.24	152.03	161.77	171.46	181.10	190.70	200.24	219.18
97.88	103.20	108.50	119.08	130.61	140.09	150.52	160.91	171.24	181.52	191.76	201.94	212.08	232.20
101.20	106.71	112.20	123.15	134.05	144.90	155.70	166.46	177.16	187.81	198.41	208.97	219.47	240.34
104.53	110.22	115.90	127.22	139.49	149.71	160.88	172.00	183.08	194.10	205.07	216.00	226.37	248.47
108.97	114.91	120.83	132.65	145.41	156.12	167.79	179.40	190.97	202.48	213.95	225.37	236.74	259.32
115.63	121.94	128.23	140.78	153.29	165.74	178.14	190.50	202.80	215.06	227.27	239.42	251.53	276.60
120.07	126.62	133.16	146.21	159.20	172.15	185.05	197.90	210.70	223.44	236.14	248.79	261.40	286.43
122.29	128.97	135.63	148.92	163.16	175.36	188.50	201.60	214.64	227.64	240.58	253.48	266.33	291.88
131.17	138.34	145.50	159.77	174.00	188.18	202.31	216.39	230.42	244.41	258.34	272.22	286.06	313.58
137.82	145.36	152.89	167.91	183.88	197.80	212.67	227.49	242.26	256.98	271.65	286.28	300.85	329.85

常用冷拔（轧）

外径(mm)	壁厚																	
	0.25	0.30	0.40	0.50	0.60	0.80	1.0	1.2	1.4	1.5	1.6	1.8	2.0	2.2	2.5	2.8	3.0	3.2
	理论质量																	
6	0.0354	0.0421	0.055	0.068	0.080	0.103	0.123	0.142	0.159	0.166	0.174	0.186	0.197	—	—	—	—	—
7	0.0416	0.0496	0.065	0.080	0.095	0.122	0.148	0.172	0.193	0.203	0.213	0.231	0.247	0.260	0.277	—	—	—
8	0.0477	0.057	0.075	0.092	0.110	0.142	0.173	0201	0.228	0.240	0.253	0.275	0.296	0.315	0.339	—	—	—
9	0.054	0.064	0.085	0.105	0.124	0.162	0.197	0.231	0.262	0.277	0.292	0.320	0.345	0.369	0.401	0.428	—	—
10	0.060	0.072	0.095	0.117	0.139	0.182	0.222	0.261	0.297	0.314	0.332	0.364	0.395	0.423	0.462	0.497	0.518	0.537
11	0.066	0.079	0.105	0.129	0.154	0.201	0.247	0.290	0.331	0.351	0.371	0.408	0.444	0.477	0.524	0.566	0.592	0.615
12	0.072	0.087	0.115	0.142	0.169	0.221	0.271	0.320	0.366	0.388	0.410	0.453	0.493	0.532	0.586	0.635	0.666	0.694
(13)	0.079	0.094	0.124	0.154	0.184	0.241	0.296	0.349	0.400	0.425	0.450	0.497	0.543	0.586	0.647	0.704	0.740	0.774
14	0.085	0.101	0.134	0.166	0.198	0.260	0.321	0.379	0.435	0.462	0.490	0.542	0.592	0.640	0.709	0.773	0.814	0.852
(15)	0.091	0.109	0.144	0.179	0.213	0.280	0.345	0.408	0.470	0.499	0.529	0.586	0.641	0.694	0.771	0.842	0.888	0.931
16	0.097	0.116	0.154	0.191	0.228	0.300	0.370	0.438	0.504	0.536	0.568	0.630	0.691	0.749	0.832	0.91	0.962	1.01
(17)	0.103	0.124	0.164	0.203	0.243	0.320	0.395	0.468	0.539	0.573	0.608	0.675	0.740	0.803	0.894	0.98	1.04	1.09
18	0.109	0.131	0.174	0.216	0.258	0.340	0.419	0.497	0.573	0.610	0.647	0.719	0.789	0.857	0.956	1.05	1.11	1.17
19	0.115	0.138	0.183	0.228	0.272	0.359	0.444	0.527	0.608	0.647	0.687	0.763	0.838	0.911	1.02	1.12	1.18	1.25
20	0.122	0.146	0.193	0.240	0.287	0.379	0.469	0.556	0.642	0.684	0.726	0.808	0.888	0.966	1.08	1.19	1.26	1.33
(21)	—	—	0.203	0.253	0.302	0.399	0.493	0.586	0.677	0.721	0.765	0.852	0.937	1.02	1.14	1.26	1.33	1.41
22	—	—	0.212	0.265	0.317	0.418	0.518	0.616	0.711	0.758	0.805	0.897	0.986	1.07	1.20	1.33	1.41	1.48
(23)	—	—	0.222	0.277	0.331	0.438	0.543	0.645	0.746	0.795	0.844	0.941	1.04	1.13	1.27	1.39	1.48	1.56
(24)	—	—	0.236	0.290	0.346	0.458	0.567	0.675	0.780	0.832	0.884	0.985	1.09	1.18	1.33	1.46	1.55	1.64
25	—	—	0.242	0.302	0.361	0.477	0.592	0.704	0.815	0.869	0.923	1.03	1.13	1.24	1.39	1.53	1.63	1.72
27	—	—	0.262	0.327	0.391	0.517	0.641	0.763	0.884	0.943	1.00	1.13	1.23	1.34	1.51	1.67	1.78	1.88
28	—	—	0.272	0.339	0.406	0.537	0.666	0.793	0.918	0.98	1.04	1.16	1.28	1.40	1.57	1.74	1.85	1.96
29	—	—	0.282	0.351	0.412	0.556	0.691	0.823	0.953	1.02	1.08	1.21	1.33	1.45	1.63	1.81	1.92	2.04
30	—	—	0.292	0.364	0.435	0.576	0.715	0.852	0.987	1.05	1.12	1.25	1.38	1.51	1.70	1.88	2.00	2.12
32	—	—	0.311	0.388	0.465	0.616	0.765	0.911	1.056	1.13	1.20	1.34	1.48	1.62	1.82	2.02	2.15	2.27
34	—	—	0.331	0.413	0.494	0.655	0.814	0.971	1.125	1.20	1.28	1.43	1.58	1.72	1.94	2.15	2.29	2.43
(35)	—	—	0.341	0.425	0.509	0.675	0.838	1.000	1.160	1.24	1.32	1.47	163	1.78	2.00	2.22	2.37	2.51
36	—	—	0.350	0.438	0.524	0.695	0.863	1.030	1.195	1.28	1.36	1.52	1.68	1.83	2.07	2.29	2.44	2.59
38	—	—	0.370	0.462	0.553	0.734	0.912	1.089	1.26	1.35	1.44	1.61	1.78	1.94	2.19	2.43	2.59	2.75
40	—	—	0.390	0.487	0.583	0.774	0.962	1.148	1.33	1.42	1.52	1.69	1.87	2.05	2.31	2.57	2.74	2.90
42	—	—	—	—	—	—	1.010	1.207	1.40	1.50	1.60	1.79	1.97	2.16	2.44	2.71	2.89	3.06
44.5	—	—	—	—	—	—	1.073	1.281	1.49	1.59	1.69	1.90	2.10	2.29	2.59	2.88	3.07	3.26
45	—	—	—	—	—	—	1.090	1.296	1.51	1.61	1.71	1.92	2.12	2.32	2.62	2.91	3.11	3.30
48	—	—	—	—	—	—	1.160	1.385	1.61	1.72	1.83	2.05	2.27	2.48	2.81	3.12	3.33	3.54

无缝钢管规格 **表 2.2-9**

(mm)

3.5	4.0	4.5	5.0	5.5	6.0	6.5	7.0	7.5	8.0	8.5	9.0	9.5	10	11	12	13	14
(kg/m)																	
—	—	—	—	—	—	—	—	—	—	—	—	—	—	—	—	—	—
—	—	—	—	—	—	—	—	—	—	—	—	—	—	—	—	—	—
—	—	—	—	—	—	—	—	—	—	—	—	—	—	—	—	—	—
—	—	—	—	—	—	—	—	—	—	—	—	—	—	—	—	—	—
0.561	—	—	—	—	—	—	—	—	—	—	—	—	—	—	—	—	—
0.647	—	—	—	—	—	—	—	—	—	—	—	—	—	—	—	—	—
0.734	0.789	—	—	—	—	—	—	—	—	—	—	—	—	—	—	—	—
0.820	0.888	—	—	—	—	—	—	—	—	—	—	—	—	—	—	—	—
0.906	0.986	—	—	—	—	—	—	—	—	—	—	—	—	—	—	—	—
0.993	1.09	1.17	1.23	—	—	—	—	—	—	—	—	—	—	—	—	—	—
1.08	1.18	1.28	1.36	—	—	—	—	—	—	—	—	—	—	—	—	—	—
1.17	1.28	1.39	1.48	—	—	—	—	—	—	—	—	—	—	—	—	—	—
1.25	1.38	1.50	1.60	—	—	—	—	—	—	—	—	—	—	—	—	—	—
1.34	1.48	1.61	1.73	1.83	1.92	—	—	—	—	—	—	—	—	—	—	—	—
1.42	1.58	1.72	1.85	1.97	2.07	—	—	—	—	—	—	—	—	—	—	—	—
1.51	1.68	1.83	1.97	2.10	2.22	—	—	—	—	—	—	—	—	—	—	—	—
1.60	1.78	1.94	2.10	2.24	2.37	—	—	—	—	—	—	—	—	—	—	—	—
1.68	1.87	2.05	2.22	2.37	2.52	—	—	—	—	—	—	—	—	—	—	—	—
1.77	1.97	2.16	2.34	2.51	2.66	2.81	2.93	—	—	—	—	—	—	—	—	—	—
1.86	2.07	2.28	2.47	2.64	2.81	2.97	3.11	—	—	—	—	—	—	—	—	—	—
2.03	2.27	2.50	2.71	2.92	3.11	3.29	3.45	—	—	—	—	—	—	—	—	—	—
2.11	2.37	2.61	2.84	3.05	3.26	3.45	3.63	—	—	—	—	—	—	—	—	—	—
2.20	2.47	2.72	2.96	3.19	3.40	3.61	3.80	3.98	—	—	—	—	—	—	—	—	—
2.29	2.56	2.83	3.08	3.32	3.55	3.77	3.97	4.16	4.34	—	—	—	—	—	—	—	—
2.46	2.76	3.05	3.33	3.59	3.85	4.09	4.32	4.53	4.74	—	—	—	—	—	—	—	—
2.63	2.96	3.27	3.58	3.87	4.14	4.41	4.66	4.90	5.13	—	—	—	—	—	—	—	—
2.72	3.06	3.38	3.70	4.00	4.29	4.57	4.83	5.09	5.33	—	—	—	—	—	—	—	—
2.81	3.16	3.50	3.82	4.14	4.44	4.73	5.01	5.27	5.52	—	—	—	—	—	—	—	—
2.98	3.35	3.72	4.07	4.41	4.74	5.05	5.35	5.64	5.92	6.18	6.44	—	—	—	—	—	—
3.15	3.55	3.94	4.32	4.68	5.03	5.37	5.70	6.01	6.31	6.60	6.88	—	—	—	—	—	—
3.32	3.75	4.16	4.56	4.95	5.33	5.69	6.04	6.38	6.71	7.02	7.32	—	—	—	—	—	—
3.54	4.00	4.44	4.87	5.29	5.70	6.09	6.47	6.84	7.20	7.55	7.88	—	—	—	—	—	—
3.53	4.04	4.49	4.93	5.36	5.77	6.17	6.56	6.94	7.30	7.65	7.99	8.32	8.63	—	—	—	—
3.84	4.34	4.83	5.30	5.76	6.21	6.65	7.08	7.49	7.89	8.28	8.66	9.02	9.37	—	—	—	—

外径 (mm)	壁厚																	
	0.25	0.30	0.40	0.50	0.60	0.80	1.0	1.2	1.4	1.5	1.6	1.8	2.0	2.2	2.5	2.8	3.0	3.2
	理论质量																	
50	—	—	—	—	—	—	1.21	1.44	1.68	1.79	1.91	2.14	2.37	2.59	2.93	3.26	3.48	3.70
51	—	—	—	—	—	—	1.23	1.47	1.71	1.83	1.95	2.18	2.42	2.65	2.99	3.33	3.55	3.77
53	—	—	—	—	—	—	1.28	1.53	1.78	1.91	2.03	2.27	2.52	2.76	3.11	3.47	3.70	3.93
54	—	—	—	—	—	—	1.31	1.56	1.82	1.94	2.07	2.32	2.56	2.81	3.18	3.54	3.77	4.01
56	—	—	—	—	—	—	1.36	1.62	1.89	2.02	2.15	2.41	2.66	2.92	3.30	3.67	3.92	4.17
57	—	—	—	—	—	—	1.38	1.65	1.92	2.05	2.19	2.45	2.71	2.97	3.36	3.74	4.00	4.25
60	—	—	—	—	—	—	1.46	1.74	2.02	2.16	2.31	2.58	2.86	3.14	3.55	3.95	4.22	4.48
63	—	—	—	—	—	—	1.53	1.83	2.13	2.27	2.42	2.72	3.01	3.30	3.73	4.16	4.44	4.72
65	—	—	—	—	—	—	1.58	1.89	2.20	2.35	2.50	2.81	3.11	3.41	3.85	4.29	4.59	4.88
(68)	—	—	—	—	—	—	1.65	1.98	2.30	2.46	2.62	2.94	3.26	3.57	4.04	4.50	4.81	5.11
70	—	—	—	—	—	—	1.70	2.04	2.37	2.53	2.70	3.03	3.35	3.68	4.16	4.64	4.96	5.27
73	—	—	—	—	—	—	1.78	2.12	2.47	2.64	2.82	3.16	3.50	3.84	4.35	4.85	5.18	5.51
75	—	—	—	—	—	—	1.82	2.18	2.54	2.72	2.90	3.25	3.60	3.95	4.47	4.99	5.33	5.67
76	—	—	—	—	—	—	1.85	2.21	2.58	2.76	2.94	3.29	3.65	4.00	4.53	5.05	5.40	5.75
80	—	—	—	—	—	—	—	—	2.71	2.90	3.09	3.47	3.85	4.22	4.78	5.33	5.70	6.06
(83)	—	—	—	—	—	—	—	—	2.82	3.02	3.21	3.60	4.00	4.38	4.96	5.54	5.92	6.30
85	—	—	—	—	—	—	—	—	2.89	3.09	3.29	3.69	4.09	4.49	5.09	5.68	6.07	6.46
89	—	—	—	—	—	—	—	—	3.02	3.24	3.45	3.87	4.29	4.71	5.33	5.95	6.36	6.77
90	—	—	—	—	—	—	—	—	3.06	3.27	3.49	3.91	4.34	4.76	5.39	6.02	6.44	6.85
95	—	—	—	—	—	—	—	—	3.23	3.46	3.69	4.14	4.59	5.03	5.70	6.37	6.81	7.24
100	—	—	—	—	—	—	—	—	3.40	3.64	3.88	4.36	4.83	5.31	6.01	6.71	7.18	7.64
(102)	—	—	—	—	—	—	—	—	3.47	3.72	3.96	4.45	4.93	5.41	6.13	6.85	7.32	7.80
108	—	—	—	—	—	—	—	—	3.68	3.94	4.20	4.71	5.23	5.74	6.50	7.26	7.77	8.27
110	—	—	—	—	—	—	—	—	3.75	4.01	4.28	4.80	5.33	5.85	6.63	7.40	7.92	8.43
120	—	—	—	—	—	—	—	—	—	4.38	4.67	5.25	5.82	6.39	7.24	8.09	8.66	9.22
125	—	—	—	—	—	—	—	—	—	—	—	5.47	6.07	6.66	7.54	8.42	9.03	9.61
130	—	—	—	—	—	—	—	—	—	—	—	—	—	—	7.86	8.78	9.40	10.00
133	—	—	—	—	—	—	—	—	—	—	—	—	—	—	8.05	8.98	9.62	10.24
140	—	—	—	—	—	—	—	—	—	—	—	—	—	—	—	—	10.14	10.80
150	—	—	—	—	—	—	—	—	—	—	—	—	—	—	—	—	10.88	11.58
160	—	—	—	—	—	—	—	—	—	—	—	—	—	—	—	—	—	—
170	—	—	—	—	—	—	—	—	—	—	—	—	—	—	—	—	—	—
180	—	—	—	—	—	—	—	—	—	—	—	—	—	—	—	—	—	—
190	—	—	—	—	—	—	—	—	—	—	—	—	—	—	—	—	—	—
200	—	—	—	—	—	—	—	—	—	—	—	—	—	—	—	—	—	—

续表

(mm)

3.5	4.0	4.5	5.0	5.5	6.0	6.5	7.0	7.5	8.0	8.5	9.0	9.5	10	11	12	13	14
(kg/m)																	
4.01	4.54	5.05	5.55	6.04	6.51	6.97	7.42	7.86	8.29	8.70	9.10	9.49	9.86	10.58	11.25	—	—
4.10	4.64	5.16	5.67	6.17	6.66	7.13	7.60	8.05	8.48	8.91	9.32	9.72	10.11	10.85	11.54	—	—
4.27	4.83	5.38	5.92	6.44	6.95	7.45	7.94	8.42	8.88	9.33	9.77	10.19	10.60	11.39	12.13	—	—
4.36	4.93	5.49	6.04	6.58	7.10	7.61	8.11	8.60	9.08	9.54	9.99	10.43	10.85	11.67	12.43	—	—
4.53	5.13	5.71	6.29	6.85	7.40	7.93	8.46	8.97	9.47	9.96	10.43	10.89	11.34	12.21	13.02	—	—
4.62	5.23	5.83	6.41	6.99	7.55	8.10	8.63	9.16	9.67	10.17	10.65	11.13	11.59	12.48	13.32	14.11	—
4.88	5.52	6.16	6.78	7.39	7.99	8.58	9.15	9.71	10.26	10.80	11.32	11.83	12.33	13.29	14.21	15.07	15.88
5.14	5.82	6.49	7.15	7.80	8.43	9.06	9.67	10.26	10.85	11.42	11.98	12.53	13.07	14.11	15.09	—	—
5.31	6.02	6.71	7.40	8.07	8.73	9.38	10.01	10.63	11.25	11.84	12.43	13.00	13.56	14.65	15.68	—	—
5.57	6.31	7.05	7.77	8.48	9.17	9.86	10.53	11.19	11.84	12.47	13.10	13.71	14.30	15.46	16.57	17.63	18.64
5.74	6.51	7.27	8.01	8.75	9.47	10.18	10.88	11.56	12.23	12.89	13.54	14.17	14.80	16.01	17.16	18.27	19.33
6.00	6.81	7.60	8.38	9.16	9.91	10.66	11.39	12.11	12.82	13.52	14.20	14.88	15.54	16.82	18.05	19.24	20.37
6.17	7.00	7.82	8.63	9.43	10.21	10.98	11.74	12.48	13.22	13.94	14.65	15.34	16.03	17.36	18.64	—	—
6.26	7.10	7.93	8.75	9.56	10.36	11.14	11.91	12.67	13.42	14.15	14.87	15.58	16.28	17.63	18.94	20.20	21.41
6.60	7.50	8.38	9.25	10.10	10.95	11.78	12.60	13.41	14.20	14.99	15.76	16.52	17.26	18.72	20.12	—	—
6.86	7.79	8.71	9.62	10.51	11.39	12.26	13.12	13.96	14.80	15.62	16.42	17.22	18.00	19.53	21.01	22.44	23.82
7.04	7.99	8.93	9.86	10.78	11.69	12.58	13.46	14.33	15.19	16.04	16.87	17.69	18.49	20.07	21.60	—	—
7.38	8.38	9.38	10.36	11.33	12.28	13.22	14.16	15.07	15.98	16.87	17.76	18.63	19.48	21.16	22.79	24.36	25.89
7.47	8.48	9.49	10.48	11.46	12.43	13.38	14.33	15.22	16.18	17.08	17.98	18.86	19.73	21.43	23.08	—	—
7.90	8.98	10.04	11.10	12.14	13.17	14.19	15.19	16.18	17.16	18.13	19.09	20.03	20.96	22.79	24.56	—	—
8.33	9.47	10.60	11.71	12.82	13.91	14.99	16.05	17.11	18.15	19.18	20.20	21.20	22.19	24.14	26.04	—	—
8.50	9.67	10.82	11.96	13.09	14.21	15.31	16.40	17.48	18.55	19.60	20.64	21.67	22.69	24.69	26.63	—	—
9.02	10.26	11.49	12.70	13.90	15.09	16.27	17.44	18.59	19.73	20.86	21.97	23.08	24.17	26.31	28.41	—	—
9.19	10.46	11.71	12.95	14.17	15.39	16.59	17.78	18.96	20.12	21.28	22.42	23.54	24.66	26.85	29.00	—	—
10.06	11.44	12.82	14.18	15.53	16.87	18.20	19.51	20.81	22.10	23.37	24.64	25.89	27.13	29.57	31.96	—	—
10.49	11.94	13.37	14.80	16.21	17.61	18.99	20.37	21.73	23.08	24.42	25.75	27.06	28.36	30.92	33.44	—	—
10.92	12.43	13.93	15.41	16.89	18.35	19.80	21.23	22.66	24.07	25.47	26.85	28.23	29.59	32.28	34.92	—	—
11.18	12.72	14.26	15.78	17.29	18.79	20.28	21.75	23.21	24.66	26.10	27.52	28.93	30.33	33.10	35.81	—	—
11.78	13.42	15.04	16.65	18.24	19.83	21.40	22.96	24.51	26.04	27.56	29.08	30.57	32.06	34.99	37.88	—	—
12.65	14.40	16.15	17.88	19.60	21.31	23.00	24.68	26.36	28.01	29.66	31.29	32.91	34.52	37.71	40.84	—	—
13.51	15.39	17.26	19.11	20.96	22.79	24.60	26.41	28.20	29.99	31.76	33.51	35.26	36.99	40.42	43.80	—	—
14.37	16.37	18.37	20.34	22.31	24.27	26.21	28.14	30.05	31.96	33.85	35.73	37.60	39.46	43.13	46.76	—	—
15.23	17.36	19.48	21.58	23.67	25.75	27.81	29.87	31.90	33.93	35.95	37.95	39.94	41.92	45.84	49.72	—	—
—	18.35	20.58	22.81	25.02	27.22	29.41	31.59	33.75	35.90	38.04	40.17	42.29	44.39	48.56	52.67	—	—
—	19.33	21.69	24.04	20.38	28.70	31.02	33.32	35.60	37.88	40.14	42.39	44.63	46.85	51.27	55.63	—	—

2. 钢管的尺寸

(1) 外径和壁厚

根据《结构用无缝钢管》GB/T 8162—2008的规定，钢管外径D和壁厚S的允许偏差见表2.2-10。

钢管外径D和壁厚S的允许偏差　　**表2.2-10**

<table>
<tr><th rowspan="2">种类</th><th rowspan="2">外径D允许偏差(mm)</th><th colspan="3">壁厚S允许偏差(mm)</th></tr>
<tr><th>公称外径</th><th>S/D</th><th>允许偏差</th></tr>
<tr><td rowspan="4">热轧(挤压)
钢管</td><td rowspan="4">±1%D或±0.05，
取其中较大者</td><td>≤102</td><td>—</td><td>±12.5%S或±0.40,取其中较大者</td></tr>
<tr><td rowspan="3">>102</td><td>≤0.05</td><td>±15%S或±0.40,取其中较大者</td></tr>
<tr><td>>0.05～0.10</td><td>±12.5%S或±0.40,取其中较大者</td></tr>
<tr><td>>0.10</td><td>±12.5%S
−10%S</td></tr>
<tr><td>热扩热轧</td><td colspan="3"></td><td>±15%S</td></tr>
<tr><th>种类</th><th>外径D允许偏差(mm)</th><th colspan="2">钢管公称壁(mm)</th><th>允许偏差(mm)</th></tr>
<tr><td rowspan="2">冷拔(轧)
钢管</td><td rowspan="2">±1%D或±0.03，
取其中较大者</td><td colspan="2">≤3</td><td>±12.5%S
或−10%S取其中较大值</td></tr>
<tr><td colspan="2">>3</td><td>±12.5%S
−10%S</td></tr>
</table>

(2) 长度和弯曲度

钢管的长度和弯曲度要求见表2.2-6。

3. 钢管的材质和表面质量

结构用无缝钢管的材质有多种，优质碳素结构钢以10、20应用居多、碳素结构钢Q235、Q275、低合金高强度结构钢20Mn、25Mn和合金钢钢管。

这里不再介绍钢管的化学成分，因为钢管材料的化学成分是熔炼分析得出的，需要时可参阅该项标准原文。

钢管的内外表面不允许有目视可见的裂纹、折叠、结疤、轧折和离层。这些缺陷应完全清除，清除深度应不超过公称壁厚的负偏差，清理处的实际壁厚应不小于壁厚偏差所允许的最小值。不超过壁厚负偏差的其他局部缺欠允许存在。

4. 交货状态

热轧（挤压、扩）管应以热轧状态，如需方要求在热处理状态交货时，应在合同中注明。冷拔（轧）管应以热处理状态交货，需方要求在冷拔（轧）状态交货，应经供需双方协商，并在合同中注明。

5. 力学性能

结构用无缝钢管中，交货状态的优质碳素结构钢、低合金高强度结构钢及Q235、Q275等牌号的碳素结构钢钢管的力学性能见表2.2-11。合金钢钢管的力学性能表述比较复杂，且不常用，不再引用，读者需要时可参阅该项标准原文。这里不再介绍钢管的化学成分，因为钢管材料的化学成分是熔炼分析得出的，需要时可参阅该项标准原文。

碳素结构钢及低合金高强度结构钢钢管力学性能　　表 2.2-11

牌号	质量等级	抗拉强度 R_m(MPa)	下屈服强度 R_{eL}(MPa)			断后伸长率 A(%)	冲击试验	
			壁厚(mm)				温度(℃)	吸收能量 KV_2(J)
			≤16	>16~30	>30			
			≥					≥
10	—	≥335	205	195	185	24	—	—
15	—	≥375	225	215	205	22	—	—
20	—	≥410	245	235	225	20	—	—
25	—	≥450	275	265	255	18	—	—
35	—	≥510	305	295	285	17	—	—
45	—	≥590	335	325	315	14	—	—
20Mn	—	≥450	275	265	255	20	—	—
25Mn	—	≥490	295	285	275	18	—	—
Q235	A	375~500	235	225	215	25	—	—
	B						+20	27
	C						0	
	D						−20	
Q275	A	415~540	275	265	255	22	—	—
	B						+20	27
	C						0	
	D						−20	
Q295	A	390~570	295	275	255	22	—	—
	B						+20	34
Q345	A	470~630	345	325	295	20	—	—
	B						+20	34
	C					21	0	
	D						−20	
	E						−40	27
Q390	A	490~650	390	370	350	18	—	—
	B						+20	34
	C					19	0	
	D						−20	
	E						−40	27
Q420	A	520~680	420	400	380	18	—	—
	B						+20	34
	C					19	0	

续表

牌号	质量等级	抗拉强度 R_m(MPa)	下屈服强度 R_{eL}(MPa)			断后伸长率 A(%)	冲击试验	
			壁厚(mm)				温度(℃)	吸收能量 KV_2(J)
			≤16	>16～30	>30			
			≥					≥
Q420	D	520～680	420	400	380	19	−20	34
	E						−40	27
Q460	C	550～720	460	440	420	17	0	34
	D						−20	
	E						−40	27

6. 试验和检验

钢管的试验和检验由供方技术监督部门进行，其中包括钢管的化学成分（熔炼分析）、拉伸试验、硬度试验、冲击试验、压扁试验、弯曲试验、超声波探伤检验、涡流探伤检验、漏磁探伤检验和尺寸和外形、表面质量。

【依据技术标准】《结构用无缝钢管》GB/T 8162-2008

2.2.3 低中压锅炉用无缝钢管

根据《工业蒸汽锅炉参数系列》GB/T 1921-2004 的规定，工业锅炉的额定工作压力不大于 2.5MPa。按锅炉按出口蒸汽压力划分：低压锅炉，一般压力小于 1.3MPa；中压锅炉，一般压力为 3.8MPa。

低中压锅炉用无缝钢管采用热轧（挤压、扩）或冷拔（轧）方法制造，并应符合强制性国家标准《低中压锅炉用无缝钢管》GB 3087-2008 的规定。

1. 钢管的外径和壁厚

钢管的外径和壁厚应符合“表 2.1-1 普通无缝钢管的外径和壁厚规格”的规定，其常用规格的外径、壁厚及理论重量见“表 2.1-2 常用无缝钢管外径、壁厚及理论重量”。

考虑到按《低中压锅炉用无缝钢管》GB 3087-2008 标准生产的产品依然存在，并在相当范围内使用，故列于表 2.2-12，以便于参考。

低中压锅炉用无缝钢管（摘自 GB 3087-2008）　　表 2.2-12

外径(mm)	壁厚(mm)																						
	1.5	2	2.5	3	3.5	4	4.5	5	6	7	8	9	10	11	12	13	14	15	16	17	18	19	20
10	○	○	○																				
12	○	○	○																				
14		○	○	○																			
16		○	○	○																			
17		○	○	○																			
18		○	○	○																			
19		○	○	○																			

续表

外径(mm)	壁厚(mm)																						
	1.5	2	2.5	3	3.5	4	4.5	5	6	7	8	9	10	11	12	13	14	15	16	17	18	19	20
20		○	○	○																			
22		○	○	○	○	○																	
24		○	○	○	○	○																	
25		○	○	○	○	○																	
29			○	○	○	○																	
30			○	○	○	○																	
32			○	○	○	○																	
35			○	○	○	○																	
38			○	○	○	○																	
40			○	○	○	○																	
42			○	○	○	○	○	○															
45			○	○	○	○	○	○															
48			○	○	○	○	○	○															
51			○	○	○	○	○	○															
57				○	○	○	○	○															
60				○	○	○	○	○															
60.3				○	○	○	○	○															
70				○	○	○	○	○	○														
76					○	○	○	○	○	○	○												
83					○	○	○	○	○	○	○												
89						○	○	○	○	○	○												
102						○	○	○	○	○	○	○	○	○	○								
108						○	○	○	○	○	○	○	○	○	○								
114						○	○	○	○	○	○	○	○	○	○								
121						○	○	○	○	○	○	○	○	○	○								
127						○	○	○	○	○	○	○	○	○	○								
133						○	○	○	○	○	○	○	○	○	○	○	○	○	○	○	○		
159							○	○	○	○	○	○	○	○	○	○	○	○	○	○	○	○	○
168							○	○	○	○	○	○	○	○	○	○	○	○	○	○	○	○	○
194							○	○	○	○	○	○	○	○	○	○	○	○	○	○	○	○	○
219									○	○	○	○	○	○	○	○	○	○	○	○	○	○	○
245									○	○	○	○	○	○	○	○	○	○	○	○	○	○	○
273										○	○	○	○	○	○	○	○	○	○	○	○	○	○
325											○	○	○	○	○	○	○	○	○	○	○	○	○
377													○	○	○	○	○	○	○	○	○	○	○
426														○	○	○	○	○	○	○	○	○	○

注：外径大于 195mm 规格中的壁厚 21mm～26mm 未列入。

2. 钢管的尺寸

(1) 外径和壁厚

钢管外径和壁厚的允许偏差见表 2.2-13。

钢管外径和壁厚的允许偏差 **表 2.2-13**

钢管种类	外径允许偏差(mm)	壁厚允许偏差		
		钢管外径(mm)	S/D	允许偏差(mm)
热轧(挤压)钢管	±1%D 或±0.05，取其中较大者	≤102	—	±12.5%S 或±0.40，取其中较大者
		>102	≤0.05	±15%S 或±0.40，取其中较大者
			>0.05～0.01	±12.5%S 或±0.40，取其中较大者
			>0.01	+12.5%S −10%S
热扩钢管		±15%S		
钢管种类	外径允许偏差(mm)	壁厚(mm)	允许偏差(mm)	
冷轧(拔)钢管	±1%D 或±0.03，取其中较大者	≤3	+15%S～−10%S 或±0.15，取其中较大者	
		>3	±12.5%S −10%S	

(2) 长度和弯曲度

钢管的长度和弯曲度要求见表 2.2-14。钢管两端端面应与钢管轴线垂直，切口毛刺应予清除。

钢管的长度和弯曲度 **表 2.2-14**

长度(mm)		弯曲度	
通常长度	定尺及倍尺长度、允许偏差	壁厚(mm)	弯曲度(mm/m)
4000～12000	定尺长度应在通常长度范围内，定尺长度≤6000，允许正偏差为 0～10；定尺长度>6000，允许正偏差为 0～15 倍尺总长度应在通常长度范围内，全长允许正偏差为 0～20；每个倍尺长度应留出的切口裕量为：外径不大于 159mm 为 5～10；外径大于 159mm 为 10～15	≤15	≤1.5
		>15～30	≤2.0
		>30 或外径 D≥351	≤3.0

3. 钢管的材质

根据现行标准的规定，低中压锅炉用无缝钢管由 10 号、20 号优质碳素结构钢制造，其化学成分（熔炼分析）应符合 GB/T 699 的规定。

4. 钢管制造方法和交货状态

钢管应采用热轧（挤压、扩）或冷拔（轧）无缝方法制造。需方指定某一种制造方法时，应在合同中注明。热扩钢管是指坯料钢管经整体加热后扩制变形而成更大口径的钢管。

热轧（挤压、扩）钢管以热轧或正火状态交货，热轧状态交货钢管的终轧温度应不低于相变临界温度 A_{r3}。根据需方要求，经供需双方协商，并在合同中注明，热轧（挤压、扩）钢管可采用正火状态交货。当热扩钢管终轧温度不低于相变临界温度 A_{r3}，且钢管是经过空冷时，则应认为钢管是经过正火的。冷拔（轧）钢管应以正火状态交货。

5. 力学性能

交货状态钢管的室温纵向力学性能应符合表 2.2-15 的规定；

钢管的力学性能 **表 2.2-15**

牌 号	抗拉强度 R_{mm}（MPa）	下屈服强度 R_{eL} 壁厚（mm） ≤16	下屈服强度 R_{eL} 壁厚（mm） >16	断后伸长率 A（%）
		不小于		不小于
10	335～475	205	195	24
20	410～550	245	235	20

当需方在合同中注明钢管用于中压锅炉过热蒸汽管时，供方应保证钢管的高温规定非比例延伸强度（$R_{p0.2}$）符合表 2.2-16 的规定，但供方可不做检验。

根据需方要求，经供需双方协商，并在合同中注明试验温度，钢管可做高温拉伸试验，其对应温度下的高温规定非比例延伸强度（$R_{p0.2}$）应符合表 2.2-16 的规定。

钢管在高温下的规定非比例延伸强度最小值 **表 2.2-16**

牌号	试样状态	规定非比例延伸强度最小值 $R_{p0.2}$（MPa） 试验温度（℃）					
		200	250	300	350	400	450
10	供货状态	165	145	122	111	109	107
20	供货状态	188	170	149	137	134	132

6. 液压试验

钢管应逐根进行液压试验，试验压力按式（2.2-2）计算，材质为 10 号、20 号钢的钢管最大试验压力分别为 7MPa、10MPa。在试验压力下，稳压时间应不少于 5s，钢管不得出现渗漏现象。

$$P=\frac{2SR}{D} \tag{2.2-2}$$

式中 P——试验压力，MPa；

S——钢管公称壁厚，mm；

D——钢管公称外径，mm；

R——允许应力，为表 2.2-15 规定的下屈服强度的 60%，MPa。

供方可用涡流探伤、漏磁探伤或超声波探伤代替液压试验；当需方有超声波探伤要求时，供方不应以超声波探伤代替液压试验。

7. 检查和验收

钢管的检查和验收由供方技术监督部门进行，项目包括化学成分（熔炼分析）、拉伸试验、高温拉伸试验、压扁试验、扩口试验、弯曲试验、液压试验以及涡流探伤检验、漏磁探伤检验、超声波探伤检验、低倍检验。

【依据技术标准】强制性国家标准《低中压锅炉用无缝钢管》GB 3087-2008。

2.2.4 高压锅炉用无缝钢管

按锅炉出口蒸汽压力划分：低压锅炉一般压力小于 1.3MPa，中压锅炉一般压力为 3.8MPa，高压锅炉一般压力为 9.8MPa，超高压锅炉一般压力小于 13.87MPa、亚临界压力锅炉一般压力为 16.87MPa、超临界压力锅炉压力大于 22.13MPa。

根据制造方法的不同，高压锅炉用无缝钢管可分为热轧（挤压、扩）钢管（代号为 W-H）和冷拔（轧）钢管（代号为 W-C）两类。

1. 钢管的外径和壁厚

钢管的外径和壁厚见“表 2.1-1 普通无缝钢管的外径和壁厚规格”的规定。材质为优质碳素结构钢，钢管外径、壁厚及理论重量见“表 2.1-2 常用无缝钢管外径、壁厚及理论重量”，材质为合金结构钢及不锈（耐热）钢时，其理论重量的计算应采用该牌号管材的密度，如查不到相应的密度，可按表 2.1-2 的理论重量乘以 1.015。

2. 钢管的尺寸

除非合同另有规定，钢管按公称外径和公称壁厚交货；当钢管按公称内径和公称壁厚交货时，尺寸规格由供需双方商定。

（1）外径和壁厚

钢管按公称外径和公称壁厚交货时，其公称外径和公称壁厚的允许偏差见表 2.2-17；钢管最小壁厚的允许偏差应符合表 2.2-18 的规定。

钢管公称外径和公称壁厚的允许偏差（mm） **表 2.2-17**

分类代号	制造方式	钢管尺寸			允许偏差	
					普通级	高级
W-H	热轧(挤压)钢管	公称外径 D	≤54		±0.40	±0.30
			>54～325	S≤35	±0.75%D	±0.5%D
				S>35	±1%D	±0.75%D
			>325		±1%D	±0.75%D
		公称壁厚 S	≤4.0		±0.45	±0.35
			>4.0～20		+12.5%S −10%S	±10%S
			>20	D<219	±10%S	±7.5%S
				D≥219	+12.5%S −10%S	±10%S
W-H	热扩钢管	公称外径 D	全部		±1%D	±0.75%D
		公称壁厚 S	全部		+20%S −10%S	+15%S −10%S
W-C	冷拔(轧)钢管	公称外径 D	≤25.4		±0.15	—
			>25.4～40		±0.20	—
			>40～50		±0.25	—
			>50～60		±0.30	—
			>60		±0.5%D	—
		公称壁厚 S	≤3.0		±0.3	±0.2
			>3.0		±10%S	±7.5%S

钢管最小壁厚的允许偏差（mm） 表 2.2-18

分类代号	制造方式	壁厚范围	允许偏差	
			普通级	高级
W-H	热轧（挤压）钢管	$S_{min} \leqslant 4.0$	$^{+0.90}_{0}$	$^{+0.70}_{0}$
		$S_{min} > 4.0$	$^{+25\% S_{min}}_{0}$	$^{+22\% S_{min}}_{0}$
W-C	冷拔（轧）钢管	$S_{min} \leqslant 3.0$	$^{+0.6}_{0}$	$^{+0.4}_{0}$
		$S_{min} > 3.0$	$^{+20\% S_{min}}_{0}$	$^{+15\% S_{min}}_{0}$

当需方未在合同中钢管尺寸允许偏差级别时，钢管外径和壁厚的允许偏差应符合普通级的规定。

（2）长度和弯曲度

钢管的长度和弯曲度要求见表 2.2-19。钢管两端端面应与钢管轴线垂直，切口毛刺应予清除。

钢管的长度和弯曲度 表 2.2-19

长 度(mm)		弯 曲 度	
通常长度	定尺及倍尺长度、允许偏差	壁厚(mm)	每米弯曲度(mm/m)
通常长度为 4000～12000，经供需双方商定，可交付长度大于 12000 或小于 4000，但不短于 3000 的钢管，其数量不超过该批钢管交货总数量的 5%	定尺长度应在通常长度范围内，定尺长度的允许正偏差为 0～15；定尺长度>6000，允许正偏差为 0～15 倍尺总长度应在通常长度范围内，每个倍尺长度应留出的切口裕量为：外径不大于 159mm 为 5～10mm；外径大于 159mm 为 10～15mm	≤15	≤1.5
		>15～30	≤2.0
		>30	≤3.0
		外径 $D \geqslant 127$ 时，全长弯曲度不大于钢管长度的 0.10%	

3. 钢管的材质

根据《高压锅炉用无缝钢管》GB 5310-2008 的规定，高压锅炉用无缝钢管的牌号及其与其他近似钢牌号的对照见表 2.2-20，其化学成分（熔炼分析）应符合《优质碳素结构钢》GB/T 699 的规定。

高压锅炉用无缝钢管的牌号及其与其他近似钢牌号的对照 表 2.2-20

序号	本标准钢的牌号	其他相近的钢牌号			
		ISO	EN	ASME/ASTM	JIS
1	20G	PH26	P235GH	A-1、B	STB 410
2	20MnG	PH26	P235GH	A-1、B	STB 410
3	25MnG	PH29	P265GH	C	STB 510
4	15MoG	16Mo3	16Mo3	—	STBA 12
5	20MoG	—	—	T1a	STBA 13
6	12CrMoG	—	—	T2/P2	STBA 20
7	15CrMoG	13CrMo4-5	10CrMo5-5、13CrMo4-5	T12/P12	STBA 22

续表

序号	本标准钢的牌号	其他相近的钢牌号			
		ISO	EN	ASME/ASTM	JIS
8	12Cr2MoG	10CrMo9-10	10CrMo9-10	T22/P22	STBA 24
9	12Cr1MoVG	—	—	—	—
10	12Cr2MoWVTiB	—	—	—	—
11	07Cr2MoW2VNbB	—	—	T23/P23	—
12	12Cr3MoVSiTiB	—	—	—	—
13	15Ni1MnMoNbCu	9NiMnMoNb5-4-4	15NiCuMoNb5-6-4	T36/P36	—
14	10Cr9Mo1VNbN	X10CrMovNb9-1	X10CrMoVNb9-1	T91/P91	STBA 26
15	10Cr9MoW2VNbBN	—	—	T92/P92	—
16	10Cr11MoW2VNbCu1BN	—	—	T122/P122	—
17	11Cr9Mo1W1VNbBN	—	E911	T911/P911	—
18	07Cr19Ni10	X7CrNi18-9	X6CrNi18-10	TP304H	SUS 304H TB
19	10Cr18Ni9NbCu3BN	—	—	(S30432)	—
20	07Cr25Ni21NbN	—	—	TP310HNbN	—
21	07Cr19Ni11Ti	X7CrNiTi18-10	X6CrNiTi18-10	TP321H	SUS 32 1H TB
22	07Cr18Ni11Nb	X7CrNiNb18-10	X7CrNiNb18-10	TP347H	SUS 347H TB
23	08Cr18Ni11NbFG	—	—	TP347HFG	—

4. 力学性能

交货状态钢管的室温纵向力学性能应符合表 2.2-21 的规定。外径 $D \geqslant 76$mm，且壁厚 $S \geqslant 14$mm 的钢管应做冲击试验。

钢管的力学性能 **表 2.2-21**

序号	牌号	拉伸性能				冲击吸收能量 KV_2(J)		硬度		
		抗拉强度 R_m(MPa)	下屈服强度或规定非比例延伸强度 R_{eL}或 $R_{P0.2}$(MPa)	断后伸长率 A(%)		纵向	横向	HBW	HV	HRC 或 HRB
				纵向	横向					
			≥					≤		
1	20G	410～550	245	24	22	40	27	—	—	—
2	20MnG	415～560	240	22	20	40	27	—	—	—
3	25MnG	485～640	275	20	18	40	27	—	—	—
4	15MoG	450～600	270	22	20	40	27	—	—	—
5	20MoG	415～665	220	22	20	40	27	—	—	—
6	12CrMoG	410～560	205	21	19	40	27	—	—	—
7	15CrMoG	440～640	295	21	19	40	27	—	—	—
8	12Cr2MoG	450～600	280	22	20	40	27	—	—	—
9	12Cr1MoVG	470～640	255	21	19	40	27	—	—	—

续表

序号	牌号	拉伸性能				冲击吸收能量 KV_2(J)		硬度		
		抗拉强度 R_m(MPa)	下屈服强度或规定非比例延伸强度 R_{eL} 或 $R_{P0.2}$(MPa)	断后伸长率 A(%)		纵向	横向	HBW	HV	HRC 或 HRB
				纵向	横向					
			≥					≤		
10	12Cr2MoWVTiB	540～735	345	18	—	40	—	—	—	—
11	07Cr2MoW2VNbB	≥510	400	22	18	40	27	220	230	97HRB
12	12Cr3MoVSiTiB	610～805	440	16	—	40	—	—	—	—
13	15NiMnMoNbCu	620～780	440	19	17	40	27	—	—	—
14	10Cr9Mo1VNbN	≥585	415	20	16	40	27	250	265	25HRC
15	10Cr9MoW2VNbBN	≥620	440	20	16	40	27	250	265	25HRC
16	10Cr11MoW2VNbCu1BN	≥620	400	20	16	40	27	250	265	25HRC
17	11Cr9Mo1W1VNbBN	≥620	440	20	16	40	27	238	250	23HRC
18	07Cr19Ni10	≥515	205	35	—	—	—	192	200	90HRB
19	10Cr18Ni9NbCu3BN	≥590	235	35	—	—	—	219	230	95HRB
20	07Cr25Ni21NbN	≥655	295	30	—	—	—	256	—	100HRB
21	07Cr19Ni11Ti	≥515	205	35	—	—	—	192	200	90HRB
22	07Cr18Ni11Nb	≥520	205	35	—	—	—	192	200	90HRB
23	08Cr18Ni11NbFC	≥550	205	35	—	—	—	192	200	90HRB

表 2.2-21 中的“冲击吸收能量”为全尺寸试样夏比 V 形缺口冲击吸收能量要求值。当采用小尺寸冲击试样时，小尺寸试样的最小夏比 V 形缺口冲击吸收能量要求值应为全尺寸试样“冲击吸收能量”要求值乘以表 2.2-22 中的递减系数。

小尺寸试样冲击吸收能量递减系数　　　表 2.2-22

试样规格	试样尺寸(高度×宽度)(mm)	递减系数
标准试样	10×10	1.00
小试样	10×7.5	0.75
小试样	10×5	0.50

表 2.2-21 中规定了硬度值的钢管，其硬度试验应符合以下要求：(1) 管壁厚度 $S \geq 5.0$mm 的钢管，应做布氏硬度试验或洛氏硬度试验；(2) 管壁厚度 $S < 5.0$mm 的钢管，应做洛氏硬度试验。

5. 钢管制造方法和交货状态

钢管应采用热轧（挤压、扩）或冷拔（轧）方法制造。牌号 08Cr18Ni11NbFG 的钢管应采用冷拔（轧）方法制造。扩钢管应是指坯料钢管经整体加热后扩制变形而成更大口径的钢管。

钢管应热处理状态交货。钢管的热处理制度应符合《高压锅炉用无缝钢管》GB 5310-2008 的规定。

6. 液压试验

钢管应逐根进行液压试验，试验压力按式（2.2-3）计算，最大试验压力为 20MPa。在试验压力下，稳压时间不少于 10s，钢管不允许出现渗漏现象。

$$P=\frac{2SR}{D} \tag{2.2-3}$$

式中 P——试验压力，MPa，当 $P<7$MPa 时，修约到最接近的 0.5MPa，$P\geqslant7$MPa 时，修约到最接近的 1MPa；

S——钢管公称壁厚，mm；

D——钢管公称外径或计算外径，mm；

R——允许应力，优质碳素结构钢和合金钢为表 2.2-21 规定屈服强度的 80%，不锈钢和耐热钢为表 2.2-21 规定屈服强度的 70%，MPa。

供方可用涡流探伤、漏磁探伤或超声波探伤代替液压试验。涡流探伤时，对比样管人工缺陷应符合 GB/T 7735 中验收等级 B 的规定；漏磁探伤时，对比样管外表面纵向人工缺陷应符合 GB/T 12606 中验收等级 L2 的规定。

7. 试验和检验

试验和检验项目包括化学成分（熔炼分析）、室温拉伸试验、冲击试验、硬度试验、高温拉伸试验、液压试验、涡流探伤检验、漏磁探伤检验、压扁试验、弯曲试验、扩口试验、低倍检验、非金属夹杂物、晶粒度、显微组织、脱碳层、晶间腐蚀试验和超声波探伤检验。

钢管的检查和验收由供方技术监督部门进行。

【依据技术标准】强制性国家标准《高压锅炉用无缝钢管》GB 5310-2008。

2.2.5 石油裂化用无缝钢管

石油裂化用无缝钢管是指用于石油化工用炉管、热交换器管和压力管道的无缝钢管。这类管道多输送易燃、易爆或有毒介质，工作条件苛刻，一旦发生泄漏会造成连锁反应，因而对管材和施工要求较高。

根据制造方法的不同，石油裂化用无缝钢管可分为热轧（挤压、扩）钢管（代号为 W-H）和冷拔（轧）钢管（代号为 W-C）两类。

1. 钢管的外径和壁厚

石油裂化用无缝钢管的外径和壁厚应符合“表 2.1-1 普通无缝钢管的外径和壁厚规格”的规定，其常用规格的外径、壁厚及理论重量见“表 2.1-2 常用无缝钢管外径、壁厚及理论重量”。

考虑到按以前《石油裂化用无缝钢管》GB 9948 标准生产的产品依然存在，并在相当范围内使用，故列于表 2.2-23，以便于参考。

2. 钢管的尺寸

（1）外径和壁厚

根据现行标准《石油裂化用无缝钢管》GB 9948-2013 的规定，钢管外径和壁厚的允许偏差见表 2.2-24。

石油裂化用无缝钢管规格 **表 2.2-23**

外径(mm)	公称壁厚(mm)												
	1	1.5	2	2.5	3	3.5	4	5	6	8	10	12	14
	理论重量(kg/m)												
10	0.222	0.314	0.395										
14	0.321	0.462	0.592	0.709									
18			0.789	0.956									
19			0.838	1.02									
25			1.13	1.39	1.63								
32				1.82	2.15	2.46	2.76						
38					2.59	2.98	3.35						
45					3.11	3.58	4.04	4.93					
57							5.23	6.41	7.55				
60							5.52	6.78	7.99	10.26	12.33		
83									11.39	14.80	18.00	21.01	
89									12.28	15.98	19.48	22.79	
102									14.20	18.54	22.69	26.63	
114									15.98	20.91	25.65	30.18	34.52
127									17.90	23.48	28.85	34.03	39.01
141									19.97	26.24	32.30	38.17	43.85
152									21.60	28.41	35.02	41.43	47.64
159									22.64	29.79	36.74	43.50	50.06
168									23.97	31.56	38.96	46.16	53.17
219									31.52	41.63	51.54	61.26	70.77
273												77.24	89.42

钢管外径和壁厚的允许偏差 **表 2.2-24**

<table>
<tr><th rowspan="2">分类代号</th><th rowspan="2">制造方式</th><th rowspan="2" colspan="2">钢管公称尺寸(mm)</th><th colspan="2">允许偏差(mm)</th></tr>
<tr><th>普通级</th><th>高级</th></tr>
<tr><td rowspan="7">W-H</td><td rowspan="5">热轧(挤压)钢管</td><td rowspan="3">外径 D</td><td>≤54</td><td>±0.50</td><td>±0.30</td></tr>
<tr><td>>54～325</td><td>±1%D</td><td>±0.75%D</td></tr>
<tr><td>>325</td><td>±1%D</td><td>—</td></tr>
<tr><td rowspan="2">壁厚 S</td><td>≤20</td><td>+15%S
−10%S</td><td>±10%S</td></tr>
<tr><td>>20</td><td>+12.5%S
−10%S</td><td>±10%S</td></tr>
<tr><td rowspan="2">热扩钢管</td><td>外径 D</td><td>全部</td><td colspan="2">±1%D</td></tr>
<tr><td>壁厚 S</td><td>全部</td><td colspan="2">±15%S</td></tr>
</table>

续表

分类代号	制造方式	钢管公称尺寸（mm）		允许偏差(mm)	
				普通级	高级
W-C	冷拔(轧)钢管	外径 D	≤25.4	±0.15	
			>25.4～40	±0.20	
			40～50	±0.25	
			50～60	±0.30	
			>60	±0.75%D	±0.5%D
		壁厚 S	≤3.0	±0.3	±0.2
			>3.0	±10%S	±7.5%S

（2）钢管最小壁厚

钢管最小壁厚的允许偏差见表 2.2-25。

钢管最小壁厚的允许偏差（mm） **表 2.2-25**

分类代号	制造方式	最小壁厚 S	允许偏差	
			普通级	高级
W-H	热轧(挤压)	≤4.0	$^{+0.9}_{0}$	$^{+0.7}_{0}$
		>4.0	$^{+25\%S_{min}}_{0}$	$^{+22\%S_{min}}_{0}$
W-C	冷拔(轧)	≤3.0	$^{+0.6}_{0}$	$^{+0.4}_{0}$
		>3.0	$^{+20\%S_{min}}_{0}$	$^{+15\%S_{min}}_{0}$

（3）长度和弯曲度

钢管的长度和弯曲度要求见表 2.2-26。钢管两端端面应与钢管轴线垂直，切口毛刺应予清除。

（4）不圆度、壁厚不均

钢管的不圆度、壁厚不均应分别不超过外径公差和壁厚公差的 80%。

3. 钢管的材质

石油裂化用无缝钢管材质有优质碳素结构钢、合金结构钢和不锈（耐酸）钢。优质碳素结构钢的钢号为 10、20；合金结构钢的钢号有 12CrMo、15CrMo、12Cr1Mo、12Cr1MoV、12Cr2Mo 等；不锈（耐酸）钢的钢号有 07Cr19Ni10、07Cr18Ni11Nb、07Cr19Ni11Ti 等。

钢管牌号和化学成分（熔炼分析）应符合《石油裂化用无缝钢管》GB 9948-2013 的规定。

4. 交货状态

钢管应按表 2.2-26 规定的热处理制度进行热处理后交货；热处理制度应填写在质量证明书中。

5. 力学性能

交货状态钢管的室温纵向力学性能应符合表 2.2-27 的规定。

钢管的热处理制度 **表 2.2-26**

牌 号	热处理制度
10[a]	正火：正火温度 880～940℃
20[a]	正火：正火温度 880～940℃
12CrMo[b]	正火加回火：正火温度 900～960℃，回火温度 670～730℃
15CrMo[b]	正火加回火：正火温度 900～960℃，回火温度 680～730℃
12Cr1Mo[b]	正火加回火：正火温度 900～960℃，回火温度 680～750℃
12Cr1MoV[b]	S≤30mm 的钢管正火加回火；正火温度 980～1020℃，回火温度 720～760℃ S>30mm 的钢管淬火加回火或正火加回火：淬火温度 950～990℃，回火温度 720～760℃；正火温度 980～1020℃，回火温度 720～760℃，但正火后应进行急冷
12Cr2Mo[b]	S≤30mm 的钢管正火加回火；正火温度 900～960℃，回火温度 700～750℃ S>30mm 的钢管淬火加回火或正火加回火：淬火温度不低于 900℃，回火温度 700～750℃；正火温度 900～960℃，回火温度 700～750℃，但正火后应进行急冷
12Cr5Mo1	完全退火或等温退火
12Cr5MoNT	正火加回火：正火温度 930～980℃，回火温度 730～770℃
12Cr9Mo1	完全退火或等温退火
12Cr9MoNT	正火加回火：正火温度 890～950℃，回火温度 720～800℃
07Cr19Ni10	固溶处理：固溶温度≥1040℃，急冷
07Cr18Ni11Nb	固溶处理：热轧（挤压、扩）钢管固溶温度≥1050℃，冷拔（轧）钢管固溶温度≥1100℃，急冷
07Cr19Ni11Ti	固溶处理：热轧（挤压、扩）钢管固溶温度≥1050℃，冷拔（轧）钢管固溶温度≥1100℃，急冷
022Cr17Ni12Mo2	固溶处理：固溶温度≥1040℃，急冷

[a] 热轧（挤压、扩）钢管终轧温度在相变临界温度 Ar_1 至表中规定温度上限的范围内，且钢管是经过空冷时，则应认为钢管是经过正火的。

[b] 热扩钢管终轧温度在相变临界温度 Ar_3 至表中规定温度上限的范围内，且钢管是经过空冷时，则应认为钢管是经过正火的；其余钢管在需方同意的情况下，并在合同中注明，可采用符合前述规定的在线正火。

钢管的力学性能 **表 2.2-27**

牌号	抗拉强度 R_m(MPa)	下屈服强度 R_{SL} 或规定塑性延伸强度 $R_{P0.2}$(MPa)	断后伸长率 A(%)		冲击吸收能量 KV_1(J)		布氏硬度值[a]
			纵向	横向	纵向	横向	
		不小于					不大于
10	335～475	205	25	23	40	27	—
20	410～550	245	24	22	40	27	—
12CrMo	410～560	205	21	19	40	27	156 HBW
15CrMo	440～640	295	21	19	40	27	170 HBW
12Cr1Mo	415～560	205	22	20	40	27	163 HBW
12Cr1MoV	470～640	255	21	19	40	27	179 HBW
12Cr2Mo	450～600	280	22	20	40	27	163 HBW
12Cr5MoI	415～590	205	22	20	40	27	163 HBW
12Cr5MoNT	480～640	280	20	18	40	27	—
12Cr9MoI	460～640	210	20	18	40	27	179 HBW
12Cr9MoNT	590～740	390	18	16	40	27	—
07Cr19Ni10	≥520	205	35		—	—	187 HBW
07Cr18Ni11Nb	≥520	205	35		—	—	187 HBW
07Cr19Ni11Ti	≥520	205	35		—	—	187 HBW
022Cr17Ni12Mo2	≥485	170	35		—	—	187 HBW

[a] 对于壁厚小于 5mm 的钢管，可不做硬度试验。

钢管的内外表面质量要求如下：内外表面不允许有裂纹、折叠、结疤、轧折和离层。这些缺陷应完全清除，清除深度不应超过壁厚的10%，清理处的实际壁厚应不小于壁厚所允许的最小值。

在钢管的内外表面上直道的允许深度或高度应符合如下规定：热轧（挤压、扩）钢管：不大于公称壁厚的5%，且最大为0.4mm；冷拔（轧）钢管：不大于公称壁厚的4%，且最大为0.2mm。不超过壁厚允许负偏差的其他局部缺陷允许存在。

6. 液压试验

钢管应逐根进行液压试验，试验压力按式（2.2-4）计算，最大试验压力为20MPa。在试验压力下，稳压时间不少于10s，钢管不得出现渗漏现象。

$$P=\frac{2SR}{D} \tag{2.2-4}$$

式中 P——试验压力，MPa；

S——钢管公称壁厚，mm；

D——钢管公称外径，mm；

R——允许应力，优质碳素结构钢和合金结构钢取值为表2.2-27规定的下屈服强度的80%，耐热钢和不锈钢取值为表2.2-27规定的下屈服强度的70%，MPa。

供方可用涡流探伤或漏磁探伤代替液压试验。

7. 检验和试验

钢管应按《石油裂化用无缝钢管》GB 9948-2013的规定做无损探伤检验。

不锈（耐酸）钢应按《石油裂化用无缝钢管》GB 9948-2013标准的规定做晶间腐蚀试验。

用于含 H_2S 环境的优质碳素结构钢，可按《石油裂化用无缝钢管》GB 9948-2013标准附录B的规定，供需双方可对其抗开裂性能提出要求。

【依据技术标准】强制性国家标准《石油裂化用无缝钢管》GB 9948-2013。

2.2.6 高压化肥设备用无缝钢管

高压化肥设备用无缝钢管是指用于高压化肥设备和工艺管道用的优质碳素钢、低合金钢和合金钢无缝钢管，也可用于其他化工装置。钢管采用热轧（挤压、扩）和冷拔（轧）方法制造，当需方要指定其中一种制造方法时，应在合同中注明。

1. 钢管的外径和壁厚

高压化肥设备用无缝钢管的外径为14～426mm，壁厚不大于45mm，具体外径、壁厚规格是根据GB/T 17395-1998标准之表1确定的，现将该标准上述外径和壁厚范围内的常用钢管规格摘录于表2.2-28。这里有一个新旧标准交叉的问题，如GB/T 17395-1998标准已被GB/T 17395-2008标准取代，但介绍GB 6479-2000标准时，不宜引用GB/T 17395-2008标准，好在只涉及钢管规格，没有什么影响。

2. 钢管的尺寸

(1) 外径和壁厚

钢管外径和壁厚的允许偏差见表2.2-29。

高压化肥设备用无缝钢管外径和壁厚规格（摘自 GB/T 17395-1998）　　表 2.2-28

外 径(mm)			壁厚(mm)
系列 1	系列 2	系列 3	
		14	0.25,0.30,0.40,0.50,0.60,0.80,1.0,1.2,1.4,1.5,1.6,1.8,2.0,2.2(2.3),2.5(2.6),2.8,2.9(3.0),3.2,,3.5(3.6),4.0
	16		0.25～4.0 同上,4.5,5.0
17(17.2)			
		18	
	19,20		0.25～5.0 同上,(5.4)5.5,6.0
21(21.3)			0.40～6.0 同上
		22	
	25		0.40～6.0 同上,6.3(6.5),7.0(7.1)
		25.4	
27(26.9)			
	28		
		30	0.40～7.0(7.1)同上,7.5,8.0
	32(31.8)		
34(33.7)			
		35	0.40～8.0 同上,8.5,(8.8)9.0
	38,40		0.40～(8.8)9.0 同上,9.5,10
42(42.4)			1.0～10 同上
		45(44.5)	1.0～10 同上,11,12(12.5)
48(48.3)			
	51		
		54	1.0,1.2,1.4,1.5,1.6,1.8,2.0,2.2(2.3),2.5(2.6),2.8,2.9(3.0),3.2,3.5(3.6),4.0,4.5,5.0,(5.4)5.5,6.0,6.3(6.5),7.0(7.1),7.5,8.0,8.5,(8.8)9.0,9.5,10,11,12(12.5),13,14(14.2)
	57		
60(60.3)			1.0～14(14.2) 同上,15,16
	63(63.5),		
	65,68		
	70		1.0～16 同上,17(17.5)
		73	1.0～17(17.5) 同上,18,19
76(76.1)			1.0～19 同上,20
	77,80		1.4～20 同上
		83(82.5)	1.4～20 同上,22(22.2)
	85		
89(88.9)			1.4～22(22.2) 同上,24
	95		
	102(101.6)		1.4～24 同上,25,26,28
		108	1.4～28 同上,30
114(114.3)			1.5～30 同上
	121		1.5～30 同上,32

续表

外 径(mm)			壁厚(mm)
系列 1	系列 2	系列 3	
	127		1.8～32 同上
	133		2.5(2.6)～32 同上,34,36
140(139.7)			2.9(3.0)～36 同上
		142(141.3)	
	146		2.9(3.0) ,3.2,3.5(3.6),4.0,4.5,5.0,(5.4)5.5,6.0,6.3(6.5),7.0(7.1),7.5,8.0,8.5,(8.8)9.0,9.5,10,11,12(12.5),13,14(14.2),15,16,17(17.5),18,19,20,22(22.2),24,25,26,28,30,32,34,36,38,40
		152(152.4)	
		159	3.5(3.6)～40 同上,42,45
168(168.3)			
		180(177.8)	
		194(193.7)	
	203		
219(219.1)			6.0～45 同上
		245(244.5)	
273			6.3(6.5)～45 同上
	299		7.5～45 同上
325(323.9)			
	340(339.7)		8.0～45 同上
	351		
356(355.6)			(8.8)9.0～45 同上
	377,402		
406(406.4)			
	426		

注：括号内尺寸为相应的英制规格。

钢管外径和壁厚的允许偏差 **表 2.2-29**

钢管种类	钢管尺寸(mm)		允许偏差	
			普通级	高级
热轧(挤压)钢管	外径 D	≤159	±1.0% (最小值为±0.5mm)	±0.75% (最小值为±0.3mm)
		>159	±1.0%	±0.90%
	壁厚 S	≤20	+15% −10%	±10%
		>20	+12.5% −10.0%	±10%
冷拔(轧)钢管	外径 D	14～30	±0.20mm	±0.15mm
		>30～50	±0.30mm	±0.25mm
		>50	±0.75%	±0.6%
	壁厚 S	≤3.0	+12.5% −10%	±10%
		>3.0	±10%	±7.5%

注：热扩钢管的外径允许偏差为±1.0%，壁厚允许偏差为±15%。

（2）长度和弯曲度

钢管的长度和弯曲度要求见表 2.2-30。

钢管的长度和弯曲度 **表 2.2-30**

长度(mm)		弯曲度	
通常长度	定尺及倍尺长度、允许偏差	壁厚(mm)	每米弯曲度 (mm/m)
4000～12000	定尺及倍尺总长度应在通常长度范围内，全长允许正偏差为 20，不允许负偏差。每个倍尺长度应留出的切口裕量为：外径不大于 159 为 5～10；外径大于 159 为 10～15	≤15	≤1.5
		>15～30	≤2.0
		>30 或外径 D≥351	≤3.0

3. 钢管的材质

高压化肥设备用无缝钢管由优质碳素结构钢 10 号、20 号和合金钢制造，钢的牌号和化学成分（熔炼分析）应符合《高压化肥设备用无缝钢管》GB 6479-2013 标准的规定。

4. 交货状态、重量和标记示例

（1）交货状态

钢管应按表 2.2-31 规定的热处理制度热处理后交货；热处理应填写在质量证明书中。

钢管的热处理制度 **表 2.2-31**

牌 号	热处理制度
10	正 火
20	正 火
16Mn	正 火
15MnV	正 火
12CrMo	900～930℃正火，670～720℃回火；保温时间：周期式炉大于 2h，连续炉大于 1h
15CrMo	900～960℃正火，680～720℃回火；保温时间：周期式炉大于 2h，连续炉大于 1h
12Cr2Mo	900～960℃正火，700～750℃回火；也可以先加热到 900～960℃，炉冷至 700℃，保温 1h 以上，空冷
10MoWVNb	970～990℃正火，730～750℃回火，或 800～820℃高温退火
1CrMo	退 火
12SiMoVNb	980～1 020℃正火，710～750℃回火

注：热轧管终轧温度符合正火要求时，可以代替正火。

（2）交货重量

钢管按实际重量交货，也可按理论重量交货。计算钢管的理论重量时密度采用 7.85kg/dm^3。供需双方可议定，交货钢管的实际重量与理论重量的偏差符合以下规定：单根钢管为±10%；每批数量最小为 10t 的钢管为±7.5%。

（3）标记示例

例 1：用牌号为 20 钢制作的外径为 108mm，壁厚为 5mm，长度为 4000mm 倍尺，外径和壁厚为普通级精度的热轧（挤）钢管标记为：20-108×5×4000 倍 GB 6479-2013。

例 2：用牌号为 20 钢制作的外径为 133mm，壁厚为 6mm，长度为 4000mm，外径为高级精度和壁厚为普通级精度的冷拔（轧）钢管标记为：冷 20-133 高×6×4000-GB 6479-2013。

5. 力学性能

交货状态钢管的室温纵向力学性能应符合表 2.2-32 的规定；外径不小于 57mm，且不厚不小于 14mm 的钢管应做标准试样 U 形缺口冲击试验；冲击试验结果的评定按 GB/T 17505 的规定。

钢管的力学性能　　表 2.2-32

序号	牌号	力学性能				
		抗拉强度 σ_b(MPa)	屈服点 σ_s(MPa)	断后伸长率 δ_5(%)	断面收缩率 ψ(%)	冲击功 A_{ku_2}(J)
			≥			
1	10	335～490	205	24	—	—
2	20	410～550	245	24	—	39
3	16Mn	490～670	320	24	—	47
4	15MnV	510～690	350	19	—	47
5	12CrMo	410～560	205	21	—	55
6	15CrMo	440～640	235	21	—	47
7	12Cr2Mo	450～600	280	20	—	38
8	10MoWVNb	470～670	295	19	—	62
9	1Cr5Mo	390～590	195	22	—	94
10	12SiMoVNb	≥470	315	19	—	47

注：用 12Cr2Mo 钢制造的钢管，当外径不大于 30mm，且壁厚不大于 3mm 时，其屈服点允许降低 10MPa；其他牌号当壁厚不大于 16～40mm 时，屈服点允许降低 10MPa。

在力学性能方面，对于生产厂应提供的 10、20、16Mn 钢管的夏比（V 形缺口）低温冲击性能试验结果，试验温度按 GB 6479-2013 标准表 6 规定，冲击功不作为交货条件。如供需双方协商，请参阅 GB 6479-2013 标准之 4.4.2。

钢管内外表面质量要求如下：内外表面不允许有裂纹、折叠、结疤、轧折和离层。这些缺陷应完全清除，清除深度不应超过口壁厚的负偏差，清理处的实际壁厚应不小于壁厚所允许的最小值。

在钢管的内外表面上，直道允许深度如下：热轧（挤压、扩）钢管：不大于公称壁厚的 5%，且最大为 0.5mm；冷拔（轧）钢管：不大于公称壁厚的 4%，且最大为 0.3mm。不超过壁厚允许负偏差的其他局部缺陷允许存在。

6. 液压试验

钢管应逐根进行液压试验，试验压力按式（2.2-5）计算，最大试验压力为 20MPa。在试验压力下，稳压时间不少于 10s，钢管不得出现渗漏现象。供方可用涡流探伤或漏磁探伤代替液压试验。

$$P=\frac{2SR}{D} \tag{2.2-5}$$

式中　P——试验压力，MPa；

S——钢管公称壁厚，mm；

D——钢管公称外径，mm；

R——允许应力，表 2.2-32 规定的屈服点强度值的 80%，MPa。

7. 工艺性能

工艺性能试验和检验还包括：压扁试验、扩口试验、低倍检验、非金属夹杂物检验、无损检验。

8. 检查和验收

钢管的检查和验收由供方技术监督部门进行，其中包括化学成分（熔炼分析）、拉伸试验、冲击试验、液压试验以及工艺性能的其他各项试验，涡流探伤检验、漏磁探伤检验、超声波探伤检验。

【依据技术标准】强制性国家标准《高压化肥设备用无缝钢管》GB 6479—2013。

2.2.7 高温合金管

一般用途高温合金管系指适用于高温下承力不大的冷拔（轧）高温合金管材。

1. 管材的尺寸

（1）外径和壁厚

一般用途高温合金管的外径和壁厚见表 2.2-33。

高温合金管的外径和壁厚（mm）　　表 2.2-33

公称外径	公称壁厚											
	0.5	0.75	1.0	1.5	2.0	2.5	3.0	3.5	4.0	4.5	5.0	5.5
4	●	●	●									
5～7	●	●	●	●								
8		●	●	●	●							
9			●	●	●							
10～15			●	●	●	●						
16～20			●	●	●	●	●					
21～30				●	●	●	●	●				
31～40					●	●	●	●	●	●	●	
41～57					●	●	●	●	●	●	●	●

（2）管材的外径和壁厚偏差

管材的外径（D）和壁厚（S）的允许偏差见表 2.2-34。

管材的外径和壁厚允许偏差（mm）　　表 2.2-34

管材公称尺寸		允许偏差	
		普通精度	高级精度
外径(D)	6～10	±0.20	±0.15
	>10～30	±0.30	±0.20
	>30～50	±0.40	±0.30
	>50	±0.9%D	±0.8%D

续表

管材公称尺寸		允许偏差	
		普通精度	高级精度
壁厚(S)	0.5～1.0	±0.12	±0.10
	>1.0～3.0	+15%S −12%S	+12%S −10%S
	>3.0	+12%S −10%S	±10%S

(3) 长度和弯曲度、不圆度

钢管的长度和弯曲度要求见表 2.2-35。

钢管的长度和弯曲度、不圆度 (mm)　　表 2.2-35

长　度		弯曲度	不圆度
通常长度	定尺及倍尺长度		
壁厚 0.5～1.0 者 500～6000，壁厚大于 1.0 者 500～5000	定尺及倍尺总长度应在通常长度范围内。定尺长度允许偏差为+15。每个倍尺长度应留出 5～10 的切口裕量	每米≯2	不大于外径公差

2. 合金钢管的材质

管材采用冷拔（轧）无缝法生产工艺制造。

(1) 合金的化学成分（熔炼分析）应符合 GB/T 15062-2008 标准中表 3 的要求；合金成品的化学成分允许偏差应符合 GB/T 15062-2008 标准中表 4 的要求。

(2) 牌号为 GH1140、GH3030、GH3039、GH3044、GH3536 的合金管材，交货状态下的室温拉伸性能应符合表 2.2-36 的规定；牌号为 GH4163 合金管材交货状态下，试样经时效处理后的高温拉伸性能应符合表 2.2-37 的规定。

合金管材的室温拉伸性能　　表 2.2-36

牌号	交货状态推荐热处理制度	室温拉伸性能		
		抗拉强度 R_m(MPa)	规定非比例延伸强度 $R_{p0.2}$(MPa)	断后伸长率 A(%)
GH1140	1050～1080℃，水冷	≥590	—	≥35
GH3030	980～1020℃，水冷	≥590	—	≥35
GH3039	1050～1080℃，水冷	≥635	—	≥35
GH3044	1120～1210℃，空冷	≥685	—	≥30
GH3536	1130～1170℃，≤30min 保温，快冷	≥690	≥310	≥25

合金管材试样经时效热处理后的高温拉伸性能　　表 2.2-37

牌号	交货状态 + 时效热处理	管材壁厚 (mm)	高温拉伸性能			
			温度(℃)	抗拉强度 R_m(MPa)	规定非比例延伸强度 $R_{p0.2}$(MPa)	断后伸长率 A (%)
GH4163	交货状态 +时效：800℃±10，×8h，空冷	<0.5	780℃	≥540	—	—
		>0.5		≥540	≥400	≥9

3. 液压试验

(1) GH1140、GH3030、GH3039、GH3044合金管材应进行液压试验，液压试验的允许应力为抗拉强度的40%。

(2) GH3536合金管材应进行液压试验，液压试验 P 值按式(2.2-6)计算：

$$P=s(D^2-d^2)/(D^2+d^2) \tag{2.2-6}$$

式中 P——试验压力，MPa；

s——310MPa；

D——公称外径，mm；

d——公称内径，mm。

液压试验时，不应有鼓包、泄漏、针孔、裂纹或其他缺陷，但允许有直径方向0.002mm/m的径向永久性变形。

4. 表面质量

合金管内外表面不得有裂纹、折叠、分层、结疤缺陷存在，局部缺陷应完全清除（供机械加工用管除外），清除局部缺陷后不得使外径和壁厚超过负偏差。凡不超过允许偏差的其他轻微表面缺陷可不清除。直道允许深度不大于公称壁厚的4%。对于壁厚小于1.4mm的管材，直道允许深度不大于0.05mm，但最大深度不大于0.3mm。

【依据技术标准】《一般用途高温合金管》GB/T 15062-2008。

2.2.8 低温管道用无缝钢管

低温管道用无缝钢管系指用于−45～−100℃级低温压力容器、管道及低温热交换器的钢管。

根据制造方法的不同，可分为热轧（挤压、扩）钢管（代号为WH）和冷拔（轧）钢管（代号为WC）两类。

1. 钢管的外径和壁厚

GB/T 18984-2003标准规定，低温管道用无缝钢管的外径和壁厚（不大于25mm）应符合GB/T 17395-1998的规定，由于GB/T 17395-1998标准已被GB/T 17395-2008所代替，因此，低温管道用无缝钢管的外径和壁厚（不大于25mm）规格可参见“表2.1-1普通无缝钢管的外径和壁厚规格”，其中低温管道常用无缝钢管的外径、壁厚（不大于25mm）及理论重量可参见“表2.1-2常用无缝钢管外径、壁厚及理论重量”。

2. 钢管的尺寸

(1) 外径和壁厚偏差

钢管外径和壁厚的允许偏差见表2.2-38。

(2) 长度和弯曲度

钢管的长度和弯曲度要求见表2.2-30。

(3) 不圆度、壁厚不均

根据需方要求，经供需双方协商，钢管的不圆度、壁厚不均应分别不超过外径公差和壁厚公差的80%。

3. 钢管的材质

钢的牌号和化学成分（熔炼分析）应符合GB/T 18984-2003的规定。如需方要求采用其他钢号，应经供需双方协商，并在合同中注明。

钢管外径和壁厚的允许偏差（mm） **表 2.2-38**

钢管种类	钢管尺寸		允许偏差
热轧（挤压、扩）钢管（代号 WH）	外径	＜351	±1.0%*D*（最小±0.50）
		≥351	±1.25%*D*
	壁厚	≤25	±12.5%*S*（最小±0.40）
冷拔（轧）钢管（代号 WC）	外径	≤39	±0.20
		＞30～50	±0.20
		＞50	±0.75%*D*
	壁厚	≤3	+12.5%*S* −10%*S*
		＞3	±10%*S*

注：对于外径≥351mm 的热扩钢管，壁厚允许偏差为±15%*S*。

如需方要求进行成品化学成分分析时，应在合同中注明，成品钢管的化学成分允许偏差应符合《钢的成品化学成分允许偏差》GB/T 222 的规定。

4. 交货状态及标记示例

（1）交货状态

钢管正火状态交货。当终轧温度不低于变相临界温度（Ar3）可视为正火处理。

（2）标记示例

例 1：用牌号为 10MnDG 钢制造的外径为 159mm，壁厚为 6mm，长度为 6000mm 的热轧（扩）钢管，其标记为：

10MnDG 159×6×6000-GB/T 18984-2003

例 2：用牌号为 10MnDG 钢制造的外径为 108mm，壁厚为 5mm，按通常长度交货的冷拔（轧）钢管，其标记为：

WC 10MnDG 108×5-GB/T 18984-2003

5. 力学性能

交货状态钢管的室温纵向力学性能应符合表 2.2-39 的规定，表中钢牌号后的“DG”表示低（温）管（道）。

钢管的力学性能 **表 2.2-39**

序号	牌号	抗拉强度 R_m（MPa）	下屈服强度 R_{eL}（MPa）		断后伸长率 *A*（%）		
			壁厚≤16mm	壁厚＞16mm	1 号试样	2 号试样	3 号试样
1	16MnDG	490～665	≥325	≥315	≥30		
2	10MnDG	≥400	≥240		≥35		
3	09DG	≥385	≥210		≥35		
4	09Mn2VDG	≥450	≥300		≥30		
5	06Ni3MoDG	≥455	≥250		≥30		

注：1. 外径小于 20mm 的钢管，本表规定的断后伸长率不适用，其断后伸长率由供需双方商定。

2. 壁厚小于 8mm 的钢管，用 2 号试样进行拉伸时，壁厚每减少 1mm，其断后伸长率的最小值应从本表规定最小断后伸长率中减去 1.5%，并按数字修约规则修约为整数。

钢管的内外表面质量要求如下：内外表面不允许有折叠、轧折、离层、裂纹和结疤。

这些缺陷应完全清除，清理处的实际壁厚不得小于壁厚允许的最小值。

凡深度不超过壁厚允许负偏差的其他局部缺陷允许存在。

6. 液压试验

钢管应逐根进行液压试验，试验压力按式（2.2-7）计算，最大试验压力分别为10MPa。在试验压力下，稳压时间不少于5s，不允许出现渗漏现象。供方可用漏磁探伤或涡流磁探伤代替液压试验。

$$P=\frac{2SR}{D} \tag{2.2-7}$$

式中 P——试验压力，MPa；

S——内螺纹管的公称壁厚，mm；

D——内螺纹管公称外径，mm；

R——允许应力，取表2.2-39规定的下屈服强度的60%，MPa。

7. 试验和检验

低温管道用无缝钢管的试验和检验项目包括化学成分（熔炼分析）、拉伸试验、冲击试验、液压试验、压扁试验、弯曲试验、扩口试验、超声波探伤检验、涡流探伤检验、漏磁探伤检验、低倍组织检验、非金属夹杂物检验、表面质量检验、尺寸及外形检查。钢管的检查和验收由供方技术监督部门进行。

【依据技术标准】《低温管道用无缝钢管》GB/T 18984—2003。

2.3 不锈钢管

2.3.1 奥氏体-铁素体型双相不锈钢无缝钢管

奥氏体-铁素体型双相不锈钢无缝钢管系指用于承压设备、流体输送和热交换器的奥氏体-铁素体型双相不锈钢无缝钢管，可分为热轧（挤压）管或冷拔（轧）管。

1. 钢管的外径和壁厚

此类不锈钢管的外径和壁厚应符合GB/T 17395的规定。由于GB/T 21833-2008标准与GB/T 17395-2008标准均于2008年11月1日实施，故可认为GB/T 17395系指GB/T 17395-2008标准。此类不锈钢管的外径和壁厚应在表2.1-1所列外径和壁厚的范围之内，但不会覆盖外径和壁厚的全部规格。

2. 钢管的尺寸

（1）钢管尺寸的允许偏差

钢管的外径和壁厚的允许偏差应符合表2.3-1的规定。当合同中未注明钢管尺寸允许偏差级别时，钢管外径和壁厚的允许偏差按普通级交货。

（2）长度和弯曲度

钢管的长度和弯曲度要求见表2.3-2。

（3）不圆度和壁厚不均

根据需方要求，经双方协商，并在合同中注明，钢管的不圆度和壁厚不均分别不超过外径公差和壁厚公差的80%。

外径和壁厚允许偏差（mm） **表 2.3-1**

制造方法	钢管尺寸			允许偏差	
				普通级	高级
热轧(热挤压)钢管	公称外径 D	≤51		±0.40	±0.30
		>51～≤219	S≤35	±0.75%D	±0.5%D
			S>35	±1%D	±0.75%D
		>219		±1%D	±0.75%D
	公称壁厚 S	≤4.0		±0.45	±0.35
		>4.0～20		+12.5% −10% S	±10%S
		>20	D<219	±10%S	±7.5%S
			D≥219	+12.5%S −10%S	±10%S
冷拔(轧)钢管	公称外径 D	12～30		±0.20	±0.15
		>30～50		±0.30	±0.25
		>50～89		±0.50	±0.40
		>89～140		±0.8%D	±0.7%D
		>140		±1%D	±0.9%D
	公称壁厚 S	≤3		±14%S	+12%S −10%S
		>3		+12%S −10%S	±10%S

钢管的长度和弯曲度 **表 2.3-2**

长 度		弯 曲 度	
通常长度(mm)	定尺及倍尺全长允许偏差(mm)	每米弯曲度	
		壁 厚(mm)	不大于 (mm/m)
钢管一般以的通常长度交货，通常长度为 3000～12000	如合同中有约定，可按定尺、倍尺或特定长度交货。定尺和倍尺总长度应在通常长度范围内，全长允许偏差为 0～15，每个倍尺长度应留出切口裕量 5～10	≤15	1.5
		>15～30	2.0
		>30	3.0

3. 钢管的材质

奥氏体-铁素体型双相不锈钢无缝钢管的牌号见表 2.3-3，其化学成分（熔炼分析）应符合 GB/T 21833-2008 标准的规定。钢管应进行化学成分，成品钢管的化学成分允许偏差应符合 GB/T 222 的规定。

奥氏体-铁素体型双相不锈钢无缝钢管的牌号 **表 2.3-3**

序号	统一数字代号	牌 号	序号	统一数字代号	牌 号
1	S21953	022Cr19Ni5Mo3Si2N	7	S22583	022Cr25Ni7Mo3WCuN
2	S22253	022Cr22Ni5Mo3N	8	S25073	022Cr25Ni7Mo4N
3	S23043	022Cr23Ni4MoCuN	9	S25554	03Cr25Ni6Mo3Cu2N
4	S22053	022Cr23Ni5Mo3N	10	S27603	022Cr25Ni7Mo4WCuN
5	S25203	022Cr24Ni7Mo4CuN	11	S22693	06Cr26Ni4Mo2
6	S22553	022Cr24Ni6Mo2N	12	S22160	12Cr21Ni5Ti

4. 交货状态

钢管应经热处理并酸洗交货。钢管的推荐热处理制度见表 2.3-4。经保护气氛热处理的钢管，可不经酸洗交货。

根据需方要求，并在合同中注明，钢管也可以冷加工状态交货，其弯曲度、力学性能、工艺性能、金相组织由供需双方协议商定。

钢管应实际重量交货，也可按理论重量交货。钢管的理论重量按式（2.3-1）计算：

$$W=\frac{\pi(D-S)S\rho}{100} \tag{2.3-1}$$

式中 W——钢管的理论重量，kg/m；

π——取值为 3.1416；

D——钢管公称外径，mm；

S——钢管公称壁厚，mm。

ρ——不同牌号不锈钢的密度，022Cr19Ni5Mo3Si2N 的密度取值 7.70，其他牌号取值 7.80，kg/dm^3。

5. 力学性能

以热处理状态交货钢管的纵向力学性能应符合表 2.3-4 的规定。厚度大于 1.7mm 的钢管应进行布氏（HBW）或洛氏（HRC）硬度试验，其硬度值应符合表 2.3-4 的规定。

推荐热处理制度及钢管力学性能 **表 2.3-4**

序号	牌号	推荐热处理制度		拉伸性能			硬度	
				抗拉强度 R_m(N/mm^2)	规定非比例延伸强度 $R_{p0.2}$ (N/mm^2)	断后伸长率 A(%)	HBW	HRC
				≥			≤	
1	022Cr19Ni5Mo3Si2N	980～1040℃	急冷	630	440	30	290	30
2	022Cr22Ni5Mo3N	1020～1100℃	急冷	620	450	25	290	30
3	022Cr23Ni4MoCuN	925～1050℃	急冷 D≤25mm	690	450	25		
			急冷 D>25mm	600	400	25	290	30
4	022Cr23Ni5Mo3N	1020～1100℃	急冷	655	485	25	290	30
5	022Cr24Ni7Mo4CuN	1080～1120℃	急冷	770	550	25	310	
6	022Cr25Ni6Mo2N	1050～1100℃	急冷	690	450	25	280	
7	022Cr25Ni7Mo3WCuN	1020～1100℃	急冷	690	450	25	290	30
8	022Cr25Ni7Mo4N	1025～1125℃	急冷	800	550	15	300	32
9	03Cr25Ni6Mo3Cu2N	≥1040℃	急冷	760	550	15	297	31
10	022Cr25Ni7Mo4WCuN	1100～1140℃	急冷	750	550	25	300	
11	06Cr26Ni4Mo2	925～955℃	急冷	620	485	20	271	28
12	12Cr21Ni5Ti	950～1100℃	急冷	590	345	20		

注：表中未规定硬度的牌号可提供硬度实测数据，但不作为交货条件。

6. 表面质量

钢管内外表面不得有折叠、轧折、裂纹、离层和结疤存在，这些缺陷应完全清除，清除深度不得超过公称壁厚的负偏差，其清理处实际壁厚不得小于壁厚允许的最小值。不超过壁厚负偏差的其他缺陷允许存在。

7. 液压试验

钢管应逐根进行液压试验，试验压力按式（2.3-2）计算，最大试验压力不超过20MPa。在试验压力下，稳压时间不少于10s，不允许出现渗漏现象。

供方可用涡流磁探伤或超声波探伤代替液压试验。用涡流探伤时，对比样管采用GB/T 7735中检验等级A的规定；用超声波探伤时，对比样管纵向刻槽深度等级应符合GB/T 5777中检验等级L4的规定。

$$P=\frac{2SR}{D} \tag{2.3-2}$$

式中　P——试验压力，MPa；

S——钢管的公称壁厚，mm；

R——允许应力，为表2.3-4规定$R_{p0.2}$值的50%，N/mm^2（$1N/mm^2=1MPa$）；

D——钢管的公称外径，mm。

8. 试验和检验

奥-铁双相不锈钢管的试验和检验项目包括拉伸试验、高温力学试验、化学成分、硬度试验、液压试验、涡流检验、超声波检验、压扁试验、扩口试验、金相检验、腐蚀试验、有害沉淀相试验、冲击试验、尺寸外形及表面质量。

钢管的检查和验收由供方技术监督部门进行。

【依据技术标准】《奥氏体-铁素体型双相不锈钢无缝钢管》GB/T 21833-2008。

2.3.2　奥氏体-铁素体型双相不锈钢焊接钢管

奥氏体-铁素体型双相不锈钢焊接钢管系指承压设备、流体输送和热交换器用耐腐蚀的奥氏体-铁素体型双相不锈钢焊接钢管。

1. 钢管的制造

奥-铁双相不锈钢焊接管可采用添加或不添加填充金属的单面或双面自动电弧焊接方法制造，也就是说，可以采用焊条焊接钢管的焊缝，也可以不用焊条，用熔化母材的自动焊接方法完成焊接。具体的制造方法由供需双方协商，并在合同中注明。一般由生产厂家选用与母材规定的化学成分相匹配的填充金属材料。如需方要求，经供需双方协商，并在合同中注明，可以选择比母材较高合金含量的填充金属。

2. 制造类别

根据焊接方法的不同，钢管分为以下6个制造类别：

Ⅰ类——钢管采用添加填充金属的双面自动焊接方法制造，且焊缝100%全长射线探伤；

Ⅱ类——钢管采用添加填充金属的单面自动焊接方法制造，且焊缝100%全长射线探伤；

Ⅲ类——钢管采用添加填充金属的双面自动焊接方法制造，且焊缝局部射线探伤；

Ⅳ类——钢管采用除根部焊道不添加填充金属外，其他焊道应添加填充金属的单面自动焊接方法制造，且焊缝100%全长射线探伤；

Ⅴ类——钢管采用添加填充金属的双面自动焊接方法制造，且焊缝不做射线探伤；

Ⅵ类——钢管采用不添加填充金属的自动焊接方法制造。

经供需双方协商，并在合同中注明，钢管在焊接之后及最终热处理之前可进行冷加工，并可规定冷加工的最小变形量。

3. 钢管的外径和壁厚

钢管的外径和壁厚应符合GB/T 21835的规定。由于本标准GB/T 21832-2008与GB/T 21835-2008都是从2008年11月1日实施的，因此，钢管的外径和壁厚应符合前面"表2.1-9 普通焊接钢管的外径和壁厚规格"的规定，这里不再列表。

4. 钢管的尺寸

(1) 钢管外径和壁厚允许偏差

钢管公称外径和壁厚的允许偏差应符合表2.3-5的规定。当合同中未注明钢管尺寸允许偏差级别时，钢管外径允许偏差按普通级交货。

公称外径和壁厚的允许偏差（mm） **表2.3-5**

序号	公称外径 D	外径允许偏差		壁厚允许偏差
		高级	普通级	
1	≤38	±0.13	±0.40	±12.5%S
2	>38～89	±0.25	±0.50	±10%S或±0.2mm，两者取较大值
3	>89～159	±0.35	±0.80	
4	>159～219.1	±0.75	±1.00	
5	>219.1	—	±0.75%D	

注：当钢管用于热交换器时，需方应在合同中注明，并按公称外径允许偏差的高级产品交货。

(2) 长度和弯曲度

钢管的长度和弯曲度要求见表2.3-6。经供需双方协商，并在合同中注明，外径不小于508mm的钢管，允许有与纵向焊缝相同质量的环缝接头，但不得出现十字焊缝。

钢管的长度和弯曲度 **表2.3-6**

长度(mm)		弯曲度(mm/m)
通常长度	定尺及倍尺全长允许偏差	
钢管的通常长度为3000～12000	钢管的定尺和倍尺长度应通常长度范围内，其全长允许偏差为0～15。每个倍尺长度应留出5～10切口裕量	钢管的弯曲度不大于1.5

(3) 不圆度

钢管的不圆度应不超过外径允许偏差，但对于壁厚与外径之比不大于3%的薄壁钢管，其不圆度应不超过公称外径的1.5%。

5. 钢管的材质和交货状态

(1) 钢管的材质

奥氏体-铁素体型双相不锈钢焊接钢管的牌号见表2.3-7。如需方要求，经供需双方协商，可供应表 2.3-7 规定以外但符合《不锈钢和耐热钢牌号和化学成分》GB/T 20878 规定的牌号或化学成分的钢管。

奥氏体-铁素体型双相不锈钢焊接钢管的牌号　　表 2.3-7

序号	GB/T 20878 中序号	统一数字代号	牌　号	序号	GB/T 20878 中序号	统一数字代号	牌　号
1	68	S21953	022Cr19Ni5Mo3Si2N	6	74	S22583	022Cr25Ni7Mo3WCuN
2	70	S22253	022Cr22Ni5Mo3N	7	75	S25554	03Cr25Ni6Mo3Cu2N
3	71	S22053	022Cr23Ni5Mo3N	8	76	S25073	022Cr25Ni7Mo4N
4	72	S23043	022Cr23Ni4MoCuN	9	77	S27603	022Cr25Ni7Mo4WCuN
5	73	S22553	022Cr25Ni6Mo2N				

（2）交货状态

钢管应经热处理并酸洗交货。经保护气氛热处理的钢管，可不经酸洗交货。钢管的推荐热处理制度见表 2.3-8。

根据需方要求，并在合同中注明，钢管也可以按以下状态交货：

1）制造钢管的钢板已按照表 2.3-8 规定经过热处理的，钢管可以不经热处理而以焊态交货，但应在钢管上作出标志“H”。

2）钢管表面进行抛光处理。其弯曲度、力学性能、工艺性能、金相组织由供需双方协议商定。

推荐热处理制度及钢管力学性能　　表 2.3-8

序号	GB/T 20878 中统一数字代号	牌号	推荐热处理制度		拉伸性能			硬度	
					抗拉强度 R_m(N/mm²)	规定非比例延伸强度 $R_{p0.2}$(N/mm²)	断后伸长率 A(%)	HBW	HRC
					≥			≤	
1	S21953	022Cr19Ni5Mo3Si2N	980～1040℃	急冷	630	440	30	290	30
2	S22253	022Cr22Ni5Mo3N	1020～1100℃	急冷	620	450	25	290	30
3	S22053	022Cr23Ni5Mo3N	1020～1100℃	急冷	655	485	25	290	30
4	S23043	022Cr23Ni4MoCuN	925～1050℃	急冷 $D\leqslant 25$mm	690	450	25	—	—
				急冷 $D>25$mm	600	400	25	290	30
5	S22553	022Cr25Ni6Mo2N	1050～1100℃	急冷	690	450	25	280	—
6	S22583	022Cr25Ni7Mo3WCuN	1020～1100℃	急冷	690	450	25	290	30

续表

序号	GB/T 20878中统一数字代号	牌号	推荐热处理制度		拉伸性能			硬度	
					抗拉强度 R_m(N/mm²)	规定非比例延伸强度 $R_{p0.2}$(N/mm²)	断后伸长率 A(%)	HBW	HRC
					≥			≤	
7	S25554	03Cr25Ni6Mo3Cu2N	≥1040℃	急冷	760	550	15	297	31
8	S25073	022Cr25Ni7Mo4N	1025～1125℃	急冷	800	550	15	300	32
9	S27603	022Cr25Ni7Mo4WCuN	1100～1140℃	急冷	750	550	25	300	—

注：无硬度要求的牌号，只提供实测数据，不作为交货条件。

6. 力学性能

钢管的纵向或横向力学性能应符合表 2.3-8 的规定。

7. 表面质量

钢管内外表面不允许有折叠、裂纹、分层、过酸洗及氧化皮，上述缺陷应完全清除，清除深度应不超过公称壁厚的负偏差，清除处的实际壁厚应不小于壁厚所允许的最小值。不超过壁厚允许负偏差的其他局部缺陷允许存在。

除用于热交换器的钢管外，焊缝缺陷允许修补，修补后的焊缝应重新进行检测，以热处理状态交货的钢管还应重新进行热处理。

对焊缝余高有如下要求：

（1）制造类别为Ⅰ、Ⅲ、Ⅴ类的钢管，其内外表面的焊缝余高应与母材齐平或不超过2mm 的均匀余高；

（2）制造类别为Ⅱ、Ⅳ类的钢管，其外焊缝的余高应与母材齐平或不超过 2mm 的均匀余高，其内焊缝的余高应符合以下规定：

1）D<133mm 的钢管，不大于壁厚的 10%；

2）D≥133～325mm 的钢管，不大于壁厚的 15%；

3）D>325mm 的钢管，不大于壁厚的 20%，且最大不超过 3mm。

8. 液压试验

钢管应逐根进行液压试验，试验压力按式（2.3-3）计算，最大试验压力不超过20MPa。在试验压力下，稳压时间不少于 10s，不允许出现渗漏现象。

$$P=\frac{2SR}{D} \tag{2.3-3}$$

式中 P——试验压力，MPa；

S——钢管的公称壁厚，mm；

R——允许应力，为表 2.3-8 规定的 $R_{p0.2}$值的 50%，N/mm² （1N/mm²＝1MPa）；

D——钢管公称外径，mm。

供方可用涡流磁探伤代替液压试验。用涡流探伤时，对比样管采用 GB/T 7735 中检验等级 A 的规定。

9. 试验和检验

奥-铁双相不锈钢焊接钢管的试验和检验项目包括化学成分、拉伸试验、硬度试验、压扁试验、焊缝弯曲试验、卷边试验、液压试验、涡流探伤、X 射线探伤、金相检验、腐蚀试验（协议项目）、焊接接头冲击试验、有害沉淀相试验（协议项目）、水下气密试验。

钢管的检查和验收由供方技术监督部门进行。

10. 钢管的包装、标志和质量证明书

每根钢管应按照前述制造类别代号Ⅰ～Ⅵ进行标志，其余标志内容和钢管的包装、质量证明书应符合 GB/T 2102 的规定。

【依据技术标准】《奥氏体-铁素体型双相不锈钢焊接钢管》GB/T 21832-2008。

2.3.3 流体输送用不锈钢无缝管

流体输送用不锈钢无缝钢管可分为热轧（挤压、扩）管（代号为 W-H）和冷拔（轧）管（代号为 W-C）两类；按钢管的尺寸精度分为普通级（代号为 PA）和高级（代号为 PC）两级。

1. 钢管的外径和壁厚

此类不锈钢管的外径和壁厚应符合前述《无缝钢管尺寸、外形、重量及允许偏差》GB/T 17395-2008 标准的规定。根据需方要求和供需双方协商，可以供应可以供应 GB/T 17395-2008 标准以外规格的钢管。

2. 钢管的尺寸

（1）钢管公称直径和公称壁厚

当钢管按公称直径和公称壁厚交货时，其外径和壁厚的允许偏差应符合普通级尺寸精度的要求。当需方要求高级精度时，应经供需双方协商，并在合同中注明。钢管外径和壁厚的允许偏差见表 2.3-9，钢管最小壁厚的允许偏差见表 2.3-10。

流体输送用不锈钢无缝管外径和壁厚的允许偏差（mm）　　表 2.3-9

<table>
<tr><th colspan="4">热轧(挤、扩)钢管</th><th colspan="4">冷拔(轧)钢管</th></tr>
<tr><th colspan="2" rowspan="2">尺寸</th><th colspan="2">允许偏差</th><th colspan="2" rowspan="2">尺寸</th><th colspan="2">允许偏差</th></tr>
<tr><th>普通级 PA</th><th>高级 PC</th><th>普通级 PA</th><th>高级 PC</th></tr>
<tr><td rowspan="5">公称外径 D</td><td rowspan="4">68～159</td><td rowspan="4">±1.25%D</td><td rowspan="5">±1%D</td><td rowspan="5">公称外径 D</td><td>6～10</td><td>±0.20</td><td>±0.15</td></tr>
<tr><td>>10～30</td><td>±0.30</td><td>±0.20</td></tr>
<tr><td>>30～50</td><td>±0.40</td><td>±0.30</td></tr>
<tr><td>>50～219</td><td>±0.85%D</td><td>±0.75%D</td></tr>
<tr><td>>159</td><td>±1.5%D</td><td>>219</td><td>±0.9%D</td><td>±10%S</td></tr>
<tr><td rowspan="2">公称壁厚 S</td><td><15</td><td>+15%S
−12.5%S</td><td rowspan="2">±12.5%S</td><td rowspan="2">公称壁厚 S</td><td>≤3</td><td>±12%S</td><td>±10%S</td></tr>
<tr><td>≥15</td><td>+20%S
−15%S</td><td>>3</td><td>+12.5%S
−10%S</td><td>±10%S</td></tr>
</table>

不锈钢无缝管最小壁厚的允许偏差　　表 2.3-10

制造方式	尺寸	允许偏差	
		普通级 PA	高级 PC
热轧(挤、扩)钢管 W-H	$S_{min}<15$	$^{+25\%S_{min}}_{0}$	$+22.5\%S_{min}$
	$S_{min}\geq15$	$^{+32.5\%S_{min}}_{0}$	
冷拔(轧)钢管 W-C	所有壁厚	$^{+22\%S}_{0}$	$^{+20\%S}_{0}$

（2）长度和弯曲度

钢管可按定尺或倍尺长度交货，长度应在通常长度范围内，即热轧（挤压、扩）管的通常长度为2000～12000mm，冷拔（轧）管的通常长度为1000～12000mm，全长允许偏差均为0～+10mm。每个倍尺长度应留出的切口裕量为：外径≤159mm，为5～10mm；外径>159mm，为10～15mm。

对于壁厚不大于外径3& 的极薄壁钢管、外径不大于30mm的小直径钢管等，其长度偏差可由供需双方商定。

（3）弯曲度

钢管的弯曲度要求见表2.3-11。

钢管的弯曲度　　表 2.3-11

全长弯曲度	每米弯曲度	
	壁厚(mm)	不大于（mm/m)
钢管全长弯曲度应不大于总长的0.15%	≤15	1.5
	>15	2.0
	热扩管	3.0

（4）不圆度和壁厚不均

根据需方要求，经双方协商，并在合同中注明，钢管的不圆度和壁厚不均分别不超过外径公差和壁厚公差的80%。

3. 钢管的材质

钢的材质以奥氏体型居多，也有铁素体型、马氏体型和奥氏体-铁素体双相型。钢管按熔炼成分验收。如需方要求对成品钢管进行化学成分分析时，应在合同中注明，成品钢管的化学成分允许偏差应符合GB/T 222的规定。

4. 交货状态

钢管应经热处理并酸洗交货。凡整体磨、镗或经保护气氛热处理的钢管，可不经酸洗交货。产品钢管的推荐热处理制度见表2.3-12。对于奥氏体型热挤压管，如果在热变形后，按表2.3-12规定的温度范围进行直接水冷或其他方式快冷，则可认为已符合钢管热处理要求。凡经整体磨、镗或经保护气氛热处理的钢管，可不经酸洗交货。

根据需方要求，并在合同中注明，奥氏体型和奥氏体-铁素体型冷拔（轧）钢管也可以冷加工状态交货，其弯曲度、力学性能、压扁试验等由供需双方协议商定。

推荐热处理制度 **表 2.3-12**

组织类型	序号	GB/T 20878		牌号	推荐热处理制度
		序号	统一数字代号		
奥氏体型	1	13	S30210	12Cr18Ni9	1010～1150℃,水冷或其他方式快冷
	2	17	S30438	06Cr19Ni10	1010～1150℃,水冷或其他方式快冷
	3	18	S30403	022Cr19Ni10	1010～1150℃,水冷或其他方式快冷
	4	23	S30458	06Cr19Ni10N	1010～1150℃,水冷或其他方式快冷
	5	24	S30478	06Cr19Ni0NbN	1010～1150℃,水冷或其他方式快冷
	6	25	S30453	022Cr19Ni10N	1010～1150℃,水冷或其他方式快冷
	7	32	S30908	06Cr23Ni13	1030～1150℃,水冷或其他方式快冷
	8	35	S31008	06Cr25Ni20	1030～1180℃,水冷或其他方式快冷
	9	38	S31608	06Cr17Ni12Mo2	1010～1150℃,水冷或其他方式快冷
	10	39	S31603	022Cr17Ni12Mo2	1010～1150℃,水冷或其他方式快冷
	11	40	S31609	07Cr17Ni12Mo2	≥1040℃,水冷或其他方式快冷
	12	41	S31668	06Cr17Ni12Mo2Ti	1000～1100℃,水冷或其他方式快冷
	13	43	S31658	06Cr17Ni12Mo2N	1010～1150℃,水冷或其他方式快冷
	14	44	S31653	022Cr17Ni12Mo2N	1010～1150℃,水冷或其他方式快冷
	15	45	S31688	06Cr18Ni12Mo2Cu2	1010～1150℃,水冷或其他方式快冷
	16	46	S31683	022Cr18Ni14Mo2Cu2	1010～1150℃,水冷或其他方式快冷
	17	49	S31708	06Cr19Ni13Mo3	1010～1150℃,水冷或其他方式快冷
	18	50	S31703	022Cr19Ni13Mo3	1010～1150℃,水冷或其他方式快冷
	19	55	S32168	06Cr18Ni11Ti	920～1150℃,水冷或其他方式快冷
	20	56	S32169	07Cr19Ni11Ti	冷拔(轧)≥1100℃,热轧(挤、扩)≥1050℃,水冷或其他方式快冷
	21	62	S34778	06Cr18Ni11Nb	980～1150℃,水冷或其他方式快冷
	22	63	S34779	07Cr18Ni11Nb	冷拔(轧)≥1100℃,热轧(挤、扩)≥1050℃,水冷或其他方式快冷
铁素体型	23	78	S11348	06Cr13Al	780～830℃,空冷或缓冷
	24	84	S11510	10Cr15	780～850℃,空冷或缓冷
	25	85	S11710	10Cr17	780～850℃,空冷或缓冷
	26	87	S11863	022Cr18Ti	780～950℃,空冷或缓冷
	27	92	S11972	019Cr19Mo2NbTi	800～1050℃,空冷
铁素体型	28	97	S41008	06Cr13	800～900℃,缓冷或 750℃空冷
	29	98	S41010	12Cr13	800～900℃,缓冷或 750℃空冷

5. 力学性能

热处理状态钢管的纵向力学性能（抗拉强度 σ_m，断后伸长率 A）应符合表 2.3-13 的规定。根据需方要求，并在合同中注明，可测定钢管的规定非比例伸长应力 $\sigma_{p0.2}$，其测定值应符合表 2.3-13 的规定。

热处理状态钢管的力学性能 **表 2.3-13**

组织类型	序号	GB/T 20878		牌号	力学性能			密度 ρ (kg/dm^2)
		序号	统一数字代号		抗拉强度 R_m (MPa)	规定塑性延伸温度 $R_{p0.2}$(MPa)	断后伸长率 A(%)	
					不小于			
奥氏体型	1	13	S30210	12Cr18Ni9	520	205	35	7.93
	2	17	S30438	06Cr19Ni10	520	205	35	7.93
	3	18	S30403	022Cr19Ni10	480	175	35	7.90
	4	23	S30458	06Cr19Ni10N	550	275	35	7.93
	5	24	S30478	06Cr19Ni9NbN	685	315	35	7.98
	6	25	S30453	022Cr19Ni10N	550	245	40	7.93
	7	32	S30908	06Cr23Ni13	520	205	40	7.98
	8	35	S31008	06Cr25Ni20	520	205	40	7.98
	9	38	S31608	06Cr17Ni12Mo2	520	205	35	8.00
	10	39	S31603	022Cr17Ni12Mo2	480	175	35	8.00
	11	40	S31609	07Cr17Ni12Mo2	515	205	35	7.98
	12	41	S31668	06Cr17Ni12Mo2Ti	530	205	35	7.90
	13	43	S31658	06Cr17Ni12Mo2N	550	275	35	8.00
	14	44	S31653	022Cr17Ni12Mo2N	550	245	40	8.04
	15	45	S31688	06Cr18Ni12Mo2Cu2	520	205	35	7.95
	16	46	S31683	022Cr18Ni14Mo2Cu2	480	180	35	7.96
	17	49	S31708	06Cr19Ni13Mo3	520	205	35	8.00
	18	50	S31703	022Cr19Ni13Mo3	480	175	35	7.98
	19	55	S32168	06Cr18Ni11Ti	520	205	35	8.03
	20	56	S32169	07Cr19Ni11Ti	520	205	35	7.93
	21	62	S34778	06Cr18Ni11Nb	520	205	35	8.03
	22	63	S34779	07Cr18Ni11Nb	520	205	35	8.00
铁素体型	23	78	S11348	06Cr13Al	415	205	20	7.75
	24	84	S11510	10Cr15	415	240	20	7.70
	25	85	S11710	10Cr17	415	240	20	7.70
	26	87	S11863	022Cr18Ti	415	205	20	7.70
	27	92	S11972	019Cr19Mo2NbTi	415	275	20	7.75
马氏体型	28	97	S41008	06Cr13	370	180	22	7.75
	29	98	S41010	12Cr13	415	205	20	7.70

6. 液压试验

钢管应逐根进行液压试验，试验压力按式（2.3-4）计算，当钢管外径小于或等于89mm时，最大试验压力为17MPa，当钢管外径大于89mm时，最大试验压力为19MPa。在试验压力下，稳压时间不少于10s，不允许出现渗漏现象。

$$P=\frac{2SR}{D} \tag{2.3-4}$$

式中 P——试验压力，MPa。当 $P<7$MPa 时，修约到最接近的 0.5MPa，当 $P\geq 7$MPa 时，修约到最接近的 1MPa；

S——钢管的公称壁厚，mm；

D——钢管的公称外径，mm；

R——允许应力，按表2.3-13中塑性延伸拉强的60%，MPa。

供方可用超声探伤验或涡流探伤代替液压试验。用超声波探伤时，对比样管人工缺陷应符合《无缝钢管超声波探伤检验方法》GB/T 5777-2008中的相关规定；用涡流波探伤时，对比样管人工缺陷应符合《钢管涡流探伤检验方法》GB/T 7735-2004中的相关规定。

根据需方要求，经供需双方协商，并在合同中注明，也可以采用其他试验压力进行液压试验。

7. 表面质量

表面质量应运用最多最直观的检验项目。

钢管的内外表面不得有裂纹、折叠、轧折、离层和结疤存在，这些缺陷应完全清除，清除深度不得超过公称壁厚的10%，缺陷清除后的实际壁厚不得小于壁厚允许的最小值。

在钢管内外表面上，直道允许深度应符合如下要求：热轧（挤压、扩）管不大于壁厚的5%，且直径不大于140mm的钢管，最大允许深度不大于0.5mm，直径大于140mm的钢管，最大允许深度不大于0.8mm；冷拔（轧）管不大于壁厚的4%，且最大允许深度为0.3mm，但对于壁厚小于1.4mm的直道允许深度为0.05mm。

不超过壁厚负偏差的其他缺陷允许存在。

8. 其他试验和检验项目

其他试验和检验项目还有：工艺性能试验（压扁试验、扩口试验）、晶间腐蚀试验和无损检验。

钢管的检查和验收由供方技术监督部门进行。

【依据技术标准】《流体输送用不锈钢无缝钢管》GB/T 14976-2012。

2.3.4　流体输送用不锈钢焊接钢管

流体输送用不锈钢焊接钢管可采用添加或不添加填充金属的单面自动电弧焊接方法或双面自动电弧焊接方法制造。具体的制造方法由供需双方协商，并在合同中注明。当钢管制造过程中添加了填充金属时，其填充金属的合金成分应不低于母材。

1. 钢管分类及代号

（1）钢管按制造类别分为六类

Ⅰ类——钢管采用双面自动焊接方法制造，且焊缝100%全长射线探伤；

Ⅱ类——钢管采用单面自动焊接方法制造，且焊缝100%全长射线探伤；

Ⅲ类——钢管采用双面自动焊接方法制造，且焊缝局部射线探伤；

Ⅳ类——钢管采用单面自动焊接方法制造，且焊缝局部射线探伤；

Ⅴ类——钢管采用双面自动焊接方法制造，焊缝不做射线探伤；

Ⅵ类——钢管采用单面自动焊接方法制造，焊缝不做射线探伤；

（2）钢管按供货状态分为四类

焊接状态　W

热处理状态　T

冷拔（轧）状态　WC

磨（抛）光状态　SP

2. 钢管的外径和壁厚

钢管的外径和壁厚应符合《焊接钢管尺寸及单位长度重量》GB/T 21835 的规定。由于本标准 GB/T 12771-2008 与 GB/T 21835-2008 都是从 2008 年 11 月 1 日实施的，因此，钢管的外径和壁厚应符合“表 2.1-9 普通焊接钢管的外径和壁厚规格”的规定，这里不再列表。

3. 钢管的尺寸

(1) 外径的允许偏差

钢管的外径允许偏差应符合表 2.3-14 的规定。当合同中未注明允许偏差级别时，按普通级供货。

钢管外径的允许偏差（mm）　　表 2.3-14

类别	外径 D	允许偏差	
		较高级 A	普通级 B
焊接状态	全部尺寸	±0.5%D 或±0.20，两者取较大值	±0.75%D 或±0.30，两者取较大值
热处理状态	<40	±0.20	±0.30
	≥40～<65	±0.30	±0.40
	≥65～<90	±0.40	±0.50
	≥90～<168.3	±0.80	±1.00
	≥168.3～<325	±0.75%D	±1.0%D
	≥325～<610	±0.6%D	±1.0%D
	≥610	±0.6%D	±0.7%D 或±10，两者取较小值
冷拔(轧)状态，磨(抛)光状态	<40	±0.15	±0.20
	≥40～<60	±0.20	±0.30
	≥60～<100	±0.30	±0.40
	≥100～<200	±0.4%D	±0.5%D
	≥200	±0.5%D	±0.75%D

(2) 壁厚的允许偏差

钢管壁厚的允许偏差应符合表 2.3-15 的规定。

钢管壁厚的允许偏差（mm）　　表 2.3-15

壁厚 S	≤0.5	>0.5～1	>1～2	>2～4.0	>4.0
允许偏差	±0.10	±0.15	±0.20	±0.30	±10%S

(3) 长度和弯曲度

钢管的长度和弯曲度要求见表 2.3-16。

钢管的长度和弯曲度　　表 2.3-16

长　度		弯曲度	
通常长度（mm）	定尺及倍尺全长允许偏差（mm）	钢管外径（mm）	每米弯曲度（mm/m）
钢管的通常长度为 3000～9000	经供需双方协议，可供应定尺和倍尺长度的钢管，其长度应在通常长度范围内，其全长允许偏差为 0～20，每个倍尺长度应留出 5～10 切口裕量	≤108	≤1.5
		>108～325	≤2.0
		>325	≤2.5

4. 纵向焊缝

经双方协商，并在合同中注明，外径大于或等于 508mm 的钢管，允许有双纵缝或与纵向焊缝相同质量的环缝接头，钢管的两端可加工一定角度的坡口。

5. 钢管重量

钢管可按实际重量交货，亦可按理论重量交货。以理论重量交货时，应在合同中注明。钢管的理论重量按式（2.3-5）计算：

$$W=\frac{\pi(D-S)S\rho}{1000} \tag{2.3-5}$$

式中　W——钢管的理论重量，kg/m；

π——取值为 3.1416；

D——钢管公称外径，mm；

S——钢管公称壁厚，mm。

ρ——钢的密度，kg/dm^3，见表 2.3-17。

钢的密度及钢管理论重量计算　　表 2.3-17

序号	新　牌　号	旧　牌　号	密 度/(kg/dm^3)	简化后的重量计算公式
1	12Cr18Ni9	1Cr18Ni9	7.93	$W=0.02491(D-S)S$
2	06Cr19Ni10	0Cr19Ni9		
3	022Cr19Ni10	00Cr19Ni10	7.90	$W=0.02482(D-S)S$
4	06Cr18Ni11Ti	0Cr18Ni10Ti	8.03	$W=0.02523(D-S)S$
5	06Cr25Ni20	0Cr25Ni20	7.98	$W=0.02507(D-S)S$
6	06Cr17Ni12Mo2	0Cr17Ni12Mo2	8.00	$W=0.02518(D-S)S$
7	022Cr17Ni12Mo2	00Cr17Ni14Mo2		
8	06Cr18Ni11Nb	0Cr18Ni11Nb	8.03	$W=0.02523(D-S)S$
9	022Cr18Ti	00Cr17	7.70	$W=0.02419(D-S)S$
10	022Cr11Ti	—	7.75	$W=0.02435(D-S)S$
11	06Cr13Al	0Cr13Al		
12	019Cr19Mo2NbTi	00Cr18Mo2		
13	022Cr12Ni	—		
14	06Cr13	0Cr13		

6. 钢管的材质和交货状态

（1）钢管的材质

钢管材质的类型、统一数字代号和新旧牌号见表 2.3-18，其化学成分（熔炼分析）应符合 GB/T 12771-2008 标准的规定。

钢管材质的统一数字代号和牌号　　表 2.3-18

序号	类型	统一数字代号	新牌号	旧牌号
1	奥氏体型	S30201	12Cr18Ni9	1Cr18Ni9
2		S30408	06Cr19Ni10	0Cr18Ni9
3		S30403	022Cr19Ni10	00Cr19Ni10
4		S31008	06Cr25Ni20	0Cr25Ni20
5		S31608	06Cr17Ni12Mo2	0Cr17Ni12Mo2
6		S31603	022Cr17Ni12Mo2	00Cr17Ni14Mo2
7		S32168	06Cr18Ni11Ti	0Cr18Ni10Ti
8		S34778	06Cr18Ni11Nb	0Cr18Ni11Nb

续表

序号	类型	统一数字代号	新牌号	旧牌号
9	铁素体型	S11863	022Cr18Ti	00Cr17
10		S11972	019Cr19Mo2NbTi	00Cr18Mo2
11		S11348	06Cr13Al	0Cr13Al
12		S11163	022Cr11Ti	—
13		S11213	022Cr12Ni	—
14	马氏体型	S41008	06Cr13	0Cr13

(2) 交货状态

钢管应以热处理并酸洗状态交货，热处理时须采用连续式或周期式炉全长处理。钢管的推荐热处理制度见GB/T12771-2008。

7. 力学性能

钢管的力学性能应符合表2.3-19的规定。其中非比例延伸强度$R_{p0.2}$仅在需方提出要求并在合同中注明时方予保证。

推荐热处理制度及钢管力学性能 **表2.3-19**

序号	新牌号	旧牌号	规定非比例延伸强度$R_{p0.2}$(MPa)	抗拉强度R_m(MPa)	断后伸长率A(%)	
					热处理状态	非热处理状态
			≥			
1	12Cr18Ni9	1Cr18Ni9	210	520	35	25
2	06Cr19Ni10	0Cr18Ni9	210	520		
3	022Cr19Ni0	00Cr19Ni10	180	480		
4	06Cr25Ni20	0Cr25Ni20	210	520		
5	06Cr17Ni12Mo2	0Cr17Ni12Mo2	210	520		
6	022Cr17Ni12Mo2	00Cr17Ni14Mo2	180	480		
7	06Cr18Ni11Ti	0Cr18Ni10Ti	210	520		
8	06Cr18Ni11Nb	0Cr18Ni11Nb	210	520		
9	022Cr18Ti	00Cr17	180	360	20	—
10	019Cr19Mo2NbTi	00Cr18Mo2	240	410		
11	06Cr13Al	0Cr13Al	177	410		
12	022Cr11Ti	—	275	400	18	—
13	022Cr12Ni	—	275	400	18	—
14	06Cr13	0Cr13	210	410	20	—

8. 表面质量

钢管内外表面应光滑，不允许有分层、裂纹、裂缝、折叠、重皮、过酸洗、残留氧化皮及其他妨碍使用的缺陷。如有上述缺陷应完全清除，清除处的剩余壁厚应不小于壁厚所允许的负偏差。深度不超过壁厚允许负偏差的轻微划痕、压坑、麻点允许存在；错边、咬边、凸起、凹陷等缺陷不得大于壁厚允许偏差。

钢管的焊缝缺陷允许修补，但修补后应重新进行液压试验，以热处理状态交货的钢管还应重新进行热处理。

采用双面自动焊接方法制造的钢管，其内、外焊缝任一侧的余高应与母材平齐或有不超过 2mm 的均匀余高。

采用单面自动焊接方法制造的钢管，其外焊缝的余高应与母材平齐且过渡圆滑，其内焊缝余高应符合如下规定：

（1）外径小于 133mm 的钢管，焊缝内侧余高不大于 10%S；

（2）外径不小于 133mm 但不大于 325mm 的钢管，焊缝内侧余高不大于 15%S；

（3）外径大于 325mm 的钢管，焊缝内侧余高不大于 20%S，但最大为 3mm。

9. 试验和检验

钢管的试验和检验项目包括化学成分、拉伸试验、液压试验、涡流探伤、压扁试验、焊缝横向弯曲试验、晶间腐蚀试验、射线探伤、卷边试验、奥氏体晶粒度、焊缝接头冲击试验。

钢管的检查和验收由供方技术监督部门进行。

【依据技术标准】《流体输送用不锈钢焊接钢管》GB/T 12771-2008。

2.3.5 锅炉、热交换器用不锈钢无缝管

锅炉、热交换器用不锈钢无缝钢管系指用于锅炉和热交换器的不锈钢无缝管。根据制造方法的不同，此类钢管可分为热轧（挤压）管（代号为 W-H）和冷拔（轧）管（代号为 W-C）两类。

1. 钢管的外径和壁厚

此类不锈钢管的外径、壁厚规格应符合 GB/T 17395-2008 标准的规定，见表 2.1-1。根据需方要求，经供需双方协商，可以供应其他规格的钢管。

钢管按公称外径（D）和最小壁厚（S_{min}）交货时，其允许偏差应符合表 2.3-20 的要求。钢管按公称外径（D）和公称壁厚（S）交货时，其公称外径（D）的允许偏差应符合表 2.3-20 的要求，公称壁厚（S）的允许偏差应符合表 2.3-21 的要求。

钢管按公称外径和最小壁厚的允许偏差（mm）　　表 2.3-20

钢管类别、代号	钢管公称尺寸		允许偏差
热轧（挤压）钢管 W-H	公称外径 D	≤140	±1.25%D
		>140	±1%D
	最小壁厚 S_{min}	≤4.0	+0.90 0
		>4.0	+25%S 0
冷载（轧）钢管 W-C	公称外径 D	≤23	±0.10
		>23～≤10	±0.15
		>40～≤50	±0.20
		>50～≤65	±0.25
		>65～≤75	±0.30
		>75～≤100	±0.38
		>100～≤159	+0.38 −0.64
		>159	±0.5%D
	最小壁厚 S_{min}	D≤38	+20%S 0
		D>38	+22%S 0

钢管公称壁厚的允许偏差（mm） **表 2.3-21**

钢管类别、代号	壁厚范围		允许偏差
热轧（挤压）钢管 W-H	公称壁厚(S)	≤4.0	±0.45
		>4.0	+12.5%S −10%S
冷拔（轧）钢管 W-C	公称壁厚(S)	D≤38	±10%S
		D>38	±11%S

2. 长度和弯曲度

钢管的长度通常为2000～12000mm。根据需方要求，经供需双方协商，可以供应定尺长度和倍尺长度的钢管。钢管的定尺长度允许偏差为0～+10mm，不允许负偏差。钢管的每个倍尺长度应留出切口裕量5～10mm。

热轧（挤压）钢管的每米弯曲度应不大于2.0 mm/m，冷拔（轧）钢管的每米弯曲度应不大于1.5mm/m。全长弯曲度应不大于钢管长度的0.15%。

3. 不圆度和壁厚不均

钢管的不圆度和壁厚不均分别不超过外径公差和壁厚公差的80%。

4. 钢管的材质

钢管用钢的牌号见表2.3-22，其中“化学成分”略；成品钢管的化学成分（熔炼分析）允许偏差应符合GB/T 222的规定。

钢的牌号 **表 2.3-22**

组织类型	序号	GB/T 20878-2007 中序号	统一数字代号	牌号	组织类型	序号	GB/T 20878-2007 中序号	统一数字代号	牌号
奥氏体型	1	13	S30210	12Cr18Ni9	奥氏体型	16	44	S31653	022Cr17Ni12Mo2N
	2	17	S30408	06Cr19Ni10		17	45	S31688	06Cr18Ni12Mo2Cu2
	3	18	S30403	022Cr19Ni10		18	46	S31683	022Cr18Ni14Mo2Cu2
	4	19	S30409	07Cr19Ni10		19	48	S39042	015Cr21Ni26Mo5Cu2
	5	23	S30458	06Cr19Ni10N		20	49	S31708	06Cr19Ni13Mo3
	6	25	S30453	022Cr19Ni10N		21	50	S31703	022Cr19Ni13Mo3
	7	31	S30920	16Cr23Ni13		22	55	S32168	06Cr18Ni11Ti
	8	32	S30908	06Cr23Ni13		23	56	S32169	07Cr19Ni11Ti
	9	34	S31020	20Cr25Ni20		24	62	S34778	06Cr18Ni11Nb
	10	35	S31008	06Cr25Ni20		25	63	S34779	07Cr18Ni11Nb
	11	38	S31608	06Cr17Ni12Mo2		26	64	S38148	06Cr18Ni13Si4
	12	39	S31603	022Cr17Ni12Mo2	铁素体型	27	85	S11710	10Cr17
	13	40	S31609	07Cr17Ni12Mo2		28	94	S12791	008Cr27Mo[a]
	14	41	S31668	06Cr17Ni12Mo2Ti	马氏体型	29	97	S41008	06Cr13
	15	43	S31658	06Cr17Ni12Mo2N					

5. 力学性能

热处理状态钢管的室温纵向拉伸性能应符合表 2.3-23 的规定，钢管的热处理制度应符合表 2.3-24 的规定。

热处理状态钢管的室温纵向拉伸性能 **表 2.3-23**

组织类型	序号	GB/T 20873-2007 中序号	统一数字代号	牌号	力学性能			密度 ρ(kg/dm^3)
					抗拉强度 R_m(MPa)	规定塑性延伸强度 $R_{p0.2}$(MPa)	断后延长率 A(%)	
					不小于			
奥氏体型	1	13	S30210	12Cr18Ni9	520	205	35	7.93
	2	17	S30408	06Cr19Ni10	520	205	35	7.93
	3	18	S30403	022Cr19Ni10	480	175	35	7.90
	4	19	S30409	07Cr19Ni10	520	205	35	7.90
	5	23	S30458	06Cr19Ni10N	550	240	35	7.93
	6	25	S30453	022Cr19Ni10N	515	205	35	7.93
	7	31	S30920	16Cr23Ni13	520	205	35	7.98
	8	32	S30908	06Cr23Ni13	520	205	35	7.98
	9	34	S31020	20Cr25Ni20	520	205	35	7.98
	10	35	S31008	06Cr25Ni20	520	205	35	7.98
	11	38	S31608	06Cr17Ni12Mo2	520	205	35	8.00
	12	39	S31603	022Cr17Ni12Mo2	480	175	40	8.00
	13	40	S31609	07Cr17Ni12Mo2	520	205	35	8.00
	14	41	S31668	06Cr17Ni12Mo2Ti	530	205	35	7.90
	15	43	S31658	06Cr17Ni12Mo2N	550	240	35	8.00
	16	44	S31653	022Cr17Ni12Mo2N	515	205	35	8.04
	17	45	S31688	06Cr18Ni12Mo2Cu2	520	205	35	7.96
	18	46	S31683	022Cr18Ni14Mo2Cu2	480	180	35	7.96
	19	48	S39042	015Cr21Ni26Mo5Cu2	490	220	35	8.00
	20	49	S31708	06Cr19Ni13Mo3	520	205	35	8.00
	21	50	S31703	022Cr19Ni13Mo3	480	175	35	7.98
	22	55	S32168	06Cr18Ni11Ti	520	205	35	8.03
	23	56	S32169	07Cr19Ni11Ti	520	205	35	8.03
	24	62	S34778	06Cr18Ni11Nb	520	205	35	8.03
	25	63	S34779	07Cr18Ni11Nb	520	205	35	8.03
	26	64	S38148	06Cr18Ni13Si4	520	205	35	7.75
铁素体型	27	85	S11710	10Cr17	410	245	20	7.70
	28	94	S12791	008Cr27Mo	410	245	20	7.67
马氏体型	29	97	S41008	06Cr13	410	210	20	7.75

注：热挤压钢管的抗拉强度可降低 20MPa。

钢管的热处理制度 表 2.3-24

组织类型	序号	GB/T 20878-2007 中序号	统一数字代号	牌号	热处理制度
奥氏体型	1	13	S30210	12Cr18Ni9	1010～1150℃,急冷
	2	17	S30408	06Cr19Ni10	1010～1150℃,急冷
	3	18	S30403	022Cr19Ni10	1010～1150℃,急冷
	4	19	S30409	07Cr19Ni10	1010～1150℃,急冷
	5	23	S30458	06Cr19Ni10N	1010～1150℃,急冷
	6	25	S30453	022Cr19Ni10N	1010～1150℃,急冷
	7	31	S30920	16Cr23Ni13	1030～1150℃,急冷
	8	32	S30908	06Cr23Ni13	1030～1150℃,急冷
	9	34	S31020	20Cr25Ni20	1030～1180℃,急冷
	10	35	S31008	06Cr25Ni20	1030～1180℃,急冷
	11	38	S31608	06Cr17Ni12Mo2	1010～1150℃,急冷
	12	39	S31603	022Cr17Ni12Mo2	1010～1150℃,急冷
	13	40	S31609	07Cr17Ni12Mo2	≥1040℃,急冷
	14	41	S31668	06Cr17Ni12Mo2Ti	1000～1100℃,急冷
	15	43	S31658	06Cr17Ni12Mo2N	1010～1150℃,急冷
	16	44	S31653	022Cr17Ni12Mo2N	1010～1150℃,急冷
	17	45	S31688	06Cr18Ni12Mo2Cu2	1010～1150℃,急冷
	18	46	S31683	022Cr18Ni14Mo2Cu2	1010～1150℃,急冷
	19	48	S39042	015Cr21Ni26Mo5Cu2	1065～1150℃,急冷
	20	49	S31708	06Cr19Ni13Mo3	1010～1150℃,急冷
	21	50	S31703	022Cr19Ni3Mo3	1010～1150℃,急冷
	22	55	S32168	06Cr18Ni11Ti	920～1150℃,急冷
	23	56	S32169	07Cr19Ni11Ti	热轧(挤压)≥1050℃,急冷; 冷拔(轧)≥1100℃,急冷
	24	62	S34778	06Cr18Ni11Nb	980～1150℃,急冷
	25	63	S34779	07Cr18Ni11Nb	热轧(挤压)≥1050℃,急冷; 冷拔(轧)≥1100℃,急冷
	26	64	S38148	06Cr18Ni13Si4	1010～1150℃,急冷
铁素体型	27	85	S11710	10Cr17	780～850℃,空冷或缓冷
	28	94	S12791	008Cr27Mo	900～1050℃,急冷
马氏体型	29	97	S41008	06Cr13	750℃空冷或800～900℃缓冷

6. 交货状态

钢管应经热处理并酸洗交货，凡经整体磨、镗或经保护气氛热处理的钢管，可不经酸洗交货。

钢管应实际重量交货。如需方要求，并经双方协商，也可按理论重量交货。按公称壁厚交货时，每米重量按式（2.3-6）计算：

$$W=\frac{\pi(D-S)S\rho}{1000} \tag{2.3-6}$$

式中 W——钢管的理论重量，kg/m；

π——取值为 3.1416；

D——钢管公称外径，mm；

S——钢管公称壁厚，mm。

ρ——不同牌号不锈钢的密度，取值见表 2.3-23，kg/dm³。

按最小壁厚供货钢管的理论重量，热轧（挤压、扩）管按公式（2.3-5）计算值增加15%，冷拔（轧）管按公式（2.3-5）计算值增加 10%为标准重量。

7. 表面质量

钢管的内外表面不得有裂纹、折叠、轧折、离层和结疤，这些缺陷应完全清除。清除缺陷处钢管表面应圆滑无棱角，且清理处的实际壁厚不得小于壁厚允许的最小值。

在钢管内外表面上，直道允许深度应符合下述规定：热轧（挤压、扩）管不大于壁厚的 5%，且最大深度为 0.4mm；冷拔（轧）管不大于壁厚的 4%，且最大深度为 0.2mm。不超过壁厚负偏差的其他缺陷允许存在。

8. 液压试验

钢管应逐根进行液压试验，试验压力按式（2.3-7）计算，最大试验压力为 20 MPa。在试验压力下，稳压时间不少于 5s，不允许出现渗漏现象。

$$P=\frac{2SR}{D} \tag{2.3-7}$$

式中 P——试验压力，MPa；

S——钢管的公称壁厚，mm；

D——钢管的公称外径，mm；

R——允许应力，MPa。对奥氏体钢管，取表 2.3-23 规定的塑性延伸强度最小值的 50%，其余钢管，取塑性延伸强度最小值的 60%。

供方可用涡流磁探伤代替液压试验。用涡流磁探伤时，对比样管人工缺陷应符合 GB/T 7735 中验收等级 B 的规定。

9. 试验检验项目

试验检验项目有工艺性能试验（包括压扁试验、扩口试验）、腐蚀试验、晶粒度、超声波检验。

钢管的检查和验收由供方技术监督部门进行。

【依据技术标准】强制性国家标准《锅炉、热交换器用不锈钢无缝钢管》GB 13296-2013。

2.3.6 锅炉和热交换器用不锈钢焊接钢管

锅炉和热交换器用奥氏体不锈钢焊接钢管用于热交换器和中低压锅炉。

1. 钢管的外径和壁厚

钢管的外径（D）不大于 305mm，壁厚（S）不大于 8mm，外径和壁厚的允许偏差见表 2.3-25。

外径和壁厚的允许偏差（mm） 表 2.3-25

钢管外径 D	外径允许偏差		壁厚(S)允许偏差
	正偏差	负偏差	
≤25	+0.10	−0.10	±10% S
>25～40	+0.15	−0.15	
>40～50	+0.20	−0.20	
>50～65	+0.25	−0.25	
>65～75	+0.30	−0.30	
>75～100	+0.38	−0.38	
>100～200	+0.38	−0.64	
>200～225	+0.38	−1.14	
>225～305	+0.75% D	−0.75% D	

注：对于壁厚与外径之比不大于3%的薄壁钢管，实测的平均外径应符合本表所列的外径允许偏差。

2. 长度、弯曲度和不圆度

钢管的长度、弯曲度和不圆度应符合表 2.3-26 的要求。

钢管的长度、弯曲度和不圆度 表 2.3-26

长度（mm）		弯曲度	不圆度
长度	定尺和倍尺长度		
通常长度为2000～8000	定尺长度允许偏差为0～+5；每个倍尺长度应留出的切口裕量为5～10	钢管弯曲度应不大于1.5mm/m	不圆度应不超过外径的公差，但对于壁厚与外径之比不大于3%的薄壁钢管，其不圆度应不超过外径的2%

3. 钢管的重量

钢管的理论重量按式（2.3-8）计算：

$$W=\frac{\pi(D-S)S\rho}{1000} \tag{2.3-8}$$

式中 W——钢管的理论重量，kg/m；

π——取值为3.1416；

D——钢管公称外径，mm；

S——钢管公称壁厚，mm。

ρ——不同牌号不锈钢的密度，kg/dm³，取值见表 2.3-27。

不同牌号不锈钢的密度 表 2.3-27

序号	GB/T 20878 中序号	统一数字代号	牌 号	钢的密度 ρ (kg/dm³)
1	13	S30210	12Cr18Ni9	7.93
2	17	S30408	06Cr19Ni10	7.93
3	18	S30403	022Cr19Ni10	7.93
4	19	S30409	07Cr19Ni10	7.98
5	23	S30458	06Cr19Ni10N	7.98

续表

序号	GB/T 20878 中序号	统一数字代号	牌　号	钢的密度 ρ (kg/dm³)
6	25	S30453	022Cr19Ni10N	8.00
7	26	S30510	10Cr18Ni12	8.00
8	32	S30908	06Cr23Ni13	7.98
9	35	S31008	06Cr25Ni20	7.98
10	38	S31608	06Cr17Ni12Mo2	8.00
11	39	S31603	022Cr17Ni12Mo2	8.00
12	41	S31668	06Cr17Ni12Mo2Ti	7.90
13	43	S31658	06Cr17Ni12Mo2N	8.00
14	44	S31653	022Cr17Ni12Mo2N	8.04
15	49	S31708	06Cr19Ni13Mo3	8.00
16	50	S31703	022Cr19Ni13Mo3	7.98
17	55	S32168	06Cr18Ni11Ti	8.03
18	62	S34778	06Cr18Ni11Nb	8.03
19	63	S34779	07Cr18Ni11Nb	8.03

4. 钢管的材质、力学性能和交货状态

钢管的化学成分（熔炼分析）应符合 GB/T 24593-2009 标准的规定；成品钢管的化学成分允许偏差应符合 GB/T 222 的规定。

钢管应采用不添加填充金属的自动焊接方法制造。钢管在焊接之后和最终热处理之前应对焊缝或整管进行冷变形加工。经供需双方协商，并在合同中注明，可以规定冷变形加工方法及最小变形量。

钢管的推荐热处理规范及力学性能应符合表 2.3-28 的规定。

钢管的推荐热处理规范及力学性能　　**表 2.3-28**

序号	GB/T 20878 中序号	统一数字代号	牌号	推荐热处理规范		拉伸性能			硬度
						抗拉强度 R_m (N/mm²)	规定塑性延伸强度 $R_{p0.2}$ (N/mm²)	断后伸长率 A (%)	HRB
						不小于			不大于
1	13	S30210	12Cr18Ni9	≥1040℃	急冷	515	205	35	90
2	17	S30408	06Cr19Ni10	≥1040℃	急冷	515	205	35	90
3	18	S30403	022Cr19Ni10	≥1040℃	急冷	485	170	35	90
4	19	S30409	07Cr19Ni10	≥1040℃	急冷	515	205	35	90
5	23	S30458	06Cr19Ni10N	≥1040℃	急冷	550	240	35	90
6	25	S30453	022Cr19Ni10N	≥1040℃	急冷	515	205	35	90
7	26	S30510	10Cr18Ni12	≥1040℃	急冷	515	205	35	90
8	32	S30908	06Cr23Ni13	≥1040℃	急冷	515	205	35	90
9	35	S31008	06Cr25Ni20	≥1040℃	急冷	515	205	35	90

续表

序号	GB/T 20878中序号	统一数字代号	牌号	推荐热处理规范		拉伸性能			硬度
						抗拉强度 R_m (N/mm²)	规定塑性延伸强度 $R_{p0.2}$ (N/mm²)	断后伸长率 A (%)	HRB
						不小于			不大于
10	38	S31608	06Cr17Ni12Mo2	≥1040℃	急冷	515	205	35	90
11	39	S31603	022Cr17Ni12Mo2	≥1040℃	急冷	548	170	35	90
12	41	S31668	06Cr17Ni12Mo2Ti	≥1040℃	急冷	515	205	35	90
13	43	S31658	06Cr17Ni12Mo2N	≥1040℃	急冷	550	240	35	90
14	44	S31653	022Cr17Ni12Mo2N	≥1040℃	急冷	515	205	35	90
15	49	S31708	06Cr19Ni13Mo3	≥1040℃	急冷	515	205	35	90
16	50	S31703	022Cr19Ni13Mo3	≥1040℃	急冷	515	205	35	90
17	55	S32168	06Cr18Ni11Ti	≥1040℃	急冷	515	205	35	90
18	62	S34778	06Cr18Ni11Nb	≥1040℃	急冷	515	205	35	90
19	63	S34779	07Cr18Ni11Nb	≥1040℃	急冷	515	205	35	90

钢管应经热处理并酸洗交货，但经保护气氛热处理的钢管，可不经酸洗交货。

5. 液压试验

钢管应逐根进行液压试验，试验压力按式（2.3-9）计算，最大试验压力为20MPa。在试验压力下，稳压时间不少于5s，不允许出现渗漏现象。

$$P=\frac{2SR}{D} \tag{2.3-9}$$

式中 P——试验压力，MPa；

S——钢管的公称壁厚，mm；

D——钢管的公称外径，mm；

R——允许应力，N/mm²，取表2.3-28规定的$R_{p0.2}$最小值的50%（1N/mm²=1MPa）。

6. 试验和检验

钢管的试验和检验项目包括化学成分、拉伸试验、硬度试验、压扁试验、卷边试验、扩口试验、反向弯曲试验、展平试验、液压试验、涡流探伤检验、晶间腐蚀、晶粒度试验、射线检测、水下气密试验。

钢管的检查和验收由供方技术监督部门进行。

【依据技术标准】《锅炉和热交换器用奥氏体不锈钢焊接钢管》GB/T 24593-2009。

2.3.7 结构用不锈钢无缝钢管

结构用不锈钢无缝钢管适用于一般结构或机械结构使用（以下简称钢管）。

1. 钢管分类和代号

（1）按加工方式分为两类，类别和代号为：热轧（挤、扩）钢管W-H；冷拔（轧）钢管W-C。

（2）按尺寸精度分为两级，级别和代号为：普通级 PA；高级 PC。

2. 尺寸、外形及重量

（1）外径和壁厚

钢管的公称外径和公称壁厚应符合 GB/T 17395 标准的规定。也可按需方要求，经供需双方协商，供应 GB/T 17395 标准规定以外的规格。

钢管按公称外径和公称壁厚交货时，其允许偏差应符合表 2.3-29 的规定；钢管最小壁厚的允许偏差应符合表 2.3-30 的规定。

钢管公称外径和公称壁厚的允许偏差（mm）　　表 2.3-29

热轧（挤、扩）钢管				冷拔（轧）钢管			
尺寸		允许偏差		尺寸		允许偏差	
		普通 PA	高级 PC			普通级 PA	高级 PC
公称外径 *D*	<76.1	±1.25%*D*	±0.60	公称外径 *D*	<12.7	±0.30	±0.10
	76.1～<139.7		±0.80		12.7～<38.1	±0.30	±0.15
	139.7～<273.1	±1.5%*D*	±1.20		38.1～<88.9	±0.40	±0.30
					88.9～<139.7	±0.9%*D*	±0.40
	273.1～<323.9		±1.60		139.7～<203.2		±0.80
					203.2～<219.1		±0.10
	≥323.9		±0.6%*D*		219.1～323.9		±1.60
					≥323.9		±0.5%*D*
公称壁厚 *S*	所有壁厚	+15%*S* −12.5%*S*	±12.5%*S*	公称壁厚 *S*	所有壁厚	+12.5%*S* −10%*S*	±10%*S*

钢管最小壁厚的允许偏差（mm）　　表 2.3-30

制造方式	尺寸	允许偏差	
		普通级 PA	高级 PC
热轧（挤、扩）钢管 W-H	S_{min}<15	+27.5%S_{min} 0	+25%S_{min} 0
	S_{min}≥15	+35%S_{min} 0	
冷拔（轧）钢管 W-C	所有壁厚	+22%S 0	+20%*S* 0

（2）长度

热轧〔挤、扩〕钢管的通常长度为 2000～12000mm，冷拔（轧）钢管的通常长度为 1000～12000mm。根据需方要求和合同中规定，钢管可按定尺长度或倍尺长度交货。定尺长度和倍尺长度应在通常长度范围内，全长允许偏差应为 0～+10mm，不允许出现负偏差，每个倍尺长度应留切口裕量为 5～10mm。

（3）弯曲度

经供需双方协商，并在合同中注明，钢管的全长弯曲度应不大于钢管总长的 0.15%，且不超过 12 mm。每米弯曲度应不大于以下规定：

钢管壁厚小于等于 15mm 时，每米弯曲度应不大于 1.5 mm/m；钢管壁厚大于 15mm

时，每米弯曲度应不大于 2.0 mm/m；热扩钢管每米弯曲度应不大于 3.0mm/m。

（4）不圆度和壁厚不均

钢管的不圆度和壁厚不均匀度，应分别不超过外径公差和壁厚公差的 80%。

（5）重量

钢管应按实际重量交货。根据需方要求，并在合同中注明，也可按理论重量交货。钢管的每米理论重量按式（2.3-10）计算：

$$W=\frac{\pi}{1000}\rho S(D-S) \tag{2.3-10}$$

式中 W——钢管理论重量，kg/m；

π——3.1416；

ρ——钢的密度，kg/dm^3，见表 2.3-32；

S——钢管的公称壁厚，单位为毫米（mm）；

D——钢管的公称外径，单位为毫米（mm）。

按公称外径和最小壁厚交货钢管，应采用平均壁厚计算理论重量，其平均壁厚是按壁厚及其允许偏差计算出来的壁厚最大值与最小值的平均值。钢管按理论重量交货时，供需双方可协商重量允许偏差，并在合同中注明。

3. 钢的牌号

钢管的钢牌号见表 2.3-31，其化学成分（熔炼分析）略。如需方要求进行成品分析时，应在合同中注明。成品钢管的化学成分允许偏差应符合 GB/T 222 标准的规定。

钢管的钢牌号 **表 2.3-31**

组织类型	序号	GB/T 20878		牌　　号
		序号	统一数字代号	
奥氏体型	1	13	S30210	12Cr18Ni9
	2	17	S30408	06Cr19Ni10
	3	18	S30403	022Cr19Ni10
	4	23	S30458	06Cr19Ni10N
	5	24	S30478	06Cr19Ni9NbN
	6	25	S30453	022Cr19Ni10N
	7	32	S30908	06Cr23Ni13
	8	35	S31008	06Cr25Ni20
	9	37	S31252	015Cr20Ni18Mo6CuN
	10	38	S31608	06Cr17Ni12Mo2
	11	39	S31603	022Cr17Ni12Mo2
	12	40	S31609	07Cr17Ni12Mo2
	13	41	S31668	06Cr17Ni12Mo2Ti
	14	43	S31658	06Cr17Ni12Mo2N
	15	44	S31653	022Cr17Ni12Mo2N
	16	45	S31688	06Cr18Ni12Mo2Cu2
	17	46	S31683	022Cr18Ni14Mo2Cu2
奥氏体型	18	48	S39042	015Cr21Ni26Mo5Cu2
	19	49	S31708	06Cr19Ni13Mo3
	20	50	S31703	022Cr19Ni13Mo3
	21	55	S32168	06Cr18Ni11Ti
	22	56	S32169	07Cr19Ni11Ti
	23	62	S34778	06Cr18Ni11Nb
	24	63	S34779	07Cr18Ni11Nb
	25	66	S38340	16Cr25Ni20Si2
铁素体型	26	78	S11348	06Cr13Al
	27	84	S11510	10Cr15
	28	85	S11710	10Cr17
	29	87	S11863	022Cr18Ti
	30	92	S11972	019Cr19Mo2NbTi
马氏体型	31	97	S41008	06Cr13
	32	98	S41010	12Cr13
	33	101	S42020	20Cr13

4. 力学性能

热处理状态钢管的纵向力学性能（抗拉强度R_m和断后伸长率A）应符合表 2.3-32 的规定。

钢管的纵向力学性能、硬度及密度　　表 2.3-32

组织类型	序号	GB/T 20878		牌号	力学性能			硬度 HBW/HV/HRB	密度 ρ (kg/dm³)
		序号	统一数字代号		抗拉强度 R_m (MPa)	规定塑性延伸强度 $R_{p0.2}$ (MPa)	断后伸长率 A (%)		
					不小于			不大于	
奥氏体型	1	13	S30210	12Cr18Ni9	520	205	35	192HBW/200HV/90HRB	7.93
	2	17	S30438	06Cr19Ni10	520	205	35	192HBW/200HV/90HRB	7.93
	3	18	S30403	022Cr19Ni10	480	175	35	192HBW/200HV/90HRB	7.90
	4	23	S30458	06Cr19Ni10N	550	275	35	192HBW/200HV/90HRB	7.93
	5	24	S30478	06Cr19Ni9NbN	685	345	35	—	7.98
	6	25	S30453	022Cr19Ni10N	550	245	40	192HBW/200HV/90HRB	7.93
	7	32	S30908	06Cr23Ni13	520	205	40	192HBW/200HV/90HRB	7.98
	8	35	S31008	06Cr25Ni20	520	205	40	192HBW/200HV/90HRB	7.98
	9	37	S31252	015Cr20Ni18Mo6CuN	655	310	35	220HBW/230HV/96HRB	8.00
	10	38	S31608	05Cr17Ni12Mo2	520	205	35	192HBW/200HV/90HRB	8.00
	11	39	S31603	022Cr17Ni12Mo2	480	175	35	192HBW/200HV/90HRB	8.00
	12	40	S31609	07Cr17Ni12Mo2	515	205	35	192HBW/200HV/90HRB	7.98
	13	41	S31668	06Cr17Ni12Mo2Ti	530	205	35	192HBW/200HV/90HRB	7.90
	14	44	S31653	022Cr17Ni12Mo2N	550	245	40	192HBW/200HV/90HRB	8.04
	15	43	S31658	06Cr17Ni12Mo2N	550	275	35	192HBW/200HV/90HRB	8.00
	16	45	S31688	06Cr18Ni12Mo2Cu2	520	205	35	—	7.96
	17	46	S31683	022Cr18Ni14Mo2Cu2	480	180	35	—	7.96
	18	48	S31782	015Cr21Ni2GMo5Cu2	490	215	35	192HBW/200HV/90HRB	8.00
	19	49	S31708	06Cr19Ni13Mo3	520	205	35	192HBW/200HV/90HRB	8.00
	20	50	S31703	022Cr19Ni13Mo3	480	175	35	192HBW/200HV/90HRB	7.98
	21	55	S32168	06Cr18Ni11Ti	520	205	35	192HBW/200HV/90HRB	8.03
	22	56	S32169	07Cr19Ni11Ti	520	205	35	192HBW/200HV/90HRB	7.93
	23	62	S34778	06Cr18Ni11Nb	520	205	35	192HBW/200HV/90HRB	8.03
	24	63	S34779	07Cr18Ni11Nb	520	205	35	192HBW/200HV/90HRB	8.00
	25	66	S38340	16Cr25Ni20Si2	520	205	40	192HBW/200HV/90HRB	7.98
铁素体型	26	78	S11348	06Cr13Al	415	205	20	207HBW/95HRB	7.75
	27	84	S11510	10Cr15	415	240	20	190HBW/90HRB	7.70
	28	85	S11710	10Cr17	410	245	20	190HBW/90HRB	7.70
	29	87	S11863	022Cr18Ti	415	205	20	190HBW/90HRB	7.70
	30	92	S11972	019Cr19Mo2NbTi	415	275	20	217HBW/230HV/96HRB	7.75
马氏体型	31	97	S41008	06Cr13	370	180	22	—	7.75
	32	98	S41010	12Cr13	410	205	20	207HBW/95HRB	7.70
	33	101	S42020	20Cr13	470	215	19	—	7.75

5. 交货状态

钢管应以热处理并酸洗状态交货。凡经整体磨、镗或经保护气氛热处理的钢管，可不经酸洗交货。对于奥氏体热挤压钢管，如果在热变形后按规定的热处理温度范围进行直接水冷或其他方式快冷，则应认为已符合钢管热处理要求。

根据需方要求，经供需双方协商，并在合同中注明，奥氏体型冷拔（轧）钢管也可以冷加工状态交货，其弯曲度、力学性能、压扁试验等由供需双方协商。

6. 液压试验

根据需方要求，经供需双方协商，并在合同中注明，钢管可逐根进行液压试验。试验压力按式（2.3-11）计算，最大试验压力为7MPa。

$$P=\frac{2SR}{D} \tag{2.3-11}$$

式中 P——试验压力，MPa，修约到最接近的0.5MPa；

S——钢管的公称壁厚，mm；

D——钢管的公称外径，mm；

R——允许应力，按表2.3-32中规定塑性延伸强度最小值的60%，MPa。

在试验压力下，稳压时间应不少于5s，钢管不允许出现渗漏现象。

经供需双方协商，并在合同中注明，可采用其他试验压力进行液压试验。供方可用超声波探伤或涡流探伤代替液压试验。用超声波探伤时，对比样管，人工缺陷应符合《无缝钢管超声波探伤检验方法》GB/T 5777-2008中验收等级1.3的规定。用涡流探伤时，对比样管，人工缺陷应符合《钢管涡流探伤检验方法》GB/T 7735-2004中验收等级A级的规定。

7. 晶间腐蚀试验

根据需方要求，经供需双方协商，并在合同中注明，奥氏体型钢管可进行晶间腐蚀试验，晶间腐蚀试验方法应符合《金属和合金的腐蚀　不锈钢晶间腐蚀试验方法》GB/T 4334-2008中E法的规定，试验后试样不允许出现晶间腐蚀倾向。

8. 表面质量

钢管的内外表面不允许有裂纹、折叠、轧折、离层和结疤。这些缺陷应完全清除，清除深度应不超过壁厚的10%，缺陷清除处的实际壁厚应不小于壁厚所允许的最小值。

钢管内外表面的直道允许深度应符合如下规定：热轧（挤、扩）钢管，不大于公称壁厚的5%，且直径不大于140mm的钢管其最大允许深度为0.5mm，直径大于140mm的钢管其最大允许深度为0.8mm；冷拔（轧）钢管，不大于公称壁厚的4%，且最大允许深度为0.3mm，但对壁厚小于1.4mm的钢管直道允许深度为0.05mm。不超过壁厚负偏差的其他局部缺陷允许存在。

9. 包装、标志和质量证明书

钢管的包装、标志和质量证明书应符合《钢管的验收、包装、标志和质量证明书》GB/T 2102的规定。

【依据技术标准】《结构用不锈钢无缝钢管》GB/T 14975-2012。

2.4 焊接钢管、螺旋钢管及电焊钢管

2.4.1 低压流体输送用焊接钢管

在各种钢管管材中，低压流体输送用焊接钢管的技术标准修订最为频繁，自20世纪80年代以来，先后有GB 3091-1982、GB/T 3091-1993、GB/T 3091-2001和GB/T 3091-2008版本不断更迭。自GB/T 3091-2001以来，低压流体输送用焊接钢管的含义实际上已经与以前不同。

1. 低压流体输送用焊接钢管产品标准更新的回顾

由于此种钢管是建筑工程中应用最广泛的钢管品种，由于产品标准修订的频繁修订，设计及施工行业人士颇多异议。这里有必要多费一些笔墨做介绍。

(1)《水、煤气管输送钢管》YB234-64

对于民用的自来水管和煤气管，我国1964年颁发的是原冶金部标准《水、煤气管输送钢管》YB234-64（分为镀锌和不镀锌两种），并按钢管壁厚分为普通管和加厚管，同时规定其水压试验压力分别为20kg/cm^{2}和30kg/cm^2，这些参数借鉴的是前苏联ГOCT国家标准，而ГOCT标准借鉴的是英国标准，因为早期英国处于水、煤气管行业的垄断地位，水、煤气管标准源于英国，这种管材的连接采用55°英制管螺纹，管径也采用英制规格，后来米制（即公制）日渐兴起，管径开始用米制标示，但也可用英制标示，连接螺纹仍采用55°英制管螺纹。

(2) GB 3091-1982标准和GB 3092-1982标准

1982国家颁发的焊接钢管是：《低压流体输送用镀锌焊接钢管》GB 3091-1982和《低压流体输送用焊接钢管》GB 3092-1982（即不镀锌管），并规定这两种管材的普通管和加厚管的工作压力分别为1MPa和1.6MPa，而没有规定其水压试验压力。当时尚未分列推荐性国家标准GB/T，国家标准一律标为GB。

(3) GB/T 3091-1993标准 和GB/T 3092-1993标准

《低压流体输送用镀锌焊接钢管》GB/T 3091-1993和《低压流体输送用焊接钢管》GB/T 3092-1993的区别，就在于后者不镀锌，管子的其他尺寸规格则完全相同。根据壁厚的不同，这两种焊接钢管也分为普通管和加厚管两种，并规定普通管的试验压力为2.5MPa，加厚管的试验压力为3.0MPa，没有提及工作压力，这与YB234-64相似，只是试验压力稍有提高。

在这两个标准之后，又颁发了《低压流体输送用焊接钢管》GB/T 3091-2001标准，但在建筑市场和工程设计中，此项新标准并未得到社会广泛认可，在相当广的范围内仍然使用GB/T 3091-1993标准 和GB/T 3092-1993标准，并且为工程质量监督部门所认可。

现在又用GB/T 3091-2008标准取代了GB/T 3091-2001标准。因此这里已没有必要再介绍GB/T 3091-2001标准，倒是应当介绍目前在工程中广为采用的GB/T 3091-1993标准 和GB/T 3092-1993标准，然后再介绍最新的GB/T 3091-2008标准。

《低压流体输送用焊接钢管》GB/T 3092-1993规定的钢管的规格见表2.4-1。

《低压流体输送用镀锌焊接钢管》GB/T 3091-1993 是上述焊接钢管（俗称黑铁管）经热浸镀锌而成的，因而规格与表 2.4-1 所列《低压流体输送用焊接钢管》GB/T 3092-1993 相同。

低压流体输送用焊接钢管　　　　表 2.4-1

公称直径 *DN*		外径		普通钢管			加厚钢管		
mm	in	公称尺寸（mm）	允许偏差（mm）	壁厚		理论重量（kg/m）	壁厚		理论重量（kg/m）
				公称尺寸（mm）	允许偏差（%）		公称尺寸（mm）	允许偏差（%）	
6	1/8	10.0		2.00		0.39	2.50		0.46
8	1/4	13.5		2.25		0.62	2.75		0.73
10	3/8	17.0		2.25		0.82	2.75		0.97
15	1/2	21.3		2.75		1.26	3.25		1.45
20	3/4	26.8		2.75		1.63	3.50		2.01
25	1	33.5		3.25		2.42	4.00		2.91
32	1¼	42.3	±1%	3.25	±12	3.13	4.00	+12	3.78
40	1½	48.0		3.50	−15	3.84	4.25	−15	4.58
50	2	60.0		3.50		4.88	4.50		6.16
65	2½	75.5		3.75		6.64	4.50		7.88
80	3	88.5		4.00		8.34	4.75		9.81
100	4	114.0		4.00		10.85	5.00		13.44
125	5	140.0		4.00		13.42	5.50		18.24
150	6	165.0		4.50		17.81	5.50		21.63

注：管材的试验压力，普通管为 2.5MPa，加厚管为 3.0MPa。

可以这样说，GB/T 3091-1993 标准和 GB/T 3092-1993 标准与 GB 3091-1982 标准和 GB 3092-1982 标准、YB 234-64《水、煤气管输送钢管》没有根本的区别，是广大业内人士所熟悉的。施工图或材料采购计划如果写为“焊接钢管”，就是不镀锌的；如需要镀锌的就必须写为“镀锌焊接钢管”，这已经成为业内的共识。焊接钢管或镀锌焊接钢管的常用规格为公称直径 *DN*15～*DN*150，对应的英制规格为$\frac{1}{2}''\sim6''$（英寸），*DN*10$\left(\frac{3}{8}''\right)$及以下规格很少使用。

此种焊接钢管，过去多为炉焊钢管，后来逐步被高频电阻焊所取代。炉焊钢管即是在加热炉内对钢带进行加热，然后对已成型的边缘采用机械加压方法使其焊接在一起而形成的具有一条直缝的钢管。其特点是生产效率高，生产成本低，但焊接接头冶金结合不完全，焊缝质量和综合机械性能较差。

2. GB/T 3091-2008 标准简介

《低压流体输送用焊接钢管》GB/T 3091-2008 是最新标准，也是现行标准。但这里所说的焊接钢管不再只是指上述传统意义上的焊接钢管或镀锌焊接钢管，而是包括直径范围更宽的以各种焊接方式生产的焊接钢管。人们熟悉的 GB/T 3091-1993 标准和 GB/T 3092-1993 标准仍然在使用。

GB/T 3091-2008 标准中的低压流体输送用焊接钢管，包括直缝高频电阻焊（ERW）钢管，直缝埋弧焊（SAWL）钢管和螺旋缝埋弧焊（SAWH）钢管。

低压流体输送用焊接钢管用于水、空气、蒸汽、燃气等低压流体的输送。

3. 外径和壁厚

按 GB/T 3091-2008 标准制造的钢管，其外径和壁厚应符合 GB/T 21835 的规定。

(1) 与传统的焊接钢管相对应的规格

为了与沿用多年的焊接钢管规格相衔接，GB/T 3091-2008 标准将公称直径 *DN*6～*DN*150 的焊接钢管以表 2.4-3 的形式列出其主要尺寸，并指出这些规格可以采用管螺纹或沟槽式连接。实际上焊接钢管的管螺纹连接只用在公称直径 *DN*100 以内，并且公称直径小于等于 80mm（即 3″）是可靠的，*DN*100（即 4″）采用管螺纹比较困难，水压试验时常有渗漏现象。*DN*125（即 5″）及以上规格，则不再采用管螺纹连接。沟槽式连接适用于表 2.4-2 中大于等于 *DN*50（即 2″）的规格，最大公称直径一般可到 200mm。如果有需要，沟槽式弯头和三通的最大公称直径规格甚至可以到 600mm。

公称直径是焊接钢管直径沿用多年的表示方法，代号为 *DN*，尺寸单位为毫米，但无须标注尺寸单位。公称直径 *DN* 是焊接钢管的名义直径，既不是外径，也不是内径，但与内径较接近。加厚钢管作为焊接钢管的一种规格，在历次标准中都存在，但实际上在市场很难买到，主要是因为用量少，厂家不愿意生产。

焊接钢管的公称直径与外径、壁厚对照表（mm）　　表 2.4-2

公称直径 *DN*	外径	壁厚		公称直径 *DN*	外径	壁厚	
		普通钢管	加厚钢管			普通钢管	加厚钢管
6	10.2	2.0	2.5	40	48.3	3.5	4.5
8	13.5	2.5	2.8	50	60.3	3.8	4.5
10	17.2	2.5	2.8	65	76.1	4.0	4.5
15	21.3	2.8	3.5	80	88.9	4.0	5.0
20	26.9	2.8	3.5	100	114.3	4.0	5.0
25	33.7	3.2	4.0	125	139.7	4.0	5.5
32	42.4	3.5	4.0	150	168.3	4.5	6.0

GB/T 3091-2008 标准不像 GB/T 3091（3092)-1993 标准和 GB/T 3091（3092)-1982 标准那样对普通钢管和加厚钢管的试验压力或工作压力做明确的交代，这对于实际应用非常不便，因为这种管材广泛应用于消火栓给水系统、自动喷水灭火系统和室内采暖系统，而这些管道系统都有一定的工作压力和试验压力要求，从便于工程设计和施工来说，GB/T 3091（3092)-1993 标准是可取的，这也可能就是直到现在 GB/T 3091（3092)-1993 标准仍然在使用的原因。

(2) 外径和壁厚允许偏差

现行标准 GB/T 3091-2008 要求，在所有焊接钢管规格中，外径和壁厚的允许偏差应符合表 2.4-3 的规定。

外径和壁厚的允许偏差（mm）　　表 2.4-3

外径 *D*	外径允许偏差		壁厚 *t* 允许偏差
	管体	管端	
$D \leqslant 48.3$	±0.5		±10%*t*
$48.3 < D \leqslant 273.1$	±1% *D*		
$273.1 < D \leqslant 508$	±0.75% *D*	+2.4 −0.8	
$D > 508$	±1% *D* 或±10.0，两者取较小值	+3.2 −0.8	

（3）长度和外形

焊接钢管的长度和外形要求见表 2.4-4。

钢管的长度和外形（mm） **表 2.4-4**

长度		弯曲度	不圆度
通常长度	定尺及倍尺全长允许偏差		
钢管的通常长度为 3000～12000	钢管的定尺或倍尺总长度应在通常长度范围内，直缝高频电阻焊钢管的定尺、倍尺总长度允许偏差为 0～20；螺旋缝埋弧焊钢管的定尺、倍尺总长度允许偏差为 0～50，且每个倍尺长度应留出 5～15 切口裕量	外径 $D<114.3$，弯曲度应不影响使用，$D\geqslant114.3$，全长弯曲度不大于钢管长度的 0.2%	不圆度系指同一截面最大与最小外径之差。当外径 $D\leqslant508$ 的钢管，不圆度应在外径公差范围内；当外径 $D>508$ 的钢管，不圆度应不超过管体外径公差的 80%

（4）管端

钢管两端面应与钢管的轴线垂直切割，切口毛刺应予清除。外径不小于 114.3mm 的钢管，管端切口斜度应不大于 3mm，如图 2.4-1 所示。根据需方要求，经供需双方协商，并在合同中注明，壁厚大于 4mm 的钢管端面可加工角度为 30°（允许偏差 0°～5°）坡口，钝边应为 1.6±0.8mm，如图 2.4-2 所示。

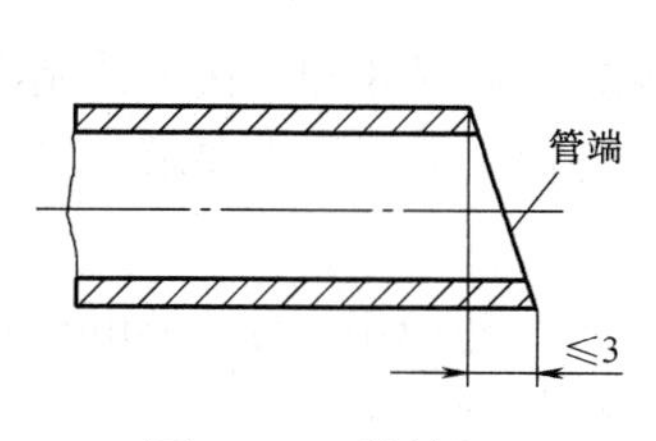

图 2.4-1 管端切口

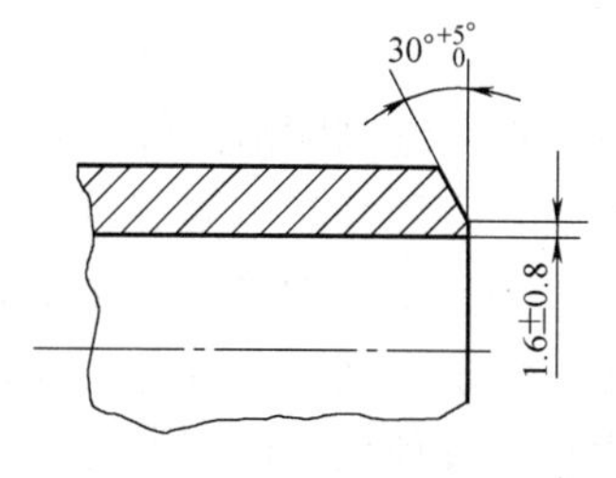

图 2.4-2 管端坡口

4. 钢管重量

钢管可按实际重量交货，亦可按理论重量交货。以理论重量交货的钢管，每批或单根钢管的理论重量与实际重量的允许偏差应在±7.5%以内。

非镀锌钢管的理论重量按下式计算：

$$W=\frac{\pi(D-t)t\rho}{1000} \tag{2.4-1}$$

式中 W——钢管的理论重量，kg/m；

π——取值为 3.1416；

D——钢管公称外径，mm；

t——钢管的壁厚，mm。

ρ——钢的密度，取值 7.85kg/dm^3。

公式（2.4-1）简化后为：

$$W=0.0246615(D-t)t \tag{2.4-2}$$

公式（2.4-2）计算单位与式（2.4-1）同。

钢管镀锌后的理论重量按式（2.4-3）计算：

$$W'=cW \tag{2.4-3}$$

式中　W'——钢管镀锌后的理论重量，kg/m；

W——钢管镀锌前的理论重量，kg/m；

c——镀锌层的重量系数，见表 2.4-5。

镀锌层的重量系数　　　　**表 2.4-5**

壁厚(mm)	0.5	0.6	0.8	1.0	1.2	1.4	1.6	1.8	2.0	2.3
系数 c	1.255	1.112	1.159	1.127	1.106	1.091	1.080	1.071	1.064	1.055
壁厚(mm)	2.6	2.9	3.2	3.6	4.0	4.5	5.0	5.4	5.6	6.3
系数 c	1.049	1.044	1.040	1.035	1.032	1.028	1.025	0.024	1.023	1.020
壁厚(mm)	7.1	8.0	8.8	10	11	12.5	14.2	16	17.5	20
系数 c	1.018	1.016	1.014	1.013	1.012	1.010	1.009	1.008	1.009	1.006

5. 钢管的材质和交货状态

（1）钢管的材质

钢的牌号和化学成分（熔炼分析）应符合 GB/T 700 标准中碳素钢牌号 Q195、Q215A、Q215B、Q235A、Q235B 和 GB/T 1591 中牌号 Q295A、Q295B、Q345A、Q345B 的规定。当需方要求对钢管进行成品的化学成分分析时，应事先在合同中注明。成品的化学成分允许偏差应符合 GB/T 222 的有关规定。

（2）交货状态

焊接钢管有直缝高频电阻焊、直缝埋弧焊和螺旋缝埋弧焊几种焊接工艺制造。钢管按焊接状态交货，直缝高频电阻焊可按焊缝热处理状态交货。根据需方要求，经供需双方协商，并在合同中注明，钢管也可按整体热处理状态交货。

根据需方要求，经供需双方协商，并在合同中注明，外径不大于 508mm 的钢管可镀锌交货，也可按其他保护涂层交货。

（3）对接交货

根据需方要求，经供需双方协商，并在合同中注明，钢管可对接交货。对接所用短管长度不应小于 1.5 m，并只允许两根短管对接。对接前，应对管端进行处理，使其符合焊接要求。对接时，钢管焊缝（包括直缝管的焊缝、螺旋管的螺旋焊缝和钢带对头焊缝）在对接处应相互环向间隔 50～200mm。对接后，对接焊缝沿圆周方向应均匀、整齐，焊缝表面质量和弯曲度符合要求，并按标准规定进行液压试验。

6. 力学性能

钢管的力学性能应符合表 2.4-6 的规定，其他钢牌号的力学性能要求由供需双方协商确定。

钢管力学性能　　　　**表 2.4-6**

牌号	下屈服强度 R_{eL}(N/mm^2) 不小于		抗拉强度 R_m(N/mm^2) 不小于	断后伸长率 A(%)	
	$t \leqslant 16$mm	$t < 16$mm		$D \leqslant 168.3$mm	$D > 168.3$mm
Q195	195	185	315	15	20
Q215A,Q215B	215	205	335		
Q235A,Q235B	235	225	370		
Q295A,Q295B	295	275	390	13	18
Q345A,Q345B	345	325	470		

7. 表面质量

(1) 焊缝

1) 电阻焊钢管的焊缝毛刺高度

钢管焊缝的外毛刺应予清除，剩余高度应不大于 0.5mm。

根据需方要求，经供需双方协商，并在合同中注明，钢管焊缝内毛刺可清除。焊缝的内毛刺清除后，剩余高度应不大于 1.5mm；当壁厚不大于 4mm 时，清除内毛刺后刮槽深度应不大于 0.2mm；当壁厚大于 4mm 时，刮槽深度应不大于 0.4mm。

2) 埋弧焊钢管的焊缝余高

当壁厚不大于 12.5mm 时，超过钢管原始表面轮廓的内、外焊缝余高应不大于 3.2mm；当壁厚大于 12.5mm 时，超过钢管原始表面轮廓的内、外焊缝余高应不大于 3.5mm。焊缝余高超高部分允许修磨。

3) 错边

对电阻焊钢管，焊缝处钢带边缘的径向错边不允许使两侧的剩余厚度小于钢管壁厚的 90%。

对埋弧焊钢管，当壁厚不大于 12.5mm 时，焊缝处钢带边缘的径向错边应不大于 1.6mm；当壁厚大于 12.5mm 时，焊缝处钢带边缘的径向错边应不大于钢管壁厚的 0.125 倍。

4) 钢带对接焊缝

螺旋缝埋弧焊钢管允许有钢带对接焊缝，但钢带对接焊缝与螺旋缝的连接点距管端的距离应大于 150mm，当钢带对接焊缝位于管端时，与相应管端的螺旋焊缝之间至少应有 150mm 的环向间隔。

(2) 表面缺陷

钢管的内外表面应光滑，不允许有折叠、裂纹、分层、搭焊、断弧、烧穿及其他深度超过壁厚下偏差的缺陷存在。允许有深度不超过壁厚下偏差的其他局部缺欠存在。

(3) 缺陷的修补

外径小于 114.3mm 的钢管不允许进行补焊修补。

外径大于等于 114.3mm 的钢管，可对母材和焊缝处的缺陷进行修补。补焊前应将补焊处进行处理，使其符合焊接要求。补焊焊缝最短长度应不小于 50mm，电阻焊钢管补焊焊缝最大长度应不大于 150mm，每根钢管的修补应不超过 3 处，在距离管端 200mm 内不允许焊缝补焊。补焊焊道应进行修磨，使之应与原始轮廓圆滑过渡，并按标准要求进行液压试验。

8. 镀锌层

钢管镀锌应采用热浸镀锌法。镀锌层的重量（内外表面不小于 500g/m^2）测定、其均匀性试验和附着力检验均应符合 GB/T 3091-2008 标准的规定。

镀锌层表面质量的要点是内外表面镀锌层应完整，不允许有未镀上锌的黑斑和气泡存在，允许有不大的粗糙面和局部的锌瘤存在。钢管镀锌后表面可进行钝化处理。

9. 试验和检验

钢管的尺寸、外形和表面质量应认真检验；电阻焊钢管的毛刺高度及埋弧焊钢管的焊缝余高应采用符合精度要求的量具或仪器测量。

钢管的试验和检验项目包括化学成分、拉伸试验、弯曲试验、压扁试验、导向弯曲试验、液压试验、电阻焊钢管超声波检验、埋弧焊钢管超声波检验、涡流探伤检验、射线探伤检验、镀锌层重量测定、镀锌层均匀性试验、镀锌层附着力检验。

钢管的检查和验收由供方技术监督部门进行。

【依据技术标准】《低压流体输送用焊接钢管》GB/T 3091-2008。

2.4.2 矿山流体输送用电焊钢管

矿山流体输送用电焊钢管系指用于矿山的压风、瓦斯抽放、排水及矿浆输送，采用高频电阻焊接方法制造的直缝电焊钢管。

1. 外径和壁厚

钢管的公称外径 D 和公称壁厚 S 应符合表 2.4-7 的规定。

钢管的公称外径和公称壁厚 表 2.4-7

公称外径 D (mm)	公称壁厚 S (mm)	公称外径 D (mm)	公称壁厚 S (mm)	公称外径 D (mm)	公称壁厚 S (mm)
21.3	2.5	40	3.0	60.3	4.0
21.3	3.0	40	3.5	60.3	4.5
21.3	3.5	40	4.0	63.5	2.5
25	2.5	42.4	2.5	63.5	3.0
25	3.0	42.4	3.0	63.5	3.5
25	3.5	42.4	3.5	63.5	4.0
25	4.0	42.4	4.0	63.5	4.5
26.9	2.5	48.3	2.5	70	2.5
26.9	3.0	48.3	3.0	70	3.0
26.9	3.5	48.3	3.5	70	3.5
26.9	4.0	48.3	4.0	70	4.0
31.8	2.5	51	2.5	70	4.5
31.8	3.0	51	3.0	76.1	2.5
31.8	3.5	51	3.5	76.1	3.0
31.8	4.0	51	4.0	76.1	3.5
33.7	2.5	51	4.5	76.1	4.0
33.7	3.0	57	2.5	76.1	4.5
33.7	3.5	57	3.0	88.9	3.0
33.7	4.0	57	3.5	88.9	3.5
38	2.5	57	4.0	88.9	4.0
38	3.0	57	4.5	88.9	4.5
38	3.5	60.3	2.5	88.9	5.0
38	4.0	60.3	3.0	101.6	3.0
40	2.5	60.3	3.5	101.6	3.5

续表

公称外径 D (mm)	公称壁厚 S (mm)	公称外径 D (mm)	公称壁厚 S (mm)	公称外径 D (mm)	公称壁厚 S (mm)
101.6	4.0	139.7	5.0	177.8	4.5
101.6	4.5	139.7	5.5	177.8	5.0
101.6	5.0	139.7	6.0	177.8	5.5
101.6	5.5	139.7	6.5	177.8	6.0
101.6	6.0	139.7	7.0	177.8	6.5
108	3.0	141.3	4.0	177.8	7.0
108	3.5	141.3	4.5	177.8	8.0
108	4.0	141.3	5.0	177.8	9.0
108	4.5	141.3	5.5	193.7	5.0
108	5.0	141.3	6.0	193.7	5.5
108	5.5	141.3	6.5	193.7	6.0
108	6.0	141.3	7.0	193.7	6.5
108	6.5	152.4	4.0	193.7	7.0
114.3	3.5	152.4	4.5	193.7	8.0
114.3	4.0	152.4	5.0	193.7	9.0
114.3	4.5	152.4	5.5	219.1	5.0
114.3	5.0	152.4	6.0	219.1	5.5
114.3	5.5	152.4	6.5	219.1	6.0
114.3	6.0	152.4	7.0	219.1	6.5
114.3	6.5	159	4.0	219.1	7.0
127	3.5	159	4.5	219.1	8.0
127	4.0	159	5.0	219.1	9.0
127	4.5	159	5.5	244.5	5.0
127	5.0	159	6.0	244.5	5.5
127	5.5	159	6.5	244.5	6.0
127	6.0	159	7.0	244.5	6.5
127	6.5	159	8.0	244.5	7.0
133	3.5	159	9.0	244.5	8.0
133	4.0	168.3	4.5	244.5	9.0
133	4.5	168.3	5.0	244.5	10.0
133	5.0	168.3	5.5	273	5.0
133	5.5	168.3	6.0	273	5.5
133	6.0	168.3	6.5	273	6.0
133	6.5	168.3	7.0	273	6.5
139.7	4.0	168.3	8.0	273	7.0
139.7	4.5	168.3	9.0	273	8.0

续表

公称外径 D (mm)	公称壁厚 S (mm)	公称外径 D (mm)	公称壁厚 S (mm)	公称外径 D (mm)	公称壁厚 S (mm)
273	9.0	406.4	8.0	508	11.0
273	10.0	406.4	9.0	508	12.5
323.9	6.0	406.4	10.0	559	6.0
323.9	6.5	406.4	11.0	559	6.5
323.9	7.0	406.4	12.5	559	7.0
323.9	8.0	426	6.0	559	8.0
323.9	9.0	426	6.5	559	9.0
323.9	10.0	426	7.0	559	10.0
323.9	11.0	426	8.0	559	11.0
355.6	6.0	426	9.0	559	12.5
355.6	6.5	426	10.0	559	14.0
355.6	7.0	426	11.0	610	6.0
355.6	8.0	426	12.5	610	6.5
355.6	9.0	457	6.0	610	7.0
355.6	10.0	457	6.5	610	8.0
355.6	11.0	457	7.0	610	9.0
355.6	12.5	457	8.0	610	10.0
377	6.0	457	9.0	610	11.0
377	6.5	457	10.0	610	12.5
377	7.0	457	11.0	610	14.0
377	8.0	457	12.5	660	6.0
377	9.0	508	6.0	660	6.5
377	10.0	508	6.0	660	7.0
377	11.0	508	6.5	660	8.0
377	12.5	508	7.0	660	9.0
406.4	6.0	508	8.0	660	10.0
406.4	6.5	508	9.0	660	11.0
406.4	7.0	508	10.0	660	12.5
				660	14.0

2. 外径和壁厚的允许偏差

钢管外径和壁厚的允许偏差应符合表 2.4-8 的规定。

钢管外径和壁厚允许偏差（mm） **表 2.4-8**

公称外径 D	外径的允许偏差	壁厚的允许偏差
$D \leqslant 48.3$	±0.50	±10%S
$48.3 < D \leqslant 273$	±1%D	±10%S
$D > 273$	±0.75%D	±10%S

3. 钢管长度及外形

(1) 钢管的长度

钢管的通常长度和定尺长度、倍尺长度的规定见表2.4-9。

钢管的长度 **表2.4-9**

通常长度	定尺长度和倍尺长度
钢管的通常长度应为4000～12000mm	经供需双方协商，并在合同中注明，钢管可按定尺长度或倍尺长度交货。定尺长度和倍尺总长度应在通常长度范围内，全长允许偏差为0～15mm。倍尺总长度中的每个倍尺长度应留5～15mm的切口裕量

(2) 钢管的外形

钢管弯曲度、不圆度及管端要求见表2.4-10。

钢管弯曲度、不圆度及管端要求 **表2.4-10**

钢管的外形		管端
弯曲度	不圆度	
每米弯曲度应不大于1.2mm/m	不圆度应不大于外径公差的75%	管端斜切应不大于1.6mm，切口毛刺应予清除。经供需双方协商，并在合同中注明，壁厚大于4mm的钢管管端可加工坡口，坡口角度为$30^{\circ}{}^{+5^{\circ}}_{0}$，管端钝边宽度1.6±0.8mm

4. 钢管重量

钢管可按实际重量交货，也可按理论重量交货。非镀锌钢管的理论重量按式(2.4-4)计算(钢的密度取值7.85kg/dm³)：

$$W=0.0246615(D-S)S \tag{2.4-4}$$

式中 W——钢管的理论重量，kg/m；

D——钢管公称外径，mm；

S——钢管的壁厚，mm。

以理论重量交货的钢管，每批(不大于10t)或单根钢管的理论重量与实际重量的允许偏差为±7.5%。

5. 钢管的材质和交货状态

(1) 钢管的材质

钢的牌号和化学成分(熔炼分析)应符合GB/T 700中牌号Q235A、Q235B和GB/T 1591中牌号Q295A、Q295B、Q345A、Q345B的规定。

当需方要求进行钢管成品分析时，应在合同中注明，成品钢管化学成分允许偏差应符合GB/T 222的规定。

(2) 交货状态

钢管应以直缝平端光管状态交货；经供需双方协商，也可按焊缝热处理状态或其他状态交货。

6. 力学性能

钢管的力学性能应符合表2.4-11的规定。其他钢牌号制造的钢管，其力学性能由供需双方协商确定。

钢管的力学性能　　**表 2.4-11**

牌　号	抗拉强度 R_m $(N/mm^2)^2$ 不小于	下屈服强度 R_{eL} (N/mm^2) 不小于	断后伸长率 $A(\%)$ 不小于	
			$D \leqslant 168.3$	$D > 168.3$
Q235A、Q235B	375	235	15	20
Q295A、Q295B	390	295	13	18
Q345A、Q345B	470	345	13	18

注：拉伸试样仲裁时以纵向试样为准。

7. 表面质量

(1) 表面缺陷

钢管内外表面应光滑，不允许有折叠、裂缝、分层、搭焊缺陷存在。允许有深度不超过壁厚负偏差的局部缺陷存在。

(2) 焊缝毛刺高度

钢管焊缝的外毛刺应予清除，剩余高度应与钢管轮廓圆滑过渡。根据需方要求，经供需双方协商，钢管内毛刺可清除或压平，其剩余高度应不大于 1.5mm。当壁厚不大于 4.0mm 时，清除毛刺后刮槽深度不大于 0.2mm；当壁厚大于 4.0mm 时，清除毛刺后刮槽深度不大于 0.4mm。

8. 液压试验

钢管应逐根进行液压试验，试验压力按式（2.4-5）计算，最大试验压力不超过 20 MPa。在试验压力下，稳压时间不少于 10s，不允许出现渗漏现象。

$$P=\frac{2SR}{D} \tag{2.4-5}$$

式中　P——试验压力，MPa；

S——钢管的公称壁厚，mm；

R——规定为下屈服强度的 60%，N/mm^2（$1N/mm^2=1MPa$）；

D——钢管公称外径，mm。

液压试验后，应对距管端 300mm 范围内的焊缝进行超声波检验。经供需双方协商，并在合同中注明，外径不大于 114.3mm 的钢管管端可不进行超声波检验。

经供需双方协商，并在合同中注明，可用超声波探伤或涡流磁探伤代替液压试验。超声波探伤应符合 GB/T 18256 的规定；涡流探伤 GB/T 7735 的规定，对比样管人工缺陷（钻孔）应为 A 级。

9. 试验和检验

钢管的试验和检验项目包括化学成分、拉伸试验、液压试验、超声波探伤、涡流探伤、弯曲试验、压扁试验。

钢管的检查和验收由供方技术监督部门进行。

【依据技术标准】《矿山流体输送用电焊钢管》GB/T 14291-2006。

2.4.3　石油天然气输送用钢管

《石油天然气工业管线输送系统用钢管》GB/T 9711-2011 规定了石油天然气工业管线

输送系统用两种产品规范水平（PSL 1 和 PSL 2）的制造要求，是石油天然气工业管线输送用无缝钢管和焊接钢管的最新标准。PSL 系缩略语符号，表示产品的规范水平。显然，这是在石油天然气长输管道上应用的钢管。

由于此项标准内容很多（标准 16 开本 130 多页），且大部分是钢管制造和检验方面的内容，现仅做摘要介绍。

《石油天然气工业管线输送系统用钢管》GB/T 9711-2011 代替了《石油天然气工业输送钢管交货技术条件 第 1 部分：A 级钢管》GB/T 9711.1-1996、《石油天然气工业 输送钢管交货技术条件 第 2 部分：B 级钢管》GB/T 9711.2-1999 和《石油天然气工业 输送钢管交货技术条件 第 3 部分：C 级钢管》GB/T 9711.3-2005 三项标准。

1. 钢管等级和钢级

PSL 1 钢管的钢管等级和钢级（用钢名表示）相同，且应符合表 2.4-12 的规定，由用于识别钢管强度水平的字母或字母与数字混排的牌号构成，且钢级与钢的化学成分有关。钢级 A 和钢级 B 牌号中不包括规定最小屈服强度的参考值；然而，其他牌号中的数字部分对应于国际单位制的规定最小屈服强度，或向上圆整的规定最小屈服强度。USC 单位制表示为 pai。后缀 P 表面该钢中含有规定含量的磷。

PSL 2 钢管的钢管等级应符合表 2.4-13 的规定，由用于识别钢管强度水平的字母或字母与数字混排的牌号构成，且钢名（表示为钢级）与钢的化学成分有关。另外还包括由单个字母（R、N、Q 或 M）组成的后缀，这些后缀后字母表示交货状态，见表2.4-13。PSL 1、PSL 2 的钢管等级、钢级和交货状态及表 2.4-12。PSL 2 钢管的制造工序见表 2.4-13 给定。

钢管等级、钢级和可接受的交货状态 **表 2.4-12**

PSL	交货状态	钢管等级/钢级[a,b]
PSL 1	轧制、正火轧制，正火或正火成型	L175/A25
		L175P/A25P
		L210/P
	轧制、正火轧制、热机械轧制、热机械成型、正火成型、正火、正火加回火；或如协议，仅适用于 SMLS 钢管的淬火加回火	L245/B
	轧制、正火轧制、热机械轧制、热机械成型、正火成型、正火、正火加回火或加回火淬火	L290/X42
		L320/X46
		L360/X52
		L390/X56
		L415/X60
		L450/X65
		L485/X70
PSL 2	轧制	L245R/BR
		L290R/X42R
	轧制、正火轧制，正火或正火成型加回火	L245N/BN

续表

PSL	交货状态	钢管等级/钢级[a,b]
PSL 2	轧制、正火轧制，正火或正火成型加回火	L290N/X42N
		L320N/X46N
		L360N/X52N
		L390N/X56N
		L415N/X60N
	加回火淬火	L245Q/BQ
		L290Q/X42Q
		L320Q/X46Q
		L360Q/X52Q
		L390Q/X56Q
		L415Q/X60Q
		L450Q/X65Q
		L485Q/X70Q
		L555Q/X80Q
	热机械轧制或热机械成型	L245M/BM
		L290M/X42M
		L320M/X46M
		L360M/X52M
		L390M/X56M
		L415M/X60M
		L450M/X65M
		L485M/X70M
		L555M/X80M
	热机械成型	L625M/X90M
		L690M/X100M
		L830M/X120M

[a] 对于中间钢级，钢级应为下列格式之一：(1) 字母 L 后跟随规定最小屈服强度，单位 MPa，对于 PSL 2 钢管，表示交付状态的字母（R、N、Q 或 M）与上面格式一致。(2) 字母 X 后面的两或三位数字是规定最小屈服强度（单位 1000psi 向下圆整到最邻近的整数），对 PSL 2 钢管，表示交付状态的字母（R、N、Q 或 M）与上面格式一致。

[b] PSL2 的钢级词尾（R、N、Q 或 M）属于钢级的一部分。

PSL2 钢管的制造工序 **表 2.4-13**

钢管类型	原　　料	钢管成型	钢管热处理	交货状态
SMLS	钢锭、初轧坯或方坯	轧制	—	R
		正火成型	—	N

续表

钢管类型	原　　料	钢管成型	钢管热处理	交货状态
SMLS	钢锭、初轧坯或方坯	热成型	正火	N
			淬火加回火	Q
		热成型和冷精整	正火	N
			淬火加回火	Q
HFW	正火轧制钢带	冷成型	仅对焊缝区热处理[a]	N
	热机械轧制钢带	冷成型	仅对焊缝区热处理[a]	M
			对焊缝区热处理和整根钢管的应力释放	M
	热轧制钢带	冷成型	正火	N
			淬火加回火	O
		冷成型，随后在受控温度下热减径，产生正火的状态	—	N
		冷成型，随后进行钢管的热机械成型	—	M
SAW或COW钢管	正火或轧制钢带、钢板	冷成型		N
	轧制态、热机械轧制、正火轧制或正火态	冷成型	正火	N
	热机械轧制钢带或钢板	冷成型	—	M
	淬火加回火钢板	冷成型	—	Q
	轧制态、热机械轧制、正火轧制或正火态钢带或钢板	冷成型	淬火加回火	Q
	轧制态、热机械轧制、正火轧制或正火态钢带或钢板	正火成型	—	N

[a]适用的钢管焊缝热处理方法，在GB/T 9711-2011标准中有规定。

2. 钢管的验收条件

(1) 总则

通用交货技术条件应符合GB/T 17505的规定；在未获得需方同意时，不应以L416/X60或更高级钢制造的钢管代替L360/X52或更低级钢管。

(2) 化学成分

PSL 1钢管和PSL 2钢管的化学成分应分别符合GB/T 9711-2011标准的规定。钢管的化学成分应采用熔炼分析方法，不应截取钢管实物进行化学成分分析。

(3) 拉伸性能

PSL 1钢管和PSL 2钢管的拉伸性能应分别符合GB/T 9711-2011标准的规定。

（4）静水压试验

钢管应进行静水压试验。

（5）其他机械性能试验

压扁试验、导向弯曲试验、PSL 2 钢管的 CVN 冲击试验、PSL 2 钢管的 DWT 试验等，应符合规定。

（6）表面状况和缺陷

表面状况和缺陷应符合规定。

（7）尺寸、质量和偏差

钢管的外径、壁厚应在规定范围内，按合同以定尺或非定尺长度交货；钢管的单位长度质量应在规定范围内；钢管的直径、壁厚、长度和直度偏差应在规定范围内。

此外，钢管的焊缝偏差与检验类型及各特定检验项目、钢管和接箍标志及螺纹标识、钢管标志、接箍标志和螺纹标识等项，均应符合 GB/T 9711-2011 标准的规定。

【依据技术标准】《石油天然气工业管线输送系统用钢管》GB/T9711-2011

2.4.4 直缝电焊钢管

直缝电焊钢管一般指外径不大于 630mm 的直缝高频电阻焊焊接钢管。现行标准《直缝电焊钢管》GB/T1 3793-2008，系在《带式输送机托辊用电焊钢管》GB/T 13792-1992 和《直缝电焊钢管》GB/T 13793-1992 两项标准基础上，参照 ASTM 标准（美国材料试验学会标准）、JIS 标准（日本工业标准）修订而成。

1. 钢管的分类及代号

直缝电焊钢管按制造精度分类及代号如下：

（1）外径普通精度的钢管，PD. A；

（2）外径较高精度的钢管，PD. B；

（3）外径高精度的钢管，PD. C；

（4）壁厚普通精度的钢管，PT. A；

（5）壁厚较高精度的钢管，PT. B；

（6）壁厚高精度的钢管，PT. C；

（7）弯曲度为普通精度的钢管，PS. A；

（8）弯曲度为较高精度的钢管，PS. B；

（9）弯曲度为高精度的钢管，PS. C。

2. 外径和壁厚

钢管的外径（D）和壁厚（t）应符合 GB/T 21835 的规定。由于标准 GB/T 13793-2008 与 GB/T 21835-2008 都是从 2008 年 11 月 1 日实施的，因此，钢管的外径、壁厚和理论重量应符合前面“表 2.1-9 普通焊接钢管的外径和壁厚规格”和“表 2.1-10 常用焊接钢管外径、壁厚及理论重量”的规定，这里不再列表。

直缝电焊钢管外径的允许偏差见表 2.4-14，壁厚的允许偏差见表 2.4-15。当合同未注明钢管尺寸允许偏差级别时，带式输送机托辊钢管外径和壁厚的允许偏差按较高精度交货；其余钢管外径和壁厚的允许偏差按普通精度交货。

钢管外径的允许偏差（mm）　　表 2.4-14

外径 D	普通精度(PD. A)	较高精度(PD. B)	高精度(PD. C)
5～20	±0.30	±0.20	±0.10
>20～50	±0.50	±0.30	±0.15
>50～80	±1.0%D	±0.50	±0.30
>80～114.3	±1.0%D	±0.60	±0.40
>114.3～219.1	±1.0%D	±0.80	±0.60
>219.1	±1.0%D	±0.75%D	±0.5%D

注：普通精度（PD. A）级钢管不适用于带式输送机托辊用钢管。

钢管壁厚的允许偏差（mm）　　表 2.4-15

<table>
<tr><th>壁厚 t</th><th>普通精度(PT. A)</th><th>较高精度(PT. B)</th><th>高精度(PT. C)</th><th>同截面壁厚允许偏差</th></tr>
<tr><td>0.50～0.60</td><td rowspan="2">±0.10</td><td>±0.06</td><td>+0.03
−0.05</td><td rowspan="13">≤7.5%t</td></tr>
<tr><td>>0.60～0.80</td><td>±0.07</td><td>+0.04
−0.07</td></tr>
<tr><td>>0.80～1.0</td><td>±0.10</td><td>±0.08</td><td>+0.04
−0.07</td></tr>
<tr><td>>1.0～1.2</td><td rowspan="10">±10%t</td><td>±0.09</td><td rowspan="2">+0.05
−0.09</td></tr>
<tr><td>>1.2～1.4</td><td>±0.11</td></tr>
<tr><td>>1.4～1.5</td><td>±0.12</td><td rowspan="2">+0.06
−0.11</td></tr>
<tr><td>>1.5～1.6</td><td>±0.13</td></tr>
<tr><td>>1.6～2.0</td><td>±0.14</td><td rowspan="3">+0.07
−0.13</td></tr>
<tr><td>>2.0～2.2</td><td>±0.15</td></tr>
<tr><td>>2.2～2.5</td><td>±0.16</td></tr>
<tr><td>>2.5～2.8</td><td>±0.17</td><td rowspan="2">+0.08
−0.16</td></tr>
<tr><td>>2.8～3.2</td><td>±0.18</td></tr>
</table>

注：1. 普通精度（PT. A）级不适用于带式输送机托辊用钢管；
2. "同截面壁厚允许差"栏数据，不适合普通精度的钢管。同截面壁厚差指同一横截面上实测壁厚的最大值与最小值之差。

3. 钢管外形

(1) 钢管长度

钢管的通常长度和定尺长度、倍尺长度的规定见表 2.4-16。

钢管的长度（mm）　　表 2.4-16

<table>
<tr><th>通　常　长　度</th><th>定尺长度和倍尺长度</th></tr>
<tr><td>钢管通常长度的规定为：
1. 外径≤30，长度为 4000～6000；
2. 外径=30～70，长度为 4000～8000；
3. 外径>70，长度为 4000～12000。
按通常长度交货时，每批钢管可交付数量不超过该批钢管交货总数量 5%的，长度不小于 2000 的短尺钢管</td><td>经供需双方协商，并在合同中注明，钢管可按定尺长度或倍尺长度交货，定尺长度和倍尺总长度应在通常长度范围内。倍尺总长度中的每个倍尺长度应留 5～10 的切口裕量。
定尺长度、倍尺总长度允许偏差应符合以下要求：
1. 外径≤30，允许偏差为 0～15；
2. 外径=30～219.1，允许偏差为 0～15；
3. 外径>219.1，允许偏差为 0～50</td></tr>
</table>

（2）弯曲度和不圆度

钢管弯曲度和不圆度的规定见表 2.4-17。

弯曲度和不圆度　　表 2.4-17

外径 D (mm)	弯曲度(mm/m)			不圆度
	普通精度 (PS. A)	较高精度 (PS. B)	高精度 (PS. C)	
≤16	应具有不影响使用的弯曲度			带式输送机托辊用钢管，应不大于外径允许公差的 50%；其他钢管，外径不大于 152mm 时，应不大于外径允许公差的 75%；外径不大于 152mm 时，应不大于外径允许公差
>16	1.5	1.0	0.5	

（3）钢管端面

钢管两端面应垂直于管子轴线，并清除切口毛刺。外径大于 114.3mm 的钢管，切口斜度 h 应不低于 3mm，如图 2.4-3 所示。经供需双方协商，并在合同中注明，壁厚大于 4mm 的钢管管端可加工坡口，坡口角度为 $30^{\circ}{}^{+5^{\circ}}_{0}$，管端钝边宽度 1.6±0.8mm，如图 2.4-4 所示。

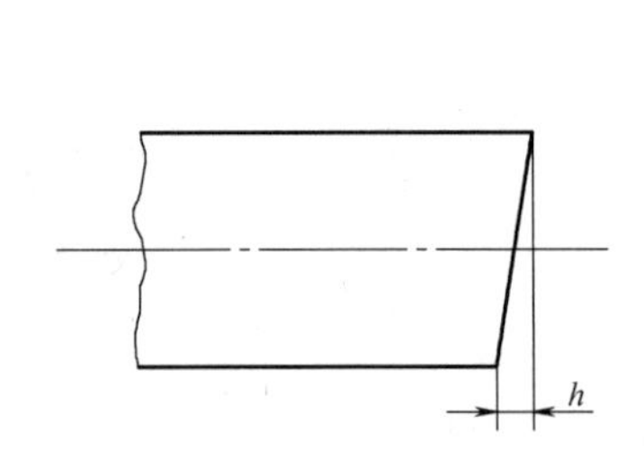

图 2.4-3　钢管切口斜度

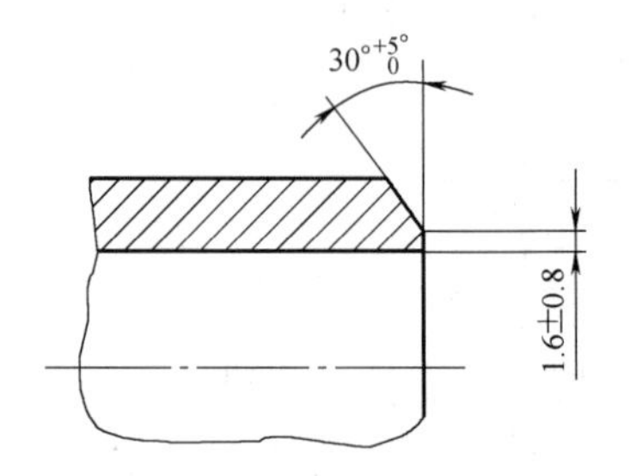

图 2.4-4　管端坡口和钝边

（4）焊缝高度

钢管的外焊缝毛刺应修复平整。带式输送机托辊用钢管应清除内毛刺交货，其他钢管可不清除内毛刺交货。根据需方要求，外径大于 25mm 的钢管可清除内毛刺交货。钢管清除内毛刺交货时，按不同壁厚精度等级，其内毛刺高度应符合表 2.4-18 的规定，且清除内毛刺后钢管剩余壁厚应不小于壁厚允许的最小值。

不同壁厚精度等级的内毛刺高度（mm）　　表 2.4-18

普通精度	较高精度	高精度
+0.50 −0.20	+0.50 −0.05	+0.20 −0.05

4. 钢管重量

钢管可按实际重量交货，亦可按理论重量交货。非镀锌钢管的理论重量按式（2.4-6）计算（钢的密度取值 7.85kg/dm^3）：

$$W=0.0246615(D-t)t \tag{2.4-6}$$

式中　W——钢管的理论重量，kg/m；

D——钢管公称外径，mm；

t——钢管的壁厚，mm。

5. 钢管的材质和交货状态

(1) 钢管的材质

钢的牌号和化学成分（熔炼分析）应符合GB/T699标准中08、10、15、20，GB/T 700标准中Q195、Q215A、Q215B、Q235A、Q235B、Q235C和GB/T 1591中牌号Q295A、Q295B、Q345A、Q345B、Q345C的规定。

当需方要求在钢中加入V、Nb、Ti细化晶粒元素或要求对钢管进行成品的化学成分分析时，应事先在合同中注明，成品的化学成分允许偏差应符合GB/T222的有关规定。

(2) 制造方法及交货状态

钢管应以热轧钢带或冷轧钢带采用电阻焊或焊后冷、热加工方法制造。当需方指定某一制造方法时，应在合同中注明。

钢管以焊接状态（不热处理状态）交货。如需方要求，经供需双方协商，并在合同中注明，钢管也可按整体热处理或焊缝热处理状态交货。

6. 力学性能

钢管的力学性能应符合表2.4-19的规定。根据需方的特殊要求，经供需双方协商，并在合同中注明，钢管可按表2.4-20规定的特殊要求力学性能交货。

钢管力学性能 **表2.4-19**

牌号	下屈服强度 R_{eL}(N/mm^2)	抗拉强度 R_m(N/mm^2)	断后伸长率 A(%)
	≥		
08、10	195	315	22
15	215	355	20
20	235	390	19
Q195	195	315	22
Q215A、Q215B	215	335	22
Q235A、Q235B、Q235C	235	375	20
Q295A、Q295B	295	390	18
Q345A、Q345B、Q345C	345	470	18

注：1N/mm^2＝1MPa。

钢管特殊要求力学性能 **表2.4-20**

牌号	下屈服强度 R_{eL}(N/mm^2)	抗拉强度 R_m(N/mm^2)	断后伸长率 A(%)
	≥		
08、10	205	375	13
15	225	400	11
20	245	440	9
Q195	205	335	14
Q215A、Q215B	225	355	13
Q235A、Q235B、Q235C	245	390	9
Q295A、Q295B	—	—	—
Q345A、Q345B、Q345C	—	—	—

注：1N/mm^2＝1MPa。

7. 表面质量

钢管内外表面不允许有裂缝、结疤、折叠、分层、搭焊、过烧等缺陷存在。允许有不大于壁厚负偏差的划道、刮伤、烧伤、焊缝错位、薄的铁锈以及外毛刺打磨痕迹存在。

对外径大于 114.3mm 的钢管，可进行缺陷的修补。修补前应将缺陷彻底清除，使其符合补焊要求。每根钢管缺陷修补应不多于 3 处，每处补焊长度范围为 50～150mm，补焊长度总和应不大于 300mm。在距管端 200mm 以内不允许补焊。补焊焊缝应修磨，修磨后应与钢管表面原来轮廓圆滑过渡。修补后的钢管应按规定进行液压试验。

根据需方要求，经供需双方协商，并在合同中注明，对不镀锌钢管可选用临时性涂层、特殊涂层，并确定涂层的部位（外表面、内外表面或内表面）和技术质量要求。

8. 钢管镀锌

根据需方要求，经供需双方协商，并在合同中注明，可采用热浸镀锌法在钢管内、外表面进行镀锌后交货。

钢管镀锌前应进行尺寸、外形、表面、力学性能和工艺性能检验。钢管镀锌层的内外表面应完整，不应有未镀上锌的黑斑和气泡存在，局部允许有粗糙面和锌瘤存在。镀锌层的均匀性和厚度以及镀锌后可能进行的弯曲试验、压扁试验应符合 GB/T 13793-2008 标准的规定。

9. 液压试验

带式输送机托辊用钢管应进行液压试验。液压试验时，外径不大于 108mm 的钢管，试验压力为 7MPa，大于 108mm 的钢管试验压力为 5MPa。在试验压力下，稳压时间应不少于 5s，钢管不允许出现渗漏现象。

根据需方要求，经供需双方协商，并在合同中注明，其他用途钢管可进行液压试验。液压试验时，外径不大于 219.1mm 的钢管其试验压力为 5MPa，大于 219.1mm 的钢管其试验压力为 3MPa 在试验压力下，稳压时间应不少于 5s，不允许出现渗漏现象。

供方可用超声波探伤、涡流探伤或漏磁探伤代替液压试验。超声波探伤时，对比样管人工缺陷应符合 GB/T 18256 的规定；涡流探伤时，对比样管人工缺陷应符合 GB/T 7735 中验收等级 A 的规定；漏磁探伤时，对比样管人工缺陷应符合 GB/T12606 中验收等级 L4 的规定。如供需双方有争议时，以液压试验为准。

10. 试验和检验

钢管的试验和检验项目包括化学成分（熔炼分析）、拉伸试验、焊缝拉伸试验、压扁试验、弯曲试验、扩口试验、液压试验、涡流探伤检验、超声波探伤检验、漏磁探伤检验、镀锌层均匀性试验、镀锌层厚度测定、镀锌层弯曲试验。

钢管的检查和验收由供方技术监督部门进行。

【依据技术标准】《直缝电焊钢管》GB/T 13793-2008。

2.5 其他各类钢管

2.5.1 普通流体输送管道用埋弧焊钢管

普通流体输送管道用埋弧焊钢管包括直缝埋弧焊钢管和螺旋缝埋弧焊钢管，适用于输送水、污水、空气、供暖蒸汽等普通流体。

此类钢管采用热轧钢带（或钢板）在常温下成型，采用自动埋弧焊法（终焊）将对缝焊接在一起，内外埋弧焊缝不少于一道。用于制造螺旋缝钢管的钢带宽度应不小于钢管公称外径的 0.8 倍，且不大于钢管公称外径的 3 倍。

螺旋钢管在油气输送管道中曾经得到广泛的应用，后来受到直缝埋弧焊钢管及 ERW 钢管（ERW 表示电阻焊，即直缝电阻焊钢管）挑战，至今世界各国在油气管道输送中已较少采用螺旋钢管。螺旋管与直缝埋弧焊钢管在质量上相比有以下不足：

（1）螺旋钢管的制造工艺决定其残余应力较大，据国外有关资料记载，有些甚至接近屈服极限，直缝埋弧焊钢管因采用扩管工艺，残余应力接近零。

（2）螺旋焊缝焊接跟踪及超声波在线检测跟踪均较困难，因此，焊缝缺陷超标概率高于直缝埋管。

（3）螺旋钢管焊缝错边量多数在 1.1～1.2mm，按照国际惯例错边量要小于厚度的 10%，如壁厚较小时，错边量难以满足要求，而直缝埋弧焊管无此问题。

（4）与直缝埋弧焊管相比，螺旋焊缝流线较差，应力集中现象严重。

（5）螺旋埋弧焊钢管热影响区大于直缝埋弧焊钢管的热影响区，而热影响区是焊管质量薄弱环节。

（6）螺旋缝焊钢管几何尺寸精度差，给现场施工（如对口、焊接）带来一定的困难。

（7）同样直径，螺旋缝焊钢管能达到的厚度远小于直缝埋弧焊钢管。

1. 钢管尺寸

钢管公称外径范围为 $D \geqslant 219.1$mm，公称壁厚范围为 $t \geqslant 3.2$mm。钢管公称外径和公称壁厚的标准化数值应符合《石油天然气输送钢管尺寸及单位长度重量》SY/T6475 的相关要求，其公称外径有 3 个系列，现将最常用的系列 1 中外径 $D \geqslant 219.1$mm 和壁厚 $t \geqslant 3.2$mm 的尺寸范围列于表 2.5-1。

石油天然气输送钢管系列 1 的外径和壁厚范围（mm）　　表 2.5-1

系列 1 外径	壁厚范围	系列 1 外径	壁厚范围
219.1	3.2、3.6、4.0、4.5、5.0、5.4、5.6、6.3、7.1、8.0、8.8、10、11、12.5、14.2、16、17.5、20、22.2、25、28、30、32、36、40、45、50、55、60	813	4.0～65 同上
		914	4.0～65 同上
		1016	4.0～65 同上
		1067	5.0～65 同上
273	2.0～60 同上，65	1118	5.0～65 同上
323.9	2.6～65 同上	1219	5.0～65 同上
355.6	2.6～65 同上	1422	5.6～65 同上
406.4	2.6～65 同上	1626	6.3～65 同上
457	3.2～65 同上	1829	7.1～65 同上
508	3.2～65 同上	2032	8.0～65 同上
610	3.2～65 同上	2235	8.8～65 同上
711	4.0～65 同上	2540	10～65 同上

2. 钢管的外径和壁厚

钢管外径和壁厚偏差应分别符合表 2.5-2 和表 2.5-3 的要求。

钢管外径偏差（mm）　　表 2.5-2

公称外径范围为 D	允许偏差[a]	
	管体	管帽[b]
D	±1.0% D	±0.75% D 或±2.5，取小值
$610<D\leqslant1422$	±0.75% D	±0.50% D 或±1.5，取小值
$610>1422$	依照协议	

[a]钢管外径偏差换算为周长后，可修约到最近的 1mm。

[b]管端为距钢管端部 100mm 范围内的钢管。

钢管的壁厚偏差（mm）　　表 2.5-3

公称壁厚	$t\leqslant5.0$	$5.0<t\leqslant15$	$t>15$
偏差	±0.5	±10.0% t	±1.5

3. 长度、直度及椭圆度

钢管的长度通常为 6～12m，定尺钢管的极限偏差为±500mm。

钢管全长相对于直线的总偏离不应超过 $0.002L$（即 $0.2\% L$），如图 2.5-1 所示。

在管端 100mm 长度范围内，钢管最大外径不应比公称外径大 1%，最小外径不应比公称外径小 1%。可采用能够测量最大和最小外径的卡尺、杆规等工具测量。

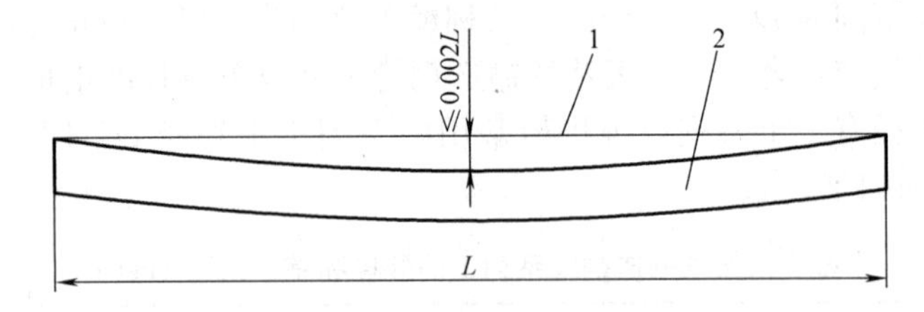

图 2.5-1　钢管全长直度测量

1—拉紧的线或钢丝；2—钢管

4. 管端

钢管应为平端管，按图 2.5-2 测出的切斜尺寸 t 不应超过以下规定：$D<813$mm 的钢管，切斜极限偏差为 1.6mm，$D\geqslant813$mm 的钢管，切斜极限偏差为 3.0mm。

钢管壁厚 $t>3.2$mm 的钢管管端应加工焊接坡口，坡口角度为 30°（上偏差为 5°，下偏差为 0°），钝边为 1.6±0.8mm。

图 2.5-2　管端切斜尺寸 t

5. 对接管

可将同材质、同规格的两段短管焊接为一根管，其中较短管的长度应不小于 1.5m。两管对接时，其本身焊缝应错开，螺旋焊缝环向距离应不小于 150mm，直焊缝环向距离应不小于 50～200mm。对接环向焊缝应采用埋弧自动化、气体保护焊等填充金属焊接方法焊接。

6. 静水压力试验

生产厂应对钢管进行静水压力试验，试验压力见式（2.5-1）：

$$P=2st/D \tag{2.5-1}$$

式中 P——静水试验压力，MPa；

s——静水压力环向应力，MPa；

t——钢管公称壁厚，mm；

D——钢管公称外径，mm。

对于公称外径小于等于 406.4mm 的钢管，试验压力不超过 50.0MPa，公称大于 406.4mm 的钢管，试验压力不超过 25.0MPa。静水压力试验可为工程设计提供依据，与工作压力没有直接关系。

7. 无损检测

钢管的超声波检验或 x 射线检验应按 SY/T 5037—2012 标准的规定进行。

8. 外观质量

钢管的表面质量、摔坑、焊缝余高、错边、焊偏及表面缺陷和欠缺的处理等诸多方面，应按满足 SY/T 5037-2012 标准的要求。

【依据技术标准】石油天然气行业标准《普通流体输送管道用埋弧焊钢管》SY/T 5037-2012。

2.5.2 低中压锅炉用电焊钢管

低中压锅炉用电焊钢管采用优质碳素钢钢带，以电焊或焊后冷拔方法制造。用于制造各种结构的低压和中压锅炉和机车锅炉。按加工方法分为电焊钢管（Ⅰ）和冷拔电焊钢管（Ⅱ）两类。如需要（Ⅱ）钢管应在合同中注明。

1. 外径和壁厚

钢管的公称外径、公称壁厚和理论重量见表 2.5-4。

钢管的公称外径、公称壁厚和理论重量 表 2.5-4

公称外径(mm)	公称壁厚(mm)								
	1.5	2.0	2.5	3.0	3.5	4.0	4.5	5.0	6.0
	理论重量/(kg/m)								
10	0.314	0.395	0.462						
12	0.388	0.493	0.586						
14		0.592	0.709	0.814					
16		0.691	0.832	0.962					
17		0.740	0.894	1.04					
18		0.789	0.956	1.11					
19		0.838	1.02	1.18					
20		0.888	1.08	1.26					
22		0.986	1.20	1.41	1.60	1.78			
25		1.13	1.39	1.63	1.86	2.07			
30		1.38	1.70	2.00	2.29	2.56			

续表

公称外径(mm)	公称壁厚(mm)								
	1.5	2.0	2.5	3.0	3.5	4.0	4.5	5.0	6.0
	理论重量/(kg/m)								
32			1.82	2.15	2.46	2.76			
35			2.00	2.37	2.72	3.06			
38			2.19	2.59	2.98	3.35			
40			2.31	2.74	3.15	3.55			
42			2.44	2.89	3.32	3.75	4.16	4.56	
45			2.62	3.11	3.58	4.04	4.49	4.93	
48			2.81	3.33	3.84	4.34	4.83	5.30	
51			2.99	3.55	4.10	4.64	5.16	5.67	
57				4.00	4.62	5.23	5.83	6.41	
60				4.22	4.88	5.52	6.16	6.78	
63.5				4.44	5.14	5.82	6.49	7.15	
70				4.96	5.74	6.51	7.27	8.01	9.47
76					6.26	7.10	7.93	8.75	10.36
83					6.86	7.79	8.71	9.62	11.39
89						8.38	9.38	10.36	12.38
102						9.67	10.82	11.96	14.21
108						10.26	11.49	12.70	15.09
114						10.85	12.12	13.44	15.98

2. 外径和壁厚允许偏差

钢管外径和壁厚的允许偏差应符合表2.5-5的规定。

钢管外径和壁厚允许偏差(mm) **表2.5-5**

<table>
<tr><th rowspan="2">外径</th><th colspan="2">允许偏差</th><th rowspan="2">壁厚</th><th colspan="2">允许偏差</th></tr>
<tr><th>电焊管</th><th>冷拔电焊管</th><th>普通级</th><th>高级</th></tr>
<tr><td><25</td><td>±0.15</td><td>±0.10</td><td rowspan="4">1.5~3.0</td><td rowspan="4">±10%</td><td rowspan="4">+0.30mm
0</td></tr>
<tr><td>≥25~<40</td><td>±0.20</td><td>±0.15</td></tr>
<tr><td>≥40~<50</td><td>±0.25</td><td>±0.20</td></tr>
<tr><td>≥50~<60</td><td>±0.30</td><td>±0.25</td></tr>
<tr><td>≥60~<80</td><td>±0.40</td><td>±0.30</td><td rowspan="3">>3.0</td><td rowspan="3">±10%</td><td rowspan="3">+18%
0</td></tr>
<tr><td>≥80~<100</td><td>+0.40
−0.60</td><td>±0.40</td></tr>
<tr><td>≥100~<114</td><td>+0.40
−0.80</td><td>+0.40
−0.60</td></tr>
</table>

3. 钢管的长度

钢管的通常长度和定尺长度、倍尺长度的规定见表2.5-6。

钢管的长度(mm) **表2.5-6**

通常长度	定尺长度和倍尺长度
钢管的通常长度应为4000~12000。经供需双方协商,可交付长度不短于3000的钢管,但其重量不得超过该批钢管交货重量的5%	经供需双方协商,并在合同中注明,钢管可按定尺长度或倍尺长度交货。定尺长度和倍尺总长度应在通常长度范围内,外径≤50时,长度≤7000的全长允许偏差为0~6;外径>50时,长度≤7000的全长允许偏差为0~8。长度>7000时,全长允许偏差均为0~15。倍尺总长度中的每个倍尺长度应留5~10的切口裕量

4. 钢管的外形

钢管应平直，每米弯曲度不得大于 1.2mm；根据需方要求，钢管的不圆度和壁厚不均由双方协议，并在合同中注明。

5. 钢管的重量及标记示例

（1）钢管的重量

钢管通常按实际重量交货。经供需双方协商，并在合同中注明，亦可按理论重量交货。理论重量按式（2.5-2）计算（钢的密度取值 7.85kg/dm^3）：

$$W=0.02466(D-S)S \tag{2.5-2}$$

式中 W——钢管的理论重量，kg/m；

D——钢管公称外径，mm；

S——钢管的壁厚，mm。

（2）标记示例

例如：用牌号为 20 钢制造的外径为 57mm，壁厚为 3.5mm 的钢管：

1）电焊钢管，壁厚为普通级，长度为 3000mm 倍尺

其标志为：电焊钢管Ⅰ—20—57×3.5×3000 倍—YB4102-2000。

2）冷拔电焊钢管，壁厚为高级精度，长度为 8000mm

其标志为：冷拔电焊钢管Ⅱ—20—57×3.5 高×8000—YB4102-2000

6. 钢管的材质、热处理及交货状态

（1）钢管的材质

钢的牌号为 10 号、20 号优质碳素钢，其化学成分（熔炼分析）应符合 YB4102—2000 的规定。当需方要求进行钢管成品分析时，应在合同中注明，成品钢管化学成分允许偏差应符合 GB/T222 的规定。

（2）钢管的热处理及交货状态

钢管采用优质碳素钢钢带，以电焊或焊后冷拔方法制造。钢管采用无氧化整体热处理炉进行热处理，并应符合表 2.5-7 的规定。

钢管以热处理状态交货。

钢管的热处理 **表 2.5-7**

钢的牌号	热处理	
	电焊钢管（Ⅰ）	冷拔电焊钢管（Ⅱ）
10 20	无氧化正火	(1)无氧化正火； (2)在冷拔前经过正火处理的钢管可以进行退火处理

注：对冷拔电焊钢管Ⅱ，选择其中一种方法。

7. 力学性能

钢管交货状态的纵向力学性能应符合表 2.5-8 的规定。用作中压锅炉蒸汽管的钢管，其高温瞬间性能（$\sigma_{p0.2}$）应符合表 2.5-9 的规定，需方应在合同中注明钢管的用途。

纵向力学性能 **表 2.5-8**

牌号	抗拉强度 σ_b(MPa)	屈服点 σ_S(MPa)	断后伸长率(%)
10	335～475	≥195	≥28
20	410～550	≥245	≥24

高温下的屈服强度最小值（$\sigma_{p0.2}$） 表 2.5-9

牌　号	试样状态	温　度（℃）					
		200	250	300	350	400	450
		$\sigma_{p0.2}$(MPa)					
10	供货状态	165	145	122	111	109	107
20	供货状态	185	170	140	137	134	132

8. 液压试验

钢管应逐根进行液压试验，试验压力按式（2.5-3）计算（10 号钢的最大试验压力为 7MPa，20 号钢的最大试验压力为 10MPa）在试验压力下，稳压时间不少于 5s，钢管不得出现渗漏现象。

$$P=\frac{2SR}{D} \tag{2.5-3}$$

式中 P——试验压力，MPa；

S——钢管公称壁厚，mm；

D——钢管公称外径，mm；

R——允许应力，表 2.5-8 规定屈服点值的 60%，MPa。

供方可用涡流探伤代替液压试验。钢管作涡流探伤检验时，探伤结果按 GB/T7735 中的 A 级评定。

9. 表面质量

钢管表面应无氧化，不得有裂纹、折叠、轧折、分层和搭焊。在钢管内外表面，直道允许深度不得大于 0.2mm。深度不超过公称壁厚负偏差的其他缺陷允许存在，其实际壁厚不得小于壁厚偏差所允许的最小值。钢管内毛刺高度应不大于 0.25mm，根据需方要求，外径不大于 51mm、壁厚不大于 3.5mm 的钢管，内毛刺高度不大于 0.15mm。

10. 试验和检验

钢管的试验和检验项目包括钢管的化学成分（熔炼分析）、拉伸试验、压扁试验、弯曲试验、扩口试验、展平试验、涡流探伤检验、液压试验及高温拉伸试验。

钢管的检查和验收由供方技术监督部门进行。

【依据技术标准】冶金行业标准《低中压锅炉用电焊钢管》YB 4102-2000。

2.5.3 换热器用焊接钢管

换热器用焊接钢管采用 10 号优质碳素钢钢带，以电焊或焊后冷拔的方法制造。适用于温度在－19～475℃，设计压力不大于 6.4MPa 的换热器、冷凝器及类似换热设备。不适用于毒性或易燃、易爆性介质。

按加工方法分为电焊钢管（Ⅰ）和冷拔电焊钢管（Ⅱ）两类。如需要（Ⅱ）钢管应在合同中注明。

1. 外径和壁厚

钢管的公称外径、公称壁厚和理论重量见表 2.5-10。

钢管的公称外径、公称壁厚和理论重量　　表 2.5-10

公称外径(mm)	公称壁厚(mm)				
	2	2.5	3	3.5	4
	理论重量 (kg/m)				
19	0.838	1.02			
25	1.13	1.39	1.63		
32		1.82	2.15	2.46	
38			2.59	2.98	3.35
45			3.11	3.58	4.04
57				4.62	5.23

2. 外径和壁厚允许偏差

钢管外径和壁厚的允许偏差应符合表 2.5-11 的规定。

钢管外径和壁厚允许偏差 (mm)　　表 2.5-11

外　径	允许偏差		壁　厚	允许偏差	
	电焊管	冷拔电焊管		电焊管	冷拔电焊管
<30	±0.20	±0.15	2～3	±7.5%	±7.5%
≥30～<50	±0.25	±0.20	>3～4	±10%	±10%
≥50～<57	±0.30	±0.25			

3. 钢管的长度

钢管的通常长度和定尺长度、倍尺长度的规定见表 2.5-12。

钢管的长度　　表 2.5-12

通　常　长　度	定尺长度和倍尺长度
钢管的通常长度应为 4000～12000mm。经供需双方协商，可交付长度不短于 3000mm 的钢管，但其重量不得超过该批钢管交货重量的 5%	经供需双方协商，并在合同中注明，钢管可按定尺长度或倍尺长度交货。定尺长度和倍尺总长度应在通常长度范围内，全长允许偏差为0～8mm。每个倍尺长度应留 5～10mm 的切口裕量

4. 钢管的外形

钢管应平直，每米弯曲度不得大于 1.5mm；根据需方要求，钢管的不圆度和壁厚不均由双方协议，并在合同中注明。

5. 钢管的重量及标记示例

(1) 钢管的重量

钢管通常按实际重量交货，亦可按理论重量交货。理论重量按式 (2.5-4) 计算（钢的密度取值 7.85kg/dm^3）：

$$W=0.02466(D-S)S \tag{2.5-4}$$

式中　W——钢管的理论重量，kg/m；

D——钢管公称外径，mm；

S——钢管公称壁厚，mm。

（2）标记示例

用牌号为10号钢制造的外径为38mm，壁厚为3.0mm的钢管：

1）电焊钢管，长度为4000mm倍尺

其标志为：电焊钢管Ⅰ—10—38×3.0×4000倍—YB 4103-2000。

2）冷拔电焊钢管，长度为8000mm

其标志为：冷拔电焊钢管Ⅱ—10—38×3.0×8 000—YB 4103-2000。

6. 钢管的材质、热处理及交货状态

（1）钢管的材质

钢的牌号为10号优质碳素钢，其化学成分（熔炼分析）应符合《换热器用焊接钢管》YB 4103—2000的规定，钢管按熔炼成分验收。当需方要求进行钢管成品的化学分析时，应在合同中注明，成品钢管化学成分允许偏差应符合GB/T 222的规定。

（2）钢管的热处理及交货状态

钢管采用无氧化整体热处理炉进行热处理，并应符合表2.5-13的规定。

钢管以热处理状态交货。

钢管的热处理 **表2.5-13**

电焊钢管（Ⅰ）	冷拔电焊钢管（Ⅱ）
无氧化正火	（1）无氧化正火； （2）在冷拔前经过正火处理的钢管可以进行退火处理

注：对冷拔电焊钢管Ⅱ，选择其中一种方法。

7. 力学性能

钢管交货状态的纵向力学性能应符合表2.5-14的规定。

纵向力学性能 **表2.5-14**

牌　号	抗拉强度σ_b(MPa)	屈服点σ_S(MPa)	断后伸长率(%)
10	335～475	≥195	≥28

8. 液压试验

钢管应逐根进行液压试验，试验压力按式（2.5-5）计算（最大试验压力为10MPa），在试验压力下，稳压时间不少于5s，钢管不得出现渗漏现象。

$$P=\frac{2SR}{D} \tag{2.5-5}$$

式中 P——试验压力，MPa；

S——钢管公称壁厚，mm；

D——钢管公称外径，mm；

R——允许应力，表2.5-14规定屈服点值的80%，MPa。

9. 表面质量

钢管表面应无氧化，不得有裂纹、折叠、分层和搭焊。在钢管内外表面，直道允许深度不得大于0.2mm。深度不超过公称壁厚负偏差的其他缺陷允许存在，其实际壁厚不得小于壁厚偏差所允许的最小值。钢管内毛刺高度应不大于0.25mm，根据需方要求，外径不大于51mm、壁厚不大于3.5mm的钢管，内毛刺高度不大于0.15mm。

10. 试验和检验

钢管的试验和检验项目包括外形尺寸、化学成分（熔炼分析）、拉伸试验、压扁试验、扩口试验、硬度试验、展平试验、涡流探伤检验、液压试验。

钢管的检查和验收由供方技术监督部门进行。

【依据技术标准】冶金行业标准《换热器用焊接钢管》YB 4103—2000。

2.5.4 建筑脚手架用焊接钢管

建筑脚手架用焊接钢管系指建筑施工中脚手架用的焊接钢管，应采用直缝高频电阻焊方法制造。

1. 外径和壁厚

钢管的外径（D）和壁厚（S）应符合表 2.5-15 的规定。外径允许偏差为±0.3mm，壁厚的允许偏差为±0.15mm。

钢管的外径、壁厚及理论重量 **表 2.5-15**

外径(D)(mm)	壁厚(S)(mm)				
	2.3*	3.25*	3.5	3.75	4.0
	理论重量(kg/m)				
48.3	2.61	3.61	3.87	4.12	4.37

* 壁厚 2.3mm 适用于 Q345A、Q345B、Q390A、Q390B 牌号；壁厚≥3.25mm 适用于 Q275A、Q275B、Q295A、Q295B、Q345A、Q345B、Q390A、Q390B 牌号。

2. 长度、弯曲度和不圆度

钢管的通常长度为 4000～8000mm。根据需方要求，经供需双方协商，钢管可按定尺长度交货。定尺长度应在通常长度范围内，其允许偏差为 0～15mm。

钢管的弯曲度应为使用性平直，允许存在不影响使用的弯曲度。

钢管的不圆度（同一截面最大外径与最小外径之差）应在外径公差范围内。

钢管两端面应与钢管的轴线垂直，且不应有切口毛刺，管端切口斜度应不大于 2mm。

3. 理论重量

钢管的理论重量按式（2.5-6）计算（钢的密度按 7.85kg/dm^3）。

$$W = 0.0246615(D - S)S \tag{2.5-6}$$

式中 W——钢管理论重量，kg/m；

D——钢管公称外径，mm；

S——钢管公称壁厚，mm。

4. 钢的牌号和化学成分

钢的牌号和化学成分（熔炼分析），应符合 GB/T 700-2006 中牌号 Q235A，Q235B，Q275A，Q275B 的规定和 GB/T1591-2008 中牌号 Q345A，Q345B，Q390A，Q390B 的规定。牌号 Q295A，Q295B 的化学成分应符合 YB/T 4202-2009 标准的规定。

钢管成品分析化学成分的允许偏差应符合 GB/T 222 的有关规定。

5. 力学性能

钢管的力学性能应符合表 2.5-16 的规定。

钢管的力学性能　　　　**表 2.5-16**

牌　　号	下屈服强度 R_{eL}（N/mm^2）不小于	抗拉强度 R_m（N/mm^2）不小于	断后伸长率,A（%）不小于
Q235A、Q235B	235	370	15
Q275A、Q275B	275	410	13
Q295A、Q295B	295	390	
Q345A、Q345B	345	470	
Q390A、Q390B	390	490	11

6. 表面质量

钢管焊缝的外毛刺应清除干净。钢管内外表面应光滑，不允许有裂缝、结疤、折叠、分层、搭焊及其他深度超过壁厚下偏差的缺陷存在。深度不超过壁厚下偏差的其他局部缺陷允许存在。钢管焊缝不允许有过烧及补焊现象存在。

7. 试验和检验项目

钢管和检验项目有化学成分、拉伸试验和压扁试验。钢管的检查和验收应由供方质量技术监督部门进行。

【依据技术标准】冶金行业标准《建筑脚手架用焊接钢管》YB/T 4202-2009。

2.5.5　结构用耐候焊接钢管

结构用耐候焊接钢管适用于建筑工程中的桩柱、铁塔、支柱、网架结构及其他结构用直缝耐候焊接钢管。

1. 尺寸及允许偏差

（1）公称外径和公称壁厚

钢管的公称外径（D）和公称壁厚（S）应符合 GB/T 21835 的规定。钢管的公称外径、公称壁厚的允许偏差应符合表 2.5-17 和表 2.5-18 的规定。

外径允许偏差（mm）　　　　**表 2.5-17**

公称外径 D	$D\leqslant 60.3$	$60.3<D\leqslant 60.3$	$D>508$
外径允许偏差	±0.4	±0.75%D	±0.5%D

公称壁厚允许偏差（mm）　　　　**表 2.5-18**

公称壁厚 S	$S\leqslant 20$	$S>20$
允许偏差	±0.10%S	±2.0

（2）长度

钢管的长度通常为 3000～12500mm。如需方要求，经供需双方协商，可按定尺长度交货，其长度允许偏差为 0～+20mm；如需方要求，经供需双方协商，可按倍尺长度交货，每个倍尺长度应留不少于 10mm 的切口裕量，倍尺总长度的允许偏差为 0～+50mm。

（3）不圆度

钢管的不圆度应符合表 2.5-19 的要求。对于需要对接的钢管，供需双方可协商确定其他不圆度规定。

不圆度允许偏差（mm） **表 2.5-19**

公称外径 D	不圆度
$D \leqslant 1500$	$\leqslant 1\% D$
$D > 1500$	$\leqslant 15$

注：本表不圆度适用于 $D/t \leqslant 75$ 的钢管；$D/t > 75$ 钢管的不圆度由供需双方协商确定。

（4）弯曲度

钢管的每米弯曲度应不大于 1.5mm，全长弯曲度应不大于钢管长度的 0.1%。

（5）管端

钢管两端面斜度应不大于 3mm，如图 2.5-3 所示，应清除毛刺，以平端交货。如需方要求，经供需双方协商，并在合同中注明，管壁厚度大于 4mm 的钢管，端面可加工出角度为 30°～35°的坡口，钝边为 1.6±0.8mm，如图 2.5-4 所示。

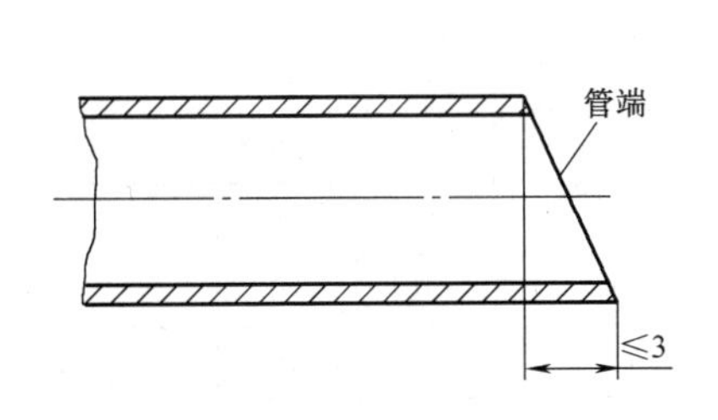

图 2.5-3 管端切斜

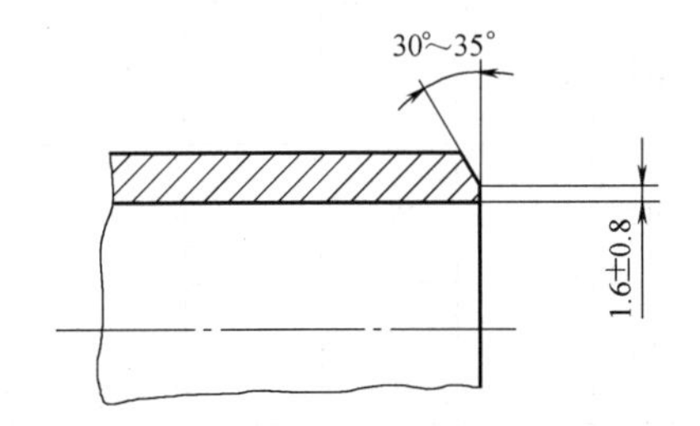

图 2.5-4 管端坡口及钝边

2. 钢的牌号

（1）钢管牌号

钢管的钢牌号应符合 GB/T 4171 的 Q265GNH、Q295GNH、Q310GNH、Q355GNH、Q235NH、Q295NH、Q355NH、Q415NH、Q460NH 的规定。G、N、H 三个字母分别表示“高强度”、“耐”、“候”。根据需方要求，经供需双方协商，可供应其他牌号的钢管。

（2）力学性能

钢管的力学性能应符合表 2.5-20 的规定。

3. 工艺性能试验

根据 YB/T 4112-2013 标准的要求，进行的工艺性能试验有弯曲试验、压扁试验、导向弯曲试验、侧弯试验。

4. 宏观检验和无损检验

（1）宏观检验

埋弧焊钢管应采用 10%的过硫酸铵溶液或 4%的硝酸酒精溶液对焊缝截面进行宏观检验，内外焊缝应完全熔透，不允许存在未焊透、未熔合或裂纹。

（2）无损检验

1）电阻焊钢管无损检验

钢管的力学性能　　表 2.5-20

牌号	屈服强度 R_{eL}(MPa)			抗拉强度 R_m (MPa)	断后伸长率 A (%)	焊接接头抗拉强度 R_m (MPa)	冲击试验		
	壁厚(mm)						质量等级	温度[a] (℃)	冲击吸收能量 KV_2 (J)
	≤16	>16～40	>40～60						
	不小于								
Q265GNH	265	—	—	410～540	≥21	≥410	B	20	≥47
							C	0	≥34
Q295GNH	295	—	—	430～560	≥20	≥430	B	20	≥47
							C	0	≥34
Q310GNH	310	—	—	450～590	≥20	≥450	B	20	≥47
							C	0	≥34
Q355GNH	355	—	—	490～630	≥18	≥490	B	20	≥47
							C	0	≥34
Q235NH	235	225	215	360～510	≥21	≥360	B	20	≥47
							C	0	≥34
Q295NH	295	285	275	430～560	≥20	≥430	B	20	≥47
							C	0	≥34
Q355NH	355	345	335	490～630	≥18	≥490	B	20	≥47
							C	0	≥47
Q415NH	415	405	395	520～680	≥18	≥520	B	20	≥47
							C	0	≥34
Q460NH	460	450	440	570～730	≥16	≥570	C	0	≥34
							D	−20	≥34

[a]根据需方要求，经供需双方协商，并在合同中注明，可以采用其他试验温度。

根据需方要求，经供需双方协商，并在合同中注明，电阻焊钢管焊缝可用超声检测或涡流检测。超声检测应符合 SY/T 6423.2-1999 中验收等级 U3 的规定；涡流检测应符合 GB/T 7735-2004 中验收等级 A 的规定。

2）埋弧焊钢管无损检验

根据需方要求，经供需双方协商，并在合同中注明，埋弧焊钢管的每条焊缝（含对接环缝）可进行超声检测或射线检测。超声检测应符合 SY/T 6423.2-1999 中验收等级 U2 的规定；射线探伤检测应符合 SY/T 6423.1-1999 中图像质量级别 A 的规定。

5. 外观质量

（1）表面质量

钢管的内外表面应光滑，不允许存在折叠、裂纹、重皮、焊瘤和尖底缺欠（如划伤）。这些缺陷和尖底缺欠应完全清除，清除深度应不超过公称壁厚的负偏差，缺陷清除处的实际壁厚应不小于壁厚所允许的最小值。不超过壁厚允许负偏差的其他局部缺欠允许存在。

（2）电阻焊钢管的焊缝毛刺高度

钢管焊缝的外毛刺应清除，剩余高度应不大于 0.5mm。

根据需方要求，经供需双方协商，并在合同中注明，钢管焊缝内毛刺可清除。焊缝的内毛刺清除后，剩余高度应不大于 1.5mm；当壁厚不大于 4mm 时，清除内毛刺后刮槽深度应不大于 0.2mm；当壁厚大于 4mm 时，刮槽深度应不大于 0.4mm。

（3）埋弧焊钢管的焊缝余高

当壁厚不大于 12.5mm 时，超过钢管原始表面轮廓的内、外焊缝余高应不大于 3.2mm；当壁厚大于 12.5mm 时，超过钢管原始表面轮廓的内、外焊缝余高应不大于 3.5mm。焊缝余高超高部分允许修磨。

（4）焊缝咬边

焊缝应与母材平滑过渡。深度不超过 0.5mm 的焊缝咬边可不必修磨。深度超过 0.5mm 的焊缝咬边，如果修磨后的剩余壁厚不小于规定的最小壁厚，可以进行修磨；否则，应进行补焊。

（5）径向错边

对埋弧焊钢管，当壁厚不大于 12.5mm 时，焊缝处钢带边缘的径向错边应不大于 1.6mm；当壁厚大于 12.5mm 时，焊缝处钢带边缘的径向错边应不大于钢管壁厚的 0.125 的倍。

6. 检查规则

钢管的检查和验收应由供方质量技术监督部门进行。

【依据技术标准】冶金行业标准《结构用耐候焊接钢管》YB/T 4112-2013。

2.5.6 供水用不锈钢焊接钢管

供水用不锈钢焊接钢管适用于生活饮用水、生活饮用净水、热水和消防用水的输送。

1. 分类及代号

（1）按交货状态分类及代号为：

焊接状态，代号为 H；

热处理状态，代号为 S。

（2）按表面状态分类及代号为：

酸洗状态，代号为 SA；

外表面抛光状态，代号为 OSB；

内表面抛光状态，代号为 ISB；

光亮热处理状态，代号为 L。

（3）钢管的分类代号采用交货状态代号与表面状态代号组合的方式

例 1：热处理并经酸洗，且内表面为抛光状态的代号为：S-SA-ISB。

例 2：光亮热处理且外表面为抛光状态的代号为：L-OSB。

2. 外径和壁厚

钢管外径和壁厚的允许偏差应符合表 2.5-21 的规定。

钢管外径和壁厚的允许偏差（mm） 表 2.5-21

钢管外径 D		外径允许偏差	壁厚 S			壁厚允许偏差
系列 1	系列 2					
12.7		±0.10	0.6	0.8	1.0	±10%S
	15.9	±0.10	0.6	0.8	1.0	
16		±0.10	0.6	0.8	1.0	
20		±0.12	0.7	1.0	1.2	
	22.2	±0.12	0.7	1.0	1.2	
25(25.4)		±0.14	0.8	1.0	1.2	
	28.6	±0.14	0.8	1.0	1.2	
(31.8)32		±0.18	1.0	1.2	1.5	
	34	±0.18	1.0	1.2	1.5	
40		±0.20	1.0	1.2	1.5	
	42.7	±0.20	1.0	1.2	1.5	
50.8		±0.26	1.2	1.2	1.5	
63.5		±0.32	1.2	1.5	1.5	
76.1		±0.38	1.5	2.0	2.0	
88.9		±0.44	1.5	2.0	2.0	
101.6		±0.54	1.5	2.0	2.0	
133		±1.00	2.0	2.0	3.0	
159		±1.00	2.0	3.0	3.0	
219(219.1)		±1.50		3.0	3.0	

3. 长度和弯曲度

钢管的通常长度为 3000～9000mm。钢管可按定尺长度或倍尺长度交货，定尺钢管的全长允许偏差应为 0～+10mm，倍尺钢管的每个倍尺长度应留出 5～10mm 的切口裕量。

钢管的弯曲度应不大于 2.0mm/m。

4. 钢管材质及制造

钢的牌号见表，其化学成分（熔炼分析）应符合 YB/T 4204-2009 标准的规定。当需方要求进行成品钢管的化学成分分析时，应在合同中注明，其化学成分允许偏差应符合 GB/T 222 的规定。

制造钢管的原冷轧钢带卷纵剪前的宽度应不小于 1.0m，钢带的其他要求应符合 GB/T 3280 的规定。钢管应采用不添加填充金属的自动焊接（熔焊）方法制造。

5. 力学性能

经热处理后钢管的力学性能应符合表 2.5-22 的规定。

钢管的力学性能 表 2.5-22

序号	GB/T 20878 中的序号	统一数字代号	牌 号	规定非比例延伸强度 $R_{p0.2}$ (MPa)	抗拉强度 R_m (MPa)	断 后 伸长率 A(%)
1	17	S30408	06Cr19Ni10	≥210	≥520	≥35
2	18	S30403	022Cr19Ni10	≥180	≥480	≥35
3	38	S31608	06Cr17Ni12Mo2	≥210	≥520	≥35
4	39	S31603	022Cr17Ni12Mo2	≥180	≥480	≥35
5	87	S11863	022Cr18Ti	≥180	≥360	≥22
6	92	S11972	019Cr19Mo2NbTi	≥240	≥410	≥20

6. 交货状态及交货重量

（1）交货状态

钢管应经热处理并酸洗交货，但经保护气氛热处理的钢管，可不经酸洗交货。钢管的推荐热处理制度见表 2.5-23。实际热处理制度应在质量证明书中注明。

如需方要求，经供需双方协商，并在合同中注明，钢管也可按焊接状态交货。

钢管的推荐热处理制度 **表 2.5-23**

序号	GB/T 20878 中的序号	统一数字代号	牌　　号	推荐热处理制度	
1	17	S30408	06Cr19Ni10	固溶处理	1010～1150℃，快冷
2	18	S30403	022Cr19Ni10		1010～1150℃，快冷
3	38	S31608	06Cr17Ni12Mo2		1010～1150℃，快冷
4	39	S31603	022Cr17Ni12Mo2		1010～1150℃，快冷
5	87	S11863	022Cr18Ti	退火处理	780～950℃，快冷或缓冷
6	92	S11972	019Cr19Mo2NbTi		800～1050℃，快冷

（2）交货重量

钢管可按理论重量交货，亦可按实际重量交货。钢管的理论重量按式（2.5-7）计算：

$$W=\frac{\pi(D-S)S\rho}{1000} \tag{2.5-7}$$

式中 W——钢管的理论重量，kg/m；

π——取值为 3.1416；

D——钢管的外径，mm；

S——钢管的壁厚，mm。

ρ——钢的密度，kg/dm^3，各牌号钢的密度参见表 2.5-24。

钢的密度和钢管理论重量计算公式 **表 2.5-24**

序号	GB/T20878 中的序号	统一数字代号	牌号	密度 (kg/dm^3)	换算后的理论重量计算公式
1	17	S30408	06Cr19Ni10	7.93	$W=0.02491S(D-S)$
2	18	S30403	022Cr19Ni10	7.90	$W=0.02482S(D-S)$
3	38	S31608	06Cr17Ni12Mo2	8.00	$W=0.02513S(D-S)$
4	39	S31603	022Cr17Ni12Mo2	8.00	$W=0.02513S(D-S)$
5	87	S11863	022Cr18Ti	7.70	$W=0.02419S(D-S)$
6	92	S11972	019Cr19Mo2NbTi	7.75	$W=0.02435S(D-S)$

7. 液压试验和气密试验

（1）液压试验

钢管应逐根进行液压试验，试验压力按式（2.5-8）计算，试验压力应不小于 2.5MPa，最大试验压力应不大于 10MPa，在试验压力下，稳压时间不少于 5s，钢管不得出现渗漏现象。

$$P=\frac{2SR}{D} \tag{2.5-8}$$

式中 P——试验压力，MPa；

S——钢管公称壁厚，mm；

D——钢管公称外径，mm；

R——允许应力，表 2.5-22 规定非比例延伸强度最小值的 50%，MPa。

供方可用涡流探伤代替液压试验。经供需双方协商，并在合同中注明，供方也可采用其他无损探伤代替液压试验。

（2）气密性试验

用于输送气体介质的钢管应进行气密性试验，并可代替液压试验。试验压力应为 0.6MPa。在试验压力下，钢管应完全浸入水中，稳压时间应不少于 5s，钢管应无气泡渗出。

8. 表面质量

（1）钢管的内外表面应光滑，不允许有裂纹、重皮、扭曲、过酸洗和残留氧化皮。这些缺陷应完全消除，清除处剩余壁厚应不小于壁厚允许最小值。错边、咬边、凸起、凹陷应不大于壁厚允许偏差。深度不超过壁厚负偏差的轻微划伤、压坑、麻点允许存在。

（2）焊缝缺陷允许修补，其补焊用焊接材料的合金成分应高于母材。修补缺陷后，钢管应重新进行液压或气密性试验，以热处理状态交货的钢管应重新进行热处理。

（3）钢管的外焊缝应与母材平齐且圆滑过渡，内焊缝余高应不大于 15%S。

9. 试验和检验

钢管的试验和检验项目包括钢管的化学成分（熔炼分析）、拉伸试验、液压试验、涡流探伤检验、气密性试验、压扁试验、扩口试验、卷边试验、焊缝横向弯曲试验、晶间腐蚀试验。

钢管的检查和验收由供方技术监督部门进行。

【依据技术标准】冶金行业标准《供水用不锈钢焊接钢管》YB/T 4204-2009。

2.5.7 装饰用焊接不锈钢管

装饰用焊接不锈钢管是建筑装饰使用的主要管材品种之一，常用于市政设施、道桥护栏、钢结构网架、建筑装饰、家具及一般机械等的装饰。

1. 分类及代号

（1）钢管按表面交货状态分为四种，状态名称及代号如下：

1）表面未抛光状态 SNB；

2）表面抛光状态 SB；

3）表面磨光状态 SP；

4）表面喷砂状态 SA。

（2）钢管按截面形状分为 3 种，形状名称及代号如下：

1）圆管 R；

2）方管 S；

3）矩形管 Q。

2. 钢管规格

圆管规格见表 2.5-25，方管规格见表 2.5-26，矩形管规格见表 2.5-27。

圆管规格（mm） **表 2.5-25**

外径	总壁厚																		
	0.4	0.5	0.6	0.7	0.8	0.9	1.0	1.2	1.4	1.5	1.6	1.8	2.0	2.2	2.5	2.8	3.0	3.2	3.5
6	×	×	×																
8	×	×	×																
9	×	×	×	×	×														
10	×	×	×	×	×	×	×	×											
12		×	×	×	×	×	×	×	×	×	×								
(12.7)			×	×	×	×	×	×	×	×	×								
15			×	×	×	×	×	×	×	×	×								
16			×	×	×	×	×	×	×	×	×								
18			×	×	×	×	×	×	×	×	×								
19			×	×	×	×	×	×	×	×	×								
20			×	×	×	×	×	×	×	×	×	×	○						
22					×	×	×	×	×	×	×	×	○	○					
25					×	×	×	×	×	×	×	×	○	○	○				
28					×	×	×	×	×	×	×	×	○	○	○	○			
30					×	×	×	×	×	×	×	×	○	○	○	○	○		
(31.8)					×	×	×	×	×	×	×	×	○	○	○	○	○		
32					×	×	×	×	×	×	×	×	○	○	○	○	○		
38					×	×	×	×	×	×	×	×	○	○	○	○	○	○	○
40					×	×	×	×	×	×	×	×	○	○	○	○	○	○	○
45					×	×	×	×	×	×	×	×	○	○	○	○	○	○	○
48						×	×	×	×	×	×	×	○	○	○	○	○	○	○
51						×	×	×	×	×	×	×	○	○	○	○	○	○	○
56						×	×	×	×	×	×	×	○	○	○	○	○	○	○
57						×	×	×	×	×	×	×	○	○	○	○	○	○	○
(63.5)						×	×	×	×	×	×	×	○	○	○	○	○	○	○
65						×	×	×	×	×	×	×	○	○	○	○	○	○	○
70						×	×	×	×	×	×	×	○	○	○	○	○	○	○
76.2						×	×	×	×	×	×	×	○	○	○	○	○	○	○
80						×	×	×	×	×	×	×	○	○	○	○	○	○	○
83							×	×	×	×	×	×	○	○	○	○	○	○	○
89							×	×	×	×	×	×	○	○	○	○	○	○	○
95							×	×	×	×	×	×	○	○	○	○	○	○	○
(101.6)							×	×	×	×	×	×	○	○	○	○	○	○	○
102								×	×	×	×	×	○	○	○	○	○	○	○
108									×	×	×	×	○	○	○	○	○	○	○
114										×	×	×	○	○	○	○	○	○	○

续表

外径	总壁厚																		
	0.4	0.5	0.6	0.7	0.8	0.9	1.0	1.2	1.4	1.5	1.6	1.8	2.0	2.2	2.5	2.8	3.0	3.2	3.5
127										×	×	×	○	○	○	○	○	○	○
133													○	○	○	○	○	○	○
140														○	○	○	○	○	○
159															○	○	○	○	○
168.3																○	○	○	○
180																		○	○
193.7																			○
219																			○

注：×—表示采用冷轧板（带）制造；○—表示采用冷轧板（带）或热轧板（带）制造；括号内规格不推荐使用。

方管规格（mm） **表 2.5-26**

边长×边长	总壁厚																		
	0.4	0.5	0.6	0.7	0.8	0.9	1.0	1.2	1.4	1.5	1.6	1.8	2.0	2.2	2.5	2.8	3.0	3.2	3.5
15×15	×	×	×	×	×	×	×	×											
20×20		×	×	×	×	×	×	×	×	×	×	×	○						
25×25			×	×	×	×	×	×	×	×	×	×	○	○	○				
30×30					×	×	×	×	×	×	×	×	○	○	○				
40×40						×	×	×	×	×	×	×	○	○	○				
50×50							×	×	×	×	×	×	○	○	○				
60×60								×	×	×	×	×	○	○	○				
70×70									×	×	×	×	○	○	○				
80×80										×	×	×	○	○	○	○			
85×85										×	×	×	○	○	○	○			
90×90											×	×	○	○	○	○	○		
100×100											×	×	○	○	○	○	○		
110×110												×	○	○	○	○	○		
125×125												×	○	○	○	○	○		
130×130													○	○	○	○	○		
140×140													○	○	○	○	○		
170×170														○	○	○	○		

注：×—表示采用冷轧板（带）制造；○—表示采用冷轧板（带）或热轧板（带）制造。

矩形管规格（mm） **表 2.5-27**

边长×边长	总壁厚																		
	0.4	0.5	0.6	0.7	0.8	0.9	1.0	1.2	1.4	1.5	1.6	1.8	2.0	2.2	2.5	2.8	3.0	3.2	3.5
20×10		×	×	×	×	×	×	×	×	×									
25×15			×	×	×	×	×	×	×	×	×								
40×20					×	×	×	×	×	×	×	×							
50×30						×	×	×	×	×	×	×							
70×30							×	×	×	×	×	×	○						
80×40							×	×	×	×	×	×	○						

续表

边长×边长	总壁厚																	
	0.4	0.5	0.6	0.7	0.8	0.9	1.0	1.2	1.4	1.5	1.6	1.8	2.0	2.2	2.5	2.8	3.0	3.2	3.5
90×30							×	×	×	×	×	×	○	○					
100×40								×	×	×	×	×	○	○					
110×50									×	×	×	×	○	○					
120×40									×	×	×	×	○	○					
120×60										×	×	×	○	○	○				
130×50										×	×	×	○	○	○				
130×70											×	×	○	○	○				
140×60											×	×	○	○	○				
140×80												×	○	○	○				
150×50												×	○	○	○	○			
150×70												×	○	○	○	○			
160×40												×	○	○	○	○			
160×60													○	○	○	○			
160×90													○	○	○	○			
170×50													○	○	○	○			
170×80													○	○	○	○			
180×70													○	○	○	○			
180×80													○	○	○	○	○		
180×100													○	○	○	○	○		
190×60													○	○	○	○	○		
190×70														○	○	○	○		
190×90														○	○	○	○		
200×60														○	○	○	○		
200×80														○	○	○	○		
200×140															○	○	○		

注：×—表示采用冷轧板（带）制造；○—表示采用冷轧板（带）或热轧板（带）制造。

3. 钢管外形尺寸允许偏差

（1）圆管外径的允许偏差应符合表 2.5-28 的规定。方形管和矩形管边长的允许偏差，由供需双方协商确定。

圆管外径的允许偏差（mm） **表 2.5-28**

供货状态	外径 D	允许偏差
抛光、磨光状态（SB、SP）	≤25	±0.20
	>25～40	±0.22
	>40～50	±0.25
	>50～60	±0.28
	>60～70	±0.30
	>70～80	±0.35
	>80	±0.5%D
未抛光、喷砂状态（SNB、SA）	≤25	±0.25
	>25～50	±0.30
	>50	±1.0%D

（2）钢管壁厚允许偏差应符合下述规定：

壁厚≥0.40～1.0mm，允许偏差为±0.05mm；

壁厚≥1.0～1.9mm，允许偏差为±0.10mm；

壁厚≥2.0mm，允许偏差为±0.15mm。

（3）钢管一般以通常长度交货，通常长度范围为1000～8000mm。钢管也可按定尺长度交货，定尺长度一般为6000mm；经供需双方协商也可以按1000～6000mm的定尺长度交货；各种定尺长度的全长允许偏差均为0～15mm，即不允许负偏差。

（4）钢管的弯曲度不得大于以下规定：外径＜89.0mm时，弯曲度不得大于1.5mm/m；外径≥89.0mm时，弯曲度不得大于2.0mm/m。钢管不得有明显的扭转。

4. 钢管的重量

钢管可按实际重量交货，也可按理论重量交货。钢管的理论重量按式（2.5-9）计算：

$$W=\frac{\pi(D-t)t\rho}{1000} \tag{2.5-9}$$

式中 W——钢管的理论重量，kg/m；

π——取值为3.1416；

D——钢管的外径，mm；

t——钢管的壁厚，mm。

ρ——钢的密度，0Cr18Ni9、1Cr18Ni9取值为7.93kg/dm^3，其他牌号参见表2.3-17。

5. 钢管标记示例

（1）如材质为0Cr18Ni9、截面为圆形的钢管，外径为32mm，壁厚1.5mm，长度为6 000mm定尺的管，交货时表面为抛光状态。

如按GB/T 18705-2002标准，其标记为：0Cr18Ni9-32×1.5×6000mm-GB/T 18705-2002。

如按YB/T 5363-2006标准，其标记为：0Cr18Ni9-32×1.5×6000mm-YB/T 5363-2006。

根据规定，钢管为圆截面，且以抛光、磨光状态交货的，可不标注表2.5-45规定的供货状态代号。

（2）如材质为1Cr18Ni9、截面为方形的钢管，边长为40mm，壁厚1.4mm，长度为6000定尺的方形管，交货时表面为喷砂状态。

如按GB/T 18705-2002标准，其标记为：1Cr18Ni9/Q235B-S.SA40×40×1.4×6000mm-GB/T 18705-2002。

如按YB/T 5363-2006标准，其标记为：1Cr18Ni9/Q235B-S.SA40×40×1.4×6000mm-YB/T 5363-2006。

6. 钢管的材质和力学性能

钢材的牌号和化学成分（熔炼分析）应符合YB/T 5363-2006标准或GB/T 18705-2002标准的规定，化学成分的偏差应符合GB/T 222的规定。

钢管的力学性能符合表2.5-29的规定。

7. 表面质量

钢管的力学性能　表 2.5-29

牌　号	推　荐 热处理制度	抗拉强度 σ_b(MPa) ≥	屈服强度 $\sigma_{p0.2}$(MPa) ≥	断后伸长率 δ_5(%) ≥	硬度 HB ≤
0Cr18Ni9	1010～1150℃急冷	520	205	35	187
1Cr18Ni9	1010～1150℃急冷	520	205	35	187

钢管表面不允许有裂纹、划伤、折叠、分层、氧化皮和明显的焊边缺陷。对钢管表面粗糙度有如下要求：

（1）圆管外径≤63.5mm 时，其表面粗糙度不低于 $Ra0.8\mu m$（即 400 号）。

（2）圆管外径>63.5mm 时，其表面粗糙度不低于 $Ra1.6\mu m$（即 320 号）。

（3）方形和矩形管的表面粗糙度不低于 $Ra1.6\mu m$（即 320 号）。

8. 试验和检验

钢管的试验、检验项目有化学成分（熔炼分析）、抗拉强度、压扁试验、扩口试验、弯曲试验和表面粗糙度。

钢管的试验、检验和验收由供方技术质量监督部门进行；需方有权按本标准规定进行验收。

【依据技术标准】冶金行业标准《装饰用焊接不锈钢管》YB/T 5363-2006，系由原《装饰用焊接不锈钢管》GB/T 18705-2002 改变标准编号而来，内容没有改变。

2.5.8 薄壁不锈钢水管

薄壁不锈钢水管系指工作压力不大于 1.6MPa，输送饮用净水、生活饮用水、热水和温度不大于 135℃的高温水用的薄壁不锈钢水管，其他介质如海水、空气、医用气体等管道亦可参照使用。

1. 水管材料

水管的材料牌号及用途见表 2.5-30。

水管的材料牌号及用途　表 2.5-30

牌　号	用　途
0Cr18Ni9 (304)	饮用净水、生活饮用水、空气、医用气体、热水等管道用
0Cr17Ni12Mo2 (316)	耐腐蚀性比 0Cr18Ni9 更高的场合
00Cr17Ni14Mo2 (316L)	海水

2. 管材的化学成分和力学性能

管材的化学成分应符合 CJ/T 151-2001 标准中的规定。管材的化学成分通常是指熔炼分析，如要求保证管材成品的化学成分，应在合同中注明。

管材的抗拉强度和延伸率应符合表 2.5-31 的规定。

管材的抗拉强度和延伸率　表 2.5-31

牌　号	抗拉强度(MPa)	延伸率(%)
0Cr18Ni9	≥520	≥35
0Cr17Ni12Mo2	≥520	≥35
00Cr17Ni14Mo2	≥480	≥35

3. 管材的规格

水管的基本尺寸应符合表 2.5-32 的规定。

水管的基本尺寸 (mm)　　　　**表 2.5-32**

<table>
<tr><th>公称通径
DN</th><th>管子外径
D_w</th><th>外径允
许偏差</th><th colspan="2">壁厚
S</th></tr>
<tr><td rowspan="2">10</td><td>10</td><td rowspan="10">±0.10</td><td rowspan="6">0.6</td><td rowspan="4">0.6</td></tr>
<tr><td>12</td></tr>
<tr><td rowspan="2">15</td><td>14</td></tr>
<tr><td>16</td></tr>
<tr><td rowspan="2">20</td><td>20</td><td rowspan="4">1.0</td></tr>
<tr><td>22</td></tr>
<tr><td rowspan="2">25</td><td>25.4</td><td rowspan="2">0.8</td></tr>
<tr><td>28</td></tr>
<tr><td rowspan="2">32</td><td>35</td><td rowspan="3">±0.12</td><td rowspan="4">1.0</td><td rowspan="4">1.2</td></tr>
<tr><td>38</td></tr>
<tr><td rowspan="2">40</td><td>40</td></tr>
<tr><td>42</td><td>±0.15</td></tr>
</table>

<table>
<tr><th>公称通径
DN</th><th>管子外径
D_w</th><th>外径允
许偏差</th><th colspan="2">壁厚
S</th></tr>
<tr><td rowspan="2">50</td><td>50.8</td><td>±0.15</td><td>1.0</td><td rowspan="2">1.2</td></tr>
<tr><td>54</td><td>±0.18</td><td rowspan="3">1.2</td></tr>
<tr><td rowspan="2">65</td><td>67</td><td rowspan="2">±0.20</td><td rowspan="2">1.5</td></tr>
<tr><td>70</td></tr>
<tr><td rowspan="2">80</td><td>76.1</td><td>±0.23</td><td rowspan="4">1.5</td><td rowspan="5">2.0</td></tr>
<tr><td>88.9</td><td>±0.25</td></tr>
<tr><td rowspan="2">100</td><td>102</td><td rowspan="4">±0.4%D_w</td></tr>
<tr><td>108</td></tr>
<tr><td>125</td><td>133</td><td rowspan="2">2.0</td></tr>
<tr><td>150</td><td>159</td><td>3.0</td></tr>
</table>

注：表中壁厚 S 栏的厚壁管为不锈钢卡压式连接用。

水管的壁厚允许偏差为名义壁厚的±10%。水管长度为定尺长度，一般为 3000～6000mm，根据需方要求，供需双方协议，也可提供其他定尺长度，其允许偏差为 0～+20mm。

水管的弯曲度为任意 3000mm 不超过 12mm。水管的端部应锯切平整，并与水管轴线垂直。

水管焊缝表面应无裂缝、气孔、咬边、夹渣，内外面应加工良好，不应有超出水管壁厚负公差的划伤、凹坑和矫直痕迹等缺陷。断口应无毛刺。

4. 管材制造及产品标记

水管的原材料为不锈钢冷（热）轧钢带，其要求应符合 GB/T 4239 和 YB/T 5090 的规定。水管用不锈钢带在制管设备上用自动氩弧焊接或等离子焊接制成，焊后一般不进行热处理。

薄壁不锈钢水管产品标记由产品代号（SG）、管子外径×壁厚和材料代号组成。材料代号 0Cr18Ni9—304、0Cr17Ni12Mo2—316、00Cr17Ni14Mo2—316L。

例 1：公称直径为 20mm，管子外径为 22mm，壁厚为 0.7mm，材料为 0Crl8Ni9 的薄壁不锈钢水管标记为：

SG22×0.7—304　CJ/T 151-2001

例 2：公称直径为 65mm，管子外径为 108mm，壁厚为 2.0mm，材料为 0Cr17Ni12Mo2 的薄壁不锈钢水管标记为：

SG108×2.0—316　CJ/T 151-2001

5. 水压试验、气密试验和涡流探伤检验

水管进行水压试验时，其试验压力为 2.45MPa，在该压力下，持续 10s 后，水管应无渗漏和永久变形。

水管用于气体介质或进行型式检验时应采用气密试验。用于液体介质时，气密试验压力为 0.6MPa，用于气体介质的气密试验压力为 1.7MPa。气密试验时，水管完全浸入水中持续 10s，应无气泡出现。

水管进行涡流探伤检验时，其人工标准缺陷（钻孔直径）应符合 GB/T 7735—1995 中的 A 级。

6. 卫生要求

用户有要求时或进行型式检验时，用于饮用净水和生活饮用水的水管，浸泡后的卫生要求应符合《生活饮用水输配水设备及防护材料安全性评价标准》GB/T 17219 的规定。

【依据技术标准】城建行业标准《薄壁不锈钢水管》CJ/T 151-2001。

2.5.9 内衬不锈钢复合钢管

此种钢塑复合压力管系指采用缩径法、冷扩法、爆燃法或钎焊法复合工艺生产的内衬不锈钢的复合钢管（以下简称复合管），此种钢管适用于工作压力不大于 2.0MPa，公称通径不大于 500mm，输送冷热水、饮用净水、消防给水、燃气、空气、油和蒸汽等低压流体，是一种既具有钢管的强度，管腔又清洁卫生，耐腐蚀的高级管材，其价格比一般钢管高得多。

1. 管材标记

按照《内衬不锈钢复合钢管》CJ/T 192-2004 标准的规定，复合钢管代号为 *C*，不锈钢代号为 *S*，公称通径代号为 *DN*。例如，公称通径 100mm 内衬不锈钢复合钢管，可标记为：*C-S-DN*100。

2. 规格尺寸及允许偏差

复合钢管的规格尺寸及允许偏差应符合表 2.5-33 的要求。

复合钢管的规格尺寸及允许偏差（mm）　　表 2.5-33

公称通径 *DN*	复合钢管						内衬不锈钢管最小厚度
	外径		壁厚		长度		
	尺寸	允许偏差	尺寸	允许偏差	尺寸	允许偏差	
6	10.2	±0.5	2.0	±12.5%	6000	+20 0	0.20
8	13.5		2.5				0.20
10	17.2		2.5				0.20
15	21.3		2.8				0.25
20	26.9		2.8				0.25
25	33.7		3.2				0.25
32	42.4		3.5				0.30
40	48.3		3.5				0.35
50	60.3	±1%	3.8	±12.5%	6000	+20 0	0.35
65	76.1		4.0				0.40
80	88.9		4.0				0.45
100	114.3		4.0				0.50
125	139.7		4.0				0.50
150	168.3		4.5				0.60
200	219.1	±0.75%	5.0	±12.5%	6000	+20 0	0.70
250	273.0		6.0				0.80
300	323.9		7.0				0.90

续表

<table>
<tr><th rowspan="3">公称通径
DN</th><th colspan="6">复合钢管</th><th rowspan="3">内衬不锈钢管
最小厚度</th></tr>
<tr><th colspan="2">外 径</th><th colspan="2">壁 厚</th><th colspan="2">长 度</th></tr>
<tr><th>尺 寸</th><th>允许偏差</th><th>尺 寸</th><th>允许偏差</th><th>尺 寸</th><th>允许偏差</th></tr>
<tr><td>350</td><td>377.0</td><td rowspan="4">±1%</td><td>8.0</td><td rowspan="4">±12.5%</td><td rowspan="4">4000～9000</td><td rowspan="4">+20
0</td><td>1.00</td></tr>
<tr><td>400</td><td>426.0</td><td>8.0</td><td>1.20</td></tr>
<tr><td>450</td><td>480.0</td><td>8.0</td><td>1.20</td></tr>
<tr><td>500</td><td>530.0</td><td>8.0</td><td>1.20</td></tr>
</table>

注：1. 可根据用户要求提供加厚的复合钢管，壁厚和使用压力应符合 GB/T 8163 规定。
2. 根据需方要求，经供需双方协定，可供表中规定以外长度尺寸的钢管。
3. 管端是否带螺纹由供需双方确定。
4. *DN*350～*DN*500 复合钢管若外层钢管采用无缝钢管时，可按 4000～9000mm 范围长度供货，也可在范围长度内定尺供货。

3. 技术要求

（1）外层钢管采用焊接钢管时，技术要求应符合 GB/T 3091 的要求；外层钢管采用无缝钢管时，技术要求应符合 GB/T 8163 的要求。

内衬不锈钢管所用钢的牌号和化学成分应符合《流体输送用不锈钢焊接钢管》GB/T 12771-2008 和《薄壁不锈钢水管》CJ/T 151-2001 规定的 0Cr19Ni9（304）、0Cr18Ni11Ti（316）、0Cr17Ni12Mo2（316 L）奥氏体不锈钢的牌号和化学成分。

（2）钢管外表面可镀锌，包覆塑料、防火涂层或防腐涂层；复合钢管内外表面应光滑，不允许有伤痕、脱皮、凹陷或裂纹等；复合钢管形状应为使用性平直；钢管的两端面应与钢管的轴线垂直，且不应有切口毛刺；外层钢管应除去焊筋，其残留高度不应大于 0.5mm。

（3）管径大于 50mm 的复合钢管应作压扁性能试验，经压扁后不得发生焊缝裂痕。

（4）复合钢管应能承受 GB/T 241 规定的液压试验。

（5）复合钢管的内衬不锈钢和外层钢管之间结合强度不应小于 0.2MPa。

（6）复合钢管的卫生性能应符合 GB/T 17219 的要求。

4. 出厂检验

复合钢管的出厂检验由厂方质量检验部门进行，主要项目有外观、尺寸、压扁试验、液压试验和结合强度试验。

【依据技术标准】城建行业标准《内衬不锈钢复合钢管》CJ/T 192-2004。

2.5.10 P3 型镀锌金属软管

此种管材是由镀锌的低碳钢带卷制而成的无填料的金属软管，用作电线保护管。

1. 软管结构及规格

P3 型镀锌金属软管为右旋卷绕，其外形结构如图 2.5-5 所示，规格及性能参数见表 2.5-34。

2. 技术要求

（1）软管长度应不短于 3m，但每箱内允许有两根短尺软管。

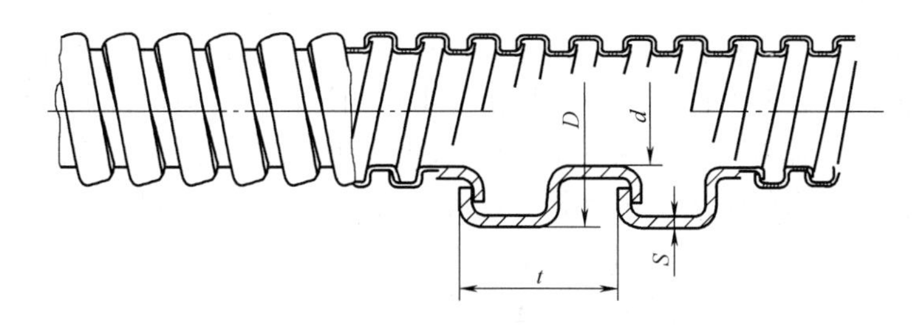

图 2.5-5 P3 型软管结构

D—软管外径；*t*—节距；*d*—软管内径；*S*—钢带厚度

P3 型镀锌金属软管规格及性能参数 **表 2.5-34**

公称内径 d (mm)	最小内径 d_{min} (mm)	外径及允许偏差 D (mm)	节距及允许偏差 t (mm)	钢带厚度 S (mm)	自然弯曲直径 R (mm)	轴向拉力 (kgf) ≥	理论重量 (g/m)
(4)	3.75	6.20±0.25	2.65±0.40	0.25	30	24	49.6
(6)	5.75	8.2±0.25	2.70±0.4	0.25	40	36	68.6
8	7.70	11.00±0.30	4.00±0.4	0.30	45	48	111.7
10	9.70	13.50±0.30	4.70±0.45	0.30	55	60	139.0
12	11.65	15.50±0.35	4.70±0.45	0.30	60	72	162.3
(13)	12.65	19.00±0.35	4.70±0.45	0.30	65	78	174.0
(15)	14.65	19.00±0.35	5.70±0.45	0.35	80	90	233.8
(16)	15.65	20.00±0.35	5.70±0.45	0.35	85	96	247.4
(19)	18.60	23.30±0.40	6.40±0.50	0.40	95	114	326.7
20	19.60	24.30±0.40	6.40±0.50	0.40	100	120	342.0
(22)	21.55	27.30±0.45	8.70±0.50	0.40	105	132	375.1
25	24.55	30.30±0.45	8.70±0.50	0.40	115	150	420.2
(32)	31.50	38.00±0.50	10.50±0.60	0.45	140	192	585.8
38	37.40	45.00±0.60	11.40±0.60	0.50	160	228	804.3
51	50.0	58.00±1.00	11.40±0.60	0.50	190	306	1054.6
64	62.50	72.50±1.50	14.80±0.60	0.60	280	384	1522.5
75	73.00	83.500±2.00	14.20±0.60	0.60	320	450	1841.2
(80)	78.00	88.50±2.00	14.20±0.60	0.60	330	480	1957.0
100	97.00	108.50±3.00	14.20±0.60	0.60	380	600	2420.4

注：1kgf=9.8N；钢带厚度 *S* 仅供参考；括号内规格不推荐使用。

软管标记示例：公称内径为 15mm 的 P 3 型镀锌金属软管标记，如按原 GB/T 3641—83 标准，应标记为：P 3 d15—GB 3641—83；如按 YB/T 5306-2006 标准，则应标记为：P 3 d15—YB/T 5306-2006。

（2）卷绕制作软管的钢带，其镀锌层厚度不小于 7μm。软管的镀锌层表面应完整、光滑、不允许有脱锌、黑斑存在，但在 1m 长度范围内允许有不超过三处的下列缺陷存在：①长度大于 5mm，最大宽度不大于 2mm 的翘皮；②长度不超过 1/3 周节的连续起泡。

（3）软管节距之间应灵活并有撑力弹性，不允许有阻塞和严重的拉力弹性。

（4）软管的内外接扣处不允许有裂纹及严重的擦毛现象；软管两端允许有修剪痕迹存在。

3. 试验和验收

软管的试验和验收应由供方技术监督部门进行，其试验方法简单易行，现简述如下：

（1）软管的内外径和节距尺寸，均用游标卡尺测量，软管在保持平直状态下，进行节距尺寸的测量，用游标卡尺量取软管 10 节的长度，再除以 10 即为软管的节距长度。

（2）软管在不变形的情况下，将软管弯成圆圈，用游标卡尺测量其内圈直径即为软管自然弯曲直径，其数值应符合表 2.5-47 的规定。

（3）软管的表面质量用肉眼及手感逐根进行检查。

（4）轴向拉力试验可在 1 t 拉力试机上进行。从外观及尺寸检查合格的软管中，任意抽取 3 个长度为 150～250mm 的试样，其轴向拉力数值应不小于表 2.5-47 的规定。

（5）弯曲试验时，取长度不短于 600mm 的软管，按表 2.5-47 中的自然弯曲直径作靠模，将软管紧贴靠模双向弯曲 6 次，软管应不脱扣或开裂。

（6）进行撑力弹性试验时，用手压缩软管端部 10 节，使软管各节全部接触，然后放松，让软管自然回弹，检查软管有无卡阻现象及撑力弹性是否良好。

（7）钢带镀锌层厚度试验

钢带镀锌厚度试验以称量法为准，详见 YB/T 5306-2006（即原 GB/T 3641-1983）标准之附录 A，用其他方法测量的数值仅供参考。

（8）软管经两个周期的中性盐雾试验，不得生锈；软管的盐雾试验由供方按有关的标准做例行试验，每年进行一次。

当初验结果不合格时，另取双倍数量重新检验不合格的项目。如仍不合格，该批软管不得交货，但制造厂可重新处理后作为新的一批软管提交验收。

4. 包装、标志和质量保证书

（1）软管采用纸板箱或木箱包装，箱子应干燥，箱内应衬有防湿纸或塑料薄膜，箱外用打包的钢带或硬塑带箍紧。

（2）箱外应印有清晰的标记，注明制造厂厂名、品名、规格、数量、重量及发运地点等项目。箱内应附有装箱单。

（3）每根软管都应附有产品合格证，每箱内附有质量证明书。

【依据技术标准】冶金行业标准《P3 型镀锌金属软管》YB/T 5306-2006，系由《P3 型镀锌金属软管》GB/T 3641-83 改换标准号而来，内容没有变化。

2.5.11 S 型钎焊不锈钢金属软管

此种金属软管系指用 1Ci18Ni9Ti 不锈钢带和不锈钢丝制成的钎焊不锈钢软管，可用作电缆的防护套管及非腐蚀性的液压油、燃油、滑油和蒸汽系统的耐压密封软管，使用温度范围为 0～400℃。代号为 S 型不锈钢软管。

1. S 型不锈钢软管结构及规格

S 型不锈钢软管为右旋卷绕而成的互锁型结构的软管，其结构如图 2.5-6 所示，规格及性能参数见表 2.5-35。

2. 交货要求

每根软管的长度应不短于 500mm，但允许交付不超过 15％交货总量的长度为 300～500mm 的软管。软管的交货分不带管接头的软管和带管接头的软管总成两种。

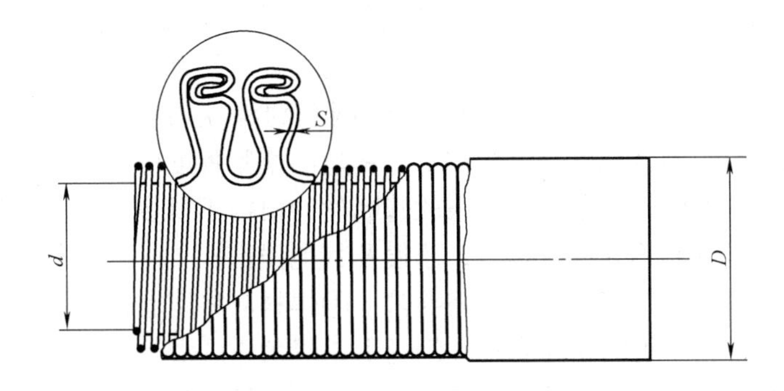

图 2.5-6 S 型软管结构

D—软管外径；d—软管内径；S—钢带厚度

S 型不锈钢软管规格及性能参数 **表 2.5-35**

公称内径 d (mm)	最小内径 d_{min} (mm)	软管外径 D (mm)	钢带厚度 S (mm)	编织钢丝直径 d_1 (mm)	软管性能参数		理论质量 (kg/m)
					20℃时工作压力 (kgf/cm²)	20℃时爆破压力 (kgf/cm²)	
6	5.9	$10.8_{-0.3}$	0.13	0.3	150	450	0.209
8	7.9	$12.8_{-0.3}$	0.13	0.3	120	360	0.238
10	9.85	$15.6_{-0.3}$	0.16	0.3	100	300	0.367
12	11.85	$18.2_{-0.3}$	0.16	0.3	95	285	0.434
14	13.85	$20.2_{-0.3}$	0.16	0.3	90	270	0.494
(15)	14.85	$21.2_{-0.3}$	0.16	0.3	85	255	0.533
16	15.85	$22.2_{-0.3}$	0.16	0.3	80	240	0.553
(18)	17.85	$24.3_{-0.3}$	0.16	0.3	75	225	0.630
20	19.85	$29.3_{-0.3}$	0.20	0.3	70	210	0.866
(22)	21.85	$31.3_{-.0.3}$	0.20	0.3	65	195	0.946
25	24.80	$35.3_{-0.3}$	0.25	0.3	60	180	1.347
30	29.80	$40.3_{-0.3}$	0.25	0.3	50	150	1.555
32	31.80	$44_{-0.3}$	0.30	0.3	45	135	1.864
38	37.75	$50_{-0.3}$	0.30	0.3	40	120	2.142
40	39.75	$52_{-0.3}$	0.30	0.3	35	105	2.207
42	41.75	$54_{-0.3}$	0.30	0.3	35	105	2.342
48	47.75	$60_{-0.3}$	0.30	0.3	30	90	2.634
50	49.75	$62_{-0.3}$	0.30	0.3	25	75	2.714
52	51.75	$64_{-0.3}$	0.30	0.3	25	75	2.795

注：1. 1kgf/cm²＝0.098MPa。

2. 软管理论重量不包括接头重量。理论重量和钢带厚度仅供参考；括号内规格不推荐使用。

公称内径 10mm 的钎焊不锈钢软管标记，如按原 GB/T 3642-83 标准，应标记为：S10-GB3642-83；如按 YB/T5307-2006 标准，则应标记为：S10-YB/T5307-2006。

3. 技术要求

(1) 软管由 1Cr18Ni9Ti 钢带制造，其技术条件应符合《不锈钢和耐热钢冷轧钢带》GB 4239 中的软态钢带要求。编织网套用的 1Cr18Ni9Ti 钢丝，其技术条件应符合有关标准规定。管接头焊料采用 HL312 银镉焊料或其他银基焊料。

(2) 每根软管管体锁缝的密封性均需通过 0.3～0.6MPa 气密性试验。即在管体钎焊之后，逐根进行气密性试验。先把软管一端堵严，另一端通入压力为0.3～0.6MPa的压缩空气，并使整根软管浸入水中停留1～2min，无泄漏现象为合格。

（3）钢丝编织网套的要求：①对钢丝编织网套的编织角度为45°＋5°，编织密度在85％以上；②钢丝编织网套应贴合于管体上，钢丝的松紧程度应均匀；③钢丝编织网套允许有少量背股和个别的断丝现象，但每根软管断丝的根数不得多于2根，且断丝不得在同一股钢丝内；④钢丝网套不允许有锈蚀、压痕及其他损伤。

（4）软管接头的高频钎焊应符合下列要求：①焊料应将网套的钢丝端头和套环外侧边缘全部覆盖住；②焊料不得沾留在套环和钢丝上，焊角应圆滑，焊后应经抛光处理。

（5）软管使用长度的计算方法。软管水平行程的名义长度可参考式（2.5-10）～式（2.5-12）计算：

$$L=4R+2I+1.57S \tag{2.5-10}$$

$$H_1=1.43R+I+0.785S \tag{2.5-11}$$

$$H_2=1.43R+I+\frac{S}{2} \tag{2.5-12}$$

式中　L——软管总成长度；

H_1——最大垂直高度；

H_2——最小垂直高度；

I——金属接头（包括套环）长度；

S——工作行程距离；

R——曲率半径，取大于10倍软管的内径值，一般去11～20倍范围内。

（6）软管总成在出厂前，应根据订货合同上的耐内压要求进行液压试验。非总成出厂的软管，需方装配后接头处及其20mm以内的配件钎焊质量和软管的密封性由需方负责。

软管总成的耐压试验，是成品出厂的重要检验。试验方法是先把软管一端用堵头堵严，另一端注入煤油至压力为0.2～0.3MPa，把堵住的一端稍稍松开，放出剩余空气后再旋紧堵严，继续通入煤油至0.5～1.0MPa，停留2min进行检查，如无渗漏现象，再继续将煤油加压至协议的额定压力值，保持压力2～3min，无泄漏现象即为合格。耐压试验装置如图2.5-7所示。

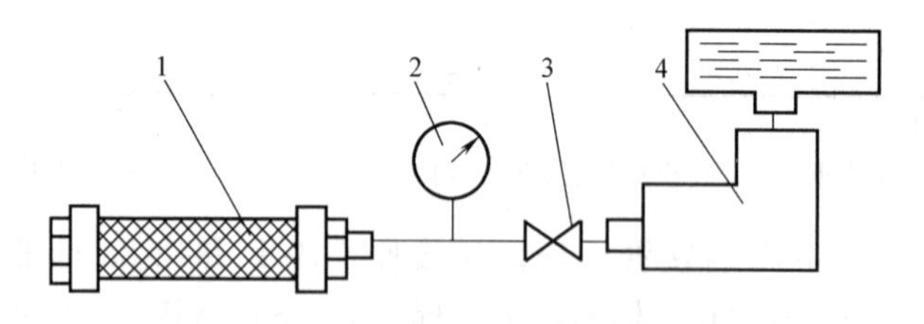

图2.5-7　软管总成的耐压试验装置

1—软管总成；2—压力表；3—阀门；4—油泵

4. 试验和验收

软管的试验和验收应由供方技术监督部门进行，软管出厂前逐根进行检查和验收。考虑到其某些试验方法简单易行，现简述如下：

（1）软管的内径和编织后外径均用游标卡尺测量，编织外径测量时应避开钢丝背股处。软管在平直状态下进行长度测量，由 10mm 起算。

（2）软管表面质量用肉眼观察。

（3）生产厂应定期在合格的软管中抽取试验件作例行试验，其中爆破压力的数值应不小于表 2.5-48 的规定。

5. 包装、标志和质量证明书

软管应装在箱内。若卷成圈状装在箱内，其内圈应大于软管公称内径的 20 倍。箱子必须干燥，箱内应用防湿纸或塑料薄膜衬垫。箱外应用钢带或硬塑带箍紧。软管表面应保持清洁，但允许存在液压试验残留的煤油。

箱内应附有装箱单。箱外应刷有明显的标记：厂名、品名，重量，箱号及发运地点等项目。每批软管均应有质量证明书，其上注明：品名、规格、长度、根数、工作压力、出厂日期、检验员代号及技术检验印章。

6. 使用注意事项

（1）此种软管系互锁型结构，其锁缝由银锂焊料钎焊密封，用于输送各种非腐蚀性液体，如液压油、燃油、滑油和蒸汽。

（2）软管应放置于干燥和清洁的环境，以防生锈。

（3）软管使用温度范围，作电线防护套管使用时，工作温度为－200～400℃；作输送液体和蒸汽使用时，工作温度为 0～400℃。

（4）软管使用时，最小弯曲半径不应小于公称内径的 10 倍，即 $R_{min} \nless 10d$，以免损坏软管或降低其使用寿命。

（5）软管在安装和使用过程中均不得受扭曲。切勿损坏钢丝，以免降低爆破强度。

（6）如果发生编织网套后缩现象时，不得用力拉管体，应拉编织网套，以免拉坏管体。

【依据技术标准】冶金行业标准《S 型钎焊不锈钢金属软管 P3 型镀锌金属软管》YB/T 5307-2006，系由《S 型钎焊不锈钢金属软管》GB/T 3642-83 改换标准号而来，内容没有变化。

2.5.12 碳钢电线套管

碳素结构钢电线套管系指采用热轧或冷轧钢带成型后，经电阻焊焊接，用作电线套管的钢管，其材质为碳素结构钢。

钢管按管端形状的不同，分为带螺纹的电线套管和平端电线套管（即不带螺纹，也称光管）两种；按表面状态的不同，又分为镀锌电线套管和焊管电线套管（即不镀锌管）两种。

1. 外径、壁厚及允许偏差

钢管的外径 D 范围为 12.7～168.3mm，壁厚 t 范围为 0.5～3.2mm，且符合 GB/T 21835 规定的规格间隔。显然，当外径 D 范围为 12.7～168.3mm 时，壁厚范围仅为0.5～3.2mm，故习惯上称为薄壁管。YB/T 5305-2008 标准未列出以上直径规格电线套管所对应的壁厚，故无法列表。在实际工程中应注意明确不同规格管材的壁厚。

此种电线钢套管的外径和壁厚的允许偏差应符合表 2.5-36 的规定。

外径和壁厚的允许偏差（mm） 表 2.5-36

公称外径 D	公称外径允许偏差	公称壁厚 t 允许偏差
$12.7<D\leqslant48.3$	±0.3	±10.0%t
$48.3<D\leqslant88.9$	±0.3	±10.0%t
$88.9<D\leqslant168.3$	±0.75%D	±10.0%t

现将工程中常用的两种薄壁电线套管规格分别列于表 2.5-37 和表 2.5-38 供参考。有时电线套管也使用低压流体输送用焊接钢管（GB/T 3091-2008 标准），习惯上称为厚壁管。具体使用薄壁管还是薄壁管应由具体的工程设计确定。

常用薄壁电线套管之一 表 2.5-37

公称尺寸(mm)	外径(mm)	外径允许偏差（mm）	壁厚(mm)	理论重量（kg/m）
13	12.70	±0.20	1.6	0.438
16	15.88	±0.20	1.6	0.581
19	19.05	±0.25	1.8	0.766
25	25.04	±0.25	1.8	1.048
32	31.75	±0.25	1.8	1.320
38	38.10	±0.25	1.8	1.611
51	50.80	±0.30	2.00	2.407
64	63.50	±0.30	2.50	3.760
76	76.20	±0.30	3.20	5.761

注：1. 本表引自《建筑用管材速查手册》表 1-146。
2. 采用螺纹管交货时，每根管应带一个管接头；理论重量未包括管接头重量，按理论重量交货应增加管接头重量。

常用薄壁电线套管之二 表 2.5-38

公称口径（mm）	外径(mm)	壁厚(mm)	内径(mm)	内孔截面积（mm^2）	参考重量（kg/m）
15	15.87	1.5	12.87	130	0.536
20	19.05	1.5	16.05	202	0.647
25	25.4	1.5	22.40	395	0.869
32	31.75	1.5	28.75	649	1.13
40	38.10	1.5	35.10	967	1.35
50	50.80	1.5	47.80	1794	1.83

注：本表引自《建筑用管材速查手册》表 23-52。

2. 钢管的长度和外形

根据 YB/T 5305-2008 的规定，钢管的长度和外形应符合以下规定。

（1）钢管长度

钢管的通常长度为 3000～12000mm。

经供需双方协议，也可按定尺长度或倍尺长度交货。定尺长度应在通常长度范围内，全长允许偏差为：0～20mm；倍尺总长度应在通常长度范围内，全长允许偏差为0～20mm，每个倍尺长度应留5～10mm的切口裕量。

（2）钢管外形

钢管的全长弯曲度应不大于总长度的0.2%，每米弯曲度应不大于3.0mm/m。钢管的不圆度应不大于外径公差。

经供需双方议定，钢管的两端可加工螺纹，螺纹的标准牙形见图2.5-8，螺纹的基本尺寸及公差应符合YB/T 5305-2008标准附录A表A.1的规定。

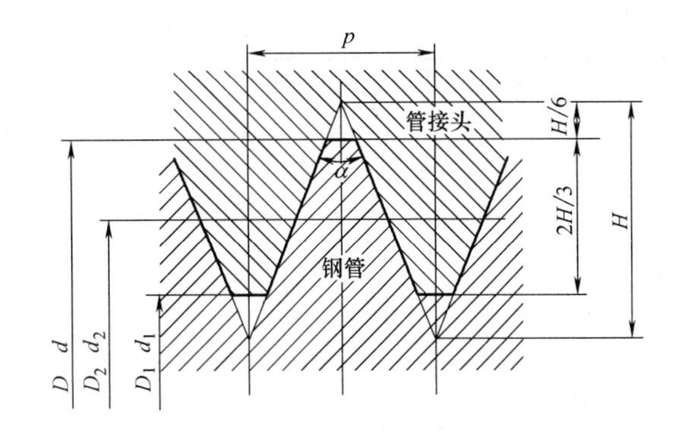

图2.5-8 钢管的螺纹的标准牙形

D—管接头螺纹外径；d—钢管螺纹外径；D_2—管接头螺纹平均直径；d_2—钢管螺纹平均直径；D_1—管接头螺纹内径；d_1—钢管螺纹内径；p—螺距；H—原始三角形高度；$\alpha=55°$

钢管的螺纹尺寸按下列公式计算：

$$D_2=D-0.64033P \tag{2.5-13}$$

$$d_2=d-0.64033P \tag{2.5-14}$$

$$D_1=D-1.28065P \tag{2.5-15}$$

$$d_1=d-1.28065P \tag{2.5-16}$$

$$P=25.4/n \tag{2.5-17}$$

$$H=0.96049P \tag{2.5-18}$$

3. 钢管的重量

钢管可按理论重量或实际重量交货，以理论重量交货的钢管，每批或单根钢管的理论重量与实际重量的允许偏差为±7.5%。非镀锌钢管的理论重量按式（2.5-19）计算（钢的密度取值为7.85kg/dm³）：

$$W=0.024661(D-t)t \tag{2.5-19}$$

式中 W——钢管的理论重量，kg/m；

D——钢管公称外径，mm；

t——钢管的壁厚，mm。

钢管镀锌后的理论重量按式（2.5-20）计算：

$$W'=cW \tag{2.5-20}$$

式中 W'——钢管镀锌后的理论重量，kg/m；

c——镀锌钢管比原管增加的重量系数，见表2.5-39；

W——钢管镀锌前的理论重量，kg/m。

4. 钢管的材质、力学性能和交货状态

钢材的牌号和化学成分应符合GB/T 700中Q195、Q215A、Q215B、Q235A、Q235B、Q235C、Q275A、Q275B、Q275C的规定。

钢材的化学成分按熔炼成分验收。当需方要求进行成品分析时，应经供需双方协商，并在合同中注明。成品化学成分的允许偏差应符合GB/T 222的有关规定。

镀锌钢管的重量系数 **表 2.5-39**

公称壁厚(mm)	0.5	0.6	0.8	1.0	1.2	1.4	1.6	1.8	2.0	2.3
系列 c	1.255	1.112	1.159	1.127	1.106	1.091	1.080	1.071	1.064	0.055
公称壁厚(mm)	2.6	2.9	3.2	3.6	4.0	4.5	5.0	5.4	5.6	6.3
系数 c	1.049	1.044	1.040	1.035	1.032	1.028	1.025	0.024	1.023	1.020
公称壁厚(mm)	7.1	8.0	8.8	10	11	12.5	14.2	16	7.5	20
系数 c	1.018	1.016	1.014	1.013	1.012	1.010	1.009	1.008	1.009	1.006

钢管的力学性能不作为交货条件。当需方有力学性能要求时，应经供需双方协商，并在合同中注明，可进行钢管的力学性能试验。

钢管按轧制后焊接状态交货，也可按合同要求状态交货。

5. 表面质量

钢管外表面不允许有裂缝和结疤。允许存在不大于壁厚负偏差的压痕、直道、刮伤、凹坑及打磨外毛刺后的痕迹；钢管内表面应光滑，焊缝处允许有高度不超过 1mm 的内毛刺。

当管端加工螺纹时，螺纹应整齐、光洁、无裂纹，焊缝处的螺纹允许有黑皮，但螺纹断面高度的减低量应不超过规定高度的 15%；螺纹的断缺或齿形不全，其长度总和应不超过规定长度的 10%，相邻两扣的同一部位不允许同时断缺。

根据需方要求，经供需双方协商，并在合同中注明，钢管可采用热浸镀锌法在钢管内、外表面进行镀锌后交货。

钢管镀锌层的内外表面应完整，不应有未镀上锌的黑斑和气泡存在，局部允许有粗糙面和锌瘤存在。钢管镀锌后表面可进行钝化处理。

根据需方要求，经供需双方协商，并在合同中注明，钢管可选择临时性涂层、特殊涂层，并对涂层材料、部位和技术要求进行确定。

6. 试验和检验

钢管的尺寸、外形应使用符合精度要求的量具逐根测量。

钢管的试验和检验项目包括化学成分、拉伸试验、弯曲试验、压扁试验、表面质量检验及镀锌层均匀性试验和镀锌层重量测定。

镀锌层均匀性试验（硫酸铜浸渍法）见 YB/T5305-2008 标准之附录 B；镀锌层重量测定（氯化锑法）见 YB/T 5305-2008 标准之附录 C。

钢管的检查和验收由供方技术监督部门进行。

【依据技术标准】 冶金行业标准《碳素结构钢电线套管》YB/T 5305-2008。

3 有色金属管

3.1 铜及铜合金管

3.1.1 铜及铜合金无缝管材外形尺寸及允许偏差

"铜及铜合金无缝管材外形尺寸及允许偏差"，是一项无缝铜及铜合金管材的综合性标准，规定了铜及铜合金无缝圆形和矩（方）形管材的外形尺寸及允许偏差，适用于挤制无缝圆形管材和拉制无缝圆形、矩（方）形管材。

1. 铜管规格

挤制铜及铜合金圆形管的规格应符合表 3.1-1 的规定；拉制铜及铜合金圆形管的规格应符合表 3.1-2 的规定。

挤制铜及铜合金圆形管的规格（mm）　　表 3.1-1

公称外径	公称壁厚																										
	1.5	2.0	2.5	3.0	3.5	4.0	4.5	5.0	6.0	7.5	9.0	10.0	12.5	15.0	17.5	20.0	22.5	25.0	27.5	30.0	32.5	35.0	37.5	40.0	42.5	45.0	50.0
20,21,22	○	○	○	○		○																					
23,24,25,26	○	○	○	○	○	○																					
27,28,29			○	○	○	○	○	○	○																		
30,32			○	○	○	○	○	○	○																		
34,35,36			○	○	○	○	○	○	○																		
38,40,42,44			○	○	○	○	○	○	○	○	○	○															
45,46,48			○	○	○	○	○	○	○	○	○	○															
50,52,54,55			○	○	○	○	○	○	○	○	○	○	○	○	○												
56,58,60						○	○	○	○	○	○	○	○	○	○												
62,64,65,68,70						○	○	○	○	○	○	○	○	○	○	○											
72,74,75,78,80						○	○	○	○	○	○	○	○	○	○	○	○	○									
85,90										○		○	○	○	○	○	○	○	○	○							
95,100										○		○	○	○	○	○	○	○	○	○							
105,110												○	○	○	○	○	○	○	○	○							
115,120												○	○	○	○	○	○	○	○	○	○	○	○				
125,130												○	○	○	○	○	○	○	○	○	○	○					
135,140												○	○	○	○	○	○	○	○	○	○	○	○				
145,150												○	○	○	○	○	○	○	○	○	○	○					
155,160												○	○	○	○	○	○	○	○	○	○	○	○	○	○		
165,170												○	○	○	○	○	○	○	○	○	○	○	○	○	○		
175,180												○	○	○	○	○	○	○	○	○	○	○	○	○	○		
185,190,195,200												○	○	○	○	○	○	○	○	○	○	○	○	○	○	○	
210,220												○	○	○	○	○	○	○	○	○	○	○	○	○	○	○	
230,240,250												○	○	○		○		○	○	○	○	○	○	○	○	○	○
260,280												○	○	○		○		○		○							
290,300																○		○		○							

注："○"表示推荐规格，需要其他规格由供需双方商定。

拉制铜及铜合金圆形管的规格（mm） 表 3.1-2

公称外径	公称壁厚																									
	0.2	0.3	0.4	0.5	0.6	0.75	1.0	1.25	1.5	2.0	2.5	3.0	3.5	4.0	4.5	5.0	6.0	7.0	8.0	9.0	10.0	11.0	12.0	13.0	14.0	15.0
3,4	○	○	○	○	○	○	○	○																		
5,6,7	○	○	○	○	○	○	○	○	○																	
8,9,10,11,12,13,14,15	○	○	○	○	○	○	○	○	○	○	○	○														
16,17,18,19,20		○	○	○	○	○	○	○	○	○	○	○	○	○	○											
21,22,23,24,25,26,27,28,29,30			○	○	○	○	○	○	○	○	○	○	○	○	○	○										
31,32,33,34,35,36,37,38,39,40			○	○	○	○	○	○	○	○	○	○	○	○	○	○										
42,44,45,46,48,49,50						○	○	○	○	○	○	○	○	○	○	○	○									
52,54,55,56,58,60						○	○	○	○	○	○	○	○	○	○	○	○	○	○							
62,64,65,66,68,70							○	○	○	○	○	○	○	○	○	○	○	○	○	○	○	○				
72,74,75,76,78,80										○	○	○	○	○	○	○	○	○	○	○	○	○	○	○		
82,84,85,86,88,90,92,94,96,100										○	○	○	○	○	○	○	○	○	○	○	○	○	○	○	○	○
105,110,115,120,125,130,135,140,145,150										○	○	○	○	○	○	○	○	○	○	○	○	○	○	○	○	○
155,160,165,170,175,180,185,190,195,200												○	○	○	○	○	○	○	○	○	○	○	○	○	○	○
210,220,230,240,250												○	○	○	○	○	○	○	○	○	○	○	○	○	○	○
260,270,280,290,300,310,320,330,340,350,360														○	○	○										

注："○"表示推荐规格，需要其他规格由供需双方商定。

2. 外形尺寸及允许偏差

挤制圆形管材的外径允许偏差应符合表 3.1-3 的规定，拉制圆形管材的平均外径允许偏差应符合表 3.1-4 的规定；拉制矩（方）形管材两平行外表面间距允许偏差应符合表 3.1-5 的规定。

挤制圆形管材的外径允许偏差（mm） 表 3.1-3

公称外径	外径允许偏差(±)		公称外径	外径允许偏差(±)	
	纯铜管、青铜管	黄铜管		纯铜管、青铜管	黄铜管
20～22	0.22	0.25	101～120	1.2	1.3
23～26	0.25	0.25	121～130	1.3	1.5
27～29	0.25	0.25	131～140	1.4	1.6
30～33	0.30	0.30	141～150	1.5	1.7
34～37	0.30	0.35	151～160	1.6	1.9
38～44	0.35	0.40	161～170	1.7	2.0
45～49	0.35	0.45	171～180	1.8	2.1
50～55	0.45	0.50	181～190	1.9	2.2
56～60	0.60	0.60	191～200	2.0	2.2
61～70	0.70	0.70	210～220	2.2	2.3
71～80	0.80	0.82	221～250	2.5	2.4
81～90	0.90	0.92	251～280	2.8	2.5
91～100	1.0	1.1	281～300	2.0	—

注：1. 当要求外径偏差全为正（+）或全为负（−）时，其允许偏差为表中对应数值的 2 倍。
2. 当外径和壁厚之比不小于 10 时，挤制黄铜管的短轴尺寸不应小于公称外径的 95%。此时，外径允许偏应为平均外径允许偏差。
3. 当外径和壁厚之比不小于 15 时，挤制纯铜管和青铜管的短轴尺寸不应小于公称外径的 95%。此时，外径允许偏差应为平均外径允许偏差。

拉制圆形管材的平均外径允许偏差（mm） **表 3.1-4**

公称外径	平均外径允许偏差(±)，不大于		公称外径	平均外径允许偏差(±)，不大于	
	普通级	高精级		普通级	高精级
3～15	0.06	0.05	>100～125	0.28	0.15
>15～25	0.08	0.06	>125～150	0.35	0.18
>25～50	0.12	0.08	>150～200	0.50	—
>50～75	0.15	0.10	>200～250	0.65	—
>75～100	0.20	0.13	>250～360	0.40	—

注：当要求外径偏差全为正（+）或全为负（—）时，其允许偏差为表中对应数值的 2 倍。

拉制矩（方）形管材两平行外表面间距允许偏差（mm） **表 3.1-5**

尺寸 a 和 b	允许偏差(±)，不大于		简图
	普通级	高精级	
≤3.0	0.12	0.08	
>3.0～16	0.15	0.10	
>16～25	0.18	0.12	
>25～50	0.25	0.15	
>50～100	0.35	0.20	

注：1. 当两平行外表面间距的允许偏差要求全为正（+）或全为负（—）时，其允许偏差为表中对应数值的 2 倍。

2. 公称尺寸 a 对应的公差也适用 a'，公称尺寸 b 对应的公差也适用 b'。

3. 壁厚及允许偏差

挤制圆形管材的壁厚及允许偏差应符合表 3.1-6 的规定；拉制圆形管材的壁厚及允许偏差应符合表 3.1-7 的规定；铜及铜合金无缝矩（方）形管材的壁厚及允许偏差应符合表 3.1-8 的规定。

挤制圆形管材的壁厚及允许偏差（mm） **表 3.1-6**

材料名称	公称外径	公称壁厚												
		1.5	2.0	2.5	3.0	3.5	4.0	4.5	5.0	6.0	7.5	9.0	10.0	12.5
		壁厚允许偏差(±)												
纯铜管	20～300	—	—	—	—	—	—	—	0.5	0.6	0.75	0.9	1.0	1.2
黄、青铜管	20～280	0.25	0.30	0.40	0.45	0.5	0.5	0.6	0.6	0.7	0.75	0.9	1.0	1.3

材料名称	名称外径	公称壁厚													
		15.0	17.5	20.0	22.5	25.0	27.5	30.0	32.5	35.0	37.5	40.0	42.5	45.0	50.0
		壁厚允许偏差(±)													
纯铜管	20～300	1.4	1.6	1.8	1.8	2.0	2.2	2.4	—	—	—	—	—	—	—
黄、青铜管	20～280	1.5	1.8	2.0	2.3	2.5	2.8	3.0	3.3	3.5	3.8	4.0	4.3	4.4	4.5

注：当要求外径偏差全为正（+）或全为负（—）时，其允许偏差为表中对应数值的 2 倍。

拉制圆形管材的壁厚及允许偏差（mm） 表 3.1-7

公称外径	公称壁厚									
	0.20~0.40		>0.40~0.60		>0.60~0.90		>0.90~1.5		>1.5~2.0	
	壁厚允许偏差±(%)									
	普通级	高精级	普通级	高精级	普通级	高精级	普通级	高精级	普通级	高精级
3~15	12	10	12	0	12	9	12	7	10	5
>15~25	—	—	12	10	12	9	12	7	10	6
>25~50	—	—	12	10	12	10	12	8	10	6
>50~100	—	—	—	—	12	10	12	9	10	8
>100~175	—	—	—	—	—	—	—	—	11	10
>175~250	—	—	—	—	—	—	—	—	—	—
>250~360	供需双方协商									

公称外径	公称壁厚											
	>2.0~3.0		>3.0~4.0		>4.0~5.5		>5.5~7.0		>7.0~10.0		>10.0	
	壁厚允许偏差±(%)											
	普通级	高精级	普通级	高精级	普通级	高精级	普通级	高精级	普通级	高精级	普通级	高精级
3~15	10	5	—	—	—	—	—	—	—	—	—	—
>15~25	10	5	10	5	10	5	—	—	—	—	—	—
>25~50	10	6	10	5	10	5	10	5	—	—	—	—
>50~100	10	8	10	6	10	5	10	5	10	5	10	5
>100~175	11	9	10	7	10	7	10	6	10	6	10	5
>175~250	12	10	11	9	10	8	10	7	10	6	10	6
>250~360	供需双方协商											

注：当要求外径偏差全为正（+）或全为负（—）时，其允许偏差为表中对应数值的 2 倍。

矩（方）形铜及铜合金管的壁厚允许偏差（mm） 表 3.1-8

壁厚	两平行外表面的距离									
	0.80~3.0		>3.0~16		>16~25		>25~50		>50~100	
	壁厚允许偏差(±)									
	普通级	高精级	普通级	高精级	普通级	高精级	普通级	高精级	普通级	高精级
≤0.4	0.06	0.05	0.08	0.05	0.11	0.06	0.12	0.08	—	
>0.4~0.6	0.10	0.08	0.10	0.06	0.12	0.08	0.15	0.09	—	—
>0.6~0.9	0.11	0.09	0.13	0.09	0.15	0.09	0.18	0.10	0.20	0.15
>0.9~1.5	0.12	0.10	0.15	0.10	0.18	0.12	0.25	0.12	0.28	0.20
>1.5~2.0	—	—	0.18	0.12	0.23	0.15	0.28	0.20	0.30	0.20
>2.0~3.0	—	—	0.25	0.20	0.30	0.20	0.35	0.25	0.40	0.25
>3.0~4.0	—	—	0.30	0.25	0.35	0.25	0.40	0.28	0.45	0.30
>4.0~5.5	—	—	0.50	0.28	0.55	0.30	0.60	0.33	0.65	0.38
>5.5~7.0	—	—	—	—	0.65	0.38	0.75	0.40	0.85	0.45

注：1. 当壁厚偏差要求全为正或全为负时，应将此值加倍。
2. 对于矩形管，由较大尺寸来确定壁厚允许偏差，适用于所有管壁。

4. 长度及允许偏差

(1) 圆形管材的长度及允许偏差

外径不大于 100mm 的拉制管材，供应长度为 1000~7000mm；其他管材供应长度为

500～6000mm。

定尺或倍尺长度（合同中议定）的挤制管材，其长度允许偏差0～+15mm。倍尺长度应加入锯切时的分切量，每一锯切量为5mm。

定尺或倍尺长度（合同中议定）的拉制直管，其长度允许偏差应符合表3.1-9的规定。

外径不大于30mm、壁厚不大于3mm的拉制铜管，可供应长度不短于6000mm的盘管，其长度允许偏差应符合表3.1-10的规定。

拉制直管的长度及允许偏差（mm） **表3.1-9**

长度	允许偏差		
	外径≤25	外径>25～100	外径>100
≤600	2	3	4
>600～2000	4	4	6
>2000～4000	6	6	6
>4000	12	12	12

注：1. 表中的偏差为正偏差，如果要求偏差为负偏差，可采用相同的值；如果偏差采用正和负偏差，则应为表中所列值的一半。
2. 倍尺长度应加入锯切时的分切量，每一锯切量为5mm。

盘管的长度及允许偏差（mm） **表3.1-10**

长　度	允许偏差,不大于
≤12000	300
>12000～30000	600
>30000	长度的3%

注：表中的偏差为正偏差，如果要求偏差为负偏差，可采用相同的值；如果偏差采用正和负偏差，则应为表中所列值的一半。

(2) 矩（方）形管材的长度及允许偏差

矩（方）形管材的长度及允许偏差应符合表3.1-11的规定。

矩（方）形管材的长度及允许偏差（mm） **表3.1-11**

长　度	最大对边距	
	≤25	>25～100
	允许偏差,不大于	
≤150	0.8	1.5
>150～600	1.5	2.5
>600～2000	2.5	3.0
>2000～4000	6.0	6.0
>4000～12000	12	12
>12000	盘状供货,+0.2%	

注：1. 表中的偏差为正偏差，如果要求偏差为负偏差，可采用相同的值；如果偏差采用正和负偏差，则应为表中所列值的一半。
2. 长度在12000mm以下的管材，一般直条状供货。
3. 倍尺长度应加入锯切时的分切量，每一锯切量为5mm。

5. 圆度

圆度系指圆形管材任一截面上测量的最大直径和最小直径之差。对于未退火的拉制圆形直条管，其圆度应符合表 3.1-12 的规定。经退火的拉制圆形直条管，其圆度应不超出外径允许偏差。但当管材的公称壁厚和公称外径之比小于 0.07 时，其截面短轴尺寸不应小于公称外径的 95%。拉制圆形盘管截面的短轴尺寸不应小于公称外径的 90%。

未退火的拉制直管圆度 **表 3.1-12**

公称壁厚和公称外径之比	圆度不大于(mm)	
	普通级	高精级
0.01~0.03	≤外径的 3%	≤外径的 1.5%
>0.03~0.05	≤外径的 2%	≤外径的 1.0%
>0.05~0.10	≤外径的 1.5%或 0.10(取较大者)	≤外径的 0.8%或 0.05(取较大者)
>0.10	≤外径的 1.5%或 0.10(取较大者)	≤外径的 0.7%或 0.05(取较大者)

6. 直度

直度是指将管材置于平台上，使弯弧或不直的部位位于同一平面上，在规定的长度上所测得的最大弧深（此处“直度”似不如用“不直度”更贴切一些，但为了与标准保持一致，不作改变）。

（1）拉制圆形直管

未退火的硬状态和半硬状态拉制圆形直管的直度应符合表 3.1-13 的规定，全长直度不应超过每米直度与总长度（m）的乘积；经退火的拉制直管和盘管的直度不作规定。

硬状态和半硬状态拉制直管的直度（mm） **表 3.1-13**

公称外径	每米直度,不大于	
	普通级	高精级
≤80	3	4
>80~150	5	6
>150	7	10

（2）挤制圆形直管

挤制圆形直管的直度应符合表 3.1-14 的规定，全长直度不应超过每米直度与总长度（m）的乘积。

挤制管材的直度（mm） **表 3.1-14**

公称外径	≤40	>40~80	>80~150	>150
每米直度,不大于	4	7	10	15

（3）矩（方）形管材的直度

拉制硬态管材的直度，在全长任意 2000mm 上测得的最大弯弧深度应不大于 12mm。

7. 切斜度

切斜度是指管材经切割后，端面对横截面倾斜的最大垂直距离。管材端部应锯切平整，管材的切斜度应符合表 3.1-15 的规定。

管材切斜度（mm） **表 3.1-15**

圆形管材		矩(方)形管材	
外　径	切斜度，不大于	两最大平行外表面间距	切斜度，不大于
≤16	0.40	≤6.0	0.40
>16	外径的 2.5%	>6.0	两最大平行外表面间距的 2.5%

8. 扭拧度

扭拧度是指矩（方）形管材一定长度内两横截面相对扭转的角度。直条状供货的、两平行外表面间距不小于 12mm 的拉制状态矩（方）形管材，其扭拧度每 300mm 应不超过 1 度（精确到度），总扭拧度不应超过 20 度。扭拧度的检测方法见《铜及铜合金无缝管材外形尺寸及允许偏差》GB/T 16866-2006 标准之附录 A。

9. 圆角半径

矩形和方形管的内、外角如图 3.1-1 所示。允许圆角半径应不超过表 3.1-16 的规定。

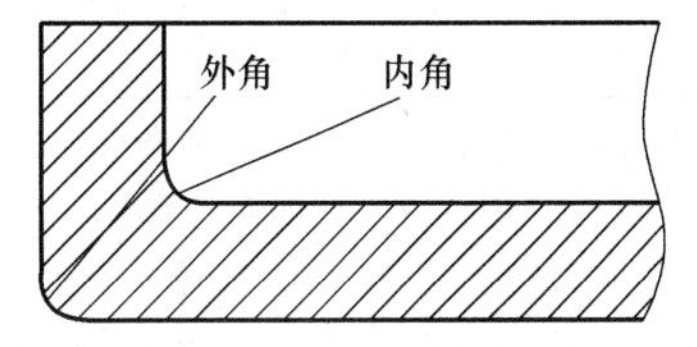

图 3.1-1　圆角半径

矩形和方形管材方角的允许圆角半径（mm） **表 3.1-16**

壁　厚	允许圆角半径，不大于			
	普通级		高精级	
	外角	内角	外角	内角
≤1.5	2.0	1.5	1.2	0.8
>1.5~3.0	3.0	2.5	1.6	1.0
>3.0~5.0	4.0	3.0	2.4	1.2
>5.0~7.0	5.0	4.0	3.0	1.5

【依据技术标准】《铜及铜合金无缝管材外形尺寸及允许偏差》GB/T 16866-2006。

3.1.2　铜及铜合金拉制管

铜及铜合金拉制管系指一般用途的圆形、矩（方）形铜及铜合金拉制管材。

1. 管材牌号、状态和规格

铜及铜合金拉制管的牌号、状态和规格应符合表 3.1-17 的规定。

拉制管的牌号、状态和规格 **表 3.1-17**

<table>
<tr><th rowspan="3">牌　　号</th><th rowspan="3">状　　态</th><th colspan="4">规格(mm)</th></tr>
<tr><th colspan="2">圆形</th><th colspan="2">矩(方)形</th></tr>
<tr><th>外径</th><th>壁厚</th><th>对边距</th><th>壁厚</th></tr>
<tr><td rowspan="2">T2、T3、TU1、TU2、TP1、TP2</td><td>软(M)、轻软(M_2)
硬(Y)、特硬(T)</td><td>3~360</td><td rowspan="2">0.5~15</td><td rowspan="6">3~100</td><td rowspan="2">1~10</td></tr>
<tr><td>半硬(Y_2)</td><td>3~100</td></tr>
<tr><td>H96、H90</td><td rowspan="4">软(M)、轻软(M_2)
半硬(Y_2)、硬(Y)</td><td rowspan="2">3~200</td><td rowspan="4">0.2~10</td><td rowspan="4">0.2~7</td></tr>
<tr><td>H85、H80、H85A</td></tr>
<tr><td>H70、H68、H59、HPb59-1、
HSn62-1、HSn70-1、H70A、H68A</td><td>3~100</td></tr>
<tr><td>H65、H63、H62、HPb66-0.5、H65A</td><td>3~200</td></tr>
</table>

续表

牌号	状态	规格(mm)			
		圆形		矩(方)形	
		外径	壁厚	对边距	壁厚
HPb63-0.1	半硬(Y_2)	18～31	6.5～13	—	—
	1/3 硬(Y_3)	8～31	3.0～13		
BZn15-20	硬(Y)、半硬(Y_2)、软(M)	4～40	0.5～8	—	—
BFe10-1-1	硬(Y)、半硬(Y_2)、软(M)	8～160			
BFe30-1-1	半硬(Y_2)、软(M)	8～80			

注：1. 外径≤100mm 的圆形直管，供应长度为 1000～7000mm，其他规格的圆形直管供应长度为 500～6000mm；矩（方）形直管的供应长度为 1000～5000mm。
2. 外径≤30mm，壁厚<3mm 的圆形管材和圆周长≤100mm 或圆周长与壁厚之比≤15 的矩（方）形管材，可供应长度≥6000mm 的盘管。

2. 外形尺寸及允许偏差

管材的尺寸及其允许偏差应符合 GB/T 16866 的规定，即见“3.1.1 铜及铜合金无缝管材外形尺寸及允许偏差”。

3. 化学成分和力学性能

各种牌号拉制铜管的化学成分应符合《加工铜及铜合金牌号和化学成分》GB/T 5231 中相应牌号的规定。H65A 牌号的 As 的含量为 0.03%～0.06%，其他元素的含量同 H65。

纯铜圆形管材的纵向室温力学性能应符合表 3.1-18 的规定，矩（方）形管材的室温力学性能由供需双方协商确定。黄铜、白铜管材的纵向室温力学性能应符合表 3.1-19 的规定。需方在合同中注明要求时，可选择维氏硬度或布氏硬度试验。当选择硬度试验时，拉伸试验结果仅供参考。

纯铜圆形管材力学性能 **表 3.1-18**

牌号	状态	壁厚(mm)	拉伸试验		硬度试验	
			抗拉强度 R_m (MPa) ≥	伸长率 A (%) ≥	维氏硬度 HV	布氏硬度 HB
T2、T3 TU1、TU2、TP1、TP2	软(M)	所有	200	40	40～65	35～60
	轻软(M_2)	所有	220	40	45～75	40～70
	半硬(Y_2)	所有	250	20	70～100	65～95
	硬(Y)	≤6	290	—	95～120	90～115
		>6～10	265	—	75～110	70～105
		>10～15	250	—	70～100	65～95
	特硬[a](T)	所有	360	—	≥110	≥150

注：特硬（T）状态的抗拉强度仅适用于壁厚≤3mm 的管材，当壁厚>3mm 时，其性能由供需双方协商确定；维氏硬度试验负荷由供需双方协商确定；软（M）状态的维氏硬度试验仅适用于壁厚≥1mm 的管材；布氏硬度试验仅适用于壁厚≥3mm 的管材。

黄铜、白铜管材的纵向室温力学性能 **表 3.1-19**

牌号	状态	拉伸试验		硬度试验	
		抗拉强度 R_m (MPa) ≥	伸长率 A (%) ≥	维氏硬度 HV	布氏硬度 HB
H96	软(M)	205	42	45～70	40～65
	轻软(M_2)	220	35	50～75	45～70
	半硬(Y_2)	260	18	75～105	70～100
	硬(Y)	320	—	≥95	≥90
H90	软(M)	220	42	45～75	40～70
	轻软(M_2)	240	35	50～80	45～75
	半硬(Y_2)	300	18	75～105	70～100
	硬(Y)	360	—	≥100	≥95
H85、H85A	软(M)	240	43	45～75	40～70
	轻软(M_2)	260	35	50～80	45～75
	半硬(Y_2)	310	18	80～110	75～105
	硬(Y)	370	—	≥105	≥100
H80	软(M)	240	43	45～75	40～70
	轻软(M_2)	260	40	55～85	50～80
	半硬(Y_2)	320	25	85～120	80～115
	硬(Y)	390	—	≥115	≥110
H70、H68、H70A、H68A	软(M)	280	43	55～85	50～80
	轻软(M_2)	350	25	85～120	80～115
	半硬(Y_2)	370	18	95～125	90～120
	硬(Y)	420	—	≥115	≥110
H65、HPb66-0.5、H65A	软(M)	290	43	55～85	50～80
	轻软(M_2)	360	25	80～115	75～110
	半硬(Y_2)	370	18	90～120	85～115
	硬(Y)	430	—	≥110	≥105
H63、H62	软(M)	300	43	60～90	55～85
	轻软(M_2)	360	25	75～110	70～105
	半硬(Y_2)	370	18	85～120	80～1115
	硬(Y)	440	—	≥115	≥110
H59、HPb59-1	软(M)	340	35	75～105	70～100
	轻软(M_2)	370	20	85～115	80～110
	半硬(Y_2)	410	15	100～130	95～125
	硬(Y)	470	—	≥125	120
HSn70-1	软(M)	295	40	60～90	55～85
	轻软(M_2)	320	35	70～100	65～95

续表

牌号	状态	拉伸试验		硬度试验	
		抗拉强度 R_m (MPa) ≥	伸长率 A (%) ≥	维氏硬度 HV	布氏硬度 HB
HSn70-1	半硬(Y_2)	370	20	85～110	80～105
	硬(Y)	455	—	≥110	≥105
HSn62-1	软(M)	295	35	60～90	55～85
	轻软(M_2)	335	30	75～105	70～100
	半硬(Y_2)	370	20	85～110	80～105
	硬(Y)	455	—	≥110	≥105
HPb63-0.1	半硬(Y_2)	353	20	—	110～165
	1/3 硬(Y_3)	—	—	—	70～125
BZn15-20	软(M)	295	35	—	—
	半硬(Y_2)	390	20	—	—
	硬(Y)	490	8	—	—
BFe10-1-1	软(M)	290	30	75～110	70～105
	半硬(Y_2)	310	12	105	100
	硬(Y)	480	8	150	145
BFe30-1-1	软(M)	370	35	135	130
	半硬(Y_2)	480	12	85～120	80～115

注：维氏硬度试验负荷由供需双方协商确定；软（M）状态的维氏硬度试验仅适用于壁厚≥0.5mm 的管材；布氏硬度试验仅适用于壁厚≥3mm 的管材。

4. 工艺性能

需方在合同中注明要求时，圆形管材在完全退火后可按规定进行压扁试验或扩口试验，试验后的管材不应有肉眼可见的裂纹和裂口。

5. 表面质量

管材的内外表面应光滑、清洁，允许有轻微的、局部的、不使管材外径和壁厚超出允许偏差的细划纹、凹坑、压入物和斑点等缺陷，但不应有分层、针孔、裂纹、起皮、气泡、粗拉道和夹杂等缺陷。轻微的矫直和车削痕迹、环状痕迹、氧化色、发暗、水迹、油迹不能作报废依据。

如对管材的表面质量有特殊要求（如酸洗、除油等），由供需双方协商，并在合同中注明。

6. 标记示例

产品标记按管材名称、牌号、状态、规格和标准编号的顺序表示。

例 1：用 T2 制造的、软状态、外径为 20mm、壁厚为 0.5mm 的圆形管材标记为：

管 T2M ϕ20×0.5 GB/T 1527-2006

例 2：用 H62 制造的、半硬状态、长边为 20mm、短边为 15mm、壁厚为 0.5mm 的矩形管材标记为：

矩形管 H62 Y_2 20×15×0.5 GB/T 1527-2006。

【依据技术标准】《铜及铜合金拉制管》GB/T 1527-2006。

3.1.3 铜及铜合金挤制管

铜及铜合金挤制管系指一般用途的铜及铜合金挤制圆形管材。

1. 管材牌号、状态和规格

铜及铜合金挤制管的牌号、状态和规格应符合表 3.1-20 的规定。

挤制管的牌号、状态和规格　　表 3.1-20

牌　号	状　态	规　格(mm)		
		外径	壁厚	外径
TU1,TU2,T2,T3,TP1,TP2	挤制(R)	30～300	5,65	300～6000
H96,H62,HPb59-1,HFe59-1-1		20～300	1.5～42.5	
H80,H65,H68,HSn62-1,HSi80-3、HMn58-2,HMn57-3-1		60～220	7.5～30	
QAl9-2,QAl9-4,QAl10-3-1.5,QAl10-4-4		20～350	3～50	500～6000
QSi3.5-3-1.5		80～200	10～30	
QCr0.5		100～220	17.5～37.5	500～3000
BFe10-1-1		70～250	10～25	300～3000
BFe30-1-1		80～120	10～25	

2. 外形尺寸及允许偏差

管材的尺寸及其允许偏差应符合 GB/T 16866 的规定，即见“4.1.1 铜及铜合金无缝管材外形尺寸及允许偏差”。

3. 化学成分和力学性能

各种牌号拉制铜管的化学成分应符合 GB/T 5231 中相应牌号的规定。

铜管的纵向室温力学性能应符合表 3.1-21 的规定。需方在合同中注明要求时，可选择维氏硬度或布氏硬度试验。外径大于 200mm 的管材，可不做拉伸试验，但必须保证其力学性能。

拉制铜管的力学性能　　表 3.1-21

牌　号	壁厚(mm)	抗拉强度 R_m (N/mm^2)	断后伸长率 A (%)	布氏硬度 HBW	牌　号	壁厚(mm)	抗拉强度 R_m (N/mm^2)	断后伸长率 A (%)	布氏硬度 HBW
T2、T3、TU1、TU2、TP1、TP2	≤65	≥185	≥42	—	HMn57-3-1	≤30	≥490	≥16	—
H96	≤42.5	≥185	≥42	—	QAl9-2	≤50	≥470	≥16	—
H80	≤30	≥275	≥40	—	QAl9-4	≤50	≥450	≥17	—
H68	≤30	≥295	≥45	—	QAl10-3-1.5	<16	≥590	≥14	140～200
H65、H62	≤42.5	≥295	≥43	—		≥16	≥540	≥15	135～200
HPb59-1	≤42.5	≥390	≥24	—	QAl10-4-4	≤50	≥635	≥6	170～300
HFe59-1-1	≤42.5	≥430	≥31	—	QSi3.5-3-1.5	≤30	≥360	≥35	—
HSn62-1	≤30	≥320	≥25	—	QCr0.5	≤37.5	≥220	≥35	—
HSi80-3	≤30	≥295	≥28	—	BFe10-1-1	≤25	≥280	≥28	—
HMn58-2	≤30	≥395	≥29	—	BFe30-1-1	≤25	≥345	≥25	—

4. 内部及质量

（1）内部质量

挤制铜管除TU1、TU2、T2、T3、TP1、TP2、H96、QGr0.5、BFe10-1-1和BFe30-1-1牌号以外，外径不大于150mm的其他管材，应进行断口检验。管材的断口应致密、无缩尾。不允许有超出YS/T 336规定的气孔、分层和夹杂等缺陷。

（2）表面质量

管材的内外表面应光滑、清洁，管材表面允许有轻微局部的、不使管材外径和壁厚超出允许偏差的划伤、凹坑、压入物和矫直痕迹等缺陷。不应有针孔、裂纹、起皮、气泡、粗划道、夹杂、绿锈和严重脱锌。轻微的氧化色、水迹、油迹不能作报废依据。

5. 标记示例

挤制铜管的标记按产品名称、牌号、状态、规格和标准编号的顺序进行标记。

例如：用T2制造的挤制铜管、外径为80mm、壁厚为10mm的圆形管材标记为：

管　T2R　80X10　YS/T 662-2007。

【依据技术标准】有色冶金行业标准《铜及铜合金挤制管》YS/T 662-2007。

3.1.4 无缝铜水管和铜气管

无缝铜水管和铜气管（以下简称铜管），主要适用于输送饮用水、生活冷热水、民用燃气及对铜无腐蚀作用的其他介质。铜管一般采用焊接、扩口或压接等方式与管件相连接。

1. 铜管的牌号、状态、规格

铜管的牌号、状态、规格应符合表3.1-22的规定。

铜管的牌号、状态、规格　　表3.1-22

牌号	状态	种类	规格(mm)		
			外径	壁厚	长度
TP2 TU2	硬(Y)	直管	6～325	0.6～8	≤6000
	半硬(Y_2)		6～159		
	软(M)		6～108		
	软(M)	盘管	≤28		≥15000

2. 尺寸及允许偏差

管材的尺寸系列应符合表3.1-23的规定。

管材的外形尺寸系列　　表3.1-23

公称尺寸 DN (mm)	公称外径 (mm)	壁厚(mm)			理论重量(kg/m)			最大工作压力 p(N/mm²)								
								硬态(Y)			半硬态(Y_2)			软态(M)		
		A型	B型	C型	A型	B型	C型	A型	B型	C型	A型	B型	C型	A型	B型	C型
4	6	1.0	0.8	0.6	0.140	0.117	0.091	24.00	18.80	13.7	19.23	14.9	10.9	15.8	12.3	8.95
6	8	1.0	0.8	0.8	0.197	0.162	0.125	17.50	13.70	10.0	13.89	10.9	7.98	11.4	8.95	6.57
8	10	1.0	0.8	0.6	0.253	0.207	0.158	13.70	10.70	7.94	10.87	8.55	6.30	8.95	7.04	5.19

续表

公称尺寸 DN (mm)	公称外径 (mm)	壁厚(mm)			理论重量(kg/m)			最大工作压力 p(N/mm^2)								
		A型	B型	C型	A型	B型	C型	硬态(Y)			半硬态(Y_2)			软态(M)		
								A型	B型	C型	A型	B型	C型	A型	B型	C型
10	12	1.2	0.8	0.6	0.364	0.252	0.192	13.67	8.87	6.65	1.87	7.04	5.21	8.96	5.80	4.29
15	15	1.2	1.0	0.7	0.465	0.393	0.281	10.79	8.87	6.11	8.55	7.04	4.85	7.04	5.80	3.99
—	18	1.2	1.0	0.8	0.566	0.477	0.386	8.87	7.31	5.81	7.04	5.81	4.61	5.80	4.79	3.80
20	22	1.5	1.2	0.9	0.864	0.701	0.535	9.08	7.19	5.32	7.21	5.70	4.22	6.18	4.70	3.48
25	28	1.5	1.2	0.9	1.116	0.903	0.685	7.05	5.59	4.62	5.60	4.44	3.30	4.61	3.65	2.72
32	35	2.0	1.5	1.2	1.854	1.411	1.140	7.54	5.54	4.44	5.98	4.44	3.52	4.93	3.65	2.90
40	42	2.0	1.5	1.2	2.247	1.706	1.375	6.23	4.63	3.68	4.95	3.68	2.92	4.08	3.03	2.41
50	54	2.5	2.0	1.2	3.616	2.921	1.780	6.06	4.81	2.85	4.81	3.77	2.26	3.96	3.14	1.86
65	67	2.5	2.0	1.5	4.529	3.652	2.759	4.85	3.85	2.87	3.85	3.06	2.27	3.17	3.05	1.88
—	76	2.5	2.0	1.5	5.161	4.157	3.140	4.26	3.38	2.52	3.38	2.69	2.00	2.80	2.68	1.65
80	89	2.5	2.0	1.5	6.074	4.887	3.696	3.62	2.88	2.15	2.87	2.29	1.71	2.36	2.28	1.41
100	108	3.5	2.5	1.5	10.274	7.408	4.487	4.19	2.97	1.77	3.33	2.36	1.40	2.74	1.94	1.16
125	133	3.5	2.5	1.5	12.731	9.164	5.540	3.38	2.40	1.43	2.68	1.91	1.14	—	—	—

注：1. 最大计算工作压力是指工作条件为65℃时，硬态（Y）允许应力为63N/mm^2；半硬态（Y_2）允许应力为50N/mm^2；软态（M）允许应力为41.2N/mm^2（1N/mm^2=1MPa）。

2. 铜的密度值取8.94g/cm^{3}作为计算每米铜管重量的依据。

3. 管材外径、壁厚允许偏差及其他外形尺寸

(1) 管材外径

管材外径允许偏差应符合表3.1-24的规定。

管材外径允许偏差（mm）　　表3.1-24

外径	允许偏差			外径	允许偏差		
	适用于平均外径	适用任意外径			适用于平均外径	适用任意外径	
	所有状态	硬态(Y)	半硬态(Y_2)		所有状态	硬态(Y)	半硬态(Y_2)
6～18	±0.04	±0.04	±0.09	>89～108	±0.07	±0.20	±0.30
>18～28	±0.05	±0.06	±0.10	>108～133	±0.20	±0.70	±0.40
>28～54	±0.06	±0.07	±0.11	>133～159	±0.20	±0.70	±0.60
>54～76	±0.07	±0.10	±0.15	>159～219	±0.20	±1.50	—
>76～89	±0.07	±0.15	±0.20	>219～325	±0.60	±1.50	—

(2) 壁厚

壁厚不大于3.5mm的管材，壁厚允许偏差为±10%，壁厚大于3.5mm的管材壁厚允许偏差为±15%。

(3) 长度

直管长度不大于6000mm的管材，定尺长度允许偏差为+10mm，不允许负偏差。盘

管长度应比预定长度稍长（+300mm）。直管长度为倍尺长度时，应加入锯切分段时的锯切量，每一锯切量为5mm。

（4）直度

硬态和半硬态直管的外径不大于ϕ108mm，且直管长度不大于6m时，其任意3m的直度不应超过12mm。在全长任意3m范围内测得的最大弯弧深度应不大于12mm。

（5）端部

直管的端部应锯切平整，切口在不使管材长度超出允许偏差的条件下，允许外径小于等于16mm管材，切斜度不大于0.40mm；外径大于16mm管材，切斜度不大于外径的2.5%。

4. 化学成分和力学性能

各种牌号无缝铜管的化学成分应符合GB/T 5231中TP2和TU2的规定；管材的力学性能应符合表3.1-25的规定。

管材的力学性能 **表3.1-25**

<table>
<tr><th rowspan="2">牌号</th><th rowspan="2">状态</th><th rowspan="2">公称外径
(mm)</th><th>抗拉强度 R_m
(N/mm²)</th><th>伸长率 A
(%)</th><th rowspan="2">维氏硬度
HV5</th></tr>
<tr><th>不小于</th><th>不小于</th></tr>
<tr><td rowspan="5">TP2
TU2</td><td rowspan="2">Y</td><td>≤100</td><td>315</td><td rowspan="2">—</td><td rowspan="2">>100</td></tr>
<tr><td>>100</td><td>295</td></tr>
<tr><td rowspan="2">Y_2</td><td>≤67</td><td>250</td><td>30</td><td rowspan="2">75～100</td></tr>
<tr><td>>67～159</td><td>250</td><td>20</td></tr>
<tr><td>M</td><td>≤108</td><td>205</td><td>40</td><td>40～75</td></tr>
</table>

注：维氏硬度仅供选择性试验。

5. 标记示例

无缝铜水管和铜气管的标记按产品名称、牌号、状态、规格和标准编号的顺序进行标记。

例1：用TP2制造、供应状态为硬态、外径为108mm，壁厚为1.5mm，长度为5800mm的圆形铜管标记为：

铜管 TP2 Y ϕ108×1.5×5800 GB/T 18033-2007。

例2：用TU2制造、供应状态为软态、外径为22mm、壁厚为0.9mm、长度大于15000mm的圆形铜盘管标记为：

铜盘管 TU2 M ϕ22×0.9×15000 GB/T 18033-2007。

【依据技术标准】《无缝铜水管和铜气管》GB/T 18033-2007。

3.1.5 医用气体和真空用无缝铜管

医用气体和真空用无缝铜管材，适合采用毛细焊接、铜焊、硬钎焊、软钎焊或经机械加工为成套管道装备，外径为ϕ6～ϕ159mm，用于医用真空管道或输送医用气体。医用气体包括：氧气、一氧化氮、氮气、氦气、二氧化碳、氩气；呼吸气体；上述气体的特殊混合气体；外科器械用气体；麻醉气体，蒸气；压缩空气。

1. 牌号、状态、规格

医用气体和真空用无缝铜管的牌号、状态、规格应符合表3.1-26的规定。

医用气体和真空用无缝铜管的牌号、状态、规格　　表3.1-26

牌号	状态	种类	规格(mm)		
			外径	壁厚	长度
TU1,TP2	硬(Y)	直管	6～159	0.7～4.0	1000～6100
	半硬(Y_2)	直管	6～159	0.7～4.0	1000～6100
	软(M)	直管	6～159	0.7～4.0	1000～6100
	软(M)	盘管	≤28	0.7～4.0	≥15000

2. 管材尺寸

管材的外形尺寸系列见表3.1-27，管材的标准尺寸见表3.1-28。

管材的外形尺寸系列　　表3.1-27

公称尺寸 *DN* (mm)	外径 (mm)	壁厚(mm) 类型		理论质量(kg/m)		硬态(Y) 最大工作压力 *P* (N/mm^2)		半硬态(Y_2) 最大工作压力 *P* (N/mm^2)		软态(M) 最大工作压力 *P* (N/mm^2)	
		A	B	A	B	A	B	A	B	A	B
4	6	1.0	0.8	0.140	0.117	24.00	18.80	19.23	14.93	15.83	12.3
6	8	1.0	0.8	0.197	0.162	17.50	13.70	13.89	10.87	11.44	8.95
8	10	1.0	0.8	0.253	0.207	13.70	10.70	10.87	8.55	8.95	7.04
10	12	1.2	0.8	0.364	0.252	13.67	8.87	10.87	7.04	8.96	5.80
15	15	1.2	1.0	0.465	0.393	10.79	8.87	8.55	7.04	7.04	5.80
—	18	1.2	1.0	0.566	0.477	8.87	7.31	7.04	5.81	5.80	4.79
20	22	1.5	1.2	0.864	0.701	9.08	7.19	7.21	5.70	6.18	4.70
25	28	1.5	1.2	1.116	0.903	7.05	5.59	5.60	4.44	4.61	3.65
32	35	2.0	1.5	1.854	1.411	7.54	5.54	5.98	4.44	4.93	3.65
40	42	2.0	1.5	2.247	1.706	6.23	4.63	4.95	3.68	4.08	3.03
50	54	2.5	2.0	3.616	2.921	6.06	4.81	4.81	3.77	3.96	3.14
65	67	2.5	2.0	4.529	3.652	4.85	3.85	3.85	3.06	3.17	3.05
—	76	2.5	2.0	5.161	4.157	4.26	3.38	3.38	2.69	2.80	2.68
80	89	2.5	2.0	6.074	4.887	3.62	2.88	2.87	2.29	2.36	2.28
100	108	3.5	2.5	10.274	7.408	4.19	2.97	3.33	2.36	2.74	1.94
125	133	3.5	2.5	12.731	9.164	3.38	2.40	2.68	1.91	—	—
150	159	4.0	3.5	17.415	15.287	3.23	2.82	2.56	2.24	—	—

注：最大工作压力（*p*）系指工作条件为65℃时，硬态管允许应力（*S*）为63N/mm²，半硬态管允许应力（*S*）为50N/mm²，软态管允许应力（*S*）为41.2N/mm²。

管材的标准尺寸（mm）　　表3.1-28

外径	壁厚									
	0.7	0.8	0.9	1.0	1.2	1.5	2.0	2.5	3.0	4.0
6	—	R	—	R	—	—	—	—	—	—
8	—	R	—	R	—	—	—	—	—	—

续表

外径	壁厚									
	0.7	0.8	0.9	1.0	1.2	1.5	2.0	2.5	3.0	4.0
10	—	R	—	R	—	—	—	—	—	—
12	—	X	—	R	—	—	—	—	—	—
14	—	—	—	X	—	—	—	—	—	—
15	R	—	—	R	X	—	—	—	—	—
16	—	—	—	—	—	—	—	—	—	—
18	—	—	—	R	X	—	—	—	—	—
22	—	—	R	R	X	R	—	—	—	—
28	—	—	R	R	X	R	—	—	—	—
35	—	—	—	—	R	R	X	—	—	—
42	—	—	—	—	R	R	X	—	—	—
54	—	—	—	—	R	R	R	—	—	—
67	—	—	—	—	—	—	R	R	X	—
76	—	—	—	—	—	—	R	R	X	—
89	—	—	—	—	—	—	R	R	X	—
108	—	—	—	—	—	—	—	R	R	X
133	—	—	—	—	—	—	—	R	X	—
159	—	—	—	—	—	—	—	—	R	R

注：表中 R 为 YS/T 650-2007 标准推荐的首选标准尺寸，每个外径尺寸对应的壁厚是有限的，一般不超过两个；X 为其他标准的尺寸，可由供需双方协商采用。

3. 外形尺寸允许偏差

管材的外形尺寸包括外径、壁厚、直度和长度，在有争议的情况下，外形尺寸应在23±5℃的温度下测量。

管材外径的允许偏差应符合表 3.1-29 的规定。管材的壁厚允许偏差应为壁厚的±10%。外径不大于 108mm 的硬态和半硬态直管，当长度小于等于 6100mm 时，其任意 3000mm 的直度，应不超过 12mm；外径大于 108mm 管材的直度，由供需双方协商确定。

管材外径的允许偏差（mm） **表 3.1-29**

外径	外径允许偏差			外径	外径允许偏差		
	适用于平均外径	适用任意外径*			适用于平均外径	适用任意外径*	
	所有状态*	硬态(Y)	半硬态(Y_2)		所有状态*	硬态(Y)	半硬态(Y_2)
6～18	±0.04	±0.04	±0.09	>76～89	±0.07	±0.15	±0.20
>18～28	±0.05	±0.06	±0.10	>89～108	±0.07	±0.20	±0.30
>28～54	±0.06	±0.07	±0.11	>108～133	±0.20	±0.70	±0.40
>54～76	±0.07	±0.10	±0.15	>133～159	±0.20	±0.70	±0.40

注："适用任意外径"栏包括圆度偏差；"所有状态"栏指软态管材外径公差仅适用于平均外径公差。

4. 化学成分和力学性能

管材的化学成分应符合 GB/T 5231 的规定；管材的室温纵向力学性能应符合表 3.1-30的规定。

管材的力学性能　　表 3.1-30

牌号	状态	抗拉强度 R_m,(N/mm²) 不小于	伸长率 A(%) 不小于	硬度 HV5
TU1、TP2	硬(Y)	290	—	≥100
	半硬(Y_2)	250	25	75～100
	软(M)	220	40	40～70

注：硬度为参考值。

5. 水压及气压试验

管材最大工作压力按式（3.1-1）计算，管材能承受的最大工作压力见表 3.1-27 之注。管材进行水压试验时，其试验压力按式（3.1-2）计算，在该压力下，持续 10～15s 后，管材应无渗漏和永久变形。

管材进行气压试验时，试验压力为 0.4MPa，管材完全浸入水中至少 10s，应无气泡出现。

$$p=\frac{2St}{D-0.8t} \tag{3.1-1}$$

$$p_t=np \tag{3.1-2}$$

式中 p——最大工作压力，MPa；

p_t——试验压力，MPa；

t——管材壁厚，mm；

D——管材外径，mm；

S——材料允许应力，硬态管 S=63MPa（N/mm²），半硬态管 S=50MPa（N/mm²），软态管 S=41.2MPa（N/mm²）；

n——系数（推荐值 1～1.5）。

6. 管材清洗

管材的清洗可选用以下推荐的六种方法：

（1）碱洗——在 82℃左右的热水中，按 5L 水配 100g 工业碱清洁剂（30g/L）的比例制成的溶液中洗涤，然后，先用冷水后用清洁的热水彻底清洗，并晾干。清洁剂可以是三磷酸钠或四磷酸钠、碳酸钠、氢氧化钠、偏硅酸钠或原硅酸钠，加上润湿剂，或是上述溶液的混合体。

（2）蒸汽溶剂清洗——用含有干洗汽油类溶剂或其同等物的蒸汽冲洗，再用清洁的蒸汽彻底冲洗，然后用热空气或干燥空气吹洗。

（3）蒸汽洗涤剂清洗——用含有洗涤剂的蒸汽冲洗，再用干净的蒸汽清洗和用热空气或干空气吹洗。

（4）蒸汽清洗——用干净的蒸汽清洗，最后用热空气或干空气吹洗。

(5) 蒸汽脱脂——采用“蒸汽浸洗”或“蒸汽—冲洗”的方法，用三氯乙烯或三氯乙烷（甲基氯仿）溶剂彻底清洗，然后用干空气吹洗。

注：用此法清洗铜管时，应注意对操作人员的防护和环境无害。清洗后的铜管应保证无有害残留。

(6) 制冷剂脱脂——用制冷剂进行蒸汽清洗，并用热空气与干空气吹洗。

管材清洗并晾干后，两端管口应立即加塞头密封起来，也可以在管口加塞头密封以前充干燥无油的氮气。

7. 表面质量

医用气体管材可上述方法进行清洗，以保证表面质量的要求。管材内外表面应光滑、清洁，不应有影响使用的有害缺陷。内表面不应存在任何有害层，且碳的残留量不应超过 $0.020g/m^2$。

8. 标记示例

产品标记应按产品名称、牌号、状态、规格和标准编号的顺序表示。

例 1：用 TU1 制造的硬态管，外径为 ϕ22mm，壁厚为 1.0mm，长度为 3000mm 的直管标记为：

直条铜管 TU1Yϕ22×1.0×30000　YS/T 650-2007。

例 2：用 TP2 制造的软态，外径为 ϕ8mm，壁厚为 0.8mm 的盘管标记为：

盘状铜管 TP2M　ϕ8×0.8　YS/T650-2007。

【依据技术标准】有色冶金行业标准《医用气体和真空用无缝铜管》YS/T 650-2007。

3.1.6 电缆用无缝铜管

电缆用无缝铜管系指适用于通信电缆、防火电缆产品用的无缝铜管。为叙述方便，电缆用无缝铜管以下简称铜管。

1. 铜管的牌号、状态、规格

铜管的牌号、状态、规格应符合表 3.1-31 要求。

铜管的牌号、状态、规格　　表 3.1-31

牌号	代号	状态	种类	用途	规格(mm)		
					外径	壁厚	长度
TU1 TU2 T2	T10150 T10180 T11050	软化退火 (O60)	盘管	通信电缆	4～22	0.25～1.50	≥10000
TP2 TP3	C12200 T12210	硬(H80)	直管	防火电缆	30～75	2.5～4.0	6000～14000

注：铜管的长度（或重量）由供需双方协商确定。

2. 铜管尺寸及允许偏差

(1) 铜管的外径、壁厚及允许偏差

铜管的外径、壁厚及允许偏差见表 3.1-32 规定。

铜管的外径、壁厚及允许偏差（mm） **表 3.1-32**

外径	平均外径允许偏差[a]	壁厚						
		0.25～0.40	＞0.40～0.60	＞0.60～0.80	＞0.80～1.50	2.5～3.0	＞3.0～3.5	＞3.5～4.0
		壁厚允许偏差						
4～15	±0.04	±0.025	±0.030	±0.040	±0.050	—	—	—
＞15～20	±0.05	±0.030	±0.040	±0.050	±0.060	—	—	—
＞20～22	±0.07	±0.040	±0.050	±0.060	±0.070	—	—	
30～50	±0.12	—	—	—	—	±0.20	—	—
＞50～75	±0.15	—	—	—	—	±0.20	±0.25	±0.30

注：当需方要求允许偏差为（＋）或（—）单向偏差时，其允许偏差值为表中数值的2倍。

（2）长度允许偏差

盘管的长度允许偏差为长度的1.5%；定尺直管的长度允许偏差应符合表3.1-33的规定。

直管的长度允许偏差（mm） **表 3.1-33**

长度	允许偏差
6000～8000	±15
＞8000～14000	±20

注：需方要求长度允许偏差为（＋）或（—）单向偏差时，其允许偏差值为表中数值的2倍。

（3）直度、切斜度和圆度

直管的直度为每米不大于4mm；铜管的端部应锯切平整、无毛刺，切口在不使管材长度超出其允许偏差的条件下，直管的切斜度应不大于公称外径的2.5%；盘管的圆度应不大于公称外径的1.5%，直管的圆度应不大于公称外径的0.8%。

3. 化学成分和力学性能

铜管的化学成分应符合GB/T 5231中的相应规定。

铜管的室温力学性能应符合表3.1-34的规定。直管可进行硬度试验。对拉伸试验和硬度试验同时要求时，硬度试验结果仅供参考。

室温力学性能 **表 3.1-34**

牌号	状态	抗拉强度 R_m(MPa)	伸长率 A(%)	维氏硬度 HV
TU1、TU2、T2	O60	205～260	≥40	—
TP2、TP3	H80	≥290	—	90～130

4. 电性能

在20℃温度下测试，通信电缆用铜管（盘管）的电性能应符合表3.1-35的规定。

电性能 **表 3.1-35**

牌号	状态	导电率(%)LACS
TU1、TU2、T2	O60	≥100

5. 涡流探伤

盘管应进行涡流探伤检测。人工标准缺陷（钻孔直径）应符合 GB/T 5248 的规定。盘管的缺陷数量由供需双方协商确定。

6. 焊点质量

盘管供货时允许有焊接接头。焊点应平滑，并保证管材的力学性能符合使用要求。焊点最小间距和焊点部位的质量检验项目由供需双方协商确定。

7. 表面质量

铜管的内外表面应光亮、清洁，无影响正常使用的缺陷。

8. 产品标记

产品标记按产品名称、标准编号、牌号（或代号）、状态和规格的顺序表示。标记示例如下：

例 1： 用 T2（T1105C）制造的、软化退火（O60）状态、外径为 9.4mm，壁厚为 0.66mm、长度为 15000mm 的盘管标记为：

电缆盘管 GB/T 19849 T2O60-ϕ9.4×0.66×15000

或 电缆盘管 GB/T 19849-T11060O8C，ϕ9.4×0.66×15000

例 2： 用 TP2（C1 2200）制造的、硬（1180）状态、外径为 62mm、壁厚为 3mm、长度为 10000mm 的直管标记为：

电缆直管 GB/T 19849 TP2H04，ϕ62×3×10000

或 电缆直管 GB/T 19849-C12200H04ϕ62×3×10000

【依据技术标准】《电缆用无缝铜管》GB/T19849-2014。

3.1.7 导电用无缝铜管

导电用无缝铜管有一定技术要求、试验方法，适用于电炉、电机及输变电等设备用、截面为圆形、矩（方）形的导电无缝铜管。为叙述方便，导电用无缝铜管以下简称铜管。

1. 铜管的牌号、状态、规格

铜管的牌号、状态、规格应符合表 3.1-36 的要求。

铜管的牌号、状态、规格 **表 3.1-36**

<table>
<tr><th rowspan="3">牌号</th><th rowspan="3">代号</th><th rowspan="3">状态</th><th colspan="5">规格(mm)</th></tr>
<tr><th colspan="2">圆形</th><th colspan="2">矩(方)形</th><th rowspan="2">长度</th></tr>
<tr><th>外径</th><th>壁厚</th><th>对边距</th><th>壁厚</th></tr>
<tr><td rowspan="4">TU0
TU1
TU2
TU3
TUAg0.1
TAg0.2
T1
T2
TP1</td><td rowspan="4">T10130
T10150
T10180
C12203
T10530
T11210
T10500
T11000
C12000</td><td rowspan="4">软化退火
(Q60)
轻拉
(H60)
硬态拉拔
(H80)</td><td colspan="5">直　管</td></tr>
<tr><td>5～178</td><td>0.5～12.0</td><td>10～150</td><td>0.5～10.0</td><td>900～8500</td></tr>
<tr><td colspan="5">盘　管</td></tr>
<tr><td>5～22</td><td>0.5～6.0</td><td>10～35</td><td>0.5～5.0</td><td>>8500</td></tr>
</table>

2. 外形尺寸及允许偏差

（1）圆管外形尺寸及允许偏差应符号表 3.1-37 的要求。

圆管外形尺寸及允许偏差（mm） **表 3.1-37**

圆管外径	平均外径允许偏差，不大于	圆管外径	平均外径允许偏差，不大于
5～15	±0.05	76～100	±0.12
15～25	±0.06	100～125	±0.15
25～50	±0.08	125～150	±0.18
50～76	±0.10	150～178	±0.20

注：当外径允许偏差要求全正或全负时，允许偏差值为表中数值的 2 倍。

（2）矩（方）形管材对边距及允许偏差应符合表 3.1-38 的要求。

矩（方）形管材对边距及允许偏差（mm） **表 3.1-38**

对边距 a 或 b	允许偏差，不大于	示意图
10～15	±0.10	
>15～25	±0.13	
>25～50	±0.15	
>50～76	±0.18	
>76～100	±0.20	
>100～125	±0.23	
>125～150	±0.25	

注：1. 当对边距允许偏差要求全正或全负时，允许偏差值为表中数值的 2 倍。
2. 公称尺寸 a 对应的偏差也适用于 a'，公称尺寸 b 对应的偏差也适用于 b'。

（3）圆形管材壁厚及允许偏差应符合表 3.1-39 的要求。

圆形管材壁厚及允许偏差（mm） **表 3.1-39**

壁厚	外径				
	5～15	>15～25	>25～50	>50～100	>100～178
	壁厚允许偏差				
0.5～0.9	±0.07	±0.07	±0.08	±0.10	—
>0.9～15	±0.08	±0.08	±0.09	±0.13	±0.18
>1.5～2.0	±0.09	±0.10	±0.10	±0.15	±0.20
>2.0～3.0	±0.10	±0.13	±0.13	±0.18	±0.23
>3.0～4.5	±0.13	±0.15	±0.15	±0.20	±0.25
>4.5～5.6	±0.18	±0.19	±0.20	±0.25	±0.30
>5.6～7.2	—	±0.23	±0.25	±0.30	±0.36
>7.2～10.0	—	±0.30	5%[a]	5%[a]	6%[a]

[a]厚度的百分比，精确到 0.01。

（4）矩（方）形管材壁厚及允许偏差应符合表 3.1-40 的要求。

矩（方）形管材壁厚及允许偏差（mm）　　表 3.1-40

壁厚	对边距				
	10～15	15～25	25～50	50～100	100～150
	壁厚允许偏差				
0.5～0.9	±0.08	±0.09	±0.10	±0.18	—
0.9～1.5	±0.12	±0.11	±0.12	±0.18	±0.23
1.5～2.0	±0.18	±0.15	±0.18	±0.20	±0.25
2.0～3.0	±0.15	±0.20	±0.23	±0.25	±0.30
3.0～4.5	±0.25	±0.26	±0.28	±0.30	±0.35
4.5～5.6	±0.28	±0.30	±0.33	±0.38	±0.43
5.6～7.2	—	±0.38	±0.41	±0.48	±0.51
7.2～10.9	—	供需双方协商			

（5）管材长度及允许偏差应符合表 3.1-41 的要求。

管材长度及允许偏差（mm）　　表 3.1-41

长度		外径或对边距		
		≤25	>25～100	>100～178
		允许偏差		
直管	900～3000	+5	+8	+10
	>3000～4500	+6	+10	+12
	>4500～5800	+8	+12	+15
	>5800～8500	+12	+15	+20
盘管	≥8500	+1.5%[a]	供需双方协商	—

[a] 长度的百分数。

（6）矩（方）形管材的内外角半径如图 3.1-2 所示，允许角半径应不超过表 3.1-42 的规定。

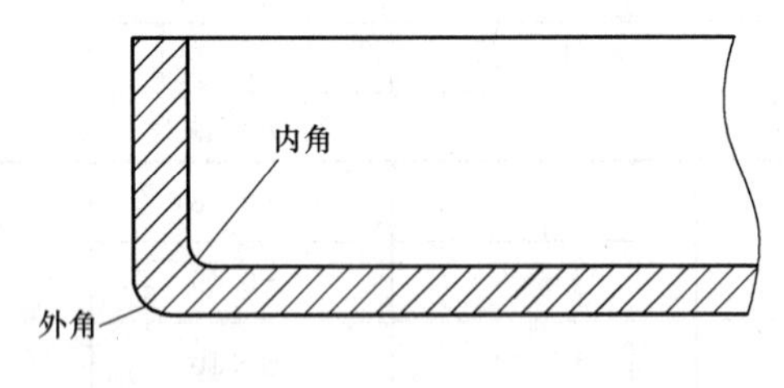

图 3.1-2　矩（方）形管材的内外角半径

矩（方）形管材的允许角半径（mm）　　表 3.1-42

壁　厚	最大半径	
	外　角	内　角
≤1.5	1.2	0.8
>1.5～3.0	1.6	1.0
>3.0～6.0	2.6	1.3
>6.0～10	供需双方协商	

（7）形状偏差

1）轻拉或硬态拉拔圆形管材的圆度应符合表 3.1-43 的规定。

轻拉或硬态拉拔圆管管材的圆度 **表 3.1-43**

壁厚与外径之比	圆度(mm)不大于
0.01～0.03	外径的 0.5%
>0.03～0.05	外径的 1.0%
>0.05～0.10	外径的 0.8%或 0.05(取较大值)
>0.10	外径的 0.7%或 0.05(取较大值)

2）直度

轻拉或硬态拉拔矩（方）形管材的直度，在全长任意 2000mm 上测得的最大弧深应不大于 13mm；外径不大于 90mm 的轻拉或硬态拉拔圆形管材，其直度应符合表 3.1-44 的要求。外径大于 90mm 的轻拉或硬态拉拔圆形管材，其直度由供需双方协商确定。

外径不大于 90mm 的轻拉或硬态拉拔圆形管材的直度（mm） **表 3.1-44**

长　度	全长不大于
≤2000	5
>2000～2500	8
>2500～3000	13

注：长度超过 3000mm 的管材，在全长任意 3000mm 管段上测得的最大弧深不超过 13mm。

3）扭拧度

长度不大于 4500mm 的拉拔硬态矩（方）形管材的扭拧度应符合表 3.1-45 的规定。

矩（方）形管材的扭拧度（mm） **表 3.1-45**

对边距	允许最大扭拧度 h	
	每米长度	总长度 L
10～18	1.0	1.0×L/1000
>18～30	1.5	1.5×L/1000
>30～50	2.0	2.0×L/1000
>50～80	3.0	3.0×L/1000
>80～120	4.5	4.5×L/1000
>120～150	供需双方协商	

（8）切斜度

管材端部应平整，在管材长度不超出允许偏差条件下，其切斜度应符合表 3.1-46 的规定。

管材的切斜度（mm） **表 3.1-46**

外径或对边距	切斜度，不大于	
	圆形	矩(方)形
≤16	0.24	0.40
>16	外径的 1.6%	对边距的 2.5%

3. 管材力学性能

管材的室温纵向力学性能应符合表3.1-47的规定。当需方对硬度提出要求时，可选择进行布氏硬度或维氏硬度试验，当选择进行硬度试验时，拉伸试验结果仅供参考。

当需方有要求时，外径小于或等于100mm、壁厚小于5.0mm的圆形管材，应按表3.1-48规定的弯芯半径进行弯曲试验，退火态的圆形管材弯曲180°，轻拉和硬态拉拔的圆形管材弯曲90°，经试验后，管材不应有目视可见的裂纹或裂口。

管材的室温纵向力学性能 **表3.1-47**

状态	尺寸范围	抗拉强度 R_m (MPa)	断后伸长率 A (%)	硬度	
				HB	HV
退火(O60)	全部	200～225	≥40	—	—
轻拉(H60)	壁厚≤5.0	250～300	—	60～90	65～95
	壁厚>5.0	240～290	≥15	—	—
硬态拉拔(H80)	壁厚≤5.0	250～360	—	85～105	90～110
	壁厚>5.0	270～320	≥6	—	—

管材弯曲试验的弯芯半径（mm） **表3.1-48**

管材外径	13	19	25	32	38	50	64	76	89	100
弯芯半径	114	127	165	208	236	273	305	375	432	464

4. 水压试验

管材进行水压试验时，试验压力由式（3.1-3）得出，在此试验压力下，持续10s，管材应无渗漏、变形。

$$P=2St/(D-0.8t) \tag{3.1-3}$$

式中 P——试验压力，MPa；

S——管材许用应力，取值40MPa；

t——管材壁厚，mm；

D——管材外径或对边距，mm。

5. 表面质量

管材表面质量用目视检查，内外表面应光滑、清洁，不应有分层、针孔、起皮、气泡、夹杂等影响使用的缺陷存在。

6. 检验规则

管材应由供方技术监督部门依据《导电用无缝铜管》GB/T 19850-2013标准及合同进行检验，并填写质量证明书。

管材的质量证明书和标志、包装、运输、贮存应符合GB/T 8888标准的规定。

【依据技术标准】《导电用无缝铜管》GB/T1 9850-2013。

3.1.8 塑覆铜管

塑覆铜管是在铜管外表面上，覆上无缝、连续和外表光滑的固体塑料挤压层，适用于输送冷水、热水、天然气、液态石油气、煤气及氧气等介质。

1. 管材分类

(1) 塑覆铜冷水管

塑料包覆在管材外表面密集呈环状，其断面形状如图 3.1-3 (*a*) 所示。

(2) 塑覆铜热水管

塑料包覆在管材外表面，呈带齿型环状，其齿型可以是梯形、三角形或矩形，其断面形状如图 3.1-3 (*b*) 所示。

(3) 塑覆铜气管

塑料包覆层可采用图 3.1-3 所示的两种形式。

(4) 塑覆铜燃气管

塑覆铜燃气管与塑覆铜气管一样，塑覆可采用图 3.1-3 所示的两种形式。

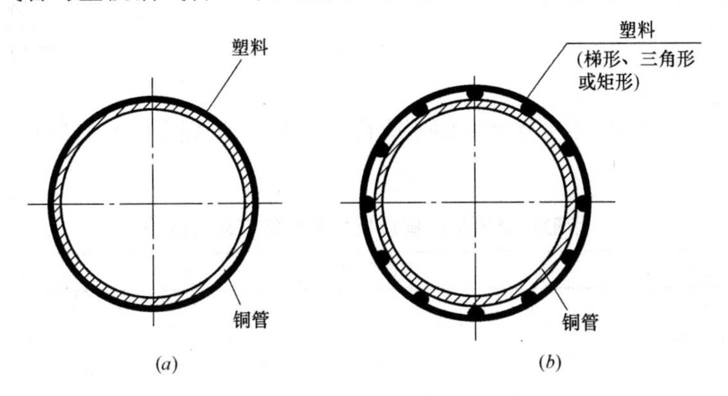

图 3.1-3 塑覆铜管断面形状

(*a*) 平行环；(*b*) 齿形环

2. 铜管技术要求

铜管材应符合《无缝铜水管和铜气管》GB/T 18033 的规定，见“3.1.4 无缝铜水管和铜气管”。

3. 塑覆层材料成分及性能

(1) 塑覆层化学成分

塑覆铜管的塑覆层应由聚乙烯塑料材料组成，并包括一定的添加剂。塑覆材料应能满足塑覆铜管的使用安装要求，并能保证在 100℃条件下正常使用，在使用过程中，塑覆材料不应对铜管产生影响。聚乙烯材料的技术性能应符合表 3.1-49 的规定。

聚乙烯材料的技术性能 **表 3.1-49**

项 目	密 度 (g/cm³)	熔体流动速率 (g/600s)	脆化温度 (℃)	维卡软化温度 (℃)
技术指标	0.930～0.940	0.20～0.40	≤−70	≥80

(2) 塑覆层力学性能

在室温下，塑覆层的延伸率、老化率及阻燃性氧指数，均应符合 YS/T 451-2012 标准的规定。

(3) 弯曲试验

对外径小于 22mm 的软态铜管生产的塑覆铜管，应进行弯曲试验，用目测方法检查，弯曲面不应有可见裂缝。

4. 尺寸及允许偏差

(1) 塑覆层厚度及允许偏差

1) 平行环塑覆层

平行环塑覆层的厚度尺寸及允许偏差应符合表3.1-50的规定。仲裁时应当在23±5℃条件下进行测试。

平行环塑覆层的厚度尺寸及允许偏差(mm) **表3.1-50**

铜管外径	塑覆层厚度	允许偏差
>ϕ6~ϕ28	1.0	±0.10
>ϕ32~ϕ54	1.5	±0.15
>ϕ64~ϕ108	2.0	±0.20

2) 齿形环塑覆层

齿形环塑覆层的厚度尺寸及允许偏差应符合表3.1-51规定。仲裁时应当在23±5℃条件下进行测试。

齿形环塑覆层的厚度尺寸及允许偏差(mm) **表3.1-51**

铜管外径	塑覆层厚度	允许偏差
>ϕ6~ϕ10	1.5	±0.30
>ϕ12~ϕ22	2.0	±0.30
>ϕ25~ϕ35	2.5	±0.40
>ϕ42~ϕ108	3.0	±0.50

(2) 端部形状

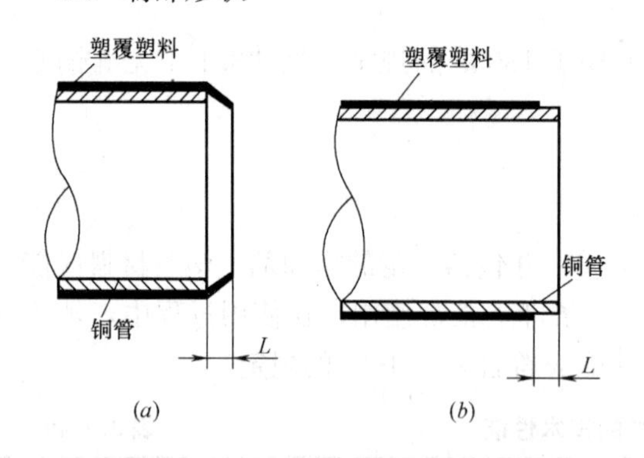

图3.1-4 塑覆铜管端部形状
(*a*) 标准端部形状;(*b*) 不标准端部形状

塑覆铜管端部标准形状如图3.1-4(*a*)所示,每批中允许有不大于25%如图3.1-4(*b*)所示的端部。当铜管外径小于或等于42mm时,L小于或等于10mm;当铜管外径大于42mm时,L小于或等于15mm。

(3) 直度

塑覆铜管直度小于或等于5mm/m,总直度不超过总长度(m)与每米直度的乘积。

(4) 长度允许偏差

塑覆铜管的长度允许偏差应符合表3.1-52的规定。

塑覆铜管的长度允许偏差(mm) **表3.1-52**

长度	≤6000	>6000	盘状管
允许偏差	0~10	0~15	0~300

5. 表面质量

铜管的表面质量应符合GB/T 18033标准的相应规定。塑覆铜管的表面材料组织、颜色应均匀一致。不应有影响使用的开裂、褶皱、气泡等缺陷及混入其他异物的缺陷。

6. 标识

以直径为6～108mm的铜管生产的塑覆铜管，在塑覆层外表面应进行耐久性标识，文字包括：制造商名称或商标；公称尺寸及相应壁厚；壁厚类型（A、B或C）；铜管的执行标准号及状态；文字高度规定（表3.1-53）；制造商选择的其他标识；生产年月。

铜管外径与字体高度推荐表（mm） **表3.1-53**

铜管外径	6～10	>10～28	>28～54	>54～108
字体高度	2	3.5	4.5	5.5

当采用色泽（管材表面的整体颜色）表示管材用途时，色泽应符合表3.1-54的规定，字体颜色由供需双方商定。

标志的颜色 **表3.1-54**

管　材	蓝　色	橙红色或红色	黄　色
塑覆铜冷水管	○	—	—
塑覆铜热水管	—	○	—
塑覆铜燃气管	—	—	○

注：“○”表示采用，“—”表示不采用。

【依据技术标准】有色冶金行业标准《塑覆铜管》YS/T 451-2012。

3.2 铝及铝合金管

3.2.1 铝及铝合金管的外形尺寸及允许偏差

“铝及铝合金管材的外形尺寸及允许偏差”，规定了铝及铝合金圆管、矩形管、正方形管、正六边形管、正八边形管和椭圆形管的尺寸及允许偏差，是一项综合性标准，适用于铝及铝合金热挤压的有缝圆管、无缝圆管、有缝矩形管、正方形管、正六边形管、正八边形管，冷轧有缝圆管、无缝圆管，冷拉有缝或无缝圆管、正方形管、矩形管、椭圆形管。

1. 尺寸规格

（1）挤压无缝圆管的截面典型规格见表3.2-1。挤压有缝圆管、矩形管、正方形管、正六边形管、正八边形管的截面典型规格由供需双方商定。

（2）冷拉、冷轧有缝圆管和无缝圆管的截面典型规格见表3.2-2。

以上两表中的规格只是一种设置，具体产品规格应与生产厂家联系。

挤压无缝圆管的截面典型规格（mm） **表3.2-1**

外径	壁厚																						
	5.0	6.0	7.0	7.5	8.0	9.0	10.0	12.5	15.0	17.5	20.0	22.5	25.0	27.5	30.0	32.5	35.0	37.5	40.0	42.5	45.0	47.5	50.0
25	○	—	—	—	—	—	—	—	—	—	—	—	—	—	—	—	—	—	—	—	—	—	—
28	○	○	—	—	—	—	—	—	—	—	—	—	—	—	—	—	—	—	—	—	—	—	—
30	○	○	○	○	○	—	—	—	—	—	—	—	—	—	—	—	—	—	—	—	—	—	—

续表

外径	壁厚																						
	5.0	6.0	7.0	7.5	8.0	9.0	10.0	12.5	15.0	17.5	20.0	22.5	25.0	27.5	30.0	32.5	35.0	37.5	40.0	42.5	45.0	47.5	50.0
32	○	○	○	○	○	—	—	—	—	—	—	—	—	—	—	—	—	—	—	—	—	—	—
34	○	○	○	○	○	○	○	—	—	—	—	—	—	—	—	—	—	—	—	—	—	—	—
36	○	○	○	○	○	○	○	—	—	—	—	—	—	—	—	—	—	—	—	—	—	—	—
38	○	○	○	○	○	○	○	—	—	—	—	—	—	—	—	—	—	—	—	—	—	—	—
40	○	○	○	○	○	○	○	○	—	—	—	—	—	—	—	—	—	—	—	—	—	—	—
42	○	○	○	○	○	○	○	○	—	—	—	—	—	—	—	—	—	—	—	—	—	—	—
45	○	○	○	○	○	○	○	○	○	—	—	—	—	—	—	—	—	—	—	—	—	—	—
48	○	○	○	○	○	○	○	○	○	—	—	—	—	—	—	—	—	—	—	—	—	—	—
50	○	○	○	○	○	○	○	○	○	—	—	—	—	—	—	—	—	—	—	—	—	—	—
52	○	○	○	○	○	○	○	○	○	—	—	—	—	—	—	—	—	—	—	—	—	—	—
55	○	○	○	○	○	○	○	○	○	—	—	—	—	—	—	—	—	—	—	—	—	—	—
58	○	○	○	○	○	○	○	○	○	—	—	—	—	—	—	—	—	—	—	—	—	—	—
60	○	○	○	○	○	○	○	○	○	○	—	—	—	—	—	—	—	—	—	—	—	—	—
62	○	○	○	○	○	○	○	○	○	○	—	—	—	—	—	—	—	—	—	—	—	—	—
65	○	○	○	○	○	○	○	○	○	○	○	—	—	—	—	—	—	—	—	—	—	—	—
70	○	○	○	○	○	○	○	○	○	○	○	—	—	—	—	—	—	—	—	—	—	—	—
75	○	○	○	○	○	○	○	○	○	○	○	○	—	—	—	—	—	—	—	—	—	—	—
80	○	○	○	○	○	○	○	○	○	○	○	○	—	—	—	—	—	—	—	—	—	—	—
85	○	○	○	○	○	○	○	○	○	○	○	○	○	—	—	—	—	—	—	—	—	—	—
90	○	○	○	○	○	○	○	○	○	○	○	○	○	—	—	—	—	—	—	—	—	—	—
95	○	○	○	○	○	○	○	○	○	○	○	○	○	○	—	—	—	—	—	—	—	—	—
100	○	○	○	○	○	○	○	○	○	○	○	○	○	○	○	—	—	—	—	—	—	—	—
105	○	○	○	○	○	○	○	○	○	○	○	○	○	○	○	○	—	—	—	—	—	—	—
110	○	○	○	○	○	○	○	○	○	○	○	○	○	○	○	○	—	—	—	—	—	—	—
115	○	○	○	○	○	○	○	○	○	○	○	○	○	○	○	○	—	—	—	—	—	—	—
120	—	—	—	○	○	○	○	○	○	○	○	○	○	○	○	○	—	—	—	—	—	—	—
125	—	—	—	○	○	○	○	○	○	○	○	○	○	○	○	○	—	—	—	—	—	—	—
130	—	—	—	○	○	○	○	○	○	○	○	○	○	○	○	○	—	—	—	—	—	—	—
135	—	—	—	—	—	—	○	○	○	○	○	○	○	○	○	○	—	—	—	—	—	—	—
140	—	—	—	—	—	—	○	○	○	○	○	○	○	○	○	○	—	—	—	—	—	—	—
145	—	—	—	—	—	—	○	○	○	○	○	○	○	○	○	○	—	—	—	—	—	—	—
150	—	—	—	—	—	—	○	○	○	○	○	○	○	○	○	○	○	—	—	—	—	—	—
155	—	—	—	—	—	—	○	○	○	○	○	○	○	○	○	○	○	—	—	—	—	—	—
160	—	—	—	—	—	—	○	○	○	○	○	○	○	○	○	○	○	○	○	—	—	—	—
165	—	—	—	—	—	—	○	○	○	○	○	○	○	○	○	○	○	○	○	—	—	—	—

续表

外径	壁厚																						
	5.0	6.0	7.0	7.5	8.0	9.0	10.0	12.5	15.0	17.5	20.0	22.5	25.0	27.5	30.0	32.5	35.0	37.5	40.0	42.5	45.0	47.5	50.0
170	—	—	—	—	—	—	○	○	○	○	○	○	○	○	○	○	○	○	○	—	—	—	—
175	—	—	—	—	—	—	○	○	○	○	○	○	○	○	○	○	○	○	○	—	—	—	—
180	—	—	—	—	—	—	○	○	○	○	○	○	○	○	○	○	○	○	○	—	—	—	—
185	—	—	—	—	—	—	○	○	○	○	○	○	○	○	○	○	○	○	○	—	—	—	—
190	—	—	—	—	—	—	○	○	○	○	○	○	○	○	○	○	○	○	○	—	—	—	—
195	—	—	—	—	—	—	○	○	○	○	○	○	○	○	○	○	○	○	○	—	—	—	—
200	—	—	—	—	—	—	○	○	○	○	○	○	○	○	○	○	○	○	○	—	—	—	—
205	—	—	—	—	—	—	—	—	○	○	○	○	○	○	○	○	○	○	○	○	○	○	○
210	—	—	—	—	—	—	—	—	○	○	○	○	○	○	○	○	○	○	○	○	○	○	○
215	—	—	—	—	—	—	—	—	○	○	○	○	○	○	○	○	○	○	○	○	○	○	○
220	—	—	—	—	—	—	—	—	○	○	○	○	○	○	○	○	○	○	○	○	○	○	○
225	—	—	—	—	—	—	—	—	○	○	○	○	○	○	○	○	○	○	○	○	○	○	○
230	—	—	—	—	—	—	—	—	○	○	○	○	○	○	○	○	○	○	○	○	○	○	○
235	—	—	—	—	—	—	—	—	○	○	○	○	○	○	○	○	○	○	○	○	○	○	○
240	—	—	—	—	—	—	—	—	○	○	○	○	○	○	○	○	○	○	○	○	○	○	○
245	—	—	—	—	—	—	—	—	○	○	○	○	○	○	○	○	○	○	○	○	○	○	○
250	—	—	—	—	—	—	—	—	○	○	○	○	○	○	○	○	○	○	○	○	○	○	○
255	—	—	—	—	—	—	—	—	○	○	○	○	○	○	○	○	○	○	○	○	○	○	○
260	—	—	—	—	—	—	—	—	○	○	○	○	○	○	○	○	○	○	○	○	○	○	○
270	○	○	○	○	○	○	○	○	○	○	○	○	○	○	○	○	○	○	○	○	○	○	○
280	○	○	○	○	○	○	○	○	○	○	○	○	○	○	○	○	○	○	○	○	○	○	○
290	○	○	○	○	○	○	○	○	○	○	○	○	○	○	○	○	○	○	○	○	○	○	○
300	○	○	○	○	○	○	○	○	○	○	○	○	○	○	○	○	○	○	○	○	○	○	○
310	○	○	○	○	○	○	○	○	○	○	○	○	○	○	○	○	○	○	○	○	○	○	○
320	○	○	○	○	○	○	○	○	○	○	○	○	○	○	○	○	○	○	○	○	○	○	○
330	○	○	○	○	○	○	○	○	○	○	○	○	○	○	○	○	○	○	○	○	○	○	○
340	○	○	○	○	○	○	○	○	○	○	○	○	○	○	○	○	○	○	○	○	○	○	○
350	○	○	○	○	○	○	○	○	○	○	○	○	○	○	○	○	○	○	○	○	○	○	○
360	○	○	○	○	○	○	○	○	○	○	○	○	○	○	○	○	○	○	○	○	○	○	○
370	○	○	○	○	○	○	○	○	○	○	○	○	○	○	○	○	○	○	○	○	○	○	○
380	○	○	○	○	○	○	○	○	○	○	○	○	○	○	○	○	○	○	○	○	○	○	○
390	○	○	○	○	○	○	○	○	○	○	○	○	○	○	○	○	○	○	○	○	○	○	○
400	○	○	○	○	○	○	○	○	○	○	○	○	○	○	○	○	○	○	○	○	○	○	○
450	○	○	○	○	○	○	○	○	○	○	○	○	○	○	○	○	○	○	○	○	○	○	○

注："○"表示可供规格，"—"表示不可供范围。

冷拉、冷轧有缝圆管和无缝圆管的截面典型规格（mm） 表 3.2-2

外径	壁厚										
	0.50	0.75	1.00	1.50	2.00	2.50	3.00	3.50	4.00	4.50	5.00
6	○	○	○	—	—	—	—	—	—	—	—
8	○	○	○	○	○	—	—	—	—	—	—
10	○	○	○	○	○	○	—	—	—	—	—
12	○	○	○	○	○	○	○	—	—	—	—
14	○	○	○	○	○	○	○	—	—	—	—
15	○	○	○	○	○	○	○	—	—	—	—
16	○	○	○	○	○	○	○	○	—	—	—
18	○	○	○	○	○	○	○	○	—	—	—
20	○	○	○	○	○	○	○	○	○	—	—
22	○	○	○	○	○	○	○	○	○	○	○
24	○	○	○	○	○	○	○	○	○	○	○
25	○	○	○	○	○	○	○	○	○	○	○
26	—	○	○	○	○	○	○	○	○	○	○
28	—	○	○	○	○	○	○	○	○	○	○
30	—	○	○	○	○	○	○	○	○	○	○
32	—	○	○	○	○	○	○	○	○	○	○
34	—	○	○	○	○	○	○	○	○	○	○
35	—	○	○	○	○	○	○	○	○	○	○
36	—	○	○	○	○	○	○	○	○	○	○
38	—	○	○	○	○	○	○	○	○	○	○
40	—	○	○	○	○	○	○	○	○	○	○
42	—	○	○	○	○	○	○	○	○	○	○
45	—	○	○	○	○	○	○	○	○	○	○
48	—	○	○	○	○	○	○	○	○	○	○
50	—	○	○	○	○	○	○	○	○	○	○
52	—	○	○	○	○	○	○	○	○	○	○
55	—	○	○	○	○	○	○	○	○	○	○
58	—	○	○	○	○	○	○	○	○	○	○
60	—	○	○	○	○	○	○	○	○	○	○
65	—	—	—	○	○	○	○	○	○	○	○
70	—	—	—	○	○	○	○	○	○	○	○
75	—	—	—	○	○	○	○	○	○	○	○
80	—	—	—	—	○	○	○	○	○	○	○
85	—	—	—	—	○	○	○	○	○	○	○
90	—	—	—	—	○	○	○	○	○	○	○
95	—	—	—	—	○	○	○	○	○	○	○
100	—	—	—	—	—	○	○	○	○	○	○
105	—	—	—	—	—	○	○	○	○	○	○
110	—	—	—	—	—	○	○	○	○	○	○
115	—	—	—	—	—	—	○	○	○	○	○
120	—	—	—	—	—	—	—	○	○	○	○

注：“○”表示可供规格，“—”表示不可供范围。

2. 挤压无缝圆管

(1) 外径

挤压无缝圆管的外径及允许偏差应符合表 3.2-3 规定。需要高精级时，应在合同中注明，未注明时按普通级。

无缝圆管的外径允许偏差（mm）　　表 3.2-3

公称外径[d]	外径允许偏差[a]								
	平均外径与公称外径的允许偏差[b] (AA+BB)/2 与公称外径的偏差			任一外径与公称外径的允许偏差[e] AA 或 BB 与公称外径的偏差					
	普通级	高精级		普通级		高精级			
		高镁[c]合金	其他合金	高镁[c]合金	其他合金	除退火、淬火[f]、H111 状态外的其他状态 高镁[c]合金	除退火、淬火[f]、H111 状态外的其他状态 其他合金	除 TX510 外的淬火[f]状态	O、H111、TX510 状态
8.00～12.50	—	±0.38	±0.24	±0.98	±0.66	±0.76	±0.40	±0.60	±1.50
>12.50～18.00	—	±0.38	±0.24	±0.98	±0.66	±0.76	±0.40	±0.60	±1.50
>18.00～25.00	—	±0.38	±0.24	±0.98	±0.66	±0.76	±0.50	±0.70	±1.80
>25.00～30.00	—	±0.46	±0.30	±1.30	±0.82	±0.96	±0.50	±0.70	±1.80
>30.00～50.00	—	±0.46	±0.30	±1.30	±0.82	±0.96	±0.60	±0.90	±2.20
>50.00～80.00	—	±0.58	±0.38	±1.50	±0.98	±1.14	±0.70	±1.10	±2.60
>80.00～100.00	—	±0.58	±0.38	±1.50	±0.98	±1.14	±0.76	±1.40	±3.60
>100.00～120.00	—	±0.96	±0.60	±2.50	±1.70	±1.90	±0.90	±1.40	±3.60
>120.00～150.00	—	±0.96	±0.61	±2.50	±1.70	±1.90	±1.24	±2.00	±5.00
>150.00～200.00	—	±1.34	±0.88	±3.70	±2.50	±2.84	±1.40	±2.00	±5.00
>200.00～250.00	—	±1.74	±1.14	±5.00	±3.30	±3.80	±1.90	±3.00	±7.60
>250.00～300.00	—	±2.10	±1.40	±6.20	±4.10	±4.78	±1.90	±3.00	±7.60
>300.00～350.00	—	±2.49	±1.40	±7.40	±5.00	±5.70	±1.90	±3.00	±7.60
>350.00～400.00	—	±2.84	±1.90	±8.70	±5.80	±6.68	±2.80	±4.00	±10.00
>400.00～450.00	—	±3.24	±1.90	—	—	±7.60	±2.80	±4.00	±10.00

[a] 需要非对称偏差时，其允许偏差上、下限数值的绝对值之和应与表中对应一致。

[b] 不适用于 TX510、TX511 状态管材。

[c] 高镁合金为平均镁含量大于或等于 4.0%的铝镁合金。

[d] 当外径、内径和壁厚均有规定时，表中偏差只适用于这些尺寸中的任意两个，当规定了内径和壁厚时，应根据该管材的公称外径取表中对应的偏差作为内径的允许偏差。

[e] 壁厚小于或等于管材外径的 2.5%时，表中偏差不适用，其允许偏差符合下述规定：

——壁厚与外径比>0.5%～1.0%时，允许偏差为表中对应数值的 4.0 倍；

——壁厚与外径比>1.0%～1.5%时，允许偏差为表中对应数值的 3.0 倍；

——壁厚与外径比>1.5%～2.0%时，允许偏差为表中对应数值的 2.0 倍；

——壁厚与外径比>2.0%～2.5%时，允许偏差为表中对应数值的 1.5 倍；

[f] 淬火状态是指产品或试样经过固溶热处理的状态。

(2) 壁厚

挤压无缝圆管的壁厚偏差应符合表 3.2-4 规定。需要高精级时，应在合同中注明，未注明时按普通级。

挤压无缝圆管的壁厚偏差（mm）　　表 3.2-4

级别	公称壁厚	壁厚允许偏差[a,b]								
		平均壁厚与公称壁厚的允许偏差 (AA+BB)/2 与公称壁厚的偏差								任一点处壁厚与平均壁厚的允许偏差(壁厚不均度) AA 与平均壁厚的偏差
		公称外径								
		≤30.00		>30.00～80.00		>80.00～130.00		>130.00		
		高镁[c]合金	其他合金	高镁[c]合金	其他合金	高镁[c]合金	其他合金	高镁[c]合金	其他合金	
普通级	5.00～6.00	±0.54	±0.35	±0.54	±0.35	±0.77	±0.50	±1.10	±0.77	平均壁厚的±15% 最大值：±2.30
	>6.00～10.00	±0.65	±0.42	±0.65	±0.42	±0.92	±0.62	±1.50	±0.96	
	>10.00～12.00	—	—	±0.87	±0.57	±1.20	±0.80	±2.00	±1.30	
	>12.00～20.00	—	—	±1.10	±0.77	±1.60	±1.10	±2.60	±1.70	
	>20.00～25.00	—	—	—	—	±2.00	±1.30	±3.20	±2.10	
	>25.00～38.00	—	—	—	—	±2.60	±1.70	±3.70	±2.50	
	>38.00～50.00	—	—	—	—	—	—	±4.30	±2.90	
	>50.00～60.00	—	—	—	—	—	—	±4.88	±3.22	
高精级	5.00～6.00	±0.36	±0.23	±0.36	±0.23	±0.50	±0.33	±0.76	±0.50	平均壁厚的±8% 最大值：±1.50
	>6.00～10.00	±0.43	±0.28	±0.43	±0.28	±0.60	±0.41	±0.96	±0.64	
	>10.00～12.00	—	—	±0.58	±0.38	±0.80	±0.53	±1.35	±0.88	
	>12.00～20.00	—	—	±0.76	±0.51	±1.05	±0.71	±1.73	±1.14	
	>20.00～25.00	—	—	—	—	±1.35	±0.88	±2.10	±1.40	平均壁厚的±10% 最大值：±1.50
	>25.00～38.00	—	—	—	—	±1.73	±1.14	±2.49	±1.65	
	>38.00～50.00	—	—	—	—	—	—	±2.85	±1.90	
	>50.00～60.00	—	—	—	—	—	—	±3.25	±2.15	
	>60.00～80.00	—	—	—	—	—	—	±3.65	±2.40	±3.00
	>80.00～90.00	—	—	—	—	—	—	±4.00	±2.65	
	>90.00～100.00	—	—	—	—	—	—	±4.40	±2.90	

[a] 当外径、内径和壁厚均有规定时，表中偏差只适用于这些尺寸中的任意两个，当规定了外径和内径时，其壁厚偏差不适用。

[b] 需要非对称偏差时，其允许偏差上、下限数值的绝对值之和应与表中对应一致。

[c] 高镁合金为平均镁含量大于或等于 4.0%的铝镁合金。

（3）长度

挤压无缝圆管的不定尺供应长度应不小于 300mm，定尺长度偏差应符合表 3.2-5 的规定。以倍尺供货时，每个锯口应留有 5mm 的锯切量。需要高精级时，应在合同中注明，未注明时按普通级。

挤压无缝圆管的定尺长度允许偏差（mm） **表 3.2-5**

外径	定尺寸长度允许偏差			
	普通级	高精级		
		定尺长度		
		≤2000	>2000～5000	>5000～10000
8.00～100.00	+15 0	+5 0	+7 0	+10 0
>100.00～200.00		+7 0	+9 0	+12 0
>200.00～450.00		+8 0	+11 0	+14 0

（4）弯曲度

挤压无缝圆管的弯曲度应符合表 3.2-6 规定。需要高精级时，应在合同中注明，未注明时按普通级。

挤压无缝圆管的弯曲度（mm） **表 3.2-6**

外径[b]	弯曲度[a]				
	普通级	高精级		超高精级	
	平均每米长度	任意 300mm 长度	平均每米长度	任意 300mm 长度	平均每米长度
8.00～150.00	≤3.0	≤0.8	≤1.5	≤0.3	≤1.0
>150.00～250.00	≤4.0	≤1.3	≤2.5	≤0.7	≤2.0

[a] 不适用于退火状态的管材。

[b] 不适用外径大于 250.00mm 的管材。

（5）切斜度

挤压无缝圆管的两端切斜度应符合表 3.2-7 规定，且不得有毛刺。需要高精级时，应在合同中注明，未注明时按普通级。

挤压无缝圆管的切斜度（mm） **表 3.2-7**

外径	切斜度			
	普通级	高精级		
		长度		
		≤2000	>2000～5000	>5000～10000
≤100.00	—	≤2.5	≤3.5	≤5.0
>100.00～200.00	—	≤3.5	≤4.5	≤6.0
>200.00～450.00	—	≤4.0	≤5.5	≤7.0

3. 挤压有缝圆管

（1）外径

挤压有缝圆管的外径偏差应符合表 3.2-8 的规定。

挤压有缝圆管的外径偏差（mm） **表 3.2-8**

公称外径[c]	外径允许偏差[a]			
	平均外径与公称外径的允许偏差[b] (AA+BB)/2 与公称外径的偏差	任一外径与公称外径的允许偏差[d] AA 或 BB 与公称外径的偏差		
		除退火、淬火H111 外的其他状态	除 TX510 外的淬火[e] 状态	O、H111、TX510 状态
8.00～18.00	±0.24	±0.40	±0.60	±1.50
>18.00～30.00	±0.30	±0.50	±0.80	±1.80
>30.00～50.00	±0.34	±0.60	±0.90	±2.20
>50.00～80.00	±0.40	±0.70	±1.10	±2.60
>80.00～120.00	±0.60	±0.90	±1.40	±3.60
>120.00～200.00	±0.90	±1.40	±2.00	±5.00
>200.00～350.00	±1.40	±1.90	±3.00	±7.60
>350.00～450.00	±1.90	±2.80	±4.00	±10.00

[a] 需要非对称偏差时，其允许偏差上、下限数值的绝对值之和应与表中对应一致。

[b] 不适用于 TX510、TX511 状态管材。

[c] 当外径、内径和壁厚均有规定时，表中偏差只适用于这些尺寸中的任意两个，当规定了内径和壁厚时，应根据该管材的公称外径取表中对应的偏差作为内径的允许偏差。

[d] 壁厚小于或等于管材外径的 2.5%时，表中偏差不适用，其允许偏差符合下述规定；

——壁厚与外径比>0.5%～1.0%时，允许偏差为表中对应数值的 4.0 倍；

——壁厚与外径比>1.0%～1.5%时，允许偏差为表中对应数值的 3.0 倍；

——壁厚与外径比>1.5%～2.0%时，允许偏差为表中对应数值的 2.0 倍；

——壁厚与外径比>2.0%～2.5%时，允许偏差为表中对应数值的 1.5 倍。

[e] 淬火状态是指产品或试样经过固溶热处理的状态。

（2）壁厚

挤压有缝圆管的壁厚偏差应符合表 3.2-9 的规定。

挤压有缝圆管的壁厚偏差（mm） **表 3.2-9**

公称壁厚	任一点处壁厚与公称壁厚的允许偏差[a]			
	普通级	高精级		
		外径		
		≤150.00	>150.00～300.00	>30.00
≤3.00	公称壁厚的±15%	公称壁厚的±7%	公称壁厚的±9%	公称壁厚的±11%
>3.00～5.00		公称壁厚的±6%	公称壁厚的±8%	公称壁厚的±10%
>5.00		公称壁厚的±5%	公称壁厚的±7%	公称壁厚的±9%

[a] 当外径、内径和壁厚均有规定时，表中偏差只适用于这些尺寸中的任意两个，当规定了外径和内径时，其壁厚偏差不适用。

（3）弯曲度

挤压有缝圆管的弯曲度偏差应符合表 3.2-10 的规定。需要高精级时，应在合同中注明，未注明时按普通级。

挤压有缝圆管的弯曲度偏差（mm） **表 3.2-10**

外径[b]	壁厚	弯曲度[a]	
		任意 300mm 长度	平均每米长度
8.00～30.00	≤2.40	≤1.5	≤4.0
	>2.40	≤0.5	≤2.0
>30.00～150.00	所有	≤0.8	≤1.5
>150.00～250.00	所有	≤1.3	≤2.5
>250.00～450.00	所有	≤1.8	≤3.5

[a] 不适用于壁厚小于外径的 1.5%的管材。
[b]不适用于外径大于 450mm 的管材

（4）长度

挤压有缝圆管的不定尺供应长度应不小于 300mm，定尺长度偏差应符合表 3.2-11 的规定。以倍尺供货时，每个锯口应留有 5mm 的锯切量。需要高精级时，应在合同中注明，未注明时按普通级。

挤压有缝圆管定尺长度偏差（mm） **表 3.2-11**

外径	定尺长度允许偏差							
	定尺长度							
	≤2000		>2000～5000		>5000～10000		>10000～15000	
	普通级	高精级	普通级	高精级	普通级	高精级	普通级	高精级
8.00～100.00	+9 0	+5 0	+10 0	+7 0	+12 0	+10 0	+16 0	—
>100.00～200.00	+11 0	+7 0	+12 0	+9 0	+14 0	+12 0	+18 0	—
>200.00～450.00	+12 0	+8 0	+14 0	+11 0	+16 0	+14 0	+20 0	—

（5）切斜度

挤压有缝圆管的两端切斜度应符合表 3.2-12 规定，且不得有毛刺。需要高精级时，应在合同中注明，未注明时按普通级。

挤压有缝圆管的切斜度（mm） **表 3.2-12**

外径	切斜度 N							
	长度							
	≤2000		>2000～5000		>5000～10000		>10000～15000	
	普通级	高精级	普通级	高精级	普通级	高精级	普通级	高精级
8.00～100.00	+4.5 0	+2.5 0	+5 0	+3.5 0	+6 0	+5 0	+8 0	—

续表

外径	切斜度 N							
	长度							
	≤2000		>2000～5000		>5000～10000		>10000～15000	
	普通级	高精级	普通级	高精级	普通级	高精级	普通级	高精级
>100.00～200.00	+5.5 0	+3.5 0	+6 0	+4.5 0	+7 0	+6 0	+9 0	—
>200.00～450.00	+6 0	+4 0	+7 0	+5.5 0	+8 0	+7 0	+10 0	—

4. 冷拉、冷轧有缝圆管和无缝圆管

(1) 外径

冷拉、冷轧有缝圆管和无缝圆管的外径偏差应符合表 3.2-13 规定，需要高精级时，应在合同中注明，未注明时按普通级。

冷拉、冷轧有缝圆管和无缝圆管的外径偏差（mm）　　表 3.2-13

公称外径[d]	外径允许偏差[a]									
	平均外径与公称外径的允许偏差[b] (AA+BB)/2 与公称外径的偏差		任一外径与公称外径的允许偏差[e] AA 或 BB 与公称外径的偏差							
			除退火、淬火[f]、H111 状态外的其他状态				除 TX510 外的淬火[f]状态		O、H111、TX510 状态	
			高镁合金[c]		非高镁合金					
	普通级	高精级	普通级	高精级	普通级	高精级	普通级	高精级	普通级	高精级
6.00～8.00	±0.12	±0.04	±0.20	±0.08	±0.12	±0.08	±0.23	±0.12	±0.72	±0.025
>8.00～12.00	±0.12	±0.05	±0.20	±0.08	±0.12	±0.08	±0.23	±0.15	±0.72	±0.30
>12.00～18.00	±0.15	±0.05	±0.20	±0.09	±0.15	±0.09	±0.30	±0.15	±0.90	±0.30
>18.00～25.00	±0.15	±0.06	±0.20	±0.10	±0.15	±0.10	±0.30	±0.20	±0.90	±0.40
>25.00～30.00	±0.20	±0.06	±0.30	±0.10	±0.20	±0.10	±0.38	±0.20	±1.20	±0.40
>30.00～50.00	±0.20	±0.07	±0.30	±0.12	±0.20	±0.12	±0.38	±0.25	±1.20	±0.50
>50.00～80.00	±0.23	±0.09	±0.35	±0.15	±0.23	±0.15	±0.45	±0.30	±1.38	±0.70
>80.00～120.00	±0.30	±0.14	±0.50	±0.20	±0.30	±0.20	±0.62	±0.41	±1.80	±1.20

[a] 需要非对称偏差时，其允许偏差上、下限数值的绝对值之和应与表中对应一致。

[b] 不适用于 TX510、TX511 状态管材。

[c] 高镁合金为平均镁含量大于或等于 4.0%的铝镁合金。

[d] 当外径、内径和壁厚均有规定时，表中偏差只适用于这些尺寸中的任意两个，当规定了内径和壁厚时，应根据该管材的公称外径取表中对应的偏差作为内径的允许偏差。

[e] 壁厚小于或等于管材外径的 2.5%时，表中偏差不适用，其允许偏差符合下述规定：

——壁厚与外径比>0.5%～1.0%时，允许偏差为表中对应数值的 4.0 倍；

——壁厚与外径比>1.0%～1.5%时，允许偏差为表中对应数值的 3.0 倍；

——壁厚与外径比>1.5%～2.0%时，允许偏差为表中对应数值的 2.0 倍；

——壁厚与外径比>2.0%～2.5%时，允许偏差为表中对应数值的 1.5 倍；

[f] 淬火状态是指产品或试样经过固溶热处理的状态。

（2）壁厚

冷拉、冷轧有缝圆管和无缝圆管的壁厚偏差应符合表 3.2-14 规定。

冷拉、冷轧有缝圆管和无缝圆管的壁厚允许偏差（mm）　　表 3.2-14

<table>
<tr><th rowspan="3">级别</th><th rowspan="3">公称壁厚[c]</th><th rowspan="3">平均壁厚与公称厚的允许偏差[a]
A
B
(AA+BB)/2 与公称壁厚的偏差</th><th colspan="3">任一点处壁厚与公称壁厚的允许偏差[a]
A
AA 与公称壁厚的偏差</th></tr>
<tr><th rowspan="2">高镁合金[b]</th><th colspan="2">非高镁合金</th></tr>
<tr><th>非淬火[d]管</th><th>淬火[d]管</th></tr>
<tr><td rowspan="6">普通级</td><td>≤0.80</td><td>±0.10</td><td>—</td><td>±0.14</td><td rowspan="6">不超过公称壁厚的±15%
最小值:±0.12</td></tr>
<tr><td>>0.80～1.20</td><td>±0.12</td><td>±0.20</td><td>±0.19</td></tr>
<tr><td>>1.20～2.00</td><td>±0.20</td><td>±0.20</td><td>±0.22</td></tr>
<tr><td>>2.00～3.00</td><td>±0.23</td><td>±0.30</td><td>±0.27</td></tr>
<tr><td>>3.00～4.00</td><td>±0.30</td><td>±0.40</td><td>±0.40</td></tr>
<tr><td>>4.00～5.00</td><td>±0.40</td><td>±0.50</td><td>±0.50</td></tr>
<tr><td rowspan="6">高精级</td><td>≤0.80</td><td>±0.05</td><td>±0.05</td><td>±0.05</td><td rowspan="4">不超过公称壁厚的±10%
最小值:±0.08</td></tr>
<tr><td>>0.80～1.20</td><td>±0.08</td><td>±0.08</td><td>±0.08</td></tr>
<tr><td>>1.20～2.00</td><td>±0.10</td><td>±0.10</td><td>±0.10</td></tr>
<tr><td>>2.00～3.00</td><td>±0.13</td><td>±0.15</td><td>±0.15</td></tr>
<tr><td>>3.00～4.00</td><td>±0.15</td><td>±0.20</td><td>±0.20</td><td rowspan="2">不超过公称壁厚的±9%</td></tr>
<tr><td>>4.00～5.00</td><td>±0.15</td><td>±0.20</td><td>±0.20</td></tr>
</table>

[a] 需要非对称偏差时，其允许偏差上、下限数值的绝对值之和应与表中对应一致。
[b] 高镁合金为平均镁含量大于或等于 4.0%的铝镁合金。
[c] 当外径、内径和壁厚均有规定时，表中偏差只适用于这些尺寸中的任意两个，当规定了外径和内径时，其壁厚偏差不适用。
[d] 淬火状态是指产品或试样经过固溶热处理的状态。

（3）弯曲度

冷拉、冷轧有缝圆管和无缝圆管的弯曲度见表 3.2-15。

冷拉、冷轧有缝圆管和无缝圆管的弯曲度（mm）　　表 3.2-15

<table>
<tr><th rowspan="3">外径</th><th colspan="3">弯曲度[a],不大于</th></tr>
<tr><th>普通级</th><th colspan="2">高精级</th></tr>
<tr><th>平均每米长度</th><th>任意 300mm 长度</th><th>平均每米长度</th></tr>
<tr><td>8.00～10.00</td><td>42</td><td>0.5</td><td>1.0</td></tr>
<tr><td>>10.00～100.00</td><td>2</td><td>0.5</td><td>1.0</td></tr>
<tr><td>>100.00～120.00</td><td>2</td><td>0.8</td><td>1.5</td></tr>
</table>

[a] 不适用于 O 状态管材、TX510 状态管材和壁厚小于外径的 1.5%的管材。

（4）长度

冷拉、冷轧有缝圆管和无缝圆管的不定尺供应长度应不小于300mm，定尺长度偏差应符合表3.2-16的规定。以倍尺供货时，每个锯口应留有5mm的锯切量。需要高精级时，应在合同中注明，未注明时按普通级。

冷拉、冷轧有缝圆管和无缝圆管的定尺长度允许偏差（mm）　　**表3.2-16**

外径	定尺长度偏差			
	普通级	高精级		
		定尺长度		
		≤2000	>2000～5000	>5000～10000
2.00～100.00	$^{+15}_{0}$	$^{+5}_{0}$	$^{+7}_{0}$	$^{+10}_{0}$
>100.00～120.00		$^{+7}_{0}$	$^{+9}_{0}$	$^{+12}_{0}$

（5）切斜度

冷拉、冷轧有缝圆管和无缝圆管的切斜度应符合表3.2-17规定，且不得有毛刺。需要高精级时，应在合同中注明，未注明时按普通级。

冷拉、冷轧有缝圆管和无缝圆管的切斜度（mm）　　**表3.2-17**

外径	切斜度 N			
	普通级	高精级		
		长度		
		≤2000	>2000～5000	>5000～10000
≤100.00	—	≤2.5	≤3.5	≤5.0
>100.00～120.00	—	≤3.5	≤4.5	≤6.0

【依据技术标准】《铝及铝合金管材的外形尺寸及允许偏差》GB/T 4436—2012。

3.2.2　铝及铝合金管的理论重量

铝及铝合金管的理论重量见表3.2-18。表中数值是按2A11等代号铝合金的密度为2.8g/cm^{3}计算的，若为其他代号铝及铝合金，应乘以表3.2-19的理论重量换算系数。

铝及铝合金管的理论重量　　**表3.2-18**

外径（mm）	内径（mm）	壁厚（mm）	理论重量（kg/m）	外径（mm）	内径（mm）	壁厚（mm）	理论重量（kg/m）
6	5	0.5	0.024	8	5	1.5	0.086
6	4	1.0	0.044	10	8	1.0	0.079
8	7	0.5	0.033	12	10	1.0	0.097
8	6	1.0	0.062	12	9	1.5	0.139

续表

外径(mm)	内径(mm)	壁厚(mm)	理论重量(kg/m)	外径(mm)	内径(mm)	壁厚(mm)	理论重量(kg/m)
14	13	0.5	0.059	35	30	2.5	0.715
14	12	1.0	0.114	36	34	1.0	0.308
15	13	1.0	0.123	37	35	1.0	0.317
15	12	1.5	0.178	38	36	1.0	0.325
16	15	0.5	0.068	38	35	1.5	0.482
16	14	1.0	0.132	38	34	2.0	0.633
16	13	1.5	0.191	40	38	1.0	0.343
18	17	0.5	0.077	40	37	1.5	0.508
18	16	1.0	0.150	40	36	2.0	0.668
20	18.5	0.75	0.127	40	35	2.5	0.825
20	18	1.0	0.167	42	40	1.0	0.361
20	17	1.5	0.244	42	38	2.0	0.704
22	20	1.0	0.185	43	40	1.5	0.548
22	18	2.0	0.352	45	43	1.0	0.387
24	22	1.0	0.202	45	42	1.5	0.574
25	24	0.5	0.108	45	41	2.0	0.756
25	23.5	0.75	0.160	45	40	2.5	0.935
25	23	1.0	0.211	48	45	1.5	0.614
25	22	1.5	0.310	50	48	1.0	0.431
26	23	1.5	0.323	50	47	1.5	1.640
27	25	1.0	0.229	50	46	2.0	0.844
28	26	1.0	0.238	50	45	2.5	1.045
28	25	1.5	0.350	52	50	1.5	0.449
30	38.5	0.75	0.193	53	50	1.5	0.679
30	28	1.0	0.255	54	51	1.5	0.693
30	27	1.5	0.276	55	51	2.0	0.932
30	26	2.0	0.493	55	50	2.5	0.154
30	25	2.5	0.605	60	58	1.0	0.519
32	30	1.0	0.273	60	57	1.5	0.772
32	29	1.5	0.402	60	56	2.0	1.020
32	28	2.0	0.523	60	55	2.5	1.264
33	30	1.5	0.416	60	54	3.0	1.504
35	33	1.0	0.499	63	60	1.5	1.810
35	32	1.5	0.422	65	62	1.5	0.838
35	31	2.0	0.581	65	61	2.0	1.108

续表

外径(mm)	内径(mm)	壁厚(mm)	理论重量(kg/m)	外径(mm)	内径(mm)	壁厚(mm)	理论重量(kg/m)
65	60	2.5	1.374	85	77	4.0	2.85
65	59	3.0	1.636	85	75	5.0	3.519
70	67	1.5	0.904	90	86	2.0	1.548
70	66	2.0	1.196	90	85	2.5	1.924
70	65	2.5	1.484	90	84	3.0	2.296
70	64	3.0	1.768	90	80	5.0	3.736
73	70	1.5	0.943	95	91	2.0	1.636
75	71	2.0	1.284	95	90	2.5	2.034
75	70	2.5	1.594	95	87	4.0	3.202
75	67	4.0	2.498	95	85	5.0	3.958
80	76	2.0	1.372	100	95	2.5	2.144
80	75	2.5	1.704	100	93	3.5	2.971
80	74	3.0	2.032	100	90	5.0	4.178
80	72	4.0	2.674	110	105	2.5	2.364
85	81	2.0	1.46	110	0.4	3.0	2.823
85	80	2.5	1.814	110	100	5.0	4.618
85	79	3.0	2.164	120	110	5.0	5.058
85	78	3.5	2.509				

注：理论重量系按 2A11 等代号铝合金的密度 2.8g/cm^3 计算，其他代号铝合金应乘以表 3.2-19 的换算系数。

铝及铝合金管的理论重量换算系数　　表 3.2-19

牌号	密度(g/cm^3)	换算系数	牌号	密度(g/cm^3)	换算系数
2A11(LY11)	2.80	1	6A02(LD2)	2.70	0.964
2A12(LY12)	2.80	1	2A50(LD5)	2.75	0.982
2A70(LD7)	2.80	1	2B50(LD6)	2.75	0.982
2A80(LD8)	2.80	1	6061(LD30)	2.70	0.964
2A90(LD9)	2.80	1	6063(LD31)	2.70	0.964
2A14(LD10)	2.80	1	5A02(LF2)	2.68	0.957
1070A(L1)	2.71	0.968	5A03(LF3)	2.67	0.954
1060(L2)	2.71	0.968	5083(LF4)	2.67	0.954
1050A(L3)	2.71	0.968	5A05(LF5)	2.65	0.946
1035(L4)	2.71	0.968	5A06(LF6)	2.64	0.943
1200(L5)	2.71	0.968	5A12(LF12)	2.63	0.939
8A06(L6)	2.71	0.968	3A21(LF21)	2.73	0.975
2A02(LY2)	2.75	0.982	7A04(LC4)	2.85	1.018
2A06(YL6)	2.76	0.985	7A09(LC9)	2.85	1.018
2A16(LY16)	2.84	1.104	5A41(LT41)	2.64	0.926

3.2.3 铝及铝合金连续挤压管

铝及铝合金连续挤压管系指用连续挤压法生产的铝及铝合金盘管。

1. 牌号和状态

铝及铝合金连续挤压管的牌号和状态应符合表 3.2-20 的规定。

连续挤压管的牌号和状态 **表 3.2-20**

牌号	化学成分	状态
1050,1060,1070,1070A,1100	应符合《变形铝及铝合金化学成分》GB/T 3190 的规定	H112
3003		H112

2. 规格尺寸

圆管的规格范围见表 3.2-21，异形管外接圆直径不大于 50mm，具体规格尺寸由供需双方商定。

圆管的规格范围（mm） **表 3.2-21**

公称外径	壁厚									
	0.45	0,50	0.75	0.90	1.00	1.25	1.50	1.75	2.00	3.00
4.0	○	○	○	○						
5.0	○	○	○	○	○	○				
6.0	○	○	○	○	○	○	○			
7.0		○	○	○	○	○	○			
8.0		○	○	○	○	○	○	○	○	
9.0		○	○	○	○	○	○	○	○	
10.0			○	○	○	○	○	○	○	
11.0			○	○	○	○	○	○	○	
12.0			○	○	○	○	○	○	○	○
13.0				○	○	○	○	○	○	○
14.0				○	○	○	○	○	○	○
15.0				○	○	○	○	○	○	○
16.0				○	○	○	○	○	○	○
17.0				○	○	○	○	○	○	○
18.0				○	○	○	○	○	○	○
19.0				○	○	○	○	○	○	○

注：“○”表示可供规格；异径管外接圆直径不大于 50mm。

3. 尺寸允许偏差

圆管的规格范围应符合表 3.2-22 的规定，圆管壁厚偏差应符合表 3.2-23 的规定，外径或管壁需要高精级产品时，应在合同中注明。

4. 化学成分和力学性能

管材的化学成分应符合 GB/T 3190 的规定。管材力学性能应符合表 3.2-24 的规定。

圆管的规格范围（mm） **表 3.2-22**

公称外径	任意点外径与公称外径间的允许偏差		平均外径与公称外径间的允许偏差	
	普通级	高精级	普通级	高精级
4.00～5.00	±0.12	±0.10	±0.08	±0.06
＞5.00～8.00	±0.14	±0.12	±0.10	±0.08
＞8.00～10.00	±0.16	±0.14	±0.12	±0.10
10.00～18.00	±0.18	±0.16	±0.14	±0.12
＞18.00～30.00	±0.20	±0.18	±0.16	±0.14

注：1. 平均外径是指在管材断面上测得的任意两个互为直角的外径的平均值。
2. 本表不适于卷内径＜(40×公称外径）的铝盘管。

圆管壁厚允许偏差（mm） **表 3.2-23**

公称壁厚	允许偏差	
	普通级	高精级
0.35～0.50	±0.08	±0.06
＞0.50～0.75	±0.10	±0.08
＞0.75～1.00	±0.12	±0.10
＞1.00～1.50	±0.14	±0.12
＞1.50～2.00	±0.16	±0.18

管材的力学性能 **表 3.2-24**

牌号	室温纵向拉伸试验结果		维氏硬度 HV
	抗拉强度 R_m(MPa)	断后伸长率 A_{50}(%)	
	≥		
1070、1070A、1060、1050	60	27	20
1100	75	28	25
3003	95	25	30

5. 表面质量

管材内外表面应光滑、清洁，不允许存在油污、腐蚀斑、夹渣、起皮、压伤、分层等缺陷。管材纵向模痕深度及外表面局部轻微擦伤均不得超过 0.03mm。

管材每米长度上允许有直径不大于 2.5mm 的气泡 3 个，或直径不大于 1mm 的链状气泡 3 处。允许供方对管材表面进行修整，以去除轻微的、局部的表面缺陷，但需保证管材最小壁厚尺寸。铝管单位内表面积上的残留物重量不大于 30mg/m^2。

6. 管材标记

例如：牌号为 1060、供应状态为 H112、外径 8.0mm、壁厚 0.75mm 的高精级连续挤压圆盘管，应标记为：

管 1060-H112　ϕ8×0.75　高精　GB/T 20250-2006。

7. 包装、运输和贮存

管材的包装、运输和贮存按《铝及铝合金加工产品包装、标志、运输、贮存》GB/T 3199 标准执行。盘管应螺旋状多层整齐缠绕，力度应适中，最小盘绕弯曲半径不小于

250mm。盘管内、外圆周及两侧用瓦楞纸包缠，用打包带扎好，再裹以塑料布后装箱，标注“防潮防压”字样，贮存于室内无腐蚀性环境中。

【依据技术标准】《铝及铝合金连续挤压管》GB/T 20250-2006。

3.2.4 铝及铝合金热挤压无缝圆管

铝及铝合金热挤压无缝圆管适用于一般工业。

1. 牌号和状态

铝及铝合金热挤压无缝圆管的牌号和状态见表 3.2-25。

铝及铝合金热挤压无缝圆管的牌号和状态　　表 3.2-25

合金牌号	状态
1070A,1060,1100,1200,2A11,2017,2A12,2024,3003,3A21,5A02,5052,5A03,5A05,5A06,5083,5086,5454,6A02,6061,6063,7A09,7075,7A15,8A06	H112,F
1070A,1060,1050A,1035,1100,1200,2A11,2017,2A12,2024,5A06,5083,5454,5086,6A02	O
2A11, 2017,2A12, 6A02,6061,6063	T4
6A02,6061,6063, 7A04, 7A09, 7075,7A15	T6

2. 外形尺寸及允许偏差

管材的外形尺寸及允许偏差应符合《铝及铝合金管材外形尺寸及允许偏差》GB/T 4436 中普通级的规定，需要高精级产品时，应在合同中注明。

3. 化学成分和力学性能

管材的化学成分应符合《变形铝及铝合金化学成分》GB/T 3190 的规定。管材力学性能应符合表 3.2-26 的规定，但表中 5A05 合金规定非比例伸长应力仅供参考，不作为验收依据。外径 185～30mm，其壁厚大于 32.5mm 的管材，室温纵向力学性能由供需双方另行协商或附试验结果。

管材的室温纵向力学性能　　表 3.2-26

合金牌号	供应状态	试样状态	壁厚(mm)	抗拉强度 σ_b(MPa)	规定非比例伸长应力 $\sigma_{p0.2}$(MPa)	伸长率(%)	
						标距 50mm	δ
				≥			
1070A、1060	O	O	所有	60～95	—	25	22
	H112	H112	所有	60	—	25	22
1050A,1035	O	O	所有	60～100	—	25	23
1100,1200	O	O	所有	75～105	—	25	22
	H112	H112	所有	75	—	25	22
2A11	O	O	所有	≤245	—	—	10
	H112	H112	所有	350	195	—	10
2017	O	O	所有	≤245	≤125	—	16
	H112、T4	T4	所有	345	215	—	12
2A12	O	O	所有	≤245	—	—	10
	H112、T4	T4	所有	390	255	—	10

续表

合金牌号	供应状态	试样状态	壁厚(mm)	抗拉强度 σ_b(MPa)	规定非比例延伸应力 $\sigma_{p0.2}$(MPa)	伸长率(%)	
						标距 50mm	δ
				≥			
2017	O	O	所有	≤245	≤130	12	10
	H112	T4	≤18	395	260	12	10
			>18	395	260	—	9
3A21	H112	H112	所有	≤165	—	—	—
3003	O	O	所有	95～130	—	25	22
	H112	H112	所有	95	—	25	22
5A02	H112	H112	所有	≤225	—	—	—
5052	O	O	所有	170～240	70	—	—
5A03	H112	H112	所有	175	70	—	15
5A05	H112	H112	所有	225	110	—	15
5A06	O、H112	O、H112	所有	315	145	—	15
5083	O	O	所有	270～350	110	14	12
	H112	H112	所有	270	110	12	20
5454	O	O	所有	215～285	85	14	12
	H112	H112	所有	215	≥85	12	10
5086	O	O	所有	240～315	95	14	12
	H112	H112	所有	240	95	12	10
6A02	O	O	所有	≤145	—	—	17
	T4	T4	所有	205	—	—	14
	H112、T6	T6	所有	295	—	—	8
6061	T4	T4	所有	180	110	16	14
	T6	T6	≤6.3	260	240	8	—
			>6.3	260	240	10	9
6063	T4	T4	≤12.5	130	70	14	12
			>12.5～25	125	60	—	12
	T6	T6	所有	205	170	10	9
7A04、7A09	H112、T6	T6	所有	530	400	—	5
7075	H112、T6	T6	≤6.3	540	485	7	—
			>6.3 ≤12.5	560	505	7	6
			>12.5	560	495	—	6
7A15	H112、T6	T6	所有	470	420	—	6
8A06	H112	H112	所有	≤120	—	—	20

注：管材的室温纵向力学性能应符合表中的规定。但表中 5A05 合金规定非比例伸长应力仅供参考，不作为验收依据。外径 185～300mm，其壁厚大于 32.5mm 的管材，室温纵向力学性能由供需双方另行协商或附试验结果。

4. 表面质量

管材应为光滑的热挤压表面，不允许有裂纹、腐蚀和外来杂物。

管材表面允许有局部轻微的起皮、气泡、擦伤、划伤、碰伤、压坑等现象，但深度不得超过管材内外径允许偏差的范围，并保证管材壁厚允许的最小尺寸。

管材表面允许存在模具的挤压流纹、氧化色和不粗糙的黑白斑点。允许有不影响外径尺寸矫直螺旋纹，其深度不得超过 0.5mm。

5. 管材标记

例如：热挤压管为 2A12 合金、退火状态、外径 40mm、壁厚 6.0mm、长度 4000mm 定尺时应标记为：

管 2A12-O ϕ40×6.0×4 000 GB/T 4437.1-2000

6. 包装、运输和贮存

管材的包装、运输和贮存应符合 GB/T 3199 标准的规定。对直径小于等于 50mm 的管材和直径大于 50mm、壁厚小于等于 7mm 的不可热处理强化合金管材不涂油装箱，其他管材裸件发运。供需双方可协议包装方法。

【依据技术标准】《铝及铝合金热挤压管 第 1 部分：无缝圆管》GB/T 4437.1-2000。

3.2.5 铝及铝合金热挤压有缝管

铝及铝合金热挤压有缝管适用于建筑、桥梁和公路等行业。

1. 牌号和状态

铝及铝合金热挤压有缝管产品有圆管、矩形管及正多边形管，其牌号和状态见表 3.2-27。

铝及铝合金热挤压有缝管的牌号和状态　　表 3.2-27

牌　号	状　态	牌　号	状　态
1070A,1060,1050A,1035,1100,1200	O、H112、F	5A06、5083、5454、5086	O、H112、F
2A11,2017,2A12,2024	O、H112、T4、F	6A02	O、H112、T4、T6、F
3003	O、H112、F	6005A,6005	T5、F
5A02	H112、F	6061	T4、T6、F
5052	O、F	6063	T4、T5、T6、F
5A03、5A05	H112、F	6063A	T5、T6、F

注：管材的化学成分应符合《变形铝及铝合金化学成分》GB/T 3190 的规定。

2. 尺寸允许偏差

由于有缝管产品有圆管、矩形管及正多边形管多种，故其尺寸允许偏差的规定较为复杂，这里只点明主要项目，不列具体数据，以减少篇幅。读者如需进一步了解，可查阅 GB/T 4437.2-2003 标准。

（1）横截面尺寸允许偏差，分别按圆管和正方形、矩形管、正多边形管作了规定。

（2）长度尺寸允许偏差，按直径和外接圆直径、长度范围、产品为普通级或高精级作了规定。

（3）弯曲度、切斜度、平面间隙、扭拧度、角度（正方形、矩形管、正多边形管扭拧度中的角度）、圆角半径（正方形、矩形管、正多边形管中的圆角半径）。

3. 化学成分和力学性能

管材的化学成分应符合 GB/T 3190 的规定。管材的纵向室温力学性能应符合表3.2-28的规定。

管材的室温纵向力学性能 **表 3.2-28**

牌号	供应状态	试样状态	壁厚(mm)	抗拉强度 σ_b(MPa)	规定非比例伸长应力 $\sigma_{p0.2}$(MPa)	断后伸长率(%)	
						标距 50mm	A_5
				≥			
1070A,1060	O	O	所有	60～95	—	25	22
	H112	H112	所有	60	—	25	22
1050A,1035	O	O	所有	60～100	—	25	23
	H112	H112	所有	60	—	25	23
1100,1200	O	O	所有	75～105	—	25	22
	H112	H112	所有	75	—	25	22
2A11	O	O	所有	≤245	—	—	10
	H112T4	T4	所有	350	195	—	10
2017	O	O	所有	≤245	≤125	—	16
	H112,T4	T4	所有	345	215	—	12
2A12	O	O	所有	≤245	—	—	10
	H112,T4	T4	所有	390	255	—	10
2024	O	O	所有	≤245	≤130	12	10
	H112,T4	T4	≤18	395	260	12	10
			>18	395	260	—	9
3003	O	O	所有	95～130	—	25	22
	H112	H112	所有	95	—	25	22
5A02	H112	H112	所有	≤225	—	—	—
5052	O	O	所有	170～240	70	—	—
5A03	H112	H112	所有	175	70	—	15
5A05	H112	H112	所有	225	—	—	15
5A06	O、H112	O、H112	所有	315	145	—	15
5083	O	O	所有	270～350	110	14	12
	H112	H112	所有	270	110	12	10
5454	O	O	所有	215～285	85	14	12
	H112	H112	所有	215	85	12	10
5086	O	O	所有	240～315	95	14	12
	H112	H112	所有	240	95	12	10
6A02	O	O	所有	≤145	—	—	17
	T4	T4	所有	205	—	—	14
	H112,T6	T6	所有	295	—	—	8

续表

牌号	供应状态	试样状态	壁厚(mm)	抗拉强度 σ_b(MPa)	规定非比例延伸应力 $\sigma_{p0.2}$(MPa)	断后伸长率(%)	
						标距 50mm	A_5
				≥			
6005A	T5	T5	≤6.30	260	215	7	—
			>6.30	260	215	9	8
6005	T5	T5	≤3.20	260	240	8	—
			>3.21～25.00	260	240	10	9
6061	T4	T4	所有	180	110	16	14
	T6	T6	≤6.30	265	245	8	—
			>6.30	265	245	10	9
6063	T4	T4	≤12.50	130	70	14	12
			>12.50～25.00	125	60	—	12
	T6	T6	所有	205	180	10	8
	T5	T5	所有	160	110	—	8
6063A	T5	T5	≤10.00	200	160	—	5
			>10.00	190	150	—	5
	T6	T6	≤10.00	230	190	—	5
			>10.00	220	180	—	4

4. 表面质量

管材为光滑的热挤压表面，不允许有裂纹、腐蚀和外来杂物。

管材表面允许有轻微的起皮、气泡、擦伤、划伤、碰伤、压坑等现象，但深度不得超过管材外径（或内径）允许偏差的范围，并保证管材允许的最小壁厚。

管材表面允许存在模具的挤压痕、氧化色和不粗糙的黑白斑点。圆管允许有不影响外径尺寸矫直螺旋痕，其深度不得超过 0.5mm。

5. 管材标记

例 1：用 6060 制造的、T6 状态、外径 40mm、壁厚 6.0mm、定尺长度 4000mm 的热挤压有缝管圆管，应标记为：

管 6060-T6 ϕ40×6.0×4000 GB/T 4437.2-2003

例 2：用 2A12 合金制造的、T4 状态、矩形截面长 20.0mm、宽 15.0mm、壁厚 2.0mm 的非定尺热挤压有缝管，应标记为：

矩形管 2A12-T4 20×15×2 GB/T 4437.2-2003

例 3：用 1100 制造的、H112 状态、外接圆直径为 140.0mm、壁厚 4.0mm，定尺长度 3000mm 的热挤压正六边形有缝管，应标记为：

正六边形管 1100-1100 ϕ140×4×3000 GB/T 4437.2-2003

6. 包装、运输和贮存

管材的包装、运输和贮存应符合 GB/T 3199 标准的规定。对直径（或外接圆直径）

小于等于 50mm 的管材和直径大于 50mm、壁厚小于等于 7mm 的管材不涂油，缠纸后装箱，其他管材裸件发运。供需双方可协议包装方法。

【依据技术标准】《铝及铝合金热挤压管　第 2 部分：有缝管》GB/T 4437.2-2003。

3.3 其他有色金属管

3.3.1 钛及钛合金管

一般工业用钛及钛合金无缝管用冷轧（冷拔）方法生产。

1. 钛及钛合金管材的牌号、状态和规格

常用钛及钛合金管材的牌号、状态和规格见表 3.3-1，AT3 管材的状态和规格见表 3.3-2。

常用钛及钛合金管材的牌号、状态和规格　　表 3.3-1

牌号	状态	外径(mm)	壁厚(mm)															
			0.2	0.3	0.5	0.6	0.8	1.0	1.25	1.5	2.0	2.5	3.0	3.5	4.0	4.5	5.0	5.5
TA1 TA2 TA8 TA8-1 TA9 TA9-1 TA10	退火态(M)	3～5	○	○	○	○	—	—	—	—	—	—	—	—	—	—	—	—
		>5～10	—	○	○	○	○	○	○	—	—	—	—	—	—	—	—	—
		>10～15	—	—	○	○	○	○	○	○	○	—	—	—	—	—	—	—
		>15～20	—	—	—	○	○	○	○	○	○	○	—	—	—	—	—	—
		>20～30	—	—	—	○	○	○	○	○	○	○	○	—	—	—	—	—
		>30～40	—	—	—	—	—	○	○	○	○	○	○	○	—	—	—	—
TA1 TA2 TA8 TA8-1 TA9 TA9-1 TA10	退火态(M)	>40～50	—	—	—	—	—	—	○	○	○	○	○	○	○	—	—	—
		>50～60	—	—	—	—	—	—	—	○	○	○	○	○	○	○	○	—
		>60～80	—	—	—	—	—	—	—	○	○	○	○	○	○	○	○	○
		>80～110	—	—	—	—	—	—	—	—	—	○	○	○	○	○	○	○

注：○表示可以按 GB/T 3624-2010 标准生产的规格。

AT3 管材的状态和规格　　表 3.3-2

牌号	状态	外径(mm)	壁厚(mm)											
			0.5	0.6	0.8	1.0	1.25	1.5	2.0	2.5	3.0	3.5	4.0	4.5
TA3	退火态(M)	>10～15	○	○	○	○	○	○	○	—	—	—	—	—
		>15～20	—	○	○	○	○	○	○	○	—	—	—	—
		>20～30	—	○	○	○	○	○	○	○	—	—	—	—
		>30～40	—	—	—	—	○	○	○	○	○	—	—	—
		>40～50	—	—	—	—	○	○	○	○	○	○	—	—
		>50～60	—	—	—	—	—	○	○	○	○	○	○	—
		>60～80	—	—	—	—	—	—	○	○	○	○	○	○

注：○表示可以按 GB/T 3624-2010 标准生产的规格。

2. 力学性能

钛及钛合金管材在供应状态下的室温力学性能应符合表 3.3-3 的要求。

钛及钛合金管材室温力学性能 **表 3.3-3**

牌号	状态	抗拉强度 R_m(MPa)	规定非比例延伸强度 $R_{p0.2}$(MPa)	断后伸长率 A_{50mm}(%)
TA1	退火(M)	≥240	140～310	≥24
TA2		≥400	275～450	≥20
TA3		≥500	380～550	≥18
TA8		≥400	275～450	≥20
TA8-1		≥240	140～310	≥24
TA9		≥400	275～450	≥20
TA9-1		≥240	140～530	≥24
TA10		≥460	≥300	≥18

3. 管材尺寸及允许偏差

(1) 管材外径及允许偏差见表 3.3-4。

管材外径及允许偏差 (mm) **表 3.3-4**

外　　径	允许偏差	外　　径	允许偏差
3～10	±0.15	>50～80	±0.65
>10～30	±0.30	>80～100	±0.75
>30～50	±0.50	>100	±0.85

(2) 管材长度应符合表 3.3-5 的规定。

管材长度 (mm) **表 3.3-5**

规　　格	无缝管		
	外径≤15	外径>15	
		壁厚≤2.0	壁厚>2.0～5.5
长度	500～4000	500～9000	500～6000

当管材长度为定尺供应时，定尺长度小于 6000mm 时，允许偏差为 0～4mm，不得为负偏差；当定尺长度大于或等于 6000mm 时，允许偏差为 0～10mm，不得为负偏差。

当管材长度为倍尺长度供应时，应计入切口裕量，每个切口为 5mm。

(3) 管材壁厚允许偏差应不超过其名义壁厚的±12.5%。

(4) 管材两端应切割平整，不应有毛刺，切斜要求为：外径小于等于 30mm 时，切斜不大于 2mm；外径>30～60mm 时，切斜不大于 3mm；外径>60～110mm 时，切斜不大于 4mm。

(5) 管材弯曲度要求为：当外径小于等于 30mm 时，弯曲度应不大于 3mm/m；外径小于等于 30～110mm 时，弯曲度应不大于 4mm/m。

(6) 管材的不圆度及壁厚不均不应超出外径和壁厚的允许偏差。

4. 工艺性能试验

管材的工艺性能试验包括压扁试验、弯曲试验和水（气）压试验。其中，压扁试验、弯曲试验均由供方进行；水（气）压试验只有在需方需要并在合同中注明时方才进行，合同中未注明时，供方可不进行此项试验，但必须保证符合水（气）压试验要求。

需方选择的试验压力应在合同中注明，当合同中未注明时，试验压力按式（3.3-1）计算：

$$p=\frac{St}{D/2-0.4t} \tag{3.3-1}$$

式中　p——试验压力，MPa；

S——允许应力，取相应规定非比例延伸强度最小值的 50%，MPa；

t——管材名义壁厚，mm；

D——管材名义外径，mm。

当管材名义外径不大于 76mm 时，水压试验的最大压力不大于 17.2MPa；当管材名义外径大于 75mm 时，水压试验的最大压力不大于 19.3MPa。试验时压力保持 5s，管材应不发生畸变或泄漏。

气压试验时，管材内部气压试验的压力为 0.7MPa，试验时压力保持 5s，管材应不发生泄漏。

5. 外观质量

（1）管材内外表面应洁净平整，无裂纹、折叠、起皮等目视可见缺陷。

（2）管材表面的局部缺陷应予清除，但清除后不得使外径、壁厚超出允许偏差。

（3）管材表面允许有不超出外径和壁厚允许偏差的划伤、凹坑、凸点和矫直痕迹。管材经酸洗后允许有不同的颜色。

【依据技术标准】《钛及钛合金无缝管》GB/T 3624-2010，此项标准制订时参照了美国标准《钛及钛合金无缝管》ASTMB861-06a。

3.3.2　工业流体用钛及钛合金管

工业流体用钛及钛合金管系指用冷轧（冷拔）法生产的钛及钛合金管无缝管和焊接法、焊接一轧制法生产的钛及钛合金焊接管，适用于一般工业用途的流体用管。

1. 牌号、状态和规格

冷轧（冷拔）钛及钛合金无缝管的牌号、状态和规格见表 3.3-6；焊接法生产的钛及钛合金管的牌号、状态和规格见表 3.3-7；焊接-轧制法生产的钛及钛合金管的牌号、状态和规格见表 3.3-8。

管材的牌号、状态和规格　　**表 3.3-6**

牌号	状态	外径(mm)	壁厚(mm)															
			0.5	0.6	0.8	1.0	1.25	1.5	2.0	2.5	3.0	3.5	4.0	4.5	5.0	5.5	6.0	7.0
TA0 TA1 TA2 TA9 TA10	退火态(M)	>10～15	○	○	○	○	○	○	○									
		>15～20		○	○	○	○	○	○	○								
		>20～30		○	○	○	○	○	○	○	○							
		>30～35				○	○	○	○	○	○	○	○					

续表

牌号	状态	外径(mm)	壁厚(mm)															
			0.5	0.6	0.8	1.0	1.25	1.5	2.0	2.5	3.0	3.5	4.0	4.5	5.0	5.5	6.0	7.0
TA0 TA1 TA2 TA9 TA10	退火态(M)	>30～40				○	○	○	○	○	○	○	○	○	○			
		>40～50					○	○	○	○	○	○	○	○	○	○	○	
		>50～60						○	○	○	○	○	○	○	○	○	○	
		>60～80						○	○	○	○	○	○	○	○	○	○	○
		>80～110							○	○	○	○	○	○	○	○	○	

注："○"表示可以按 YS/T 576-2006（2012）标准生产的规格。

焊接法生产的钛及钛合金管的牌号、状态和规格　　表 3.3-7

牌号	状态	外径(mm)	壁厚(mm)							
			0.5	0.6	0.8	1.0	1.25	1.5	2.0	2.5
TA0 TA1 TA2 TA9 TA10	退火态 M	16	○	○	○	○				
		19	○	○	○	○	○			
		25,27	○	○	○	○	○	○		
		31,32,33			○	○	○	○	○	
		38						○	○	○

注："○"表示可以按 YS/T 576-2006（2012）标准生产的规格。

焊接-轧制法生产的钛及钛合金管的牌号、状态和规格　　表 3.3-8

牌号	状态	外径(mm)	壁厚(mm)						
			0.5	0.6	0.8	1.0	1.25	1.5	2.0
TA0,TA1 TA2,TA9 TA10	退火态 M	>15～20	○	○	○	○	○	○	
		>20～30	○	○	○	○	○	○	○

注："○"表示可以按 YS/T 576-2006（2012）标准生产的规格。

2. 外形尺寸和允许偏差

管材的外径及壁厚允许偏差见表 3.3-9。无缝管和焊接-轧制管的长度见表 3.3-10，焊接管的长度见表 3.3-11。

管材的外径及壁厚允许偏差　　表 3.3-9

外径(mm)	外径允许误差(mm)	壁厚允许误差
>20～30	±0.30	±10%名义壁厚
>30～50	±0.50	
>50～80	±0.65	
>80～100	±0.75	
>100～110	±0.85	

管材的定尺长度或倍尺长度应在不定尺长度范围内。定尺长度大于等于 6000mm 时，允许偏差为+15mm，定尺长度小于 6000mm 时，允许偏差为+10mm。倍尺总长度应计入管材切断时的切口量，每个切口裕量为 5mm。

无缝管和焊接-轧制管的长度（mm） 表 3.3-10

种类	无缝管				焊接—轧制管	
	外径≤15	外径>15			壁厚	
		壁厚≤2.0	壁厚>2.0～4.5	壁厚>4.5	0.5～0.8	>0.8～2.0
长度	500～4000	500～9000	500～6000	500～4000	500～8000	500～5000

注：超出表中规定时，可协商供货。

焊接管的长度（mm） 表 3.3-11

种 类	焊接管		
	壁厚 0.5～1.25	壁厚>1.25～2.0	壁厚>2.0～2.5
长度	500～15000	500～6000	500～4000

注：超出表中规定时，可协商供货。

管材的弯曲度，当外径为 3～30mm 时，不大于 3mm/m，当外径为 30～110mm 时，不大于 4mm/m。

3. 化学成分和力学性能

化学成分符合 GB/T 3620.1 的规定；管材在供应状态下的室温力学性能应符合表3.3-12 的规定，其中规定非比例延伸强度 $R_{p0.2}$ 只有在需方要求并在合同中注明时方可测试。

管材的力学性能 表 3.3-12

合金牌号	状 态	抗拉强度 R_m(MPa)	规定非比例延伸强度 $R_{p0.2}$(MPa)	断后伸长率 A_{50mm}(%)
TA0	退火态 M	280～420	≥170	≥22
TA1		370～530	≥250	≥18
TA2		440～620	≥320	≥18
TA9		370～530	≥250	≥18
TA10		≥440	≥290	≥18

注：管材规格在 GB/T 3624 规定的范围内时，力学性能按 GB/T 3624 表中的指标执行，其中 TA10 的 $R_{p0.2}$≥300MPa；管材规格超出 GB/T 3624 规定的范围内时，力学性能按本表执行。

4. 水压及气压试验

当需方有要求并在合同中注明时，供方可进行水压及气压试验。合同中未注明时，水压试验 P 值按式（3.3-2）计算，或由供需双方协商，选用 5MPa、1.5 倍工作压力或其他压力。

$$P=\frac{SEt}{\frac{D}{2}-0.4t} \tag{3.3-2}$$

式中 P——试验压力，MPa；

S——允许应力，取相应规定的最小非比例延伸强度的 50%，MPa；

t——管材名义壁厚，mm；

D——管材名义外径，mm；

E——系数，无缝管取 1.0，焊接管和焊接—轧制管取 0.85。

水压试验时，压力保持 5s，管材不应发生变形或渗漏。对外径不大于 76mm 的管材，其最大试验压力不大于 17.2MPa；对外径大于 76mm 的管材，其最大试验压力不大于 19.3MPa。

气压试验压力为 0.7MPa，压力保持 5s，管材不应发生泄漏。

5. 表面质量

管材内外表面应清洁，无裂纹、折叠、起皮、针孔等肉眼可见缺陷。表面局部缺陷可予清除，但清除后外径和壁厚不得超出允许负偏差。管材表面允许有局部不超出外径和壁厚允许负偏差的划伤、凹坑、凸点和矫直痕迹。允许管材酸洗后存在色差。

6. 标记示例

管材产品标记按产品名称、牌号、生产方式、状态、规格、标准编号的顺序表示。

例 1：按 YS/T 576-2006（2012）标准生产的 TA2 冷轧无缝管，退火状态，外径为 45mm，壁厚为 3.0mm，长度为 3500mm，应标记为：

管 TA2 S M ϕ45×3.0×3500 YS/T 576-2006（2012）

例 2：按 YS/T 576-2006（2012）标准生产的 TA1 焊接管，退火状态，外径为 25mm，壁厚为 1.0mm，长度为 3500mm，应标记为：

管 TA1 W M ϕ25×1.0×3500 YS/T 576-2006（2012）

例 3：按 YS/T 576-2006（2012）标准生产的 TA1 焊接—轧制管，退火状态，外径为 20mm，壁厚为 1.0mm，长度为 3000mm，应标记为：

管 TA1 WR M ϕ20×1.0×3000 YS/T 576-2006（2012）

【依据技术标准】有色金属行业标准《工业流体用钛及钛合金管》YS/T 576-2006（2012)，此项标准系 2006 年发布，后又经 2012 年确认。

3.3.3 铅及铅锑合金管

铅及铅锑合金管系指用于化工、制药及其他工业部门用作防腐管材的挤制铅管及铅锑合金管（以下简称铅锑管）。

1. 牌号、状态、规格

铅锑管的牌号、状态和规格应符合表 3.3-13 的规定。

铅锑管的牌号、状态和规格　　表 3.3-13

牌　　号	状态	规格(mm)		
		内径	壁厚	长度
Pb1,Pb2	挤制	5～230	2～12	直管：≤4000 盘管：≥2500
PbSb0.5,PbSb2,PbSb4,PbSb6,PbSb8	挤制	10～200	3～14	

2. 外形尺寸及允许偏差

（1）纯铅管常用尺寸规格见表 3.3-14；铅锑合金管常用尺寸规格见表 3.3-15。

纯铅管常用尺寸规格（mm）　　表 3.3-14

公称内径	公称壁厚									
	2	3	4	5	6	7	8	9	10	12
5,6,8,10,13,16,20	○	○	○	○	○	○	○	○	○	○
25,30,35,38,40,45,50	—	○	○	○	○	○	○	○	○	○
55,60,65,70,75,80,90,100	—	—	○	○	○	○	○	○	○	○

续表

公称内径	公称壁厚									
	2	3	4	5	6	7	8	9	10	12
110	—	—	—	○	○	○	○	○	○	○
125,150	—	—	—	—	○	○	○	○	○	○
180,200,230	—	—	—	—	—	—	○	○	○	○

注："○"表示常用规格。

铅锑合金管常用尺寸规格（mm） **表 3.3-15**

公称内径	公称壁厚									
	3	4	5	6	7	8	9	10	12	14
10,15,17,20,25,30,35,40,45,50	○	○	○	○	○	○	○	○	○	○
55,60,65,70	—	○	○	○	○	○	○	○	○	○
75,80,90,100	—	—	○	○	○	○	○	○	○	○
110	—	—	—	○	○	○	○	○	○	○
125,150	—	—	—	—	○	○	○	○	○	○
180,200	—	—	—	—	—	○	○	○	○	○

注："○"表示常用规格。

（2）铅锑管的内径允许偏差应符合表 3.3-16 的规定。

铅锑管的内径允许偏差（mm） **表 3.3-16**

精度等级	内径								
	5～10	13～20	25～30	35～40	45～55	60～110	125～150	180～200	230
普通级	±0.05	±1.00	±1.50	±2.00	±3.00	±4.00	±6.00	±8.00	±10.0
高精级	±0.03	±0.05	±0.05	±1.00	±1.00	±2.00	±2.00	±3.00	±4.00

注：当要求内径偏差全为正或全为负时，其允许偏差值应为表中对应数值的两倍；当合同中未注明精度等级时，按普通级供货。

（3）铅锑管的壁厚允许偏差应符合表 3.3-17 的规定。

铅锑管的壁厚允许偏差（mm） **表 3.3-17**

精度等级	内径	壁厚										
		2	3	4	5	6	7	8	9	10	12	14
普通级	<100	0.25	0.25	0.40	0.40	0.65	0.65	0.65	0.65	1.20	1.20	1.20
	≥100	—	—	0.60	0.60	0.85	0.85	0.85	0.85	1.50	1.50	1.50
高精级	5～230	0.20	0.20	0.30	0.30	0.50	0.50	0.50	0.50	1.00	1.00	1.00

注：当要求内径偏差全为正或全为负时，其允许偏差值应为表中对应数值的两倍；当合同中未注明精度等级时，按普通级供货。

（4）管材长度应在订货时在合同中确定。定尺或倍尺长度的允许偏差为＋20mm，不允许负偏差。倍尺总长度应加入锯切分段时的锯切量，每一锯切量为 5mm。

管材端部应锯切平整。切口在不使管材长度超出允许偏差的条件下，内径不大于 100mm 的管材，切斜不得超过 5mm；内径大于 100mm 的管材，切斜不得超过 10mm。

由于铅锑管质软，圆度往往不理想，尤其是经搬运后，常会变形，故 GB/T 1472-2005 标准中未提出要求，供需双方可协商处理。

3. 管材重量

纯铅管的理论重量见表 3.3-18；铅、铅锑合金的密度及铅锑与纯铅管材理论重量换算关系见表 3.3-19。

纯铅管的理论重量 **表 3.3-18**

内径(mm)	管壁厚度(mm)									
	2	3	4	5	6	7	8	9	10	12
	理论质量(kg/m)(密度 11.34g/cm³)									
5	0.5	0.9	1.3	1.8	2.3	3.0	3.7	4.7	5.3	7.3
6	0.6	1.0	1.4	1.9	2.6	3.2	4.1	4.8	5.7	7.7
8	0.7	1.2	1.7	2.3	3.0	3.7	4.5	5.4	6.4	8.5
10	0.8	1.4	2.0	2.7	3.4	4.2	5.1	6.3	7.1	9.4
13	1.1	1.7	2.4	3.2	4.1	5.0	6.0	7.0	8.2	10.7
16	1.3	2.0	2.8	3.7	4.7	5.7	6.8	8.0	9.3	12.0
20	1.6	2.5	3.4	4.4	5.5	6.7	8.0	9.3	10.7	13.7
25	—	3.0	4.1	5.4	6.6	8.0	9.4	10.9	12.5	15.8
30	—	3.5	4.9	6.2	7.7	9.2	10.8	12.5	14.2	17.9
35	—	4.1	5.6	7.1	8.8	10.5	12.3	14.1	16.0	20.1
38	—	4.4	6.0	7.6	9.4	11.2	13.1	15.1	17.1	21.4
40	—	4.6	6.3	8.0	9.8	11.7	13.7	15.7	17.8	22.2
45	—	5.1	7.0	8.9	10.9	13.0	15.1	17.3	19.6	24.3
50	—	5.7	7.7	9.8	12.0	14.2	16.5	18.9	21.4	26.5
55	—	—	8.4	10.7	13.1	15.5	18.0	20.5	23.1	28.6
60	—	—	9.1	11.6	14.1	16.7	19.4	22.1	24.9	30.8
65	—	—	9.8	12.4	15.2	18.8	20.8	24.6	26.9	32.9
70	—	—	10.5	13.3	16.2	19.1	22.2	25.3	28.5	35.0
75	—	—	11.3	14.2	17.3	20.4	23.6	27.1	30.3	37.2
80	—	—	12.0	15.1	18.3	21.7	26.0	28.5	32.0	39.3
90	—	—	13.4	16.9	20.5	24.2	27.9	31.8	35.6	43.6
100	—	—	14.8	18.7	22.6	26.7	30.8	35.0	39.2	47.9
110	—	—	—	20.5	24.8	29.2	33.6	38.2	42.7	52.1
125	—	—	—	—	28.0	32.9	37.9	42.9	48.1	58.6
150	—	—	—	—	33.3	39.1	45.0	50.9	57.1	69.3
180	—	—	—	—	—	—	53.6	60.5	67.7	82.2
200	—	—	—	—	—	—	59.3	67.0	74.8	90.7
230	—	—	—	—	—	—	67.8	76.5	85.5	103.5

铅、铅锑合金的密度及铅锑与纯铅管材理论重量换算关系 **表 3.3-19**

牌号	密度(g/cm³)	换算系数	牌号	密度(g/cm³)	换算系数
Pb1，Pb2	11.34	1.0000	PbSb4	11.15	0.9850
PbSb0.5	11.32	0.9982	PbSb6	11.06	0.9753
PbSb2	11.25	0.9921	PbSb8	10.97	0.9674

4. 气压试验

当需方要求并在合同中注明时，铅锑管可进行气压试验。最大试验压力为 0.5MPa，试验持续时间 5min，应无渗漏及无裂现象。供方可不做此项试验，但必须保证。

5. 表面质量

铅锑管内外表面应光滑、清洁。不允许有针孔、裂纹、起皮、气泡和夹杂等缺陷；内外表面允许有轻微或局部不超出管材壁厚允许偏差、不影响使用的缺陷。

6. 标记示例

铅锑管的标记按产品名称、牌号、状态、规格和标准编号的顺序表示。

例 1：用 Pb2 制造的、挤制状态、内径为 50mm，壁厚为 6mm 的铅管，标记为：

管 Pb2Rϕ50×6 GB/T 1472-2005

例 2：用 PbSb0.5 制造的、挤制状态、内径为 50mm，壁厚为 6mm 的高精级铅锑管，标记为：

管 PbSb0.5R 高 ϕ50×6 GB/T 1472-2005

【依据技术标准】《铅及铅锑合金管》GB/T 1472-2005。

3.3.4 镍及镍合金管

镍及镍合金管系指用于化工、仪表、电信、电子、电力等工业部门制造耐腐蚀或其他重要零部件用的镍及镍合金圆形管。

1. 牌号、状态、规格

镍及镍合金管的牌号、状态、规格应符合表 3.3-20 的规定。

镍及镍合金管的牌号、状态、规格 **表 3.3-20**

牌号	状态	规格(mm)		
		外径	壁厚	长度
N2、N4、DN	软态(M) 硬态(Y)	0.35～18	0.05～0.90	100～15000
N6	软态(M) 半硬态(Y_2) 硬态(Y) 消除应力状态(Y_0)	0.35～110	0.05～8.00	
N5(N02201)、 N7(N02200)、N8	软态(M) 消除应力状态(Y_0)	5～110	1.00～8.00	
NCr15-8(N06600)	软态(M)	12～80	1.00～3.00	
NCu30(N04400)	软态(M) 消除应力状态(Y_0)	10～110	1.00～8.00	
NCu28-2.5-1.5	软态(M) 硬态(Y)	0.35～110	0.05～5.00	
	半硬态(Y_2)	0.35～18	0.05～0.90	
NCu40-2-1	软态(M) 硬态(Y)	0.35～110	0.05～6.00	
	半硬态(Y_2)	0.35～18	0.05～0.90	
NSi0.19 NMg0.1	软态(M) 硬态(Y) 半硬态(Y_2)	0.35～18	0.05～0.90	

管材的外形尺寸（mm）

表 3.3-21

外径	壁厚																					长度
	0.05~0.06	>0.06~0.09	>0.09~0.12	>0.12~0.15	>0.15~0.20	>0.20~0.25	>0.25~0.30	>0.30~0.40	>0.40~0.50	>0.50~0.60	>0.60~0.70	>0.70~0.90	>0.90~1.00	>1.00~1.25	>1.25~1.80	>1.80~3.00	>3.00~4.00	>4.00~5.00	>5.00~6.00	>6.00~7.00	>7.00~8.00	
0.35~0.4	○	—	—	—	—	—	—	—	—	—	—	—	—	—	—	—	—	—	—	—	—	≤3000
>0.40~0.50	○	○	—	—	—	—	—	—	—	—	—	—	—	—	—	—	—	—	—	—	—	
>0.50~0.60	○	○	○	—	—	—	—	—	—	—	—	—	—	—	—	—	—	—	—	—	—	
>0.60~0.70	○	○	○	○	—	—	—	—	—	—	—	—	—	—	—	—	—	—	—	—	—	
>0.70~0.80	○	○	○	○	○	—	—	—	—	—	—	—	—	—	—	—	—	—	—	—	—	
>0.80~0.90	○	○	○	○	○	○	○	—	—	—	—	—	—	—	—	—	—	—	—	—	—	
>0.90~1.50	○	○	○	○	○	○	○	○	—	—	—	—	—	—	—	—	—	—	—	—	—	
>1.50~1.75	○	○	○	○	○	○	○	○	○	—	—	—	—	—	—	—	—	—	—	—	—	
>1.75~2.00	—	○	○	○	○	○	○	○	○	—	—	—	—	—	—	—	—	—	—	—	—	
>2.00~2.25	—	○	○	○	○	○	○	○	○	○	—	—	—	—	—	—	—	—	—	—	—	
>2.25~2.50	—	○	○	○	○	○	○	○	○	○	○	—	—	—	—	—	—	—	—	—	—	
>2.50~3.50	—	○	○	○	○	○	○	○	○	○	○	○	—	—	—	—	—	—	—	—	—	
>3.50~4.20	—	—	○	○	○	○	○	○	○	○	○	○	—	—	—	—	—	—	—	—	—	
>4.20~6.00	—	—	—	○	○	○	○	○	○	○	○	○	—	—	—	—	—	—	—	—	—	
>6.00~8.50	—	—	—	○	○	○	○	○	○	○	○	○	○	○	—	—	—	—	—	—	—	≤15000
>8.50~10	—	—	—	—	—	○	○	○	○	○	○	○	○	○	○	—	—	—	—	—	—	
>10~12	—	—	—	—	—	—	○	○	○	○	○	○	○	○	○	○	—	—	—	—	—	
>12~14	—	—	—	—	—	—	—	○	○	○	○	○	○	○	○	○	—	—	—	—	—	
>14~15	—	—	—	—	—	—	—	○	○	○	○	○	○	○	○	○	○	—	—	—	—	
>15~18	—	—	—	—	—	—	—	—	○	○	○	○	○	○	○	○	○	—	—	—	—	
>18~20	—	—	—	—	—	—	—	—	—	—	—	○	○	○	○	○	○	—	—	—	—	
>20~30	—	—	—	—	—	—	—	—	—	—	—	—	—	○	○	○	○	—	—	—	—	
>30~35	—	—	—	—	—	—	—	—	—	—	—	—	—	—	○	○	○	○	—	—	—	
>35~40	—	—	—	—	—	—	—	—	—	—	—	—	—	—	○	○	○	○	○	—	—	
>40~60	—	—	—	—	—	—	—	—	—	—	—	—	—	—	—	—	○	○	○	○	—	
>60~90	—	—	—	—	—	—	—	—	—	—	—	—	—	—	—	—	○	○	○	○	○	
>90~110	—	—	—	—	—	—	—	—	—	—	—	—	—	—	—	—	○	○	○	○	○	

注：“○”表示可供规格；“—”表示不推荐采用规格，需要其他规格的产品应由供需双方商定。

2. 外形尺寸及允许偏差

管材的外形尺寸应符合表 3.3-21 的规定，管材外径的允许偏差应符合表 3.3-22 的规定，管材壁厚的允许偏差应符合表 3.3-23 的规定，管材的长度的允许偏差应符合表 3.3-24 的规定，管材的直度和切斜度应符合表 3.3-25 的规定。

当需要按定尺或倍尺供货管材时应在合同中注明，否则按不定尺供货。管材精度等级应在合同中注明，否则按普通级供货。定尺或倍尺管材的长度允许偏差应符合表 3.3-26 的规定，倍尺长度应包括锯切时的分切量，每一个锯切量为 5mm。

管材外径的允许偏差（mm）　　　　**表 3.3-22**

外径	允许偏差		外径	允许偏差	
	普通级	较高级		普通级	较高级
0.35～0.90	±0.007	±0.005	>15～18	±0.100	±0.060
>0.90～2.00	±0.010	±0.007	>18～20	±0.120	±0.080
>2.00～3.00	±0.012	±0.010	>20～30	±0.150	±0.110
>3.00～4.00	±0.018	±0.015	>30～40	±0.170	±0.150
>4.00～5.00	±0.022	±0.020	>40～50	±0.250	±0.200
>5.00～6.00	±0.030	±0.025	>50～60	±0.350	±0.250
>6.00～9.00	±0.040	±0.030	>60～90	±0.450	±0.300
>9.00～12	±0.045	±0.040	>90～110	±0.550	±0.400
>12～15	±0.080	±0.050			

注：当需方要求单向偏差时，其值为表中数值的 2 倍。

管材壁厚的允许偏差（mm）　　　　**表 3.3-23**

壁厚	允许偏差		壁厚	允许偏差	
	普通级	较高级		普通级	较高级
0.05～0.06	±0.010	±0.006	>0.40～0.50	±0.045	±0.040
>0.06～0.09	±0.010	±0.007	>0.50～0.60	±0.055	±0.050
>0.09～0.12	±0.015	±0.010	>0.60～0.70	±0.070	±0.060
>0.12～0.15	±0.020	±0.015	>0.70～0.90	±0.080	±0.070
>0.15～0.20	±0.025	±0.020	>0.90～3.00	公称壁厚的 10%	公称壁厚的 10%
>0.20～0.25	±0.030	±0.025	>3.00～5.00	公称壁厚的 12.5%	
>0.25～0.30	±0.035	±0.030	>5.00～8.00	公称壁厚的 12.5%	
>0.30～0.40	±0.040	±0.035			

注：当需方要求单向偏差时，其值为表中数值的 2 倍。

管材长度的允许偏差（mm）　　　　**表 3.3-24**

长度	允许偏差		长度	允许偏差	
	普通级	较高级		普通级	较高级
≤2000	+3 0	+2 0	>4000～8000	+10 0	+6 0
>2000～4000	+6 0	+3 0	>8000	+15 0	+12 0

管材的直度和切斜度（mm） **表 3.3-25**

外径	每米直度，不大于	切斜度，不大于
0.35～30	3	0.75
>30～90	4	公称外径的 2.5%
>90～110	5	

注：表中直度指标不适用于“M”状态。供压力容器用的管材直度不大于 1.5mm/m。

长度允许偏差 **表 3.3-26**

长度	允许偏差		长度	允许偏差	
	普通级	较高级		普通级	较高级
≤2000	+3 0	+2 0	>4000～8000	+10 0	+6 0
>2000～4000	+6 0	+3 0	>8000	+15 0	+12 0

3. 力学性能

管材的室温力学性能应符合表 3.3-27 的规定。

管材的室温力学性能 **表 3.3-27**

牌号	壁厚(mm)	状态	抗拉强度 R_m(MPa)不小于	规定塑性延伸强度 $R_{p0.2}$(MPa)	断后伸长率(%)，不小于	
					A	A_{50mm}
N4、N2、DN	所有规格	M	390	—	35	—
		Y	540	—	—	—
N6	<0.90	M	390	—	—	35
		Y	540	—	—	—
	≥0.90	M	370	—	35	—
		Y_2	450	—	—	12
		Y	520	—	6	—
		Y_0	460	—	—	—
N7(N02200)、N8	所有规格	M	380	105	—	35
		Y_0	450	275	—	15
N5(N02201)	所有规格	M	345	80	—	35
		Y_1	415	205	—	15
NCu30(N04400)	所有规格	M	480	195	—	35
		Y_2	585	380	—	15
NCu28-2.5-1.5 NCu40-2-1 NSi0.19 NMg0.1	所有规格	M	410	—	—	20
		Y_1	540	—	6	—
		Y	585	—	3	—
NCr15-8(N06600)	所有规格	M	550	240	—	30

注：1. 外径小于 18mm、壁厚小于 0.90mm 的硬（Y）态镍及镍合金管材的断后伸长率值仅供参考。
2. 供农用飞机作喷头用的 NCu28-2.5-1.5 合金硬状态管材，其抗拉强度不小于 645MPa、断后伸长率不小于 2%。

4. 水压试验

当需方要求并在合同中注明时，对 N5、N7 和 NCu30 管材应逐根进行水压试验，试验压力见式（3.3-3），最大试验压力为 6.9MPa。在试验压力下，管材不得有渗漏现象。

$$p=2St/D \quad (3.3\text{-}3)$$

式中 p——试验压力，MPa；

t——管材公称壁厚，mm；

D——管材公称外径，mm；

S——由表 3.3-28 规定的许用应力，MPa。

管材的许用应力 **表 3.3-28**

牌　号	S 值(MPa)	
	软态	消除应力状态
N5	55	105
N7	70	110
NCu30	120	145

5. 表面质量

（1）管材的内外表面应光滑、清洁，不允许有绿锈、裂纹、分层、针孔、起皮、粗拉道等缺陷。

（2）管材表面允许有轻微、局部的划伤、凹坑、斑点、细拉痕等缺陷，但不应超出外径和壁厚允许偏差。允许有轻微的氧化色、矫直痕迹和局部的水迹。空拉管材内表面允许不光滑，但不应有明显的空拉皱纹。

6. 标志、包装、运输、贮存和质量证明书

管材产品的标志、包装、运输、贮存和质量证明书应符合 GB/T 8888 的规定。

【依据技术标准】《镍及镍合金管》GB/T 2882-2013。

4 铸 铁 管

4.1 铸铁给水管

4.1.1 连续铸铁管

连续铸铁给水管用连续铸造方法生产的承插连接式灰口铸铁管，可用于输送水及输气。当用作输气管道时，管材出厂前应作气密性试验。此种管材广泛用于城镇给水管网。

1. 壁厚分级

连续铸铁管按壁厚的不同分为LA级、A级和B级，出厂前的水压试验压力应符合表4.1-1的规定。LA级相当于旧标准的普压管（工作压力为0.75MPa），A级相当于旧标准的高压管（工作压力为1.0MPa），B级为旧标准中所没有的更高压力等级。旧标准中的低压管（工作压力为0.45MPa），在新标准中被淘汰了。表4.1-1中各级别的铸铁管的工作压力，本书未作规定，由工程设计人员掌握。

水压试验压力 **表4.1-1**

公称直径 *DN*(mm)	最小试验压力(MPa)		
	LA级	A级	B级
≤450	2.0	2.5	3.0
≥500	1.5	2.0	2.5

水压试验应在铸铁管内、外壁涂覆防腐材料之前进行，在规定压力下稳压时间不少于30s。

用作输气的铸铁管应在水压试验后，涂覆防腐材料之前进行气密性试验。可将铸铁管管口封堵后，浸入水中或表面涂抹肥皂水进行气密性试验，当达到规定压力0.4MPa时，稳压时间不少于30s，此时不得出现气泡。

2. 铸铁管的规格、尺寸

连续铸铁管承插直管的形状如图4.1-1所示，从*DN*75～*DN*1200，共16种规格，图

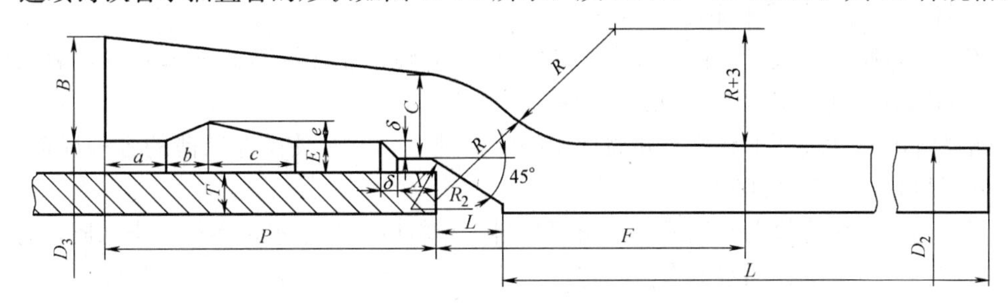

图4.1-1 连续铸铁管承插直管

中承口尺寸见表 4.1-2，承插口连接部分尺寸见表 4.1-3。

连续铸铁管承口尺寸（mm）　　表 4.1-2

公称直径 *DN*	承口内径 D_3	*B*	*C*	*E*	*P*	*L*	*F*	*δ*	*X*	*R*
75	113.0	26	12	10	90	9	75	5	13	32
100	138.0	26	12	10	95	10	75	5	13	32
150	189.0	26	12	10	100	10	75	5	13	32
200	240.0	28	13	10	100	11	77	5	13	33
250	293.6	32	15	11	105	12	83	5	18	37
300	344.8	33	16	11	105	13	85	5	18	38
350	396.0	34	17	11	110	13	87	5	18	39
400	447.6	36	18	11	110	14	89	5	24	40
450	498.8	37	19	11	115	14	91	5	24	41
500	552.0	40	21	12	115	15	97	6	24	45
600	654.8	44	23	12	120	16	101	6	24	47
700	757.0	48	26	12	125	17	106	6	24	50
800	860.0	51	28	12	130	18	111	6	24	52
900	963.0	56	31	12	135	19	115	6	24	55
1000	1067.0	60	33	13	140	21	121	6	24	59
1100	1170.0	64	36	13	145	22	126	6	24	62
1200	1272.0	68	38	13	150	23	130	6	24	64

承插口连接部分尺寸（mm）　　表 4.1-3

公称直径 *DN*	各部尺寸			
	a	*b*	*c*	*e*
75～450	15	10	20	6
500～800	18	12	25	7
900～1200	20	14	30	8

注：$R=C+2E$；$R_2=E$。

3. 材质、表面质量和涂覆

铸铁管材质应为灰口铸铁，磷含量不大于 0.30%，硫含量不大于 0.10%，表面硬度不大于 HB210，组织致密易于切削、钻孔。

铸铁管内、外表面不允许有妨碍使用的明显缺陷，凡是使壁厚减薄的各种局部缺陷，其深度不得超过（$2+0.05T$）（mm）。

管体内外表面可涂沥青质或其他防腐材料。涂料应不溶于水，不得污染水质，有害杂质含量应符合卫生部饮用水的有关规定。涂覆前，内外表面应光洁，并无铁锈、铁片。涂覆后，内外表面应光洁，涂层均匀、粘附牢固，并不因气候冷热而发生异常。

若要求用水泥砂浆衬里或内表面不涂涂料时，由供需双方商定。

【依据技术标准】《连续铸铁管》GB/T 3422-2008。

4.1.2 柔性机械接口灰口铸铁管

柔性机械接口灰口铸铁管系指输送水及煤气用的柔性机械接口灰口铸铁直管及梯唇型橡胶圈接口连续铸铁直管。过去曾经长期使用的砂型铸铁直管属于淘汰产品。砂型铸铁直管与连续铸铁直管的外观区别，就是砂型铸铁管在插口端部有凸缘，而连续铸铁直管则没有。

柔性机械接口连续铸铁管的规格可分为 $DN75$、$DN100$、$DN150$、$DN200$、$DN250$、$DN300$、$DN350$、$DN400$、$DN500$、$DN600$，共 10 种规格，其壁厚与《连续铸铁管》GB/T 3422-2008 一样，分为 LA 级、A 级和 B 级。

1. 接口形式及规格

灰口铸铁管胶圈机械接口形式分为 N 型（包括 N_1 型）和 X 型。

N 型胶圈机械接口铸铁管形式如图 4.1-2 所示，N_1 型胶圈机械接口铸铁管形式如图 4.1-3 所示，N 型、N_1 型胶圈机械接口尺寸见表 4.1-4。N 型与 N_1 型的区别在于前者的插口端有一圈凹槽，尺寸标注为 B、W、H。

X 型胶圈机械接口铸铁管形式如图 4.1-4 所示，尺寸见表 4.1-5。

梯唇型橡胶圈接口铸铁管形式如图 4.1-5 所示，尺寸见表 4.1-6。

直管的壁厚及重量应符合表 4.1-7 的规定。

在《柔性机械接口灰口铸铁管》GB/T 6483-2008 标准中，N_1、X 型和梯唇型接口的图和表的对应关系有误：将 N_1 型接口对应 X 型接口尺寸；将 X 型接口对应梯唇型接口尺寸。

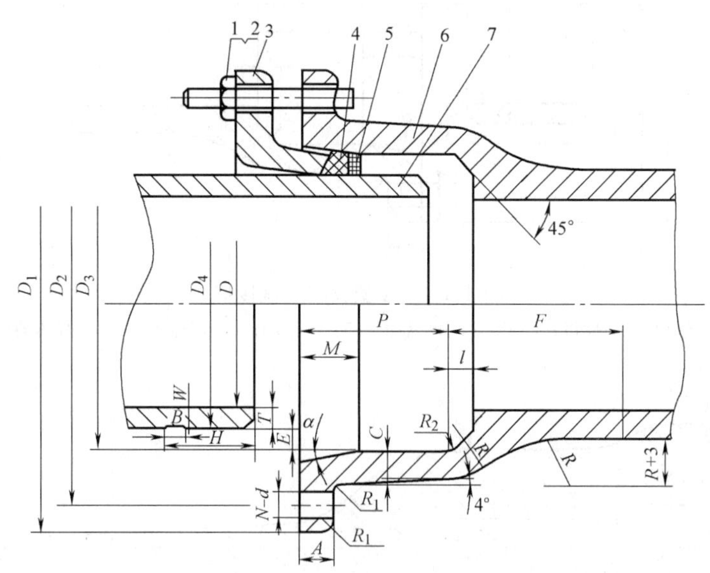

图 4.1-2 N 型胶圈机械接口

1—螺栓；2—螺母；3—压兰；4—胶圈；5—支承圈；6—管体承口；7—管体插口

$R_1=8$ $R_2=E$

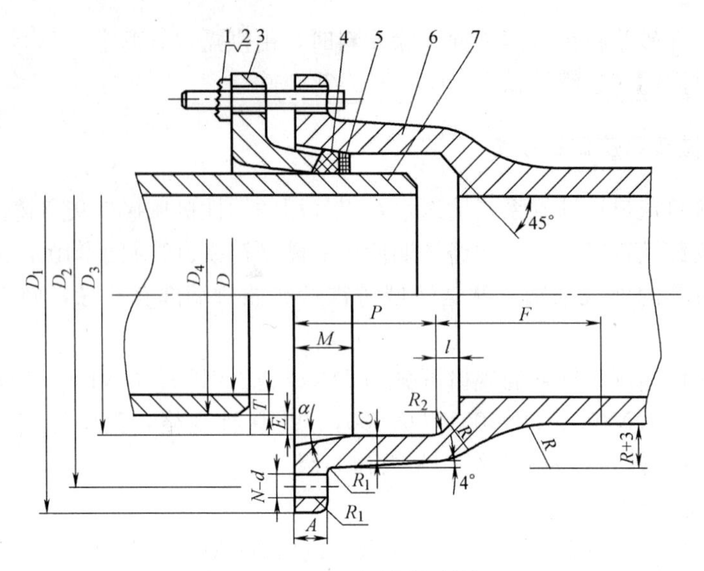

图 4.1-3　N_1 型胶圈机械接口

1—螺栓；2—螺母；3—压兰；4—胶圈；5—支承圈；6—管体承口；7—管体插口

$R_1=8$　$R_2=E$

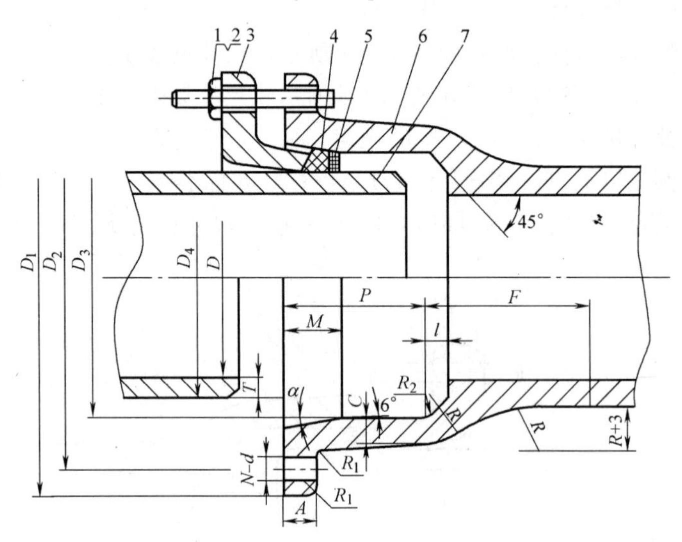

图 4.1-4　X 型胶圈机械接口

1—螺栓；2—螺母；3—压兰；4—胶圈；5—支承圈；6—管体承口；7—管体插口

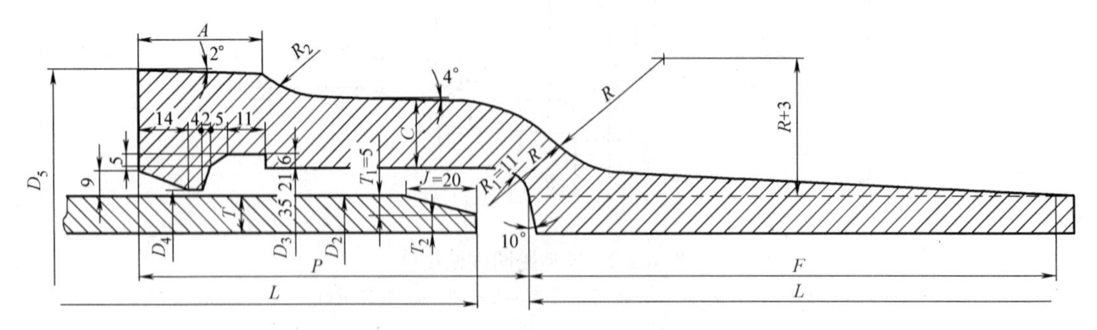

图 4.1-5　梯唇型橡胶圈接口

N 型、N_1 型胶圈机械接口尺寸（mm） **表 4.1-4**

公称直径 DN	尺寸															
	承口内径 D_3	承口法兰盘外径 D_1	螺孔中心圆 D_2	A	C	P	l	F	R	α	M	B	W	H	螺栓孔	
															d	N(个)
100	138	250	210	19	12	95	10	75	32	10°	45	20	3	57	23	4
150	189	300	262	20	12	100	10	75	32	10°	45	20	3	57	23	6
200	240	350	312	21	13	100	11	77	33	10°	45	20	3	57	23	6
250	293.6	408	366	22	15	100	12	83	37	10°	45	20	3	57	23	6
300	344.8	466	420	23	16	100	13	85	38	10°	45	20	3	57	23	8
350	396	516	474	24	17	100	13	87	39	10°	45	20	3	57	23	10
400	447.6	570	526	25	18	100	14	89	40	10°	45	20	3	57	23	10
450	498.8	624	586	26	19	100	14	91	41	10°	45	20	3	57	23	12
500	552	674	632	27	21	100	15	97	45	10°	45	20	3	57	24	14
600	654.8	792	740	28	23	110	16	101	47	10°	45	20	3	57	24	16

X 型胶圈机械接口尺寸（mm） **表 4.1-5**

公称直径 DN	尺寸												
	承口内径 D_3	承口法兰盘外径 D_1	螺孔中心圆 D_2	A	C	P	l	F	R	α	M	螺栓孔	
												d	N(个)
100	126	262	209	19	14	95	10	75	32	15°	50	23	4
150	177	313	260	20	14	100	10	75	32	15°	50	23	6
200	228	366	313	21	15	100	11	77	33	15°	50	23	6
250	279.6	418	365	22	15	100	12	83	37	15°	50	23	6
300	330.8	471	418	23	16	100	13	85	38	15°	50	23	8
350	382	524	471	24	17	100	13	87	39	15°	50	23	10
400	433.6	578	525	25	18	100	14	89	40	15°	50	23	12
450	484.8	638	586	26	19	100	14	91	41	15°	50	23	12
500	536	682	629	27	21	100	15	97	45	15°	55	24	14
600	638.8	792	740	28	23	110	16	101	47	15°	55	24	16

2. 外形尺寸偏差

铸铁管的弯曲度应不大于表 4.1-8 的规定；承口及插口尺寸偏差应符合表 4.1-9 的规定。

梯唇型橡胶圈机械接口尺寸 表 4.1-6

公称直径 D_1 (mm)	外径 D_2 (mm)	壁厚 T(mm)			承口尺寸(mm)								重量(kg)				有效长度 L(mm)						橡胶圈工作直径 D_0 (mm)
													承口凸部	直部 1m			5000			6000			
																	总重量(kg)						
		LA 级	A 级	B 级	D_3	D_4	D_5	A	C	P	F	R		LA 级	A 级	B 级	LA 级	A 级	B 级	LA 级	A 级	B 级	
75	93.0	9.0	9.0	9	115	101	169	36	14	90	70	25	6.69	17.1	17.1	17.1	92	92	92	109	109	109	116.0
100	118.0	9.0	9.0	9	140	126	194	36	14	95	70	25	8.28	22.2	22.2	22.2	119	119	119	141	141	141	141.0
150	169.0	9.0	9.2	10	191	177	245	36	14	100	70	25	11.4	32.6	33.3	36.0	174	178	191	207	211	227	193.0
200	220.0	9.2	10.1	11	242	228	300	38	15	100	71	26	15.5	43.9	48.0	52.0	235	255	275	279	308	327	244.5
250	271.6	10.0	11.0	12	294	280	376	38	15	105	73	26	19.9	59.2	64.8	70.5	316	344	372	375	409	443	297.0
300	322.8	10.8	11.9	13	345	331	411	38	16	105	75	27	24.4	76.2	83.7	91.1	405	443	480	482	527	571	348.5
400	425.6	12.5	13.8	15	448	434	520	40	18	110	78	29	36.5	116.8	128.5	139.3	620	679	733	737	808	872	452.0
500	528.0	14.2	15.6	17	550	536	629	40	19	115	82	30	50.1	165.0	180.8	196.5	875	954	1033	1040	1135	1229	556.0
600	630.8	15.8	17.4	19	653	639	737	42	20	120	84	31	65.0	219.8	241.4	262.9	1165	1273	1380	1384	1514	1643	659.5

注：1. 计算重量时，铸铁密度采用 7.20kg/dm³。承口重量为近似值。
2. 总重量=直部 1m 重量×有效长度+承口凸部重量（计算结果，保留整数）。
3. 胶圈工作直径 $D_0=1.0D_3$（计算结果取整到 0.5）mm。

直管的壁厚及重量 表 4.1-7

公称直径 DN (mm)	外径 D_4 (mm)	壁厚 T(mm)			重量(kg)				有效长度 L(mm)								
					承口凸部重量	直部 1m			4000			5000			6000		
									总重量(kg)								
		LA 级	A 级	B 级		LA 级	A 级	B 级	LA 级	A 级	B 级	LA 级	A 级	B 级	LA 级	A 级	B 级
100	118.0	9.0	9.0	9.0	11.5	22.2	22.2	22.2	100	100	100	123	123	123	145	145	145
150	169.0	9.0	9.2	10.0	15.5	32.6	33.3	36.0	146	149	160	179	182	196	211	215	232
200	220.0	9.2	10.1	11.0	20.6	43.9	48.0	52.0	196	213	229	240	261	281	284	309	333
250	271.6	10.0	11.0	12.0	29.2	59.2	64.8	70.5	266	288	311	325	353	382	384	418	454
300	322.8	10.8	11.9	13.0	36.2	76.2	83.7	91.1	341	371	401	417	455	492	493	538	583
350	374.0	11.7	12.8	14.0	42.7	95.9	104.6	114.0	426	461	499	522	566	613	618	670	723
400	425.6	12.5	13.8	15.0	52.5	116.8	128.5	139.3	520	567	670	637	695	809	753	824	883
450	476.8	13.3	14.7	16.0	62.1	139.4	153.7	166.8	620	677	729	759	831	896	899	984	1060
500	528.0	14.2	15.6	17.0	74.0	165.0	180.8	196.5	734	797	860	899	978	1060	1070	1160	1250
600	630.8	15.8	17.4	19.0	100.6	219.8	241.4	262.9	980	1070	1150	1200	1310	1420	1420	1550	1680

注：1. 计算重量时，铸铁比重采用 7.20kg/dm³。承口重量为近似值。
2. 总重量=直部 1m 重量×有效长度+承口凸部重量（计算结果，四舍五入，保留 3 位有效数字）。

铸铁管的弯曲度（mm） 表 4.1-8

公称直径 DN	弯曲度，不大于	公称直径 DN	弯曲度，不大于
≤150	$2L$	≥500	$1.25L$
200～450	$1.5L$		

注：L 为铸铁管的有效长度，单位为米。

承口及插口尺寸偏差（mm） 表 4.1-9

公称直径 DN	承口内径	插口外径	插口椭圆度	承口深度允许偏差
≤300	±1.5	±2.0	≤4.0	±5
350～600	±2.0	±3.0	≤5.0	

3. 铸铁管材质

铸铁管材质应为灰口铸铁，磷含量应不大于 0.30%，硫含量应不大于 0.10%，且组织致密，易于切削、钻孔。连续铸铁管表面硬度应不大于 HBW210。

铸铁管的水压试验应符合表 4.1-1 的规定。用于输送气体的铸铁管，应采用压缩空气进行气密性试验，试验压力不低于 0.3MPa，但不允许高于 0.6MPa。

铸铁管内、外表面不允许有妨碍使用的明显缺陷，凡是使壁厚减薄的各种局部缺陷，其深度不得超过（$2+0.05T$）mm。

管体内外表面可涂沥青质或其他防腐材料。涂料应不溶于水，不得污染水质，有害杂质含量应符合卫生部饮用水的有关规定。涂覆前，内外表面应光洁，并无铁锈、铁片。涂覆后，内外表面应光洁，涂层均匀、粘附牢固，并不因气候冷热而发生异常。

若要求用水泥砂浆衬里或内表面不涂涂料时，由供需双方商定。

【依据技术标准】《柔性机械接口灰口铸铁管》GB/T 6483-2008。

4.1.3 水及燃气管道用球墨铸铁管

按照《水及燃气管道用球墨铸铁管、管件和附件》GB/T 13295-2008 标准的规定，此类以任何铸造工艺类型或加工铸造形式生产的球墨铸铁管（以下简称球铁管）、管件和附件适用于输送水（如饮用水）和设计压力为中压 A 级以下级别的燃气。因受篇幅限制，只介绍管材，不介绍管件和附件。

1. 球铁管的直径范围和几种接口形式

用于输水的球铁管的公称直径可分为 $DN40$～$DN2600$，共 30 种规格（详见表 4.1-10、表 4.1-11；用于输送燃气的球铁管的公称直径可分为 $DN40$～$DN700$，共 17 种规格。

球铁管的接口形式分为柔性接口和法兰接口两种类型。法兰接口是业内人士所熟悉的，无须说明。柔性接口是可以实现小范围内的角度偏转、轴向和（或）与轴向垂直运动的接口形式，可以分为滑入式柔性接口和机械柔性接口两种。

滑入式柔性接口亦称 T 型接口，是在球铁管或管件的承口内安放一密封圈，当插口穿过密封圈至承口一定位置时，接口工作即告完成。

机械柔性接口是依靠机械手段（如压兰）向承口内安放的密封圈施压而实现密封的接口形式。机械柔性接口有 K 型接口、N_1 型接口、S 型接口，其中 N_1 型接口、S 型接口常用于燃气管道球铁管连接。

2. T 型接口

T 型接口即滑入式柔性接口，公称直径 *DN*40～*DN*1200 的接口形式如图 4.1-6 所示，*DN*1400 的接口形式如图 4.1-7 所示。两图中与施工有关的主要尺寸见表 4.1-10，其余尺寸略。

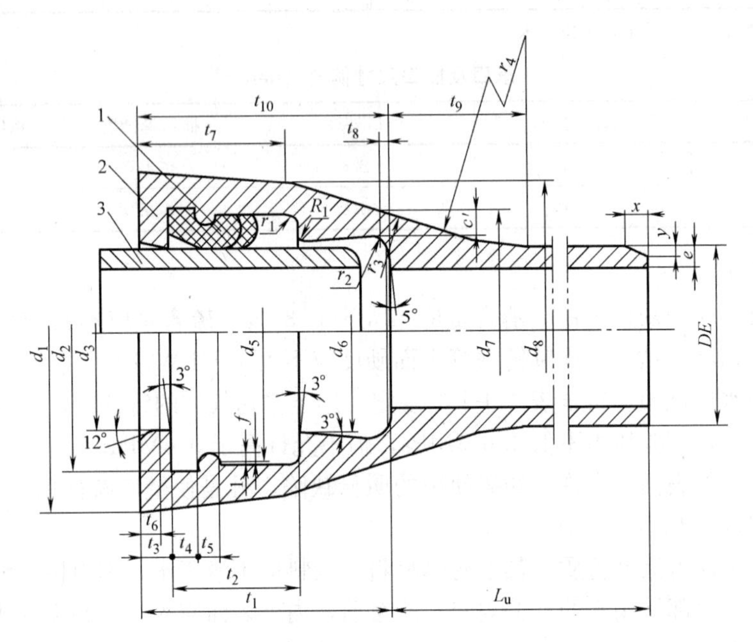

图 4.1-6　*DN*40～*DN*1200 T 型接口

1—胶圈；2—管体承口；3—管体插口

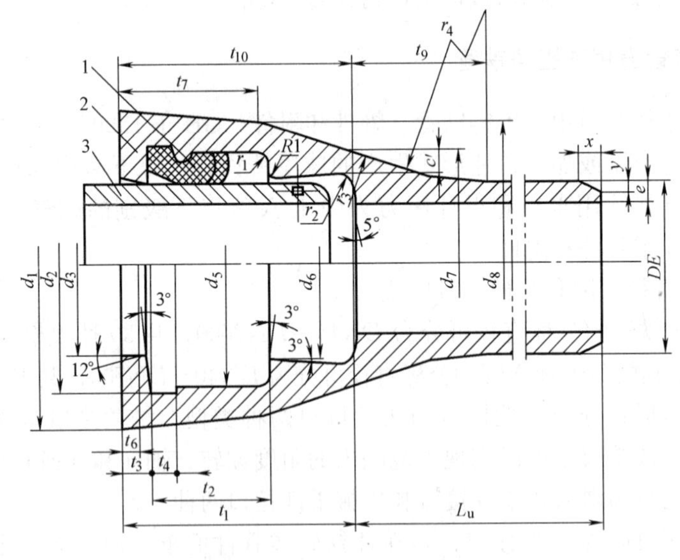

图 4.1-7　*DN*1400 T 型接口

1—胶圈；2—管体承口；3—管体插口

3. K 型接口

K 型接口如图 4.1-8 所示，与施工有关的主要尺寸见表 4.1-11，其余尺寸略。

T 型接口主要公称尺寸（mm） **表 4.1-10**

DN	*DE*	d_1	d_2	d_3	t_1	t_2	t_3
40	56	103	83	60.5	78	38	12
50	66	113	93	70.5	78	38	12
60	77	123	103	80.5	80	40	12
65	82	128	108	85.5	80	40	12
80	98	140	123	100.5	85	40	12
100	118	153	143	120.5	88	40	12
125	144	190	169	146.5	91	40	12
150	170	217	195	172.5	94	40	12
200	222	278	250	224.5	100	45	15
250	274	336	301.5	276.5	105	47	15
300	326	393	355.5	328.5	110	50	17
350	378	448	408	380.5	110	50	17
400	429	500	462	431.5	110	55	19
450	480	540	514	482.5	120	55	19
500	532	604	568	534.5	120	60	21
600	635	713	673.4	637.5	120	65	21
700	738	824	788	740.5	150	80	21
800	842	943	894	844.5	160	85	21
900	945	1052	1000	947.5	175	90	21
1000	1048	1158	1105	1050.5	185	95	22
1100	1152	1267	1211	1 155	200	100	24
1200	1255	1377	1317	1 258	215	105	25
1400	1462	1610	1529	1 465	239	115	27

注：表中给出尺寸仅供参考。

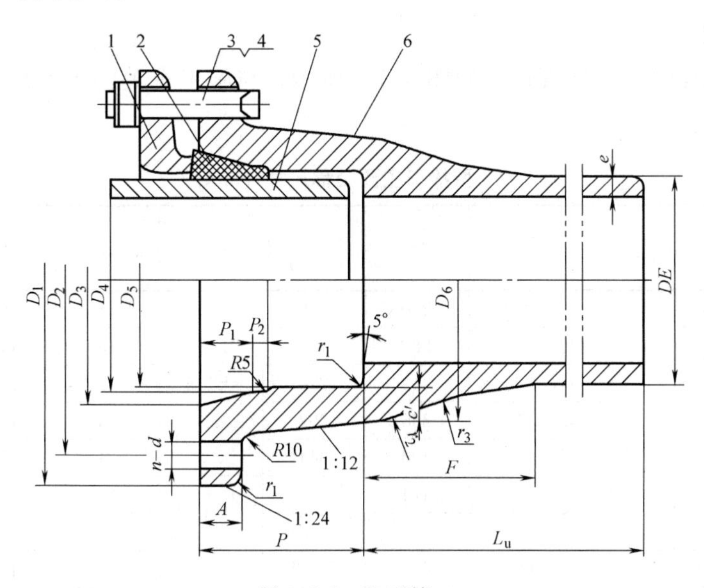

图 4.1-8 K 型接口

1—压兰；2—胶圈；3—螺栓；4—螺母；5—管体插口；6—管体承口

K 型接口主要公称尺寸（mm）　　**表 4.1-11**

DN	*DE*	D_1	D_2	D_5	*A*	*P*	P_1	P_2	螺栓孔	
									d	*n*(个)
100	118	234	188	121	19	80	33	9	23	4
150	170	288	242	173	20	80	30	9	23	6
200	222	341	295	225	20	80	30	9	23	6
250	274	395	349	277	21	80	30	9	23	8
300	326	455	409	329	22	110	30	13	23	8
350	378	508	462	382	22	110	30	13	23	10
400	429	561	515	433	23	110	30	13	23	12
450	480	614	568	484	24	110	30	13	23	12
500	532	667	621	536	25	110	30	13	23	14
600	635	773	727	639	26	110	30	13	23	14
700	738	892	838	743	28	120	43	14	27	16
800	842	999	945	847	29	120	43	14	27	20
900	945	1123	1057	950	31	120	43	14	33	20
1000	1048	1231	1165	1054	32	130	43	15	33	20
1100	1152	1338	1272	1158	33	130	43	15	33	24
1200	1225	1444	1378	1261	35	130	43	15	33	28
1400	1462	1657	1591	1469	38	130	43	15	33	28
1500	1565	1766	1700	1573	40	130	43	15	33	28
1600	1668	1874	1808	1678	41	160	59	17	33	30
1800	1875	2089	2023	1883	43	170	59	17	33	34
2000	2082	2305	2239	2091	46	180	59	17	33	36
2200	2288	2519	2453	2298	49	190	59	17	33	40
2400	2496	2734	2668	2505	52	250	59	17	33	44
2600	2702	2949	2883	2713	55	260	59	17	33	48

注：表中给出尺寸仅供参考。

4. N_1 型接口

N_1 型接口常用于燃气管道，如图 4.1-9 所示，与施工有关的主要尺寸见表 4.1-12，其余尺寸略。

N_1 型接口主要公称尺寸（mm）　　**表 4.1-12**

DN	*DE*		D_1	D_2	D_4		*A*	*P*	螺栓孔	
									d	*n*(个)
100	118	+1 −2	262	210	136	±1.5	18	105	23	4
150	169		313	262	186		18	110	23	6
200	220		366	312	238		18	111	23	6
250	272	+1 −3	418	366	292		21	112	23	6
300	323		471	420	344		21	113	23	8
350	375.5		524	474	396	±2	21	113	23	10
400	426		578	526	446.5		24	114	23	10
500	528	+1 −2	686	632	551.5		24	115	24	14
600	631		794	740	654.5		26	116	24	16

注：表中给出偏差的尺寸为验收尺寸，其他尺寸仅供参考。

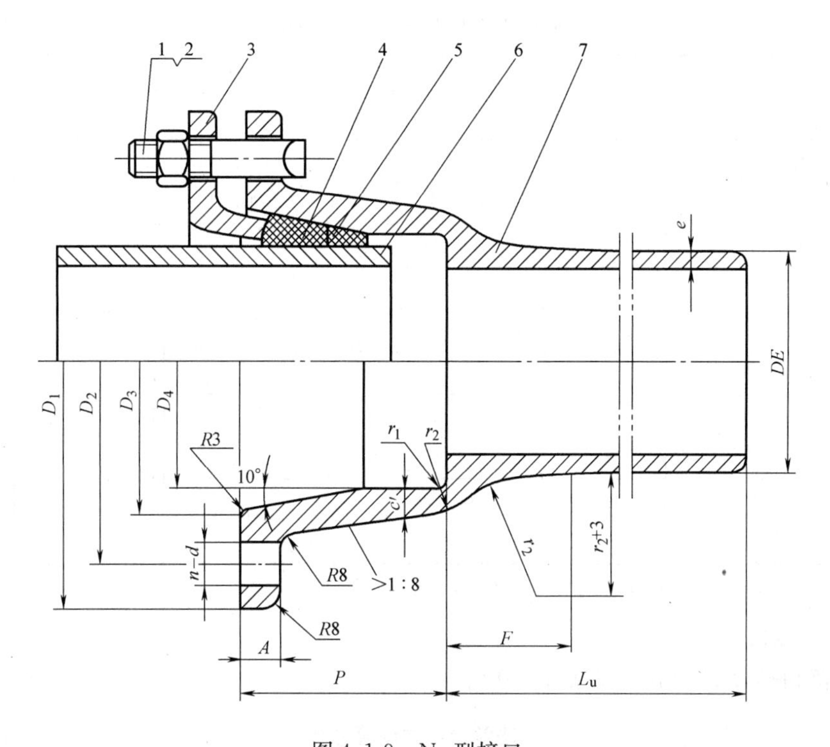

图 4.1-9 N_1 型接口

1—螺母；2—螺栓；3—压兰；4—胶圈；5—支撑圈；6—管体承口；7—管体承口

5. S 型接口

S 型接口常用于燃气管道，如图 4.1-10 所示，支撑圈 6 材质为 15 号低碳钢，*DN*200 以下的支撑圈必须进行退火，表面不得产生氧化皮。经发蓝、发黑处理的表面厚度不得小于 0.5～1.0μm，不得有花斑、锈迹。支撑圈应垂直于管子轴线安置，不得偏斜、扭曲。

S 型接口与施工有关的主要尺寸见表 4.1-13。其余尺寸略。

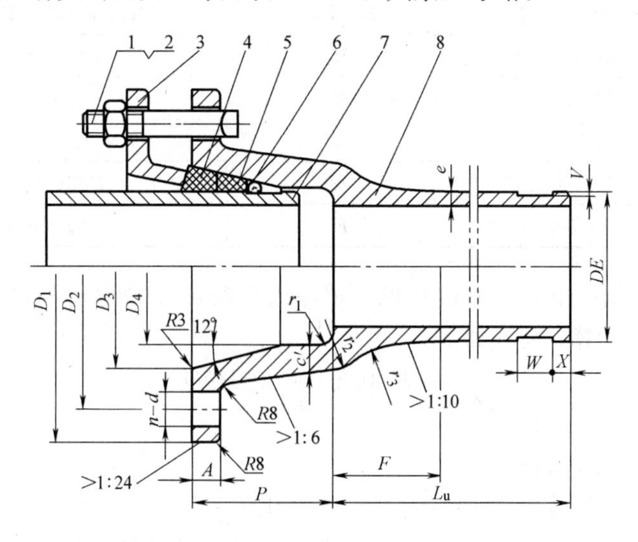

图 4.1-10 S 型接口

1—螺母；2—螺栓；3—压兰；4—密封圈；5—隔离圈；6—支撑圈；7—管体插口；8—管体承口

S型接口主要公称尺寸（mm） **表 4.1-13**

<table>
<tr><th rowspan="2">DN</th><th rowspan="2" colspan="2">DE</th><th rowspan="2">D_1</th><th rowspan="2">D_2</th><th rowspan="2" colspan="2">D_4</th><th rowspan="2">A</th><th rowspan="2">P</th><th rowspan="2">X</th><th colspan="2">螺栓孔</th></tr>
<tr><th>d</th><th>n(个)</th></tr>
<tr><td>100</td><td>118</td><td rowspan="5">+1
−3</td><td>252</td><td>210</td><td>122</td><td rowspan="5">+2
−1</td><td rowspan="3">18</td><td>90</td><td rowspan="4">10</td><td>23</td><td>4</td></tr>
<tr><td>150</td><td>169</td><td>297</td><td>254</td><td>173</td><td>95</td><td>23</td><td>6</td></tr>
<tr><td>200</td><td>220</td><td>365</td><td>320</td><td>226</td><td rowspan="2">100</td><td>23</td><td>6</td></tr>
<tr><td>250</td><td>272</td><td>418</td><td>366</td><td>278</td><td rowspan="3">21</td><td>23</td><td>6</td></tr>
<tr><td>300</td><td>323</td><td>465</td><td>416</td><td>330</td><td rowspan="2">105</td><td rowspan="6">15</td><td>23</td><td>8</td></tr>
<tr><td>350</td><td>374</td><td rowspan="5">+1
−4</td><td>517</td><td>475</td><td>382</td><td rowspan="5">+3
−1</td><td>23</td><td>8</td></tr>
<tr><td>400</td><td>426</td><td>577</td><td>530</td><td>434</td><td rowspan="2">24</td><td>110</td><td>23</td><td>12</td></tr>
<tr><td>500</td><td>528</td><td>678</td><td>630</td><td>536</td><td rowspan="2">115</td><td>23</td><td>12</td></tr>
<tr><td>600</td><td>631</td><td>792</td><td>740</td><td>639</td><td rowspan="2">26</td><td>24</td><td>14</td></tr>
<tr><td>700</td><td>733</td><td>910</td><td>854</td><td>741</td><td>120</td><td>24</td><td>16</td></tr>
</table>

注：表中给出偏差的尺寸为验收尺寸，其他尺寸仅供参考。

6. 法兰接口

法兰接口球铁管的分类见表 4.1-14。

法兰接口球铁管分类 **表 4.1-14**

类　别	公称直径范围	壁厚级别系数	公称压力等级
离心铸造焊接法兰管	DN40～DN450	K9	PN10、PN16、PN25 和 PN40
	DN500～DN600	K9	PN10、PN16 和 PN25，K10-PN40
	DN700～DN1600	K9	PN10、PN16 和 PN25
	DN1800～DN2600	K9	PN10 和 PN16
离心铸造螺纹连接法兰管	DN40～DN450	K9 或 K10	PN10、PN16、PN25 和 PN40
	DN500～DN600	K9 或 K10	PN10、PN16 和 PN25，K10-PN40
	DN700～DN1200	K10	PN10、PN16 和 PN25
	DN1400～DN2600	K10	PN10 和 PN16
整体铸造法兰管	DN40～DN600	K12	PN10、PN16、PN25 和 PN40
	DN700～DN1600	K12	PN10、PN16 和 PN25
	DN1800～DN2600	K12	PN10 和 PN16

这里有必要介绍一下表 4.1-14 中的“壁厚级别系数”。球铁管与管件的公称壁厚按公称直径 DN 的函数计算，公式如下：

$$e=K(0.5+0.001DN) \tag{4.1-1}$$

式中 e——公称壁厚，mm；

DN——公称直径，mm；

K——壁厚级别系数，取……9、10、11、12……。

离心球墨管的最小公称壁厚为 6 mm，非离心球墨管和管件的最小公称壁厚为 7mm。球铁管的公称壁厚级别系数应在订货合同中注明，凡合同中不注明的均按 K9 级供货。

7. 压兰

压兰是用螺栓固定在承口上的向胶圈施加压力以达到接口密封的部件，其材质为球墨铸铁。除 T 型接口（即滑入式柔性接口）外，K 型接口、N_1 型接口、S 型接口都有压兰，如图 4.1-11 所示，各部尺寸略。

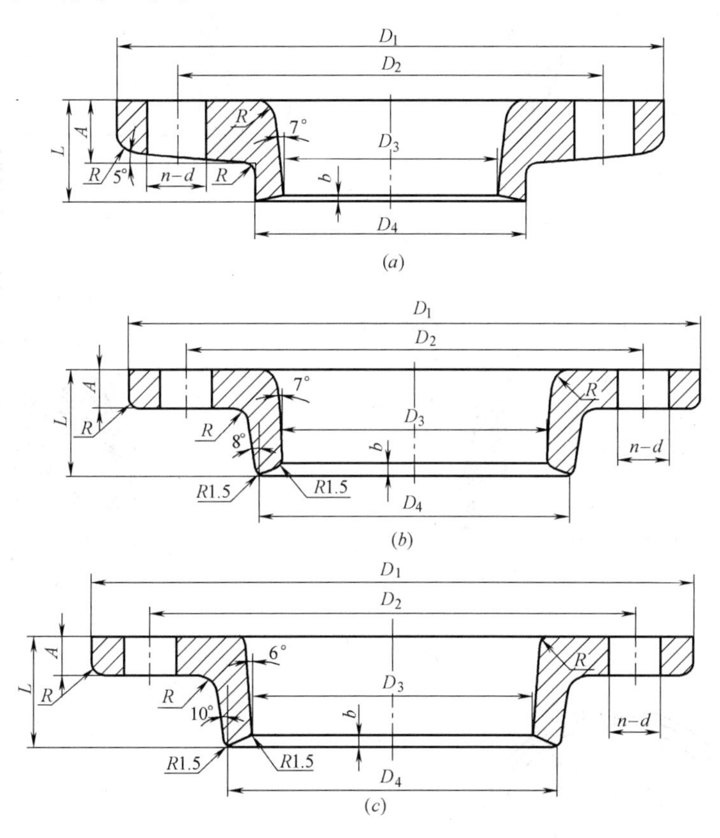

图 4.1-11 压兰

（a）K 型接口压兰（DN100～DN2600）；（b）N_1 型接口压兰（DN100～DN600）；（c）S 型接口压兰（DN100～DN700）

8. 胶圈、隔离圈和支撑圈

前面介绍过，水及燃气管道用球墨铸铁管的接口型式分为柔性接口和法兰接口两种类型。而柔性接口又分为 T 型接口（即滑入式柔性接口）和 K 型接口、N_1 型接口、S 型接口，其中 N_1 型接口、S 型接口常用于燃气管道球铁管连接。T 型接口、K 型接口要使用胶圈，N_1 型接口要使用胶圈和支撑圈，S 型接口要使用胶圈、隔离圈和支撑圈。以上胶圈、隔离圈和支撑圈如图 4.1-12 所示，各部尺寸略。

胶圈、隔离圈的材质有天然橡胶、丁苯橡胶、氯丁橡胶、丁腈橡胶、丁基橡胶、乙丙橡胶和硅橡胶等，但材料中不得含有对输送介质和管材及胶圈、隔离圈性能有害的物质。具体材料根据设计提出要求，由球铁管生产厂选择。胶圈、隔离圈的物理性能要求，给水用胶圈应符合 GB/T 6483 中附录 C 的表 C.8、表 C.9 的要求。输送燃气用胶圈、隔离圈应符合 GB/T 6483 中附录 C 的表 C.6、表 C.7 的要求。胶圈、隔离圈成品应无气泡和影响使用性能的表面缺陷，胶边应保持在合理的最低程度。

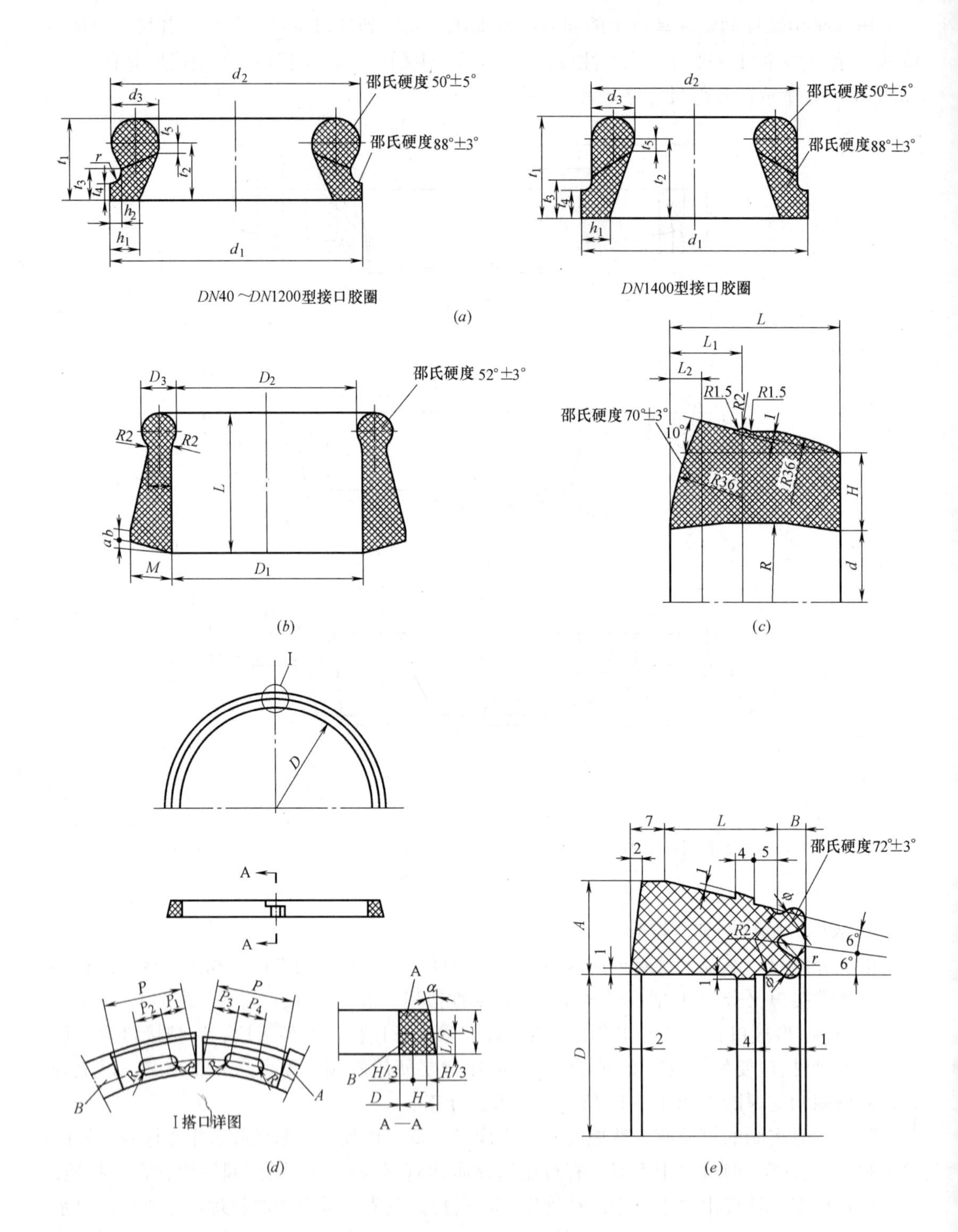

图4.1-12　胶圈、隔离圈和支撑圈

(a) T型接口胶圈；(b) K型接口胶圈（DN100～DN2600）；(c) N_1型接口胶圈（DN100～DN600）；(d) N_1型接口支撑圈（DN100～DN600）；(e) S型接口胶圈（DN100～DN700）；

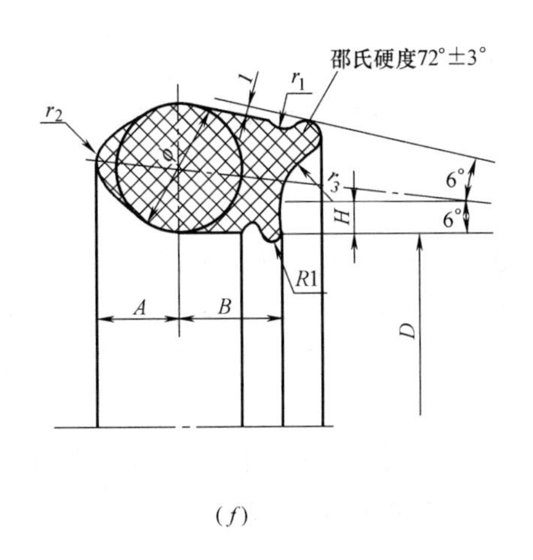

(*f*)

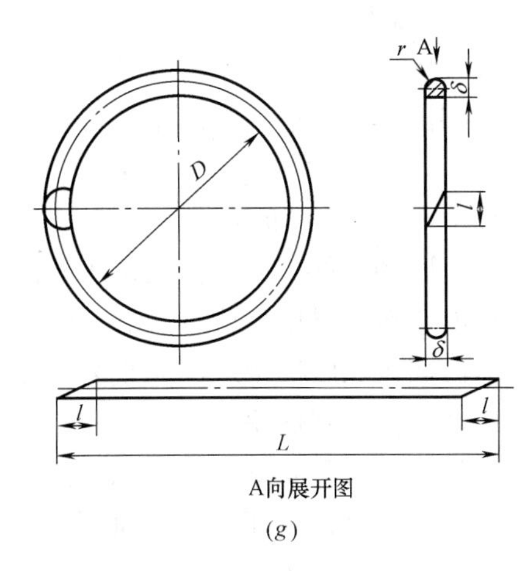

(*g*)

图 4.1-12 胶圈、隔离圈和支撑圈（续）

(*f*) S型接口隔离圈（*DN*100～*DN*700）；(*g*) S型接口支撑圈（*DN*100～*DN*700）

N_1 型接口支撑圈的材质应为高密度聚乙烯。S 型接口支撑圈材质为 15 号低碳钢，*DN*200 以下的支撑圈必须进行退火处理，其表面不得产生氧化皮。发蓝、发黑处理的表面厚度不得小于 0.5～1.0μm，不得有花斑及锈迹。支撑圈不得扭曲，垂直于轴心线的面应在同一平面内。

9. 承接管件、盘接管件和法兰

由于承接管件、盘接管件和法兰有多种，且规格繁多，结构尺寸复杂，故不作介绍，否则会占用大量的篇幅。需要此类产品时，可向厂家索取产品样本，样本资料比这里介绍的国家推荐性标准更翔实可靠。

10. 管材的长度

承插直管长度应符合表 4.1-15 的规定；法兰管的长度应符合表 4.1-16 的规定；管件长度分为 A 系列和 B 系列，B 系列适用于 *DN*450 及以下管件。

承插直管长度（mm） **表 4.1-15**

公称直径 *DN*	标准长度 L_u
40,50	3000
60～600	4000 或 5000 或 5500 或 6000 或 9000
700,800	4000 或 5500 或 6000 或 7000 或 9000
900～2600	4000 或 5000 或 5500 或 6000 或 7000 或 8150 或 9000

法兰管长度（mm） **表 4.1-16**

管子类型	公称直径 *DN*	标准长度 L_u
整体铸造法兰直管	40～26000	500 或 1000 或 5500 或 6000
螺纹连接或焊接法兰直管	40～600	2000 或 3000 或 4000 或 5000 或 6000
	700～1000	2000 或 3000 或 4000 或 5000 或 6000
	1100～2600	4000 或 5000 或 6000 或 7000

11. 试验检验项目

水及燃气管道用球墨铸铁管、管件的试验检验项目有：尺寸、外形及允许偏差；拉伸试验；布氏硬度；输送饮用水应符合 GB/T 17219 的规定；密封性；内外涂覆要求；表面质量。

12. 标记和质量证明书

球铁管和管件都应有清晰持久的标记。采用铸出或冷冲的标记有：生产厂名或商标、生产年份、铸铁材质、公称直径 *DN*、法兰 *PN* 值；采用喷印或打印的标记有：标准编号、插口插入深度标示、产品批号、壁厚级别系数 *K*（*K*9 级除外）、气密性试验合格标识、球铁管可切割标识。

产品出厂所附质量证明书至少包括以下内容：生产厂名或商标；标准编号；产品名称规格；产品批号；水压试验数值和（或）气密性试验数值；力学性能数值；内外涂层种类。

【依据技术标准】《水及燃气管道用球墨铸铁管、管件和附件》GB/T 13295-2008。

4.1.4 球墨铸铁管的水泥砂浆内衬

用水泥砂浆作为给水铸铁管的内衬，已有近百年历史，我国从 20 世纪 30 年代初期在上海的某些工程中采用过这种技术，历经 50 余年，输水管道一直运行良好。实践表明，使用铸铁管或钢管作为给水管道，在输水过程中内壁会逐渐产生锈蚀，并积聚附着物，导致通水截面积变小，输水能力下降，水质恶化，水头损失增加。国外统计资料表明，钢管或铸铁管使用 15 年后，其过水能力会降低 37%。

给水铸铁管的内防腐使用沥青，只能在短期内起防腐作用，不几年就会遭到破坏。因为沥青涂层长期浸泡在水中，会造成老化而使水侵入涂层以下，生成氧化铁，引起结垢腐蚀。现在已禁止以沥青作为内防腐涂料，因为不符合饮用水卫生要求。

用水泥砂浆内衬，可以把管材内壁与水或空气隔开，在管内壁形成致密的保护层，从而抑制管内壁氧化腐蚀结垢的过程。据有关资料介绍，自来水管道内衬水泥砂浆后，由于长期运行输水，内衬表面会形成一层含锰的滑腻物，使其表面相当光滑，粗糙系数维持在 0.012 左右，而旧铸铁管的粗糙系数一般在 0.016～0.024 之间。可见，采用水泥砂浆内衬不仅能防腐，还可以阻垢，提高管道的输水能力，节省输水的能源消耗。

1. 内衬材料

球墨铸铁管和管件的水泥砂浆内衬材料，主要有水泥、砂子和水。

水泥品种有通用硅酸盐水泥、铝酸盐水泥和抗硫酸盐硅酸盐水泥，应符合《通用硅酸盐水泥》GB 175、《铝酸盐水泥》GB 201、《抗硫酸盐硅酸盐水泥》GB 748 的要求。所用水泥的品种由水泥砂浆内衬厂家确定，也可由供需双方商定。砂子应符合《建筑用砂》GB/T 14684 的要求，应具有由细到粗的受控粒度分布，其有机物含量和含泥量应符合要求。砂子中粒度小于 75μm 的颗粒，其质量分数不应超过砂子总量的 2%。配制砂浆用水可以是饮用水，也可以是对砂浆无害、也对管道中输送的水无害的水。如果砂浆使用添加剂，则添加剂不能影响内衬和输送水的质量。用于输送饮用水的内衬应符合《生活饮用水输配水设备及防护材料的安全性评价标准》GB/T 17219 的要求。按质量计，砂浆至少应由一份水泥与 3.5 份砂子组成（即质量比 $S/C \leqslant 3.5$）。

2. 内衬涂覆要求

（1）清除涂覆衬底表面上的附着物和铁锈鳞片，以便使衬底与水泥砂浆粘结良好。球铁管和管件内表面不得有凸起高度大于内衬厚度 50％的金属凸瘤。

（2）对球铁管，可以将砂浆离心涂覆在内壁上，也可以采用旋转喷头喷涂，涂覆方法由生产厂确定。对球铁管件，可以用旋转喷头喷涂或手工涂覆。除了承口内表面外，管子及管件的内壁应全部涂覆。

（3）新涂覆完的砂浆应在 0℃以上的环境中养护，养护条件应使内衬层充分硬化，达到 GB/T 17457-2009 标准中“硬化内衬表面状态”的要求。

由生产厂家或供需双方决定是否使用密封层。密封层应不影响输送水的水质，如输送饮用水，则应符合 GB/T 17219 的规定。

3. 内衬厚度

内衬的公称厚度和某一点的最小厚度应符合表 4.1-17 的规定。

水泥砂浆内衬的厚度（mm） **表 4.1-17**

组别	公称直径 *DN*	内衬厚度		最大裂缝宽度和径向位移（饮用水）	最大裂缝宽度（部分满流污水管道）
		公称值	某一点最小值		
Ⅰ	40,50,60,65,80,100,125,150,200,250,300	3	2	0.8	0.6
Ⅱ	350,400,450,500,600	5	3	0.8	0.7
Ⅲ	700,800,900,1000,1100,1200	6	3.5	1	0.8
Ⅳ	1400,1500,1600,1800,2000	9	6	1.2	0.8
Ⅴ	2200,2400,2600	12	7	1.5	0.8

4. 硬化内衬的表面状态

水泥砂浆内衬的表面应均匀光滑，表面允许有单个的彼此孤立的沙粒。内衬结构、表面光洁度与涂覆工艺有关，由生产方法产生的表面状态（例如橘皮形状）是可以接受的，但不应使内衬上某一点的厚度低于表 4.1-17 中的最小值。

对于离心涂覆的内衬，由水泥和细沙在其表面形成的薄层，约占砂浆总厚度的 1/4。对于管件的内表面形状复杂，其内衬允许出现波纹，但不应使内衬某一点的厚度小于表 4.1-17 中的最小值。

在内衬收缩的情况下，径向位移和裂缝的形成是不可避免的。这些径向位移和裂缝、连同其他单个的由于生产或在运输过程中引起的裂纹，其宽度不应超过表 4.1-17 的要求。裂纹不会对内衬的机械稳定性产生不利影响，因为当内衬与水接触后，这些裂缝和径向位移会随着内衬的再次膨胀和水泥的持续水合作用而缩小合拢。

在干热气候下，由于内衬收缩形成的空腔是允许的，当内衬与水接触后，空腔会消失。

【依据技术标准】《球墨铸铁管和管件水泥砂浆内衬》GB/T 17457-2009。

4.1.5 球墨铸铁管的聚氨酯涂层

《球墨铸铁管和管件 聚氨酯涂层》GB/T 24596-2009 规定了球墨铸铁管（以下简称

球铁管）内外聚氨酯防腐涂层的技术要求、试验方法和检验规则等。适用于输送不超过50℃的饮用水或污水的聚氨酯内涂层、环境温度不超过50℃的聚氨酯外涂层。

1. 涂料材质要求

聚氨酯涂料为双组分无溶剂涂料，其中一组分含有异氰酸酯树脂，另一组分含有多元醇树脂或多元胺树脂或者它们的混合物。

当聚氨酯内涂层用于输送饮用水时，涂层不应对水质产生有害影响，应符合GB/T 17219的规定。

2. 聚氨酯涂层

（1）表面质量。涂层颜色应均匀，承插口可采用不同颜色的涂层。涂层表面应均匀、平整，修补部位除外。涂层应无针孔、气泡、水泡、起皱、裂纹等显著的缺陷。由于修补或长期暴露在日光下，涂层表面颜色或光泽允许出现轻微变化。

（2）厚度。内涂层厚度不应小于900μm，外涂层厚度不应小于700μm。如有其他要求，由供需双方商定。

（3）漏点检验。对涂层进行检漏时，按最小厚度计，检漏电压为6V/μm；如有其他要求，由供需双方商定。

（4）附着力。涂层的附着力不应小于10.35MPa。

（5）硬度。涂层的硬度应不小于70 Shore。

3. 端口涂层

插口端、承口端面和承口内表面可选用以下涂层：①环氧树脂涂层，在承插口连接区域，涂层的最小厚度应为100μm；②聚氨酯涂层，在承插口连接部位，涂层的最小厚度应为100μm。

当承插口连接区域涂覆后，厂方应确保直径适合，以便接口能顺利组装。

4. 性能要求

根据GB/T 24596-2009标准的规定，对聚氨酯涂层有以下性能要求：

（1）抗冲击强度。当涂层受到不小于10J/mm的能量冲击后，采用上述方法进行漏点检验，涂层应无损坏。

（2）耐化学腐蚀性。①吸水性：将试样浸泡在50±2℃的蒸馏水中100天，试样重量的增加应不大于15%，然后在23±2℃温度下自然干燥100天，重量损失应不大于2%；②耐稀硫酸腐蚀性：将试样浸泡在50±2℃的浓度为10%的硫酸溶液中100天，试样重量的增加应不大于10%，然后在23±2℃温度下自然干燥100天，重量损失应不大于4%；③耐碱、盐腐蚀性：将试样分别浸泡在23±2℃温度下浓度为30%的氢氧化钠和30%的氯化钠溶液中30天，试样重量变化应不大于5%。

（3）压痕硬度。在23±2℃温度及10MPa压力下，涂层受到的最大静态压痕深度应不大于涂层初始厚度的10%。

（4）绝缘电阻。涂层在0.1M氯化钠溶液中浸泡100天后，其绝缘电阻应不小于$10^8\Omega \cdot m^2$。当浸泡70天后的绝缘电阻仅比浸泡100天的数值大一个数量级时，则绝缘电阻的比率（浸泡100天的绝缘电阻值/浸泡70天后的绝缘电阻值）应不小于0.8。

（5）耐磨性。使用Taber磨耗仪和CS17磨耗轮，在负荷为1kg的条件下磨损1000转，涂层重量损失应不大于100mg。

(6) 耐盐雾性。涂层在盐雾中暴露 1000h 后，表面应无任何起泡、锈蚀、脱落的现象。

5. 涂层试验方法

(1) 待涂基材表面的检验要按照 GB/T 8923 中的要求进行除锈等级检验，并 GB/T 13288 中的要求进行表面粗糙度检验。

(2) 聚氨酯涂层检验方面的要求简述如下：①目测检验涂层的表面质量；②使用无损检测方法检验涂层的厚度，仪器精度为±1%；③采用电火花检漏仪，按照前述要求的电压对聚氨酯涂层进行漏点检验；④按照 GB/T 5210 中的要求进行附着力检验；⑤在 10～30℃温度下，按照 GB/T 2411 中的要求进行硬度检验；⑥在 10～30℃温度下，按照GB/T 2411 中的要求进行硬度检验。

(3) 使用合适的测量工具对球铁管和管件的端口涂层的厚度进行检测。

(4) 性能检验包括的内容较多，专业性较强，其检测项目有：①抗冲击强度；②耐化学腐蚀性；③压痕硬度；④绝缘电阻；⑤耐磨性；⑥耐盐雾性。

聚氨酯涂层的检查和验收由供方质量监督部门进行。必要时需方可到供方进行质量验收。

6. 出厂检验

球铁管的内外聚氨酯防腐涂层出厂检验项目包括表面质量、涂层厚度、涂层硬度、附着力、漏点检验，抗冲击强度、耐化学腐蚀性、压痕硬度、绝缘电阻、耐磨性和耐盐雾性。

当厚度、硬度、附着力以及漏点检验中有任一项不符合本标准的要求时，则再抽取双倍试样进行复验，如仍有一个结果不合格，则应逐根（件）进行检验，不符合要求的球铁管应进行修补或判废处理。

【依据技术标准】《球墨铸铁管和管件 聚氨酯涂层》GB/T 24596-2009。

4.1.6 连续铸造球墨铸铁管

此种连续铸造球墨铸铁管适用于输送水及燃气（以下简称球铁管）。

1. 球铁管的种类

球铁管的壁厚分为 K9 级、K11 级和 K12 级。壁厚级别应在合同中注明。

(1) 承插刚性接口球铁管

承插刚性接口球铁管的形状如图 4.1-13、图 4.1-14 所示，与安装有关的尺寸应符合表 4.1-18 的规定，其余尺寸略。

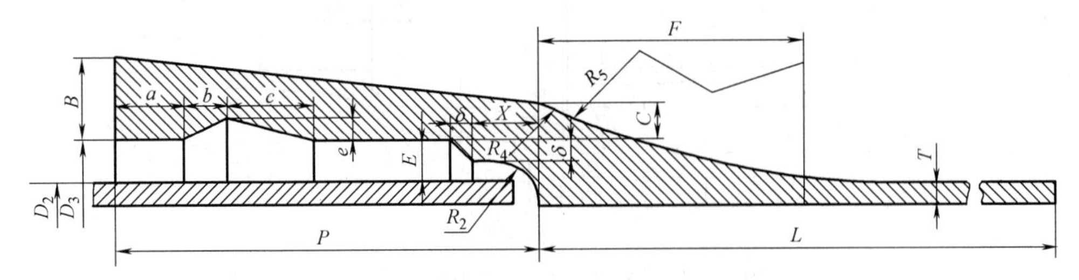

图 4.1-13 $DN100$～$DN1000$ 承插刚性接口球铁管

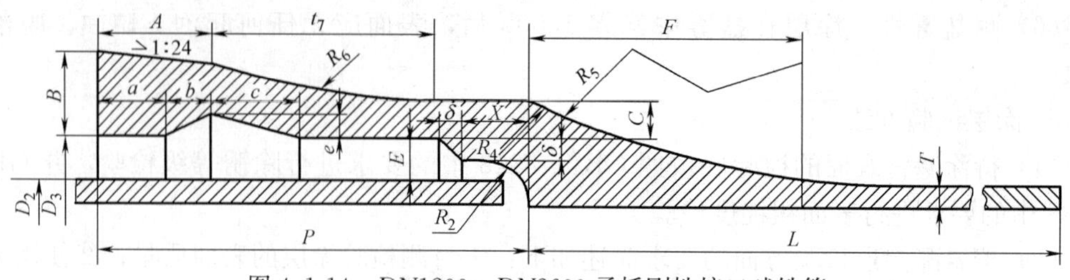

图 4.1-14 *DN*1200～*DN*2600 承插刚性接口球铁管

（2）梯唇型柔性接口球铁管

梯唇型柔性接口球铁管的形状如图 4.1-15 所示，其公称口径范围为 300～800mm，与安装有关的尺寸应符合表 4.1-19 的规定，其余尺寸略。

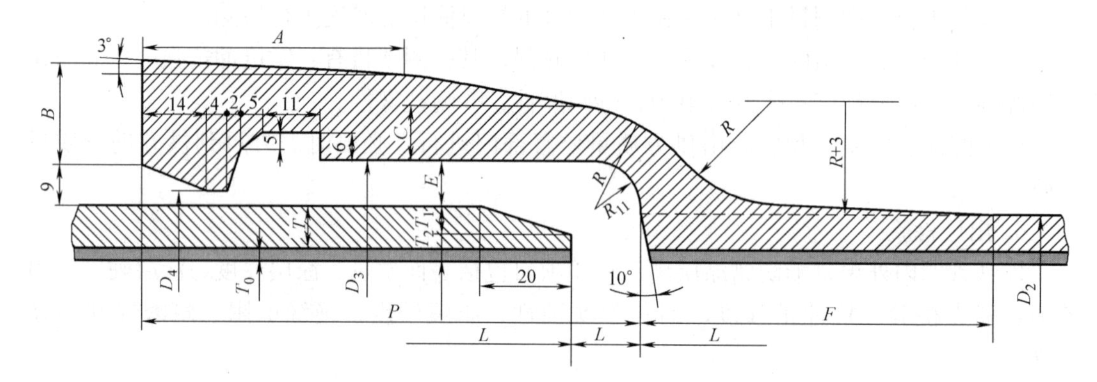

图 4.1-15 梯唇型柔性接口球铁管

（3）N1 型机械接口球铁管

N1 型法兰式机械接口球铁管的形状如图 4.1-16 所示，其公称口径范围为 100～800mm，与安装有关的尺寸应符合表 4.1-20 的规定，其余尺寸略。

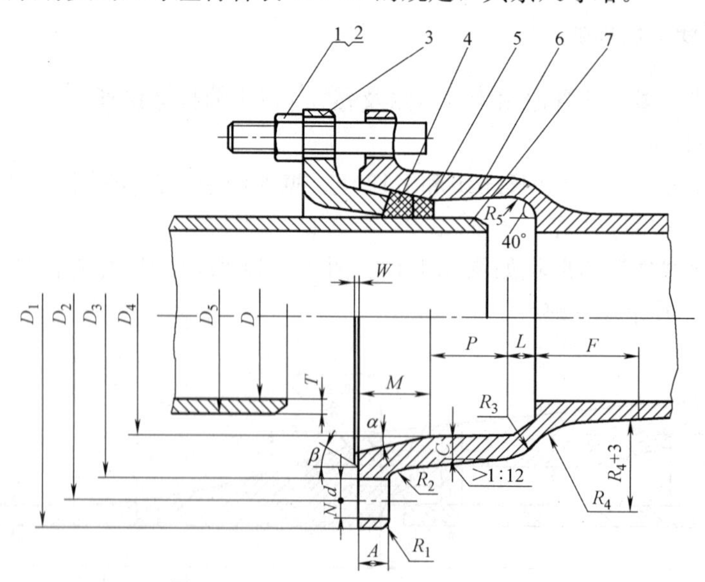

图 4.1-16 N1 型法兰式机械接口球铁管

1—螺栓；2—螺母；3—压兰；4—胶圈；5—支撑圈；6—管体承口；7—管体插口

承插刚性接口球铁管的壁厚、重量和承插口尺寸 **表 4.1-18**

公称口径 DN (mm)	各部尺寸(mm)																				有效长度 L	重量(kg)						
	T			D_2	D_3	A	B	C	P	E	R_5	R_6	t_7	F	δ	X	a	b	c	e		承口凸部	直部 1000mm			总重量(kg)		
	K9	K11	K11																				K9	K11	K12	K9	K11	K12
100	9.0			118	138		20	8.4	95	10	188			83	5	13	15	10	20	6	5000	6.1	21.7			115		
150	9.0			170	190		21	9.1	100	10	195			86	5	13	15	10	20	6	5000	8.9	32.1			169		
200	9.0			222	242		22	9.8	100	10	202			89	5	13	15	10	20	6	6000	12.3	42.5			267		
250	9.0			274	294		24	10.5	100	10	208			92	5	13	15	10	20	6	6000	16.2	52.8			333		
300	—	—	9.6	326	348		25	11.2	105	11	226			100	5	18	15	10	20	6	6000	21.4	—	—	67.3	—	—	425
350	—	9.4	10.2	378	400		26	11.9	110	11	233			103	5	18	15	10	20	6	6000	26.4	—	76.7	83.1	—	487	525
400	—	9.9	10.8	429	451		27	12.6	110	11	239			106	5	24	15	10	20	6	6000	32.1	—	91.9	100.0	—	584	632
5000	9.0	11.0	12.0	532	556		30	14.0	115	12	264			117	6	24	18	12	25	7	6000	45.9	104.3	126.9	138.2	672	807	875
600	9.9	12.1	13.2	635	659		33	15.4	120	12	277			124	6	24	18	12	25	7	6000	61.4	137.3	166.9	181.8	885	1063	1152
700	10.8	13.2	14.4	738	762		35	16.8	125	12	291			130	6	24	18	12	25	7	6000	79.5	173.9	211.9	230.8	1123	1351	1464
800	11.7	14.3	15.6	842	866		38	18.0	130	12	304			136	6	24	18	12	25	7	6000	100.5	215.2	262.1	285.5	1392	1673	1814
900	12.6	15.4	16.8	945	969		40	19.6	135	12	318			143	6	24	18	12	25	7	6000	124.4	260.2	317.1	345.1	1686	2027	2197
1000	13.5	16.5	18.0	1048	1074		43	21.0	140	13	342			153	6	24	20	14	30	8	6000	153.2	309.3	377.0	410.6	2009	2415	2617
1200	15.3	18.7	20.4	1255	1281	50	48	23.8	150	13	369	151	76	166	6	24	20	14	30	8	6000	218.8	420.1	512.0	557.8	273.9	391	3566
1400	17.1	20.9	22.8	1462	1488	53	53	26.6	160	13	396	170	85	179	6	24	20	14	30	8	6000	299.6	547.2	667.1	726.8	3583	4302	4660
1600	18.9	23.1	25.2	1668	1694	56	59	29.4	170	13	423	188	94	191	6	30	20	14	30	8	6000	398.3	690.3	841.6	916.9	4540	5448	5900
1800	20.7	25.3	27.6	1875	1903	60	64	32.2	180	14	461	207	103	208	7	30	23	16	35	9	6000	520.1	850.1	1036.5	1129.3	5621	6739	7296
2000	22.5	27.5	30.0	2082	2110	63	69	35.0	190	14	488	225	113	221	7	30	23	16	35	9	6000	656.9	1026.3	1251.3	1363.4	6815	8165	8837
2200	24.3	29.7	32.4	2288	2316	66	74	37.8	200	14	515	244	122	234	7	30	23	16	35	9	6000	814.8	1218.3	1485.5	1618.6	8125	9728	10526
2400	26.1	31.9	34.8	2495	2523	70	79	40.6	210	14	542	262	131	246	7	30	23	16	35	9	6000	996.0	1427.2	1740.3	1896.2	9559	11438	12373
2600	27.9	34.1	37.2	2702	2730	73	85	43.4	220	14	569	281	140	259	7	30	23	16	35	9	6000	1201.5	1652.4	2014.8	2195.6	11116	13291	14375

注：总重量＝直部 1000mm 重量×有效长度＋承口凸部重量。

表 4.1-19

梯唇型柔性接口球铁管的壁厚、重量和承插口尺寸

公称口径 DN (mm)	外径 D_2 (mm)	壁厚 T (mm)			承口尺寸(mm)									重量(kg)				有效长度 L(mm)						橡胶圈工作直径 D_0(mm)
														承口凸部	直部 1000mm			5000			6000			
																		总重量(kg)						
		K9	K11	K12	D_3	D_4	A	B	C	P	E	F	R		K9	K11	K11	K9	K11	K12	K9	K11	K12	
300	322.8	—	—	9.6	344.8	330.8	55	24	13	105	11	75	24	16.8	—	—	66.59	—	—	350	—	—	416	348.5
400	425.6	—	9.9	10.8	447.6	433.6	60	25	14	110	11	78	25	24.6	—	91.15	99.22	—	480	521	—	572	620	452.0
500	528.0	9.0	11.0	12.0	550.0	536.0	65	26	15	115	11	82	26	33.0	103.45	125.96	137.14	550	663	719	654	789	856	556.0
600	630.8	9.9	12.1	13.2	652.8	638.8	70	28	16	120	11	84	27	44.2	136.14	165.81	180.56	725	873	947	861	1039	1128	659.0
700	733.0	10.8	13.2	14.4	759.0	744.0	75	29	17	125	13	86	28	60.3	172.75	210.44	229.19	924	1113	1206	1097	1323	1435	767.0
800	836.0	11.7	14.3	15.6	862.0	844.0	80	30	18	130	13	89	29	75.6	213.60	260.25	283.46	1144	1377	1493	1357	1637	1776	871.0

注：1. 总重量=直部 1000mm 重量×有效长度+承口凸部重量。
2. 橡胶圈工作直径 $D_0=1.01(D_2+2E)$。

表 4.1-20

N1 型机械接口球铁管的壁厚、重量和承插口尺寸

公称口径 DN (mm)	外径 D_6 (mm)	壁厚(mm)			承口凸部重量 (kg)	直部 1000mm 重量(kg)			有效长度 L(mm)						主要尺寸(mm)											
									5000			6000			承口内径 D_4	承口法兰盘外径 D_1	螺孔中心圆 D_2	凸台外径 D_3	A	P	L	M	N	d	W	F
									总重量(kg)																	
		K9	K11	K12		K9	K11	K12	K9	K11	K12	K9	K11	K12												
100	118.0	9.0			11.5	21.73			120			142			138.0	260	210	175.0	19	95	15	45	4	23	3	75
150	169.0	9.0			15.5	31.89			175			207			189.0	310	262	227.0	19	100	15	45	6	23	3	75
200	220.0	9.0			20.6	42.06			231			273			240.0	360	312	297.0	19	100	20	45	6	23	3	75
250	271.6	9.0			26.9	52.35			289			341			293.6	415	366	340.0	22	100	20	45	6	23	3	85
300	322.8	—	—	9.6	29.2	—	—	66.59	—	—	362	—	—	429	344.8	470	420	383.0	22	100	25	45	8	23	3	85
350	374.0	—	9.4	10.2	33.0	—	75.91	82.19	—	413	444	—	488	526	396.0	524	474	434.0	22	100	25	45	10	23	3	85
400	425.6	—	9.9	10.8	37.4	—	91.15	99.22	—	493	534	—	584	633	477.6	570	526	486.0	24	100	30	45	10	23	5	90
500	528.0	9.0	11.0	12.0	51.8	103.45	125.96	137.14	569	682	737	673	808	875	552.0	674	632	589.0	24	100	30	45	14	23	5	100
600	630.8	9.9	12.1	13.2	70.6	136.14	165.81	180.56	751	900	973	887	1065	1154	664.8	792	740	693.0	26	110	35	50	16	24	5	100
700	733.0	10.8	13.2	14.4	80.7	172.75	210.44	229.19	944	1133	1227	1117	1343	1456	757.0	880	844	793.0	26	115	35	50	16	24	5	105
800	836.0	11.7	14.3	15.6	97.5	213.60	260.25	283.46	1166	1399	1515	1379	1669	1798	858.0	986	936	896.0	26	115	35	50	20	24	5	105

注：总重量=直部 1000mm 重量×有效长度+承口凸部重量。

(4) S型机械接口球铁管

S型机械接口球铁管的形状和尺寸应符合CB/T 13295的规定。CB/T 13295标准已更新为GB/T 13295-2008《水及燃气管道用球墨铸铁管、管件和附件》，故不再介绍S型机械接口球铁管，可参见“4.1.3水及燃气管道用球墨铸铁管”的相关部分。

2. 插口外径及承口内径允许偏差

各种球铁管的插口外径及承口内径允许偏差应符合表4.1-21的规定。

各种球铁管的插口外径及承口内径允许偏差(mm)　　表4.1-21

接口形式	公称口径 DN	承口内径	插口外径
承插刚性接口	≤450	+4.0 −2.0	+2.0 −4.0
	500～800	+5.0 −3.0	+3.0 −5.0
	900～1200	+6.0 −4.0	+4.0 −6.0
	>1200	+8.0 −5.0	+5.0 −8.0
梯唇型接口	≤600	±3.0	±3.0
	700～800	+3.0 −5.0	±3.0
N1型机械接口	≤300	±1.5	±2.0
	350～600	±2.0	±3.0
	700～800	±2.0	±3.4

3. 水压试验压力

水压试验压力应符合表4.1-22的规定，水压试验在涂覆前进行，当达到规定压力时，稳压时间不小于10s，不得出现渗漏。

水压试验压力　　表4.1-22

公称口径 DN (mm)	试验压力(MPa)		
	K9	K11	K12
≤300	4	5	6
350～600	3.2	5	6
700～1000	2.5	4	5
1200～2000	1.8	3.2	4
2200～2600	1.3	2.5	3.2

用于输送燃气的球铁管应进行气密性试验，介质采用空气，气密性试验压力应不小于0.3MPa，也可根据供需双方协议规定。气密性试验在水压试验合格后、涂覆前进行。将球铁管两端封堵，浸入水中，当充气压力达到规定压力时，稳压时间不小于10s，观察水面无气泡为合格。

4. 表面质量及涂覆

球铁管内外表面不允许有冷隔、裂纹、错位、白口等缺陷，不妨碍使用的各种局部缺陷的深度不得超过（2+0.05T)mm，T 为直部管壁标准厚度。承口内表面和插口外表面的工作面，应光滑平整，轮廓清晰，不得有连续轴向沟槽。

所有球铁管外表面都应涂覆防腐层，管体内外表面可涂沥青质或其他防腐材料。经供需双方协议，并在订货合同中注明，球铁管内表面也可不进行涂覆或者要求涂覆水泥砂浆衬里。

用于输送饮用水的球铁管内表面的涂料应符合卫生部饮用水的有关规定。

【依据技术标准】冶金行业标准《连续铸造球墨铸铁管》YB/T 177-2000（2006），此项标准的年号 2000 表示颁发年号，2006 表示重新确认年号，内容无更改。

4.1.7 水泥内衬离心球墨铸铁管

水泥内衬离心球墨铸铁管适用于公称直径 DN100～DN2600 离心法水泥砂浆内衬直管，机械喷涂或手工涂抹水泥砂浆内衬管件。因受篇幅限制，只介绍管材，不介绍管件。

1. 球墨铸铁管

（1）壁厚简述

球墨铸铁管（以下简称球铁管）材质应为铁素体基体的球墨铸铁，但在组织中应有一定数量的球状石墨。CJ/T 161-2002 标准规定球铁直管为承插接口。

球铁管的标准壁厚 e 按式（4.1-2）公称直径的一次函数式确定：

$$e=K(0.5+0.001DN) \tag{4.1-2}$$

式中 e——标准壁厚，mm；

DN——公称直径，mm；

K——系数，为一系列正整数 8、9、10、12、14 等。

根据公式（4.1-2)，球铁管壁厚若在合同中无特别要求时，按 $K=9$ 供货，见式（4.1-3)：

$$e=4.5+0.009DN \tag{4.1-3}$$

但对于公称直径 100～200mm 的球铁管，其壁厚按式（4.1-4）确定：

$$e=5.8+0.003DN(\text{最小壁厚为}6\text{mm}) \tag{4.1-4}$$

球铁管的壁厚偏差是公称直径的函数，应符合表 4.1-23 的规定。直管插口端的外径正偏差应≤1mm；承口深度偏差为±5mm。

壁厚偏差　　表 4.1-23

铸件型式	允许偏差(mm)
直管	$-(1.3+0.001DN)$
管件	$-(2.3+0.001DN)$

重量计算时，球铁密度应取 7050kg/m^3。球铁管的重量允许偏差应符合表 4.1-24 的规定。

（2）球铁管

内衬球铁管的外形如图 4.1-17 所示，规格见表 4.1-25。

球铁管的重量允许偏差 **表 4.1-24**

公称直径(mm)		标准重量偏差(%)
直 管	≤200	−8
	>200	−5

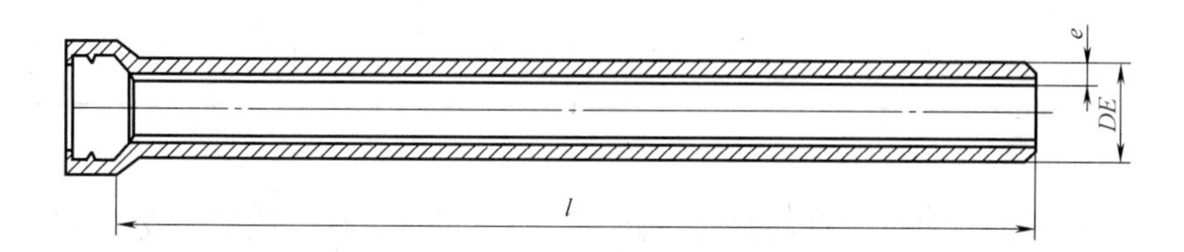

图 4.1-17 内衬球墨铸铁管

内衬球墨铸铁管规格 **表 4.1-25**

公称直径 DN(mm)	外径 DE (mm)	壁厚 e (mm)	每米重量 (kg/m)	标准长度 (mm)	公称直径 DN (mm)	外 径 DE (mm)	壁厚 e (mm)	每米重量 (kg/m)	标准长度 (mm)
100	118	6.1	15.1	4000,5000,5500,6000	900	945	12.6	260.2	4000,5000,5500,6000,7000,8000
150	170	6.3	22.8		1000	1048	13.5	309.3	
200	222	6.4	30.6		1200	1255	15.3	420.1	
250	274	6.8	40.2		1400	1462	17.1	547.2	
300	326	7.2	50.8		1600	1668	18.9	690.3	
350	378	7.7	63.2		1800	1875	20.7	850.1	
400	429	8.1	75.5		2000	2082	22.5	102.6	
500	532	9.0	104.3		2200	2288	24.3	1218	
600	635	9.9	137.3	4000,5000,5500,6000,7000,8000	2400	2495	26.1	1427	
700	738	10.8	173.9		2600	2702	27.9	1652	
800	842	11.7	215.2						

2. 力学性能

球铁管的抗拉强度、伸长率应符合表 4.1-26 规定。

球铁管的力学性能 **表 4.1-26**

公称直径 (mm)	抗拉强度 σ_b(MPa)	屈服强度 $\sigma_{0.2}$(MPa)	伸长率(%)
100～1000	≥420	≥300	≥10
1200～2600			≥7

注：屈服强度仅在专门协定时或订货中有规定的情况下使用。

3. 水压试验

球铁管的水压试验在涂覆水泥内衬前进行，应不低于表 4.1-27 规定压力。

4. 气密性试验

用于输送气体的球铁管应进行气密性试验，试验以空气为介质，试验压力不小于0.6MPa，也可由供需双方商定。

水压试验压力　　表 4.1-27

公称直径（mm）	试验压力（MPa）			
	K8	K9	K10	K12
≤300	4	5	5	5
350～600	3.2	4	4	7.2
700～1000	2.5	3	3	6
1200～2600	1.8	2.5	3.2	4

5. 质量

应对球铁管除裂纹外的某些缺陷进行修复，修复后再进行水压试验或气密性试验。球铁管不应有任何妨碍使用的缺陷，但因制造工艺造成的不妨碍使用的表面缺陷，可应采用适当方法修理。承插接口密封工作面不得有连续的轴向沟纹。

6. 涂覆

（1）一般要求

1）球铁管内表面涂覆水泥砂浆，外表面应涂覆防腐材料。若需方有不同要求，由供需双方商定，并在合同中注明。

2）用于饮用水系统的球铁管的内衬不应溶于水，不得有任何能析出气味或留有臭气的成分，内衬中有害杂质含量应符合 GB/T 17219 有关规定。

3）涂覆前管体内外表面应光洁、干燥，并无铁锈、油污或杂物。

4）表面涂层应均匀、光洁，粘附牢固，并不因气候冷热变化而发生异常。

（2）外表面涂锌

当需方要求管子外表面涂锌时，应在合同中注明。

1）涂层材料为含量不少于 99％的金属锌或含量大于 85％的固体富锌料片。

2）喷涂金属锌的平均重量为 130g/m^2，任一区域锌层最小重量不应小于 110g/m^2；富锌涂料涂层的平均重量为 150g/m^2，且任一区域锌层最小重量不应小于 130g/m^2。

3）涂层外观应无暴露的斑疤或缺锌等缺陷，允许出现螺旋形外观表面。若由于运输和装卸原因造成的锌层表面损坏面积大于 5cm^2/m^2，并应进行修补。

（3）外表面最终涂层

球铁管涂锌后，可采用喷涂或涂刷的方法，应再涂含沥青质或与锌有亲和性的其他具有防腐作用的涂料作为最终保护层。最终涂层应具有良好的粘附力，无斑疤或滴流状缺陷。最终涂层的平均厚度不应小于 70μm，最小于厚度为 50μm。

（4）水泥砂浆内衬

此处规定的水泥砂浆内衬表面质量指标是按表面粗糙系数 n 值不大于 0.012 确定的。

1）材料

水泥宜选用硅酸盐水泥、普通硅酸盐水泥或矿渣硅酸盐水泥，且水泥等级应不小于 42.5，需方对水泥有特殊要求时应在合同中注明。

砂子应是惰性、坚固和稳定的细砂颗粒。砂粒应全部能通过 14 目（1.19mm）筛孔，通过 50 目（0.297mm）筛孔的不应超过 55％，通过 0.149mm（100 目）筛孔不应超过 5％。砂子中有机物和含泥量的重量比率不应大于 2％。配制砂浆用水必须清洁。

为改善砂浆的和易性、密实度和粘结强度需掺加添加剂时，必须经过试验确定，严禁使用对管内水质起有害或对管材有腐蚀作用的添加剂。

水泥砂浆重量配比（砂与水泥的重量比）可在 1∶1～2∶1 范围内选用。砂浆应在初凝前使用，水泥砂浆抗压强度不得低于 50MPa。

2）衬里施工与养护

离心内衬涂覆应一次完成，弯头、丁字管、渐缩管等管件的内衬砂浆可采用机械喷涂或手工涂抹。

直管水泥砂浆内衬的公称厚度和允许的最小平均值以及局部最小值在表 4.1-28 中给出。在管子每个横截面测得的四个点内衬厚度的算术平均值，不应小于表 4.1-28 中规定的最小平均值。管子上测得的内衬厚度，不应小于表 4.1-28 中所给出的局部最小值。

水泥砂浆内衬参数 **表 4.1-28**

公称直径 *DN*（mm）	内衬厚度(mm)			内衬近似重量（kg/m）
	公称厚度	最小平均值	局部最小值	
100	3	2.5	1.5	2.1
150				3.2
200				4.2
250				5.2
300				6.3
350	5	4.5	2.5	12.3
400				14
500				17.5
600				20.9
700	6	5.5	3.0	29.3
800				33.4
900				37.6
1000				41.7
1200				50
1400	9	8.0	4.0	87.6
1600				100.1
1800				112.5
2000				125
2200	12	10.0	5.0	183.5
2400				200.0
2600				216.6

水泥内衬涂好后须立即进行封闭养护，凝固后的内衬表面应均匀光滑、无鳞状区域、无掉皮、无波纹和沟槽。如有损伤或有缺陷的部分，可使用新鲜砂浆抹修补，有损伤或有缺陷的部分，必要时可以使用符合卫生要求的具有良好粘结力的添加剂。

7. 试验与检验

球铁管水泥内衬的各项试验，有生产厂有关部门进行，具体试验项目有：尺寸检查、表面质量检查、拉伸试验、硬度试验、水压、气密性试验、涂层厚度测定、水泥内衬测定等项，具体试验方法按 CJ/T 161-2002 标准执行。

水泥内衬球铁管的检查验收由制造厂质量技术监督部门进行。如需方需要在制造厂对球铁管进行检查，制造厂应提供必要条件。

球铁管应按批进行检查验收。每批应由相同公称直径、壁厚、长度和相同退火工艺处理的球铁管组成。应逐根检验球铁管的重量、几何尺寸、表面质量、涂覆质量、并进行水压及气密性试验。

球铁管退火后，每批任取一根试样管，检查球铁管的抗拉强度、伸长率和硬度。每批取一根试样管进行外涂层厚度的测定。每批取一根试样管进行水泥砂浆内衬厚度和平整度的检验。

复验和判定包括球铁管力学性能的复验和判定、外涂层的复验和判定和水泥砂浆内衬厚度和平整度的复验和判定，均按 CJ/T 161-2002 标准执行。

8. 吊运和存储

为避免球铁管内衬的损伤，吊运应使用专门吊具，严禁用单根钢丝绳提升，吊钩必须加橡胶套。提升球铁管时，应缓慢起吊，水平提升。严禁吊具缠绕致使管子旋转、倾斜。吊运时不得与其他硬物相碰，不得突然起动或停止。

汽车装运时，按规格不同应在汽车平台上放置相应的固定架，固定架与球墨铸铁管接触部位应加缓冲胶垫保护。固定架应距承、插口端约 1m。直管伸出车体外部分不得超过管长的 1/4。多层装运时，每一层都要颠倒管子方向，层与层之间应加缓冲胶垫。最后用钢丝绳加缓冲胶垫固定。

存放球铁管的地面应平坦松软，硬地面应垫木块，每垛管子要将底层固定牢靠。直管堆放垛可以是方型，亦可是梯形。方形垛每层管子排放时应按承口-插口交替排列的次序，但层与层之间管子排列方向应相互垂直。梯形垛每层排放应按或承口，或插口顺序排放，层与层之间管子撑放呈平行，但承、插口方向应相反。每垛只能堆放同种规格的管子。每垛直管总高不得超过 4m。

【依据技术标准】 城建标准《水泥内衬离心球墨铸铁管及管件》CJ/T 161-2002。

4.2 铸铁排水管

在一般住宅建筑中，排水管大都使用硬聚氯乙烯（PVC-U）塑料管，但在高层和超高层建筑和排水温度较高或要求排水管机械强度高的场所，仍需使用铸铁排水管。

传统的灰口铸铁承插式排水管是人们所熟悉的，其国家标准为《排水用灰口铸铁直管及管件》GB/T 8716-88。但行业标准《排水用灰口铸铁直管及管件》YB/T 5188-1993，国家发改委已于 2005 年 08 月 17 日发出第 45 号公告予以废止。

建筑高度 100m 以上的超高层建筑，为保证防火安全，不允许使用硬聚氯乙烯(PVC－U)排水管管，应采用柔性接口铸铁管，这种柔性接口铸铁管有几种连接形式，具有良好的严密性和抗震性，当然工程成本也显著提高。

为了控制篇幅，只介绍铸铁排水管，不介绍铸铁排水管件。生产铸铁排水管的厂家都生产配套管件。

4.2.1　排水用柔性接口铸铁管

排水用柔性接口铸铁管适用于建筑物的污水、废水及雨水管道及其通气管，其材质为灰口铸铁。所谓柔性接口，是指不同于传统的承插接口，其连接形式有机械式和卡箍式两种。

1. 柔性接口的结构型式

（1）机械式接口

机械式接口分为A型和B型，分别如图4.2-1和图4.2-2所示。A型和B型机械式接口所用法兰压盖如图4.2-3所示，A型压盖用于图4.2-1所示的A型接口，B型压盖用于图4.2-2所示的B型接口。法兰压盖的公称直径均与直管的公称直径相对应。

橡胶密封圈如图4.2-4所示，A型接口与B型接口所用橡胶密封圈样式相同，但各部尺寸略有差异，其公称直径与直管的公称直径相对应。

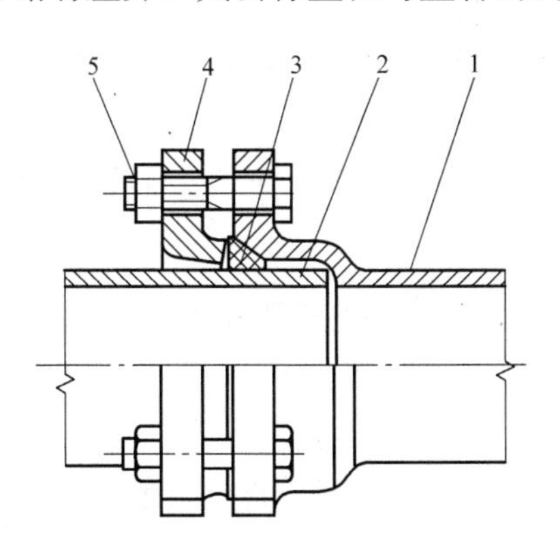

图4.2-1　A型机械式接口

1—承口端；2—插口端；3—橡胶密封圈；4—法兰压盖（分为三耳、四耳、六耳、八耳）；5—紧固螺栓

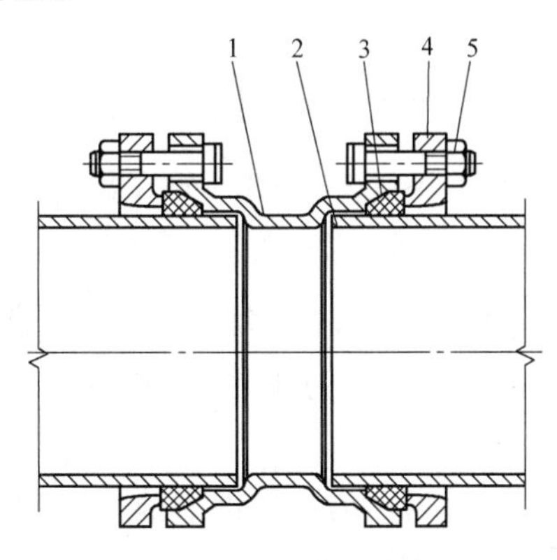

图4.2-2　B型机械式接口

1—B型管件；2—W型直管；3—橡胶密封圈；4—法兰压盖（分为三耳、四耳、六耳、八耳）；5—紧固螺栓

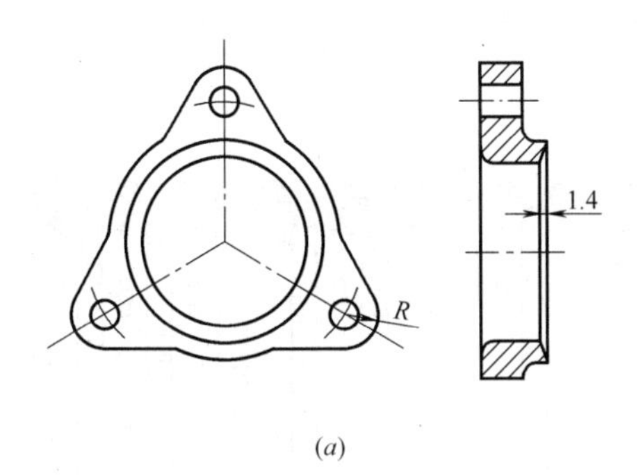

(a)

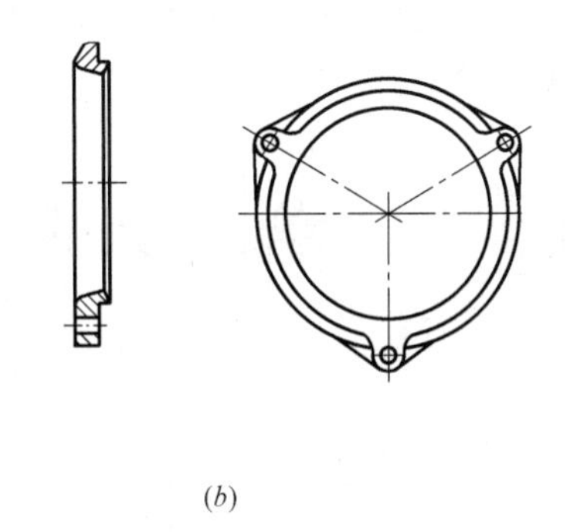

(b)

图4.2-3　法兰压盖

(a) A型压盖；(b) B型压盖

（2）卡箍式接口

卡箍式接口分为W型和W1型，其共同的安装形式如图4.2-5所示。W型和W1型

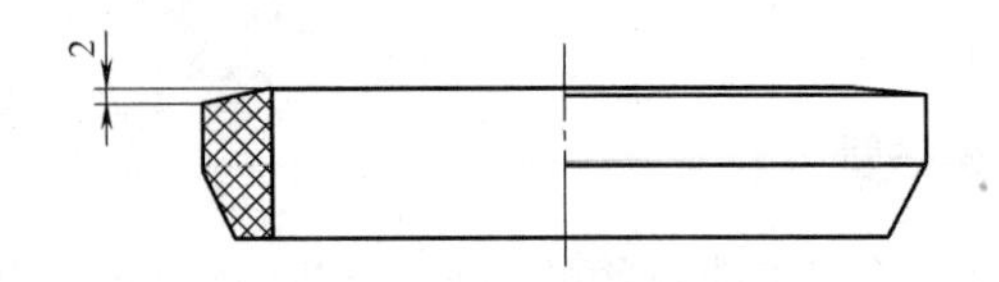

图 4.2-4 A型、B型橡胶密封圈

的直管连接两个管端均为光管，管口端部无凸缘。W 型和 W1 型管件则不同，W 型管件端部如图 4.2-6 所示，有一个长度为 L_1、外径为 D_4 的凸缘，而 W1 型管件端部为光管，无凸缘。

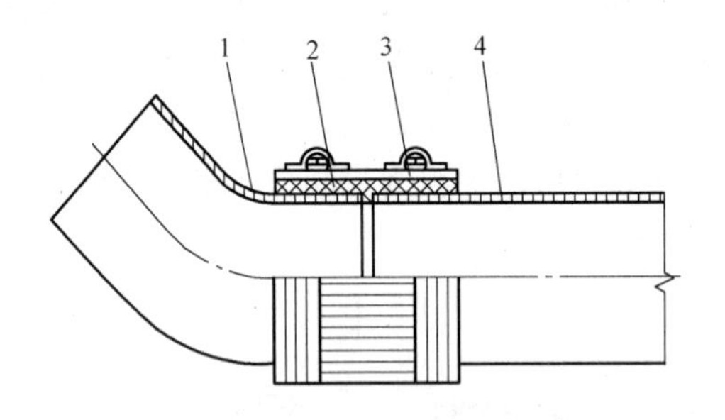

图 4.2-5 W 型和 W1 型卡箍式接口安装
1—管件；2—橡胶密封套；3—不锈钢卡箍；4—直管

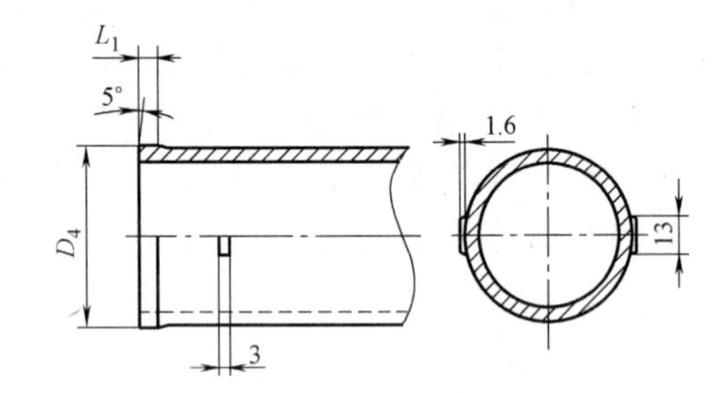

图 4.2-6 W 型管件端部

现将 W 型和 W1 卡箍式接口使用的卡箍和橡胶密封圈作如下简要介绍：

图 4.2-7 所示为不锈钢卡箍，与 W 型直管及管件配套使用（适用于 $DN50 \sim DN300$）；

图 4.2-8 所示为不锈钢卡箍，与 W1 型 $DN50 \sim DN200$ 直管及管件配套使用，$DN200$ 以上采用加强型卡箍；

图 4.2-9 所示为 W 加强型不锈钢卡箍，与 W 型直管及管件配套使用（适用于 $DN50 \sim DN300$）。

不锈钢卡箍材质为奥氏体不锈钢或 1Cr17Ti 铁素体不锈钢，紧固螺栓材质为 1Cr17Ni7、1Cr18Ni9。

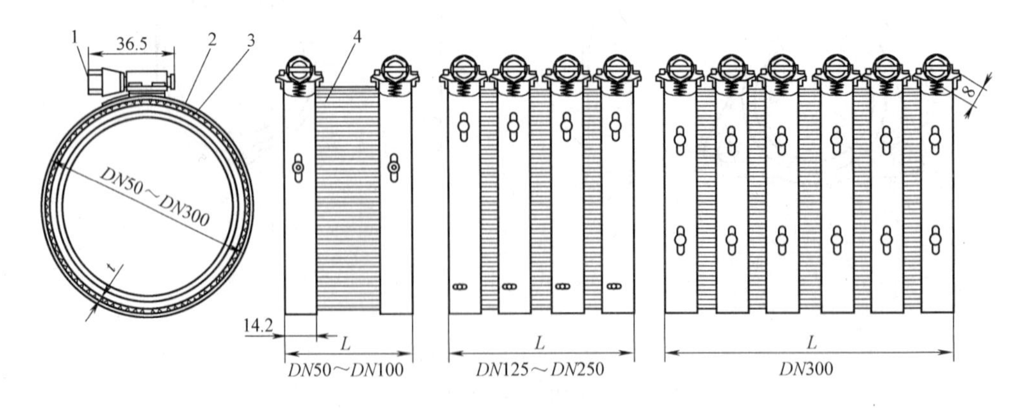

图 4.2-7 W 型不锈钢卡箍
1—紧箍螺栓；2—卡箍钢带；3—橡胶密封套；4—波纹板

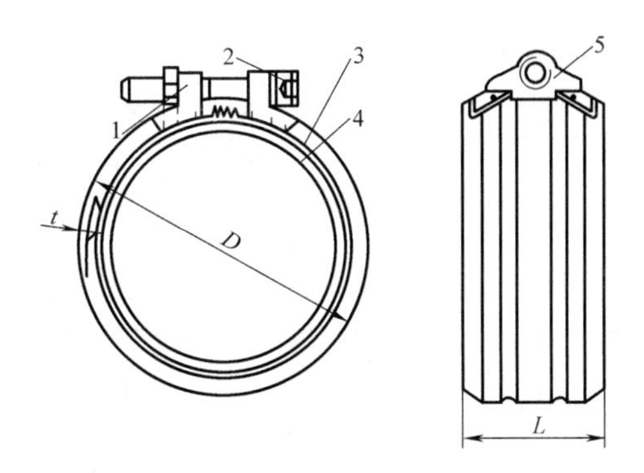

图 4.2-8　W1 型不锈钢卡箍

1—不锈钢耳板；2—紧固螺钉；3—卡箍钢带；4—橡胶密封套；5—紧固螺母

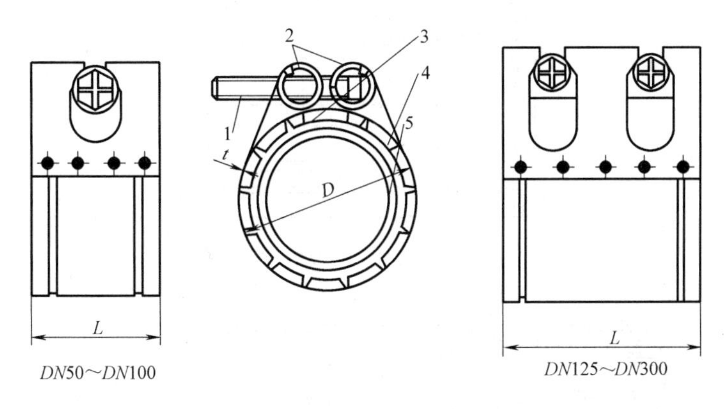

图 4.2-9　W 加强型不锈钢卡箍

1—紧固螺栓；2—不锈钢拉管；3—不锈钢舌板；4—卡箍钢带；5—橡胶密封套

橡胶密封圈原则上与不锈钢卡箍配套使用，图 4.2-10 所示为 W 型橡胶密封圈；图 4.2-11 所示为 W1 型橡胶密封圈；图 4.2-12 所示为 W 加强型橡胶密封圈。橡胶密封圈的材质应根据污水性质选用，一般常用天然橡胶、三元乙丙橡胶、丁苯橡胶、氯丁橡胶和丁腈橡胶。

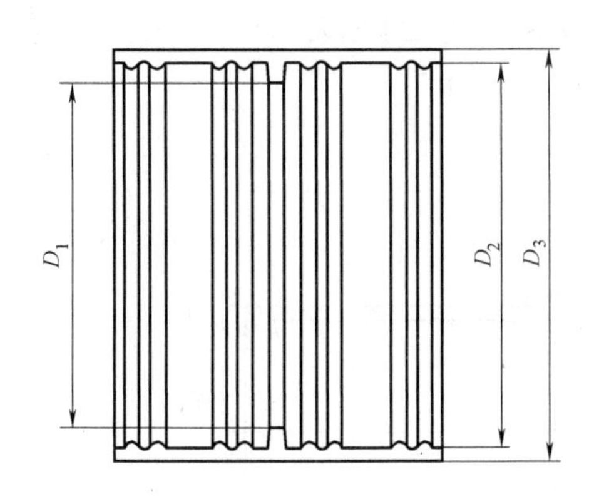

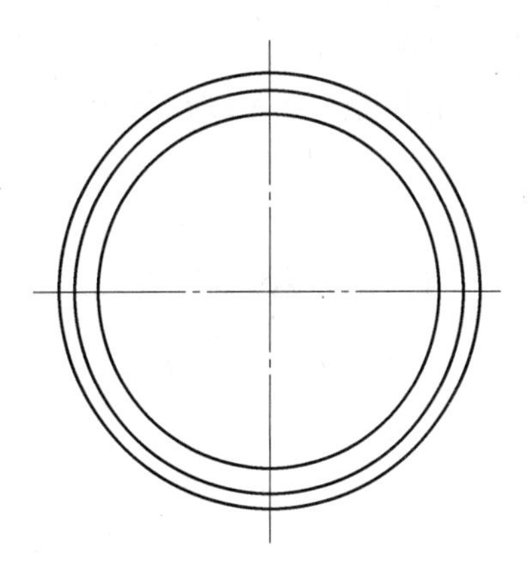

图 4.2-10　W 型橡胶密封圈

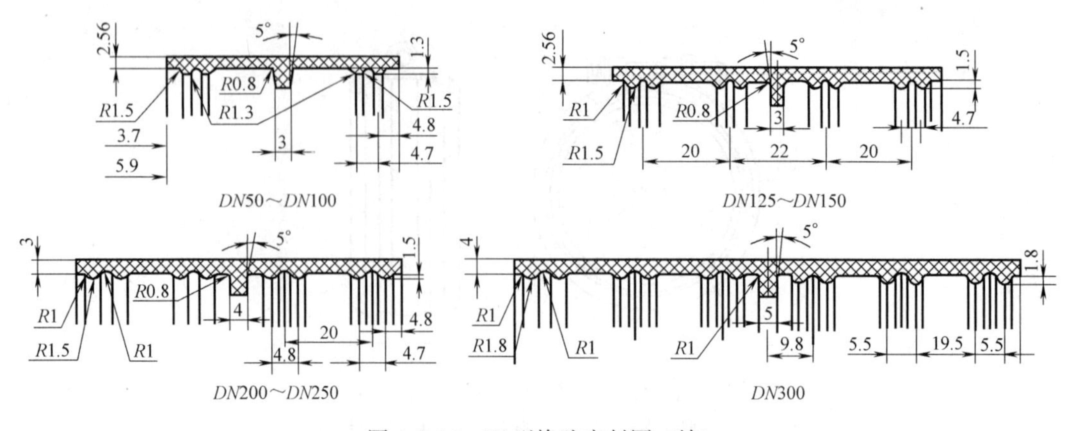

图 4.2-10 W 型橡胶密封圈（续）

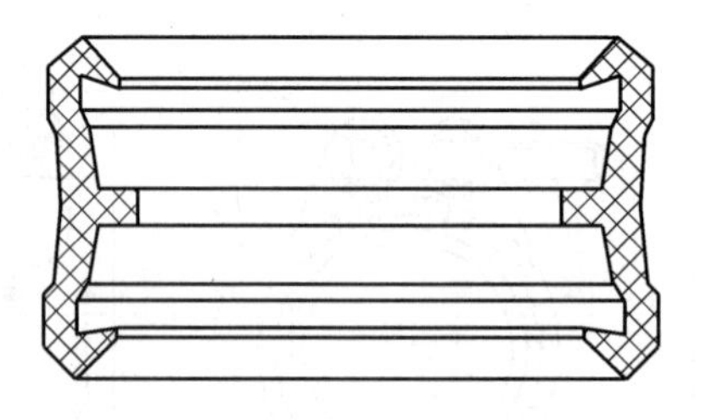

图 4.2-11 W1 型橡胶密封圈

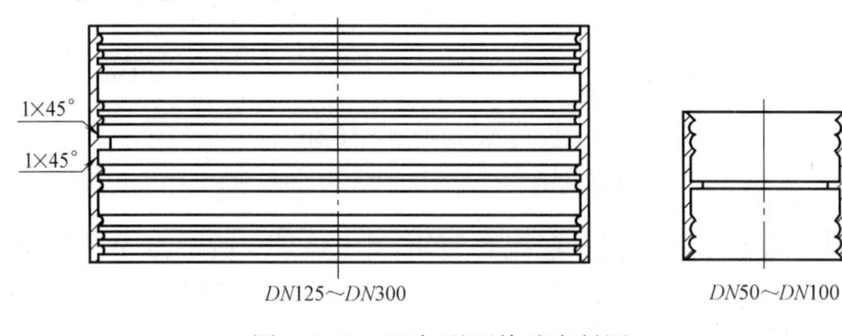

图 4.2-12 W 加强型橡胶密封圈

2. A 型直管

A 型接口直管如图 4.2-13 所示，与安装有关的连接尺寸见表 4.2-1，其余尺寸略；A 型直管按壁厚不同分为 A 级和 B 级，见表 4.2-2。

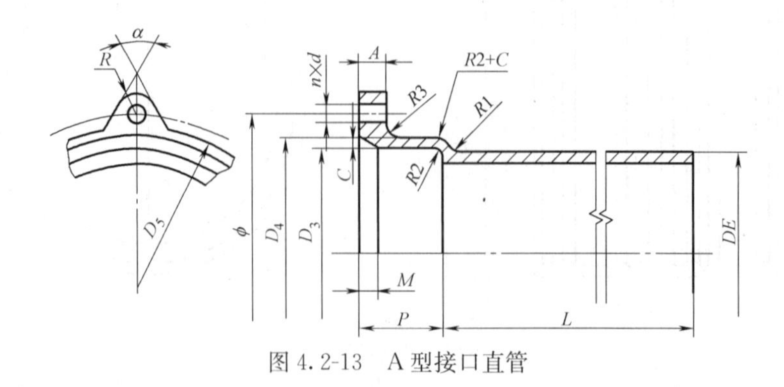

图 4.2-13 A 型接口直管

A 型直管主要连接尺寸（mm） **表 4.2-1**

公称直径 DN	承插口主要尺寸					
	DE	D_3	D_4	D_5	ϕ	*A*	$n\times d$
50	61	67	83	93	110	15	3×12
75	86	92	108	118	135	15	3×12
100	111	117	133	143	160	18	3×12
125	137	145	165	175	197	18	4×14
150	162	170	190	200	221	20	4×14
200	214	224	244	258	278	21	4×14
250	268	278	302	317	335	23	6×16
300	318	330	354	370	395	25	8×20

A 型直管的壁厚及长度（mm） **表 4.2-2**

公称直径 DN		50	75	100	125	150	200	250	300
壁厚	A 级	4.5	5.0	5.0	5.5	5.5	6.0	7.0	7.0
	B 级	5.5	5.5	5.5	6.0	6.0	7.0		
有效长度 *L*		500,1000,1500,2000,3000							

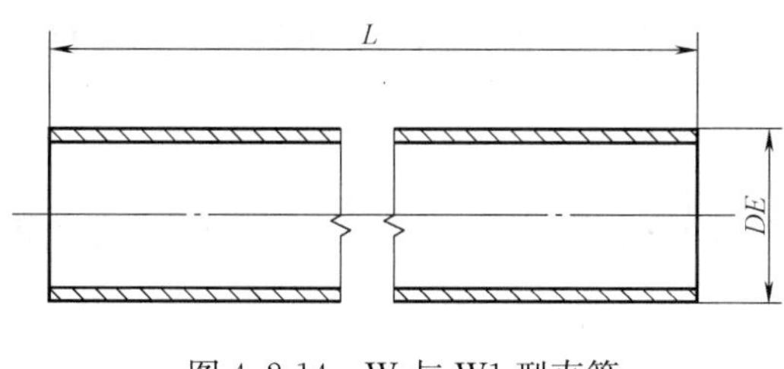

图 4.2-14 W 与 W1 型直管

3. W 和 W1 型直管

(1) W 型直管

W 型直管和 A 型直管不同的是直管的壁厚不分级，而管件却按壁厚不同分为 A 级（较薄）和 B 级（较厚），对此，GB/T 12772-2008 标准未进行解释。A 级和 B 级管件外形尺寸相同，只是壁厚不同，因而重量也不同。

W 与 W1 型直管外形相同，如图 4.2-14 所示。W 型直管的规格见表 4.2-3。

W 型直管的规格（mm） **表 4.2-3**

公称直径 DN	50	75	100	125	150	200	250	300
DE	61	86	111	137	162	214	268	318
壁厚	4.3	4.4	4.8	4.8	4.8	5.8	6.4	7.0
有效长度 *L*	1500,3000							

(2) W1 型直管

W1 与 W 型直管外形相同，如图 4.2-14 所示。W1 型直管的直径和壁厚尺寸见表 4.2-4。

W1 型直管的直径和壁厚（mm）　　　　表 4.2-4

公称直径 *DN*	*DE*	壁厚		公称直径 *DN*	*DE*	壁厚	
		标准	最小			标准	最小
50	58	3.5	3.0	150	160	4.0	3.5
75	83	3.5	3.0	200	210	5.0	4.0
100	110	3.5	3.0	250	274	5.5	4.5
125	135	4.0	3.5	300	326	6.0	5.0

【依据技术标准】《排水用柔性接口铸铁管、管件及附件》GB/T 12772-2008。

4.2.2　排水用灰口铸铁管

传统的灰口铸铁承插式排水管及管件是人们所熟悉的，其国家标准为《排水用灰口铸铁直管及管件》GB/T 8716-88，是从 1989 年 3 月开始实施的，后来被行业标准《排水用灰口铸铁直管及管件》YB/T 5188-1993 代替。

在相当长的一段时间，灰口铸铁承插式排水管是排水管道的常用管材，近二十多年来，已被硬聚氯乙烯（PVC-U）排水管所代替，但在要求机械强度高、排水温度高的场所，仍需使用铸铁排水管。硬聚氯乙烯（PVC-U）排水管除了机械强度低、不耐高温外，其亲油性也是缺点之一，排水中的油脂易于附着沉积在管壁上，使过水截面日益变小，并最终形成堵塞。

现按《排水用灰口铸铁直管及管件》YB/T 5188-1993 的规定，此项标准适用于排水用的连续铸造、离心铸造及砂型铸造的灰口铸铁直管及管件。不过，仍然只介绍管材，不涉及管件，以控制篇幅。

1. 型式

排水管及管件均采用承插式，承口部位的形状分为 A 型和 B 型，承口的凹槽和插口的凸缘，根据工艺条件或需方要求可以不铸出。

（1）A 型排水直管

A 型排水铸铁直管如图 4.2-15 所示，其各部尺寸见表 4.2-5。

A 型排水铸铁直管各部尺寸（mm）　　　　表 4.2-5

公称口径 *DN*	管厚 *T*	内径 D_1	外径 D_2	承口尺寸												插口尺寸			
				D_3	D_4	D_5	*A*	*B*	*C*	*P*	*R*	R_1	R_2	*a*	*b*	D_6	*X*	R_1	R_2
50	4.5	50	59	73	84	98	10	48	10	65	6	15	8	4	10	56	10	15	5
75	5	75	85	100	111	126	10	53	10	70	6	15	3	4	10	92	10	15	5
100	5	100	110	127	139	164	11	57	11	75	7	16	8.5	4	12	117	15	15	5
125	5.5	125	136	154	166	182	11	82	11	80	7	16	9	4	12	143	15	15	5
150	5.6	150	161	181	193	210	12	66	12	85	7	18	9.5	4	12	168	15	15	5
200	6	200	212	232	246	254	12	76	13	95	7	18	10	4	12	219	15	15	5

（2）B 型排水直管

B 型排水铸铁直管如图 4.2-16 所示，其各部尺寸见表 4.2-6。

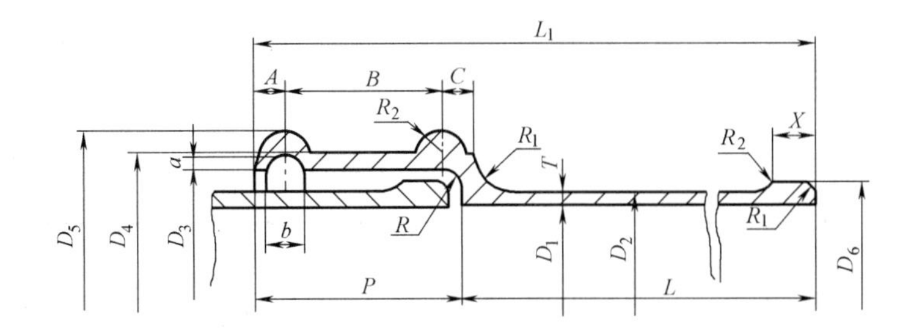

图 4.2-15 A 型排水铸铁直管

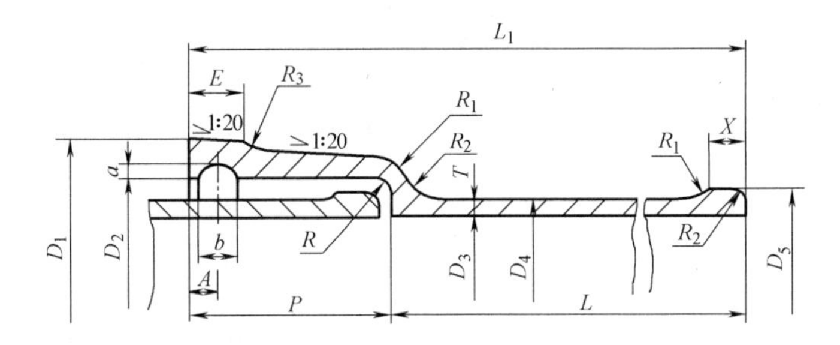

图 4.2-16 B 型排水铸铁直管

B 型排水铸铁直管各部尺寸（mm） **表 4.2-6**

公称口径 DN	管厚 T	内径 D_1	外径 D_2	插口尺寸														
				D_3	D_4	E	P	R	R_1	R_2	R_3	A	a	b	D_5	X	R_1	R_2
50	4.5	50	59	73	98	18	65	5	15	12.5	25	10	4	10	65	10	15	5
75	5	75	85	100	126	18	70	6	15	12.5	25	10	4	10	92	10	15	5
100	5	100	110	127	154	20	75	7	16	14	25	11	4	12	117	15	15	5
125	5.5	125	136	154	182	20	80	7	16	14	25	11	4	12	143	15	15	5
160	5.5	150	161	181	210	20	85	7	18	14.5	25	12	4	12	168	15	15	6
200	8	200	212	232	264	25	95	7	18	15	25	12	4	12	219	15	15	5

（3）A 型、B 型排水直管的重量

A 型、B 型排水直管的重量见表 4.2-7，排水直管的定尺长度应符合有效长度的规定。

排水直管的重量 **表 4.2-7**

公称口径 DN（mm）	外径 D_1（mm）	壁厚 T（mm）	承口凸部重量（kg）		插口凸部重量（kg）	直部 1m 重量（kg）	有效长度 L(mm)								总长度 L_1(mm)	
							500		1000		1500		2000		1830	
							总重量(kg)									
			A 型	B 型			A 型	B 型	A 型	B 型	A 型	B 型	A 型	B 型	A 型	B 型
50	59	4.5	1.13	1.18	0.05	5.55	3.96	4.01	6.73	6.78	9.51	9.56	12.28	12.33	10.98	11.03
75	85	5	1.62	1.70	0.07	9.05	6.22	6.30	10.74	10.82	15.27	16.35	19.79	19.87	17.62	17.70
100	110	5	2.33	2.45	0.14	11.88	8.41	8.53	14.35	14.47	20.29	20.41	28.23	25.35	23.32	23.44
125	136	5.5	3.02	3.16	0.17	16.24	11.31	11.46	19.43	19.57	27.55	27.69	35.67	35.81	31.61	31.75
150	161	5.5	3.99	4.19	0.20	19.35	13.87	14.07	23.54	23.74	33.22	33.42	42.89	43.09	37.96	38.16
200	212	6	6.10	6.40	0.26	27.96	20.34	20.64	34.32	34.62	48.30	48.60	62.28	62.58	54.87	55.17

注：1. 铸铁密度按 7.20kg/dm³ 计算。

2. 总重量＝直部 1m 重量×有效长度（m）＋承口、插口凸部重量。

2. 外形要求

排水直管的弯曲度应符合表 4.2-8 的规定，端面应与轴线相垂直。

排水直管的弯曲度（mm） **表 4.2-8**

公称口径 *DN*	弯曲度(mm/m)
50～100	≤4
125～200	≤3

3. 尺寸偏差

（1）承口内径、插口外径和承口深度的允许偏差应符合表 4.2-9 的规定。

承口内径、插口外径和承口深度的允许偏差（mm） **表 4.2-9**

公称口径 *DN*	承口内径	插口外径	承口深度
50～100	+1.0 −1.5	+1.5 −1.0	±2.0
125～200	+1.5 −2.0	+2.0 −1.5	±3.0

（2）排水管的壁厚允许偏差应符合表 4.2-10 的规定。

排水管的壁厚允许偏差（mm） **表 4.2-10**

公称口径 *DN*	壁厚
50～100	±0.7
125～200	±1.0

（3）排水直管的长度允许偏差应符合表 4.2-11 的规定。

排水直管的长度允许偏差（mm） **表 4.2-11**

公称口径 *DN*	长度
50～100	±5.0
125～200	±8.0

4. 重量偏差

每根直管的重量允许偏差为 8%。

5. 技术要求

（1）排水管材的抗拉强度应不小于 140N/mm^2。

（2）排水管材的磷含量应不大于 0.30%，硫含量应不大于 0.10%。

（3）排水直管应进行水压试验，试验压力为 1.47MPa。

（4）排水管材应为灰口铸铁，组织应致密，易于切削。

（5）排水管材内外表面应平整，不允许有裂纹、冷隔、错位、蜂窝及其他影响使用的缺陷。不影响使用的缺陷允许修补（修补后的凸起处应磨平）或存在。

（6）排水管材内外表面可涂沥青等防腐材料。涂敷前内外表面应清洁，无铁片、铁锈，涂层均匀，粘附牢固，不得有明显堆积现象。

【依据技术标准】冶金行业标准《排水用灰口铸铁直管及管件》YB/T 5188-1993。

4.2.3 建筑排水用卡箍式铸铁管

建筑排水用卡箍式铸铁管（以下简称直管）的直径范围为 $DN50 \sim DN300$，材质为灰口铸铁，使用范围为：建筑排水用废水和污水管道，建筑排水用雨水管道和建筑排水用通气管道。这里顺便指出，在互联网上，标准号 CJ/T 177-2002，有多处误为 GT/T 177-2002。

1. 直管

此种建筑排水铸铁直管，应使用离心铸造工艺制造，长度 $L=3000\pm20$mm，如图 4.2-17 所示，直管尺寸及重量见表 4.2-12。

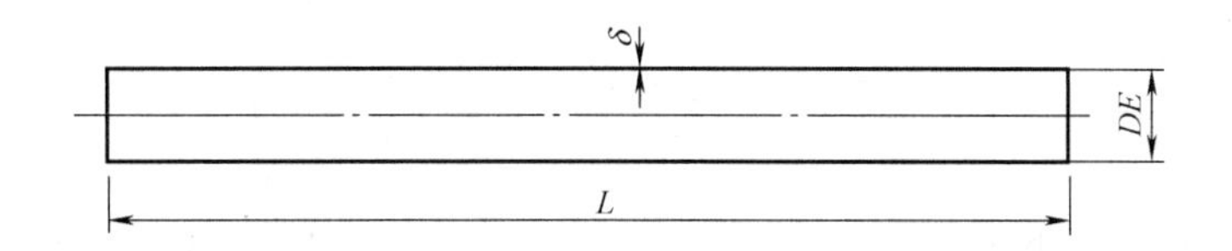

图 4.2-17 直管

直管尺寸及重量 **表 4.2-12**

公称直径	外径(mm)		壁厚(mm)				直管重量(kg/m)
			直管		管件		
DN	DE	公差	δ	公差	δ	公差	
50	58	+2.0 −1.0	3.5	−0.5	4.2	−0.7	13.0
75	83		3.5	−0.5	4.2	−0.7	18.9
100	110		3.5	−0.5	4.2	−0.7	25.5
125	135	±2.0	4.0	−0.5	4.7	−1.0	35.4
150	160		4.0	−0.5	5.3	−1.3	42.2
200	210		5.0	−1.0	6.0	−1.5	69.3
250	274	+2.0 −2.5	5.5	−1.0	7.0	−1.5	99.8
300	326		6.0	−1.0	8.0	−1.5	129.7

2. 管件最小直管段长度

卡箍式连接管件使用机压砂型铸造工艺制造，此工艺系运用机械设备控制进行射压或机压砂型的铸造技术。管件各端最小直管段长度如图 4.2-18 所示，且不应小于表 4.2-13 的规定。

最小直管段长度（mm） **表 4.2-13**

公称直径 DN	密封区 l	公称直径 DN	密封区 l
50	30	150	50
75	35	200	60
100	40	250	70
125	45	300	80

3. 不锈钢卡箍及橡胶密封圈

不锈钢卡箍如图 4.2-19～图 4.2-21 所示，橡胶密封圈如图 4.2-22 所示，它们的规格范围见表 4.2-14。

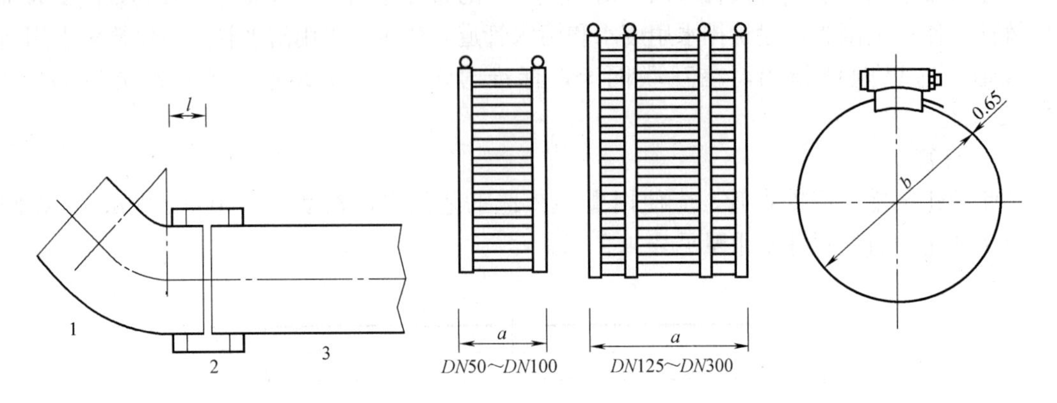

图 4.2-18 管件各端最小直管段长度

1—管件；2—不锈钢卡箍；3—直管

图 4.2-19 钢带型不锈钢卡箍

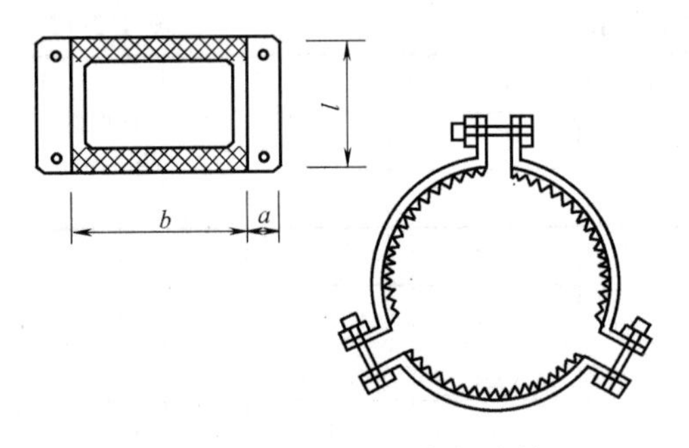

图 4.2-20 加强型不锈钢卡箍

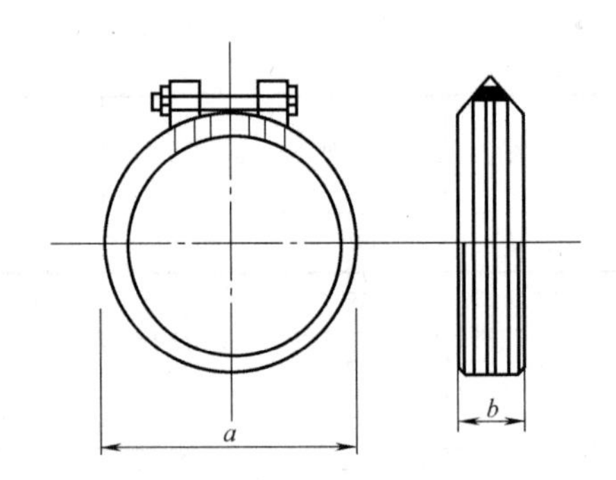

图 4.2-21 拉锁型不锈钢卡箍

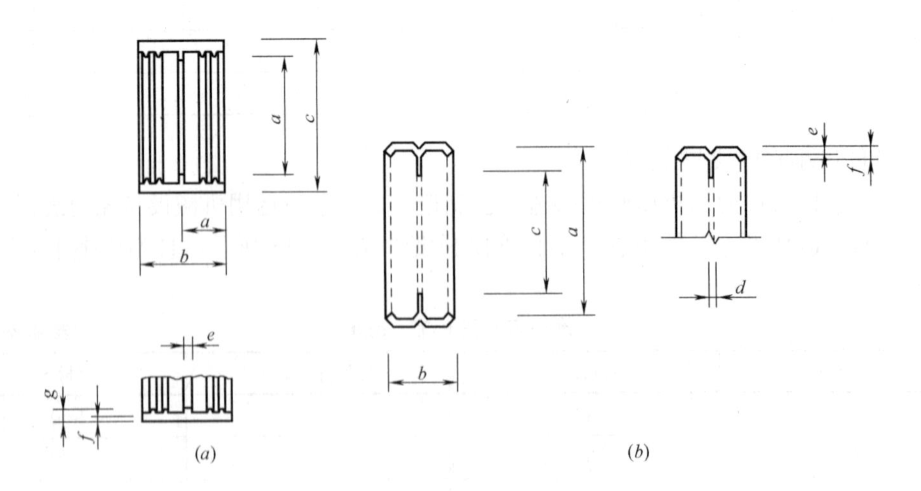

图 4.2-22 橡胶密封圈

(a) 钢带型橡胶密封圈；(b) 拉锁型橡胶密封圈

不锈钢卡箍及橡胶密封圈规格范围 表 4.2-14

不锈钢卡箍		橡胶密封圈	
名 称	规格范围	名 称	规格范围
钢带型不锈钢卡箍 加强型不锈钢卡箍	*DN*:50,75,100,125,150, 200,250,300,250,300	钢带型密封圈	*DN*:50,75,100,125,150, 200,250,300,250,300
拉锁型不锈钢卡箍	*DN*:50,75,100,125,150,200	拉锁型密封圈	*DN*:50,75,100,125,150,200

4. 质量要求

（1）建筑排水铸铁直管与管件的材质为灰口铸铁，其磷质量分数不应大于 0.2%，硫质量分数不应大于 0.1%。直管、管件的内外表面应光洁、平整、不允许有裂缝、冷隔、蜂窝及其他妨碍使用的缺陷，不影响使用的铸造缺陷允许修补，但修补后局部凸起处必须磨平。直管与管件应能切割、钻孔。

（2）管端口边缘应平整，不应有崩口。管的端口平面应与管的对称轴垂直，与直角的最大偏差 *DN*50～*DN*200 为－3°；*DN*250～*DN*300 为－2°。

（3）管口不允许变形，椭圆度公差范围为：*DN*50±1mm；*DN*75±1mm；*DN*100±1.5mm；*DN*125±1.5mm；*DN*150±1.5mm；*DN*200+2mm；*DN*250+2mm；*DN*300+2mm。

（4）直管弯曲度不应大于 2mm/m。

（5）抗拉强度不应小于 150MPa。

（6）应能承受水压为 0.35MPa，时间为 3min 的水压试验，应无渗漏水现象。

5. 重量偏差及涂层

（1）可按理论重量交货；每根直管重量允许偏差为±8%，每根管件重量允许偏差为10%。由于管件的重量往往与 CJ/T 177-2002 标准有明显偏差，供需双方可协商按实际重量交货。

（2）直管及管件在涂刷内、外壁涂料之前，应保持表面干燥，应消除锈痕和粘附异物。直管及管件内外壁涂刷涂料前，不允许用灰层腻子打底掩盖表面缺陷。直管内壁、管件内、外壁应使用聚酯漆涂料。直管外壁应使用聚酯涂料或一般防锈漆涂料，应不易燃烧，不含有毒金属。工程进行翻涂时不反底，涂层厚度宜为 60±10μm。直管内壁涂料应有阻燃性，表面面光滑，涂层厚度宜为 120±20μm。

6. 不锈钢卡箍和橡胶密封圈

不锈钢卡箍的材质为 1Cr18Ni9 或 2Cr18Ni9，物理性能应符合 GB 3280 的要求。钢带型不锈钢卡箍的厚度为：钢带 0.65mm，波纹板 0.20mm；加强不锈钢卡箍材料的厚度为：板材 2.5mm；拉锁型不锈钢卡箍材料的厚度为：平板 0.60mm。不锈钢卡箍的螺栓材料是不锈钢卡箍。

用于制造橡胶密封圈材料是三元乙丙（EPDM）橡胶、氯丁橡胶、丁腈橡胶、丁苯橡胶等（在 CJ/T 177-2002 标准中，丁腈橡胶误为丁睛橡胶，丁苯橡胶误为丁苯橡胶）。橡胶密封圈应质地均匀，无气孔、皱折、开裂及飞边等缺陷，其物理、化学性能应符合 HG/T 3091 标准的要求。

7. 表面质量检查

直管及管件内外表面及涂覆质量用目测查，涂覆厚度应用测厚仪检查。直管及管件的规格检验应使用足够精度的量具测量，所有长度测量精度为 1mm；外径应在距管端 20～30mm 处交叉 90°测量，精度为 0.2mm，每次测量应在规定的公差范围内；壁厚应在至少两个正相对位置进行至少两次测量，每次测量应在规定的公差范围内；管件的角度测量精度为 30′。

8. 水压试验

出厂前的水压试验应在直管与管件至少有一个卡箍连接件固定的情况下进行，加压至 0.35 MPa，稳压时间不少 3min，观察直管、管件与卡箍连接件接口，应无渗漏水现象。

【依据技术标准】城建行业标准《建筑排水用卡箍式铸铁管及管件》CJ/T 177-2002。

4.2.4 建筑排水用柔性接口承插式铸铁管

在建筑排水用柔性接口承插式铸铁管的相关技术标准中，规定了建筑排水用柔性接口承插式铸铁管的型号、规格、尺寸、外形及重量、技术要求、试验方法、检验规则等方面的内容。柔性接口用 *R* 表示，承插式用 *C* 表示，因此，柔性接口承插式连接也称为 RC 型连接。

1. 接口形式及尺寸

（1）直管接口有如图 4.2-23 所示的 3 耳、4 耳、6 耳和 8 耳，共 4 种形式。

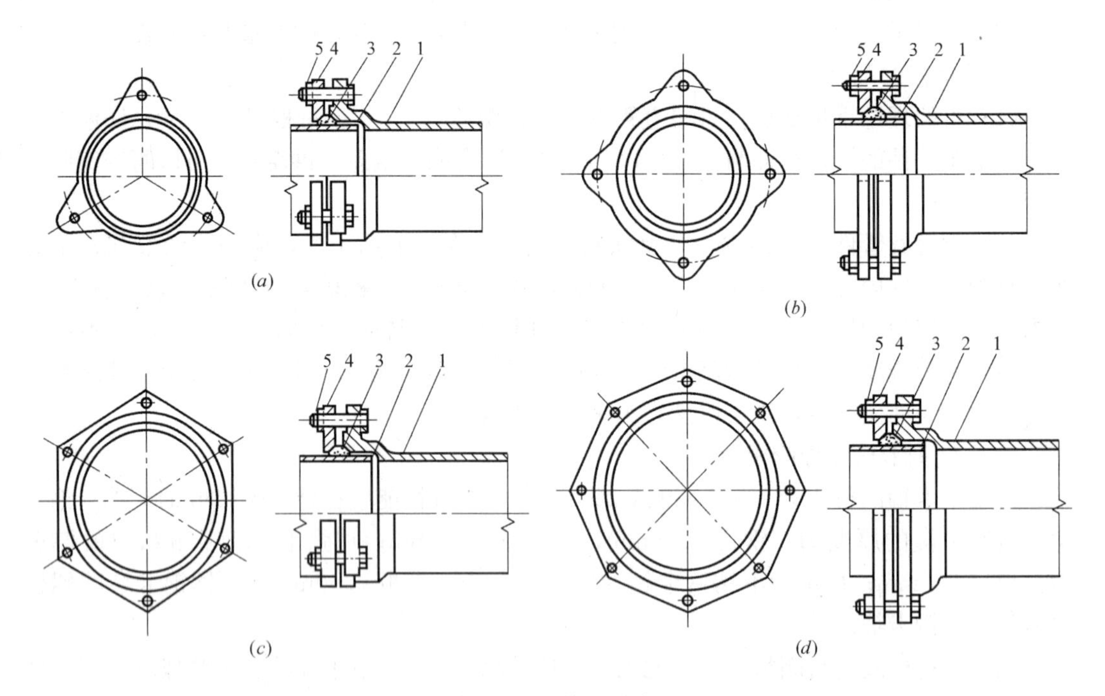

图 4.2-23 接口形式

（*a*）3 耳接口形式（适用于：*DN*50、*DN*75、*DN*100、*DN*125、*DN*150、*DN*200）；（*b*）4 耳接口形式：（用于：*DN*125、*DN*150、*DN*200）；（*c*）6 耳接口形式（用于：*DN*250）；（*d*）8 耳接口形式（用于：*DN*300）
1—承口；2—插口；3—橡胶密封圈；4—法兰压盖（分别为 3 耳、4 耳、6 耳、8 耳）；5—螺栓螺母

（2）承插口的形式如图 4.2-24 所示，与安装有关的尺寸见表 4.2-15，其余尺寸略。

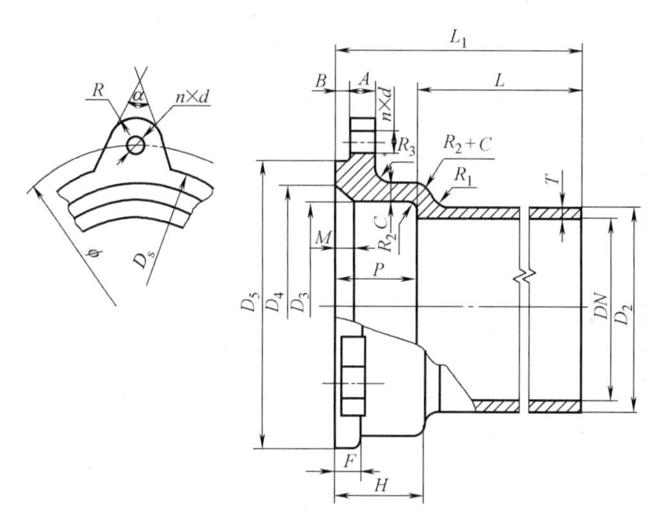

图 4.2-24 承插口形式

承插口主要尺寸（mm） **表 4.2-15**

公称直径 DN	插口外径 D_2	承口内径 D_3	D_4	D_5	ϕ	A	M	B	P	n×d
50	61	67	78	94	108	16	5.5	4	38	3×10
75	86	92	103	117	137	17	5.5	4	30	3×12
100	111	117	128	143	166	18	5.5	4	40	3×14
125	137	145	159	173	205	20	7.0	5	40	3×14 4×14
150	162	170	184	199	227	24	7.0	5	42	3×16 4×16
200	214	224	244	258	284	27	10	6	50	3×16 4×16
250	268	290	310	335	370	28	10	6	58	6×20
300	320	352	378	396	444	30	13	6	68	8×20

（3）法兰压盖和橡胶密封圈

与直管和管件承口配套使用的法兰压盖如图 4.2-25 所示，主要尺寸见表 4.2-16；橡胶密封圈外形断面如图 4.2-26 所示，主要尺寸见表 4.2-17。

法兰压盖主要尺寸 **表 4.2-16**

公称直径 DN	主要尺寸(mm)						
	D_1	D_2	D_3	D_4	ϕ	A	n×d
50	67	78	92	103	108	5.5	3×12
75	92	103	115	117	137	5.5	3×12
100	117	128	141	143	166	5.5	3×12

续表

公称直径 DN	主要尺寸(mm)						
	D_1	D_2	D_3	D_4	ϕ	A	$n\times d$
125	145	159	171	173	205	7.0	3×16 4×16
150	170	184	197	199	227	7.0	3×16 4×16
200	224	244	256	258	284	10.0	3×16 4×16
250	290	310	370	255	370	10.0	6×20
300	352	378	434	396	434	10.0	8×20

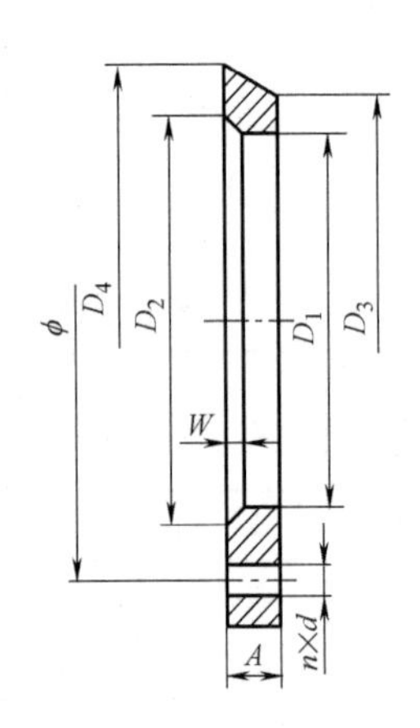

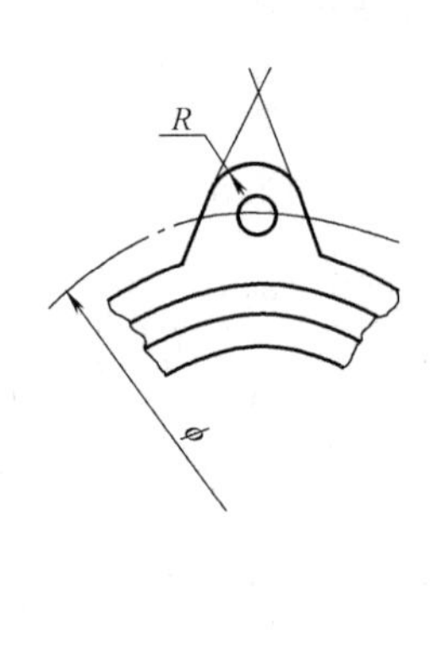

图 4.2-25 法兰压盖

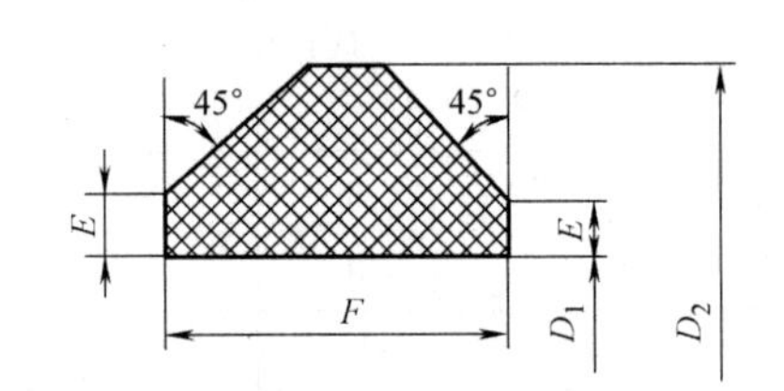

图 4.2-26 橡胶密封圈断面

橡胶密封圈断面主要尺寸 (mm) **表 4.2-17**

公称直径 DN	内径 D_1	外径 D_2	F	E	公称直径 DN	内径 D_1	外径 D_2	F	E
50	60	80	24	4.0	150	160	184	28	4.5
75	85	105	24	4.0	200	212	244	34	4.6
100	110	130	24	4.0	250	263.5	310	38	9.0
125	135.5	159	28	4.5	300	297	317.5	38	12.0

2. 壁厚、长度和重量

直管、管件的壁厚及直管重量见表 4.2-18。直管及管件按理论重量交货，每根直管重量允许偏差为±8%，每只管件重量允许偏差为±10%。

直管及管件壁厚及直管重量 **表 4.2-18**

公称直径 DN	外径 D_2 (mm)	壁 厚 (mm)	理论重量(kg)			
			有效长度 L (mm)			总长度 L_1(mm)
			500	1000	1500	1800
50	61	5.5	4.35	7.84	11.29	13.30
75	86	5.5	6.21	11.22	16.24	19.16

续表

公称直径 DN	外径 D_2 (mm)	壁厚 (mm)	理论重量(kg)			
			有效长度 L (mm)			总长度 L_1 (mm)
			500	1000	1500	1800
100	111	5.5	8.15	14.72	21.25	25.19
125	137	6.0	11.53	20.42	29.41	34.43
150	162	6.0	13.79	24.37	34.96	41.05
200	214	7.0	20.75	37.18	53.57	62.75
250	268	9.0	26.36	52.73	79.09	96.5
300	320	10.0	35.05	70.10	115.15	128.3

3. 外形及尺寸偏差

直管长度允许偏差为±10mm。直管的弯曲度应不大于2mm/m。直管及管件的端面应与轴线相垂直。管件两轴线角度允许偏差为±1°30′。直管及管件的插口外径、承口内径和承口深度允许偏差及插口椭圆度应符合表4.2-19的规定。

插口的尺寸允许偏差（mm）　　表4.2-19

公称直径 DN	插口外径 D_2	承口内径 D_3	承口深度 P	插口椭圆度 O
50～100	±1.0	±1.5	±2.0	≤1.5
125～200	±1.5	±2.0	±3.0	≤2.5
250～300	±1.8	±2.5	±4.0	≤3.0

直管和管件的壁厚允许偏差应符合表4.2-20的规定。承口壁厚允许偏差为−1.0mm。

直管和管件的壁厚允许偏差（mm）　　表4.2-20

公称直径 DN	50～100	125～200	250～300
壁厚允许偏差	−0.7	−1.0	−1.2

4. 材质、制造工艺及表面质量要求

直管及管件应为灰口铸铁，组织致密，能切削、钻孔，磷含量应不大于0.30%，硫含量应不大于0.10%。直管及管件材料的抗拉强度应不小于150MPa。

直管应使用离心浇注工艺生产；管件应使用砂型或金属型铸造工艺生产。

直管及管件的内外表面应光洁、平整，不允许有裂缝、冷隔、蜂窝及其他妨碍使用的明显缺陷，允许存在不影响使用性能的冷铸花纹。不影响使用的铸造缺陷允许修补。

承、插口密封工作面除符合上述要求外，不得有连续沟纹、麻面和凸起的棱线，否则将影响接口的密封性。

5. 涂覆及水压试验

直管及管件内外表面，应涂防腐材料，涂层应均匀，粘结牢固，涂料品种由供需双方商定。

直管、管件及其承插接口，均应能承受压力不小于0.35MPa、时间为3min的水压试验，应无渗漏水现象。

6. 抗振性能

按照 CJ/T 178-2013 标准的规定，管道接口的抗振性能试验应在专用试验台上进行径向振动试验、轴向振动试验和轴向拔出试验，而无渗漏水现象。

【依据技术标准】城建行业标准《建筑排水用柔性接口承插式铸铁管及管件》CJ/T 178-2013。

5 塑 料 管

5.1 热塑性塑料管简述

5.1.1 热塑性塑料通用术语

根据相关技术标准的规定，现将有关塑料管的通用术语及定义分几部分介绍。

1. 材料名称术语

（1）均聚聚丙烯（PP-H）

丙烯的均聚物。

（2）无规共聚聚丙烯（PP-R）

丙烯与一种或多种烯烃单体共聚形成的无规共聚物，烯烃单体中无烯烃外的其他官能团。

（3）嵌段共聚聚丙烯（PP-B）

即耐冲击共聚聚丙烯，由均聚聚丙烯（PP-H）和（或）无规共聚聚丙烯（PP-R）与橡胶相形成的两相或多相丙烯共聚物。橡胶相是由丙烯单体（或多种烯烃单体）的共聚物组成。该烯烃单体无烯烃外的其他官能团。

（4）交联聚乙烯（PE-X）

以某种方式使聚乙烯分子链之间形成化学键连接，具有网状结构的聚乙烯。

（5）非增塑聚氯乙烯（PVC-U）

通常称为硬聚氯乙烯（PVC-U），是不含增塑剂的聚氯乙烯。

2. 产品类型术语

（1）实壁管

管材横截面均为实心圆环结构的管材，也包括内壁带有略微凸出的导流螺旋线的管材。

（2）结构壁管

对管材的截面结构进行优化设计，以达到节省材料，且满足使用要求的管材品种。例如芯层发泡管、单（双）壁波纹管、缠绕管等。

（3）多层复合管

管壁由数层不同材料构成的管材。

（4）阻隔性管材

为阻止和减少气体或光线透过管壁，在管壁中增加特殊阻隔材料层的管材。

3. 几何尺寸术语

（1）允许偏差之极限偏差

允许极限数值与规定数值之间的差值。最大允许值与规定值之差称为上偏差，最小允许值与规定值之差称为下偏差。

（2）公差

规定量值允许的偏差，用最大允许值与最小允许值与之差。等于上偏差与下偏差之间的差值。

（3）公差等级

在公差与配合标准中，认为对所有基本尺寸都具有相同精度等级的一组公差。不同的公差等级通常用代号或数字区分。

（4）公称尺寸

部件尺寸的名义数值。

（5）公称外径（d_n）

管材或管件插口外径的规定数值，单位为 mm。与管材外径相配合的管件的公称直径也用管材公称外径表示。

（6）任一点外径（d_e）

通过管材任一点横断面测量的外径，单位为 mm。测量时应采用分度值不大于 0.05mm 的量具，读数精确到 0.1mm，小数点后第二位非零数字进位。

（7）平均直径（d_m）

对应于管壁截面中心圆的直径。平均直径等于平均外径与平均壁厚之差，或平均内径与平均壁厚之和，单位为 mm。

（8）平均外径（d_{em}）

管材或管件插口端任一横断面的外圆周长除以 3.142（圆周率），并向大圆整到 0.1mm 得到的值。平均外径的最小值称为最小平均外径（$d_{em,min}$），平均外径的最大值称为最大平均外径（$d_{em,max}$）。

（9）平均内径

相互垂直的两个或多个内径测量值的算术平均值，单位为 mm。

（10）承口平均内径（d_{sm}）

承口规定部位的平均内径，单位为 mm。

（11）承口公称直径（d_s）

承口连接部位内径的公称值。实际上稍稍大于与承口连接的插口的公称外径，单位为 mm。

（12）不圆度

在管材或管件的管状部位的同一截面上，最大和最小外径测量值之差，或最大和最小内径测量值之差。

（13）承口最大不圆度

承口端部到设计插入深度之间的最大允许不圆度。

（14）公称壁厚（e_n）

管材壁厚的规定值，等于小于允许壁厚 $e_{y,min}$，单位为 mm。

（15）任一点壁厚（e_y）

管材或管件圆周上任一点的壁厚，单位为 mm。

(16) 平均壁厚（e_m）

管材同一截面各点壁厚的算术规平均值，单位为 mm。

(17) 最小壁厚（$e_{y,min}$）

管材或管件圆周上任一点壁厚的最小允许值，单位为 mm。

(18) 最大壁厚（$e_{y,max}$）

管材或管件圆周上任一点壁厚的最大允许值，单位为 mm。

(19) 有效长度

管材总长度与其承口插入深度的差。

(20) 承口深度

承插连接时，从承口的入口端面到插口的插入端面的距离。

(21) 熔区长度

电熔管件承口熔合区域的长度。

4. 与连接方式有关的术语

(1) 机械式连接

通过机械力将管材与管件、阀门或其他部件相互连接的方式。例如螺纹连接、卡压连接等。

(2) 机械式连接管件

通过机械方式实现连接的管件。

(3) 弹簧密封式管件

通过弹簧密封圈实现密封连接的管件。通常不能传递轴向载荷。

(4) 溶剂粘接式管件

通过溶剂型胶粘剂来实现连接的管件。

(5) 电熔管件

在连接表面（下）预设电加热元件的管件。

(6) 热熔对接管件

具有与待连接管材尺寸相同的端口，通过热熔对接焊实现连接的管件。

(7) 热熔承口管件

用加热工具加热管件承口的内表面和管材插入端的外表面，然后将其插合并相互熔接，从而实现相互连接的管件。

承口形式有圆柱形承口（即平行式承口）和锥形承口，前者具有圆柱形几何特征的承口形式，其入口尺寸稍稍大于根部尺寸，作为脱模斜度；后者是具有圆锥形几何特征的承口形式，其入口尺寸明显大于根部尺寸。

(8) 鞍形管件

具有鞍形几何特征，能够以熔接、粘接等方式固定在主干管外表面上，用于引出支管的一类管件。

5. 材料性能术语

(1) 预测静液压强度置信下限（σ_{LPL}）

置信度为 97.5%时，对应于温度 T 和时间 t 的预测静液压强度预测值的下限，$\sigma_{LPL}=\sigma(T, t, 0.975)$，与应力有相同的量纲。

（2）20℃、50 年置信下限（σ_{LCL}）

一个用于评价材料性能的应力值，指该材料制作的管材在 20℃、50 年的水压下，置信度为 97.5%时，预测的长期强度的置信下限，单位为 MPa。

（3）长期静液压强度（σ_{LTHS}）

一个与应力有相同量纲的量。它表示在温度 T 和时间 t 条件下预测的平均强度。平均强度是指置信度为 50%时材料强度的置信下限。

（4）20℃、50 年长期强度（σ_{LTHS}）

管材在 20℃承受水压 50 年的平均强度或预测平均强度，单位为 MPa。显然，它是长期静液压强度的一个特值。

（5）最小要求强度（MRS）

将 20℃、50 年置信下限 σ_{LCL}的值，按 R10 或 R20 系列向下圆整到最接近的一个优先数得到的应力值，单位为 MPa。当 σ_{LCL}小于 10 MPa 时，按 R10 系列圆整，当 σ_{LCL}大于 10 MPa 时，按 R20 系列圆整。

6. 管材性能术语

（1）真实冲击率（TIR）

以整批产品进行试验，其冲击破坏数除以冲击总数得到的比值，以百分数表示。实际测试时通常是在一批产品中随机抽样，故其结果只能代表对整批产品冲击性能的估计。

（2）韧性破坏

伴随明显塑性变形的破坏。

（3）渗漏破坏

管内加压流体渗出管壁形成可见流失，但管壁未发生明显开裂的破坏形式。

（4）环刚度（S_R）

具有环形截面的管材或管件在外部载荷下抗挠曲（径向变形）能力的物理参数。理论上定义为：

$$S=\frac{EI}{d_m^3} \tag{5.1-1}$$

式中　E——弹性模量；

I——截面惯性矩；

d_m——平均直径。

（5）公称环刚度（SN）

管材或管件环刚度的公称值，通常是一个便于使用的圆整值。

（6）标准尺寸比（SDR）

管材的公称外径与公称壁厚的比值，按式（5.1-2）计算，并按一定规则圆整：

$$SDR=\frac{d_n}{e_n} \tag{5.1-2}$$

式中　d_n——管材公称外径；

e_n——公称壁厚。

（7）管系列

与管材的公称外径和公称壁厚有关的无量纲数，可用于指导管材规格选用，S 值可由下列公式计算，并按一定规则圆整：

$$S=\frac{d_{\mathrm{n}}-e_{\mathrm{n}}}{2e_{\mathrm{n}}} \tag{5.1-3}$$

$$S=\frac{SDR-1}{2} \tag{5.1-4}$$

$$S=\frac{\sigma}{p} \tag{5.1-5}$$

式中 d_{n}——管材外径；

e_{n}——公称壁厚；

SDR——标准尺寸比；

p——管材内压；

σ——诱导应力。

（8）环向应力（σ）

内压在管壁中引起的沿管材圆周方向的应力。

（9）总体使用（设计）系数（C）

一个大于1的数值，其大小考虑了使用条件和管路其他附件的特性对管系的影响，是在置信下限所包含因素之外考虑的管系的安全裕度。《热塑性塑料压力管材和管件用材料分级和命名》GB/T18475-2001规定了特定材料的总体使用系数的最小值。

（10）设计应力（σ_{s}）

规定条件下的允许应力，等于最小要求强度（单位MPa）除以总体使用（设计）系数：

$$\sigma_{\mathrm{s}}=\frac{MRS}{C} \tag{5.1-6}$$

（11）公称压力

与管道系统部件耐压能力有关的参考数值，为使用方便，通常取R10系列的优先数。

（12）最大公称压力（MOP）

也称最大允许公称压力或最大操作压力，系指管道系统中允许连续使用的流体最大工作压力。

（13）爆破压力

在管材静夜压爆破试验中管材破裂前的最大压力。

（14）最高设计温度（T_{max}）

也称最工作温度，系指仅在短时间内出现的可以接受的最高温度。

（15）工作温度（T_{o}）

也称最设计温度（T_{D}），系指管道系统设计的流体输送温度。

（16）故障温度（T_{mal}）

管道系统超出控制极限时出现的最高温度。

7. 常用术语与符号或缩写的对照

常用术语与符号或缩写的对照见表5.1-1。

【依据技术标准】《热塑性塑料管材、管件及阀门通用术语及其定义》GB/T 19278-2003。

常用术语与符号或缩写的对照　　表 5.1-1

序号	常用术语	符号或缩写	序号	常用术语	符号或缩写
1	总体使用系数	C	16	最大操作压力	MOP
2	公称尺寸	DN	17	最小要求强度	MRS
3	公称外径	d_n	18	公称压力	PN
4	任一点外径	d_e	19	管系列	S
5	平均直径	d_m	20	标准尺寸比	SDR
6	平均外径	d_{em}	21	公称环刚度	SN
7	最小平均外径	$d_{em,min}$	22	环刚度	S_R
8	最大平均外径	$d_{em,max}$	23	设计温度	T_D
9	承口公称直径	d_s	24	最高设计温度	T_{max}
10	承口平均内径	d_{sm}	25	预测静液压强度置信下限	σ_{LPL}
11	平均壁厚	e_m	26	20℃、50年置信下限度	σ_{LCL}
12	公称壁厚	e_n	27	20℃、50年长期强度	σ_{LTHS}
13	任一点壁厚	e_y	28	环向应力	σ
14	最大壁厚	$e_{y,max}$	29	设计应力	σ_s
15	最小壁厚	$e_{y,min}$			

5.1.2　管材的公称外径和公称压力

现将有关标准规定的用各种加工方法制作的输送有压和无压流体的热塑性塑料管材的相关技术参数，如公称外径、有压管材的公称压力、最小要求强度和总体使用（设计）系数，做简要介绍。

1. 术语定义

此处仅介绍两个术语，其他术语前面已介绍。

（1）最大允许工作压力 p_{PMS}

考虑总体使用（设计）系数 C 后确定的管材的允许压力，单位为 MPa。

（2）标准尺寸比

管材的公称外径（d_n）与公称壁厚（e_n）的比值，由公式 $SDR=d_n/e_n$ 计算，并按一定规则圆整，SDR 可按式（5.1-7）或式（5.1-8）计算：

$$SDR=\frac{2\times MPS}{C\times p_{PMS}}+1 \tag{5.1-7}$$

$$SDR=\frac{2\times\sigma_s}{p_{PMS}}+1 \tag{5.1-8}$$

式中　d_n——管材公称外径，mm；

e_n——公称壁厚，mm；

MPS——最小要求强度，MPa；

p_{PMS}——最大允许工作压力，MPa；

C——总体使用（设计）系数；

σ_s——设计应力，MPa。

给定 SDR 的值，用产品标准中规定的 MRS 和 C，可以按式（5.1-9）和式（5.1-10）计算出最大允许工作压力 p_{PMS}：

$$p_{PMS}=\frac{2\times MRS}{C\times(SDR-1)} \tag{5.1-9}$$

或

$$p_{PMS}=\frac{2\times\sigma_s}{(SDR-1)} \tag{5.1-10}$$

2. 管材公称外径

管材的公称外径见表 5.1-2。

公称外径（d_n）规格（mm） **表 5.1-2**

2.5	10	40	125	250	500	1000
3	12	50	140	280	560	1200
4	16	63	160	315	630	1400
5	20	75	180	355	710	1600
6	25	90	200	400	800	1800
8	32	110	225	480	900	2000

3. 公称压力级别

管材的公称压力 PN 及对应的最大允许工作压力 p_{PMS} 见表 5.1-3。

公称压力及对应的最大允许工作压力 **表 5.1-3**

公称压力 PN	p_{PMS}		公称压力 PN	p_{PMS}	
	MPa	bar		MPa	bar
1	0.1	1	6.3	0.63	1
2.5	0.25	2.5	8	0.8	2.5
3.2	0.32	3.2	10	1.0	3.2
4	0.4	4	12.5	1.25	4
5	0.5	5	16	1.6	5
6	0.6	6	20	2.0	6

注：如果要求更高的工作压力，应从《优先数和优先数系》GB/T 321 中的 R5 或 R10 系列选取。

4. 最小要求强度

管材的最小要求强度见表 5.1-4。

管材的最小要求强度（MPa） **表 5.1-4**

1	3.15	10	18	31.5
1.25	4	11.2	20	35.5
1.5	5	12.5	22.4	40
2	6.3	14	25	—
2.5	8	16	28	—

注：从 1～10 各值选自 GB/T 321 中的 R10 系列（增量 25%），大于 10 的值选自《优先数和优先数系》GB/T 321 中的 R20 系列（增量 12%）。

【依据技术标准】《热塑性塑料管材、管件及阀门通用术语及其定义》GB/T 19278-2003。

5.1.3 管材通用壁厚

《热塑性塑料管材通用壁厚表》GB/T 10798 规定了热塑性塑料圆形断面管材的公称外径 d_n 所对应的公称壁厚 e_n，并给出了用公称壁厚表示的通用壁厚表。

1. 与管材相关的定义

塑料管材的通用壁厚涉及的定义如下：

(1) 公称外径 d_n，是指所用管产品标准中规定的最小平均外径 $d_{em,min}$。为了方便于使用，对该数字进行了圆整。

(2) 平均外径 d_{em}，是指管材外圆周长的测量值除以 π (3.142)，并向大圆整到 0.1 mm。

(3) 任意点的壁厚 e_y，是指沿管材圆周的任意点测得的壁厚，并向大圆整到 0.1 mm。

(4) 公称壁厚 e_n，是用于表示管材壁厚的数值，单位为毫米。它等于任意点最小允许壁厚 $e_{y,min}$ 经圆整后的值。表 5.1-8 和表 5.1-9 给出了管材公称外径对应的公称壁厚。

(5) 标准尺寸比 SDR，是指管材的公称外径与公称壁厚之比，此值也可由式 (5.1-11) 换算得到。

(6) 管材系列数 S 是与公称外径 d_n 和公称壁厚 e_n 相关的无量纲数，其值在表 5.1-5～表 5.1-7 中给出。

$$S=\frac{SDR-1}{2} \tag{5.1-11}$$

对于压力管可表达为：

$$S=\frac{\sigma}{p} \tag{5.1-12}$$

式中 p——内压；

σ——诱导应力，σ 及 p 单位相同。

由所选设计应力 σ_s 和最大许用工作压力 p_{PMS} 所得的 S 值 **表 5.1-5**

设计应力 σ_s (MPa)	p_{PMS} (MPa)											
	2.5	2.0	1.6	1.25	1.0	0.8	0.63	0.6	0.5	0.4	0.315	0.25
	S 值											
16	6.4000	8.0000	10.000	12.800	16.000	20.000	25.397	26.667	32.000	40.000	50.794	64.000
14	5.6000	7.0000	8.7500	11.200	14.000	17.000	22.222	23.333	28.000	35.000	44.444	56.000
12.5	5.0000	6.2500	7.8125	10.000	12.500	15.625	19.841	20.833	25.000	31.250	39.683	50.000
11.2	4.4800	5.6000	7.0000	8.9600	11.200	14.000	17.778	18.667	22.400	28.000	35.556	44.800
10	4.0000	5.0000	6.2500	8.0000	10.000	12.500	15.873	16.667	20.000	25.000	31.746	40.000
8	3.2000	4.0000	5.0000	6.4000	8.0000	10.000	12.698	13.333	16.000	20.000	25.397	32.000
6.3	2.5200	3.1500	3.9375	5.0400	6.3000	7.8750	10.000	10.500	12.600	15.750	20.000	25.200
0	2.0000	2.5000	3.1250	4.0000	5.0000	6.2500	7.9365	8.3333	10.000	12.500	15.873	20.000
4		2.0000	2.5000	3.2000	4.0000	5.0000	6.4392	6.6667	8.0000	10.000	12.698	16.000
3.15			1.9688	2.1500	3.1500	3.9375	5.0000	5.2500	6.3000	7.8750	10.000	12.600
2.5					2.5000	3.1250	3.9683	4.1667	5.0000	6.2500	7.9365	10.000

注：S 值分级低于 2.000 的不包含在本表中，因为实际应用中这种管子的几何形状是不合格的。

由 GB/T321 所得公称 *S* 值及计算值　　表 5.1-6

公称 *S* 值	2	2.5	3.2	4	5	6.3	8	10	11.2
计算值	1.995 3	2.511 9	3.162 3	3.981 1	5.011 9	6.309 6	7.943 3	10.000	11.220
公称 *S* 值	12.25	14	16	20	25	32	40	50	63
计算值	12.598	14.125	15.849	19.953	25.119	31.623	39.811	50.119	63.096

注：更高的值从《优先数和优先数系》GB/T 321 中 R10 系列选取。

由表 5.1-5 所得 *S* 值和设计应力用于计算壁厚（6MPa 的 p_{PMS}）　　表 5.1-7

设计应力（MPa）	计算 *S* 值	公称 *S* 值	设计应力（MPa）	计算 *S* 值	公称 *S* 值
2.5	4.167	4.2	10	16.667	16.7
3.15	5.250	5.3	11.2	18.667	18.7
4	6.667	6.7	12.5	20.833	20.8
5	8.333	8.3	14	23.333	23.3
6.3	10.500	10.5	16	26.667	26.7
8	13.333	13.3			

注：此表数据已按 2003 年 8 月批准的 GB/T 10798—2001《热塑性塑料管材的通用壁厚表》第 1 号修改单更改。

用户可参照 GB/T 4217 选择 σ、p。当 *S* 值小于或等于 10 时，由 ISO 3 中 R10 系列选取；*S* 值大于 10 时，由 R20 系列选取。

2. 管壁厚度的计算

按照 GB/T 4217 规定，压力管的壁厚由下面两式之一计算：

$$e_n=\frac{1}{2(\sigma/p)+1}\times d_n \tag{5.1-13}$$

$$e_n=\frac{1}{2S+1}\times d_n \tag{5.1-14}$$

式中 e_n——公称壁厚；

d_n——公称外径，公称和 d_n 单位相同；

σ——诱导应力；

p——内压力，d_n 与 p 单位相同；

S——管材系列数。

管材系列数 *S*，定义为设计应力与最大允许操作压力的商，即式（5.1-15）：

$$S=\frac{\sigma_s}{p_{PMS}} \tag{5.1-15}$$

σ_s 值小于或等于 10MPa 时，由《优先数和优先数系》GB/T 321 优先数 R10 系列中选取；而 σ_s 值大于 10MPa 时，由 GB/T 321 优先数 R20 系列中选取。

表 5.1-5 给出了最大允许工作压力在 0.25～2.5MPa，设计应力在 2.5～16MPa 时的 *S* 值，还包括了公称压力为 0.6MPa 的管系列（0.6MPa 不属于 R10 优先数系列）；表 2.1-6 给出了由 GB/T 321 得出的 *S* 的计算值；表 5.1-7 给出了 p_{PMS} 为 0.6MPa 的 *S* 计算值。

p_{PMS} 为 0.25、0.315、0.4、0.5、0.63、0.8、1.0、1.25、1.6、2.0 和 2.5MPa 的公称壁厚 e_n 见表 5.1-8。.

p_{PMS}值为 0.25、0.315、0.4、0.5、0.63、0.8、1.0、1.25、1.6、2.0 和 2.5 MPa 的公称壁厚 e_n（mm） 表 5.1-8

公称外径 d_n	管系列 S（标准尺寸比 SDR）																	
	2 (5)	2.5 (6)	3.2 (7.4)	4 (9)	5 (11)	6.3 (13.6)	8 (17)	10 (21)	11.2 (23.4)	12.5 (26)	14 (29)	16 (33)	20 (41)	25 (51)	32 (65)	40 (81)	50 (101)	63 (127)
	公称壁厚 e_n																	
2.5	0.5																	
3	0.6	0.5	0.5															
4	0.8	0.7	0.6	0.5														
5	1.0	0.9	0.7	0.6	0.5													
6	1.2	1.0	0.9	0.7	0.6	0.5												
8	1.6	1.4	1.1	0.9	0.8	0.6	0.5											
10	2.0	1.7	1.4	1.2	1.0	0.8	0.6	0.5	0.5									
12	2,4	2.0	1.7	1.4	1.1	0.9	0.8	0.6	0.6	0.5	0.5							
16	3.3	2.7	2.2	1.8	1.5	1.2	1.0	0.8	0.7	0.7	0.6	0.5						
20	4.1	3.4	2.8	2.3	1.9	1.5	1.2	1.0	0.9	0.8	0.7	0.7	0.5					
25	5.1	4.2	3.5	2.8	2.3	1.9	1.5	1.2	1.1	1.0	0.9	0.8	0.7	0.5				
32	6.5	5.4	4.4	3.6	2.9	2.4	1.9	1.6	1.4	1.3	1.1	1.0	0.8	0.7	0.5			
40	8.1	6.7	5.5	4.5	3.7	3.0	2.4	1.9	1.8	1,6	1.4	1.3	1.0	0.8	0.7	0.5		
50	10.1	8.3	6.9	5.6	4.6	3.7	3.0	2.4	2.2	2.0	1.8	1.6	1.3	1.0	0.8	0.7	0.5	
63	12.7	10.5	8.6	7.1	5.8	4.7	3.8	3.0	2.7	2.5	2.2	2.0	1.6	1.3	1.0	0.8	0.7	0.5
75	15.1	12.5	10.3	8.4	6.8	5.6	4.5	3.6	3.2	2.9	2.6	2.3	1.9	1.5	1.2	1.0	0.8	0.6
90	18.1	15.0	12.3	10.1	8.2	6.7	5.4	4.3	3.9	3.5	3.1	2.8	2.2	1.8	1.4	1.2	0.9	0.8
110	22.1	18.3	15.1	12.3	10.0	8.1	6.6	5.3	4.7	4.2	3.8	3.4	2.7	2.2	1.8	1.4	1.1	0.9
125	25.1	20.8	17.1	14.0	11.4	9.2	7.4	6.0	5.4	4.8	4.3	3.9	3.1	2.5	2.0	1.6	1.3	1.0
140	28.1	23.3	19.2	15.7	12.7	10.3	8.3	6.7	6.0	5.4	4.8	4.3	3.5	2.8	2.2	1.8	1.4	1.1
160	32.1	26.6	21.9	17.9	14.6	11.8	9.5	7.7	6.9	6.2	5.5	4.9	4.0	3.2	2.5	2.0	1.6	1.3
180	36.1	29.9	24.6	20.1	16.4	13.3	10.7	8.6	7.7	6.9	6.2	5.5	4.4	3.6	2.8	2.3	1.8	1.5
200	40.1	33.2	27.4	22.4	18.2	14.7	11.9	9.6	8.6	7.7	6.9	6.2	4.9	3.9	3.2	2.5	2.0	1.6
225	45.1	37.4	30.8	25.2	25.0	16.6	13.4	10.8	9.6	8.6	7.7	6.9	5.5	4.4	3.5	2.8	2.3	1.8
250	50.1	41.5	34.2	27.9	22.7	18.4	14.8	11.9	10.7	9.6	8.6	7.7	6.2	4.9	3.9	3.1	2.5	2.0
280	56.2	46.5	38.3	31.3	25.4	20.6	16.6	13.4	12.0	10.7	9.6	8.6	6.9	5.5	4.4	3.5	2.8	2.2
315		52.3	43.1	35.2	28.6	23.2	18.7	15.0	13.5	12.1	10.8	9.7	7.7	6.2	4.9	4.0	3.2	2.5
355		59.0	48.5	39.7	32.2	26.1	21.1	16.9	15.2	13.6	12.2	10.9	8.7	7.0	5.6	4.4	3.6	2.8
400			54.7	44.7	36.3	29.4	23.7	19.1	17.1	15.3	13.7	12.3	9.8	7.9	6.3	5.0	4.0	3.2

公称外径 d_n	管系列 S（标准尺寸比 SDR）										
	4.2 (9.4)	5.3 (11.6)	6.7 (14.4)	8.3 (17.6)	10.5 (22)	13.3 (27.6)	16.7 (34.4)	18.7 (38.4)	20.8 (42.6)	23.3 (47.6)	26.7 (54.4)
	公称壁厚 e_n										
25	2.7	2.2	1.8	1.5	1.2	0.9	0.8	0.7	0.6	0.6	0.5
32	3.5	2.8	2.3	1.9	1.5	1.2	1.0	0.9	0.8	0.7	0.6
40	4.3	3.5	2.8	2.3	1.9	1.5	1.2	1.1	1.0	0.9	0.8
50	5.4	4.4	3.5	2.9	2.3	1.9	1.5	1.3	1.2	1.1	1.0
63	6.8	5.3	4.4	3.6	2.9	2.3	1.9	1.7	1.5	1.4	1.2
75	8.1	6.6	5.3	4.3	3.5	2.8	2.2	2.0	1.8	1.6	1.4
90	9.7	7.9	6.3	5.1	4.1	3.3	2.7	2.4	2.2	1.9	1.7
110	11.8	9.6	7.7	6.3	5.0	4.0	3.2	2.9	2.6	2.4	2.1
125	13.4	10.9	8.8	7.1	5.7	4.6	3.7	3.3	3.0	2.7	2.3
140	15.0	12.2	9.8	8.0	6.4	5.1	4.1	3.7	3.3	3.0	2.6

续表

公称外径 d_n	管系列 S （标准尺寸比 SDR）										
	4.2 (9.4)	5.3 (11.6)	6.7 (14.4)	8.3 (17.6)	10.5 (22)	13.3 (27.6)	16.7 (34.4)	18.7 (38.4)	20.8 (42.6)	23.3 (47.6)	26.7 (54.4)
	公称壁厚 e_n										
160	17.2	14.0	11.2	9.1	7.3	5.8	4.7	4.2	3.8	3.4	3.0
180	19.3	15.7	12.6	10.2	8.2	6.6	5.3	4.7	4.3	3.8	3.4
200	21.5	17.4	14.0	11.4	9.1	7.3	5.9	5.3	4.7	4.2	3.7
225	24.2	19.6	15.7	12.8	10.3	8.2	6.6	5.9	5.3	4.8	4.2
250	26.8	21.8	17.5	14.2	11.4	9.1	7.3	6.6	5.9	5.3	4.6

3. 管壁厚度表

最大许用压力 p_{PMS} 为 0.6MPa 的管材系列壁厚见表 5.1-9，该值系按表 5.1-7 中的 S 值计算得出。

公称壁厚（p_{PMS} 为 0.6MPa）（mm） **表 5.1-9**

公称外径 d_n	管系列 S （标准尺寸比 SDR）										
	4.2 (9.4)	5.3 (11.6)	6.7 (14.4)	8.3 (17.6)	10.5 (22)	13.3 (27.6)	16.7 (34.4)	18.7 (38.4)	20.8 (42.6)	23.3 (47.6)	26.7 (54.4)
	公称壁厚 e_n										
2.5											
3											
4	0.5										
5	0.6	0.5									
6	0.7	0.6	0.5								
8	0.9	0.7	0.6	0.6							
10	1.1	0.9	0.7	0.6	0.5						
12	1.3	1.1	0.9	0.7	0.6	0.5					
16	1.8	1.4	1.2	1.0	0.8	0.6	0.5	0.5			
20	2.2	1.8	1.4	1.2	1.0	0.8	0.6	0.6	0.5	0.5	
25	2.7	2.2	1.8	1.5	1.2	0.9	0.8	0.7	0.6	0.6	0.5
32	3.5	2.8	2.3	1.9	1.5	1.2	1.0	0.9	0.8	0.7	0.6
40	4.3	3.5	2.8	2.3	1.9	1.5	1.2	1.1	1.0	0.9	0.8
50	5.4	4.4	3.5	2.9	2.3	1.9	1.5	1.3	1.2	1.1	1.0
63	6.8	5.5	4.4	3.6	2.9	2.3	1.9	1.7	1.5	1.4	1.2
75	8.1	6.6	5.3	4.3	3.5	2.8	2.2	2.0	1.8	1.6	1.4
90	9.7	7.9	6.3	5.1	4.1	3.3	2.7	2.4	2.2	1.9	1.7
110	11.8	9.6	7.7	6.3	5.0	4.0	3.2	2.9	2.6	2.4	2.1
125	13.4	10.9	8.8	7.1	5.7	4.6	3.7	3.3	3.0	2.7	2.3
140	15.0	12.2	9.8	8.0	6.4	5.1	4.1	3.7	3.3	3.0	2.6
160	17.2	14.0	11.2	9.1	7.3	5.8	4.7	4.2	3.8	3.4	3.0
180	19.3	15.7	12.6	10.2	8.2	6.6	5.3	4.7	4.3	3.8	3.4
200	21.5	17.4	14.0	11.4	9.1	7.3	5.9	5.3	4.7	4.2	3.7
225	24.2	19.6	15.7	12.8	10.3	8.2	6.6	5.9	5.3	4.8	4.2
250	26.8	21.8	17.5	14.2	11.4	9.1	7.3	6.6	5.9	5.3	4.6
280	30.0	24.4	19.6	15.9	12.8	10.2	8.2	7.3	6.6	5.9	5.2
315	33.8	27.4	22.0	17.9	14.4	11.4	9.2	8.3	7.4	6.7	5.8
355	38.1	30.9	24.8	20.1	16.2	12.9	10.4	9.3	3.4	7.5	6.6
400	42.9	34.8	28.0	22.7	18.2	14.5	11.7	10.5	9.4	8.4	7.4
450	48.3	39.2	31.4	25.5	20.5	16.3	13.2	11.8	10.6	9.5	8.3

续表

公称外径 d_n	管系列 S（标准尺寸比 SDR）										
	4. 2 (9. 4)	5. 3 (11. 6)	6. 7 (14. 4)	8. 3 (17. 6)	10. 5 (22)	13. 3 (27. 6)	16. 7 (34. 4)	18. 7 (38. 4)	20. 8 (42. 6)	23. 3 (47. 6)	26. 7 (54. 4)
	公称壁厚 e_n										
500	53. 6	43. 5	34. 9	28. 3	22. 8	18. 1	14. 6	13. 1	11. S	10. 5	9. 2
560	60. 0	48. 7	39. 1	31. 7	25. 5	20. 3	16. 4	14. 7	13. 2	11. 8	10. 4
630		54. 8	44. 0	35. 7	28. 7	22. 8	78. 4	16. 5	14. 8	13. 3	11. 6
710			49. 6	40. 2	32. 3	25. 7	20. 7	18. 6	16. 7	14. 9	13. 1
800			55. 9	45. 3	36. 4	29. 0	23. 3	20. 9	18. 8	16. 8	14. 8
900				51. 0	41. 0	32. 6	26. 3	23. 5	21. 1	18. 9	16. 6
1000				56. 6	45. 5	36. 2	29. 2	26. 1	23. 5	21. 0	18. 4
1200					54. 6	43. 4	35. 0	31. 3	28. 2	25. 2	22. 1
1400						50. 6	40. 8	36. 6	32. 9	29. 4	25. 8
1600						57. 9	46. 6	41. 8	37. 5	33. 6	29. 5
1800							52. 5	47. 0	42. 2	37. 8	33. 2
2000							58. 3	52. 2	46. 9	42. 0	36. 9

4. 无压管的壁厚

用 S 值（由设计应力 σ_s 及最大许用工作压力 p_{PMS} 确定）进行壁厚计算，主要用于压力管，但表 5. 1-8 和表 5. 1-9 也适用于无压管的壁厚计算。

【依据技术标准】《热塑性塑料管材通用壁厚表》GB/T 10798-2001，是一项综合性标准。

5. 1. 4 冷热水管道系统用热塑性塑料管

冷热水系统用热塑性塑料管材，适用于工作压力为 0. 4MPa、0. 6MPa 和 1. 0MPa 的建筑物内的冷热水（包括饮用水）、热水采暖塑料管道系统，但不适用于消防水管道系统，因为塑料不耐高温。

1. 使用条件分级

冷热水系统用热塑性塑料管材按使用条件的不同，分为 5 个级别，见表 5. 1-10，每个级别均对应一个 50 年的设计寿命下的使用条件。在一些气候条件特殊的地区，也可以使用其他分级。但未选用表 5. 1-10 中的级别时，应征得设计、生产及使用三方的同意。

表 5. 1-10 中，T_o 为工作温度，系指管道系统设计的输送水的温度或温度组合；T_{max} 为最高工作温度，系指仅在短时间内出现的、管道系统可以承受的最高温度；T_m 为故障温度，系指管道系统超出控制极限时出现的最高温度。

使用条件级别 **表 5. 1-10**

级别	工作温度		最高工作温度		故障温度		应用举例
	T_o (℃)	时间 (年)	T_{max} (℃)	时间 (年)	T_m(℃)	时间 (h)	
1	80	49	80	1	95	100	供热水(60℃)
2	70	49	80	1	95	100	供热水(70℃)

续表

级别	工作温度		最高工作温度		故障温度		应用举例
	T_o（℃）	时间（年）	T_{max}（℃）	时间（年）	T_m（℃）	时间（h）	
3	30 40	20 25	50	4.5	65	100	地板下的低温供热
4	40 60	20 25	70	2.5	100	100	地板下供热和低温暖气
5	60 80	25 10	90	1	100	100	较高温暖气

注：1. 当时间和相关温度不止一个时，应当叠加处理。由于系统在设计使用时间内并非连续运行，所以对于50年使用寿命来讲，实际操作时间并未累计达到50年，其他时间按20℃考虑。
2. 级别3仅在故障温度不超过65℃条件下适用。
3. 级别5仅适用于T_o、T_{max}和T_m的值都不超过表中第5级的闭式系统。

当温度升至80℃时，所有与饮用水接触的材料都不应对人体健康有影响，并必须符合《生活饮用水输配水设备及防护材料的安全性评价标准》GB/T 17219-1998的要求。

表5.1-10中所列的使用条件级别的管道系统同时应满足在20℃、1.0MPa下输送冷水具有50年使用寿命的要求，并应用《塑料管道系统　用外推法对热塑性塑料管材长期静液压强度的测定》GB/T 18252-2000的方法证实。

当需要的使用寿命小于50年时，使用时间可依表5.1-10规定按比例减少，而故障温度时间仍按100h计。

管道系统的供热装置应只输送水或经处理的水；用于管材或管件的材料的热稳定性应符合相应使用级别的产品标准。

当对管材有遮光性要求时，应符合ISO 7686：1992的规定。

2. 系统适用性试验

冷热水系统用热塑性塑料管材和管件的系统适用性试验，应由生产厂家负责进行。这里仅简单介绍试验项目，以期使工程设计、施工、使用、维修人员有粗略的了解。

（1）组装件的静液压试验

按ISO 3458规定，将管材和管件连接成组装件，在规定条件下进行试验，管材和管件及连接处不应发生渗漏。

（2）热循环试验

按GB/T 18991—2003标准之附录A（适用于柔性塑料管）或附录B（适用于刚性塑料管）的要求进行试验，管材、管件及连接处不应发生渗漏。

（3）压力循环试验

按GB/T 18991—2003标准之附录C的要求进行试验，条件为：230±2℃、10000次交替变换压力（0.1±0.05和1.5±0.05MPa）的循环试验、变换频率为每分钟至少30次，管材、管件及连接处不应发生渗漏。

（4）耐拉拔试验

按《聚乙烯压力管材与管件连接的耐拉拔》GB/T 15820-1995规定，在下列条件下进行试验，试验完成后管件的承口应与管材完好连接：

1）1h，23±2℃，拉拔力由公称外径确定的管材整个断面面积及1.5MPa内压计算。

2）1h，T_{max}＋10℃，拉拔力由公称外径确定的管材整个断面面积及0.4MPa、

0.6MPa 或 1.0MPa 的内压计算。

（5）组装件的耐弯曲试验

仅在管材材料弯曲弹性模量小于或等于 2000MPa 时进行本项试验。

按 ISO3503：1976 规定，将管材、管件连接成组装件进行试验，试验温度 23±2℃，试验压力 1.5MPa，保持 1h，组装件不应发生渗漏。

【依据技术标准】《冷热水系统用热塑性塑料管材和管件》GB/T 18991-2003，是一项综合性标准。

5.2 聚乙烯（PE）类管

根据材料特性和产品标准规定，聚乙烯（PE）类管材有聚乙烯（PE）、交联聚乙烯（PE-X）、耐热聚乙烯（PE-RT）和高密度聚乙烯（HDPE）等几种，用途有所不同，聚乙烯（PE）管道长期工作温度不大于 40℃，故只能用于普通给水（冷水）管，不能用于热水管；交联聚乙烯（PE-X）管长期工作温度不大于 90℃，耐热聚乙烯（PE-RT）管道长期工作温度不大于 82℃，而生活热水的温度不超过 70℃，故交联聚乙烯（PE-X）和耐热聚乙烯（PE，RT）管均可用于输送普通给水和生活热水。

由于以上 3 种聚乙烯类管材具有可燃性，故不得用于消防系统，也不得用于消防用水生活给水和生活给水合用的管道系统。

按照行业标准《建筑给水聚乙烯类管道工程技术规程》CJJ/T 98-2003 的规定，冷、热水聚乙烯类管道的施工应遵照行业标准《建筑给水聚乙烯类管道工程技术规程》CJJ/T 98-2003 的相关规定。

由于聚乙烯（PE）、交联聚乙烯（PE-X）、耐热聚乙烯（PE-RT）管道用于输送饮用水和生活冷热水，管道卫生性能好坏直接影响人们身体健康，因此，此类管材、管件应符合《生活饮用水输配水设备及防护材料的安全性评价标准》GB/T 17219-1998 的要求。管材、管件的内外表面应平整、光滑、洁净，颜色应均匀一致。管材及管件应采用同一厂家的产品。

冷水管道系统和热水管道系统的管材与管件连接后，应通过现行国家标准《冷热水系统用熟塑性塑料管材和管件》GB/T 18991 中规定的系统静液压、热循环、循环压力冲击、耐拉拔和耐弯曲五项系统适应性试验，这些试验应由生产厂家委托有资格的建材试验单位进行。

高密度聚乙烯（HDPE）管及聚乙烯（PE）结构壁管（聚乙烯双壁波纹管）常用作室外建筑埋地排水管。

燃气输送管道常采用埋地聚乙烯（PE）管。

5.2.1 给水用聚乙烯（PE）管

给水用聚乙烯（PE）管材适用于用 PE63、PE80 和 PE100 材料制造的给水用管材。管材公称外径为 16～1000mm，公称压力为 0.32～1.6MPa，使用温度不超过 40℃，一般用于压力给水及饮用水的输送。用于饮用水输送的管材卫生性能应符合《生活饮用水输配水设备及防护材料的安全性评价标准》GB/T 17219 的规定。

1. 材料

聚乙烯（PE）管材所用材料等级按如下步骤进行命名：

1）按照《塑料管道系统用外推法对热塑性塑料管材长期静液压强度的测定》GB/T 18252 确定材料的与 20℃、50 年、预测率 97.5%相应的静液压强度 σ_{LPL}（此值有时也称为 20℃、50 年的置信下限）。

2）按照表 5.2-1，依据 σ_{LPL} 换算出最小要求强度（MRS），将 MRS 乘以 10 得到材料的分级数。

3）按照表 5.2-1，根据材料类型（PE）和分级数对材料等级进行命名。

材料的命名 **表 5.2-1**

静液压强度 σ_{LPL}(MPa)	最小要求强度 MRS(MPa)	材料分级数	材料的等级
6.30～7.99	6.3	63	PE63
8.00～9.99	8.0	80	PE80
10.00～11.19	10.0	100	PE100

2. 管材规格

管材的期望使用寿命是按照 50 年设计的。

1）各等级材料设计应力的最大允许值见表 5.2-2。

不同等级材料设计应力的最大允许值 **表 5.2-2**

材料的等级	PE63	PE80	PE80
设计应力的最大允许值 σ_s(MPa)	5	6.3	8

2）管材的公称压力（PN）与设计应力 σ_s、标准尺寸比（SDR）之间的关系为：

$$PN=\frac{2\sigma_s}{SDR-1} \tag{5.2-1}$$

式中 PN、σ_s 的单位均为 MPa。

3）使用 PE63、PE80 和 PE100 等级材料制造的管材，按照选定的公称压力，采用表 2.3-2 中的设计应力确定的公称外径和壁厚应分别符合表 5.2-3、表 5.2-4 和表 5.2-5 的规定。

管道系统的设计和使用方可以采用较大的总使用（设计）系数 C，此时可选用较高公称压力等级的管材。

PE63 级聚乙烯管材公称压力和规格尺寸 **表 5.2-3**

公称外径 d_n(mm)	公称壁厚 e_n(mm)				
	标准尺寸比				
	SDR33	SDR26	SDR17.6	SDR13.6	SDR11
	公称压力(MPa)				
	0.32	0.4	0.6	0.8	1.0
16	—	—	—	—	2.3
20	—	—	—	2.3	2.3
25	—	—	2.3	2.3	2.3
32	—	—	2.3	2.4	2.9

续表

公称外径 d_n(mm)	公称壁厚 e_n(mm)				
	标准尺寸比				
	SDR33	SDR26	SDR17.6	SDR13.6	SDR11
	公称压力(MPa)				
	0.32	0.4	0.6	0.8	1.0
40	—	2.3	2.3	3.0	3.7
50	—	2.3	2.9	3.7	4.6
63	2.3	2.5	3.6	4.7	5.8
75	2.3	2.9	4.3	5.6	6.8
90	2.8	3.5	5.1	6.7	8.2
110	3.4	4.2	6.3	8.1	10.0
125	3.9	4.8	7.1	9.2	11.4
140	4.3	5.4	8.0	10.3	12.7
160	4.9	6.2	9.1	11.8	14.6
180	5.5	6.9	10.2	13.3	16.4
200	6.2	7.7	11.4	14.7	18.2
225	6.9	8.6	12.8	16.6	20.5
250	7.7	9.6	14.2	18.4	22.7
280	8.6	10.7	15.9	20.6	25.4
315	9.7	12.1	17.9	23.2	28.6
355	10.9	13.6	20.1	26.1	32.2
400	12.3	15.3	22.7	29.4	36.3
450	13.8	17.2	25.5	33.1	40.9
500	15.3	19.1	28.3	36.8	45.4
560	17.2	21.4	31.7	41.2	50.8
630	19.3	24.1	35.7	46.3	57.2
710	21.8	27.2	40.2	52.2	
800	24.5	30.6	45.3	58.8	
900	27.6	34.4	51.0		
1000	30.6	38.2	56.6		

表5.2-3中的标准尺寸比（SDR），系指管材的公称外径 d_n 与公称壁厚 e_n 的比值：$SDR=d_n/e_n$。

PE80级聚乙烯管材公称压力和规格尺寸 **表5.2-4**

公称外径 d_n(mm)	公称壁厚 e_n(mm)				
	标准尺寸比				
	SDR33	SDR21	SDR17	SDR13.6	SDR11
	公称压力(MPa)				
	0.4	0.6	0.8	1.0	1.25
16	—	—	—	—	—
20	—	—	—	—	—
25	—	—	—	—	2.3
32	—	—	—	—	3.0
40	—	—	—	—	3.7
50	—	—	—	—	4.6
63	—	—	—	4.7	5.8
75	—	—	4.5	5.6	6.8
90	—	4.3	5.4	6.7	8.2

续表

公称外径 d_n(mm)	公称壁厚 e_n(mm)				
	标准尺寸比				
	SDR33	SDR21	SDR17	SDR13.6	SDR11
	公称压力(MPa)				
	0.4	0.6	0.8	1.0	1.25
110	—	5.3	6.6	8.1	10.0
125	—	6.0	7.4	9.2	11.4
140	4.3	6.7	8.3	10.3	12.7
160	4.9	7.7	9.5	11.8	14,6
180	5.5	8.6	10.7	13.3	16.4
200	6.2	9.6	11.9	14.7	18.2
225	6.9	10.8	13.4	16.6	20.5
250	7.7	11.9	14.8	18.4	22.7
280	8.6	13.4	16.6	20.6	25.4
315	9.7	15.0	18.7	23.2	28.6
355	10.9	16.9	21.1	26.1	32.2
400	12.3	19.1	23.7	29.4	36.3
450	13.8	21.5	26.7	33.1	40.9
500	15.3	23.9	29.7	36.8	45.4
560	17.2	26.7	33.2	41.2	50.8
630	19.3	30.0	37.4	46.3	57.2
710	21.8	33.9	42.1	52.2	
800	24.5	38.1	47.4	58.8	
900	27.6	42.9	53.3		
1000	30.6	47.7	59.3		

PE100 级聚乙烯管材公称压力和规格尺寸 **表 5.2-5**

公称外径 d_n(mm)	公称壁厚 e_n(mm)				
	标准尺寸比				
	SDR26	SDR21	SDR17	SDR13.6	SDR11
	公称压力(MPa)				
	0.6	0.8	1.0	1.25	1.6
32	—	—	—	—	3.0
40	—	—	—	—	3.7
50	—	—	—	—	4.6
63	—	—	—	4.7	5.8
75	—	—	4.5	5.6	6.8
90	—	4.3	5.4	6.7	8.2
110	4.2	5.3	6.6	8.1	10.0
125	4.8	6.0	7.4	9.2	11.4
140	5.4	6.7	8.3	10.3	12.7
160	6.2	7.7	9.5	11.8	14.6
180	6.9	8.6	10.7	13.3	16.4
200	7.7	9.6	11.9	14.7	18.2
225	8.6	10.8	13.4	16.6	20.5
250	9.6	11.9	14.8	18.4	22.7
280	10.7	13.4	16.6	20.6	25.4
315	12.1	15.0	18.7	23.2	28.6
355	13.6	16.9	21.1	26.1	32.2
400	15.3	19.1	23.7	29.4	36.3

续表

公称外径 d_n(mm)	公称壁厚 e_n(mm)				
	标准尺寸比				
	SDR26	SDR21	SDR17	SDR13.6	SDR11
	公称压力(MPa)				
	0.6	0.8	1.0	1.25	1.6
450	17.2	21.5	26.7	33.1	40.9
500	19.1	23.9	29.7	36.8	45.4
560	21.4	26.7	33.2	41.2	50.8
630	24.1	30.0	37.4	46.3	57.2
710	27.2	33.9	42.1	52.2	
800	30.6	38.1	47.4	58.8	
900	34.4	42.9	53.3		
1000	38.2	47.7	59.3		

4）聚乙烯管材对温度的压力折减

当聚乙烯管道系统在20℃以上连续使用时，最大工作压力（MOP）应按式（5.2-2）计算：

$$MOP = PN \times f_1 \quad (5.2\text{-}2)$$

式（5.2-2）中，f_1 为压力折减系数，见表5.2-6。对某一材料，只要依据《塑料管道系统用外推法对热塑性塑料管材长期静液压强度的测定》GB/T 18252的分析，认为较小的折减是可行的，则可以使用比表2.3-6中数值高的折减系数。

50年寿命要求，40℃以下温度的压力折减系数　　表5.2-6

温度(℃)	20	30	40
压力折减系数 f_1	1.0	0.87	0.74

3. 管材的外观

市政饮用水管材的颜色多为蓝色，也可用黑色。黑色管上应有共挤出蓝色色条，色条沿管材纵向至少有3条。其他用途水管也可以为蓝色或黑色。在阳光照射下的管道（如地上管道）必须是黑色。

管材的内外表面应清洁、光滑，不允许有气泡、杂质、颜色不均、明显的划伤及凹陷等缺陷。管端面应切割平整，并与管轴线垂直。

4. 管材尺寸

（1）平均外径

直管长度一般为6m、9m、12m，也可由供需双方商定。长度的极限偏差为长度的+0.4%，−0.2%。盘管的盘架直径应不小于管材外径的18倍，盘管展开长度由供需双方商定。

管材的平均外径，见表5.2-7的规定，对于标准公差管材采用等级A，精公差管材采用等级B。具体订货时采用等级A级或等级B由供需双方商定，并在合同中注明。无明确要求时，应视为采用等级A。

管材平均外径（mm） **表 5.2-7**

公称外径 d_n	最小平均外径 $d_{em,min}$	最大平均外径 $d_{em,max}$	
		等级 A	等级 B
16	16.0	16.3	16.3
20	20.0	20.3	20.3
25	25.0	25.3	25.3
32	32.0	32.3	32.3
40	40.0	40.4	40.3
50	50.0	50.5	50.3
63	63.0	63.6	63.4
75	75.0	75.7	75.5
90	90.0	90.9	90.6
110	110.0	111.0	110.7
125	125.0	126.2	125.8
140	140.0	141.3	140.9
160	160.0	161.5	161.0
180	180.0	181.7	181.1
200	200.0	201.8	201.2
225	225.0	227.1	226.4
250	250.0	252.3	251.5
280	280.0	282.6	281.7
315	315.0	317.9	316.9
355	355.0	358.2	357.2
400	400.0	403.6	402.4
450	450.0	454.1	452.7
500	500.0	504.5	503.0
560	560.0	565.0	563.4
630	630.0	635.7	633.8
710	710.0	716.4	714.0
800	800.0	807.2	804.2
900	900.0	908.1	904.0
1000	1000.0	1009.0	1004.0

（2）壁厚及偏差

管材的最小壁厚 $e_{y,min}$ 等于公称壁厚 e_n。管材任一点的壁厚公差应符合表 5.2-8 的规定。

管材任一点的壁厚公差（mm） **表 5.2-8**

最小壁厚 e_y min		公差 t_y	最小壁厚 e_y min		公差 t_y	最小壁厚 e_y min		公差 t_y
＞	≤		＞	≤		＞	≤	
			6.6	7.3	1.1	12.0	12.6	1.9
			7.3	8.0	1.2	12.6	13.3	2.0
2.0	3.0	0.5	8.0	8.6	1.3	13.3	14.0	2.1
3.0	4.0	0.6	8.6	9.3	1.4	14.0	14.6	2.2
4.0	4.6	0.7	9.3	10.0	1.5	14.6	15.3	2.3
4.6	5.3	0.8	10.0	10.6	1.6	15.3	16.0	2.4
5.3	6.0	0.9	10.6	11.3	1.7	16.0	16.5	3.2
6.0	6.6	1.0	11.3	12.0	1.8	16.5	17.0	3.3

续表

最小壁厚 e_y		公差 t	最小壁厚 e_y		公差 t	最小壁厚 e_y		公差 t
>	≤		>	≤		>	≤	
17.0	17.5	3.4	33.0	33.0	6.6	49.0	49.5	9.8
17.5	18.0	3.5	33.5	34.0	6.7	49.5	50.0	9.9
18.0	18.5	3.6	34.0	34.5	6.8	50.0	50.5	10.0
18.5	19.0	3.7	34.5	35.0	6.9	50.5	51.0	10.1
19.0	19.5	3.8	35.0	35.5	7.0	51.0	51.5	10.2
19.5	20.0	3.9	35.5	36.0	7.1	51.5	52.0	10.3
20.0	20.5	4.0	36.0	36.5	7.2	52.0	52.5	10.4
20.5	21.0	4.1	36.5	37.0	7.3	52.5	53.0	10.5
21.0	21.5	4.2	37.0	37.5	7.4	53.0	53.5	10.6
21.5	22.0	4.3	37.5	38.0	7.5	53.5	54.0	10.7
22.0	22.5	4.4	38.0	38.5	7.6	54.0	54.5	10.8
22.5	23.0	4.5	38.5	39.0	7.7	54.5	55.0	10.9
23.0	23.5	4.6	39.0	39.5	7.8	55.0	55.5	11.0
23.5	24.0	4.7	39.5	40.0	7.9	55.5	56.0	11.1
24.0	24.5	4.8	40.0	40.5	8.0	56.0	56.5	11.2
24.5	25.0	4.9	40.5	41.0	8.1	56.5	57.0	11.3
25.0	25.5	5.0	41.0	41.5	8.2	57.0	57.5	11.4
25.5	26.0	5.1	41.5	42.0	8.3	57.5	58.0	11.5
26.0	26.5	5.2	42.0	42.5	8.4	58.0	58.5	11.6
26.5	27.0	5.3	42.5	43.0	8.5	58.5	59.0	11.7
27.0	27.5	5.4	43.0	43.5	8.6	59.0	59.5	11.8
27.5	28.0	5.5	43.5	44.0	8.7	59.5	60.0	11.9
28.0	28.5	5.6	44.0	44.5	8.8	60.0	60.5	12.0
28.5	29.0	5.7	44.5	45.0	8.9	60.5	61.0	12.1
29.0	29.5	5.8	45.0	45.5	9.0	61.0	61.5	12.2
29.5	30.0	5.9	45.5	46.0	9.1			
30.0	30.5	6.0	46.0	46.5	9.2			
30.5	31.0	6.1	46.5	47.0	9.3			
31.0	31.5	6.2	47.0	47.5	9.4			
31.5	32.0	6.3	47.5	48.0	9.5			
32.0	32.5	6.4	48.0	48.5	9.6			
32.5	33.0	6.5	48.5	49.0	9.7			

5. 静液压强度

管材的静液压强度应符合表 5.2-9 要求。

管材的静液压强度 **表 5.2-9**

项目	环向应力(MPa)			要 求
	PE63	PE80	PE100	
20℃静液压强度(100h)	8.0	9.0	12.4	不渗漏,不破裂
80℃静液压强度(165h)	3.5	4.6	5.5	
80℃静液压强度(1000h)	3.2	4.0	5.0	

80℃静液压强度（165h）试验只考虑脆性破坏。如果在要求的时间（165h）内发生韧性破坏，则按表 5.2-10 选择较低的破坏应力和相应的最小破坏时间重新试验。

80℃时静液压强度（165h）再实验要求 **表 5.2-10**

PE63		PE80		PE100	
应力(MPa)	最小破坏时间(h)	应力(MPa)	最小破坏时间(h)	应力(MPa)	最小破坏时间(h)
3.4 3.3 3.2	258 538 1000	4.5 4.4 4.3 4.2 4.1 4.0	219 283 394 533 727 1000	5.4 5.3 5.2 5.1 5.0	233 332 476 688 1000

6. 物理性能

管材的物理性能应符合表 5.2-11 的要求。

管材物理性能 **表 5.2-11**

项 目		要求
断裂伸长率(%)		≥350
纵向回缩率(110℃),(%)		≤3
氧化诱导时间(200℃),(min)		≥20
耐候性(管材累计接受≥3.5GJ/m^2 老化能量后)	80℃时静液压强度(165h),试验条件同表 5.2-9	无渗漏,无破裂
	断裂伸长率(%)	≥350
	氧化诱导时间(200℃),(min)	≥10

注：耐候性仅适用于蓝色管材。

7. 出厂检验

管材产品应由生产厂质量检验部门的试验和检验合格后，方可出厂，试验检验项目主要有：颜色和外观、尺寸（长度、平均外径、壁厚及偏差）测量、炭黑含量、颜料及炭黑分散、氧化诱导时间、熔体流动速率、静液压强度、断裂伸长率、纵向回缩率、耐候性、卫生性能。

8. 标志、包装、运输、贮存

（1）管材出厂时应有永久性标志，且间距不超过 2m。标志至少应包括下列内容：生产厂名和（或）商标；公称外径；“标准尺寸比”或“*SDR*”；材料等级（PE100、PE80 或 PE63）；公称压力（或 *PN*）；生产日期；采用标准号；用于饮水的管材标出“水”或“water”字样。

（2）包装方式按供需双方商定要求进行。

（3）管材运输时，不得受到划伤、抛摔、剧烈的撞击和污染。

（4）管材贮存应远离热源并避免油污和化学品污染，通风良好的库房内；如室外堆放，应遮盖，避免阳光暴晒。管材堆放地面应平整，水平堆放整齐，堆放高度不得超过 1.5m。

【依据技术标准】《给水用聚乙烯（PE）管材》GB/T 13663-2000

5.2.2 给水用低密度聚乙烯管

给水用低密度聚乙烯管材系指低密度聚乙烯（LDPE）树脂或线性低密度聚乙烯（LLDPE）树脂及两者的混合料，以挤出成型的低密度聚乙烯管材（以下简称管材）。

此种管材公称外径为16～110mm，用于公称压力不大于0.6MPa、温度40℃以下的给水输送。当用于输送饮用水时，其卫生性能应符合《生活饮用水输配水设备及防护材料的安全性评价标准》GB/T 17219的规定。

1. 规格尺寸

管材规格用公称外径乘公称壁厚（$d_n \times e_n$）表示，见表5.2-12。

管材的规格及偏差（mm） **表5.2-12**

公称外径 d_n	平均外径极限偏差	公称压力 PN(MPa)					
		PN0.25		PN0.4		PN0.6	
		公称壁厚	极限偏差	公称壁厚	极限偏差	公称壁厚	极限偏差
16	+0.3 0	0.8	+0.3 0	1.2	+0.4 0	1.8	+0.4 0
20	+0.3 0	1.0	+0.3 0	1.5	+0.4 0	2.2	+0.5 0
25	+0.3 0	1.2	+0.4 0	1.9	+0.4 0	2.7	+0.5 0
32	+0.3 0	1.6	+0.4 0	2.4	+0.5 0	3.5	+0.6 0
40	+0.4 0	1.9	+0.4 0	3.0	+0.5 0	4.3	+0.7 0
50	+0.5 0	2.4	+0.5 0	3.7	+0.6 0	5.4	+0.9 0
63	+0.6 0	3.0	+0.5 0	4.7	+0.8 0	6.8	+1.1 0
75	+0.7 0	3.6	+0.6 0	5.6	+0.9 0	8.1	+1.3 0
90	+0.9 0	4.3	+0.7 0	6.7	+1.1 0	9.7	+1.5 0
110	+1.0 0	5.3	+0.8 0	7.1	+1.3 0	11.8	+1.8 0

2. 颜色与外观

管材颜色一般为黑色，其他颜色可由供需双方商定。管材内外壁应光滑平整，不允许有气泡、裂纹、分解变色线及明显的沟槽、杂质等。管材两端口平整且与轴线垂直。

3. 压力折减系数

管材在20℃以上40℃以下连续使用时，其最大工作压力MOP应按式（5.2-3）计算：

$$MOP = PN \times f_1 \quad (5.2\text{-}3)$$

式中 MOP——管材的最大工作压力，MPa；

PN——管材的公称工作压力，MPa；

f_1——压力折减系数，见表5.2-13。

不同温度管材的压力折减系数 表 5.2-13

项目	温度(℃)				
	20	25	30	35	40
压力折减系数 f_1	1.0	0.82	0.65	0.48	0.30

4. 物理力学性能

管材的物理力学性能应符合表 5.2-14 的规定。

管材的物理力学性能 表 5.2-14

项　　目			指　　标
密度(g/cm³)<			0.940(一般 0.915～0.940)
氧化诱导时间(190℃)(min)≥			20
断裂伸长率(%)≥			350
纵向回缩率(%)≤			3
耐环境应力开裂			折弯处不合格数量不超过 10%
静液压强度	短期	20℃,6.9MPa,1h	不渗漏,不破裂
	长期	70℃,2.5MPa,100h	

注:"耐环境应力开裂"性能仅用于公称外径 d_n≤32mm 的灌溉用管材。

5. 出厂检验

产品质量应经生产厂质量检验部门检验合格，并附有合格证，方可出厂。

与工程设计、施工、监理和使用单位密切相关的是管材的出厂检验。检验项目有颜色、外观、规格尺寸及偏差及物理力学性能中的断裂伸长率、纵向回缩率和短期静液压强度试验。以上检验项目若有一项不合格，则判该批产品为不合格。其他项目中有不合格时，应在计数抽样合格的批产品中随机抽取双倍样品，对不合格项进行复检，若仍不合格，则判该批产品为不合格。

6. 标志、包装、运输、贮存

(1) 管材应有永久性标志，并至少包括以下内容：生产厂名或商标；产品规格；公称压力；生产日期；标准编号；用于输送饮用水的管材应标明"饮水管"。

产品包装上应标明批号、数量、生产日期、检验代号和采用的标准编号，并附有产品质量合格证。

(2) 根据管材直径大小，可以直管或盘卷包装，也可按供需双方商定的形式包装。管材盘卷包装的最小内径应不小于 $18 \times d_n$。包装所用的捆扎材料不应对管材造成损伤。

(3) 管件运输过程中，应防止受到抛摔、剧烈撞击、划伤、暴晒和化学品、油污的污染。

(4) 管材贮存在地面应平整的库房内，应远离热源及化学品、油污污染地。如室外存放，应有遮阳棚。

【依据技术标准】轻工行业标准《给水用低密度聚乙烯管材》QB/T 1930-2006。

5.2.3 建筑排水用高密度聚乙烯管

建筑排水用高密度聚乙烯（HDPE）管材的生产原料应是"PE80"高密度聚乙烯

（HDPE），并经挤出成型为管材，模具成型或二次加工成型为管件，用于建筑排水管道系统的污水、废水排放。

在无压力条件下，高密度聚乙烯（HDPE）管材及管件内的流体温度适用范围为 0～65℃，瞬间排水温度不超过 95℃。

1. 管材规格

管材采用的管系列为 S12.5 和 S16。S12.5 管系列公称压力及尺寸应符合表 5.2-15 的规定，S16 管系列公称压力及尺寸应符合表 5.2-16 的规定。

管系列 S12.5 和 S16 的公称压力 PN，是指在 20℃条件下的计算数值，当管道系统在 20℃以上连续使用时，最大工作压力应按式（5.2-4）计算：

$$MOP = PN \times f_1 \tag{5.2-4}$$

式中 MOP——最大工作压力，MPa；

PN——公称压力，MPa；

f_1——压力折减系数，见表 5.2-17。

管材的应用选择还应符合表 5.2-18 的规定。

S12.5 管系列尺寸 **表 5.2-15**

公称外径 d_n	公称压力 PN（MPa）	外径平均 d_{em}		壁厚 e_y		公称外径 d_n	公称压力 PN（MPa）	外径平均 d_{em}		壁厚 e_y	
		$d_{em,,min}$（mm）	$d_{em,max}$（mm）	$e_{y,min}$（mm）	$e_{y,max}$（mm）			$d_{em,,min}$（mm）	$d_{em,max}$（mm）	$e_{y,min}$（mm）	$e_{y,max}$（mm）
32	1.3	32	32.3	3.0	3.3	110	0.5	110	110.8	4.2	4.9
40	1.1	40	40.4	3.0	3.3	125	0.5	125	125.9	4.8	5.5
50	0.8	50	50.5	3.0	3.3	160	0.5	160	161.0	6.2	6.9
56	0.7	56	56.6	3.0	3.3	200	0.5	200	201.1	7.7	8.7
63	0.5	63	63.6	3.0	3.3	250	0.5	250	251.3	9.6	10.8
75	0.5	75	75.7	3.0	3.3	315	0.5	315	316.5	12.1	13.6
90	0.5	90	90.8	3.5	3.9						

S16 管系列尺寸 **表 5.2-16**

公称外径 d_n	公称压力 PN（MPa）	外径平均 d_{em}（mm）		壁厚 e_y（mm）	
		$d_{em,min}$	$d_{em,max}$	$e_{y,min}$	$e_{y,max}$
200	0.4	200	201.1	5.2	5.9
250	0.4	250	251.3	7.8	8.6
315	0.4	315	316.5	9.8	10.8

温度 40℃以下的压力折减系数 **表 5.2-17**

温度（℃）	20	30	40
压力折减系数 f_1	1.0	0.87	0.74

高密度聚乙烯管材的应用选择 **表 5.2-18**

公称外径 d_n（mm）	管系列	应用领域
32～315	S12.5	B,BD
200～315	S16	B

注："B" 用于建筑物内污水、废水的重力流排放；"BD" 除用于建筑物内污水、废水的重力流排放以外，还能用于建筑物内埋地管污水、废水的重力流排放及虹吸式屋面雨水系统。

2. 几种管件品种及规格

壁厚应不小于与之相连接的管材壁厚。由于管件在排水管道中占有较大比重，只有选择的介绍几种管件。

(1) 电熔管箍

电熔管箍采用的缠绕电线外表应有绝缘层，管箍内部应有限位圈，其工作电压应为220±15V。

电熔管箍如图 5.2-1 所示，其承口尺寸见表 5.2-19。

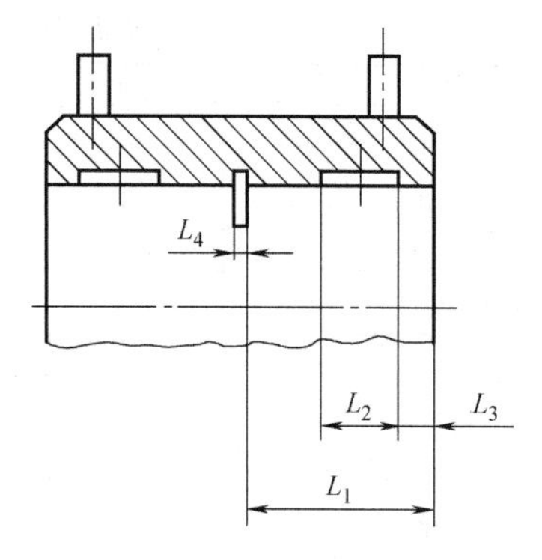

图 5.2-1 电熔管箍承口

电熔管箍承口尺寸 (mm) 表 5.2-19

公称外径 d_n	外径 d_e	承插嵌入深度 $L_{1,min}$	熔接段长度 $L_{2,min}$	承口未加热段长度 $L_{3,min}$	限位圈长度 $L_{4,min}$
40	52	20	10	5	3
50	62	20	10	5	3
56	68	20	10	5	3
63	75	23	10	5	3
75	89	23	10	5	3
90	104	25	10	5	3
110	125	25	15	5	3
125	142	28	15	5	3
160	178	28	15	5	3
200	224	50	25	5	—
250	275	60	25	5	—
315	343	70	25	5	—

(2) 膨胀伸缩节和密封圈承插接头

膨胀伸缩节和密封圈承插接头承口如图 5.2-2 所示，其承口尺寸见表 5.2-20。膨胀伸缩节和密封圈承插接头壁厚尺寸见表 5.2-21。

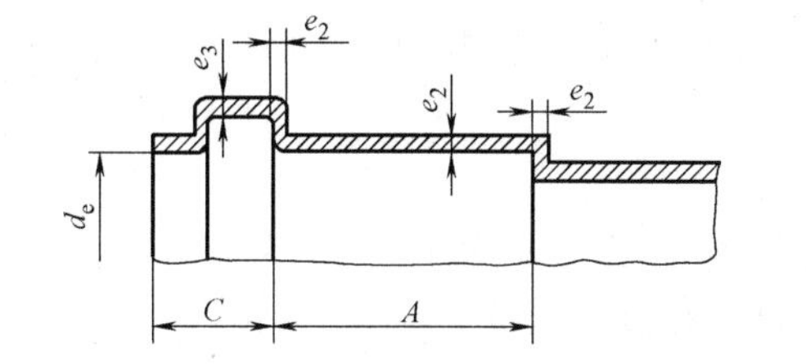

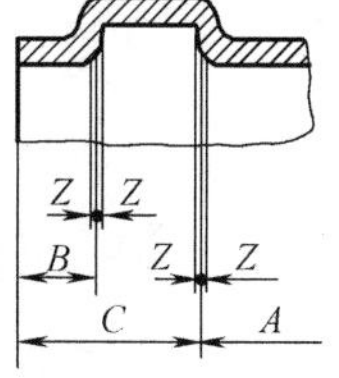

图 5.2-2 膨胀伸缩节和密封圈承插接头承口

膨胀伸缩节和密封圈承插接头承口（mm） 表 5.2-20

公称外径 d_n	膨胀伸缩节外径 d_e	密封圈承插接头外径 d_e	承插节平均内径 d_{sm}	膨胀伸缩节接合长度 A_{min}	密封圈承插接头接合长度 A_{min}	引入长度 B_{min}	密封区深度 C_{max}
32	50	46	32.4	—	28	5	25
40	65	57	40.5	—	28	5	26
50	80	67	50.6	85	28	5	28
56	85	72	56.7	86	30	5	30
63	93	80	63.8	87	31	5	31
75	105	92	75.9	88	33	5	33
90	123	108	91.0	89	36	5	36
110	135	131	111.1	91	40	6	40
125	165	149	126.3	93	43	7	43
160	202	188	161.5	96	50	9	50
200	247	—	201.9	100	58	12	58
250	293	—	252.4	105	68	18	68
315	362	—	318.0	111	81	20	81

注：膨胀伸缩节和密封圈承插接头仅适用于应用范围为“B”用于建筑物内污水、废水的重力流排放。

膨胀伸缩节和密封圈承插接头壁厚尺寸（mm） 表 5.2-21

公称外径 d_n	管系列 16		管系列 12.5		公称外径 d_n	管系列 16		管系列 12.5	
	壁厚					壁厚			
	$e_{2,min}$	$e_{3,min}$	$e_{2,min}$	$e_{3,min}$		$e_{2,min}$	$e_{3,min}$	$e_{2,min}$	$e_{3,min}$
32	—	—	2.7	2.3	110	—	—	3.8	3.2
40	—	—	2.7	2.3	125	—	—	4.4	3.6
50	—	—	2.7	2.3	160	—	—	5.6	4.7
56	—	—	2.7	2.3	200	5.6	4.7	7.0	5.8
63	—	—	2.7	2.3	250	7.0	5.8	8.7	7.2
75	—	—	2.7	2.3	315	8.8	7.3	10.9	9.1
90	—	—	3.2	2.7					

（3）膨胀伸缩节

膨胀伸缩节如图 5.2-3 所示，其规格见表 5.2-22。

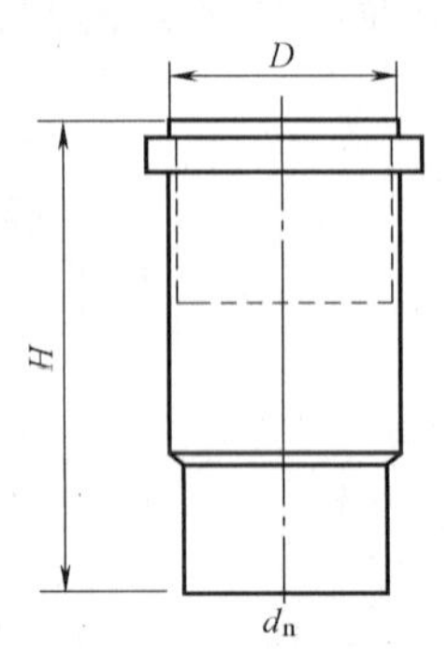

图 5.2-3 膨胀伸缩节

（4）苏维脱

苏维脱（Sovent）是一种汽水混合排水装置，最多有 6 个可用的连接口，一般用在高层建筑的每一层的支管连接处，它提高了污废水管的排水能力。苏维脱排水系统就是同层排水系统。

苏维脱如图 5.2-4 所示，其规格见表 5.2-23。

膨胀伸缩节规格（mm） 表 5.2-22

d_n	32	40	50	55	63	125	160	200	250	315
D	50	66	80	86	93	162	202	247	293	362
H	85	233	233	233	233	233	240	400	425	458

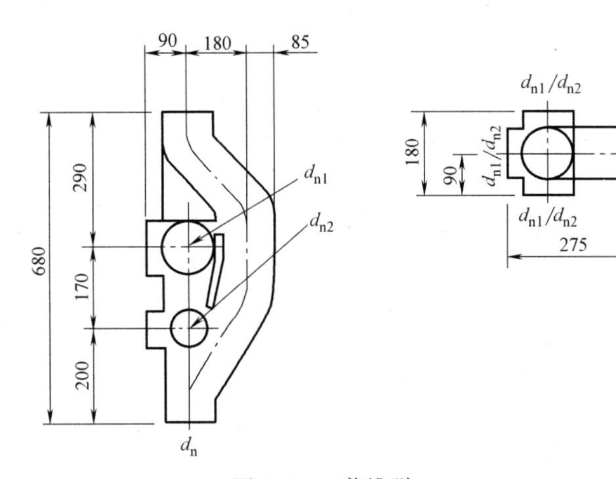

图 5.2-4 苏维脱

苏维脱规格（mm） 表 5.2-23

d_n	d_{n1}	d_{n2}
110	110	75

（5）密封圈承插接头

密封圈承插接头如图 5.2-5 所示，其规格见表 5.2-24。

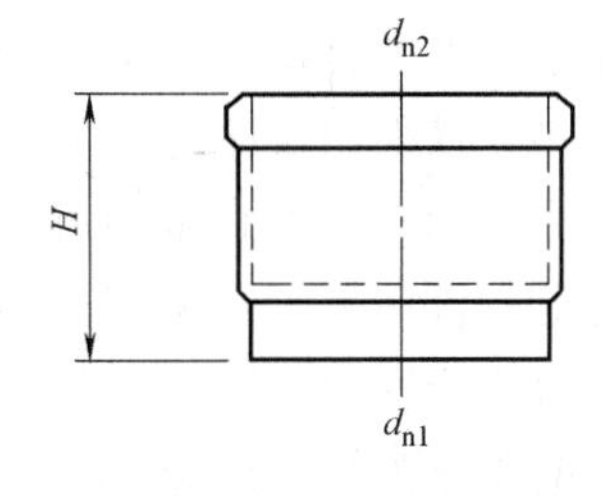

图 5.2-5 密封圈承插接头

3. 颜色及外观

管材、管件均为黑色，色泽应均匀一致。管材、管件的内外表面应光滑、清洁，不允许有气泡、明显的划伤、凹陷、杂质、色泽不均等缺陷，端面应平整并与管轴线垂直。

密封圈承插接头规格（mm） 表 5.2-24

d_{n1}	40	50	56	63	75	90	110	125	160
d_{n2}	57	67	72	80	92	108	131	149	188
H	63	63	63	63	88	88	88	88	13

4. 尺寸

管材长度一般为 5000mm，允许偏差为 0～＋40mm，也可按供需双方协商供应。管材的外径和壁厚应符合表 5.2-15、表 5.2-16 的规定。管材的弯曲度应不大于 0.2%。

管材端面的外径和端面壁厚应符合表 5.2-15、表 5.2-16 的规定，其中膨胀伸缩节和密封圈承插接头端面的外径应符合表 5.2-20 的规定。

5. 物理力学性能

管材、管件的物理力学性能应符合表 5.2-25 的规定。

管材、管件的物理力学性能 **表 5.2-25**

项目	要求
管材纵向回缩率(110℃)	≤3%,管材无分层、开裂和起泡
熔体流动速率 MFR (5kg、190℃)(g/10min)	0.2≤MFR≤1.1 管材、管件的 MFR 与原料颗粒的 MFR 相差值不应超过 0.2
氧化诱导时间 OIT(200℃)/min	管材、管件的 OIT≥20
静液压强度试验(80℃,165h,6.4MPa)	管材、管件在试验期间不破裂,不渗漏
管材环刚度(S_R)/(kN/m^2) 仅针对带有"BD"标识的管材	S_R≥4
管件加热试验(110±2℃,1h)	管件无分层、开裂和起泡

6. 出厂检验

管材、管件产品检验分为型式检验、定型检验和出厂检验。与工程设计、施工、监理密切相关的是出厂检验。出厂检验由生产厂质量检验部门负责进行，管材、管件产品具有合格证方可出厂。

出厂检验的项目有颜色、外观、尺寸及管材、管件的物理力学性能中的纵向回缩率、熔体流动速率测试、静液压强度试验、管件加热试验和氧化诱导时间测试。

7. 标志、包装、运输、贮存

(1) 管材标志重复间隔为 1m，且至少应有以下标志：生产厂名商标；公称外径；壁厚；材料等级；管系列；应用范围标识；标准编号；生产日期。

管件上应有以下标志：生产厂名商标；公称外径；规格型号；材料等级；管系列；标准编号；生产日期。其中生产厂名商标；公称外径；规格型号为永久性标志（二次加工成型管件可以采用粘贴标签）。

管材标志颜色宜采用黄色或白色，管材标志的字体大小宜采用 CJ/T 250-2007 标准中的规定；管件标志宜采用打印标签粘贴。

为便于安装时定位，每根公称外径 d_n=32～160 管材的外壁面上应有 4 个按 90°分布的标记线作为纵向标记。

(2) 管材、管件的方式由供需双方商定。

(3) 在运输过程中，应防止受到划伤、抛摔、重压、撞击并防止化学品和油类污染。

(4) 管材贮存在地面应平整、通风良好干燥的库房内，堆放高度不应超过 1.5m，并应远离热源，不得在室外暴晒。

【依据技术标准】城建行业标准《建筑排水用高密度聚乙烯（HDPE）管材及管件》CJ/T 250-2007。

5.2.4 排水用高密度聚乙烯缠绕结构壁管

高密度聚乙烯缠绕结构壁管材以高密度聚乙烯（HDPE）为主要原料，经热缠绕成型工艺制成的结构壁管材，适用于输送水温在 45℃以下的排水，如市政排水、建筑室外排水、埋地农田输排水、工业污废水等排水工程。

此种管材称为缠绕结构壁管材，系以相同或不同材料作为辅助支撑结构，经热缠绕成型工艺制成。

1. 材料

管材的基础材料高密度聚乙烯（HDPE为其缩略语），其中仅可加入为提高其性能所必需的达到产品标准要求的添加剂。CJ/T 165-2002 标准规定的管材材料性能见表5.2-26。

管材材料性能 **表 5.2-26**

项目	要求	试验条件	试验方法
内压试验	试验期间不破坏	温度：80±1℃ 环应力：3.9MPa 试验时间：165h	GB/T 6111 采用a型密封接头
		温度：80±1℃ 环应力：2.8MPa 试验时间：1000h	
流体质量流动速率(MFR)	≤0.2g/10min	试验温度：190℃ 加载：2.16kg	GB/T 3682
热稳定性	OIT≥20min	温度：200℃	GB/T 17391
密度	≥940kg/m^3		GB/T 1033

注：对于挤出混配料，内压试验用该原料挤出加工后的实壁管材进行试验。

2. 管材分类

管材按管壁结构可分为A型、B型结构壁管和C型实壁管3种。

（1）A型结构壁管

A型结构壁管内表面光滑，外部平整，管壁中间埋有沿轴向螺旋排列的中空管的管材，其典型示例如图5.2-6所示，尺寸略。

（2）B型结构壁管

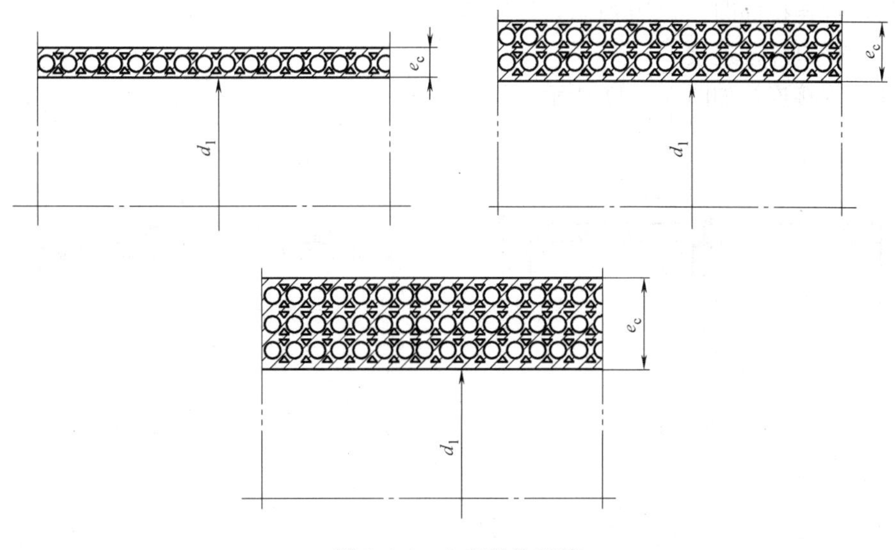

图5.2-6 A型结构壁管

B 型结构壁管内表面光滑，外表面为沿轴向螺旋排列中空肋的管材，其典型示例如图 5.2-7 所示，图中结构 e_4 部分中空管可为多层，尺寸略。

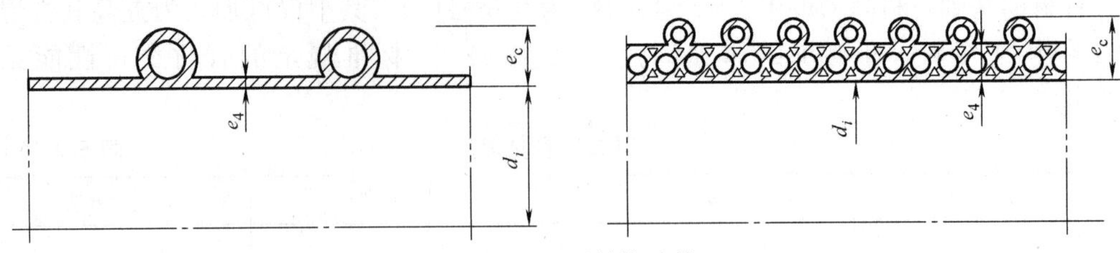

图 5.2-7 B 型结构壁管

（3）C 型实壁管

C 型实壁管内表面光滑，外部平整，与 A 型和 B 型的中空结构壁不同，系实壁管材，其典型示例如图 5.2-8 所示，尺寸略。

3. 管材连接方式

（1）承插口电熔连接

承插口电熔连接如图 5.2-9 所示，尺寸略。

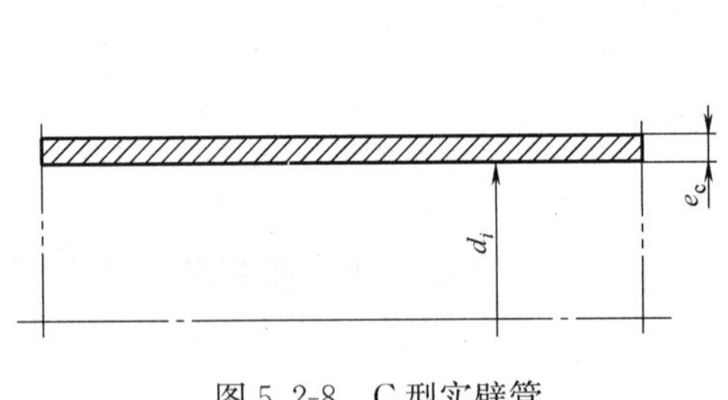

图 5.2-8 C 型实壁管

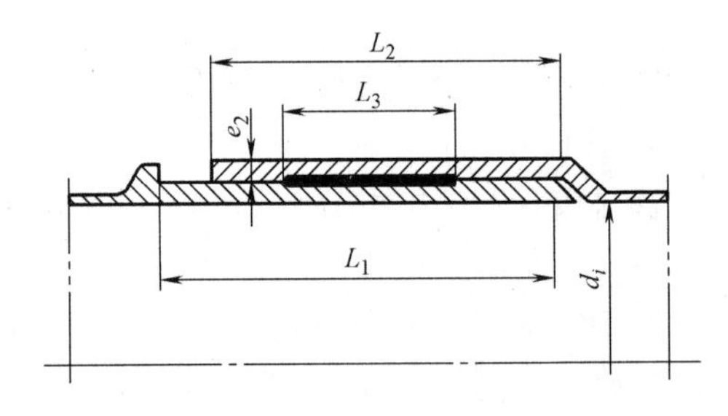

图 5.2-9 承插口电熔连接

（2）热熔对焊连接

热熔对焊连接如图 5.2-10 所示，尺寸略。

（3）承插口焊接连接

承插口焊接连接如图 5.2-11 所示，尺寸略。

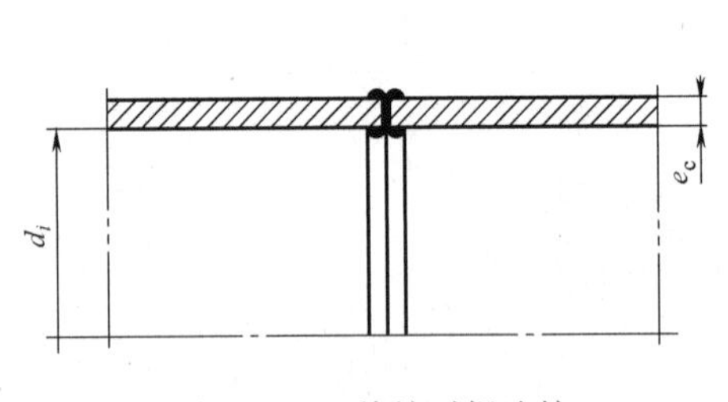

图 5.2-10 热熔对焊连接

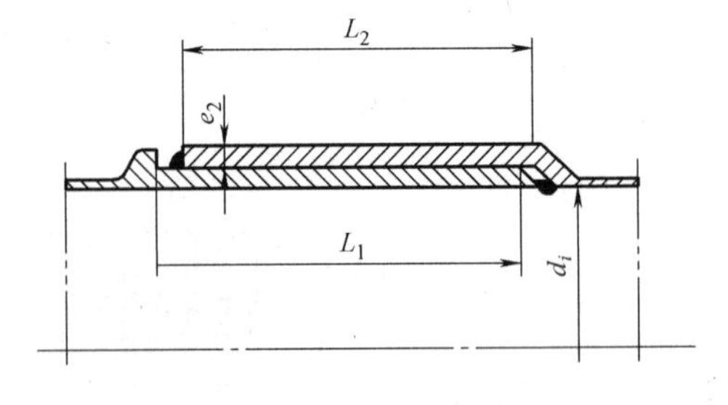

图 5.2-11 承插口焊接连接

（4）V 型平焊连接

V 型平焊连接如图 5.2-12 所示，尺寸略。

4. 承插口尺寸

用于图 5.2-9 所示承接口电熔连接和图 5.2-11 所示承接口焊接的管材，其最小插口长度、最小承口深度、最小接合长度和最小承口壁厚应符合表 5.2-27 的规定。

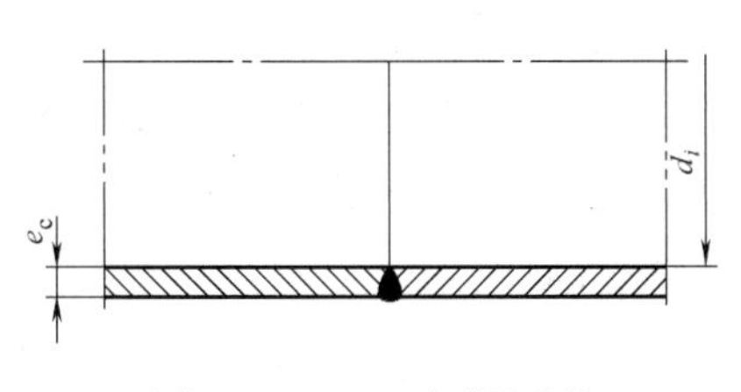

图 5.2-12 V 型平焊连接

5. 管材的外观和长度

管材的内外表面应光滑、干净，没有可见杂质、孔洞和其他表面缺陷；管材的端面应平整；在切断管材后，切断面应修整，无锐边、无毛刺。

管材颜色一般为黑色，或由供需双方商定其他颜色，色泽应均匀一致。

管材的长度一般规定为 6m，小于 6m 时由供需双方协商确定，但不允许大于规定的长度。

承插口尺寸（mm） **表 5.2-27**

公称直径 DN	最小插口长度 $L_{1,min}$	最小承口深度 $L_{2,min}$	最小接合长度 $L_{3,min}$	最小承口壁厚 $e_{2,min}$
300≤DN≤1100	137	120	59	17
1200≤DN≤1100	137	120	59	20

6. 管材规格尺寸

管材的公称直径及最小平均内径、A 型管最小结构高度、B 型管最小内层壁厚和 C 型管最小结构高度应符合表 5.2-28 的要求。

管材规格（mm） **表 5.2-28**

公称直径 DN	最小平均内径 $d_{im,min}$	壁厚		
		A 型管最小结构高度 $e_{c,min}$	B 型管最小内层壁厚 $e_{4,min}$	C 型管结构高度 $e_{c,min}$
300	294	6.0	2.0	根据工程条件确定
400	392	8.0	2.5	
500	490	9.9	3.0	
600	588	10.0	3.5	
700	688	10.0	4.0	
800	785	11.0	4.5	
900	885	12.0	5.0	
1000	985	14.0	5.0	
1100	1085	18.0	5.0	
1200	1185	22.0	5.0	
1400	1365	28.0	5.0	
1500	1462	34.0	5.0	
1600	1560	40.0	5.0	
1800	1755	44.0	5.0	
2000	1950	50.0	6.0	
2200	2145	52.0	7.0	
2400	2340	53.0	9.0	
2500	2437	55.0	10.0	
2600	2535	57.0	10.0	
3000	2925	65.0	—	

7. 管材物理力学性能

管材的主要物理性能指标是，纵向回缩率≤3%，管材无分层、开裂和起泡；烘箱试验管材无分层、开裂和起泡。

管材的力学性能应达到表 5.2-29 的规定。

力学性能指标　　　　表 5.2-29

项目	环刚度	冲击强度	扁平试验	蠕变比率	缝的拉伸强度
技术要求	≥相关的 SN SN0.5；0.5kN/m²； SN1；1kN/m²； SN2；2kN/m²； SN4；4kN/m²； SN6.3；6.3kN/m²； SN8；8kN/m²； SN16；16kN/m²	真实冲击率：TIR≤10%	应符 CJ/T 165－2002 标准规定	≤4	熔缝处能承受的最小拉伸力： DN<400：380N 400≤DN<600：510N 600≤DN≤700：760N DN≥800：1020N

管材的扁平试验应符合下列要求：

（1）管壁结构的任何部分无开裂。A 型和 B 型管沿肋切割处开始的撕裂，如果小于 0.075（$d_{im}+2e_c$）或 75mm（取较小值）的，可以允许。

（2）无分层，无破裂。

（3）管材壁结构的任何部分在任何方向，不得发生永久性的屈曲变形，包括凹陷和突起。

8. 出厂检验

产品出厂检验项目主要有管材的外观和长度、规格尺寸、扁平试验、80℃，165h 的静液压强度及物理性能等项。管件产品应由生产厂质量检验部门的试验和检验合格后出厂。

9. 标志、运输、贮存

管材产品上应有以下明显标志：产品名称、本标准编号、产品规格、批号、厂名、商标及生产日期。

管材在装卸运输过程中，不得受剧烈撞击和重压。对于大口径管材，需用叉车或吊车装卸。如用吊车装卸，其两吊点应置于距离管两端 1/4 管长处。装运管材的车、船底部应尽量平坦，并应有防止滚动和互相碰撞的措施，并不得接触尖锐锋利物体，以免划伤管材。

管材存放场地应平整，直径小于 2m 的管材，堆放高度应在 4m 以下；直径超过 2m 的管材，其堆放放不得超过两层。管材应远离热源。自生产之日起，贮存期一般不超过两年。

【依据技术标准】城建行业标准《高密度聚乙烯缠绕结构壁管材》CJ/T 165-2002

5.2.5　埋地用聚乙烯（PE）双壁波纹排水管

埋地用聚乙烯（PE）双壁波纹管材适用于长期温度不超过 45℃的埋地排水和通信套管，亦可用于工业排水、排污管。

双壁波纹管经挤出和特殊的成型工艺加工而成，产品内壁光滑，外壁为封闭波形。在加工过程中，材料通过高温挤出，在专用的成型机头和成型模具内，将内外层材料再分开，在波谷内熔为一体，并在模具内通过中空方式成型并冷却。

双壁波纹管材具有刚柔兼备的力学性能，环刚度大，柔韧性好，管道内壁平滑，流体摩擦阻力小的优点。管壁的中空结构降低了单位长度的重量，使之便于运输和施工。连接方便，接头密封性好。管材化学性质稳定，耐腐蚀、耐低温。埋地施工时可有适当的挠曲度，将管材铺设于略弯的沟槽内。

1. 管材分类

按公称环刚度等级分类见表 5.2-30。

公称环刚度等级分类　　表 5.2-30

等级	SN2	SN4	(SN6.3)	SN8	(SN12.5)	SN16
环刚度(kN/m^2)	2	4	(6.3)	8	(12.5)	16

注：仅在公称内径≥500mm 的管材中允许有 SN2 级；括号内数值为非首选等级。

此种管材的标记示例如下：

如以内径表示的公称尺寸为 500mm，环刚度等级为 SN8 的 PE 双壁波纹排水管材的标记为：

双壁波纹管　PE　DN/ID500　SN8　GB/T 19472.1-2004

2. 管材外形、结构及连接方式

管材外形如图 5.2-13 所示；管材典型结构如图 5.2-14 所示；管材通常采用弹性密封圈连接方式，也可以采取其他连接方式，如图 5.2-15 所示。

图 5.2-13　双壁波纹排水管材

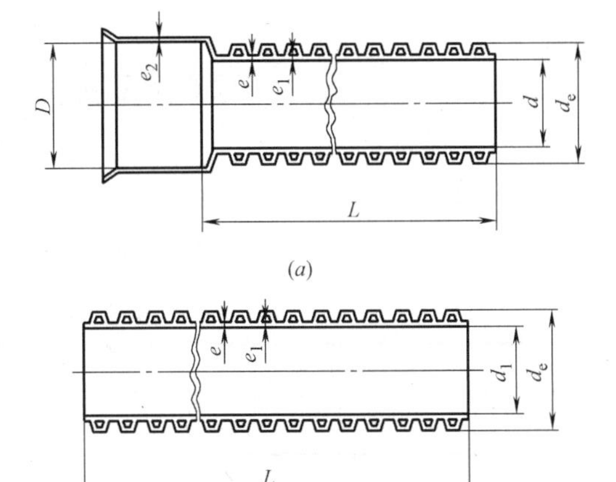

图 5.2-14　管材结构示意图

(a) 带承口管材；(b) 不带承口管材

3. 管材规格

管材的有效长度 L 一般为 6m，如需其他长度尺寸由供需双方商定。

管材的直径分为两个系列：外径系列管材的尺寸应符合表 5.2-31 的规定，且承口的最小平均内径应不小于管材的最大平均外径；内径系列管材的尺寸应符合表 5.2-32 的规定，且承口的最小平均内径应不小于管材的最大平均外径。

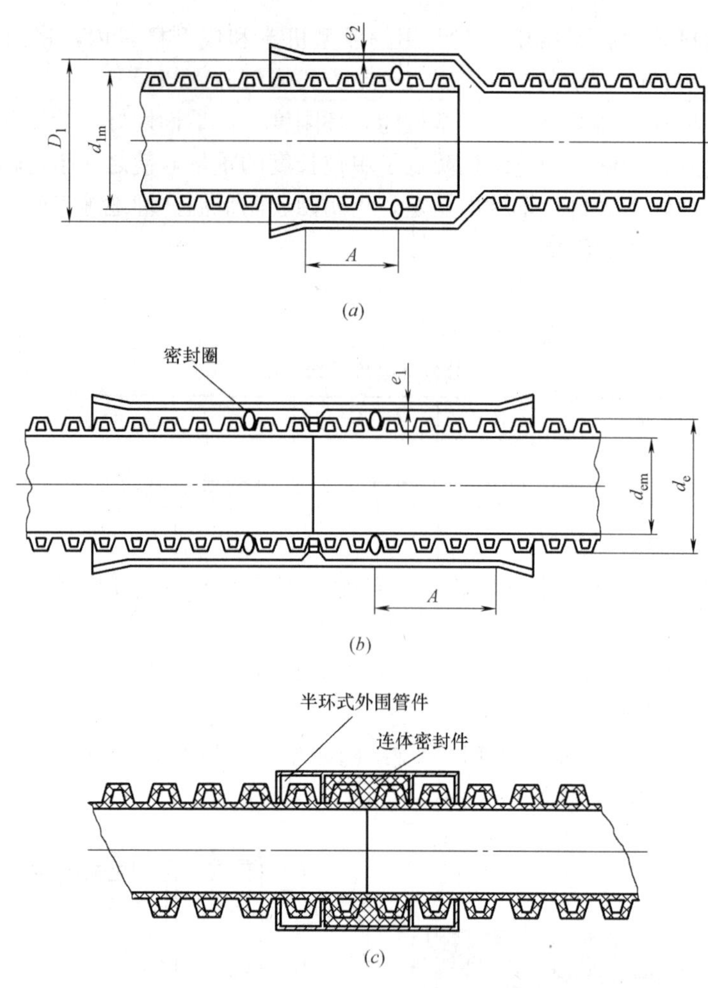

图 5.2-15 管材连接方式示意图

(a) 承插式连接；(b) 管件连接；(c) 哈夫外固连接

外径系列管材的尺寸（mm） **表 5.2-31**

公称外径 DN/OD	最小平均外径 $d_{em,min}$	最大平均外径 $d_{em,max}$	最小平均内径 $d_{im,min}$	最小层压壁厚 e_{min}	最小内层壁厚 e_{1min}	接合长度 A_{min}
110	109.4	110.4	90	1.0	0.8	32
125	124.5	125.4	105	1.1	1.0	35
160	159.1	150.5	134	1.2	1.0	42
200	198.8	200.6	167	1.4	1.1	50
250	248.5	250.8	209	1.7	1.4	55
315	313.2	316.0	263	1.9	1.6	62
400	397.5	401.2	335	2.3	2.0	70
500	497.0	501.5	418	2.8	2.8	80
630	626.3	631.9	527	3.3	3.3	95
800	795.2	802.4	669	4.1	4.1	110
1000	994.0	1003.0	837	5.0	5.0	130
1200	1192.8	1203.6	1005	5.0	5.0	150

内径系列管材的尺寸（mm） 表 5.2-32

公称外径 DN/OD	最小平均内径 $d_{im,min}$	最小层压壁厚 e_{min}	最小内层壁厚 e_{1min}	接合长度 A_{min}
100	95	1.0	0.8	32
125	120	1.2	1.0	38
150	145	1.3	1.0	43
200	195	1.5	1.1	54
225	220	1.7	1.4	55
250	245	1.8	1.5	59
300	294	2.0	1.7	64
400	392	2.5	2.3	74
500	490	3.0	3.0	85
600	588	3.5	3.5	96
800	785	4.5	4.5	118
1000	985	5.0	5.0	140
1200	1185	5.0	5.0	162

管材外径公差应符合式（5.2-5）、式（5.2-6）规定的数值：

$$d_{em,min} \geqslant 0.994 \times d_e \tag{5.2-5}$$

$$d_{em,max} \leqslant 1.003 \times d_e \tag{5.2-6}$$

式中 d_e——管材生产厂家规定的外径，计算结果保留一位小数。

管材连接件的承口壁厚应符合表 5.2-33 的规定。

管材连接件的承口最小壁厚（mm） 表 5.2-33

管材外径	$d_e \leqslant 500$	$d_e > 500$
承口最小壁厚 $e_{2,min}$	$(d_e/33) \times 0.75$	11.4

4. 颜色及外观

管材内外层各自的颜色应均匀一致，外层一般为黑色，其他颜色可由供需双方商定。

管材内外壁不得有气泡、凹陷、明显的杂质和不规则波纹。两端口应平整且与管轴线垂直，并位于外层波谷区。管材波谷区内外壁应紧密熔接，不应出现脱开现象。

5. 物理力学性能

管材的物理力学性能应符合表 5.2-34 的规定。

管材的物理力学性能 表 5.2-34

项目	要求	项目	要求
环刚度（kN/m^2）SN2	≥2	冲击韧性（TIR）（%）	≤10
SN4	≥4	环柔性	试样圆滑，无反向弯曲，两壁无脱开
SN6.3	≥6.3		
SN8	≥8	烘箱试验	无气泡、无分层、无开裂
SN12.5	≥12.5	蠕变比率	≤4
SN16	≥16		

注：括号内数值为非首选环刚度等级。

6. 出厂检验

管材管件产品需经生产厂质量检验部门的试验和检验合格，并附有合格证方可出厂。

产品出厂检验项目主要有颜色、外观、规格尺寸、表 5.2-34 中的环刚度、环柔性和烘箱试验。

7. 标志、运输、贮存

管材产品上应有以下永久性标志：前述管材标记示例内容；厂名及商标；可在－10℃以下安装铺设的管材应标记一个冰晶符号（*）；产品生产日期。

管材在装卸运输过程中，不得受剧烈撞击、抛摔、重压。

管材存放场地应平整，堆放高度应在 4m 以下，应远离热源，不得暴晒。

【依据技术标准】《埋地用聚乙烯（PE）结构壁管道系统第 1 部分：聚乙烯双壁波纹管材》GB/T 19472.1—2004。

5.2.6 埋地用聚乙烯（PE）缠绕结构壁管

埋地用聚乙烯（PE）缠绕结构壁管材是以聚乙烯（PE）为主要原料，以相同或不同材料为辅助支撑结构，采用缠绕成型工艺制成的结构壁管材，适用于长期温度在 45℃以下的市政埋地排水、农田埋地排水等工程。

1. 管材分类

（1）管材按环刚度等级分类

管材按环刚度可分为 6 个等级，见表 5.2-35。

管材的环刚度等级　　表 5.2-35

等级	SN2	SN4	（SN6.3）	SN8	（SN12.5）	SN16
环刚度（kN/m²）	2	4	（6.3）	8	（12.5）	16

注：1. 括号内数值为非首选等级。
2. 管材公称尺寸 $DN/ID \geqslant 500$mm 时，允许有 SN2 等级；$DN/ID \geqslant 1200$mm 时，可按工程条件选用环刚度低于 SN2 等级的产品。

（2）管材结构形式

管材按按结构形式分为 A 类和 B 类。

A 型结构管壁形式之一是具有平整的内外表面，在内外壁之间由内部的螺旋肋连接的管材，如图 5.2-16 所示。

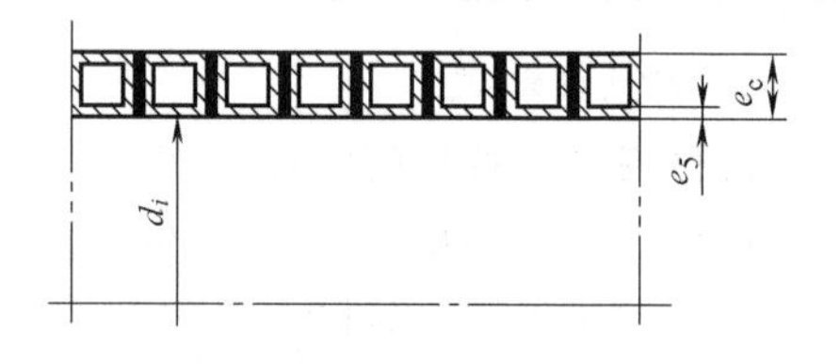

图 5.2-16　A 型结构管壁之一

A 型结构管壁形式之二为内表面光滑，外表面平整，管壁中埋中空管（可为多层）的管材，如图 5.2-17 所示。

B 型结构壁管是内表面光滑，外表面为中空螺旋形肋的管材，其结构如图 5.2-18 所示，其管壁 e_4 部分可为多层。

2. 管件

管件采用缠绕结构壁管材或实壁管材加工而成，主要有弯头、三通和管堵等，具体规格尺寸可向管材生产厂家咨询。

3. 连接方式

管材、管件的连接方式主要采用弹性密封件连接方式、承插口电熔焊接连接方式，也可以采用其他连接方式。

（1）弹性密封件连接方式

弹性密封件连接方式如图 5.2-19 所示。

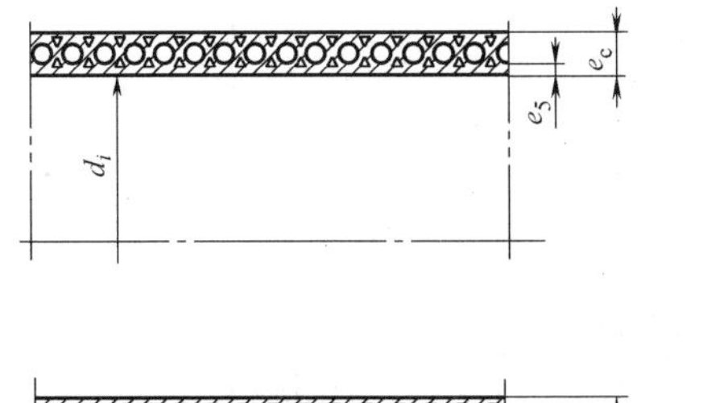

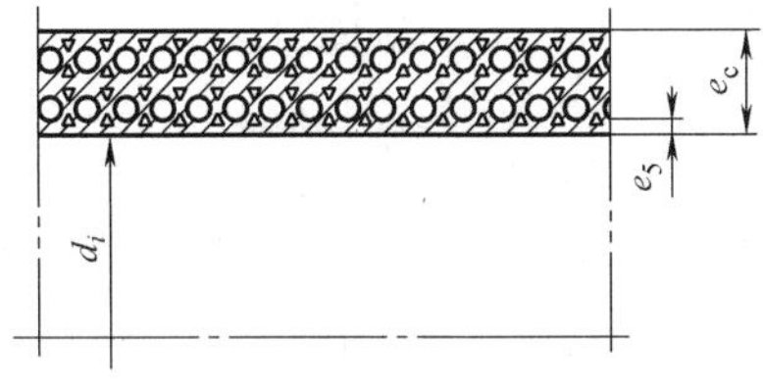

图 5.2-17　A 型结构管壁之二

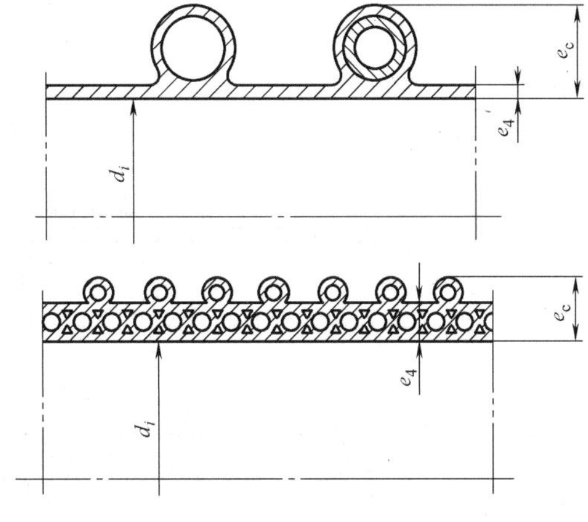

图 5.2-18　B 型结构壁管

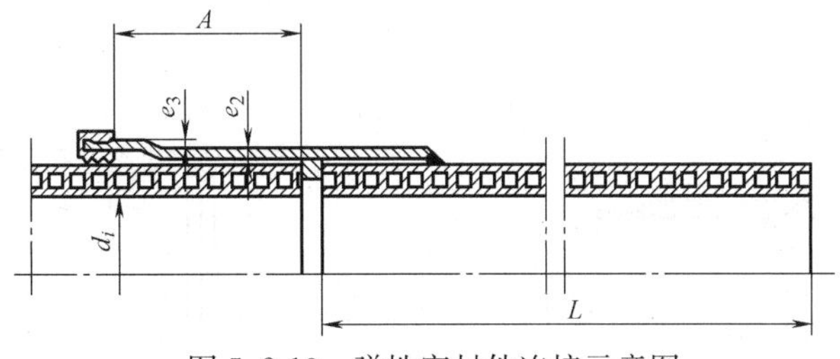

图 5.2-19　弹性密封件连接示意图

（2）承插口电熔焊接连接方式

承插口电熔焊接连接方式如图 5.2-20 所示。

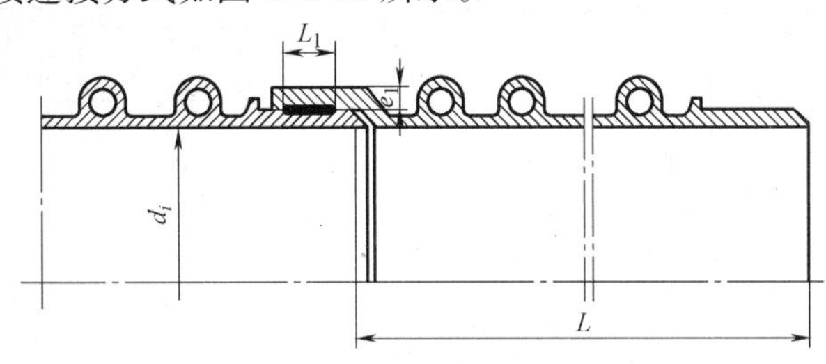

图 5.2-20　承插口电熔焊接连接示意图

（3）其他连接方式

管材、管件的其他几种连接方式如图 5.2-21 所示。

4. 技术要求

（1）外观

管材、管件应为黑色，且色泽均匀。管材、管件的内表面应平整，外部肋应规整。管材、管件的内外壁应无气孔和可见杂质，熔缝无脱开。经切割后的管材、管件端面应进行修整、无毛刺。

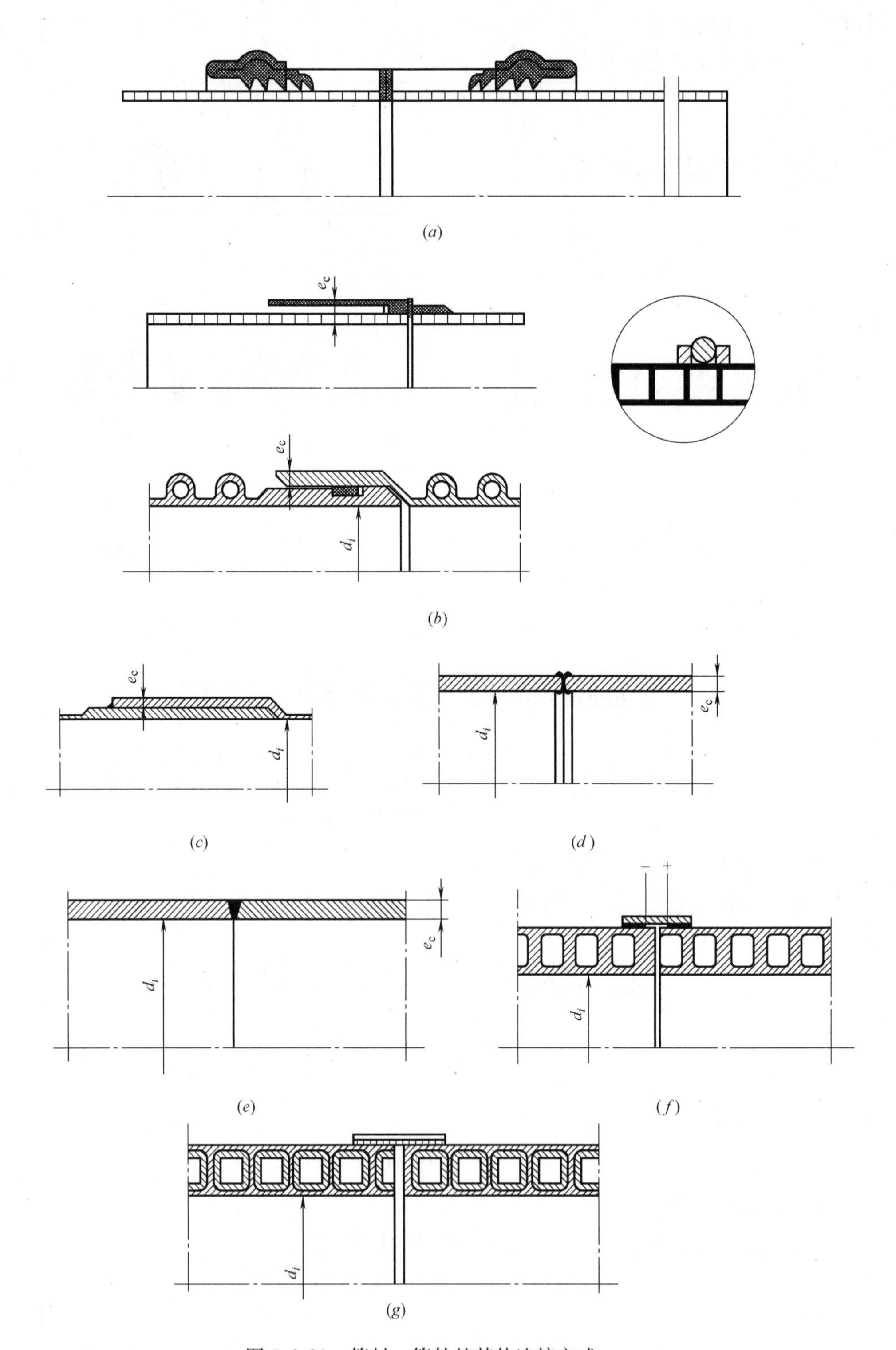

图 5.2-21 管材、管件的其他连接方式

(*a*) 双向承插弹性密封件；(*b*) 位于插口的密封件连接；(*c*) 承插口焊接连接；(*d*) 热熔对焊连接

(*e*) V 型焊接连接；(*f*) 电热熔带连接；(*g*) 热收缩套连接

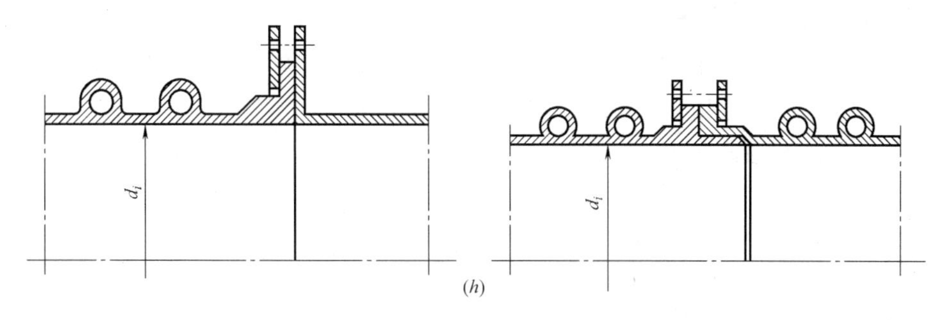

图 5.2-21 管材、管件的其他连接方式（续）
（h）法兰连接

（2）规格尺寸

管材有效长度一般为 6m，其他长度由供需双方商定。管材长度不允许有负偏差。

管件长度 Z_1、Z_2、Z_3 一般由生产厂家确定，需方如有特殊要求，可由供需双方商定。

1）内径和壁厚尺寸

A 型和 B 型管材、管件的最小平均内径 $d_{im,min}$，A 型管材、管件空腹部分下最小内层壁厚 $e_{5,min}$（见图 5.2-16、图 5.2-17），B 型管材、管件最小内层壁厚 $e_{4,min}$（见图 5.2-18）均应符合表 5.2-36 的规定。

管材、管件的平均外径 d_{em} 和结构高度 e_c 由生产厂确定。

管材、管件的内径和壁厚尺寸（mm） **表 5.2-36**

公称尺寸 DN/ID	最小平均内径 $d_{im,min}$	最小壁厚		公称尺寸 DN/ID	最小平均内径 $d_{im,min}$	最小壁厚	
		A 型 $e_{5,min}$	B 型 $e_{4,min}$			A 型 $e_{5,min}$	B 型 $e_{4,min}$
150	145	1.0	1.3	1500	1485	6.0	5.0
200	195	1.1	1.5	1600	1585	6.0	5.0
(250)	245	1.5	1.8	1700	1685	6.0	5.0
300	294	1.7	2.0	1800	1785	6.0	5.0
400	392	2.3	2.5	1900	1885	6.0	5.0
(450)	441	2.8	2.8	2000	1985	6.0	6.0
500	490	3.0	3.0	2100	2085	6.0	6.0
600	588	3.5	3.5	2200	2185	7.0	7.0
700	673	4.1	4.0	2300	2285	8.0	8.0
800	785	4.5	4.5	2400	2385	9.0	9.0
900	885	5.0	5.0	2500	2485	10.0	10.0
1000	985	5.0	5.0	2600	2585	10.0	10.0
1100	1085	5.0	5.0	2700	2685	12.0	12.0
1200	1185	5.0	5.0	2800	2785	12.0	12.0
1300	1285	6.0	5.0	2900	2885	14.0	14.0
1400	1385	6.0	5.0	3000	2985	14.0	14.0

注：括号内为非首选尺寸。

2）承口和插口尺寸

管材、管件弹性密封件连接的最小接合长度 A_{min}（见图 5.2-22）和承插口电熔焊接连接的最小熔接件长度 $L_{1,min}$（见图 5.2-23）应符合表 5.2-37 的规定。

管材、管件在实壁插口、实壁承口的情况下，壁厚 e_{min}、$e_{2,min}$、$e_{3,min}$ 应符合表5.2-38 的规定。

承口和插口尺寸（mm） **表 5.2-37**

公称尺寸 DN/ID	弹性密封件连接最小接合长度 A_{min}	电熔焊接连接最小熔接件长度 $L_{1,min}$	公称尺寸 DN/ID	弹性密封件连接最小接合长度 A_{min}	电熔焊接连接最小熔接件长度 $L_{1,min}$
150	51	59	700	157	59
200	66	59	800	168	59
(250)	76	59	900	174	59
300	84	59	1000	180	59
400	106	59	1100	196	59
(450)	118	59	1200	212	59
500	128	59	≥1300	238	59
600	146	59			

注：括号内为非首选尺寸。

实壁平承口和插口的最小壁厚（mm） **表 5.2-38**

公称尺寸 DN/ID	最小插口壁厚 e_{min}	最小承口壁厚 $e_{2,min}$	密封部位最小壁厚 $e_{3,min}$
DN/ID≤500	$d_e/33$	$(d_e/33)\times0.9$	$(d_e/33)\times0.75$
DN/ID>500	15.2	13.7	11.4

5. 物理力学性能

管材的物理力学性能应符合表 5.2-39 的要求。

管材的物理力学性能 **表 5.2-39**

项目	要求	项目	要求
纵向回缩率(用于A型管材)	≤3%，管材应无分层、无开裂	冲击性能	TIR≤10%
烘箱试验(用于B型管材)	管材熔缝处应无分层、无开裂	蠕变比率	≤4
环刚度(括号内为非首选等级，kN/m^2) SN2 SN4 (SN6.3) SN8 (SN12.5) SN16	 ≥2 ≥4 ≥6.3 ≥8 ≥12.5 ≥16	缝的拉伸强度(N) DN/ID≤300 400≤DN/ID≤500 600≤DN/ID≤700 DN/ID≤800	管材能承受的拉伸力 380 510 760 1020

6. 出厂检验

管材产品需经生产厂质量检验部门检验合格，并附有合格证方可出厂。

产品出厂检验项目有颜色、外观、规格尺寸及表 5.2-39 的纵向回缩率、烘箱试验和环刚度试验。

7. 标志、运输、贮存

管材产品上应有以下永久性标志：材料代号；管壁结构形式、公称尺寸、环刚度等级标准编号；厂名及商标；生产日期。用于－10℃以下安装铺设的管材应标记一个冰晶符号（＊）。

管材在装卸运输过程中，不得受剧烈撞击、摔碰、重压。装载管材的车船底部应平坦，运输过程中不得碴伤或划伤产品。当直径较大的管材用机械装卸时，两吊点应在距两端 1/4 处。

管材存放场地应平整，并远离热源。直径小于 2m 的管材，堆放高度应在 2m 以下；直径大于 2m 的管材，堆放高度不得超过其外径。

【依据技术标准】《埋地用聚乙烯（PE）结构壁管道系统第 2 部分：聚乙烯缠绕结构壁管材》GB/T 19472.2-2004。

5.2.7 燃气用埋地聚乙烯（PE）管

用 PE80 和 PE100 材料制造的燃气用埋地聚乙烯（PE）管材，其公称外径为 16～630mm。燃气的理论性定义为：在＋15℃和 0.1MPa 条件下为气态的任何燃料。

燃气通常是指天然气、煤气及液化石油气等供工业和民用使用的可燃气体。

1. 制管材料

生产燃气用埋地聚乙烯（PE）管材，应使用聚乙烯混配料。混配料中加入生产和应用必要的添加剂，所有添加剂应分散均匀。混配料的性能在该标准中有一定要求，但不属于本手册介绍的范围。

管材生产商应能够向需方提供与材料相关的技术数据。

燃气用埋地聚乙烯管材所用材料设计应力 σ_s 的最大值：PE80 为 4.0MPa；PE100 为 5.0MPa。

设计应力 σ_s，系指规定条件下的允许应力，按式（5.2-7）计算，并按《优先数和优先数系》GB/T 321 的 $R20$ 向小圆整得到的，单位为 MPa。

$$\sigma_s = \mathrm{MRS}/C \tag{5.2-7}$$

式中 MRS——最小要求强度（MPa）；

C——总体使用（设计）系数。

总体使用（设计）系数 C，是一个大于 1 的系数，它考虑了未在置信下限 σ_{LCL} 体现出的使用条件和管道系统中组件的性能。燃气用埋地聚乙烯管道系统的总体使用（设计）系数 C≥2。

置信下限 σ_{LCL} 是应力大小的量值，单位为 MPa，可以认为是材料的一个性能，它表示在内部水压下、20℃、50 年的预测的长期静液压强度的 97.5%置信下限。

管材性能涉及的最大工作压力（MOP），系指管道系统中允许连续使用的流体的最大压力，单位为 MPa。其中考虑了管道系统中组件的物理和机械性能。由式（5.2-7）计算得出。

$$MOP = \frac{2 \times MPS}{C \times (SDR - 1)} \tag{5.2-8}$$

公式（5.2-7）是以20℃为参考工作温度得出的。

聚乙烯混配料应按照《热塑性塑料压力管材和管件用材料分级和命名总体使用（设计）系数》GB/T18475进行分级，见表5.2-40。混配料制造商应提供相应的级别证明。

聚乙烯混配料的分级 **表5.2-40**

命名	σ_{LCL} (20℃,50年,97.5%)	MRS(MPa)
PE80	$8.00 \leqslant \sigma_{LCL} \leqslant 9.99$	8.0
PE100	$10.00 \leqslant \sigma_{LCL} \leqslant 11.19$	10.0

2. 管材规格尺寸

管材长度一般为6m、9m、12m，也可由供需双方商定。

（1）平均外径、不圆度及其公差

管材的平均外径 d_{em}、不圆度及其公差应符合表5.2-41的规定。对于标准管材采用等级A，精公差采用等级B。采用等级A或等级B由供需双方商定。如需方无明确要求时，则视为采用等级A。

允许管口处的平均外径小于表5.2-41中的规定，但不应小于距管口大于 $1.5d_n$ 或300mm（取两者之中较小值）处平均外径测量值的98.5%。

管材的平均外径 d_{em}，系指管材外圆周长的测量值除以3.142（圆周率）所得的值，精确到0.1mm，小数点后第二位非零数字进位，单位mm。

管材的不圆度，系指管材同一横截面处测量的最大外径与最小外径的差值，单位mm。直管的最大不圆度适用等级N；盘卷管的公称外径 $d_n \leqslant 63$ 时，其最大不圆度适用等级K。

管材的平均外径和不圆度（mm） **表5.2-41**

公称外径 d_n	最小平均外径 $d_{em,min}$	最大平均外径 $d_{em,max}$		最大不圆度	
		等级A	等级B	等级K	等级N
16	16.0	—	16.3	1.2	1.2
20	20.0	—	20.3	1.2	1.2
25	25.0	—	25.3	1.5	1.2
32	32.0	—	32.3	2.0	1.3
40	40.0	—	40.4	2.4	1.4
50	50.0	—	50.4	3.0	1.4
63	63.0	—	63.4	3.8	1.5
75	75.0	—	75.5	—	1.6
90	90.0	—	90.6	—	1.8
110	110.0	—	110.7	—	2.2
125	125.0	—	125.8	—	2.5
140	140.0	—	140.9	—	2.8

续表

公称外径 d_n	最小平均外径 $d_{em,min}$	最大平均外径 $d_{em,max}$		最大不圆度	
		等级 A	等级 B	等级 K	等级 N
160	160.0	—	161.0	—	3.2
180	180.0	—	181.1	—	3.6
200	200.0	—	201.2	—	4.0
225	225.0	—	226.4	—	4.5
250	250.0	—	251.5	—	5.0
280、	280.0	282.6	281.7	—	9.8
315	315.0	317.9	316.9	—	11.1
355	355.0	358.2	357.2	—	12.5
400	400.0	403.6	402.4	—	14.0
450	450.0	454.1	452.7	—	15.6
500	500.0	504.5	503.0	—	17.5
560	560.0	565.0	563.4	—	19.6
630	630.0	635.7	633.8	—	22.1

(2) 壁厚和公差

1) 最小壁厚

常用管材系列 *SDR*17.6 和 *SDR*11 的最小壁厚应符合表 5.2-42 的规定。同时允许使用根据 GB/T 10798-2001 和 GB/T 4217-2001 中规定的管系列推算出的其他标准尺寸比。

最小壁厚系指管材圆周上任一点壁厚的最小允许值。

直径<40mm，*SDR*17.6 和直径<32mm，*SDR*11 的管材以壁厚表征。

直径≥40mm，*SDR*17.6 和直径≥32mm，*SDR*11 的管材以 SDR 表征。

常用 *SDR*17.6 和 *SDR*11 管材最小壁厚（mm）　　表 5.2-42

公称外径 d_n	最小壁厚 $e_{y,min}$		公称外径 d_n	最小壁厚 $e_{y,min}$	
	*SDR*17.6	*SDR*11		*SDR*17.6	*SDR*11
16	2.3	3.0	180	10.3	16.4
20	2.3	3.0	200	11.4	18.2
25	2.3	3.0	225	12.8	20.5
32	2.3	3.0	250	14.2	22.7
40	2.3	3.7	280	15.9	25.4
50	2.9	4.6	315	17.9	28.6
63	3.6	5.8	355	20.2	32.3
75	4.3	6.8	400	22.8	36.4
90	5.2	8.2	450	25.6	40.9
110	6.3	10.0	500	28.4	45.5
125	7.1	11.4	560	31.9	50.9
140	8.0	12.7	630	35.8	57.3
160	9.1	14.6			

2）任一点壁厚公差

任一点壁厚 e_y，系指管壁圆周上任一点壁厚的测量值，精确到 0.1mm，小数点后第二位非零数字进位，单位为 mm。

任一点壁厚 e_y 和最小壁厚 $e_{y,min}$ 之间的最大允许偏差应符合 ISO 11922-1：1997 中的等级 V 的规定，具体见表 5.2-43。

管壁圆周上任一点壁厚公差（mm） **表 5.2-43**

最小壁厚 $e_{y,min}$		允许正偏差	最小壁厚 $e_{y,min}$		允许正偏差
>	≤		>	≤	
2.0	3.0	0.4	30.0	31.0	3.2
3.0	4.0	0.5	31.0	32.0	3.3
4.0	5.0	0.6	32.0	33.0	3.4
5.0	6.0	0.7	33.0	34.0	3.5
6.0	7.0	0.8	34.0	35.0	3.6
7.0	8.0	0.9	35.0	36.0	3.7
8.0	9.0	1.0	36.0	37.0	3.8
9.0	10.0	1.1	37.0	38.0	3.9
10.0	11.0	1.2	38.0	39.0	4.0
11.0	12.0	1.3	39.0	40.0	4.1
12.0	13.0	1.4	40.0	41.0	4.2
13.0	14.0	1.5	41.0	42.0	4.3
14.0	15.0	1.6	42.0	43.0	4.4
15.0	16.0	1.7	43.0	44.0	4.5
16.0	17.0	1.8	44.0	45.0	4.6
17.0	18.0	1.9	45.0	46.0	4.7
18.0	19.0	2.0	46.0	47.0	4.8
19.0	20.0	2.1	47.0	48.0	4.9
20.0	21.0	2.2	48.0	49.0	5.0
21.0	22.0	2.3	49.0	50.0	5.1
22.0	23.0	2.4	50.0	51.0	5.2
23.0	24.0	2.5	51.0	52.0	5.3
24.0	25.0	2.6	52.0	53.0	5.4
25.0	26.0	2.7	53.0	54.0	5.5
26.0	27.0	2.8	54.0	55.0	5.6
27.0	28.0	2.9	55.0	56.0	5.7
28.0	29.0	3.0	56.0	57.0	5.8
29.0	30.0	3.1	57.0	58.0	5.9

3. 力学性能

现将管材的力学性能中关于静液压强度和断裂伸长率的参数列于表 5.2-44。

管材的力学性能　　表 5.2-44

性能	单位	技术要求	试验参数	试验方法
静液压强度	h	破坏时间≥100	20℃(环应力) PE80　PE100 9.0MPa　12.4MPa	GB/T 6111—2003
		破坏时向≥165	80℃(环应力) PE80　PE100 4.5MPa　5.4MPa	
		破坏时间≥1000	80℃(环应力) PE80　PE100 4.0MPa　5.0MPa	
断裂伸长率	%	≥350	—	GB/T 8804.3—2003

如果力学性能仅考虑脆性破坏，若在 165h 前发生韧性破坏，则按表 5.2-45 选择较低的应力和相应的最小破坏时间重新试验。

静液压强度（80℃）——应力/最小破坏时间关系　　表 5.2-45

PE 80		PE 100	
环应力(MPa)	最小破坏时间(h)	环应力(MPa)	最小破坏时间(h)
4.5	165	5.4	165
4.4	233	5.3	256
4.3	331	5.2	399
4.2	474	5.1	629
4.1	685	5.0	1 000
4.0	1000	—	—

4. 物理性能

管材的物理性能应符合表 5.2-46 的要求。

管材的物理性能　　表 5.2-46

项　目	单　位	性能要求	试验参数	试验方法
热稳定性(氧化诱导时间)	min	>20	200℃	GB/T 17391—1998
熔体质量流动速率(MFR)	g/10 min	加工前后 MFR 变化<20%	190℃,5 kg	GB/T 3682—2000
纵向回缩率	%	≤3	110℃	GB/T 6671—2001

5. 外观质量要求

管材基色应为黑色或黄色，以黑色居多。黑色管上应间断挤出至少三条沿管材圆周方向均匀分布的黄色条。

管材的内外表面应清洁、平滑，不允许有气泡、杂质、颜色不均等缺陷和明显的划伤、凹陷等机械性损伤。管材两端应切割平整，并与轴线垂直。

6. 出厂检验

产品检验分为出厂检验、型式检验和定型检验，其中与管道系统的设计、施工、使用密切相关的是出厂检验。型式检验和定型检验是生产厂在管材生产过程中的检验。

出厂检验项目主要有外观检验、几何尺寸（前述平均外径、不圆度及其公差及壁厚和公差）检验、表 2.3-燃管 6 规定的静液压强度（80℃，165 h）和断裂伸长率、表 2.3-燃管 7 中的热稳定性（氧化诱导时间）和熔体质量流动速率（MFR）等项。管材产品应由生产厂质量检验部门的试验和检验合格后，方可出厂。

7. 标志

燃气属于易燃易爆危险性介质，因而对管材标志内容要求较多。

（1）标志内容应直接成型在管材上，并且在正常的贮存、气候老化及安装后的整个使用寿命期内，标记字迹应保持清晰可辨。

（2）如果采用打印标志，标志的颜色应区别于管材的颜色。

（3）无论采用直接成型标志或打印标志，目视均应清晰可辨。

（4）标志应清晰、持久，至少包括下列内容：制造商和商标；流体字样，如“燃气”或“GAS”；尺寸 $d_n \times e_n$；SDR（$d_n \geqslant 40$mm），见表 5.2-42；材料和命名，如 PE80；混配料牌号；生产时间；标准编号，即 GB 15558.1。

（5）标志成型不应削弱管材的强度。

（6）盘卷管供货的长度可在卷上标明。

（7）标志打印间距应不超过 1m。

8. 包装、运输、贮存

（1）包装方式按供需双方商定进行，在外包装、标签或标志上应写明厂名、厂址。

（2）管材装卸和运输时，不得受到抛摔、剧烈撞击、划伤、暴晒、雨淋，并防止油污和化学品污染。

（3）室外堆放应有遮盖物，防止阳光照射．库内贮存应地面平整，通风良好，并远离热源及化学品污染源。

【依据技术标准】国家强制性标准《燃气用埋地聚乙烯（PE）管道系统《第 1 部分：管材》GB 15558.1-2003。

5.2.8 冷热水用交联聚乙烯（PE-X）管

冷热水用交联聚乙烯（PE-X）管材适用于建筑物内冷热水管道系统，包括工业及民用冷热水、饮用水和热水采暖等管道系统。但不适用于消防灭火系统和非水介质的流体输送系统。

用于输送生活饮用水的交联聚乙烯管材，应符合《生活饮用水输配水设备及防护材料的安全性评价标准》GB/T 17219 的规定。

1. 管材材料

生产管材所用的主体原料为高密度聚乙烯（HDPE），聚乙烯（PE）在管材成型过程中或成型后进行交联。管材交联工艺不限，可以采用过氧化物交联、硅烷交联、电子束交联和偶氮交联，交联的目的是使聚乙烯的分子链之间形成化学键，以获得三维网状结构。

2. 管材的使用条件级别

交联聚乙烯管道系统按《冷热水系统用热塑性塑料管材和管件》GB/T 18991-2003 的

规定，按使用条件选用其中的1、2、4、5四个使用条件级别，见表5.2-47，表中每个级别均对应着特定的应用范围及50年的使用寿命，在具体应用时，还应考虑0.4MPa、0.6MPa、0.8MPa、1.0Mh不同的设计压力。

使用条件级别 **表5.2-47**

使用条件级别	设计温度 T_D（℃）	T_D下的使用时间（年）	最高设计温度 T_{max}（℃）	T_{max}下的使用时间（年）	故障温度 T_{mal}（℃）	T_{mal}下的使用时间（h）	典型应用范围
1	60	49	80	1	95	100	供应热水（60℃）
2	70	49	80	1	95	100	供应热水（70℃）
4	20 40 60	2.5 20 25	70	2.5	100	100	地板供暖和低温散热器供暖
5	20 60 80	14 25 10	90	1	100	100	高温散热器供暖

注：当T_D、T_{max}和T_{mal}值超出本表范围时，不能使用本表。

表5.2-47中所列各种使用条件级别的管道系统，均应同时满足在20℃和1.0 MPa条件下输送冷水，使用寿命达到50年的要求。所有管道加热系统的介质只能是水或者经过处理的水。

管材和管件的生产厂家应提供水处理的类型和有关要求，以及许用透氧性等方面性能的指导。

3. 管材分类

（1）按交联工艺分

按交联工艺的不同，管材可分为过氧化物交联聚乙烯（$PE\text{-}X_a$）、硅烷交联聚乙烯（$PE\text{-}X_b$）、电子束交联聚乙烯（$PE\text{-}X_c$）和偶氮交联聚乙烯（$PE\text{-}X_d$）四种管材。

（2）按尺寸分

按尺寸可分为S6.3，S5，S4，S3.2四个管系列。管系列S是一个与公称外径和公称壁厚有关的无量纲数值，其值由式（5.2-9）计算：

$$S=\frac{d_n-e_n}{2e_n} \tag{5.2-9}$$

式中 d_n——管材的公称外径（mm）；

e_n——管材的公称壁厚（mm）。

管系列S与公称压力PN的关系为：

当管道系统的总使用系数C为1.25时，管系列S与公称压力PN的关系见表5.2-48；当管道系统的总使用系数C为1.5时，管系列S与公称压力PN的关系见表5.2-49。

管系列S与公称压力PN的关系（C=1.25） **表5.2-48**

管系列	S6.3	S5	S4	S3.2
公称压力PN（MPa）	1.0	1.25	1.6	2.0

管系列 S 与公称压力 *PN* 的关系（C=1.5）　　**表 5.2-49**

管系列	S6.3	S5	S4	S3.2
公称压力 *PN*（MPa）	1.0	1.25	1.25	1.6

总使用系数 C 是一个大于 1 的系数，它反映了置信下限 LCL 所未考虑的管道系统的性能和使用条件。

（3）按使用条件级别分

按使用条件级别，管材可分为级别 1、级别 2、级别 4、级别 5 四个级别，见表 5.2-47。

管材按使用条件级别和设计压力选择对应的管系列 S 值，见表 5.2-50。

管系列 S 的选择　　**表 5.2-50**

设计压力 p_D(MPa)	级别 1 σ_D=3.85 MPa	级别 2 σ_D=3.54 MPa	级别 4 σ_D=4.00 MPa	级别 5 σ_D=3.24 MPa
	管系列 S			
0.4	6.3	6.3	6.3	6.3
0.6	6.3	5	6.3	5
0.8	4	4	5	4
1.0	3.2	3.2	4	3.2

4. 管材外观

管材颜色由工程设计或供需双方协商确定，用作明装并有遮光要求的管材应不透光。

管壁内外表面应无可见的杂质，表面颜色应均匀一致，不允许有气泡和明显色差。内外表面应光滑、平整，不能有明显划痕、凹陷等缺陷。管材端面应切割平整，并与管材的轴线垂直。

5. 管材规格

（1）平均外径及最小壁厚

管材的平均外径 d_{em} 及最小壁厚 e_{min} 应符合表 5.2-51 的要求。

管材规格（mm）　　**表 5.2-51**

公称外径 d_n	平均外径		管材壁厚 e_n			
			管系列			
	$d_{em,min}$	$d_{em,max}$	S6.3	S5	S4	S3.2
16	16.0	16.3	1.8	1.8	1.8	2.2
20	20.0	20.3	1.9	1.9	2.3	2.8
25	25.0	25.3	1.9	2.3	2.8	3.5
32	32.0	32.3	2.4	2.9	3.6	4.4
40	40.0	40.4	3.0	3.7	4.5	5.5
50	50.0	50.5	3.7	4.6	5.6	6.9
65	65.0	65.6	4.7	5.8	7.1	8.6
75	75.0	75.7	5.6	6.8	8.4	10.3

续表

公称外径 d_n	平均外径		管材壁厚 e_n			
			管系列			
	$d_{em,min}$	$d_{em,max}$	S6.3	S5	S4	S3.2
90	90.0	90.9	6.7	8.2	10.1	12.3
110	110.0	111.0	8.1	10.0	12.3	15.1
125	125.0	126.21	9.2	11.4	14.0	17.1
140	140.0	141.3	10.3	12.7	15.7	19.2
160	160.0	161.5	11.8	14.6	17.9	21.9

注：考虑到刚性和连接的要求，表中管材外径16mm之管系列S6.3、S5的最小壁厚1.8mm及管材外径20mm之管系列S6.3的最小壁厚1.9mm，不按管系列计算。

（2）管材壁厚和公差 a

对一定使用条件级别、设计压力和公称尺寸的管材，选择最小壁厚 e_{min}时，应使其所对应的管系列S或管系列的计算值 S_{ale}等于或小于表5.2-52所给的管系统的最大计算值 S_{eale}，max。管材壁厚 e_{min}（数值等于公称壁厚 e_n）应满足表5.2-51中对应管系列S及其计算值 S_{eale}的相关要求。厚度 e 的公差应符合表5.2-53的要求，即下偏差为零，表中偏差值均系正偏差值。

确定管材壁厚偏差时应考虑管件的类型。交联聚乙烯管材的壁厚值不包括阻隔层的厚度。

$S_{eale,max}$值　　表5.2-52

设计压力 p_D（MPa）	级别1	级别2	级别4	级别
	$S_{eale,max}$			
0.4	7.6	7.6	7.6	7.6
0.6	6.4	5.9	6.6	5.4
0.8	4.8	4.4	5.0	4.0
1.0	3.8	3.5	4.0	3.2

注：1. 表中的 $S_{eale,max}$值修约到小数点后第一位。
2. 设计压力 p_D=0.4 MPa所对应的 $S_{eale,max}$值，系按20℃、1.0MPa和50年使用条件确定的值。

管材壁厚偏差（mm）　　表5.2-53

最小壁厚 e_{min}的范围	偏　差	最小壁厚 e_{min}的范围	偏　差
$1.0<e_{min}\leqslant 2.0$	0.3	$12.0<e_{min}\leqslant 13.0$	1.4
$2.0<e_{min}\leqslant 3.0$	0.4	$13.0<e_{min}\leqslant 14.0$	1.5
$3.0<e_{min}\leqslant 4.0$	0.5	$14.0<e_{min}\leqslant 15.0$	1.6
$4.0<e_{min}\leqslant 5.0$	0.6	$15.0<e_{min}\leqslant 16.0$	1.7
$5.0<e_{min}\leqslant 6.0$	0.7	$16.0<e_{min}\leqslant 17.0$	1.8
$6.0<e_{min}\leqslant 7.0$	0.8	$17.0<e_{min}\leqslant 18.0$	1.9
$7.0<e_{min}\leqslant 8.0$	0.9	$18.0<e_{min}\leqslant 19.0$	2.0
$8.0<e_{min}\leqslant 9.0$	1.0	$19.0<e_{min}\leqslant 20.0$	2.1
$9.0<e_{min}\leqslant 10.0$	1.1	$20.0<e_{min}\leqslant 21.0$	2.2
$10.0<e_{min}\leqslant 11.0$	1.2	$21.0<e_{min}\leqslant 22.0$	2.3
$11.0<e_{min}\leqslant 12.0$	1.3		

6. 力学性能

生产厂应按表 5.2-54 规定的参数对管材进行静液压试验，试样数量均为 3 个，无渗漏、无破裂为合格。

管材的力学性能 表 5.2-54

项目	试验参数			要求
	静液压应力（MPa）	试验温度（℃）	试验时间（h）	
耐静液压	12.0	20	1	无渗漏、无破裂
	4.8	95	1	
	4.7	95	22	
	4.6	95	165	
	4.4	95	1000	

7. 物理和化学性能

管材的物理和化学性能应符合表 5.2-55 的规定。

管材的物理和化学性能 表 5.2-55

项目	要求	试验参数	
		参数	数值
纵向回缩率	≤3%	温度	120℃
		试验时间：	
		e_n≤8 mm	1h
		8mm< e_n≤16mm	2h
		e_n>16mm	4h
		试样数量	3
静液压状态下的热稳定性	无渗漏，无破裂	静液压应力	2.5 MPa
		试验温度	110℃
		试验时间	8760h
		试样数量	1
交联度	过氧化物交联 ≥70% 硅烷交联 ≥65% 电子束交联 ≥60% 偶氮交联 ≥65%		

8. 系统适用性

生产厂应按 GB/T 18992.2-2003 标准的要求，进行管材与管件连接后的静液压、热循环、循环压力冲击、耐拉拔、弯曲、真空 6 种系统适用性试验。

9. 出厂检验

产品经生产厂质量检验部门的出厂检验合格后，方可出厂。

出厂检验项目主要有管材的外观和长度、规格尺寸、纵向回缩率、静液压试验（20℃，1h 及 95℃，22h 或 95℃，165h）和交联度。

10. 标志、包装、运输、贮存

（1）管材应有间隔不超过 2m 的牢固标记，并且标记不得造成对管材的损伤。

1）标记至少应包括下列内容：

A. 生产厂名和/或商标。生产厂为一家，只标明生产厂名或商标，若几个生产厂家生产同一商标的管材，则应同时标明生产厂名和商标。

B. 产品名称，并注明交联工艺；

C. 规格及尺寸；

D. 用途：符合输送生活饮用水的管材标志 Y。

标记示例：

管系列为 S5，d_n 为 40mm，e_n 为 3.7mm，硅烷交联，可输送生活饮用水的管材应标记为：S5　d_n 40×3.7　PE-X_b　Y

E. 产品标准号及生产日期。

2）管材的外包装物上至少应有下列标记：

A. 商标；

B. 产品名称，并注明交联工艺；

C. 生产厂名、厂址。

3）为防止错误使用，不应标志公称压力 PN 值。

（2）管材应按相同规格用包装袋捆扎封口。每袋重量一般不超过 25kg。包装方式也可由供需双方协商确定。

（3）运输管材在装卸和运输时，不得抛掷、暴晒、重压，防止化学品污染。

（4）管材不得露天存放，防止阳光暴晒，应合理堆放于室内库房，远离热源。

【依据技术标准】《冷热水用交联聚乙烯（PE-X）管道系统第 1 部分：总则》GB/T 18992.1-2003 和《冷热水用交联聚乙烯（PE-X）管道系统　第 2 部分：管材》GB/T 18992.2-2003。

5.2.9 建筑给水交联聚乙烯（PE-X）管

建筑给水交联聚乙烯（PE-X）管材系以高密度聚乙烯为主要原料，加入必要助剂，经化学交联挤出成型的管材，适用于工作温度不超过 95℃（瞬间不大于 110℃）的建筑给水（热水）用管材，卫生标准应符合《生活饮用水输配水设备及防护材料的安全性评价标准》GB/T 17219 的规定。

前面“5.2.8 冷热水用交联聚乙烯（PE-X）管材”依据的 GB/T 18992.1-2003、GB/T 18992.2-2003 两项国家标准，可以涵盖此项 CJ/T 205-2000 行业标准，但由于没有明文代替此项标准，市场上也有按此项标准生产的管材，这里还是要进行介绍。

1. 管材规格

交联聚乙烯（PE-X）管材规格见表 5.2-56。

管材规格 表 5.2-56

公称外径 d_e(mm)	标准尺寸比 SDR 系列							
	13.6		11		9		7.3	
	管材系列 S							
	6.3		5		4		3.15	
	壁厚 e(mm)	理论质量(kg/m)	壁厚 e(mm)	理论质量(kg/m)	壁厚 e(mm)	理论质量(kg/m)	壁厚 e(mm)	理论质量(kg/m)
10	1.3	0.037	1.3	0.037	1.3	0.037	1.4	0.047
12	1.3	0.045	1.3	0.045	1.4	0.049	1.7	0.059
16	1.3	0.064	1.3	0.083	2.0	0.083	2.2	0.098
20	1.5	0.091	2.0	0.111	2.3	0.131	2.8	0.153
25	1.9	0.142	2.3	0.169	2.8	0.197	3.5	0.238
32	2.4	0.23	2.9	0.268	3.6	0.323	4.4	0.382
40	3.0	0.352	3.7	0.425	4.5	0.503	5.5	0.594
50	3.7	0.543	4.6	0.659	5.6	0.780	6.9	0.926
63	4.7	0.864	5.8	1.04	7.1	1.24	8.7	1.46
75	5.6	1.22	6.8	1.45	8.4	1.74	10.3	2.07
90	6.7	1.75	6.2	2.10	10.1	2.51	12.3	2.96
110	8.1	2.58	10.0	3.11	12.3	3.27	15.1	4.44
125	9.2	3.33	11.4	4.03	14.0	4.81	17.1	5.71
140	10.3	4.17	12.7	5.02	15.7	6.05	19.2	7.17
160	11.8	5.44	14.64	6.60	17.9	7.87	21.9	9.33
180	13.3	6.9	16.3	8.3	20	9.90	24.7	11.84
200	14.7	8.74	18.1	10.22	22.4	12.31	27.4	14.60
225	16.6	10.75	20.4	12.94	25	15.45	30.9	18.50
250	18.4	13.24	22.7	15.98	27.9	19.15	34.3	22.83

2. 技术要求

通用型管材一般为白色，如需其他颜色，可根据使用功能，由供需双方商定。管材内外壁应光滑，不允许有气泡、色差、分解变色及凹陷、裂口和明显划痕。管材两端应切割平整，并与管材轴线垂直。

管材平均外径极限偏差见表 5.2-57；管材壁厚尺寸极限偏差见表 5.2-58。管材长度尺寸极限偏差见表 5.2-59，d_e25 及以下规格管材可做直管或盘管，d_e32 及以上规格管材全部为直管。

管材同一截面壁厚偏差率不得超过 14%；管材同一截面外径圆度，直管不应大于 0.024d_e（计算结果不足 1mm 时取 1mm），盘管不应大于 0.06 d_e。

管材平均外径极限偏差（mm） 表 5.2-57

公称外径 d_e	32	40	50	63	75	90	110
平均外径极限偏差	+0.3 0	+0.4 0	+0.5 0	+0.5 0	+0.7 0	+0.9 0	+1.0 0
公称外径 d_e	125	140	160	180	200	225	250
平均外径极限偏差	+1.2 0	+1.3 0	+1.5 0	+1.7 0	+1.8 0	+2.1 0	+2.3 0

管材壁厚极限偏差（mm） 表 5.2-58

公称壁厚 e	壁厚极限偏差	公称壁厚 e	壁厚极限偏差	公称壁厚 e	壁厚极限偏差
≤2	+0.4 0	>13～14	+1.6 0	>25～26	+2.8 0
>2～3	+0.5 0	>14～15	+1.7 0	>26～27	+2.9 0
>3～4	+0.6 0	>15～16	+1.8 0	>27～28	+3.0 0
>4～5	+0.7 0	>16～17	+1.9 0	>28～29	+3.1 0
>5～6	+0.8 0	>17～18	+2.0 0	>29～30	+3.2 0
>6～7	+0.9 0	>18～19	+2.1 0	>30～31	+3.3 0
>7～8	+1.0 0	>19～20	+2.2 0	>31～32	+3.4 0
>8～9	+1.1 0	>20～21	+2.3 0	>32～33	+3.5 0
>9～10	+1.2 0	>21～22	+2.4 0	>33～34	+3.6 0
>10～11	+1.3 0	>22～23	+2.5 0	>34～35	+3.7 0
>11～12	+1.4 0	>23～24	+2.6 0		
>12～13	+1.5 0	>24～25	+2.7 0		

管材长度尺寸极限偏差 表 5.2-59

类型	管材长度	极限偏差
直管	4m、6m	+20mm 0
盘管	60～400mm	≥公称长度

注：管材长度也可根据用户要求确定。

3. 物理性能

管材物理性能应符合表 5.2-60 的规定。

管材物理性能 **表 5.2-60**

项　　目		技术指标	
纵向回缩率(120℃),(%)		<3	
交联度(%)		≥65	
耐液压性能	短期	20℃环应力 12MPa,1h 不渗漏,不破裂	
		95℃环应力 4.8MPa,1h 不渗漏,不破裂	
	长期	95℃	环应力 4.6MPa,165h 不渗漏,不破裂
			环应力 4.4MPa,1 000h 不渗漏,不破裂

4. 管材允许工作压力

管材按不同系列、不同使用温度和寿命下的允许工作压力可参照表 5.2-61。

管材允许工作压力 **表 5.2-61**

温度(℃)	使用寿命(年)	标准尺寸比 SDR			
		13.6	11	9	7.3
		管材系列 S			
		6.3	5	4	3.15
		允许工作压力(MPa)			
10	1	1.42	1.79	2.25	2.83
	5	1.39	1.76	2.22	2.78
	10	1.38	1.74	2.19	2.76
	25	1.37	1.72	2.17	2.73
	50	1.36	1.71	2.15	2.71
	100	1.35	1.70	2.14	2.69
20	1	1.26	1.58	1.99	2.51
	5	1.23	1.55	1.96	2.46
	10	1.22	1.54	1.94	2.44
	25	1.21	1.52	1.92	2.42
	50	1.20	1.51	1.91	2.40
	100	1.19	1.50	1.89	2.38
30	1	1.12	1.41	1.77	2.23
	5	1.10	1.38	1.74	2.19
	10	1.09	1.37	1.72	2.17
	25	1.07	1.35	1.71	2.15
	50	1.07	1.34	1.69	2.13
	100	1.06	1.33	1.68	2.11
40	1	0.9	1.25	1.58	1.99
	5	0.97	1.23	1.55	1.95
	10	0.96	1.22	1.53	1.93
	25	0.95	1.20	1.51	1.91
	50	0.95	1.19	1.50	1.89
	100	0.94	1.18	1.49	1.88

续表

温度(℃)	使用寿命(年)	标准尺寸比 SDR			
		13.6	11	9	7.3
		管材系列 S			
		6.3	5	4	3.15
		允许工作压力(MPa)			
50	1	0.89	1.12	1.41	1.77
	5	0.87	1.10	1.38	1.74
	10	0.86	1.09	1.37	1.72
	25	0.85	1.07	1.35	1.70
	50	0.85	1.07	1.34	1.69
	100	0.84	1.06	1.33	1.67
60	1	0.79	1.00	1.26	1.58
	5	0.78	0.98	1.23	1.55
	10	0.77	0.97	1.22	1.54
	25	0.76	0.96	1.21	1.52
	50	0.75	0.95	1.20	1.51
70	1	0.75	1.89	1.13	1.42
	5	0.70	0.88	1.10	1.39
	10	0.69	0.87	1.09	1.38
	25	0.68	0.86	1.08	1.36
	50	0.67	0.85	1.07	1.35
80	1	0.64	0.80	1.01	1.27
	5	0.63	0.79	0.99	1.24
	10	0.62	0.78	0.98	1.23
	25	0.61	0.77	0.97	1.22
	50	0.61	0.76	0.96	1.21
90	1	0.57	0.72	0.91	1.14
	5	0.56	0.71	0.89	1.12
	10	0.55	0.70	0.88	1.11
	25	0.55	0.69	0.87	1.10
95	1	0.54	0.68	0.86	1.08
	5	0.53	0.67	0.84	1.06
	10	0.53	0.66	0.83	1.05
	25	0.52	0.56	0.82	1.04

5. 管材外观及尺寸检查

管材内外壁应光滑，不允许有气泡、色差、分解变色和裂口、凹陷、明显划痕存在。管材两端应切割平整，并与管材轴线垂直。

管材平均外径、壁厚按 GB/T 8806 标准的规定进行尺寸检查。

管材同一截面壁厚偏差率按式（5.2-10）计算：

$$e'=\frac{e_1-e_2}{e_1}\times 100\% \tag{5.2-10}$$

式中 e'——管材同一截面壁厚偏差率（%）；

e_1——管材同一截面的最大壁厚（mm）；

e_2——管材同一截面的最小壁厚（mm）。

管材同一截面外径圆度按式（5.2-11）计算：

$$d_e'=d_{emax}-d_{emin} \tag{5.2-11}$$

式中 d_e'——圆度（mm）；

d_{emax}——管材同一截面最大外径（mm），

d_{emin}——管材同一截面最小外径（mm）。

6. 出厂检验

管材产品需经生产厂质量检验部门进行出厂检验，合格并附有合格证方可出厂后。

出厂检验应在型式检验合格的有效期内进行，检验项目有颜色及外观、尺寸极限偏差、纵向回缩率、交联度、耐液压短期试验。

7. 标志、包装、运输、贮存

（1）每根管材应有至少包括下列内容的明显标志：

1）生产厂名或商标；

2）产品名称；

3）规格尺寸：公称压力、公称外径和壁厚；

4）标准编号；

5）生产日期。

（2）管材应用纸箱或遮光塑料薄膜包装，并附有产品质量合格证。包装箱上应标明产品名称或商标、规格尺寸、产品批号、执行标准编号、厂名、厂址、电话。

（3）管材运输时不得重压、损伤，防止暴晒、沾污。不得与有毒有害物品共运。

（4）管材应存放在干燥、清洁、通风的仓库内，并远离热源。

【依据技术标准】城建行业标准《建筑给水交联聚乙烯（PE-X）管材》CJ/T 205-2000。

5.2.10 冷热水用耐热聚乙烯（PE-RT）管

冷热水用耐热聚乙烯（PE-RT）管材适用于冷热水管道系统，包括工业及民用冷热水、饮用水和热水采暖系统。用于输送饮用水的管材应符合《生活饮用水输配水设备及防护材料的安全性评价标准》GB/T 17219 的规定。

此种耐热聚乙烯（PE-RT）管道系统不适用于灭火系统和非水介质的流体输送。

1. 管材材料

生产耐热聚乙烯管材所用的主体原料为乙烯-辛烯共聚物。此种材料通过选用辛烯共聚单体，在聚合反应中对聚乙烯分子链上支链的数目和分布进行适度控制，使其具有耐热的性能。材料还应含有必需的抗氧化剂，所有添加剂应均匀分散。

按 GB/T 6111 试验方法和 GB/T 18252 的要求，耐热聚乙烯管材应在至少 4 个不同温度下作长期静液压试验。试验数据按 GB/T 18252 的方法，得到不同温度、不同时间的 σ_{LPL} 值，并作出该材料蠕变破坏曲线。将材料的蠕变破坏曲线与 CJ/T 175-2002 标准附录 A 中给出的 PE-RT 预测静液压强度参照曲线相比较，试验结果的 σ_{LPL} 值在全部时间及温度范围内均应高于参照曲线上的对应值。

原材料供应商应提供经国际公认的检测机构检测证明该原材料长期静液压试验合格的证明文件。

耐热聚乙烯管材生产厂在生产过程中产生的符合 CJ/T 175-2002 标准要求的回用料可以再使用，使用时少量掺入未使用过的新材料中，回用量不应超过 10%，并使其分散均匀。不允许使用其他来源的回用材料。

2. 使用条件级别

按 ISO 10508：1995 的规定，耐热聚乙烯管道系统按使用条件选用 1、2、4、5 四个应用等级，见表 5.2-62。每个级别均对应于一个特定的应用范围，在具体应用时，还应考虑 0.4MPa，：0.6MPa，0.8MPa，1.0MPa 不同的设计压力。

使用条件级别 **表 5.2-62**

使用条件级别	设计温度 T_D（℃）	T_D 下的使用时间（年）	最高设计温度 T_{max}（℃）	T_{max}下的使用时间（年）	故障温度 T_{mal}（℃）	T_{mal}下的使用时间（h）	典型应用范围
级别 1	60	49	80	1	95	100	供应热水（60℃）
级别 2	70	49	80	1	95	100	供应热水（70℃）
级别 4	20 40 60	2.2 20 25	70	2.5	100	100	地板供暖和低温散热器供暖
级别 5	20 60 80	14 25 10	90	1	100	100	较高温散热器供暖

注：当 T_D、T_{max}和 T_{mal}值超出本表范围时，不能用本表。

表 5.2-62 中所列各使用条件级别的管道系统应同时满足在 20℃、1.0MPa 条件下输送冷水使用寿命 50 年的要求。所有加热系统的介质只能是水或者经处理的水。

管材生产厂家应提供水处理的类型和有关要求，以及许用透氧性等方面性能的指导。

3. 管材分类

（1）按结构的不同，可分为带阻隔层的管材和不带阻隔层的管材两种。带有一层薄的阻隔层的管材，其阻隔层用于防止或大幅度降低气体渗透或光线穿透管壁，其设计应力要求靠主体树脂耐热聚乙烯（PE-RT 来）保证。

（2）管材按尺寸分为 S6.3、S5、S4、S3.2、S2.5 五个管系列。管系列的含义及计算见“5.2.8 冷热水用交联聚乙烯（PE-X）管材”。

（3）管件按连接方式分为热熔承插连接管件、电熔连接管件和机械连接管件。

(4) 管件按管系列S分类与管材相同，管件的壁厚应不小于相同管系列S的管材的壁厚。

4. 管系列S值的选择

管道系统按使用条件级别和设计压力选择对应的S值，见表5.2-63。

PE-RT管道系统管系列S值的选择 **表5.2-63**

设计压力(MPa)	管系列S值				
	20℃,50年 σ_D=7.36 MPa	级别1 σ_D=3.06 MPa	级别2 σ_D=2.15MPa	级别4 σ_D=3.34 MPa	级别5 σ_D=2.02 MPa
0.4	6.3	6.3	5	6.3	5
0.6	6.3	5	3.2	5	3.2
0.8	6.3	3.2	2.5	4	2.5
1.0	6.3	2.5	—	3.2	—

5. 管材系列和规格尺寸

耐热聚乙烯(PE-RT)管材规格用管系列S值、公称外径×公称壁厚表示，例如，管系列S5、公称外径为32mm、公称壁厚为2.9mm的管材，标示为S5，32×2.9mm。

(1) 管材的规格尺寸

管材的公称外径、平均外径、圆度及与管系列S对应的壁厚（不包括阻隔层厚度），见表5.2-64。管材同一截面壁厚的偏差应符合表5.2-65的规定。

管材的规格尺寸(mm) **表5.2-64**

公称外径 d_n	平均外径		圆度		管系列				
					S6.3	S5	S4	S3.2	S2.5
	$d_{em,min}$	$d_{em,min}$	直管	盘管	公称壁厚 e_n				
12	12.0	12.3	≤1.0	≤1.0	—	—	—	—	2.0
16	16.0	16.3	≤1.0	≤1.0	—	—	2.0	2.2	2.7
20	20.0	20.3	≤1.0	≤1.2	—	2.0	2.3	2.8	3.4
25	25.0	25.3	≤1.0	≤1.5	2.0	2.3	2.8	3.5	4.2
32	32.0	32.3	≤1.0	≤2.0	2.4	2.9	3.6	4.4	5.4
40	40.0	40.4	≤1.0	≤2.4	3.0	3.7	4.5	5.5	6.7
50	50.0	50.5	≤1.2	≤3.0	3.7	4.6	5.6	6.9	8.3
63	63.0	63.6	≤1.6	≤3.8	4.7	5.8	7.1	8.6	10.5
75	75.0	75.7	≤1.8	—	5.6	6.8	8.4	10.3	12.5
90	90.0	90.9	≤2.2	—	6.7	8.2	10.1	12.3	15.0
110	110.0	111.0	≤2.7	—	8.1	10.0	12.3	15.1	18.3
125	125.0	126.2	≤3.0	—	9.2	11.4	14.0	17.1	20.8
140	140.0	141.3	≤3.4	—	10.3	12.7	15.7	19.2	23.3
160	160.0	161.6	≤3.9	—	11.8	14.6	17.9	21.9	26.6

管材壁厚偏差（mm） 表 5.2-65

公称壁厚 e_n	允许偏差	公称壁厚 e_n	允许偏差	公称壁厚 e_n	允许偏差
$1.0<e_n\leqslant2.0$	+0.3 0	$10.0<e_n\leqslant11.0$	+1.2 0	$19.0<e_n\leqslant20.0$	+2.1 0
$2.0<e_n\leqslant3.0$	+0.4 0	$11.0<e_n\leqslant12.0$	+1.3 0	$20.0<e_n\leqslant21.0$	+2.2 0
$3.0<e_n\leqslant4.0$	+0.5 0	$12.0<e_n\leqslant13.0$	+1.4 0	$21.0<e_n\leqslant22.0$	+2.3 0
$4.0<e_n\leqslant5.0$	+0.6 0	$13.0<e_n\leqslant14.0$	+1.5 0	$22.0<e_n\leqslant23.0$	+2.4 0
$5.0<e_n\leqslant6.0$	+0.7 0	$14.0<e_n\leqslant15.0$	+1.6 0	$23.0<e_n\leqslant24.0$	+2.5 0
$6.0<e_n\leqslant7.0$	+0.8 0	$15.0<e_n\leqslant16.0$	+1.7 0	$24.0<e_n\leqslant25.0$	+2.6 0
$7.0<e_n\leqslant8.0$	+0.9 0	$16.0<e_n\leqslant17.0$	+1.8 0	$25.0<e_n\leqslant26.0$	+2.7 0
$8.0<e_n\leqslant9.0$	+1.0 0	$17.0<e_n\leqslant18.0$	+1.9 0	$26.0<e_n\leqslant27.0$	+2.8 0
$9.0<e_n\leqslant10.0$	+1.1 0	$18.0<e_n\leqslant18.0$	+2.0 0		

（2）承口尺寸

热熔承插连接管件的承口如图 5.2-22 所示，承口尺寸与相应公称外径见表 5.2-66；电熔连接管件的承口如图 5.2-23 所示，承口尺寸与相应公称外径见表 5.2-67。

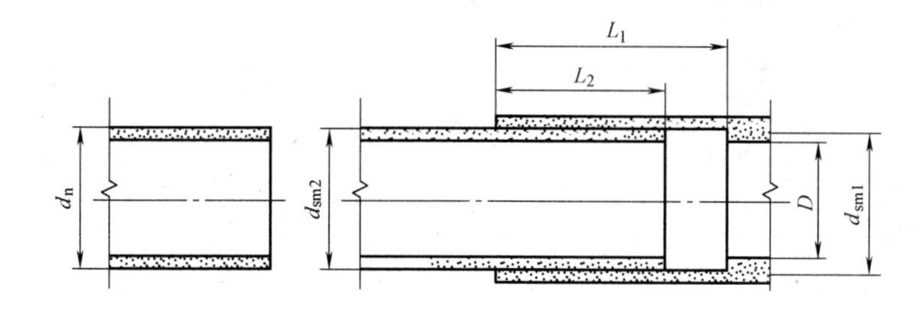

图 5.2-22 热熔承插连接管件的承口

热熔承插连接管件承口尺寸与相应公称外径（mm） 表 5.2-66

公称外径 d_n	最小承插深度 L_1	最小承插深度 L_2	承口的平均内径				圆度	最小通径 D
			d_{sm1}		d_{sm2}			
			最小	最大	最小	最大		
16	13.3	9.8	14.8	15.3	15.0	15.5	≤0.6	9.0
20	14.5	11.0	18.8	19.3	19.0	19.5	≤0.6	13.0
25	16.0	12.5	23.5	24.1	23.8	24.4	≤0.7	18.0

续表

公称外径 d_n	最小承口深度 L_1	最小承插深度 L_2	承口的平均内径				圆度	最小通径 D
			d_{sm1}		d_{sm2}			
			最小	最大	最小	最大		
32	18.1	14.6	30.4	31.0	30.7	31.3	≤0.7	25.0
40	20.5	17.0	38.3	38.9	38.7	39.3	≤0.7	31.0
50	23.5	20.0	48.3	48.9	48.7	49.3	≤0.8	39.0
63	27.4	23.9	61.1	61.7	61.6	62.2	≤0.8	49.0
75	31.0	27.5	71.9	72.7	73.2	74.0	≤1.0	58.2
90	35.5	32.0	86.4	87.4	87.8	88.8	≤1.2	69.8
110	41.5	38.0	105.8	106.8	107.3	108.5	≤1.4	85.4

注：此处的公称外径 d_n 系指与管件相连的管材的公称外径。

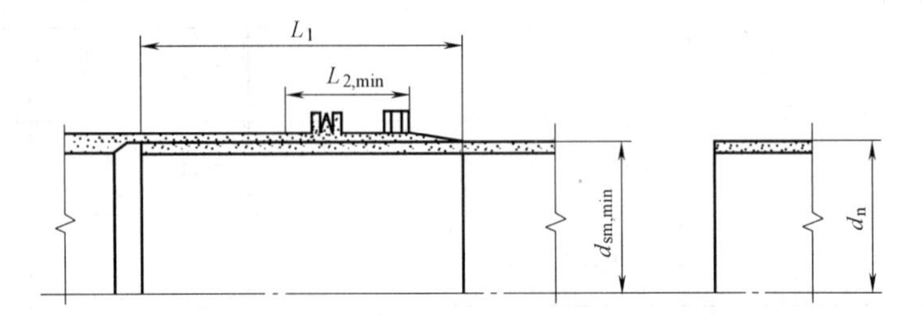

图 5.2-23 电熔连接管件承口

电熔连接管件的承口与相应公称外径（mm） 表 5.2-67

公称外径 d_n	熔合段最小内径 $d_{sm,min}$	熔合段最小长度 $L_{2,min}$	插入长度 L_1	
			min	max
16	16.1	10	20	35
20	20.1	10	20	37
25	25.1	10	20	40
32	32.1	10	20	44
40	40.1	10	20	49
50	50.1	10	20	55
63	63.2	11	23	63
75	75.2	12	25	70
90	90.2	13	28	79
110	110.3	15	32	85
125	125.3	16	35	90
140	140.3	18	38	95
160	160.4	20	42	101

注：此处的公称外径 d_n 系指与管件相连的管材的公称外径。

(3) 金属螺纹接头

带金属螺纹接头的管件其螺纹部分应符合《55°密封管螺纹　第 1 部分：圆柱内螺纹与圆锥外螺纹》GB/T 7306.1、《55°密封管螺纹　第 2 部分：圆锥内螺纹与圆锥外螺纹》GB/T 7306.2 的规定。

6. 管材和管件的物理力学性能

与管道工程设计、施工有关的管材和管件物理力学性能见表 5.2-68。

管材和管件的物理力学性能　　表 5.2-68

项　目	试验环应力(MPa)	试验温度(℃)	试验时间(h)	试件数量(件)	指　标
纵向回缩率	—	110	$e_n \leqslant 8mm$　1 $8mm < e_n \leqslant 16mm$　2 $e_n > 16\ mm$　3	3	<3%
静液压试验	10.00	20	1	3	无渗漏，无破裂
	3.55①	95①	65	3	
	3.50	95	1000	3	
熔体质量流动速率 MFR(190℃, 2.16kg)　g/10min				3	变化率≤原料的 30%

注：1. 用管状试样或管件与管材相连接进行实验。管状试样按实际壁厚计算试验压力；管件与管材相连作为试样时，按相同管系列 S 的管材的公称壁厚计算试验压力。如试验中管材破裂则试验应重做。

2. 相同原料同一生产厂家生产的管材已做过本试验，则管件可不做。

3. 静液压试验中有①数据仅适用于管材。

7. 系统适应性

生产厂家应对管材与机械连接管件连接后，通过系统静液压、耐拉拔、热循环、循环压力冲击、耐弯曲 5 种系统适应性试验；对管材与熔接管件连接后，应通过系统静液压、热循环两种系统适用性试验。试验按 CJ/T175-2002 标准的要求进行。

8. 出厂检验

管材、管件产品需经生产厂质量检验部门检验合格后，并附有合格标志方可出厂。

管材和管件出厂检验的基本要求如下：

出厂检验要求外观管材和管件的内外表面应光洁，无凹陷、气泡、明显的划伤和其他影响性能的表面缺陷。材质不应含有明显可见的杂质。管材端面应切割平整，并与管材轴线垂直。颜色根据供需双方协商确定，色泽应一致，无明显色差。

不透光性的检验可取 400mm 长管段，将其一端用不透光材料封严，在管子侧面有自然光的条件下，用手握住有光源方向的管壁，从管子开口端观察试样的内表面，以看不见手遮光源的阴影为合格。

管材的规格尺寸应符合表 5.2-64～表 5.2-67 的要求；管材纵向回缩率、管材 20℃/1 h 和 95℃/165 h 静液压试验和管件 20℃/1h 静液压试验及熔体质量流动速率，应符合表 5.2-68 的要求。

9. 标志、使用说明书、包装、运输、贮存

(1) 标志

1) 管材应有一定间隔的永久性标记，标记应包括下列内容：

A. 生产厂名；

B. 产品名称：应注明“耐热聚乙烯管材（PE-RT）”；

C. 带气体阻隔层的管材应注明“阻氧型”；

D. 商标；

E. 规格及尺寸：管系列S、公称外径 d_n 和公称壁厚 e_n；

F. 产品标准号；

G. 生产日期或生产批号；

H. 小口径管盘卷供应时，应标出长度。

2）管件应有下列永久性标记：

A. 产品名称：应标记PE-RT；

B. 产品规格：应注明公称外径，管系列。例如：

等径管件标记为 d_n25　S3.2

异径管件标记为 d_n25×20　S3.2

带螺纹管件标记为 d_n20×1/2″　S3.2

C. 商标。

3）管材和管件包装至少应有下列标记：

A. 商标；

B. 产品名称：应注明耐热聚乙烯（PE-RT）管材或耐热聚乙烯（PE-RT）管件；

C. 带气体阻隔层的管材包装应标明“阻氧型”；

D. 生产厂名、厂址；

E. 产品规格、颜色；

F. 产品数量、毛重；

G. 生产日期或生产批号。

为防止使用过程中出现混乱，不得标志“公称压力”字样或“PN”符号。

（2）使用说明书

使用说明书的编写应符合GB/T 9969.1的规定，应标注如下内容：

产品概况；性能指标；管系列S值的选择指导；使用说明及注意事项。

（3）包装

管材和管件应分别按相同规格装入包装袋或包装纸箱，并封口。小口径盘卷管材，盘卷内径不应小于管材外径的20倍，且不应小于400mm。包装袋或包装箱内应有产品合格证和产品使用说明书。

（4）运输和贮存

管材在装卸和运输时，不得抛摔、挤压、划伤、暴晒、雨淋，并防止油类和化学品污染；管材应合理堆放于室内库房，堆放高度不得超过1.5m，远离热源。不得露天存放。

【依据技术标准】城建行业标准《冷热水用耐热聚乙烯（PE-RT）管道系统》CJ/T 175-2002。

5.2.11　超高分子量聚乙烯管

超高分子量聚乙烯管材是以超高分子量聚乙烯（UHMWPE）为主要原料，其他组分添加量不大于5%的经挤出成型的管材产品，适用于输送水、浆体、粉体、颗粒状固体、45℃以下的某些腐蚀性化学液体及低温流体。

当用于输送饮用水时，管材应符合《生活饮用水输配水设备及防护材料的安全性评价标准》GB/T 17219的规定。

超高分子量聚乙烯（UHMWPE）是由乙烯、丁二烯单体在催化剂的作用下，聚合而成的平均分子量大于150万的热塑性工程塑料。此种材料综合性能优越，被称为“令人惊异”的工程塑料，具有优异的耐磨性、抗冲击性、优良的抗内压强度、耐环境应力开裂性、良好的自润滑、抗粘附性、独特的耐低温性、优良的化学稳定性等优越性能，是性价比最高的耐磨塑料管道，广泛应用于冶金矿山（矿浆输送、注浆回填）、电力（粉煤灰输送）、疏浚抽沙（湖泊清淤的泥浆输送，抽沙船的抽沙管）、石油、天然气、纺织、造纸、食品（粮食加工输送）、化工、机械、电气等行业。

1. 管材分类

根据超高分子量聚乙烯（UHMWPE）树脂的分子量分为两类，见表5.2-69。

超高分子量聚乙烯管材分类 **表5.2-69**

分类	UHMWPE Ⅰ	UHMWPE Ⅱ
相对分子质量（$\times 10^4$）	≥100，且≤200	≥200

2. 管材规格

管材的公称压力PN与设计应力σ_s、标准尺寸比SDR之间的关系见式（5.2-12）：

$$PN=\frac{2\sigma_s}{SDR-1} \tag{5.2-12}$$

式中 SDR——标准尺寸比，即管材公称外径d_n与公称壁厚e_n的比值，d_n/e_n；

PN——公称压力，MPa；

σ_s——设计应力，MPa。

管材规格用公称压力PN、公称外径$d_n\times$公称壁厚e_n表示。例如：公称压力1.0 MPa、公称外径160mm、公称壁厚7.7mm，应表示为：

PN1.0 160×7.7(mm)

管材公称外径、公称压力以及对应的壁厚与管材选用有关，见表5.2-70、表5.2-71、表5.2-72。

管材公称外径、公称压力对应的公称壁厚（一） **表5.2-70**

公称外径 d_n (mm)	标准尺寸比					
	SDR34.4	SDR26	SDR21	SDR17	SDR13.6	SDR11
	公称压力 PN(MPa)					
	0.6	0.8	1.0	1.25	1.6	2.0
	公称壁厚 e_n(mm)					
63	—	—	—	—	—	5.8
75	—	—	—	—	—	6.8
90	—	—	—	—	6.7	8.2
110	—	—	—	6.6	8.1	10.0

续表

公称外径 d_n (mm)	标准尺寸比					
	SDR34.4	SDR26	SDR21	SDR17	SDR13.6	SDR11
	公称压力 PN(MPa)					
	0.6	0.8	1.0	1.25	1.6	2.0
	公称壁厚 e_n(mm)					
125	—	—	6.0	7.4	9.2	11.4
140	—	—	6.7	8.3	10.3	12.7
160	—	6.2	7.7	9.5	11.8	14.6
180	—	6.9	8.6	10.7	13.3	16.4
200	5.9	7.7	9.6	11.9	14.7	18.2
225	6.6	8.6	10.8	13.4	16.6	20.5
250	7.3	9.6	11.9	14.3	18.4	22.7
280	8.2	10.7	13.4	16.6	20.6	25.4
315	9.2	12.1	15.0	18.7	23.2	28.6
355	10.4	13.6	16.9	21.1	26.1	32.2
400	11.7	15.3	19.1	23.7	29.4	36.6
450	13.2	17.2	21.5	26.7	33.1	40.9
500	14.6	19.1	23.9	29.7	36.8	45.4
560	16.4	21.4	26.7	33.2	41.2	—
630	18.4	24.1	30.0	37.4	—	—
710	20.7	27.2	33.9	42.1	—	—
800	23.3	30.6	38.1	—	—	—

注：本表设计应力 σ_s=10MPa。

管材公称外径、公称压力对应的公称壁厚（二）　　表 5.2-71

公称外径 d_n (mm)	标准尺寸比					
	SDR27.6	SDR21	SDR17	SDR13.6	SDR11	SDR9
	公称压力 PN(MPa)					
	0.6	0.8	1.0	1.25	1.6	2.0
	公称壁厚 e_n(mm)					
63	—	—	—	—	5.8	7.1
75	—	—	—	—	6.8	8.4
90	—	—	—	6.7	8.2	10.1
110	—	—	6.6	8.1	10.0	12.3
125	—	6.0	7.4	9.2	11.4	14.0
140	—	6.7	8.3	10.3	12.7	15.7
160	5.8	7.7	9.5	11.8	14.6	17.9
180	6.6	8.6	10.7	13.3	16.4	20.1

续表

公称外径 d_n (mm)	标准尺寸比					
	SDR27.6	SDR21	SDR17	SDR13.6	SDR11	SDR9
	公称压力 PN(MPa)					
	0.6	0.8	1.0	1.25	1.6	2.0
	公称壁厚 e_n(mm)					
200	7.3	9.6	11.9	14.7	18.2	22.4
225	8.2	10.8	13.4	16.6	20.5	25.2
250	9.3	11.9	14.8	18.4	22.7	27.9
280	10.2	13.4	16.6	20.6	25.4	31.3
315	11.4	15.0	18.7	23.2	28.6	35.2
355	12.9	16.9	21.1	26.1	32.2	39.7
400	14.5	19.1	23.7	29.4	36.3	44.7
450	16.3	21.5	26.7	33.1	40.9	—
500	18.1	23.9	29.7	36.8	45.4	—
560	20.3	26.7	33.2	41.2	—	—
630	22.8	30.0	37.4	—	—	—
710	25.7	33.9	42.1	—	—	—
800	29.0	38.1	—	—	—	—

注：本表设计应力 σ_s=8MPa。

管材公称外径、公称压力对应的公称壁厚（三）　　表 5.2-72

公称外径 d_n (mm)	标准尺寸比					
	SDR33	SDR22	SDR17	SDR13.6	SDR11	SDR9
	公称压力 PN(MPa)					
	0.4	0.6	0.8	1.0	1.25	1.6
	公称壁厚 e_n(mm)					
63	—	—	—	—	5.8	7.1
75	—	—	—	—	6.8	8.4
90	—	—	—	6.7	8.2	10.1
110	—	—	6.6	8.1	10.0	12.3
125	—	—	7.4	9.2	11.4	14.0
140	—	6.4	8.3	10.3	12.7	15.7
160	—	7.3	9.5	11.8	14.6	17.9
180	—	8.2	10.7	13.3	16.4	20.1
200	—	9.1	11.9	14.7	18.2	22.4
225	6.7	10.3	13.4	16.6	20.5	25.2
250	7.7	11.4	14.8	18.4	22.7	27.9
280	8.6	12.8	16.6	20.6	25.4	31.3
315	9.7	14.4	18.7	23.2	28.6	35.2

续表

公称外径 d_n (mm)	标准尺寸比					
	SDR33	SDR22	SDR17	SDR13.6	SDR11	SDR9
	公称压力 PN(MPa)					
	0.4	0.6	0.8	1.0	1.25	1.6
	公称壁厚 e_n(mm)					
355	10.9	16.2	21.1	26.1	32.2	39.7
400	12.3	18.2	23.7	29.4	36.3	44.7
450	13.8	20.5	26.7	33.1	40.9	—
500	15.3	22.8	29.7	36.8	45.4	—
560	17.2	25.5	33.2	41.2	—	—
630	19.3	28.7	37.4	46.3	—	—
710	21.8	32.3	42.1	—	—	—
800	24.5	36.4	—	—	—	—

注：本表设计应力 σ_s= 6.3MPa。

3. 压力折减系数

最大工作压力 P_{PMR}按式（5.2-13）进行计算：

$$P_{PMR}=PN\times f_1\times f_2 \tag{5.2-13}$$

式中 f_1——温度折减系数，见表 5.2-73；

f_2——介质折减系数，见表 5.2-74。

管道在 20℃以上连续使用时，其温度折减系数 f_1 见表 5.2-73；当输送不同流体，建议采用的介质折减系数 f_2 见表 5.2-74。

温度折减系数 f_1　　表 5.2-73

温度 t(℃)	20	30	40
温度折减系数 f_1	1.0	0.87	0.74

介质折减系数 f_2　　表 5.2-74

流体名称	流　体	浆　体	固体颗粒或其他形态（气力输送）	尖锐的硬质颗粒（气力输送）
介质折减系数 f_2	1.0	0.8	0.67	<0.4

4. 管材的外观及尺寸

管材一般为黑色，其他颜色由供需双方商定，但色泽应基本均匀。管材的内外表面应光滑、平整，无凹陷、气泡和其他影响性能的表面缺陷，不应含有可见杂质。两端面应与轴线垂直。

管材的长度一般为 6m、9m 或 12m，具体由供需双方协商。

管材的平均外径应符合表 5.2-75 的规定；管材任一点的壁厚公差应符合表 5.2-76 的规定。

管材的平均外径（mm） **表 5.2-75**

公称外径 d_n	最小平均外径 $d_{em,min}$	最大平均外径 $d_{em,max}$	公称外径 d_n	最小平均外径 $d_{em,min}$	最大平均外径 $d_{em,max}$
63	63.0	63.6	280	280.0	282.6
75	75.0	75.7	315	315.0	317.9
90	90.0	90.9	355	355.0	358.2
110	110.0	111.0	400	400.0	403.6
125	125.0	126.2	450	450.0	454.1
140	140.0	141.3	500	500.0	504.5
160	160.0	161.5	560	560.0	565.0
180	180.0	181.7	630	630.0	635.7
200	200.0	201.8	710	710.0	716.4
225	225.0	227.1	800	800.0	807.2
250	250.0	252.3	—	—	—

管材壁厚公差（mm） **表 5.2-76**

最小壁厚 $e_{y,min}$		公差 t_y	最小壁厚 $e_{y,min}$		公差 t_y	最小壁厚 $e_{y,min}$		公差 t_y
>	≤		>	≤		>	≤	
5.3	6.0	0.9	22.5	23.0	4.5	37.0	37.5	7.4
6.0	6.6	1.0	23.0	23.5	4.6	37.5	38.0	7.5
6.6	7.3	1.0	23.5	24.0	4.7	38.0	38.5	7.6
7.3	8.0	1.2	24.0	24.5	4.8	38.5	39.0	7.7
8.0	8.6	1.3	24.5	25.0	4.9	39.0	39.5	7.8
8.6	9.3	1.4	25.0	25.5	5.0	39.5	40.0	7.9
9.3	10.0	1.5	25.5	26.0	5.1	40.0	40.5	8.0
10.0	10.6	1.6	26.0	26.5	5.2	40.5	41.0	8.1
10.6	11.3	1.7	26.5	27.0	5.3	41.0	41.5	8.2
11.3	12.0	1.8	27.0	27.5	5.4	41.5	42.0	8.3
12.0	12.6	1.9	27.5	28.0	5.5	42.0	42.5	8.4
12.6	13.3	2.0	28.0	28.5	5.6	42.5	43.0	8.5
13.3	14.0	2.1	28.5	29.0	5.7	43.0	43.5	8.6
14.0	14.6	2.2	29.0	29.5	5.8	43.5	44.0	8.7
14.6	15.3	2.3	29.5	30.0	5.9	44.0	44.5	8.8
15.3	16.0	2.4	30.0	30.5	6.0	44.5	45.0	8.9
16.0	16.5	3.2	30.5	31.0	6.1	45.0	45.5	9.0
16.5	17.0	3.3	31.0	31.5	6.2	45.5	46.0	9.1
17.0	17.5	3.4	31.5	32.0	6.3	46.0	46.5	9.2
17.5	18.0	3.5	32.0	32.5	6.4	46.5	47.0	9.3
18.0	18.5	3.6	32.5	33.0	6.5	47.0	47.5	9.4
18.5	19.0	3.7	33.0	33.5	6.6	47.5	48.0	9.5
19.0	19.5	3.8	33.5	34.0	6.7	48.0	48.5	9.6
19.5	20.0	3.9	34.0	34.5	6.8	48.5	49.0	9.7
20.0	20.5	4.0	34.5	35.0	6.9	49.0	49.5	9.8
20.5	21.0	4.1	35.0	35.5	7.0	49.5	50.0	9.9
21.0	21.5	4.2	35.5	36.0	7.1	50.0	50.5	10.0
21.5	22.0	4.3	36.0	36.5	7.2	—	—	—
22.0	22.5	4.4	36.5	37.0	7.3	—	—	—

5. 静液压试验

管材的静液压强度应符合表 5.2-77 的规定。

管材的静液压强度 **表 5.2-77**

项　目	σ_s=10 MPa、σ_s=8 MPa 时环向应力(MPa)	σ_s=6.3 MPa 时环向应力(MPa)	要　求
20℃静液压强度(100h)	12.4	9.0	不渗漏,不破裂
80℃静液压强度(165h)	5.5	4.6	不渗漏,不破裂
80℃静液压强度(1 000h)	5.0	4.0	不渗漏,不破裂

6. 物理力学性能

管材的物理力学性能应符合表 5.2-78 的规定。

管材的物理力学性能 **表 5.2-78**

项　目		指　标			
		UHMWPE Ⅰ		UHMWPE Ⅱ	
氧化诱导时间(200℃)(min)		≥20		≥20	
拉伸性能	拉伸屈服应力(MPa)	≥20		≥22	
	拉伸断裂伸长率(%)	≥250		≥200	
简支梁双缺口冲击强度(kJ/m²)	23	试样类型 1	≥30	试样类型 1	≥60
		试样类型 2	≥90	试样类型 2	≥140
	−40	试样类型 1	≥20	试样类型 1	≥50
		试样类型 2	≥50	试样类型 2	≥100
砂浆磨损率(%)		≤0.4		≤0.3	
纵向回缩率(%)		≤3		≤3	

7. 出厂检验

管材产品需经生产厂质量检验部门检验合格后并附有合格标志方可出厂。

管材出厂检验项目为：颜色及外观；尺寸；80℃，165h 静液压强度试验；简支梁双缺口冲击强度（23℃）；拉伸屈服应力；拉伸断裂伸长率。

8. 标志、包装、运输、贮存

（1）管材出厂应有以下内容标记：产品名称、商标；产品名称、类别及规格尺寸；生产日期；公称压力；标准编号。

（2）包装方式根据需方要求协商确定。

（3）管材在装运过程中不应抛摔、划伤，不应被油污和化学品污染。

（4）管材存放应远离热源，不应长期露天存放。堆放高度应不超过 2m。

【依据技术标准】轻工行业标准《超高分子量聚乙烯管材》QB/T 2668-2004。

5.2.12 超高分子量聚乙烯复合管

超高分子量聚乙烯（UHMWPE）是由乙烯、丁二烯单体在催化剂的作用下，聚合而成的平均分子量大于 150 万的热塑性工程塑料，其综合性能优越，被称为“令人惊异”的工程塑料，可广泛应用于矿山（矿粉、矿浆、尾矿排放管线）冶金、电力、石油、纺织、造纸、食品、化工、机械、电气等行业。

超高分子量聚乙烯复合管材系指外层为高密度聚乙烯树脂、内层为超高分子量聚乙烯树脂的复合管材，适用于输送水、液态、浆体、粉体及颗粒状固体。如用于输送饮用水，管材卫生标准应符合《生活饮用水输配水设备及防护材料的安全性评价标准》GB/T 17219 的规定。

在工程中，可用超高分子量聚乙烯管与碳钢管经科学的工艺制成钢塑复合管材，其特征是由带法兰的钢管作为加强护层的外层，敷以由超高分子量聚乙烯管作为基体管材的内层，内层超高分子量聚乙烯管的基体管材沿外层管口延伸至法兰端面外缘形成整体的结构。

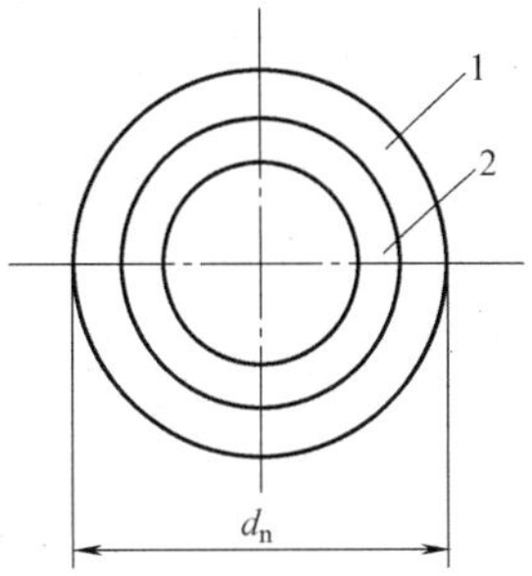

1. 管材结构

超高分子量聚乙烯复合管材的结构图 5.2-24 所示。

图 5.2-24 超高分子量聚乙烯复合管材结构
1—聚乙烯外层壁厚；
2—超高分子量聚乙烯内衬壁厚

2. 管材规格

超高分子量聚乙烯复合管材的公称外径、公称压力及对应的壁厚应符合表 5.2-79 的规定。

超高分子量聚乙烯复合管公称外径、公称压力和规格尺寸 表 5.2-79

公称外径 d_n (mm)	标准尺寸比				
	SDR25	SDR21	SDR17	SDR13.6	SDR11
	公称压力 PN(MPa)				
	0.6	0.8	1.0	1.25	1.6
	公称壁厚 e_n(mm)				
50	2.0	2.5	3.1	3.7	4.6
63	2.5	3.1	3.9	4.7	5.8
75	3.0	3.8	4.5	5.6	6.8
90	3.7	4.3	5.4	6.7	8.2
110	4.2	5.8	6.6	8.1	10.0
125	4.8	6.0	7.4	9.2	11.4
140	5.4	6.7	8.3	10.3	12.7
160	6.2	7.7	9.5	11.8	14.6
180	6.9	8.6	10.7	13.2	16.4
200	7.7	9.6	11.5	14.7	18.2
225	8.6	10.8	13.4	16.6	20.5
250	9.6	11.9	14.8	18.4	22.7
280	10.7	13.4	16.5	20.6	25.4
315	13.1	15.0	19.7	23.2	28.6

续表

公称外径 d_n（mm）	标准尺寸比				
	SDR25	SDR21	SDR17	SDR13.6	SDR11
	公称压力 PN(MPa)				
	0.6	0.8	1.0	1.25	1.6
	公称壁厚 e_n(mm)				
355	13.5	16.5	21.1	26.1	32.2
400	15.3	19.1	23.7	29.4	36.3
450	17.2	21.5	26.7	33.1	40.9
500	19.1	23.9	29.7	36.8	45.4
560	21.4	26.7	33.2	41.2	50.8
630	24.1	30.0	37.4	45.3	57.2

注：管材内层壁厚为总壁厚的50%，其他壁厚比例由供需双方商定。

3. 压力折减系数

当管道系统在20℃以上连续使用时，其最大工作压力（MOP）应按式（5.2-14）计算：

$$MOP = PN \times f_1 \times f_2 \quad (5.2\text{-}14)$$

式中 f_1——温度折减系数，见表5.2-80；

f_2——输送不同介质流体时，建议折减系数见表5.2-81。

温度的压力折减系数 **表5.2-80**

温度 t(℃)	20	30	40
温度折减系数 f_1	1.0	0.87	0.74

介质的压力折减系数 **表5.2-81**

流体名称	流体	浆体	固体颗粒或其他形态（气力输送）	尖锐的硬质颗粒（气力输送）
介质折减系数 f_2	1.0	0.8	0.67	<0.4

4. 管材的外观及尺寸

管材的颜色外层宜为黑色，内层为本色，其他颜色可由供需双方商定，色泽应基本均匀。管材的内外表面应光滑、平整，不应有气泡、凹陷、明显的划痕、杂质等缺陷。两端面应与轴线垂直。

管材的长度宜为6m、9m或12m，具体由供需双方协商，长度的极限偏差为长度的+0.4%，不得有负偏差。

管材的平均外径应符合表5.2-82的规定，对于精公差管材采用等级B，标准公差管材采用等级A。采用等级B或等级A由供需双方协商。无明确规定或要求时采用等级A。

管材的最小壁厚 $e_{y,min}$ 等于公称壁厚 e_n。管材任一点的壁厚公差应符合表5.2-83的规定。

管材的平均外径（mm） 表 5.2-82

公称外径 d_n	最小平均外径 $d_{em,min}$	最大平均外径 $d_{em,max}$		公称外径 d_n	最小平均外径 $d_{em,min}$	最大平均外径 $d_{em,max}$	
		等级 A	等级 B			等级 A	等级 B
50	50.0	50.5	50.3	225	225.0	227.1	226.4
63	63.0	63.6	63.4	250	250.0	252.3	251.5
75	75.0	75.7	75.5	280	280.0	282.6	281.7
90	90.0	90.9	90.6	315	315.0	317.9	316.9
110	110.0	111.0	110.7	355	355.0	358.2	357.2
125	125.0	126.2	125.8	400	400.0	403.6	402.4
140	140.0	141.3	140.9	450	450.0	454.1	452.7
160	160.0	161.5	161.0	500	500.0	504.5	503.0
180	180.0	181.7	181.1	560	560.0	565.0	563.4
200	200.0	201.8	201.2	630	630.0	635.7	633.8

管材壁厚公差（mm） 表 5.2-83

最小壁厚 $e_{y,min}$		公差 t_y	最小壁厚 $e_{y,min}$		公差 t_y	最小壁厚 $e_{y,min}$		公差 t_y
>	≤		>	≤		>	≤	
2.0	3.0	0.5	23.5	24.0	4.7	41.0	41.5	8.2
3.0	4.0	0.6	24.0	24.5	4.8	41.5	42.0	8.3
4.0	4.6	0.7	24.5	25.0	4.9	42.0	42.5	8.4
4.6	5.3	0.8	25.0	25.5	5.0	42.5	43.0	8.5
5.3	6.0	0.9	25.5	26.0	5.1	43.0	43.5	8.6
6.0	6.6	1.0	26.0	26.5	5.2	43.5	44.0	8.7
6.6	7.3	1.0	26.5	27.0	5.3	44.0	44.5	8.8
7.3	8.0	1.2	27.0	27.5	5.4	44.5	45.0	8.9
8.0	8.6	1.3	27.5	28.0	5.5	45.0	45.5	9.0
8.6	9.3	1.4	28.0	28.5	5.6	45.5	46.0	9.1
9.3	10.0	1.5	28.5	29.0	5.7	46.0	46.5	9.2
10.0	10.6	1.6	29.0	29.5	5.8	46.5	47.0	9.3
10.6	11.3	1.7	29.5	30.0	5.9	47.0	47.5	9.4
11.3	12.0	1.8	30.0	30.5	6.0	47.5	48.0	9.5
12.0	12.6	1.9	30.5	31.0	6.1	48.0	48.5	9.6
12.6	13.8	2.0	31.0	31.5	6.2	48.5	49.0	9.7
13.3	14.0	2.1	31.5	32.0	6.3	49.0	49.5	9.8
14.0	14.6	2.2	32.0	32.5	6.4	49.5	50.0	9.9
14.6	15.3	2.3	32.5	33.0	6.5	50.0	50.5	10.0
15.3	16.0	2.4	33.0	33.5	6.6	50.5	51.0	10.1
16.0	16.5	3.2	33.5	34.0	6.7	51.0	51.5	10.2
16.5	17.0	3.3	34.0	34.5	6.8	51.5	52.0	10.3
17.0	17.5	3.4	34.5	35.0	6.9	52.0	52.5	10.4
17.5	18.0	3.5	35.0	35.5	7.0	52.5	53.0	10.5
18.0	18.5	3.6	35.5	36.0	7.1	53.0	53.5	10.6
18.5	19.0	3.7	36.0	36.5	7.2	53.5	54.0	10.7
19.0	19.5	3.8	36.5	37.0	7.3	54.0	54.5	10.8
19.5	20.0	3.9	37.0	37.5	7.4	54.5	55.0	10.9
20.0	20.5	4.0	37.5	38.0	7.5	55.0	55.5	11.0
20.5	21.0	4.1	38.0	38.5	7.6	55.5	56.0	11.1
21.0	21.5	4.2	38.5	39.0	7.7	56.0	56.5	11.2
21.5	22.0	4.3	39.0	39.5	7.8	56.5	57.0	11.3
22.0	22.5	4.4	39.5	40.0	7.9	57.0	57.5	11.4
22.5	23.0	4.5	40.0	40.5	8.0	57.5	58.0	11.5
23.0	23.5	4.6	40.5	41.0	8.1	—	—	—

5. 法兰连接

管件与管材的内层材质应一致，法兰连接管件采用活套法兰，如图 5.2-25 所示，其尺寸见表 5.2-84。管件金属材料不应对所输送水质及聚乙烯材料性能产生不良影响或引发应力开裂，并且应满足管道系统的总体要求。当使用的金属材料与水接触或易腐蚀时，应采取措施防止电化学腐蚀。法兰的螺栓孔数应符合相应公称压力等级的确定。

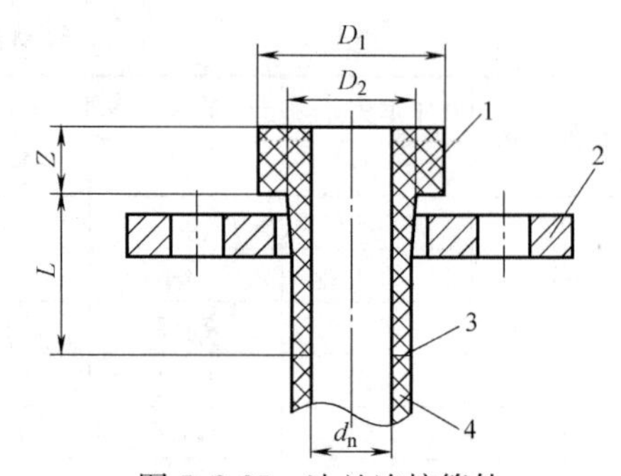

图 5.2-25　法兰连接管件

1—聚乙烯接头；2—金属法兰；3—焊缝；4—超高分子量聚乙烯复合管

6. 静液压试验

管材的静液压强度应符合表 5.2-85 的规定。

法兰连接管件尺寸（mm）　表 5.2-84

管材和插口的公称外径 d_n	D_{1min}	D_2	Z	L	管材和插口的公称外径 d_n	D_{1min}	D_2	Z	L
50	88	61	15	75	225	268	235	31	120
63	102	75	15	80	250	320	285	36	130
75	122	89	16	80	280	320	291	36	130
90	138	105	18	82	315	370	335	36	140
110	158	125	18	85	355	430	373	36	140
125	168	132	18	90	400	482	427	50	150
140	188	155	18	90	450	585	514	55	160
160	212	175	27	100	500	585	530	55	170
180	212	180	27	100	560	685	615	55	170
200	268	232	31	112	630	685	642	55	180

管材的静液压强度　表 5.2-85

项　目	环向应力(MPa)	要　求
20℃静液压强度(100h)	12.4	不渗漏，不破裂
80℃静液压强度(165h)	5.5	不渗漏，不破裂
80℃静液压强度(1 000h)	5.0	不渗漏，不破裂

7. 物理性能

管材的物理性能应符合表 5.2-86 的规定。

管材的物理性能　表 5.2-86

项　目	断裂伸长率(%)	纵向回缩率(%)	氧化诱导时间 200℃(min)	砂浆磨损率(%)
要求	≥200	≤3	≥20	≤0.4

8. 出厂检验

管材产品需经生产厂质量检验部门检验合格后并附有合格标志方可出厂。

管材出厂检验项目为：颜色及外观；尺寸；80℃，165h 静液压强度试验；断裂伸长率及氧化诱导时间。

9. 标志、包装、运输、贮存

（1）管材出厂应有永久性标志，其间距不超过 2mn。标志至少包括以下内容：生产厂名称、商标；公称外径；标准尺寸比（SDR）；公称压力（PN）；生产日期；标准编号。

（2）包装方式由供需方要求协商确定。

（3）管材在装运过程中不应抛摔、剧烈撞击，不应被油污和化学品污染。

（4）管材应存放在远离热源和化学品污染、通风良好、地面平整的库房内；室外存放应有遮盖物。管材水平应堆放，高度不超过 1.5m。

【依据技术标准】城建行业标准《超高分子量聚乙烯复合管材》CJ/T 320-2009。

5.3 聚氯乙烯（PVC）管

国家标准《给水用硬聚氯乙烯（PVC-U）管材》GB/T 10002.1-2006、《建筑排水用硬聚氯乙烯（PVC-U）管材》GB/T5836.1-2006、《建筑排水用硬聚氯乙烯（PVC-U）管件》GB/T 5836.2-2006 是参照国际标准制（修）订而成的，并根据国内外材料技术、管材加工技术及环保要求的变化，对部分内容进行了修订。其中，给水用 PVC-U 管材国标修订的主要技术内容有：增加了对树脂 *K* 值的要求，禁止使用铅盐稳定剂，提高了落锤冲击试验的冲击能量，部分采纳了国外相关先进标准的技术指标，调整了液压试验的环应力，增加了系统适用性试验和尺寸分组及定型检验等；建筑排水用 PVC-U 管材和管件国标，规格由 40～160mm 扩大到 32～250mm，与市政排水用管道尺寸有区别，管材连接增加了密封圈连接方式，取消优等品和合格品分类，增加了管材、管件承口尺寸要求。

5.3.1 给水用硬聚氯乙烯（PVC-U）管

给水用硬聚氯乙烯（PVC-U）管材适用于建筑物内或室外埋地使用输送饮用水或一般用途给水（但不得用于室内消防水管道系统），水温不超过 45℃，并与《给水用硬聚氯乙烯（PVC-U）管件》GB/T 10002.1-2003 配套使用。

管材的卫生性能应符合《生活饮用水输配水设备及防护材料的安全性评价标准》GB/T 17219 的规定，输送饮用水的管材，其氯乙烯单体含量应不大于 1.0mg/kg。

1. 温度对压力的折减系数

公称压力（PN）系指管材输送 20℃水的最大工作压力。当输水温度不同时，应按表 5.3-1 给出的不同温度对压力的折减系数（f_t）修正工作压力，即用折减系数（f_t）乘以公称压力（*PN*），得到最大允许工作压力。

温度对压力的折减系数　　表 5.3-1

温度（℃）	$0<t\leqslant25$	$25<t\leqslant35$	$35<t\leqslant45$
折减系数 f_t	1	0.8	0.63

2. 产品分类

管材产品按连接方式分为弹性密封圈式和溶剂粘接式。管材的公称压力等级和规格尺寸见表 5.3-2 和表 5.3-3。

管材的公称压力等级和规格尺寸（一）　　**表 5.3-2**

公称外径 d_n（mm）	S 系列、SDR 系列和公称压力						
	S16 SDR33 *PN*0.63	S12.5 SDR26 *PN*0.8	S10 SDR21 *PN*1.0	S8 SDR17 *PN*1.25	S6.3 SDR13.6 *PN*1.6	S5 SDR11 *PN*2.0	S4 SDR9 *PN*2.5
	公称壁厚 e_n(mm)						
20	—	—	—	—	—	2.0	2.3
25	—	—	—	—	2.0	2.3	2.8
32	—	—	—	2.0	2.4	2.9	3.6
40	—	—	2.0	2.4	3.0	3.7	4.5
50	—	2.0	2.4	3.0	3.7	4.6	5.6
63	2.0	2.5	3.0	3.8	4.7	5.8	7.1
75	2.3	2.9	3.6	4.5	5.6	6.9	8.4
90	2.3	3.5	4.3	5.4	6.7	8.2	10.1

注：公称壁厚（e_n）根据设计应力（σ_s）10MPa 确定，最小壁厚不小于 2.0mm。

管材的公称压力等级和规格尺寸（二）　　**表 5.3-3**

公称外径 d_n（mm）	S 系列、SDR 系列和公称压力						
	S20 SDR41 *PN*0.63	S16 SDR33 *PN*0.8	S12.5 SDR25 *PN*1.0	S10 SDR21 *PN*1.25	S8 SDR17 *PN*1.6	S6.3 SDR13.6 *PN*2.0	S5 SDR11 *PN*2.5
	公称壁厚 e_n(mm)						
110	2.7	3.4	4.2	5.3	6.6	8.1	10.0
125	3.1	3.9	4.8	6.0	7.4	9.2	11.4
140	3.5	4.3	5.4	6.7	8.3	10.3	12.7
160	4.0	4.9	6.2	7.7	9.5	11.8	14.6
180	4.4	5.5	6.9	8.6	10.7	13.3	16.4
200	4.9	6.2	7.7	9.6	11.9	14.7	18.2
225	5.5	6.9	8.6	10.8	13.4	16.6	—
250	6.2	7.7	9.6	11.9	14.8	18.4	—
280	6.9	8.6	10.7	13.4	16.6	20.6	—
315	7.7	9.7	12.1	15.0	18.7	23.2	—
355	8.7	10.9	13.6	16.0	21.1	26.1	—
400	9.8	1.3	15.3	19.1	23.7	29.4	—
450	11.0	13.8	17.2	21.5	26.7	33.1	—
500	12.3	15.3	19.1	23.9	29.7	36.8	—
560	13.7	17.2	21.4	26.7	—	—	—
630	15.4	19.3	24.1	30.0	—	—	—
710	17.4	21.8	27.2	—	—	—	—
800	19.5	24.3	30.5	—	—	—	—
900	22.0	27.6	—	—	—	—	—
1000	24.5	30.6	—	—	—	—	—

注：公称壁厚（e_n）根据设计应力（σ_s）12.5MPa 确定。

3. 管材尺寸

(1) 管材的长度一般为4m、6m，也可由供需双方商定。管材长度（L）和有效长度（L_1）如图5.3-1所示。

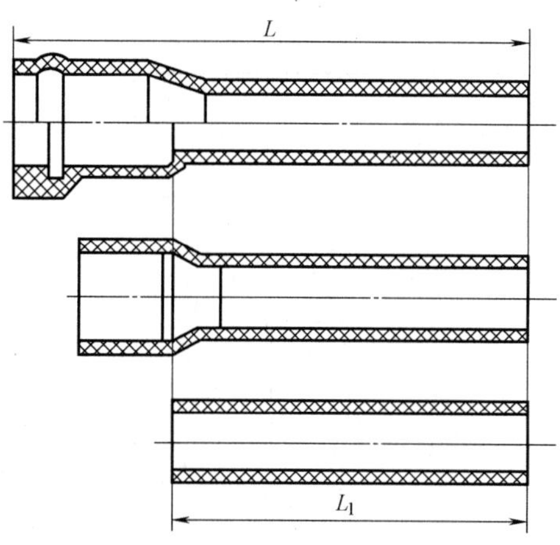

图5.3-1 管材长度示意

(2) 管材弯曲度应符合表5.3-4的规定。

管材弯曲度 **表5.3-4**

公称外径 d_n（mm）	≤32	40～200	≥225
弯曲度（%）	不规定	≤1.0	≤0.5

(3) 平均外径和不圆度应符合表5.3-5规定，PN0.63、PN0.8的管材不要求不圆度。不圆度的测量应在出厂前进行。

平均外径和不圆度（mm） **表5.3-5**

平均外径 d_{em}		不圆度	平均外径 d_{em}		不圆度
公称外径 d_n	允许偏差		公称外径 d_n	允许偏差	
20	$^{+0.3}_{0}$	1.2	225	$^{+0.7}_{0}$	4.5
25	$^{+0.3}_{0}$	1.2	250	$^{+0.8}_{0}$	5.0
32	$^{+0.3}_{0}$	1.3	280	$^{+0.9}_{0}$	6.8
40	$^{+0.3}_{0}$	1.4	315	$^{+1.0}_{0}$	7.6
50	$^{+0.3}_{0}$	1.4	355	$^{+1.1}_{0}$	8.6
63	$^{+0.3}_{0}$	1.5	400	$^{+1.2}_{0}$	9.6
75	$^{+0.3}_{0}$	1.6	450	$^{+1.4}_{0}$	10.8
90	$^{+0.3}_{0}$	1.8	500	$^{+1.5}_{0}$	12.0
110	$^{+0.4}_{0}$	2.2	560	$^{+1.7}_{0}$	13.5
125	$^{+0.4}_{0}$	2.5	630	$^{+1.9}_{0}$	15.2
140	$^{+0.5}_{0}$	2.8	710	$^{+2.0}_{0}$	17.1
160	$^{+0.5}_{0}$	3.2	800	$^{+2.0}_{0}$	19.2
180	$^{+0.6}_{0}$	3.6	900	$^{+2.0}_{0}$	21.6
200	$^{+0.6}_{0}$	4.0	1000	$^{+2.0}_{0}$	24.0

(4) 壁厚

1) 管材任意点壁厚及允许偏差应符合表5.3-6的规定。

壁厚及允许偏差(mm) 表5.3-6

壁厚 e_y	允许偏差	壁厚 e_y	允许偏差
$e_y \leqslant 2.0$	$^{+0.4}_{0}$	$20.6 < e_y \leqslant 21.3$	$^{+3.2}_{0}$
$2.0 < e_y \leqslant 3.0$	$^{+0.5}_{0}$	$21.3 < e_y \leqslant 22.0$	$^{+3.3}_{0}$
$3.0 < e_y \leqslant 4.0$	$^{+0.5}_{0}$	$22.0 < e_y \leqslant 22.6$	$^{+3.4}_{0}$
$4.0 < e_y \leqslant 4.6$	$^{+0.7}_{0}$	$22.6 < e_y \leqslant 23.3$	$^{+3.5}_{0}$
$4.6 < e_y \leqslant 5.3$	$^{+0.8}_{0}$	$23.3 < e_y \leqslant 24.0$	$^{+3.6}_{0}$
$5.3 < e_y \leqslant 6.0$	$^{+0.9}_{0}$	$24.0 < e_y \leqslant 24.6$	$^{+3.7}_{0}$
$6.0 < e_y \leqslant 6.6$	$^{+1.0}_{0}$	$24.6 < e_y \leqslant 25.3$	$^{+3.8}_{0}$
$6.6 < e_y \leqslant 7.3$	$^{+1.1}_{0}$	$25.3 < e_y \leqslant 26.0$	$^{+3.9}_{0}$
$7.3 < e_y \leqslant 8.0$	$^{+1.2}_{0}$	$26.0 < e_y \leqslant 26.6$	$^{+4.0}_{0}$
$8.0 < e_y \leqslant 8.6$	$^{+1.3}_{0}$	$26.6 < e_y \leqslant 27.3$	$^{+4.1}_{0}$
$8.6 < e_y \leqslant 9.3$	$^{+1.4}_{0}$	$27.3 < e_y \leqslant 28.0$	$^{+4.2}_{0}$
$9.3 < e_y \leqslant 10.0$	$^{+1.5}_{0}$	$28.0 < e_y \leqslant 28.6$	$^{+4.3}_{0}$
$10.0 < e_y \leqslant 10.5$	$^{+1.6}_{0}$	$28.6 < e_y \leqslant 29.3$	$^{+4.4}_{0}$
$10.5 < e_y \leqslant 11.3$	$^{+1.7}_{0}$	$29.3 < e_y \leqslant 30.0$	$^{+4.5}_{0}$
$11.3 < e_y \leqslant 12.0$	$^{+1.8}_{0}$	$30.0 < e_y \leqslant 30.6$	$^{+4.6}_{0}$
$12.0 < e_y \leqslant 12.6$	$^{+1.9}_{0}$	$30.6 < e_y \leqslant 31.3$	$^{+4.7}_{0}$
$12.6 < e_y \leqslant 13.3$	$^{+2.0}_{0}$	$31.3 < e_y \leqslant 32.0$	$^{+4.8}_{0}$
$13.3 < e_y \leqslant 14.0$	$^{+2.1}_{0}$	$32.0 < e_y \leqslant 32.6$	$^{+4.9}_{0}$
$14.0 < e_y \leqslant 14.6$	$^{+2.2}_{0}$	$32.6 < e_y \leqslant 33.3$	$^{+5.0}_{0}$
$14.6 < e_y \leqslant 15.3$	$^{+2.3}_{0}$	$33.3 < e_y \leqslant 34.0$	$^{+5.1}_{0}$
$15.3 < e_y \leqslant 16.0$	$^{+2.4}_{0}$	$34.0 < e_y \leqslant 34.6$	$^{+5.2}_{0}$
$16.0 < e_y \leqslant 16.6$	$^{+2.5}_{0}$	$34.6 < e_y \leqslant 35.3$	$^{+5.3}_{0}$
$16.6 < e_y \leqslant 17.3$	$^{+2.6}_{0}$	$35.3 < e_y \leqslant 36.0$	$^{+5.4}_{0}$
$17.3 < e_y \leqslant 18.0$	$^{+2.7}_{0}$	$36.0 < e_y \leqslant 36.6$	$^{+5.5}_{0}$
$18.0 < e_y \leqslant 18.6$	$^{+2.8}_{0}$	$36.6 < e_y \leqslant 37.3$	$^{+5.6}_{0}$
$18.6 < e_y \leqslant 19.3$	$^{+2.9}_{0}$	$37.3 < e_y \leqslant 38.0$	$^{+5.7}_{0}$
$19.3 < e_y \leqslant 20.0$	$^{+3.0}_{0}$	$38.0 < e_y \leqslant 38.6$	$^{+5.8}_{0}$
$20.0 < e_y \leqslant 20.6$	$^{+3.1}_{0}$	—	—

2）管材平均壁厚及允许偏差应符合表 5.3-7 的规定。

管材平均壁厚及允许偏差（mm） **表 5.3-7**

平均壁厚 e_m	允许偏差	平均壁厚 e_m	允许偏差
$e_m \leqslant 2.0$	+0.4 0	$20.0 < e_m \leqslant 21.0$	+2.3 0
$2.0 < e_m \leqslant 3.0$	+0.5 0	$21.0 < e_m \leqslant 22.0$	+2.4 0
$3.0 < e_m \leqslant 4.0$	+0.6 0	$22.0 < e_y \leqslant 23.0$	+2.5 0
$4.0 < e_m \leqslant 5.0$	+0.7 0	$23.0 < e_m \leqslant 24.0$	+2.6 0
$5.0 < e_m \leqslant 6.0$	+0.8 0	$24.0 < e_m \leqslant 25.0$	+2.7 0
$6.0 < e_m \leqslant 7.0$	+0.9 0	$25.0 < e_m \leqslant 26.0$	+2.8 0
$7.0 < e_m \leqslant 8.0$	+1.0 0	$26.0 < e_m \leqslant 27.0$	+2.9 0
$8.0 < e_m \leqslant 9.0$	+1.1 0	$27.0 < e_m \leqslant 28.0$	+3.0 0
$9.0 < e_m \leqslant 10.0$	+1.2 0	$28.0 < e_m \leqslant 29.0$	+3.1 0
$10.0 < e_m \leqslant 11.0$	+1.3 0	$29.0 < e_m \leqslant 30.0$	+3.2 0
$11.0 < e_m \leqslant 12.0$	+1.4 0	$30.0 < e_m \leqslant 31.0$	+3.3 0
$12.0 < e_m \leqslant 13.0$	+1.5 0	$31.0 < e_m \leqslant 32.0$	+3.4 0
$13.0 < e_m \leqslant 14.0$	+1.6 0	$32.0 < e_m \leqslant 33.0$	+3.5 0
$14.0 < e_m \leqslant 15.0$	+1.7 0	$33.0 < e_m \leqslant 34.0$	+3.6 0
$15.0 < e_m \leqslant 16.0$	+1.8 0	$34.0 < e_m \leqslant 35.0$	+3.7 0
$16.0 < e_m \leqslant 17.0$	+1.9 0	$35.0 < e_m \leqslant 36.0$	+3.8 0
$17.0 < e_m \leqslant 18.0$	+2.0 0	$36.0 < e_m \leqslant 37.0$	+3.9 0
$18.0 < e_m \leqslant 19.0$	+2.1 0	$37.0 < e_m \leqslant 38.0$	+4.0 0
$19.0 < e_m \leqslant 20.0$	+2.2 0	$38.0 < e_m \leqslant 39.0$	+4.1 0

4. 承插口

(1) 粘接式承插口

溶剂粘接式承插口广泛应用于管道工程中。承口内径要略大于插口的外径，承口的最小深度、承口中部内径尺寸如图 5.3-2 所示，其数值应符合表 5.3-8 的规定。

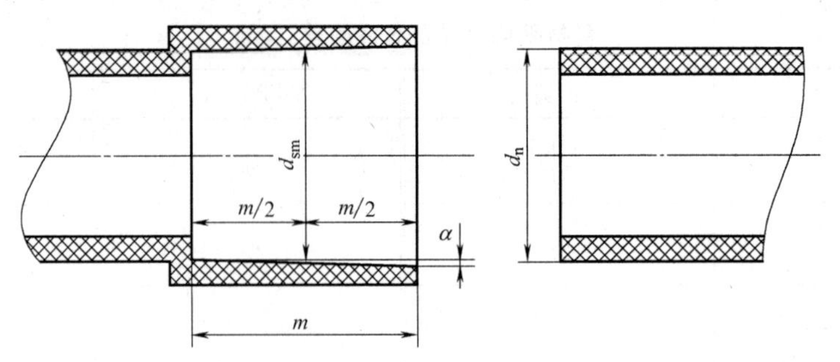

图 5.3-2　粘接式承插口

粘接式承口尺寸（mm）　　**表 5.3-8**

公称外径 d_n	最小深度 m_{min}	中部平均内径 d_{sm}		公称外径 d_n	最小深度 m_{min}	中部平均内径 d_{sm}	
		$d_{sm,min}$	$d_{sm,max}$			$d_{sm,min}$	$d_{sm,max}$
20	16.0	20.1	20.3	110	61.0	110.1	110.4
25	18.5	25.1	25.3	125	68.5	125.1	125.4
32	22.06	32.1	32.3	140	76.0	140.2	140.5
40	26.0	40.1	40.3	160	86.0	160.2	160.5
50	31.0	50.1	50.3	180	96.0	180.3	180.6
63	37.5	63.1	63.3	200	106.0	200.3	200.6
75	43.5	75.1	75.3	225	118.5	225.3	225.6
90	51.0	90.1	90.3	—	—	—	—

注：承插中部的平均内径系指在承口深度 1/2 处所测得的相互垂直的两直径的算术平均值，承口的最大锥度（α）不超过 0°30′。

（2）弹性密封圈式承插口

弹性密封圈式承插口多应用于中、大口径的 PVC-U 管道连接，如图 5.3-3 所示，承口尺寸应符合表 2.3-9 的规定，插口端应按图示加工倒角。

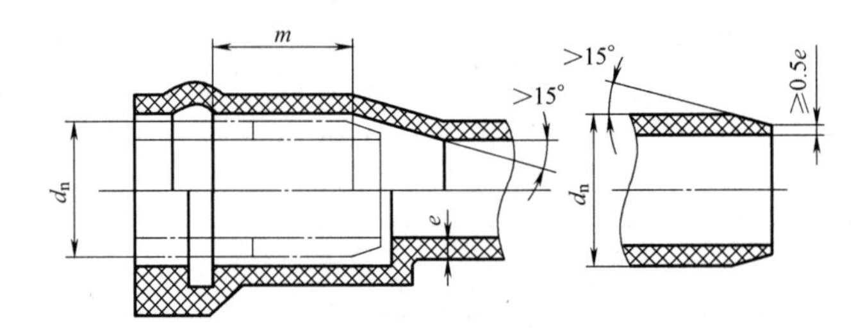

图 5.3-3　弹性密封圈式承插口

弹性密封圈式承口尺寸（mm）　　**表 5.3-9**

公称外径 d_n	63	75	90	110	125	140	160	180	200	225	250
承插口最小配合深度 m_{min}	64	67	70	75	78	81	86	90	94	100	105
公称外径 d_n	280	315	355	400	450	500	560	630	710	800	1 000
承插口最小配合深度 m_{min}	112	118	124	130	138	145	154	165	177	190	220

注：当管材长度大于 12m 时，弹性密封圈式承口深度 m_{min}需另行设计。

5. 主要物理及力学性能

管材的主要物理及力学性能见表 5.3-10，其中液压试验的规定见表 5.3-11。

管材的主要物理及力学性能 **表 5.3-10**

物理性能		力学性能	
项目	技术指标	项目	技术指标
密度（kg/m³）	1350～1460	落锤冲击试验(0℃) TIR(%)	≤5
维卡软化温度(℃)	≥80	液压试验	无渗漏，无破裂
纵向回缩率(%)	≤5		

液压试验 **表 5.3-11**

温度（℃）	环应力（MPa）	试验时间（h）	适用公称外径 d_n(mm)
20	36	1	$d_n<40$
	38	1	$d_n\geqslant 40$
20	30	100	所有规格
60	10	1000	所有规格

6. 出厂检验

管材内外表面应光滑、平整，无明显划痕、凹陷、可见杂质和其他影响标准要求的表面缺陷。管材端面应切割平整并与轴线垂直。

管材产品需经生产厂质量检验部门检验合格，并附有合格证方可出厂。

出厂检验项目有：纵向回缩率、落锤冲击试验和 20℃、1h 的液压试验。

管材长度用精度为 1mm 的钢卷尺测量。

承口深度和内径用精度为 0.02mm 的游标卡尺，按图 2.2-1 和图 2.2-3 规定的部位测量承口深度；用精度为 0.01 mm 的内径测量仪测量承口中部两个相互垂直的内径，计算其算术平均值，作为平均内径。

对于壁厚偏差及平均壁厚偏差，按前述 GB/T 8806-2008 标准的规定，沿圆周测量最大壁厚和最小壁厚，精确地 0.1mm，计算壁厚偏差。在管材同一截面沿圆周均匀测量 8 个点的壁厚，计算其算术平均值，为平均壁厚，精确地 0.1mm，平均壁厚与公称壁厚的差为平均壁厚偏差。

7. 标志、包装、运输、贮存

（1）每根管材的永久性标志不得少于两处。标记至少应包括下列内容：生产厂名、厂址；产品名称（应注明“PVC-U 饮用水”或“PVC-U 非饮用水”）；规格尺寸（公称压力、公称外径和壁厚）；产品标准号；生产日期。

（2）按用户要求进行包装

（3）管材在运输过程中，不得暴晒、重压、损伤和玷污。

（4）管材应在仓库内合理堆放，堆放高度不超过 1.5m，并远离热源。承口部位应交错放置，避免挤压变形。当短期露天存放时，必须遮盖，防止暴晒。

【依据技术标准】《给水用硬聚氯乙烯（PVC-U）管材》GB/T 10002.1-2006。

5.3.2 低压输水灌溉用硬聚氯乙烯（PVC-U）管

低压输水灌溉用硬聚氯乙烯（PVC-U）管材适用于公称压力 0.4MPa 以下低压输水

灌溉使用。

1. 管材规格

管材外径和管壁见表 5.3-12。

管材外径和壁厚（mm） **表 5.3-12**

公称外径 d_n	平均外径极限偏差	壁厚 e							
		公称压力 0.2 MPa		公称压力 0.25 MPa		公称压力 0.32 MPa		公称压力 0.4 MPa	
		公称壁厚	极限偏差	公称壁厚	极限偏差	公称壁厚	极限偏差	公称壁厚	极限偏差
75	+0.3 0	—	—	—	—	1.6	+0.4 0	1.9	+0.4 0
90	+0.3 0	—	—	—	—	1.8	+0.4 0	2.2	+0.5 0
110	+0.4 0	—	—	1.8	+0.4 0	2.2	+0.4 0	2.7	+0.5 0
125	+0.4 0	—	—	2.0	+0.4 0	2.5	+0.4 0	3.1	+0.6 0
140	+0.5 0	2.0	+0.4 0	2.2	+0.4 0	2.8	+0.5 0	3.5	+0.6 0
160	+0.5 0	2.0	+0.4 0	2.5	+0.4 0	3.2	+0.5 0	4.0	+0.6 0
180	+0.6 0	2.3	+0.5 0	2.8	+0.5 0	3.6	+0.5 0	4.4	+0.7 0
200	+0.6 0	2.5	+0.5 0	3.2	+0.6 0	3.9	+0.5 0	4.9	+0.8 0
225	+0.7 0	2.8	+0.5 0	3.5	+0.6 0	4.4	+0.7 0	5.5	+0.9 0
250	+0.8 0	3.1	+0.6 0	3.9	+0.6 0	4.9	+0.8 0	6.2	+1.0 0
280	+0.9 0	3.5	+0.6 0	4.4	+0.7 0	5.5	+0.9 0	6.9	+1.1 0
315	+1.0 0	4.0	+0.6 0	4.9	+0.8 0	6.2	+1.0 0	7.7	+1.2 0

注：公称壁厚（e）按设计应力（σ_s）8MPa 确定。

2. 物理力学性能

管材的物理力学性能见表 5.3-13。

管材的物理力学性能 **表 5.3-13**

项　　目	指　　标	项　　目	指　　标
密度（kg/m³）	1 350～1 550	落锤冲击(0℃)	9/10 为通过
纵向回缩率（%）	≤5	环刚度	
拉伸屈服应力(MPa)	≥40	公称压力 0.2MPa 管材	≥0.5
静液压试验 (24℃,4 倍公称压力,1h)	不渗漏,不破裂	公称压力 0.25MPa 管材 公称压力 0.32MPa 管材	≥1.0 ≥2.0
扁平试验(压至 50%)	不破裂	公称压力 0.4MPa 管材	≥4.0

3. 技术要求

(1) 管材内外表面应光滑，不允许有气泡、裂纹、分解变色线及明显的痕纹、杂质、色泽不匀等缺陷。管材两端应切割平整并与轴线垂直。管材通常为灰色，如需其他颜色由供需双方商定。

(2) 管材长度通常为4m、6m，也可由供需双方商定，长度不应有负偏差。

(3) 管材同一截面的壁厚极限偏差不得超过14%。同一截面的壁厚偏差e'按式(5.3-1)计算。

$$e'=\frac{e_1-e_2}{e_e}\times100\% \tag{5.3-1}$$

式中 e_1——管材同一截面的最大壁厚，mm；

e_2——管材同一截面的最小壁厚，mm。

(4) 管材同方向弯曲度应不大于1%，不应呈S形弯曲。管材弯曲度的测量如图5.3-4所示，弯曲度R按式(5.3-2)计算

$$R=\frac{h}{L}\times100\% \tag{5.3-2}$$

式中 h——弦到弧的最大高度，mm；

L——管材长度，mm。

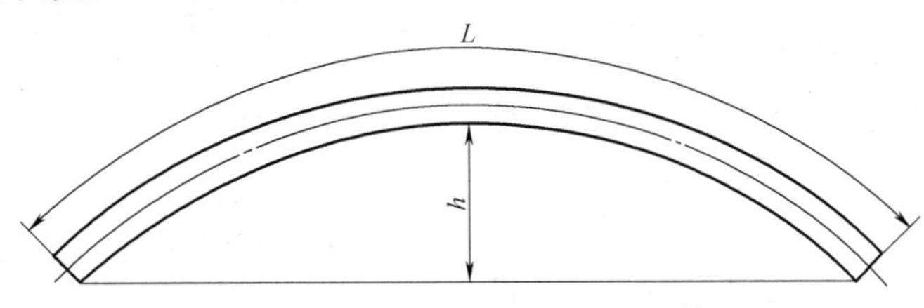

图5.3-4 弯曲度的测量示意

4. 标志、包装、运输、贮存

(1) 产品应有永久标志，且间距不超过2m。标志应包括下列内容：生产厂名、厂址；公称外径；公称压力；公称壁厚；生产日期；本标准号。

(2) 产品包装方式由供需双方商定。

(3) 管件在装卸运输时，不得撞击、抛摔和重压。

(4) 管件应贮存在库房内，堆放高度不应超过2m，并远离热源。不得露天暴晒。

【依据技术标准】《低压输水灌溉用硬聚氯乙烯(PVC-U)管材》GB/T 13664-2006。

5.3.3 建筑排水用硬聚氯乙烯(PVC-U)管

建筑排水用硬聚氯乙烯(PVC-U)管材与《建筑排水用硬聚氯乙烯(PVC-U)管件》GB/T 5836.2-2006配套，用于建筑物排水管道系统。在考虑到材料的耐化学性和耐热性的条件下，也可用作工业排水管材。

1. 管材类型

按连接方式的不同，分为胶粘剂连接型管材和弹性密封圈连接型管材，其主要区别是承口的样式不同。

2. 管材规格

（1）管材的平均外径和壁厚应符合表5.3-14的规定。

管材的平均外径和壁厚（mm）　表5.3-14

公称外径 d_n	平均外径		壁厚	
	最小平均外径	最大平均外径	最小壁厚	最大壁厚
32	32.0	32.2	2.0	2.4
40	40.0	40.2	2.0	2.4
50	50.0	50.2	2.0	2.4
75	75.0	75.3	2.3	2.7
90	90.0	90.3	3.0	3.5
110	110.0	110.3	3.2	3.8
125	125.0	125.3	3.2	3.8
160	160.0	160.4	4.0	4.6
200	200.0	200.5	4.9	5.6
250	250.0	250.5	6.2	7.0
315	315.0	315.6	7.8	8.6

（2）长度、不圆度和弯曲度

管材的长度L和有效长度L_1如图5.3-5所示。管材的长度L一般为4m或6m，但不允许有负偏差。不圆度应不大于0.024d_n，其测试应在出厂前进行。管材的弯曲度应不大于0.50%。

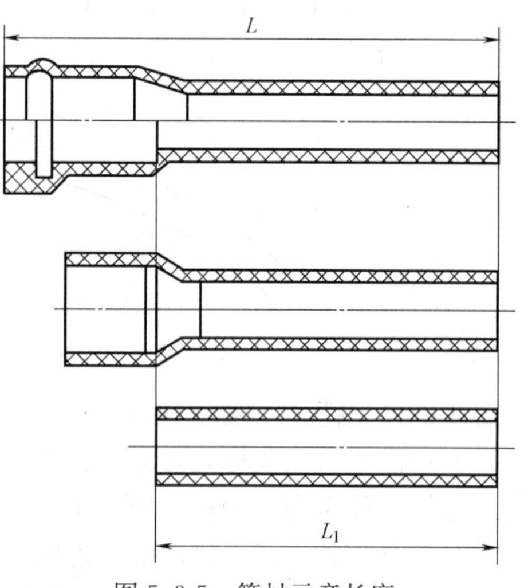

图5.3-5　管材示意长度

3. 承插口尺寸

胶粘剂粘接型管材承口如图5.3-6所示，承口尺寸见表5.3-15，管材承口壁厚e_2不宜小于同规格管材壁厚的0.75倍。

弹性密封圈粘接性管材承口如图5.3-7所示，承口尺寸见表5.3-16，管材承口壁厚e_2不宜小于同规格管材壁厚的0.9倍，密封圈槽壁厚e_3不宜小于同规格管材壁厚的0.75倍。

胶粘剂粘接型管材承口尺寸（mm）　表5.3-15

公称外径 d_n	承口中部平均内径		承口深度 $L_{o,min}$	公称外径 d_n	承口中部平均内径		承口深度 $L_{o,min}$
	$d_{sm,min}$	$d_{sm,max}$			$d_{sm,min}$	$d_{sm,max}$	
32	32.1	32.4	22	125	125.2	125.7	51
40	40.1	40.4	25	160	160.3	160.7	55
50	50.1	50.4	35	200	200.4	200.9	60
75	75.1	75.1	40	250	250.4	250.9	60
90	90.2	90.5	45	315	315.5	316.0	60
110	110.2	110.4	48				

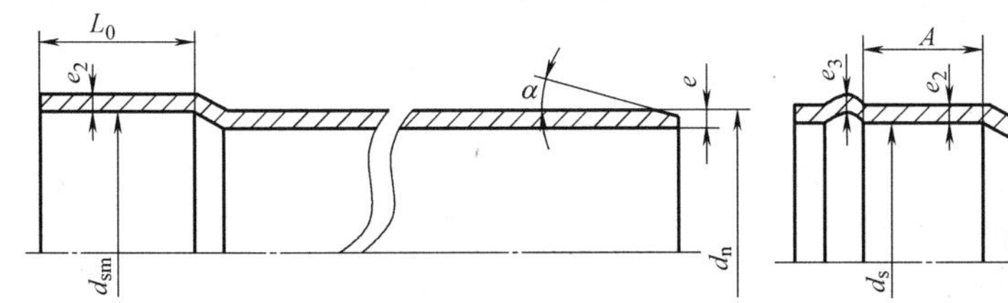

图 5.3-6 胶粘剂粘接型管材承口示意

d_n—公称外径；d_{sm}—承口中部内径；e—管材壁厚；e_2—承口壁厚；L_0—承口深度；α—倒角

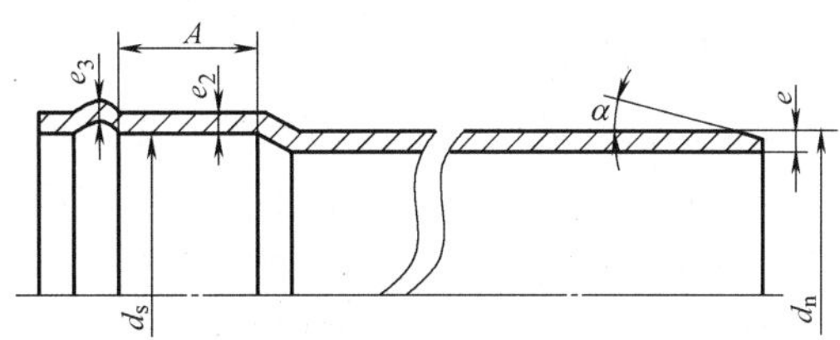

图 5.3-7 弹性密封圈粘接性管材承口示意

d_n—公称外径；d_s—承口中部内径；e—管材壁厚；e_2—承口壁厚；e_3—密封圈槽壁厚；A—承口配合深度；α—倒角

弹性密封圈粘接性管材承口尺寸（mm）　　表 5.3-16

公称外径 d_n	承口端部平均内径 $d_{s,min}$	承口配合深度 A_{min}	公称外径 d_n	承口端部平均内径 $d_{s,min}$	承口配合深度 A_{min}
32	32.3	16	125	125.4	35
40	40.3	18	160	160.5	42
50	50.3	20	200	200.6	50
75	75.4	25	250	250.8	55
90	90.4	28	315	316.0	62
110	110.4	32			

如图 5.3-6、如图 5.3-7 所示的管材插口端进行倒角时，与管材轴线夹角 α 应为 15°～45°之间。倒角后管端保留的壁厚应不小于原最小壁厚 e_{min} 的 1/3。

4. 物理力学性能

管材的物理力学性能应符合表 5.3-17 的规定。

管材的物理力学性能　　表 5.3-17

项目	密度（kg/m³）	维卡软化温度（℃）	纵向回缩率（%）	二氯甲烷浸渍试验	拉伸屈服强度（MPa）	落锤冲击试验 TIR（%）
要求	1350～1550	≥79	≤5	表面变化不劣于 L 级	≥40	≥10

注：管材二氯甲烷浸渍试验的表面变化分为四级，N—没有变坏或极轻微变化；L—轻微变化；M—表面破坏；S—表面严重破坏（结疤、爆皮、龟裂等）。

5. 出厂检验

管材需经生产厂质量检验部门检验合格，并附有合格证方可出厂。

出厂检验项目有外观、颜色、规格尺寸和物理力学性能。

管材内外表面应光滑，无凹陷，不允许有气泡、裂口和明显的痕纹、凹陷、色泽不均和分解变色线。两端面应切割平整，并与管材轴线垂直。管材颜色通常为灰色或白色，也可由供需双方商定。

管材及承插口规格尺寸和物理力学性能。

6. 标志、运输及贮存

（1）每根管至少应有一处完整标志，标志间距不应大于 2m。标志至少应包括下列内容：生产厂名、厂址和商标；产品名称；产品规格；产品标准号（即 GB/T 5836.1-2006）；生产日期。

（2）产品在装卸和运输过程中，不得暴晒、重压、抛摔、损伤。

（3）管材应在仓库内平整堆放，堆放高度不超过 2m，并远离热源。承口部位应交错放置，避免挤压变形。如短期露天存放时，应遮盖，防止暴晒。

【依据技术标准】《建筑排水用硬聚氯乙烯（PVC-U）管材》GB/T 5836.1-2006。

5.3.4　建筑用硬聚氯乙烯（PVC-U）雨落水管

建筑用硬聚氯乙烯（PVC-U）雨落水管材适用于室外沿墙、柱敷设的雨水重力排放管道。此种雨落水管材及管件系以聚氯乙烯树脂为主要原料，加入适量的防老化剂及其他助剂，挤出成型的硬聚氯乙烯雨落水管材和注射成型的管件。为控制篇幅，只介绍管材，不介绍管件。

1. 矩形管材

建筑用硬聚氯乙烯（PVC-U）矩形管外形尺寸如图 5.3-8 所示，其规格尺寸及偏差见表 5.3-18。

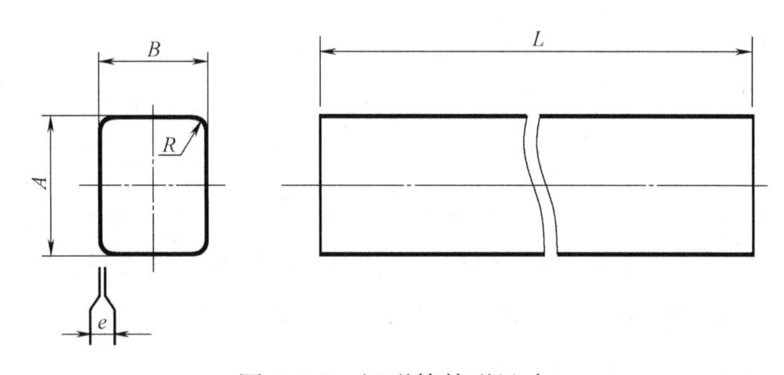

图 5.3-8　矩形管外形尺寸

矩形管规格尺寸及偏差（mm）　　　　**表 5.3-18**

规格	基本尺寸及偏差		壁厚 e		转弯半径 R	长度 L	
	A	B	基本尺寸	偏差		基本尺寸	偏差
63×42	$63.0^{+0.3}_{0}$	$42.0^{+0.3}_{0}$	1.6	$^{+0.2}_{0}$	4.6	3000 4000 5000 6000	+0.4%～ −0.2%
75×50	$75.0^{+0.4}_{0}$	$50.0^{+0.4}_{0}$	1.8	$^{+0.2}_{0}$	5.3		
110×73	$110.0^{+0.4}_{0}$	$73.0^{+0.4}_{0}$	2.0	$^{+0.2}_{0}$	5.5		
125×83	$125.0^{+0.4}_{0}$	$83.0^{+0.4}_{0}$	2.4	$^{+0.2}_{0}$	6.4		
160×107	$160.0^{+0.5}_{0}$	$107.0^{+0.5}_{0}$	3.0	$^{+0.3}_{0}$	7.0		
110×83	$110.0^{+0.4}_{0}$	$83.0^{+0.4}_{0}$	2.0	$^{+0.2}_{0}$	5.5		
125×94	$125.0^{+0.4}_{0}$	$94.0^{+0.4}_{0}$	2.4	$^{+0.2}_{0}$	6.4		
160×120	$160.0^{+0.5}_{0}$	$120.0^{+0.5}_{0}$	3.0	$_{0}^{+0.5}$	7.0		

2. 圆形管材

建筑用硬聚氯乙烯（PVC-U）圆形管外形尺寸如图 5.3-9 所示，其规格尺寸及偏差见表 5.3-19。

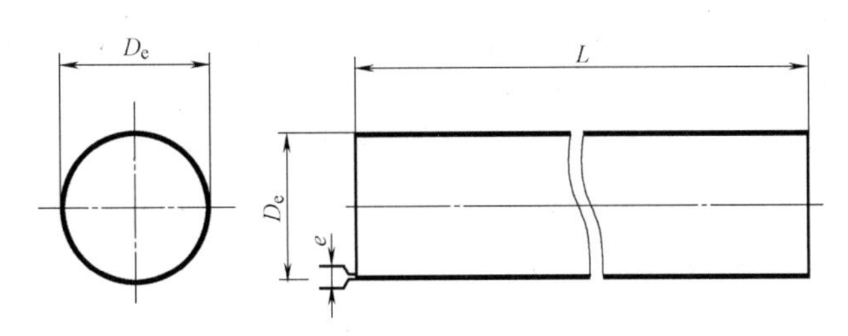

图 5.3-9 圆形管外形尺寸

圆形管规格尺寸及偏差（mm） 表 5.3-19

公称外径 D_e	允许偏差	壁厚 e		长度 L	
		基本尺寸	偏差	基本尺寸	偏 差
50	$50.0^{+0.3}_{0}$	1.8	+0.3 0	3000 4000 5000 6000	+0.4%～−0.2%
75	$75.0^{+0.3}_{0}$	1.9	+0.4 0		
110	$110.0^{+0.3}_{0}$	2.1	+0.4 0		
120	$120.0^{+0.4}_{0}$	2.3	+0.5 0		
160	$160.0^{+0.5}_{0}$	2.8	+0.5 0		

3. 物理机械性能

管材的物理机械性能见表 5.3-20。

管材的物理机械性能 表 5.3-20

项 目		指 标
拉伸强度（MPa）		≥43
断裂伸长率（%）		≥80
纵向回缩率（%）		≤3.5
维卡软化温度（℃ ）		≥75
落锤冲击试验 20℃		A 法：TIR≤10%
		B 法：12 次冲击，12 次无裂痕
耐候性	拉伸强度保持率（%）	≥80
	颜色变化 级	≥3

4. 出厂检验

雨落水管材产品质量须经生产厂检验部门检验合格并附有合格证，方可出厂。出厂检验项目主要有：管材颜色和外观、规格尺寸、弯曲度、纵向回缩率和落锤冲击试验。

管材的颜色一般为白色，色泽应基本一致。管材内外表面光滑平整，无可见杂质，无凹陷、无分解变色线，管端切割平整并与管材轴线垂直。

5. 标志、包装、运输、贮存

（1）管材应有以下永久性标志：产品名称；商标；规格型号；生产厂名；生产日期或

批号；产品标准编号。

(2) 管材多为捆装。管件多为纸箱包装，也可根据需方要求商定。

(3) 管材在运输和装卸时，不得抛摔、暴晒、污染、重压和损伤。

(4) 管材在仓库内应合理码放，码放高度不超过 1.5m，并远离热源。临时不得露天存放应采取遮阳防晒措施。自出厂起，贮存一般不超过 18 个月。

【依据技术标准】轻工行业标准《建筑用硬聚氯乙烯（PVC-U）雨落水管材及管件》QB/T 2480-2000。

5.3.5 工业用硬聚氯乙烯（PVC-U）管

工业用硬聚氯乙烯（PVC-U）管材适用于工业管道系统，也适用于承压给排水输送以及污水处理、水处理、石油、化工、电力、电子、冶金、电镀、造纸、食品饮料、医药、中央空调、建筑等领域的粉体、液体的输送。

工程设计时应考虑输送介质随温度变化对管材的影响，由于管材存在低温脆性和高温蠕变现象，建议使用温度范围为－5～45℃。

不宜用于输送易燃易爆介质，如必须使用时，应符合防火、防爆的有关规定。

1. 产品分类

管材按管系列分为 S20、S16、S12.5、S10、S8、S6.3、S5 共七个系列。

管系列 S、标准尺寸比 SDR 及管材规格尺寸见表 5.3-21。根据管材所输送时介质性质及参数，从中选择合理的管系列。

管材规格尺寸、壁厚及其偏差（mm）　　表 5.3-21

公称外径 d_n	壁厚 e 及其偏差													
	管系列 S 和标准尺寸比 SDR													
	S20 SDR41		S16 SDR33		S12.5 SDR26		S10 SDR21		S8 SDR17		S6.3 SDR13.6		S5 SDR11	
	e_{min}	偏差	e_{min}	偏差	e_{min}	偏差	e_{min}	偏差	e_{min}	偏差	e_{min}	偏差	e_{min}	偏差
16	—	—	—	—	—	—	—	—	—	—	—	—	2.0	+0.4
20	—	—	—	—	—	—	—	—	—	—	—	—	2.0	+0.4
25	—	—	—	—	—	—	—	—	—	—	2.0	+0.4	2.3	+0.5
32	—	—	—	—	—	—	—	—	2.0	+0.4	2.4	+0.5	2.9	+0.5
40	—	—	—	—	—	—	2.0	+0.4	2.4	+0.5	3.0	+0.5	3.7	+0.6
50	—	—	—	—	2.0	+0.4	2.4	+0.5	3.0	+0.5	3.7	+0.6	4.6	+0.7
63	—	—	2.0	+0.4	2.5	+0.5	3.0	+0.5	3.8	+0.6	4.7	+0.7	5.8	+0.8
75	—	—	2.3	+0.5	2.9	+0.5	3.6	+0.6	4.5	+0.7	5.6	+0.8	6.8	+0.9
90	—	—	2.8	+0.5	3.5	+0.6	4.3	+0.7	5.4	+0.8	6.7	+0.9	8.2	+1.1
110	—	—	3.4	+0.6	4.2	+0.7	5.3	+0.8	6.6	+0.9	8.1	+1.1	10.0	+1.2
125	—	—	3.9	+0.6	4.8	+0.7	6.0	+0.8	7.4	+1.0	9.2	+1.2	11.4	+1.4
140	—	—	4.3	+0.7	5.4	+0.8	6.7	+0.9	8.3	+1.1	10.3	+1.3	12.7	+1.5
160	4.0	+0.6	4.9	+0.7	6.2	+0.9	7.7	+1.0	9.5	+1.2	11.8	+1.4	14.6	+1.7
180	4.4	+0.7	5.5	+0.8	6.9	+0.9	8.6	+1.1	10.7	+1.3	13.3	+1.6	16.4	+1.9

续表

公称外径 d_n	壁厚 e 及其偏差													
	管系列 S 和标准尺寸比 SDR													
	S20 SDR41		S16 SDR33		S12.5 SDR26		S10 SDR21		S8 SDR17		S6.3 SDR13.6		S5 SDR11	
	e_{min}	偏差	e_{min}	偏差	e_{min}	偏差	e_{min}	偏差	e_{min}	偏差	e_{min}	偏差	e_{min}	偏差
200	4.9	+0.7	6.2	+0.9	7.7	+1.0	9.6	+1.2	11.9	+1.4	14.7	+1.7	18.2	+2.1
225	5.5	+0.8	6.9	+0.9	8.6	+1.1	10.8	+1.3	13.4	+1.6	16.6	+1.9	—	—
250	6.2	+0.9	7.7	+1.0	9.6	+1.2	11.9	+1.4	14.8	+1.7	18.4	+2.1	—	—
280	6.9	+0.9	8.6	+1.1	10.7	+1.3	13.4	+1.6	16.6	+1.9	20.6	+2.3	—	—
315	7.7	+1.0	9.7	+1.2	12.1	+1.5	15.0	+1.7	18.7	+2.1	23.2	+2.6	—	—
355	8.7	+1.1	10.9	+1.3	13.6	+1.6	15.9	+1.7	21.1	+2.4	26.1	+2.9	—	—
400	9.8	+1.2	12.3	+1.5	15.3	+1.8	19.1	+2.2	23.7	+2.6	29.4	+3.2	—	—

注：考虑到安全性，最小壁厚不小于 2.0mm；除了另有规定外，尺寸应与《热塑性塑料管材通用壁厚表》GB/T 10798 一致。

2. 管材尺寸

管材长度一般为 4m、6m、8m，也可由供需双方商定。图 5.3-10 所示为管材长度（L）、有效长度（L_1）、最小承口深度（L_{min}）。长度不允许负偏差。

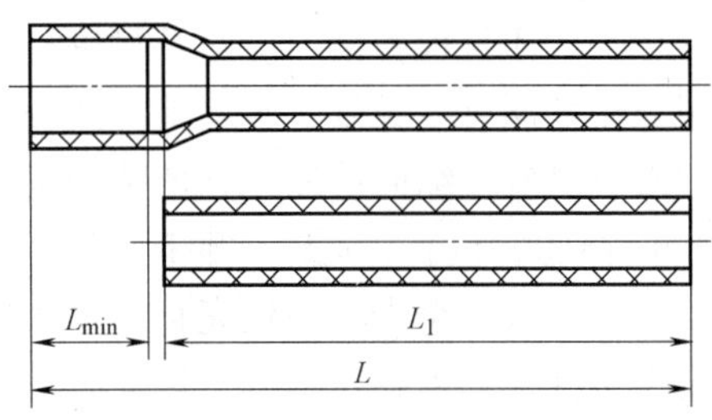

图 5.3-10 管材长度示意图

管材的平均外径 d_{em} 及平均外径公差和不圆度的最大值，应符合表 5.3-22 的规定。

平均外径及平均外径公差和不圆度（mm） **表 5.3-22**

公称外径 d_n	平均外径 $d_{em,min}$	平均外径公差	不圆度 max（S20～S16）	不圆度 max（S12.5～S5）	承口最小深度 L_{min}
16	16.0	+0.2	—	0.5	13.0
20	20.0	+0.2	—	0.5	15.0
25	25.0	+0.2	—	0.5	17.5
32	32.0	+0.2	—	0.5	21.0
40	40.0	+0.2	1.4	0.5	25.0
50	50.0	+0.2	1.4	0.6	30.0
63	63.0	+0.3	1.5	0.8	36.5
75	75.0	+0.3	1.6	0.9	42.5
90	90.0	+0.3	1.8	1.1	50.0
110	110.0	+0.4	2.2	1.4	60.0
125	125.0	+0.4	2.5	1.5	67.5
140	140.0	+0.5	2.8	1.7	75.0
160	160.0	+0.5	3.2	2.0	85.0
180	180.0	+0.6	3.6	2.2	95.0
200	200.0	+0.6	4.0	2.4	105.0
225	225.0	+0.7	4.5	2.7	117.5
250	250.0	+0.8	5.0	3.0	130.5
280	280.0	+0.9	6.8	3.4	145.0
315	315.0	+1.0	7.6	3.8	162.5
355	355.0	+1.1	8.6	4.3	182.5
400	400.0	+1.2	9.6	4.8	205.0

3. 力学性能

管材的静液压性能应符合表 5.3-23 的规定。

管材的静液压性能　　**表 5.3-23**

项　目	试验参数			要　求
	温度(℃)	环应力(MPa)	时间(h)	
静液压试验	20	40.0	1	无渗漏、无破裂
	20	34.0	100	
	20	30.0	1000	
	60	10.0	1000	

4. 系统适应性

不同批次的管材，在生产厂应按表 5.3-24 的规定条件，进行连接后的液压试验。

系统适应性　　**表 5.3-24**

项　目	试验参数			要　求
	温度(℃)	环应力(MPa)	时间(h)	
系统液压试验	20	16.8	1 000	无渗漏,无破裂
	60	5.8	1 000	

5. 检验项目

生产厂质量检验部门应对管材进行检验，合格后方可出厂，检验项目主要有：颜色和外观、尺寸测量（长度、平均外径及公差和不圆度）、壁厚、密度、维卡软化温度、二氯甲烷浸渍试验、纵向回缩率、落锤冲击试验、静夜压试验、适应性试验、卫生性能检验。

6. 标志、包装、运输、贮存

（1）每根管至少有一处完整的永久性标志，每两处标志间的间隔不应超过 2m，且标志至少包括下列内容：本部分标准编号和相关卫生标志编号（适用时）；生产厂名或商标；产品名称：工业用 PVC-U 管材；规格及尺寸：管系列 S 公称直径×公称壁厚，例如：S5 50×4.6；冰晶符号（*），0℃以下时使用；生产日期。

（2）管材应妥善包装，并标明用途，也可根据需方要求商定。

（3）管材在运输和装卸时，不得抛摔、暴晒、污染、重压和损伤。

（4）管材在仓库内应合理码放，码放高度不超过 2m，并远离热源。不得露天暴晒。

【依据技术标准】《工业用硬聚氯乙烯（PVC-U）管道系统　第 1 部分：管材》GB/T 4219.1-2008。

5.3.6　排水用芯层发泡硬聚氯乙烯（PVC-U）管

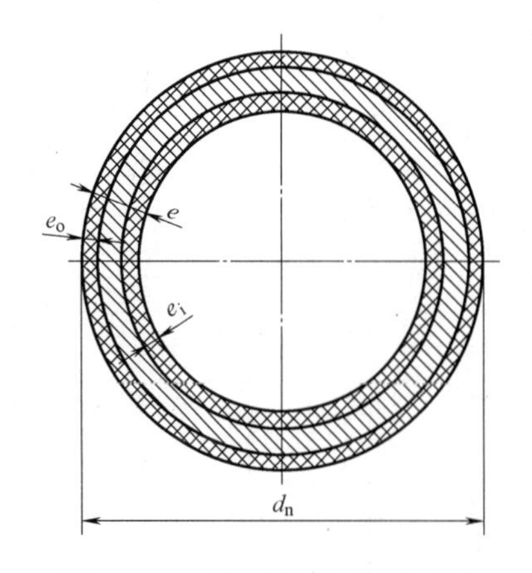

图 5.3-11　管材的截面结构示意

所谓芯层发泡硬聚氯乙烯（PVC-U）管材，是在主要原料聚氯乙烯树脂中加入必要的添加剂，经复合共挤成型为芯层发泡复合管材。此种管材适用于建筑物内外及埋地无压排水，在考虑到材料的材料的耐化学性和耐温性能前提下，也可用作工业排污管材。

1. 产品分类

芯层发泡管材的截面结构如图 5.3-11 所示，其中间层即为发泡芯层。管材按连接型式分为直管、胶粘剂连接型管材和弹性密封圈连接型管材。管材的环刚度分级见表 5.3-25。

管材的环刚度分级 **表 5.3-25**

级 别	S_2	S_4	S_8
环刚度(kN/m^2)	2	4	8

注：S_2 管材用于建筑物排水；S_4、S_8 管材用于埋地排水，也可用于建筑物排水。

2. 规格尺寸

芯层发泡管材的外径及壁厚应符合表 5.3-26 的规定，其内表层和外表层的最小壁厚不得小于 0.2mm。

管材的外径及壁厚（mm） **表 5.3-26**

公称外径 d_n	平均外径及偏差	中间层壁厚 e 及偏差		
		S_2	S_4	S_8
40	$40.0_{0}^{+0.3}$	$2.0_{0}^{+0.4}$	—	—
50	$50.0_{0}^{+0.3}$	$2.0_{0}^{+0.4}$	—	—
75	$75.0_{0}^{+0.3}$	$2.5_{0}^{+0.4}$	$3.0_{0}^{+0.5}$	—
90	$90.0_{0}^{+0.3}$	$3.0_{0}^{+0.5}$	$3.0_{0}^{+0.5}$	—
110	$110.0_{0}^{+0.4}$	$3.0_{0}^{+0.5}$	$3.2_{0}^{+0.5}$	——
125	$125.0_{0}^{+0.4}$	$3.2_{0}^{+0.5}$	$3.2_{0}^{+0.5}$	$3.9_{0}^{+1.0}$
160	$160.0_{0}^{+0.5}$	$3.2_{0}^{+0.5}$	$4.0_{0}^{+0.6}$	$5.0_{0}^{+1.3}$
200	$200.0_{0}^{+0.6}$	$3.9_{0}^{+0.6}$	$4.9_{0}^{+0.7}$	$6.3_{0}^{+1.5}$
250	$250.0_{0}^{+0.8}$	$4.9_{0}^{+0.7}$	$6.2_{0}^{+0.9}$	$7.8_{0}^{+1.8}$
315	$31.0.0_{0}^{+1.0}$	$6.2_{0}^{+0.9}$	$7.7_{0}^{+1.0}$	$9.8_{0}^{+2.4}$
400	$400.0_{0}^{+1.2}$	—	$9.8_{0}^{+1.5}$	$12.3_{0}^{+3.2}$
500	$500.0_{0}^{+1.5}$	—	—	$15.0_{0}^{+4.2}$

3. 管材长度、不圆度及弯曲度

管材长度（L）一般为 4m 或 6m，也可由供需双方商定采用其他长度尺寸。图 5.3-12 所示为管材长度（L）和有效长度（L_1），长度不允许有负偏差。管材不圆度应不大于 $0.024d_n$，弯曲度应不大，1.0%。

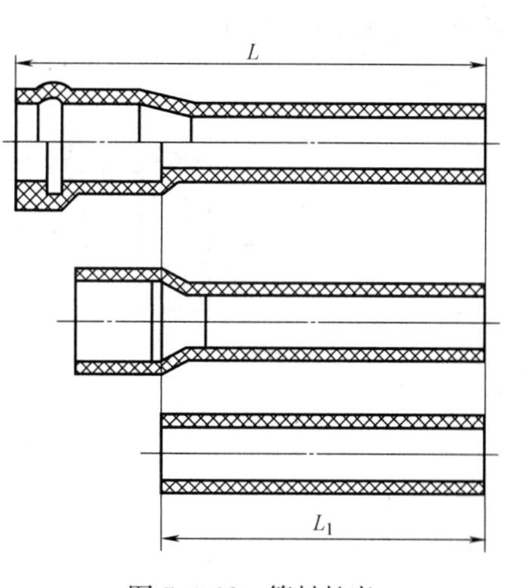

图 5.3-12 管材长度

4. 管材承口尺寸

（1）胶粘剂连接型管材承口尺寸

胶黏剂连接型管材承口如图 5.3-13 所示，承口尺寸见表 5.3-27。管材的插口端进行倒角时，角度 α 应为 15°～45°。倒角后管端所保留的壁厚应不小于最小壁厚 e_{min} 的 1/3。管材承口壁厚 e_1 不应小于同规格管材壁厚的 0.75 倍。

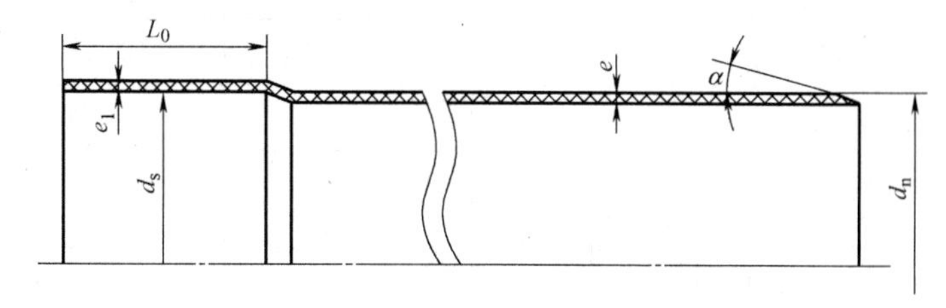

图 5.3-13 胶粘剂连接型管材承口

d_n—公称外径；d_s—承口中部内径；e—管材壁厚；e_1—承口壁厚；L_0—承口深度；α—倒角

胶粘剂连接型管材承口尺寸（mm）　　表 5.3-27

公称外径 d_n	承口中部平均内径		承口深度 $L_{0,min}$
	$d_{sm,min}$	$d_{sm,max}$	
40	40.1	40.4	26
50	50.1	50.4	30
75	75.2	75.5	40
90	90.2	90.5	46
110	110.2	110.6	48
125	125.2	125.7	51
160	160.3	160.7	58
200	200.4	200.9	66
250	250.4	250.9	66
315	315.5	316.0	66

（2）弹性密封圈连接型管材承口尺寸

弹性密封圈连接型管材承口如图 5.3-14 所示，承口尺寸见表 5.3-28。管材的插口端进行倒角时，角度 α 应为 15°～45°。倒角后管端所保留的壁厚应不小于最小壁厚 e_{min} 的 1/3。管材承口壁厚 e_2 不宜小于同规格管材壁厚的 0.9 倍，密封圈槽壁厚 e_3 不宜小于同规格管材壁厚的 0.75 倍。

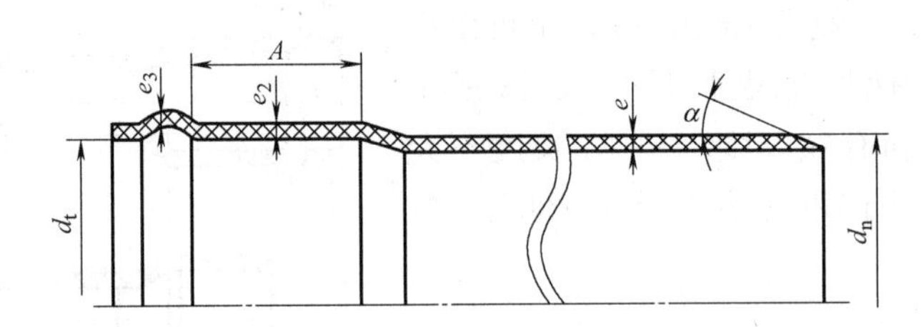

图 5.3-14　弹性密封圈连接型管材承口

d_n—公称外径；d_t—承口端部内径；e—管材壁厚；e_2—承口壁厚；e_3—密封圈槽壁厚；A—承口深度；α—倒角

弹性密封圈连接型管材承口尺寸（mm）　　表 5.3-28

公称外径 d_n	承口端部最小平均内径 $d_{sm,min}$	承口深度 A_{min}	公称外径 d_n	承口端部最小平均内径 $d_{sm,min}$	承口深度 A_{min}
75	75.4	20	200	200.6	40
90	90.4	22	250	250.8	70
110	110.4	26	315	316.0	70
125	125.4	26	400	401.2	70
160	160.5	32	500	501.5	80

5. 物理力学性能

管材的物理力学性能应符合表 5.3-29 的规定。

管材物理力学性能 表 5.3-29

项 目	要 求		
	S_2	S_4	S_8
环刚度(kN/m²)	2	4	8
表观密度(g/cm³)	0.9～1.2		
扁平试验	不分离,不破裂		
落锤冲击试验(TIR)	≤10%		
纵向回缩率(%)	≤9%,且不分离,不破裂		
二氯甲烷浸渍	内外表面不劣于 4L		

6. 出厂检验

生产厂质量检验部门应对管材进行检验，合格后方可出厂。出厂检验项目主要有：颜色、外观、规格尺寸和物理力学性能中的纵向回缩率、落锤冲击试验和扁平试验。

管材颜色通常为灰色或白色，如需其他颜色由供需双方商定。

管材内外表面应光滑，不允许有气泡、砂眼、裂口和明显的痕纹、杂质、色泽不均和分解变色线。管材芯层与内外表层应融合良好，无分脱现象。管端平整并与管材轴线垂直。

管材规格尺寸符合前述要求。内外表层壁厚用精度不低于 0.01mm 的读数显微镜测量。长度用精度不低于 1mm 的卷尺测量；承口深度用精度不低于 0.02mm 的游标卡尺测量；承口平均内径用精度不低于 0.02mm 的内径千分尺测量两个相互垂直的内径值，取其算术平均值，也可用精度不低于 0.02mm 的内径量表测量。

7. 标志、运输及贮存

（1）每根管至少有一处完整的永久性标志，每两处标志间的间隔不应超过 2m，且标志至少包括下列内容：

生产厂名或商标；产品名称；产品规格（直径×壁厚，环刚度）；标准编号；生产日期。

（2）管材在运输和装卸时，不得抛摔、暴晒、重压和损伤。

（3）管材在仓库内应合理码放，高度不超过 2m，并远离热源。承口部位应交错放置，避免挤压变形。不得露天曝晒，如短期露天存放时，应遮盖，防止暴晒。

【依据技术标准】《排水用芯层发泡硬聚氯乙烯（PVC-U）管材》GB/T 16800-2008。

5.3.7 无压埋地排污、排水用硬聚氯乙烯（PVC-U）管

埋地排污、排水用硬聚氯乙烯（PVC-U）管材用于埋地排污、排水用，适用外径为 110～1000mm 的弹性密封圈连接和外径为 110～200mm 的粘接式连接。在考虑到 PVC-U 材料的耐化学性和耐热性的条件下，也可用作工业用无压埋地排污管材。

此种管材不适合用于建筑物内的埋地排污、排水 PVC-U 管道系统。

1. 管材分类

管材按连接形式分为弹性密封圈式连接和粘接式连接两种。

管材壁厚按环刚度分为SN2、SN4、SN8三级。

带承口的弹性密封圈式连接和胶粘剂粘接式连接管材如图5.3-15所示。不带承口的倒角和不倒角管材如图5.3-16所示。

管材的有效长度L一般为4m或6m，或由供需双方协商确定。长度不允许有负偏差。

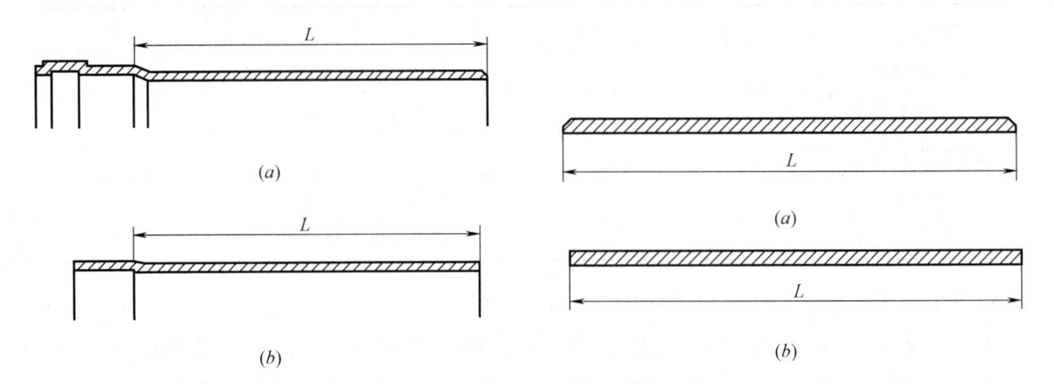

图5.3-15　承插连接管材
(a) 弹性密封圈式连接管材；(b) 溶剂粘接式连接管材

图5.3-16　不带承口的倒角和不倒角管材
(a) 不带承口的倒角管材；(b) 不带承口的不倒角管材

2. 管材规格

管材规格应符合表5.3-30的规定。

管材的外径及壁厚（mm）　　**表5.3-30**

公称外径 d_n	平均直径 d_{em}		壁厚					
			SN2 SDR51		SN4 SDR41		SN8 SDR34	
	min	max	e min	e_m max	e min	e_m max	e min	e_m max
110	110.0	110.3	—	—	3.2	3.8	3.7	3.8
125	125.0	125.3	—	—	3.2	3.8	3.7	4.3
160	160.0	160.4	3.2	3.8	4.0	4.6	4.7	5.4
200	200.0	200.5	3.9	4.5	4.9	5.6	5.0	6.7
250	250.0	250.5	4.9	5.6	6.2	7.1	7.3	8.3
315	315.0	315.6	6.2	7.1	7.7	8.7	9.2	10.4
(355)	355.0	355.7	7.0	7.9	8.7	9.8	10.4	11.7
400	400.0	400.7	7.9	8.9	9.8	11.0	11.7	13.1
(450)	450.0	450.8	8.8	9.9	11.1	12.3	13.2	14.8
500	500.0	500.9	9.8	11.0	12.3	13.8	14.6	16.3
630	630.0	631.1	12.3	13.8	15.4	17.2	18.4	20.5
(710)	710.0	711.2	13.9	15.5	17.4	19.4	—	—
800	800.0	801.3	15.7	17.5	19.0	21.5	—	—
(900)	900.0	901.5	17.6	19.8	22.0	24.4	—	—
1 000	1 000.0	1 001.6	19.6	21.8	24.5	27.2	—	—

注：括号内为非优选尺寸。

表 5.3-30 中的壁厚 e，任一点最大壁厚允许达到 1.2 e_{min}，但应使平均壁厚 e_m 小于或等于 e_{max} 的规定。不圆度应在管材生产后立即测量，应不大于 0.024d_n。管端若倒角，应与管材轴线呈 15°～45°角，管材端部不倒角的剩余壁厚至少应为 e_{min} 的 1/3。

3. 弹性密封圈式连接的承口和插口

（1）承口内径和长度

弹性密封圈式的承插连接如图 5.3-17、图 5.3-18 和图 5.3-19 所示，弹性密封圈式承插连接的基本尺寸应符合表 5.3-31 的规定。当密封圈被紧密固定时，A 的最小值和 C 的最大值应通过有效密封点测量，有效密封点由生产商规定，以确保足够的密封区域。

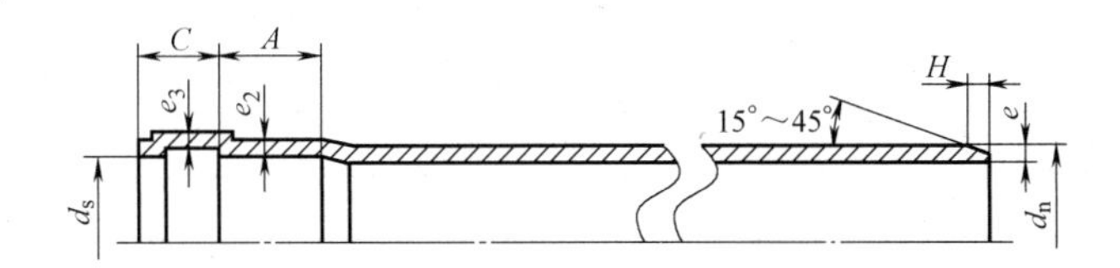

图 5.3-17 弹性密封圈式的承口和插口

d_s—管材承口内径；d_n—管材外径；e—管材壁厚；e_2—承口处壁厚；e_3—密封槽处壁厚；A—承口长度；C—密封区长度；H—倒角宽度

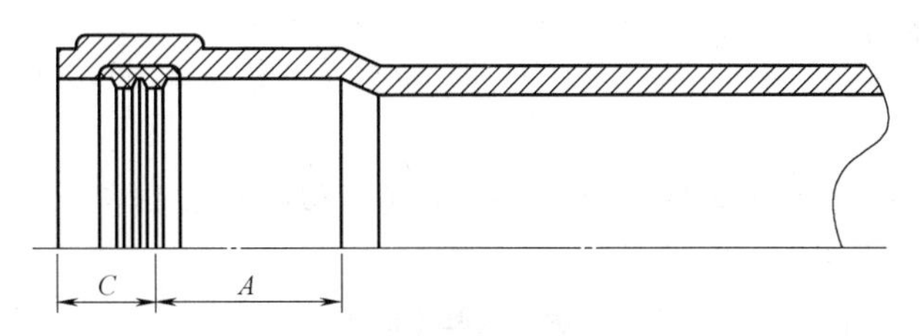

图 5.3-18 有效密封的测量示意图

A— 承插长度；C—密封段长度

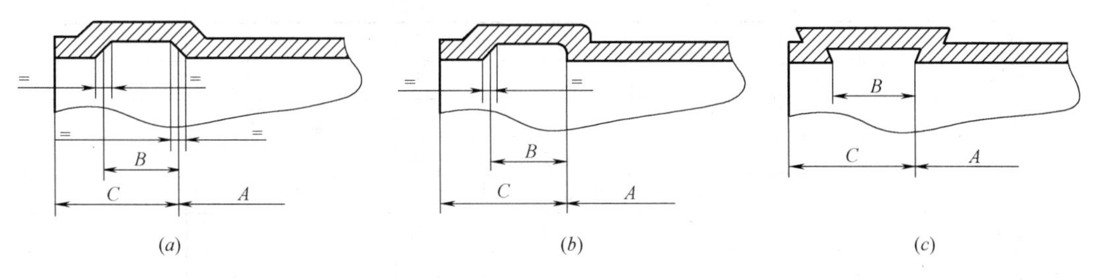

图 5.3-19 弹性密封圈式密封槽类型

A—承插长度；B—密封槽宽度；C—密封段长度

弹性密封圈式承插连接的基本尺寸（mm） **表 5.3-31**

公称外径 d_n	承口			插口
	d_{sm} min	A min	C max	H
110	110.4	32	26	6
125	125.4	35	26	6

续表

公称外径 d_n	承口			插口
	d_{sm} min	A min	C max	H
160	160.5	42	32	7
200	200.6	50	40	9
250	250.8	55	70	9
315	316.0	62	70	12
(355)	356.1	65	70	13
400	401.2	70	80	15
(450)	451.4	75	80	17
500	501.5	80	80 *	18
630	631.9	93	95 *	23
(710)	712.1	101	109 *	28
800	802.4	110	110 *	32
(900)	902.7	120	125 *	36
1 000	1 003.0	130	140 *	41

注：1. 公称直径栏括号内为非优选尺寸。
2. 插口栏 H，倒角角度为 15°。
3. C 栏带 * 值，允许高于 C 值，生产商应提供实际的 $L_{1,min}$，并使 $L_{1,min}=A_{min}+C$。

(2) 承口壁厚

如图 5.3-17 所示的承口壁厚 e_2 和 e_3 尺寸（不包括承口口部），应符合表 5.3-32 的规定。

承口壁厚 (mm) **表 5.3-32**

公称外径 d_n	SN 2 SDR51		SN 4 SDR41		SN 8 SDR34	
	e_2 min	e_3 min	e_2 min	e_3 min	e_2 min	e_3 min
110	—	—	2.9	2.4	2.9	2.4
125	—	—	2.9	2.4	3.4	2.8
160	2.9	2.4	3.6	3.0	4.3	3.6
200	3.6	3.0	4.4	3.7	5.4	4.5
250	4.5	3.7	5.5	4.7	6.6	5.5
315	5.6	4.7	6.9	5.8	8.3	6.9
(355)	6.3	5.3	7.8	5.6	9.4	7.8
400	7.1	6.0	8.8	7.4	10.6	8.8
(450)	8.0	6.6	9.9	8.3	11.9	9.9
500	8.9	7.4	11.1	9.3	13.2	11.0
630	11.1	9.3	13.9	11.6	16.6	13.8
(710)	12.6	10.5	15.7	13.1	—	—
800	14.1	11.8	17.7	14.7	—	—
(900)	16.0	13.2	19.8	16.5	—	—
1000	17.8	14.7	22.0	18.4	—	—

注：公称直径栏括号内为非优选尺寸。

4. 胶粘剂粘接式的承口和插口

承口内径和长度：

如图 5.3-20 所示胶粘剂粘接式的承口和插口的基本尺寸应符合表 5.3-33 的规定。

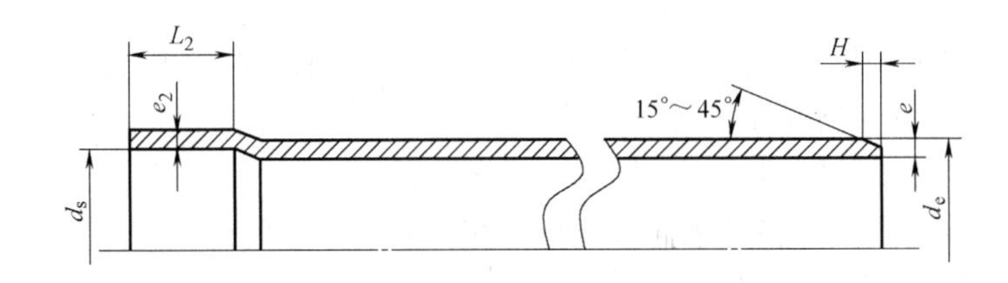

图 5.3-20 胶粘剂粘接式的承口和插口

d_s—管材承口内径；d_e—管材外径；e—管材壁厚；e_2—承口壁厚；

L_2—胶粘剂粘接式承口长度；H—倒角宽度

胶粘剂粘接式的承口和插口的基本尺寸（mm） **表 5.3-33**

公称外径 d_n	承口			插口
	d_{sm}		L_2	H
	min	max	min	
110	110.2	110.6	48	6
125	125.2	125.7	51	6
160	160.3	160.8	58	7
200	200.4	200.9	66	9

注：承口长度 L_2 应测量的承口根部。

承口壁厚 e_2，应符合表 5.3-32 的规定。承口是锥形还是平行的，生产商应以文字形式明确。若系平行或近似平行的，承口平均内径 d_{sm} 应适应于承口全长；若系锥形承口，其相对于管材轴线的最大锥角应为 20′，d_{sm} 值应在承口中部测量。

5. 物理力学性能

管材的物理力学性能见表 5.3-34。

管材的物理力学性能 **表 5.3-34**

项目		要求
密度（kg/m³）		≤1550
纵向回缩率（%）		≥5，管材表面应无气泡和裂纹
环刚度（kN/m²）	SN2	≥2
	SN4	≥4
	SN8	≥8
冲击性能（TIR）（%）		≤10
维卡软化温度（℃）		≤79
二氯甲烷浸渍试验		表明无变化

6. 出厂检验

管材产品须经生产厂质量检验部门进行检验，并附有合格证后方可出厂。出厂检验项目主要有：管材符合供需双方商定颜色，并均匀一致；管材内外壁光滑，无气泡、裂纹、凹陷及分解变色线，管材两端切割平整，并与管材轴线垂直。管材及承插口规格符合前述2、3、4款的规定；物理力学性能中的纵向回缩率、冲击性能和二氯甲烷浸渍试验符合要求。

7. 标志、运输和贮存

（1）每根管材上的标志间隔不应大于2m。标志内容有：生产厂名称或商标；公称外径、最小壁厚或*SDR*、公称环刚度、原材料（PVC-U）、产品标准编号；生产日期。

（2）产品在运输及装卸时，不得抛掷、重压、撞击。

（3）管材堆放场地应平整，承插口端部应交错放置，避免挤压变形，堆放高度不超过1.5 m。远离热源，避免露天暴晒。

【依据技术标准】《埋地排污、排水用硬聚氯乙烯（PVC-U）管材》GB/T 20221-2006。

5.3.8 埋地排水用硬聚氯乙烯双壁波纹管

埋地排水用硬聚氯乙烯结构壁管材具有较好的刚度，适用于市政、建筑物室外无压埋地排水和农田排水，也可用作通信电缆套管。在考虑到材料的耐化学性和耐高温性前提下，也可用作无压埋地工业排污管道。

1. 管材分类及标记

双壁波纹管材的环刚度分级见表5.3-35。

公称环刚度分级　　表5.3-35

级　别	SN 2①	SN 4	SN 8	（SN 12.5）	SN 16
环刚度(kN/m²)	2	4	8	(12.5)	16

注：SN 2①表示仅在d_e≥500mm的管材中允许有SN 2级；括号内为非首选环刚度等级。

管材的标记由几部分组成：用“PVC-U双壁波纹管”表示此类管材；*DN/OD*表示与外径相关的公称尺寸，单位为毫米；*DN/ID*表示与内径相关的公称尺寸，单位为毫米；最后注明产品标准号。

例如，公称尺寸*DN/ID*为400mm，环刚度等级为SN 8的PVC-U双壁波纹管材，应标记为：

PVC-U双壁波纹管　*DN/ID*400　SN 8　GB/T 18477.1-2007

2. 管材结构与连接

PVC-U双壁波纹管分为带扩口管材和不带扩口管材两种，如图5.3-21所示。管材可使用如图5.3-22所示的典型弹性密封圈连接方式。

3. 管材规格

管材用内径系列公称尺寸*DN/ID*表示的规格，见表5.3-36；管材用外径系列公称尺寸*DN/OD*表示规格，见表5.3-37，其承口最小平均内径$d_{im,min}$应不小于管材的最大平均外径。

内径系列管材的尺寸应符合表5.3-36的要求。其中，层压壁厚（e）系指管材的波纹之间管壁任一处的壁厚；内层壁厚（e_1）系指管材内壁任一处的壁厚；承口最小平均内径$d_{im,min}$应不小于管材的最大平均外径。表中管材外径的最大值和最小值，应符合式（5.3-3）和式（5.3-4）计算的数值：

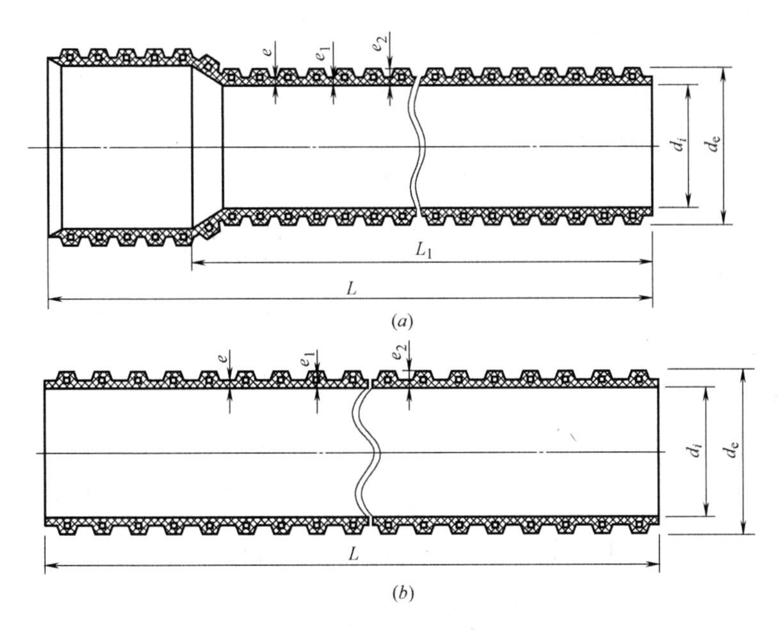

图 5.3-21 管材结构

（a）带扩口管材；（b）不带扩口管材

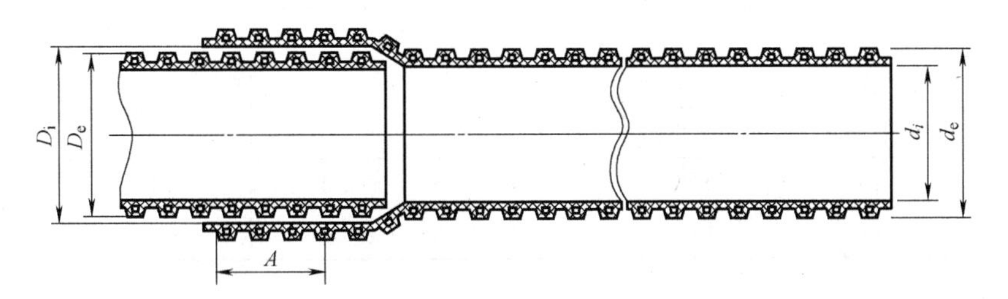

图 5.3-22 典型弹性密封圈连接

内径系列管材尺寸（mm） **表 5.3-36**

公称尺寸 DN/ID	最小平均内径 $d_{im,min}$	最小层压壁厚 e_{min}	最小内层壁厚 $e_{1,min}$	最小承口 接合长度 A_{min}
100	95	1.0	—	32
125	120	1.2	1.0	38
150	145	1.3	1.0	43
200	195	1.5	1.1	54
225	220	1.7	1.4	55
250	245	1.8	1.5	59
300	294	2.0	1.7	64
400	392	2.5	2.3	74
500	490	3.0	3.0	85
600	588	3.5	3.5	96
800	785	4.5	4,5	118
1000	985	5.0	5.0	140

$$d_{e,min} \geqslant 0.994 \times d_e \tag{5.3-3}$$

$$d_{e,max} \geqslant 1.003 \times d_e \tag{5.3-4}$$

式中，d_e 为管材生产商规定的外径，计算结果保留一位小数。

表 5.3-37 是外径系列管材尺寸。

外径系列管材尺寸（mm） **表 5.3-37**

公称尺寸 DN/OD	最小平均外径 $d_{eim,min}$	最大平均外径 $d_{eim,max}$	最小平均内径 $d_{im,min}$	最小层压壁厚 e_{min}	最小内层壁厚 $e_{1,min}$	最小承口接合长度 A_{min}
(100)	99.4	100.4	93	0.8	—	32
110	109.4	110.4	97	1.0	—	32
125	124.3	125.4	107	1.1	1.0	35
160	159.1	160.5	135	1.4	1.0	42
200	198.8	200.6	172	1.5	1.1	50
250	248.5	250.8	216	1.7	1.4	55
280	278.3	280.9	243	1.8	1.5	58
315	313.2	316.0	270	1.9	1.6	62
400	397.6	401.2	340	2.3	2.0	70
450	447.3	451.4	383	2.5	2.4	75
500	497.0	501.5	432	2.8	2.8	80
630	626.3	631.9	540	3.3	3.3	93
710	705.7	712.2	614	3.8	3.8	101
800	795.2	802.4	680	4.1	4.1	110
1000	994.0	1003.0	854	5.0	5.0	130

4. 物理力学性能

管材的物理力学性能见表 5.3-38。

管材的物理力学性能 **表 5.3-38**

项目		要求
密度(kg/m^3)		≤1550
环刚度(kN/m^2)	SN2	≥2
	SN4	≥4
	SN8	≥8
	(SN12.5)	≥12.5
	SN16	≥16
冲击性能		TIR≤10%
环柔性	试样圆滑，无破裂，两壁无脱开	DN≤400 内外壁均无反向弯曲
		DN>400 波峰处不得出现超过波峰高度 10%的反向弯曲
烘箱试验		无分层，无开裂
蠕变比率		≤2.5

5. 出厂检验

管材产品须经生产厂质量检验部门进行检验，合格后方可出厂。出厂检验项目主要有：颜色、外观、规格尺寸和物理力学性能中规定的环刚度、冲击性能、环柔性和烘箱试验。

管材颜色由供需双方商定，但内外表面色泽应均匀一致。

管材内外表面应光滑，不应有气泡、裂口、分解变色线及明显的杂质和不规则波纹。管端平整并与管材轴线垂直。

管材规格尺寸符合前述要求。长度一般为 6m，亦可由供需双方商定。长度有管材长度（L）和有效长度（L_1）之分，见图 5.3-21 所示。长度不允许出现负偏差。内外表层壁厚用精度不低于 0.01mm 的读数显微镜测量。长度用精度不低于 5mm 的卷尺测量；如图 5.3-22 所示，承口接合长度用精度不低于 0.05mm 的量具测量，承口平均内径用精度不低于被测值 0.1%的量具测量承口两个相互垂直的内径值，取其算术平均值。平均外径测量与承口平均内径测量方法相同。

6. 标志、运输和贮存

(1) 管材上的永久性标志间隔不应大于 2m，且至少包括下列内容：PVC-U 双壁波纹管；*DN/OD* 或 *DN/ID*；环刚度等级；产品标准编号；生产厂名称和/或商标；生产日期。

(2) 产品在运输及装卸时，不得抛掷、重压和撞击。

(3) 管材堆放场地应平整，堆放高度不超过 2 m，承插口端部应交错放置，避免挤压变形。远离热源，防止暴晒。

【依据技术标准】《埋地排水用硬聚氯乙烯结构壁管道系统 第 1 部分：双壁波纹管材》GB/T 18477.1-2007。

5.3.9 埋地排水用硬聚氯乙烯（PVC-U）双层轴向中空壁管

埋地排水用硬聚氯乙烯（PVC-U）双层轴向中空壁管材，适用于市政工程、公共建筑室外、住宅小区的埋地排污、排水，埋地无压农田排水。在考虑到材料的耐化学性和耐温性前提下，亦可用于工业排污、排水。

1. 管材的环刚度

埋地排水用硬聚氯乙烯（PVC-U）双层轴向中空壁管材的公称环刚度等级见表 5.3-39。

公称环刚度等级 **表 5.3-39**

等 级	SN4	SN(6.3)	SN8	SN(12.5)	SN16
环刚度(kN/m^2)	4.0	(6.3)	8.0	(12.5)	16.0

注：括号内为非首选等级。

2. 管材的结构与连接

(1) 结构型式

埋地排水用硬聚氯乙烯（PVC-U）双层轴向中空壁管材的典型结构形式如图 5.3-23 所示。管壁为双层中空结构可增加管材的刚度，以提高承受埋地敷设时所受到的各个方向外压力的能力。

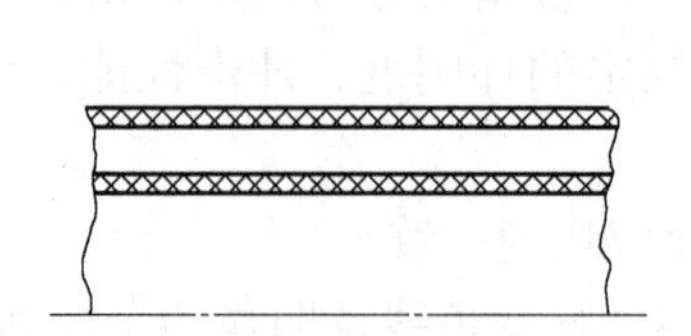
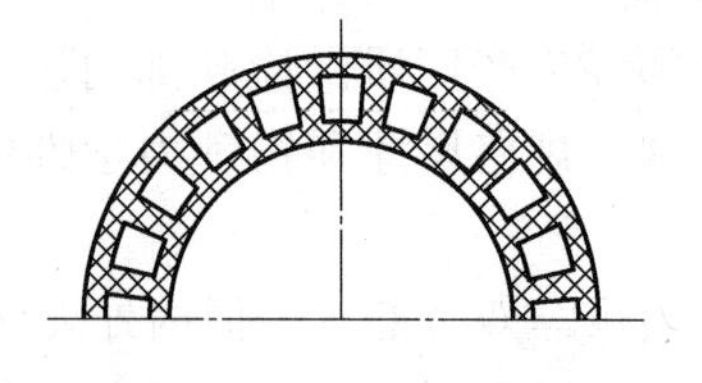

图 5.3-23　管材典型结构形式

（2）连接方式

管材使用弹性密封圈连接方式，弹性密封圈应符合 HG/T 3091-2003 的要求，弹性密封圈式承口及最小配合深度如图 5.3-24 所示，基本尺寸见表 5.3-40。

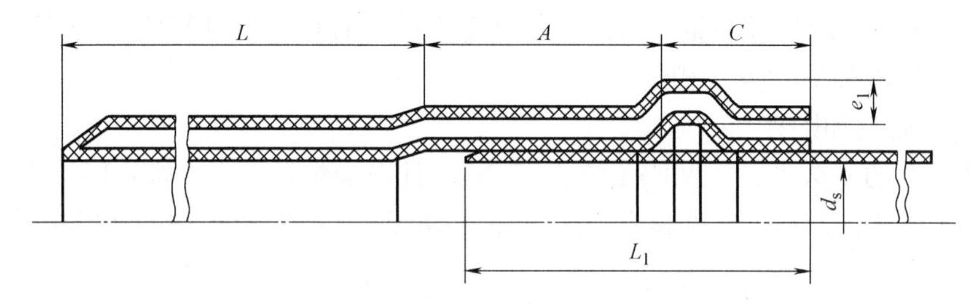

图 5.3-24　弹性密封圈式承口

弹性密封圈式承口及配合深度基本尺寸（mm）　　**表 5.3-40**

公称外径 d_n	管材承口最小平均内径 $d_{sm,min}$	弹性密封圈承口最小配合深度 A_{min}	最大密封区长度 C_{max}	最小承插深度 $L_{1,min}$
110	110.4	32	26	60
125	125.4	35	26	67
160	160.6	42	32	81
200	200.6	50	40	99
250	250.8	55	70	125
315	316.0	62	70	132
400	401.2	70	80	150
500	501.5	80	80 *	160
630	631.9	93	95 *	188
800	802.4	110	110 *	220
1000	1 003.0	130	140 *	270
1200	1 203.6	150	—	—

注：带 * 号数值允许大于 C 值，生产商应提供实际的 $L_{1,min}$，并使 $L_{1,min}=A_{min}+C$。如管材长度大于 6m，承口深度 A_{min} 需另行设计。

弹性密封圈承口的密封环槽处的壁厚 e_1，应不小于管材总壁厚的 0.8 倍。当管材进行承插连接时，插口端应加工出 15°～45°的坡口。

3. 规格尺寸

管材的有效长度（见图 5.3-24 中 L）一般为 6m，长度不得有负偏差。管材的外径、内径及壁厚见表 5.3-41。

平均外径、最小平均内径及最小壁厚 (mm)　　表 5.3-41

平均外径 d_{em}		最小平均内径 $d_{im,min}$	最小内、外层壁厚 $e_{2,min}$
公称外径 d_n	允许偏差		
110	+0.3 0	97	0.6
125	+0.3 0	107	0.6
160	+0.4 0	135	0.8
200	+0.5 0	172	1.0
250	+0.5 0	216	1.1
315	+0.6 0	270	1.2
400	+0.7 0	340	1.5
500	+0.8 0	432	2.1
630	+1.1 0	540	2.6
800	+1.3 0	680	3.0
1000	+1.6 0	864	3.5
1200	+2.0 0	1 037	4.7

4. 物理力学性能

管材的物理力学性能见表 5.3-42。

管材的物理力学性能　　表 5.3-42

项　目		要　求
密 度(kg/m^3)		≤1550
纵向回缩率(%)		≥5
环刚度(kN/m^2)	SN4	≥4
	(SN6.3)	≥6.3
	SN8	≥8
	(SN12.5)	≥12.5
	SN16	≥16
冲击性能(TIR)(%)		≤10
环柔性		试样圆滑，无反向弯曲，无破裂，两壁无脱开
烘箱试验		无分层，无开裂
蠕变比率		≤2.5
二氯甲烷浸渍试验		表明无变化

5. 外观要求与标记

管材的外壁、内壁表面颜色应一致，不应有气泡、砂眼、明显的杂质和其他影响产品性能的表面缺陷。管壁内、外层和中间连接筋不得出现脱开现象，管端平整并与管材轴线垂直。

管材的标记由以下几部分组成：材料代号；名称；标准代号；顺序号；公称尺寸；环刚度等级代号。例如，公称尺寸 DN250mm，环刚度等级为 SN8 的双层轴向中空壁管材，其产品标记为：

PVC-U 双层轴向中空壁管材 GB/T 18477.3 DN250 SN8

6. 出厂检验

管材产品须经生产厂质量检验部门进行检验，合格后方可出厂。出厂检验项目主要有：颜色、外观、表 5.3-42 物理力学性能中规定的纵向回缩率、环刚度、冲击性能、环柔性、烘箱试验和二氯甲烷浸渍试验。

7. 标志、运输和贮存

（1）每根管材上应有一个永久性标记，管材标记应符合前述规定，间隔不应大于 2m。管材还应有下列标志：生产厂名称或商标；产品标准编号；生产日期。

（2）产品在运输及装卸时，不得抛掷、重压、撞击和露天暴晒。

（3）管材堆放场地应平整，承插口端部应交错放置，避免挤压变形，堆放高度不超过 2m。远离热源，避免露天暴晒。

【依据技术标准】《埋地排水用硬聚氯乙烯（PVC-U）结构壁管道系统 第 3 部分：双层轴向中空壁管材》GB/T 18477.3-2009。

5.3.10 埋地用硬聚氯乙烯（PVC-U）加筋管

埋地用硬聚氯乙烯（PVC-U）加筋管材适用于市政工程、公共建筑及住宅小区的埋地排水、排污、排气及通讯线缆穿线，也适用于工作压力不大于 0.2MPa、公称尺寸不大于 300mm 的低压输水灌溉用管材。在考虑到管材的耐化学性和耐温性的前提下，也可用作工业排污排水管材。

1. 管材分类

PVC-U 加筋管材的环刚度等级见表 5.3-43。

管材的环刚度等级 **表 5.3-43**

级别	SN4	(SN 6.3)	SN8	(SN12.5)	SN16
环刚度(kN/m²)	≥4	≥(6.3)	≥8	≥(12.5)	≥16

注：括号内为非首选等级。

2. 管材结构与连接

（1）管材结构

管材结构形式分为带承口管材和直管管材两种，如图 5.3-25 所示。

（2）连接方式

管材采用如图 5.3-26 所示承插口弹性密封圈连接方式。弹性密封圈应符合《排水管及污水管道用接口密封圈材料规范》HG/T 3091-2000 的要求。

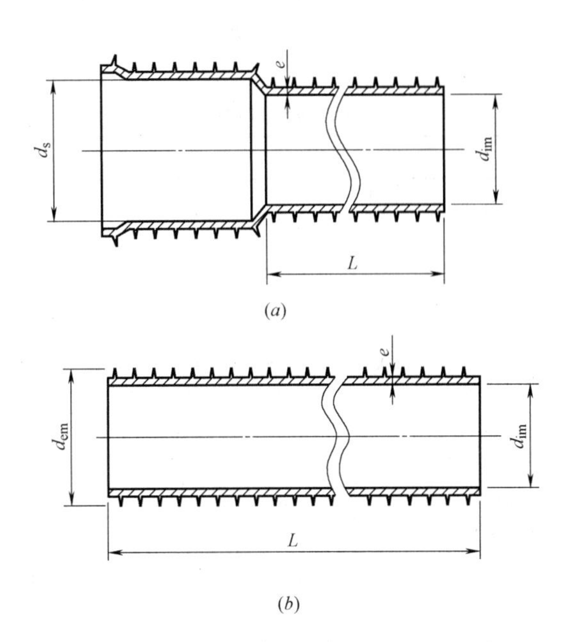

图 5.3-25 管材结构形式
(a) 承口管材；(b) 直管管材

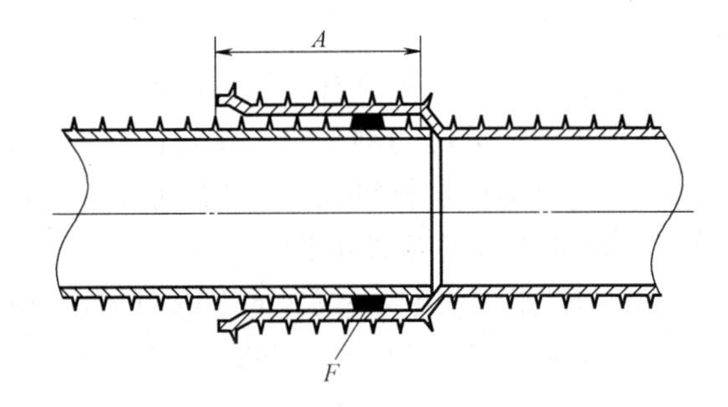

图 5.3-26 承插口弹性密封圈连接方式

3. 管材规格尺寸

管材的有效长度一般为 3m 或 6m，如需其他长度由供需双方商定。管材长度不得有负偏差。

管材的公称尺寸、平均内径、最小壁厚及承口深度见表 5.3-44。

管材尺寸（mm） **表 5.3-44**

公称尺寸 DN/ID	最小平均内径 $d_{im,min}$	最小壁厚 e_{min}	最小承口深度 A_{min}
150	145.0	1.3	85.0
225	220.0	1.7	115.0
300	294.0	2.0	145.0
400	392.0	2.5	175.0
500	490.0	3.0	185.0
600	588.0	3.5	220.0
800	785.0	4.5	290.0
1000	982.0	5.0	330.0

4. 物理力学性能

管材的物理力学性能见表 5.3-45。

管材的物理力学性能 表 5.3-45

项目		要求
密度(kg/m³)		≤1550
环刚度(kN/m²)	SN4	≥4
	(SN6.3)	≥6.3
	SN8	≥8
	(SN12.5)	≥12.5
	SN16	≥16
冲击性能(TIR)(%)		≤10
维卡软化温度(℃)		≥79
环柔性		试样圆滑,无反向弯曲,无破裂
烘箱试验		无分层,无开裂,无起泡
蠕变比率		≤2.5
静液压试验*		无渗漏,无破裂

注：项目栏括号内为非首选环刚度等级；* 当管材用于低压输水灌溉时进行静液压试验。

5. 外观要求与标记

管材的外壁、内壁表面颜色应一致，不应有气泡、可见杂质、受热变形的痕迹和其他影响产品性能的表面缺陷。管材两端面应切割平整，并与管材轴线垂直。

此种管材的标记由以下几部分组成：材料代号；“加筋管”字样；与内径相关的公称尺寸 *DN/ID*；环刚度等级；标准代号等五部分组成。

例如，公称尺寸 500mm，环刚度等级为 *SN* 8 的 PVC-U 加筋管材，其产品标记为：

PVC-U 加筋管 *DN/ID*500 SN8 QB/T 2782-2006

6. 出厂项目

管材产品须经生产厂质量检验部门进行检验，并附有合格证方可出厂。出厂检验项目主要有：颜色、外观、上述“3. 管材规格尺寸”的规定和物理力学性能中规定的纵向环刚度、环柔性、烘箱试验，当用于低压输水灌溉时进行静液压试验。

7. 标志、包装、运输和贮存

(1) 每根管材上应有一个永久性标记，间隔不应大于 2m，管材标记应符合上述内容规定。管材还应有下列标志：生产厂名称或商标；生产日期。

当管材用于低压输水灌溉时，应有“DS××”标志，“××”为最大允许工作压力，单位为 MPa。

(2) 管材产品应妥善包装。

(3) 产品在运输及装卸时，不得抛掷、重压、损伤和玷污。

(4) 管材堆放场地应平整，承插口端部应交错放置，堆放高度不得超过 2m，远离热源，避免露天暴晒。

【依据技术标准】轻工行业标准《埋地用硬聚氯乙烯（PVC-U）加筋管材》QB/T 2782-2006。

5.3.11 硬聚氯乙烯（PVC-U）双壁波纹排水管

硬聚氯乙烯（PVC-U）双壁波纹管材适用于市政及住宅小区排水、建筑物外排水、农田排水和农田低压（≤0.2MPa）输水灌溉使用，也可作为通信线缆穿线管材。在考虑到管材的耐化学性和耐温性的条件下，也可用作工业排污管材。

1. 管材分类

PVC-U 双壁波纹管材的环刚度等级见表 5.3-46。

公称环刚度等级 **表 5.3-46**

级　别	SN2	SN4	SN8	SN16
环刚度（kN/m²）≥	2	4	8	16

注：仅在管材外径 d_e≥500mm 的管材规格中允许有 SN2 级。

2. 管材结构与连接

（1）管材结构

管材结构形式分为带扩口管材和不带扩口管材两种，如图 5.3-27 所示。

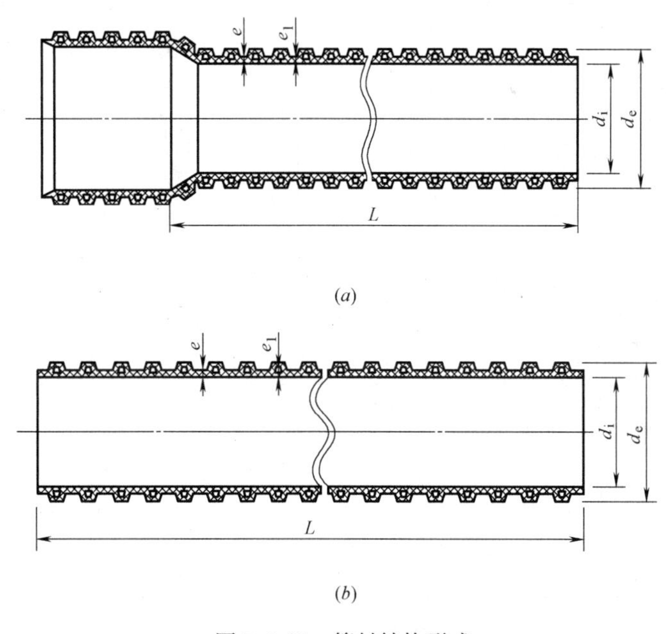

图 5.3-27　管材结构形式

(a) 带扩口管材；(b) 不带扩口管材

（2）连接方式

管材采用如图 5.3-28 所示弹性密封圈连接方式，也可以采用其他连接方式。

3. 管材规格尺寸

管材的有效长度 L 一般为 6m，如需其他长度由供需双方商定。管材长度不得有负偏差。

管材规格分为内径系列和外径系列。内径系列管材尺寸用 DN/ID 表示，且承口最小平均内径 d_{im}应不小于管材的最大平均外径，见表 5.3-47；外径系列管材尺寸用 DN/OD 表示，且承口最小平均内径 d_{im}应不小于管材的最大平均外径，表 5.3-48。

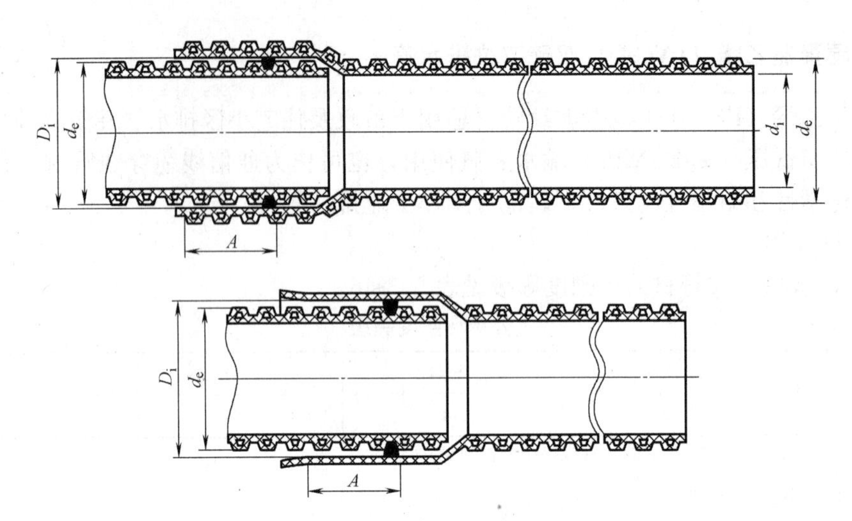

图 5.3-28 典型的弹性密封圈连接方式

内径系列管材尺寸 (mm) **表 5.3-47**

公称内径 DN/ID	最小平均内径 $d_{im,min}$	最小层压壁厚 e_{min}	最小内层壁厚 $e_{1,min}$	最小承口接合长度 A_{min}
100	95	1.0	—	32
125	120	1.2	1.0	38
150	145	1.3	1.0	43
200	195	1.5	1.1	54
225	220	1.7	1.4	55
250	245	1.8	1.5	59
300	294	2.0	1.7	64
400	392	2.5	2.3	74
500	490	3.0	3.0	85
600	588	3.5	3.5	96
800	785	4.5	4.5	118
1000	985	5.0	5.0	140

外径系列管材尺寸 (mm) **表 5.3-48**

公称外径 DN/ID	最小平均外径 $d_{em,min}$	最大平均外径 $d_{em,max}$	最小平均内径 $d_{im,min}$	最小层压壁厚 e_{min}	最小内层壁厚 $e_{1,min}$	最小承口接合长度 A_{min}
63	62.5	63.3	54	0.5	—	32
75	74.5	75.3	65	0.6	—	32
90	89.4	90.3	77	0.8	—	32
(100)	99.4	100.4	93	0.8	—	32
110	109.4	110.4	97	1.0	—	32
125	124.3	125.4	107	1.1	1.0	35

续表

公称外径 DN/ID	最小平均外径 $d_{em,min}$	最大平均外径 $d_{em,max}$	最小平均内径 $d_{im,min}$	最小层压壁厚 e_{min}	最小内层壁厚 $e_{1,min}$	最小承口接合长度 A_{min}
160	159.1	160.5	135	1.2	1.0	42
200	198.8	200.6	172	1.4	1.1	50
250	248.5	250.8	216	1.7	1.4	55
280	278.3	280.9	243	1.8	1.5	58
315	313.2	316.0	270	1.9	1.6	62
400	397.6	401.2	340	2.3	2.0	70
450	447.3	451.4	383	2.5	2.4	75
500	497.0	501.5	432	2.8	2.8	80
630	626.3	631.9	540	3.3	3.3	93
710	705.7	712.3	614	3.8	3.8	101
800	795.2	802.4	680	4.1	4.1	110
1000	994.0	1 003.0	854	5.0	5.0	130

表 2.2-90 中管材外径的极限偏差应符合以下公式计算的数值：

$d_{em,min} \geqslant 0.994 d_e$

$d_{em,max} \leqslant 1.003 d_e$

计算结果保留一位小数，其中 d_e 为管材生产商规定的外径。

4. 颜色与外观

管材内外表面应色泽均匀，颜色由供需双方协商确定。以采用黑色居多。

管材的外壁、内壁不应有气泡、裂口、分解变色、可见杂质和不规则波纹。内壁应光滑，端面应切割平整，并与管材轴线垂直。

管波谷区内外壁应紧密熔接，不应出现脱开现象。

5. 物理力学性能

管材的物理力学性能见表 5.3-49。

管材的物理力学性能 **表 5.3-49**

项目		要求
环刚度(kN/m²)	SN2	≥4
	SN4	≥6.3
	SN8	≥8
	SN16	≥12.5
冲击性能(TIR)(%)		≤10
环柔性		试样圆滑，无反向弯曲，无破裂，两壁无脱开
烘箱试验		无分层，无开裂
蠕变比率		≤2.5
连接密封试验		无渗漏，无破裂
静液压试验①		3 个试样均无渗漏、无破裂

①当管材用于低压输水灌溉时进行静液压试验。

6. 出厂检验

管材产品须经生产厂质量检验部门进行检验，并附有合格证方可出厂。出厂检验项目主要有：颜色、外观、上述“3. 管材规格尺寸”的规定和物理力学性能中规定的纵向环刚度、环柔性、烘箱试验，当用于低压输水灌溉时进行静液压试验。

7. 标志、运输和贮存

（1）每根管材上应有一个永久性标记，间隔不应大于2m，管材标记应符合上述内容规定。管材还应有下列标志：材料代号；公称内径或公称外径；环刚度等级；标准编号；生产厂名和/或商标；生产日期。

当管材用于低压输水灌溉时，应有“DS××”标志，“××”为最大允许工作压力，单位为MPa。

（2）管材在运输及装卸时，不得抛掷、重压、损伤。

（3）管材堆放场地应平整，码放应整齐，高度不得超过2m。

【依据技术标准】轻工行业标准《硬聚氯乙烯（PVC-U）双壁波纹管材》QB/T 1619-2004。

5.4　氯化聚氯乙烯（PVC-C）管

5.4.1　冷热水用氯化聚氯乙烯（PVC-C）管

冷热水用氯化聚氯乙烯（PVC-C）管材适用于工业及民用的冷热水管道系统。

1. 材料

氯化聚氯乙烯（PVC-C）管材用的材料，由氯化聚氯乙烯（PVC-C）树脂，以及为提高其加工性能所必需的添加剂组成。氯化聚氯乙烯（PVC-C）树脂的氯含量（质量分数）应≥67%，制造管材的氯化聚氯乙烯（PVC-C）混配料（已加添加剂的成品料）的氯含量（质量分数）应≥60%，按GB/T 7139-1986测定。

管材用的材料，按GB/T 6111-2003试验方法和GB/T 18252-2000要求，至少在4个不同温度下做长期静液压试验。

用于输送饮用水的氯化聚氯乙烯管道系统还应符合《生活饮用水输配水设备及防护材料的安全性评价标准》GB/T 17219-1998的要求。

2. 使用条件级别

氯化聚氯乙烯管道系统采用前面介绍的GB/18991-2003的规定，按使用条件选用其中的两个应用等级，见表5.4-1，每个应用级别均对应于一个特定的应用范围，在实际应用时还应考虑0.6MPa、0.8MPa、1.0MPa不同的使用压力。表中所列各使用条件级别的管道系统应同时满足在20℃、1.0MPa条件下，输送冷水使用寿命50年的要求。

使用条件级别　　　　**表5.4-1**

应用级别	设计温度 T_D（℃）	在 T_D 下的时间（年）	最高设计温度 T_{max}（℃）	在 T_{max} 下的时间（年）	故障温度 T_{mal}（℃）	在 T_{mal} 下的时间（年）	典型应用范围
级别1	60	49	80	1	95	100	供给热水(60℃)
级别2	70	49	80	1	95	100	供给热水(70℃)

3. 管材

(1) 管材分类

氯化聚氯乙烯(PVC-C)管材按尺寸分为 S6.3、S5、S4 三个管系列。管材规格用管系列 S、公称外径(d_n)和公称壁厚(e_n)表示。例如,管系列 S5,公称外径为 40mm,公称壁厚为 3.7mm,标示为:

S5 40×3.7

(2) 管系列 S 值的选择

应按不同的材料及使用条件级别(表 5.4-1)和设计压力选择对应的 S 值,见表 5.4-2。

管系列 S 的选择 **表 5.4-2**

设计压力 P_D(MPa)	管系列 S	
	级别 1 σ_D=4.38MPa	级别 2 σ_D=4.16MPa
0.6	6.3	6.3
0.8	5	5
1.0	4	4

(3) 管材规格尺寸

氯化聚氯乙烯(PVC-C)管材的平均外径以及与管系列 S 对应的公称壁厚 e_n 见表 5.4-3。表中的平均外径(d_{em})系指管材或管件插口端的任一横截面外圆周长的测量值除以 π(≈3.142)所得的值,精确到 0.1mm,小数点后第二位非零数字进位,单位为 mm。

管材的壁厚偏差应符合表 5.4-4 的规定,同一截面的壁厚偏差应≤14%。管材不圆度的最大值应符合表 5.4-5 规定,不圆度是指管材或插口、承口的同一横截面测量的最大内径与最小内径的差值。

管材系列和规格尺寸(mm) **表 5.4-3**

公称外径 d_n	平均外径		管系列		
			S6.3	S5	S4
	$d_{em,min}$	$d_{em,max}$	公称壁厚 e_n		
20	20.0	20.2	2.0*(1.5)	2.0*(1.9)	2.3
25	25.0	25.2	2.0*(1.9)	2.3	2.8
32	32.0	32.2	2.4	2.9	3.6
40	40.0	40.2	3.0	3.7	4.5
50	50.0	50.2	3.7	4.6	5.6
63	63.0	63.3	4.7	5.8	7.1
75	75.0	75.3	5.6	6.8	8.4
90	90.0	90.3	6.7	8.2	10.1
110	110.0	110.4	8.1	10.0	12.3
125	125.0	125.4	9.2	11.4	14.0
140	140.0	140.5	10.3	12.7	15.7
160	160.0	160.5	11.8	14.6	17.9

注:考虑到刚度要求,带"*"的最小壁厚为 2.0mm,在计算液压试验压力时,使用括号中的壁厚。

管材的壁厚偏差（mm） 表 5.4-4

公称壁厚 e_n	允许偏差	公称壁厚 e_n	允许偏差
$1.0<e_n\leqslant2.0$	+0.4 0	$10.0<e_n\leqslant11.0$	+1.3 0
$2.0<e_n\leqslant3.0$	+0.5 0	$11.0<e_n\leqslant12.0$	+1.4 0
$3.0<e_n\leqslant4.0$	+0.6 0	$12.0<e_n\leqslant13.0$	+1.5 0
$4.0<e_n\leqslant5.0$	+0.7 0	$13.0<e_n\leqslant14.0$	+1.6 0
$5.0<e_n\leqslant6.0$	+0.8 0	$14.0<e_n\leqslant15.0$	+1.7 0
$6.0<e_n\leqslant7.0$	+0.9 0	$15.0<e_n\leqslant16.0$	+1.8 0
$7.0<e_n\leqslant8.0$	+1.0 0	$16.0<e_n\leqslant17.0$	+1.9 0
$8.0<e_n\leqslant9.0$	+1.1 0	$17.0<e_n\leqslant18.0$	+2.0 0
$9.0<e_n\leqslant10.0$	+1.2 0		

管材不圆度的最大值（mm） 表 5.4-5

公称外径 d_n	20	25	32	40	50	63	75	90	110	125	140	150
不圆度的最大值	1.2	1.2	1.3	1.4	1.4	1.5	1.6	1.8	2.2	2.5	2.8	3.2

（4）物理性能及力学性能

管材的物理性能符合表 5.4-6 的规定，力学性能符合表 5.4-7 的规定。

管材的物理性能 表 5.4-6

项目	密度(kg/m³)	维卡软化温度(℃)	纵向回缩率(%)
要　求	1450～1650	≥110	≤5

管材的力学性能 表 5.4-7

项目	试验参数			要　求
	试验温度(℃)	试验时间(h)	静液压应力(MPa)	
静液压试验	20	1	43	无泄漏，无破裂
	95	165	5.6	
	95	1 000	4.6	
静液压状态下的热稳定性试验	95	8 760	3.6	无泄漏，无破裂
落锤冲击试验(0℃)，TIR(%)				≤10
拉伸屈服强度（MPa）				≥50

4. 管件简介

（1）管件分类

氯化聚氯乙烯（PVC-C）管件分为 S6.3、S5、S4 三个管系列，即与管材的分类是对应一致的。管件按连接形式分为溶剂粘接型管件、法兰连接型管件及螺纹连接型管件。

（2）规格尺寸

溶剂粘接型管件承口的内径与管材的公称外径 d_n 相匹配。不同管系列的管件体的最小壁厚 e_{min}，应符合表 5.4-8 规定。

溶剂粘接圆柱形管件的承口尺寸如图 5.4-1 所示，尺寸应符合表 5.4-9 的要求；活套法兰变接头如图 5.4-2 所示，尺寸应符合表 5.4-10 的要求；螺纹连接型管件的螺纹部分应符合《55°密封管螺纹　第 1 部分：圆柱内螺纹与圆锥外螺纹》GB/T 7306.1 和《55°密封管螺纹　第 2 部分：圆锥内螺纹与圆锥外螺纹》GB/T 7306.2 的规定。

管件体的壁厚（mm）　　**表 5.4-8**

公称外径 d_n	管系列		
	S6.3	S5	S4
	管件体最小壁厚 e_{min}		
20	2.1	2.6	3.2
25	2.6	3.2	3.8
32	3.3	4.0	4.9
40	4.1	5.0	6.1
50	5.0	6.3	7.6
63	6.4	7.9	9.6
75	7.6	9.2	11.4
90	9.1	11.1	13.7
110	11.0	13.5	16.7
125	12.5	15.4	18.9
140	14.0	17.2	21.2
160	16.0	19.8	24.2

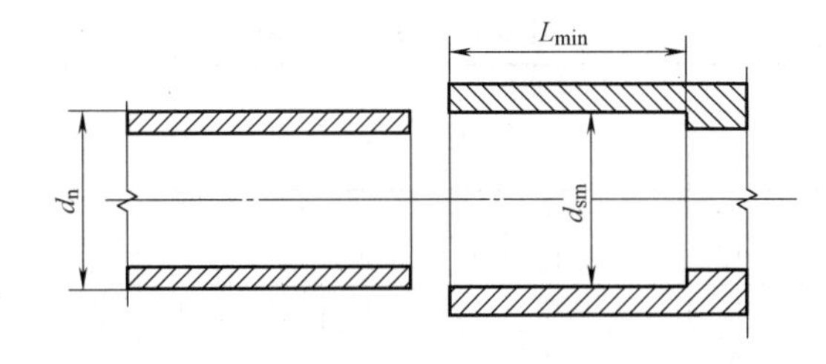

图 5.4-1　圆柱形承口

d_n—公称外径；d_{sm}—承口平均内径；L_{min}—承口最小长度

圆柱形承口尺寸（mm）　　**表 5.4-9**

公称外径 d_n	承口平均内径 d_{sm}		不圆度	承口长度 L 最小
	最小	最大	最大	
20	20.1	20.3	0.25	16.0
25	25.1	25.3	0.25	18.5

续表

公称外径 d_n	承口平均内径 d_{sm}		不圆度	承口长度 L 最小
	最小	最大	最大	
32	32.1	32.3	0.25	22.0
40	40.1	40.3	0.25	26.0
50	50.1	50.3	0.3	31.0
63	63.1	63.3	0.4	37.5
75	75.1	75.3	0.5	43.5
90	90.1	90.3	0.6	51.0
110	110.1	110.4	0.7	61.0
125	125.1	125.4	0.8	68.5
140	140.2	140.5	0.9	76.0
160	160.2	160.5	1.0	86.0

注：1. 不圆度偏差小于等于 $0.007d_n$，若 $0.007\ d_n<0.2$mm，则不圆度偏差小于等于 0.2 mm。

2. 承口最小长度等于 $0.5\ d_n+6$ mm，最短为 12 mm。

3. 承口的平均内径 d_{am}，应在承口中部测量，承口部分最大夹角应不超过 0°30′。

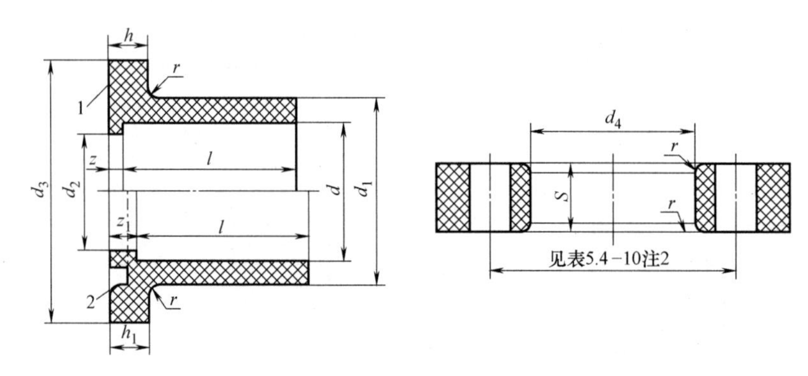

图 5.4-2　活套法兰变接头

1—平面垫圈接合面；2—密封圈槽接合面

活套法兰变接头（mm）　　表 5.4-10

承口公称直径 d	法兰变接头									活套法兰		
	d_1	d_2	d_3	l	r 最大	h	z	h_1	z_1	d_4	r 最小	S
20	27±0.15	16	34	16	1	6	3	9	6	$28_{-0.5}^{0}$	1	根据材质而定
25	33±0.15	21	41	19	1.5	7	3	10	6	$34_{-0.5}^{0}$	1.5	
32	41±0.2	28	50	22	1.5	7	3	10	6	$42_{-0.5}^{0}$	1.5	
40	50±0.2	36	61	26	2	8	3	13	8	$51_{-0.5}^{0}$	2	
50	61±0.2	45	73	31	2	8	3	13	8	$62_{-0.5}^{0}$	2	
63	76±0.3	57	90	38	2.5	9	3	14	8	78_{-1}^{0}	2.5	
75	90±0.3	69	106	44	2.5	10	3	15	8	92_{-1}^{0}	2.5	
90	108±0.3	82	125	51	3	11	5	16	10	110_{-1}^{0}	3	
110	131±0.3	102	150	61	3	12	5	18	11	133_{-1}^{0}	3	
125	148±0.4	117	170	69	3	13	5	19	11	150_{-1}^{0}	3	
140	165±0.4	132	188	76	4	14	5	20	11	167_{-1}^{0}	4	
160	188±0.4	152	213	86	4	16	5	22	11	190_{-1}^{0}	4	

注：1. 承口尺寸及公差按照图 5.4-1 及表 5.4-9 规定。

2. 法兰外径螺栓孔直径及孔数按照《钢制管法兰　类型与参数》GB/T 9112 规定。

（3）物理性能及力学性能

管件的物理性能符合表 5.4-11 的规定，力学性能符合表 5.4-12 的规定。

管件的物理性能 **表 5.4-11**

项　目	密度（kg/m³）	维卡软化温度（℃）	烘箱试验
要　求	1450～1650	≥103	无严重气泡、分层或熔接线裂开

管件的力学性能 **表 5.4-12**

项　目	试验温度（℃）	管系列	试验压力（MPa）	试验时间（h）	要　求
静液压试验	20	S6.3	6.56	1	无泄漏，无破裂
		S5	8.76		
		S4	10.94		
	60	S6.3	4.10	1	无泄漏，无破裂
		S5	6.47		
		S4	6.84		
	80	S6.3	1.20	3 000	无泄漏，无破裂
		S5	1.59		
		S4	1.99		

5. 系统适应性

生产厂家应对管材与管件连接后，通过内压和热循环两项组合试验。内压试验应符合表 5.4-13 的要求，热循环试验应符合表 5.4-14 的规定。

内压试验 **表 5.4-13**

管系列 S	试验温度（℃）	试验压力（MPa）	试验时间（h）	要求
S6.3	80	1.2	3000	无泄漏，无破裂
S5	80	1.59	3000	
S4	80	1.99	3000	

热循环试验 **表 5.4-14**

最高试验温度（℃）	最低试验温度（℃）	试验压力（MPa）	循环次数	要 求
90	20	P_D	5 000	无泄漏，无破裂

注：1. 一次循环的时间为 30^{+2}_{0}min，包括 15^{+1}_{0}min 最高试验温度和 15^{+1}_{0}min 最低试验温度。

2. P_D 值的按表 5.4-2 规定，分别为 0.6MPa、0.8MPa、1.0MPa。

6. 出厂检验

管材、管件产品需经生产厂质量检验部门检验合格后并附有合格证方可出厂。

检验分为出厂检验、定型检验和型式检验。与管道工程设计、施工、使用有关的是出厂检验。

（1）管材出厂检验的基本要求如下：

管材的颜色由供需双方协商，内外表面应光滑平整、色泽均匀、无凹陷、气泡及其他影响性能的表面缺陷，管材不应含明显可见的杂质。管材端面应切割平整并与管材的轴线垂直。

管材的规格尺寸应符合表 5.4-4、表 5.4-5 的要求，管材的品质应符合表 5.4-6 中规定的纵向回缩率试验要求、表 5.4-7 中的落锤冲击试验要求以及静液压试验中的 20℃/1h 或 95℃/165h 的试验要求。

（2）管件出厂检验的基本要求如下：

管件的颜色由供需双方协商，但应与管材的颜色一致，内外表面应光滑平整、不允许有裂纹、气泡、脱皮和明显的杂质以及严重的冷斑、色泽不匀、分解变色等缺陷。

管件的规格尺寸应符合表 5.4-8～表 5.4-10 的要求，表 5.4-11 规定的烘箱试验要求以及静液压试验中的 20℃/1h 或 95℃/165h 的试验要求。

管材均应具有不透光性，其检验方法见“5.2.10 冷热水用耐热聚乙烯（PE-RT）管材”。

7. 标志、包装、运输、贮存

（1）标志

每根管材至少有两处完整的永久性标志。标志至少应包括下列内容：

1）生产厂名、厂址和商标；

2）产品名称：应注明（PVC-C）饮水或（PVC-C）非饮水；

3）规格及尺寸：管系列 S，公称外径（d_n）和公称壁厚（e_n）；

4）标准编号；

5）生产日期。

管件应有下列永久性标记：

1）商标；

2）产品名称：应注明原料名称，例：PVC-C；用于饮用水的管件，应有明确标识。

3）产品规格：应注明公称直径 d_n 及管系列 S，例如：

等径管件标记为：d_n20　S5；

异径管件标记为：d_n40×20　S5；

（2）包装

管材应按相同规格装入包装袋捆扎、封口，或按用户要求包装；管件一般每个包装箱内应装相同品种和规格的管件，每个包装箱重量不宜超过 25 kg。

（3）运输

在运输时不得暴晒、重压、抛摔和损伤，并防止被油脂和化学品污染。

（4）贮存

应在仓库内合理堆放，远离热源，不得露天存放。管材码放高度不得超过 1.5 m。

【依据技术标准】《冷热水用氯化聚氯乙烯（PVC-C）管道系统　第 1 部分：总则》GB/T 18993.1-2003、《冷热水用氯化聚氯乙烯（PVC-C）管道系统　第 2 部分：管材》GB/T 18993.2-2003

5.4.2　工业用氯化聚氯乙烯（PVC-C）管

工业用氯化聚氯乙烯（PVC-C）管材可用于压力下输送适宜的工业用固体、液体和气体等化学物质的管道系统，适用于石油、化工、水处理及污水处理、电力电子、采矿、冶金、电镀、造纸、食品饮料、医药等工业领域。

此种管道系统一般不宜用于输送易燃、易爆介质。当必须用于输送易燃介质时，应符合防火、防爆方面的有关规定。

1. 材料要求

制造管材的材料为氯化聚氯乙烯（PVC-C）树脂，以及为提高其性能及加工性能所加入的添加剂组成。添加剂应在树脂内分布均匀。氯化聚氯乙烯树脂的氯含量≥67%（重量百分比）；制造管材用氯化聚氯乙烯混配料的氯含量≥60%（重量百分比）。

制成的管材按 ISO 1167：1996 试验方法和《塑料管道系统用外推法对热塑性塑料管材长期静液压强度的测定》GB/T 18252 的要求，在至少 4 个不同温度下做长期静液压试验。

试验数据按 GB/T 18252 方法计算，得到不同温度、不同时间的 σ_{LPL} 值，并做出材料蠕变破坏曲线，将材料的蠕变破坏曲线与 GB/T 18998.1—2003 标准附录 A 中给出的预测强度参照曲线相比较，试验结果的 σ_{LPL} 值在全部时间及温度范围内均应高于参照曲线上的对应值。σ_{LPL} 值系预期的长期静液压强度的置信下限，单位为 MPa。

管材材料的最小要求强度 MRS 值应不小于 25MPa。所谓最小要求强度 MRS 值，系指水温 20℃，使用 50 年置信下限 σ_{LPL} 的值，按 R10 或 R20 系列向下圆整，单位为 MPa。

2. 管材

（1）分类及规格尺寸

管材按尺寸分为：S10、S6.3、S5、S4 四个管系列。

管材规格用管系列 S，公称外径 d_n × 公称壁厚 e_n 表示，例如：

S5 d_n 50 × e_n 4.6

（2）管系列 S、标准尺寸比 SDR 及管材规格尺寸，见表 5.4-15。

管系列 S、标准尺寸比 SDR 及管材规格尺寸（mm） **表 5.4-15**

公称外径 d_n	公称壁厚 e_n			
	管系列 S			
	S10	S6.3	S5	S4
	标准尺寸比 SDR			
	SDR21	SDR13.6	SDR11	SDR9
20	2.0(0.96)*	2.0(1.5)*	2.0(1.9)*	2.3
25	2.0(1.2)*	2.0(1.9)*	2.3	2.8
32	2.0(1.6)*	2.4	2.9	3.6
40	2.0(1.9)*	3.0	3.7	4.5
50	2.4	3.7	4.6	5.6
63	3.0	4.7	5.8	7.1
75	3.6	5.6	6.8	8.4
90	4.3	6.7	8.2	10.1
110	5.3	8.1	10.0	12.3

续表

公称外径 d_n	公称壁厚 e_n			
	管系列S			
	S10	S6.3	S5	S4
	标准尺寸比SDR			
	SDR21	SDR13.6	SDR11	SDR9
125	6.0	9.2	11.4	14.0
140	6.7	10.3	12.7	15.7
160	7.7	11.8	14.6	17.9
180	8.6	13.3	—	—
200	9.6	14.7	—	—
225	10.8	16.6	—	—

注：考虑到刚度的要求，带“*”号规格的管材壁厚均增加到2.0mm，但进行液压试验时，仍用括号内的壁厚计算试验压力。

(3) 平均外径和不圆度

管材的平均外径 d_{em} 及偏差和不圆度的最大值应符合表5.4-16的规定。

平均外径及偏差和不圆度的最大值（mm） **表5.4-16**

平均外径 d_{em}		不圆度的最大值	平均外径 d_{em}		不圆度的最大值
公称外径 d_n	允许偏差		公称外径 d_n	允许偏差	
20	$^{+0.2}_{0}$	0.5	110	$^{+0.4}_{0}$	1.4
25	$^{+0.2}_{0}$	0.5	125	$^{+0.4}_{0}$	1.5
32	$^{+0.2}_{0}$	0.5	140	$^{+0.5}_{0}$	1.7
40	$^{+0.2}_{0}$	0.5	160	$^{+0.5}_{0}$	2.0
50	$^{+0.2}_{0}$	0.6	180	$^{+0.6}_{0}$	2.2
63	$^{+0.3}_{0}$	0.8	200	$^{+0.6}_{0}$	2.4
75	$^{+0.3}_{0}$	0.9	225	$^{+0.7}_{0}$	2.7
90	$^{+0.3}_{0}$	1.1	—	—	—

(4) 管材的壁厚

管材的壁厚应符合表5.4-17的规定，管材任一点的壁厚偏差符合该表的规定。

管材任一点的壁厚偏差（mm） **表 5.4-17**

公称壁厚 e_n	2.0	2.0<e_n≤3.0	3.0<e_n≤4.0	4.0<e_n≤5.0	5.0<e_n≤6.0	6.0<e_n≤7.0
允许偏差	+0.4 0	+0.5 0	+0.6 0	+0.7 0	+0.8 0	+0.9 0
公称壁厚 e_n	7.0<e_n≤8.0	8.0<e_n≤9.0	9.0<e_n≤10.0	10.0<e_n≤11.0	11.0<e_n≤12.0	12.0<e_n≤13.0
允许偏差	+1.0 0	+1.1 0	+1.2 0	+1.3 0	+1.4 0	+1.5 0
公称壁厚 e_n	13.0<e_n≤14.0	14.0<e_n≤15.0	15.0<e_n≤16.0	16.0<e_n≤17.0	17.0<e_n≤18.0	—
允许偏差	+1.6 0	+1.7 0	+1.8 0	+1.9 0	+2.0 0	—

（5）物理性能及力学性能

管材的物理性能应符合表 5.4-18 的规定；管材的力学性能应符合表 5.4-19 的规定。

管材的物理性能 **表 5.4-18**

项　目	密度(kg/m³)	维卡软化温度(℃)	纵向回缩率(%)	氯含量(质量百分比)(%)
要　求	1450～1650	≥110	≤5	≥60

管材的力学性能 **表 5.4-19**

项　目	试验参数			要　求
	温度(℃)	静液压应力(MPa)	时间(h)	
静液压试验	20	43	≥1	无渗漏，无破裂
	95	5.6	≥165	
	95	4.6	≥1000	
静液压状态下热稳定性试验	95	3.6	≥8760	
落锤冲击试验 TIR(%)	试验温度(0±1)℃ 落锤重量与高度见 GB/T 18998.2—2003 标准表 8			≤10

3. 系统适应性

管材与管件连接后，应能通过表 5.4-20 规定条件的液压试验要求。

液压试验 **表 5.4-20**

项　目	试验温度(℃)	液压应力(MPa)	试验时间(h)	要求
液压试验	20	17	≥1000	无泄漏，无破裂
	80	4.8	≥1000	

需要注意的是，此种管材的系统适应性参数，表 5.4-20 中规定的是液压应力，而非试验压力，而管材和管件壁厚中产生的液压应力是无法直接测量的。因此，进行系统适应性液压试验时，只能按上述液压应力和管材的内径和壁厚计算出试验压力。应当说，上述表述方式是不妥的。

4. 出厂检验

管材产品需经生产厂质量检验部门进行出厂检验合格，并附有合格证方可出厂。

管材出厂检验要求如下：

管材颜色一般为灰色，也可根据用户要求，由供需双方商定其他颜色。管材的内外表面应光滑平整、清洁，不允许有气泡、划伤、凹陷、明显杂质及颜色不均的缺陷。管端应切割平整，并与管轴线垂直。管材应不透光。

管材的规格尺寸应符合表 5.4-15～表 5.4-17 的要求，纵向回缩率性能应符合表 5.4-18要求，落锤冲击试验及 20℃、1h 静夜压试验、95℃、165h 静夜压试验应符合表 5.4-19 的规定。

管材均应具有不透光性，其检验方法见“5.2.10 冷热水用耐热聚乙烯（PE-RT）管材”。

5. 标志、包装、运输、贮存

每根管材至少应有两处完整的永久性标志，标志至少包括：生产厂名、厂址；商标；产品名称，应注明“PVC-C 工业用”；规格及尺寸；标准编号；生产日期。

管材应妥善包装，也可根据用户要求协商确定。

管材在运输与装卸时，不得抛摔、暴晒、重压、损伤和沾污。

管材不得露天堆放、暴晒，仓库内应合理堆放，高度不超过 1.5 m，并远离热源。

在运输过程中，不得受到重压、撞击、抛摔和日晒。应存放在库房内，堆放高度不超过 2m，并远离热源。

【依据技术标准】《工业用氯化聚氯乙烯（PVC-C）管道系统　第 1 部分：总则》GB/T 18998.1-2003、《工业用氯化聚氯乙烯（PVC-C）管道系统　第 2 部分：管材》GB/T 18998.2-2003。

5.5　聚丙烯（PP）管

5.5.1　冷热水用聚丙烯（PP）管

冷热水用聚丙烯（PP）管材用于民用或工业建筑物的冷热水管道系统、饮用水系统和供暖系统。用于饮用水系统的聚丙烯（PP）管材应符合《生活饮用水输配水设备及防护材料的安全性评价标准》GB/T 17219 的规定。

冷热水用聚丙烯（PP）管材不能用于灭火系统和不使用水作为介质的消防管道系统。

1. 使用条件

聚丙烯管道系统采用 ISO 10508 的规定，按使用条件分为四个等级，见表 5.5-1 每个等级对应一个特定的应用范围及 50 年的使用寿命，并且要考虑到 0.4MPa、0.6MPa、0.8MPa 及 1.0MPa 不同的使用压力。

使用条件等级　　**表 5.5-1**

应用条件	设计温度 T_D（℃）	T_D 下的使用时间（年）	最高设计温度 T_{max}（℃）	T_{max} 下的使用时间（年）	故障温度 T_{mal}（℃）	T_{mal} 下的使用时间（h）	典型应用范围
级别 1	60	49	80	1	95	100	供应热水（60℃）

续表

应用条件	设计温度 T_D (℃)	T_D 下的使用时间 (年)	最高设计温度 T_{max} (℃)	T_{max} 下的使用时间 (年)	故障温度 T_{mal} (℃)	T_{mal} 下的使用时间 (h)	典型应用范围
级别 2	70	49	80	1	95	100	供应热水 (70℃)
级别 4	20 40 60	2.2 20 25	70	2.5	100	100	地板供暖和低温散热器供暖
级别 5	20 60 80	14 25 10	90	1	100	100	较高温散热器供暖

注：当 T_D、T_{max} 和 T_{mal} 值超出本表范围时，不能用本表。

聚丙烯管材可使用以下 3 种类型的树脂：

PP-H：均聚聚丙烯。

PP-B：耐冲击共聚聚丙烯（曾称为嵌段共聚聚丙烯）。由 PP-H 和（或）PP-R 与橡胶相形成的两相或多相丙烯共聚物。橡胶相是由丙烯和另一种烯烃单体（或多种烯烃单体）的共聚物组成。

PP-R：无规共聚聚丙烯。丙烯与另一种烯烃单体（或多种烯烃单体）共聚而成的无规共聚物，烯烃单体中无烯烃外的其他官能团。

2. 管材

(1) 管材分类

冷热水用聚丙烯管材按使用材料的不同分为 PP-H、PP-B 和 PP-R3 类。

管材按尺寸分为 5 个系列，当管道系统总使用（设计）系数 C 分别为 1.25 及 1.5 时，管系列 S 与公称压力 PN 的关系分别见表 5.5-2 及表 5.5-3。

管系列 S 与公称压力 *PN* 的关系（*C*=1.25）　　表 5.5-2

管系列	S5	S4	S3.2	S2.5	S2
公称压力 PN(MPa)	1.25	1.6	2.0	2.5	3.2

管系列 S 与公称压力 *PN* 的关系（*C*=1.5）　　表 5.5-3

管系列	S5	S4	S3.2	S2.5	S2
公称压力 PN(MPa)	1.0	1.25	1.6	2.0	2.5

(2) 管材选择

管材应按不同的材料、使用条件级别和设计压力选择对应的 S 值，见表 5.5-4、表 5.5-5 和表 5.5-6。

PP-H 管管系列 S 的选择　　表 5.5-4

设计压力 (MPa)	管系列 S			
	级别 1 σ_d=2.9MPa	级别 2 σ_d=1.99MPa	级别 4 σ_d=3.24MPa	级别 5 σ_d=1.83MPa
0.4	5	5	5	4
0.6	4	3.2	5	2.5
0.8	3.2	2.5	4	2
1.0	2.5	2	3.2	—

PP-B 管管系列 S 的选择 **表 5.5-5**

设计压力（MPa）	管系列 S			
	级别 1 σ_d=1.67MPa	级别 2 σ_d=1.19MPa	级别 4 σ_d=1.95MPa	级别 5 σ_d=1.19MPa
0.4	4	2.5	4	2.5
0.6	2.5	2	3.2	2
0.8	2	—	2	—
1.0	—	—	2	—

PP-R 管管系列 S 的选择 **表 5.5-6**

设计压力（MPa）	管系列 S			
	级别 1 σ_d=3.09MPa	级别 2 σ_d=2.13MPa	级别 4 σ_d=3.30MPa	级别 5 σ_d=1.90MPa
0.4	5	5	5	4
0.6	5	3.2	5	2.5
0.8	3.2	2.5	4	2
1.0	2.5	2	3.2	—

（3）管材规格尺寸

管材规格用管系列 S、公称外径 d_n×公称壁厚 e_n表示。

管材的公称外径、平均外径及管系列 S 对应壁厚（不包括阻隔层厚度），见表 5.5-7。管材同一截面壁厚偏差应符合表 5.5-8 的规定。管材的长度一般为 4m 或 6m，或由供需双方商定，但不允许有负偏差。

管材管系列和规格尺寸（mm） **表 5.5-7**

公称外径 d_n	平均外径		管系列				
			S5	S4	S3.2	S2.5	S2
	$d_{em,min}$	$d_{em,max}$	公称壁厚 e_n				
12	12.0	12.3	—	—	—	2.0	2.4
16	16.0	16.3	—	2.0	2.2	2.7	3.3
20	20.0	20.3	2.0	2.3	2.8	3.4	4.3
25	25.0	25.3	2.3	2.8	3.5	4.2	5.1
32	32.0	32.3	2.9	3.6	4.4	5.4	6.5
40	40.0	40.4	3.7	4.5	5.5	6.7	8.1
50	50.0	50.5	4.6	5.6	6.9	8.3	10.1
63	63.0	63.6	5.8	7.1	8.6	10.5	12.7
75	75.0	75.7	6.8	8.4	10.3	12.5	15.1
90	90.0	90.9	8.2	10.1	12.3	15.0	18.1
110	110.0	111.0	10.0	12.3	15.1	18.3	22.1
125	125.0	126.2	11.4	14.0	17.1	20.8	25.1
140	140.0	141.3	12.7	15.7	19.2	23.3	28.1
160	160.0	161.5	14.6	17.9	21.9	26.6	32.1

管材的壁厚偏差（mm） **表 5.5-8**

公称壁厚 e_n	允许偏差	公称壁厚 e_n	允许偏差
$1.0<e_n\leqslant2.0$	+0.3 0	$17.0<e_n\leqslant18.0$	+1.9 0
$2.0<e_n\leqslant3.0$	+0.4 0	$18.0<e_n\leqslant19.0$	+2.0 0
$3.0<e_n\leqslant4.0$	+0.5 0	$19.0<e_n\leqslant20.0$	+2.1 0
$4.0<e_n\leqslant5.0$	+0.6 0	$20.0<e_n\leqslant21.0$	+2.2 0
$5.0<e_n\leqslant6.0$	+0.7 0	$21.0<e_n\leqslant22.0$	+2.3 0
$6.0<e_n\leqslant7.0$	+0.8 0	$22.0<e_n\leqslant23.0$	+2.4 0
$7.0<e_n\leqslant8.0$	+0.9 0	$23.0<e_n\leqslant24.0$	+2.5 0
$8.0<e_n\leqslant9.0$	+1.0 0	$24.0<e_n\leqslant25.0$	+2.6 0
$9.0<e_n\leqslant10.0$	+1.1 0	$25.0<e_n\leqslant26.0$	+2.7 0
$10.0<e_n\leqslant11.0$	+1.2 0	$26.0<e_n\leqslant27.0$	+2.8 0
$11.0<e_n\leqslant12.0$	+1.3 0	$27.0<e_n\leqslant28.0$	+2.9 0
$12.0<e_n\leqslant13.0$	+1.4 0	$28.0<e_n\leqslant29.0$	+3.0 0
$13.0<e_n\leqslant14.0$	+1.5 0	$29.0<e_n\leqslant30.0$	+3.1 0
$14.0<e_n\leqslant15.0$	+1.6 0	$30.0<e_n\leqslant31.0$	+3.2 0
$15.0<e_n\leqslant16.0$	+1.7 0	$31.0<e_n\leqslant32.0$	+3.3 0
$16.0<e_n\leqslant17.0$	+1.8 0	$32.0<e_n\leqslant33.0$	+3.4 0

（4）物理力学和化学性能

管材的物理力学和化学性能见表 5.5-9。

管材的物理力学和化学性能 **表 5.5-9**

项　目	材　料	试验参数			试验数量	指标
		试验温度（℃）	试验时间（h）	静液压应力（MPa）		
纵向回缩率	PP-H	150±2	$e_n\leqslant8$mm：1 $8<e_n\leqslant16$mm：2 $e_n\leqslant16$mm：4	—	3	≤2%
	PP-B	150±2		—		
	PP-R	135±2		—		

续表

项　目	材　料	试验参数			试验数量	指标
		试验温度（℃）	试验时间（h）	静液压应力（MPa）		
简支梁冲击试验	PP-H	23±2	—		10	破损率小于试样的10%
	PP-B	0±2				
	PP-R	0±2				
静液压试验	PP-H	20	1	21.0	3	无泄漏，无破裂
		95	22	5.0		
		95	165	4.2		
		95	1000	3.5		
	PP-B	20	1	16.0	3	
		95	22	3.4		
		95	165	3.0		
		95	1000	2.6		
	PP-R	20	1	16.0	3	
		95	22	4.2		
		95	165	3.8		
		95	1000	3.5		
熔体质量流动速率，MFR（230℃/2.16kg），g/10min					3	变化率≤原料的30%
静液压状态下热稳定性试验	PP-H	110	8760	1.9	1	无泄漏，无破裂
	PP-B			1.4		
	PP-R			1.9		

（5）颜色及外观

管材通常为灰色，其他颜色由供需双方商定。管材色泽应基本一致，内外表面应平整、光滑，无凹陷、气泡和其他影响性能的表面缺陷。管材应不透光。

3. 系统适应性

生产厂家对管材与管件连接后，应能通过表5.5-10规定条件的内压试验和表5.5-11规定的热循环试验要求。

内压试验　　**表5.5-10**

管系列＼项目	材料	试验温度（℃）	试验压力（MPa）	试验时间（h）	试样数量（个）	指标
S5	PP-H	95	0.70	1000	3	无破裂无渗漏
	PP-B		0.50			
	PP-R		0.68			

续表

项目 管系列	材料	试验温度（℃）	试验压力（MPa）	试验时间（h）	试样数量（个）	指标
S4	PP-H	95	0.88	1000	3	无破裂无渗漏
	PP-B		0.62			
	PP-R		0.80			
S3.2	PP-H	95	1.10	1000	3	无破裂无渗漏
	PP-B		0.76			
	PP-R		1.11			
S2.5	PP-H	95	1.41	1000	3	无破裂无渗漏
	PP-B		0.93			
	PP-R		1.31			
S2	PP-H	95	1.76	1000	3	无破裂无渗漏
	PP-B		1.31			
	PP-R		1.64			

热循环试验 **表 5.5-11**

材　料	最高试验温度（℃）	最低试验温度（℃）	试验压力（MPa）	循环次数	试样数量	指 标
PP-H	95	20	1.0	5 000	1	无泄漏，无破裂
PP-B						
PP-R						

注：一个循环时间为（30^{+2}_{0}）min，分为（15^{+2}_{0}）min 最高试验温度和（15^{+2}_{0}）min 最低试验温度。

4. 出厂检验

管材产品需经生产厂质量检验部门检验合格后并附有合格证方可出厂。

检验分为定型检验、出厂检验和型式检验。与管道工程设计、施工、使用有关的是出厂检验。

管材的外观、尺寸检验按《计数抽样检验系列标准导则》GB/T 2828 的要求，采用正常检验一次抽样方案，取一般检验水平Ⅰ，合格质量水平 6.5。抽样方案见GB/T 18742.2-2002 标准之表 10。GB/T 2828 标准系计数抽样检验程序，企业依据其要求制定抽样方法。

在外观、尺寸抽样合格的产品中，随机抽取足够的样品，进行表 5.5-9 中纵向回缩率、简支梁冲击试验和 20℃/1h 静液压试验。选择 95℃/22h 静液压试验时，每 24h 做一次；选择 95℃/165h 静液压试验时，每 168h 做一次。

5. 标志、包装、运输、贮存

管材应有永久性标志，间隔不超过 1m。标志至少包括：生产厂名；产品名称：应注明（PP-H、PP-B 或 PP-R）给水管材；商标；规格及尺寸：管系列 S、公称外径 d_n 和公称壁厚 e_n；标准编号；生产日期。

管材包装袋至少应有下列标记：商标；产品名称：应注明（PP-H、PP-B 或 PP-R）

给水管材；生产厂名、厂址。

为防止使用过程出现混乱，不应标志公称压力 *PN* 值。

管材应按相同规格装入包装袋捆扎并封口。每袋重量不大于 25kg，或与需方协商确定。

管材在运输与装卸时，不得抛摔、暴晒、重压、损伤和玷污。管材应在仓库内合理堆放，高度不超过 1.5 m，并远离热源，不得露天堆放、暴晒。

【依据技术标准】《冷热水用聚丙烯管道系统　第 1 部分：总则》GB/T 18742.1-2002、《冷热水用聚丙烯管道系统　第 2 部分：管材》GB/T 18742.2-2002。

5.5.2 埋地给水用聚丙烯（PP）管

埋地给水用聚丙烯（PP）管材系指以聚丙烯树脂为原料，经挤出成型的聚丙烯管材，适用于 40℃以下乡镇给水及农业灌溉用埋地使用。

1. 压力等级及规格尺寸

管材按公称压力分为 0.4MPa、0.6MPa、0.8MPa、1.0MPa 四个等级，分别对应 S16、S10、S8、S6.3 四个管系列。

管材的规格尺寸和公称压力见表 5.5-12，管材的壁厚允许偏差见表 5.5-13。管材的长度通常为 4m 或 6m，也可由供需双方商定，长度尺寸不允许有负偏差。

管材的规格尺寸和公称压力　　表 5.5-12

公称外径 d_n	平均外径		公称压力(MPa)			
			*PN*0.4	*PN*0.6	*PN*0.8	*PN*1.0
			管系列			
	$d_{em,min}$	$d_{em,max}$	S16	S10	S8	S6.3
			公称壁厚 e_n(mm)			
50	50.0	50.5	2.0	2.4	3.0	3.7
63	63.0	63.6	2.0	3.0	3.8	4.7
75	75.0	75.7	2.3	3.6	4.5	5.6
90	90.0	90.9	2.8	4.3	5.4	6.7
110	110.0	111.0	3.4	5.3	6.6	8.1
125	125.0	126.2	3.9	6.0	7.4	9.2
140	140.0	141.3	4.3	6.7	8.3	10.3
160	160.0	161.5	4.9	7.7	9.5	11.8
180	180.0	181.7	5.5	8.6	10.7	13.3
200	200.0	201.8	6.2	9.6	11.9	14.7
225	225.0	227.1	6.9	10.8	13.4	16.6
250	250.0	252.3	7.7	11.9	14.8	18.4

注：1. 公称压力 *PN* 为管材在 20℃时的工作压力。
　　2. 管系列 S 由设计应力与公称压力之比得出。

管材的壁厚允许偏差（mm） **表 5.5-13**

公称壁厚 e_n	>2.0~3.0	>3.0~4.0	>4.0~4.6	>4.6~6.0	>6.0~6.6	>6.6~8.0
允许偏差	+0.5 0	+0.6 0	+0.7 0	+0.8 0	+0.9 0	+1.0 0
公称壁厚 e_n	>8.0~8.6	>8.6~10.0	>10.0~10.6	>10.6~12.0	>12.0~12.6	>12.6~14.0
允许偏差	+1.1 0	+1.2 0	+1.3 0	+1.4 0	+1.5 0	+1.6 0
公称壁厚 e_n	>14.0~14.6	>14.6~16.0	>16.0~17.0	>17.0~18.0	>18.0~18.5	—
允许偏差	+1.7 0	+1.8 0	+1.9 0	+2.0 0	+2.1 0	—

此种管材随着使用温度的升高强度明显降低，其使用压力折减系数见表 5.5-14。

管材使用压力折减系数 **表 5.5-14**

项 目	使用温度(℃)		
	20	30	40
压力折减系数	1.0	0.88	0.64

QB/T 1929-2006 标准规定，此种管材按用途分为给水用和灌溉用，但却未区分相应的技术指标。用于生活给水的管材必须符合《生活饮用水输配水设备及防护材料的安全性评价标准》GB/T 17219 的规定。

2. 颜色及外观

管材一般为本色，其他颜色由供需双方商定。管材的内外表面色泽应基本一致，光滑、平整、无凹陷、气泡、杂质和其他影响性能的表面缺陷。

3. 物理力学性能

管材的物理力学性能见表 5.5-15。

管材的物理力学性能 **表 5.5-15**

项 目	试验参数			指标
	试验温度(℃)	试验时间(h)	环向静液压应力(MPa)	
纵向回缩率	PP-H、PP-B：150±2 PP-R：135±2	e_n≤8mm：1 8mm < e_n≤16mm：2 e_n>16mm：4	—	≤2%
静液压试验	20	1	16.0	无渗漏，无破裂
	80	22	4.8	
		165	4.2	
熔体质量流动速率 MFR(230℃/2.16kg)/(g/10min)				变化率≤原料 MFR 的 30%
落锤冲击试验按 QB/T 1929—2006 标准 6.7.5 要求				

4. 出厂检验

管材产品需经生产厂质量检验部门检验合格后并附有合格标志方可出厂。

出厂检验项目为颜色、外观、规格尺寸。管材的长度一般为 4m 或 6m，或由供需双方商定，但不允许有负偏差。此外还应进行静液压试验（20℃，1h 和 80℃，22h，灌溉用管材无后一项要求）纵向回缩率和落锤冲击试验。

5. 标志、包装、运输、贮存

管材应有间隔不超过 1m 的永久性标志。标志至少包括：生产厂名或注册商标；产品名称（饮水及灌溉用应分别标明“饮水用”或“灌溉用”）；规格：生产日期；标准编号。

管材应按相同规格捆扎，每个包装重量一般不大于 25kg，或与需方协商确定。

管材在运输与装卸时，不得抛摔、暴晒、重压、损伤和玷污。管材应在仓库内合理堆放，高度不超过 1.5 m，并远离热源，不得露天堆放。

【依据技术标准】轻工行业标准《埋地给水用聚丙烯（PP）管材》QB/T 1929-2006。

5.5.3 聚丙烯（PP）静音排水管

聚丙烯（PP）静音排水管材，适用于建筑物冷、热排水使用，有较好的消声降噪效果，在材料满足的耐化学性和耐温性条件下，也可用于工业排水。

1. 管材

聚丙烯排水管材的内、外层均以耐冲击共聚聚丙烯（PP-B）树脂为主要原料、中间层为降噪吸声材料，采用三层共挤成型的管材。

管材分单承口管材和直管，如图 5.5-1 所示。

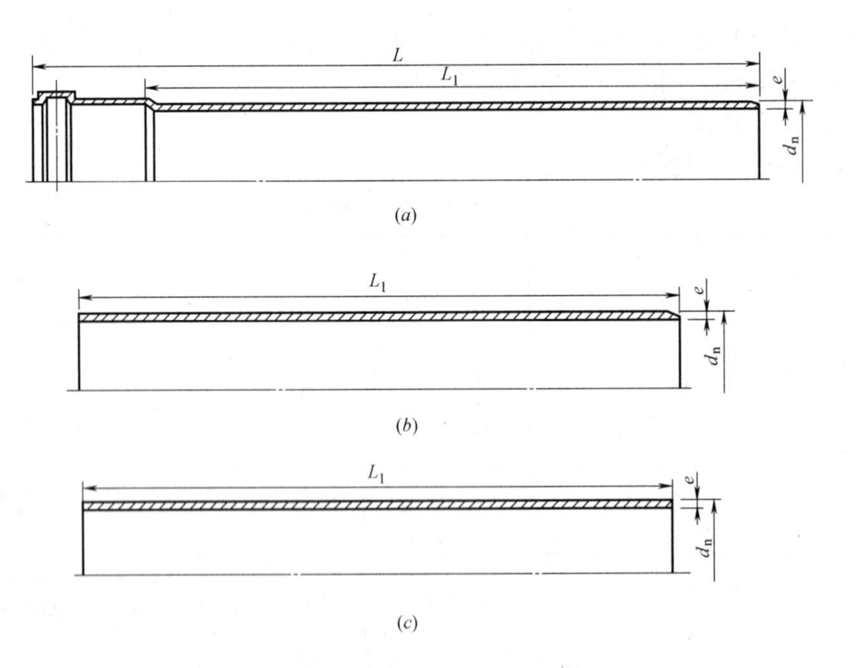

图 5.5-1 管材有效长度

(*a*) 单承口管材；(*b*) 带倒角直管；(*c*) 不带倒角直管

管材的平均外径、壁厚及允许偏差、内外层厚度应符合表 5.5-16 的规定。

管材平均外径、壁厚及允许偏差、内外层厚度（mm）　　表 5.5-16

公称外径 d_n	平均外径 d_{nm}		壁　厚		内、外层厚 度
	最小平均外径 d_{nmmin}	最大平均外径 d_{nmmax}	公称壁厚 e_1	允许偏差	
50	50.0	50.3	3.2	+0.3 0	0.3～0.5
75	75.0	75.3	3.8	+0.4 0	0.4～0.6
110	110.0	110.4	4.5	+0.5 0	0.5～0.7
160	160.0	160.5	5.0	+0.6 0	0.6～0.8
200	200.0	200.6	6.5	+0.6 0	0.8～1.0

管材的有效长度一般为 4m 或 6m，或由供需双方商定，但不允许有负偏差。管材长度 L 有效长度 L_1 见图 5.5-1。不圆度不应大于 $0.024d_n$，弯曲度不应大于 1%。不圆度和弯曲度应在管材出厂前进行测定。

密封圈连接型管材承口尺寸应符合图 5.5-2 和表 5.5-17 规定。

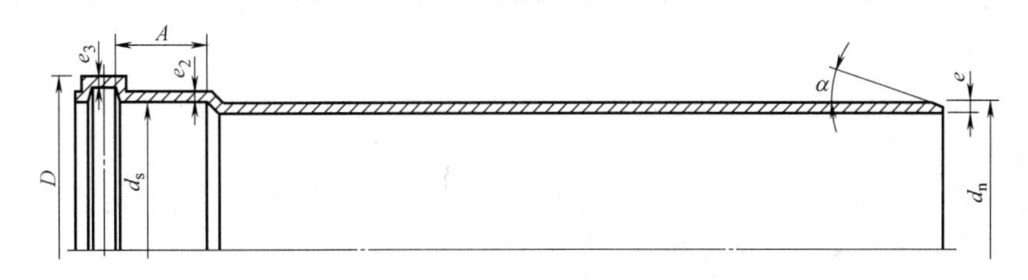

图 5.5-2　密封圈连接型管材承口

注：管材承口壁厚 e_2 不宜小于同规格管材壁厚 e 的 0.9 倍，密封圈槽壁厚度 e_3 不宜小于同规格管材壁厚 e 的 0.75。

密封圈连接型管材承口尺寸及偏差（mm）　　表 5.5-17

公称外径 d_n	承口平均内径 d_{sm}		承口最小配合深度 L_{min}	承口最大外径 D_{max}
	最小平均尺寸 $d_{sm,min}$	最大平均尺寸 $d_{sm,max}$		
50	50.5	50.8	20	64
75	75.5	75.8	25	90
110	110.6	111.0	32	129
160	160.6	161.0	42	185
200	200.8	201.8	94	230

管端倒角的角度 α 为 13°～18°，倒角后管端所保留壁厚应不小于公称壁厚 e_1 的 1/3。

当管端无倒角时，管端应去毛边。

2. 管件简述

由于管件形状复杂，其用料与制作方法与管材不同。聚丙烯静音排水管件是以降噪吸声材料和耐冲击共聚聚丙烯（PP-B）材料的共混专用料，包括承口经整体一次注射成型。

3. 物理力学性能

管材、管件材料的物理力学性能应符合表 5.5-18 的规定。

管材的物理力学性能 **表 5.5-18**

项目	要求	
	$d_n \leqslant 110$	$d_n > 110$
密度(kg/m^3)	1200～1800	
环刚度(kN/m^2)	≥12	≥6
扁平试验	不破裂、不分脱	
落锤冲击试验，TIR(0℃)	≤10%	
纵向回缩率(%)	≤3%，且不分裂、不分脱	
维卡软化温度(℃)	≥143	

4. 出厂检验

出厂检验由生产厂质量检验部门进行，检验合格并附有合格证后方可出厂。

5. 标志、包装、运输和贮存

管材至少一处完整标志，标志间距不应大于 2m。标志应有下列内容：生产厂名和商标；产品名称；产品规格；标准编号；生产日期。

管材产品在装卸和运输时，不应受到撞击、暴晒、抛摔和重压。

管材应贮存在库房内，不得置于室外雨淋日晒。单承口管材交错放置，承口悬出，管材堆放高度不宜超过 1.5 m，并远离热源。

【依据技术标准】城建行业标准《建筑排水用聚丙烯（PP）管材及管件》CJ/T 273-2012。

5.6 聚丁烯（PB）管

聚丁烯（PB）是一种热塑性塑料，由其制成的 PB 管，是目前理想的冷热水、暖气管材之一。聚丁烯耐高温性能好，材质柔韧同时又具有良好的抗拉、抗压性能，软化温度为 121℃。聚丁烯（PB）的密度为 0.93g/cm^3，与聚乙烯（PE）相近。

现行标准《冷热水用聚丁烯（PB）管道系统》GB/T 19473 的规定，分为三部分，即第一部分：《冷热水用聚丁烯（PB）管道系统 第 1 部分：总则》GB/T 19473.1-2004；第二部分：《冷热水用聚丁烯（PB）管道系统 第 2 部分：管材》GB/T 19473.2-2004；第三部分：《冷热水用聚丁烯（PB）管道系统 第 2 部分：管件》GB/T 19473.3-2004。

5.6.1 冷热水用聚丁烯（PB）管道系统

冷热水用聚丁烯（PB）管材适用于工业及民用建筑冷热水管道系统、供暖系统。用于输送饮用水的管材、管件，卫生标准应符合《生活饮用水输配水设备及防护材料的安全性评价标准》GB/T 17219 的规定。此种管材不适用于灭火管道系统和非水介质的流体输送系统。

根据《冷热水系统用热塑性塑料管材和管件》GB/T 18991-2003 标准（见“5.1.4 冷热水管道系统用热塑性塑料管材”）的规定，聚丁烯（PB）管道系统按使用条件选用 1、2、4、5 四个级别见表 5.6-1。表中所列各种级别的管道系统应均能满足在 20℃ 和 1.0MPa 条件下输送冷水，达到 50 年使用寿命的要求。在实际应用时，还应考虑到 0.4MPa、0.6MPa、0.8MPa、1.0MPa 不同的设计压力。所有加热系统的介质只能是水或经过处理的水。

聚丁烯（PB）管材、管件生产厂家应该提供水处理的类型和相关使用要求，以及许用透氧率等性能的指导。

使用条件级别 **表 5.6-1**

使用件级别	设计温度 T_D(℃)	T_D 下的使用时间（年）	最高设计温度 T_{max}(℃)	T_{max}下的使用时间(年)	故障温度 T_{mal}(℃)	T_{mal}下的使用时间(h)	典型应用范围
1	60	49	80	1	95	100	热水供应(60℃)
2	70	49	80	1	95	100	热水供应(70℃)
4	20 40 60	2.5 20 25	70	2.5	100	100	地板采暖和低温散热器供暖
5	20 60 80	14 25 10	90	1	100	100	较高温散热器供暖

注：T_D、T_{max}和 T_{mal}超出本表范围时，不能使用本表。

【依据技术标准】《冷热水用聚丁烯（PB）管道系统　第 1 部分：总则》GB/T 19473.1-2004。

5.6.2 冷热水用聚丁烯（PB）管

冷热水用聚丁烯（PB）管材，适用于建筑冷热水管道系统，包括民用及工业冷热水、饮用水和供暖等管道系统。但不适用于灭火管道系统和非水介质的流体输送系统。

用于输送饮用水的管材，卫生标准应符合《生活饮用水输配水设备及防护材料的安全性评价标准》GB/T 17219 的规定。

1. 管系列

管材按尺寸分为 S3.2、S4、S5、S6.3、S8 和 S10 共 6 个管系列；管材的使用条件分为级别 1、级别 2、级别 4、级别 5 四个级别。

管材按使用条件级别和设计压力选择对应的管系列 S 值，见表 5.6-2。

管系列 S 值的选择　　表 5.6-2

设计压力 P_D(MPa)	级别 1	级别 2	级别 4	级别 5
0.4	10	10	10	10
0.6	8	8	8	6.3
0.8	6.3	6.3	6.3	5
1.0	5	5	5	4

2. 规格尺寸

管材的平均外径和最小壁厚应符合表 5.6-3 的规定；但对于熔接连接的管材，最小壁厚为 1.9mm。聚丁烯管材的壁厚值不包括阻隔层的厚度。

管材规格（类别 A）(mm)　　表 5.6-3

公称外径 d_n	平均外径		公称壁厚 e_n					
	$d_{em,min}$	$d_{em,max}$	S10	S8	S6.3	S5	S4	S3.2
12	12.0	12.3	1.3	1.3	1.3	1.3	1.4	1.7
16	16.0	16.3	1.3	1.3	1.3	1.5	1.8	2.2
20	20.0	20.3	1.3	1.3	1.5	1.9	2.3	2.8
25	25.0	25.3	1.3	1.5	1.9	2.3	2.8	3.5
32	32.0	32.3	1.6	1.9	2.4	2.9	3.6	4.4
40	40.0	40.4	2.0	2.4	3.0	3.7	4.5	5.5
50	50.0	50.5	2.4	3.0	3.7	4.6	5.6	6.9
63	63.0	63.6	3.0	3.8	4.7	5.8	7.1	8.6
75	75.0	75.7	3.6	4.5	5.6	6.8	8.4	10.3
90	90.0	90.9	4.3	5.4	6.7	8.2	10.1	12.3
110	110.0	111.0	5.3	6.6	8.1	10.0	12.3	15.1
125	125.0	126.3	6.0	7.4	9.2	11.4	14.0	17.1
140	140.0	141.5	6.7	8.3	10.3	12.7	15.7	19.2
160	160.0	161.5	7.7	9.5	11.8	14.6	17.9	21.9

管材任一点壁厚的偏差应符合表 5.6-4 的规定。

管材任一点壁厚的偏差 (mm)　　表 5.6-4

公称壁厚 e_n		允许偏差	公称壁厚 e_n		允许偏差
>	≤		>	≤	
1.0	2.0	$^{+0.3}_{0}$	6.0	7.0	$^{+0.8}_{0}$
2.0	3.0	$^{+0.4}_{0}$	7.0	8.0	$^{+0.9}_{0}$
3.0	4.0	$^{+0.5}_{0}$	8.0	9.0	$^{+1.0}_{0}$
4.0	5.0	$^{+0.6}_{0}$	9.0	10.0	$^{+1.1}_{0}$
5.0	6.0	$^{+0.7}_{0}$	10.0	11.0	$^{+1.2}_{0}$

续表

公称壁厚 e_n		允许偏差	公称壁厚 e_n		允许偏差
＞	≤		＞	≤	
11.0	12.0	1.30	17.0	18.0	1.90
12.0	13.0	1.40	18.0	19.0	2.00
13.0	14.0	1.50	19.0	20.0	2.10
14.0	15.0	1.60	20.0	21.0	2.20
15.0	16.0	1.70	21.0	22.0	2.30
16.0	17.0	1.80			

3. 颜色、外观及不透光性

管材颜色原则上由供需双方商定。厂家在产品样本及产品推介资料中，应说明管材的颜色或提供样品；需方在选购管材时应注意厂家对管材颜色的表述，如果在订货时不对管材颜色提出要求，可视为认可该厂家的产品颜色。

管材内外壁应光滑平整、光洁，不应有明显的痕纹、气泡、凹陷等影响产品质量的缺陷。管材表面颜色应均匀一致，无明显色差。管材端面应切割平整并与轴线垂直。

给水用管材应具有不透光性。

4. 力学性能

管材的力学性能应符合表 5.6-5 的规定。

管材的力学性能 **表 5.6-5**

项　　目	静液压应力(MPa)	试验温度(℃)	试验时间(h)	要　求
静液压试验	15.5 6.5 6.2 6.0	20 95 95 95	1 22 165 1000	无渗漏，无破裂

5. 物理和化学性能

管材的物理和化学性能应符合表 5.6-6 的规定。

管材的物理和化学性能 **表 5.6-6**

项　　目	要　　求	试 验 参 数	
纵向回缩率	≤2%	温　度 试验时间： $e_n \leq 8$mm 8mm$< e_n \leq$16mm $e_n >$16mm	110℃ 1h 2h 4h

续表

项　目	要　求	试验参数	
液静压状态下的热稳定性	无渗漏，无破裂	液静压应力 试验温度 试验时间 试样数量	2.4MPa 110℃ 8750h 1
熔体质量流动速率 MFR	与对原材料测定值之差不应超过 0.3g/10min	质　量 试验温度	5kg 190℃

6. 系统适用性试验

管材的系统适用性试验虽由生产厂家进行，且不属于出厂检验项目，但对于管道系统的设计、施工人员仍具有参考价值。管材的系统适用性试验，是管材与管件连接后，根据连接方式，按照表 5.6-7 的要求，应通过耐内压、弯曲、耐拉拔、热循环、压力循环、耐真空等系统试用性试验。

管材的系统适用性试验　　**表 5.6-7**

项　目	热熔承插连接 SW	电熔焊连接 EF	机械连接 M
耐内压试验	Y	Y	Y
弯曲试验	N	N	Y
耐拉拔试验	N	N	Y
热循环试验	Y	Y	Y
循环压力冲击试验	N	N	Y
真空试验	N	N	Y

注：Y——表示需要试验，N——表示不需要试验。

7. 耐内压试验

管材、管件及其连接处，应表 5.6-8 的规定条件进行静液压试验，应无渗漏、无破裂。此项参数虽与工程设计、施工没有直接关系，但仍具有参考价值。

耐内压试验条件　　**表 5.6-8**

管系列	试验温度(℃)	试验压力(MPa)	试验时间(h)	试件数量
S10	95	0.55	1000	3
S8	95	0.71	1000	3
S6.3	95	0.95	1000	3
S5	95	1.19	1000	3
S4.2 S3.2	95	1.39	1000	3

8. 出厂检验

管材需经生产厂质量检验部门检验合格，并附有合格证，方可出厂。

出厂检验项目有颜色、外观、尺寸、纵向回缩率、静液压试验（20℃，1h 及 95℃，22h 或 165h，见表 5.6-5）。

9. 标志、包装、运输和贮存

管材应有间距不大于 1m 的标记。标记至少包括下列内容：生产厂名、商标；产品名称（应表明是 PB 管）；规格及尺寸（管系列 S、公称外径、公称壁厚）；用途（给水或供暖）；标准编号；生产日期。

管材应按相同规格装入包装袋捆扎、封口。包装袋上至少有下列标记：商标；产品名称及生产厂名、地址。

管材在装卸和运输时，不应受到抛摔、重压撞击、暴晒和污染。

管材产品应贮存在库房内，并远离热源，防止阳光照射，不得置于室外雨淋日晒。

【依据技术标准】《冷热水用聚丁烯（PB）管道系统第 2 部分：管材》GB/T 19473.2-2004。

5.7 其他塑料管和有机管

5.7.1 ABS 塑料管

以丙烯腈-丁二烯-苯乙烯（ABS）树脂为主要原料，经挤出成型的压力管材和经注射成型的压力管件产品，简称 ABS 管材与管件，应配套使用，适用于承压给排水输送、水处理与污水处理，多种工业及建筑领域粉体、液体和气体等流体输送。当用于易燃易爆介质输送时，应符合有关防火、防爆规程、标准的规定。

用于输送饮用水的管材，卫生标准应符合《生活饮用水输配水设备及防护材料的安全性评价标准》GB/T 17219 的规定。

（1）管系列 S、管系列 S 及规格

ABS 管材按尺寸分为 S20、S16、S12.5、S10、S8、S6.3、S5.4、S4，共 8 个系列。管材规格用 S、公称外径 d_n 乘以公称壁厚 e_n 表示。例如：S8d_n75×e_n4.5。

管系列 S、标准尺寸比 SDR 及管材规格尺寸见表 5.7-1。

管系列 S、标准尺寸比 SDR 与公称压力对照见表 5.7-2。

管系列 S、标准尺寸比 SDR 及管材规格尺寸（mm）　　表 5.7-1

公称外径 d_n	管系列 S、标准尺寸比 SDR															
	S20 SDR41		S16 SDR33		S12.5 SDR26		S10 SDR21		S8 SDR17		S6.3 SDR13.6		S5 SDR11		S4 SDR9	
	公称壁厚和壁厚公差															
	e_{min}	c	e_{min}	c	e_{min}	c	e_{min}	c	e_{min}	c	e_{min}	c	e_{min}	c	e_{min}	c
12	—	—	—	—	—	—	—	—	—	—	—	—	1.8	+0.4	1.8	+0.4
16	—	—	—	—	—	—	—	—	—	—	1.8	+0.4	1.8	+0.4	1.8	+0.4
20	—	—	—	—	—	—	—	—	—	—	1.8	+0.4	1.9	+0.4	2.3	+0.5
25	—	—	—	—	—	—	—	—	1.8	+0.4	1.9	+0.4	2.3	+0.5	2.8	+0.5
32	—	—	—	—	—	—	1.8	+0.4	2.0	+0.4	2.4	+0.5	2.9	+0.5	3.6	+0.6
40	—	—	—	—	1.8	+0.4	2.0	+0.4	2.4	+0.5	3.0	+0.5	3.7	+0.6	4.5	+0.7
50	—	—	1.8	+0.4	2.0	+0.4	2.4	+0.5	3.0	+0.5	3.7	+0.6	4.6	+0.7	5.6	+0.8

续表

公称外径 d_n	管系列S、标准尺寸比SDR															
	S20 SDR41		S16 SDR33		S12.5 SDR26		S10 SDR21		S8 SDR17		S6.3 SDR13.6		S5 SDR11		S4 SDR9	
	公称壁厚和壁厚公差															
	e_{min}	c	e_{min}	c	e_{min}	c	e_{min}	c	e_{min}	c	e_{min}	c	e_{min}	c	e_{min}	c
63	1.8	+0.4	2.0	+0.4	2.5	+0.5	3.0	+0.5	3.8	+0.6	4.7	+0.7	5.8	+0.8	7.1	+1.0
75	1.9	+0.4	2.3	+0.5	2.9	+0.5	3.6	+0.6	4.5	+0.7	5.6	+0.8	6.8	+0.9	8.4	+1.1
90	2.2	+0.5	2.8	+0.5	3.5	+0.6	4.3	+0.7	5.4	+0.8	6.7	+0.9	8.2	+1.1	10.1	+1.3
110	2.7	+0.5	3.4	+0.6	4.2	+0.7	5.3	+0.8	6.6	+0.9	8.1	+1.1	10.0	+1.2	12.3	+1.5
125	3.1	+0.6	3.9	+0.6	4.8	+0.7	6.0	+0.8	7.4	+1.0	9.2	+1.2	11.4	+1.4	14.0	+1.6
140	3.5	+0.6	4.3	+0.7	5.4	+0.8	6.7	+0.9	8.3	+1.1	10.3	+1.3	12.7	+1.5	15.7	+1.8
160	4.0	+0.6	4.9	+0.7	6.2	+0.9	7.7	+1.0	9.5	+1.2	11.8	+1.4	14.6	+1.7	17.9	+2.0
180	4.4	+0.7	5.5	+0.8	6.9	+0.9	8.6	+1.1	10.7	+1.3	13.3	+1.6	16.4	+1.9	20.1	+2.3
200	4.9	+0.7	6.2	+0.9	7.7	+1.0	9.6	+1.2	11.9	+1.4	14.7	+1.7	18.2	+2.1	22.4	+2.5
225	5.5	+0.8	6.9	+0.9	8.6	+1.1	10.8	+1.3	13.4	+1.6	16.6	+1.9	20.5	+2.3	25.2	+2.8
250	6.2	+0.9	7.7	+1.0	9.6	+1.2	11.9	+1.4	14.8	+1.7	18.4	+2.1	22.7	+2.5	27.9	+3.2
280	6.9	+0.9	8.6	+1.1	10.7	+1.3	13.4	+1.6	16.6	+1.9	20.6	+2.3	25.4	+2.8	31.3	+3.4
315	7.7	+1.0	9.7	+1.2	12.1	+1.5	15.0	+1.7	18.7	+2.1	23.2	+2.6	28.5	+3.1	35.2	+3.8
355	8.7	+1.1	10.9	+1.3	13.6	+1.6	16.9	+1.9	21.1	+2.4	26.1	+2.9	32.2	+3.5	39.7	+4.2
400	9.8	+1.2	12.3	+1.5	15.3	+1.8	19.1	+2.2	23.7	+2.6	29.4	+3.2	36.3	+3.9	44.7	+4.7

注：1. 考虑到使用情况及安全，最小壁厚不得小于1.8mm；$e_{min}=e_n$。

2. 除了有其他规定外，公称壁厚和壁厚公差尺寸应与《热塑性塑料管材的通用壁厚》GB/T 10798—2001相一致。

管系列S、标准尺寸比SDR与公称压力对照　　　　表5.7-2

S20 SDR41	S16 SDR33	S12.5 SDR26	S10 SDR21	S8 SDR17	S6.3 SDR13.6	S5 SDR11	S4 SDR9
*PN*0.4MPa	*PN*0.5MPa	*PN*0.7MPa	*PN*0.87MPa	*PN*1.1MPa	*PN*1.38MPa	*PN*1.75MPa	*PN*2.2MPa
注：以上数据基于MRS值14MPa，*C*值为1.6。							
S20 SDR41	S16 SDR33	S12.5 SDR26	S10 SDR21	S8 SDR17	S6.3 SDR13.6	S5 SDR11	S4 SDR9
*PN*0.32MPa	*PN*0.45MPa	*PN*0.6MPa	*PN*0.8MPa	*PN*1.0MPa	*PN*1.2MPa	*PN*1.5MPa	*PN*2.0MPa
注：以上数据基于MRS值14MPa，*C*值为1.86。							

（2）管材尺寸

管材的有效长度一般为4m或6m，其他长度可由供需双方商定。长度允许偏差值为0.4%～0%，不允许负偏差。

管材平均外径及平均外径公差和不圆度的最大值见表5.7-3。

管材的壁厚及壁厚偏差应符合表5.7-1的规定。

管材平均外径及平均外径公差和不圆度的最大值（mm） 表 5.7-3

公称外径 d_n	平均外径 $d_{em,min}$	平均外径公差	不圆度	公称外径 d_n	平均外径 $d_{em,min}$	平均外径公差	不圆度
12	12.0	+0.2	≤0.5	125	125.0	+0.4	≤1.5
16	16.0	+0.2	≤0.5	140	140.0	+0.5	≤1.7
20	20.0	+0.2	≤0.5	160	160.0	+0.5	≤2.0
25	25.0	+0.2	≤0.5	180	180.0	+0.6	≤2.2
32	32.0	+0.2	≤0.5	200	200.0	+0.6	≤2.4
40	40.0	+0.2	≤0.5	225	225.0	+0.7	≤2.7
50	50.0	+0.2	≤0.6	250	250.0	+0.8	≤3.0
63	63.0	+0.3	≤0.8	280	280.0	+0.9	≤3.4
75	75.0	+0.3	≤0.9	315	315.0	+1.0	≤3.8
90	90.0	+0.3	≤1.1	355	355.0	+1.1	≤4.3
110	110.0	+0.4	≤1.4	400	400.0	+1.2	≤4.8

（3）颜色、外观及不透光性

管材颜色一般为灰色，也可由供需双方商定。管材内外表面应光滑、平整，不允许有气泡、划伤、凹陷、明显杂质及颜色不均等缺陷。管端应平整，并与管轴线垂直。管材应不透光。

（4）物理及力学性能

管材的物理性能应符合表 5.7-4 的规定，力学性能应符合表 5.7-5 的规定。

管材的物理性能 表 5.7-4

项　目	密度（g/cm³）	维卡软化温度（℃）	纵向回缩率（%）
要　求	1～1.07	≥90	≤5

管材的力学性能 表 5.7-5

项　目	试验参数			要　求
液静压试验	温度（℃）	静液压应力 σ（MPa）	时间（h）	无渗漏，无破裂
	20	25.0	≥1	
	20	20.6	≥100	
	60	7.0	≥1000	
落锤冲击试验（0℃）	落锤重量及冲击高度按 GB/T 20207.2-2006 标准规定			TIR≤10%

（5）出厂检验

管件产品需经生产厂质量检验部门检验合格，并附有合格证，方可出厂。

出厂检验项目为颜色、外观、管材尺寸、纵向回缩率、落锤冲击试验和 20℃、1h 或 20℃、100h 液压试验。

（6）标志、包装、运输和贮存

1）每根管材上至少应有两处永久性标志，并至少包括以下内容：生产厂名、地址、商标；产品名称；规格及尺寸；标准编号；生产日期。

2）管材应妥善包装，并标明用途，也可由供需双方协商包装方式。

3）运输及装卸过程中，不得抛摔、重压、损伤、暴晒、污染。

4）管材应合理堆放，堆放高度不超过1.5m，并远离热源。不得露天暴晒。

【依据技术标准】《丙烯腈-丁二烯一苯乙烯（ABS）压力管道系统　第1部分：管材》GB/T 20207.1-2006。

5.7.2　聚四氟乙烯管

聚四氟乙烯具有优良的耐蚀和耐热性能，它几乎可以抵抗所有化学介质（包括浓硝酸和王水）的腐蚀。它可以在－60～260℃内正常使用，耐热性超过大多数塑料。它有优良的电性能、抗黏性和低摩擦系数。不足之处是价格昂贵，加工困难。另一方面，抗黏性和抗溶剂的优点却使衬里工艺更加复杂。它广泛用作垫片、密封环、不用润滑剂的轴承和短管等，特别适于温度高、腐蚀严重，且产品（如食品和纺织品）不许可与润滑剂接触的环境。也用作管、阀、泵、塔和衬里。软管（加入石墨粉）可制换热管。在机电行业中也得到广泛应用。

1. 管材规格

聚四氟乙烯管材长度不得小于200mm，规格尺寸见表5.7-6。各生产厂家的产品规格不会拘泥于表5.7-6中的规定，具体规格可向厂家索取产品资料。

聚四氟乙烯管材规格（mm）　　　　**表5.7-6**

规格	内径		壁厚		规格	内径		壁厚	
	尺寸	公差	尺寸	公差		尺寸	公差	尺寸	公差
0.5×0.2	0.5	±0.1	0.2	±0.06	1.6×0.2	1.6	±0.2	0.2	±0.06
0.5×0.3			0.3	±0.08	1.6×0.3			0.3	±0.08
0.6×0.2	0.6	±0.1	0.2	±0.06	1.6×0.4			0.4	±0.10
0.6×0.3			0.3	±0.08	1.8×0.2	1.8	±0.2	0.2	±0.06
0.7×0.2	0.7	±0.1	0.2	±0.06	1.8×0.3			0.3	±0.08
0.7×0.3			0.3	±0.08	1.8×0.4			0.4	±0.10
0.8×0.2	0.8	±0.1	0.2	±0.06	2.0×0.2	2.0	±0.2	0.2	±0.06
0.8×0.3			0.3	±0.08	2.0×0.3			0.3	±0.08
0.9×0.2	0.9	±0.1	0.2	±0.06	2.0×0.4			0.4	±0.10
0.9×0.3			0.3	±0.08	2.1×1.0			0.2	±0.06
1.0×0.2	1.0	±0.1	0.2	±0.06	2.2×0.2	2.2	±0.2	0.2	±0.06
1.0×0.3			0.3	±0.08	2.2×0.3			0.3	±0.08
1.2×0.2	1.2	±0.2	0.2	±0.06	2.2×0.4			0.4	±0.10
1.2×0.3			0.3	±0.08	2.4×0.2	2.4	±0.2	0.2	±0.06
1.2×0.4			0.4	±0.10	2.4×0.3			0.3	±0.08
1.4×0.2	1.4	±0.2	0.2	±0.06	2.4×0.4			0.4	±0.10
1.4×0.3			0.3	±0.08	2.6×0.2	2.6	±0.2	0.2	±0.06
1.4×0.4			0.4	±0.10	2.6×0.3			0.3	±0.08

续表

规格	内径		壁厚		规格	内径		壁厚	
	尺寸	公差	尺寸	公差		尺寸	公差	尺寸	公差
2.6×0.4	2.6	±0.2	0.4	±0.10	6.0×1.5	6.0	±0.5	1.5	±0.30
2.8×0.2	2.8	±0.2	0.2	±0.06	6.0×2.0			2.0	
2.8×0.3			0.3	±0.08	7.0×0.5	7.0	±0.5	0.5	±0.30
2.8×0.4			0.4	±0.10	7.0×1.0			1.0	
3.0×0.2	3.0	±0.3	0.2	±0.06	7.0×1.5			1.5	
3.0×0.3			0.3	±0.08	7.0×2.0			2.0	
3.0×0.4			0.4	±0.10	8.0×0.5	8.0	±0.5	0.5	±0.30
3.0×0.5			0.5	±0.16	8.0×1.0			1.0	
3.0×1.0			1.0	±0.30	8.0×1.5			1.5	
3.2×0.2	3.2	±0.3	0.2	±0.06	8.0×2.0			2.0	
3.2×0.3			0.3	±0.08	9.0×1.0	9.0	±0.5	1.0	±0.30
3.2×0.4			0.4	±0.10	9.0×1.5			1.5	
3.2×0.5			0.5	±0.16	9.0×2.0			2.0	
3.4×0.2	3.4	±0.3	0.2	±0.06	10.0×1.0	10.0	±0.5	1.0	±0.30
3.4×0.3			0.3	±0.08	10.0×1.5			1.5	
3.4×0.4			0.4	±0.10	10.0×2.0			2.0	
3.4×0.5			0.5	±0.16	11.0×1.0	11.0	±0.5	1.0	±0.30
3.6×0.2	3.6	±0.3	0.2	±0.06	11.0×1.5			1.5	
3.6×0.3			0.3	±0.08	11.0×2.0			2.0	
3.6×0.4			0.4	±0.10	12.0×1.0	12.0	±0.5	1.0	±0.30
3.6×0.5			0.5	±0.16	12.0×1.5			1.5	
3.8×0.2	3.8	±0.3	0.2	±0.06	12.0×2.0			2.0	
3.8×0.3			0.3	±0.08	13.0×1.5	13.0	±1.0	1.5	±0.30
3.8×0.4			0.4	±0.10	13.0×2.0			2.0	
3.8×0.5			0.5	±0.16	14.0×1.5	14.0	±1.0	1.5	±0.30
4.0×0.2	4.0	±0.3	0.2	±0.06	14.0×2.0			2.0	
4.0×0.3			0.3	±0.08	15.0×1.5	15.0	±1.0	1.5	±0.30
4.0×0.4			0.4	±0.10	15.0×2.0			2.0	
4.0×0.5			0.5	±0.16	16.0×1.5	16.0	±1.0	1.5	±0.30
4.0×1.0			1.0	±0.30	16.0×2.0			2.0	
5.0×0.5	5.0	±0.5	0.5	±0.30	17.0×1.5	17.0	±1.0	1.5	±0.30
5.0×1.0			1.0		17.0×2.0			2.0	
5.0×1.5			1.5		18.0×1.5	18.0	±1.0	1.5	±0.30
5.0×2.0			2.0		18.0×2.0			2.0	
6.0×0.5	6.0	±0.5	0.5	±0.30	19.0×1.5	19.0	±1.0	1.5	±0.30
6.0×1.0			1.0		19.0×2.0			2.0	

续表

规格	内径		壁厚		规格	内径		壁厚	
	尺寸	公差	尺寸	公差		尺寸	公差	尺寸	公差
20.0×1.5	20.0	±1.0	1.5	±0.30	25.0×2.5	25.0	±1.5	2.5	±0.30
20.0×2.0			2.0		30.0×1.5	30.0	±1.0	1.5	±0.30
25.0×1.5	25.0	±1.0	1.5	±0.30	30.0×2.0			2.0	
25.0×2.0			2.0		30.0×2.5		±1.5	2.5	

2. 技术性能

管材的技术性能应符合表 5.7-7 的规定。

管材内径可用具有标准值和允许公差的塞规进行测量。SFG-1（内径小于等于 4mm）管材可将其两端剖开用 0.02mm 游标卡尺测量，SFG-2（内径大于 4mm）用 0.02mm 游标卡尺测量。

管材的技术性能 **表 5.7-7**

项　目	单　位	指　标	
		SFG-1	SFG-2
密度	g/cm³	2.1～2.3	2.1～2.3
拉伸强度	MPa	≥25	≥25
断裂伸长率	%	≥100	≥150
交流击穿电压 壁厚 0.2mm 0.3mm 0.4mm 0.5mm 1.0mm	kV	 ≥6 ≥8 ≥10 ≥12 ≥18	 — — — — —

3. 外观

管材的颜色呈乳白色或略带微黄色，外表面应光滑，不得有拉毛、裂纹及机械杂质存在。

4. 标志、包装、运输及贮存

每批管材应附有质量合格证，并注明管材类别、批号、规格及数量。

管材呈平直或盘绕状态装于塑料薄膜袋中。

管材运输时防止撞击并以包装状态贮存在不受阳光直射的库房内。

【依据技术标准】轻工行业标准《聚四氟乙烯管材》QB/T 3624-1999，系由《聚四氟乙烯管材》ZG/T 33001-1985 标准转换而来，适用于糊膏挤压法成型的聚四氟乙烯管材，可作为导线绝缘护套及腐蚀性流体介质管道、各种高频率使用的电绝缘零件等。

5.7.3 给水用丙烯酸共聚聚氯乙烯管

给水用丙烯酸共聚聚氯乙烯管材适用于水温不高于 45℃的给水管道系统。当然适用于这种条件的给水塑料管材还有多种，但这种新型管材的优异性能尚未为人们所熟悉。

用于输送饮用水的管材、管件，卫生标准应符合《生活饮用水输配水设备及防护材料的安全性评价标准》GB/T 17219 的规定。

1. 丙烯酸共聚聚氯乙烯管（AGR 管）简介

丙烯酸共聚聚氯乙烯管是日本积水化学工业株式会社集 50 年研究、开发和生产树脂产品的经验之大成，于 1998 年成功开发的新一代工程材料——丙烯酸共聚聚氯乙烯树脂。由超微粒子的亚克力（Acrylieester，丙烯酸树脂）弹性体充分配合在聚氯乙烯分子之中，以化学共聚结合方式制成的新型材料——AGR，中文名称是丙烯酸共聚聚氯乙烯，英文全称是 Ackylic Graft Resin。

AGR 管道内壁非常光滑，水流阻力很小，不会产生内壁堆积物，且 AGR 管道氧气渗透率极低，仅为 PP-R、PE 等绿色塑料管道的 1/13～15，从而避免了长期使用中微生物、细菌的滋生问题；再有，AGR 管材管件中不含重金属离子稳定剂，保证了管路系统的使用寿命和饮用水水质。因此，AGR 管道清洁卫生，可广泛用于精细化工及电子行业洁净水输送系统、生活直饮水的供水管道、饮料、啤酒业流体输送系统。在所有的国产塑料管道中，AGR 管道是唯一符合世界卫生组织（WHO）卫生标准的塑料管道。

（1）耐低温及高抗冲击

AGR 管道系统可在－30℃的高寒地区正常使用，不必担心管道在运输、施工过程中会发生冲击破损事故发生。

AGR 管道系统抗冲击性能卓越。在－10℃条件下，规格 $DN20 \times 2.3$ 的管材可以承受 6kg 重锤、0.8m 高度的自由落体冲击而不产生裂纹；规格 $DN40$ 以上的管材可以承受 9kg 重锤、2.0m 高度的自由落体冲击而不产生裂纹，而其他塑料的管材管件在同等条件下作对照实验时，无法经受得住这种高强度的冲击考验。

（2）刚性好、耐压高

AGR 管道系统拉伸强度为 50.3～53.2MPa、弹性模量为 2156MPa、线膨胀系数为 6×10^{-5}m/(m·℃)，表明其具有良好的刚性。与 PP-R、PE 等管道相比，AGR 管道受热不易变形，无论明装还是暗装都适合，在施工过程中需要的支撑件少。

刚性高也保证了 AGR 管材管件可承受较大的耐压，在等压条件下，AGR 的壁厚要比 PP-R、PE 等管道的壁厚薄。

（3）管材与管件粘接强度高，管道系统安全可靠

AGR 管道系统采用专用 No.80 胶粘剂。这种胶粘剂与 AGR 树脂亲和性非常好，固化速度快，从而实现了优良的粘接强度和快速施工的双重效果。

将管材与管件的连接件进行爆破压力试验检测，产生爆裂破坏的部位全部在管材上，而管材与管件的连接部位绝不会发生渗漏或破坏；从管材与管件的连接部位取样进行拉伸试验，断裂破坏的部位也全部在管材上，而管材与管件的连接部位粘接完好；这些都证明了 AGR 管材与管件能够构筑更强固、更安全可靠的供水管网。

AGR 管道不受水中余氯的影响，许多聚烯烃材料，如 PP、PE、PB 等遇到水中的余氯时，可能会发生高分子链段分解导致管道崩漏，据报道，美国就曾发现 PB 管道发生过该类问题。AGR 不受水中余氯的影响，这更增强了 AGR 管道系统的安全可靠性。

（4）抗震性能好，使用寿命长

通过相关试验表明，管材的抗震性能好，能够达到耐震管道的设计要求。

按照 ISO/DIS11673 标准规定的试验方法进行管道内水压蠕变试验，根据试验结果推测

出：在20℃条件下，50年后，AGR材料的抗蠕变强度仍高为20.7MPa；另外，AGR管道对强酸强碱和多种溶剂都有很强的抵抗性能，这都充分保证了其使用寿命在50年以上。

（5）施工安装方便

1）大口径AGR管道采用弹性密封承插式连接，不需要复杂昂贵的施工机械，仅需简单的倒角工具、切割器和拉紧器即可，安装操作非常简便；小口径AGR管道采用承插式粘接，粘接强度高，是普通塑料管道粘结强度的4倍以上；粘合固化速度快，只需要30s。

2）AGR管材，具备水温在20℃时最大使用压力为1.6MPa（PN1.6）的性能。但为了更安全地使用，依据日本国内使用实例充分计算水泵的水冲击压、以最大使用压力0.75MPa≈静水头75m之设计为标准。

3）AGR的连接一定要用80号的专用胶粘剂，这样才能保证连接性能。

2. 适用范围

现行标准《给水用丙烯酸共聚聚氯乙烯管材及管件》CJ/T 218-2010规定，丙烯酸共聚聚氯乙烯（AGR）管材及管件，适用于水温不高于45℃的给水管道系统。

3. 管材

按连接方式的不同，分为弹性密封圈式和溶剂粘接式。

（1）管材公称压力和规格尺寸

管材规格应符合《给水用硬聚氯乙烯（PVC-U）管材》GB/T 10002.1的规定，并按S系列、SDR系列和公称压力分类，其公称压力和规格应符合表5.7-8的规定。

管材公称压力和规格尺寸（mm）　　表5.7-8

公称外径 d_n	S系列、SDR系列和公称压力 PN						
	S16	S12.5	S10	S8	S6.3	S5	S4
	SDR33	SDR26	SDR21	SDR17	SDR13.6	SDR11	SDR9
	PN0.63	PN0.8	PN1.0	PN1.25	PN1.6	PN2.0	PN2.5
	公称壁厚 e_n						
20	—	—	—	—	—	2.0	2.3
25	—	—	—		2.0	2.3	2.8
32	—	—	—	2.0	2.4	2.9	3.6
40	—	—	2.0	2.4	3.0	3.7	4.5
50	—	2.0	2.4	3.0	3.7	4.6	5.6
63	2.0	2.5	3.0	3.8	4.7	5.8	7.1
75	2.3	2.9	3.6	4.5	5.6	6.9	8.4
90	2.8	3.5	4.3	5.4	6.7	8.2	10.1
110	2.7	3.4	4.2	5.3	6.6	8.1	10.0
125	3.1	3.9	4.8	6.0	7.4	9.2	11.4
160	4.0	4.9	6.2	7.7	9.5	11.8	14.6
200	4.9	6.2	7.7	9.6	11.9	14.7	18.2
250	6.2	7.7	9.6	11.9	14.8	18.4	—
315	7.7	9.7	12.1	15.0	18.7	23.2	—
355	8.7	10.9	13.6	16.9	21.1	26.1	—
400	9.8	12.3	15.3	19.1	23.7	29.4	—

注：管材最小壁厚为2.0mm。

(2) 温度对压力的折减系数

当输水温度不同时，应按表 5.7-9 的规定，用折减系数乘以公称压力，得到最大允许工作压力。

工作温度对压力的折减系数 **表 5.7-9**

工作温度 t(℃)	$0<t\leqslant25$	$25<t\leqslant35$	$35<t\leqslant45$
折减系数 f_t	1.0	0.8	0.63

(3) 长度和弯曲度

管材的有效长度一般为 4m 或 6m，也可由供需双方协商确定，但不允许有负偏差。管材的长度和有效长度（不包括承口深度）如图 5.7-1 所示。

管材的弯曲度见表 5.7-10。

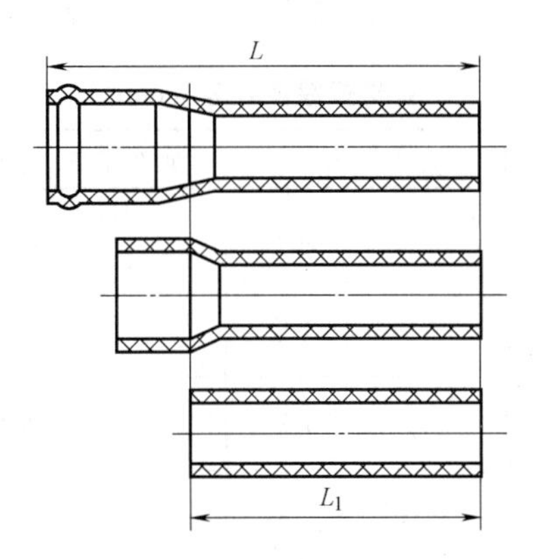

图 5.7-1 管材的长度

管材的弯曲度 **表 5.7-10**

公称外径 d_n(mm)	≤32	40～200	≥250
弯曲度(%)	不规定	≤1.0	≤0.5

(4) 平均外径偏差和不圆度

公称压力 $PN0.8$ 以上的管材平均外径、偏差和不圆度应符合表 5.7-11 的规定，不圆度测量应在出厂前进行。

平均外径、偏差和不圆度（mm） **表 5.7-11**

平均外径 d_{em}		不圆度	平均外径 d_{em}		不圆度
公称外径 d_n	允许偏差		公称外径 d_n	允许偏差	
20	+0.3 0	1.2	50	+0.3 0	1.4
25	+0.3 0	1.2	63	+0.3 0	1.5
32	+0.3 0	1.3	75	+0.3 0	1.6
40	+0.3 0	1.4	90	+0.3 0	1.8

续表

平均外径 d_{em}		不圆度	平均外径 d_{em}		不圆度
公称外径 d_n	允许偏差		公称外径 d_n	允许偏差	
110	+0.4 0	2.2	250	+0.8 0	5.0
125	+0.4 0	2.5	315	+1.0 0	7.6
160	+0.5 0	3.2	355	+1.1 0	8.6
200	+0.6 0	4.0	400	+1.2 0	9.6

(5) 壁厚

1) 管材任一点壁厚(e_y)及偏差应符合表5.7-8和表5.7-12的规定。

管材壁厚及偏差(mm) **表5.7-12**

壁厚 e_y	允许偏差	壁厚 e_y	允许偏差	壁厚 e_y	允许偏差
$e≤2.0$	+0.4 0	$11.3<e≤12.0$	+1.8 0	$20.6<e≤21.3$	+3.2 0
$2.0<e≤3.0$	+0.5 0	$12.0<e≤12.6$	+1.9 0	$21.3<e≤22.0$	+3.3 0
$3.0<e≤4.0$	+0.6 0	$12.6<e≤13.3$	+2.0 0	$22.0<e≤22.6$	+3.4 0
$4.0<e≤4.6$	+0.7 0	$13.3<e≤14.0$	+2.1 0	$22.6<e≤23.3$	+3.5 0
$4.6<e≤5.3$	+0.8 0	$14.0<e≤14.6$	+2.2 0	$23.3<e≤24.0$	+3.6 0
$5.3<e≤6.0$	+0.9 0	$14.6<e≤15.3$	+2.3 0	$24.0<e≤24.6$	+3.7 0
$6.0<e≤6.6$	+1.0 0	$15.3<e≤16.0$	+2.4 0	$24.6<e≤25.3$	+3.8 0
$6.6<e≤7.3$	+1.1 0	$16.0<e≤16.6$	+2.5 0	$25.3<e≤26.0$	+3.9 0
$7.3<e≤8.0$	+1.2 0	$16.6<e≤17.3$	+2.6 0	$26.0<e≤26.6$	+4.0 0
$8.0<e≤8.6$	+1.3 0	$17.3<e≤18.0$	+2.7 0	$26.6<e≤27.3$	+4.1 0
$8.6<e≤9.3$	+1.4 0	$18.0<e≤18.6$	+2.8 0	$27.3<e≤28.0$	+4.2 0
$9.3<e≤10.0$	+1.5 0	$18.6<e≤19.3$	+2.9 0	$28.0<e≤28.6$	+4.3 0
$10.0<e≤10.6$	+1.6 0	$19.3<e≤20.0$	+3.0 0	$28.6<e≤29.3$	+4.4 0
$10.6<e≤11.3$	+1.7 0	$20.0<e≤20.6$	+3.1 0	$29.3<e≤30.0$	+4.5 0

2) 管材平均壁厚(e_n)及偏差应符合表5.7-13的规定。

管材平均壁厚（e_n）及偏差（mm） 表 5.7-13

壁厚 e_n	允许偏差	壁厚 e_n	允许偏差	壁厚 e_n	允许偏差
$e\leqslant2.0$	+0.4 0	$11.0<e\leqslant12.0$	+1.4 0	$21.0<e\leqslant22.0$	+2.4 0
$2.0<e\leqslant3.0$	+0.5 0	$12.0<e\leqslant13.0$	+1.5 0	$22.0<e\leqslant23.0$	+2.5 0
$3.0<e\leqslant4.0$	+0.6 0	$13.0<e\leqslant14.0$	+1.6 0	$23.0<e\leqslant24.0$	+2.6 0
$4.0<e\leqslant5.0$	+0.7 0	$14.0<e\leqslant15.0$	+1.7 0	$24.0<e\leqslant25.0$	+2.7 0
$5.0<e\leqslant6.0$	+0.8 0	$15.0<e\leqslant16.0$	+1.8 0	$25.0<e\leqslant26.0$	+2.8 0
$6.0<e\leqslant7.0$	+0.9 0	$16.0<e\leqslant17.0$	+1.9 0	$26.0<e\leqslant27.0$	+2.9 0
$7.0<e\leqslant8.0$	+1.0 0	$17.0<e\leqslant18.0$	+2.0 0	$27.0<e\leqslant28.0$	+3.0 0
$8.0<e\leqslant9.0$	+1.1 0	$18.0<e\leqslant19.0$	+2.1 0	$28.0<e\leqslant29.0$	+3.1 0
$9.0<e\leqslant10.0$	+1.2 0	$19.0<e\leqslant20.0$	+2.2 0	$29.0<e\leqslant30.0$	+3.2 0
$10.0<e\leqslant11.0$	+1.3 0	$20.0<e\leqslant21.0$	+2.3 0	$30.0<e\leqslant31.0$	+3.3 0

（6）承口及插口

按连接形式的不同，管材承口及插口分为弹性密封圈连接式和溶剂粘接式。

弹性密封圈连接式的承口及插口如图 5.7-2 所示，其密封环槽处的壁厚不应小于连接管材的公称壁厚，承口最小深度应符合表 5.7-14 的规定，插口端应按图示进行倒角。

溶剂粘接连接式的承口及插口如图 5.7-3 所示，其承口最小深度、承口中部内径尺寸应符合表 5.7-14 的规定，承口壁厚不应小于相连管材公称壁厚的 0.75 倍。

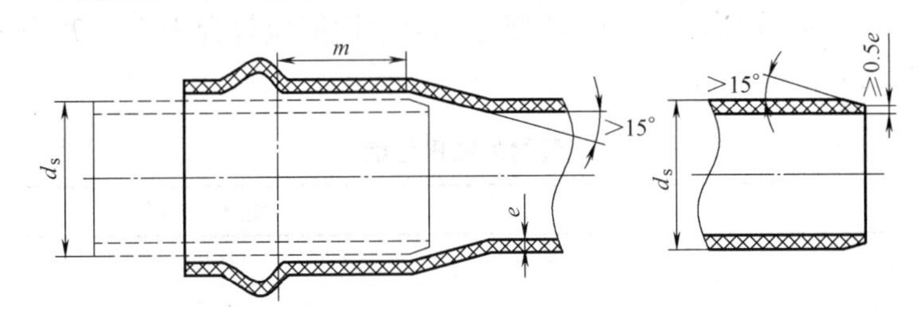

图 5.7-2 弹性密封圈连接式承插口

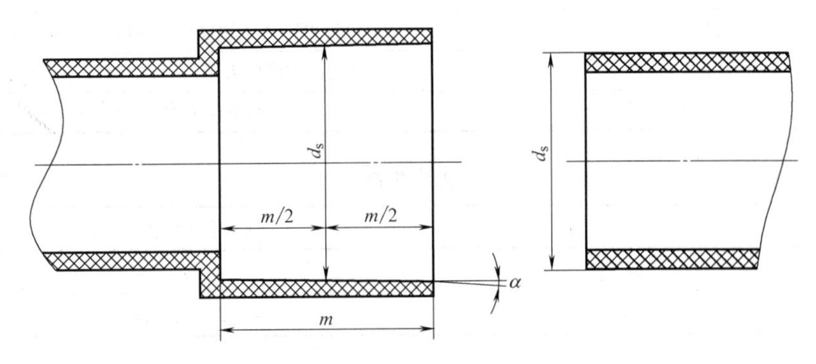

图 5.7-3 溶剂粘接连接式承插口

承口尺寸（mm） 表 5.7-14

公称外径 d_n	弹性密封圈承口最小深度 m_{min}	溶剂粘接承口最小深度 m_{min}	溶剂粘接承口中部平均内径 d_{sm}	
			$d_{sm,min}$	$d_{sm,max}$
20	—	26.0	20.1	20.3
25	—	35.0	25.1	25.3
32	—	40.0	32.1	32.3
40	—	44.0	40.1	40.3
50	—	55.0	50.1	50.3
63	64	63.0	63.1	63.3
75	67	74.0	75.1	75.3
90	70	74.0	90.1	90.3
110	75	84.0	110.1	110.4
125	78	68.5	125.1	125.4
160	86	86.0	160.2	160.5
200	94	106.0	200.3	200.6
250	105	131.0	250.3	250.8
315	118	163.5	315.4	316.0
355	124	183.5	355.5	356.2
400	130	206.0	400.5	401.5

注：溶剂粘接式承口中部的平均内径是指在承口深度 1/2 处所测定的互相垂直的两直径的算术平均值。承口的最大锥度（α）不超过 0°30′。

（7）物理及力学性能

管材的物理性能应符合表 5.7-15 的规定；力学性能应符合表 5.7-16 的规定。试验方法均按照 CJ/T 218-2010 标准的规定。

管材的物理性能 表 5.7-15

项　目	技术指标
密度(g/cm³)	1350～1460
维卡软化温度(℃)	≥75
纵向回缩率(%)	≤5
压扁试验	无断裂或裂痕(压缩量为管内面互相接触)
拉伸试验	23℃时的拉伸强度大于 40MPa,拉伸率≥120%
二氯甲烷浸渍试验(15℃ · 15min)	表面变化不劣于 4N

力学性能 表 5.7-16

项　目	技术指标
落锤冲击试验(−10℃)TIR(%)	≤5
液压试验	无渗漏,无破裂

4. 外观、颜色及不透光性

（1）管材内外表面应光滑、平整、无凹陷、无分解变色和其他影响性能的表面凹凸缺陷。管材不应含有可见杂质。

（2）管材一般为灰蓝色，也可由供需双方商定采用其他颜色。

（3）管材不应透光。

5. 出厂检验

管材产品需经生产厂质量检验部门逐批检验合格，并附有合格证，方可出厂。

管材出厂检验项目为外观、颜色、不透光性；规格尺寸；纵向回缩率；落锤冲击试验；液压试验（将连接好的试样按试验压力为 2×*PN*，在 20℃条件下，保压 1h）。

6. 标志、包装、运输和贮存

1）每根管材应有不少于两处永久性标志，且间距不大于 2m，标志至少有下列内容：生产厂名或商标；产品名称；规格尺寸：公称压力、公称外径和壁厚；标准编号；生产日期。

2）管材包装应有以下标志：生产厂名、厂址；产品名称；商标。

3）管材在运输时不应曝晒、重压、抛摔和损伤、玷污。

4）合理堆放，承口部位交错放置，并远离热源。若室外存放，应遮盖防阳光照射，堆放高度应不大于 1.5m。

【依据技术标准】城建行业标准《给水用丙烯酸共聚聚氯乙烯管材及管件》CJ/T 218-2010。

5.7.4 工业有机玻璃管

这里所说的工业有机玻璃管材，系指以甲基丙烯酸甲酯为原料，在模具内进行本体聚合而成的无色或有色的透明、半透明或不透明的工业有机玻璃管材。

1. 管材规格

工业有机玻璃管材的规格尺寸见表 5.7-17。

工业有机玻璃管材规格尺寸（mm） **表 5.7-17**

外径	20.0	25.0～60.0	65.0～100.0	110.0～200.0	250.0～500.0
壁厚	2～5	3～5	4～10	5～15	8～15
长度	300～1300	300～1300	300～1300	300～1300	500～2000

2. 壁厚公差

工业有机玻璃管材的壁厚公差应符合表 5.7-18 的规定。

工业有机玻璃管材的壁厚公差（mm） **表 5.7-18**

管材壁厚	公差		管材壁厚	公差	
	一等品	合格品		一等品	合格品
2.0	±0.4	±0.6	6.0	±0.7	±0.9
3.0	±0.5	±0.7	7.0	±0.7	±0.9
4.0	±0.6	±0.8	8.0	±0.8	±1.0
5.0	±0.6	±0.8	9.0	±0.8	±1.0

续表

管材壁厚	公差		管材壁厚	公差	
	一等品	合格品		一等品	合格品
10.0	±1.0	±1.2	13.0	±1.3	±1.5
11.0	±1.1	±1.3	14.0	±1.4	±1.6
12.0	±1.2	±1.4	15.0	±1.5	±1.7

3. 外径公差

管材的外径公差应符合表 5.7-19 的规定。

管材的外径公差（mm） **表 5.7-19**

管材外径	公　差	管材外径	公　差	管材外径	公　差
20	±1.0	75	±1.5	160	±2.0
25	±1.0	80	±1.5	170	±2.0
30	±1.0	85	±1.5	180	±2.0
35	±1.2	90	±1.5	190	±2.0
40	±1.2	95	±1.5	200	±2.0
45	±1.2	100	±1.5	250	±2.5
50	±1.2	110	±1.8	300	±3.0
55	±1.5	120	±1.8	400	±4.0
60	±1.5	130	±1.8	500	±5.0
65	±1.5	140	±1.8		
70	±1.5	150	±1.8		

4. 外观质量指标

管材的外观质量指标应符合表 5.7-20 的要求。

管材的外观质量指标 **表 5.7-20**

序号	缺陷名称		指标	
			一等品	合格品
1	银纹		不允许	不允许
2	气泡（直径小于 2mm）	管外径不大于 200mm	不超过 2 个	不超过 3 个
		管外径大于 200mm	不超过 3 个	不超过 6 个
3	外来杂质	管外径不大于 200mm	直径 0.5～3mm，不超过 3 个；直径小于 0.5mm，呈分散状	直径 0.5～3mm，不超过 6 个；直径小于 0.5mm，呈分散状
		管外径大于 200mm	直径 0.5～3mm，不超过 5 个；直径小于 0.5mm，呈分散状	直径 0.5～3mm，不超过 12 个；直径小于 0.5mm，呈分散状

续表

序号	缺陷名称	指标	
		一等品	合格品
4	收缩痕	不允许	不允许
5	严重擦伤	不允许	不允许
6	内壁波纹	允许轻微存在	允许，但不得影响视线

注：1. 表面缺陷的允许范围，系指板材每平方米、棒材长500mm、管材长1000mm而言。若大于或小于上述尺寸，其缺陷指标可按比例增加或减少。大于0.25m^{2}的板材，在距原板边缘20mm内，棒材、管材在距两端20mm内缺陷不计。

2. 不透明有机玻璃板材的表面缺陷，以检验其一面为主，如用户有特殊要求时可检验双面。

5. 物理力学性能

管材的物理力学性能应符合表5.7-21的要求。

管材的物理力学性能 **表5.7-21**

指标名称		指标	
		一等品	合格品
拉伸强度(外径≥200mm)(MPa)		≥53	≥53
抗溶剂银纹性		浸泡1h无银纹出现	浸泡1h无银纹出现
透光率(凸面入射)(%)≥	外径≤200mm	≥90	≥89
	外径>200mm	≥89	≥88

银纹现象是高聚物在溶剂、紫外光、机械力或内应力等作用下引起的形同微裂纹状的缺陷，光线照射下呈现银白色光泽。长度可达100μm，厚约1～10μm。由银纹质（高度取向的高分子微纤）和空洞组成，银纹质在空洞中连接银纹边，空洞约占银纹体积的40%～50%。银纹质具有一定的力学强度和黏弹性，因此，能承受一定的负荷。而且在玻璃化温度以上能自行消失，称为自愈合。

银纹和裂纹极相似，不同之处在于裂纹中间是空的，银纹中间的空洞中有银纹质相连。银纹发展变粗，银纹质断裂，即成裂纹。银纹的出现和发展，使材料的机械性能迅速变差。塑料件成型后，在胶料流动的方向上出现银色的条纹。这是由于原料粒子干燥程度不够或者在注塑过程中胶料热稳定不强造成的。抗银纹性是塑料抵抗银纹出现和增长的能力，是塑料的重要性能指标之一。

6. 出厂检验

管材产品经生产厂质量检验部门检验合格，方可出厂，并附有合格证。

管材出厂检验项目有：表5.7-20中规定的外观质量；尺寸公差；表5.7-21中的拉伸强度、抗溶剂银纹性、透光率。

7. 标志、包装、运输和贮存

(1) 每一包装件应标明产品的名称、规格、商标、等级、批号、色别、重量、生产日期、生产厂名和检验人员代号、标准号。在包装箱上应注明发送单位、制造厂名以及“小心轻放”等字样。

(2) 管材应用纸、板箱或其他合适材料进行包装，包装箱内四周用衬垫物塞紧，并附有装箱单。

(3) 管材在运输过程中应保持清洁，不得与有机溶剂接触，轻拿轻放，避免损坏包装、损伤产品。

(4) 管材应放置在通风、干燥的库房内，不得与有机溶剂存放在一起。

【依据技术标准】《浇铸型工业有机玻璃板材、棒材和管材》GB/T 7134-1996。

5.7.5 低压玻璃纤维管线管

低压玻璃纤维管线管材、管件适用于工作压力不大于 6.89MPa（折合 1000psi，psi 表示磅力/英寸^2）。应按压力等级选用管材、管件，标准压力等级为 1.03MPa、1.38MPa、1.72MPa 和 2.07MPa（即分别对应 150psi、200psi、250psi 和 300psi）。选用压力等级大于 2.07MPa（300psi）的管材、管件时，应以 0.69MPa（100psi）的增量增加，采用循环压力见式（5.7-1）或静态压力见式（5.7-2）均可。

由于《低压玻璃纤维管线管和管件》SY/T 6266-2004 等同采用《低压玻璃纤维管线管和管件规范》API Spec 15LR（2001 年，第七版，英文版），因此，该 SY/T 6266-2004 标准中多次出现涉及国外标准的内容，应用有些不便。管径等尺寸虽采用毫米单位，但因系由英制换算而来，故表示为小数点以后两位。实际工程中管材、管件规格尺寸应以供货生产厂家的产品为准。

1. 制造工艺和材料

低压玻璃纤维管材应采用离心铸造法（CC）或纤维缠绕法（FW）制造。管子和管件的增强管壁应由玻璃纤维增强的热固性聚合物组成，适用的聚合物有环氧树脂、聚酯和乙烯基酯化树脂。在相同的流体和环境条件下，管件的性能指标至少应与管材相等。

2. 压力等级

(1) 循环压力

管材的循环压力等级应按式（5.7-1）计算，环向应力值通过 SY/T 6266-2004 标准中规定的长期循环试验测定。

$$p_c = \frac{2S_c t}{D} \tag{5.7-1}$$

式中 p_c——内循环压力，MPa；

S_c——环向应力，等于 HDB_c（150×10^6 周次）×应用设计系数，MPa；

t——最小增强壁厚度，mm；

D——平均直径［（外径－t）或（内径＋t）］（外径为增强壁外径，内径为增强壁内径），mm；

HDB_c——静水压设计基数（与周次有关），MPa。

(2) 静态压力

当使用静态压力等级时，应在 65.6℃或更高的试验温度下，按式（5.7-2）测定管材的静态压力等级。

$$p_s = 0.67\times\frac{2S_s t}{D} \tag{5.7-2}$$

式中 p_s——静态压力等级，MPa；

0.67——应用设计系数；

S_s——在65.6℃或更高的试验温度下，按ASTM D2992方法B确定的在95%置信下限时，20年长期静水压强度，MPa；

t——最小增强壁厚度，mm；

D——平均直径［(外径－t)或(内径＋t)］(外径为增强壁外径，内径为增强壁内径)，mm。

3. 管材

(1) 管径

玻璃纤维管应按照订货单开列的管径供货，见表5.7-22和表5.7-23、表5.7-24。

管径(50.80～152.40mm) **表5.7-22**

公称尺寸		外径(mm)	内径(最小)(mm)
mm	in		
50.80	2	60.30	48.26
63.50	21/2	73.00	58.42
76.20	3	88.90	73.66
101.60	4	114.30	99.06
152.40	6	168.30	147.32

注：1. 外径适用于：(1) 循环压力等级为2.07MPa(300psi)的管子；(2) 所有的离心铸管。
2. 当制造的管子循环压力等级大于2.07MPa(300psi)时，外径不再规定，按表5.7-22所列内径来控制管径。

管径(203.20～609.60mm) **表5.7-23**

公称尺寸		外径(mm)	内径(最小)(mm)
mm	in		
203.20	8	219.10	195.58
254.00	10	273.10	246.38
304.80	12	323.90	297.18
355.60	14		342.90
406.40	16		391.16
457.20	18		433.58
508.00	20		481.84
609.60	24		578.36

注：1. 外径适用于：(1) 循环压力等级为1.03MPa(150psi)的管子；(2) 所有的离心铸管。
2. 当制造的管子循环压力等级大于1.03MPa(150psi)时，外径不再规定，按表5.7-23所列内径来控制管径。

(2) 长度

管材应按以下长度供货：长度1：4.57～6.40m；长度2：6.40～10.36m；长度3：≥10.36m。

管材中的拼接管(由两端较短的管子接合成一根标准长度范围的管子)，最多可按订货量的5%供货。但用于拼接管的每段管子不应短于1.52m。两段标准长度的管子接合成更长的管子不算是拼接管，但应在1.5倍于循环压力等级的压力下进行出厂前的水压水压。

管径公差 **表 5.7-24**

公称尺寸		外径 (mm)	公称尺寸		外径 (mm)
mm	in		mm	in	
25.40	1	+1.52～−0.46	127.00	5	+1.52～−0.46
38.10	11/2	+1.52～−0.46	152.40	6	+1.68～−0.71
50.80	2	+1.52～−0.46	203.20	8	+2.18～−1.02
63.50	21/2	+1.52～−0.46	254.00	10	+2.74～−1.22
76.20	3	+1.52～−0.46	304.80	12	+3.25～−1.42
101.60	4	+1.52～−0.46	—	—	—

（3）外径公差

管材的外径公差应在表 5.7-24 规定的范围内，测量按 ASTM D3567 规定进行。

（4）壁厚

按 ASTM D3567 规定进行测量时，管子的最小增强壁厚应不小于式（5.7-1）计算出的壁厚值。

4. 管件

（1）内径

除了公接头外，管件的最小内径不应小于管子内径。

（2）法兰

法兰螺栓分布圆、螺栓孔径和和法兰尺寸应符合 ANSI B16.5 的规定。

5. 管端

管子的管端形式有多种，如带螺纹、平端、带锥度、变带锥度及特殊端部等，订货时应当注明。

（1）带螺纹端

带螺纹端由符合 ASTM D1694 或在以下“1）标准螺纹设计”中所列的标准螺纹设计的外螺纹和内螺纹组成。

1）管子的螺纹应符合 API Std 5B 的要求。

外加厚玻璃纤维管长圆螺纹的尺寸在 API Std 5B 的表 14 中有规定。套管长圆螺纹的尺寸在 API Std 5B 的表 7 中有规定。

对于 SY/T 6266-2004 标准来说，API Std 5B 的表 14 和表 7 中所列的长度 L_2 和 L_4，是最小尺寸，任何超出的螺纹长度应在管子的螺纹尾部。

2）管线管螺纹尺寸的公差在 API Std 5B 的表 2 中有规定，套管和油管的圆螺纹尺寸的公差在 API Std 5B 的表 5 中有规定。

3）每个按标准螺纹设计的产品都应按表 5.7-25 的螺纹尺寸进行加工。

4）圆螺纹应有如 API Std 5B 中图 4（套管圆螺纹牙形图）所示的一个全圆螺纹齿根和齿顶；对于 8 牙圆螺纹，螺纹齿根半径为 0.432±0.038mm，螺纹齿顶半径为 0.508±0.038mm；对于 10 牙圆螺纹，螺纹齿根半径为 0.356±0.038mm，螺纹齿顶半径为 0.432±0.038mm。

螺纹尺寸 **表 5.7-25**

公称尺寸		螺纹尺寸	
mm	in	mm	in
25.40	1	42.16	1.660①
38.10	11/2	48.26	1.990①
50.80	2	60.33	$3^3/_8$①
63.50	21/2	73.03	$2^7/_8$①
76.20	3	88.90	3½①
88.90	31/2	101.60	4①
101.60	4	114.30	4½①
127.00	5	139.70	5½①
152.40	6	168.28 或 177.80	$6^5/_8$②或 7②
203.20	8	219.08 或 244.48	$8^5/_8$②或 $9^5/_8$②

① 系指 API Std 5B 表 14（外加厚玻璃纤维管长圆螺纹尺寸）；

② 系指 API Std 5B 表 7（套管长圆螺纹尺寸）。

（2）平端

平端管应按订货单上的要求长度供货，管端应切削平齐，承口、插口如图 5.7-4 所示，其尺寸及公差见表 5.7-26。

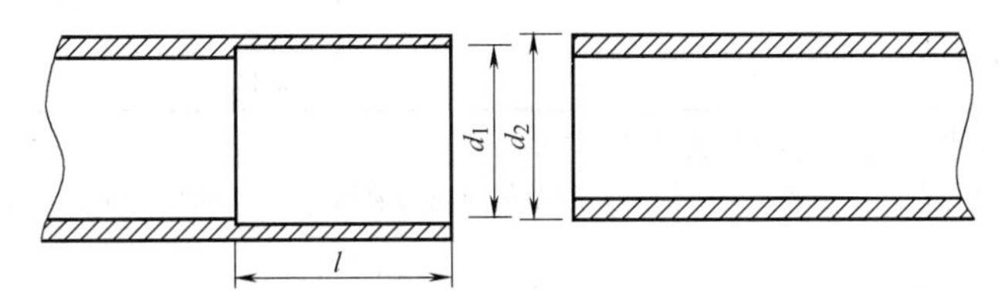

图 5.7-4 管端承口、插口

平端管承口、插尺寸及公差 **表 5.7-26**

管子公称尺寸		承口尺寸				管子尺寸(mm)	
		最小长度 l		孔径 d_1(mm)		外径 d_2	外径公差
mm	in	mm	in	最小	最大		
50.80	2	44.45	1¾	60.63	61.92	60.33	±0.31
63.50	2½	44.45	1¾	73.33	74.60	73.03	±0.31
76.20	3	44.45	1¾	89.21	90.48	88.90	±0.31
101.60	4	44.45	1¾	114.68	115.88	114.30	±0.38
152.40	6	44.45	1¾	168.91	169.86	168.28	±0.64
203.20	8	44.45	1¾	219.71	220.65	219.08	±0.64
254.00	10	95.25	3¾	273.69	274.63	273.06	±0.64
304.8	12	95.25	3¾	324.49	325.43	323.85	±0.64
355.6	14	95.25	3¾	356.24	357.18	355.60	±0.64

（3）锥形端

锥形端为带有整体承口或套管接箍的锥形接头，如图 5.7-5 所示，有关尺寸见表 5.7-27，但未包括接头。生产厂家应确定每一种压力级别的尺寸、压力等级和最小粘结长度。

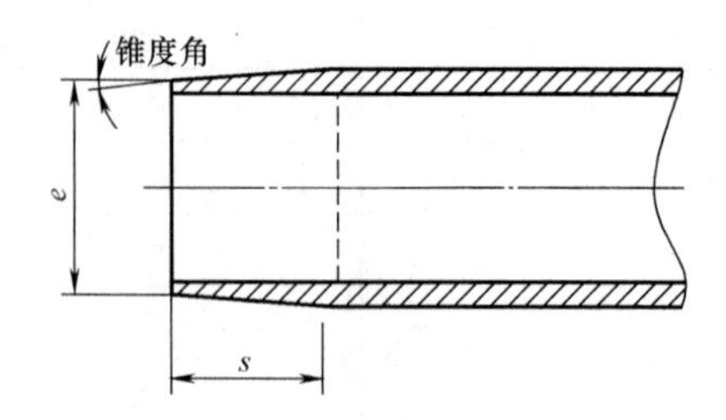

图 5.7-5 用于粘结剂的粘结锥度端的插头

用于粘结剂的粘结锥度端的插头尺寸 **表 5.7-27**

公称尺寸		锥度角 (°)	插头端外径 e(mm)	最小粘接长度 s (mm)	最大循环压力等级 (MPa)
mm	in				
25.40	1	$1\frac{3}{4}^{\circ}{}_{-\frac{1}{4}}$	—	19.05	2.07
38.10	1½		—	21.59	2.07
50.80	2		58.19	22.86	2.07
63.50	2½		70.69	27.19	2.07
76.20	3		86.39	34.80	2.07
101.60	4		111.00	48.13	2.07
127.00	5		—	58.42	2.07
152.40	6		164.39	68.33	2.07

注：1. 接头端外径系参考尺寸，实际接头外径可以小一些。

2. 最小粘接长度是在某一循环压力等级下，胶粘剂剪应力值约为 1.00MPa（145psi）的条件下得到的。

（4）特殊端

若订货单有特殊要求，则管子应以适合于使用特殊接箍的管端形式供货。带有弹性体密封圈的机械连接应被看作为特殊端部。

（5）变锥度端部

对于公称尺寸为 203.20～406.40mm 的管子，允许带有不符合表 5.7-27 中锥度角和插口端部直径要求的变锥度管端，但应标明字母“ATE”。当按生产厂的推荐进行粘接作业时，变锥度端部连接应满足 SY/T 6266-2004 标准中的性能要求。

如使用某一变锥度角时，应在管子上紧接“ATE”标记的后面注明变锥度角的角度，以示区别。

6. 管子图

如果需方有要求，生产厂家应提供管子、管件和任何特殊接箍或密封器件的图样，包括其尺寸、公差。

7. 管端保护

为防止在装卸和运输过程中发生损伤，生产厂家应从结构、材料和机械强度等方面对管子端头、管件进行保护。内螺纹的护箍应覆盖端部，防止紫外线和其他气候因素的损伤。扩箍应有足够的长度，以覆盖以下区域：

（1）管子外螺纹端的全长；

（2）粘接接头管承口端加工面或打磨表面；

（3）弹性体密封接头的所有密封面。

8. 用户检验

用户可以按合同约定对产品外观进行检验。

（1）用户检验

当订货合同上已明确执行 SY/T 6266-2004 标准附录 H 的“用户检验”条款时，应当知道其主要内容如下：

1）检验通知

当检验人员代表用户要检查产品或观看相关试验时，生产厂应事先通知检验人员，何时能进行检查产品或试验。

2）工厂出入

代表用户的检验人员在执行合同的任何时间内，应能自由进入与订货产品有关的车间，生产厂家应免费提供方便条件。

除非合同中另有规定，否则所有检验工作都应在发货前进行。检验工作不应影响生产。

3）执行

生产厂有责任遵守 SY/T 6266-2004 标准的所有条款。用户方可以进行必要的调查，以了解生产厂执行标准的情况。对不符合标准要求的产品可以拒收。

4）拒收

除非另有规定，在检查中发现的、在认可工厂工作之后发现的，以及在正常作业中发现的有缺陷产品，都可以拒收，并应通知厂家。如果要进行产品的破坏性试验，那么任一不能满足标准要求的产品将被拒收。拒收产品的处理应由厂家和用户方协商解决。

（2）外观检查标准

外观检查标准见表 5.7-28。

外观检查标准 **表 5.7-28**

部位	缺　陷	说　明	最大尺寸
管体和接箍	烧伤	热分散引起的表面变形和(或)变色	20%区域——轻微损伤； 5%区域——外表树脂层结构纤维中等程度烧伤
	缺口	边缘或表面的小块破损	如果层合板尚未破裂，则允许
	微裂纹	肉眼可见的表面上或表面下的小裂纹	不允许
	纤维断裂	由于刮削、划伤或制造过程引起的表面纤维断裂	每根管子最多不超过 3 处，最大尺寸不超过 $645mm^2$($1in^2$)，最大深度不超过公称壁厚的 10%
	干斑点	增强剂未完全与树脂浸润的区域	每根管子最多允许 3 条，宽 12.5mm，长 101.6mm；无干燥的增强剂暴露在表面
	断裂	层合板破裂，但未完全穿透；肉眼可见层间分离的浅色区域	不允许
	针孔	表面小孔	最深 1.59mm，数目不限
	树脂滴流	树脂凸出	最高 3.18mm，数目不限
	划痕	不合理的装卸造成的浅伤痕	如果增强剂未暴露，则数量不限

续表

部位	缺陷	说明	最大尺寸
螺纹	气泡	由截留的空气引起的螺纹根部小斑点	任意方向的最大尺寸为3.18mm，每个接头只允许有一个气泡
	缺口	螺纹高度的10%以上区域被损坏	对每个接头的牙螺纹，最长12.5mm

9. 标记

管子上应有以下内容的永久性标记：生产厂名或商标；公称尺寸（mm）；使用的循环压力等级和静态压力等级；在使用的压力等级下应用的温度；批号。

【依据技术标准】石油天然气行业标准《低压玻璃纤维管线管和管件》SY/T 6266-2004。

5.7.6 高压玻璃纤维管线管

高压玻璃纤维管线管是以热固性树脂为基体，用玻璃纤维增强的复合材料。本部分介绍的管材适用于机械方法连接的管子，适用压力等级范围为3.45～34.5MPa（500～5000psi），并以1.73MPa（250psi）的增量递增，用户应根据特定的服役条件，选购适宜的管子和管件。

由于《高压玻璃纤维管线管》SY/T 6267-2006等同采用《高压玻璃纤维管线管规范》API Spec 15HR：2001（第三版，英文版），因此，该SY/T 6267-2006标准中多次出现涉及国外标准的内容，应用有些不便。管径等尺寸虽采用毫米单位，但因系由英制换算而来，故表示为小数点以后两位。实际工程中管材、管件规格尺寸应以供货生产厂家的产品为准。

1. 适用范围

适用于石油和天然气生产中所用的高压玻璃纤维管线管，涉及的管件、部件有：高压玻璃纤维管和接箍、异径接头和管接头及管件（三通、90°和45°弯管）、法兰。

2. 管子和主要连接件的压力等级

标准压力等级应按式（5.7-3）、式（5.7-4）计算，其数据应四舍五入到最接近1.73MPa（250psi）的整数倍。式（5.7-3）仅适用于OD/t（外径/壁厚）不大于10的情况。

$$p_r = S_s S_i \times \frac{R_o^2 - R_i^2}{R_o^2 + R_i^2} \quad (5.7\text{-}3)$$

式中 p_r——标准压力等级，MPa；

S_s——按ASTM D 2992方法B在66℃（150°F）或更高温度下确定的20年的长时静水压强度（LTHS）的95%置信度下限（LCL），MPa；

S_i——0.67应用设计因子（参见SY/T 6267-2006标准之附录G）；

R_o——最小增强层处的管子外半径，mm；

R_i——最小增强层处的管子内半径，mm。

$$P_r = 2S_s \cdot t_{min}/D \quad (5.7\text{-}4)$$

式中 p_r——标准压力等级，MPa；

S_s——按 ASTM D 2992 方法 B 在 66℃（150°F）或更高温度下确定的 20 年的长时静水压强度（LTHS）的 95%置信度下限（LCL），MPa；

t_{min}——最小增强层厚度，mm；

D——平均直径（$OD-t$）或（$ID+t$），mm。

注：这里 *ID* 为增强层处的管子内径，*OD* 为增强层处的管子外径。

增强层的厚度一般指结构层的厚度，它是管子的壁厚减去内衬和外覆层后的厚度。如果没有内衬和外覆层，那么，增强层的厚度就是管子的壁厚。

以 95%置信度下限（LCL）为基础的换算可利用式（5.7-3）或式（5.7-4）进行。

3. 管子尺寸

管子的长度应按表 5.7-29 所列范围确定。

管子的长度 **表 5.7-29**

长度 1		长度 2		长度 3	
m	ft	m	ft	m	ft
4.57～6.40	15～21	6.40～10.36	21～34	10.36 或更长	34 或更长

供货管子中的拼接管（两段管子拼接成一个标准长度的管子）的数量，不应超过供货量的 5%，用于组成拼接管的每段管子不应短于 1.52m。

管子内径、壁厚、最小增强层厚度及外径的公差见表 5.7-30。

管子尺寸公差 **表 5.7-30**

公称尺寸	mm	25.4	38.1	50.8	63.5	76.2	88.9	101.6	127.0	152.4	203.2	254.0
	in	1	1½	2	2½	3	3½	4	5	6	8	10
最小内径	mm	22.9	34.3	47.5	59.6	69.1	83.8	93.7	109.2	134.6	193.7	223.5
	in	0.900	1.350	1.870	2.345	2.720	3.300	3.690	4.300	5.300	7.625	8.800
壁厚公差		+22.5% −0%										
增强层厚度公差		+22.5% −0%										

注：外径 OD 由内径和壁厚确定。

4. 法兰

高压玻璃纤维管的法兰螺栓和法兰表面尺寸应参照 ANSI B 16.5。

5. 螺纹连接

（1）管端连接形式

按订货合同供货的管子，其管端连接形式应下列形式中的一种：

1）带螺纹和带接箍接头。

2）带螺纹和不带接箍接头。

3）整体接头。

4）替换管螺纹接头。

（2）标准螺纹设计

关于高压玻璃纤维管螺纹设计和测量，SY/T 6267-2006 标准中基本采用 API（美国石油协会）相关标准的条文，目的是用于螺纹设计和加工，对工程中管材的应用没有直径影响，故从略。

（3）替换管接头

允许采用替换管接头，并应在管子上标明 SY/T 6267 处作 A. C 标记，替换管接头也应符合 SY/T 6267-2006 标准的性能要求。替换管接头的测量：生产厂应拥有替换管接头螺纹测量的校对量规和工作量规。

检查管材的螺纹时，应尽量少用校对量规。校对量规只限用于校对工作量规及使用工作量规检查不能解决争议的情况下。

6. 制造工艺和材料

（1）制造工艺

高压玻璃纤维管，应采用纤维缠绕（FW）或离心铸造（CC）的方法生产。

高压玻璃纤维管的管件，应采用模压（CM）、离心铸造（CC）、纤维缠绕（FW）或树脂传递模塑（RTM）的方法生产。

（2）材料

高压玻璃纤维管和管件的增强层应由玻璃纤维增强的热固性聚合物组成。

适宜的聚合物有：环氧树脂、聚酯树脂和乙烯基酯化树脂。

7. 质量控制试验

高压玻璃纤维管的质量控制试验也是生产厂方面的工作，这里将其要点简述一下，目的是为了有助于使用管材的设计、施工及业主单位对其性能多一些了解。

（1）工厂静水压试验

所有的管子和管件在完全固化后，都应在生产厂以标准压力等级的 1.5 倍的试验压力进行静水压试验，在持续保压 2min 后，应不出现渗漏。对于每第 50 个连接件，其试验应至少保压 10min 而不出现管子、管件或管端的渗漏。试验应在室温下采用自由端方式进行。

（2）玻璃化转变温度

玻璃化转变温度应利用示差扫描量热计（DSC）按 SY/T 6267-2006 标准之附录 C 的方法进行测定，对于制造商的每一台缠绕机，当更换所使用的树脂时，都应测定一次玻璃化转变温度。对于管件，不论其尺寸、规格或压力等级如何，都应按 SY/T 6267-2006 标准之附录 C，以 100 个抽检一个的频率进行 DSC 试验，玻璃化转变温度（T_g）的测定值不应比 SY/T 6267-2006 标准之 5.1.1 和 5.1.2 所测得的玻璃化转变温度（T_g）值低 5℃。

（3）短时失效压力

短时静水压失效压力试验应按 ASTM D 1599 试验方法采用自由端方式进行。试样应包括一个完整的玻璃纤维管连接件，其失效压力值应大于 SY/T 6267-2006 标准 8.1 款 h 中规定的短时静水压力值，并应大于 SY/T 6267-2006 标准中按 5.1.2 款进行试验的管件最小失效压力值的 85%。

按 SY/T 6267-2006 标准进行试验的管子和管件的最低试验频率为每批一次。每批管子应由总长为 1524m（5000ft）的同一尺寸和壁厚的管子组成，总长度可在连续生产线上一次或分几次取够。每批管件应由 100 个管件组成，而不考虑其尺寸、规格或压力等级。

（4）外观检查

管材应符合表5.7-31的规定进行外观检查。

管材外观检查标准　　表5.7-31

缺陷		说明	最大尺寸
管体和管件	烧伤	热分解引起的表面变形或变色	20%区域——轻微损伤； 5%区域——外表树脂层结构纤维中等程度烧伤
	缺口	边缘或表面的小块破损	如果层合板尚未断裂，则允许
	微裂纹	肉眼可见的表面上或表面下的细小裂纹	不允许
	纤维断裂	由于刮削、划伤或制造过程引起的表面纤维断裂	每根管子最多不超过3处，最大尺寸不超过645.2mm^2（1in^2），最大深度不应超过壁最大限度最小值
	干斑点	增强剂未完全与树脂浸润的区域	不允许
	断裂	层合板破裂，但未完全穿透，肉眼可见层间分离的浅色区域	不允许
	针孔	表面小孔	最深1.6mm（1/16in），数量不限
	树脂滴流	树脂凸出	最高3.2mm（1/8in），数量不限
	划痕	不合理装卸造成浅伤痕	如果增强材料未暴露，数量不限；如果增强材料已暴露，参看纤维断裂
	流体阻力	流体阻力包括：管子内壁上的胶、环氧树脂、蜡状物、结块、外来杂质	不允许
	杂质	层合板内夹有外来物质	不允许
螺纹	气泡	螺纹根部小气泡	最大尺寸为3.2mm（1/8in）时，每只接头只允许有一个气泡；最大尺寸为1.6mm（1/16in）时，每只接头允许有10个气泡
	缺口	齿高的10%以上区域被损坏	最大长度为9.5mm（3/8in）时，在L_c区域以外，每只接头允许有一个；L_c区域以内不允许有
	裂纹	沿螺纹轴向	不允许
	平螺纹	螺纹牙顶区域被损坏或被磨削	最大长度为9.5mm（3/8in）时，L_c区域以外，每只接头允许有一个，但不得超过齿高的10%；在L_c区域以内，不允许有平螺纹
	垂直度	与螺纹轴向呈直角	端部最大变量为1.6mm（1/16in）
	修整	端部修整后	无刻痕，无纤维暴露；无凸起，无损伤区域

注：L_c表示从管端起全顶螺纹最小长度。

（5）复检

如果SY/T 6267-2006标准中“7.4.2玻璃化转换温度”和“7.4.3短时失效压力”中所涉及的任一试样不符合规定要求，厂家可以从同一批产品中另取两根管子或管件进行复检，如果两个复验试样均符合要求，那么除初验的管子或管件外，该批管子或管件应判为合格；若有一个或两个复验试样不符合规定要求，厂家可对该批剩余的管子或管件进行逐件试验，只检验前面试验中不合格的项目。

（6）壁厚

壁厚应通过已测量的外径和内径值进行计算确定。其内、外径应通过测径规、超声波测厚仪或卷尺来进行测量。增强层厚度应按 ASTM D 3567 每批进行一次确定。壁厚和增强层厚度公差见表 5.7-30。

（7）螺纹测量

螺纹应按 APT RP 5B1 进行测量，应每批测量一次。从新模具压出的第一个模压螺纹制品也应进行测量。

（8）检验与拒收

购方按合同购货时，可按 SY/T 6267-2006 标准附录 E 的规定进行以下购方检查：

1）检查通知

代表购方的检验人员要求检验管子或进行验证试验时，生产厂应事先通知检验人员何时管子将具备受检条件。

2）工厂出入

代表购方的检验人员在执行购货合同的任何时间内，应能自由出入与订购管子有关的车间，生产厂应向检验人员提供合理的便利条件，以使检验人员确信管子是按标准要求制造的。除非购货合同另有规定，否则，所有的检查都应在发货前在生产现场进行。检验工作应不影响工厂的生产。

3）执行

生产厂有责任遵守 SY/T 6267-2006 标准的所有条款。购方可以进行必要的检查，以了解生产厂对标准的执行情况，对不符合标准要求的材料可以拒收。

4）拒收

除非另有规定，对于检查中具有缺陷的材料或是生产厂的产品在接受后发现缺陷的材料，或是使用过程中产生缺陷的材料都应拒收，并且通知生产厂。如果要进行材料的破坏性试验，所有被证明不符合标准要求的产品都应拒收，对于拒收产品的处理，应由生产厂和购方协商。

8. 公布数据

（1）公布性能数据

对于某些性能，虽然 SY/T 6267-2006 标准中没有要求，但对于管路系统的设计仍很重要，生产厂应按要求对这些性能进行试验，并公布试验结果。

1）额定温度最大值℃（°F）；

2）SY/T 6267-2006 标准“5.1.1 管子和主要连接件的压力等级”中的长时静水压强度（LTHS）和置信下限（LCL）；

3）按生产厂的书写试验程序，确定从 0℃（32°F）到 23℃（73.4°F）、从 23℃（73.4°F）到额定温度最大值时的轴向热膨胀系数；

4）按附录 D 试验方法，确定 23℃（73.4°F）和额定温度最大值时的环向拉伸模量；

5）按附录 D 试验方法，确定 23℃（73.4°F）和额定温度最大值时的环向泊松比；

6）按附录 F 试验方法，确定 23℃（73.4°F）和额定温度最大值时的轴向泊松比；

7）按 ASTM D 1599 试验方法，确定 23℃（73.4°F）和额定温度最大值时的轴向拉伸弹性模量；

8）按 ASTM D 1599（自由端）试验方法，确定 23℃（73.4°F）和额定温度最大值时带有接头管的短时静水压失效压力。

（2）公布尺寸

生产厂应对每一种合格产品公布下列资料：

1）公称内径；

2）公称外径；

3）公称重量；

4）最大接箍外径或承插连接外径；

5）公称壁厚；

6）最小增强层厚度。

9. 标记

（1）管子和管件应由生产厂按标记内容执行（生产厂或购方可采用其他附加标记）。标记应采用涂漆或喷印的方法在距离管端保护套304.8（1ft）～914.4mm（3ft）处设置。标记不得重叠、不得损伤管子和接箍，应从生产之日起，贮存三年期间内可辨别。

（2）标记内容有：生产厂名或商标；标准编号“SY/T 6267-2006”（如使用替换管接头，应作AC标记）；公称尺寸；产品批号；标准压力等级；生产日期。

10. 产品装配保护和包装、运输、装卸

（1）接箍装配和螺纹脂

所有的接箍应按生产厂的装配程序拧接到管子上。如果购方有特殊要求，也可以将接箍拧接在密封装置上分开发运。在进行装配前，应给接箍和管子的螺纹均匀地涂上螺纹润滑液或密封脂，螺纹密封脂的种类和装配程序要求应由生产厂推荐。

（2）螺纹保护器

生产厂应提供管端内、外螺纹保护器，用以保护管子、接箍和管件的端部及外露螺纹，以防止在装卸和运输过程中损坏；在储存期间还可防止污染外来杂物损伤。保护器的材料为塑料，不应含有对螺纹损伤的化合物或促使保护器与螺纹粘合的物质，其使用温度为－46℃（－50°F）～66℃（15°F）。

（3）法兰保护器

生产厂应提供法兰保护器，以保证所有的法兰尺寸符合工厂生产标准。

（4）包装、运输和装卸要求

制造商应按照API RP 15TL4中第1章和第2章的要求进行包装、运输及装卸。

【依据技术标准】石油天然气行业规范《高压玻璃纤维管线管规范》SY/T 6267-2006。

5.8 电缆、光缆和电线塑料保护套管

5.8.1 电力电缆用导管

电力行业标准《电力电缆用导管技术条件》DL/T 802-2007分为以下六部分：

《电力电缆用导管技术条件　第1部分：总则》DL /T 802.1-2007。

《电力电缆用导管技术条件　第2部分：玻璃纤维增强塑料电缆导管》DL/T 802.2-2007。

《电力电缆用导管技术条件　第 3 部分：氯化聚氯乙烯及硬聚氯乙烯塑料电缆导管》DL/T 802.3-2007。

《电力电缆用导管技术条件　第 4 部分：氯化聚氯乙烯及硬聚氯乙烯塑料双壁波纹电缆导管》DL/T 802.4-2007。

《电力电缆用导管技术条件　第 5 部分：纤维水泥电缆导管》DL/T 802.5-2007。

《电力电缆用导管技术条件　第 6 部分：承插式混凝土预制电缆导管》DL/T 802.6-2007。

由于本手册是按管材材质进行编排的，故 DL/T 802.1-2007、DL/T 802.2-2007、DL/T 802.3-2007、DL/T 802.4-2007 四项在本部分集中介绍。DL/T 802.5-2007 、DL/T 802.6-2007 两项标准分别在“7.3.1 电力电缆用纤维水泥电缆导管”和“7.3.2 电力电缆用混凝土预制电缆导管”中介绍。

1. 电力电缆用导管技术条件《总则》简介

《电力电缆用导管技术条件　第 1 部分：总则》DL/T 802.1-2007，规定了电力电缆用导管的产品分类、型号、规格和技术要求等生产过程和质量检验的具体要求。适用于玻璃纤维增强塑料电缆导管、氯化聚氯乙烯及硬聚氯乙烯塑料电缆导管、氯化聚氯乙烯及硬聚氯乙烯塑料双壁波纹电缆导管、纤维水泥电缆导管和承插式混凝土预制电缆导管的产品，其他导管可参照执行。现将其中的术语和定义部分介绍如下。

（1）通用术语和定义

电缆导管（简称导管）——电缆穿入其中后受到保护，并能在发生故障后便于将电缆抽出更换的导管。

玻璃纤维增强塑料电缆导管——以玻璃纤维无捻粗纱及其制品为增强材料、热固性树脂为基体材料，增强材料经热固性树脂浸渍后缠绕在一定长度的管状芯模上，固化后制成的电缆导管。

氯化聚氯乙烯电缆导管——以氯化聚氯乙烯（CPVC）树脂和聚氯乙烯（PVC）树脂为主，加入有利于提高导管力学及加工性能的添加剂，在一定温度和压力下，经模具挤出成型的一种实壁塑料电缆导管。

硬聚氯乙烯塑料电缆导管——以聚氯乙烯（PVC）树脂为主，加入有利于提高导管力学及加工性能的添加剂，在一定温度和压力下，经模具挤出成型的一种实壁塑料电缆导管。

氯化聚氯乙烯塑料双壁波纹电缆导管——以氯化聚氯乙烯（CPVC）树脂和聚氯乙烯（PVC）树脂为主，加入有利于提高导管力学及加工性能的添加剂，在一定温度和压力下，经模具挤出成型的一种双壁波纹结构的塑料电缆导管。

硬聚氯乙烯塑料双壁波纹电缆导管——以聚氯乙烯（PVC）树脂为主，加入有利于提高导管力学及加工性能的添加剂，在一定温度和压力下，经模具挤出成型的一种双壁波纹结构的塑料电缆导管。

纤维水泥电缆导管——以无机矿物纤维、有机合成纤维或植物纤维为增强材料，与水泥、水均匀混合后，采用抄取法生产的一种电缆导管。

承插式混凝土预制电缆导管——混凝土在模具内浇注振捣成型，再经蒸汽养护制成的一种承插式连接的预制混凝土电缆导管。

（2）塑料电缆导管术语和定义

线荷载——产生一个给定的管径向变形量，需施加于导管单位长度上的荷载值。

环刚度（3%、5%）——表示线荷载除以管径向变形量（3%、5%），再乘以相应系数后所得的值，单位为kMPa。

环刚度等级——根据不同规格导管所规定的相应环刚度级别。

负荷变形温度——随着试验温度的增加，试样在所增加的弯曲应力作用下挠度达到标准挠度值时的温度。

（3）混凝土电缆导管术语和定义

表面裂缝——导管表面延伸到混凝土内部的缝隙。

蜂窝——混凝土因内部结构疏松而形成的蜂窝状缺陷。

塌落——混凝土呈块状脱落。

粘皮——混凝土表面的水泥浆被粘去。

麻面——混凝土表面由于细小微孔以及表面结构不光滑平整而形成的一种缺陷。

龟裂——当水渗入混凝土时，表面有可见微细纹路，当水分蒸发后，纹路即消失。

（4）尺寸

1）导管的公称长度以有效长度（即从插口端部到承口底部的距离）表示，公称长度偏差为有效长度的0～0.5%。

2）玻璃纤维增强塑料电缆导管的公称长度为4m、6m，氯化聚氯乙烯及硬聚氯乙烯塑料电缆导管（包括实壁结构和双壁结构）的公称长度为6m，纤维水泥电缆导管的公称长度为2m、3m、4m，承插式混凝土预制电缆导管的公称长度为1m。公称长度也可由供需双方商定。

3）导管的公称内径、承口内径允许偏差与承口最小深度见表5.8-1。公称壁厚允许偏差见表5.8-2。承插式混凝土预制电缆导管的尺寸要求按DL/T 802.6-2007标准的规定。

公称内径、承口内径允许偏差与承口最小深度（mm）　　表5.8-1

公称内径	公称内径允许偏差	承口内径允许偏差	承口最小深度
100	+0.6 −0.1	+0.6 −0.1	80
125	+0.7 −0.1	+0.7 −0.1	100
150	+0.8 −0.1	+0.8 −0.1	100
175	+0.9 −0.2	+0.9 −0.2	100
200	+1.0 −0.2	+1.0 −0.2	120
225	+1.1 −0.3	+1.1 −0.3	120
250	+1.2 −0.3	+1.2 −0.3	120

公称壁厚允许偏差（mm） 表 5.8-2

公称壁厚	$t<6.0$	$6.0\leqslant t<7.0$	$7.0\leqslant t<8.0$	$8.0\leqslant t<10.0$	$10.0\leqslant t<12.0$	$t\geqslant 7.0$
允许偏差	+0.6 0	+0.7 0	+0.8 −0.1	+1.0 −0.1	+1.2 −0.2	+1.4 −0.2

（5）标志、包装、堆放和出厂合格证

1）标志

导管外表面应有明显的标志，且大小应适当。标志应包括的内容有：产品名称、类别、型号规格；执行的标准编号；原材料类型；生产厂名称和商标、地址、生产日期或批号；小心轻放，严禁抛掷。

2）包装

导管出厂前应妥善包装、保护，防止碰撞损坏，具体要求见各部分导管规定。

3）堆放

导管应按类别、型号规格及生产日期分开堆放，场地应平整，可采用承口交叉错开放置，防止挤压变形。底部用垫木、管枕或草包铺好，垫木、管枕间距应在 1m 以内，堆放高度不宜超过 2m。

塑料电缆导管宜室内存放，并远离热源。如需露天存放应设遮盖物，避免阳光照射，且存放其不得超过一年。纤维水泥导管和混凝土导管可露天存放。

4）出厂合格证

产品出厂合格证应包括以下内容：产品名称、类别、型号规格；执行的标准编号；生产厂名称和商标、地址、生产日期或批号；产品数量、批号编号；产品性能检验结果（包括使用的原材料）；生产厂质检部门及质检人员签章；装卸、运输及施工注意事。

出厂合格证应随货一起发出，并提供产品使用说明书及需方要求的特殊性能指标。

2. 玻璃纤维增强塑料电缆导管

现行电力行业标准《电力电缆用导管技术条件 第 2 部分：玻璃纤维增强塑料电缆导管》DL/T 802.2-2007，适用于以玻璃纤维无捻粗纱及其制品为增强材料、热固性树脂为基体材料，采用手工或机械缠绕等工艺制成的玻璃纤维增强塑料电缆导管。

（1）分类、型号规格

按导管的成型工艺分为手工缠绕和机械缠绕（又分为夹砂或不夹砂）两种，其结构形状如图 5.8-1 所示。

按环刚度（5%）等级分为 SN25、SN50、SN100 三种。

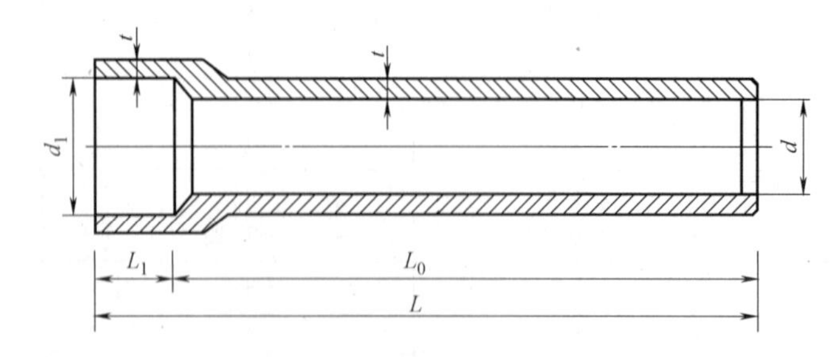

图 5.8-1 导管的结构形状

d—公称内径；d_1—承口内径；L_1—承口深度；t—壁厚；L—总长；L_0—有效长度

按增强材料分为无碱增强玻璃纤维和有碱增强玻璃纤维两种。

（2）型号规格

导管的型号用汉语拼音符号 DBJ、DBJJ 和 DBS 表示，导管的规格见表 5.8-3。

导管的规格（mm） 表 5.8-3

公称内径	公称壁厚			公称长度
	SN25	SN50	SN100	
100	3	5	8	4000 或 6000
125	4	6	9	
150	5	7	10	
175	7	9	12	
200	8	10	13	
225	10	12	15	
250	12	14	17	

注：SN25、SN50、SN100 分别为环刚度（5%）等级。

（3）标记

此种玻璃纤维增强塑料电缆导管的标记表示方法如下：

DBJ、DBJJ 或 DBS 规格　原材料类型　DL/T 802.2-2007

以上标记的含义如下：

1）D——表示电缆用导管。

2）B——表示玻璃纤维。

3）J、JJ——表示机械缠绕工艺（JJ 特指夹砂），S——表示手工缠绕工艺。

4）规格用“公称内径×公称壁厚×公称长度产品等级”表示；产品等级用环刚度（5%）等级 SN25、SN50、SN100 表示。

5）原材料类型：无碱增强玻璃纤维用 E 表示；中碱增强玻璃纤维用 C 表示。

标记示例：

DBJ200×8×4000 SN25 E DL/T 802.2-2007

表示采用机械缠绕工艺生产的公称内径为 200mm、壁厚为 8mm、公称长度为 4000mm、环刚度等级为 SN25 的无碱增强玻璃纤维增强塑料电缆导管。

（4）外观及尺寸

导管颜色应外本色或按需方要求，但色泽应均匀。导管内外表面应无龟裂、分层、针孔、毛边、毛刺、杂质、贫胶区及气泡等缺陷；内表面光滑平整，无凹凸；两端面平齐，无毛边、毛刺；承插口端内外边缘应倒角，以防电缆抽拉时受损伤。

导管的尺寸偏差应符合表 5.8-1、表 5.8-2 的规定。

（5）技术性能

导管的技术性能、环刚度等级及落锤冲击试验应分别符合表 5.8-4、表 5.8-5 及表 5.8-6 的规定。

（6）出厂检验项目

导管的出厂检验项目为外观、尺寸、巴氏硬度和环刚度（5%）。检验方法按 DL/T 802.2-2007 标准的规定由厂家负责进行。

导管的主要技术性能　　表 5.8-4

项　　目	单　位	技术性能指标
拉伸强度	MPa	≥160
弯曲强度	MPa	≥190
浸水后弯曲强度	MPa	≥150
巴氏硬度	—	≥38
环刚度(5%)	kPa	应符合表 5.8-5 的要求，且当管径变化量≤5%时，不应出现显变化
负荷变形温度(T_{fe}1.8)	℃	≥160
落锤冲击	—	按表 5.8-6 的规定，试样内外壁不应有分层、裂纹或破裂
接头密封性能（需方有要求时进行）	—	0.1MPa 水压下保持 15min，接头处不应渗水、漏水

环刚度（5%）等级　　表 5.8-5

SN25	SN50	SN100
≥25	≥50	≥100

落锤冲击试验　　表 5.8-6

公称内径	100	125	150	175	200	225	250
落锤质量（偏差±1.0%）(kg)	1.00	1.25	1.60	1.80	2.00	2.25	2.50
冲击高度（偏差±20）(mm)	1200						

（7）标志、包装、堆放和出厂合格证

导管的标志、包装、堆放和出厂合格证应符合上述“1. 电力电缆用导管技术条件《总则》简介”相应部分的规定。

3. 氯化聚氯乙烯及硬聚氯乙烯塑料电缆导管

现行电力行业标准《电力电缆用导管技术条件　第 3 部分：氯化聚氯乙烯及硬聚氯乙烯塑料电缆导管》DL/T 802.3-2007，系指用氯化聚氯乙烯和硬聚氯乙烯两种材料制成的两种电缆导管，它们有许多共同之处。

（1）分类、型号规格

此类导管分为氯化聚氯乙烯和硬聚氯乙烯两种材料制成的两种，其结构形状如图 5.8-2 所示。导管的型号用汉语拼音符号 DS 表示，其规格见表 5.8-7。

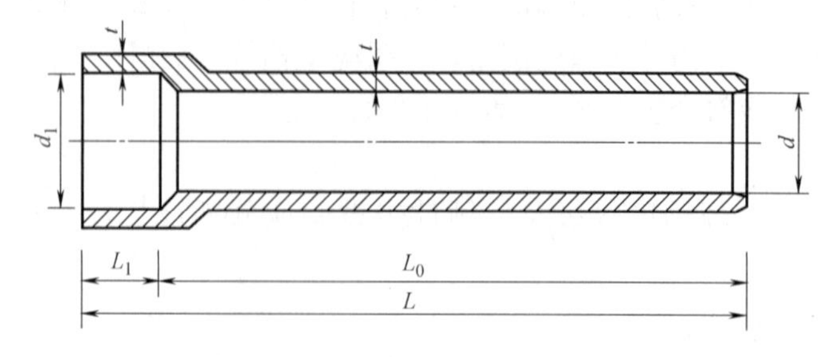

图 5.8-2　导管结构形状

d_1—承口内径；L_1—承口深度；t—壁厚；L—总长；L_0—有效长度

导管的规格（mm） 表 5.8-7

公称内径	公称壁厚			公称长度
	氯化聚氯乙烯导管环刚度(3%)等级(80℃)			
	SN8	SN12	SN16	
	硬聚氯乙烯导管环刚度(3%)等级(常温)			
	SN16	SN24	SN32	
100	4	5	6	6000
125	5	6.5	8	
150	6.5	8	9.5	
175	8	9.5	11	
200	9	11	13	
225	10	12	14	
250	11	13	15	

注：对于有混凝土包封的工程，经工程设计同意及供需双方商定，可使用公称壁厚小于表中规定的薄壁导管。

（2）标记

此种塑料电缆导管的标记表示方法如下：

DS 规格 原材料类型 DL/T 802.3-2007

以上标记的含义如下：

1）D——表示电缆用导管。

2）S——表示塑料。

3）规格用“公称内径×公称壁厚×公称长度 产品等级”表示；产品等级用环刚度（3%）等级表示。氯化聚氯乙烯导管环刚度（3%）等级（80℃）为 SN8、SN12、SN16，硬聚氯乙烯导管环刚度（3%）等级（常温）为 SN16、为 SN24、为 SN32。

4）原材料类型：氯化聚氯乙烯塑料用 CPVC（现在通常写为 PVC-C）表示，硬聚氯乙烯用 UPVC（现在通常写为 PVC-U）表示。

标记示例：

DS 150×8×6000 SN24 UPVC DL/T 802.3-2007

表示公称内径为 150mm、公称壁厚为 8mm、公称长度为 6000mm、环刚度（3%）等级（常温）为 SN24 的硬聚氯乙烯塑料电缆导管。

（3）外观及尺寸偏差

导管颜色应均匀一致，氯化聚氯乙烯及硬聚氯乙烯两种塑料电缆导管颜色应有明显区别，也可由工程设计或供需双方商定。

导管内外表面应无气泡、裂口和明显的痕纹、凹陷、杂质、分解变色线及色泽不匀等缺陷；导管内表面光滑平整，两端面应切割平整并与管轴线垂直；插口端外壁加工时应有倒角；承口端加工时允许有不大于 1°的脱模斜度，但不得有挠曲现象。

导管的尺寸偏差应符合表 5.8-1、表 5.8-2 的规定。

（4）技术性能

导管的技术性能及落锤冲击试验应分别符合表 5.8-8、表 5.8-9 的规定。

导管的主要技术性能 **表 5.8-8**

项目		单位	氯化聚氯乙烯塑料电缆导管	硬聚氯乙烯塑料电缆导管
密度		g/cm³	≤1.60	≤1.55
环刚度（3%）	常温	kPa	—	应符合表 5.8-7 的规定
	80℃		应符合表 5.8-7 的规定	—
压扁试验		—	加荷至试样垂直方向变形量为原内径 30%时，试样不应出现裂纹或破裂	
落锤冲击		—	按表 5.8-9 试验，试样不应出现裂纹或破裂	
维卡软化温度		℃	≥93	≥80
纵向回缩率		%	≤5	
接头密封性能		—	0.1MPa 水压下保持 15min，接头处不应渗水、漏水（需方有要求时进行试验）	

落锤冲击试验 **表 5.8-9**

公称内径(mm)	100	125	150	175	200	225	250
落锤质量（偏差±1.0%）(kg)	2.50	2.50	3.20	4.00	5.00	5.00	5.00
冲击高度（偏差±20）(mm)	1200						

（5）出厂检验项目

导管的出厂检验项目为外观、尺寸、环刚度（3%）和维卡软化温度。检验由厂家负责按 DL/T 802.3-2007 标准规定的方法进行。

（6）标志、包装、堆放和出厂合格证

导管的标志、包装、堆放和出厂合格证应符合上述“1. 电力电缆用导管技术条件《总则》简介”相应部分的规定。

4. 氯化聚氯乙烯及硬聚氯乙烯塑料双壁波纹电缆导管

现行电力行业标准《电力电缆用导管技术条件 第 4 部分：氯化聚氯乙烯及硬聚氯乙烯塑料双壁波纹电缆导管》DL/T 802.4-2007，系指用氯化聚氯乙烯和硬聚氯乙烯两种材料制成的两种双壁波纹电缆导管，它们有不少共同之处。

（1）分类、型号规格

此类导管分为氯化聚氯乙烯塑料双壁波纹电缆导管和硬聚氯乙烯塑料双壁波纹电缆导管两种，其结构形状如图 5.8-3 所示。导管的型号用汉语拼音符号 DSS 表示，其规格见表 5.8-10。

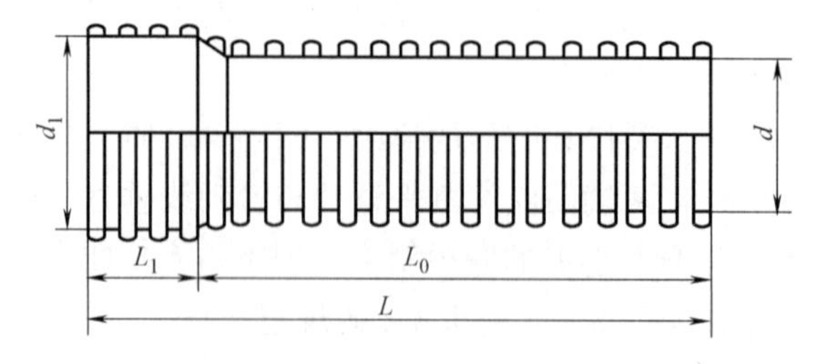

图 5.8-3 双壁波纹电缆导管结构形状

d—公称内径；d_1—承口内径；L_1—承口深度；L—总长；L_0—有效长度

导管的规格 表 5.8-10

公称内径(mm)	承口最小内径(mm)	公称长度(mm)	环刚度(3%)等级(常温)(kPa)
100	95	6000	8
125	120		
150	145		
175	170		
200	195		
225	220		
250	240		

注：其他规格由供需双方商定，其插口最小内径以与表中最接近的一档为准。

(2) 标记

塑料双壁波纹电缆导管的标记表示方法如下：

DSS 规格 原材料类型 DL/T 802.4-2007

以上标记的含义如下：

1) D表示电缆用导管。

2) 第一个S表示塑料。

3) 第二个S表示双壁波纹管结构。

4) 规格用“公称内径×公称长度 产品等级”表示；产品等级用环刚度（3%）等级（常温）表示，均为SN8。

5) 原材料类型：氯化聚氯乙烯塑料用CPVC（现在通常写为PVC-C）表示，硬聚氯乙烯用UPVC（现在通常写为PVC-U）表示。

标记示例：

DSS 150×6000 SN8 UPVC DL/T 802.4-2007

表示公称内径为150mm、公称长度为6000mm、环刚度（3%）等级（常温）为SN8的硬聚氯乙烯塑料双壁波纹管电缆导管。

(3) 外观及尺寸偏差

导管颜色应均匀一致，氯化聚氯乙烯塑料双壁波纹电缆导管和硬聚氯乙烯塑料双壁波纹电缆导管的颜色应有明显区别，也可由工程设计或供需双方商定。

导管内外壁不允许有气泡、针眼、砂眼、裂口、杂质及明显分解变色线；内表面应光滑平整，不应有明显波纹；外壁波纹应规则，不应有凹陷；导管两端面应切割平整并与管轴线垂直；导管内外壁应紧密熔合，不应有脱开现象。

导管的承口内径偏差、承口最小深度及公称长度偏差应符合前述DL/T 802.1-2007标准的规定。

(4) 技术性能

导管的技术性能应符合表5.8-11的规定。

(5) 出厂检验项目

导管的产品检验分为型式检验和出厂检验，检验项目按重要程度分为A类、B类、C类。直接与工程设计、施工相关的是出厂检验，其检验项目为外观（B类）、尺寸（长度C类，其他B类）、环刚度（3%，常温和80℃；A类）和维卡软化温度（A类）。检验由厂家负责按DL/T 802.4-2007标准规定的方法进行。

导管的主要技术性能 **表 5.8-11**

项目		单位	氯化聚氯乙烯塑料电缆导管	硬聚氯乙烯塑料电缆导管
密度		g/cm^3	≤1.60	≤1.55
环刚度(3%)	常温	kPa	—	应符合表 5.8-7 的规定
	80℃		应符合表 5.8-7 的规定	—
压扁试验		—	加荷至试样垂直方向变形量为原内径 30%时,试样不应出现裂纹或破裂	
烘箱试验			试样不应出现分层、开裂或起皮	
落锤冲击		—	按表 5.8-12 试验,试样内、外壁不应出现裂纹或破裂	
二氯甲烷浸渍		—	试样不应出现内、外壁分层、破洞、爆皮、裂口或内外表面变化劣于 4L	
维卡软化温度		℃	≥93	≥80
接头密封性能		—	0.1MPa 水压下保持 15min,接头处不应渗水、漏水	

落锤冲击试验 **表 5.8-12**

公称内径(mm)	100	125	150	175	200	225	250
落锤质量(偏差±1.0%)(kg)	1.00	1.25	1.60	2.00	2.50	3.20	4.00
冲击高度(偏差±20)(mm)	1200						

(6) 标志、包装、堆放和出厂合格证

导管的标志、包装、堆放和出厂合格证应符合上述"1. 电力电缆用导管技术条件《总则》简介"相应部分的规定。

【依据技术标准】电力行业标准《电力电缆用导管技术条件》DL/T 802-2007。

5.8.2 埋地高压电力电缆用氯化聚氯乙烯(PVC-C)套管

埋地式高压电力电缆用氯化聚氯乙烯(PVC-C)套管,系指以氯化聚氯乙烯树脂为主要原料,加入必需的添加剂,经挤出成型的氯化聚氯乙烯(PVC-C)管,用作埋设在地下的高压电力电缆的保护套管。

1. 规格尺寸

氯化聚氯乙烯(PVC-C)套管的断面如图 5.8-4 所示,其规格尺寸见表 5.8-13。

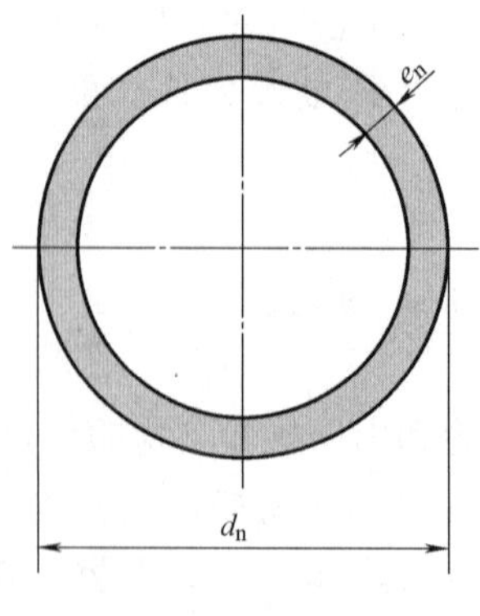

图 5.8-4 套管的断面

套管的规格尺寸（mm） **表 5.8-13**

规格 $d_n \times e_n$	平均外径 d_e		公称壁厚 e_n	
	基本尺寸	极限偏差	基本尺寸	极限偏差
110×5.0	110	+0.8 −0.4	5.0	+0.5 0
139×6.0	139	+0.8 −0.4	6.0	+0.5 0
167×6.0	167	+0.8 −0.4	6.0	+0.5 0
167×8.0	167	+1.0 −0.5	8.0	+0.6 0
192×6.5	192	+1.0 −0.5	6.5	+0.5 0
192×8.5	192	+1.0 −0.5	8.5	+0.6 0
219×7.0	219	+1.0 −0.5	7.0	+0.5 0
219×9.5	219	+1.0 −0.5	9.5	+0.8 0

注：经供需双方协商，可生产其他规格尺寸。

2. 颜色、外观、长度及弯曲度

氯化聚氯乙烯（PVC-C）套管颜色一般为橘红色。

套管内外壁管材内外壁应光滑平整，不允许有气泡、裂口及明显的痕纹、凹陷及分解变色线。两端面切割平整，且与管子轴线垂直。

套管长度一般为 6m，也可由经供需双方商定。套管长度应包括承口部分的长度，长度极限偏差为长度的±0.5%。弯曲度应不大于 1.0%。

3. 连接方式

套管采用如图 5.8-5 所示的弹性密封圈承插口连接。弹性密封圈的性能应符合 HG/T 3091-2000 的规定。连接前，管材插入端应做出插入深度标记。套管承口尺寸见表 5.8-14。

套管承口尺寸（mm） **表 5.8-14**

规格 $d_n \times e_n$	最小承口长度 A_{min}	承口第一阶段最小长度 B_{min}	承口第二阶段最小内径 $d_{i,min}$
110×5.0	100	60	111.0
139×6.0	120	60	140.2
167×6.0	140	60	168.5
167×8.0	140	60	168.5
192×6.5	160	60	193.8
192×8.5	160	60	193.8
219×7.0	180	60	221.0
219×9.5	180	60	221.0

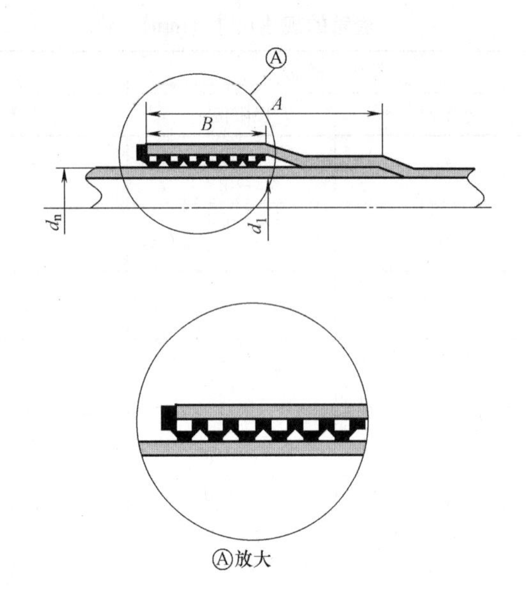

图 5.8-5 弹性密封圈承插连接

A—承口长度；*B*—承口第一阶段长度；d_i—承口第二阶段内径

4. 物理力学性能

氯化聚氯乙烯（PVC-C）套管的物理力学性能应符合表 5.8-15 的规定，试验方法应符合 QB/T 2479-2005 标准的规定。

套管的物理力学性能 **表 5.8-15**

项目			单位	指标
维卡软化温度≥			℃	93
环段热压缩力≥	公称壁厚 e_n(mm)	5.0～<8.0	kV	0.45
		≥8.0		1.26
体积电阻率≥			Ω·m	1×10^{10}
落锤冲击试验			—	9/10 通过
纵向回缩率 ≤			—	5%

5. 出厂检验

管材产品需经生产厂质量检验部门检验合格，并附有合格标识方可出厂。

氯化聚氯乙烯（PVC-C）套管的出厂检验项目为：颜色、外观、长度、规格尺寸及偏差、弯曲度、承插口连接和表 5.8-15 中的维卡软化温度、落锤冲击试验、纵向回缩率。

6. 标志、运输和贮存

每根套管上至少应有一处有下列内容的完整标志：产品名称、规格、本标准编号、生产厂名、生产日期。

管材在运输及装卸过程中，应避免暴晒、剧烈撞击、抛摔和重压。

堆放场地应平整，堆放高度不得超过 2m，宜采用井字形交叉放置，承口交错悬出，并远离热源。露天堆放应遮盖，防止暴晒。

【依据技术标准】轻工行业标准《埋地式高压电力电缆用氯化聚氯乙烯（PVC-C）套管》QB/T 2479-2005。

5.8.3 埋地通信用硬聚氯乙烯（PVC-U）多孔一体管

埋地通信用多孔一体塑料管中的硬聚氯乙烯（PVC-U）多孔一体管，系指以聚氯乙烯为主要原料，采用挤出成型生产的埋地通信用多孔一体塑料管材，此种管材适用于室外埋地通信电缆和光缆管道系统。

1. 管材的断面分类及结构尺寸

(1) 梅花状多孔管

典型的梅花状多孔管的断面如图 5.8-6 所示，其结构尺寸见表 5.8-16。

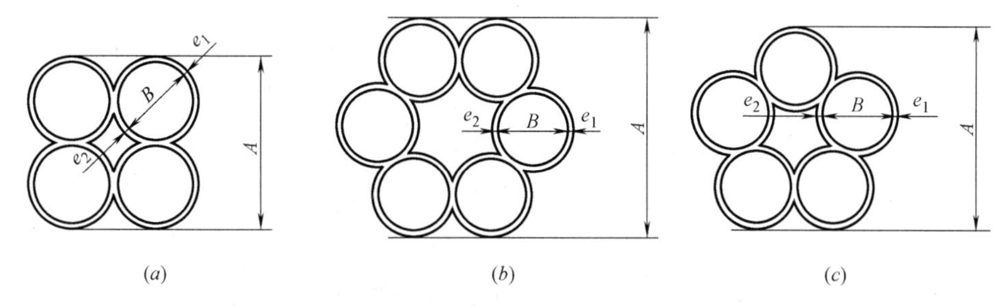

图 5.8-6 典型的梅花状多孔管的断面结构

A—管材耐外负荷试验的压缩初始高度；B—子孔尺寸；e_1—最小外壁厚；e_2—最小内壁厚

梅花状多孔管的结构尺寸（mm） 表 5.8-16

有效孔数	子孔尺寸 B	允许偏差	最小内壁厚 e_2	最小外壁厚 e_1
四孔、五孔	28	±0.5	1.8	2.2
四孔、五孔	32(33)	±0.5	1.8	2.2
五孔、七孔			2.0	2.5

(2) 格栅状多孔管

典型的格栅状多孔管的断面如图 5.8-7 所示，其结构尺寸见表 5.8-17。

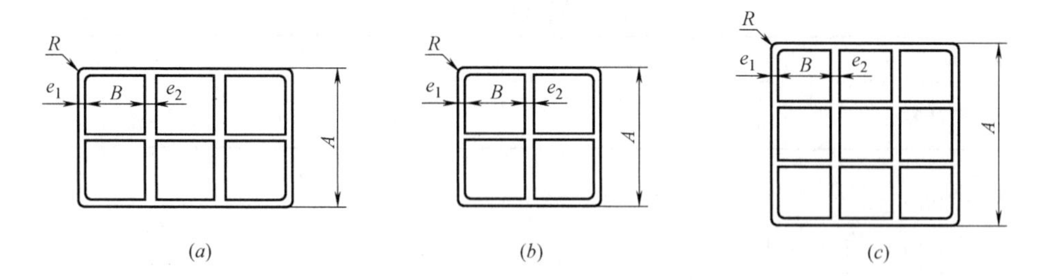

图 5.8-7 格栅状多孔管的断面结构

A—管材耐外负荷试验的压缩初始高度；B—子孔尺寸；e_1—最小外壁厚；e_2—最小内壁厚

(3) 蜂窝状多孔管

典型的蜂窝状多孔管的断面如图 5.8-8 所示，其结构尺寸见表 5.8-18。

格栅状多孔管的结构尺寸（mm） 　表 5.8-17

有效孔数	子孔尺寸 B	允许偏差	最小内壁厚 e_2	最小外壁厚 e_1
四孔、六孔、九孔	28	±0.5	1.6	2.0
四孔、六孔、九孔	33(32)	±0.5	1.8	2.2
四孔	42	±0.5	2.0	2.8
四孔	50(48)	±0.6	2.6	3.2

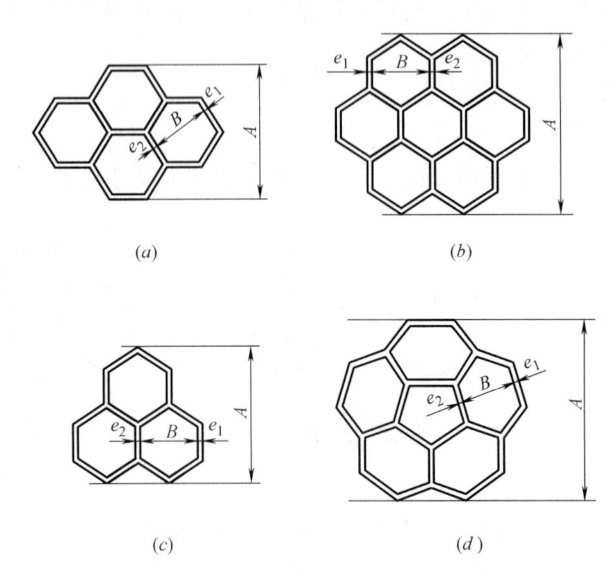

图 5.8-8　典型的蜂窝状多孔管的断面结构

A—管材耐外负荷试验的压缩初始高度；B—子孔尺寸；e_1—最小外壁厚；e_2—最小内壁厚

蜂窝状多孔管的结构尺寸（mm） 　表 5.8-18

有效孔数	子孔尺寸 B	允许偏差	最小内壁厚 e_2	最小外壁厚 e_1
二孔、四孔 五孔、七孔	32(33)	±0.5	1.6	2.0

2. 管材壁厚偏差

管材的壁厚偏差见表 5.8-19。

管材的壁厚偏差（mm） 　表 5.8-19

公称壁厚 e_n	1.1～2.0	2.1～3.0	3.1～4.0
壁厚偏差	$^{+0.4}_{0}$	$^{+0.5}_{0}$	$^{+0.6}_{0}$

3. 产品标记

管材的标记方法如下：

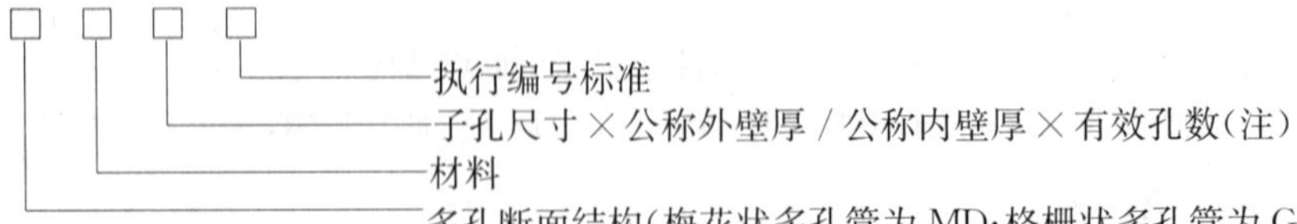

注：凡子孔尺寸不小于表 5.8-16、表 5.8-17 及表 5.8-18 中所规定的子孔尺寸的均为有效孔数。

标记示例：如格栅状多孔管，内孔为 28mm，公称外壁厚为 2.0mm，公称内壁厚为 1.6mm 的硬聚氯乙烯 5 孔管材，可标记为：

GD PVC-U 28×2.0/1.6×4 QB/T 2667.1-2004

4. 管材颜色、外观及尺寸、偏差

(1) 管材颜色一般为白色或灰色，也可由供需双方商定，但色泽应均匀一致。

(2) 管材内外壁应光滑平整，外观不允许有变形、扭曲，管壁不允许有气泡、裂口、分解变色及明显杂质。两端面平整，无毛刺和裂纹，且与管子轴线垂直。外观检查用肉眼观察，内壁可用光源照看，必要时可将试样剖开检验。长度一般为 6m、8m、10m，其他长度由供需双方商定，长度极限偏差为 0～+0.4%。

(3) 管材结构尺寸及偏差应符合表 5.8-16、表 5.8-17、表 5.8-18、表 5.8-19 中的规定。

(4) 管材同方向弯曲度应不大于 1%，不允许有 S 形弯曲。

5. 物理力学性能

硬聚氯乙烯 (PVC-U) 多孔一体管材的物理力学性能见表 5.8-20，试验方法按照 QB/T 2667.1-2004 的规定。

管材的物理力学性能 **表 5.8-20**

项目	单位	要求		
拉伸屈服强度	MPa	≥30		
纵向回缩率	%	≤5.0		
维卡软化温度	℃	≥75		
落锤冲击试验(0℃)	个	9/10 不破裂		
耐外负荷性能	kN/200mm	梅花状多孔管材	格栅状多孔管材	蜂窝状多孔管材
		≥1.0	≥9.5	≥1.0
静摩擦因数	—	≤0.35		

6. 出厂检验

管材产品需经生产厂质量检验部门检验合格，并附有合标识方可出厂。

硬聚氯乙烯 (PVC-U) 管材的出厂检验项目为：颜色、外观及尺寸、偏差；拉伸屈服强度；纵向回缩率；落锤冲击试验；耐外负荷性能。

7. 标志、运输和贮存

(1) 管材产品除有上述“2. 产品标记”中规定的标记外，至少应有下列标志：生产厂名、商标、生产日期。每根管材至少应有一处完整标志。

(2) 管材在运输及装卸过程中，应避免剧烈撞击、抛摔和重压。

(3) 堆放场地应平整，不应露天堆放，堆放高度不得超过 2m，并远离热源。

【依据技术标准】轻工行业标准《埋地通信用多孔一体塑料管材 第 1 部分：硬聚氯乙烯 (PVC-U) 多孔一体管材》QB/T 2667.1-2004。

5.8.4 埋地通信用聚乙烯 (PE) 多孔一体管

埋地通信用多聚乙烯 (PE) 多孔一体管材，系指以聚乙烯树脂为主要原料，经挤出成型生产的埋地通信用多孔一体塑料管材，此种管材适用于室外埋地通信电缆和光缆管道系统。

1. 管材的断面分类及结构尺寸

（1）梅花状多孔管

典型的梅花状多孔管的断面如图 5.8-9 所示，其结构尺寸见表 5.8-21。

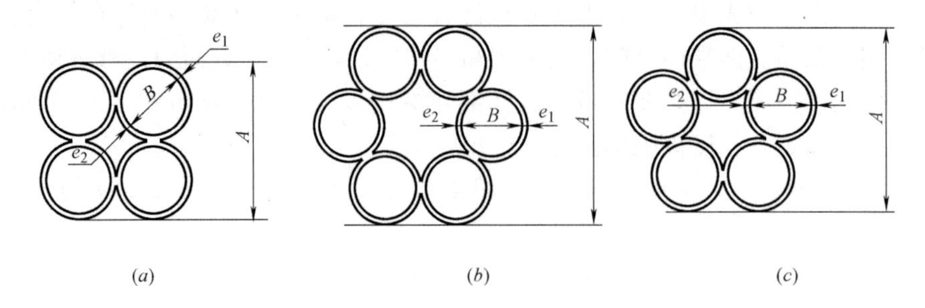

图 5.8-9 典型的梅花状多孔管的断面结构

A—管材耐外负荷试验的压缩初始高度；B—子孔尺寸；e_1—最小外壁厚；e_2—最小内壁厚

梅花状多孔管的结构尺寸（mm） **表 5.8-21**

有效孔数	子孔尺寸 B	允许偏差	最小内壁厚 e_2	最小外壁厚 e_1
五孔	24(26)	±0.5	1.6	1.8
四孔、五孔	28	±0.5	1.8	2.0
四孔、五孔、七孔	32(33)	±0.5	2.0	2.2

（2）格栅状多孔管

典型的格栅状多孔管的断面如图 5.8-10 所示，结构尺寸见表 5.8-22。

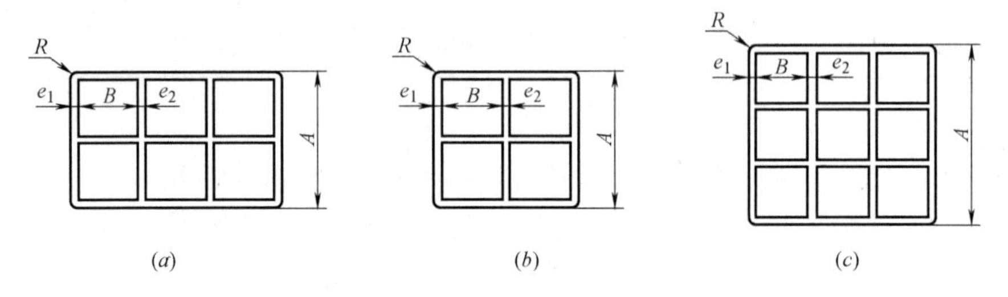

图 5.8-10 格栅状多孔管的断面结构

A—管材耐外负荷试验的压缩初始高度；B—子孔尺寸；e_1—最小外壁厚；e_2—最小内壁厚

格栅状多孔管的结构尺寸（mm） **表 5.8-22**

有效孔数	子孔尺寸 B	允许偏差	最小内壁厚 e_2	最小外壁厚 e_1
四孔、六孔	32(33)	±0.5	2.2	2.6
九孔	32(33)	±0.5	2.5	3.0
四孔	48(50)	±0.6	2.8	3.2

（3）管材壁厚偏差

管材的壁厚偏差见表 5.8-23。

管材的壁厚偏差（mm） **表 5.8-23**

公称壁厚 e_n	1.1～2.0	2.1～3.0	3.1～4.0
壁厚偏差	+0.4 0	+0.5 0	+0.6 0

2. 产品标记

管材的标记方法如下：

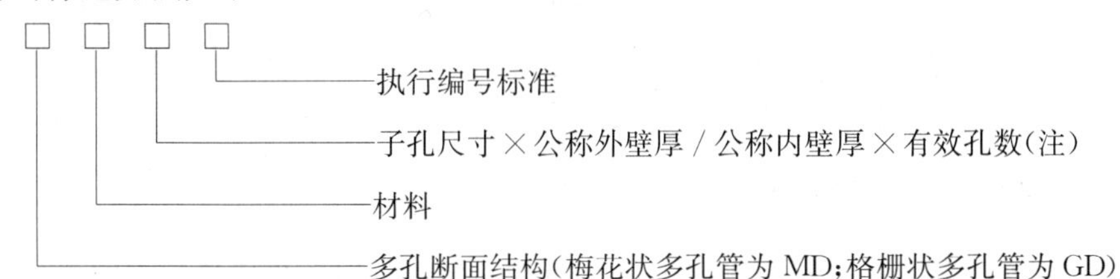

注：凡子孔尺寸不小于表 5.8-19、表 5.8-20 中所规定的子孔尺寸的均为有效孔数。

标记示例：如格栅状多孔管，内孔为 32mm，公称外壁厚为 2.2mm，公称内壁厚为 2.0mm 的聚乙烯 7 孔管材，可标记为：

GD PE 32×2.2/2.0×7 QB/T 2667.2-2004

3. 管材颜色、外观及尺寸、偏差

（1）管材颜色一般为白色，也可由供需双方商定，但色泽应均匀一致。

（2）管材内外壁应光滑平整，外观不允许有变形、扭曲，管壁不允许有气泡、裂口、分解变色及明显杂质。两端面平整，无毛刺和裂纹，且与管子轴线垂直。外观检查用肉眼观察，内壁可用光源照看，必要时可将试样剖开检验。

（3）管材结构尺寸及偏差应符合表 5.8-21、表 5.8-22、表 5.8-23 的规定，长度一般为 6m、8m、10m，其他长度（或盘绕管材）由供需双方商定，长度极限偏差为 0～+0.4%。管材同方向弯曲度应不大于 2%（不包括盘绕管材），不允许有 S 形弯曲（盘绕管材除外）。

4. 物理力学性能

聚乙烯（PE）多孔一体管材的物理力学性能见表 5.8-24，试验方法按照 QB/T 2667.2-2004 的规定。

管材的物理力学性能 **表 5.8-24**

项 目	单 位	要 求	
拉伸屈服强度	MPa	≥12	
纵向回缩率	%	≤3.0	
断裂伸长率	%	≥120	
耐外负荷性能	kN/200mm	梅花状多孔管材	格栅状多孔管材
		≥1.0	≥6.0
静摩擦因数	—	≤0.35	

5. 出厂检验

管材产品需经生产厂质量检验部门检验合格，并附有合标识方可出厂。

聚乙烯（PE）管材的出厂检验项目为：颜色、外观及尺寸、偏差；拉伸屈服强度；纵向回缩率；断裂伸长率；耐外负荷性能。

6. 标志、运输和贮存

（1）管材产品除有上述“（2）产品标记”中规定的标记外，至少应有下列标志：生产厂名、商标、生产日期。每根管材至少应有一处完整标志。

（2）管材在运输及装卸过程中，应避免剧烈撞击、抛摔和重压。

（3）堆放场地应平整，不应露天堆放，堆放高度不得超过 2m，并远离热源。

【依据技术标准】轻工行业标准《埋地通信用多孔一体塑料管材第 2 部分：聚乙烯（PE）多孔一体管材》QB/T 2667.2-2004。

5.8.5 地下通信管道用塑料管

地下通信管道用塑料管系指用于埋设在地下的通信电缆和光缆导管系统中的单孔塑料管和多孔塑料管。

现行通信行业（沿用原邮电部行业的代号“YD”）标准。《地下通信管道用塑料管》YD/T841-2008，分为以下 8 部分：

《地下通信管道用塑料管　第 1 部分：总则》YD/T 841.1-2008。

《地下通信管道用塑料管　第 2 部分：实壁管》YD/T 841.2-2008。

《地下通信管道用塑料管　第 3 部分：双壁波纹管》YD/T 841.3-2008。

《地下通信管道用塑料管　第 4 部分：硅芯管》（未颁发）。

《地下通信管道用塑料管　第 5 部分：梅花管》YD/T 841.5-2008。

《地下通信管道用塑料管　第 6 部分：栅格管》（未颁发）。

《地下通信管道用塑料管　第 7 部分：蜂窝管》（未颁发）。

《地下通信管道用塑料管　第 8 部分：塑料合金复合型管》YD/T 841.8-2014。

1. 地下通信管道用塑料管总则

“总则”对各类用于地下通信电缆和光缆的管道系统中的单孔和多孔塑料管提出了总体要求，规定了地下通信管道用塑料管材的符号、产品分类及型号、试验方法。

（1）符号

下列符号适用于地下通信管道用塑料管系列的各项标准：

DN/OD　　公称外径

DN/ID　　公称内径

d_e　　外径

d_i　　内径

d_{em}　　平均外径

d_{im}　　平均内径

$D_{im,min}$　　承口最小平均内径

e_0　　壁厚

e_e　　外壁厚

e_i　　内壁厚

e_2　　承口壁厚或套筒壁厚

L 管材有效长度

SN 公称环刚度

（2）管材产品分类

地下通信管道用塑料管材，可按材料、结构、成型的不同进行分类。

1）按使用材料划分

聚乙烯（PE）管材和硬聚氯乙烯聚（PVC-U）管材。

2）按结构划分

实壁管——横截面为实心圆环结构的单孔塑料管材，也包括内壁带有略微凸出的导流螺旋线的单孔塑料管。

双壁波纹管——内壁为实心、外壁为中空波纹复合成型的单孔塑料管。

硅芯管——由高密度聚乙烯（HDPE）外壁、可能有的外层色条和永久性固体硅质内润滑层组成的单孔塑料管。

梅花管——横截面为若干个实心圆环结构组成的多孔塑料管。

栅格管——横截面为若干个正方形结构组成的多孔矩形（角部有一定弧度）塑料管。

蜂窝管——横截面为若干个正六边形结构组成的多孔塑料管。

3）按成型外观划分

按管材的成型外观，可划分为硬直管、硬弯管和可挠曲管。不同结构和成型外观的塑料管的详细分类在其相应标准中规定。

（3）产品型号

地下通信管道用塑料管的产品型号由型式和规格组成。

型式代号包括：可能有的环刚度等级、产品类别、材料、结构、成型外观 4 个部分，每部分用一个大写字母表示；

规格分为单孔管和多孔管 2 种，单孔管规格为公称外径，多孔管规格为内孔尺寸×孔数，其中，梅花管的内孔尺寸为内径，栅格管的内孔尺寸为内孔边长，蜂窝管的内孔尺寸为正六边形两平行边的距离；孔数用阿拉伯数字表示。

地下通信管道用塑料管产品型号组成如图 5.8-11 所示。

（4）试验方法

YD/T 841.1-2008 标准对各项指标的试验方法作了规定，以规范管材的生产和质量控制，这里仅列出其试验项目。对于与使用管材有关的试验、检验项目，则介绍其内容，以便使管材生产与工程设计、施工、应用等方面有共同认识，减少歧义和误解。

地下通信管道用塑料管的试验项目有：

1）状态调节和试验的标准环境

2）颜色及外观检查

3）尺寸测量

4）弯曲度

5）落锤冲击试验

6）扁平试验

7）环刚度

8）抗压强度

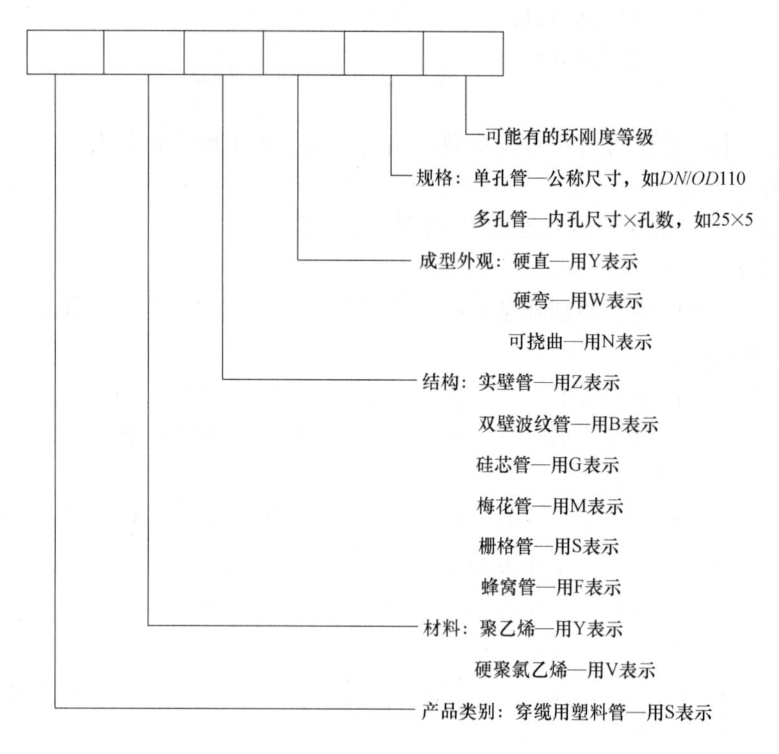

图 5.8-11　地下通信管道用塑料管型号组成

9）管材刚度试验
10）复原率
11）坠落试验
12）拉伸屈服强度试验或拉伸强度试验
13）断裂伸长率试验
14）纵向回缩率试验
15）连接密封试验
16）维卡软化温度试验
17）静摩擦系数
18）动摩擦系数
19）蠕变比率

其中，与工程设计、施工、应用等方面密切相关的项目是颜色及外观检查、尺寸测量（长度：包括硬直管、可挠管；计米标志误差；平均外径；壁厚）、弯曲度和连接密封试验。

颜色及外观检查：可用肉眼观察，内壁可用光源照看。

尺寸测量：

硬直管长度用精度为 1mm 的钢卷尺测量；

可挠管长度根据管材两端端头计米长度之差，由此得出整段管材的长度；

计米标志误差的测量方法是用精度为 1mm 的钢卷尺测量管材外表面计米标志 1000mm 长度的实际值，测量的实际值减去 1000mm，得出标志长度的实际值的差值$\triangle L$，单位是 mm，则计米误差为（$\Delta L/1000$）×100%；

平均外径按《塑料管道系统塑料部件尺寸的测定》GB/T 8806 规定的方法，用精度为 0.02mm 的游标卡尺测量，取 3 个试样，测量每个试样同一截面相互垂直的两外径，以两外径的算术平均值为管材的平均外径。用测量结果计算外径偏差。取 3 个试样测量值中与标称值偏差最大的为测量结果。

壁厚按《塑料管道系统塑料部件尺寸的测定》GB/T 8806 规定的方法进行测量。

弯曲度：按《塑料管道系统塑料部件尺寸的测定》GB/T 8805 的规定进行测量，取 3 个长 1m 试样，将其置于一平面上，使其滚动，当试样与平面呈最大间隙时，标记试样两端与平面接触点。然后将试样滚动 90°，使凹面面向操作者，用卷尺从试样一端贴外壁拉向另一端，测量其长度 L，单位为 mm。在试样两端标记点将测量线沿长度方向水平拉紧，用游标卡尺或金属直尺测量线至管壁的最大垂直距离，即弦到弧的最大高度 h，单位为 mm。如图 5.8-12 所示。

管材弯曲度 R 用式（5.8-1）计算：

$$R=\frac{h}{L}\times 100\% \qquad (5.8\text{-}1)$$

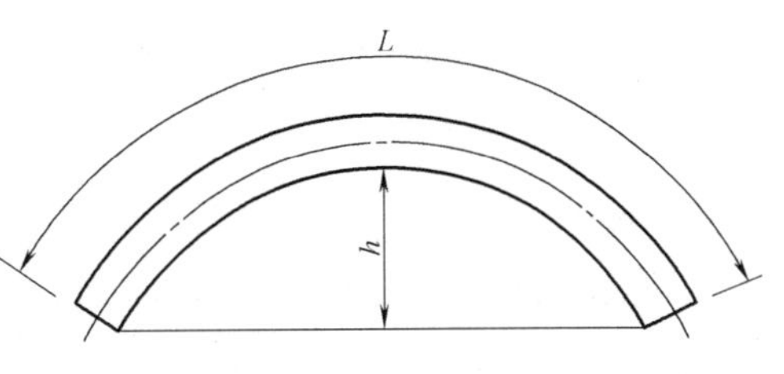

图 5.8-12 弯曲度测量方法

连接密封试验：取 3 段标准长度 500mm（允许偏差 0～20mm）试样，用专用的管接头将管材连接，两端按《流体输送用热塑性塑料管材耐内压试验方法》GB/T 6111-2003 规定的 A 型密封方式对试样端头进行密封，向管材内注水，在室温下，充满水加压到 50kPa 保持 24h。

（5）【依据技术标准】

通信行业（沿用原邮电部行业的代号“YD”）标准：《地下通信管道用塑料 第 1 部分：总则》YD/T 841.1-2008。

2. 地下通信管道用塑料实壁管

现仅从地下通信管道用塑料实壁管管的工程设计和施工需要角度，介绍部分相关内容。

（1）管材型号、分类和结构

1）型号

实壁管材的产品型号应符合“图 5.8-11 地下通信管道用塑料管型号组成”及其相关文字内套的规定。

2）分类

实壁管材除按上述“1. 地下通信管道用塑料管总则”之“（2）产品分类”的规定分类外，还可以按环刚度进行分类，见表 5.8-25。

实壁管环刚度等级（kN/m²） **表 5.8-25**

等级	SN4	（SN6.3）	SN8	（SN12.5）	SN16
环刚度	4	6.3	8	12.5	16

注：括号内为非首选等级。

3）结构

典型实壁管材的断面结构如图 5.8-13 所示。

管材连接方式有以下两种：

（A）套筒式连接，如图 5.8-14 所示。

（B）承插式连接，如图 5.8-15 所示。

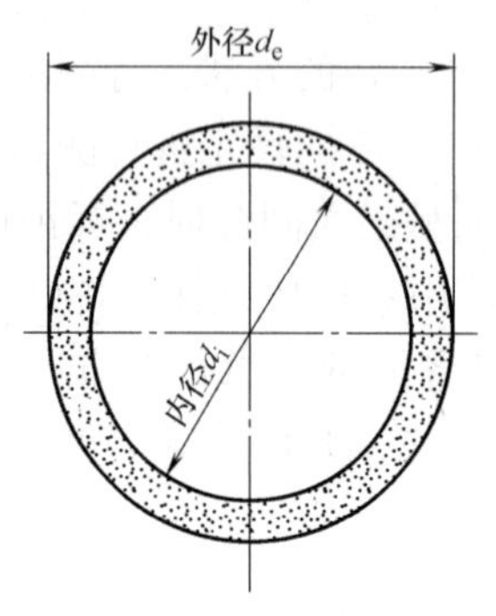

图 5.8-13 典型实壁管材的断面结构

d_e—外径；d_i—内径

（2）颜色及外观

管材颜色一般为本色，也可由供需双方商定，但色泽应均匀一致。

管材内外壁应光滑平整，无气泡、裂纹、凹陷，无分解变色及杂质。两端面平整，无毛刺和裂纹，且与管子轴线垂直。

（3）规格尺寸

典型的硬聚氯乙烯（PVC-U）及聚乙烯（PE）实壁管规格尺寸，分别见表 5.8-26 及表 5.8-27。

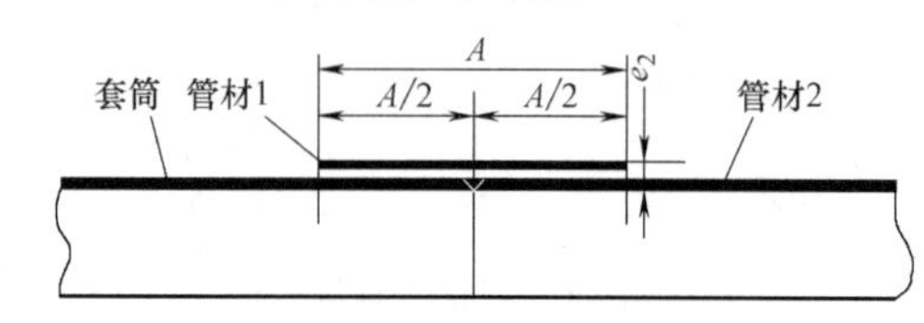

图 5.8-14 套筒式连接示意

A—接合长度；e_2—套筒厚度

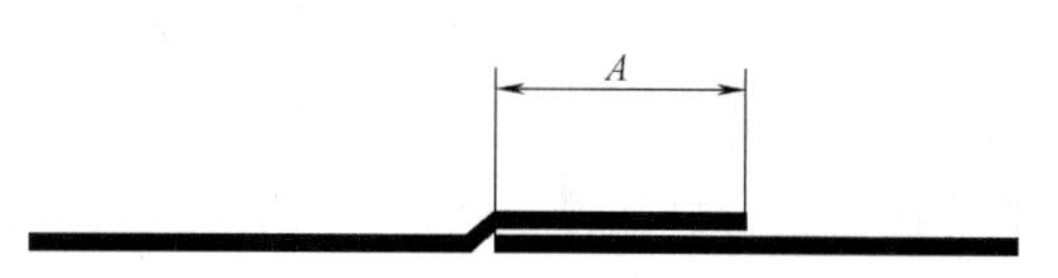

图 5.8-15 承插式连接示意

A—接合长度

典型的硬聚氯乙烯（PVC-U）实壁管规格尺寸（mm） **表 5.8-26**

公称外径 DN/OD	平均外径 d_{em}		壁厚 e_0			长度 L	
	标称值	允许误差	SN6.3	SN8	允许误差	标称值	允许误差
			标称值				
40	40	$^{+x^a}_{0}$	1.6	1.6	$^{+y^b}_{0}$	硬直管的长度一般为6000mm，也可由供需双方商定，中部不允许有断头	$^{+0.4\%}_{0}$
50	50		1.6	1.8			
63	63		1.8	2.0			
75	75		2.0	2.2			
90	90		2.2	2.5			
100	100		2.6	3.0			
110	110		2.8	3.2			
125	125		3.3	3.6			
140	140		3.5	3.9			
160	160		3.8	4.4			

注：1. 聚氯乙烯管只有硬直管。

2. 经供需双方协商，可生产其他规格管材。

3. 平均外径的允许误差之注 a，x 应小于或等于下列两值中的较大值：①0.3mm；②$0.003d_e$，计算结果圆整到 0.1mm，小数点后第二位大于零时进一位。

4. 壁厚的允许误差之注 b，y 等于 $0.1e_0+0.2$，计算结果圆整到 0.1mm，小数点后第二位大于零时进一位。

典型的硬聚氯乙烯（PE）实壁管规格尺寸（mm） **表 5.8-27**

公称外径 DN/OD	平均外径 d_{em}		壁厚 e_0			长度 L	
	标称值	允许误差	SN6.3 标称值	SN8 标称值	允许误差	标称值	允许误差
25	25	$^{+x^a}_{0}$	1.8	2.0	$^{+y^b}_{0}$	硬直管的长度一般为6000mm，可挠管的长度一般为 500m、300m、200m也可由供需双方商定，中部不允许有断头	$^{+0.4\%}_{0}$
32	32		1.8	2.0			
40	40		2.0	2.2			
50	50		2.1	2.3			
63	63		2.3	2.5			
75	75		2.5	2.9			
90	90		2.8	3.5			
100	100		3.8	4.2			
110	110		4.2	4.8			
125	125		4.4	5.0			
140	140		4.6	5.4			
160	160		4.8	6.2			

注：1. 公称外径≤63 时，管材通常采用可挠方式。
2. 经供需双方协商，可生产其他规格管材。
3. 平均外径的允许误差注 a，x 应小于或等于下列两值中的较大值：①0.3mm；②$0.009d_c$，计算结果圆整到 0.1mm，小数点后第二位大于零时进一位。
4. 壁厚的允许误差注 b，y 等于 $0.1e_0+0.2$，计算结果圆整到 0.1mm，小数点后第二位大于零时进一位。

（4）管材连接结构尺寸及弯曲度

实壁管的套筒长度应不小于 200mm。典型实壁管承插式连接结构尺寸见表 5.8-28。

硬直管的同方向弯曲度应不大于 2%，管材不允许有 S 形弯曲。可挠管不考核弯曲度指标。

承插式连接结构尺寸（mm） **表 5.8-28**

公称外径	32	40	50	63	75	90	100	110	125	140	160
最小承口内径	32.1	40.1	50.1	63.1	75.1	90.1	100.1	110.2	125.2	140.2	160.2
最小接合长度 A	60	60	60	60	60	60	60	60	60	60	60

（5）物理力学及环境性能

硬聚氯乙烯（PVC-U）管材物理力学及环境性能要求见表 5.8-29；聚乙烯（PE）管材物理力学及环境性能要求见表 5.8-30。

硬聚氯乙烯（PVC-U）管材物理力学及环境性能要求 **表 5.8-29**

序号	检验项目	单位	性能要求
1	落锤冲击试验	—	试样 9/10 不破裂
2	扁平试验	—	垂直方向外径形变量为 25%时，立即卸荷，试样无破裂

续表

序号	检验项目	单位	性能要求
3	环刚度	kN/m²	SN4 等级:≥4 SN6.3 等级:≥6.3 SN8 等级:≥8 SN12.5 等级:≥12.5 SN16 等级:≥16
4	复原率	—	≥90%,且试样不破裂、不分层
5	坠落试验	—	试样无损坏或裂纹
6	拉伸屈服强度	MPa	≥30
7	纵向回缩率	—	150±2℃下,保持60min,冷却至室温观察, 试样应无分层、开裂或起泡;纵向回缩率≤5%
8	连接密封性	—	试样无破裂、无渗漏
9	维卡软化温度	℃	≥79
10	静摩擦系数	—	≤035
11	蠕变比率 (必要时进行测试)	—	≤4

聚乙烯(PE)管材物理力学及环境性能要求　　表 5.8-30

序号	检验项目	单位	性能要求
1	落锤冲击试验	—	试样 9/10 不破裂
2	扁平试验	—	垂直方向外径形变量为 40%时,立即卸荷,试样无破裂
3	环刚度	kN/m²	SN4 等级:≥4 SN6.3 等级:≥6.3 SN8 等级:≥8 SN12.5 等级:≥12.5 SN16 等级:≥16
4	复原率	—	≥90%,且试样不破裂、不分层
5	拉伸强度	MPa	LDPE 类管材≥8 HDPE 类管材≥18
6	断裂伸长率	—	≥350
7	纵向回缩率	—	PE32/40 试验温度 100±2℃;PE50/63 及 PE80/100 试验温度 110±2℃下保持 60min;纵向回缩率≤3%
8	连接密封性	—	试样无破裂、无渗漏
9	静摩擦系数	—	≤0.35
10	蠕变比率 (必要时进行测试)	—	≤4

(6)出厂检验

管材产品需经生产厂质量检验部门检验合格，并附有合格证，方可出厂。

硬聚氯乙烯(PVC-U)管材的出厂检验检验项目有：颜色、外观、规格尺寸、长度、扁平试验、环刚度、坠落试验、拉伸屈服强度、连接密封性。

聚乙烯（PE）管材的出厂检验检验项目有：颜色、外观、规格尺寸、长度、扁平试验、环刚度、拉伸强度、断裂伸长率、连接密封性、静摩擦系数。

（7）标志、运输和贮存

1）管材至少应有下列标志：产品型号、生产厂名或商标、执行标准、生产日期。每根管材至少应有一处完整标志。

2）管材在运输及装卸过程中，应避免剧烈撞击、抛摔和重压。

3）堆放场地应平整，不应露天堆放，堆放高度不得超过2m，管材贮存温度为−20～60℃，并远离热源。

（8）【依据技术标准】通信行业（沿用原邮电部行业的代号“YD”）标准：《地下通信管道用塑料管　第2部分：实壁管》YD/T 841.2-2008。

3. 地下通信管道用塑料双壁波纹管

地下通信管道用塑料双壁波纹管，适用于地下通信电缆和光缆管道系统中的单孔和多孔塑料双壁波纹管的工程设计、施工。

（1）管材分类和结构、连接

双壁波纹管除按前述“1. 地下通信管道用塑料管总则”之“（2）管材产品分类”分类外，还可以按环刚度分类，见表5.8-31。

双壁波纹管环刚度等级　　表5.8-31

等　　级	SN2	SN4	(SN6.3)	SN8	(SN12.5)	SN16
环刚度	2	4	6.3	8	12.5	16

注：括号内为非首选等级。

根据连接方式的不同，典型的双壁波纹管有如图5.8-16和图5.8-17所示的两种结构形式。

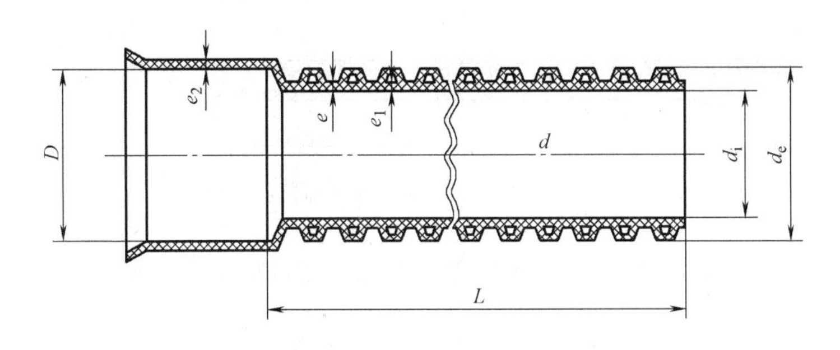

图5.8-16　带承口双壁波纹管

D—承口内径；d_e—外径；d_i—内径；e—层压壁厚；
e_1—内层壁厚；e_2—承口壁厚；L—管材有效长度

管材的连接方式分为承插式连接、套筒式连接和哈呋外固连接3种，分别如图5.8-18、图5.8-19和图5.8-20所示。

（2）材料及颜色、外观

管材的主要材料仍为聚氯乙烯或聚乙烯树脂，并加入改进材料性能所必需的添加剂。

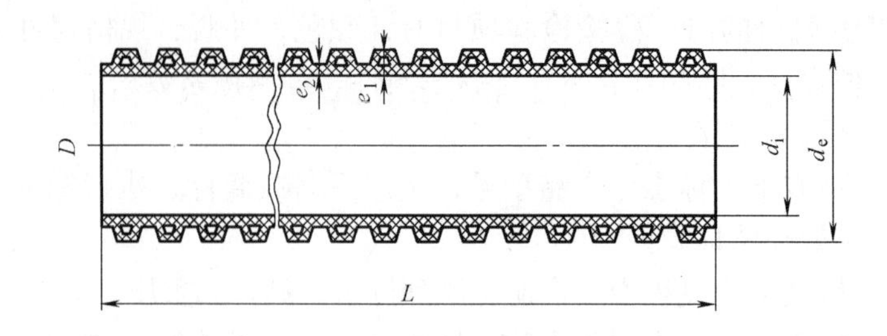

图 5.8-17　无承口双壁波纹管

d_e—外径；d_i—内径；e—层压壁厚；e_1—内层壁厚；

e_2—承口壁厚；L—管材有效长度

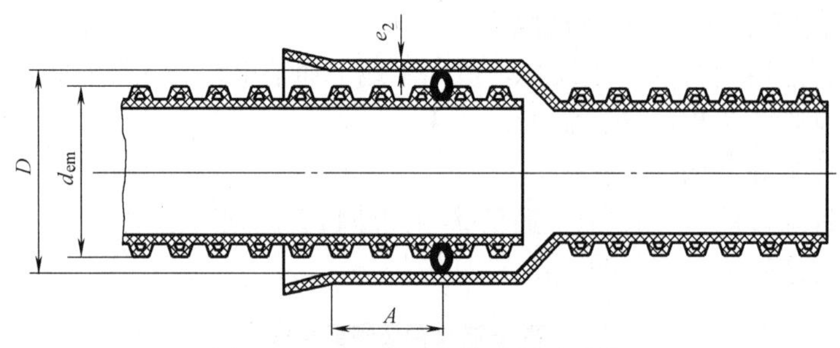

图 5.8-18　双壁波纹管承插式连接

（密封圈嵌在插口波谷中）

A—接合长度；D—承口内径；d_{em}—平均外径；e_2—承口壁厚

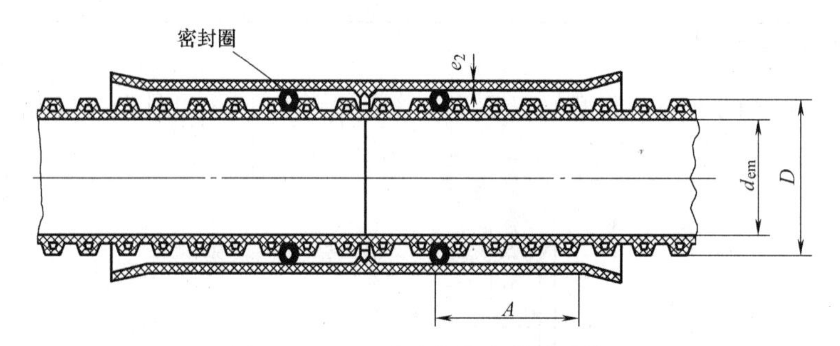

图 5.8-19　双壁波纹管套筒式连接

（密封圈嵌在插口波谷中）

A—接合长度；D—承口内径；d_{em}—平均外径；e_2—套筒壁厚

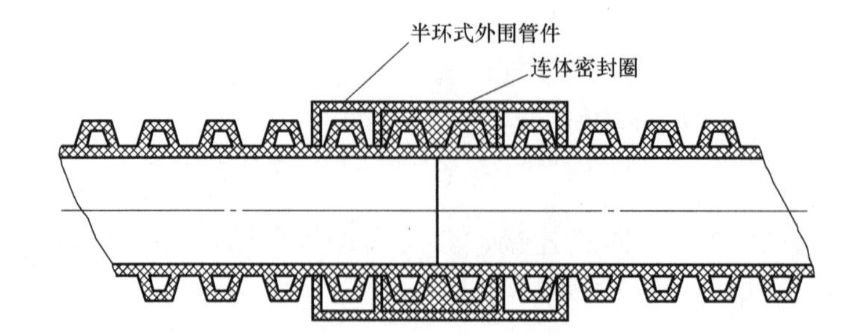

图 5.8-20　双壁波纹管哈呋外固连接

管材颜色一般为本色，也可由供需双方商定，但管材内外层各自的颜色应均匀一致。管材内外壁应光滑平整，无气泡、裂纹、凹陷，无分解变色及杂质。两端面平整，无毛刺和裂纹，且与管子轴线垂直。

（3）规格尺寸

典型的双壁波纹管的规格尺寸见表5.8-32，其承口的最小平均内径应不小于管材的最大平均外径。

典型的双壁波纹管外径系列管材的尺寸（mm）　　表5.8-32

公称外径 DN/OD	平均外径 d_{em}		最小平均外径 $D_{im,min}$	最小层压壁厚 e_{mim}	最小内层壁厚 $e_{1,min}$	最小接合长度 A_{min}
	标准值	允许误差				
100	100	+0.4 −0.6	86	1.0	0.8	30
110	110		90	1.0	0.8	32
125	125		105	1.1	1.0	35
140	140	+0.5 −0.9	118	1.1	1.0	38
160	160		134	1.3	1.0	42
200	200	+0.6 −1.2	167	1.4	1.1	50

注：经供需双方协商可生产其他规格产品。

管材和连接件的承口最小壁厚 $e_{2,min}$ 应符合式（5.8-2）的规定。

$$e_{2,min}=(d_e/33)\times0.75 \qquad (5.8\text{-}2)$$

式中　d_e——管材外径，mm。

（4）管材长度及弯曲度

管材有效长度一般为6m，采用其他长度由供需双方商定。

硬直管同方向弯曲度应不大于2%；管材不允许由S形弯曲；可挠管不考核弯曲度指标。

（5）物理力学及环境性能

硬聚氯乙烯（PVC-U）管材物理力学及环境性能要求见表5.8-33；聚乙烯（PE）管材物理力学及环境性能要求见表5.8-34。

硬聚氯乙烯（PVC-U）管材物理力学及环境性能要求　　表5.8-33

检验项目	单位	性能要求
落锤冲击试验	—	试样9/10不破裂
扁平试验	—	垂直方向外径形变量25%时，立即卸荷，试样无破裂
环刚度	kN/m^2	SN4等级：≥4 SN6.3等级：≥6.3 SN8等级：≥8 SN12.5等级：≥12.5 SN16等级：≥16
复原率	—	≥90%，且试样不破裂、不分层
坠落试验	—	试样无损坏或裂纹

续表

检验项目	单 位	性 能 要 求
纵向回缩率	—	试验温度 150±2℃下保持 60min，冷却至室温后观察： 试样无分层、无开裂或起泡；纵向回缩率≤5%
连接密封性	—	试样无破裂、无渗漏
维卡软化温度	℃	≥79
静摩擦系数	—	≤0.35
蠕变比率 （必要时进行测试）	—	≤4

聚乙烯（PE）管材物理力学及环境性能要求　　表 5.8-34

检验项目	单 位	性能要求
落锤冲击试验	—	试样 9/10 不破裂
扁平试验	—	垂直方向外径形变量为 40%时，立即卸荷，试样无破裂
环刚度	kN/m²	SN4 等级：≥4 SN6.3 等级：≥6.3 SN8 等级：≥8 SN12.5 等级：≥12.5 SN16 等级：≥16
复原率	—	≥90%，且试样不破裂、不分层
纵向回缩率	—	PE32/40 试验温度 100±2℃；PE50/63 及 PE80/100 试验温度 110±2℃ 下保持 60min；纵向回缩率≤3%
连接密封性	—	试样无破裂、无渗漏
静摩擦系数	—	≤0.35
蠕变比率 （必要时进行测试）	—	≤4

（6）出厂检验

管材产品需经生产厂质量检验部门检验合格，并附有合格证，方可出厂。

硬聚氯乙烯（PVC-U）和聚乙烯（PE）管材的出厂检验项目均为：颜色、外观、规格尺寸、长度、承口结构尺寸、扁平试验、环刚度、连接密封性。

（7）标志、运输和贮存

1）管材至少应有下列标志：产品型号、生产厂名或商标、执行标准、生产日期。每根管材至少应有一处完整标志。

2）管材在运输及装卸过程中，应避免剧烈撞击、抛摔和重压。

3）堆放场地应平整，不应露天堆放，堆放高度不得超过 2m，管材贮存温度为－20～60℃，并远离热源。

【依据技术标准】通信行业（沿用原邮电部行业的代号“YD”）标准：《地下通信管道用塑料管　第 3 部分：双壁波纹管》YD/T 841.3-2008。

4. 地下通信管道用塑料梅花管

地下通信管道用的塑料梅花管材产品的型号、分类及生产方面的各项内容，适用于地下通信电缆和光缆管道系统的工程设计、施工。

(1) 管材分类和结构

塑料梅花管的分类见前述“1. 地下通信管道用塑料管总则”之“(2) 产品分类”分类。

典型的梅花管断面结构如图 5.8-21 所示。

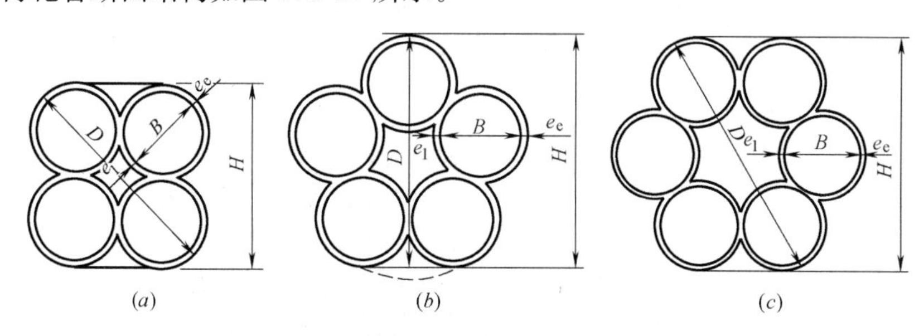

图 5.8-21 典型的梅花管断面结构

(a) 四孔管；(b) 五孔管；(c) 六孔管

B—内孔尺寸；D—管材总外径；e_e—外壁厚；e_1—内壁厚；H—管材的初始高度

(2) 材料及颜色、外观、弯曲度

管材的主要材料仍为聚氯乙烯或聚乙烯树脂，并加入改进材料性能所必需的添加剂。

管材颜色一般为本色，也可由供需双方商定，但色泽应均匀一致。

管材内外壁应光滑平整，无气泡、裂纹、凹陷、凸起，无分解变色及明显杂质。两端面平整，无毛刺和裂纹，且与管子轴线垂直。

硬直管同方向弯曲度应不大于 2%，管材不允许有“S”形弯曲。

可挠管不考虑弯曲度指标。

(3) 规格尺寸

典型的梅花管的规格尺寸见表 5.8-35。

典型的梅花管的规格尺寸 (mm) **表 5.8-35**

有效尺寸	内孔尺寸 B	允许偏差	最小内壁厚度 $e_{1,min}$	最小外壁厚度 $e_{e,min}$	长度 L
五孔	25(26)	±0.5	1.6	1.8	6000
四孔、五孔	28	±0.5	1.8	2.0	6000
四孔、五孔、七孔	32	±0.5	2.0	2.2	6000

注：1. 内外壁厚的偏差宜为 0～+0.4mm。
2. 长度允许偏差宜为 0～+30mm，交货长度可由厂家与需方商定。
3. 内孔尺寸中，括号外尺寸为推荐尺寸，括号内尺寸为可选尺寸。
4. 经供需双方协商，可生产供应表 5.8-35 以外的规格尺寸。

(4) 管材的连接

管材的连接采用如图 5.8-22 所示的连接套，连接套内壁形状应与塑料管外壁形状完全一致，连接后，连接套内壁与塑料管外壁之间的间隙不应大于 0.5mm。连接套的壁厚应不小于所连接的内塑料管的最小壁厚。

梅花管的连接套连接如图 5.8-23 所示，连接套的长度 A 一般不小于 200mm，也可由供需双方商定。

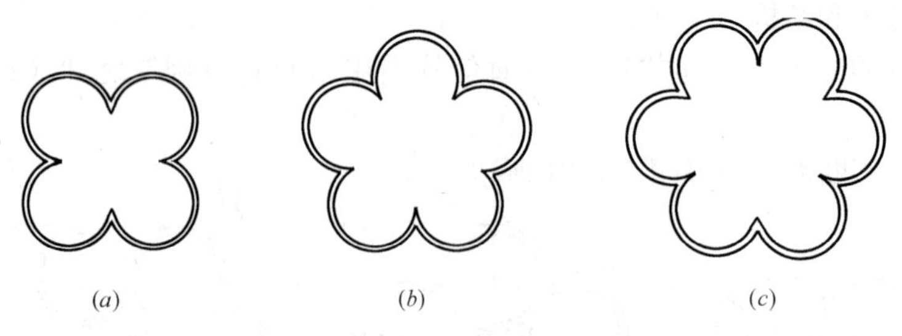

图 5.8-22　连接套断面示意

(a) 四孔管连接套；(b) 五孔管连接管；(c) 六孔管连接套

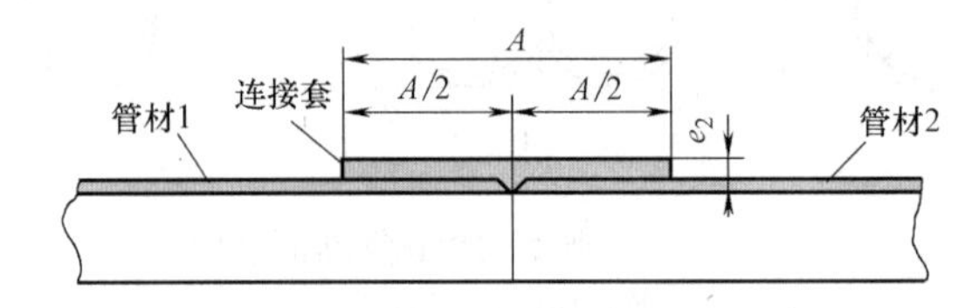

图 5.8-23　梅花管的连接套连接

A—接合长度；e_2—连接套厚度

(5) 物理力学及环境性能

硬聚氯乙烯（PVC-U）管材物理力学及环境性能要求见表 5.8-36；聚乙烯（PE）管材物理力学及环境性能要求见表 5.8-37。

硬聚氯乙烯（PVC-U）管材物理力学及环境性能要求　　表 5.8-36

检验项目	单 位	性 能 要 求
落锤冲击试验	—	试样 9/10 不破裂
扁平试验	—	垂直方向外径形变量 25%时，立即卸荷，试样无破裂
管材刚度	kPa	≥2000
复原率	—	≥90%，且试样不破裂、不分层
坠落试验	—	试样无损坏或裂纹
拉伸屈服强度	MPa	≥30
纵向回缩率	—	试验温度 150±2℃下保持 60min，冷却至室温后观察：试样无分层、无开裂或起泡；纵向回缩率≤5%
连接密封性	℃	试样无破裂、无渗漏
维卡软化温度	—	≥79
静摩擦系数	—	≤0.35

聚乙烯（PE）管材物理力学及环境性能要求　　表 5.8-37

检验项目	单 位	性能要求
落锤冲击试验	—	试样 9/10 不破裂
扁平试验	—	垂直方向外径形变量为 40%时，立即卸荷，试样无破裂

续表

检验项目	单 位	性能要求
管材刚度	kPa	≥2000
复原率	—	≥90%，且试样不破裂、不分层
拉伸强度	MPa	LDPE 类管材≥8 HDPE 类管材≥18
断裂伸长率	—	≥350%
纵向回缩率	—	PE32/40 试验温度 100±2℃；PE50/63 及 PE80/100 试验温度 110±2℃下保持 60min；纵向回缩率≤3%
连接密封性	—	试样无破裂、无渗漏
静摩擦系数	—	≤0.35

（6）出厂检验

管材产品需经生产厂质量检验部门检验合格，并附有合标识方可出厂。

硬聚氯乙烯（PVC-U）管材的出厂检验项目为：颜色、外观、规格尺寸、长度、扁平试验、管材刚度、拉伸屈服强度、连接密封性。

聚乙烯（PE）管材的出厂检验项目为：颜色、外观、规格尺寸、长度、扁平试验、管材刚度、拉伸屈服强度、断裂伸长率、连接密封性。

（7）标志、运输和贮存

1）管材至少应有下列标志：产品型号、生产厂名或商标、执行标准、生产日期。每根管材至少应有一处完整标记。

2）管材在运输及装卸过程中，应避免剧烈撞击、抛摔和重压。

3）堆放场地应平整，不应露天堆放，堆放高度不得超过 2m，管材贮存温度为－20～60℃，并远离热源。

【依据技术标准】通信行业（沿用原邮电部行业的代号“YD”）标准：《地下通信管道用塑料管　第 5 部分：梅花管》YD/T 841.5-2008。

5. 地下通信管道用塑料合金复合管

本部分规定了地下通信管道用塑料合金复合型管的产品型号、要求、试验方法、检验规则、标志、运输和贮存等，适用于电缆和光缆的地下通信管道系统。行文至此时，还找不到此项技术标准的文本，故无法作介绍，相信到本手册出版后，此标准的文本在书店或网上都会有了。

【依据技术标准】通信行业（沿用原邮电部行业的代号“YD”）标准：《地下通信管道用塑料管　第 8 部分：塑料合金复合型管》YD/T 841.8-2014。

5.8.6 聚氯乙烯塑料波纹电线管

聚氯乙烯塑料波纹电线管以聚氯乙烯（PVC）树脂为主要原料，加入必需的添加剂，经挤出成型，主要用作建筑工程中电器装置连接导线的保护管。

1. 规格

波纹电线管的形状如图 5.8-24 所示，按基本尺寸分为 A 系列和 B 系列。

A系列波纹电线管规格尺寸应符合表5.8-38的规定，同一批产品的外径偏差D不得大于1.5%。

B系列波纹电线管规格尺寸应符合表5.8-39的规定。

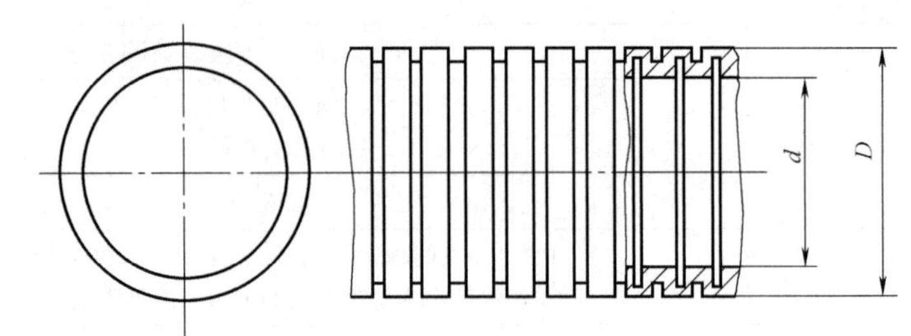

图5.8-24　波纹电线管的形状

D—波纹管外径；d—波纹管内径

A系列波纹电线管规格尺寸　　　**表5.8-38**

公称尺寸(mm)	外径D(mm)		最小内径d(mm)	每卷长度(m)
	基本尺寸	极限偏差		
9	14	±0.3	9.2	≥100
10	16	±0.3	10.7	≥100
15	20	±0.4	14.1	≥100
20	25	±0.4	18.3	≥50
25	30,32	±0.4	24.3	≥50
32	40	±0.4	31.2	≥50
40	50	±0.5	39.6	≥25
50	63	±0.6	50.6	≥15

注：每卷长度也可由供需双方商定。

管外径偏差的计算公式（5.8-3）为：

$$D'=\frac{D-D_1}{D} \tag{5.8-3}$$

式中　D'——管外径偏差，%；

D——管材最大外径，mm；

D_1——管材最小外径，mm。

***B*系列波纹电线管规格尺寸**　　　**表5.8-39**

公称尺寸(mm)	外径D(mm)		最小内径d(mm)	每卷长度(m)
	基本尺寸	极限偏差		
9	13.8	±0.10	9.3	≥100
10	15.8	±0.10	10.3	≥100
15	18.7	±0.10	13.8	≥100
20	21.2	±0.15	16.0	≥50
25	28.5	±0.15	22.7	≥50
32	34.5	±0.16	28.4	≥50
40	45.5	±0.20	35.5	≥25
50	54.5	±0.20	46.9	≥15

注：每卷长度也可由供需双方商定。

2. 标记

波纹电线管的标记方法如下：

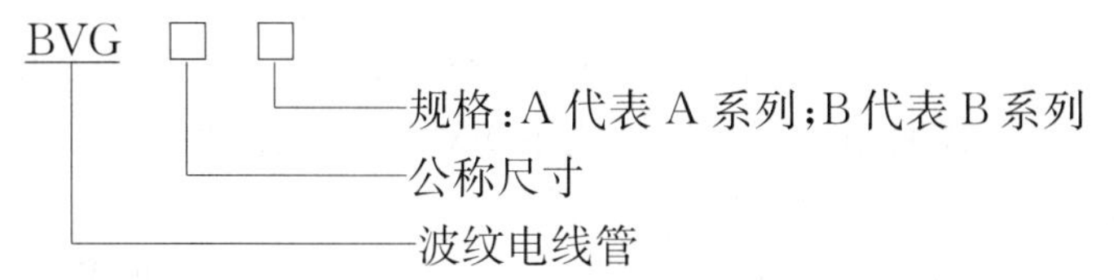

例如：BVG—25A，表示A系列、公称尺寸为15mm的聚氯乙烯塑料波纹电线管。

3. 外观及长度

波纹电线管材内外壁应光滑、波纹完整，不允许有裂缝、孔眼、气泡、颜色不均、明显的杂质及分解变色线等缺陷。

管材每卷长度大于或等于50m时，允许有3个断头；管材每卷长度小于50m时，允许有2个断头，但最小管段长度不得小于10m。

4. 物理力学性能

聚氯乙烯塑料波纹电线管的物理机械性能应符合表5.8-40的规定，试验方法应QB/T 3631-1999标准的规定进行。

波纹电线管的物理机械性能 **表5.8-40**

检测项目		指标
扁平试验	管径变化率(%)	≤25
	管径弹性复原变化率(%)	≤10
热变形		塞规自重通过
常温弯曲		塞规自重通过,无裂缝
低温弯曲		塞规自重通过,无裂缝
低温冲击		合格
氧指数(%)		≥30
耐电压,2kV,15min		不击穿

5. 出厂检验

聚氯乙烯塑料波纹电线管产品的检验分为交收检验和例行检验。

(1) 交收检验的抽样方案按《抽样检验标准》GB/T 2828（系列标准）中一次方案进行。用同样原料、配方和工艺生产的管材作为一批，每批数量不超过200卷，若生产4天尚不足200卷，则以4天的产量作为一批。产品以卷为单位。交收检验项目、试验方法、合格水平（AQL）及检查水平应符合表5.8-41的规定。

若交收检验不合格，该批产品应退回供货方进行100%复查，如复查合格可再次提交验收，但必须严加检查，如仍不合格，则该批产品为不合格产品。

交收检验技术要求 **表5.8-41**

检验项目	试验方法	AQL	检查水平
尺寸	QB/T 3631-1999标准之5.3	6.5	Ⅱ
外观	QB/T 3631-1999标准之5.2		

（2）例行检验由生产厂质量检验部门进行。在产品结构、生产工艺、主要材料无改变时，其扁平试验及常温弯曲、低温弯曲项目可半年做一次例行检验；耐电压、热变形、低温冲击项目可一年做一次例行检验；氧指数项目可二年做一次例行检验。

例行检验的样品由生产厂质量检验部门从本周期生产的经交收检验合格的产品中随机抽取，抽样方案按《周期检验计数抽样程序及表（适用于对过程稳定性的检验）》GB/T 2829 中二次抽样方案进行。

例行检验的项目、顺序、抽样方案、判别水平及不合格质量水平（RQL）应符合 QB/T 3631-1999 标准中表 8 的规定。例行检验结果符合标准规定，则合格；如例行检验不合格时，例行检验代表周期范围内的产品应停止交收，已出厂的产品应与需方协商解决。

6. 标志、包装、运输和贮存

塑料波纹电线管产品必须采用外包装。包装上应注明产品名称、商标、型号、色泽、数量、重量、体积、生产厂名、生产日期及防压标志。

管材在运输及装卸过程中，不得重压，避免剧烈撞击和尖锐物体划伤。

产品应贮存在干燥通风的库房内，不得长时间暴晒，并远离热源。

【依据技术标准】轻工行业标准《聚氯乙烯塑料波纹电线管》QB/T 3631-1999。此项标准颁发已久，市场情况已经有了较大变化，仅作为参考。

5.8.7 聚氯乙烯热收缩薄膜、套管

聚氯乙烯热收缩薄膜、套管，系以聚氯乙烯（PVC）树脂为主要原料，加入必需的添加剂，采用泡管法成型，具有遇热能收缩的特性，可用于电器、电子元件绝缘包装、一般物品包装和接触食品包装。

1. 产品分类

根据用途的不同，分为三大类：D 型用于电器、电子元件绝缘包装；Y 型用于一般物品包装；S 型用于接触食品包装。D 型规格及偏差见表 5.8-42；Y 型、S 型规格及偏差见表 5.8-43。

当折径大于或等于 150mm 时，称作热收缩薄膜，简称热缩膜；折径小于 150mm 时，称作热收缩薄管，简称热缩管。聚氯乙烯热收缩薄管规格参数（折径与直径对照表），不同厂商能做到的公差及热缩比率是有所不同的，应该以具体厂商提供的资料为准。表 5.8-44 为某厂家产品的直径与折径对照表，只能作为参考。

D 型规格及偏差（mm）　　　　表 5.8-42

规格		等级		
		优等品	一等品	合格品
折径	4～8	+0.4	+0.5	+0.6
	>8～18	+0.6	+1.0	+1.2
	>18～34	+0.8	+1.2	+1.4
	>34～52	+1.0	+1.4	+1.6
	>52～67	+1.4	+1.6	+1.8

续表

规格		等级		
		优等品	一等品	合格品
折径	>67～106	+1.6	+2.0	+2.3
	>106～135	+2.0	+2.5	+2.8
	>135	+2.6	+3.0	+3.5
厚度	>0.07～0.09	±0.012	±0.015	±0.020
	>0.09～0.12	±0.016	±0.020	±0.025
	>0.12～0.14	±0.020	±0.025	±0.030
	>0.14	±0.025	±0.030	±0.035

Y型、S型规格及偏差（mm） **表 5.8-43**

规格		等级		
		优等品	一等品	合格品
折径	15～110	+0.5	+1.0	+1.5
	>110～200	±1.0	±1.5	±2.0
	>200～350	±1.5	±2.0	±2.5
	>350～500	±2.0	±2.5	±3.0
	>500	±2.5	±3.0	±3.5
厚度	0.02～0.03	±0.003	±0.005	±0.008
	>0.03～0.05	±0.005	±0.010	±0.015
	>0.05～0.07	±0.010	±0.015	±0.020
	>0.07～0.10	±0.015	±0.020	±0.025
	>0.10～0.14	±0.020	±0.023	±0.028
	>0.14～0.18	±0.024	±0.026	±0.030
	>0.18～0.22	±0.027	±0.030	±0.034

PVC 热收缩薄管直径与折径对照（mm） **表 5.8-44**

序号	直径	折径	序号	直径	折径	序号	直径	折径
1	ϕ2.0	3.5+0.5	20	ϕ14	23.5+1.0	44	ϕ38	63.5+1.0
2	ϕ2.5	4.2+0.5	21	ϕ14.5	24.0+1.0	45	ϕ40	65.0+2.0
3	ϕ2.8	4.7+0.5	22	ϕ15	24.5+1.0	46	ϕ41	67.0+2.0
4	ϕ3.0	5.0+0.5	23	ϕ16	26.5+1.0	47	ϕ42	69.0+2.0
5	ϕ3.2	5.5+0.5			27.0+0.5	48	ϕ45	72.5+2.0
6	ϕ3.5	6.0+0.5	24	ϕ16.5	27.0+1.0	49	ϕ46	74.0+2.0
7	ϕ4.0	7.1+0.5	25	ϕ17	28.0+1.0	50	ϕ48	77.5+2.0
8	ϕ4.5	8.0+0.5	26	ϕ18	29.0+1.0	51	ϕ50	82.0+2.0

续表

序号	直径	折径	序号	直径	折径	序号	直径	折径
9	ϕ5.0	8.7+0.4	27	ϕ19	31.0+0.6	52	ϕ55	90.0+2.0
		9.0+0.4			31.4+0.6	53	ϕ60	97.0+2.0
		9.3+0.4	28	ϕ20	32.5+1.0	54	ϕ65	106.0+2.0
10	ϕ6.0	10.5+0.5	29	ϕ21	34.0+1.0	55	ϕ70	112.0+2.0
		10.8+0.5	30	ϕ22	35.5+1.0	56	ϕ75	122.0+2.0
		11.1+0.5	31	ϕ23	36.5+1.0	57	ϕ80	131.0+2.0
11	ϕ7.0	12.0+1.0	32	ϕ24	36.5+1.0	58	ϕ85	135.0+2.0
12	ϕ8.0	13.5+0.5	32	ϕ24	39.0+1.0	59	ϕ93	143.0+2.0
		13.8+0.5	33	ϕ25	41.0+1.5	60	ϕ98	150.0+3.0
		14.1+0.5	34	ϕ25.4	41.5+1.0	61	ϕ103	160.0+3.0
13	ϕ9.0	15.0+1.0	35	ϕ26	43.5+1.5	62	ϕ109	167.0+3.0
14	ϕ10	16.5+0.5	36	ϕ27	45.0+1.5	63	ϕ116	178.0+3.0
		16.8+0.5	37	ϕ28	46.5+1.5	64	ϕ130	198.0+4.0
		17.1+0.5	38	ϕ29	48.5+1.5	65	ϕ142	218.0+4.0
15	ϕ11	18.0+1.0	39	ϕ30	50.0+1.5	66	ϕ154	238.0+4.0
16	ϕ12	20.0+1.0	40	ϕ33	52.0+1.5	67	ϕ161	248.0+4.0
17	ϕ12.5	21.0+1.0	41	ϕ34	56.5+1.5	68	ϕ167	258.0+4.0
18	ϕ13	21.5+1.0	42	ϕ35	58.0+1.5	69	ϕ180	278.0+4.0
19	ϕ13.5	22.5+1.0	43	ϕ36	59.5+1.5	—	—	—

2. 产品外观要求

聚氯乙烯热收缩薄膜、套管的外观应符合表 5.8-45 的要求。

聚氯乙烯热收缩薄膜、套管的外观要求 **表 5.8-45**

指标	等级		
	优等品	一等品	合格品
塑化程度	塑化良好，无"水纹"和"云雾"	不允许有明显的"水纹"和"云雾"	不允许有明显的"水纹"和"云雾"
分解度	不允许有		
挂料线	不允许有	不允许有明显的挂料线（挂料线处平撕开不得成直线）	不允许有明显的挂料线（挂料线处平撕开不得成直线）
气泡、穿孔、破裂	不允许有		
厚道	不允许有	允许有两条超过公差的厚道存在，但每条不得超过公差的50%，宽度不得超过折径的2%	允许有两条超过公差的厚道存在，但每条不得超过公差的60%，宽度不得超过折径的3%

续表

指　标	等　级		
	优等品	一等品	合格品
晶点、僵块、色点、杂质	大于0.3mm的不允许有；小于或等于不允许有，分散度在100mm×100mm或相同面积内不得超过5颗	大于0.3mm的不允许有；小于或等于不允许有，分散度在100mm×100mm或相同面积内不得超过8颗	大于0.3mm的不允许有；小于或等于不允许有，分散度在100mm×100mm或相同面积内不得超过10颗
粘闭性	易揭开	易揭开	易揭开
膜卷端面错位	折径小于或等于200mm时，错位应小于或等于2mm，折径大于200mm时，错位应小于或等于4mm	折径小于或等于200mm时，错位应小于或等于3mm，折径大于200mm时，错位应小于或等于5mm	折径小于或等于200mm时，错位应小于或等于4mm，折径大于200mm时，错位应小于或等于6mm
平整度	卷面平整，整卷无褶皱和暴筋	卷面基本平整，允许有一个轻微的褶皱和一个不明显的暴筋	卷面基本平整，允许有一个褶皱和一个稍明显的暴筋
断头	每卷允许有一个断头，每段长不小于30m。热缩管断头用胶带接平，热缩膜在断头处应加标记	每卷允许有两个断头，每段长不小于30m。热缩管断头用胶带接平，热缩膜在断头处应加标记	每卷允许有两个断头，每段长不小于30m。热缩管断头用胶带接平，热缩膜在断头处应加标记

3. 收缩率及偏差

聚氯乙烯热收缩薄膜、套管的收缩率及偏差应符合表5.8-46的要求。

收缩率及偏差　　表5.8-46

型号	折径(mm)	收缩率(%)			
		纵向	偏差	横向	偏差
D型	4～6	10～20	±8	40～50	±8
	>6～131		±4		±5
	>131		±5		±5
Y型、S型	—	20～30	±4	20～60	±5

注：收缩率具体指标由供需双方在规定范围内商定。

4. 物理机械性能

D型的物理机械性能见表5.8-47；Y型、S型的物理机械性能见表5.8-48。

D型的物理机械性能　　表5.8-47

序号	项　目		技术指标
1	拉伸强度(纵向)(MPa)		≥50.0
2	断裂伸长率(纵向)(%)		≥100
3	定轴收缩		不开裂
4	耐乙二醇溶剂性	拉伸强度(MPa)	≥45.0
		介电强度(MV/m)	≥35.0
5	介电强度(MV/m)		≥40.0

续表

序号	项　目			技术指标
6	体积电阻率(Ω·m)			≥10^{12}
7	吸水率(%)			≤0.5
8	直线度(mm)			≤5.0
9	耐高低温性	85℃级	85℃,1000h −55℃,6h	不开裂
		125℃级	125℃,1000h −55℃,6h	不开裂
10	铜腐蚀性　136℃,168h			无腐蚀

Y型、S型的物理机械性能　　**表 5.8-48**

序号	项　目		技术指标
1	拉伸强度(MPa)	纵向	≥42.0
		横向	≥50.0
2	断裂伸长率(%)	纵向	≥70
		横向	≥50
3	断裂强度(kN/m)	纵向	≥60.0
		横向	≥45.0
4	透光率(%)	≥90	
5	定轴收缩	不开裂	
6	低温柔软性　−10℃,1h	不开裂	

注：1. 折径小于130mm时，无横向拉伸强度、断裂伸长率及纵向撕裂强度指标。
2. 定轴收缩及低温柔软性两项指标仅用于电池及瓶子等包装的热缩管。
3. 透光率指标适用于无色透明产品。

5. 卫生性能指标

用于接触食品包装的S型产品的卫生性能指标应符合表5.8-49的要求。

S型卫生性能指标（ppm）　　**表 5.8-49**

项　目			指　标
氯乙烯单体残留量			<1
溶出试验	重金属(醋酸4%)以Pb计		
	蒸发残渣	正己烷	<30
		20%乙醇	
		4%醋酸	
		蒸馏水	
		高锰酸钾消耗量	<10
褪色试验	66%乙醇		阴性
	浸泡液(水,20%乙醇,4%醋酸,正己烷)		
	冷餐油或无色油脂		

6. 出厂检验

每批产品出厂应按规定检验项目进行检验。

7. 标志、包装、运输和贮存

(1) 标志

聚氯乙烯热收缩薄膜、套管的标志为：生产厂名；产品名称；商标；产品型号、规格或标记；产品质量；生产日期或生产批号；有效期限；包装储运图示。

(2) 包装

产品应以塑料薄膜或纸为内包装，瓦楞纸箱为外包装；包装箱内放入产品合格证；包装箱外应有上述内容的标志。

(3) 运输

运输及装卸过程中应防止重压、撞击、雨淋、不得暴晒。

(4) 贮存

产品应贮存在温度不超过25℃的通风、干燥的库房内。堆放以包装箱无明显变形为限；贮存期自生产之日起一年为限。

【依据技术标准】轻工行业标准《聚氯乙烯热收缩薄膜、套管》QB/T 3632-1999，此项标准颁发已久，市场情况已经有了较大变化，仅作为参考。

6 复 合 管

6.1 金属—塑料复合管

6.1.1 钢塑复合压力管

钢塑复合压力管可用于城镇和建筑室内外冷热水、饮用水、供暖、城镇燃气以及特种流体（包括工业废水、腐蚀性流体，煤矿供水、排水、压风等）、排水（包括重力污、废水排放和虹吸式屋面雨水排放系统）输送用复合管以及电力电缆、通信电缆、光缆保护套管用复合管。"钢塑复合压力管"是一个笼统的大名称，因此，其用途覆盖宽泛，应用时应根据介质的压力、温度和腐蚀性，选择具体的管材品种。

冷水及涉及饮用水、食品用途的复合管，卫生性能应符合《生活饮用水输配水设备及防护材料安全性评价标准》GB/T 17219 的规定。

1. 专业术语

（1）钢塑复合压力管（PSP）。以焊接钢管为中间层，内外层为聚乙（丙）烯塑料，采用专用热熔胶，通过挤出成型方法复合成一体的管材，其结构见图 6.1-1。

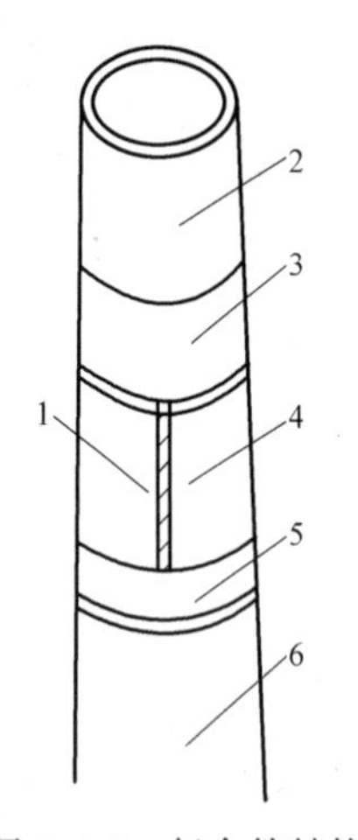

图 6.1-1　复合管结构

1—钢管焊缝；2—内层聚乙（丙）烯；3—专用热熔胶；4—钢管；5—专用热熔胶；6—外层聚乙（丙）烯

（2）公称外径。规定的外径，单位为毫米，采用符号 d_n 表示。

（3）最大允许工作压力 P_0，表示在长期工作温度下，允许连续使用的最大压力，单位为 MPa。

（4）公称压力 PN，表示复合管在 20℃使用时，输送液体的流体的最大允许工作压力，单位为 MPa。

（5）缩略语。此种管材有多种，其缩略语有：

PE：聚乙烯；

PP-R：无规共聚聚丙烯；

PE-RT：耐热聚乙烯；

PEX：交联聚乙烯；

PP-R：无规共聚聚丙烯；

PSP：钢塑复合压力管。

2. 复合管按用途分类

按用途分类及代号如下：

——冷水、饮用水用复合管，代号 L；

——热水、供暖用复合管，代号 R；

——燃气用复合管，代号 Q；

——特种流体用复合管，代号 T。特种流体系指和复合管所采用塑料与输送介质化学性质相一致的流体；

——排水用复合管，代号 P；

——保护套管用复合管，代号 B。

复合管的标记由多项代号组成，依次是：产品名称符号：PSP；用途代号：L、R、Q、T、P、B；塑料代号：PE、PE-RT、PE-X、PP-R；公称外径：mm；壁厚：mm；最大允许工作压力：MPa；标准号：CJ/T 183-2008。

复合管标记示例：以 CJ/T183-2008 标准由焊接钢管和交联聚乙烯复合，公称外径 75mm，壁厚 5.5mm，最大工作压力 2.0MPa，用于热水、供暖输送用复合管标记为：

PSP-R-(PE-X)·75×5.5-2.0·CJ/T 183-2008

3. 工作温度和公称压力

复合管的工作温度应符合表 6.1-1 的要求，公称压力应符合表 6.1-2 的要求。

复合管工作温度 **表 6.1-1**

用途	用途代号	复合塑料代号	长期工作温度(℃)
冷水、饮用水	L	PE	≤40
热水、供暖	R	PE-RT;PE-X;PP-R	≤80
燃气	Q	PE	≤40
特种流体	T	PE	≤40
		PE-RT;PE-X;PP-R	≤80
排水	P	PE	≤65①
保护套管	B	PE;PE-RT;PE-X	—

①瞬时排水温度不超过 95℃。

复合管的公称压力 **表 6.1-2**

用途	复合塑料代号	公称压力 PN (MPa)			
		1.25	1.6	2.0	2.5
		最大允许工作压力 P_0(MPa)			
冷水、饮用水	PE	1.25	1.60	2.00	2.50
热水、供暖	PE-RT;PE-X;PP-R	1.00	1.25	1.60	2.00
燃气	PE	0.50	0.60	0.80	1.00
特种流体	PE	1.25	1.60	2.00	2.50
	PE-RT;PE-X;PP-R	1.00	1.25	1.60	2.00
排水	PE	1.25	1.60	2.00	2.50
保护套管	PE;PE-RT;PE-X	—	—	—	—

4. 复合管规格尺寸

普通系列复合管的规格尺寸应符合表 6.1-3 的要求。

复合管按直管交货，标准长度为 4m、5m、6m、9m、12m，长度允许偏差为 ±20mm。复合管长度也可由供需双方商定。

对于排水及保护套管用复合管，可根据用户需要，由供需双方协商确定。

复合管规格尺寸（mm） 表 6.1-3

公称外径 d_n (mm)	最小平均外径 $d_{em,min}$ (mm)	最大平均外径 $d_{em,min}$ (mm)	公称压力 PN(MPa)									
			1.25					1.60				
			内层聚乙(丙)烯最小厚度	钢带最小厚度	外层聚乙(丙)烯最小厚度	管壁厚度	管壁厚度偏差	内层聚乙(丙)烯最小厚度	钢带最小厚度	外层聚乙(丙)烯最小厚度	管壁厚度	管壁厚度偏差
			mm					mm				
16	16.0	16.3	—	—	—	—	—	—	—	—	—	—
20	20.0	20.3	—	—	—	—	—	—	—	—	—	—
25	25.0	25.3	—	—	—	—	—	1.0	0.2	0.6	2.5	+0.4 −0.2
32	32.0	32.3	—	—	—	—	—	1.2	0.3	0.7	3.0	+0.4 −0.2
40	40.0	40.4	—	—	—	—	—	1.3	0.3	0.8	3.5	+0.5 −0.2
50	50.0	50.5	1.4	0.3	1.0	3.5	+0.5 −0.2	1.4	0.4	1.1	4.0	+0.8 −0.2
63	63.0	63.6	1.6	0.4	1.1	4.0	+0.7 −0.2	1.6	0.5	1.2	4.5	+0.9 −0.2
75	75.0	75.7	1.6	0.5	1.1	4.0	+0.7 −0.2	1.7	0.6	1.4	5.0	+1.0 −0.2
90	90.0	90.8	1.7	0.6	1.2	0.5	+0.8 −0.2	1.8	0.7	1.5	5.5	+1.2 −0.2
100	100.0	100.8	1.7	0.6	1.2	5.0	+0.8 −0.2	—	—	—	—	—
110	110.0	110.9	1.8	0.7	1.3	5.0	+0.9 −0.2	1.9	0.8	1.7	6.0	+1.4 −0.2

续表

公称外径 d_n (mm)	最小平均外径 $d_{em,min}$ (mm)	最大平均外径 $d_{em,min}$ (mm)	公称压力 PN(MPa)									
			1.25					1.60				
			内层聚乙(丙)烯最小厚度	钢带最小厚度	外层聚乙(丙)烯最小厚度	管壁厚度	管壁厚度偏差	内层聚乙(丙)烯最小厚度	钢带最小厚度	外层聚乙(丙)烯最小厚度	管壁厚度	管壁厚度偏差
			mm					mm				
160	160.0	161.6	1.8	1.0	1.5	5.5	+1.0 −0.2	1.9	1.3	1.7	6.5	+1.6 −0.2
200	200.0	202.0	1.8	1.3	1.7	6.0	+1.2 −0.2	2.0	1.7	1.7	7.0	+1.8 −0.2
250	250.0	252.4	1.8	1.6	1.9	6.5	+1.4 −0.2	2.0	2.1	1.9	8.0	+2.2 −0.2
315	315.0	317.6	1.8	2.0	1.9	7.0	+1.6 −0.2	2.0	2.7	1.9	8.5	+2.4 −0.2
400	400.0	403.0	1.8	2.6	2.0	7.5	+1.8 −0.2	2.0	3.4	2.0	9.5	+2.8 −0.2
16	16.0	16.3	0.8	0.2	0.4	2.0	+0.4 −0.2	0.8	0.2	0.4	2.0	+0.4 −0.2
20	20.0	20.3	0.8	0.2	0.4	2.0	+0.4 −0.2	0.8	0.2	0.4	2.0	+0.4 −0.2
25	25.0	25.3	1.0	0.3	0.6	2.5	+0.4 −0.2	1.0	0.4	0.6	2.5	+0.4 −0.2
32	32.0	32.3	1.2	0.3	0.7	3.0	+0.4 −0.2	1.2	0.4	0.7	3.0	+0.4 −0.2
40	40.0	40.4	1.3	0.4	0.8	3.5	+0.5 −0.2	1.3	0.5	0.8	3.5	+0.5 −0.2

续表

公称外径 d_n (mm)	最小平均外径 $d_{em,min}$ (mm)	最大平均外径 $d_{em,min}$ (mm)	公称压力 PN(MPa)									
			1.25					1.60				
			内层聚乙(丙)烯最小厚度	钢带最小厚度	外层聚乙(丙)烯最小厚度	管壁厚度	管壁厚度偏差	内层聚乙(丙)烯最小厚度	钢带最小厚度	外层聚乙(丙)烯最小厚度	管壁厚度	管壁厚度偏差
			mm					mm				
50	50.0	50.5	1.4	0.5	1.5	4.5	+0.8 −0.2	1.4	0.6	1.5	4.5	+0.8 −0.2
63	63.0	63.6	1.7	0.6	1.7	5.0	+0.9 −0.2	—	—	—	—	—
75	75.0	75.7	1.9	0.6	1.9	5.5	+1.0 −0.2	—	—	—	—	—
90	90.0	90.8	2.0	0.8	2.0	6.0	+1.2 −0.2	—	—	—	—	—
100	100.0	100.8	—	—	—	—	—	—	—	—	—	—
110	110.0	110.9	2.0	1.6	2.2	6.5	+1.4 −0.2	—	—	—	—	—
160	160.0	161.6	2.0	2.0	2.2	7.0	+1.6 −0.2	—	—	—	—	—
200	200.0	202.0	2.0	2.6	2.2	7.5	+1.8 −0.2	—	—	—	—	—
250	250.0	252.4	2.0	3.3	2.3	8.5	+2.2 −0.2	—	—	—	—	—
315	315.0	317.6	2.0	4.3	2.3	9.0	+2.4 −0.2	—	—	—	—	—
400	400.0	403.0	2.0	2.6	2.3	10.0	+2.8 −0.2	—	—	—	—	—

5. 复合管的外观和颜色

复合管外表面应色泽均匀，无明显划伤、无气泡，无针眼、无脱皮和其他影响使用的缺陷；复合管内表面应平滑，无斑点、异味、异物，无针眼，无裂纹。

根据用途不同，复合管外层宜采用如下颜色：

冷水、饮用水用复合管：白色或黑色，黑色管上应有蓝色色条；

热水、供暖用复合管：白色或黑色，黑色管上应有橙红色色条；

燃气用复合管：黄色或黑色，黑色管应有黄色色条；

特种流体用复合管：白色或黑色，黑色管上应有红色色条；

排水用复合管：白色或黑色；

保护套管用复合管：白色或黑色。

也可根据用户需要，由供需双方商定其他颜色。

6. 物理力学性能

(1) 短期静液压强度

生产厂家在对复合管进行表 6.1-4 所规定的短期静液压强度试验时，应无破裂及其他渗漏现象，各系列复合管的最大工作压力应符合表 6.1-2 的要求。

复合管静液压强度试验要求 **表 6.1-4**

用途符号	试验温度(℃)	静液压力(MPa)	试验时间(h)
L、T、P	80±2	公称压力×2	165
R	95±2	公称压力×2	165
Q	80±2	公称压力×2	165

(2) 爆破强度

生产厂家在对复合管进行爆破强度试验时，其最小爆破压力应符合表 6.1-5 的要求。

复合管爆破强度试验要求 **表 6.1-5**

<table>
<tr><td rowspan="3">公称压力
PN(MPa)</td><td colspan="15">公称外径 d_n(mm)</td></tr>
<tr><td>16</td><td>20</td><td>25</td><td>32</td><td>40</td><td>50</td><td>63</td><td>75</td><td>90</td><td>110</td><td>160</td><td>200</td><td>250</td><td>315</td><td>400</td></tr>
<tr><td colspan="15">最小爆破压力 P_b(MPa)</td></tr>
<tr><td>1.25</td><td colspan="5">—</td><td colspan="10">≥3.75</td></tr>
<tr><td>1.6</td><td colspan="2">—</td><td colspan="13">≥4.8</td></tr>
<tr><td>2.0</td><td colspan="15">≥6.0</td></tr>
<tr><td>2.5</td><td colspan="6">7.5</td><td colspan="9">—</td></tr>
</table>

7. 耐化学性能

特种流体中的工业废水、腐蚀性流体用复合管，应按表 6.1-6 要求进行耐化学性能试验，试样内外层应无龟裂、变黏、异状等现象。

8. 出厂检验项目

复合管出厂前应经质量检验部门检验全部出厂检验项目合格，并附合格证方可出厂。出厂检验项目有：外观和颜色、规格尺寸、爆破强度（不适用于保护套管用复合管检验）、层间粘结强度、无损探伤、钢管焊缝强度、表面电阻（适用于特种流体中煤矿用复合管检验）、酒精灯燃烧（适用于特种流体中煤矿用复合管检验）、交联度（适用于采用交联聚乙烯生产的复合管检验）。

耐化学性能 **表 6.1-6**

化学药品名称	重量变化(mg/cm²)	化学药品名称	重量变化(mg/cm²)
10%氯化钠溶液	±0.2	40%氢氧化钠溶液	±0.1
30%硝酸	±0.1	95%(体积分数)乙醇	±1.1
40%硝酸	±0.3		

9. 包装、运输和贮存

复合管出厂时可采用塑料袋、塑料编织袋或纸箱包装。复合管可捆扎交货，每包装单位中应附有合格证。

产品运输时，不得受到划伤、剧烈的撞击、不得抛摔，避免油污和化学品污染。

复合管应贮存在远离热源、油污和化学品污染，通风良好，温度一般不超过 40℃的地方。复合管应水平整齐堆放，堆放高度一般不超过 1.5m。

【依据技术标准】 城建行业标准《钢塑复合压力管》CJ/T 183-2008。

6.1.2 给水衬塑复合钢管

此种衬塑复合钢管系指公称通径不大于 500mm 的给水衬塑钢管，以输送生活用冷热水为主，输送其他用途介质可参照使用。

1. 产品分类及标记

按输送水的温度分为冷水用衬塑钢管和热水用衬塑钢管。

产品标记由衬塑钢管代号、衬塑材料代号、公称通径组成：

衬塑钢管代号为：冷水用衬塑钢管代号：SP-C；热水用衬塑钢管代号：SP-CR；冷水用外覆塑衬塑钢管代号：PSP-C；热水用外覆塑衬塑钢管代号：PSP-CR。

衬塑材料代号为：聚乙烯为 PE；耐热聚乙烯为 PE-RT；交联聚乙烯为 PE-X；聚丙烯为 PP-R；硬聚氯乙烯为 PVC-U，氯化聚氯乙烯为 PVC-C。

公称通径用 *DN* 表示，单位为 mm。

产品标记示例：

公称通径为 100mm 的热水用内衬耐热聚乙烯的复合钢管应标记为：SP-CR-(PE-RT)-*DN*100。

2. 材料要求

(1) 被衬塑的钢管称为基管，对不同基管的要求为：

基管为直缝焊接钢管的应符合 GB/T 3091 对基管的要求；

基管为螺旋缝埋弧焊钢管的应符合 SY/T 5037 对基管的要求；

基管为无缝钢管的应符合 GB/T 8163 和 GB/T 17395 对基管的要求；

基管为石油天然气工业输送钢管的应符合 GB/T 9711 对基管的要求。

(2) 对外防腐层的要求为：

基管外防腐层为热镀锌的应符合 GB/T 3091 对镀锌层的要求；

基管外防腐层为涂塑的应符合 CJ/T 120 对涂塑层的要求；

基管外防腐层为外覆塑的应符合本标准和 SY/T 0413 对外覆塑层的要求。

（3）对承口的要求为：

基管焊有承口的钢承口尺寸应符合 GB/T 13295 的规定。

（4）对沟槽连接的要求为：

采用沟槽连接的衬塑钢管，其基管外径应符合 CJ/T 156 的规定。

（5）对内衬塑料的要求为：

给水用内衬聚乙烯（PE）钢管的内衬塑料应符合 GB/T 13663 对塑料的要求；

燃气用内衬聚乙烯（PE）钢管的内衬塑料应符合 GB/T 15558.1 对塑料的要求；

冷热水用内衬耐热聚乙烯（PE-RT）钢管的内衬塑料应符合 CJ/T 175 对塑料的要求；

冷热水用内衬交联聚乙烯（PE-X）钢管的内衬塑料应符合 GB/T 18992.2 对塑料的要求；

冷热水用内衬聚丙烯（PP-R）钢管的内衬塑料应符合 GB/T 18742.2 对塑料的要求；

给水用内衬硬聚氯乙烯（PVC-U）钢管的内衬塑料应符合 GB/T 10002.1 对塑料的要求；

冷热水用内衬氯化聚氯乙烯（PVC-C）钢管的内衬塑料应符合 GB/T 18993.2 对塑料的要求。

（6）对外覆塑料的要求为：

外覆聚乙烯衬塑钢管的外覆塑料应符合 SY/T 0413 对塑料的要求。

（7）对胶粘剂的要求为：

外覆塑层与钢管之间的胶粘剂应符合 SY/T 0413 对胶粘剂的要求，衬塑层与钢管之间的胶粘剂应符合相应衬层材料所需的粘接性能的要求。

（8）对基管表面处理的要求为：

基管在衬塑前应采用喷丸、打磨、酸洗等方法去除基本金属表面的铁锈、毛刺、污垢等，并应符合 GB/T 12611 规定。直缝焊接钢管内应除去焊筋，其残留高度不应大于 0.5mm。

3. 衬塑钢管的规格

衬塑钢管的塑层厚度和允许偏差应符合表 6.1-7 的规定。

塑层厚度和允许偏差 **表 6.1-7**

公称通径 *DN*	内衬塑料层		法兰面衬塑层		外覆塑层最小厚度
	厚度	允许偏差	厚度	允许偏差	
15	1.5	+0.2 −0.2	1.0	−0.5	0.5
20					0.6
25					0.7
32					0.8
40					1.0
50					1.1

续表

<table>
<tr><th rowspan="2">公称通径 DN</th><th colspan="2">内衬塑料层</th><th colspan="2">法兰面衬塑层</th><th rowspan="2">外覆塑层
最小厚度</th></tr>
<tr><th>厚 度</th><th>允许偏差</th><th>厚 度</th><th>允许偏差</th></tr>
<tr><td>65</td><td>1.5</td><td rowspan="5">+0.2
−0.2</td><td>1.0</td><td rowspan="12">−0.5</td><td>1.1</td></tr>
<tr><td>80</td><td rowspan="3">2.0</td><td rowspan="3">1.5</td><td>1.2</td></tr>
<tr><td>100</td><td>1.3</td></tr>
<tr><td>125</td><td>1.4</td></tr>
<tr><td>150</td><td rowspan="2">2.5</td><td rowspan="2">2.0</td><td>1.5</td></tr>
<tr><td>200</td><td rowspan="7">−0.5</td><td rowspan="2">2.0</td></tr>
<tr><td>250</td><td rowspan="2">3.0</td><td rowspan="2">2.5</td></tr>
<tr><td>300</td><td rowspan="4">2.2</td></tr>
<tr><td>350</td><td rowspan="4">3.5</td><td rowspan="4">3.0</td></tr>
<tr><td>400</td></tr>
<tr><td>450</td></tr>
<tr><td>500</td><td>2.5</td></tr>
</table>

4. 对衬塑钢管的要求

(1) 衬塑钢管内外表面应光滑、不允许有气泡、裂纹、脱皮、伤痕、凹陷、色泽不均及分解变色线。

(2) 衬塑钢管定尺长度一般为 6m，其全长允许偏差为±20mm。衬塑无缝钢管可按供需双方协定的定尺长度交货。衬塑钢管应是直管，两端面与管轴线垂直。

(3) 冷水用衬塑钢管的钢与内衬塑之间结合强度不应小于 0.3MPa（30N/cm^2）；热水用衬塑钢管的钢与内衬塑之间结合强度不应小于 1.0MPa（100N/cm^2）。

(4) 公称通径不大于 50mm 衬塑钢管经弯曲后不发生裂痕，钢与内外塑层之间不发生离层现象；公称通径大于 50mm 的衬塑钢管经压扁后不发生裂痕，钢与内外塑层之间不发生离层现象。

(5) 输送饮用水的衬塑钢管的内衬塑料管卫生性能应符合 GB/T 17219 的要求。

(6) 用于输送热水的衬塑钢管试件经三个周期冷热循环试验，衬塑层无变形裂纹等缺陷，其结合强度不低于上述（3）不应小于 1.0MPa（100N/cm^2）的规定值。

(7) 外覆塑层剥离强度不应小于 0.35MPa（35N/cm^2）。

(8) 基管应按所执行的标准进行液压试验；衬塑钢管型式试验时应进行液压试验，液压试验可在整根管上进行，也可在一段管上与管件组成试件进行，液压试验压力和保压时间应按基管所执行的标准执行。

5. 标志、包装和运输贮存

衬塑钢管外壁应标有厂家名称、衬塑钢管和基管执行标准号。冷水用衬塑钢管按白色或本色制作内塑料管，热水用衬塑钢管按红色制作内塑料管。产品应捆扎包装，管材两端应封套，每捆挂贴两个合格证。运输过程中不得抛摔或剧烈撞击。贮存时应平直对方堆放在平坦阴凉处，防止阳光照射，远离热源。

【依据技术标准】城建行业标准《给水衬塑复合钢管》CJ/T 136-2007。

6.1.3 不锈钢衬塑复合管

不锈钢衬塑复合管材系指外管为对接焊薄壁不锈钢管、内管为挤出成型的塑料管，采用预应力复合或粘结复合而成的管材。适用于工业与民用冷热水、供暖、中央空调水及饮用水等不锈钢衬塑复合管道。在考虑到管材的耐化学性和耐热性条件下，也可用于输送化学流体和气体介质。

1. 管材分类

（1）预应力复合结构管材

预应力复合结构管材的外层结构为不锈钢管，内层结构为热塑性塑料管（如 PP-R、PB、PE-RT 等），再经预应力复合而成两层结构的管材，如图 6.1-2 所示。

预应力复合结构管材分为：

1）不锈钢管衬塑（PP-R）复合管材。

2）不锈钢管衬塑（PB）复合管材。

3）不锈钢管衬塑（PE-RT）复合管材。

（2）粘结复合结构管材

粘结复合结构的管材，外层结构为不锈钢管，内层结构为塑料管（如 PE、PE-X、PVC-U、ABS 等），中间层为热熔胶或其他胶粘剂，经粘合而成的 3 层结构管材，如图 6.1-3 所示。

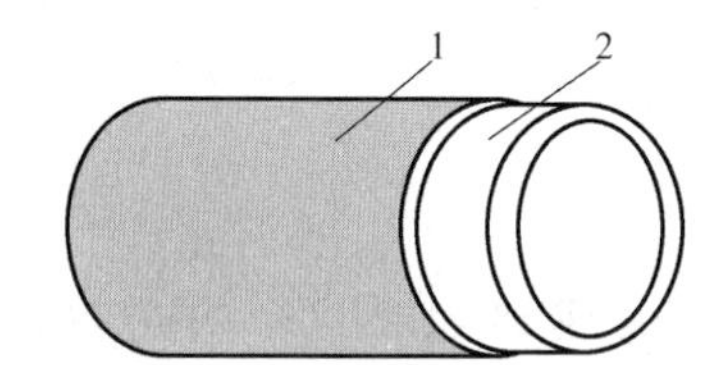

图 6.1-2 预应力复合结构管示意图
1—不锈钢管；2—热塑性塑料管

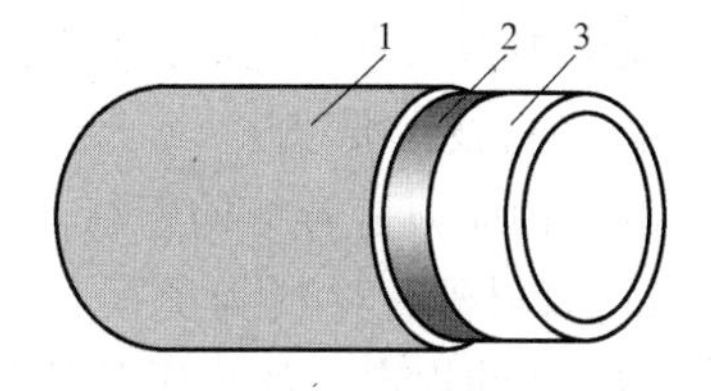

图 6.1-3 粘结复合结构管示意图
1—不锈钢管；2—胶粘剂；3—塑料管

粘结复合结构管材分为：

1）不锈钢管衬塑（ABS）复合管材

2）不锈钢管衬塑（PE）复合管材

3）不锈钢管衬塑（PE-RT）复合管材

4）不锈钢管衬塑（PE-X）复合管材

5）不锈钢管衬塑（PP）复合管材

6）不锈钢管衬塑（PVC-U）复合管材

2. 管件分类

管件按连接方式分为热熔承插连接管件和机械式连接管件。其中，热熔承插连接管件按与管材内层材料一致可分为：PP-R 管件、PB 管件、PE-RT 管件。预应力复合结构的不锈钢衬塑复合管材宜采用热熔承插连接管件，粘接复合结构的不锈钢衬塑复合管材宜采用机械式连接管件。

3. 管材使用条件

（1）预应力复合结构管材

预应力复合结构管材的使用条件应符合表 6.1-8 的规定。

预应力复合结构管材的使用条件 **表 6.1-8**

应用级别	设计温度 T_D（℃）	在设计温度 T_D 下的时间（a）	最高设计温度 T_{max}（℃）	在最高设计温度 T_{max} 下的时间（a）	故障温度 T_{mal}（℃）	在故障温度 T_{mal} 下的时间（a）	典型应用范围
级别 1	60	49	80	1	95	100	供应热水（60℃）
级别 2	70	49	80	1	95	100	供热热水（70℃）
级别 4	20 40 60	2.5 20 25	70	2.5	100	100	地板供暖和低温散热器供暖
级别 5	20 60 80	14 25 10	90	1	100	100	高温散热器供暖

注：1. 当 T_D、T_{max}、T_{mal} 超出本表给定数值时，不能使用本表。
2. 表中所列各使用条件级别的不锈钢管衬塑复合管道系统，应同时满足在 20℃、2.5MPa 条件下输送冷水 50 年使用寿命的要求。

（2）粘结复合结构管材

粘结复合结构的不锈钢管衬塑复合管道系统，其使用条件应与产品分类相适应，可根据情况由供需双方商定，公称压力为 1.65MPa。

4. 管材技术要求

（1）预应力复合结构管材

1）管材外管材料为奥氏体不锈钢材料，牌号为 0Cr18Ni9 或 0Cr18NiTi，并应符合 GB/T4239 的规定。如采用其他牌号不锈钢管可根据具体情况由供需双方协商。

2）以无规共聚聚丙烯（PP-R）为内管时，其性能应符合 GB/T 18742.2 的规定。

3）以聚丁烯（PB）为内管时，其性能应符合 GB/T 19473.2 的规定。

4）以耐热聚乙烯（PE-RT）为内管时，其性能应符合 CJ/T 175 的规定。

（2）规格尺寸及允许偏差

预应力复合结构管材的规格尺寸及允许偏差见表 6.1-9。

预应力复合结构管材的规格尺寸及允许偏差（mm） **表 6.1-9**

公称外径	管材平均外径		内管平均外径		外管		内管		不圆度
d_n	$d_{n,min}$	$d_{n,max}$	$d_{en,min}$	$d_{en,max}$	壁厚	允许偏差	壁厚	允许偏差	
20	20.56	20.64	20.0	20.3	0.3	±0.02	2.3	+0.40 0	$\leqslant 0.013d_n$
25	25.56	25.64	25.0	25.3	0.3	±0.02	2.8	+0.40 0	
32	32.56	32.64	32.0	32.3	0.3	±0.02	3.6	+0.50 0	

续表

公称外径	管材平均外径		内管平均外径		外管		内管		不圆度
d_n	$d_{n,min}$	$d_{n,max}$	$d_{en,min}$	$d_{en,max}$	壁厚	允许偏差	壁厚	允许偏差	
40	40.76	40.84	40.0	40.4	0.4	±0.02	4.5	$^{+0.60}_{0}$	$\leqslant 0.015d_n$
50	50.76	50.84	50.0	50.5	0.4	±0.02	5.6	$^{+0.70}_{0}$	
63	63.96	64.04	63.0	63.6	0.5	±0.02	7.1	$^{+0.90}_{0}$	
75	75.96	76.04	75.0	75.7	0.5	±0.02	8.4	$^{+1.00}_{0}$	$\leqslant 0.017d_n$
90	91.16	91.24	90.0	90.9	0.6	±0.02	10.1	$^{+1.20}_{0}$	
110	111.36	111.44	110.0	111.0	0.7	±0.02	12.3	$^{+1.40}_{0}$	
125	126.36	126.44	125.0	126.2	0.7	±0.02	14.0	$^{+1.50}_{0}$	$\leqslant 0.018d_n$
160	161.56	161.64	160.0	161.5	0.8	±0.02	17.9	$^{+1.90}_{0}$	

（3）连接管件的壁厚、承口

热熔承插连接管件的壁厚、承口如图 6.1-4 所示，其尺寸应符合表 6.1-10 的规定。

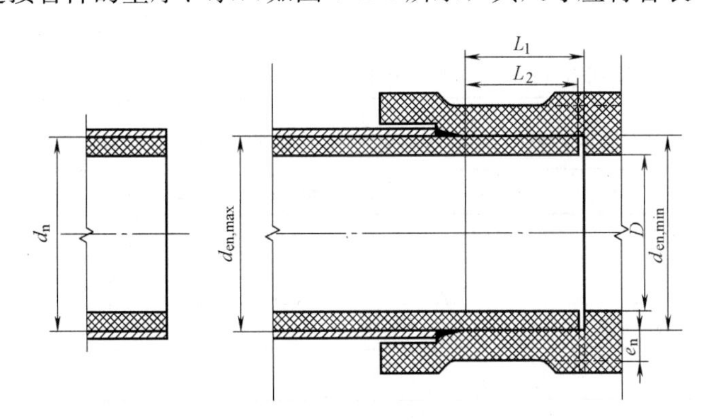

图 6.1-4　热熔承插连接管件承口

热熔承插连接管件公称外径及壁厚、承口尺寸（mm）　　表 6.1-10

公称外径 d_n	壁厚 e_n	最小承口深度 L_1	最小承插深度 L_2	承口的平均内径				最大不圆度	最小通径 D
				$d_{en,min}$		$d_{en,max}$			
				最小	最大	最小	最大		
20	3.4	14.5	11.0	18.8	19.3	19.0	19.5	0.6	13
25	4.2	16.0	12.5	23.5	24.1	23.8	24.4	0.7	18
32	5.4	18.1	14.6	30.4	31.0	30.7	31.3	0.7	25
40	6.7	20.5	17.0	38.3	38.9	38.7	39.3	0.7	31

续表

公称外径 d_n	壁厚 e_n	最小承口深度 L_1	最小承插深度 L_2	承口的平均内径				最大不圆度	最小通径 D
				$d_{en,min}$		$d_{en,max}$			
				最小	最大	最小	最大		
50	8.3	23.5	20.0	48.3	48.9	48.7	49.3	0.8	39
63	10.5	27.4	23.9	61.1	61.7	61.6	62.2	0.8	49
75	12.5	31.0	27.5	71.9	72.7	73.2	74.0	1.0	58.2
90	15.0	35.5	32.0	86.4	87.4	87.8	88.8	1.2	69.8
110	18.3	41.5	38.0	105.8	106.8	107.3	108.3	1.4	85.4
125	20.8	47.5	44.0	120.6	121.8	122.2	123.4	1.5	97.0
160	26.6	58.0	54.5	154.8	156.3	156.6	158.1	1.8	124.2

注：管件按管系列 S 取值 2.5。

（4）管材的物理性能试验

不锈钢衬塑复合管材与管件的物理性能试验应符合表 6.1-11、表 6.1-12、表 6.1-13 的要求。

不锈钢衬塑（PP-R）复合管材与管件的物理力学性能 **表 6.1-11**

项目	试验环应力(MPa)	试验温度(℃)	试验时间(h)	试样数量	指标
静液压试验	16.0	20	1	3	无破裂、无渗漏
	3.8	95	165	3	
	3.5	95	1000	3	
静液压状态下热稳定性试验	1.9	110	8760	1	
PP-R 熔体质量流动速率 MFR(230℃/2.16kg),g/10min				3	变化率≤原材料 30%

不锈钢衬塑（PB）复合管材与管件的物理力学性能 **表 6.1-12**

项目	试验环应力(MPa)	试验温度(℃)	试验时间(h)	试样数量	指标
静液压试验	15.5	20	1	3	无破裂、无渗漏
	6.2	95	165	3	
	6.0	95	1000	3	
静液压状态下热稳定性试验	2.4	110	8760	1	
PB 熔体质量流动速率 MFR(190℃/5kg),g/100min				3	与原材料测定值之差，不应超过 0.3g/10min

不锈钢衬塑（PE-RT）复合管材与管件的物理力学性能 **表 6.1-13**

项目	试验环应力(MPa)	试验温度(℃)	试验时间(h)	试样数量	指标
静液压试验	10.0	20	1	3	无破裂、无渗漏
	3.55	95	165	3	
	3.5	95	1000	3	
静液压状态下热稳定性试验	1.9	110	8760	1	
PE-RT 熔体质量流动速率 MFR(190℃/2.16kg),g/10min				3	变化率≤原材料 30%

（5）卫生性能

用于生活饮用水的不锈钢衬塑复合管材与管件，其涉水材料的卫生性能应符合相关国家标准的规定。

（6）系统适应性

应在管材与管件连接后应进行静液压和耐冷热循环两项试验，并应符合 GB/T 18991 的规定。

5. 管材、管件外观

（1）管材

管材表面应光滑，不应有裂痕、焊疤和凹痕等明显缺陷，管中应平整无毛刺，端面应垂直管材轴线。管材表面可以采用各种表面处理方式，由供需双方商定。

（2）管件

管件表面不应有裂纹、气泡、脱皮和明显杂质、严重的缩形以及色泽不均匀、分解变色等缺陷，管件不应透光。

6. 标志、包装、运输、贮存

（1）标志

1）管材标志

每根管材上应有完整标志，其间距不应大于 2m。管材标志至少应包括：商标；产品类别；产品规格；标准号；生产日期或生产批号。

2）管件标志

管件至少应有以下永久性标志：商标；材料名称；产品规格。

（2）包装

管材应按相同类别和规格包装捆扎、封口，也可以由供需双方协商确定。通常每件包装不应超过 45kg，管件应按相同类别和规格装入纸箱。管材、管件包装至少应有下列内容：

1）生产厂名、厂址。

2）产品类别和商标。

3）产品规格。

4）生产日期或生产批号。

（3）运输

在运输管材管件时，不应暴晒、抛摔、重压和磕碰。

（4）储存

管材、管件不应露天存放，应在库房内合理堆放，远离热源，堆放高度不应超过 1.5m。

【依据技术标准】城建行业标准《不锈钢衬塑复合管材与管件》CJ/T 184—2012。

6.1.4 铝管搭接焊式铝塑复合压力管

铝管搭接焊式铝塑复合压力管，系指用于输送允许工作压力下的饮用冷水、热水的给水输配系统、低温热水采暖系统、地下灌溉系统、工业特种流体、压缩空气、燃气等搭接焊式铝塑管。

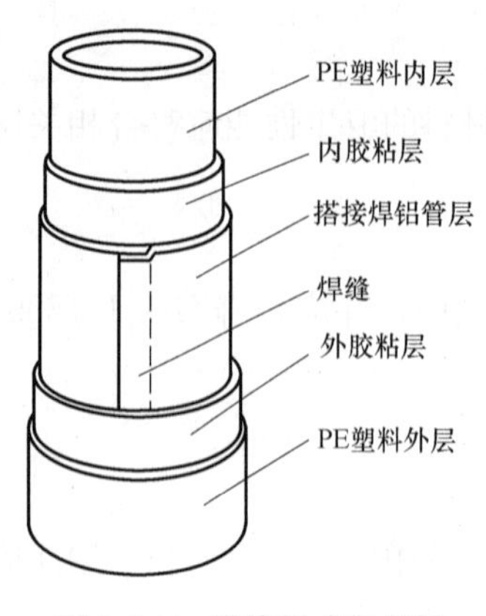

图 6.1-5 搭接焊式铝塑管

饮用水用铝塑管的卫生指标应符合《生活饮用水输配水设备及防护材料的安全性评价标准》GB/T 17219 的规定。

1. 品种分类

搭接焊式铝塑管（以下简称铝塑管），如图 6.1-5 所示，此种管材中的铝管是以搭接形式焊接的，图中纵向虚线所示即为搭接焊缝。

（1）铝塑管按输送流体的不同进行分类，见表 6.1-14。

（2）铝塑管按复合组分材料分类及代号

1）聚乙烯/铝合金/聚乙烯（PAP）；

2）交联聚乙烯/铝合金/交联聚乙烯（XPAP）

铝塑管品种分类 **表 6.1-14**

流体类别		用途代号	铝塑管代号	长期工作温度 T_0（℃）	允许工作压力 p_0（MPa）
水	冷水	L	PAP	40	1.25
	冷热水	R	PAP	60	1.00
				75[a]	0.82
				82[a]	0.69
			XPAP	75	1.00
				82	0.86
燃气[a]	天然气	Q	PAP	35	0.40
	液化石油气				0.40
	人工煤气[b]				0.20
特种流体[c]		T		40	0.50

[a] 系指采用中密度聚乙烯（乙烯与辛烯共聚物）材料生产的复合管。

[b] 在输送人工煤气时，工程中应考虑到冷凝剂中芳香烃对管材的不利影响。

[c] 系指和 HDPE 的抗化学药品性能相一致的特种流体。

2. 管材规格尺寸

铝塑管的规格尺寸见表 6.1-15。铝塑管可以盘卷式或直管式供货，其长度应不少于出厂规定值。

铝塑管结构尺寸要求（mm） **表 6.1-15**

公称外径 d_n	公称外径公差	参考内径 d_i	圆度		管壁厚 e_m		内层塑料最小壁厚 e_n	外层塑料最小壁厚 e_w	铝管层最小壁厚 e_a
			盘管	直管	最小值	公差			
12	+0.3 0	8.3	≤0.8	≤0.4	1.6	+0.5 0	0.7	0.4	0.18
16		12.1	≤1.0	≤0.5	1.7		0.9		
20		15.7	≤1.2	≤0.6	1.9		1.0		0.23
25		19.9	≤1.5	≤0.8	2.3		1.1		
32		25.7	≤2.0	≤1.0	2.9		1.2		0.28

续表

公称外径 d_n	公称外径公差	参考内径 d_i	圆度		管壁厚 e_m		内层塑料最小壁厚 e_n	外层塑料最小壁厚 e_w	铝管层最小壁厚 e_a
			盘管	直管	最小值	公差			
40	$^{+0.3}_{0}$	31.6	≤2.4	≤1.2	3.9	$^{+0.6}_{0}$	1.7	0.4	0.33
50		40.5	≤3.0	≤1.5	4.4	$^{+0.7}_{0}$	1.7		0.47
63	$^{+0.4}_{0}$	50.5	≤3.8	≤1.9	5.8	$^{+0.9}_{0}$	2.1		0.57
70	$^{+0.4}_{0}$	59.3	≤4.5	≤2.3	7.3	$^{+1.1}_{0}$	2.8		0.67

3. 管环径向拉力

铝塑管材因塑料材料采用中密度聚乙烯树脂（MDPE）或高密度聚乙烯树脂（HDPE）、交联聚乙烯（PEX）的不同，管环径向拉力及爆破压力应不小于表 6.1-16 的规定，即按表中给出的爆破压力进行爆破试验时，管材不应发生破裂。

铝塑管管环径向拉力及爆破压力 **表 6.1-16**

公称外径 d_n(mm)	管环径向拉力(N)		爆破压力(MPa)
	MDPE	HDPE,PEX	
12	2000	2100	7.0
16	2100	2300	6.0
20	2400	2500	5.0
25	2400	2500	4.0
32	2500	2650	
40	3200	3500	
50	3500	3700	3.8
63	5200	5500	
75	6000	6000	

4. 管材的强度、气密性

(1) 铝塑管的静液压强度试验应符合表 6.1-17 的规定。

静液压强度试验 **表 6.1-17**

公称外径 d_n(mm)	用途代号				试验时间(h)	要求
	L、Q、T		R			
	试验压力(MPa)	试验温度(℃)	试验压力(MPa)	试验温度(℃)		
12,16,20,25,32	2.72	60	2.72	82	10	应无渗漏、无局部膨胀、无破裂
40,50,63,75	2.10		2.00 / 2.10*			

* 系指用于中密度聚乙烯（乙烯与辛烯共聚物）材料生产的铝塑管。

（2）对盘卷式铝塑管进行气密试验时，管壁应无泄漏。

5. 系统适用性

厂家应对冷热水用铝塑管进行系统适用性试验，试验时应将管材与管件连接成管道系统，分别进行冷热水循环、循环压力冲击、真空、耐拉拔 4 项试验。

（1）耐冷热水循环性能

管道系统按表 6.1-18 规定条件进行冷热水循环试验时，管材、管件及连接处应无破裂、泄漏。

冷热水循环试验条件 **表 6.1-18**

最高试验温度（℃）	最低试验温度（℃）	试验压力（MPa）	循环次数	每次循环时间（min）
T_0+10	20±2	$p_0\pm0.05$	5000	30±2

注：最高试验温度不超过 90℃；每次循环时间冷热各 15±1min。

（2）循环压力冲击性能

管道系统按表 6.1-19 规定的条件进行循环压力冲击试验时，管材、管件及连接处应无破裂、泄漏。

循环压力冲击试验条件 **表 6.1-19**

最高试验压力（MPa）	最低试验压力（MPa）	试验温度（℃）	循环次数	循环频率（次/min）
1.5±0.05	0.1±0.05	23±2	10000	≥30

（3）真空试验

管道系统进行真空试验时应符合表 6.1-20 的条件。

真空试验条件 **表 6.1-20**

试验温度（℃）	试验压力（MPa）	试验时间（h）	压力变化（MPa）
23	−0.08	1	≤0.005

（4）耐拉拔性能

按表 6.1-21 规定条件分别进行短期拉拔试验和持久拉拔试验，管材与管件连接处应无任何泄漏和相对轴向移动。

耐拉拔性能 **表 6.1-21**

<table>
<tr><th rowspan="2">公称外径 d_n（mm）</th><th colspan="2">短期拉拔性能</th><th colspan="2">持久拉拔性能</th></tr>
<tr><th>拉拔力（N）</th><th>试验时间（h）</th><th>拉拔力（N）</th><th>试验时间（h）</th></tr>
<tr><td>12</td><td>1100</td><td rowspan="9">1</td><td>700</td><td rowspan="9">800</td></tr>
<tr><td>16</td><td>1500</td><td>1000</td></tr>
<tr><td>20</td><td>2400</td><td>1400</td></tr>
<tr><td>25</td><td>3100</td><td>2100</td></tr>
<tr><td>32</td><td>4300</td><td>2800</td></tr>
<tr><td>40</td><td>5800</td><td>3900</td></tr>
<tr><td>50</td><td rowspan="3">7900</td><td rowspan="3">5300</td></tr>
<tr><td>63</td></tr>
<tr><td>75</td></tr>
</table>

6. 表面质量及颜色要求

铝塑管内外表面应清洁、光滑，不应有气泡、明显的划伤、杂质等缺陷；为便于识别用途，室内铝塑管的外层宜采用以下颜色：

（1）冷水用铝塑管为黑色、蓝色或白色；

（2）冷热水用铝塑管为橙红色；

（3）燃气用铝塑管为黄色。

室外用铝塑管外层应采用黑色，但管道上应标有表示用途颜色的色标。

7. 产品标记

铝管对接焊式铝塑管的产品标记由以下部分组成：

铝塑管代号：XPAP、PAP；

外径尺寸/mm；

聚乙烯密度特征代号：高密度聚乙烯为 H、中密度聚乙烯为 M；

铝管焊接特征代号，铝管搭接焊式为 A；

用途代号：冷水为 L，冷热水为 R、燃气为 Q、特种流体为 T；

标准代号：GB/T 18997.1。

例如：一种内外为高密度聚乙烯塑料，嵌入金属层为搭接焊铝管，外径 25mm 的作冷热水输送用铝塑管，应标记为：

XPAP・25HA-R・GB/T 18997.1

8. 包装、运输和贮存

管材出厂时管端应封堵严密，防止污染及异物进入。盘卷铝塑管，盘内径不应小于铝塑管外径的 20 倍，且不应小于 400mm。铝塑管可用纸箱、木箱等包装箱或其他适宜的包装方式。如使用包装箱，应有如下标志：产品名称；厂家名称、地址；品种规格、颜色；产品数量、箱体尺寸、毛重；商标；装箱日期。包装箱内应有产品合格证和产品使用说明书等文件。

铝塑管运输时应避免划伤、抛摔、撞击、挤压、暴晒、雨淋、油脂和化学污染。

铝塑管应避免阳光直晒、雨淋。室内贮存应远离热源、油污和化学污染处，宜存放在通风良好、环境温度为−20～40℃，堆放高度不宜超过 2m。

【依据技术标准】《铝塑复合压力管　第 1 部分：铝管搭接焊式铝塑管》GB/T 18997.1-2003。

6.1.5　铝管对接焊式铝塑复合压力管

铝管对接焊式铝塑复合压力管，系指用于输送允许工作压力下的饮用冷水、热水的给水输配系统、低温热水采暖系统、地下灌溉系统、工业特种流体、压缩空气、燃气等对接焊式铝塑管。

饮用水用铝塑管的卫生指标应符合《生活饮用水输配水设备及防护材料的安全性评价标准》GB/T 17219 的规定。

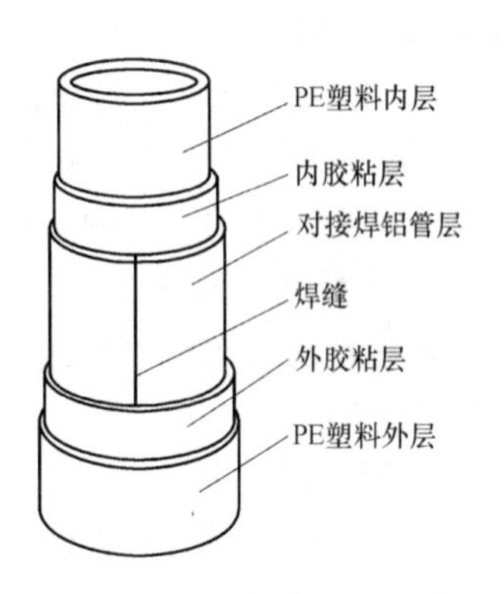

图 6.1-6　对接焊式铝塑管

1. 品种分类

对接焊式铝塑管（以下简称铝塑管），如图 6.1-6 所示，此种管材中的铝管是以对接形式焊接的，图中纵向虚线所示即为对接焊缝。

（1）铝塑管按输送流体的不同进行分类，见表 6.1-22。

铝塑管的品种分类　　**表 6.1-22**

流体类别		用途代号	铝塑管代号	长期工作温度 T_0(℃)	允许工作压力 p_0(MPa)
水	冷水	L	PAP3,PAP4	40	1.40
			XPAP1,XPAP2		2.00
	冷热水	R	PAP3,PAP4	60	1.00
			XPAP1,XPAP2	75	1.50
			XPAP1,XPAP2	95	1.25
燃气[a]	天然气	Q	PAP4	35	0.40
	液化石油气				0.40
	人工煤气[b]				0.20
特种流体[c]		T	PAP3	40	0.50

[a] 输送燃气时，应符合燃气安装的规定。

[b] 在输送人工煤气时，工程中应考虑到冷凝剂中芳香烃对管材的不利影响。

[c] 系指和 HDPE 的抗化学药品性能相一致的特种流体。

（2）铝塑管按复合组分材料分类

1）一型铝塑管：聚乙烯/铝合金/交联聚乙烯（XPAP1）

外层为聚乙烯塑料，内层为交联聚乙烯塑料，嵌入金属层为对接焊铝合金的复合管。适合较高的工作温度和流体压力条件下使用。

2）二型铝塑管：交联聚乙烯/铝合金/交联聚乙烯（XPAP2）

内外层均为交联聚乙烯塑料，嵌入金属层为对接焊铝合金的复合管。适合较高的工作温度和流体压力下使用，比一型管具有更好的抗外部恶劣环境的性能。

3）三型铝塑管：聚乙烯/铝/聚乙烯（PAP3）

内外层均为聚乙烯塑料，嵌入金属层为对接焊铝的复合管。适合较低的工作温度和流体压力下使用。

4）四型铝塑管：聚乙烯/铝合金/聚乙烯（PAP4）

内外层均为聚乙烯塑料，嵌入金属层为对接焊铝合金的复合管。适合较低的工作温度和流体压力下使用。可用于输送燃气等气体。

2. 管材规格尺寸

铝塑管的结构尺寸见表 6.1-23。铝塑管可以盘卷式或直管式供货，其长度应不少于出厂规定值。

3. 对管件的要求

此种管材一般要求管件本体采用黄铜冷挤压材料或锻造材料生产，管件有如图 6.1-7 所示的冷压式和如图 6.1-8 所示的螺纹压紧式，其结构参考尺寸分别见表 6.1-24、表 6.1-25。

铝塑管结构尺寸要求（mm） **表 6.1-23**

公称外径 d_n	公称外径公差	参考内径 d_i	圆度		管壁厚 e_m		内层塑料壁厚 e_n		外层塑料最小壁厚 e_w	铝管层最小壁厚 e_a	
			盘管	直管	最小值	公差	公称值	公差		公称值	公差
16	$^{+0.3}_{0}$	10.9	≤1.0	≤0.5	2.3	$^{+0.5}_{0}$	1.4	0.1	0.3	0.28	0.04
20		14.5	≤1.2	≤0.6	2.5		1.5			0.36	
25(26)		18.5(19.5)	≤1.5	≤0.8	3.0		1.7			0.4	
32		25.5	≤2.0	≤1.0			1.6			0.60	
40	$^{+0.4}_{0}$	32.4	≤2.4	≤1.2	3.5	$^{+0.6}_{0}$	1.9		0.4	0.75	
50	$^{+0.5}_{0}$	41.4	≤3.0	≤1.5	4.0		2.0			1.00	

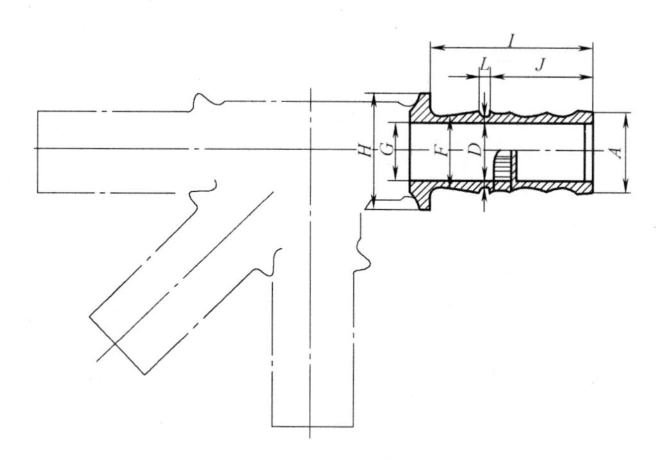

图 6.1-7 冷压式管件

冷压式管件结构参考尺寸（mm） **表 6.1-24**

管件	规格						
	16	20	25(26)	32	40	50	S50
ϕA	11.3	14.8	18.8(19.8)	25.8	32.8	41.8	
ϕD	9.2	12.7	16.3(17.3)	23.3	30.3	38.2	
ϕF	10	13.4	17(18)	24	30.6	39.2	
ϕG	7.4	10.7	14(15)	20.5	26.6	33	
ϕH	17.9	21.9	27.5(28.5)	34.7	43.5	54	
I	26	28.5	33	29.5	35	39	5
J	16.7	18	20.5	15.2	18.3	19.3	30.3
L	2	2	2.4	2.4	2.4	3.5	

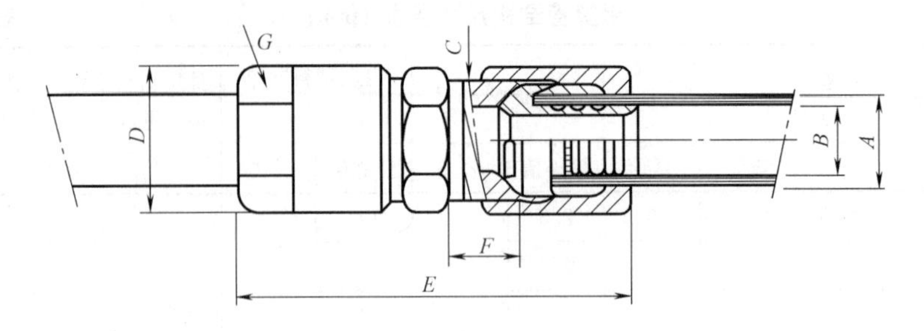

图 6.1-8 螺纹压紧式管件

螺纹压紧式管件结构参考尺寸（mm） **表 6.1-25**

管材规格	管件尺寸						
	A	B	C	D	E	F	G
16	16	11.5	M20	25	62	11	22
20	20	15	M27	30	68	11	27
25(26)	25(26)	20	M30	38	68	13	34

4. 管环径向拉力

铝塑管的塑料材料因采用中密度聚乙烯树脂（MDPE）或高密度聚乙烯树脂（HDPE）、交联聚乙烯（PEX）的不同，管环径向拉力及爆破压力应不小于表 6.1-26 的规定，即按表中给出的爆破压力进行爆破试验时，管材不应发生破裂。

铝塑管管环径向拉力及爆破压力 **表 6.1-26**

公称外径 d_n(mm)	管环径向拉力(N)		爆破压力(MPa)
	MDPE	HDPE,PEX	
16	2300	2400	8.00
20	2500	2500	7.00
25(26)	2890	2990	6.00
32	3270	3320	5.50
40	4200	4300	5.00
50	4800	4900	4.50

5. 静液压强度

静液压强度通常用水进行试验，分 1h 试验和 1000h 试验两种。

（1）1h 静液压强度

铝塑管进行 1h 静液压强度试验应符合表 6.1-27 要求。

铝塑管 1h 静液压强度试验 **表 6.1-27**

铝塑管代号	公称外径 d_n (mm)	试验温度 (℃)	试验压力 (MPa)	试验时间 (h)	要　求
XPAP1 XPAP2	16～32	95±2	2.42±0.05	1	应无破裂、无局部球形膨胀及渗漏
	40～50		2.00±0.05	1	
PAP3、PAP4	16～50	70±2	2.10±0.05	1	

（2）1000h 静液压强度

铝塑管进行 1000h 静液压强度试验时，应符合表 6.1-28 要求。

铝塑管 1000h 静液压强度试验 **表 6.1-28**

铝塑管代号	公称外径 d_n（mm）	试验温度（℃）	试验压力（MPa）	试验时间（h）	要求
XPAP1 XPAP2	16～32	95±2	1.93±0.05	1000	应无破裂、无局部球形膨胀及渗漏
	40～50		1.90±0.05	1000	
PAP3、PAP4	16～50	70±2	1.50±0.05	1000	

6. 系统适用性

厂家应对冷热水用铝塑管进行系统适用性试验，试验时应将管材与管件连接成管道系统，分别进行冷热水循环、循环压力冲击、真空、耐拉拔 4 项试验。此 4 项试验的规定与“6.1.4 铝管搭接焊式铝塑复合压力管”完全相同，只是耐拉拔试验涉及的材规格只有 16、20、25、32、40、50 共 6 种，但其试验数据与表 6.1-21 完全相同，不再重复叙述。

7. 表面质量及颜色要求

与前“6.1.4 铝管搭接焊式铝塑复合压力管”要求相同。

8. 产品标记

铝管对接焊式铝塑管的产品标记由以下部分组成：

铝塑管代号：XPAP、PAP；

铝塑管类型：一、二、三、四型；

外径尺寸/mm；

聚乙烯密度特征代号：高密度聚乙烯为 H、中密度聚乙烯为 M；

铝管焊接特征代号，铝管对接焊式为 D；

用途代号：冷水为 L，冷热水为 R、燃气为 Q、特种流体为 T；

标准代号：GB/T 18997.2。

例如：外层为高密度聚乙烯塑料，内层为高密度交联聚乙烯塑料，嵌入金属层为对接焊铝管的一型管，外径 25mm，作冷热水输送用铝塑管，应标记为：

XPAP1・25HD-R・GB/T 18997.2

9. 包装、运输和贮存

与前“6.1.4 铝管搭接焊式铝塑复合压力管”要求基本相同。

【依据技术标准】《铝塑复合压力管第 2 部分：铝管对接焊式铝塑管》GB/T 18997.2-2003。

6.1.6 铝塑复合压力管（对接焊）

铝塑复合压力管（对接焊），系指用于输送最大允许工作压力下的流体（包括工业及民用冷热水、供暖系统、地下灌溉系统、压缩空气、燃气等）的铝塑管（以下简称铝塑管）。

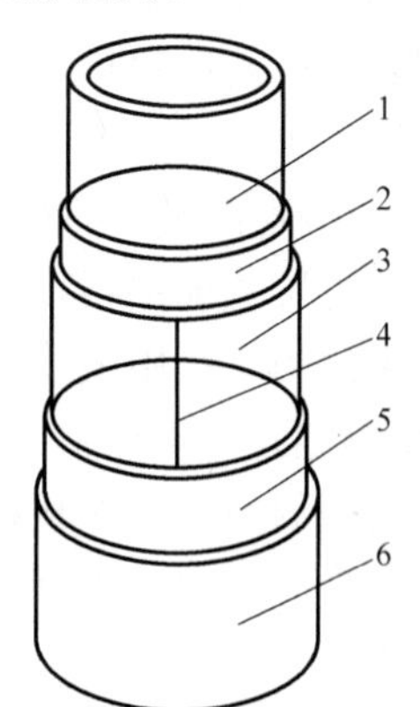

图 6.1-9 对接焊式铝塑管
1—塑料内层；2—内胶粘层；3—对接焊式铝管层；4—焊缝；5—外胶粘层；6—塑料外层

饮用水用铝塑管的卫生指标应符合《生活饮用水输配水设备及防护材料的安全性评价标准》GB/T 17219 的规定。

1. 品种分类

铝塑复合压力管（对接焊）管材中的铝管是以对接形式焊接而成的，如图 6.1-9 所示。

（1）铝塑管按输送流体的不同进行分类，见表 6.1-29。

铝塑管的品种分类 **表 6.1-29**

流体类别		用途代号	铝塑管代号	长期工作温度 T_o(℃)	允许工作压力 p_0(MPa)
水	冷水	L	PAP3,PAP4	40	1.40
			XPAP1,XPAP2,XPAP5		2.00
	冷热水	R	PAP3,PAP4	60	1.00
			XPAP1,XPAP2,XPAP5	75	1.50
			XPAP1,XPAP2,XPAP5	95	1.25
燃气[a]	天然气	Q	PAP4	35	0.40
	液化石油气				0.40
	人工煤气[b]				0.20

[a] 输送燃气时，应符合燃气安装的规定。

[b] 在输送人工煤气时，工程中应考虑到冷凝剂中芳香烃对管材的不利影响。

（2）铝塑管按复合组分材料分类，其型式如下：

1）一型铝塑管：聚乙烯/铝合金/交联聚乙烯（XPAP1）

外层为聚乙烯塑料，内层为交联聚乙烯塑料，嵌入金属层为对接焊铝合金的复合管。适合较高的工作温度和流体压力条件下使用。

2）二型铝塑管：交联聚乙烯/铝合金/交联聚乙烯（XPAP2）

内外层均为交联聚乙烯塑料，嵌入金属层为对接焊铝合金的复合管。适合较高的工作温度和流体压力下使用，比一型管具有更好的抗外部恶劣环境的性能。

3）三型铝塑管：聚乙烯/铝/聚乙烯（PAP3）

内外层均为聚乙烯塑料，嵌入金属层为对接焊铝的复合管。适合较低的工作温度和流体压力下使用。

4）四型铝塑管：聚乙烯/铝合金/聚乙烯（PAP4）

内外层均为聚乙烯塑料，嵌入金属层为对接焊铝合金的复合管。适合较低的工作温度和流体压力下使用。可用于输送燃气等气体。

5）五型铝塑管：耐热聚乙烯/铝合金/耐热聚乙烯（RPAP5）

内外层均为耐热聚乙烯塑料，嵌入金属层为对接焊铝合金的复合管。适合较高的工作温度和流体压力下使用，具有可热熔连接的性能。

2. 管材规格尺寸

铝塑管可以盘卷式或直管式供货，直管的长度一般为 4m；小于或等于 d_n32 的管材可做盘管，d_n16、d_n20、d_n25 盘管长度一般为 100m，d_n32 盘管长度一般为 50m，也可由供需双方协商确定；管材长度不允许有负偏差。铝塑管的规格尺寸见表 6.1-30。

铝塑管尺寸要求（mm） **表 6.1-30**

公称外径 d_n	公称外径公差	参考内径 d_i	圆度		管壁厚 e_m		内层塑料壁厚 e_n		外层塑料最小壁厚 e_w	铝管层最小壁厚 e_a	
			盘管	直管	最小值	公差	公称值	公差		公称值	公差
16	+0.3 0	10.9	≤1.0	≤0.5	2.3	+0.5 0	1.4	±0.1	0.3	0.28	±0.04
20		14.5	≤1.2	≤0.6	2.5		1.5			0.36	
25		18.5	≤1.5	≤0.8	3.0		1.7			0.44	
32		25.5	≤2.0	≤1.0			1.6			0.60	
40	+0.4 0	32.4	≤2.4	≤1.2	3.5	+0.6 0	1.9		0.4	0.75	
50	+0.5 0	41.4	≤3.0	≤1.5	4.0		2.0			1.00	

3. 管环径向拉力

铝塑管材因塑料材料采用的不同，管环径向拉力及爆破压力应不小于表 6.1-31 的规定，即按表中给出的爆破压力进行爆破试验时，管材不应发生破裂。

铝塑管管环径向拉力及爆破强度 **表 6.1-31**

公称外径 d_n(mm)	管环径向拉力（N）		爆破压力(MPa)
	MDPE，PE-RT	HDPE，PEX	
16	2300	2400	8.00
20	2500	2500	7.00
25	2890	2990	6.00
32	3270	3320	5.50
40	4200	4300	5.00
50	4800	4900	4.50

4. 静液压强度

静液压强度通常用水进行试验，分 1h 试验和 1000h 试验两种。

（1） 1h 静液压强度

铝塑管进行 1h 静液压强度试验应符合表 6.1-32 的要求。

铝塑管 1h 静液压强度试验 **表 6.1-32**

铝塑管代号	公称外径 d_n (mm)	试验温度 (℃)	试验压力 (MPa)	试验时间 (h)	要　求
XPAP1，XPAP2，RPAP5	16～32	95±2	2.42±0.05	1	应无破裂、无局部球形膨胀及渗漏
	40～50		2.00±0.05	1	
PAP3、PAP4	16～50	70±2	2.10±0.05	1	

（2） 1000h 静液压强度

铝塑管进行 1000h 静液压强度试验应符合表 6.1-33 的要求。

铝塑管 1000h 静液压强度试验 **表 6.1-33**

铝塑管代号	公称外径 d_n (mm)	试验温度 (℃)	试验压力 (MPa)	试验时间 (h)	要　求
XPAP1，XPAP2，RPAP5	16～32	95±2	1.93±0.05	1000	应无破裂、无局部球形膨胀及渗漏
	40～50		1.90±0.05	1000	
PAP3，PAP4	16～50	70±2	1.50±0.05	1000	

5. 系统适用性

厂家应对冷热水用铝塑管与机械连接式管件连接成管道系统后应通过冷热水循环、循环压力冲击、真空、拉拔 4 项系统适用性试验。冷热水用铝塑管与热熔型管件连接成管道系统后应通过系统静液压试验、冷热水循环试验及循环压力冲击试验 3 项系统适用性试验。

（1）耐冷热水循环性能

管道系统按表 6.1-34 规定条件进行冷热水循环试验时，管材、管件及连接处应无破裂、泄漏。

冷热水循环试验条件　　表 6.1-34

最高试验温度(℃)	最低试验温度(℃)	试验压力(MPa)	循环次数	每次循环时间(min)
T_0+10	20±2	p_0±0.05	5000	30±2

注：最高试验温度不超过 90℃；每次循环时间冷热各 15±1min。

（2）循环压力冲击性能

管道系统按表 6.1-35 规定的条件进行循环压力冲击试验时，管材、管件及连接处应无破裂、泄漏。

循环压力冲击试验条件　　表 6.1-35

最高试验压力(MPa)	最低试验压力(MPa)	试验温度(℃)	循环次数	循环频率（次/min）
1.5±0.05	0.1±0.05	23±2	10000	≥30

（3）真空试验

管道系统进行真空试验时应符合表 6.1-36 的要求。

真空试验条件　　表 6.1-36

试验温度(℃)	试验压力(MPa)	试验时间(h)	压力变化(MPa)
23	－0.08	1	≤0.005

（4）耐拉拔性能

按表 6.1-37 的规定条件分别进行短期拉拔试验和持久拉拔试验，管材与管件连接处应无任何泄漏和相对轴向移动。

耐拉拔性能　　表 6.1-37

公称外径 d_n(mm)	短期拉拔性能		持久拉拔性能	
	拉拔力(N)	试验时间(h)	拉拔力(N)	试验时间(h)
16	1500	1	1000	800
20	2400		1400	
25	3100		2100	
32	4300		2800	
40	5800		3900	
50	7900		5300	

6. 表面质量及颜色要求

铝塑管内外表面应清洁、光滑，不应有气泡、明显的划伤、凹陷、杂质、外表面颜色不均等缺陷；铝塑管内层塑料与铝层间不应有因脱胶而产生的痕迹线。

铝塑管外层一般为白色，其他颜色可根据供需双方协议确定，还应满足相关规定；室外用铝塑管外层应采用黑色，但管道上应标有表示用途颜色的色标。

7. 产品标记

此种铝塑复合压力管（对接焊）的产品标记由以下部分组成：

铝塑管代号：XPAP、PAP、RPAP；

铝塑管类型：1、2、3、4、5 型；

外径尺寸：mm；

聚乙烯密度特征代号：高密度聚乙烯为 H、中密度聚乙烯为 M；

铝层焊接特征代号，铝管对接焊式为 D；

用途代号：冷水为 L，冷热水为 R、燃气为 Q；

标准代号：CJ/T 159。

例如：一种外径 20mm，外层和内层为 PE-RT 塑料，嵌入金属层为对接焊铝管的五型铝塑管，作冷热水输送管。应标记为：

RPAP5 • 20MD-R • CJ/T 159

8. 包装、运输和贮存

出厂时管端应封堵严密，防止污染及异物进入。盘卷铝塑管，盘内径不应小于铝塑管外径的 20 倍，且不应小于 400 mm。铝塑管可用纸箱、木箱等包装箱或其他适宜的包装方式。如使用包装箱，应有如下标志：产品名称；厂家名称、地址；品种规格、颜色；产品数量、箱体尺寸、毛重；商标；装箱日期。包装箱内应有产品合格证和产品使用说明书等文件。

运输时应避免划伤、抛摔、撞击、挤压、暴晒、雨淋、油脂和化学污染。铝塑管应避免阳光直晒、雨淋。室内贮存应远离热源、油污和化学污染处，宜存放在通风良好、环境温度为－20～40℃，堆放高度不宜超过 2 m。

【依据技术标准】城建行业标准《铝塑复合压力管（对接焊）》CJ/T 159-2006。

6.1.7 钢丝网骨架塑料（聚乙烯）复合管

钢丝网骨架塑料（聚乙烯）复合管材及管件，适用于城镇和建筑内外冷热水、饮用水、城镇燃气以及特种流体（如工业废水、腐蚀性气体、固体粉末等）输送使用。

饮用水用管材及管件的卫生性能应符合《生活饮用水输配水设备及防护材料安全性评价标准》GB/T 17219 的规定。

1. 管材定义

钢丝网骨架塑料（聚乙烯）复合管材（以下简称复合管材），系指以包覆处理后的高强度钢丝为中间层，内外层为塑料，采用专用热熔胶，以挤压成型方法复合成的管材，其结构如图 6.1-10 所示。

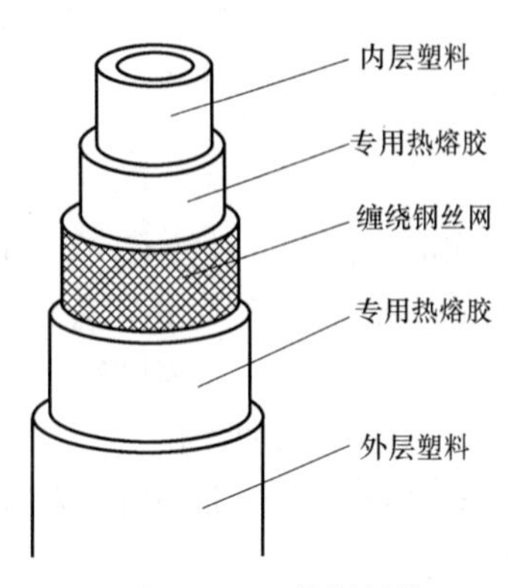

图 6.1-10 管材结构

钢丝网骨架塑料（聚乙烯）复合管件（以下简称复合管件），有以下四种：

（1）塑料电熔管件

具有一个或几个组合加热元件，可将电能转换成热能，从而与管材或管件插口端熔接的聚乙烯（PE）

管件。

（2）钢骨架塑料复合电熔管件

薄钢板均匀冲孔后，卷制焊接成钢筒或以钢丝网筒为增强骨架与塑性复合的且具有一个或几个组合加热元件，能够将电能转换成热能，从而与管材或钢骨架塑料复合管件插口端熔接的聚乙烯（PE）管件。

（3）钢骨架塑料复合管件

薄钢板均匀冲孔后，卷制焊接成钢筒或以钢丝网筒为增强骨架与塑性复合的聚乙烯（PE）管件。无组合加热元件。

（4）机械连接管件

采用机械方式将管材与另一段管材或管道附件连接的管件。

2. 管材、管件分类

（1）管材、管件的分类及代号为：给水用管材、管件，代号为 L；燃气用管材、管件，代号为 Q；特种流体用管材、管件，代号为 T。

（2）塑料电熔管件包括 90°弯头、45°弯头、三通、异径直通及法兰管件等。

（3）钢骨架塑料复合电熔管件包括：等径三通、法兰管件等。

（4）钢骨架塑料复合管件包括 90°弯头、45°弯头、三通、异径直通等，其连接方式与钢骨架塑料复合电熔管件配套使用。

（5）机械连接管件包括螺纹接头、压接接头、焊接或法兰等，一般可在施工现场装配或制造厂在工厂预制。

3. 复合管标记

管材标记应按图 6.1-11 所示进行。

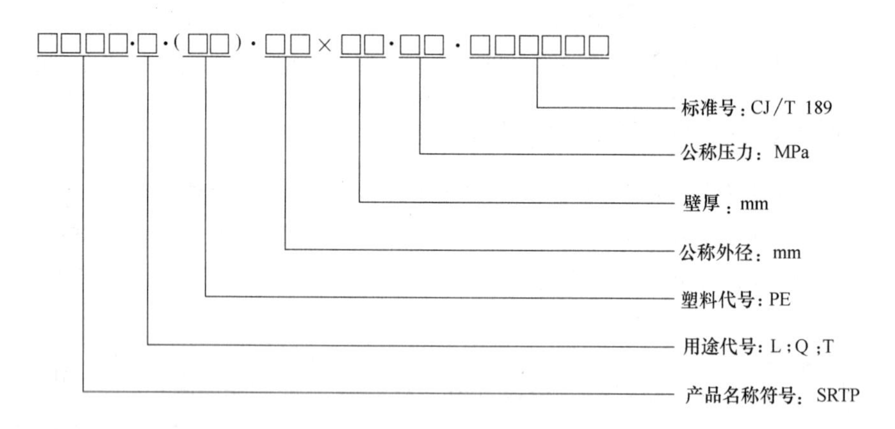

图 6.1-11 管材标记图

标记示例：一种按 CJ/T 189-2007 标准生产的钢丝缠绕和聚乙烯复合管，公称外径为 110mm，壁厚为 7.0mm，公称压力为 1.6MPa，给水输送用管材，标记为：

SRTP-L-(PE)·110×7.0-1.6·CJ/T 189-2007

4 管材的规格尺寸

给水及特种流体用管材的规格尺寸见表 6.1-38；燃气用管材的规格尺寸见表 6.1-39。

给水及特种流体用管材规格尺寸 **表 6.1-38**

公称外径 d_n (mm)		公称压力(MPa)						
		0.8	1.0	1.25	1.6	2.0	2.5	3.5
基本尺寸	极限偏差	公称壁厚 e_n 及极限偏差(mm)						
50	$^{+1.2}_{0}$				$4.5^{+1.2}_{0}$	$5.0^{+1.2}_{0}$	$5.5^{+1.5}_{0}$	$5.0^{+1.5}_{0}$
63	$^{+1.4}_{0}$				$4.5^{+1.2}_{0}$	$5.0^{+1.2}_{0}$	$5.5^{+1.5}_{0}$	$5.0^{+1.5}_{0}$
75	$^{+1.5}_{0}$				$5.0^{+1.2}_{0}$	$5.0^{+1.2}_{0}$	$5.5^{+1.5}_{0}$	$6.0^{+1.5}_{0}$
90	$^{+1.6}_{0}$				$5.5^{+1.5}_{0}$	$5.5^{+1.5}_{0}$	$5.5^{+1.5}_{0}$	$6.0^{+1.5}_{0}$
110	$^{+2.0}_{0}$		$5.5^{+1.5}_{0}$	$5.5^{+1.5}_{0}$	$7.0^{+1.5}_{0}$	$7.0^{+1.5}_{0}$	$7.5^{+1.5}_{0}$	$8.5^{+1.5}_{0}$
140	$^{+2.3}_{0}$		$5.5^{+1.5}_{0}$	$5.5^{+1.5}_{0}$	$8.0^{+1.5}_{0}$	$8.5^{+1.5}_{0}$	$9.0^{+1.5}_{0}$	$9.5^{+1.5}_{0}$
160	$^{+2.5}_{0}$		$6.0^{+1.5}_{0}$	$6.0^{+1.5}_{0}$	$9.0^{+1.5}_{0}$	$9.5^{+1.5}_{0}$	$10.0^{+2.0}_{0}$	$10.5^{+2.0}_{0}$
200	$^{+2.7}_{0}$		$6.0^{+1.5}_{0}$	$6.0^{+1.5}_{0}$	$9.5^{+1.5}_{0}$	$10.5^{+2.0}_{0}$	$11.0^{+2.0}_{0}$	$12.5^{+2.2}_{0}$
225	$^{+2.8}_{0}$		$8.0^{+1.5}_{0}$	$8.0^{+1.5}_{0}$	$10.0^{+2.0}_{0}$	$10.5^{+2.0}_{0}$	$11.0^{+2.0}_{0}$	
250	$^{+3.0}_{0}$	$8.0^{+1.5}_{0}$	$10.5^{+2.0}_{0}$	$10.5^{+2.0}_{0}$	$12.0^{+2.2}_{0}$	$12.0^{+2.2}_{0}$	$12.5^{+2.2}_{0}$	
315	$^{+3.2}_{0}$	$9.5^{+1.5}_{0}$	$11.5^{+2.0}_{0}$	$11.5^{+2.0}_{0}$	$13.0^{+2.5}_{0}$	$13.0^{+2.5}_{0}$		
355	$^{+3.0}_{0}$	$10.0^{+1.5}_{0}$	$12.0^{+2.0}_{0}$	$12.0^{+2.0}_{0}$	$14.0^{+2.5}_{0}$			
400	$^{+3.2}_{0}$	$10.5^{+2.0}_{0}$	$12.5^{+2.0}_{0}$	$12.5^{+2.0}_{0}$	$15.0^{+2.8}_{0}$			
450	$^{+3.2}_{0}$	$11.5^{+2.0}_{0}$	$13.5^{+2.5}_{0}$	$13.5^{+2.5}_{0}$	$16.0^{+2.8}_{0}$			
500	$^{+3.2}_{0}$	$12.5^{+2.2}_{0}$	$15.5^{+2.8}_{0}$	$15.5^{+2.8}_{0}$	$18.0^{+2.8}_{0}$			
560	$^{+3.2}_{0}$	$17.0^{+3.0}_{0}$	$20.0^{+3.0}_{0}$					
630	$^{+3.2}_{0}$	$20.0^{+2.0}_{0}$	$23.0^{+3.0}_{0}$					

燃气用管材的规格尺寸 **表 6.1-39**

公称外径 d_n (mm)		公称压力(MPa)				
		0.4	0.6	0.8	1.0	1.25
基本尺寸	极限偏差	公称壁厚 e_n 及极限偏差(mm)				
50	$^{+1.2}_{0}$		$4.5^{+1.2}_{0}$	$5.0^{+1.2}_{0}$	$5.0^{+1.5}_{0}$	$5.0^{+1.5}_{0}$
63	$^{+1.2}_{0}$		$4.5^{+1.2}_{0}$	$5.0^{+1.2}_{0}$	$5.0^{+1.5}_{0}$	$5.0^{+1.5}_{0}$
75	$^{+1.2}_{0}$		$5.0^{+1.2}_{0}$	$5.0^{+1.2}_{0}$	$5.0^{+1.5}_{0}$	$6.0^{+1.5}_{0}$
90	$^{+1.4}_{0}$		$5.5^{+1.5}_{0}$	$5.5^{+1.5}_{0}$	$5.0^{+1.5}_{0}$	$6.0^{+1.5}_{0}$
110	$^{+1.5}_{0}$	$5.5^{+1.5}_{0}$	$7.0^{+1.5}_{0}$	$7.0^{+1.5}_{0}$	$7.5^{+1.5}_{0}$	$8.5^{+1.5}_{0}$
140	$^{+1.7}_{0}$	$5.5^{+1.5}_{0}$	$8.0^{+1.5}_{0}$	$8.5^{+1.5}_{0}$	$9.0^{+1.5}_{0}$	$9.5^{+1.5}_{0}$
160	$^{+2.0}_{0}$	$6.0^{+1.5}_{0}$	$9.0^{+1.5}_{0}$	$9.5^{+1.5}_{0}$	$10.0^{+2.0}_{0}$	$10.5^{+2.0}_{0}$

续表

公称外径 d_n (mm)		公称压力(MPa)				
		0.4	0.6	0.8	1.0	1.25
基本尺寸	极限偏差	公称壁厚 e_n 及极限偏差(mm)				
200	$^{+2.3}_{0}$	$6.0^{+1.5}_{0}$	$9.5^{+1.5}_{0}$	$10.5^{+1.5}_{0}$	$11.0^{+2.0}_{0}$	$12.5^{+2.0}_{0}$
225	$^{+2.5}_{0}$	$8.0^{+2.0}_{0}$	$10.0^{+2.0}_{0}$	$10.5^{+1.5}_{0}$	$11.0^{+2.0}_{0}$	
250	$^{+2.5}_{0}$	$10.5^{+2.0}_{0}$	$12.0^{+2.2}_{0}$	$12.0^{+2.2}_{0}$	$12.5^{+2.2}_{0}$	
315	$^{+2.7}_{0}$	$11.5^{+2.2}_{0}$	$13.0^{+2.5}_{0}$	$13.0^{+2.5}_{0}$		
355	$^{+2.8}_{0}$	$12.0^{+2.2}_{0}$	$14.0^{+2.5}_{0}$			
400	$^{+3.0}_{0}$	$12.5^{+2.5}$	$15.0^{+2.5}_{0}$			
450	$^{+3.2}_{0}$	$13.5^{+2.8}_{0}$	$16.0^{+2.5}_{0}$			
500	$^{+3.2}_{0}$	$15.5^{+2.8}_{0}$	$18.0^{+3.0}_{0}$			
560	$^{+3.2}_{0}$	$20.0^{+3.0}_{0}$				
630	$^{+3.2}_{0}$	$23.0^{+3.0}_{0}$				

5. 短期静液压强度及爆破压力试验

复合管材及钢骨架塑料复合电熔管件、钢骨架塑料复合管件的短期静液压强度及爆破压力试验，应符合表 6.1-40 的要求。

当输送温度 20℃以上介质时，表 6.1-39 中的公称压力应乘以表 6.1-41 的修正系数。

短期静液压强度及爆破压力试验要求 **表 6.1-40**

用途符号	试验温度(℃)	短期静液压压力及爆破压力(MPa)	试验时间(h)	性能要求
L、T	20 80 20	公称压力×2 公称压力×2×0.6 爆破压力≥公称压力×3	1 165 —	不破裂，不渗漏 不破裂，不渗漏 爆 破
Q	20 80 20	公称压力×2 公称压力×1.6×2×0.6 爆破压力≥公称压力×3.3×1.6	1 165 —	不破裂，不渗漏 不破裂，不渗漏 爆 破

注：当 d_n≥250mm 时，爆破压力试验不作强制性要求。

温度压力修正系数 **表 6.1-41**

温度 t(℃)	0≤t≤20	20<t≤30	30<t≤40	40<t≤50	50<t≤60
修正系数	1.0	0.95	0.9	0.86	0.81

6. 颜色、外观

(1) 颜色

根据用途的不同，管材外层宜采用下列颜色：

——给水用管材，采用蓝色或黑色，黑色管应有蓝色色条。

——燃气用管材，采用黄色或黑色，黑色管应有黄色色条。

——特种流体用管材，采用红色或黑色，黑色管应有红色色条。

管件颜色为黑色。

（2）外观

复合管材的外表面色泽应均匀，无明显划伤、无气泡、无针眼、无脱皮等影响使用的缺陷；复合管材的内表面应光滑平整，无斑点、无针眼、无裂纹、无异物；管材端头应进行复合层间防渗密封处理。

7. 出厂检验

管材需经生产厂质量检验部门检验全部出厂检验项目合格，并附有合格证，方可出厂。出厂检验项目的检验按 CJ/T 189-2007 标准的规定进行。

管材检验项目有：颜色和外观；规格尺寸；短期静液压强度（20℃）；复合层静液压稳定性；热稳定性；熔体质量流动速率。

塑料电熔管件的出厂检验项目按《给水用聚乙烯（PE）管道系统　第 2 部分：管件》GB/T 13663.2 和《燃气用埋地聚乙烯（PE）管道系统　第 2 部分：管件》GB/T 15558.2 的规定进行。

8. 标志、包装、运输和贮存

（1）管材标志应包括以下内容：生产厂名或商标；产品名称或名称符号；产品用途分类；公称外径、壁厚；公称压力；标准编号；生产日期及批号。标志应在管外表面上循环出现。标志应耐久、易于识别，可用模印、打印、丝印等方式。

（2）产品包装方式由供需双方商定。

（3）产品在运输及装卸时，不得抛掷、划伤，防止剧烈撞击、避免油污和化学品污染。

（4）管材应存放在远离热源、油污和化学品污染，并干燥、通风的仓库内，避免长期露天暴晒。管材应水平堆放，高度不超过 1.5m。

【依据技术标准】城建行业标准《钢丝网骨架塑料（聚乙烯）复合管材及管件》CJ/T 189-2007。

6.1.8 内层熔接型铝塑复合管

内层熔接型铝塑复合管（以下简称内熔接铝塑管）是一种由多层无规共聚聚丙烯或耐热聚乙烯塑料与焊接金属管，通过热熔胶粘剂粘接而成的复合管。它外层塑料较薄，内层塑料较厚，通过专用工具将管材一端的外层塑料、铝管、热熔胶粘剂全部剥去，裸露内管外壁，即可进行热熔连接。此种管材适用于冷热水管道系统，包括工业及民用冷热水、饮用水和热水供暖系统，但不适用于水消防系统和非水介质的流体输送系统。

饮用水用内层熔接型铝塑管的卫生指标应符合《生活饮用水输配水设备及防护材料安全性评价标准》GB/T 17219 的规定。

1. 管材分类和结构尺寸

（1）管材分类

内熔接铝塑管按由外层到内层的材料分类，其型式为：

1）RT 型复合管：PE-RT（耐热聚乙烯）/AL（铝合金）/PE-RT（耐热聚乙烯）；

2）P 型复合管：PP-R（无规共聚聚丙烯）/AL（铝合金）/PP-R（无规共聚聚丙烯）。

（2）结构尺寸

内熔接铝塑管的结构尺寸应符合表 6.1-42 的要求，在铝管搭接焊缝处的塑料外层厚度至少为表中对应值的 1/2。

内熔接铝塑管结构尺寸（mm）　　　表 6.1-42

<table>
<tr><th rowspan="2">公称外径
d_n</th><th colspan="2">平均直径</th><th rowspan="2">参考内径
d_i</th><th colspan="2">外径不圆度</th><th colspan="2">管壁厚 e_m</th><th rowspan="2">内层塑料
最小壁厚
e_n</th><th rowspan="2">外层塑料
最小壁厚
e_w</th><th rowspan="2">铝管层
最小壁厚
e_a</th></tr>
<tr><th>$d_{em,min}$</th><th>$d_{em,max}$</th><th>盘 管</th><th>直 管</th><th>最小值</th><th>公差</th></tr>
<tr><td>16</td><td>18.6</td><td>18.9</td><td>11.8</td><td>≤1.2</td><td>≤0.6</td><td>3.10</td><td rowspan="2">+0.60</td><td>1.8</td><td rowspan="8">0.2</td><td rowspan="3">0.18</td></tr>
<tr><td>20</td><td>22.6</td><td>22.9</td><td>15.4</td><td>≤1.5</td><td>≤0.8</td><td>3.30</td><td>2.0</td></tr>
<tr><td>25</td><td>27.6</td><td>27.9</td><td>19.7</td><td>≤1.8</td><td>≤1.0</td><td>3.60</td><td>+0.70</td><td>2.3</td></tr>
<tr><td>32</td><td>35.4</td><td>35.7</td><td>25.4</td><td>≤2.2</td><td>≤1.2</td><td>4.60</td><td>+0.80</td><td>2.9</td><td>0.23</td></tr>
<tr><td>40</td><td>43.4</td><td>43.7</td><td>31.7</td><td rowspan="4">无</td><td>≤1.4</td><td>5.40</td><td>+0.90</td><td>3.7</td><td>0.25</td></tr>
<tr><td>50</td><td>53.4</td><td>53.7</td><td>39.8</td><td>≤1.6</td><td>6.30</td><td>+1.00</td><td>4.6</td><td rowspan="3">0.28</td></tr>
<tr><td>63</td><td>66.4</td><td>66.8</td><td>50.2</td><td>≤2.0</td><td>7.50</td><td>+1.20</td><td>5.8</td></tr>
<tr><td>75</td><td>78.4</td><td>79.0</td><td>59.0</td><td>≤2.5</td><td>9.00</td><td>+1.40</td><td>7.3</td></tr>
</table>

2. 管材与管件热熔连接的尺寸要求

热熔连接前，先将内熔接铝塑管一端外层塑料、铝管及热熔胶粘剂剥去，裸露内管外壁，然后与管件热熔连接。RT 型复合管与 PE-RT 管件配合使用，P 型复合管与 PP-R 管件配合使用。内熔接铝塑管与管件的热熔承插连接如图 6.1-12 所示，连接尺寸要求见表 6.1-43。

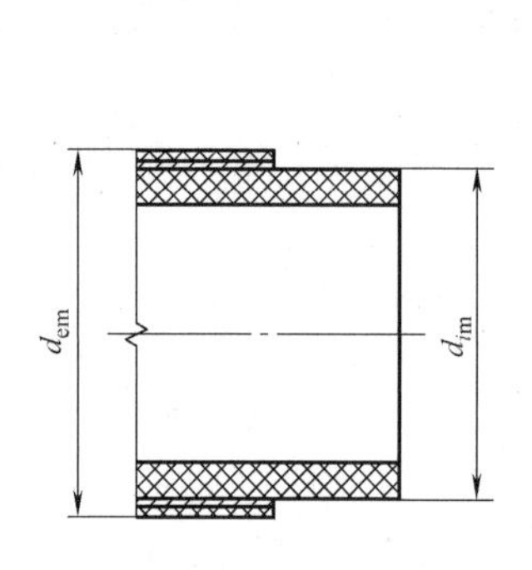

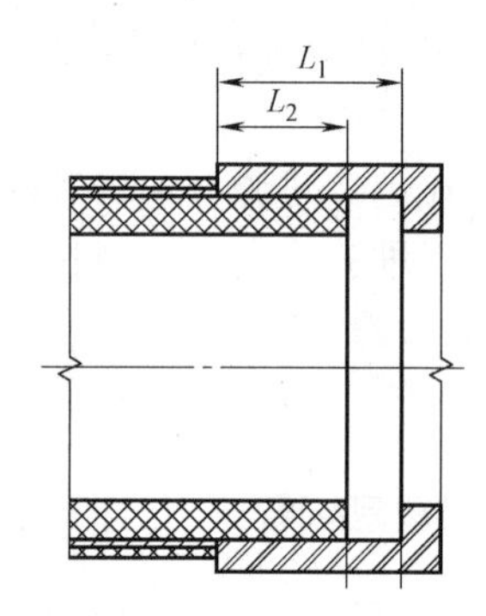

图 6.1-12　热熔承插连接示意图

管材与管件热熔承插连接的尺寸要求（mm）　　　表 6.1-43

公称外径 d_n	管件最小壁厚	内熔接铝塑管内层塑料最小外径 d_{im}	最大承插深度 L_1	最小承插深度 L_2
16	3.3	16.0	13.3	9.8
20	4.1	20.0	14.5	11.0
25	5.1	25.0	16.0	12.5
32	6.5	32.0	18.1	14.6
40	8.1	40.0	20.5	17.0
50	10.1	50.0	23.5	20.0
63	12.7	63.0	27.4	23.9
75	15.1	75.0	31.0	27.5

3. 热熔胶粘剂

位于铝管层和PP-R塑料层之间的热熔胶粘剂应是丙烯共聚物，位于铝管层和PE-RT塑料层之间的热熔胶粘剂应是乙烯共聚物。热熔胶粘剂应由厂家配套供应，品质应符合相应产品标准的要求。

4. 复合强度及液压强度

内熔接铝塑管管环的复合强度（最小平均剥离力）和静液压强度试验应符合表6.1-44的要求，管材应无破裂、局部球型膨胀、渗漏。

内熔接铝塑管的复合强度及液压强度 **表6.1-44**

公称外径 d_n(mm)	管环最小平均剥离力(N)	静液压强度试验		
		试验压力(MPa)	试验温度(℃)	试验时间(h)
16	25	2.72	82	10
20	28			
25	30			
32	35			
40	40	2.10		
50	50			
63	60			
75	70			

5. 系统适用性

厂家应对产品进行系统适用性试验，即内熔接铝塑管与管件连接后，应通过系统静液压、热循环两种系统适用性试验。

静液压试验按表6.1-45规定的条件进行，热循环试验应按表6.1-46的规定条件进行，两种试验中管材、管件及连接处应无破裂、无渗漏。

系统静液压试验 **表6.1-45**

试验压力(MPa)	试验温度(℃)	试验时间(h)	试样数量(件)	指标
1.64	95	1 000	3	无破裂、无渗漏

热循环试验条件 **表6.1-46**

最高试验温度(℃)	最低试验温度(℃)	试验压力(MPa)	循环次数(次)	试样数量(件)
95	20	1.0	5 000	1

注：一个循环的时间为30±2min，包括（15^{+1}_{0}min）最高试验温度和（15^{+1}_{0}min）最低试验温度。

6. 外观及颜色

内熔接铝塑管的内外表面应清洁、光滑，不应有气泡、明显划伤、凹陷、杂质等缺陷，色泽应基本一致。室外用内熔接铝塑管的外层宜采用黑色，也可以由工程设计或供需双方进行商定。

7. 产品标记

内熔接铝塑管的产品标记由以下部分组成：内熔接铝塑管代号：TPAP；公称外径尺寸（mm)；耐热聚乙烯代号RT或无规共聚聚丙烯代号P；标准代号：CJ/T 193。

例如：一种内外层为PP-R（无规共聚聚丙烯），嵌入金属层为搭接焊式铝管，公称外径为 20 mm，作冷热水输送用内熔接铝塑管，应标记为：

TPAP·20 P·CJ/T 193

8. 包装、运输和贮存

内熔接铝塑管应封口后装入包装箱，盘卷管材的盘内经不应小于 600mm，包装箱内应有产品合格证和产品使用说明书等文件。

管材运输时应避免抛摔、撞击、挤压、暴晒、雨淋、油脂和化学污染。

管材贮存应远离热源、油污和化学污染处，避免阳光直晒、雨淋，应存放在室内库房。

【依据技术标准】城建行业标准《内层熔接型铝塑复合管》CJ/T 193-2004。

6.1.9 外层熔接型铝塑复合管

外层熔接型铝塑复合管内层为聚丙烯或聚乙烯共挤塑料，外层为聚丙烯共挤塑料，嵌入金属焊接铝合金管，层间通过热熔胶粘剂形成粘结层的复合管，其外层可熔接。

外层熔接型铝塑复合管（以下简称外熔接铝塑管）适用于冷热水管道系统，包括工业及民用冷热水、饮用水和热水供暖系统，但不适用于水消防系统和非水介质的流体输送系统。

饮用水用管材的卫生指标应符合《生活饮用水输配水设备及防护材料安全性评价标准》GB/T 17219 的规定。

1. 管材分类和结构尺寸

外熔接铝塑管按外层和内层材料的不同，其品种分类见表 6.1-47；外熔接铝塑管的结构尺寸应符合表 6.1-48 的要求，在铝管搭接焊缝处的塑料外层厚度至少为表中对应值的 1/2。

外熔接铝塑管品种分类　　表 6.1-47

类　别	用途代号		复合管代号	长期工作温度 T_o(℃)	允许工作压力 p_0(MPa)
无规共聚聚丙烯/铝合金/耐热聚乙烯	热 水	R	PP-R/AL/PE-RT	82	1.0
无规共聚聚丙烯/铝合金/无规共聚聚丙烯			PP-R/AL/ PP-R	70	1.0
无规共聚聚丙烯/铝合金/聚乙烯	冷 水	L	PP-R/AL/ PE	40	1.0

注：在输送易在管内产生相变的流体时，在管道系统中因相变产生的膨胀力不应超过最大允许工作压力或在管道系统中采取防止相变的措施。

外熔接铝塑管结构尺寸 (mm)　　表 6.1-48

公称外径 d_n	平均直径		圆度		管壁厚		内层塑料最小壁厚 e_i	外层塑料最小壁厚 e_o	铝管层最小壁厚 e_a
	$d_{em,min}$	$d_{em,max}$	盘 管	直 管	e_{min}	e_{max}			
16	16.0	16.3	≤1.0	≤0.5	2.75	3.10	0.80	1.60	0.20
20	20.0	20.3	≤1.2	≤0.6	3.00	3.40	0.90	1.70	0.25
25	25.0	25.3	≤1.5	≤0.8	3.25	3.65	1.00	1.80	0.30
32	32.0	32.3	≤2.0	≤1.0	4.00	4.50	1.10	2.10	0.35
40	40.0	40.4	—	≤1.2	5.00	5.60	1.50	2.60	0.40
50	50.0	50.5	—	≤1.5	5.50	6.10	1.80	3.00	0.50
63	63.0	63.6	—	≤1.9	7.00	7.80	2.40	3.80	0.60
75	75.0	75.7	—	≤2.3	8.50	9.50	2.60	4.80	0.70

2. 力学性能

管环径向最大拉力不应小于表 6.1-49 的规定值，进行管环最小平均剥离力试验时，其最小平均剥离力不应小于表中的规定值，且任意一件试样的最小剥离力不应小于表中规定值的 1/2。管环扩径后，其内层和外层与嵌入金属层之间不应出现脱胶，内外层管壁不应出现损坏。

按表 6.1-49 规定的压力值进行爆破试验时，管材不应发生破裂；按表 6.1-49 规定的试验参数进行静液压强度试验时，管材应无破裂、局部球型膨胀、渗漏。对盘卷式复合管进行气密试验时，管壁应无泄漏；通气试验时，管道内应通畅。

管材的力学性能 **表 6.1-49**

<table>
<tr><th rowspan="3">公称外径
d_n(mm)</th><th rowspan="3">管环径向拉力
(N)</th><th rowspan="3">管环最小
平均剥离力
(N)</th><th rowspan="3">爆破压力
(MPa)</th><th colspan="4">静液压强度</th></tr>
<tr><th rowspan="2">试验压力
(MPa)</th><th colspan="2">试验温度(℃)</th><th rowspan="2">试验时间(h)</th></tr>
<tr><th>A 型、B 型</th><th>C 型</th></tr>
<tr><td>16</td><td>2300</td><td>25</td><td>6.0</td><td rowspan="4">2.72</td><td rowspan="8">82</td><td rowspan="8">60</td><td rowspan="8">10</td></tr>
<tr><td>20</td><td>2500</td><td>28</td><td>5.0</td></tr>
<tr><td>25</td><td>2500</td><td>30</td><td rowspan="3">4.0</td></tr>
<tr><td>32</td><td>2650</td><td>35</td></tr>
<tr><td>40</td><td>3500</td><td>40</td><td rowspan="4">2.10</td></tr>
<tr><td>50</td><td>3700</td><td>50</td><td rowspan="3">3.8</td></tr>
<tr><td>63</td><td>5500</td><td>60</td></tr>
<tr><td>75</td><td>6000</td><td>70</td></tr>
</table>

3. 热熔胶粘剂

位于铝管层和无规共聚聚丙烯的热熔胶粘剂应是丙烯共聚物，位于铝管层和耐热聚乙烯或聚乙烯塑料层之间的热熔胶粘剂应是乙烯共聚物。热熔胶粘剂应由厂家配套供应，品质应符合相应产品标准的要求。

4. 系统适用性

厂家应对产品进行系统适用性试验，即外熔接铝塑管与管件连接后，应通过系统静液压、热循环两种系统适用性试验。

静液压试验按表 6.1-50 规定的条件进行，热循环试验应按表 6.1-51 的规定条件进行，两种试验中管材、管件及连接处应无破裂、无渗漏。

系统静液压试验 **表 6.1-50**

试验压力(MPa)	试验温度(℃)	试验时间(h)	试样数量(件)
1.31	95	1 000	3

热循环试验条件 **表 6.1-51**

最高试验温度(℃)	最低试验温度(℃)	试验压力(MPa)	循环次数(次)	试样数量(件)
95	20	1.0	5 000	1

注：一个循环的时间为 30±2min，包括（15^{+1}_{0}min）最高试验温度和（15^{+1}_{0}min）最低试验温度。

5. 产品标记

外熔接铝塑管的产品标记由以下部分组成：外熔接铝塑管代号：PP-R/AL/PE-RT、PP-R/AL/PP-R、PP-R/AL/PE；公称外径尺寸/mm；用途代号：冷水 L、热水 R；管材长度/m；标准代号：CJ/T 195-2004。

例如：一种内外层为无规共聚聚丙烯（PP-R），嵌入金属层为搭接焊式铝管，公称外径为 25 mm，长度为 4m，作冷热水输送用的外熔接铝塑管，应标记为：

PP-R /AL/PP-R・25 R・4・CJ/T 195-2004

6. 包装、运输和贮存

外熔接铝塑管应封口后装入包装箱，盘卷管材的盘内经不应小于管材外径的 20 倍，且不应小于 400mm，包装箱内应有产品合格证和产品使用说明书等文件。

管材运输时应避免抛摔、撞击、挤压、暴晒、雨淋、油脂和化学污染。

管材贮存应远离热源、油污和化学污染处，避免阳光直晒、雨淋，应存放在通风良好，环境温度（−20～40)℃的室内，堆放高度不得超过 1.5m。

【依据技术标准】城建行业标准《外层熔接型铝塑复合管》CJ/T 195-2004。

6.1.10 给水用钢骨架聚乙烯复合管

给水用钢骨架聚乙烯塑料复合管，系由连续缠绕焊接成型的网状钢骨架与中密度或高密度聚乙烯热塑性树脂，以挤出方式复合成型的管材（以下简称复合管或 SRPE)。

此种管材适用于建筑物内外、架空及埋地的压力输水及饮用水用复合管，长期使用时的介质温度不超过 70℃，非长期使用时的介质温度不超过 80℃。

输送饮用水的复合管，卫生性能应符合《生活饮用水输配水设备及防护材料安全性评价标准》GB/T 17219 的规定。

1. 管材规格

复合管的公称内径、壁厚及公称压力见表 6.1-52。同一规格的管材，如压力等级不同，则其钢丝材料、直径、网格间距等会有所不同。

复合管的公称内径平均极限偏差应符合表 6.1-53 的规定。

复合管的标准长度如图 6.1-13 所示，L 为 6m、8m、10 m 和 12m，如需方有其他长度要求，可由供需双方商定。

复合管公称内径、公称压力、公称壁厚及极限偏差　　表 6.1-52

公称内径 D_n(mm)	公称压力(MPa)			
	1.0	1.6	2.5	4.0
	公称壁厚 e_N 及极限偏差(mm)			
50	—	—	$9^{+1.4}_{0}$	$10.6^{+1.6}_{0}$
65	—	—	$9^{+1.4}_{0}$	$10.6^{+1.6}_{0}$
80	—	—	$9^{+1.4}_{0}$	$10.7^{+1.8}_{0}$
100	—	$9^{+1.4}_{0}$	$11.7^{+1.8}_{0}$	—
125	—	$10^{+1.5}_{0}$	$11.8^{+1.8}_{0}$	—
150	$12^{+1.8}_{0}$	$12^{+1.8}_{0}$	—	—
200	$1.5^{+1.9}_{0}$	$12.5^{+1.9}_{0}$	—	—
250	$1.5^{+1.9}_{0}$	$12.5^{+2.4}_{0}$	—	—
300	$1.5^{+1.9}_{0}$	$12.5^{+2.4}_{0}$	—	—

续表

公称内径 D_n(mm)	公称压力(MPa)			
	1.0	1.6	2.5	4.0
	公称壁厚 e_N 及极限偏差(mm)			
350	$15^{+2.3}_{0}$	$15^{+2.9}_{0}$	—	—
400	$15^{+2.3}_{0}$	$15^{+2.9}_{0}$	—	—
450	$16^{+2.4}_{0}$	$16^{+3.1}_{0}$	—	—
500	$16^{+2.4}_{0}$	$16^{+3.1}_{0}$	—	—
550	20^{+3}_{0}	—	—	—

复合管的公称内径平均极限偏差（mm）　**表 6.1-53**

公称内径(D_n)	50	65	80	100	125	150	200
平均极限偏差	±0.4	±0.4	±0.6	±0.6	±0.6	±0.8	±1.0
公称内径(D_n)	250	300	350	400	450	500	600
平均极限偏差	±1.2	±1.2	±1.6	±1.6	±1.8	±2.0	±2.0

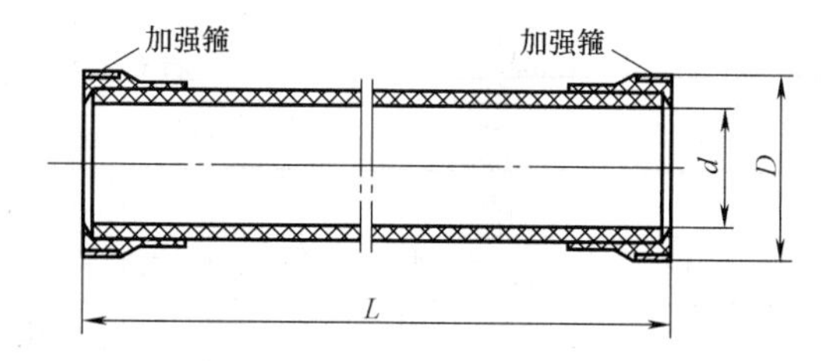

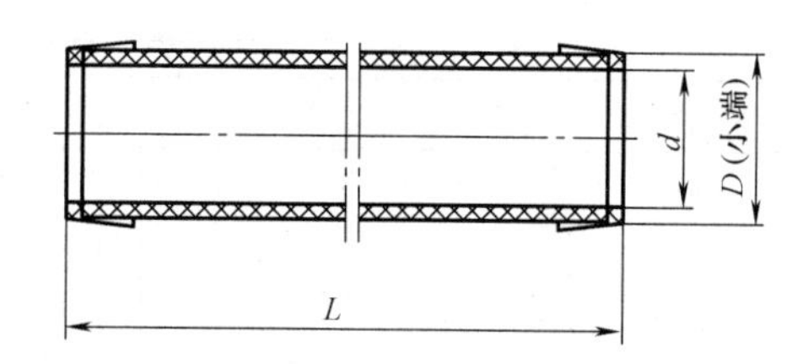

图 6.1-13　复合管的标准长度

2. 压力折减系数

复合管输水温度在 20℃以上时，其最大许用应力可用表 6.1-54 中所示的压力折减系数乘以表 6.1-52 中公称压力来确定。

公称压力折减系数　**表 6.1-54**

温度 t(℃)	$0<t\leqslant 20$	$20<t\leqslant 30$	$30<t\leqslant 40$	$40<t\leqslant 50$	$50<t\leqslant 60$	$60<t\leqslant 70$	$70<t\leqslant 80$
公称压力折减系数	1	0.95	0.90	0.86	0.81	0.76	0.60

3. 管壁中钢骨架的偏心

复合管壁中任何一根经线钢丝距复合管内壁的净距离 l_{min} 如图 6.1-14 所示。

对公称内径 $D_n\leqslant 125$mm 的复合管，$l_{min}\geqslant 1.8$mm；

对公称内径 D_n 为 150～300mm 的复合管，$l_{min}\geqslant 2.5$mm；

对公称内径 D_n 为 350～600mm 的复合管，$l_{min}\geqslant 3.0$mm。

4. 连接方式

根据不同使用条件，复合管管材的连接可选用法兰连接式、电熔连接式或双承口管件连接式或热熔对接等连接方式。连接方式不同时，其管端的成型结构不同。

（1）法兰连接式管端

法兰连接式复合管按管端有Ⅰ型、Ⅱ型之分。Ⅰ型法兰连接式管端如图 6.1-15 所示，规格尺寸见表 6.1-55；Ⅱ型法兰连接式管端如图 6.1-16 所示，规格尺寸见表 6.1-56。采用“O”形密封圈，根据需要也可选用垫片密封形式。采用垫片密封形式时法兰管端端面上的密封环槽应以水线代替。也可以采用其他形式的密封圈。

对于公称内径 D_n50～D_n300 的复合管，输送介质温度超过 45℃，且工作压力大于表 6.1-57 规定时，法兰管端需加加强箍；公称内径不小于 D_n350 的复合管，输送介质温度超过 45℃时，法兰管端需加加强箍。

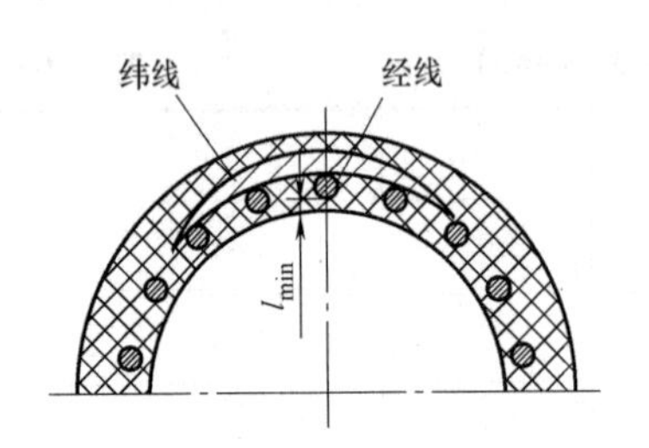

图 6.1-14　管壁中钢骨架的偏心

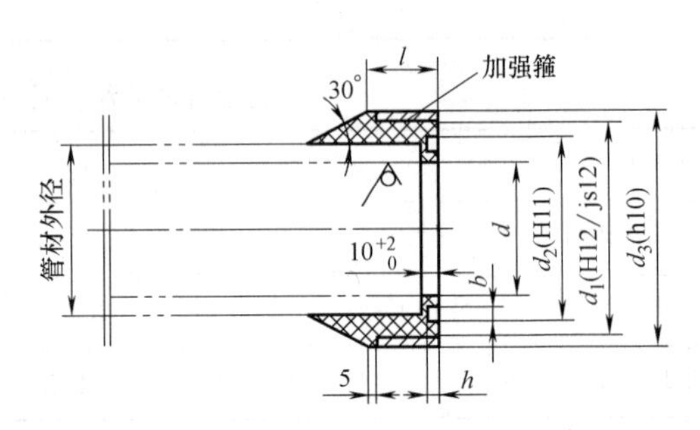

图 6.1-15　Ⅰ型法兰连接式管端

Ⅰ型法兰连接式管端规格尺寸（mm）　　表 6.1-55

公称内径 D_n	d	d_1	d_2	d_3	l	h	b
50	50	91	79.6	97	35	4.15±0.1	7.1±0.15
65	65	107	90.6	113	35	4.15±0.1	7.1±0.15
80	80	122	105.6	128	35	4.15±0.1	7.1±0.15
100	100	146	125.6	152	35	4.15±0.1	7.1±0.15
125	125	173	150.6	179	35	4.15±0.1	7.1±0.15
150	150	199	175.6	205	35	4.15±0.1	7.1±0.15
200	200	250	228.6	256	35	4.15±0.1	7.1±0.15
250	250	305	282.6	311	41	4.15±0.1	7.1±0.15
300	300	355	329.0	361	41	5.45±0.1	9.45±0.20
500	500	562	544.0	570	50	5.45±0.1	9.45±0.20

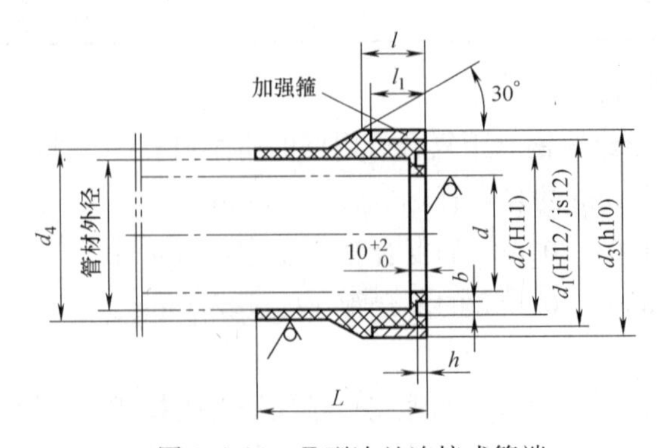

图 6.1-16　Ⅱ型法兰连接式管端

Ⅱ型法兰连接式管端规格尺寸（mm） 表 6.1-56

公称内径 D_n	d	d_1	d_2	d_3	d_4	L	l	l_1	h	b
50	50	91	75.6	97	75	80	35	30	4.15±0.1	7.1±0.15
65	65	107	90.6	113	90	80	35	30	4.15±0.1	7.1±0.15
80	80	122	105.6	128	105	80	35	30	4.15±0.1	7.1±0.15
100	100	146	125.6	152	126	85	35	30	4.15±0.1	7.1±0.15
125	125	173	150.6	179	153	90	35	30	4.15±0.1	7.1±0.15
150	150	202	175.6	208	182	90	35	30	4.15±0.1	7.1±0.15
200	200	256	232.6	262	233	100	41	36	5.45±0.1	9.45±0.20
250	250	307	279.0	313	284	110	41	36	5.45±0.1	9.45±0.20
300	300	357	329.0	363	334	120	45	40	5.45±0.1	9.45±0.20
350	350	414	389.0	422	390	125	50	45	5.45±0.1	9.45±0.20
400	400	464	439.0	472	440	130	55	50	5.45±0.1	9.45±0.20
450	450	520	489.0	528	493	135	60	55	5.45±0.1	9.45±0.20
500	500	572	544.0	580	543	140	65	64	5.45±0.1	9.45±0.20
600	600			730	670	160	80			

注：D_n600 管材管端成型方式与其他规格不同，尺寸有差别，且锥面角度为 45°，经线与管端距离为 20mm。

法兰连接式复合管管端加加强箍时的工作压力 表 6.1-57

公称内径 D_n	50	65	80	100	125	150	200	250	300
工作压力(MPa)	≥1.8	≥1.6	≥1.3	≥1.3	≥1.2	≥1.1	≥0.8	≥0.8	≥0.7

（2）电熔连接式管端

电熔连接式管端有Ⅰ型、Ⅱ型之分。Ⅰ型电熔连接式复合管端平口结构如图 6.1-17 所示，规格尺寸见表 6.1-58；Ⅱ型电熔连接式管端锥形口结构如图 6.1-18 所示（锥形口锥度很小，从图中看不明显），规格尺寸见表 6.1-59。

Ⅰ型电熔连接式管端平口规格尺寸（mm） 表 6.1-58

公称内径 D_n	电熔区外径 d_1	电熔区长度 L	平口厚 l
50	71.0±0.2	75_{-5}^{0}	
65	86.0±0.2	75_{-5}^{0}	
80	103.0±0.25	85_{-5}^{0}	
100	123.0±0.25	90_{-5}^{0}	
125	148.3±0.3	100_{-5}^{0}	6～10
150	173.1±0.3	110_{-5}^{0}	
200	224.4±0.4	115_{-5}^{0}	
250	273.8±0.4	130_{-5}^{0}	
300	324.0±0.5	150_{-5}^{0}	

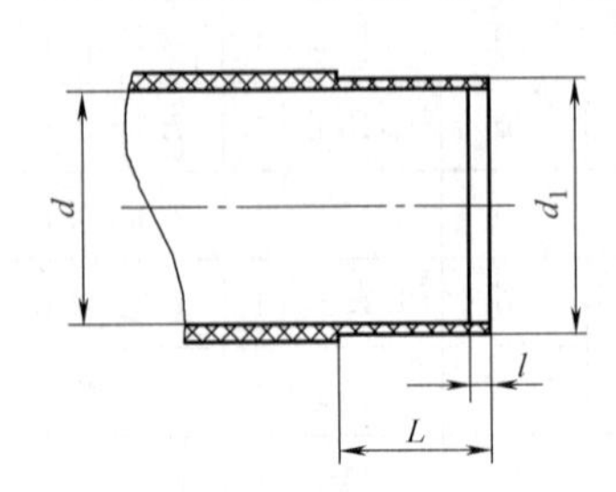

图 6.1-17 管端平口结构

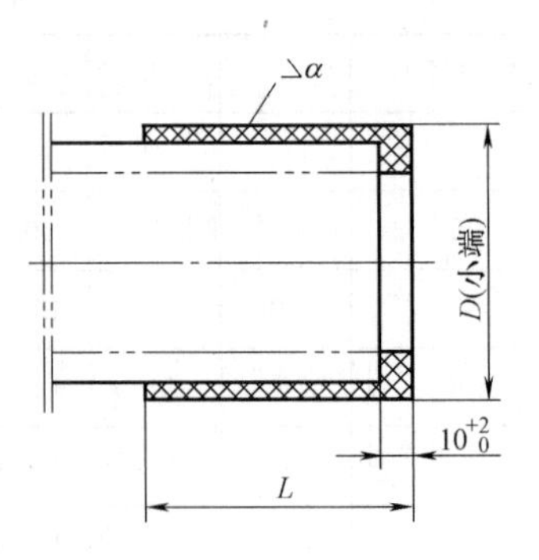

图 6.1-18 管端锥形口结构

Ⅱ型电熔连接式管端锥形口规格尺寸（mm） **表 6.1-59**

公称内径 D_n	锥形口(小端)外径 D 及极限偏差	锥形口长度 L	α
50	$75^{-0.3}_{-1.3}$	100	30′
65	$89^{-0.3}_{-1.3}$	100	30′
80	$104^{-0.3}_{-1.3}$	100	30′
100	$125^{-0.3}_{-1.3}$	100	30′
125	$152^{-0.3}_{-1.3}$	100	30′
150	182±0.5	110	30′
200	234±0.5	120	30′
250	284±0.5	130	30′
300	334±0.5	130	30′
350	390±0.5	160	1°
400	440±0.5	170	1°
450	492±0.5	180	1°
500	542±0.5	190	1°

（3）双承口管件连接式

用于双承口管件连接的复合管管端，其结构为如图 6.1-19 所示的平口结构，规格尺寸见表 6.1-60。此种形式的管端采用双承口管件进行连接。

双承口管件连接式管材管端规格尺寸（mm） **表 6.1-60**

公称内径 D_n	50	65	80	100	125	150	200
平口厚 L	6～10	6～10	6～10	6～10	6～10	6～10	6～10
公称内径 D_n	250	300	350	400	450	500	600
平口厚 L	6～10	6～10	6～10	6～10	6～10	6～10	10～15

（4）热熔对接连接式

热熔对接连接式复合管管端结构与法兰连接式复合管管端结构相同，法兰端面上不加工密封环槽，热熔对接施工时不用加强箍。

5. 颜色、外观及不圆度

用于市政饮用水的复合管，一般为蓝色，如用黑色，宜加蓝色条纹标识；其他用途水管可以为蓝色或黑色；暴露在阳光下的复合管，必须为黑色。

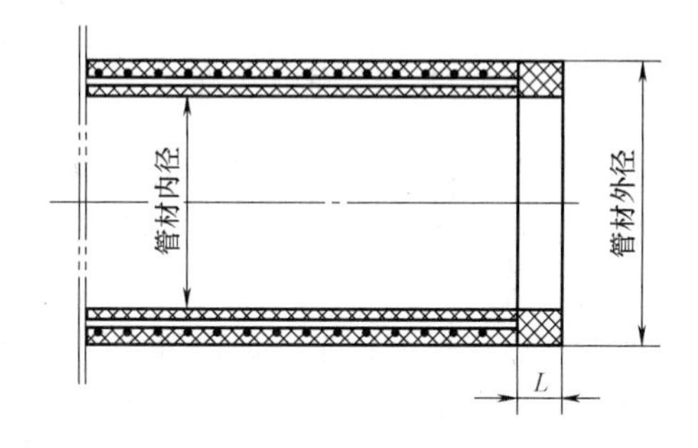

图 6.1-19 双承口管件连接式管材管端的平口结构

复合管内表面应清洁、光滑，无明显分解变色线，不得有钢丝裸露；外表面允许呈螺纹状自然收缩状态，允许有少量轻微的自然收缩形成的小凸凹。不允许有明显的划伤、气泡、杂质及色泽不均等缺陷。

法兰连接式复合管的管端及电熔连接锥形口管端的二次注塑成型部分，表面应平整、光滑，无凹坑、划伤、毛刺等缺陷，与复合管熔接良好，允许锥形口管端前端纯塑料部分有一定收缩。管子端面应平整，并与管轴线垂直。

复合管的不圆度不应大于5%。

6. 性能要求

复合管的性能要求见表 6.1-61，其试验方法应符合 CJ/T 123-2004 标准的规定。

复合管的性能要求 **表 6.1-61**

序　号	项　　目		性能要求
1	受压开裂稳定性		无裂纹现象
2	纵向尺寸收缩率(110℃,保持1h)(%)		≤0.4
3	氧化诱导时间(200℃)(min)		≥20
4	短期静液压强度试验	温度:20℃时间:100h;压力:公称压力×1.5	不破裂、不渗漏
		温度:80℃,时间:165h;压力:公称压力×1.5×0.6	
5	爆破强度试验		爆破压力≥公称压力×3
6	耐候性试验①(复合管积累接受≥3.5kMJ/m²)		满足短期静液压强度试验、氧化诱导时间的要求

①耐候性试验仅适用于非黑色管材。

7. 出厂检验

复合管需经生产厂质量检验表面检验合格，并附有合格证，方可出厂。

复合管的出厂检验项目有：颜色；外观；规格尺寸及偏差；不圆度及表 6.1-61 中的纵向尺寸收缩率、短期静液压强度试验、爆破强度试验。

8. 标志、包装、运输和贮存

（1）复合管出厂应有以下标志：原料等级；公称内径；公称压力；生产厂名或商标；采用标准号；生产日期或批号。

（2）对法兰管端、平口及锥形口管端采取保护措施，以防运输、装卸时损坏。包装中应附有质检部门出具的产品合格证、生产批号及数量等。

（3）管材运输装卸时不得抛摔和剧烈撞击，避免锐物划伤。

（4）管材应贮存在远离热源、温度不超过40℃的地方。存放场地应平整，露天存放应进行遮盖，避免长期暴晒。堆放高度不宜超过1.6m。

【依据技术标准】城建行业标准《给水用钢骨架聚乙烯塑料复合管》CJ/T 123-2004。

6.1.11 埋地钢塑复合缠绕排水管

埋地钢塑复合缠绕排水管材系以聚氯乙烯（PVC）树脂或氯乙烯（PE）树脂为主要原料，用异形钢肋作支撑结构，采用缠绕成型工艺加工成型的埋地钢塑复合缠绕排水管材（以下简称缠绕管）。

此种管材适用于市政无压埋地排水、引水工程、公路路基排水、农田排灌、低压电缆套管，也可用于海水养殖、工业污水排放等管道工程。

1. 管材分类

按生产缠绕管材料的不同，有PVC-U缠绕管和PE缠绕管；按管材结构的不同，分为B1型和B2型，如图6.1-20和图6.1-21所示。

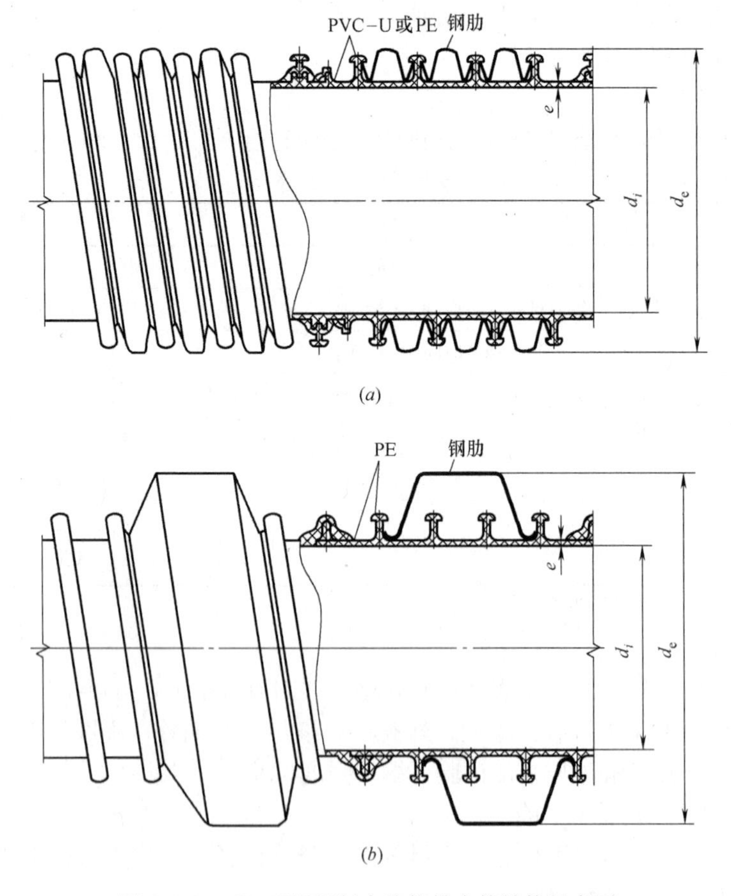

图6.1-20 B1型钢塑复合缠绕排水管结构示意图

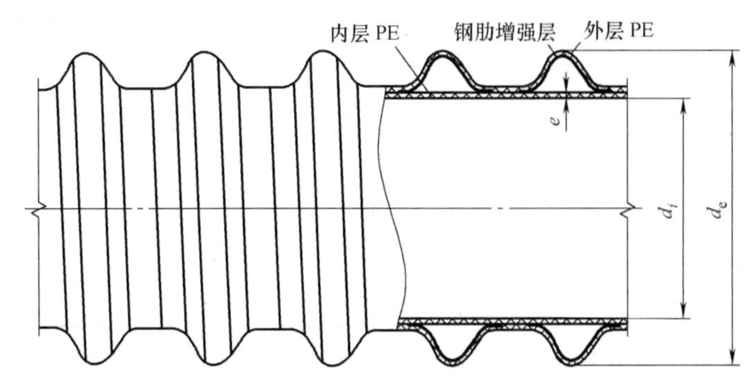

图 6.1-21 B2 型钢塑复合缠绕排水管结构示意图

2. 规格尺寸

缠绕管材长度一般为 6m，也可由供需双方商定，但不允许有负偏差。

（1）PVC-U 缠绕管规格尺寸应符合表 6.1-62 的要求。

PVC-U 缠绕管规格尺寸（mm） **表 6.1-62**

公称尺寸 DN/ID	最小壁厚 e_{min}	最小平均内径 $d_{im,min}$	最大平均外径 $d_{em,min}$
300	1.8	294	330
400	2.0	392	450
500	3.0	490	555
600	3.0	588	660

注：最大平均外径仅作为管材生产时的外径控制和施工参考值，不作为质量控制依据。

（2）PE 缠绕管规格尺寸应符合表 6.1-63 的要求。

PE 缠绕管规格尺寸（mm） **表 6.1-63**

公称尺寸 DN/ID	最小壁厚 e_{min}	最小平均内径 $d_{im,min}$	最大平均外径 $d_{em,min}$
400	2.4	390	455
500	3.0	490	560
600	4.1	588	660
700	4.1	688	800
800	4.1	785	905
900	5.0	885	1010
1000	5.0	985	1115
1100	5.0	1085	1215
1200	5.0	1185	1320
1400	5.0	1365	1525
1500	5.0	1462	1680
1600	5.0	1560	1785
1800	5.0	1755	1950
2000	5.0	1950	2186
2200	6.0	2145	2409

续表

公称尺寸 DN/ID	最小壁厚 e_{min}	最小平均内径 $d_{im,min}$	最大平均外径 $d_{em,min}$
2400	6.0	2340	2615
2500	6.0	2437	2715
2600	6.0	2535	2820
2800	6.0	2730	3025
3000	6.0	2925	3230

3. 物理力学性能

管材物理力学性能见表 6.1-64，其试验方法按 QB/T 2783-2006 标准规定进行。

管材物理力学性能　　表 6.1-64

项　目		要　求	
		PVC-U 缠绕管	PE 缠绕管
环刚度(kN/m²)	SN2 ≥	2.0	
	SN4 ≥	4.0	
	SN6.3 ≥	6.3	
	SN8 ≥	8.0	
	SN12.5 ≥	12.5	
	SN16 ≥	16.0	
冲击强度 TIR(%)		10	
环柔性		试样圆滑，无反向弯曲，无破裂，B2 型缠绕管两壁应无脱开	
维卡软化温度 VST(℃)	≥	79	
二氯甲烷浸渍		内外壁无分离，内外表面变化不劣于 4L	
烘箱试验		管材熔缝处无分层、开裂或起泡	
纵向回缩率(%)		5	3
蠕变比率	≤	2.5	4

4. 颜色及外观

PVC-U 缠绕管所用塑料带材一般为白色，PE 缠绕管所用塑料带材一般为黑色，其他颜色可由供需双方协商确定。

管材内表面应平整，管壁无孔缝和其他影响质量的缺陷。B1 型缠绕管用带材缠绕，结合缝处结合紧密，无松脱现象，带材上的 T 形筋不发生明显变形。管材的切断面应平整，无毛刺、锐边，端面与管轴线垂直。

5. 出厂检验

管材需经生产厂质量检验部门检验合格，并附有合格证和合格标识，方可出厂。

出厂检验检验项目有：颜色、外观、规格尺寸及表 6.1-64 中的环刚度、纵向回缩率、环柔性试验。

6. 标志、运输、贮存

（1）管材上至少具有如下标志：标准编号；产品名称；公称尺寸，如 *DN*/*ID* 600；生产厂名或商标；环刚度等级；材料；生产日期。

（2）产品在运输及装卸时，不得抛掷、撞击或重压。

（3）管材应存放应平整，堆放整齐，公称尺寸小于等于 1200mm 的管材，堆放高度应在 1.2m 以下；公称尺寸大于 1200mm 的管材，不宜叠放。

【依据技术标准】轻工行业标准《埋地钢塑复合缠绕排水管材》QB/T 2783-2006。

6.1.12 无规共聚聚丙烯（PP-R）塑铝稳态复合管

无规共聚聚丙烯（PP-R）塑铝稳态复合管（以下简称 PP-R 塑铝稳态管），适用于工业及民用建筑冷热水、饮用水及热水供暖、空调水管道系统。不适用于灭火系统。

用于饮用水的 PP-R 塑铝稳态管的卫生性能应符合《生活饮用水输配水设备及防护材料安全性评价标准》GB/T 17219 的规定。

1. 管材结构

PP-R 塑铝稳态管是一种内层为 PP-R，外层包覆铝层及塑料保护层，各层间通过热熔胶粘接而成的 5 层结构管材，如图 6.1-22 所示。

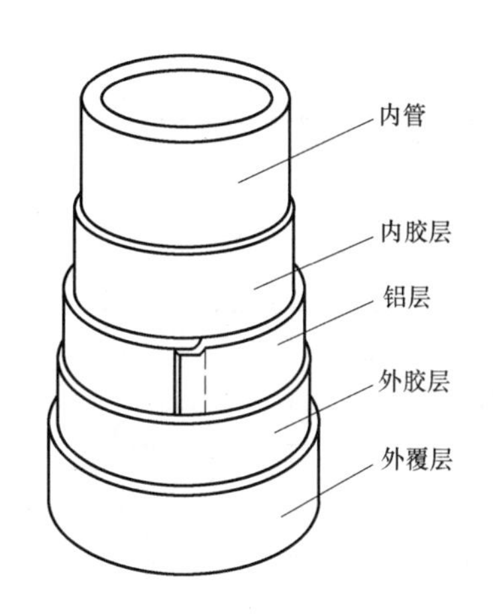

图 6.1-22 PP-R 塑铝稳态管结构示意图

2. 管材分类

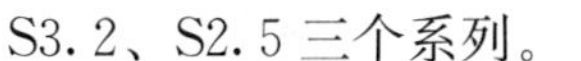

PP-R 塑铝稳态管按内径尺寸分为 S4、S3.2、S2.5 三个系列。

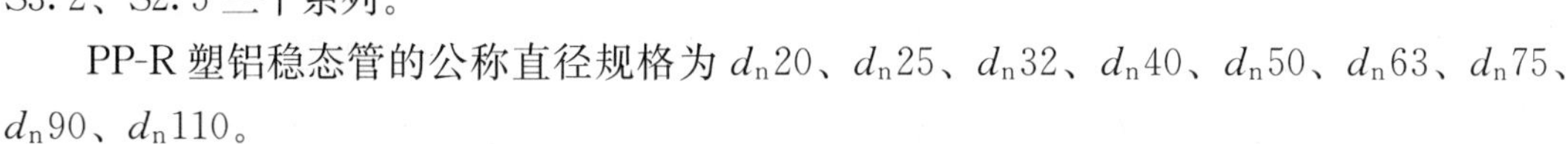

PP-R 塑铝稳态管的公称直径规格为 d_n20、d_n25、d_n32、d_n40、d_n50、d_n63、d_n75、d_n90、d_n110。

按管材的使用条件级别及设计工作压力选择对应的 S 值，见表 6.1-65；其他情况下，可按表 6.1-66、表 6.1-67 选择对应的 S 值。

PP-R 塑铝稳态管管系列 S 值的选择Ⅰ **表 6.1-65**

设计压力(MPa)	管系列 S			
	级别 1 σ_D=3.28	级别 2 σ_D=2.52	级别 4 σ_D=3.54	级别 5 σ_D=2.19
0.4	4	4	4	4
0.6	4	4	4	3.2
0.8	4	2.5	4	2.5
1.0	3.2	2.5	3.2	—

PP-R 塑铝稳态管管系列 S 值的选择Ⅱ　　　　表 6.1-66

工作温度(℃)	使用年限	S4	S3.2	S2.5	工作温度(℃)	使用年限	S4	S3.2	S2.5
		允许工作压力/MPa					允许工作压力/MPa		
20	1	2.27	2.86	3.60	60	1	1.17	1.47	1.86
	5	2.14	2.69	3.39		5	1.09	1.37	1.73
	10	2.08	2.62	3.30		10	1.05	1.33	1.67
	25	2.01	2.53	3.18		25	1.01	1.28	1.61
	30	1.96	2.46	3.10		50	0.98	1.23	1.55
40	1	1.64	2.07	2.60	70	1	0.98	1.24	1.56
	5	1.54	1.93	2.43		5	0.91	1.15	1.45
	10	1.49	1.88	2.36		10	0.88	1.11	1.40
	25	1.43	1.81	2.27		25	0.77	0.97	1.22
	50	1.39	1.76	2.21		50	0.65	0.82	1.03

PP-R 塑铝稳态管管系列 S 值的选择Ⅲ　　　　表 6.1-67

工作温度		使用年限	S4	S3.2	S2.5	工作温度		使用年限	S4	S3.2	S2.5
			允许工作压力(MPa)						允许工作压力(MPa)		
70℃，其中每年有30天在	75℃	5	0.89	1.11	1.42	70℃，其中每年有30天在	75℃	5	0.87	1.09	1.39
		10	0.86	1.07	1.37			10	0.84	1.05	1.35
		25	0.74	0.93	1.19			25	0.70	0.88	1.33
		45	0.64	0.80	1.03			45	0.61	0.76	0.98
	80℃	5	0.84	1.06	1.35		80℃	5	0.81	1.01	1.29
		10	0.82	1.02	1.31			10	0.78	0.98	1.25
		25	0.70	0.87	1.12			25	0.62	0.78	1.00
		42.5	0.61	0.77	0.98			37.5	0.56	0.71	0.91
	85℃	5	0.78	0.98	1.25	70℃，其中每年有60天在	75℃	5	0.88	1.10	1.41
		10	0.75	0.94	1.21			10	0.85	1.06	1.36
		25	0.63	0.79	1.02			25	0.72	0.90	1.16
		37.5	0.57	0.72	0.92			45	0.62	0.78	1.00
	90℃	5	0.71	0.89	1.15		80℃	5	0.82	1.03	1.32
		10	0.69	0.86	1.11			10	0.79	0.99	1.27
		25	0.55	0.69	0.89			25	0.66	0.82	1.05
		35	0.51	0.64	0.82			40	0.58	0.73	0.94
70℃，其中每年有60天在	85℃	5	0.75	0.94	1.21	70℃，其中每年有90天在	85℃	5	0.74	0.93	1.19
		10	0.71	0.89	1.15			10	0.67	0.83	1.07
		25	0.57	0.72	0.92			25	0.53	0.67	0.85
		35	0.55	0.69	0.88			32.5	0.50	0.62	0.80
	90℃	5	0.69	0.86	1.11		90℃	5	0.66	0.82	1.06
		10	0.61	0.76	0.97			10	0.56	0.7	0.89
		25	0.48	0.61	0.78			25	0.44	0.56	0.71
		30	0.46	0.58	0.74			—	—	—	—

3. 规格尺寸

PP-R 塑铝稳态管的公称直径、平均内径及参考内径见表 6.1-68；管材壁厚、内管壁厚及铝层最小厚度见表 6.1-69，铝层搭接（重叠）部分最小宽度为 0.5mm。

PP-R 塑铝稳态管的规格用管系列 S、公称直径 d_n 及内管公称壁厚 e_n 表示。例如：管系列 S3.2、公称直径 d_n 为 50mm 及内管公称壁厚为 6.9mm，表示为：

$$S3.2d_n50\times e'_n6.9mm$$

管材公称直径、平均内径及参考内径（mm）　　表 6.1-68

公称直径 d_n	平均外径		参考内径		
	最小值	最大值	S4	S3.2	S2.5
20	21.6	22.1	15.1	14.1	12.8
25	26.8	27.3	19.1	17.6	16.1
32	33.7	34.2	24.4	22.5	20.6
40	42.0	42.6	30.5	28.2	25.9
50	52.0	52.7	38.2	35.5	32.6
63	65.4	66.2	48.1	44.8	41.0
75	77.8	78.7	58.3	54.4	49.8
90	93.3	94.3	70.0	65.4	59.8
110	114.0	115.1	85.8	79.9	73.2

管材壁厚、内管壁厚及铝层最小厚度（mm）　　表 6.1-69

公称直径 d_n	铝层最小厚度	S4				S3.2				S2.5			
		管壁厚		内管壁厚		管壁厚		内管壁厚		管壁厚		内管壁厚	
		最小值	最大值	公称值	公差	最小值	最大值	公称值	公差	最小值	最大值	公称值	公差
20	0.15	3.2	3.6	2.3	+0.4 0	3.7	4.1	2.8	+0.4 0	4.3	4.8	3.4	+0.5 0
25	0.15	3.9	4.3	2.8	+0.4 0	4.6	5.1	3.5	+0.5 0	5.3	5.9	4.2	+0.6 0
32	0.20	4.6	5.1	3.6	+0.5 0	5.5	6.1	4.4	+0.6 0	6.4	7.0	5.4	+0.7 0
40	0.20	5.6	6.2	4.5	+0.6 0	6.7	7.4	5.5	+0.7 0	7.8	8.6	6.7	+0.8 0
50	0.20	6.7	7.4	5.6	+0.7 0	8.0	8.8	6.9	+0.8 0	9.4	10.4	8.3	+1.0 0
63	0.25	8.4	9.3	7.1	+0.9 0	10.0	11.0	8.6	+1.0 0	11.8	13.0	10.5	+1.2 0
75	0.30	9.6	11.0	8.4	+1.0 0	11.5	13.0	10.3	+1.2 0	13.8	15.4	12.5	+1.4 0
90	0.35	11.5	12.9	10.1	+1.2 0	13.7	15.2	12.3	+1.4 0	16.4	18.2	15.0	+1.6 0
110	0.35	13.7	15.2	12.3	+1.4 +0	16.6	18.3	15.1	+1.7 0	19.8	21.8	18.3	+2.0 0

4. 颜色、外观

管材的外观色泽应基本一致，内外表面应光滑平整，无气泡及其他影响性能的表面缺陷。管材不应含有杂质。端面应切割平整并与管轴线垂直。一般内管及外覆层均为灰色，如采用其他颜色应符合有关规定。

直管长度一般为4m，也可由供需双方协商确定，但不允许有负偏差。直径小于等于d_n32的管材可做盘卷式，长度由供需双方协商。

5. 性能要求

PP-R塑铝稳态管的物理力学性能见表6.1-70；管环最小平均剥离力应符合表6.1-70的要求，且任意一件试样的最小剥离力应不小于表6.1-71规定值的1/2。

PP-R塑铝稳态管的物理力学性能 **表6.1-70**

<table>
<tr><th rowspan="3">项　目</th><th colspan="5">试验参数</th><th rowspan="3">试样数量</th><th rowspan="3">指标</th></tr>
<tr><th rowspan="2">温度(℃)</th><th rowspan="2">时间(h)</th><th colspan="3">静液压试验压力(MPa)</th></tr>
<tr><th>S4</th><th>S3.2</th><th>S2.5</th></tr>
<tr><td>纵向回缩率</td><td>135±2</td><td>e_n≤8mm：1
8mm<e_n≤16mm：2
e_n>16mm：4</td><td colspan="3">—</td><td>3</td><td>≤2%</td></tr>
<tr><td rowspan="4">静液压试验</td><td>20</td><td>1</td><td>4.00</td><td>5.00</td><td>6.40</td><td rowspan="4">3</td><td rowspan="4">无破裂
无渗漏</td></tr>
<tr><td>95</td><td>22</td><td>1.05</td><td>1.31</td><td>1.68</td></tr>
<tr><td>95</td><td>165</td><td>0.95</td><td>1.19</td><td>1.52</td></tr>
<tr><td>95</td><td>1000</td><td>0.88</td><td>1.09</td><td>1.40</td></tr>
<tr><td>静液压状态下的
热稳定性试验</td><td>110</td><td>8760</td><td>0.48</td><td>0.59</td><td>0.76</td><td>1</td><td>无破裂
无渗漏</td></tr>
<tr><td colspan="6">熔体质量流动速率，MFR(230℃/2.16kg)g/10mm</td><td>3</td><td>变化率≤原料的30%</td></tr>
</table>

管环最小平均剥离力 **表6.1-71**

公称外径 d_n(mm)	20	25	32	40	50	63	75	90	110
管环最小平均剥离力(N)	28	30	35	40	50	60	70	75	80

6. 出厂检验

PP-R塑铝稳态管需经生产厂质量检验部门检验合格，并附有合格证，方可出厂。

出厂检验检验项目有：颜色及外观；规格尺寸及表6.1-70中的纵向回缩率、静液压强度试验中的20℃/1h和95℃/22h（或95℃/165h）试验、表6.1-71中的管环最小剥离力。

7. 标志、包装、运输和贮存

（1）PP-R塑铝稳态管的标志至少包括以下内容：商标和生产厂名；产品名称；规格尺寸（管系列S、公称直接d_n和内管公称壁厚e_n）；标准编号；生产日期。

管材包装至少应有下列标志：商标；产品名称；生产厂名及地址；产品规格；产品数量；生产日期及批号。

（2）管材产品按相同规格装入包装袋捆扎、封口；包装方式也可方式由供需双方商定。

（3）管材在运输及装卸时，不得抛掷、暴晒、玷污、重压及损伤。

（4）管材应存放在仓库内，远离热源，高度不超过1.5m。

【依据技术标准】城建行业标准《无规共聚聚丙烯（PP-R）塑铝稳态复合管》CJ/T 210-2005。

6.1.13 工业用钢骨架聚乙烯塑料复合管

工业用钢骨架聚乙烯塑料复合管系以聚乙烯为基体，用钢丝焊接而成的网状钢骨架为增强体，经连续挤出成型的管材，介质输送范围为0～70℃，可用于石油、化工、冶金、医药、食品等行业。

1. 管材规格尺寸

管材按公称压力分为5个系列，即*PN*1.0、*PN*1.6、*PN*2.0、*PN*2.5、*PN*4.0，其公称内径、壁厚尺寸、偏差及钢丝到内外壁距离，应符合表6.1-72的规定。

管材规格尺寸（mm） **表6.1-72**

公称内径 *DN*	允许相对误差（%）	公称压力 *PN*（MPa）					钢丝到内、外壁距离（mm）
		1.0	1.6	2.0	2.5	4.0	
		管材主体壁厚及极限偏差（mm）					
50	±1	—	—	—	$9.0^{+0.4}_{0}$	$10.6^{+1.6}_{0}$	≥2.0
65		—	—	—	$9.0^{+1.4}_{0}$	$10.6^{+1.4}_{0}$	
80		—	—	—	$9.0^{+1.4}_{0}$	$11.7^{+1.4}_{0}$	
100		—	$9.0^{+1.4}_{0}$	$9.0^{+1.4}_{0}$	11.7^{+18}_{0}	$12.2^{+1.5}_{0}$	
125		—	$10.0^{+1.5}_{0}$	$10.0^{+1.5}_{0}$	$11.8^{+1.3}_{0}$	$12.3^{+1.5}_{0}$	
150		—	$12.0^{+1.2}_{0}$	$12.0^{+1.4}_{0}$	$12.5^{+1.4}_{0}$	$15.5^{+2.6}_{0}$	
200	±0.8	—	$12.0^{+1.2}_{0}$	$12.0^{+1.5}_{0}$	$12.5^{+1.0}_{0}$	—	≥2.5
250		$12.0^{+1.5}_{0}$	$12.5^{+1.4}_{0}$	$13.0^{+2.0}_{0}$	$13.0^{+2.0}_{0}$	—	
300		$12.5^{+1.5}_{0}$	$12.5^{+2.0}_{0}$	$14.5^{+2.2}_{0}$	—	—	
350	±0.5	$15.0^{+2.4}_{0}$	$15.0^{+2.4}_{0}$	$15.5^{+2.6}_{0}$	—	—	≥3.0
400		$15.0^{+2.4}_{0}$	$15.0^{+2.4}_{0}$	$15.5^{+2.6}_{0}$	—	—	
450		$15.5^{+2.5}_{0}$	$16.0^{+2.6}_{0}$	$16.5^{+2.6}_{0}$	—	—	
500		$15.5^{+2.5}_{0}$	$16.0^{2.0}_{0}$	$16.5^{+2.6}_{0}$	—	—	
600		$19.0^{+3.0}_{0}$	$20.0^{+3.0}_{0}$	—	—	—	

[a] 管材主体指承受全部内压的管体部分。承插或法兰接头结构的管材端部，尺寸按连接需求确定，但壁厚不得小于管体厚度的95%。

2. 公称压力的温度修正

当管材用于输送20℃以上流体介质时，其公称压力应乘以表6.1-73中的相应温度修正系数。

公称压力的温度修正系数 **表6.1-73**

温度 *t*（℃）	0<*t*≤20	20<*t*≤30	30<*t*≤40	40<*t*≤50	40<*t*≤60	60<*t*≤70
公称压力修正系数	1.00	0.05	0.90	0.85	0.81	0.76

3. 管材连接方式

管材连接方式有法兰连接和电熔连接两种，以分别对应不同的管端结构形式。

(1) 法兰连接

法兰连接分为在管材端部预制法兰接头和通过专用法兰管件进行连接两种结构形式。在管材端部预制法兰接头的结构形式如图 6.1-23 所示，其规格尺寸见表 6.1-74；通过专用法兰管件进行连接时，法兰管件应符合 HG/T 3690-2012 标准的规定，管材端部应符合电熔连接的要求。根据输送介质的压力和温度，产品设计可选择使用或不使用加强箍。当采用其他密封元件时，则应根据相关标准选择适当的密封面加工形式。

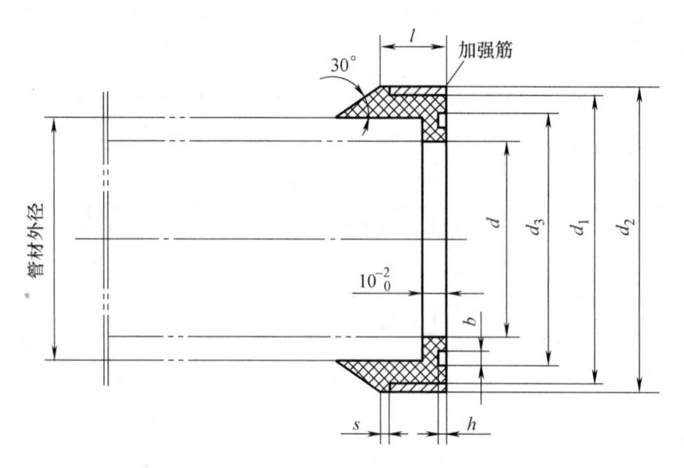

图 6.1-23 预制法兰接头的结构

管材端部预制法兰接头的规格尺寸 (mm) **表 6.1-74**

公称内径 DN	d	d_1	d_2	d_3	l	h	b	配用 O 形圈(内径×截面直径)
50	50	91	97	79	35	4.15±0.10	7.10±0.15	69×5.30
65	65	107	113	90	35	4.15±0.10	7.10±0.15	80×5.30
80	80	122	128	105	35	4.15±0.10	7.10±0.15	95×5.30
100	100	146	152	125	35	4.15±0.10	7.10±0.15	115×5.30
125	125	173	179	155	35	4.15±0.10	7.10±0.15	145×5.30
150	150	198	205	175	35	4.15±0.10	7.10±0.15	165×5.30
200	200	250	256	227	35	4.15±0.10	7.10±0.15	218×5.30
250	250	305	311	285	41	5.45±0.10	9.45±0.20	272×7.00
300	300	355	361	335	41	5.45±0.10	9.45±0.20	325×7.00
350	350	414	422	385	50	5.45±0.10	9.45±0.20	375×7.00
400	400	464	472	435	55	5.45±0.10	9.45±0.20	425×7.00
450	450	520	528	485	60	5.45±0.10	9.45±0.20	475×7.00
500	500	572	580	540	65	5.45±0.10	9.45±0.20	530×7.00
600	600	670	678	640	95	5.45±0.10	9.45±0.20	630×7.00

(2) 电熔连接

采用电熔连接的管材端部结构，按插入方式分为平口和锥形口两种形式。管端平口结构如图 6.1-24 所示，其规格尺寸见表 6.1-75；管端锥形口结构如图 6.1-25 所示，其规格尺寸见表 6.1-76。

电熔连接管材管端锥形口结构规格尺寸（mm） **表 6.1-75**

公称内径 DN	d	电熔区外径 D_1（可二次加工）	电熔区长度 L	封口厚度 l
50	50	71.00±0.20	75±5	6～10
65	65	86.00±0.20	75±5	
80	80	103.00±0.25	85±5	
100	100	123.00±0.25	90±5	
125	125	148.30±0.30	100±5	
150	150	178.10±0.30	110±5	
200	200	224.40±0.40	115±5	
250	250	278.80±0.40	130±5	
300	300	324.00±0.50	150±5	
600	600	641.00±0.50	255±5	10～15

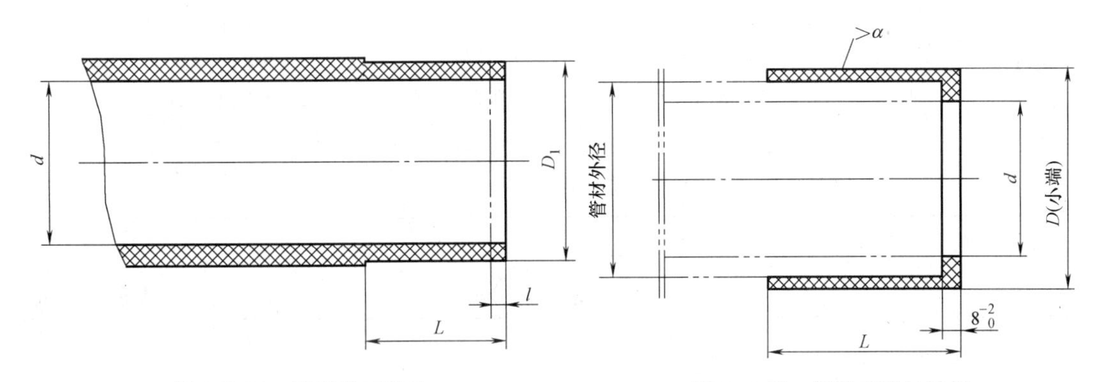

图 6.1-24 管端平口结构　　图 6.1-25 管端锥形口结构

电熔连接管材管端平口结构规格尺寸（mm） **表 6.1-76**

公称内径 DN	d	锥形口(小端)外径 D	锥形口长度 L	α
50	50	$75^{+0.2}_{-1.3}$	100	30′
65	65	$80^{+0.2}_{-1.3}$	100	30′
80	80	$104^{+0.3}_{-1.3}$	106	30′
100	100	$125^{+0.3}_{-1.3}$	100	30′
125	125	$125^{+0.3}_{-1.3}$	100	30′
150	150	182±0.5	110	30′
200	200	234±0.5	120	30′
250	250	280±0.5	130	30′
300	300	334±0.5	150	30′
350	350	390±0.5	160	1°
400	400	440±0.5	170	1°
450	450	492±0.5	180	1°
500	500	542±0.5	190	1°

4. 管材长度

管材标准长度有6m、8m、10m、12m 4种，长度允许偏差为0～20mm，即不允许负偏差；也可由供需双方商定。

5. 技术要求

（1）管材外观应满足允许要求：

1）管材通常为黑色，也可根据使用条件由工程设计或供需双方商定采用其他颜色。

2）管材内外表面应平整光滑，无明显分解变色线和划伤。管材外表面允许呈螺纹状自然收缩状态，允许有少量局部由自然收缩形成的小的凹凸，但不允许有明显的划痕、气泡、杂质及颜色不均等缺陷。管材两端应切割平整，且与轴线垂直。

管端法兰连接接头及电熔连接平口或锥形口部分，其表面应平整光滑，无凹坑、划伤、毛刺等缺陷。

3）管材圆度偏差不应超过0.05*DN*。

（2）管材的机械性能应符合表6.1-77的要求。

管材的机械性能 **表6.1-77**

项目		性能要求
受压开裂稳定性		无裂纹现象
纵向尺寸回缩率(110℃,保持1h)		≤0.4%
短期静液压强度试验	温度:20℃;时间:1h;压力:1.5倍公称压力	不破裂、不渗漏
	温度:70℃;时间:165h;压力1.5×0.76倍公称压力	不破裂、不渗漏
爆破强度试验	温度:20℃,在60～70s内升压至管材爆破	爆破压力不小于8倍公称压力
耐候性试验(管材积累接受不小于3.5GJ/m^{3}老化能量后)		仍满足表中第3项性能要求,并保持良好的焊接性能

（3）管材的弯曲度应符合表6.1-78的规定。

管材的弯曲度 **表6.1-78**

公称内径*DN*	50	60	80	100	125	150	200	250	300	350	400	450	500	600
弯曲度(%)	≤2.00		≤1.20			≤1.00		≤0.80		≤0.60				

注：弯曲度指同方向弯曲，不允许呈S形弯曲。

（4）当管材用于饮用水及食品、医药生产时，应符合相关规范、标准的要求。

（5）管材产品需经生产厂质量检验部门检验合格，并附有合格证方可出厂。

6. 标志、包装、运输及贮存

（1）管材出厂应有以下标志：公称内径、长度；公称压力；连接方式标示（*F*表示法兰连接，*D*表示电熔连接）；生产厂名或商标；产品标准编号；生产日期或生产批号。

（2）包装时，管材的预制法兰接头端面，应采取适当保护措施，以免损伤其密封面。

（3）运输管材时，应避免剧烈撞击或被锐物划伤。装卸时不得抛摔。

（4）管材应贮存在远离热源，温度不超过40℃的地方。室外存放时，场地应平整，应有遮盖物，避免露天暴晒。管材堆放高度不宜超过1.5m。

【依据技术标准】化工行业标准《工业用钢骨架聚乙烯塑料复合管》HG/T 3690-2012。

6.1.14 塑料衬里复合钢管

塑料衬里复合钢管和管件系指以钢管、钢管件为基件，常用聚四氟乙烯（PTFE）、聚全氟乙丙烯（FEP）、无规共聚聚丙烯（PP-R）、交联聚乙烯（PE-D）、可溶性聚四氟乙烯（PFA）、聚氯乙烯（PVC）等材料衬里的复合钢管和管件。现仅主要介绍管材，以下简称衬里管材。

1. 衬里管材和管件分类和标记

衬里管材和管件的分类和标记代号见表 6.1-79，管件衬里材料的分类和代号见表 6.1-80。

衬里管材和管件的分类和标记　　表 6.1-79

产品类型			标记代号
直管	两端平焊法兰		ZG
	一段平焊法兰，一段松套法兰		ZGS
弯头	90°	一段平焊法兰	WT
		一段平焊法兰，一段松套法兰	WTS
	45°	一段平焊法兰	WT2
		一段平焊法兰，一段松套法兰	WT2S
三通	平焊法兰		ST
	平焊法兰和松套法兰结合		STS
四通	平焊法兰		FT
	平焊法兰和松套法兰结合		FTS
异径管	平焊法兰		YJ
	平焊法兰和松套法兰结合		YJS

管件衬里材料的分类和代号　　表 6.1-80

材料名称	代　号	材料名称	代　号
聚四氟乙烯	PTFE	可溶性聚四氟乙烯	PFA
聚全氟乙丙烯	FEP	无规共聚聚丙烯	PP-R
交联聚乙烯	PE-D	聚氯乙烯 PVC	PVC

2. 直管规格

图 6.1-26 所示为直管两端均为平焊法兰时的结构，图 6.1-27 所示直管一端为焊接法兰、另一端为松套法兰时的结构；直管结构参数见表 6.1-81。

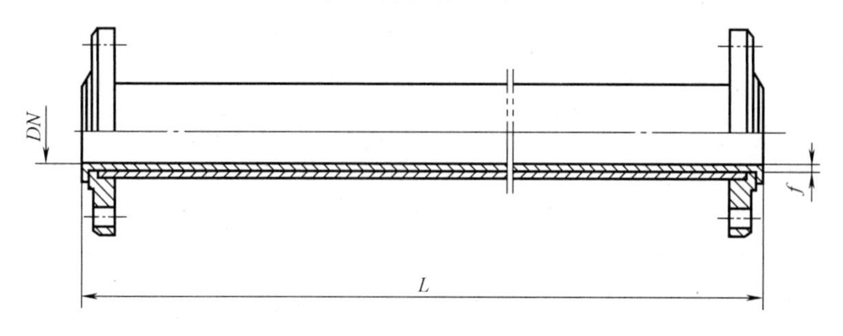

图 6.1-26　平焊法兰连接直管

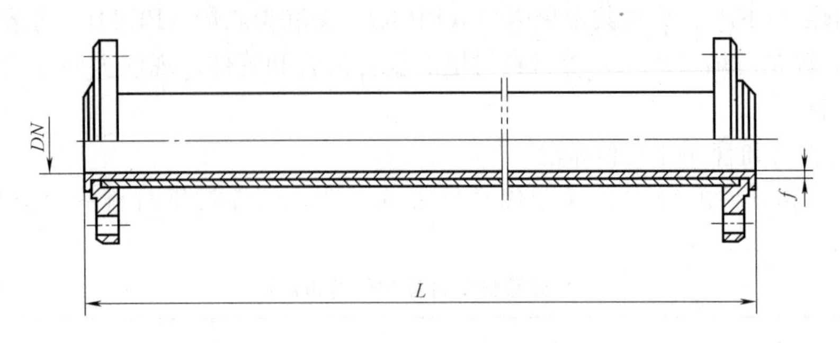

图 6.1-27 一端焊接法兰、另一端松套法兰连接的直管

直管公称尺寸应符合《管道元件 DN（公称尺寸）的定义和选用》GB/T 1047-2005 的规定，公称压力应符合《管道元件 *PN* 公称压力的定义和选用》GB/T 1048-2005 的规定。

焊接法兰采用《平面、突面整体钢制管法兰》GB/T 9113.1，松套法兰采用《突面对焊环板式松套钢制管法兰》GB/T 9120.1。

直管结构参数（mm） **表 6.1-81**

<table>
<tr><th rowspan="2">公称尺寸
DN</th><th colspan="2">内衬层厚度 f</th><th rowspan="2">钢管规格
（外径×壁厚）</th><th rowspan="2">法兰标准</th><th rowspan="2">长 度
L</th></tr>
<tr><th>PTFE、FEP、PFA</th><th>PP-R、PE-D、PVC</th></tr>
<tr><td>25</td><td rowspan="3">2.5</td><td rowspan="4">3</td><td>ϕ35×3.5</td><td rowspan="22">GB/T 9113.1
或 GB/T 9120.1</td><td rowspan="22">3000</td></tr>
<tr><td>32</td><td>ϕ38×3.5</td></tr>
<tr><td>40</td><td>ϕ48×4</td></tr>
<tr><td>50</td><td rowspan="2">3</td><td>ϕ57×3.5</td></tr>
<tr><td>65</td><td rowspan="3">4</td><td>ϕ76×4</td></tr>
<tr><td>80</td><td>3.5</td><td>ϕ89×4</td></tr>
<tr><td>100</td><td rowspan="4">4</td><td>ϕ108×4</td></tr>
<tr><td>125</td><td rowspan="4">5</td><td>ϕ133×4</td></tr>
<tr><td>150</td><td>ϕ159×4.5</td></tr>
<tr><td>200</td><td>ϕ219×6</td></tr>
<tr><td>250</td><td rowspan="3">4.5</td><td>ϕ273×7</td></tr>
<tr><td>300</td><td rowspan="11">6</td><td>ϕ325×9</td></tr>
<tr><td>350</td><td>ϕ377×9</td></tr>
<tr><td>400</td><td rowspan="9">5</td><td>ϕ426×9</td></tr>
<tr><td>450</td><td>ϕ480×9</td></tr>
<tr><td>500</td><td>ϕ530×10</td></tr>
<tr><td>600</td><td>ϕ618×10</td></tr>
<tr><td>700</td><td>ϕ718×11</td></tr>
<tr><td>800</td><td>ϕ818×11</td></tr>
<tr><td>900</td><td>ϕ918×12</td></tr>
<tr><td>1000</td><td>ϕ1018×12</td></tr>
</table>

注：当 $DN \geqslant 500$ 时，复合管外壳可用钢板卷制。

3. 型号标识

衬里管材和管件的标识规定如下：

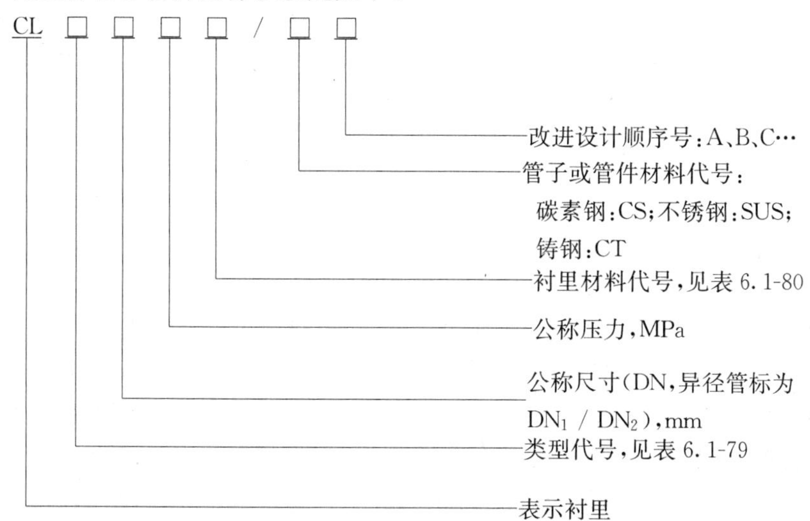

4. 适用温度和介质

衬里管材和管件应能在表 6.1-82 所列的环境中正常使工作。

衬里管材、管件适用环境温度和介质 **表 6.1-82**

衬里材料	环境温度		适用介质
	正压下	真空运行下	
PTFE	－80～＋200℃	－18～＋180℃	除熔融金属钠和钾、三氟化氯和气态氟外任何浓度的硫酸、盐酸、氢氟酸、苯、碱、王水、有机溶剂和还原剂等强腐蚀介质
FEP	－80～＋149℃	－18～＋149℃	
PFA	－80～＋250℃	－18～＋180℃	
PP-R	－15～＋90℃	－15～＋90℃	建筑冷热水系统，饮用水系统；pH 值在 1～14 范围内的高浓度酸或碱
PE-D	－30～＋90℃	－30～＋90℃	冷热水、牛奶、矿泉水、N_2、乙二酸、石蜡油、苯肼、80%磷酸、50%钛酸、40%重铬酸钾、60%氢氧化钾、丙醇、乙烯醇、皂液、36%苯甲酸钠、氯化钠、氟化钠、氢氧化钠、过氧化钠、动物脂肪、防冻液、芳香族酸、CO_2、CO
PVC	－15～＋60℃	－15～＋60℃	水

5. 对衬里的要求

检验或使用衬里管材和管件时，应注意以下几点：

（1）连接法兰上用于衬里的翻边处，飞边、毛刺应打磨平整，转角处应加工成半径不小于 3mm 的圆角。

（2）端部翻边面最小外径应符合表 6.1-83 的规定。

端部翻边面最小外径（mm） **表 6.1-83**

公称尺寸 *DN*	25	32	40	50	65	80	100	125	150	200	250
端部翻边面最小外径	58	69	78	88	108	124	144	174	199	254	309
公称尺寸 *DN*	300	350	400	450	500	600	700	800	900	1000	
端部翻边面最小外径	363	420	470	538	598	710	782	890	990	1100	

（3）最小衬里厚度应符合表 6.1-84 的规定。衬里层呈白色或自然色，质地均匀，内表面应光滑，不得有裂纹、气泡、分层及影响产品性能的其他缺陷。

最小衬里厚度（mm） **表 6.1-84**

表 3.1-196～表 3.1-200 中规定的衬里厚度	2	2.5	3	3.5	4	4.5	5	6
最小衬里厚度	1.9	2.38	2.85	3.33	3.8	4.28	4.75	5.7

6. 出厂检验

衬里管材和管件出厂前需经生产厂质量检验部门逐只进行检验合格，并附合格证后方可出厂。

出厂检验项目有：管子和管件材料、衬里材料及法兰材料均应符合规定；法兰尺寸符合相关标准的规定；法兰翻边处打磨平整，转角 $R \geqslant 3$mm；管件尺寸、形位公差符合相关标准规定；最小衬里厚度符合规定；衬里层呈白色或自然色，质地均匀；端部翻边面最小外径符合规定；经耐压试验合格；用于负压工作状态的产品，需经－0.1MPa 真空试验合格；经高频电火花试验合格；防锈处理前将基面清理干净，涂装质量符合要求；出厂文件符合规定。

7. 标志、包装、运输及贮存

（1）每只衬里产品应在不易损伤和明显位置设有公称尺寸（*DN*）、公称压力的标识，并有产品标签。标签内容有：产品型号、名称；公称尺寸（*DN*），mm；公称压力，MPa；衬里材料；生产日期；出厂编号；生产厂名、商标。

（2）衬里产品的包装要求：产品的塑料翻边面应用人造板、橡胶盖板或加强护帽等进行保护；产品包装应符合 GB/T 13384 的规定，其中直管进行捆装，其余采用装箱；外包装箱上应有符合《包装储运图示标志》GB191、《运输包装收发货标志》GB/T 6388 规定的标志；装箱单、出厂检验报告单、合格证应一起放入包装箱内。

（3）产品出厂应适应水路及陆路运输的要求。

（4）衬里管材和管件应贮存在干燥、通风良好、无腐蚀性气体的库房内，并远离热源。不得散乱堆放造成产品磕碰损伤。

【依据技术标准】化工行业标准《塑料衬里复合钢管和管件》HG/T 2437-2006。

6.1.15 埋地用纤维增强聚丙烯（FRPP）加筋管

埋地用纤维增强聚丙烯（FRPP）加筋管，是以聚丙烯树脂（PP）为主要原料，以挤出工艺成型。此种埋地加筋管材（以下简称加筋管材）适用于市政排水、埋地无压农田排水和建筑室外排水用管材，在考虑到材料的耐化学性和耐温性的前提下，也适用于工业排水排污工程。

1. 分类与标记

加筋管材按环刚度等级分类，见表 6.1-85。

公称环刚度等级 **表 6.1-85**

级　别	SN4	（SN6.3）	SN8	（SN12.5）	SN16
环刚度（kN/m²）≥	4.0	6.3	8.0	12.5	16.0

注：括号内为非首选刚度等级，经供需双方商定也可其产其他环刚度的产品。

2. 管材结构

加筋管材分为带扩口和不带扩口管材，如图 6.1-28 所示。

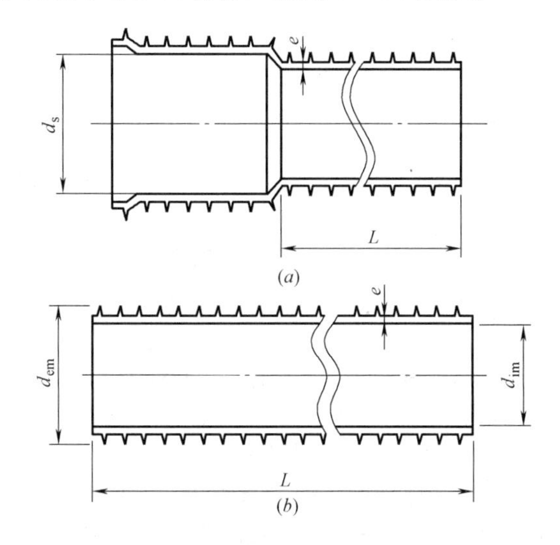

图 6.1-28 加筋管材结构示意图

(a) 带扩口管材；(b) 不带扩口管材

3. 连接方式

加筋管材采用使用承插口弹性密封圈连接方式，如图 6.1-29 所示。

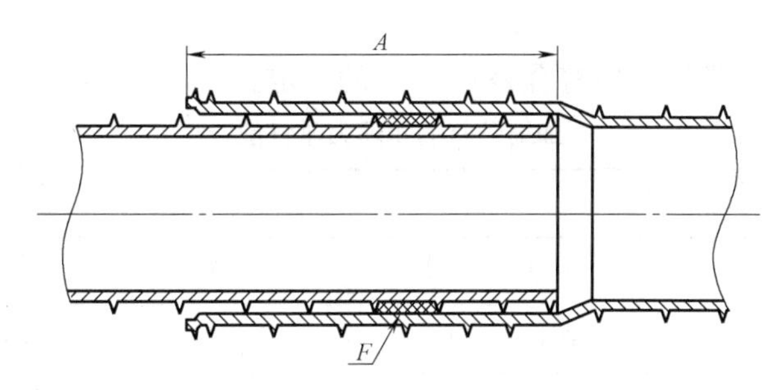

图 6.1-29 加筋管材承插连接方式

4. 规格尺寸

加筋管材的规格尺寸应符合表 6.1-86 的规定，其有效长度一般为 6m，也可由供需双方商定。

加筋管材的规格尺寸 **表 6.1-86**

公称尺寸 DN/ID	最小平均内径 $d_{im,min}$	最小壁厚 e_{min}	最小承口深度 A_{min}	公称尺寸 DN/ID	最小平均内径 $d_{im,min}$	最小壁厚 e_{min}	最小承口深度 A_{min}
200	195	1.5	115	500	490	3.0	185
225	220	1.7	115	600	588	3.5	220
300	294	2.0	145	800	785	4.5	250
400	392	2.5	175	1 000	985	5.5	270

5. 标记方式

加筋管的标记方式如下：

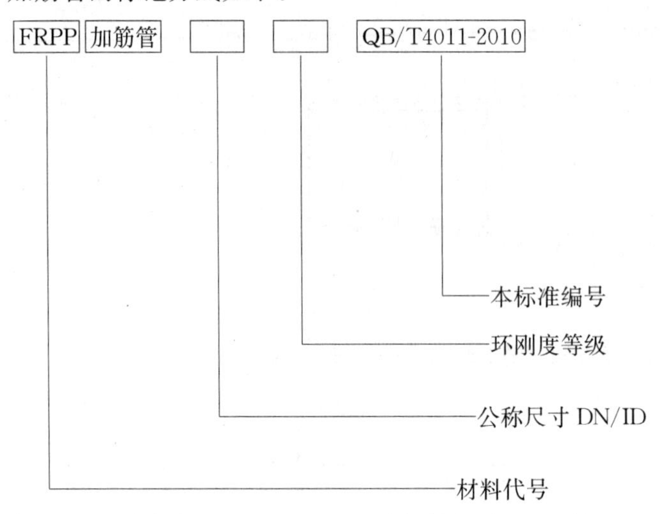

例如：公称内径为 200mm，环刚度等级为 SN8 的 FRPP 加筋管管材的标记为：

FRPP　加筋管　*DN*/*ID*200　　SN8　　QB/T 4011-2010

6. 颜色及外观

加筋管材颜色一般为黑色，其他颜色可由供需双方商定。

加筋管材内外表面不应有气泡、凹陷、明显的杂质、受热变形的痕迹和其他影响产品性能的表面缺陷。管材的两端面应切割平整，并与轴线垂直。

7. 物理力学性能

加筋管材的物理力学性能应符合表 6.1-87 的规定。

加筋管材的物理力学性能　　**表 6.1-87**

项　目		性　能
环刚度(kN/m^2)	SN4	≥4
	(SN6.3)	≥6.3
	SN8	≥8
	(SN12.5)	≥12.5
	SN16	≥16
冲击性能 TIR(%)		≤10
环柔性		试样圆滑，无反向弯曲，管壁无破裂
烘箱试验		无气泡、无分层、无开裂
蠕变比率		≤4

8. 出厂检验

产品需经生产厂质量检验部检验合格，并附有合格标识方可出厂。

出厂检验项目有：颜色、外观、规格尺寸及表 6.1-87 的环刚度、环柔性和烘箱试验。

9. 标志、运输及贮存

（1）衬里管材应有间隔不超过2m的永久性标志，且至少包括以下内容：前述“5.标记方式”的内容；生产厂名或商标；生产日期。

（2）产品运输时，不应应受到剧烈撞击、抛摔和重压。

（3）管材存放场地应平整，避免暴晒，堆放应整齐，承口应交叉错开，码放高度不宜超过2.5m，并远离热源。

【依据技术标准】轻工行业标准《埋地用纤维增强聚丙烯（FRPP）加筋管材》QB/T 4011-2010，这是一项参考欧洲标准而制订、颁发的一项新标准。

6.2 其他复合管

“供热预制直埋蒸汽保温管”（见《城镇供热预制直埋蒸汽保温管技术条件》CJ/T 200-2004）、“玻璃钢外护层、聚氨酯泡沫塑料保温层预制直埋保温管”（见《玻璃纤维增强塑料外护层聚氨酯泡沫塑料预制直埋保温管》CJ/T 129-2000）、“高密度聚乙烯外护管聚氨酯泡沫塑料预制直埋保温管”（见《高密度聚乙烯外护管聚氨酯泡沫塑料预制直埋保温管》CJ/T 114-2000）、“高密度聚乙烯外护管聚氨酯硬质泡沫塑料预制直埋保温管件”（见《高密度聚乙烯外护管聚氨酯硬质泡沫塑料预制直埋保温管件》CJ/T155-2001），均不能算是非金属管材或复合管，而是对输送热介质的钢管直接埋地敷设条件下，对工作钢管防腐、保温及对保温保护层的基本结构、材料、性能、试验方法和检验规则等诸多方面提出的要求和规定，以适应此类管道的防腐、保温及保护层施工工厂化、预制化的需要。

上述各类直管的两端约200mm长度，敷设前不做防腐、保温处理，待施工现场敷设、焊接、焊缝无损检测完毕后，再将接口部位补做防腐、保温及对保温保护层。

本手册不介绍上述管材，因为它们不属于复合管材。

6.2.1 排水用硬聚氯乙烯玻璃微珠复合管

排水用硬聚氯乙烯（PVC-U）玻璃微珠复合管，系指以聚氯乙烯树脂和中空玻璃微珠为主要原料并加入必要的添加剂，经共挤成型的硬聚氯乙烯（PVC-U）复合管材（以下简称复合管材）。此种复合管材适用于建筑物内、外或埋地排水，可与按《建筑排水用硬聚氯乙烯管件》GB/T 5836.2标准生产的管件配合使用。在考虑到材料许可的耐化学性和耐温性时，也可用于工业排水排污。

1. 管材分类

复合管材按连接型式可分为直管材（Z）、弹性密封圈连接型管材（M）和溶剂粘接型管材（N）；复合管材按环刚度分级应符合表6.2-1的规定。

管材环刚度分级 **表6.2-1**

级　别	S_0	S_1
环刚度(kN/m^2)	3.0	4.5

注：S_0管材适用于建筑物明、暗装排水管；S_1管材适用于埋地排水管，也可用于建筑物明、暗装排水管。

2. 管材规格尺寸

复合管材的断面结构如图6.2-1所示，其规格用d_n（公称外径）×e（壁厚）表示，规格尺寸见表 6.2-2。

复合管材平均外径及偏差应符合表 6.2-3 规定。

复合管材壁厚及偏差应符合表 6.2-4 规定。

复合管材内、外层厚度应符合表 6.2-5 规定。

复合管材长度应为 4000^{+20}_{-0}mm 或 6000^{+20}_{-0}mm，也可由供需方商定。

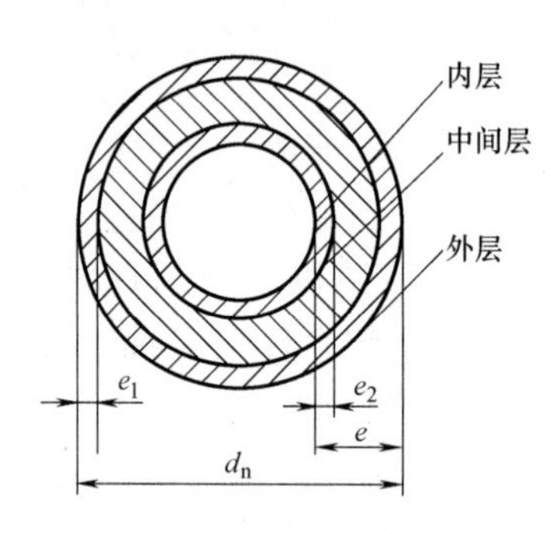

图 6.2-1 管材截面尺寸

复合管材规格尺寸（mm） **表 6.2-2**

公称外径 d_n	壁厚 e		公称外径 d_n	壁厚 e	
	S_0	S_1		S_0	S_1
40	2.0	—	160	3.2	4.0
50	2.0	2.5	200	3.9	4.9
75	2.5	3.0	250	4.9	6.2
90	3.0	3.2	315	5.2	7.7
110	3.0	3.2	400	—	9.8
125	3.0	3.2			

复合管材平均外径及偏差（mm） **表 6.2-3**

公称外径 d_n	平均外径		公称外径 d_n	平均外径	
	基本尺寸	极限偏差		基本尺寸	极限偏差
40	40	+0.3 0	160	160	+0.5 0
50	50	+0.3 0	200	200	+0.6 0
75	75	+0.3 0	250	250	+0.8 0
90	90	+0.3 0	315	315	+1.0 0
110	110	+0.4 0	400	400	+1.2 0
125	125	+0.4 0			

复合管材壁厚及偏差（mm） **表 6.2-4**

公称外径 d_n	壁厚 e 及偏差		公称外径 d_n	壁厚 e 及偏差	
	S_0	S_1		S_0	S_1
40	$2.0^{+0.4}_{0}$	—	160	$3.2^{+0.5}_{0}$	$4.0^{+0.6}_{0}$
50	$2.0^{+0.4}_{0}$	$2.5^{+0.4}_{0}$	200	$3.9^{+0.6}_{0}$	$4.9^{+0.7}_{0}$
75	$2.5^{+0.4}_{0}$	$3.0^{+0.5}_{0}$	250	$4.9^{+0.7}_{0}$	$6.2^{+0.9}_{0}$
90	$3.0^{+0.5}_{0}$	$3.2^{+0.5}_{0}$	315	$6.2^{+0.8}_{0}$	$7.7^{+1.0}_{0}$
110	$3.0^{+0.5}_{0}$	$3.2^{+0.5}_{0}$	400	—	$9.8^{+1.5}_{0}$
125	$3.0^{+0.5}_{0}$	$3.2^{+0.5}_{0}$			

复合管材内、外层厚度（mm） **表 6.2-5**

公称外径 d_n	内层壁厚 e_{2min}		外层厚度 e_{1min}	公称外径 d_n	内层壁厚 e_{2min}		外层厚度 e_{1min}
	S_0	S_1			S_0	S_1	
40	0.2	—	0.2	160	0.2	0.5	0.2
50	0.2	0.2	0.2	200	0.2	0.6	0.2
75	0.2	0.2	0.2	250	0.2	0.7	0.2
90	0.2	0.2	0.2	315	0.2	0.8	0.2
110	0.2	0.4	0.2	400	0.2	1.0	0.2
125	0.2	0.4					

3. 复合管材承口规格尺寸

溶剂粘接型复合管材承口如图 6.2-2 所示，其尺寸及偏差应符合表 6.2-6 的规定；弹性密封圈连接型复合管材承口如图 6.2-3 所示，其尺寸应符合表 6.2-7 的规定。

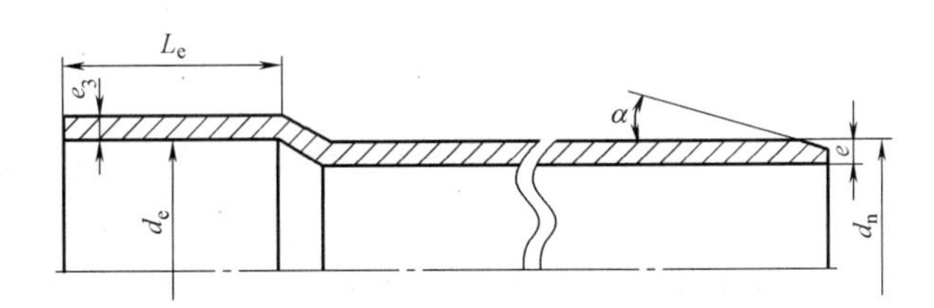

图 6.2-2 溶剂粘接型复合管材承口

d_n—公称外径；d_e—承口中部内径；e—管材壁厚；e_3—承口壁厚；L_e—承口深度；α—倒角

注：1. 倒角 α，当管材需要进行倒角时，倒角方向与管材轴线夹角应在 15°～45°之间。倒角后管端所保留的壁厚应不小于原壁厚的 1/3。

2. 管材承口壁厚 e_3 不宜小于同规格管材壁厚的 0.75 倍。

溶剂粘接型复合管材承口尺寸及偏差（mm） **表 6.2-6**

公称外径 d_n	承口中部内径 d_e 及偏差	承口深度 $L_{e,min}$	公称外径 d_n	承口中部内径 d_e 及偏差	承口深度 $L_{e,min}$
40	$40.1^{+0.3}_{0}$	25	125	$125.2^{+0.5}_{0}$	51
50	$50.1^{+0.3}_{0}$	30	160	$160.3^{+0.5}_{0}$	58
75	$75.2^{+0.3}_{0}$	40	200	$200.4^{+0.5}_{0}$	60
90	$90.2^{+0.3}_{0}$	46	250	$250.4^{+0.5}_{0}$	60
110	$110.2^{+0.4}_{0}$	48	315	$315.5^{+0.5}_{0}$	60

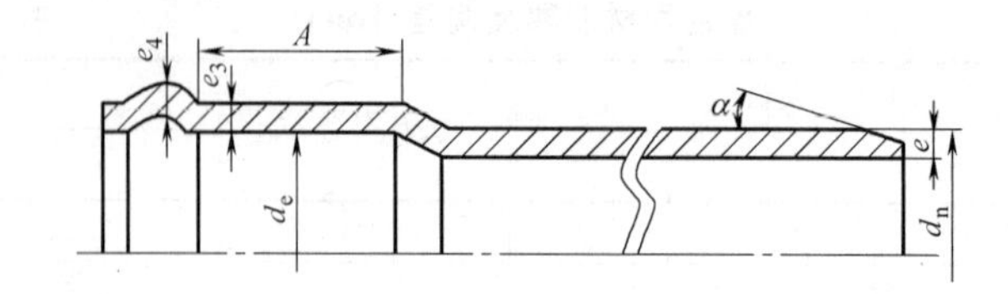

图 6.2-3 弹性密封圈连接型复合管材承口

d_n—公称外径；d_e—承口中部内径；e—管材壁厚；e_3—承口壁厚；e_4—密封圈槽壁厚；A—承口配合深度；α—倒角

注：管材承口壁厚 e_3 不宜小于同规格管材壁厚的 0.9 倍；密封圈槽壁厚 e_4 不宜小于同规格管材壁厚的 0.75 倍。

弹性密封圈连接型复合管材承口尺寸（mm） **表 6.2-7**

公称外径 d_n	最小承口平均内径 $d_{e,min}$	承口配合深度 A_{min}	公称外径 d_n	最小承口平均内径 $d_{e,min}$	承口配合深度 A_{min}
75	75.4	25	200	200.6	50
90	90.4	28	250	250.8	55
110	110.4	32	315	316.0	62
125	125.4	35	400	401.2	70
160	160.5	42			

4. 管材的标记

复合管材的标记规定如下：

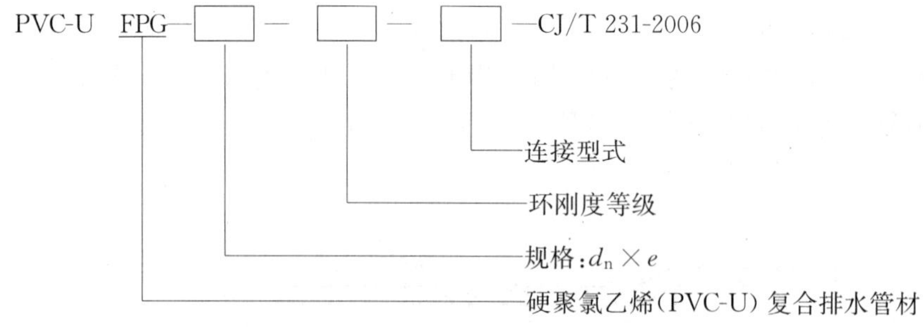

标记示例：

（1）规格为 90×3.0、环刚度等级为 S_0、溶剂粘接型硬聚氯乙烯（PVC-U）玻璃微珠复合排水管材，标记为：

PVC-U FPG-90×3.0-S_0-N-CJ/T 231-2006

（2）规格为 125×3.2、环刚度等级为 S_1、弹性密封圈连接型硬聚氯乙烯（PVC-U）玻璃微珠复合排水管材，标记为：

PVC-U FPG-125×3.2- S_1-M-CT/T 231-2006

5. 颜色及外观

复合管材可为白色，也可由供需双方商定。

复合管材内外壁应光滑平整，不应有气泡、裂口和明显的痕纹、杂质、凹陷、色泽不均及分解变色线；管材端口应平整，不应有分层，且与轴线垂直。

管材的弯曲度不应大于 1%。

6. 物理机械性能

复合管材的物理机械性能应符合表 6.2-8 的规定。

复合管材的物理机械性能 **表 6.2-8**

项　　目	技术要求	
	S_0	S_1
环刚度(kN/m^2)	≥3.0	≥4.5
表观密度(g/cm^3)	1.10～1.45	
扁平试验	不分脱、不破裂	
落锤冲击试验(0℃)	真实冲击率法	通过法
	TIR≤10%	12 次冲击,12 次不破裂
纵向回缩率(%)	≤5%,且不分脱、不破裂	
连接密封试验	连接处不渗漏、不破裂	
二氯甲烷浸渍试验	内外表面不劣于 4L	

7. 出厂检验

复合管材产品需经生产厂质量检验部门检验合格，并附有合格证方可出厂。

复合管材的出厂检验项目为：颜色；外观；规格尺寸；管材的同一截面壁厚偏差不应超过 14%；管材的弯曲度不应大于 1%；表 6.2-8 中的扁平试验、落锤冲击试验、纵向回缩率和二氯甲烷浸渍试验。

8. 标志、包装、运输、贮存

复合管材产品上标志应包括下列内容：产品名称、标准编号、产品规格、生产厂名（商标）及生产日期。

包装前每根管两端要封套，塑料包装或根据用户需要提供。

产品在装卸运输时，不应受到剧烈撞击、抛摔和重压。

复合管材存放场地应平整，并设遮阳棚，不应露天暴晒。以承口交错悬出方式堆放整齐，堆放高度不应超过 1.5m，并远离热源。

【依据技术标准】城建行业标准《排水用硬聚氯乙烯（PVC-U）玻璃微珠复合管》CJ/T 231-2006。

6.2.2 玻璃纤维增强塑料夹砂管

玻璃纤维增强塑料夹砂管（以下简称 FRPM 管），适用于公称直径为 100～4000mm，压力等级为 0.1～2.5MPa，环刚度等级为 1250～10000N/ m^2 地下和地面用给水排水、水利、农田灌溉等管道工程，介质最高温度不超过 50℃。非夹砂玻璃纤维增强塑料管及公称直径、压力等级、环刚度等级不在该标准规定范围内的 FRPM 管也可参照使用。

用于饮用水的管材应符合相关标准的要求，并按国家卫生部门要求进行定期检测。

1. 玻璃钢夹砂管相关标准的分类

(1) 产品标准

《玻璃纤维增强塑料夹砂管》GB/T 21238-2007。

这是我国现行的国家标准，对定长缠绕、连续缠绕、和离心浇铸 3 种工艺生产的玻璃钢夹砂管的产品分类、技术要求、试验方法、检验规则、管件、标志、运输和贮存等进行了规定。其中技术要求包含了尺寸、巴氏硬度、固化度、环刚度、轴向和环向拉伸强度、初始挠曲性及长期性能等方面的要求。

（2）工程结构设计标准

《给水排水工程埋地玻璃纤维增强塑料夹砂管管道结构设计规程》CECS190：2005。

这是我国现行的中国工程建设标准化协会标准。通过该规程的设计，在满足强度和变形控制条件的前提下所应选择的玻璃钢夹砂管的规格（包括公称直径、压力等级和刚度等级）以及对施工的要求，应包括沟槽断面形式，回填材料种类及回填密实度要求等。

（3）施工验收规范

1）《埋地给水排水玻璃纤维增强热固性树脂夹砂管管道工程施工及验收规程》CECS129：2001。

现行的施工验收规程是中国工程建设标准化协会标准。对于玻璃钢夹砂管的施工验收要求首先应满足设计要求，同时满足施工验收规程要求。施工验收规程中对玻璃钢夹砂管的施工方法、施工过程控制、验收等都做出了明确规定。

2）《给水排水管道工程施工及验收规范》GB 50268-2008。

这是我国的国家标准，在 1997 年版的基础上，增加了对于玻璃钢夹砂管的施工验收要求，其中关于玻璃钢夹砂管施工要求中部分规定和指标比 CECS129：2001 要求严格，因此在玻璃钢夹砂管的施工验收方面应同时按照上述两个标准要求执行；对于同一项目，应按指标要求高的执行。

2. 管材分类

FRPM 管产品可按制作工艺、公称直径、压力等级和环刚度等级进行分类。

制作工艺分类：Ⅰ—定长缠绕工艺；Ⅱ—离心浇铸工艺；Ⅲ—连续缠绕工艺。

公称直径 *DN* 分类：见表 6.2-9。

压力等级 *PN*（MPa）分类：0.1MPa、0.25MPa、0.4MPa、0.6MPa、0.8MPa、1.0MPa、1.2MPa、1.4MPa、1.6MPa、2.0MPa、2.5MPa。

环刚度等级 SN（N/m^2）分类：1250、2500、5000、10000。

3. 内径系列及外径系列

FRPM 管的内径系列的应符合表 6.2-9 的规定，外径系列应符合表 6.2-10 的规定。为方便与其他材质管道的连接，经供需双方协商确定，可套用其他材质管道的尺寸并满足相应要求。

内径系列 FRPM 管的尺寸和偏差（mm） **表 6.2-9**

内直径范围	内直径范围		偏 差	内直径范围	内直径范围		偏 差
	最小	最大			最小	最大	
100	97	103	±1.5	1200	1195	1220	±5.0
125	122	128	±1.5	1400	1395	1420	±5.0
150	147	153	±1.5	1600	1595	1620	±5.0
200	196	204	±1.5	1800	1795	1820	±5.0
250	246	255	±1.5	2000	1995	2020	±5.0
300	296	306	±1.8	2200	2195	2220	±5.0
350	346	357	±2.1	2400	2395	2420	±6.0
400	396	408	±2.4	2600	2595	2620	±6.0
450	443	459	±2.7	2800	2795	2820	±6.0
500	496	510	±3.0	3000	2995	3020	±6.0
600	595	612	±3.6	3200	3195	3220	±6.0
700	659	714	±4.2	3400	3395	3420	±6.0
800	795	816	±4.2	3600	3595	3620	±6.0
900	895	918	±4.2	3800	3795	3820	±7.0
1000	995	1020	±4.2	4000	3995	4020	±7.0

注：管两端内直径的设计值应在本表的内直径范围内，两端内直径的偏差应在本表规定的偏差范围之内。

外径系列 FRPM 管的尺寸和偏差（mm） 表 6.2-10

公称直径 *DN*	外直径	偏差	公称直径 *DN*	外直径	偏差
200	208.0	+1.0，−1.0	1600	1638.0	+2.0，−2.8
250	259.0	+1.0，−1.0	1800	1842.0	+2.0，−3.0
300	310.0	+1.0，−1.0	2000	2046.0	+2.0，−3.0
350	361.0	+1.0，−1.2	2200	2250.0	+2.0，−3.2
400	412.0	+1.0，−1.4	2400	2453.0	+2.0，−3.4
400	463.0	+1.0，−1.6	2600	2658.0	+2.0，−3.6
500	514.0	+1.0，−1.8	2800	2861.0	+2.0，−3.8
600	616.0	+1.0，−2.0	3000	3660.0	+2.0，−4.0
700	718.0	+1.0，−2.2	3200	3270.0	+2.0，−4.2
800	820.0	+1.0，−2.4	3400	3474.0	+2.0，−4.4
900	924.0	+1.0，−2.6	3600	3678.0	+2.0，−4.6
1 000	1026.0	+2.0，−2.6	3800	3882.0	+2.0，−4.8
1200	1229.0	+2.0，−2.6	4000	4086.0	+2.0，−5.0
1400	1434.0	+2.0，−2.8	—	—	—

注：1. 可根据实际情况采用其他外径系列尺寸，但其外径偏差应满足相应要求。
2. 对于 *DN*300 的 FRPM 管，外直径也可采用 323.8mm，对于 *DN*400 的 FRPM 管，外直径也可采用 426.6mm，该两种规格的正偏差为 1.5mm，负偏差为 0.3mm。

4. 管材长度、厚度及端面垂直度

FRPM 管的有效长度通常分为 3m、4m、5m、6m、9m、10m、12m 等 7 种，如果需要其他长度，由供需双方商定。FRPM 管的长度偏差为有效长度的±0.5%。

FRPM 管的任一截面的管壁平均厚度，应不小于规定的设计厚度，其中最小管壁厚度应不小于设计厚度的 90%。

FRPM 管的端面垂直度，应符合表 6.2-11 的规定。

管端面垂直度要求（mm） 表 6.2-11

公称直径 *DN*	*DN*<600	600≤*DN*<1000	*DN*≥1000
管端面垂直度偏差	4	6	8

5. 管材标记

FRPM 管的标记方法如下：

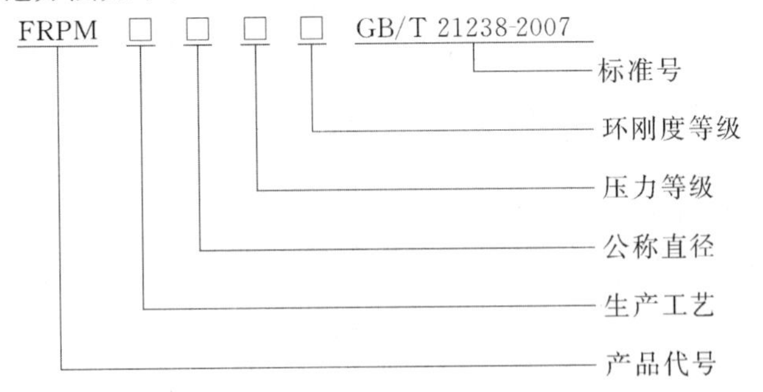

例如：采用定长缠绕工艺生产、公称直径为 1200mm 压力等级为 0.6MPa、环刚度等级为 5000N/m²，按 GB/T 21238-2007 标准生产的 FRPM 管应标记为：

FRPM-I-1200-0.6-5000 GB/T 20138-2007

6. 初始力学性能

(1) 初始环刚度 S_0

初始环刚度 S_0 应不小于相应的环刚度等值 SN。

（2）初始环向拉伸强力 F_{th}

1）初始环向拉抻强力 F_{th}应根据工程设计来确定，但其最小值根据式（6.2-1）确定：

$$F_{th}=C_1 \cdot PN \cdot DN/2 \tag{6.2-1}$$

式中 F_{th}——管的初始环向拉伸强力，kN/m；

C_1——系数，见表 6.2-12；

PN——压力等级，MPa；

DN——公称直径，mm。

系数 C_1 **表 6.2-12**

压力等级 PN（MPa）	α				
	1.5	1.75	2.0	2.5	3.0
0.1	4	4	4.2	5.3	6.3
0.25	4	4	4.2	5.3	6.3
0.4	4	4	4.1	5.1	6.2
0.6	4	4	4	5.0	6.0
0.8	4	4	4	4.9	5.9
1.0	4	4	4	4.8	5.7
1.2	4	4	4	4.7	5.6
1.4	4	4	4	4.6	5.5
1.6	4	4	4	4.5	5.4
2.0	4	4	4	4.3	5.1
2.5	4	4	4	4	4.8

注：1. $\alpha=P_0$/HDP；其中 P_0 为短时失效水压；HDP 为长期静水压力基准。

2. 当管的环向拉伸强力的离散系数 $C_V>9.0\%$时，C_1 应取为表中值乘以 $0.8236/(1-1.96C_V)$。

2）当无长期静水压设计压力基准试验（HDP）结果时，取 $C_1=6.3$ 时初始环向拉伸强力的最小值见表 6.2-13。

无 HDP 时初始环向拉伸强力 F_{th}的最小值（kN/m） **表 6.2-13**

公称直径 DN	压力等级(MPa)										
	0.1	0.25	0.4	0.6	0.8	1.0	1.2	1.4	1.6	2.0	2.5
100	32	79	126	189	252	315	378	441	504	630	788
125	39	98	158	236	315	394	473	551	630	188	984
150	47	118	189	284	378	473	567	662	756	945	1181
200	63	158	252	378	504	630	756	882	1008	1260	1575
250	79	197	315	473	630	788	945	1103	1260	1575	1969
300	95	236	378	540	756	900	1134	1323	1440	1800	2250
350	110	276	441	662	882	1103	1323	1544	1764	2205	2756
400	126	315	504	756	1008	1260	1512	1764	2160	2520	3150
450	142	354	567	851	1134	1418	1701	1985	2268	2835	3544
500	158	394	630	945	1260	1575	1890	2205	2520	3150	3938
600	189	473	756	1134	1512	1890	2268	2646	3024	3780	4725
700	221	551	882	1323	1764	2205	2646	3087	3528	4410	5513
800	252	630	1008	1512	2016	2520	3024	3528	4032	5040	6300
900	284	709	1134	1701	2268	2835	3402	3969	4536	5670	7088
1000	315	788	1260	1890	2520	3150	2780	4410	5040	6300	7875

续表

公称直径 DN	压力等级(MPa)										
	0.1	0.25	0.4	0.6	0.8	1.0	1.2	1.4	1.6	2.0	2.5
1200	378	945	1512	2268	3024	3780	4536	5292	6048	7560	9450
1400	441	1103	1764	2646	3528	4410	5292	6174	7056	8820	11025
1600	504	1260	2016	3024	4032	5040	6048	7056	8064	10080	120600
1800	567	1418	2268	3402	4536	5670	6804	7938	9072	11340	14175
2000	630	1575	2520	3780	5040	6300	7560	8820	10080	12600	15750
2200	693	1733	2772	4158	5544	6930	8316	9702	11088	130860	17325
2400	756	1890	3024	4536	6048	7560	9072	10584	12096	15120	18900
2600	819	2048	3276	4914	6552	8190	9828	11466	13104	16380	20475
2800	882	2205	3528	5292	7056	8820	10584	12348	14112	17640	22050
3000	945	2363	3780	5670	7560	9450	11340	13230	15120	18900	23625
3200	1008	2520	4032	6048	8064	10080	12096	14112	16128	20160	25200
3400	1071	2678	4284	6426	8568	10710	12852	14994	17136	21420	26775
3600	1134	2835	4536	6804	9072	11340	13608	15876	18144	22680	28350
3800	1197	2993	4788	7182	9576	11970	14364	16758	19152	23940	29925
4000	1260	3150	5040	7560	10080	12600	15120	17640	20160	25200	31500

(3) 初始轴向拉伸强力及拉伸断裂应变

1) 当管道不承受由管内压直接产生的轴向力或未受到特殊轴向力时，其管壁初始轴向拉伸强力 F_{tL}应不小于的规定值；管壁轴向拉伸断裂应变应不小于0.25%。

2) 当管道承受由管内压产生的轴向力时，其管壁初始轴向拉伸强力 F_{tL}应满足式(6.2-2)的要求。

$$F_{tL} \geqslant C_1 \cdot PN \cdot DN/4 \tag{6.2-2}$$

式中 F_{tL}——管的初始轴向拉伸强力，kN/m；

C_1——系数，见表6.2-12，当无长期静水压设计压力基准试验结果时取 $C_1=6.3$；

PN——压力等级，MPa；

DN——公称直径，mm。

注：承受由管内压产生轴向力的管主要有一端与阀门、盲堵等连接而又没有设置可靠的支墩的管。

初始轴向拉伸强力最小值 F_{tL} (kN/m) **表6.2-14**

公称直径 DN	压力等级(MPa)								
	≤0.4	0.6	0.8	1.0	1.2	1.4	1.6	2.0	2.5
100	70	75	78	80	83	87	90	100	100
125	75	80	85	90	93	97	100	110	120
150	80	85	93	100	103	107	110	120	130
200	85	95	103	110	113	117	120	130	140
250	90	105	115	125	128	132	135	150	165
300	95	115	128	140	1430	147	150	170	190
350	100	123	137	150	156	162	168	192	215
400	105	130	145	160	168	177	185	213	240
450	110	140	158	175	184	194	203	234	265

续表

公称直径 DN	压力等级(MPa)								
	≤0.4	0.6	0.8	1.0	1.2	1.4	1.6	2.0	2.5
500	115	150	170	190	200	210	220	255	290
600	125	165	193	220	232	244	255	300	345
700	135	180	215	250	263	277	290	343	395
800	150	200	240	280	295	310	325	378	450
900	165	215	263	310	325	340	355	430	505
1000	185	230	285	340	357	373	390	473	555
1200	205	260	320	380	407	433	460	558	655
1400	225	290	355	420	457	493	530	643	755
1600	250	320	390	460	507	553	600	728	855
1800	275	350	425	500	557	613	670	813	955
2000	300	380	460	540	607	673	740	898	1055
2200	325	410	395	580	657	733	810	983	1155
2400	350	440	530	620	707	793	880	1068	1255
2600	375	470	565	660	757	853	950	1153	1355
2800	400	505	605	705	810	915	1020	1238	1455
3000	430	540	645	750	863	977	1090	1323	1555
3200	460	575	685	795	917	1038	1160	1408	1655
3400	490	610	725	840	970	1100	1230	1494	1755
3600	520	645	765	885	1023	1162	1300	1578	1855
3800	550	680	805	930	1077	1223	1370	1663	1955
4000	580	715	845	975	1130	1285	1440	1748	2055

(4) 水压渗漏

对 FRPM 管与管件连接好的管段施加该管压力等级 1.5 倍的静水内压，保持 2min，管体及连接部位应不渗漏。

(5) 短时失效水压

短时失效水压应不小于 FRPM 管的压力等级 C_1 倍（C_1 值见表 6.2-12），当无长期静水压设计基准试验结果时，取 $C_1=6.3$。

(6) 初始挠曲性

每个试样初始挠曲水平面 A 和挠曲水平 B 应满足表 6.2-15 要求。表 6.2-15 的规定是建立在安装后长期使用的现场最大挠度为 5%的基础上。如果样品管在满足其中的一项或两项要求（即水平 A 和水平 B）下失效，样品管代表的同批管材的长期许用挠曲值必须将规定值按比例降低。

初始挠曲性的径向变形率及要求　　表 6.2-15

挠曲水平	环刚度等级(N/m^2)				要　求
	1250	2500	5000	10000	
A(%)	18	15	12	9	管内壁无裂纹
B(%)	30	25	20	15	管壁结构无分层、无纤维断裂及屈曲

对于其他环刚度管的初始挠曲性的径向变形率按下述要求执行：

1）对于环刚度 S_0 过在标准等级之间的管，挠曲水平 A 和 B 对应的径向变形率分别按线性插值的方法确定。

2）对于环刚度 $S_0 \leqslant 1250\text{N/m}^2$，或 $S_0 \geqslant 10000\text{N/m}^2$ 的管，挠曲水平 A 和 B 按下式计算：

挠曲水平 A 对应的径向变形率 $=18\times(1250/S_0)^{1/3}$

挠曲水平 B 对应的径向变形率 $=30\times(1250/S_0)^{1/3}$

（7）初始环向弯曲强度

管壁的初始环向弯曲强度 F_{tm} 应根据工程设计确定，但其最小值根据式（6.2-3）确定。

$$F_{tm}=4.28\frac{E_p t\Delta}{\left(D+\frac{\Delta}{2}\right)^2} \tag{6.2-3}$$

式中 F_{tm}——管壁环向初始弯曲强度，MPa；

t——管壁实际测试厚度，mm；

D——管的计算直径，mm，$D=D_n+t$；

D_n——管的内直径，mm；

Δ——管材初始挠曲性检验达到挠曲水平 B 时的径向压缩变形量，mm；

E_p——管壁环向弯曲弹性模量，MPa，由式（6.2-4）确定

$$E_p=1\times10^{-6}S_0D^3/t^3 \tag{6.2-4}$$

式中 S_0——实测的环刚度，N/m；

D、t——同式（6.2-3）。

注：1. 离心浇铸工艺生产的 FRPM 管，在计算 E_p 时，其 S_0 采用挠曲性检验时变形量达到挠曲水平 A 时对应的荷载值计算得到的环刚度值。

2. 当通过试验得到了长期弯曲应变 S_b 后，同规格产品检验时可不进行初始环向弯曲的检验。

7. 长期性能

（1）长期静水压设计强度基准 HDP 应满足式（6.2-5）要求：

$$\text{HDP}\geqslant C_3\cdot PN \tag{6.2-5}$$

式中 HDP——长期静水压设计强度基准，MPa；

C_3——系数，表 6.2-16；

PN——压力等级，MPa。

系数 C_3 **表 6.2-16**

压力等级(MPa)	≤0.25	0.4	0.6	0.8	1.0	1.2	1.4	1.6	2.0	2.5
系数 C_3	2.10	2.05	2.00	1.95	1.90	1.87	1.84	1.80	1.70	1.60

（2）长期弯曲应变 S_b 值应满足式（6.2-6）的要求：

$$S_b\geqslant4.28\frac{\Delta_S t}{\left(D+\frac{\Delta_S}{2}\right)^2} \tag{6.2-6}$$

式中 S_b——长期弯曲应变；

Δ_S——管材初始挠曲性检验达到挠曲水平 B 时的径向压缩变形量 Δ 的 60%，mm；

D——管的计算直径，mm，$D=D_n+t$；

t——管壁实际测试厚度，mm。

当没有长期弯曲应变 S_b 值时，建议在管道结构设计中，按式计算确定 S_b 值，其中，对于供水管道 Δ，取 $\Delta/2$；对于污水管道取 $\Delta/3$。Δ 为管材初始挠曲性检验达到挠曲水平 B 时的径向压缩变形量。

8. 出厂检验及出厂证明书

出厂检验检验项目有：外观质量、尺寸、巴氏硬度、树脂不可溶分含量、直管段管壁组分含量、水压渗漏、初始环刚度、初始环向拉伸强力、初始轴向拉伸强力、初始挠曲性、初始环向弯曲强度。

每批 FRPM 管时，应具有包括下列内容的厂证明书：生产厂名称；产品规格；生产日期；产品出厂检验证明书。

9. 标志、包装、运输、贮存

（1）每根 FRPM 管应至少有一处包括下列内容耐久标志：生产厂名或商标；产品标记；批号及产品编号；生产日期。

（2）FRPM 管发运前应用发泡塑料膜等柔性材料对两端面和外侧连接面进行包装；包装宽度应比管道外侧连接面宽度大 100mm。

（3）FRPM 管在吊装及运输时，应注意以下几点：

1）吊装宜用柔性绳索，若使用钢索或铁链，应衬垫橡胶等柔性物。

2）采用双点平衡起吊，严禁单点起吊。

3）吊装及运输时，轻起轻放，防止磕碰、损伤。

4）运输时水平堆放，固定牢靠。

（4）FRPM 管应按类型、规格、等级堆放。堆放场地应平整，不宜长期露天存放。堆放时应设置管座，层与层之间应用垫木隔开。叠层堆放应符合表 6.2-17 的要求，并远离热源。

FRPM 管的最大叠层堆放层数 **表 6.2-17**

公称直径(mm)	200	250	300	400	500	600～700	800～1200	≥1400
最大层数	8	7	6	5	4	3	2	1

【依据技术标准】《玻璃纤维增强塑料夹砂管》GB/T 21238-2007。此标准实施之日起，《玻璃纤维增强塑料夹砂管》CJ/T 3079-1998、《玻璃纤维缠绕增强热固性树脂夹砂压力管》JC/T 838-1998、《离心浇铸玻璃纤维增强不饱和聚酯树脂夹砂管》JC/T 695-1998 即行废止。

6.2.3 金属网聚四氟乙烯复合管

金属网聚四氟乙烯复合管系由钢制外壳与带金属网聚四氟乙烯衬里管复合而成，其公称直径为 $DN25$～$DN300$，使用温度为－20～250℃。复合管中使用的金属网，系指单一的工业用金属丝编织方孔筛网，或者再加钢丝的复合体。

1. 产品品种规格代号与标记

复合管与管件根据使用压力分为耐正压管和耐负压管，其品种规格代号与标记方法见表 6.2-18。

复合管与管件品种规格代号与标记 表 6.2-18

序号	品 种	规格代号与标记
1	直管	PTFE/CS-(V)-SP-公称通径 $DN\times L$-法兰标准号
2	90°弯头	PTFE/CS-(V)-EL-公称通径 $DN\times90°$-法兰标准号
3	45°弯头	PTFE/CS-(V)-EL-公称通径 $DN\times45°$-法兰标准号
4	等径三通	PTFE/CS-(V)-ET-公称通径 DN-法兰标准号
5	异径三通	PTFE/CS-(V)-RT-公称通径 $DN\times$小端公称通径 $DN1$-法兰标准号
6	等径四通	PTFE/CS-(V)-EC-公称通径 DN-法兰标准号
7	异径四通	PTFE/CS-(V)-RC-公称通径 $DN\times$小端公称通径 $DN1$-法兰标准号
8	同心异径管	PTFE/CS-(V)-CR-公称通径 $DN\times$小端公称通径 $DN1$-法兰标准号
9	偏心异径管	PTFE/CS-(V)-ER-公称通径 $DN\times$小端公称通 $DN1$-法兰标准号
10	法兰盖	PTFE/CS-(V)-BF-公称通径 DN-法兰标准号

2. 直管

复合直管的结构如图 6.2-4 所示，其主要尺寸见表 6.2-19。

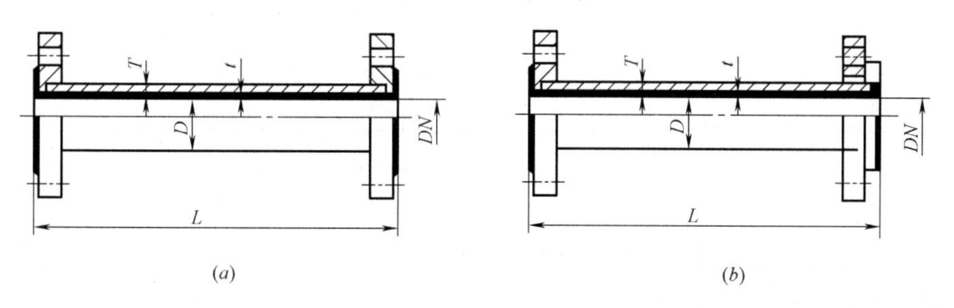

图 6.2-4 复合直管的结构

(a) 两端固定法兰的直管；(b) 一端固定、一端活动法兰的直管

复合直管的主要尺寸 (mm) 表 6.2-19

公称通径 DN	25	32	40	50	65	80	100	125	150	200	250	300
常用碳钢钢管外径 $D\times$壁厚 T	$D32$	$D38$	$D45$	$D57$	$D73$	$D89$	$D108$	$D133$	$D159$	$D219$	$D273$	$D325$
长度 L	优选定尺长度:$L=2000$ 或 $L=3000$											

注：壁厚 T 采用常用壁厚，特殊尺寸可由供需双方商定。

3. 尺寸公差

复合的直管和异径管主要尺寸的公差，应符合表 6.2-20 的规定；其他管件主要尺寸的公差应符合表 6.2-21 的规定。

直管和异径管主要尺寸的公差 (mm) 表 6.2-20

公称通径 DN	直管 L		异径管 L	
	2000	3000	150	300
25～100	±1.8	±2.0	±1.8	—
125～200	±2.0	±2.2	±2.0	±2.2
250～300	±2.2	±2.5	±2.2	±2.5

管件的尺寸公差（mm） 表 6.2-21

公称通径 DN	90°弯头 R	45°弯头		三通、四通	
		L	R	L	R
25～100	±2.0	±2.2	±2.0	±2.0	±1.8
125～200	±2.2	±2.5	±2.2	±2.2	±2.0
250～300	±2.5	±2.8	±2.5	±2.5	±2.2

4. 复合管与管件的标记

金属网聚四氟乙烯复合管与管件的品种规格代号与标记方法已列于表 6.2-18，其标记内容和标记方式如下：

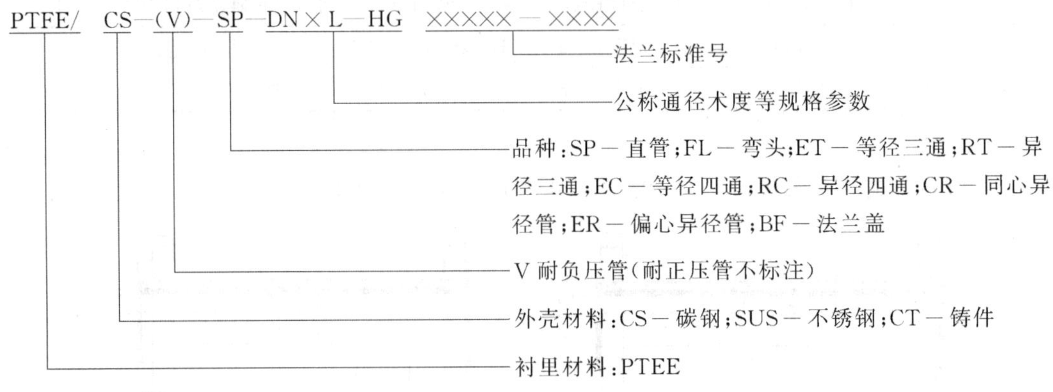

标记示例 1：

碳钢外壳的金属网聚四氟乙烯衬里耐正压直管，公称通径 *DN*40，长度为 2000mm，采用 HG 20593-1997 法兰标准，标记为：

PTFE/CS-SP-*DN*40×2000-HG 20593-1997

标记示例 2：

铸件外壳的金属网聚四氟乙烯耐负压衬里 90°弯头，公称通径 *DN*125，采用 HG 20596-1997 法兰标准，标记为：

PTFE/CT-V-EL-*DN*125×90°-HG 20596-1997

5. 技术要求

（1）聚四氟乙烯衬里与钢制外壳紧密贴合，厚度均匀，外观呈白色、表面光滑，不得有气泡等缺陷。

（2）水压试验压力取设计压力的 1.5 倍，不得泄漏或破裂。

（3）聚四氟乙烯衬里应进行高频电火花试验，试验电压为 10kV，不得有被击穿现象。

（4）用于耐负压的管材应进行负压试验，聚四氟乙烯衬里不得产生明显变形、泄漏或破裂。

（5）聚四氟乙烯衬里的轴向相对伸长率应不大于 0.5%。

6. 出厂检验

耐正压管按“5. 技术要求”之（1）、（2）、（3）款，逐件进行检验。

耐负压管除按“5. 技术要求”之（1）、（2）、（3）款逐件检验外，还应按（4）款进行"负压试验"抽检。

7. 标志、包装、运输、贮存

(1) 经检验合格的复合管和管件，应有下列标志：生产厂名或商标；产品品种规格代号（表 6.2-18）；产品标准编号；生产日期或生产批号。

(2) 产品应妥善包装，以防损坏。法兰翻边面应用橡胶板、纤维板密封等适当方法保护。

(3) 运输在运输过程中，产品不应受剧烈冲击，锐物划伤和重物堆压。

(4) 复合管和管件应平直贮存在干净的室内。法兰翻边面保护材料在未安装时不得取下，破损或脱落。公称通径 100mm 以下的产品，堆放高度不宜超过 10 层；公称通径 125～200mm 的产品，堆放高度不宜超过 5 层；公称通径 250mm 以上产品，堆放高度不宜超过 3 层。

【依据技术标准】化工行业标准《金属网聚四氟乙烯复合管与管件》HG/T 3705-2003。

6.2.4 塑料合金防腐蚀复合管

塑料合金防腐蚀复合管适用于输送石油、天然气等流体物料。复合管在公称压力为 $PN \leqslant 25$MPa，使用温度为－20～100℃；公称压力为 $PN \geqslant 25$MPa，使用温度为－20～90℃。

1. 管材结构及几何尺寸

复合管的管壁由内衬层和结构层组成。内衬层即为塑料合金管，以连续纤维缠绕形成的增强层为结构层。内衬层的塑料合金系指含有两种或多种不同结构单元的均聚物或共聚物，并且其中任一组分的比例要大于 5％。内衬层的最小厚度为 2mm；结构层厚度则以内压设计为基准，由内径、压力、环向许用应力和安全系数等参数计算确定。

复合管的几何尺寸及偏差见表 6.2-22，其中结构层最小壁厚是结构层最小壁厚使用温度 80℃以下的壁厚；当复合管的使用温度大于 80～90℃时，复合管的结构层最小壁厚为表 6.2-22 中的尺寸乘以 1.6；当复合管的使用温度为 90～100℃时，采用耐温树脂。

复合管的几何尺寸及偏差（80℃以下）　　表 6.2-22

公称压力（MPa）	公称通径 DN（mm）	结构层最小壁厚（mm）	内衬层最小壁厚(mm)	内径偏差（mm）	管材长度（mm）
1.6	40	2	2	－1.0～＋1.5	8000
	50	2	2	－1.0～＋1.5	
	65	2	2	－1.0～＋1.5	
	76	2	2	－1.0～＋1.5	
	100	2	2	－1.5～＋2.0	
	125	2	2	－1.5～＋2.0	
	150	2	2	－1.5～＋2.0	
	200	2	2	－2.0～＋2.5	
	250	2	2.1	－2.5～＋3.0	
	300	2.3	2.5	－3.0～＋3.5	
	350	2.7	2.9	－4.5～＋4.0	

续表

公称压力(MPa)	公称通径 *DN*(mm)	结构层最小壁厚(mm)	内衬层最小壁厚(mm)	内径偏差(mm)	管材长度(mm)
2.5	40	2	2	−1.0～+1.5	8000
	50	2	2	−1.0～+1.5	
	65	2	2	−1.0～+1.5	
	76	2	2	−1.0～+1.5	
	100	2	2	−1.5～+2.0	
	125	2	2	−1.5～+2.0	
	150	2	2	−2.0～+2.5	
	200	2.4	2	−2.0～+2.5	
	250	3.0	2.4	−2.5～+3.0	
	300	3.6	2.9	−3.0～+3.5	
	350	4.2	3.4	−4.5～+4.0	
6	40	2	2	−1.0～+1.5	8000
	50	2	2	−1.0～+1.5	
	65	2	2	−1.0～+1.5	
	76	2.3	2	−1.0～+1.5	
	100	2.9	2	−1.5～+2.0	
	125	3.7	2	−1.5～+2.0	
	150	4.4	2	−2.0～+2.5	
	200	5.9	2.6	−2.0～+2.5	
	250	7.2	3.2	−2.5～+3.0	
	300	8.7	3.8	−3.0～+3.5	
	350	10.1	4.5	−4.5～+4.0	
10	40	2.1	2	−1.0～+1.5	8000
	50	2.5	2	−1.0～+1.5	
	65	3.2	2	−1.0～+1.5	
	76	3.8	2	−1.0～+1.5	
	100	4.9	2	−1.5～+2.0	
	125	6.1	2	−1.5～+2.0	
	150	7.4	2.3	−2.0～+2.5	
	200	9.8	3	−2.0～+2.5	
16	40	3.3	2	−1.0～+1.5	8000
	50	4.1	2	−1.0～+1.5	
	65	5.2	2	−1.0～+1.5	
	76	6.0	2	−1.0～+1.5	
	100	7.8	2	−1.5～+2.0	
	125	9.8	2.2	−1.5～+2.0	
	150	11.8	2.7	−2.0～+2.5	
	200	15.6	3.6	−2.0～+2.5	

续表

公称压力（MPa）	公称通径 *DN*（mm）	结构层最小壁厚（mm）	内衬层最小壁厚（mm）	内径偏差（mm）	管材长度（mm）
20	40	4.1	2	−1.0～+1.5	8000
	50	5.1	2	−1.0～+1.5	
	65	6.5	2	−1.0～+1.5	
	76	7.5	2	−1.0～+1.5	
	100	9.8	2	−1.5～+2.0	
	125	12.3	2.4	−1.5～+2.0	
	150	14.7	2.9	−2.0～+2.5	
25	40	5.2	2	−1.0～+1.5	8000
	50	6.3	2	−1.0～+1.5	
	65	8.1	2	−1.0～+1.5	
	76	9.4	2	−1.0～+1.5	
	100	12.2	2.1	−1.5～+2.0	
	125	15.4	2.6	−1.5～+2.0	
32	40	6.6	2	−1.0～+1.5	8000
	50	8.1	2	−1.0～+1.5	
	65	10.4	2	−1.0～+1.5	
	76	12.0	2	−1.0～+1.5	
	100	15.6	2.2	−1.5～+2.0	

2. 主要性能

（1）水压渗漏性能

以相应公称压力的1.5倍压力进行水压试验，保压2min，管壁不应有渗漏或局部变形。

（2）力学性能

复合管的短期水压失效环向应力应不小于320MPa。

（3）复合管抗冲击性

以质量为5kg的钢球，从1000mm高度自由落体冲击复合管，冲击后对复合管加压至公称压力，并保持5min，管壁不应有渗漏现象。

（4）巴氏硬度

复合管的巴氏硬度应不低于40。

（5）耐酸碱性

复合管的耐酸碱腐蚀度要求：H_2SO_4（30%）：不大于1.5g/m^2；HNO_3（40%）：不大于1.5g/m^2；HCl（30%）：不大于1.5g/m^2；NaOH（40%）：不大于1.5g/m^2。

（6）维卡软化温度

复合管的内衬层的维卡软化温度范围70～110℃，视氯化聚乙烯树脂在塑料合金中的含量比例而定。

3. 出厂检验项目

复合管产品需经生产厂质量检验部门检验合格，并附有合格证方可出厂。

出厂检验项目主要有外观、几何尺寸。外观质量要求复合管内表面应光滑平整，不允许有气泡、裂口及明显波纹、杂质、分解变色线等缺陷；外表面不得有龟裂、分层及大于 $6cm^2$ 的白斑，管端面应平整、无毛刺，并与管轴线垂直。复合管的几何尺寸及偏差应符合表 6.2-22 的规定。水压渗漏性能及巴氏硬度应符合前述要求。

4. 标志、包装、运输、贮存

（1）每根复合管均应有包括下列内容的标志：生产厂名和商标；产品名称、公称压力、公称通径及使用温度；生产批号；生产日期和班组；标准编号。

（2）长途运输的管材应捆扎成 600mm×600mm×8000mm 的捆，用 40mm×40mm×80mm 的木条包裹，共 4 道，第 1 道离管端 1000mm，其余各道间距 2000mm，中间两道衬以 200mm×600mm×2000mm 的宽木板，以利于叉车装卸。

（3）复合管在装卸运输时，不应受到剧烈撞击、抛摔和重压、划伤、暴晒，并防止油污和化学品污染。

（4）复合管材存放场地应平整，并设遮阳棚，不应露天暴晒，堆放高度不应超过 2m，并远离热源。

【依据技术标准】化工行业标准《塑料合金防腐蚀复合管》HG/T 4087-2009，该项标准系首次颁发。

6.2.5 石油天然气工业用柔性复合高压管

石油天然气工业用柔性复合高压输送管（以下简称复合管），适用于长期工作温度不大于 110℃，工作压力不大于 32MPa 的系列柔性复合高压输送管。主要用于油气田的油气集输、高压注醇、油田注水、污水处理、三次采油等方面。

1. 复合管结构与类型

复合管的结构一般由芯管、增强层和外包层 3 部分组成。其中：芯管为聚乙烯管（也可采用聚丁烯或其他改性高分子聚合物为芯管原料）；增强层为在芯管上编织或缠绕的增强纤维丝（绳）或钢丝绳，各增强层之间采用胶粘剂粘结；外包层为聚乙烯防腐保护层。

复合管的类型有不同的划分方式。按照增强方式的不同，分为编织和缠绕两种方式；按用途的不同，分为输油用复合管（代号：Y）、输气用复合管（代号：Q）、输水用复合管（代号：S）和注醇用复合管（代号：C）。

2. 规格尺寸、公称压力和最小弯曲半径

复合管的规格尺寸、公称压力和最小弯曲半径应符合表 6.2-23 的规定。

当复合管在工程使用中输送介质温度超过 70℃时，其公称压力需乘以表 6.2-24 的公称压力修正系数。

复合管的耐内压强度可按式（6.2-7）核算：

$$P_B=\frac{nN_iK_BC_3C_4}{D_{计}^2(1+\varepsilon)^2C_1^2} \tag{6.2-7}$$

式中 P_B——复合管的耐压强度，kg/cm^2；

N_i——增强层上纤维丝的总根数；

K_B——纤维丝的单根强度，kg/根；

$D_{计}$——增强绕层平均直径，cm；

ε——增强丝的扯断伸长率；

C_1——角度修正系数（当角度=54°44″时，$C_1=1$）；

C_3——缠绕或编织层数影响缠绕或编织不均性的修正系数（一层 $C_3=0.9$，二层 $C_3=0.8$，三层 $C_3=0.75$，四层 $C_3=0.7$）；

C_4——纤维丝强力不均修正系数，取低值时，$C_4\approx1$；

n——不同压力等级的计算系数（压力等级小于 12MPa 时，$n=0.735$；当压力等级大于 16MPa 时，$n=1.103$）。

复合管规格尺寸、公称压力和最小弯曲半径　　表 6.2-23

公称外径（mm）	最小内径（mm）	公称壁厚（mm）	壁厚公差（mm）	公称压力（MPa）	最小弯曲半径（mm）
29	17	6.0	+0.2 0	32	230
38	25	6.5	+0.3 0	32	300
37	25	6.0	+0.3 0	25	300
36	25	5.5	+0.3 0	16	300
35	25	5.0	+0.3 0	12	300
58	40	9.0	+0.3 0	25	450
57	40	8.5	+0.3 0	16	450
56	40	8.0	+0.3 0	12	450
53	40	6.5	+0.3 0	6.4	450
74	50	12.0	+0.4 0	32	500
72	50	11.0	+0.4 0	25	500
71	50	10.5	+0.4 0	16	500
70	50	10	+0.4 0	12	500
69	50	9.5	+0.4 0	6.4	500

续表

公称外径（mm）	最小内径（mm）	公称壁厚（mm）	壁厚公差（mm）	公称压力（MPa）	最小弯曲半径（mm）
86	60	13	+0.4 0	25	600
84	60	12	+0.4 0	16	600
83	60	11.5	+0.4 0	12	600
76	60	8	+0.4 0	6.4	600
95	65	15	+0.5 0	25	700
91	65	13	+0.5 0	16	700
89	65	12	+0.5 0	12	700
83	65	9	+0.5 0	6.4	700
115	75	20	+0.5 0	25	750
111	75	18	+0.5 0	20	750
107	75	16	+0.5 0	16	750
101	75	13	+0.5 0	12	750
96	75	10.5	+0.5 0	6.4	750
132	90	21	+0.6 0	25	800
128	90	19	+0.6 0	20	800
120	90	15	+0.6 0	12	800
115	90	12.5	+0.6 0	6.4	800
128	102	13	+0.6 0	6.4	900
152	125	13.5	+0.6 0	6.4	1000
178	150	14	+0.8 0	6.4	1200

公称压力修正系数　表 6.2-24

温度 t(℃)	$0<t\leqslant70$	$70<t\leqslant90$	$90<t\leqslant110$
修正系数	1	0.9	0.8

3. 外观质量及长度

复合管一般为黑色，若采用其他颜色，则由需方和供方协商确定。复合管内、外表面应光滑、平整。

复合管的长度一般不小于20m。当复合管以定尺长度交货时，定尺长度应在通常长度范围内，其长度公差由供需双方协商确定。

4. 连接形式

复合管之间通过管件进行连接，连接形式一般为：扣压连接式、螺纹连接式、法兰连接式和活接头连接式。

5. 型号表示方法

复合管的型号表示方法如下：

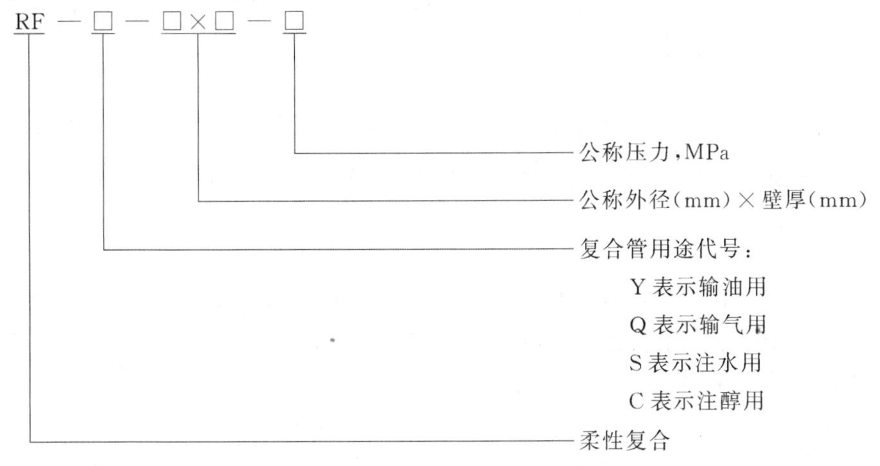

6. 理化性能

复合管的理化性能应按 SY/T 6716-2008 标准规定的方法进行试验，试验指标应符合表 6.2-25 的规定。

复合管在输送石油、天然气、污水、化工领域常用的腐蚀介质时，其耐化学腐蚀性能可参见 SY/T 6716-2008 标准附录 B 之表 B.1。

复合管的理化性能　表 6.2-25

项目	受压开裂稳定性	纵向回缩率	椭圆度	短期静水压强度试验
指标	表面无裂纹	<3%	≤5%	不渗漏，不破裂

7. 出厂检验

复合管产品需经质检部门检验合格后方能出厂，并附产品合格证。复合管的出厂检验项目有：长度；外观质量；规格尺寸、公称压力和最小弯曲半径；短期静水压强度试验（按《流体输送用热塑性塑料管材耐内压试验方法》GB/T 6111 规定进行）。

8. 标志、包装、运输和贮存

(1) 标志复合管上应有包括以下内容的明显标志：制造厂注册名称或商标；产品代

号、标准编号、规格、型号；制造日期（年、月）；生产批号。

如用户有特殊标志要求，也应标记在复合管上。

（2）平直包装与盘卷包装

公称内径大于100mm、长度小于13m的复合管可采用平直包装，包装材料和包装方法应根据具体情况或由供需双方商定。在包装件上要备有抓持条带，其数目和位置的确定应能保证在搬运时使复合管保持足够的平直。

公称内径小于100mm、长度大于20m的复合管可采用盘卷包装，但盘卷内径不得小于复合管内径的15倍。盘卷包装所用的包装材料和捆扎方法由供需双方商定。

平直包装和盘卷包装前均应将复合管两端封口，以免杂物进入管内。

（3）装车运输时，平直包装和盘卷包装应平放，堆放高度不应超过1.5m。不允许将复合管卷盘悬挂在固定物上。

搬运时要将包装上的抓条带同时提起，保持复合管基本平直。采用机械、吊环或钢丝绳束吊装复合管时，要防止其对复合管外包层的损伤。

装卸及运输过程中时，应避免抛摔、剧烈撞击、阳光照射、雨雪浸淋。防止与能损坏复合管的一些化学物质接触。

（4）贮存

复合管应贮存在通风干燥的库房内，避免阳光长期照射。应平放贮存，如果要进行堆叠时，高度应控制在1.5～2m的范围内，并远离热源。复合管的贮存期限一般不超过2年。

9. 复合管施工

复合管的施工应按工程设计及相关的施工规范或生产厂提出的施工工艺进行，也可参照以下SY/T 6716-2008标准之附录D：复合管施工注意事项，系资料性附录，有较强的实用性，现将其全文照录如下：

D.1 复合管敷设

D.1.1 复合管以盘卷或直管交货，当从盘管上取复合管安装时，应使其应力值最小，但管体不应进行反弯。

D.1.2 复合管敷设时最小弯曲半径参考表3。

D.1.3 埋地复合管敷设应在沟槽验收合格后进行。管沟沟底宽度应根据管沟深度、复合管的结构外径及采取的施工措施确定，并应符合下列规定。

当管沟深度为0.8～3m时，沟底宽度应按式（D.1）计算：

$$B=D_0+b \tag{D.1}$$

式中 B——沟底宽度，m；

D_0——复合管的公称外径，m；

b——沟底加宽裕量（应按表D.1取值），m。

沟底加宽裕量 **表D.1**

施工方法	沟上组装			沟下组装		
地貌条件	旱地	沟内有积水	岩石	旱地	沟内有积水	岩石
加宽裕量b(m)	0.4	0.6	0.8	0.6	0.8	1.0

D. 2 管沟内复合管安装

D. 2. 1 应按规定的程序将复合管放置在管沟内。复合管的弯曲应不小于最小弯曲半径。试压前，每间隔 4. 6～6. 1m（15～20ft），应用疏松的沙土固定复合管。试压后，用疏松的沙土回填其余的部分。在回填作业时，应注意不要让落石、冻土或其他重物碰坏或划伤复合管。

D. 2. 2 若沟底有不宜清除的坚硬物体（如岩石、砾石等），应铲除至设计标高以下 0. 15～0. 2m，然后铺上沙土整平夯实至设计标高，且平整后方可用吊带吊复合管下沟。

D. 2. 3 复合管穿越公路、水渠、铁路时，应设钢质或钢筋水泥混凝土套管。

D. 2. 4 复合管在管沟内应按蛇形分布，以此来吸收因热胀冷缩产生的变形。

D. 3 管沟回填

D. 3. 1 回填管沟时，必须用细土或砂（最大粒径不得超过 3mm）回填至管顶 0. 2～0. 3m 后，方可用原土回填压实，其回填土的岩石和砾石块径不应超过 250mm。

D. 3. 2 管沟回填应有沉降余量，一般应高出地面 0. 3m。

D. 3. 3 管沟回填时，应从一端开始至另一端结束；禁止以从两端开始至中间结束的回填土方式。

D. 3. 4 管沟回填土后，应恢复原地貌，并保护耕植层，防止水土流失和积水。

D. 4 试压

D. 4. 1 如果要求进行静水压试压，需在安装完成后在复合管内充水，排出残余的空气。按系统中的承受压力最低的元件的额定工作压力的 1. 5 倍加压，然后检查是否泄漏。按照要求，当施工要求复合管安装完成后必须立即回填时，试压应在回填完成和混凝土完全固化前进行。

D. 4. 2 试压过程由两个步骤完成：初始膨胀阶段和试压阶段。当对充满水的复合管加压时，复合管开始膨胀。在压力作用下复合管膨胀的过程中，应在 3h 的时间内，每小时补充一次水以保持系统压力。大约 4h 后，初始膨胀阶段结束，试压阶段开始。

试压阶段开始后，复合管里充满水，其压力恒定为系统额定工作压力的 1. 5 倍，试压阶段不应超过 3h，在此期间应补充水以保持试验压力值，再将系统压力降压至额定工作压力进行密封试验，在额定工作压力下应保持 24h（无渗漏、无裂纹）。

在膨胀阶段 4h 后，保持试验压力的系统还包括预备的泄漏测试系统，如果压降保持在预定压力的 5%范同内（1h，1km，室温），可判定试压合格。

【依据技术标准】石油天然气行业标准《石油天然气工业用柔性复合高压输送管》SY/T 6716-2008。

7 混凝土管

7.1 混凝土输水管

7.1.1 预应力混凝土管

自从20世纪60年代我国试制成功预应力混凝土输水管以来，此种管材在长距离输水工程、城市给水排水工程及农田灌溉等水利工程中逐步得到了广泛应用，管材结构不断优化，质量日益提高，为城乡建设发挥了巨大作用。

现行标准《预应力混凝土管》GB/T 5696-2006，已替代应用多年的《预应力混凝土输水管（震动挤压工艺）》GB/T 5695-1994、《预应力混凝土输水管（管芯缠丝工艺）》GB/T 5696-1994两项旧标准。

预应力钢筋混凝土管和自应力钢筋混凝土管有什么区别呢？这是有些从事管道工程的人士感到有些不甚明了的问题。一般人在外观上可能看不出这两种管材有什么区别。

预应力管是在混凝土凝结前用机械对混凝土中的钢筋以一定的力度拉伸着，在混凝土凝结后再撤去外力，钢筋就会在混凝土管里产生一个收缩的应力，使钢筋混凝土管的强度增大，而且可以减少钢筋用量，节约钢材。也可以说，充分利用高强度钢筋及高强度混凝土，设法在混凝土结构或构件承受使用荷载前，预先对受拉区的混凝土施加压力后的混凝土就是预应力混凝土。

1. 成型工艺

预应力混凝土管按其成型工艺可分为一阶段管（如YYG、YYGS）和三阶段管（如SYG、SYGL）；按管子的接头密封方式可分为滚动密封胶圈柔性接头（如YYG、YYGS、SYG）和滑动密封胶圈柔性接头（如SYGL）。

所谓一阶段管，系指采用振动挤压工艺生产的预应力混凝土管，包括传统的一阶段管（管子代号为YYG，即传统的一阶管）和一阶段逊他布管（管子代号为YYGS，即用瑞典"逊他布"管型尺寸制造的管子，简称一阶段逊他布管），管子的外保护层为混凝土，管子的结构形式为整体式。

生产一阶段管预应力混凝土管采用的振动挤压工艺，系指首先向安装有钢筋骨架（已实施纵向张拉）的管模内灌注搅拌好的混凝土，然后在养护台上向内模的橡胶套内注入符合设计要求的压力水，以便对新成型的混凝土管壁实施挤压排水，使混凝土密实，同时实施环向预应力钢丝张拉，再经养护、卸压、脱模而制成管子的制管方法。

所谓三阶段管，系指采用管芯缠丝工艺生产的预应力混凝土管，包括传统的三阶段管（管子代号为SYG，即传统的三阶管）和三阶段罗克拉管（管子代号为SYGL，即澳大利亚罗克拉管型尺寸制造的管子，简称三阶段罗克拉管），管子的外保护层为水泥砂浆，管子的结构形式为复合式。

生产三阶段管预应力混凝土管采用的管芯缠丝工艺，系指首先采用离心成型工艺，或悬辊成型工艺，或立式振动成型工艺，制作带有纵向预应力混凝土管芯，经养护、脱模后，再以螺旋方式在管芯外表面缠绕环向预应力钢丝，以便在管壁混凝土内产生环向预应力，最后在缠丝管芯外表面制作水泥砂浆保护层而制成管子的方法。

2. 分类

预应力混凝土管按其成型工艺可分为一阶段管（如 YYG、YYGS）和三阶段管（如 SYG、SYGL）；按管子的接头密封形式又可分为滚动密封胶圈柔性接头（如 YYG、YYGS、SYG）和滑动密封胶圈柔性接头（如 SYGL）。

（1）一阶段管（YYG）

一阶段管（YYG）管子的外形及接头如图 7.1-1 所示，其基本尺寸见表 7.1-1。

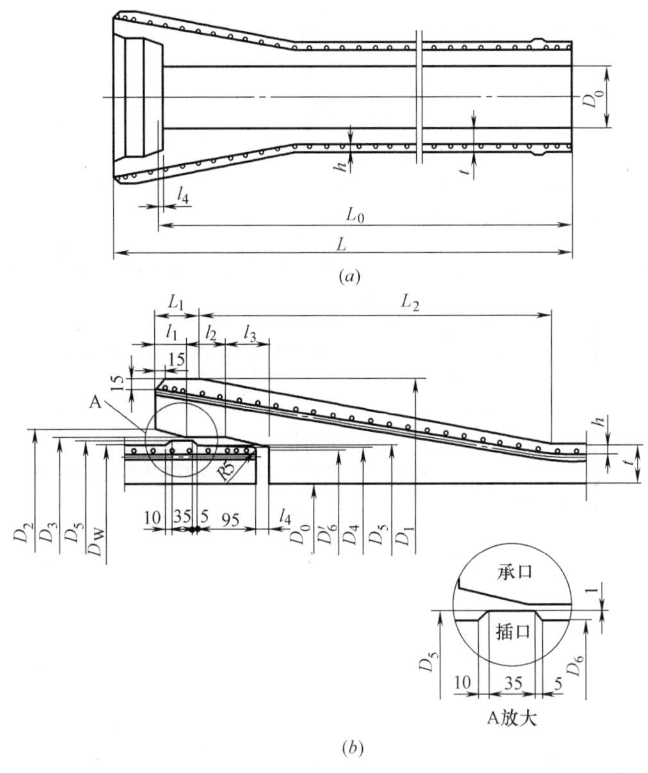

图 7.1-1 一阶段管（YYG）管子外形及接头

（a）管子外形；（b）管子接头

一阶段管（YYG）基本尺寸（mm） **表 7.1-1**

公称内径 D_0	管壁厚度 t	保护层厚度 h	有效长度 L_0	管体长度 L	管体外径 D_W	承口细部直径									插口细部尺寸			安装间隙 l_4	参考重量（t）
						承口外径 D_1	外倒坡直径 D_2	工作面直径 D_3	内倒坡直径 D_4	平直段长度 L_1	斜坡投影长度 L_2	l_1	l_2	L_3	工作面直径 D_6	工作面直径 D_6'	止胶台外径 D_5		
400	50	15	5000	5160	500	684	548	524	494	70	504	50	60	70	500	492	516	20	1.0
500	50	15	5000	5160	600	784	648	624	594	70	504	50	60	70	600	592	616	20	1.2

续表

公称内径 D_0	管壁厚度 t	保护层厚度 h	有效长度 L_0	管体长度 L	管体外径 D_W	承口细部直径									插口细部尺寸			安装间隙 l_4	参考重量（t）
						承口外径 D_1	外倒坡直径 D_2	工作面直径 D_3	内倒坡直径 D_4	平直段长度 L_1	斜坡投影长度 L_2	l_1	l_2	L_3	工作面直径 D_6	工作面直径 D_6'	止胶台外径 D_5		
600	55	15	5000	5160	710	904	758	734	704	70	504	50	60	70	710	702	726	20	1.6
700	55	15	5000	5160	810	1004	858	834	804	70	532	50	60	70	810	802	826	20	1.8
800	60	15	5000	5160	920	1124	968	944	914	70	560	50	60	70	920	912	936	20	2.3
900	65	15	5000	5160	1030	1248	1082	1056	1024	80	599	50	60	70	1030	1022	1048	20	2.8
1000	70	15	5000	5160	1140	1368	1192	1166	1134	80	626	50	60	70	1140	1322	1158	20	3.3
1200	80	15	5000	5160	1360	1608	1412	1386	1354	80	682	50	60	70	1360	1352	1378	20	4.6
1400	90	15	5000	5160	1580	1850	1636	1608	1574	80	714	50	60	70	1580	1572	1600	20	6.0
1600	100	20	5000	5160	1800	2098	1866	1838	1802	90	740	50	60	70	1808	1800	1830	20	7.6
1800	115	20	5000	5160	2030	2352	2100	2066	2030	90	770	60	60	70	2032	2024	2058	20	9.8
2000	130	20	5000	5160	2260	2602	2330	2296	2260	90	800	60	60	70	2262	2254	2288	20	12.3

（2）一阶段逊他布管（YYGS）

一阶段逊他布管（YYGS）的外形及接头如图 7.1-2 所示，其基本尺寸见表 7.1-2。

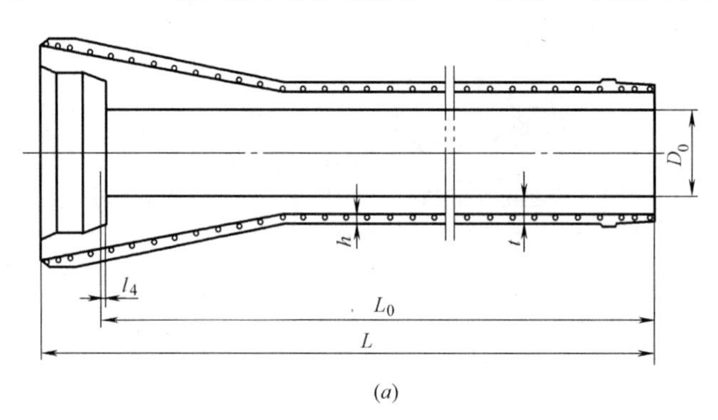

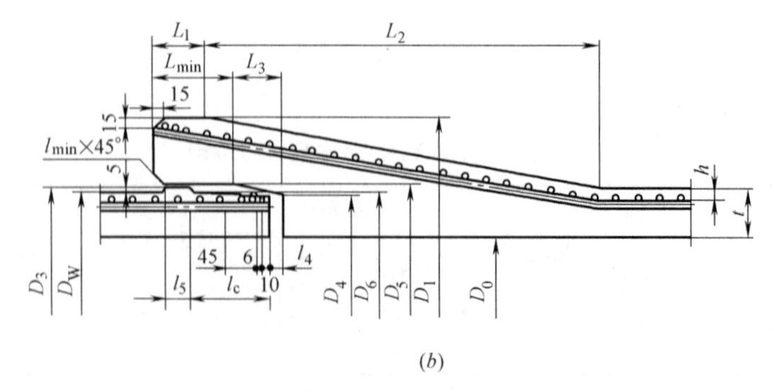

图 7.1-2　一阶段逊他布管（YYGS）管子外形及接头

（a）管子外形；（b）管子接头

阶段逊他布管（YYGS）基本尺寸（mm） **表 7.1-2**

公称内径 D_0	管壁厚度 t	保护层厚度 h	有效长度 L_0	管体长度 L	管体外径 D_W	承口细部直径								插口细部尺寸				安装间隙 l_4	参考重量（t）
						承口外径 D_1	外倒坡长度 l_{min}	工作面直径 D_3	内倒坡直径 D_4	平直段长度 L_1	斜坡投影长度 L_2	L_{min}	L_3	工作面直径 D_6	插口长度 l_c	止胶台宽度 l_5	止胶台外径 D_5		
400	50	15	5000	5160	500	684	13	524	494	25	574	110	70	500	110	35	516	20	1.0
500	50	15	5000	5160	600	784	13	624	594	25	574	110	70	600	110	35	616	20	1.2
600	65	15	5000	5165	730	955	13	754	722	25	650	150	35	730	121	24	748	20	2.0
700	65	15	5000	5165	830	1060	13	854	822	25	655	150	35	830	121	24	848	20	2.3
800	65	15	5000	5175	930	1165	13	954	922	25	670	150	45	930	126	29	948	20	2.6
900	70	15	5000	5175	1040	1275	13	1064	1032	25	685	150	45	1040	126	29	1058	20	3.2
1000	75	15	5000	5175	1150	1395	13	1174	1142	25	715	150	45	1150	126	29	1168	20	3.8
1200	85	15	5000	5175	1370	1640	13	1396	1362	25	780	150	40	1370	126	29	1390	20	5.1
1400	95	15	5000	5195	1590	1890	15	1616	1582	25	855	160	55	1590	136	29	1610	20	6.7
1600	105	20	5000	5205	1810	2135	15	1836	1802	25	925	160	65	1810	141	29	1830	20	8.5
1800	115	20	5000	5205	2030	2375	15	2056	2022	25	985	160	65	2030	141	29	2050	20	10.5
2000	125	20	5000	5205	2250	2620	15	2276	2242	25	1045	160	65	2250	141	29	2270	20	12.8

（3）三阶段管（SYG）

三阶段管（SYG）管子外形及接头如图 7.1-3 所示，其基本尺寸见表 7.1-3。

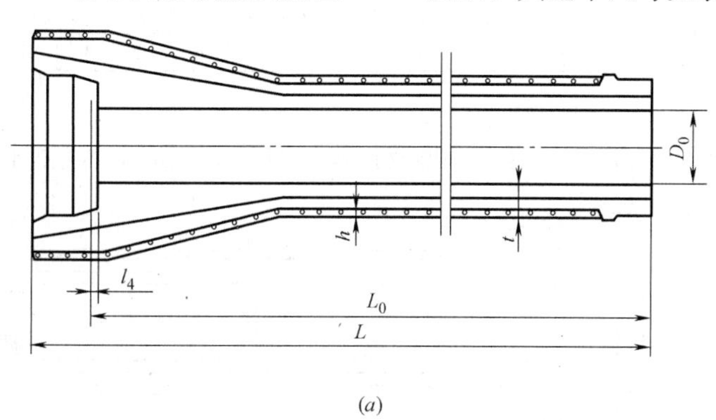

(a)

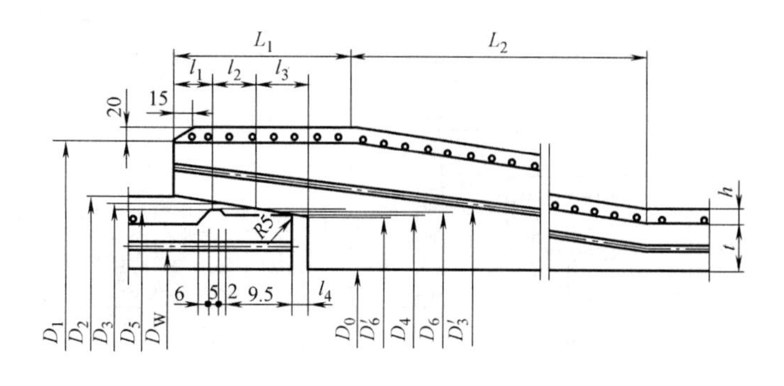

(b)

图 7.1-3　三阶段管（SYG）管子外形及接头

（a）管子外形；（b）管子接头

三阶段管（SYG）基本尺寸（mm）　　**表 7.1-3**

公称内径 D_0	管芯厚度 t	保护层厚度 h	有效长度 L_0	管体长度 L	管芯外径 D_W	承口细部直径										插口细部尺寸			安装间隙 l_4	参考重量（t）
						承口外径 D	外倒坡直径 D_2	工作面直径 D_3	工作面直径 D_3'	内倒坡直径 D_4	平直段长度 L_1	斜坡投影长度 L_2	l_1	l_2	l_3	工作面直径 D_6	工作面直径 D_6'	止胶台外径 D_5		
400	38	20	5000	5160	476	644	545	524	518	494	220	554	50	65	65	500	492	516	20	1.18
500	38	20	5000	5160	576	764	650	624	618	594	220	612	50	65	65	600	592	616	20	1.46
600	43	20	5000	5160	686	882	760	734	728	704	230	648	50	65	65	710	702	726	20	1.89
700	43	20	5000	5160	786	1004	860	834	828	804	230	726	50	60	70	810	802	826	20	2.23
800	48	20	5000	5160	896	1120	970	944	938	914	240	740	50	60	70	920	912	936	20	2.72
900	54	20	5000	5160	1008	1228	1080	1056	1050	1024	240	756	50	60	70	1030	1022	1048	20	3.29
1000	59	20	5000	5160	1118	1348	1199	1166	1160	1134	240	790	50	60	70	1140	1132	1158	20	3.90
1200	69	20	5000	5160	1338	1580	1410	1386	1380	1354	240	864	50	60	70	1360	1352	1378	20	5.25
1400	80	20	5000	5160	1568	1818	1634	1608	1620	1574	240	900	50	60	70	1580	1572	1600	20	6.67
1600	95	20	5000	5160	1790	2081	1864	1838	1832	1802	190	1075	50	110	20	1808	1800	1830	20	9.86
1800	109	20	4000	4170	2018	2320	2088	2066	2060	2028	190	1140	60	110	20	2032	2024	2058	20	9.61
2000	124	20	4000	4170	2248	2556	2318	2296	2290	2258	190	1230	60	110	20	2262	2254	2288	20	11.0
2200	120	25	4000	4170	2440	2782	2528	2498	2492	2454	195	1356	60	120	20	2458	2450	2490	30	13.5
2400	135	25	4000	4215	2670	3048	2773	2728	2722	2682	240	1475	90	120	20	2688	2680	2720	30	16.7
2600	150	25	4000	4200	2900	3308	3004	2958	2952	2912	250	1620	90	120	20	2916	2908	2950	30	20.0
2800	165	25	4000	4200	3130	3568	3230	3188	3182	3141	260	1740	90	120	20	3145	3137	3180	30	23.7
3000	180	25	4000	4200	3360	3828	3464	3418	3412	3370	260	1860	90	120	20	3374	3366	3410	30	27.8

（4）三阶段罗克拉管（SYGL）

三阶段罗克拉管（SYGL）管子外形及接头如图 7.1-4 所示，其基本尺寸见表 7.1-4。

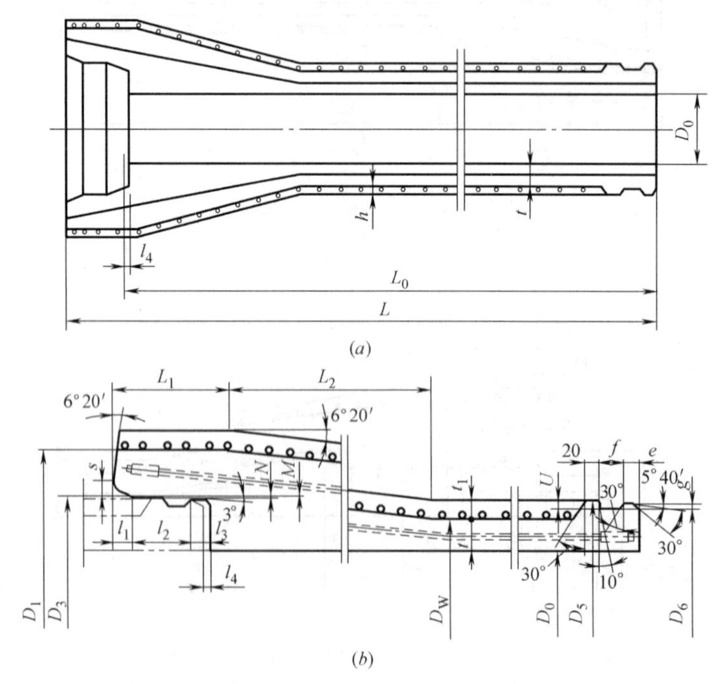

图 7.1-4　三阶段罗克拉管（SYGL）管子外形及接头

（a）管子外形；（b）管子接头

三阶段罗克拉管（SYGL）基本尺寸（mm） **表 7.1-4**

公称内径 D_0	管芯厚度 t	保护层厚度 h	有效长度 L_0	管芯外径 D_W	胶圈直径 d	承口细部尺寸									
						外倒坡高度 S	承口外径 D_1	工作面直径 D_3	平直段长度 L_1	斜坡投影长度 L_2	M	N	l_1	l_2	l_3
620	40	26	5 000	700	22	14	879	759	160	806	2.5	2	30	76	26
700	45	26	5 000	790	22	14	973	849	161	824	2.5	2	30	80	26
800	50	26	5 000	900	22	14	1089	959	165	850	2.5	2	30	84	26
900	55	26	5 000	1010	22	14	1205	1069	175	883	2.5	2	30	94	26
1100	60	26	5 000	1120	25	16	1324	1180	185	918	3	2	36	95	29
1200	70	26	5 000	1340	25	16	1560	1400	190	990	3	2	36	105	29
1400	80	26	5 000	1560	25	16	1798	1620	200	1071	3	2	36	110	29
1500	85	26	5 000	1690	28	17	1917	1731	212	1113	3.5	2	39	115	33
1600	90	26	5 000	1780	28	17	2036	1841	215	1152	3.5	2	39	118	33

公称内径 D_0	插口细部尺寸						安装间隙 l_4	管子重量（t）
	e	f	g	胶槽深度 U	止胶台外径 D_5	工作面直径 D_6		
620	20	35	7	11	752	730	6	2.1
700	20	35	7	11	842	820	6	2.49
800	20	35	7	11	952	930	6	3.02
900	20	35	7	11	1062	1042	6	3.63
1100	22	40	8	13	1172	1146	7	4.26
1200	22	40	8	13	1392	1366	7	5.70
1400	22	40	8	13	1612	1586	7	7.34
1500	25	43	9	14	1722	1694	7	8.30
1600	25	43	9	14	1832	1804	8	9.37

3. 产品标记

预应力混凝土管的标记由管子代号（如 YYG、YYGS、SYG 或 SYGL）、公称内径、有效长度、工作压力（P）、覆土深度（H）和标准编号组成。

例 1：公称内径为 1000mm、管子有效长度为 5000m、工作压力 P 为 0.8MPa、覆土深度 H 为 2m 的一阶段管子，标记为：

YYG 1000mm×5000mm/P0.8/H2 GB/T 5696-2006

例 2：公称内径为 2200mm、管子有效长度为 4000m、工作压力 P 为 0.4MPa、覆土深度 H 为 3m 的三阶段管子，标记为：

SYG 2200mm×4000mm/P0.4H3 GB/T 5696-20

例 3：公称内径为 800mm、管子有效长度为 5000m、工作压力 P 为 0.6MPa、覆土深度 H 为 2.5m 的三阶段罗克拉管，标记为：

SYGL 800mm×5000mm/P0.6H2.5 GB/T 5696-2006

4. 管子质量

(1) 外观质量

1）管子插口在装卸和运输工程中较易损伤，进场时应特别留意检验。管子插口工作面不应有蜂窝、刻痕、脱皮、缺边等缺陷。

2）管子承口工作面不应有蜂窝、脱皮现象，缺陷凹凸度应不大于 2mm，面积不大于 $30mm^2$。

3）管体外壁保护层应密实、不脱落。一阶段管保护层空鼓面积累计不得超过 $40cm^2$。

4）管体内壁应平整，不应露石或有浮渣。局部凹坑深度应不大于壁厚的 1/5 或 1/10。

5）管体内外表面不得出现结构性裂缝，插口端安装线内的保护层厚度不得超过止胶台高度。管子插口端安装线内的具体位置为：$l_1+l_2+l_3-l_4$ 或 $l_{min}+l_3-l_4$。

6）管子承插口工作面的环向连续磁伤长度不应超过 250mm，且不降低接头密封性能和结构性能时，应予修补。

7）一阶段管承插口端外露的纵向钢筋头必须清除掉，并凹入混凝土中 5mm，其凹坑用砂浆填平。

8）管体所有缺陷，凡 GB/T 5696-2006 标准允许修补的，均应修补完整，结合牢固。

(2) 允许偏差

管体尺寸允许偏差不得超过表 7.1-5、表 7.1-6 的规定。

一阶段（YYG、YYGS）成品管子允许偏差（mm）　　表 7.1-5

公称内径	内径 D_0	保护层厚度 h	承口		插口	
			工作面直径 D_3	工作面长度 l_2	工作面直径 D_6	止胶台外径 D_5
400～900	+6 −4	−2	±2	−2	±1	±2
1000～1400	+12 −4	−2	+3 −2	−3	±2	±2
1600～2000	+14 −4	−3	+3 −2	−4	±2	±2

三阶段（SYG、SYGL）成品管子允许偏差（mm）　　表 7.1-6

公称内径	内径 D_0	保护层厚度 h	承口		插口	
			工作面直径 D_3	工作面长度 L_2	工作面直径 D_6	止胶台外径 D_5
1000～1400	+4 −6	−2	+2 −1	−2	±1	±2
1200～3000	±8	−2	±2	−3	±2	±2

(3) 抗渗性能

制作中的每根管子或缠丝管芯都应进行抗渗性检验，其检验压力值为管道工作压力的1.5倍，但不得低于0.2MPa。在抗渗检验过程中，合格管体不应出现冒汗、淌水以及管模合缝处漏水和纵向钢筋串水现象，管体表面的单个潮片面积应不超过20cm²。经过抗渗性检验且合格的管子或管芯才能制作水泥砂浆保护层。

（4）抗裂性能

抗裂性能也是生产厂家应检验的一项重要技术指标。抗裂性能试验有卧式水压试验和立式水压试验两种方式。

卧式水压试验时，采用式（7.1-1）计算所得的 P_1 值时，应扣除管重和水重的影响；立式水压试验时，采用式（7.1-1）计算所得的 P_1 值时（管子顶部的压力值），应扣除管子垂直高度水柱的影响。管子在抗裂检验内压下恒压3min，管体不得出现开裂迹象。

$$P_t=(A_p\sigma_{pe}+f_{tk}A_{cm})/\alpha_{cp}br_o \tag{7.1-1}$$

式中 P_t——抗裂检验内压，MPa；

A_p——每米管子长度环向预应力钢丝面积，mm²；

σ_{pe}——环向钢丝最终有效预加应力，N/mm²；

f_{tk}——制管用混凝土抗力强度标准值，N/mm²；

A_{cm}——每米管子长度管壁截面内混凝土、钢丝及混凝土或砂浆保护层折算面积，mm²；

α_{cp}——预压效应系数，取1.25；

b——管子轴向计算长度，m；

r_o——管子内半径，mm。

在覆土深度0.8～2.0m、工作压力0.2～1.2MPa条件下的预应力混凝土管的抗裂检验内压详见GB/T 5696-2006标准之附录B、附录C。

（5）管子接头转角

管子在敷设过程中，可以借助多个接头进行转角，形成一个弯曲半径很大的慢弯。每个管子接头允许的相对转角应符合表7.1-7的规定。

管子接头允许的相对转角 **表7.1-7**

公称内径(mm)	400～700	800～1400	1600～3000
管子接头允许相对转角(°)	1.5	1.0	0.5

（6）管子的修补和养护

管壁混凝土或水泥砂浆保护层在出厂前存在的瑕疵，应在出厂前修补。如果管壁混凝土出现塌落的表面积超过管体内表面积的1/10，则此根管子应予报废。三阶段管水泥砂浆保护层出现损坏的表面积如超出管子的外保护层面积的5%，则应将其全部铲除，重新制作保护层。

管壁混凝土内外表面出现的凹坑或气泡，当任一方向的长度或深度大于10mm时，应采用水泥砂浆或环氧水泥砂浆进行填补平整。

所有修补部位应根据材料的性质，采取适宜的养护或保护措施，确保修补质量。

5. 橡胶密封圈

预应力混凝土管的承插接口是靠专用的橡胶密封圈进行密封的，每个接口用1～2根，具体由工程设计或管子生产厂家确定。橡胶密封圈的规格见表7.1-8。

承插接口接头用橡胶密封圈规格（mm） **表 7.1-8**

管子公称内径	胶圈截面尺寸		胶圈环径尺寸		管子公称内径	胶圈截面尺寸		胶圈环径尺寸	
	截面直径	公差	圆环内径	公称		截面直径	公差	圆环内径	公称
400	24	±0.5	447	±0.5	1600	28	±0.5	1624	±0.6
500	24	±0.5	536	±0.5	1800	32	±0.5	1825	±0.6
600	24	±0.5	635	±0.5	2000	32	±0.6	2032	±0.6
700	24	±0.5	725	±0.5	2200	34	±0.6	2190	±0.6
800	24	±0.5	824	±0.5	2400	34	±0.6	2394	±0.6
900	26	±0.5	923	±0.5	2600	36	±0.6	2598	±0.6
1000	26	±0.5	1022	±0.5	2800	36	±0.6	2802	±0.6
1200	26	±0.5	1220	±0.5	3000	36	±0.6	3007	±0.6
1400	28	±0.5	1418	±0.5					

6. 出厂检验项目

管子出厂前的检验项目有：外观质量、尺寸偏差、抗渗性能、抗裂内压及混凝土强度。三阶段管还包括水泥砂浆强度和水泥砂浆吸水率。

管子出厂检验的检验项目和抽样数量见表 7.1-9。

管子出厂检验项目及抽样数量 **表 7.1-9**

序号	质量指标	类别	检验项目	数量(根)	备注
1	外观质量	A	承口工作面	逐根	按批量
2			插口工作面	逐根	
3		B	管体外壁	逐根	
4			管体内壁	逐根	
5			纵向钢筋头处理	逐根	
6	尺寸偏差	A	承口工作面直径 D_3	10	采用随机抽样方法
7			插口工作面直径 D_6	10	
8			保护层厚度 h	1	
9		B	管子内径 D_0	10	
10			止胶台外径 D_5	10	
11			承口工作面长度 l_2	10	
12	物理力学性能	A	抗渗性	10	采用随机抽样方法
13			抗裂内压	2	
14			混凝土抗压强度	检查生产记录	
15			保护层水泥砂浆抗压强度		
16			保护层水泥砂浆吸水率		

7. 出厂证明书

管子出厂证明书应包括以下内容：

（1）管子的类别、规格、工作压力、覆土深度、批量、编号及执行标准编号。

（2）外观检验结果、管子主要外形尺寸及承插口接头图示。

（3）混凝土设计强度等级及水泥砂浆强度、吸水率。

（4）抗渗性及抗裂内压检验结果。

（5）橡胶圈检验合格证。

（6）生产日期和出厂日期。

（7）生产厂名及商标。

（8）生产厂名质量检验员及检验部门签章。

8. 标志、运输和贮存

（1）成品管子出厂前应标志的内容有：企业名称、产品商标、生产许可证编号、产品标记、生产日期和“严禁碰撞”等字样。

（2）吊运和堆放时，应采取管子碰撞的措施。管子应按不同品种、公称内径、工作压力、覆土深度分别堆放，不得混放。管子的允许堆放层数应符合表 7.1-10 的要求。

（3）如气候干燥，应对成品管材洒水，进行后期保养。

管子的允许堆放层数 **表 7.1-10**

公称内径(mm)	400～500	600～800	900～1200	1400～1600	≥1800
堆 放 层 数	5	4	3	2	1 或立放

【依据技术标准】《预应力混凝土管》GB/T 5696-2006。

7.1.2 预应力钢筒混凝土管

预应力钢筒混凝土管系指公称内径为 400～4000mm、管线运行工作压力或静水压力不超过 2.0MPa、管顶覆土不大于 10m 的预应力钢筒混凝土管，可用于城镇给水排水干管、工业输水管线、农田灌溉、工厂管网、电厂补给水管及冷却水循环系统、倒虹吸管、压力隧道管线及深覆土涵管等。

1. 分类

预应力钢筒混凝土管（简称 PCCP），系指在带有钢筒的混凝土管芯外侧缠绕环向预应力钢丝并制作水泥砂浆保护层而制成的管子，按其结构分为内衬式预应力钢筒混凝土管（PCCPL）和埋置式预应力钢筒混凝土管（PCCPE）；按管子的接头密封类型又分为单胶圈预应力钢筒混凝土管（PCCPSL、PCCPSE）和双胶圈预应力钢筒混凝土管（PCCPDL、PCCPDE）。

内衬式预应力钢筒混凝土管（PCCPL），系指由钢筒和混凝土内衬组成管芯，并在钢筒外侧缠绕环向预应力钢丝，然后制作水泥砂浆保护层而制成的管子。

埋置式预应力钢筒混凝土管（PCCPE），系指由钢筒和钢筒内、外两侧混凝土层组成管芯，并在管芯混凝土外侧缠绕环向预应力钢丝，然后制作水泥砂浆保护层而制成的管子。

单胶圈预应力钢筒混凝土管，系指管子接头采用了单根橡胶密封圈进行柔性密封连接的预应力钢筒混凝土管，包括单胶圈内衬式预应力钢筒混凝土管（简称 PCCPSL）和单胶圈埋置式预应力钢筒混凝土管（简称 PCCPSE）。

双胶圈预应力钢筒混凝土管，系指管子接头采用了两根橡胶密封圈进行柔性密封连接的预应力钢筒混凝土管，包括双胶圈内衬式预应力钢筒混凝土管（简称 PCCPDL）和双胶圈埋置式预应力钢筒混凝土管（简称 PCCPDE）。

2. 规格尺寸及接头结构

预应力钢筒混凝土管中的内衬式预应力钢筒混凝土管（PCCPL）基本尺寸见表 7.1-11，其钢筒混凝土管结构如图 7.1-5 所示；埋置式预应力钢筒混凝土管（PCCPE）基本尺寸见表 7.1-12（单胶圈接头）及表 7.1-13（双胶圈接头），它们的钢筒混凝土管结构如图7.1-6 所示。

管子承插口接头钢环的形状及尺寸应符合表 7.1-14 及图 7.1-7 的规定。

内衬式预应力钢筒混凝土管（PCCPL）基本尺寸（mm）　　表 7.1-11

管子类型	公称内径 D_0	最小管芯厚度 t_c	保护层净厚度	钢筒厚度 t_y	承口深度 C	插口长度 E	承口工作面内径 B_b	插口工作面外径 B_s	接头内间隙 J	接头外间隙 K	胶圈直径 d	有效长度 L_0	管子长度 L	参考重量 (t/m)
单胶圈	400	40	20	1.5	93	93	493	493	15	15	20	5000 6000	5078 6078	0.23
	500	40					593	593						0.28
	600	40					693	693						0.31
	700	45					803	803						0.41
	800	50					913	913						0.50
	900	55					1023	1023						0.60
	1000	60					1133	1133						0.70
	1200	70					1353	1353						0.94
	1400	90					1593	1593						1.35
双胶圈	1000	60	20	1.5	160	160	1133	1133	25	25	20	5000 6000	5135 6135	0.70
	1200	70					1353	1353						0.94
	1400	90					1593	1593						1.35

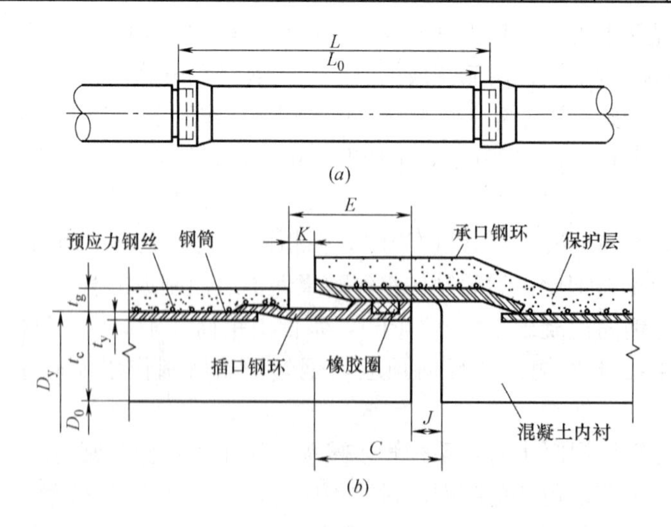

图 7.1-5　内衬式预应力钢筒混凝土管（PCCPL）示意图

（a）PCCPL 管子外形图；（b）PCCPSL 管子接头图

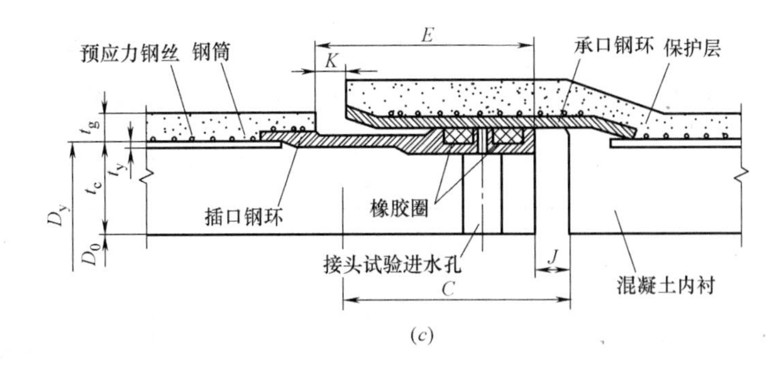

(c)

图 7.1-5 内衬式预应力钢筒混凝土管（PCCPL）示意图（续）

（c）PCCPSL 管子接头图

注：钢筒也可焊接在承插口钢环的外侧，钢筒外径 D_1 由设计确定

埋置式预应力钢筒混凝土管（PCCPE）基本尺寸（单胶圈接头）(mm)　表 7.1-12

公称内径 D_0	最小管芯厚度 t_c	保护层净厚度	钢筒厚度 t_y	承口深度 C	插口长度 E	最小承口工作面内径 B_b	最小插口工作面外径 B_s	接头内间隙 J	接头外间隙 K	胶圈直径 d	有效长度 L_0	管子长度 L	参考重量 (t/m)
1400	100	20	1.5	108	108	1503	1503	25	25	20	5000 6000	5083 6083	1.48
1600	100					1703	1703						1.67
1800	115					1903	1903						2.11
2000	125					2103	2103						2.52
2200	140					2313	2313						3.05
2400	150					2513	2513						3.53
2600	165					2713	2713						4.16
2800	175	20	1.5	150	150	2923	2923	25	25	20	5000 6000	5125 6125	4.72
3000	190					3143	3143						5.44
3200	200					3343	3343						6.07
3400	220					3553	3553						7.05
3600	230					3763	3763						7.77
3800	245					3973	3973						8.69
4000	260					4183	4183						9.67

埋置式预应力钢筒混凝土管（PCCPE）基本尺寸（双胶圈接头）(mm)　表 7.1-13

公称内径 D_0	最小管芯厚度 t_c	保护层净厚度	钢筒厚度 t_y	承口深度 C	插口长度 E	最小承口工作面内径 B_b	最小插口工作面外径 B_s	接头内间隙 J	接头外间隙 K	胶圈直径 d	有效长度 L_0	管子长度 L	参考重量 (t/m)
1400	100	20	1.5	160	160	1503	1503	25	25	20	5000 6000	5135 6135	1.48
1600	100					1703	1703						1.67
1800	115					1903	1903						2.11
2000	125					2103	2103						2.52
2200	140					2313	2313						3.05
2400	150					2513	2513						3.53
2600	165					2713	2713						4.16

续表

公称内径 D_0	最小管芯厚度 t_c	保护层净厚度	钢筒厚度 t_y	承口深度 C	插口长度 E	最小承口工作面内径 B_b	最小插口工作面外径 B_s	接头内间隙 J	接头外间隙 K	胶圈直径 d	有效长度 L_0	管子长度 L	参考重量 (t/m)
2800	175	20	1.5	160	160	2923	2923	25	25	20	5000 6000	5135 6135	4.72
3000	190					3143	3143						5.44
3200	200					3343	3343						6.07
3400	220					3553	3553						7.05
3600	230					3763	3763						7.77
3800	245					3973	3973						8.69
4000	260					4183	4183						9.67

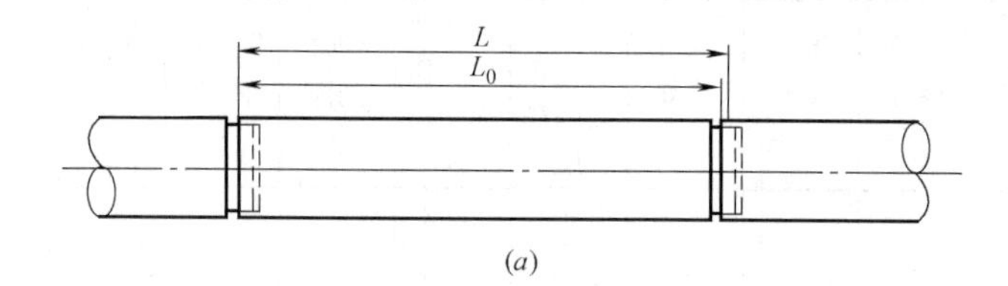

(a)

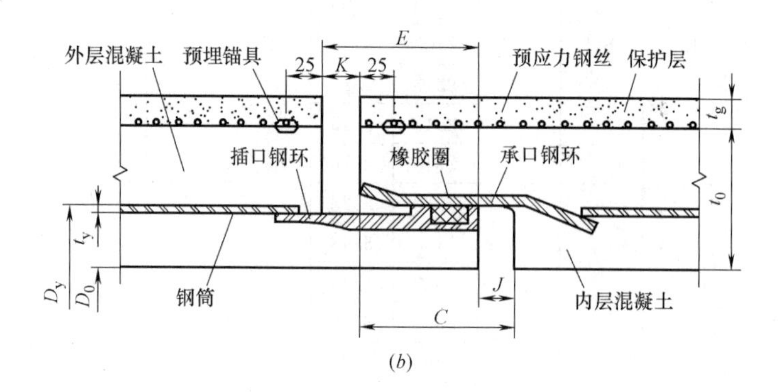

(b)

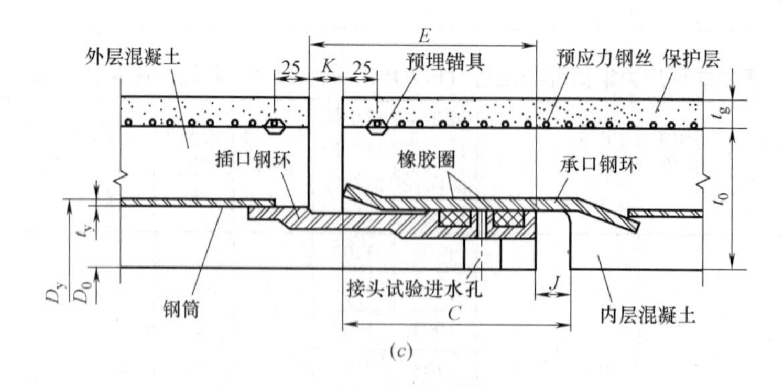

(c)

图 7.1-6 埋置式预应力钢筒混凝土管（PCCPE）示意图

(a) PCCPE 管子外形图；(b) PCCPSE 管子接头图；(c) PCCPDE 管子接头图

注：钢筒也可焊接在承插口钢环的内侧，钢筒外径 D_1 由设计确定

管子承插口钢环基本尺寸（mm） 表 7.1-14

钢环种类	公称内径	插口钢环						承口钢环				
		t_s	W_s	a	b	c	h	t_b	W_b	d	e	f
单胶圈	400～1200	16.0	140	22.0	10.0	11.1	—	6.0～8.0	130	7.0	26.0	76
	1400～2600	16.0	140	22.0	10.0	11.1	—	8.0	165	7.0	26.0	110
	2800～4000	16.2	184	21.8	10.0	11.4	—	8.0～10.0	203	10.0	26.0	114
双胶圈	1000～2600	19.0	205	21.0	10.0	11.0	16.0	8.0	216	10.0	26.0	127
	2800～4000	19.0	205	21.0	10.0	11.0	16.0	8.0～10.0	216	10.0	26.0	127

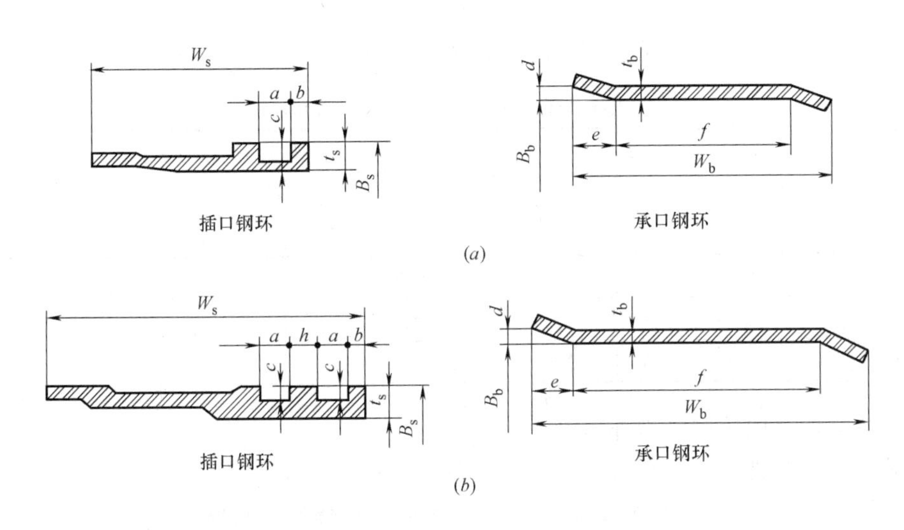

图 7.1-7 管子承插口接头钢环截面示意图

(*a*) 单胶圈接头钢环截面；(*b*) 双单胶圈接头钢环截面

3. 产品标记

产品标记由管子代号、公称内径、有效长度、工作压力（*P*）、覆土深度（*H*）：和标准编号组成。

例 1：管子公称内径为 1200mm、有效长度为 5000、工作压力（*P*）为 0.8MPa、覆土深度为 4m 的单胶圈内衬式预应力钢筒混凝土管，应标记为：

PCCPSL 1200mm×5000/*P* 0.8/*H* 4 GB/T 19685-2005

例 2：管子公称内径为 3000mm、有效长度为 6000、工作压力（*P*）为 1.6MPa、覆土深度为 6m 的双胶圈埋置式预应力钢筒混凝土管，应标记为：

PCCPDE 3000mm×6000/*P* 1.8/*H* 6 GB/T 19685-2005

4. 成品管子质量

（1）外观质量

1）管子承插口端部管芯混凝土不应有缺料、掉角、孔洞等缺陷。管子内壁混凝土表面应光洁。内衬式预应力钢筒混凝土管内表面不应出现浮渣、露石和严重的浮浆层；埋置式预应力钢筒混凝土管内表面不应出现直径或深度大于 10mm 的孔洞、凹坑、蜂窝、麻面等不密实现象。

2）承、插口钢环的工作面应光洁，不应粘有混凝土、水泥浆及其他脏物。

3）管子外保护层不应有空鼓、分层或剥落现象。

（2）管子内、外裂缝

管子内表面的环形裂缝和螺旋状裂缝的宽度均不应大于0.5mm（管子内裂缝除外）；距管子插口端300mm范围内出现的环形裂缝宽度均不应大于1.5mm；管子内表面沿管子纵轴线的平行线呈15°范围内不允许存在裂缝长度大于150mm的纵向可见裂缝。

管子外表面覆盖在预应力钢丝表面上的水泥砂浆保护层不允许有任何可见裂缝；覆盖在非预应力钢丝区域的水泥砂浆保护层的可见裂缝宽度不应大于0.25mm。

（3）管子尺寸允许偏差

成品管子主要尺寸允许偏差不应超过表7.1-15的规定。

成品管子主要尺寸允许偏差（mm） **表7.1-15**

公称内径	内径 D_0	管芯厚度 t_c	保护层厚度 t_g	管子总长 L	承口		插口		承插口工作面椭圆度	管子端面倾斜度
					内径 B_b	深度 C	外径 B_s	长度 E		
400～1200	±5	±4	−1	±6	+1.0 +0.2	±3	+1.0 +0.2	±3	0.5%或12.7mm（取小值）	≤6
1400～3000	±8	±6	−1	±6		±4		±4		≤9
3200～4000	±10	±8	−1	±10		±5		±5		≤13

（4）抗裂检验内压和抗裂外压检验荷载

成品管材的抗裂检验内压（P_t）应按GB/T 19685-2005标准规定的公式计算，水压水压时管子在P_t压力下至少恒压5min，管子不得出现爆裂或渗漏。

抗裂外压检验荷载（P_c）主要用于承受外压性能的检验，其P_c值亦按GB/T 19685-2005标准规定的公式计算。

管子的抗裂检验内压和抗裂外压检验荷载是生产厂家在型式试验阶段要做的试验，与工程设计、施工单位没有直接关系，只作为一般性了解就可以了。

（5）管子接头转角

各类预应力钢筒混凝土管接头允许有小的转角，也就是说，由多根管子的接头形成的转角是弯曲半径较大的"慢弯"。管子接头允许相对转角应符合表7.1-16的规定，在设计确定的工作压力下，恒压5min，这些接头不应出现渗漏现象。

在工程施工类规范或规程中，也有借助管子接头实现转角的规定，其允许相对转角稍大于表7.1-16的规定，也是允许的。

管子接头允许相对转角 **表7.1-16**

公称内径(mm)	允许相对转角(°)	
	单胶圈接头	双胶圈接头
400～1000	1.5	—
1200～1400	1.0	0.5

5. 配件和异形管

配件主要指合拢管、干线阀门连通管、弯头、T形三通、Y性三通、变径管、铠装管及用于连接支线、人孔、排气阀、泄水阀所需的各类出口管件。配件由薄钢板或厚钢板焊接制成，其内、外表面应按要求加配钢筋焊接网，并制作水泥砂浆内衬层和保护层。此类配件的规格应由需方按工程实际需要提出，制作厂家应设计具体细部尺寸，以保证与管或其他配件子正确连接。

异形管主要指斜口管、短管和带有出口管件的标准管。斜口管主要用于管道的转弯；短管主要用于调节管道的长度；带有出口管件的标准管主要是指在管道所在位置开孔，以便连接出口管件、排气阀、泄水阀或其他支线管子。各种异形管的规格应由需方按工程实际需要提出，制作厂家应设计具体细部尺寸，以保证与管或其他配件子正确连接。

6. 管道的转弯

采用经专门设计的带有承插口钢环的斜口管或直接利用标准直管的允许相对转角，可以实现管道的大弯曲半径转弯，斜口管的最大端面偏斜度可为5°。如果需要小弯曲半径转弯，则应使用专门设计的弯管配件、斜口连接件来实现，弯管配件的相邻两个管节的最大中心偏转角度为22.5°，且弯管配件的两个管节应采用焊接。

7. 管体的开孔和连接

根据管道工程设计的要求，可以在标准管体的指定位置开孔，以便设置出口管件和连接排气阀、泄水阀或其他支线管子。开孔的结构设计和安装制作应分别符合《现场设备、工业管道焊接工程施工及验收规范》GB/T 50236、《压力钢管制造安装及验收规范》DL5017及其他相关标准的规定。管体开孔处应采用衬圈、护套板或其他经认可的方法进行加固。护套板宜为整圈，如不采用整圈护套时板应慎重。

如果在管体上开孔而需要切断环向预应力钢丝时，应将被切断的预应力钢丝牢固地固定在开孔处的边缘上。若在制管过程中实施开孔，则可以让环向预应力钢丝绕过开孔位置。

管体上出口管件的内外表面应制作水泥砂浆内衬和水泥砂浆保护层。

8. 出厂检验项目

管子的出厂检验项目有：外观质量、尺寸偏差、管体裂缝、内压抗裂性能或外压抗裂性能、管芯混凝土抗压强度、保护层水泥砂浆抗压强度和保护层水泥砂浆吸水率。

9. 出厂证明书

管子的出厂证明书应包括以下内容：

（1）成品管子的类别、规格、工作压力、覆土深度、批量、编号及执行标准编号。

（2）外观检查结果、主要外形尺寸及承插口接头图示。

（3）内压抗裂性能或外压抗裂性能检验结果报告。

（4）混凝土强度设计等级及水泥砂浆强度。

（5）钢板标准强度及伸长率。

（6）钢丝直径、标准强度、扭转次数、缠丝层数及缠丝螺距或配筋面积。

（7）橡胶圈检验合格证。

（8）管子生产日期和出厂日期。

（9）生产厂名称、生产许可证编号及商标。

（10）生产厂质检部门及人员签章。

10. 标志、运输、保管

(1) 管子出厂前，每根管外表面应注明企业名称、商标、生产许可证编号、产品标记、制造日期和"严禁碰撞"字样。

(2) 管子装运时，应采取必要的措施，以防止管子碰撞。

(3) 管子吊装应轻起轻落，严禁用钢丝绳穿心吊。装卸对不允许管子自由滚动，运输途中防止管子滚动、碰撞。

(4) 管子应按品种、规格、工作压力、覆土深度分别堆放，堆放场地要平整。管子允许的堆放层数见表 7.1-17，对于公称内径小于 1000 的管子如采取措施可适当增加堆放层数。

管子允许堆放层数 **表 7.1-17**

公称内径(mm)	400～500	600～900	1 000～1 200	≥1 400
堆放层数	4	3	2	1 或立放

【依据技术标准】《预应力钢筒混凝土管》GB/T 19685-2005。

7.2 混凝土排水管

7.2.1 混凝土和钢筋混凝土排水管

此种排水用混凝土和钢筋混凝土管，系指采用离心、悬辊、芯模振动、立式挤压及其他方法成型的管材，适用于污水、雨水、引水及农田排灌等重力流管道用管子，如需用于有特殊防腐要求或其他用途的排水管，需方可与生产厂家协商，参照此类管材生产。

此种管材中的混凝土管系指管壁内不配置钢筋骨架的混凝土管，钢筋混凝土管系指管壁内配置有单层或多层钢筋骨架的混凝土管。它们适用于开槽施工、顶进施工及其他施工方法。

1. 分类

管子可按不同方法进行分类。

(1) 按是否配置钢筋骨架分为混凝土管 (CP) 和钢筋混凝土管 (RCP) (以下统称管子)；按外压荷载不同，混凝土管分为Ⅰ、Ⅱ两级；钢筋混凝土管分为Ⅰ、Ⅱ、Ⅲ三级。

混凝土管的规格和有关性能指标见表 7.2-1；钢筋混凝土管的规格和有关性能指标见表 7.2-2。

(2) 按施工方法的不同，管子可分为开槽施工管和顶进施工管 (DRCP) 等，它们的制管用混凝土强度等级不同，前者要求不低于 C30，后者要求不低于 C40。

(3) 按连接方法的不同，管子可分为柔性接头管和刚性接头管。

1) 柔性接头管按接头形式可分为承插口管、钢承口管、企口管、双插口管和钢承插口管。

(A) 柔性接头承插口管形式分为 A 型、B 型和 C 型，分别如图 7.2-1、图 7.2-2 和图 7.2-3 所示。

混凝土管规格和有关性能指标 表 7.2-1

公称内径 D_0 (mm)	有效长度 L(mm) ≥	Ⅰ级管			Ⅱ级管		
		壁厚 t(mm) ≥	破坏荷载 (kN/m)	内水压力 (MPa)	壁厚 t(mm) ≥	破坏荷载 (kN/m)	内水压力 (MPa)
100	1000	19	12	0.02	25	19	0.04
150		19	8		25	14	
200		22	8		27	12	
250		25	9		33	15	
300		30	10		40	18	
350		35	12		45	19	
400		40	14		47	19	
450		45	16		50	19	
500		50	17		55	21	
600		60	21		65	24	

钢筋混凝土管规格和有关性能指标 表 7.2-2

公称内径 D_0 (mm)	有效长度 L(mm) ≥	Ⅰ级管				Ⅱ级管				Ⅲ级管			
		壁厚 t (mm) ≥	裂缝荷载 (kN/m)	破坏荷载 (kN/m)	内水压力 (MPa)	壁厚 t (mm) ≥	裂缝荷载 (kN/m)	破坏荷载 (kN/m)	内水压力 (MPa)	壁厚 t (mm) ≥	裂缝荷载 (kN/m)	破坏荷载 (kN/m)	内水压力 (MPa)
200	2000	30	12	18	0.06	30	15	23	0.10	30	19	29	0.10
300		30	15	23		30	19	29		30	27	41	
400		40	17	26		40	27	41		40	35	53	
500		50	21	32		50	32	48		50	44	68	
600		55	25	38		60	40	60		60	53	80	
700		60	28	42		70	47	71		70	62	93	
800		70	33	50		80	54	81		80	71	107	
900		75	37	56		90	61	92		90	80	120	
1000		85	40	60		100	69	100		100	89	134	
1100		95	44	66		110	74	110		110	98	147	
1200		100	48	72		120	81	120		120	107	161	
1350		115	55	83		135	90	135		135	122	183	
1400		117	57	86		140	93	140		140	126	189	
1500		125	60	90		150	99	150		150	135	203	
1600		135	64	95		160	106	159		160	144	216	
1650		140	66	99		165	110	170		165	148	222	
1800		150	72	110		180	120	180		180	162	243	
2000		170	80	120		200	134	200		200	181	272	
2200		185	84	130		220	145	230		220	199	299	
2400		200	90	140		230	152	230		230	217	325	
2600		220	104	156		235	172	260		235	235	353	
2800		235	112	168		255	185	280		255	254	381	
3000		250	120	180		275	198	300		275	273	410	
3200		265	128	192		290	211	317		290	292	438	
3500		290	140	210		320	231	347		320	321	482	

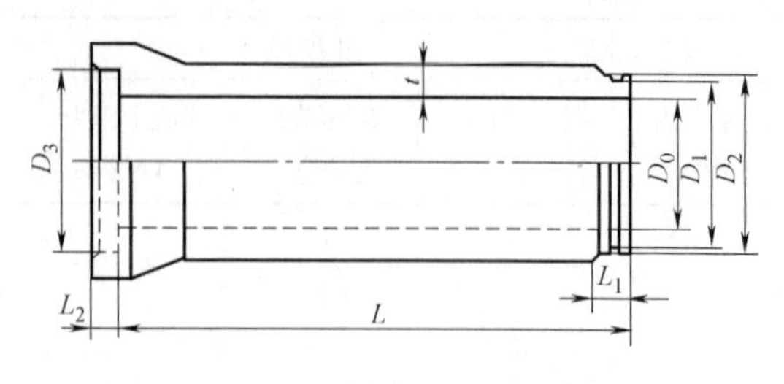

图 7.2-1　柔性接头 A 型承插口管

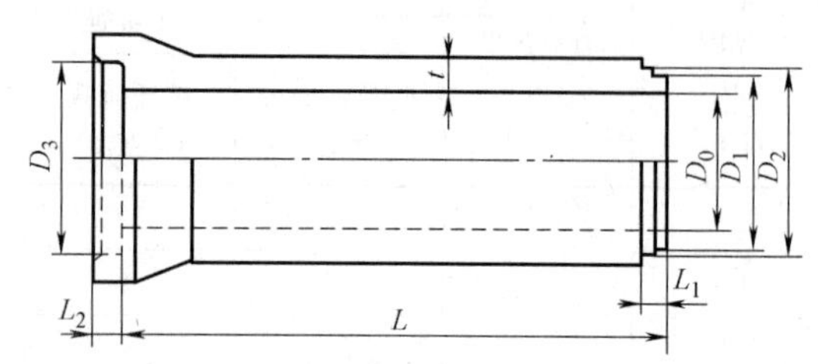

图 7.2-2　柔性接头 B 型承插口管

(B) 柔性接头钢承口管形式分为 A 型、B 型和 C 型，分别如图 7.2-4、图 7.2-5 和图 7.2-6 所示。

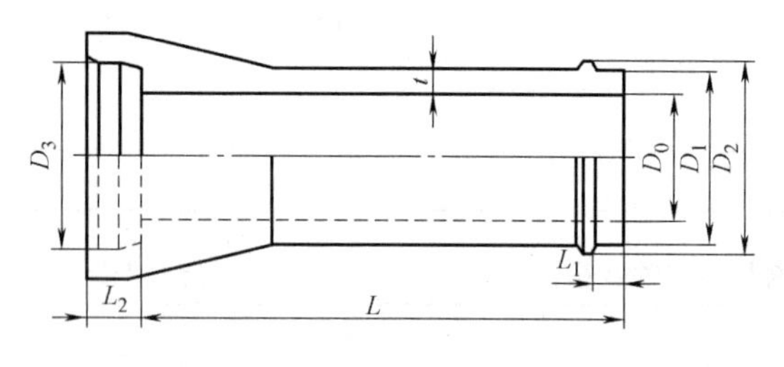

图 7.2-3　柔性接头 C 型承插口管

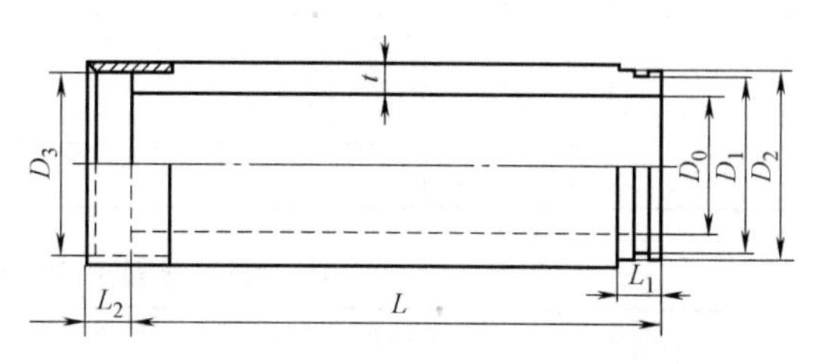

图 7.2-4　柔性接头 A 型钢承口管

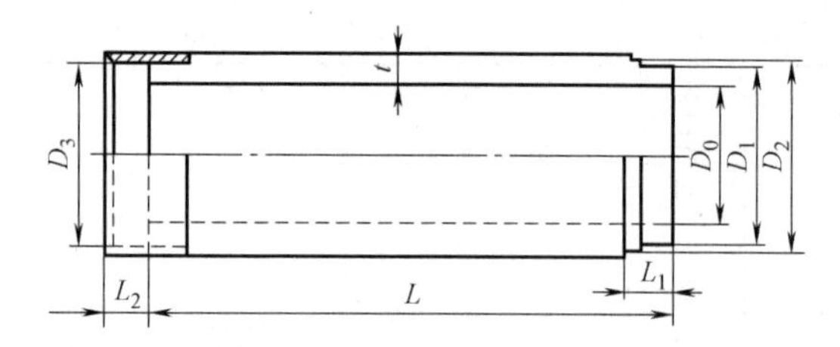

图 7.2-5　柔性接头 B 型钢承口管

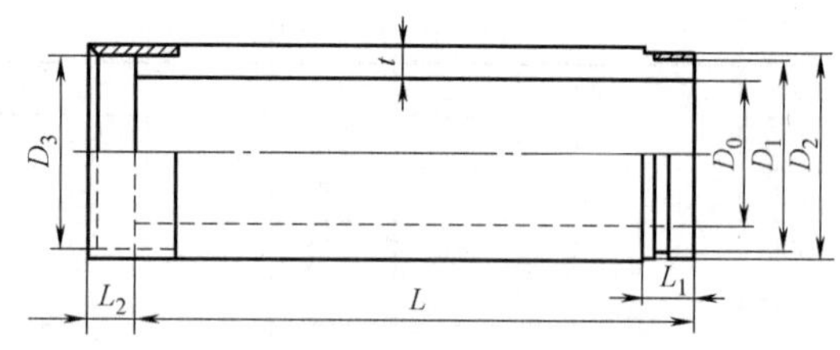

图 7.2-6　柔性接头 C 型钢承口管

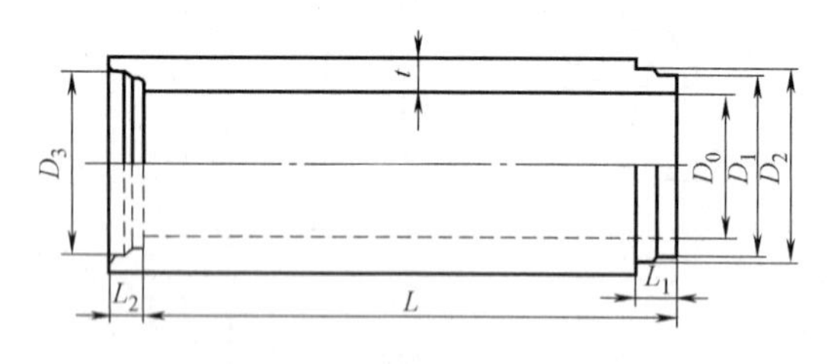

图 7.2-7　柔性接头企口管

(C) 其他接头形式

柔性接头企口管形式如图 7.2-7 所示；柔性接头双插口管形式如图 7.2-8 所示；柔性接头钢承插口管形式如图 7.2-9 所示。

2) 刚性接头管按接头形式可分为平口管、承插口管和企口管。

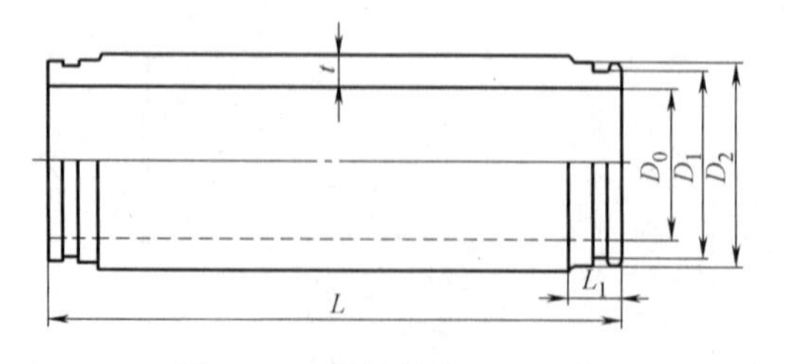

图 7.2-8　柔性接头双插口管

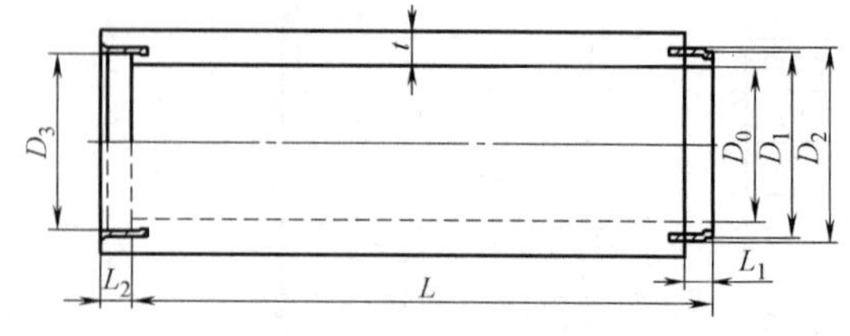

图 7.2-9　柔性接头钢承插口管形式

刚性接头平口管形式如图 7.2-10 所示；刚性接头承插口管形式如图 7.2-11 所示；刚性接头企口管形式如图 7.2-12 所示。

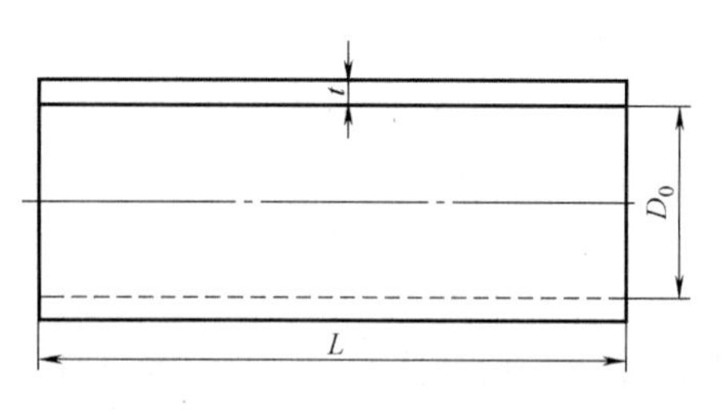

图 7.2-10 刚性接头平口管

3）以上各种形式管子接头详细尺寸参照标准《混凝土和钢筋混凝土排水管》GB/T 11836-2009 附录 A，现将其目录照录如下，读者需要时可查阅标准原文，这里不再占用过多的篇幅摘录。不过，应当指出，这些尺寸数据是供生产厂家参考使用的，实际工程中应以厂家的产品样本数据为准。

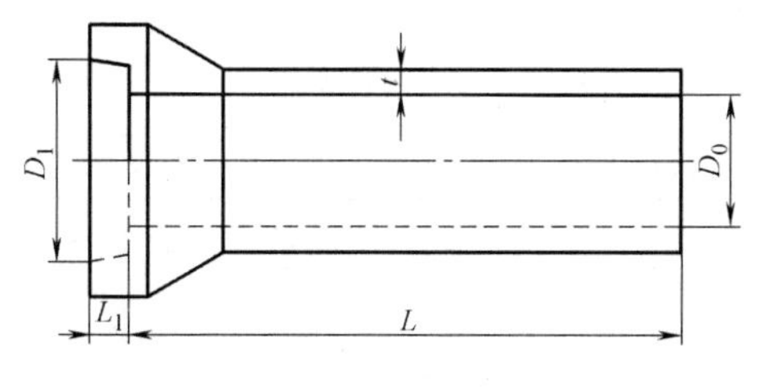

图 7.2-11 刚性接头承插口管

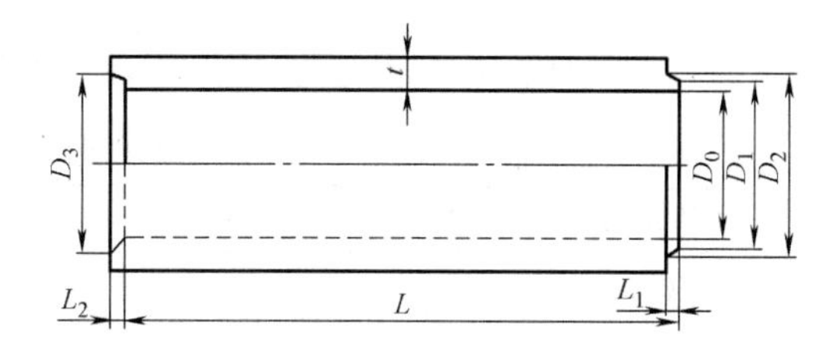

图 7.2-12 刚性接头企口管

附录 A（资料性附录）

管子接头参考细部尺寸

A.1 ϕ600～ϕ1200 柔性接头 A 型承插口管接头细部尺寸见图 A.1、表 A.1。

A.2 ϕ300～ϕ1200 柔性接头 B 型承插口管接头细部尺寸见图 A.2、表 A.2。

A.3 ϕ1350～ϕ1500 柔性接头 B 型承插口管接头细部尺寸见图 A.3、表 A.3。

A.4 ϕ300～ϕ800 柔性接头 C 型承插口管接头细部尺寸见图 A.4、表 A.4。

A.5 ϕ600～ϕ3000 柔性接头 A 型钢承口管接头细部尺寸见图 A.5、表 A.5。

A.6 ϕ600～ϕ3000 柔性接头 B 型钢承口管接头细部尺寸见图 A.6、表 A.6。

A.7 ϕ600～ϕ3500 柔性接头 C 型钢承口管接头细部尺寸见图 A.7、表 A.7。

A.8 ϕ1300～ϕ3000 柔性接头企口管接头细部尺寸见图 A.8、表 A.8。

A.9 ϕ1000～ϕ3000 柔性接头双插口管接头细部尺寸见图 A.9、表 A.9。

A.10 ϕ300～ϕ3200 柔性接头钢承插口管接头细部尺寸见图 A.10、表 A.10。

A.11 ϕ200～ϕ3000 刚性接头平口管管体尺寸见图 A.11、表 A.11。

A.12 ϕ100～ϕ600 刚性接头承插口管接头细部尺寸见图 A.12、表 A.12。

ϕ1100～ϕ3000 刚性接头企口管接头细部尺寸见图 A.13、表 A.13。

2. 混凝土强度

制管用混凝土强度等级不得低于 C30，用于制作顶管用的混凝土强度等级后不得低于 C40。

3. 外观质量

（1）混凝土管的内外表面应平整，无粘皮、蜂窝、麻面、塌落、露筋、空鼓等缺陷，局部凹坑深度应不大于 5mm。如系芯模振动工艺脱模时，产生的表面拉毛及微小气孔，可不做处理。

（2）混凝土管不允许有裂缝；钢筋混凝土管外表面不允许有裂缝，内表面裂缝宽度不得超过 0.05mm，如系表面龟裂或砂浆层的干缩裂缝不在此限。

制作混凝土管和钢筋混凝土管的管模合缝处不应漏浆。

（3）存在以下缺陷的管子允许进行修补：

1）表面凹坑深度不超过 10mm、粘皮、蜂窝、麻面深度不超过壁厚的 1/5，其最大值不超过 10mm，且总面积不超过相应内表面积或外表面积的 1/20，每块面积不超过 100cm^2。

2）内表面有局部塌落，但塌落面积不超过内表面积的 1/20，每块面积不超过 100cm^2。

3）合缝漏浆深度不超过壁厚的 1/5，且最大长度不超过管长的 1/5。

4）端面碰伤长度不超过 100mm，环向长度限值不超过表 7.2-3 的规定。

端面碰伤环向长度限值（mm）　　表 7.2-3

公称内径 D_0	100～200	300～500	600～900	1000～1600	1650～2400	2600～3000	3200～3500
碰伤环向长度限值	45	60	80	105	120	150	200

4. 尺寸允许偏差

（1）管子及接头尺寸允许偏差

1）柔性接头承插口管尺寸允许偏差见表 7.2-4。

2）柔性接头钢承口管尺寸允许偏差见表 7.2-5。

3）柔性接头企口管尺寸允许偏差见表 7.2-6。

4）柔性接头双插口管尺寸允许偏差见表 7.2-7。

5）柔性接头钢承插口管尺寸允许偏差见表 7.2-8。

6）刚性接头平口管尺寸允许偏差见表 7.2-9。

7）刚性接头承插口管尺寸允许偏差见表 7.2-10。

8）刚性接头企口管尺寸允许偏差见表 7.2-11。

柔性接头承插口管尺寸允许偏差（mm）　　表 7.2-4

公称内径 D_0	管子尺寸			接头尺寸				
	D_0	t	L	D_1	D_2	D_3	L_1	L_2
300～800	+4 −8	+8 −2	+18 −10	±2	±2	±2	±3	+4 −3
900～1500	+6 −10	+10 −3	+18 −12	±2	±2	±2	±3	+4 −8

柔性接头钢承口管尺寸允许偏差（mm）　　表 7.2-5

公称内径 D_0	管子尺寸			接头尺寸				
	D_0	t	L	D_1	D_2	D_3	L_1	L_2
600～800	+4 −8	+8 −2	+18 −10	±2	±2	±2	±3	±2

续表

公称内径 D_0	管子尺寸			接头尺寸				
	D_0	t	L	D_1	D_2	D_3	L_1	L_2
900～1500	+6 −10	+10 −3	+18 −12	±2	±2	±2	±3	±2
1600～2400	+8 −12	+12 −4	+18 −10	±2	±2	±2	±3	±2
2600～3500	+10 −14	+14 −5	+18 −12	±2	±2	±2	±3	±2

柔性接头企口管尺寸允许偏差（mm） 表 7.2-6

公称内径 D_0	管子尺寸			接头尺寸				
	D_0	t	L	D_1	D_2	D_3	L_1	L_2
1350～1500	+6 −10	+10 −3	+18 −12	±2	±2	±2	±3	+4 −3
1600～2400	+8 −12	+12 −4	+18 −12	±2	±2	±2	±3	+4 −8
2600～3000	+10 −14	+14 −5	+18 −12	±2	±2	±2	±3	+4 −3

柔性接头双插口管尺寸允许偏差（mm） 表 7.2-7

公称内径 D_0	管子尺寸			接头尺寸		
	D_0	t	L	D_1	D_2	L_1
600～800	+4 −8	+8 −2	+18 −10	±2	±2	±3
900～1500	+6 −10	+10 −3	+18 −12	±2	±2	±3
1600～2400	+8 −12	+12 −4	+18 −10	±2	±2	±3
2600～3000	+10 −14	+14 −5	+18 −12	±2	±2	±3

柔性接头钢承插口管尺寸允许偏差（mm） 表 7.2-8

公称内径 D_0	管子尺寸			接头尺寸				
	D_0	t	L	D_1	D_2	D_3	L_1	L_2
300～800	+4 −8	+8 −2	+18 −10	±2	±2	±2	±3	±2
900～1500	+6 −10	+10 −3	+18 −12	±2	±2	±2	±3	±2
1600～2400	+8 −12	+12 −4	+18 −10	±2	±2	±2	±3	±2
2600～3200	+10 −14	+14 −5	+18 −12	±2	±2	±2	±3	±2

刚性接头平口管尺寸允许偏差（mm） 表 7.2-9

公称内径 D_0	管子尺寸		
	D_0	t	L
200～800	+4 −8	+8 −2	+18 −10
900～1500	+6 −10	+10 −3	+18 −12
1600～2400	+8 −12	+12 −4	+18 −12

刚性接头承插口管尺寸允许偏差（mm） 表 7.2-10

公称内径 D_0	管子尺寸			接头尺寸	
	D_0	t	L	D_1	L_1
100～600	+4 −8	+8 −2	+18 −10	±4	±6

刚性接头企口管尺寸允许偏差（mm） 表 7.2-11

公称内径 D_0	管子尺寸			接头尺寸				
	D_0	t	L	D_1	D_2	D_3	L_1	L_2
1100～1500	+6 −10	+10 −3	+18 −12	±3	±3	±3	±3	±3
1650～1800	+8 −12	+12 −4	+18 −12	±3	±3	±3	±4	±4
2000～2400	+8 −12	+14 −4	+18 −12	±3	±3	±3	±5	±5
2600～3000	+10 −14	+14 −5	+18 −12	±3	±3	±3	±6	±6

（2）管子弯曲度 δ 的允许偏差应小于或等于管子有效长度的 0.3%。

（3）管子端面倾斜 S 的允许偏差要求：

对于开槽施工的管子，公称内径小于 1000mm 时，允许偏差小于或等于 10mm；公称内径大于或等于 1000mm 时，允许偏差为小于或等于公称内径的 1%，并不得大于 15mm。

对于顶进施工的管子，公称内径小于 1200mm 时，允许偏差为小于或等于 3mm；公称内径大于或等于 1200mm，且小于 3000mm 时，允许偏差为小于或等于 4mm；公称内径大于或等于 3000mm 时，允许偏差为小于或等于 5mm。

5. 内水压力

管子在进行内水压力检验时，在规定的内水压力下允许有潮片，但潮片面积不得大于管子总外表面积的 5%，且不得有水珠流淌。壁厚大于或等于 150mm 的雨水管，可不做内水压力检验。

6. 外压荷载

管子外压检验荷载不得低于表 7.2-1、表 7.2-2 规定的荷载要求。

7. 保护层厚度（C）

环向钢筋的内、外混凝土保护层厚度：当壁厚小于或等于 40mm 时，不应小于 10mm；当壁厚大于 40mm，且小于或等于 100mm 时，不应小于 15mm；当壁厚大于 100mm 时，不应小于 20mm。如管子的防腐层有特殊要求，应根据需要确定保护层厚度。

8. 管子标记

管子按公称内径、有效长度、施工方法和类别、标准编号的顺序进行标注。

例 1：公称内径为 600mm、有效长度为 1000mm、开槽施工的Ⅰ级混凝土管，应标记为：

CP Ⅰ 600×1000 GB/T 11836

例 2：公称内径为 1500mm、有效长度为 2000mm、开槽施工的Ⅱ级钢筋混凝土管，应标记为：

RCP Ⅱ 1500×2000 GB/T 11836

例 3：公称内径为 2600mm、有效长度为 2000mm、顶进施工的Ⅱ级钢筋混凝土管，应标记为：

DRCP Ⅱ 2600×2000 GB/T 11836

9. 出厂检验项目

管子的出厂检验项目有：外观质量、尺寸偏差（不包括保护层厚度）和物理力学性能。

检验项目分为 A 类和 B 类，见表 7.2-12。

出厂检验项目及类别 **表 7.2-12**

序号	质量指标	检验项目	类别	备注	序号	质量指标	检验项目	类别	备注
1	外观质量	粘皮	B		13	尺寸偏差	承口长度 L_2	B	刚性接头承插口管 测 L_1
2		麻面	B		14		插口长度 L_1	B	
3		局部凹坑	B		15		管子公称内径 D_0	B	
4		蜂窝	A		16		管壁厚度	B	
5		塌落	A		17		管子有效长度 t	B	
6		露筋	A		18		弯曲度 δ	B	
7		空鼓	A		19		端面倾斜 S	B/A	顶管施工为 A 类
8		裂缝	A		20		保护层厚度 C	A	
9		合缝漏浆	A		21	物理力学性能	内水压力	A	
10		端面碰伤	A		22		裂缝荷载	A	
11	尺寸偏差	承口直径 D_3	A	刚性接头承插口管测 D_1	23		破坏荷载	A	
12		插口直径 D_1	A		24		抗压强度	A	

10. 出厂证明书

成品管子出厂时，应附带企业统一编号的出厂证明书，其内容应包括：

(1) 企业名称、商标、厂址、电话。

(2) 生产日期和出厂日期。

(3) 执行标准编号、生产许可证标志和编号。

(4) 产品品种、规格、荷载级别。

(5) 混凝土抗压强度检验结果。

(6) 外观质量及尺寸偏差检验结果。

(7) 力学性能检验结果。

(8) 保护层厚度检验结果。

(9) 企业检验部门及检验人员签章。

11. 标志、包装、运输和贮存

(1) 应在每根管子外表面标明：企业名称、商标、生产许可证编号、产品标记、生产日期和“严禁碰撞”等字样。

(2) 管子两端用软质物品包扎，以防损伤。亦可由供需双方商定包装措施。

(3) 吊装时严禁用钢丝绳穿心方法，装卸车时严禁自由滚动、碰撞，应轻拿轻放。

(4) 管子应按品种、规格、外压荷载级别及生产日期，分开堆放，堆放场地应平整，堆放层数不宜超过表 7.2-13 的规定。

管子堆放层数 **表 7.2-13**

公称内径 D_0	100～200	250～400	450～600	700～900	1000～14000	1500～1800	≥2000
层　数	7	6	5	4	3	2	1

【依据技术标准】《混凝土和钢筋混凝土排水管》GB/T 11836-2009。

7.2.2 混凝土低压排水管

适合于采用预应力工艺、自应力工艺和普通工艺制造的混凝土低压排水管，其公称内径为 200～3000mm，静水压力为 0.1～0.4MPa，管子接口处采用胶圈密封。

此种管材适用于排放雨水和一般生活污水，如用于排放有腐蚀性的污水时，应采取适当的防腐措施。

1. 管子规格与级别

各种不同种类的普通混凝土低压排水管的缩略语如下：

DY-RCP——普通混凝土低压排水管。

DY-ZG——自应力普通混凝土低压排水管。

DY-YYG——震动挤压工艺制作的预应力普通混凝土低压排水管。

DY-SYG——管芯缠丝工艺制作的预应力普通混凝土低压排水管。

DY-PCCP——管壁内带有薄钢筒的预应力普通混凝土低压排水管。

2. 普通混凝土低压排水管

普通混凝土低压排水管的静水压力为 0.1MPa，按不同外压分为Ⅰ、Ⅱ两级，其管子规格及外压荷载见表 7.2-14。

普通混凝土低压排水管（DY-RCP）规格及外压荷载　　表 7.2-14

公称内径 D_0(mm)	壁　厚 t ≥(mm)	静水压力 (MPa)	Ⅰ级		Ⅱ级	
			P_c(kN/m)	P_b(kN/m)	P_c(kN/m)	P_b(kN/m)
200	30	0.1	15	23	19	29
300	30		19	29	29	44
400	40		27	41	39	59
500	50		32	48	49	74
600	60		40	60	60	90
700	70		47	71	67	100
800	80		54	81	77	115
900	90		61	92	87	130
1000	100		69	100	94	141
1100	110		74	110	108	162
1200	120		81	120	119	179
1350	135		90	140	134	201
1500	150		99	150	151	226
1650	165		110	170	166	249
1800	180		120	180	183	274
2000	200		134	200	204	305
2200	220		145	220	227	340
2400	230		152	230	250	376
2600	235		172	260	272	407
2800	255		185	280	296	445
3000	275		198	300	317	475

注：Ⅰ、Ⅱ级管对应的覆土深度分别为：0.8m＜H_S≤3.0m、3.0m＜H_S≤6.0m；土弧基础或人工砂基；地面活荷载为两辆20级汽车荷载。如需要用于静水压力为0.1 MPa以上的场合，需另行设计验证。

3. 自应力混凝土低压排水管

自应力混凝土低压排水管的外压级别仅规定Ⅰ级，静水压力分为0.2MPa、0.3MPa和0.4MPa，按不同外压分为Ⅰ、Ⅱ两级，其管子规格及抗裂压力见表7.2-15。

自应力混凝土低压排水管（DY-ZG）规格及抗裂压力　　表 7.2-15

公称内径 D_0(mm)	静水压力 (MPa)	抗裂压力 P_b(MPa)	公称内径 D_0(mm)	静水压力 (MPa)	抗裂压力 P_b(MPa)
400	0.2	0.4	600	0.2	0.4
	0.3	0.6		0.3	0.6
	0.4	0.8		0.4	0.8
500	0.2	0.4	800	0.2	0.4
	0.3	0.6		0.3	0.6
	0.4	0.8		0.4	0.8

注：铺设条件为覆土深度分别为：0.8～2.0m；素土基础或人工砂基；地面活荷载为两辆20级汽车荷载。

4. 预应力混凝土低压排水管

预应力混凝土低压排水管按制作工艺不同分为震动挤压排水管（DY-YYG）、管芯缠丝排水管（DY-SYG）和管壁内带有薄钢筒的排水管（DY-PCCP）3 种，按不同外压分为Ⅰ、Ⅱ、Ⅲ三级，静水压力分为 0.2MPa、0.3MPa 和 0.4MPa，其管子规格及抗裂压力分别见表 7.2-16～表 7.2-18。

预应力混凝土低压排水管（DY-YYG）规格及抗裂压力　　表 7.2-16

公称内径 D_0(mm)	静水压力 (MPa)	抗裂压力 P_b(MPa)			公称内径 D_0(mm)	静水压力 (MPa)	抗裂压力 P_b(MPa)		
		Ⅰ	Ⅱ	Ⅲ			Ⅰ	Ⅱ	Ⅲ
400	0.2	0.76	0.85	0.98	1000	0.2	1.02	1.59	2.02
	0.3	0.90	0.99	1.12		0.3	1.16	1.73	2.16
	0.4	1.03	1.12	1.15		0.4	1.26	1.86	2.29
500	0.2	0.84	1.05	1.22	1200	0.2	1.06	1.59	2.02
	0.3	0.98	1.19	1.36		0.3	1.20	1.73	2.16
	0.4	1.11	1.32	1.49		0.4	1.33	1.86	2.29
600	0.2	0.89	1.60	2.08	1400	0.2	1.10	1.73	2.19
	0.3	1.03	1.74	2.22		0.3	1.24	1.87	2.33
	0.4	1.16	1.87	2.35		0.4	1.37	2.00	2.46
700	0.2	0.97	1.58	2.02	1600	0.2	1.12	1.73	2.10
	0.3	1.11	1.72	2.16		0.3	1.26	1.87	2.24
	0.4	1.24	1.85	2.29		0.4	1.39	2.00	2.37
800	0.2	0.99	1.58	2.02	1800	0.2	1.12	1.73	2.25
	0.3	1.13	1.72	2.16		0.3	1.26	1.87	2.39
	0.4	1.26	1.85	2.29		0.4	1.39	2.00	2.52
900	0.2	1.01	1.59	2.02	2000	0.2	1.12	1.73	2.02
	0.3	1.15	1.73	2.16		0.3	1.26	1.87	2.16
	0.4	1.28	1.86	2.29		0.4	1.39	2.00	2.29

注：Ⅰ、Ⅱ、Ⅲ级管对应的覆土深度分别为：0.8m＜H_S≤2.0m、2.0m＜H_S≤4.0m、4.0m＜H_S≤6.0m；土弧基础或人工砂基；地面活荷载为两辆 20 级汽车荷载。

预应力混凝土低压排水管（DY-SYG）规格及抗裂压力　　表 7.2-17

公称内径 D_0(mm)	静水压力 (MPa)	抗裂压力 P_b(MPa)			公称内径 D_0(mm)	静水压力 (MPa)	抗裂压力 P_b(MPa)		
		Ⅰ	Ⅱ	Ⅲ			Ⅰ	Ⅱ	Ⅲ
400	0.2	0.68	0.68	0.68	600	0.2	0.78	1.04	1.28
	0.3	0.82	0.82	0.82		0.3	0.91	1.18	1.42
	0.4	0.95	0.95	0.95		0.4	1.05	1.31	1.55
500	0.2	0.75	0.75	0.75	700	0.2	0.84	1.14	1.40
	0.3	0.88	0.88	0.88		0.3	0.98	1.28	1.54
	0.4	1.02	1.02	1.02		0.4	1.11	1.41	1.57

续表

公称内径 D_0(mm)	静水压力(MPa)	抗裂压力 P_b(MPa)		
		Ⅰ	Ⅱ	Ⅲ
800	0.2	0.87	1.16	1.43
	0.3	1.00	1.30	1.59
	0.4	1.19	1.44	1.72
900	0.2	0.88	1.16	1.44
	0.3	1.02	1.30	1.58
	0.4	1.15	1.43	1.71
1000	0.2	0.92	1.17	1.45
	0.3	1.06	1.30	1.59
	0.4	1.19	1.44	1.72
1200	0.2	0.98	1.19	1.45
	0.3	1.11	1.32	1.59
	0.4	1.22	1.46	1.72
1400	0.2	0.98	1.27	1.59
	0.3	1.11	1.40	1.72
	0.4	1.25	1.54	1.86
1600	0.2	0.98 (1.13)	1.22 (1.37)	1.56 (1.71)
	0.3	1.12 (1.27)	1.36 (1.51)	1.70 (1.85)
	0.4	1.25 (1.40)	1.49 (1.64)	1.83 (1.98)
1800	0.2	0.98 (1.13)	1.17 (1.32)	—
	0.3	1.12 (1.27)	1.31 (1.46)	—
	0.4	1.25 (1.40)	1.44 (1.59)	—
2000	0.2	0.98 (1.13)	1.14 (1.29)	—
	0.3	1.12 (1.27)	1.28 (1.43)	—
	0.4	1.25 (1.40)	1.41 (1.56)	—
2200	0.2	1.03 (1.22)	1.18 (1.33)	—
	0.3	1.17 (1.36)	1.32 (1.47)	—
	0.4	1.30 (1.49)	1.45 (1.60)	—
2600	0.2	1.03 (1.25)	—	—
	0.3	1.17 (1.39)	—	—
	0.4	1.30 (1.52)	—	—
2800	1.03 (1.25)	—	—	—
	1.17 (1.39)	—	—	—
	1.30 (1.53)	—	—	—

注：Ⅰ、Ⅱ、Ⅲ级管对应的覆土深度分别为：0.8m<H_S≤2.0m、2.0m<H_S≤4.0m、4.0m<H_S≤6.0m；素土基础或人工砂基；地面活荷载为两辆 20 级汽车荷载。括号内数据为立式水压值。“—”表示该级别管子不宜生产。

预应力混凝土低压排水管（DY-PCCP）规格及抗裂压力　　表 7.2-18

公称内径 D_0(mm)	静水压力(MPa)	抗裂压力 P_b(MPa)		
		Ⅰ	Ⅱ	Ⅲ
600	0.2	0.69	0.92	1.13
	0.3	0.83	1.06	1.26
	0.4	0.96	1.19	1.40
700	0.2	0.69	0.94	1.14
	0.3	0.83	1.08	1.27
	0.4	0.96	1.21	1.41
800	0.2	0.69	0.94	1.15
	0.3	0.83	1.08	1.28
	0.4	0.96	1.21	1.42
900	0.2	0.69	0.94	1.16
	0.3	0.83	1.08	1.29
	0.4	0.96	1.21	1.43
1000	0.2	0.69	0.94	1.17
	0.3	0.83	1.08	1.30
	0.4	0.96	1.21	1.44
1200	0.2	0.69	0.94	1.17
	0.3	0.83	1.08	1.30
	0.4	0.96	1.21	1.44

续表

公称内径 D_0(mm)	静水压力 (MPa)	抗裂压力 P_b(MPa)		
		Ⅰ	Ⅱ	Ⅲ
1400	0.2	0.69	0.94	1.17
	0.3	0.83	1.08	1.30
	0.4	0.96	1.21	1.44
1600	0.2	0.71	0.95	1.19
	0.3	0.84	1.09	1.32
	0.4	0.98	1.22	1.46
1800	0.2	0.73	0.96	1.23
	0.3	0.86	1.10	1.36
	0.4	0.98	1.22	1.46
2000	0.2	0.77	1.01	1.28
	0.3	0.91	1.14	1.41
	0.4	1.04	1.28	1.55
2200	0.2	0.84	1.03	1.30
	0.3	0.98	1.16	1.43
	0.4	1.11	1.30	1.57
2400	0.2	0.86	1.09	1.37
	0.3	1.00	1.22	1.51
	0.4	1.13	1.36	1.64
2600	0.2	0.88	1.11	1.39
	0.3	1.02	1.24	1.53
	0.4	1.15	1.38	1.66
2800	0.2	0.92	1.12	1.41
	0.3	1.05	1.25	1.55
	0.4	1.19	1.39	1.68
3000	0.2	0.95	1.12	1.41
	0.3	1.09	1.25	1.55
	0.4	1.22	1.39	1.68

注：Ⅰ、Ⅱ、Ⅲ级管对应的覆土深度分别为：$0.8m < H_S \leq 2.0m$、$2.0m < H_S \leq 4.0m$、$4.0m < H_S \leq 6.0m$；土弧基础或人工砂基；地面活荷载为两辆20级汽车荷载。

5. 管子形状及基本尺寸

（1）普通混凝土低压排水管（DY-RCP）的管子形状及基本尺寸应参照《混凝土和钢筋混凝土排水管》GB/T 11836执行，可参见“7.2.1 混凝土和钢筋混凝土排水管”。

（2）自应力混凝土低压排水管（DY-ZG）的管子形状及基本尺寸应参照《自应力混凝土输水管》GB 4084执行。

（3）预应力混凝土低压排水管（DY-YYG、DY-SYG、DY-PCCP）的管子形状及基本尺寸应分别参照GB/T 5695、GB/T 5696（可参见“7.1.1 预应力混凝土管”）和《预应力钢筒混凝土管》JC 625执行。

6. 质量等级

（1）普通混凝土低压排水管（DY-RCP）的质量等级应按《混凝土和钢筋混凝土排水管》GB/T 11836的规定执行，可参见“7.2.1 混凝土和钢筋混凝土排水管”。

（2）自应力混凝土低压排水管（DY-ZG）的质量等级应按《自应力混凝土输水管》GB 4084的规定执行。

（3）预应力混凝土低压排水管（DY-YYG、DY-SYG、DY-PCCP）的质量等级应按《预应力混凝土管》GB/T 5696（可参见“7.1.1 预应力混凝土管”）和《预应力钢筒混凝土管》JC 625的规定执行。

7. 管子标记

管子按名称代号、公称内径×长度、静水压力、外压级别及标准编号顺序进行标记。

例1：公称内径为600mm，管子长度为2000mm，静水压力为0.1MPa，外压级别为Ⅰ级的采用普通工艺制造的普通混凝土低压排水管，应标记为：

DY-RCP　ϕ600×2 000　P1　Ⅰ　JC/T 923-2003

例2：公称内径为1200mm，管子长度为5000mm，静水压力为0.3MPa，外压级别为

Ⅱ级的采用管芯缠丝工艺制造的预应力混凝土低压排水管，应标记为：

DY-SYG ϕ1 200×5 000 P3 Ⅱ JC/T 923-2003

8. 主要技术要求

（1）混凝土强度

制造普通混凝土低压排水管和预应力混凝土低压排水管所用混凝土强度不得低于C40；制造自应力混凝土低压排水管用自应力混凝土强度应符合《自应力混凝土输水管》GB 4084 的规定。

（2）钢筋骨架及配筋

各种型号的混凝土排水管钢筋骨架制作及管子配筋应分别符合《混凝土和钢筋混凝土排水管》GB/T 11836、《自应力混凝土输水管》GB 4084、《预应力混凝土管》GB/T 5696和《预应力钢筒混凝土管》JC 625 的规定。

（3）外观质量

管子的内外表面应平整，不应有粘皮、蜂窝、露筋、麻面、塌落、合缝露浆、保护层空鼓等现象，尤其是管子接口工作面（承口内面和插口外面）应平整光洁。

各型管子表面不得有裂缝；预应力混凝土低压排水管（不包括 DY-PCCP）内表面不得有裂缝；普通混凝土低压排水管和自应力混凝土低压排水管内表面裂缝宽度不得大于0.05mm；预应力混凝土低压排水管（DY-PCCP）内表面纵向裂缝宽度不得大于 0.1mm，裂缝长度不得大于 150mm，管身环向裂缝宽度不得大于 0.25mm，距管端 300mm 范围出现的环向裂缝宽度不得大于 0.4mm（内壁浮浆裂缝或龟裂不在此限）。

（4）抗渗性能

普通混凝土低压排水管和预应力混凝土低压排水管（不包括 DY-PCCP）的抗渗检验压力为管子静水压力的 1.5 倍；自应力混凝土低压排水管的抗渗检验压力为管子静水压力的 2 倍。

在规定的抗渗检验压力检验下，普通混凝土低压排水管、自应力混凝土低压排水管和预应力混凝土低压排水管（不包括 DY-PCCP）的外表面允许有潮片，但潮片面积不得大于总外表面积的 5%，管体表面不得有水珠流淌，管子接口不得滴水。

（5）外压荷载和抗裂压力

普通混凝土低压排水管进行外压荷载试验时，管子外压荷载值不得低于表 7.2-14 的规定。自应力混凝土低压排水管和预应力混凝土低压排水管按规定进行抗裂压力检验时，管子的抗裂压力值应分别符合表 7.2-15～表 7.2-18 的规定。

（6）保护层厚度

普通混凝土低压排水管、自应力混凝土低压排水管和预应力混凝土低压排水管的保护层厚度应分别符合前述相应标准的规定。

9. 尺寸检验项目

管子的出厂检验项目有混凝土抗压强度、外观质量、尺寸及偏差、抗渗性及接口密封性、外压荷载或抗裂压力、保护层厚度。

10. 出厂证明书

管子出厂应附有带企业统一编号的出厂证明书，其内容应包括：品种、规格、质量等级、数量；检验结果；生产日期；标准编号；企业名称和商标；橡胶密封圈供应合格证；质检部门及人员签章。

11. 标志、运输及保管

（1）每根管外表面应注明企业名称、商标、产品标记、制造日期和“严禁碰撞”字样。

（2）管子装运时承口和插口应妥善保护，以防碰伤。运输车辆应有防止管子滚动的措施。

（3）管子应按品种、规格、静水压力级别、外压级别、质量等级及生产日期分别堆放，或者能区分上述参数，防止错发错用。堆放在最下层的管子应设置支垫物，防止发生滚动。各层管子的承口端应错开和颠倒码放。在大气干燥条件下，应对管子进行后期保湿养护。管子堆放层数不宜超过表 7.2-19 的规定。

管子堆放层数 **表 7.2-19**

公称内径(mm)	200～350	400～800	900～1350	1400～1600	≥1800
堆放层数	5	4	3	2	1

【依据技术标准】建材行业标准《混凝土低压排水管》JC/T 923-2003。

7.2.3 顶进施工法用钢筋混凝土排水管

顶进施工法用钢筋混凝土排水管适用于顶进施工排水管道用钢筋混凝土管（以下简称管子）或以顶进法施工，作为保护套管使用的钢筋混凝土管。可用于雨水、污水、引水及农田排灌等重力流管道工程。

1. 管子的规格、外压荷载和内水压力检验

管子按外压荷载分为Ⅰ、Ⅱ、Ⅲ三级，其规格、外压荷载和内水压力检验指标见表 7.2-20。

混凝土管的规格、外压荷载和内水压力检验指标 **表 7.2-20**

公称内径 D_0 (mm)	有效长度 $L\geqslant$ (mm)	壁厚 $t\geqslant$ (mm)	Ⅰ级管			Ⅱ级管			Ⅲ级管		
			裂缝荷载 (kN/m)	破坏荷载 (kN/m)	内水压力 (MPa)	裂缝荷载 (kN/m)	破坏荷载 (kN/m)	内水压力 (MPa)	裂缝荷载 (kN/m)	破坏荷载 (kN/m)	内水压力 (MPa)
600	2000	60	25	38	0.06	40	60	0.10	53	80	0.10
700		70	28	42		47	71		62	93	
800		80	33	50		54	81		71	107	
900		90	37	56		61	92		80	120	
1000		100	40	60		69	100		89	134	
1100		110	44	66		74	110		98	147	
1200		120	48	72		81	120		107	161	
1350		135	55	83		90	135		122	183	
1400		140	57	86		93	140		126	189	
1500		150	60	90		99	150		135	203	
1600		160	64	96		106	159		144	216	
1650		165	66	99		110	170		148	222	
1800		180	72	110		120	180		162	243	
2000		200	80	120		134	200		181	272	
2200		220	84	130		145	220		199	299	
2400		230	90	140		152	230		217	326	
2600		235	104	156		172	260		235	353	
2800		255	112	168		185	280		254	381	
3000		275	120	180		198	300		273	410	
3200		290	128	192		211	317		292	438	
3500		320	140	210		231	347		321	482	

2. 柔性接头管和刚性接头管

管子按连接方式分为柔性接头管和刚性接头管。

(1) 柔性接头管

柔性接头管按接头形式分为钢承口管、企口管、双承口管和钢承插口管。

1) 柔性接头钢承口管分为 A 型、B 型、C 型，分别如图 7.2-13～图 7.2-15 所示。

2) 柔性接头企口管形式如图 7.2-16 所示。

3) 柔性接头双插口管形式如图 7.2-17 所示。

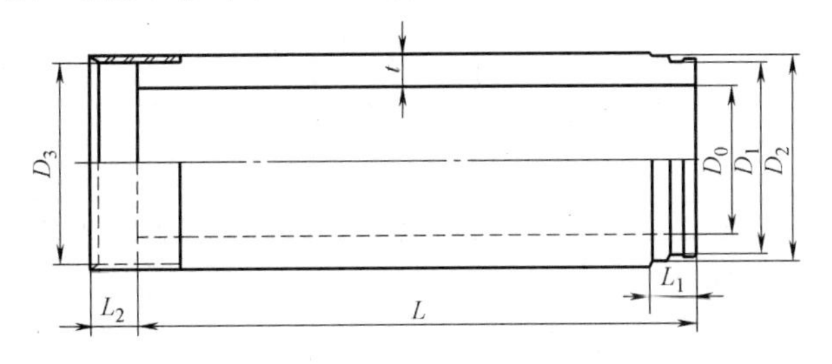

图 7.2-13　柔性接头 A 型钢承口管

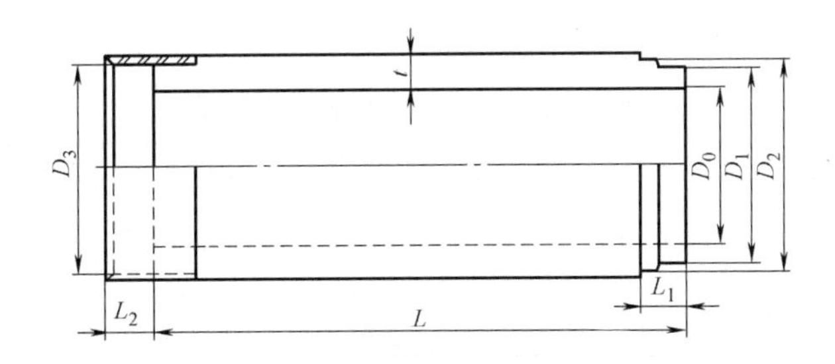

图 7.2-14　柔性接头 B 型钢承口管

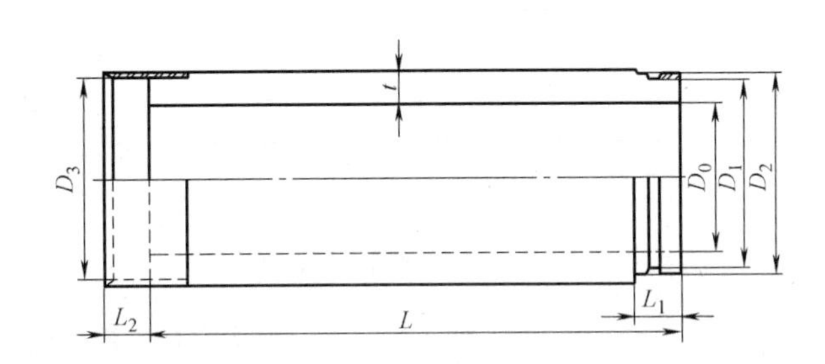

图 7.2-15　柔性接头 C 型钢承口管

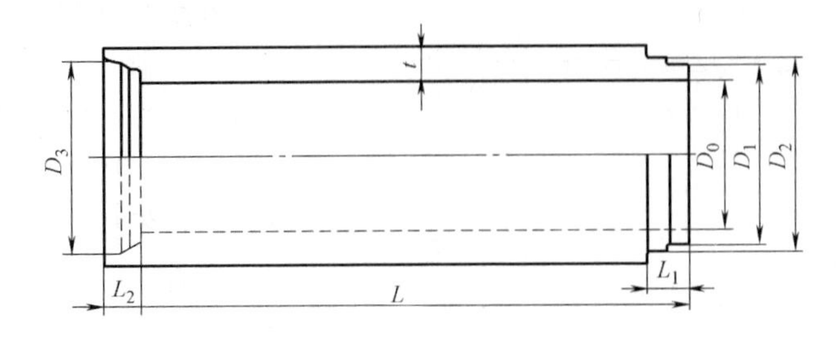

图 7.2-16　柔性接头企口管

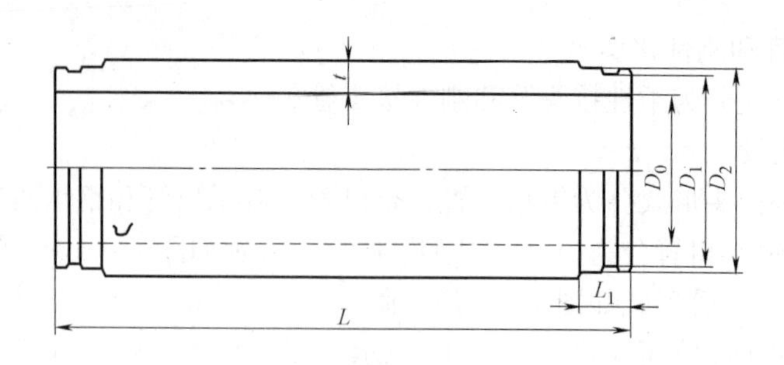

图 7.2-17 柔性接头双插口管

4）柔性接头钢承插口管形式如图 7.2-18 所示。

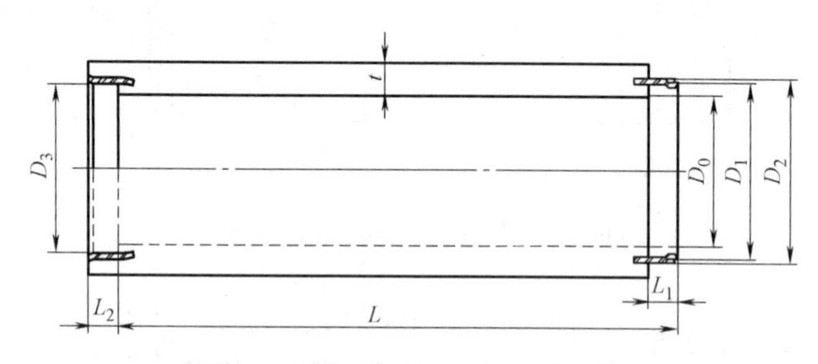

图 7.2-18 柔性接头钢承插口管

（2）刚性接头管

刚性接头管接头型式为企口管。刚性接头企口管形式如图 7.2-19 所示。

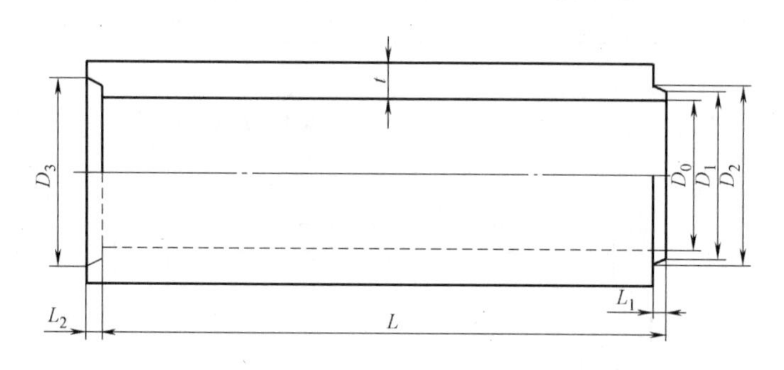

图 7.2-19 刚性接头企口管

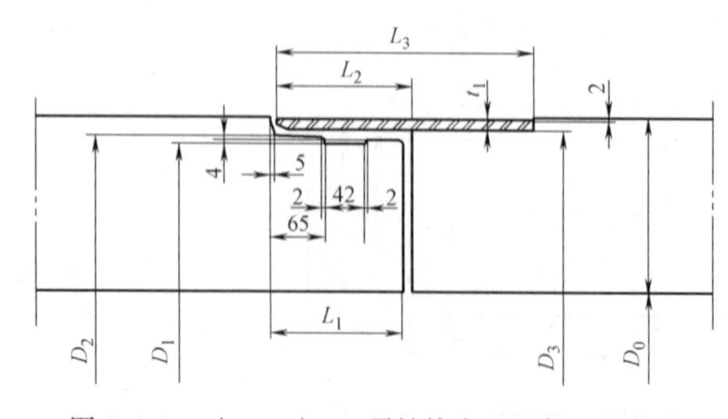

图 7.2-20 $\phi600 \sim \phi3000$ 柔性接头 A 型钢承口管接头

3. 柔性接头管和刚性接头管细部图形

各种柔性和刚性接口的细部图形如图 7.2-20～图 7.2-26 所示，尺寸详见 JC/T 640-2010 标准之附录 B，这里不再一一列出，以免占用过多的篇幅。但这也只是技术标准中的规定，不一定与生产厂家的产品完全一致。

（1）$\phi600 \sim \phi3000$ 柔性接头 A 型钢承口管接头细部如图 7.2-20 所示。

（2）ϕ600～ϕ3000 柔性接头 B 型钢承口管接头细部如图 7.2-21 所示。

（3）ϕ600～ϕ3500 柔性接头 C 型钢承口管接头细部如图 7.2-22 所示。

（4）ϕ1350～ϕ3000 柔性接头企口管接头细部如图 7.2-23 所示。

（5）ϕ600～ϕ3000 柔性接头双插口管接头细部如图 7.2-24 所示。

（6）ϕ1000～ϕ3200 柔性接头钢承插口管接头细部如图 7.2-25 所示。

（7）ϕ1100～ϕ3000 刚性接头企口管接头细部如图 7.2-26 所示。

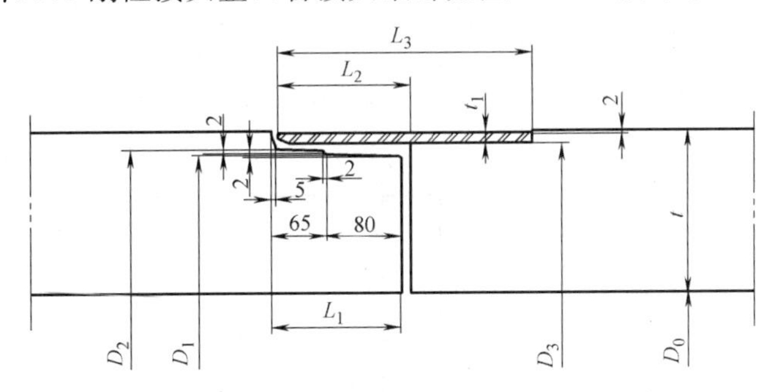

图 7.2-21 ϕ600～ϕ3000 柔性接头 B 型钢承口管接头

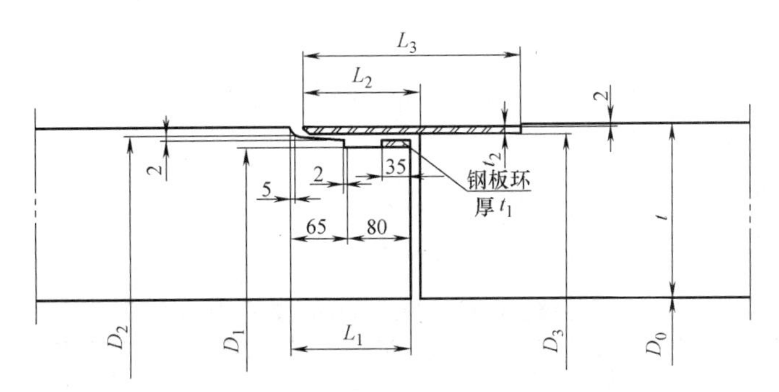

图 7.2-22 ϕ600～ϕ3500 柔性接头 C 型钢承口管接头

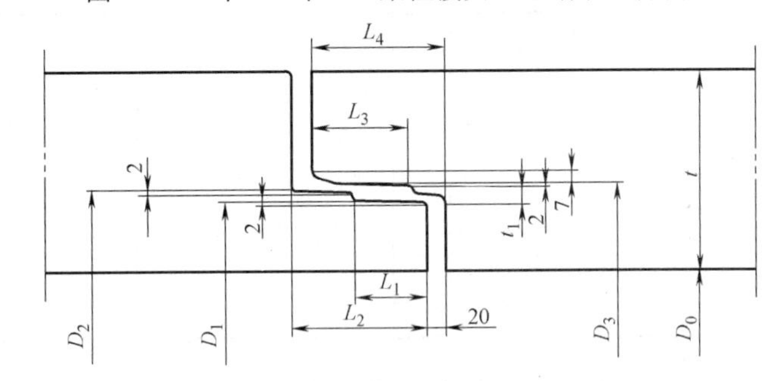

图 7.2-23 ϕ1350～ϕ3000 柔性接头企口管接头

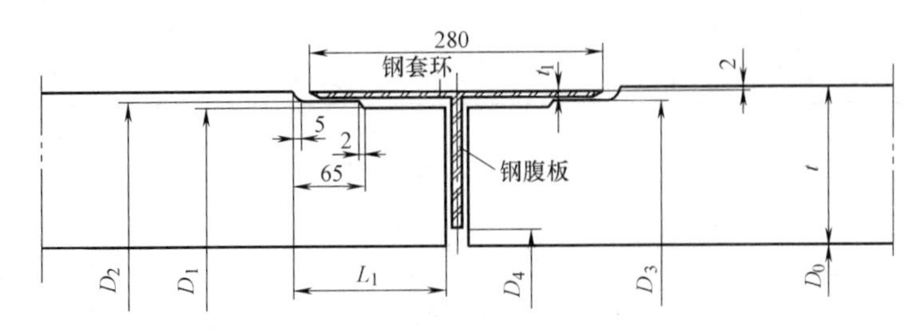

图 7.2-24 ϕ600～ϕ3000 柔性接头双插口管接头

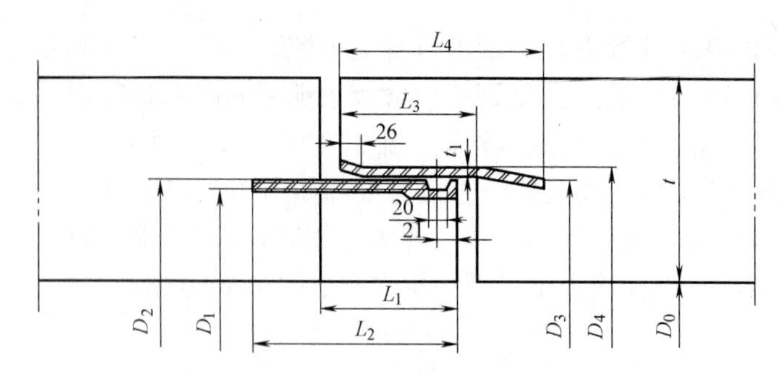

图 7.2-25 ϕ1000～ϕ3200 柔性接头钢承插口管接头

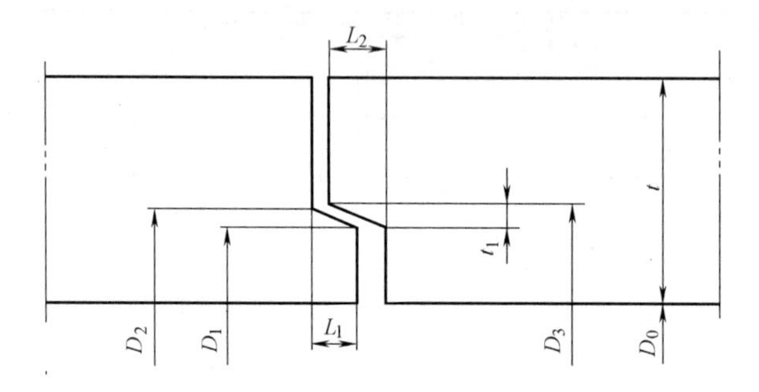

图 7.2-26 ϕ1100～ϕ3000 刚性接头企口管接头

4. 规格尺寸允许偏差

(1) 柔性接头钢承口管尺寸允许偏差见表 7.2-21。

(2) 柔性接头企口管尺寸允许偏差见表 7.2-22。

柔性接头钢承口管尺寸允许偏差 (mm)　　表 7.2-21

公称内径	管子尺寸			接头尺寸				
	D_0	t	L	D_1	D_2	D_3	L_1	L_2
600～800	+4 −8	+8 −2	+18 −10	±2	±2	±2	±3	±2
900～1500	+6 −10	+10 −3	+18 −12	±2	±2	±2	±3	±2
1600～2400	+8 −12	+12 −4	+18 −12	±2	±2	±2	±3	±2
2600～3500	+10 −14	+14 −5	+18 −12	±2	±2	±2	±3	±2

柔性接头企口管尺寸允许偏差 (mm)　　表 7.2-22

公称内径	管子尺寸			接头尺寸				
	D_0	t	L	D_1	D_2	D_3	L_1	L_2
1350～1500	+6 −10	+10 −3	+18 −10	±2	±2	±2	±3	+4 −3
1600～2400	+8 −10	+12 −4	+18 −12	±2	±2	±2	±3	+4 −3
2600～3000	+10 −14	+14 −5	+18 −12	±2	±2	±2	±3	+4 −3

（3）柔性接头双承口管尺寸及许偏差见表7.2-23。

（4）柔性接头钢承插口管尺寸允许偏差见表7.2-24。

（5）刚性接头企口管尺寸允许偏差见表7.2-25。

柔性接头双承口管尺寸允许偏差（mm）　　表7.2-23

公称内径	管子尺寸			接头尺寸		
	D_0	t	L	D_1	D_2	L_1
600～800	+4 −8	+8 −2	+18 −10	±2	±2	±3
900～1500	+6 −10	+10 −3	+18 −12	±2	±2	±3
1600～2400	+8 −12	+12 −4	+18 −12	±2	±2	±3
2600～3500	+10 −14	+14 −5	+18 −12	±2	±2	±3

柔性接头钢承插口管尺寸允许偏差（mm）　　表7.2-24

公称内径	管子尺寸			接头尺寸				
	D_0	t	L	D_1	D_2	D_3	L_1	L_2
600～800	+4 −8	+8 −2	+18 −10	±2	±2	±2	±3	±2
900～1500	+6 −10	+10 −3	+18 −12	±2	±2	±2	±3	±2
1600～2400	+8 −12	+12 −4	+18 −12	±2	±2	±2	±3	±2
2600～3200	+10 −14	+14 −5	+18 −12	±2	±2	±2	±3	±2

刚性接头企口管尺寸允许偏差（mm）　　表7.2-25

公称内径	管子尺寸			接头尺寸				
	D_0	t	L	D_1	D_2	D_3	L_1	L_2
1100～1500	+6 − 10	+10 − 3	+18 − 12	±3	±3	±3	±3	±3
1650～1800	+8 − 12	+12 − 4	+18 − 12	±3	±3	±3	±4	±4
2600～2400	+8 − 12	+12 − 4	+18 − 12	±3	±3	±3	±5	±5
2600～3000	+10 − 14	+14 − 5	+18 − 12	±3	±3	±3	±6	±6

5. 技术要求

（1）混凝土强度

制造各种类型管子的混凝土强度等级不得低于C40。

（2）外观质量

1）管子的内外表面应平整，并应无粘皮、蜂窝、麻面、塌落、露筋、空鼓等缺陷，局部凹坑深度不应大于5mm。对于芯模振动工艺脱模时产生的表面拉毛及微小气孔，可不做处理。

2）管体外表面不允许有裂缝，内表面裂缝宽度不得超过0.05mm，但表面龟裂和砂浆层的干缩裂缝不在此限。

3）端面、双插口及钢承口管的插口外表面应平整。

4）合缝处不得漏浆。

5）存在以下缺陷的管子允许进行修补：

表面凹坑深度不超过10mm、粘皮、蜂窝、麻面深度不超过壁厚的1/5，其最大值不超过10mm，且总面积不超过相应内表面积或外表面积的1/20，每块面积不超过100cm^2。

内表面有局部塌落，但塌落面积不超过内表面积的1/20，每块面积不超过100cm^2。

合缝漏浆深度不超过壁厚的1/5，且最大长度不超过管长的1/5。

端面碰伤长度不超过100mm，环向长度限值不超过表7.2-26的规定。

端面碰伤环向长度限值（mm） **表7.2-26**

公称内径 D_0	600～900	1000～1600	1650～2400	2600～3000	3200～3500
碰伤环向长度限值	80	105	120	150	200

（3）管子弯曲度和端面倾斜

管子弯曲度δ的允许偏差为不大于管子有效长度的0.3%。

管子端面倾斜S的允许偏差为：公称内径小于1200mm时，允许偏差不大于3mm；公称内径等于或大于1200mm、但小于3000mm时，允许偏差为小于或等于4mm；公称内径等于或大于3000mm时，允许偏差为不大于5mm。

（4）内水检验压力和外压荷载

管子进行内水压力检验时，在规定的检验压力下允许有潮片，但潮片总面积不得大于总外表面的5%，且不得有水珠流淌。对于壁厚大于或等于150mm的雨水管，可不做内水压检验。

管子外压荷载不得低于表7.2-20规定的荷载级别要求。

（5）保护层厚度

环筋的内、外混凝土保护层厚度为：当壁厚大于60mm，且小于等于100mm时，不应小于15mm；当壁厚大于100mm时，不应小于20mm。有特殊防腐要求的管子应根据工程设计需要确定保护层厚度。

6. 出厂检验项目

管子的出厂检验项目分为主要质量指标A类和次要质量指标B类，见表7.2-27。

7. 出厂证明书

管子出厂应附有带企业统一编号的出厂证明书，其内容应包括：企业名称、商标、厂址、电话；生产日期、出厂日期；执行标准、生产许可证标志和编号；管子品种、规格、荷载级别；混凝土抗压强度检验结果；力学性能检验结果；企业质检部门及人员签章。

出厂检验项目 表 7.2-27

序号	质量指标	检验项目	类别	序号	质量指标	检验项目	类别
1	外观质量	粘皮	B	13	尺寸偏差	承口长度 L_2	B
2		麻面	B	14		插口长度 L_1	B
3		局部凹坑	B	15		公称内径 D_0	B
4		蜂窝	A	16		管壁厚度 t	B
5		塌落	A	17		有效长度 L	B
6		露筋	A	18		弯曲度 δ	B
7		空鼓	A	19		端面倾斜 S	A
8		裂缝	A	20		保护层厚度 C	A
9		合缝露浆	A	21	物理力学性能	内水压力	A
10		端面碰伤	A	22		裂缝荷载	A
11	尺寸偏差	承口直径 D_3	A	23		破坏荷载	A
12		插口直径 D_1	A	24		混凝土抗压强度	A

8. 标志、包装、运输、贮存

（1）每根管外表面应注明企业名称、商标、生产许可证标志、产品标记、制造日期和“严禁碰撞”字样。

（2）根据需方要求，管子装运时承口和插口应妥善保护，以防碰伤。

（3）管子吊装应轻起轻落，严禁用钢丝绳穿心吊。装卸对不允许管子自由滚动，运输途中防止管子滚动、碰撞。

（4）管子应按品种、规格、外压荷载级别及生产日期分别堆放，堆放场地要平整，堆放层数不宜超过表 7.2-28 的规定。

管子堆放层数 表 7.2-28

公称内径(mm)	600～900	1000～1400	1500～1800	≥2000
堆放层数	4	3	2	1

【依据技术标准】建材行业标准《顶进施工法用钢筋混凝土排水管》JC/T 640-2010。

7.3 电力电缆用混凝土电缆导管

7.3.1 电力电缆用纤维水泥电缆导管

电力行业标准《电力电缆用导管技术条件 第 5 部分：纤维水泥电缆导管》DL/T 802.5-2007，系电力行业标准《电力电缆用导管技术条件》DL/T 802-2007 的六个标准之一，其中《电力电缆用导管技术条件 第 1 部分：总则》DL/T 802.1-2007 及 DL/T 802.2-2007、DL/T 802.3-2007、DL/T 802.4-2007 标准见“5.8.1 电力电缆用导管（总则及塑料导管部分）”。

1. 分类、型号规格

此类导管按强度等级分为Ⅰ、Ⅱ、Ⅲ三级，导管的结构形状如图 7.3-1 所示。导管的型号用汉语拼音符号 DX 表示，其规格尺寸见表 7.3-1。

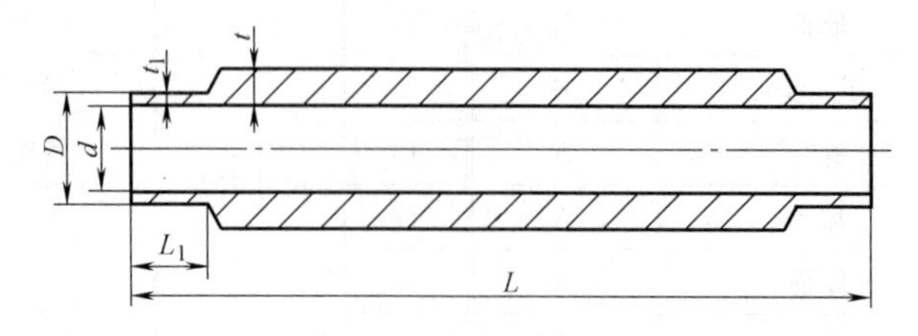

图 7.3-1　纤维水泥电缆导管结构形状

d—公称内径；D—车削端外径；t—壁厚；t_1—车削端壁厚；

L_1—车削端长度；L—公称长度

导管的规格（mm）　　**表 7.3-1**

公称内径	公称壁厚	公称长度	强度等级	车削端			套管(接头)		
				厚度	外径	长度	内径	外径	长度
100	10			8	116		122	162	
125	11			9	143		149	189	
150	12		Ⅰ级	10	170		176	218	
175	13			11	197		203	245	
200	14			12	224		230	274	
100	12	2000		10	120		126	168	
125	13	3000		11	147	65	153	195	150
150	14	4000	Ⅱ级	12	174		180	224	
175	15			13	201		207	251	
200	16			14	228		234	278	
150	18			16	182		188	234	
175	19		Ⅲ级	17	209		215	263	
200	20			18	236		242	292	

2. 标记

纤维水泥电缆导管的标记表示方法如下：

DX　规格　DL/T 802.5-2007

以上标记的含义如下：

1）D 表示电缆用导管。

2）X 表示纤维水泥。

3）第二个 S 表示双壁波纹管结构。

4）规格用“公称内径×公称壁厚×公称长度　产品等级”表示；产品等级用强度等级表示，分Ⅰ、Ⅱ、Ⅲ三级。

标记示例：

DX　150×12×4000　Ⅰ　DL/T 802.5-2007

表示公称内径为 150mm、公称壁厚为 12mm，公称长度为 4000mm、强度等级为Ⅰ三级的纤维水泥电缆导管。

3. 外观及尺寸偏差

导管外观应符合表7.3-2的规定；尺寸偏差应符合前述“5.8.1 电力电缆用导管（总则及塑料导管部分）”中DL/T 802.1-2007标准的规定。

外观要求 **表7.3-2**

部　位	外观要求
未加工表面	伤疤、脱皮深度≤2mm，单处面积≤10cm^2，总面积≤50cm^2
内表面	内壁光滑，不得粘有凸起硬块，粘皮深度、凸起高度≤3mm
车削面	不得有伤痕、脱皮、起鳞
端面质量	端面与中心线垂直，不应有毛刺和起层

4. 技术性能

导管的技术性能应符合表7.3-3、表7.3-4的规定。

导管的技术性能 **表7.3-3**

项　目		单位	技术指标
力学性能	抗折荷载	kN	承受表7.3-4规定的试验而不发生破坏
	导管外压破坏荷载	kN	承受表7.3-4规定的试验而不发生破坏
	套管外压强度	kN	承受表7.3-4规定的试验而不发生破坏
抗渗性和接头密封性能		MPa	0.1MPa水压下保持15min，导管外表面不应洇湿或水斑；接头处不应渗水、漏水
导管和套管的管壁吸水率		%	≤20
抗冻性		—	反复冻融交替20次，导管与套管的外观不应出现龟裂、起层现象
耐酸、碱腐蚀		—	耐酸腐蚀后其质量损失率应≤6%；耐碱腐蚀后其质量应无损失

注：1. 力学性能性能试验前，试样需在温度为20±5℃的水中浸泡48h；抗折荷载试验支距为1000mm。
2. “抗渗性和接头密封性能”在用户有要求时进行；“耐酸、碱腐蚀”性能在埋设管道的土壤条件特殊，用户对耐酸、碱腐蚀有要求进行。

导管的力学性能 **表7.3-4**

强度等级	公称内径(mm)	抗折荷载(kN)	导管外压破坏荷载(kN)	套管外压强度(MPa)
Ⅰ级	100	6.0	5.5	20
	125	9.0		
	150	15.0		
	175	19.0		
	200	23.0		
Ⅱ级	100	7.0	10.0	24
	125	13.0		
	150	18.0		
	175	23.0		
	200	28.0		
Ⅲ级	150	25.0	18.0	28
	175	28.0		
	200	33.0		

5. 出厂检验项目

导管的产品检验分为型式检验和出厂检验，检验项目按重要程度分为A类、B类、C类。直接与工程设计、施工相关的是出厂检验，其检验项目为外观（B类）、尺寸（长度C类，其他B类）、抗折荷载（A类）、导管外压破坏荷载（A类）和套管外压强度（A类）。检验由厂家负责按DL/T 802.5-2007标准规定的方法进行。

6. 标志、包装、堆放和出厂合格证

（1）导管的标志应符合“5.8.1 电力电缆用导管（总则及塑料导管部分）”相应部分的规定。

（2）导管和套管出厂前应用草绳等软质材料包装，每根导管不少于3处。导管的车削端加强保护，以防损伤。

（3）导管堆放时，下层应垫草垫或砂层，管层之间用草片隔离，堆放应不超过10层，且堆放高度不超过2m。

（4）出厂合格证

出厂合格证的内容应符合“5.8.1 电力电缆用导管（总则及塑料导管部分）”相应部分的规定。

【依据技术标准】　电力行业标准《电力电缆用导管技术条件　第5部分：纤维水泥电缆导管》DL/T 802.5-2007，系电力行业标准《电力电缆用导管技术条件》DL/T 802-2007的6个标准之一。

7.3.2　电力电缆用混凝土预制电缆导管

电力行业标准《电力电缆用导管技术条件　第6部分　承插式混凝土预制电缆导管》DL/T 802.6-2007，系电力行业标准《电力电缆用导管技术条件》DL/T 802-2007的六个标准之一，其中《电力电缆用导管技术条件　第1部分：总则》DL/T 802.1-2007及DL/T 802.2-2007、DL/T 802.3-2007、DL/T 802.4-2007标准见“5.8.1 电力电缆用导管（总则及塑料导管部分）”。

1. 分类、型号规格

此类导管按公称内径分为125mm、150mm两种，按孔数分为2孔管、4孔管和6孔管3种，其结构形状如图7.3-2所示。

导管的型号用汉语拼音符号DH表示，其规格尺寸见表7.3-5。

2. 标记

混凝土预制电缆导管的标记表示方法如下：

DH　规格　DL/T 802.6-2007

以上标记的含义如下：

1）D表示电缆用导管。

2）H表示纤维水泥。

3）规格用“公称内径×公称长度－孔数”表示。

标记示例：

DH　150×1000-4　DL/T 802.6-2007

表示公称内径为150mm、公称壁厚为12mm，公称长度为1000mm、孔数为4的混凝

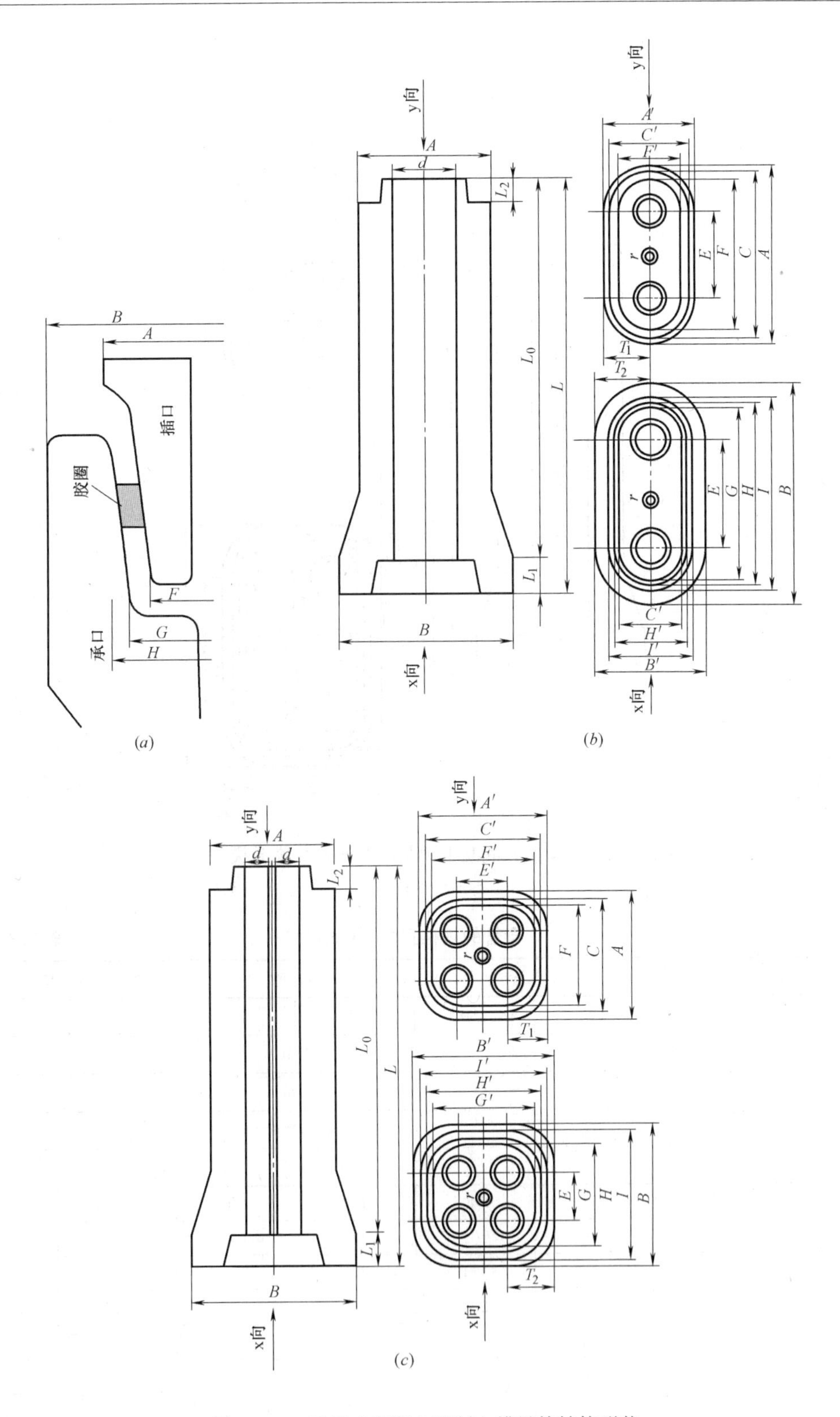

图 7.3-2 承插式混凝土预制电缆导管结构形状

(a) 接头部示意图；(b) 2 孔管；(c) 4 孔管

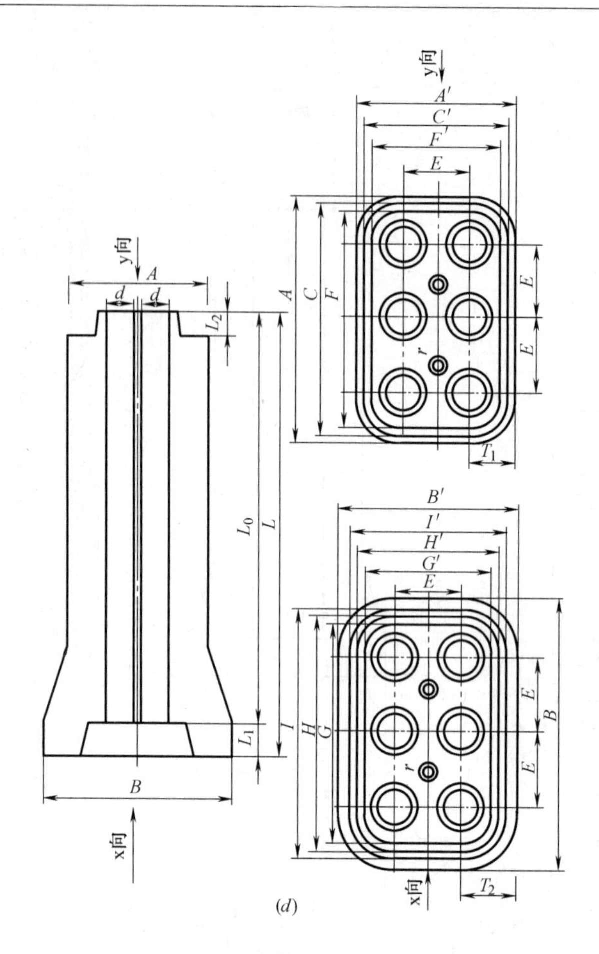

图 7.3-2 承插式混凝土预制电缆导管结构形状（续）
（d）6孔管

导管的规格尺寸（mm） **表 7.3-5**

分类		2孔管		4孔管		6孔管	
公称内径		125	150	125	150	125	150
L		1050					
L_0		1000					
L_1		50					
L_2		38					
插口部	E	176	200	150	176	150	176
	T_1	90	102	90	102	90	102
	A	356	404	330	380	480	556
	A'	180	204	330	380	330	380
	C	344	392	318	368	468	544
	C'	168	192	318	368	318	368
	F	338	386	312	362	462	538
	F'	162	186	312	362	312	362

续表

分类		2孔管		4孔管		6孔管	
承口部	E	176	200	150	176	150	176
	T_2	124	136	124	136	124	136
	B	424	472	398	448	548	624
	B'	248	272	398	448	398	448
	G	356	404	330	380	480	556
	G'	180	204	330	380	330	380
	H	262	410	336	386	486	562
	H'	186	210	336	386	336	386
	I	368	416	342	392	492	568
	I'	192	216	342	392	342	392

土预制电缆导管。

3. 外观及尺寸偏差

导管外观要求见表7.3-6；尺寸偏差要求见表7.3-7。

外观要求 **表7.3-6**

检验项目	外观要求
起皮、粘皮、麻面	管孔内壁表面局部起皮、粘皮、麻面深度不超过3mm，累计面积不超过内表面积的1%，导管外表面局部起皮、粘皮、麻面深度不超过5mm，累计面积不超过内表面积的1/20，可以进行修补。修补后的管孔内壁表面和导管外表面应光滑平整，且管孔内壁表面不得有凸出或凸起物
承口、插口凹槽、粘皮和插口合缝错缝	承口、插口工作面局部凹槽与麻面深度不超过3mm，宽度不超过10mm，单处长度深度不超过50mm，插口合缝处的错缝长度不超过50mm，可以进行修补。修补后工作面应光滑平整
端部局部磕损	局部磕损沿管轴长度未达到承插口工作面，面积不超过$50mm^2$，可以进行修补。修补后的尺寸和外观应符合要求
蜂窝	不允许
塌落	不允许
表面裂缝	不允许(水纹、龟裂不在此限)

尺寸偏差(mm) **表7.3-7**

尺寸	L_0	L_1	L_2	d	E	C,C'	F,F'	G,G'	H,H'	管端与管轴垂直度
允许偏差	±6	±2	±2	±2	±1	±1	$^{+2}_{-1}$	±1	±1	±2

4. 技术性能

导管的技术性能应符合表7.3-8的规定。

5. 出厂检验项目

导管的产品检验分为型式检验和出厂检验，检验项目按重要程度分为A类、B类、C类。直接与工程设计、施工相关的是出厂检验，其检验项目为外观（B类）、尺寸（长度

导管的技术性能 表 7.3-8

项目		单位	指标		
			2孔管	4孔管	6孔管
力学性能	管体破坏弯矩	kN·m	≥8	≥10	≥18
	管体外压破坏荷载	kN	≥100	≥150	≥200
	接头部剪切管体破坏	kN	≥15	≥30	≥40
接头密封性能(用户有要求时进行)		—	0.1MPa水压下保持15min,接头处不应渗水、漏水		

C类，其他B类）和混凝土强度（A类）。检验由厂家负责按DL/T 802.6-2007标准规定的方法进行。

6. 标志、包装、堆放和出厂合格证

（1）导管的标志和包装应符合“5.8.1 电力电缆用导管（总则及塑料导管部分）”相应部分的规定。

（2）导管堆放可为立式或卧式。立式堆放只放一层，导管下面应垫草垫或不小于5mm厚的砂层；卧式堆放时，不应多于3层，导管层之间用草垫隔离，或用垫木隔开，每层垫木的支撑点应在同一平面，各层垫木位置应在同一垂直线上。

（3）出厂合格证

出厂合格证的内容应符合“5.8.1 电力电缆用导管（总则及塑料导管部分）”相应部分的规定。

【依据技术标准】电力行业标准《电力电缆用导管技术条件　第6部分：承插式混凝土预制电缆导管》DL/T 802.6-2007，系电力行业标准《电力电缆用导管技术条件》DL/T 802-2007的6个标准之一。

附录　现行标准与本手册相关目录对照表

见附录表。

现行标准与本手册相关目录对照表　　附录表

	标准名称及编号	与本手册相关目录
国家标准		
1	《铅及铅锑合金管》GB/T 1472-2005	3.3.3 铅及铅锑合金管
2	《铜及铜合金拉制管》GB/T 1527-2006	3.1.2 铜及铜合金拉制管
3	《钢管的验收、包装、标志和质量证明书》GB/T 2102-2006	2.1.3 钢管的验收、包装、标志和质量证明书
4	《镍及镍合金管》GB/T 2882-2013	3.3.4 镍及镍合金管
5	《低中压锅炉用无缝钢管》GB 3087-2008	2.2.3 低中压锅炉用无缝钢管
6	《低压流体输送用焊接钢管》GB/T 3091-2008	2.4.1 低压流体输送用焊接钢管
7	《连续铸铁管》GB/T 3422-2008	4.1.1 连续铸铁管
8	《钛及钛合金无缝管》GB/T 3624-2010	3.3.1 钛及钛合金管
9	《工业用硬聚氯乙烯(PVC-U)管道系统　第1部分:管材》GB/T 4219.1-2008	5.3.5 工业用硬聚氯乙烯(PVC-U)管
10	《铝及铝合金管材的外形尺寸及允许偏差》GB/T 4436-2012	3.2.1 铝及铝合金管的外形尺寸及允许偏差
11	《铝及铝合金热挤压管　第1部分:无缝圆管》GB/T 4437.1-2000	3.2.4 铝及铝合金热挤压无缝圆管
12	《铝及铝合金热挤压管　第2部分:有缝管》GB/T 4437.2-2003	3.2.5 铝及铝合金热挤压有缝管
13	《普通流体输送管道用埋弧焊钢管》SY/T 5037-2012	2.5.1 普通流体输送管道用埋弧焊钢管
14	《高压锅炉用无缝钢管》GB 5310-2008	2.2.4 高压锅炉用无缝钢管
15	《预应力混凝土管》GB/T 5696-2006	7.1.1 预应力混凝土管
16	《建筑排水用硬聚氯乙烯(PVC-U)管材》GB/T 5836.1-2006	5.3.3 建筑排水用硬聚氯乙烯(PVC-U)管
17	《高压化肥设备用无缝钢管》GB 6479-2000	2.2.6 高压化肥设备用无缝钢管
18	《柔性机械接口灰口铸铁管》GB/T 6483-2008	4.1.2 柔性机械接口灰口铸铁管
19	《浇铸型工业有机玻璃板材、棒材和管材》GB/T 7134-1996	5.7.4 工业有机玻璃管
20	《结构用无缝钢管》GB/T 8162-2008	2.2.2 结构用无缝钢管
21	《输送流体用无缝钢管》GB/T 8163-2008	2.2.1 输送流体用无缝钢管
22	《石油天然气工业管线输送系统用钢管》GB/T 9711-2011	2.4.3 石油天然气输送用钢管
23	《石油裂化用无缝钢管》GB 9948-2013	2.2.5 石油裂化用无缝钢管

续表

	标准名称及编号	与本手册相关目录
	国家标准	
24	《给水用硬聚氯乙烯(PVC-U)管材》GB/T 10002.1-2006	5.3.1 给水用硬聚氯乙烯(PVC-U)管
25	《热塑性塑料管材通用壁厚表》GB/T 10798-2001	5.1.3 管材通用壁厚
26	《混凝土和钢筋混凝土排水管》GB/T 11836-2009	7.2.1 混凝土和钢筋混凝土排水管
27	《流体输送用不锈钢焊接钢管》GB/T 12771-2008	2.3.4 流体输送用不锈钢焊接钢管
28	《排水用柔性接口铸铁管、管件及附件》GB/T 12772-2008	4.2.1 排水用柔性接口铸铁管
29	《水及燃气管道用球墨铸铁管、管件和附件》GB/T 13295-2008	4.1.3 水及燃气管道用球墨铸铁管
30	《锅炉、热交换器用不锈钢无缝钢管》GB 13296-2013	2.3.5 锅炉、热交换器用不锈钢无缝管
31	《给水用聚乙烯(PE)管材》GB/T 13663-2000	5.2.1 给水用聚乙烯(PE)管
32	《低压输水灌溉用硬聚氯乙烯(PVC-U)管材》GB/T 13664-2006	5.3.2 低压输水灌溉用硬聚氯乙烯(PVC-U)管
33	《直缝电焊钢管》GB/T 13793-2008	2.4.4 直缝电焊钢管
34	《矿山流体输送用电焊钢管》GB/T 14291-2006	2.4.2 矿山流体输送用电焊钢管
35	《结构用不锈钢无缝钢管》GB/T 14975-2012	2.3.7 结构用不锈钢无缝钢管
36	《流体输送用不锈钢无缝钢管》GB/T 14976-2012	2.3.3 流体输送用不锈钢无缝管
37	《一般用途高温合金管》GB/T 15062-2008	2.2.7 高温合金管
38	《燃气用埋地聚乙烯(PE)管道系统 第1部分:管材》GB 15558.1-2003	5.2.7 燃气用埋地聚乙烯(PE)管
39	《排水用芯层发泡硬聚氯乙烯(PVC-U)管材》GB/T 16800-2008	5.3.6 排水用芯层发泡硬聚氯乙烯(PVC-U)管
40	《铜及铜合金无缝管材外形尺寸及允许偏差》GB/T 16866-2006	3.1.1 铜及铜合金无缝管材外形尺寸及允许偏差
41	《无缝钢管尺寸、外形、重量及允许偏差》GB/T 17395-2008	2.1.1 无缝钢管尺寸、外形、重量及允许偏差
42	《球墨铸铁管和管件水泥砂浆内衬》GB/T 17457-2009	4.1.4 球墨铸铁管的水泥砂浆内衬
43	《无缝铜水管和铜气管》GB/T 18033-2007	3.1.4 无缝铜水管和铜气管
44	《埋地排水用硬聚氯乙烯结构壁管道系统 第1部分 双壁波纹管材》GB/T 18477.1-2007	5.3.8 埋地排水用硬聚氯乙烯双壁波纹管
45	《埋地排水用硬聚氯乙烯(PVC-U)结构壁管道系统 第3部分 双层轴向中空壁管材》GB/T 18477.3-2009	5.3.9 埋地排水用硬聚氯乙烯(PVC-U)双层轴向中空壁管
46	《冷热水用聚丙烯管道系统 第1部分:总则》GB/T 18742.1-2002、《冷热水用聚丙烯管道系统 第2部分:管材》GB/T 18742.2-2002	5.5.1 冷热水用聚丙烯(PP)管
	《低温管道用无缝钢管》GB/T 18984-2003	2.2.8 低温管道用无缝钢管
47	《冷热水系统用热塑性塑料管材和管件》GB/T 18991-2003	5.1.4 冷热水管道系统用热塑性塑料管
48	《铝塑复合压力管 第1部分:铝管搭接焊式铝塑管》GB/T 18997.1-2003	6.1.4 铝管搭接焊式铝塑复合压力管
49	《铝塑复合压力管 第2部分:铝管对接焊式铝塑管》GB/T 18997.2-2003	6.1.5 铝管对接焊式铝塑复合压力管

续表

	标准名称及编号	与本手册相关目录
	国家标准	
50	《工业用氯化聚氯乙烯(PVC-C)管道系统 第1部分:总则》GB/T 18998.1-2003、《工业用氯化聚氯乙烯(PVC-C)管道系统 第2部分:管材》GB/T 18998.2-2003	5.4.2 工业用氯化聚氯乙烯(PVC-C)管
51	《冷热水用交联聚乙烯(PE-X)管道系统 第1部分:总则》GB/T 18992.1-2003 和《冷热水用交联聚乙烯(PE-X)管道系统 第2部分:管材》GB/T 18992.2-2003	5.2.8 冷热水用交联聚乙烯(PE-X)管
52	《冷热水用氯化聚氯乙烯(PVC-C)管道系统 第1部分:总则》GB/T 18993.1-2003、《冷热水用氯化聚氯乙烯(PVC-C)管道系统 第2部分:管材》GB/T 18993.2-2003	5.4.1 冷热水用氯化聚氯乙烯(PVC-C)管
53	《热塑性塑料管材、管件及阀门通用术语及其定义》GB/T 19278-2003	5.1.1 热塑性塑料通用术语
54	《热塑性塑料管材、管件及阀门通用术语及其定义》GB/T 19278-2003	5.1.2 管材的公称外径和公称压力
55	《埋地用聚乙烯(PE)结构壁管道系统 第1部分 聚乙烯双壁波纹管材》GB/T 19472.1-2004	5.2.5 埋地用聚乙烯(PE)双壁波纹排水管
56	《埋地用聚乙烯(PE)结构壁管道系统 第2部分 聚乙烯缠绕结构壁管材》GB/T 19472.2-2004	5.2.6 埋地用聚乙烯(PE)缠绕结构壁管
57	《冷热水用聚丁烯(PB)管道系统 第1部分:总则》GB/T 19473.1-2004	5.6.1 冷热水用聚丁烯(PB)管道系统
58	《冷热水用聚丁烯(PB)管道系统 第2部分:管材》GB/T 19473.2-2004	5.6.2 冷热水用聚丁烯(PB)管
59	《预应力钢筒混凝土管》GB/T 19685-2005	7.1.2 预应力钢筒混凝土管
60	《电缆用无缝铜管》GB/T 19849-2014	3.1.6 电缆用无缝铜管
61	《导电用无缝铜管》GB/T 19850-2013	3.1.7 导电用无缝铜管
62	《丙烯腈-丁二烯-苯乙烯(ABS)压力管道系统 第1部分:管材》GB/T 20207.1-2006	5.7.1 ABS 塑料管
63	《埋地排污、排水用硬聚氯乙烯(PVC-U)管材》GB/T 20221-2006	5.3.7 无压埋地排污、排水用硬聚氯乙烯(PVC-U)管
64	《铝及铝合金连续挤压管》GB/T 20250-2006	3.2.3 铝及铝合金连续挤压管
65	《玻璃纤维增强塑料夹砂管》GB/T 21238-2007	6.2.2 玻璃纤维增强塑料夹砂管
66	《奥氏体-铁素体型双相不锈钢焊接钢管》GB/T 21832-2008	2.3.2 奥氏体-铁素体型双相不锈钢焊接钢管
67	《奥氏体-铁素体型双相不锈钢无缝钢管》GB/T 21833-2008	2.3.1 奥氏体-铁素体型双相不锈钢无缝钢管
68	《焊接钢管尺寸及单位长度重量》GB/T 21835-2008	2.1.2 焊接钢管尺寸及重量
69	《锅炉和热交换器用奥氏体不锈钢焊接钢管》GB/T 24593-2009	2.3.6 锅炉和热交换器用不锈钢焊接钢管
70	《球墨铸铁管和管件 聚氨酯涂层》GB/T 24596-2009	4.1.5 球墨铸铁管的聚氨酯涂层

续表

	标准名称及编号	与本手册相关目录
冶金行业标准		
71	《连续铸造球墨铸铁管》YB/T 177-2000(2006)	4.1.6 连续铸造球墨铸铁管
72	冶金行业标准《低中压锅炉用电焊钢管》YB 4102-2000	2.5.2 低中压锅炉用电焊钢管
73	《换热器用焊接钢管》YB 4103-2000	2.5.3 换热器用焊接钢管
74	《建筑脚手架用焊接钢管》YB/T 4202-2009	2.5.4 建筑脚手架用焊接钢管
75	《供水用不锈钢焊接钢管》YB/T 4204-2009	2.5.6 供水用不锈钢焊接钢管
76	《结构用耐候焊接钢管》YB/T 4112-2013	2.5.5 结构用耐候焊接钢管
77	《排水用灰口铸铁直管及管件》YB/T 5188-1993	4.2.2 排水用灰口铸铁管
78	《碳素结构钢电线套管》YB/T 5305-2008	2.5.12 碳钢电线套管
79	《P3 型镀锌金属软管》YB/T 5306-2006	2.5.10 P3 型镀锌金属软管
80	《S 型钎焊不锈钢金属软管 P3 型镀锌金属软管》YB/T 5307-2006	2.5.11S 型钎焊不锈钢金属软管
81	《装饰用焊接不锈钢管》YB/T 5363-2006	2.5.7 装饰用焊接不锈钢管
有色冶金行业标准		
82	《塑覆铜管》YS/T 451-2012	3.1.8 塑覆铜管
83	《工业流体用钛及钛合金管》YS/T 576-2006(2012)	3.3.2 工业流体用钛及钛合金管
84	《医用气体和真空用无缝铜管》YS/T 650-2007	3.1.5 医用气体和真空用无缝铜管
85	《铜及铜合金挤制管》YS/T 662-2007	3.1.3 铜及铜合金挤制管
城建行业标准		
86	《给水用钢骨架聚乙烯塑料复合管》CJ/T 123-2004	6.1.10 给水用钢骨架聚乙烯复合管
87	《给水衬塑复合钢管》CJ/T 136-2007	6.1.2 给水衬塑复合钢管
88	《薄壁不锈钢水管》CJ/T 151-2001	2.5.8 薄壁不锈钢水管
89	《铝塑复合压力管(对接焊)》CJ/T 159-2006	6.1.6 铝塑复合压力管(对接焊)
90	《水泥内衬离心球墨铸铁管及管件》CJ/T 161-2002	4.1.7 水泥内衬离心球墨铸铁管
91	《高密度聚乙烯缠绕结构壁管材》CJ/T 165-2002	5.2.4 排水用高密度聚乙烯缠绕结构壁管
92	《冷热水用耐热聚乙烯(PE-RT)管道系统》CJ/T 175-2002	5.2.10 冷热水用耐热聚乙烯(PE-RT)管
93	《建筑排水用卡箍式铸铁管及管件》CJ/T 177-2002	4.2.3 建筑排水用卡箍式铸铁管
94	《建筑排水用柔性接口承插式铸铁管及管件》CJ/T 178-2003	4.2.4 建筑排水用柔性接口承插式铸铁管
95	《钢塑复合压力管》CJ/T 183-2008	6.1.1 钢塑复合压力管
96	《不锈钢衬塑复合管材与管件》CJ/T 184-2012	6.1.3 不锈钢衬塑复合管
97	《钢丝网骨架塑料(聚乙烯)复合管材及管件》CJ/T 189-2007	6.1.7 钢丝网骨架塑料(聚乙烯)复合管
98	《内衬不锈钢复合钢管》CJ/T 192-2004	2.5.9 内衬不锈钢复合钢管
99	《内层熔接型铝塑复合管》CJ/T 193-2004	6.1.8 内层熔接型铝塑复合管
100	《外层熔接型铝塑复合管》CJ/T 195-2004	6.1.9 外层熔接型铝塑复合管

续表

	标准名称及编号	与本手册相关目录
	城建行业标准	
101	《建筑给水交联聚乙烯(PE-X)管材》CJ/T 205-2000	5.2.9 建筑给水交联聚乙烯(PE-X)管
102	《无规共聚聚丙烯(PP-R)塑铝稳态复合管》CJ/T 210-2005	6.1.12 无规共聚聚丙烯(PP-R)塑铝稳态复合管
103	《给水用丙烯酸共聚聚氯乙烯管材及管件》CJ/T 218-2010	5.7.3 给水用丙烯酸共聚聚氯乙烯管
104	《排水用硬聚氯乙烯(PVC-U)玻璃微珠复合管》CJ/T 231-2006	6.2.1 排水用硬聚氯乙烯玻璃微珠复合管
105	《建筑排水用高密度聚乙烯(HDPE)管材及管件》CJ/T 250-2007	5.2.3 建筑排水用高密度聚乙烯管
106	《建筑排水用聚丙烯(PP)管材及管件》CJ/T 273-2012	5.5.3 聚丙烯(PP)静音排水管
107	《超高分子量聚乙烯复合管材》CJ/T 320-2009	5.2.12 超高分子量聚乙烯复合管
	建材行业标准	
108	《顶进施工法用钢筋混凝土排水管》JC/T 640-2010	7.2.3 顶进施工法用钢筋混凝土排水管
109	建材行业标准《混凝土低压排水管》JC/T 923-2003	7.2.2 混凝土低压排水管
	轻工行业标准	
110	《硬聚氯乙烯(PVC-U) 双壁波纹管材》QB/T 1619-2004	5.3.11 硬聚氯乙烯(PVC-U)双壁波纹排水管
111	轻工行业标准《埋地给水用聚丙烯(PP)管材》QB/T 1929-2006	5.5.2 埋地给水用聚丙烯(PP)管
112	《给水用低密度聚乙烯管材》QB/T 1930-2006	5.2.2 给水用低密度聚乙烯管
113	《埋地式高压电力电缆用氯化聚氯乙烯(PVC-C)套管》QB/T 2479-2005	5.8.2 埋地高压电力电缆用氯化聚氯乙烯(PVC-C)套管
114	《建筑用硬聚氯乙烯(PVC-U)雨落水管材及管件》QB/T 2480-2000	5.3.4 建筑用硬聚氯乙烯(PVC-U)雨落水管
115	《埋地通信用多孔一体塑料管材　第1部分:硬聚氯乙烯(PVC-U)多孔一体管材》QB/T 2667.1-2004	5.8.3 埋地通信用硬聚氯乙烯(PVC-U)多孔一体管
116	《埋地通信用多孔一体塑料管材　第2部分:聚乙烯(PE)多孔一体管材》QB/T 2667.2-2004	5.8.4 埋地通信用聚乙烯(PE)多孔一体管
117	《超高分子量聚乙烯管材》QB/T 2668-2004	5.2.11 超高分子量聚乙烯管
118	轻工行业标准《埋地用硬聚氯乙烯(PVC-U)加筋管材》QB/T 2782-2006	5.3.10 埋地用硬聚氯乙烯(PVC-U)加筋管
119	《埋地钢塑复合缠绕排水管材》QB/T 2783-2006	6.1.11 埋地钢塑复合缠绕排水管
120	《聚四氟乙烯管材》QB/T 3624-1999	5.7.2 聚四氟乙烯管
121	《聚氯乙烯塑料波纹电线管》QB/T 3631-1999	5.8.6 聚氯乙烯塑料波纹电线管
122	《聚氯乙烯热收缩薄膜、套管》QB/T 3632-1999	5.8.7 聚氯乙烯热收缩薄膜、套管
123	《埋地用纤维增强聚丙烯(FRPP)加筋管材》QB/T 4011-2010	6.1.15 埋地用纤维增强聚丙烯(FRPP)加筋管

续表

	标准名称及编号	与本手册相关目录
	石油天然气行业标准	
124	《低压玻璃纤维管线管和管件》SY/T 6266-2004	5.7.5 低压玻璃纤维管线管
125	《石油天然气工业用柔性复合高压输送管》SY/T 6716-2008	6.2.5 石油天然气工业用柔性复合高压管
126	《高压玻璃纤维管线管规范》SY/T 6267-2006	5.7.6 高压玻璃纤维管线管
	电力行业标准	
127	《电力电缆用导管技术条件》DL/T 802-2007	5.8.1 电力电缆用导管
128	《电力电缆用导管技术条件　第5部分：纤维水泥电缆导管》DL/T 802.5-2007	7.3.1 电力电缆用纤维水泥电缆导管
129	《电力电缆用导管技术条件　第6部分：承插式混凝土预制电缆导管》DL/T 802.6-2007	7.3.2 电力电缆用混凝土预制电缆导管
	通信行业标准 （沿用原邮电部行业的标准代号“YD”）	
130	1.《地下通信管道用塑料　第1部分：总则》YD/T 841.1-2008 2.《地下通信管道用塑料管　第2部分：实壁管》YD/T 841.2-2008 3.《地下通信管道用塑料管　第3部分：双壁波纹管》YD/T 841.3-2008 4.《地下通信管道用塑料管　第5部：梅花管》YD/T 841.5-2008 5.《地下通信管道用塑料管　第8部分：塑料合金复合型管》YD/T 841.8-2014	5.8.5 地下通信管道用塑料管： 1. 地下通信管道用塑料管总则 2. 地下通信管道用塑料实壁管 3. 地下通信管道用塑料双壁波纹管 4. 地下通信管道用塑料梅花管 5. 地下通信管道用塑料合金复合管
	化工行业标准	
131	《塑料衬里复合钢管和管件》HG/T 2437-2006	6.1.14 塑料衬里复合钢管
132	工业用钢骨架聚乙烯复合管　HG/T 3690-2012	6.1.13 工业用钢骨架聚乙烯复合管
133	《金属网聚四氟乙烯复合管与管件》HG/T 3705-2003	6.2.3 金属网聚四氟乙烯复合管
134	《塑料合金防腐蚀复合管》HG/T 4087-2009	6.2.4 塑料合金防腐蚀复合管